Wissenschaft in Berlin

Autorenkollektiv

Hubert Laitko, Leitung
Eginhard Fabian
Wolfgang Girnus
Conrad Grau
Dieter Hoffmann
Horst Kant
Wolfgang Schlicker
Annette Vogt

Peter Altner
Bildauswahl, Bildtexte
Regine Zott
Tabellen
Klaus-Harro Tiemann
Bibliographie

Wissenschaft in Berlin

Von den Anfängen bis zum Neubeginn nach 1945

Dietz Verlag Berlin 1987

ISBN 3-320-00821-8

Inhaltsverzeichnis

An diesem Buch haben nicht nur die Autoren der einzelnen Kapitel, sondern das gesamte Kollektiv des Bereiches Wissenschaftsgeschichte im Institut für Theorie, Geschichte und Organisation der Wissenschaft an der Akademie der Wissenschaften der DDR mitgearbeitet. Den Kapitelautoren arbeiteten Dietrich Ehlers, Bruno Hartmann, Paul-Lothar Hoffmann, Bernhard Lange und Jochen Richter zu. Das Bildmaterial wurde unter Mitwirkung von Heinz Reddner erschlossen und aufbereitet. Regine Zott erarbeitete unter Mitwirkung aller Angehörigen des Bereiches die dem Text beigefügte synchronoptische Tabelle. Umfangreiche wissenschaftlich-technische Arbeiten führten Carola Glaser, Heinz Reddner und Heike Reiter aus. Die Koordinierung des Arbeitsablaufs lag insbesondere in der Schlußphase in den Händen von Peter Altner. Die Arbeit am Manuskript wurde in allen Phasen von der Idee bis zum endgültigen Text vom Direktor des ITW, Prof. Dr. Günter Kröber, und von seinem Stellvertreter Dr. sc. Karl-Heinz Strech allseitig unterstützt. Zahlreiche wertvolle Hinweise und Anregungen für die Endfassung des Manuskripts wurden den Gutachten von Prof. Dr. Ingo Materna, Prof. Dr. Günter Wendel und Prof. Dr. Siegfried Prokop von der Humboldt-Universität Berlin und von Dr. sc. Jochen Tripoczky von der AdW der DDR entnommen.

Hubert Laitko

Geschichtsbewußtsein und Tradition in der Wissenschaft

«In die Geschichte der Wissenschaft hat Berlin in den letzten Jahrhunderten und bis in die jüngsten Tage hinein unauslöschliche Spuren eingegraben. Hier wirkten weltberühmte Gelehrte, hier lieferten hervorragende Forscher unersetzliche Bausteine zum Gebäude der Wissenschaft, hier bildete sich ein kräftig pulsierendes Zentrum des geistigen und wirtschaftlichen Lebens.»[1] Berlin ist demzufolge reich an Stätten der Wissenschaft: Das Hauptgebäude der Humboldt-Universität, die Staatsbibliothek, der Sitz des Präsidiums der Akademie der Wissenschaften der DDR am Platz der Akademie, die Bauten der Museumsinsel prägen das Stadtbild.

Auf Schritt und Tritt finden wir in Berlin Hinweise auf die wissenschaftliche Vergangenheit der Stadt: eine Gedenktafel oder eine Statue, ein bekannter Name auf einem Grabstein, das Magnus-Haus, das einst das erste physikalische Laboratorium Berlins beherbergte, die efeubewachsenen alten Charitégebäude neben dem modernen Chirurgiezentrum und natürlich die einladend geöffneten Museen, in denen die Ergebnisse des Forscherfleißes von Jahrhunderten sorgfältig geordnet und vor dem Betrachter ausgebreitet sind.

Und so, wie die Wissenschaft das äußere Bild der Stadt mitbestimmt, ist sie auch mit ihrem Leben verknüpft. Sie ist ein Stück dieses Lebens selbst. Das erfährt und spürt nicht nur, wer in diesem Bereich menschlicher Tätigkeit arbeitet, sondern auf die eine oder andere Weise jeder. Namhafte Wissenschaftler vermitteln in den Sonntagsvorlesungen der Humboldt-Universität oder in den Veranstaltungen der URANIA ihre neuesten Erkenntnisse. Sie kommen in den Zeitungen der Hauptstadt zu Wort, sie sind dem aufmerksamen Rundfunkhörer ein Begriff, und sie wirken in vielen Sendungen der aus Adlershof ausgestrahlten Fernsehprogramme mit. Diese Seite der wissenschaftlichen Tätigkeit ist weit mehr als Popularisierung, Darlegung von Spezialistenwissen in einer jedermann verständlichen Sprache; es ist Rechenschaft vor der Öffentlichkeit, wie die Wissenschaft den Auftrag unserer Gesellschaft erfüllt, Dialog, in dem die Wissenschaftler sich den Forderungen der Praxis stellen und Erfahrung und Anregung aus ihr gewinnen, Auskunft über den sozialen Sinn wissenschaftlicher Arbeit.

Dies ist nur eine der vielen Verbindungen der Wissenschaft mit dem Leben der Stadt.

Berlin ist ein Zentrum der elektronischen und elektrotechnischen Industrie; ihr «Forschungshinterland» bilden verschiedene Sektionen der Humboldt-Universität und die großen naturwissenschaftlichen Institute der Akademie der Wissenschaften. Die Berliner Kliniken genießen hohes Ansehen, nicht zuletzt deshalb, weil hier in Diagnose und Therapie die im Berliner Territorium in großem Umfang betriebenen biologisch-medizinischen Forschungen auf kurzem Wege zur Wirkung kommen. In Berlin laufen die Fäden des komplizierten Systems der Planung unserer Volkswirtschaft zusammen, und die Staatliche Plankommission und die wirtschaftsleitenden Ministerien können sich auf die hier entwickelte wirtschaftswissenschaftliche Forschung stützen.

An dem umfassenden Bauprogramm, das unsere Stadt immer anziehender, gast-

1 Werner Scheler: Unauslöschliche Spuren weltbekannter Gelehrter. In: 750 Jahre Berlin. Konstituierung des Komitees der Deutschen Demokratischen Republik zum 750jährigen Bestehen von Berlin am 7. Februar 1985, Berlin 1985, S. 25.

licher und wohnlicher gemacht hat, wirken nicht nur die Bauarbeiter mit ihrem Fleiß und Geschick. Es ist auch ein Feld angewandter Wissenschaft. In Berlin hat die Bauakademie der DDR ihren Sitz, und viele andere Einrichtungen sind tätig, um die durchgreifende Erneuerung und Verjüngung der Stadt auf mannigfache Weise wissenschaftlich zu unterstützen.

Diese Liste ließe sich fortsetzen; es kann auch gar nicht anders sein in der Hauptstadt eines Staates, für den die Förderung der Wissenschaft Verfassungsauftrag ist und dessen führende Partei, die ihre Politik selbst auf wissenschaftlichen Fundamenten aufbaut, es sich zur Aufgabe gemacht hat, die Wissenschaften auf das engste mit dem Leben des Volkes zu verbinden und für die Sicherung des Friedens einzusetzen.

Diese Einheit von Wissenschaft und Leben ist nicht von heute auf morgen geschaffen worden, und sie ist auch nicht das Produkt weniger Jahrzehnte. Alles, was in der Wissenschaft geschieht, knüpft an Früheres an und geht dann darüber hinaus. Das eine ist ohne das andere nicht möglich, auch wenn das Anknüpfen unter Umständen die Form scharfer kritischer Auseinandersetzung annimmt. Sieht man sich die im Stadtbild ausgebreitete Gegenwart der Berliner Wissenschaft an, dann ist damit auch immer ihre Vergangenheit verbunden. In der Singakademie hat Alexander von Humboldt seine berühmten «Kosmos»-Vorlesungen gehalten; in der Hessischen Straße führte der geschäftige, von Ideen übersprudelnde Geheimrat Emil Fischer in die Chemie ein; Karl Weierstraß lehrte die Berliner Mathematikstudenten die Strenge des Denkens; Albert Einstein erläuterte wissensdurstigen Hörern der Marxistischen Arbeiterschule seine Relativitätstheorie.

In einem der Hörsäle der hiesigen Universität hat im Oktober 1914 Georg Friedrich Nicolai, ein bekannter Berliner Arzt und Hochschullehrer, mit einigen Gleichgesinnten jenen den Prinzipien des Humanismus verpflichteten «Aufruf an die Europäer» diskutiert und konzipiert, der sich gegen den barbarischen Krieg des imperialistischen Deutschlands und gegen den chauvinistischen Taumel wandte, der viele ihrer Kollegen, Wissenschaftler und Kunstschaffende ergriffen hatte.

«Die Welt ist durch die Technik kleiner geworden, die Staaten der grossen Halbinsel Europa erscheinen heute einander so nahe gerückt, wie in alter Zeit die Städte jeder einzelnen kleineren Mittelmeerhalbinsel, und Europa – ja man könnte fast sagen die Welt – stellt bereits durch die mannigfaltigsten Beziehungen eine in den Bedürfnissen und Erlebnissen jedes einzelnen begründete Einheit dar.

Da wäre es doch wohl Pflicht der gebildeten und wohlwollenden Europäer, wenigstens den Versuch zu machen um zu verhindern, dass Europa infolge seiner mangelhaften Gesamtorganisation dasselbe tragische Geschick erleidet, wie einst Griechenland.»[2]

Nicolai, Friedrich Wilhelm Foerster, der langjährige Direktor der Berliner Sternwarte, und Albert Einstein blieben die einzigen Unterzeichner. Sie mußten feststellen, daß sie «den Mut und die Integrität der großen Zahl von Professoren überschätzt hatten», denen der Appell in Abschriften zugegangen war. Diese Episode, die den Beginn des politischen Wirkens von Einstein für den Frieden markiert, ist ein beredtes Zeugnis für die Traditionen, mit denen wir uns im folgenden beschäftigen wollen – ein Zeugnis für ihre Größe und ihre Widersprüchlichkeit.

Der Sozialismus ist eine geschichtsbewußte Gesellschaft. Unter den Erkenntnissen der Geschichte gebührt der Vergangenheit der Wissenschaft ein angemessener Platz. Mit der gleichen Achtung, die

2 Albert Einstein über den Frieden, Bern 1975, S. 22.

wir den steinernen Zeugen der Vergangenheit unserer Stadt zuteil werden lassen, treten wir auch ihrem geistigen Erbe gegenüber. Wir leben – auch in der Wissenschaft – nicht nur in der Gegenwart. Die Aufmerksamkeit für das Gewesene hat nichts mit nostalgischer Verehrung früheren Glanzes zu tun; für uns ist sie untrennbar mit objektiver, parteilich wertender Analyse verbunden.

Wir wissen wohl, daß unvergängliche Seiten in den Annalen der Weltwissenschaft in Berlin geschrieben wurden, doch wir dürfen ebensowenig jemals die Schande vergessen, die blinder Chauvinismus und faschistischer Rassenwahn gerade hier über die Wissenschaft gebracht haben, und die Schuld, in die sich hier Wissenschaftler verstrickt haben, indem sie ihre Begabung und ihr Wissen bedenkenlos in den Dienst von Militarismus und Menschenvernichtung stellten; Ruhm und Schmach, Größe und Schwäche wohnten in der Berliner Wissenschaftsgeschichte dicht beieinander. Doch so leicht, daß wir das Gewesene wie mit einem Seziermesser sauber in die beiden Rubriken «positives Erbe» und «negativer Ballast» sondern und das eine annehmen, den anderen verwerfen könnten, macht es uns die Geschichte nicht. Der innere Widerspruch antagonistischer Gesellschaften durchdringt auch ihre Wissenschaft, und diese Widersprüchlichkeit muß im ganzen begriffen werden, wenn wir Geschichte verstehen und nicht auf eine Beispielsammlung für den Hausgebrauch reduzieren wollen.

Von der Artikulation und theoretischen Unterstützung der ersten selbständigen Regungen des Bürgertums als Klasse über die Entwicklung seines Selbstbewußtseins und seiner wirtschaftlichen Macht bis zur trotzigen Selbstbehauptung gegenüber der feudalen Herrschaft, die freilich nicht zu einer siegreichen bürgerlichen Revolution hinreichte, verlief die aufsteigende Phase der Entwicklung der Wissenschaft auch in Berlin. Dann begann die Zeit, da sie vor allem im Dienste des Monopolkapitals stand, eine Zeit, die mit der Zerschlagung des Naziregimes, der barbarischsten Ausgeburt des deutschen Imperialismus, dem von ihm verschuldeten schrecklichsten aller Kriege und der Zerstörung ihres eigenen materiellen und ideellen Potentials endete. Die rote Fahne, die auf der Ruine des Reichstages über dem rauchenden Trümmerfeld Berlin wehte, war ein Zeichen, eine Verheißung und ein historischer Auftrag, der in der DDR verstanden und befolgt wurde. In diesen ganzen mehr als drei Jahrhunderte währenden Prozeß war die Wissenschaft immer einbegriffen, manchmal am Rand des Geschehens, oft aber in einer wesentlichen und mitunter sogar in einer entscheidenden Stellung. Sie war nicht nur der Entwicklung der bürgerlichen Gesellschaft immanent; sie erfüllte in den Klassenkämpfen zwischen Bourgeoisie und Feudalmacht und später zwischen Bourgeoisie und Proletariat ihre Funktionen und wurde von diesen Kämpfen geprägt.

Von Karl Marx stammt die Einsicht, daß die geistige Produktion der Gesellschaft keine unabhängige Geschichte hat, sondern in die Produktion und Reproduktion des materiellen Lebens der Gesellschaft – eben in das Werden der ökonomischen Gesellschaftsformationen – eingeschlossen ist. Diese Einsicht läßt sich am besten belegen, wenn man die Geschichte der Wissenschaft in hinreichend großen territorialen Komplexen im Gesamtüberblick verfolgt.

Entsprechend ihrer Eigenart, auf Gesetzeserkenntnis auszugehen und dazu weitreichende Abstraktionen zu schaffen, hebt sich die Wissenschaft in ihren einzelnen Erscheinungsformen oft weit vom materiellen Leben der Gesellschaft ab. Das Schaffen eines einzelnen Gelehrten, die Entwicklung eines Fachgebiets in einem bestimmten Zeitraum oder die Geschichte dieser oder jener Institution ist mit jener fundamentalen Basis des gesellschaftlichen Lebens nur über viele Vermittlungsglieder verbunden. Doch untersucht man einen vielgliedrigen territorialen Wissenschaftskomplex, so erkennt man, wie er in seinem Entwicklungsrhythmus – im ganzen, nicht im einzelnen – immer auf erkennbare Weise von den grundlegenden Zusammenhängen des gesellschaftlichen Lebens bestimmt wird. Deshalb halten wir es für begründet, die Entwicklung des wissenschaftlichen Lebens in Berlin so zu gliedern wie die allgemeine preußische bzw. deutsche Geschichte. Dies erschien uns um so mehr gerechtfertigt, als die Einbeziehung der Wissenschaft in das Leben Berlins eben nicht nur kommunalen Charakter trug, sondern entscheidend von der Hauptstadtfunktion dieses Gemeinwesens geprägt war.

Nun ist das Verfolgen der Zusammenhänge zwischen den verschiedenen Einzelaktivitäten und Einzelinstitutionen, die in ihrer Gesamtheit aus der Berliner Wissenschaft ein Ganzes gemacht haben, das sich nach eigenen Gesetzen bewegt und doch zugleich Bestandteil eines größeren Ganzen ist, in ihrem historischen Wandel eine Aufgabe, die wir hier nicht annähernd lösen können. Es entspringt dem Wissen um das Machbare, wenn die vorliegenden wissenschaftshistorischen Arbeiten, auf die wir uns stützen konnten, keineswegs die Bewegung solcher komplizierter Gesamtheiten über lange Zeiträume behandeln, sondern sich auf die Geschichte einzelner Fachgebiete, Entdeckungen, Institutionen, den Lebenslauf einzelner Persönlichkeiten oder meist noch sehr viel kleinerer Teilstücke aus solchen Vorgängen beschränken.

Was wir den Lesern mit diesem Buch vermitteln wollen, sind Einblicke in jene komplizierte Problematik und der Versuch einer Übersicht. Wir waren dabei bemüht, die Wissenschaft nicht von innen her zu betrachten, wie sie der Fachmann sieht, sondern jene Bindeglieder zu fassen, die sie mit dem gesellschaftlichen Leben der Stadt verknüpfen, auf sie so zu blicken, wie sie sich nach außen hin darbot und nach außen wirkte.

Zweierlei schwebte uns dabei vor allem vor: Orientiert an der Marxschen Grundidee, wollten wir zum einen die tiefgreifende und vielfältige Einbettung der Wissenschaft in den Aufstieg und den Abstieg der kapitalistischen Gesellschaftsordnung im Leben dieser Stadt an einigen wichtigen Zusammenhängen verdeutlichen. Doch ging es uns nicht um die Demonstration der Aussagekraft eines geschichtsphilosophischen Grundprinzips an einem bestimmten Gegenstand, den man mit gleichem Recht auch durch andere Beispiele ersetzen könnte. Vielmehr wollten wir zeigen, daß die gesellschaftliche Determination der Wissenschaftsentwicklung in einem städtischen Komplex auf besondere unwiederholbare, von anderen Ebenen des Verhältnisses von Wissenschaft und Gesellschaft unterschiedene Weise erfolgt.

In einem städtischen Milieu bilden sich Traditionen, mit ihm verknüpfen sich für die Wissenschaftler – besonders wenn sie entscheidende Stationen ihres Lebens darin verbracht haben – ganz spezifische Arbeitsbedingungen und Kommunikationsformen, Bindungen komplexer Art. Eine Stadt entwickelt ein bestimmtes Wissenschaftsklima, einen ebenso leicht spürbaren wie schwer zu analysierenden Zustand ihres gesellschaftlichen Bewußtseins, ein Klima, das steril und bürokratisch sein, aber auch eine geradezu eruptive Fruchtbarkeit des schöpferischen Gedankens ermöglichen kann. Beides belegt die Berliner Vergangenheit.

Uns allen liegt daran, unsere Wissenschaft immer leistungsstärker und praxiswirksamer zu gestalten. Auch die kritische Aufarbeitung ihrer Traditionen kann einiges dazu beitragen. Es ist viele Versuche wert, die Geschichte der Wissenschaft in Berlin nicht als eine staubige Sammlung abgelegter Daten zu betrachten, sondern als einen – im Fluß der Zeit unserem unmittelbaren Zugriff entrückten, aber durch die Mühe des historischen Denkens einholbaren – Prozeß des Werdens, des Suchens und Kämpfens zu sehen, in dessen Nachfolge auch wir heute die Stafette ein Stück weitertragen, um sie dann neuen Generationen zu übergeben.

Anläßlich der Konstituierung des Komitees der DDR zum 750jährigen Bestehen von Berlin betonte Akademiepräsident Werner Scheler: «Auch in der Wissenschaft sind Geschichtsbewußtsein und Tradition starke motivierende Faktoren. Zu wissen, auf welchen hervorragenden Leistungen früherer Jahrhunderte und Jahrzehnte die heutige Wissenschaft baut, zu wissen, aus welchen Händen wir die Fackel der Erkenntnis übernommen haben, um den Weg in die Zukunft zu erschließen, spornt an, treibt zu hohen Zielen.»[3] Dieses Geschichtsbewußtsein weiter auszubauen ist unser Anliegen, das sich der übergreifenden Aufgabe verpflichtet weiß, dazu beizutragen, «den Sozialismus weiter zu stärken und damit den Frieden».[4]

Hubert Laitko

3 Werner Scheler: Unauslöschliche Spuren weltbekannter Gelehrter. In: 750 Jahre Berlin, S. 26.

4 Erich Honecker: Würdiges Jubiläum Berlins, das heute den Ehrennamen «Stadt des Friedens» trägt. In: Ebenda, S. 9.

Anfänge der neuzeitlichen Berliner Wissenschaft 1650–1790

Der mühsame Anfang:
an der Peripherie der Weltwissenschaft

Drei Berliner Gelehrte
am Ausklang des 17. Jahrhunderts

Ein kluger Minister
und die Spuren seines Wirkens

Berlin erhält eine Wissenschafts-
akademie

Korporalstock und Wissenschaft

Wissenschaft und Praxis –
die ersten Annäherungsversuche

Berliner Aufklärungsdenken –
bürgerlich und friderizianisch

Überall regt sich Bildung
und Streben

Der mühsame Anfang: an der Peripherie der Weltwissenschaft

Anno 1642, in der Mitte des 17. Jahrhunderts, starb Galileo Galilei. Mit ihm begann das Zeitalter der neuen, durch den inneren Zusammenhang von Experiment und Mathematik gekennzeichneten Naturwissenschaft. Im gleichen Jahr wurde Isaac Newton geboren, der der Vater des ersten zu einem reifen System entwickelten Gebietes dieser neuen Wissenschaft – der Mechanik – werden sollte. Von diesem mächtigen, vom aufkommenden Bürgertum getragenen Aufschwung des wissenschaftlichen Geistes war bereits die erste Hälfte des Jahrhunderts geprägt – Francis Bacon verkündete die Philosophie der experimentellen Erforschung der Natur, René Descartes schuf die analytische Geometrie und behauptete die Universalität der mechanischen Welterklärung, Pierre Gassendi brachte mit der Wiedererweckung des schon in der Antike entstandenen Denkschemas der Atomistik ein Prinzip von unerhörter Fruchtbarkeit in die neuzeitliche Naturwissenschaft, Johannes Kepler entdeckte die Bewegungsgesetze der Planeten, William Harvey den Blutkreislauf.

Das alles geschah fern von Spree und Havel. Wann immer von kühnen neuen Ideen die Rede war – die Residenz der brandenburgischen Kurfürsten wurde dabei schwerlich genannt. Sie besaß nicht einmal eine Universität – zu einer Zeit, als die entwickelten Teile Europas bereits von Universitäten übersät waren, wenngleich diese hohen Schulen meist eher Zwingburgen erstarrter scholastischer Dogmatik und Rhetorik denn Heimstätten vorurteilsfreier Naturforschung waren. Brandenburg war während des Dreißigjährigen Krieges Heerlager und Kriegsschauplatz, und seine Residenz, auch sonst nicht von europäischer Bedeutung, hatte unter diesen mißlichen Umständen zum Geistesleben kaum etwas beizusteuern. Wo die Schwerter klingen, schweigen die Musen. Hunger, Seuchen, Entvölkerung, unbeschreibliche Not – wer sollte da den Mut und die Muße finden, in die abstrakten Höhen des wissenschaftlichen Denkens aufzusteigen?

Universitätsstädte 1700 (Auswahl, in Klammern die Gründungsjahre)
1. Paris (1160)
2. Oxford (1167)
3. Padua (1222)
4. Coimbra (Portugal) (1290)
5. Prag (1348)
6. Kraków (1364)
7. Wien (1365)
8. Heidelberg (1386)
9. Erfurt (1392)
10. Leipzig (1409)
11. Rostock (1419)
12. Barcelona (1450)
13. Greifswald (1456)
14. Basel (1460)
15. Uppsala (1477)
16. Kopenhagen (1479)
17. Wittenberg (1502)
18. Frankfurt/Oder (1506)
19. Jena (1558)
20. Leiden (1575)
21. Amsterdam (1632)
22. Cambridge Mass. (1638)
23. Halle/Saale (1694)

Und doch war auch das schwache und geplagte Berlin nicht ganz ohne Voraussetzungen, den Anschluß an die Wissenschaft zu gewinnen. Der brandenburgische Kurstaat hatte nicht nur im fernen Königsberg eine Universität, die dort seit 1544 bestand, sondern auch direkt vor den Toren Berlins eine noch ältere Gründung, die seit 1506 tätige Viadrina in Frankfurt an der Oder, die in der Rezeption fortschrittlichen westeuropäischen Gedankengutes in Brandenburg während des 17. Jahrhunderts eine bedeutende Rolle spielte. Freilich waren die rund 80 Kilometer, die Frankfurt und Berlin/Kölln trenn-

Das große Collegienhaus der Universität Frankfurt (Oder)
Aquarell von Hugo Mühle 1858
Die Viadrina bestand von 1506 bis 1811. Der Lebensweg vieler berühmter Persönlichkeiten ist mit der Geschichte dieser brandenburgischen Landesuniversität verbunden. Hier erhielten ihre Ausbildung oder lehrten: Thomas Müntzer, Ulrich von Hutten, Christian Thomasius, Alexander Gottlieb Baumgarten, Leonhard Christoph Sturm, Carl Philipp Emanuel Bach, Heinrich von Kleist, Wilhelm und Alexander von Humboldt.

ten, in jener Zeit eine ernst zu nehmende Entfernung. Nichtsdestoweniger hat die Viadrina, die zugleich eine wichtige Ausbildungsstätte für Ost- und Südosteuropa war, die Entwicklung des geistigen Lebens in der Residenz nachhaltig beeinflußt; zahlreiche in Berlin wirkende Gelehrte hatten ihre Ausbildung ganz oder teilweise in Frankfurt genossen. Frankfurter Medizinprofessoren waren Leibärzte am Hof des brandenburgischen Kurfürsten und wirkten damit natürlich auf die Gestaltung des hauptstädtischen Medizinalwesens. Schließlich übte die Universität die Aufsicht über die Schulen in Brandenburg aus und führte regelmäßige Schulvisitationen durch. Vor allem zwei dieser Schulen hatten Ansehen und Format.

Die eine war das seit 1574 bestehende Berlinische Gymnasium zum Grauen Kloster im ehemaligen Franziskanerkloster in der Klosterstraße, so benannt nach der grauen Tracht der Mönche. In diesen Mauern hatte nach der Säkularisierung des Klosters im Gefolge der Reformation schon der berühmte Leonhard Thurneisser gewirkt, der unter allen in Berlin ansässigen Gelehrten wohl am ehesten den Typus des himmelstürmenden Renaissancemenschen verkörperte – Denker, Experimentator, Projektemacher und neben vielem anderen auch der erste Buchdrucker in Berlin.

Die andere war das Joachimsthalsche Gymnasium, nach dem Vorbild der sächsischen Fürstenschule St. Afra zu Meißen im Jahre 1607 in Joachimsthal in der Mark Brandenburg gegründet, doch 1636 im Dreißigjährigen Krieg zerstört und 1650 in Berlin erneut eingerichtet. Das war schon nahezu alles an bescheidenen Anfängen wissenschaftlichen Lebens, über das die Doppelstadt nach dem Krieg verfügte, wenn man von dem 1573 geschaffenen und im Krieg verwilderten Garten am Schloß des Kurfürsten und einer seit 1598 im Schloß (im sogenannten Apothekenflügel) befindlichen und mit einem gut ausgestatteten Laboratorium versehenen Apotheke absieht.

Es war ein schwieriger Beginn nach den Verwüstungen und der Agonie des Krieges. Kurfürst Friedrich Wilhelm hatte 1640 von seinem ewig taktierenden Vater Georg Wilhelm ein schwieriges Erbe übernommen, und er mußte Energie und Konsequenz aufbieten, um sein Programm zu verwirklichen.[1] Dieses Programm lag im Zug der Zeit und hatte europäische Vorbilder: der Aufbau eines starken absolutistischen Regimes, das einerseits die machtpolitischen Ambitionen des Adels einschränkte, die ständischen Mitspracherechte zurückdrängte, andererseits dem Adel dafür die überwiegende Mehrheit der Bevölkerung, insbesondere die leibeigenen und abhängigen Bauern, zu skrupelloser Ausbeutung auslieferte. Damit war die Gesamtmacht der Feudalklasse besser gesichert als unter den chaotischen Verhältnissen einander ungehemmt befehdender Adelsgeschlechter. Zugleich aber waren größere, einheitlich und mit harter Hand regierte Territorien günstig für die Herausbildung kapitalistischer Produktionsverhältnisse. Der Absolutismus war die Form, in der die Entfaltung der neuen Produktionsverhältnisse für längere Zeit mit der feudalen Machtausübung verträglich war, freilich um den Preis politischer Macht- und Rechtlosigkeit des diese Verhältnisse mit tragenden Bürgertums und begrenzt auf den Zeitraum, in dem das Bürgertum noch zu schwach war oder sich jedenfalls zu schwach glaubte, um diesen Preis aufkündigen zu können.

Friedrich Wilhelm arbeitete zielstrebig darauf hin, seine Position als mächtigster Feudalherr des Staates und zentraler

Graues Kloster
Aufnahme um 1905
Das «Berlinische Gymnasium zum Grauen Kloster», die erste Landesschule für die gesamte Mark Brandenburg, entwickelte sich in den folgenden Jahrhunderten zu einer der bedeutendsten Lehr- und Bildungsstätten Berlins. Der Gebäudekomplex wurde im April 1945 von einer Bombe getroffen und bis auf die Umfassungsmauern der Klosterkirche zerstört. Teile der wertvollen Bibliothek und des Archivs des ehemaligen Gymnasiums befinden sich heute in der Berliner Stadtbibliothek.

Leonhard Thurneisser zum Thurm
Kolorierter Kupferstich, anonym. Um 1580
Die Gestaltung des Holzschnittes erinnert an die Darstellungen, wie sie auf den Titelblättern von Schriften Thurneissers, insbesondere für den «Pison» (Beschreibung der deutschen Flüsse und Salzbrunnen sowie ihrer Pflanzenwelt und Mineralvorkommen) und der «Historia» (Kräuterbuch), zu finden sind. Eine ähnliche Bildanlage war auf einem Gobelin in der ehemaligen königlichen Kunstkammer zu sehen. Die Bildnisse tragen die Umschrift: «Der wahre Schmuck liegt in der Jugend, welche sich am meisten kundgibt durch große Verdienste um das Gemeinwesen.» In allegorischer Form sind auf dem Holzschnitt Symbole seiner vielfältigen Beschäftigung gruppiert: Quadrant, Globus und Zirkel, Krüge und Phiolen sowie physikalische und chemische Gerätschaften.

Die Schloßapotheke im Lustgarten
Zeichnung von Gustav Guthknecht. 1881
Der Hofapotheker Michael Aschenbrenner, der auch eine Ausbildung bei Thurneisser absolvierte, führte gemeinsam mit dem Dresdner Baumeister Peter Kummer d. Ä. den Bau der Schloßapotheke aus. Die Hofapotheke befand sich seit dem Ende des 16. Jahrhunderts in der unteren Etage des Renaissanceflügels des Berliner Schlosses. 1885 wurde durch den Bau der Kaiser-Wilhelm-Brücke (heute Liebknecht-Brücke) ein Teil des Gebäudes abgerissen und die Apotheke in das Schloß Monbijou verlegt.

Repräsentant der Feudalität auszubauen. Mit einem solchen Programm war auch eine Autonomie der Städte nicht vereinbar. In den Städten sollte nicht ein selbstbewußtes Patriziat den Fürsten Trotz bieten; sie sollten vielmehr als Funktionselemente im zentralistischen System Aufgaben der fürstlichen Machtsicherung erfüllen. Das galt in ganz besonderem Maße für die Residenz. Der Auftrag der Residenz, fürstliche Macht zu repräsentieren, kam der Herausbildung von Gelegenheiten für wissenschaftliche Arbeit entgegen, sofern der Herrscher geistiges Leben als Komponente seiner Hoheit und seines Glanzes empfand, und das war bei Friedrich Wilhelm in gewissem Maße der Fall.

Auch die beiden Städte Berlin und Kölln, die sich bereits 1307 zusammengeschlossen hatten und 1432 ihre Vereinigung erneuerten und bekräftigten, waren ein Herd lebhafter Autonomiebestrebungen und als solche den seit 1415 das Land regierenden Hohenzollern ein Dorn im Auge. Diese wurden mit dem Problem zwar nicht ohne Schwierigkeiten fertig, aber sie meisterten es. 1442 erzwang der Kurfürst die Trennung beider Städte, um ihren Einfluß zu schwächen. Kölln mußte ihm im sumpfigen, unbebauten Nordwestteil der von der Spree und einem Nebenarm gebildeten Insel einen Platz für den Bau einer Burg abtreten. Die Bürger wehrten sich dagegen im «Berliner Unwillen» von 1447/48, doch vergebens. Der Aufstand wurde niedergeschlagen, die Städte wurden endgültig unterworfen und in Residenzen der Kurfürsten von Brandenburg umgewandelt. Der um 1450 begonnene Bau der kurfürstlichen Burg in Kölln, des späteren Schlosses, symbolisierte die Unterwerfung. Mit ihm entwickelte sich Kölln zum politi-

1 Siehe Bruno Gloger: Friedrich Wilhelm. Kurfürst von Brandenburg, Berlin 1985.

Im Interesse der Befestigung absolutistischer Herrschaft war die Kirchenpolitik des brandenburgisch-preußischen Staates auf einen Ausgleich der konfessionellen Gegensätze gerichtet. Dem entsprach auch, daß sich die Herrscher der Idee der Toleranz zuwandten, die mit den fortschrittlichen Gedanken der bürgerlichen Aufklärungsbewegung verbunden war, und dieser eine ihren Interessen entsprechende Auslegung gaben. Praktische Bedeutung erhielt dies vor allem im Zusammenhang mit der für den Absolutismus charakteristischen, durch das Interesse an wirtschaftlich leistungsfähigen Untertanen geprägten Einwanderungspolitik des brandenburgisch-preußischen Staates.
750 Jahre Berlin. Thesen, Berlin 1986, S. 20.

schen Zentrum Brandenburgs. «Gegeben zu Cölln an der Spree» – so wurde bis zum Beginn des 18. Jahrhunderts in kurfürstlichen Schriftstücken aus der Hauptstadt der Ort ihrer Ausfertigung angegeben.

Das Land, dessen Hauptstadt Berlin-Kölln war, wurde infolge der Expansionspolitik der Hohenzollern immer größer, zersplitterter und unübersichtlicher und umfaßte allmählich eine ganze Reihe von Territorien, die voneinander durch andere Staaten geographisch getrennt waren. 1614 sicherten sich die Hohenzollern die Erbfolge in den niederrheinischen Gebieten Kleve, Mark und Ravensberg, einem Terrain mit bereits relativ hochentwickelten Gewerben. 1618 erbten sie das spätere Ostpreußen mit der Hauptstadt Königsberg, das als Rest des früheren Ordensritterstaates übriggeblieben war und von dem die in der Folge auf den gesamten Herrschaftsbereich der Hohenzollern ausgedehnte Staatsbezeichnung «Preußen» herrührte.

Auch nach dem Abschluß des Dreißigjährigen Krieges standen die Hohenzollern auf der Liste der territorialen Gewinner: Mit dem 1648 geschlossenen Frieden von Münster und Osnabrück verleibten sie sich Hinterpommern ein und erwarben die Anwartschaft auf das Gebiet des Erzbistums Magdeburg mit Halle an der Saale als Hauptstadt, das ihnen 1680 endgültig zufiel. Das so entstandene Staatsgebilde erstreckte sich in Ost-West-Richtung über mehr als 1 000 Kilometer. Es war nicht nur geographisch zersplittert, sondern auch infolge jahrhundertelanger Eigenentwicklung der einzelnen Teilgebiete wirtschaftlich, sozial und ideologisch heterogen. Am Niederrhein und bei Halle hatten Gewerbe und Handel ein fortgeschrittenes Niveau erreicht, in den ostelbischen Gebieten herrschte feudale Zurückgebliebenheit und die harte Knute der Leibeigenschaft.

Dem religiösen Bekenntnis nach, das damals den beherrschenden Rahmen des gesamten geistigen Lebens bildete, war der Gesamtstaat zwar protestantisch, doch er war wiederum in sich geteilt in die Reformierten, meist im Westen und in den Residenzen, und die Massen der lutherischen Bevölkerung. 1539 hatten die Hohenzollern in ihrem Land im Zuge der Reformation den lutherischen Glauben eingeführt, waren jedoch selbst schon 1613 zum Kalvinismus übergetreten; das war eine Entscheidung machtpolitischer Zweckmäßigkeit, die sie nicht davon abhielt, aus den gleichen Motiven innerhalb des Landes religiöse Toleranz zu üben.

Diese Toleranz blieb in einer Zeit fortdauernder konfessioneller Zwistigkeiten ein übergreifendes Moment der Machtausübung und bildete in der insgesamt wenig günstigen Ausgangslage für die Entwicklung des wissenschaftlichen Lebens in Berlin einen bedeutenden Pluspunkt. Insbesondere ermöglichte sie, die außerordentliche Chance entschlossen zu nutzen, die sich aus dem Edikt von Fontainebleau im Jahre 1685, das die Duldung der reformierten Protestanten im katholischen Frankreich aufhob, und dem sofort einsetzenden Auswanderungsstrom französischer Hugenotten für die innere Stärkung Brandenburgs ergab. Bereits 1671 war das Judenedikt erlassen worden, das jüdischen Familien erlaubte, sich im Lande anzusiedeln.

Nach dem Dreißigjährigen Krieg wurden die Residenzen forciert entwickelt und gegenüber anderen Städten des Staatsgebietes bevorzugt.[2] Schnell wuchs die im Krieg dezimierte Einwohnerzahl wieder. 1654 lebten hier etwa 10 000 Menschen, 1685 waren es bereits 17 500. Der Ausbau der Doppelstadt zu einer Festung ließ keinerlei Zweifel daran, daß diese ganze Entwicklung der Festigung der absolutistischen Macht und nicht in erster Linie einem Zuwachs an Existenzsicherheit und Lebensqualität des Volkes diente. Auf der Berliner Seite wurden die Bollwerke bis 1662 errichtet; sie verliefen etwa entlang der heutigen S-Bahn-Strecke. Auf der Köllner Seite erinnern die Oberwall-, die Niederwall- und die Wallstraße an die einst dort befindlichen Festungsanlagen, die erst 1683 vollendet wurden. 13 Bastionen, fünf auf der Berliner und acht auf der Köllner Seite, sicherten die Gesamtanlage. Seit 1658 wurde der innerhalb der Stadtbefestigung liegende Werder zur Bebauung freigegeben. Das Gebiet erhielt 1662 den Namen Friedrichswerder und wurde zur selbständigen, nunmehr dritten Stadt nach Berlin und Kölln erhoben. Beiderseits der vom Schloß nach dem Tiergarten führenden Straße Unter den Linden, die 1647 zu einer Allee gestaltet worden war, entstand schon außerhalb der eigentlichen Befestigungsanlage die Neustadt, seit 1674 als Dorotheenstadt selbständige Stadtgemeinde. Als fünfte Residenzstadt kam 1691 die Friedrichstadt hinzu, das Gebiet beiderseits der Friedrichstraße südlich der Dorotheenstadt.

Gegen Ende des Jahrhunderts hatte sich so die Doppelstadt zu einem Städtequintett entfaltet. Um sie herum gruppierten sich die nicht zu den Residenzen gehörenden Vorstädte: seit etwa 1680 Neukölln am Wasser, ebenfalls seit dem ausgehenden 17. Jahrhundert die Köpenicker Vorstadt (ab 1802 Luisenstadt), die Stralauer Vorstadt, die Königsstadt, die Spandauer Vorstadt und schließlich im 18. Jahrhundert die Friedrich-Wilhelm-Stadt. Für die Wissenschaft bedeutsam wurden vor allem Berlin, Kölln und die Dorotheenstadt.

Alle Rechte / Privilegia und andere Wolthaten deren in obstehenden Puncten und Articulen erwehnet worden / sollen nicht allein denen so von nun an ins Künfftige in Unsern Landen anlangen werden / sondern auch denjenigen zu gut kommen / welche vor publication dieses Edicts der bißanherigen Religions-Verfolgungen halber aus Frankreich entwichen / und in gedachte Unsere Lande sich retiriret haben / die aber / so der Römisch-Catholischen Religion zugethan / haben sich deren in keinerley weise anzumassen.

Edikt von Potsdam des brandenburgischen Kurfürsten Friedrich Wilhelm vom 29. Oktober 1685 über die Ansiedlung der aus religiösen Gründen aus Frankreich geflüchteten Hugenotten, Paragraph 13. Unveränderter fotomechanischer Nachdruck der Originalausgabe im Zentralen Staatsarchiv, Dienststelle Merseburg. Hrsg. von der Generaldirektion der Staatlichen Schlösser und Gärten Potsdam-Sanssouci 1985.

2 Siehe: Berlin. 800 Jahre Geschichte in Wort und Bild. Von einem Autorenkollektiv unter Leitung von Roland Bauer und Erik Hühns, Berlin 1980.

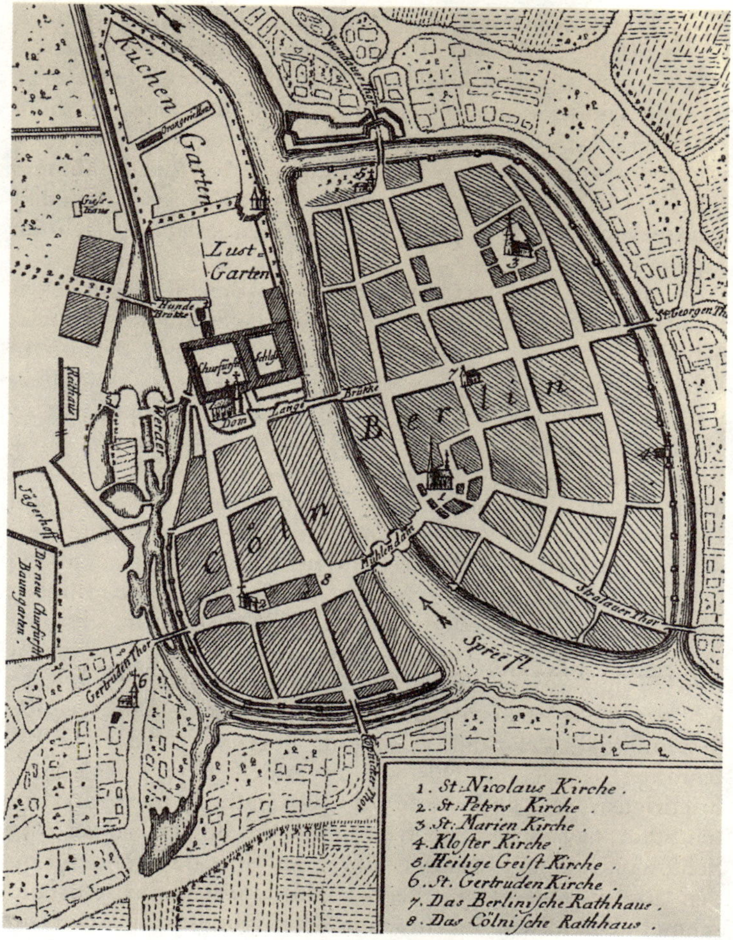

Grundriß der Kurfürstlichen Residenz-Städte Berlin und Cölln
Kolorierter Kupferstich, anonym. 1640
Ältester in der Deutschen Staatsbibliothek vorhandener Lageplan Berlins. Er bietet eine Vorstellung von der Größe und Gestaltung der Städte, bevor sie ab 1658 von Johann Gregor Memhardt nach den neuesten Erfahrungen damaliger Fortifikationskunst zu einer Festung ausgebaut wurden. Johann Arnold Nering vollendete 1683 den Befestigungsgürtel.

Nach den Schrecken des Krieges erholte sich auch das geistige Leben wieder. 1650 wurde das Joachimsthalsche Gymnasium, nunmehr innerhalb Berlins, als reformierte Einrichtung unter dem alten Namen wiedereröffnet. Von der Neugründung bis 1700 besuchten im Durchschnitt 72 Zöglinge jährlich die angesehene Anstalt, die 1688 ein eigenes Gebäude in der Burgstraße erhielt. 1698 konnte das Lehrerkollegium mit Stolz darauf verweisen, daß aus den Schülern des Joachimicums «Doctores Theologiae, Juris, Medicinae, Professores Academiarum und gute Schulmänner geworden seien, ja daß fast kein Collegium sowohl der Ministrorum als auch theologisches, politisches und civilisches in dieser Stadt gefunden werde, in dem von den ehemaligen Discipuli (Schülern – *d. Verf.*) nicht sollten Bediente und wohlverdiente Männer gefunden werden».[3]

Nicht geringer waren die Erfolge, deren sich das weiterhin lutherische Gymnasium zum Grauen Kloster rühmen konnte. Rektor Tiburtius Rango, der in den Niederlanden modernes naturwissenschaftliches Wissen kennengelernt hatte und der auch mit Otto von Guericke in Magdeburg in Verbindung stand, brachte es nach dem Krieg wieder in die Höhe. Sein Nachfolger im Amt wurde 1668 Gottfried Weber, Sohn eines Berliner Bürgermeisters. Er begründete die Bibliothek des Gymnasiums[4] und führte 1673 und 1682 neue Lehrpläne ein, die – wenngleich die altsprachlich-theologische Ausbildung weiterhin dominierte – der Mathematik, der Physik, der Geo-

Das Joachimsthalsche Gymnasium in der Heiligegeiststraße Feder- und Tuschzeichnung von Johann Friedrich Walther. Um 1737
Nach dem Dreißigjährigen Krieg wurde der Unterricht wieder aufgenommen, ab 1650 für die höheren Klassen im Schloß und für die Elementarschüler im Haus Brüderstraße 45, danach im Gebäude Burg-/Ecke Königstraße und Poststraße 1. Ab 1688–1880 erfolgte die Ausbildung in den Gebäuden Burgstraße 22 und Heiligegeiststraße 5.

graphie und der Geschichte größeres Gewicht beimaßen. Zu diesen beiden Gymnasien kam in Berlin unmittelbar nach dem 1685 erlassenen Edikt von Potsdam, das eine großzügige Ansiedlung von Hugenotten ermöglichte, noch eine französische Bildungsanstalt hinzu. In den brandenburgischen Residenzen bestand schon seit 1672 eine reformierte Gemeinde. 1713 lebten hier fast 6000 Hugenotten, rund ein Viertel der Gesamtbevölkerung – ein Menschenschlag von besonderer Regsamkeit, der fortgeschrittene Erfahrungen in Handel und Gewerbe mitbrachte und auch das geistige Leben der Residenzen nachhaltig prägte. Ein kurfürstliches Privileg gestat-

3 Zit. in: Festschrift zum 300jährigen Jubiläum des königlichen Joachimsthalschen Gymnasiums am 24. August 1907, Teil I, Halle 1907, S. 264.

4 Siehe Peter P. Rohrlach: Die Bibliothek des ehemaligen Berlinischen Gymnasiums zum Grauen Kloster. In: Beiträge zur Berliner Bibliotheksgeschichte, Berlin 1981, Heft 1, S. 7–36.

Französisches Gymnasium in der Niederlagstraße 1/2 Um 1880
Im Jahre 1702 erwarb die Gemeinde der französischen Réfugiés – Hugenotten – das Gebäude, in dem sich dann bis 1873 ihr «Collège français» befand. Trotz bedeutender Leistungen einzelner Lehrkräfte war das französische Gymnasium in den ersten Jahren in seinem Bildungsprogramm den anderen Berliner höheren Schulen nicht ebenbürtig. Durch den vielseitigen Jean Pierre Erman (Direktor von 1766 bis 1814) wurden die wesentlichen Bedingungen geschaffen, die das hohe kulturelle und wissenschaftliche Ansehen dieser Bildungsstätte begründeten.

tete 1689 die Gründung des Collège Français; der Regent beschloß, «ein Collegium aus Churfürstlicher freygebigkeit zu stiften, worein dieselbe (Jugend – *d. Verf.*) ... in der Gottesfurcht und guten sitten, nicht weniger als in der Lateinischen Sprache, Eloquentz, Philosophie und Mathematischen wissenschaften informiret» werden sollte.[5]

Auch in den höchsten Ausbildungsstufen nahmen die Möglichkeiten des kurfürstlichen Staates allmählich zu. Seit 1654 gab es die kalvinistische Universität in Duisburg. Wenn auch der auf den Schweden Benedikt Skytte zurückgehende Gedanke, in Tangermünde eine «Universitas Brandenburgica Gentium, Scientiarum et Artium» (eine brandenburgische Universität der Völker, der Wissenschaften und der Künste) als Heimstatt für in ihren Ländern aus religiösen und weltanschaulichen Motiven verfolgte hervorragende Wissenschaftler zu gründen, 1667 nicht ausgeführt wurde, so bestand dafür seit 1694 in Halle an der Saale eine Universität, die später zu einem der bedeutendsten Zentren der bürgerlichen Aufklärung in Deutschland wurde. Vor allem blühte die Viadrina.

Besonderes Renommé hatte die Universität an der Oder auf medizinischem Gebiet errungen. Sie ist als ein «Amsterdam des Ostens» bezeichnet worden, und das bedeutete damals nicht wenig, denn die Niederlande waren das geistig freieste Land Europas, zugleich Heimstatt einer fortgeschrittenen und vorurteilsfreien Medizin. Niederländische Ärzte, die am brandenburgischen Hof wirkten, brachten dieses neue Denken mit. Umgekehrt ging der ehemalige Frankfurter Medizinprofessor Bernhard Albinus, der 1684 an der Viadrina das Anatomische Theater gegründet hatte, nach seiner Tätigkeit als Leibarzt am Berliner Hof im Jahre 1702 als Professor nach Leiden, wo er eine angesehene Ärzteschule begründete, die sich neben der Schule des berühmten Hermann Boerhaave behaupten konnte.

Es wurde bereits erwähnt, daß Frankfurter Medizinprofessoren als Leibärzte am kurfürstlichen Hof tätig waren und damit auch die Entwicklung des Medizinalwesens in den Residenzstädten beeinflußten. Bereits 1661 forderten die kurfürstlichen Leibärzte die «Aufrichtung eines wohlbestälten Collegii medici in den beiden residentien Berlin und Cölln». Der Entwurf einer entsprechenden Anordnung sah vor: «Mit der medicinischen facultät Unserer universität zu Frankfurt an der Oder soll dieses collegium allezeit in guter correspondentz und vernehmen stehen ...»[6] Diese Anordnung trat zwar zunächst nicht in Kraft, aber die zitierte Festlegung war fast wörtlich in der brandenburgischen Medizinalordnung von 1685 enthalten, der Geburtsurkunde des Collegium medicum, einer Art Fachvereinigung der Leib- und Hofärzte.

Die Leibärzte kümmerten sich nicht nur um die Organisation des Medizinalwesens, sondern erwarben sich auch um die praktische Botanik und Gartengestaltung Verdienste. Die Gärten hatten die Hofapotheke mit Kräutern für die Arzneimittelherstellung zu beliefern. Besonders zu nennen ist hier der Leibarzt Johann Sigismund Elsholz, der als Botaniker und Gartengestalter nicht nur lokales Ansehen genoß, sondern auch Mitglied der 1652 in Schweinfurt gegründeten Academia Naturae Curiosorum – der heutigen Leopoldina in Halle – war. Elsholz bemühte sich darum, den im Krieg verwilderten Garten am Schloß neu zu gestalten; bis 1664 wurden hier 950 Pflanzenarten kultiviert. Freilich war es dem Garten bestimmt, bald unter den preußischen Militärstiefel zu geraten: Nachdem bereits für den Bau der Befestigungsanlagen und für den Ausbau des Schlosses um 1700 ein beträchtlicher Teil des kultivierten Landes verlorengegangen war, wurde der Garten 1715 zum Paradeplatz für das Militär Friedrich Wilhelms I.

1679 begann vor den Toren der Stadt im Südwesten durch die Umgestaltung eines Hopfengartens die Anlage eines botanischen Gartens, in dem die verschiedensten Pflanzenarten gezogen wurden.[7] Am Ausgang des Jahrhunderts entstanden

Die Emanation der Viadrina erstreckte sich nicht nur auf Deutschland und die ostmitteleuropäischen Länder, sondern darüber hinaus auf sämtliche Staaten Westeuropas, auf Nord- wie Südeuropa, Nordost-, Südost- und Osteuropa. Werke ihrer Gelehrten sind auch in West- und Südeuropa gedruckt worden – in den Niederlanden, England, Frankreich, der Schweiz, Italien – sowie in Polen. Bücher aus Frankfurt/Oder erschienen in Amsterdam – in diesem literarischen Exil der europäischen Aufklärung besonders häufig –, im Haag, in Leiden, Utrecht, Oxford, Paris, Straßburg, Basel, Zürich, Genf, Venedig, Neapel. An der Viadrina vorgetragene Ideen haben europäische Verbreitung gefunden. Im 17. und frühen 18. Jh. wurden von Oxford bis Siebenbürgen Lobeshymnen auf die Universität Frankfurt an der Oder angestimmt.
Günter Mühlpfordt: Die Oder-Universität 1506-1811. In: Die Oder-Universität Frankfurt. Beiträge zu ihrer Geschichte, Weimar 1983, S. 24.

5 Zit. in: Festschrift zur Feier des 200jährigen Bestehens des Königlichen Französischen Gymnasiums, Berlin 1890, S. 6.
6 Zit. in: Manfred Stürzbecher: Beiträge zur Berliner Medizingeschichte. Quellen und Studien zur Geschichte des Gesundheitswesens vom 17. bis zum 19. Jahrhundert, Berlin (West) 1966, S. 15/16.
7 Siehe Ignaz Urban: Geschichte des Königl. Botanischen Gartens und des Königl. Herbariums zu Berlin. In: Jahrbuch des Königl. botanischen Gartens und des botanischen Museums zu Berlin, Bd. 1, Berlin 1881.

Die Bibliothek ist hier so großartig untergebracht, daß ich nicht weiß, wie es besser sein könnte. Sie verdient es durchaus, denn sie ist eine der schönsten der Erde, sowohl hinsichtlich der Bücherzahl wie der Auswahl. Das ihr angegliederte Medaillenkabinett verdient den Besuch und die Aufmerksamkeit aller, die Sehenswürdigkeiten lieben ...
Charles Patin: Quatres relations historiques, Basle 1673, über die Berliner Bibliothek. Zit. in: Kurt Tautz: Die Bibliothekare der Churfürstlichen Bibliothek zu Cölln an der Spree. Ein Beitrag zur Geschichte der Preußischen Staatsbibliothek im 17. Jahrhundert, Leipzig 1925, S. 55, frz.

Kurfürst Friedrich Wilhelm und seine Bibliothek: Friedrich Wilhelms Interesse für Bücher führte bald zu einem starken Anwachsen der Bibliothek. Großzügige Spenden des Landesherrn und gesicherte Einkünfte aus Strafgeldern, die von den Gerichten überwiesen wurden, erlaubten laufend Neuanschaffungen, manchmal den Ankauf ganzer Sammlungen. Viele Autoren widmeten dem Kurfürsten ihre Werke, weil sie dann mit einem Geschenk rechnen konnten. Unter den Sendungen des Fürsten Johann Moritz (von Nassau-Siegen – *d. Verf.*) befand sich der großformatige, etwa einhundertfünfundzwanzig Kilogramm schwere Weltatlas, der heute als «Kurfürstenatlas» in der Kartenabteilung der Deutschen Staatsbibliothek in Berlin ausgestellt ist. Zahlreiche Gemälde vom Tier- und Pflanzenreich Brasiliens, Vorlagen für Wandteppiche, wurden in Berlin zu vier Bänden vereinigt.

Glas- und Treibhäuser, auch eine Orangerie wurde angelegt. Dadurch nahm die Einrichtung den Charakter eines Lustgartens an.

Die Skizze der bescheidenen Anfänge wäre unvollständig, wollten wir eine folgenreiche Gründung mit Stillschweigen übergehen. 1661 wurde die kurfürstliche Bibliothek eröffnet, für die der Architekt Johann Gregor Memhardt im sogenannten Apothekenflügel des Residenzschlosses an der Spree Räume herrichten ließ. Diese Bibliothek, für deren Entwicklung Kurfürst Friedrich Wilhelm ein großes persönliches Interesse bewies, hatte in ihrer weiteren Tätigkeit manche Schwierigkeiten zu bestehen, doch sie wurde zur wichtigsten Schatzkammer der Berliner Wissenschaft, aus der schließlich die Deutsche Staatsbibliothek hervorging. 1687 begann der Bau eines speziellen Bibliotheksgebäudes zwischen Schloß und Spree, das für 40 000 Bände geplant war; wäre dieser Bau nicht nach dem Herrscherwechsel 1688 eingestellt worden, dann wäre die kurfürstliche Bibliothek die erste deutsche Bibliothek mit einem eigens dafür erbauten Haus geworden. 1688 besaß die Bibliothek 20 000 Druck- und 16 000 Handschriften – ein für Berliner Verhältnisse bedeutender, im europäischen Vergleich jedoch bescheidener Bestand.

Der erste Bibliothekar war hier der bereits 1659, noch vor der Eröffnung, eingestellte Johann Raue, der einer Berliner Gelehrtenfamilie entstammte und von seiner Tätigkeit als Professor in Erfurt und Rostock und an anderen wissenschaftlichen Einrichtungen genügend Weltoffenheit mitbrachte. Raue, der sich für eine stärkere Berücksichtigung der «Realia», der Naturwissenschaften, im Bildungswesen einsetzte, hatte das Glück, die Aufmerksamkeit des berühmten Pädagogen Jan Amos Komenský zu erregen. Er war selbst aktiver Pädagoge, seit 1654 Generalinspektor aller Schulen in der Mark Brandenburg und gleichzeitig Professor am Joachimsthalschen Gymnasium, an dem er bis zu seinem Tode 1679 wirkte.

Christoph Hendreich, der die Viadrina absolviert hatte und später als Professor des Öffentlichen Rechts und der Geschichte an dieser Universität lehrte, erhielt 1665 vom Kurfürsten den Auftrag zur Erarbeitung der Bibliothekskataloge. Er wirkte bis zu seinem Tode 1702 an der Bibliothek und beschränkte sich keineswegs auf das Katalogisieren, sondern setzte auch seine wissenschaftlichen Arbeiten fort. 1682 veröffentlichte er ein historisches Werk unter dem Titel «Derer die Mark zu Brandenburg betreffenden Sachen Erster Entwurf», und 1687 erschien in lateinischer Sprache seine Abhandlung über die Frühgeschichte der Bibliothek («Notitia bibliothecae, quam ... Fridericus Guilielmus ... in aula sua Colonia ad

Spream fundavit»). Noch mit einem weitaus größeren Projekt befaßte er sich, einem umfassenden bibliographischen Gelehrtenlexikon, den «Pandectae Brandenburgicae». Freilich konnte er davon 1699 nur den ersten Band mit den Buchstaben A und B vorlegen – wie oft war später ehrgeizigen Berliner Projekten ein ähnliches Schicksal beschieden. Der Jenenser Professor Johann Franz Buddeus erwähnte dieses Werk 1709 in seinem «Allgemeinen Historischen Lexicon» nur als eine Fleißarbeit, der es jedoch an «ordnung in anführung der Schriften» mangelte, während die Royal Society in London es durchweg positiv aufnahm.

Es wäre gewiß vermessen, wollten wir in diesen frühen Bestrebungen schon Andeutungen auf Spezifika des späteren Berliner Wissenschaftssystems zu erkennen versuchen. Eines aber läßt sich bereits in den Anfängen sehen: Die Männer, die die Entwicklung auf wissenschaftlichem Gebiet vorantrieben, waren in der Regel keine Stubengelehrten, sondern zugleich Praktiker auf diesem oder jenem Gebiet, Ärzte, Pädagogen, Gartengestalter, Verwaltungsfachleute, sie waren in mehreren Instituten zugleich tätig, und sie waren häufig weitgereiste und welterfahrene Leute. Das ist gewiß kein Berliner Lokalspezifikum, sondern eher eine Entwicklungsbedingung der Wissenschaft überhaupt, aber es war jedenfalls in den fruchtbarsten Perioden der Berliner Wissenschaft in hohem Maße ausgeprägt.

Um alle Belange seiner Bibliothek kümmerte sich Friedrich Wilhelm besonders intensiv, vor allem um Anschaffungen für seine Interessengebiete Militärwissenschaften, Geometrie und Mathematik, Botanik, Gartenbau sowie orientalische und asiatische Sprachen. Fremde Sprachen schätzte er allerdings nur als Hilfsmittel für Handelsgeschäfte. Der Bibliothek wurden im Berliner Stadtschloß große, helle Räume zugewiesen. Neben dem großen Büchersaal gab es auch ein Handschriften- und ein Raritätenkabinett (als Vorstufe der späteren Staatlichen Museen) sowie ein Lesezimmer.
Bruno Gloger: Friedrich Wilhelm. Kurfürst von Brandenburg, Berlin 1985, S. 209.

Drei Berliner Gelehrte am Ausklang des 17. Jahrhunderts

Bei den angeführten Zuständen darf es nicht verwundern, daß die Anfänge der Berliner Wissenschaft kaum von einer Kontinuität gekennzeichnet waren, in der etwa ein Erfolg den nächsten drängte. Nicht immer strahlte das Licht der Erkenntnis hell am Himmel dieser Stadt, oftmals flackerte es oder drohte gar zu verlöschen, abhängig davon, ob der jeweils regierende Hohenzoller die Wissenschaft als einen Prestigefaktor oder wenigstens als ein schmückendes Ornament des Absolutismus ansah, ob er bei seinen dominanten Bestrebungen zur Vergrößerung der Heeresmacht und bei den häufigen diplomatischen und kriegerischen Verwicklungen seiner Politik auch ein wenig Aufmerksamkeit für die Wissenschaft erübrigen konnte, ob bei ihm weitsichtige oder aber beschränkte Beamte das Sagen hatten. Ein unzerreißbares ökonomisches Band, das die Interessen der Besitzenden an den Fortschritt der Erkenntnis knüpfte, bildete sich erst mit der Ausprägung der Produktivkraftfunktion der Wissenschaft; bis dahin waren die

Konstellationen der staatlichen Wissenschaftsförderung labil.

Doch am Ende des 17. Jahrhunderts bewegte sich das wissenschaftliche Leben in den brandenburgischen Residenzen im Aufwind, der für die Humaniora wie für die Naturwissenschaften gleichermaßen blies, auch wenn die institutionelle Grundlage noch schwächlich war. Ein unübersehbares Anzeichen dafür war die Tatsache, daß sich in der Berliner Wissenschaft die Anzahl der Persönlichkeiten mehrte, die nicht nur lokale Reputation, sondern auch europäisches Ansehen besaßen. Drei von ihnen, die ihren Ruhm auf ganz verschiedenen Gebieten erwarben, wollen wir hier vorstellen: Christian Mentzel, Samuel Pufendorf und Johann Kunckel.

Der Arzt Christian Mentzel war aus Fürstenwalde gebürtig und auch seiner Ausbildung nach ganz seinem Heimatland verpflichtet: Er hatte das Joachimsthalsche Gymnasium be-

sucht und in Frankfurt an der Oder und in Königsberg Medizin studiert. Dann aber weitete sich der Horizont. Er ging nach Danzig, wo er botanische Studien betrieb, die er auf Reisen nach Holland, Frankreich, Spanien, Portugal und Italien sowie auf die Inseln Malta, Kreta und Korfu fortsetzte. 1660 konnte der so gründlich gebildete Mann zum Leibarzt des brandenburgischen Kurfürsten avancieren, und er gehörte hier auch zu den Initiatoren des Collegium medicum.

Seine Gelehrsamkeit trug ihm 1675 die Mitgliedschaft der Leopoldina ein, die im 17. Jahrhundert noch weiteren Berliner Ärzten zuteil wurde. Mentzel wurde ihr 57. Mitglied und ein eifriger Korrespondent dieser Gesellschaft. Allein 1681 kündigte er für sie die Vermittlung folgender Beiträge an: «die Indigo, wie solches kraut gesehet, getrucknet und zur farbe prepariret wird. Item … Von der Perlenfischerey. Item von dem vergifteten pfeil der Indianer auf Macassar. Item von den

Christian Mentzel
Kupferstich von S. Blesendorff. 1694

Samuel Pufendorf
Kupferstich von Johann Willemsz von Muunikhuysen nach einer Zeichnung von David Klöcker Ehrenstrahl

Benzoin- und Campherbaum, wie der gummi darauß gemachet werde.»[8]

Auch sein wissenschaftlicher Briefwechsel verdient Interesse. Er verrät etwas von der Organisation damaliger Wissenschaft und gibt Aufschlüsse über die Anfänge der wissenschaftlichen Beschäftigung mit Asien und seiner Kultur. Mentzel befaßte sich nicht allein mit medizinisch-botanischen Studien, sondern auch mit Sprachen, besonders mit dem Chinesischen. Dadurch kam er in Kontakt mit der kurfürstlichen Bibliothek, die – dem europäischen Trend zunehmenden Interesses für China folgend – auch chinesische Manuskripte und Bücher erworben hatte. In seinen letzten Lebensjahren war der dann fast Achtzigjährige noch Zeuge des weiteren Ausbaus der Residenzen an der Spree zu einem Zentrum wissenschaftlicher Bestrebungen.

Als nächsten wollen wir den Rechtsgelehrten und Geschichtsschreiber Samuel Pufendorf erwähnen. Er war ein bedeutender Vertreter der ihrem Wesen nach bürgerlichen Lehre vom Naturrecht, dem in der Natur des Menschen liegenden und nicht als feudales Privileg gegebenen Recht. Dabei knüpfte er an Gedanken des berühmten niederländischen Rechtslehrers Hugo Grotius an. Als Neunundzwanzigjähriger hatte Pufendorf im Jahre 1661 den ersten deutschen Lehrstuhl für Natur- und Völkerrecht an der Universität Heidelberg erhalten. Der Schwedenkönig Karl XI. holte ihn sich 1667 als seinen Historiographen nach Stockholm. Dort veröffentlichte er auch seine beiden später vielfach übersetzten und neuaufgelegten juristischen Hauptwerke, 1672 das Buch «Über das Natur- und Völkerrecht» (De jure naturae et gentium) und ein Jahr später «Über die Pflicht des Menschen und Bürgers nach dem Naturrecht» (De officio hominis et civis iuxta legem naturalem).

Es war wohl weniger die Sympathie für die Grundtendenz der Lehren Pufendorfs als der Wunsch, den noch recht provinziellen Hof mit einer europäischen Berühmtheit zu zieren, der Pufendorfs Berufung nach Berlin bewirkte. Jedenfalls wirkte er hier seit 1688 als Historiograph des Kurfürsten von Brandenburg.

Den Lebensweg des dritten Wissenschaftlers dieser Reihe umgab ein Hauch von Geheimnis und Abenteuer. Wenn von dem einsamen Laboratorium Johann Kunckels auf der Pfaueninsel bei Potsdam, deren Betreten Unbefugten strikt untersagt war, nachts ein mysteriöser Feuerschein zum Ufer drang, dann mögen schlichte Gemüter wohl an Teufelsspuk

Im Mittelalter ergab sich die Rechtsstellung des Menschen aus seiner sozialen Stellung, beide waren bei seiner Geburt vorgegeben, trugen einen organischen Charakter, waren nicht das Produkt seiner Leistung oder Wahl, unterlagen nicht seiner Verfügbarkeit, sondern standen miteinander in völliger Übereinstimmung. Von hier aus leuchtet ein, welch revolutionäre Grundposition etwa Samuel Pufendorf mit seiner Behauptung bezieht, das einzelne Individuum habe Anspruch darauf, von seiner Obrigkeit zweifach: als Bürger und als Mensch behandelt zu werden, da auch in der Gesellschaft seine natürlichen Rechte fortexistieren würden, auch wenn dieser Pufendorf mit der stockkonservativen Warnung endet, daß der Untertan geduldig selbst das größte Unrecht der nun einmal heiligen Staatsgewalt ertragen müsse.
Hermann Klenner: Marxismus und Menschenrechte. Studien zur Rechtsphilosophie, Berlin 1982, S. 28.

8 Zit. in: Nunquam otiosus. Beiträge zur Geschichte der Präsidenten der Deutschen Akademie der Naturforscher Leopoldina. Hrsg. von Erwin Reichenbach und Georg Uschmann, Leipzig 1970, S. 18.

geglaubt haben. Doch der Hofglasmacher des brandenburgischen Kurfürsten – seit 1678 trug er diesen Titel, und 1679 wies ihm Kurfürst Friedrich Wilhelm die Insel zum Aufenthalt an – trieb ernsthafte Dinge. Er verbesserte das Verfahren zur Herstellung von Goldpurpur (Rubinglas); noch Jahrhunderte später wurden auf der Insel Glasschlacke und Retortenscherben gefunden.

Kunckel war ein ingeniöser Praktiker und zugleich ein gelehrter Mann mit einem sechsten Sinn für das Experiment. Als Sohn eines Hüttenmeisters war er mit der Produktionspraxis seiner Zeit, insbesondere mit der Praxis von Schmelzprozessen, wohlvertraut. Er hatte sich einschlägige alchimistisch-

Des He[rrn] Kunckels Neri de arte vitraria oder eher sein commentarius darüber ist zu Leipzig unter der presse und ob er zwar in dieser wissenschaft sehr geübet darinnen a parentibus vitrariis auferzogen, so zweifle ich doch, das er alle dinge wird deütlich am tage geben, sonderlich was das rohte glaß, das vor diesem in den alten Kirchfenstern gemacht worden, betrift, davon er auch wissenschaft hat. Also scheint er auch mit seinem phosphoro umbzugehen, das er zwar einem guhten freund davon etwas mittheilt, aber auch soviel behelt, das es keiner Ihme nach machen mag.
Christian Mentzel am 28./18. November 1678 über die Forschungsarbeiten von Johann Kunckel. Zit. in: Rolf Winau: Christian Mentzel und die Academia Naturae Curiosorum, Mainz 1970, S. 71.

Johann Kunckel
Kupferstich von N. van Werd
nach einer Vorlage von Lucinos a Lhibenau
1679

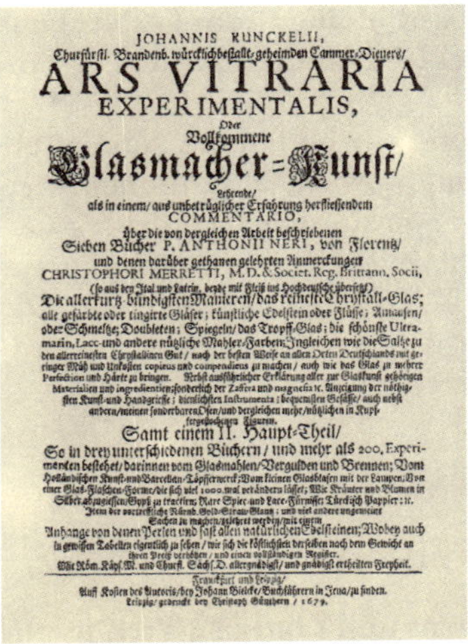
JOHANNIS KUNCKELII,
Churfürstl. Brandenb. würcklichbestallt-geheimden Cammer-Dieners/
ARS VITRARIA
EXPERIMENTALIS,
Oder
Vollkommene
Glasmacher-Kunst/
Lehrende/
als in einem/ aus unbetrüglicher Erfahrung herfliessendem
COMMENTARIO,
über die von dergleichen Arbeit beschriebenen
Sieben Bücher P. ANTHONII NERI, von Florentz/
und denen darüber gethanen gelehrten Anmerckungen
CHRISTOPHORI MERRETTI, M.D. & Societ. Reg. Brittann. Socii,
(so aus dem Ital. und Latein, beyde mit Fleiß ins Hochdeutsche übersetzt)
Die allerkurtz-bündigsten Manieren/ das reineste Chrystall-Glas; alle gefärbte oder tingirte Gläser; künstliche Edelstein oder Flüsse; Amausen/ oder Schmeltze; Doubleten; Spiegeln/ das Tropff-Glas; die schönste Ultramarin, Lacc- und andere nützliche Mahler-Farben; Jngleichen wie die Saltze zu den allerreinesten Chrystallinen Gut/ nach der besten Weise an allen Orten Deutschlands mit geringer Müh und Unkosten copieus und compendieus zu machen/ auch wie das Glas zu mehrer Perfection und Härte zu bringen. Nebst ausführlicher Erklärung aller zur Glaskunst gehörigen Materialien und ingredientien, sonderlich der Zaffera und magnesia etc. Anzeigung der nöthigsten Kunst- und Handgriffe; dienlichsten Instrumenta; bequemsten Gefässe/ auch nebst andern/ meinen sonderbaren Ofen/ und dergleichen mehr/ nützlichen in Kupfer gestochenen Figuren.
Samt einem II. Haupt-Theil/
So in drey unterschiedenen Büchern/ und mehr als 200. Experimenten bestehet/ darinnen vom Glasmahlen/ Vergulden und Brennen; Vom Holländischen Kunst- und Barcellan-Töpfferwerck; Vom kleinen Glasblasen mit der Lampen; Von einer Glas-Flaschen-Forme/ die sich viel 1000. mal verändern lässet; Wie Kräuter und Blumen in Silber abzugiessen/ Gyps zu tractiren; Rare Spiec- und Lacc-Fürnisse; Türckisch Pappier: etc. Item der vortreffliche Nürnb. Gold-Strau-Glantz; und viel andere ungemeine Sachen zu machen/ gelehret werden/ mit einem
Anhange von denen Perlen und fast allen natürlichen Edelsteinen; Wobey auch in gewissen Tabellen eigentlich zu sehen/ wie sich die köstlichsten derselben nach dem Gewicht an ihrem Preiß verhöhen/ und einem vollständigen Register.
Mit Röm. Käys. M. und Churfl. Sächs. D. allergnädigst/ und gnädigst ertheilten Freyheit.
Franckfurt und Leipzig/
Auff Kosten des Autoris/ bey Johann Bielcke/ Buchführern in Jena/ zu finden.
Leipzig/ gedruckt bey Christoph Günthern / 1679.

Ars vitraria experimentalis – oder die vollkommene Glasmacherkunst Titelkupfer. 1679

Johann Kunckel veröffentlichte nach jahrelanger Arbeit im Jahre 1679 die Übersetzung des 1612 erschienenen Buches «L'arte vetraria» des Italieners Antonio Neri. Bei der Bearbeitung des Werkes unterzog Kunckel alle aufgeführten Angaben und Experimente einer gewissenhaften Prüfung und erweiterte sie durch seine naturwissenschaftlichen Kenntnisse und technologischen Erfahrungen in der Glasherstellung und -bearbeitung. Mit der «Ars vitraria» lag ein Werk vor, das – da in deutscher Sprache verfaßt – schnelle Verbreitung fand und den höchsten, auf die praktischen Verhältnisse in Deutschland ausgerichteten Wissensstand repräsentierte.

pharmazeutische Kenntnisse angeeignet und auf Reisen die Technik niederländischer und venezianischer Glasmacher studiert, so daß der sächsische Kurfürst in Dresden einem solchen Fachmann um 1670 nicht ungern die Leitung seines Laboratoriums anvertraute. Doch der unstete Kunckel zog weiter nach Berlin, wo er neben seinem Laboratorium ein bequemes Haus besaß. Er begnügte sich nicht mit dem Glasmachen, sondern untersuchte auch zahlreiche andere Schmelzprozesse; unter anderem stellte er reinen Phosphor dar. 1679 veröffentlichte er sein Werk «Experimentelle Glaskunst» (Ars vitraria experimentalis), das die Technologie der Glasherstellung bis zum Ende des 18. Jahrhunderts maßgeblich beeinflußte.

Freilich wollte Kunckel auch in Berlin nicht auf Dauer bleiben, zumal 1689 die Glashütte auf der Pfaueninsel abbrannte und der Kurfürst ihm wegen angeblicher Veruntreuungen den Prozeß machte. So folgte er einer 1692 von Karl XI. ausgesprochenen Berufung, kehrte Brandenburg den Rücken und begab sich nach Schweden, wo er schließlich als Kunckel von Löwenstern geadelt wurde. 1694 gab er in seinem Buch «Chemische Philosophie» eine zusammenfassende Darstellung seiner technologischen Ansichten. Nach seinem Tode wurde 1719 noch das nachgelassene Werk «Chemisches Laboratorium» veröffentlicht, in dem Kunckel die Herstellung und die Eigenschaften zahlreicher chemischer Präparate beschrieb.

Die Bedeutung der Glasforschungen Kunckels – eines der bemerkenswertesten Männer im Übergang von der Alchimie zur wissenschaftlichen Chemie – läßt sich daran ermessen, daß 1680 in England die Herstellung von Bleikristall begann und daß in Sachsen um 1700 der berühmte Naturwissenschaftler, Arzt und Philosoph Ehrenfried Walter von Tschirnhaus intensive Versuche auf dem Gebiet der Glasherstellung anstellte.

Diese drei Persönlichkeiten (und wir hätten die Namen gegen andere, die nur kurz erwähnt wurden, austauschen können) verdeutlichen: Die Zeit war gekommen, in der es Gelehrte von europäischem Format zeitweilig oder ständig für angezeigt hielten, in Berlin ihren Wohnsitz zu nehmen. Die brandenburgischen Residenzen waren dabei, ihre wissenschaftlichen Kinderschuhe zu vertreten.

Ein kluger Minister und die Spuren seines Wirkens

Ende 1697 wurde der Oberpräsident und faktische Premierminister Kurbrandenburgs, Eberhard von Danckelmann, durch eine von seinen Feinden und Neidern angezettelte Hofintrige gestürzt. Vorwand der heimtückischen Aktion waren Meinungsverschiedenheiten über die Formen der von Brandenburg zu verfolgenden Politik. Verhaftung und langjährige Gefangenschaft waren sein Los. Kurfürst Friedrich III., dessen Erzieher Danckelmann seit 1663 gewesen war, tat nichts Ernsthaftes, um den unzweifelhaft besten Mann seiner Regierung zu retten, der doch seinerseits so vieles getan hatte, um dem ruhmsüchtigen Fürsten Ansehen zu verschaffen. So lernte Danckelmann noch nach dem jähen Abbruch seiner Laufbahn kennen, was Hohenzollerndankbarkeit bedeutet.

Stimmen zu Eberhard von Danckelmann:
Der Premierminister seiner kurfürstlichen Durchlaucht hat sich stets durch sein Wissen ausgezeichnet, durch seine einmalige Bildung und seine große Befähigung; und er kann geradezu der Mäzen der Wissenschaftler genannt werden.
Nouveau Journal des Savants, dressé à Berlin, 1696. Zit. in: S. C. Othmer: Berlin und die Ausbreitung des Naturrechts in Europa. Kultur- und sozialgeschichtliche Studien zu Jean Barbeyracs Pufendorf-Übersetzungen und eine Analyse seiner Leserschaft, Berlin (West) 1970, S. 39.

Um diese Zeit hatten die Gelehrten einen hohen Patron an dem Chur-Fürstlichen Ober-Praesidenten von Danckelmann …
Martin Diterich: Berlinische Kloster- und Schulhistorie, Berlin 1750, S. 210.

Die Spuren seines Wirkens in dem hohen Staatsamt, das er ein knappes Jahrzehnt von 1688 bis zu seinem Sturz bekleidet hatte, ließen sich jedoch nicht ohne weiteres tilgen. In ganz besonderem Maße profitierte das Berliner Kulturleben von der Tätigkeit dieses bemerkenswerten Mannes, doch er setzte sich auch für die Förderung des Manufakturwesens, des Handels und des Verkehrs ein. Sein Streben war bürgerlich geprägt, und für solche Bestrebungen war Friedrichs Feudalabsolutismus nur sehr begrenzt aufnahmefähig.

Als Sohn einer bürgerlichen Familie aus Westfalen hatte Danckelmann bei Studien und Bildungsreisen in den Niederlanden, in England, Frankreich und Italien das fortschrittlichste Gedankengut seiner Zeit in sich aufgenommen; ein freierer Wind, als man ihn im verstockten Ostelbien zu spüren bekam, hatte seine Jugendjahre beherrscht. So vorsichtig er es auch anstellen, so geschickt er auch die anfängliche Gunst des Kurfürsten nutzen mochte – in den Augen der stockfeudalen Hofclique war Danckelmann gerichtet, und es war nur eine Frage der Zeit, bis sich auch ein geeigneter Anlaß fand. Doch

Eberhard von Danckelmann
Gemälde von
David Richter d.Ä.
Um 1695

August Hermann Francke
Kupferstich von M. Voigt
nach einem Gemälde von
Antoine Pesne. 1861
Eine besondere Beachtung fanden Franckes Auffassungen und Aktivitäten zur allgemeinen Ausbildung der Jugend. Eingebunden in seine religiösen Vorstellungen entwickelte er, Komenskýs Gedanken folgend, einen ausgeprägten Sinn für die praktischen Anforderungen des Lebens. So gab er den Realfächern, insbesondere der Naturkunde, in seiner Lehrtätigkeit breiten Raum. Seine pädagogischen Grundsätze wurden in der Mark Brandenburg besonders von seinem Schüler, dem späteren preußischen Schulreformer Johann Julius Hecker, aufgegriffen. Auch der Initiator und Förderer der progressiven Landschulausbildung in Reckahn und Mitbegründer der Märkischen ökonomischen Gesellschaft (1792), Friedrich Eberhard von Rochow, knüpfte an die Erziehungsauffassungen und -praktiken der «Franckeschen Stiftungen» an.

vieles von dem, was er initiierte oder förderte, überdauerte seine Amts- und Lebenszeit.

Zu den lebenskräftigsten Schöpfungen jener Periode gehörte die Akademie der Künste, die von vornherein auf die Protektion des prachtliebenden Fürsten rechnen konnte. Das Projekt wurde von langer Hand vorbereitet. Als der Bildhauer und Architekt Andreas Schlüter am 25. Juli 1694 seine Anstellung erhielt, da stand in seinem Patent bereits vermerkt, daß er auch an der künftig zu gründenden Anstalt unterrichten sollte. Als Organisator der neuen Einrichtung wurde der Maler Josef Werner aus Bern gewonnen; 1695 erhielt er durch Vermittlung Danckelmanns seine Bestallung als «Director der alhier anzulegenden Mahler- und Bildhauer-Academie»[9] Zur Einweihung 1699, als der Akademie zugleich auch ihr erstes Statut verliehen wurde, war Danckelmanns Zeit bereits vorüber. Ihr Domizil erhielt sie im neuen Marstall Unter den Linden, der ab 1687 nach Plänen des Architekten Arnold Nering für 200 Pferde gebaut worden war. Um die Jünger der Kunst unterbringen zu können, wurde ab 1695 die Lindenfront dieser Heimstatt edler Rosse zweistöckig ausgebaut – ein Werk, das noch von Nering in Angriff genommen und nach dessen Tod von Baudirektor Martin Grünberg zu Ende geführt wurde.

Gewiß war die Akademie eine Einrichtung, die ihrer Bestimmung nach den Künsten zu dienen hatte. Zugleich aber liefen von ihr dauerhafte Fäden zu verschiedenen Zweigen

9 Siehe Hans Müller: Die Königliche Akademie der Künste zu Berlin, Teil I, Berlin 1896, S. 15.

Ich behalte mir vor, Ihnen ein anderes Mal eine Beschreibung dieses Bauwerks zu liefern, wie ich noch keines gesehen habe. Ich beschränke mich darauf, Ihnen zu sagen, daß es aus sehr vielen Räumen besteht, um die Jugend im Zeichnen, in Geometrie und Architektur, in Perspektive, in Anatomie usw. zu unterrichten.
Brief aus Berlin vom 22. Oktober 1699 über die Akademie der Künste. Zit. in: Hans Müller: Die Königliche Akademie der Künste zu Berlin. 1696 bis 1896, Teil 1, Berlin 1896, S. 45, frz.

von Wissenschaft und Technik. Zu lehren waren laut Statut: Anatomie und Proportionslehre, Perspektive, Geometrie und Mathematik, Fortifikation (Festungsbau) und Architektur, Antiquitätenkunde, Geschichte, Poesie und Kostümkunde. Die Akademie sollte besonders für den Ausbau der Residenzen tätig werden, und sie hatte den künstlerischen Rahmen für die Auftritte des Herrschers zu schaffen oder auf andere Weise zur Verbreitung seines Ruhms beizutragen. Seit 1701 verlieh sie Preise für Bilder, die zu vorgegebenen Themen eingereicht werden konnten. Anläßlich des 200. Gründungstages der Frankfurter Universität im Jahre 1706 wurde die Stadt unter Mitwirkung der Akademie festlich ausgestaltet. Im vorhergehenden Jahr stellte die Akademie die apologetische Preisaufgabe, «über den Flor der Wissenschaften und Künste unter dem grossmächtigsten Schutze Seiner Königlichen Majestät in Preussen»[10] Zeichnungen anzufertigen oder Ehrentempel zu entwerfen.

An eine Universität in Berlin war auch weiterhin noch nicht zu denken. Dafür erfolgte 1694 – hier konnte Danckelmann eine Frucht seiner kulturpolitischen Bemühungen noch selbst reifen sehen – die Gründung der Universität Halle, nachdem 1680 der Tod des letzten Administrators die endgültige Inbesitznahme des den Hohenzollern bereits 1648 zugesprochenen Erzbistums Magdeburg und damit auch der Stadt Halle ermöglicht hatte. Für diese Universität, die bald ein bedeutendes Zentrum der Aufklärung wurde, war schon lange vorgearbeitet worden. Kurfürst Friedrich Wilhelm hatte bereits 1667 voreilig eine Gründungsurkunde ausgestellt. 1688 wurde zunächst eine Ritterakademie aus der Taufe gehoben, deren Umwandlung in eine Universität Danckelmann zielstrebig und mit Erfolg betrieb. Es war ein außerordentlich geschickter Schachzug, die neue brandenburgische Universität gerade in Halle zu plazieren. Das Hallenser Gebiet, das zu den wirtschaftlich entwickeltsten Territorien Brandenburgs gehörte, war ein gegenüber Sachsen vorgeschobener Posten. Die Universität Leipzig befand sich sozusagen in Rufweite, und sie war damals ein Hort extremer lutherischer Orthodoxie, so daß freiere Geister, die das einengende Klima nicht vertrugen, froh waren, in unmittelbarer Nähe eine ihren Ansprüchen besser genügende Ausweichposition zu wissen. Es war dies ein spezifisches Mittel brandenburg-preußischer Politik, das sich schon im Fall der Hugenotten bewährt hatte und später noch mehrfach bewähren sollte: mit dem Köder relativer Toleranz, insbesondere in Fragen des religiösen Bekenntnisses, geistige, technische und wirtschaftliche Begabungen aus dem Ausland an sich zu ziehen.

Die Universität Halle war wohl fest an die entstehende ab-

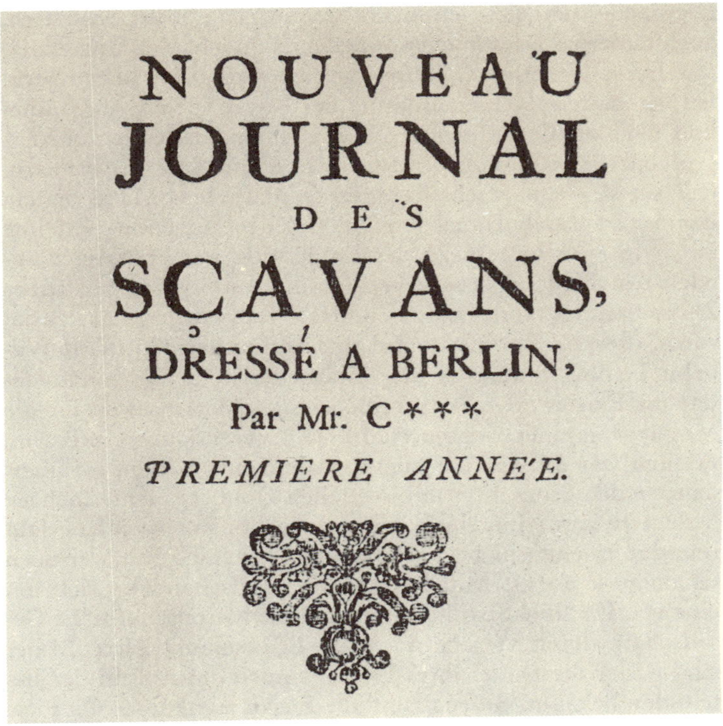
NOUVEAU
JOURNAL
DES
SÇAVANS,
DRESSÉ A BERLIN,
Par Mr. C***
PREMIERE ANNE'E.

Nouveau Journal des Sçavans
Titelblatt des ersten Bandes
1696

solutistische Staatsmacht gebunden, doch zugleich war ihr eine gewisse innere Selbstverwaltung zugestanden worden. Diesen Freiraum nutzte sie, um auf eine attraktive Weise Positionen des frühen bürgerlichen Aufklärungsdenkens zu entwickeln. Wir nennen hier nur die Namen der bedeutendsten Persönlichkeiten, müssen es uns aber versagen, auf ihr Wirken einzugehen: In der Theologischen Fakultät lehrte der auch durch sein pädagogisches Schaffen bemerkenswerte August Hermann Francke, zugleich Gründer und langjähriger Leiter der nach ihm benannten pietistischen Stiftungen, die bereits 1698 ein kurfürstliches Privileg erhielten; in der Juristischen Fakultät waren Christian Thomasius und Samuel Stryk – beide waren vorher in Frankfurt –, in der Philosophischen Fakultät seit 1706 der große philosophische Systematiker Christian Wolff tätig. Die Medizinische Fakultät verfügte über Friedrich Hoffmann und Georg Ernst Stahl, der die Phlogistonlehre schuf, das erste theoretische System der neuzeitlichen Chemie.

Doch nicht nur in Frankfurt und Halle, auch in den Residenzen selbst bewegte sich etwas im wissenschaftlichen Leben.

10 Zit. in: Ebenda, S. 74.

Das Glückseelige Brandenburg wolte, als der allerdurchlauchtigste, großmächtigste Fürst und Herr, Herr Friedrich, König in Preußen etc. etc. Dero abermahl höchstglücklich erlebtes Crönungs-Fest am XV. Januarii 1705 hochfeyerlich celebrirten, hierdurch zu neuer Freude aufmuntern und anbey seine allerunterthänigste Gratulation folgendermaßen abstatten Christian Reuter, Jur. U. Candidat. Berlin aufm Friedrichswerder druckts Gotth. Schlechtiger, Kön. priv. Buchdr.

So jauchzet an der Spree, Ihr Friedrichs Unterthanen! / Beglücktes Brandenburg, sey diesen Tag erfreut! / Ihr Bürger in Berlin, schwingt heute Ehren-Fahnen! / Begehet dieses Fest mit neuer Frohigkeit! / Gott lässet abermahl uns höchstvergnügt erleben / Den großen Ehrentag, da Friedrich ward erhöht, / Da Zepter und die Crohn der Himmel ihm gegeben, / Daß er als König nun auf Preußens Throne steht.
So pflegt des Höchsten Hand die Tapferkeit zu ehren, / Wenn wahre Tugend sie bey Zeiten groß gemacht, / Im alten Seculo (wie die Geschichte lehren), / Da wurde Brandenburg schon dieses zugedacht. / Allerdurchlauchtigster, so trage dann die Crohne, / Die Du mit eigner Hand Dir würdigst aufgesetzt, / So lange, bis Dir Gott was höhers gibt zum Lohne, / Biß Dich nach später Zeit die Ewigkeit ergötzt.
Indessen sey vergnügt, Großmächtigster, auf Erden / Trägt Dein gesalbtes Haupt gleich eine schwere Last, / So muß dieselbe Dir doch nie beschwerlich werden, / Weil Du den großen Gott zu Deiner Stütze hast. / Derselbe wolle nun auch Deinen

Die Gelehrten strebten nach Vereinigung und Austausch, auch außerhalb des konventionellen Rahmens der Universitäten. Diese Intentionen hatten die Leopoldina ins Leben gerufen, sie hatten 1662 zur Bildung der Royal Society of London und 1666 zur Gründung der Königlichen Akademie der Wissenschaften in Paris geführt, und es kann nicht verwundern, daß sie sich nun auch in Berlin in stärkerem Maße regten. Ermuntert durch Danckelmann, rief der Hugenotte Étienne Chauvin – er hatte nach der Emigration aus Frankreich zunächst in Holland gewirkt – 1696 die erste wissenschaftliche Zeitschrift der Stadt ins Leben, das «Nouveau Journal des Savants, dressé à Berlin». Selbst den berühmten Gottfried Wilhelm Leibniz gewann er als Mitarbeiter, und dieser betrachtete die Existenz der Zeitschrift bereits 1696 als Beweis für die Möglichkeit einer «wissenschaftlichen Vereinigung» in Berlin. Freilich war ihr nur ein kurzes Dasein beschieden, sie überdauerte den Sturz ihres ministeriellen Gönners nicht, doch sie bedeutete immerhin einen Anfang. Aus ihr war auch zu erfahren, daß es eine solche Vereinigung tatsächlich gab, der auch Chauvin selbst als Mitglied angehörte. Es handelte sich um eine von Ezechiel Spanheim begründete wissenschaftliche Gesellschaft, deren Wirken noch der Erforschung harrt. Bisher sind weder die Dauer ihrer Existenz noch die Anzahl der Beteiligten bekannt. Bezeugt sind die Zusammenkünfte seit 1693. Die Zeitschrift berichtete von «Konferenzen», bei denen Spanheim «präsidierte» und in denen Gegenstände verhandelt wurden, die die Aufklärung und die Verbreitung von Kenntnissen förderten. Mutmaßlich hörte die Gesellschaft zu bestehen auf, nachdem Spanheim 1697 im diplomatischen Dienst Berlin verlassen hatte.

Es bedurfte unruhiger Geister wie Spanheim, um eine Stimmung des Aufbruchs und des Strebens nach neuen Horizonten, in der die entstehende bürgerliche Klasse zu sich selbst finden konnte, in das kulturelle Leben zu bringen. Natürlich war auch er weitgereist. Er stammte aus Genf und verbrachte seine Jugend im niederländischen Leiden, der Wiege vieler fortschrittlicher Ideen und einem Zentrum neuzeitlichen naturwissenschaftlichen Denkens. Nachdem er als Erzieher des pfälzischen Kurprinzen und als Professor in Heidelberg Erfahrungen gesammelt hatte, berief ihn der brandenburgische Kurfürst in seinen Dienst. Zeitweilig übernahm er die diplomatische Vertretung Brandenburgs in Paris und London, doch vor allem spann er Fäden im europäischen Netz der wissenschaftlichen Kontakte.

Da er als Gelehrter einen guten Ruf genoß, hatte er zu zahlreichen Wissenschaftlern brieflichen Kontakt und nahm auf die wissenschaftlichen Bestrebungen in den brandenburgischen Residenzen einen nachhaltigen Einfluß. 1694 versuchte er auch die Bewerbung von Leibniz, mit dem er seit zwei Jahren über wissenschaftliche Fragen korrespondierte, um die Stelle des brandenburgischen Hofhistoriographen in der Nachfolge Pufendorfs zu vermitteln, doch er hatte damit keinen Erfolg. Hingegen förderte er erfolgreich die hugenottische Kultur in Berlin und war an der Gründung des Collège Français beteiligt. Seit 1689 war Spanheim entsprechend einem Vorschlag von Hendreich auch «Patron» der kurfürstlichen Bibliothek, faktisch deren Direktor. Er besaß selbst eine wertvolle Büchersammlung von insgesamt 9000 Bänden, die 1710 nach seinem Tode für die nunmehr königliche Bibliothek erworben wurde.

«Nunmehr königlich» – das war die Würde, nach der der als Regent wenig bedeutende Friedrich III. mit allen Mitteln strebte. Seine kurfürstlichen Nachbarn in Sachsen und in Hannover hatten sich im ausgehenden 17. Jahrhundert entweder schon eine Königskrone erworben oder waren im Begriff, sie zu erhalten. Kurfürst August der Starke von Sachsen stammte zwar aus dem Kernland der Reformation, doch als der polnische Thron winkte, zögerte er nicht, den Übertritt zum Katholizismus zu vollziehen; so wurde er 1697 König von Polen. Dieser Schritt des Wettiners demonstrierte einmal mehr – wie schon der frühere Übertritt der Hohenzollern zur reformierten Kirche und deren Haltung gegenüber den Hugenotten – die politische Funktion der Konfessionen und des Konfessionswechsels. Das Haus Hannover, mit den Hohenzollern durch verwandtschaftliche Bande verknüpft, sicherte sich 1692 die neunte Kurwürde des Heiligen Römischen Reiches Deutscher Nation und anschließend die königliche Erbfolge in Großbritannien; ab 1714 regierten die Hannoveraner in London.

Da konnte Friedrich III. wahrhaftig nicht länger warten. 1701 setzte er sich in Königsberg die Krone aufs Haupt und

Thron beschützen, / Mein König, der Du bist zu aller Zeit gerecht, / und weil viel Tausend Mann bei Dir versorget sitzen, / So hofft auf Deine Gnad' auch ein getreuer Knecht.

Zit. in: Christian Reuters Werke. Hrsg. v. Georg Witkowski, Bd. 2, Leipzig 1916, S. 325-328 (Faksimile-Abdruck).

Schaumünze auf die Stadterweiterung von Raimund Faltz, Silber 1700

Die für die Stadtgeschichte interessante Münze zeigt auf der Vorderseite ein Brustbild des Kurfürsten Friedrich III. mit Harnisch und Löwenmaske. In der Übersetzung lautet die Umschrift: Von Gottes Gnaden Markgraf zu Brandenburg, des Heiligen Römischen Reiches Erz-Kämmerer und Kurfürst. Auf der Rückseite sind die fünf Städte nach dem Plan von Johann Bernhard Schultz (1688) dargestellt.

In der Friedrichs Stadt aber wurde auf die Bebauung der Langen Friedrichs Straße absonderlich gedrungen. Welche Straße dießen Vorzug hat, daß in gantz Europa keine reguläre Straße von der gleichen Länge, nemlich von 2 Italienische Meilen ist. *Handschriftliche Berliner Chronik zum Jahre 1713, Deutsche Staatsbibliothek Berlin, Handschriften-Abteilung, Ms. boruss. Quart. 230, Bl. 60 (Rückseite).*

firmierte fortan als König Friedrich I. in Preußen. Künste und Wissenschaften hatten mit ihren Leistungen den Glanz des Herrschers zu erhöhen. Die Akademie der Künste tat sogleich das ihre, indem sie die festliche Ausschmückung der Residenzen für die Rückkehr des Königs von der Krönung übernahm. Auch Feuerwerke wurden bei dieser Gelegenheit abgebrannt. Der Weg war frei, aus den fünf Residenzstädten eine Königsstadt zu machen. Berlin, Kölln, Friedrichswerder, Dorotheenstadt und Friedrichstadt wuchsen dank reger Bautätigkeit räumlich noch enger zusammen.

Die Lindenallee, die vom Schloß durch die Dorotheen- oder Neustadt in den Tiergarten führte, erhielt damals ihre ersten Gebäude, die ihr später den Rang einer Prachtstraße brachten. An der Stelle, die heute die Deutsche Staatsbibliothek einnimmt, erhob sich bereits um 1690 das schon erwähnte imposante Gebäude des Marstalls. Von 1695 bis 1706 wurde nach den Plänen von François Blondel, Johann Arnold Nering, Martin Grünberg und Andreas Schlüter das Zeughaus, das heutige Museum für Deutsche Geschichte, als Waffenarsenal und Kriegstrophäensammlung errichtet und von dem Hugenotten Jean de Bodt vollendet. Das Schloß zu Kölln sollte durch Umbauten zu einem Sinnbild kurfürstlich-königlicher, brandenburg-preußischer Größe gestaltet werden.

Die Finanzen des wirtschaftlich immer noch schwachen Staates, der auf der erbarmungslosen Ausbeutung leibeigener Bauern und einem harten System der Ausplünderung der Städtebürger beruhte, wurden für solche und andere Prunkbauten unerträglich belastet und ruiniert. 1709 erfolgte die formale Vereinigung der fünf Städte, denen auch die Vorstädte zugeordnet wurden, zur Stadt Berlin.

Berlin erhält eine Wissenschaftsakademie

Das in seinen Fernwirkungen alles andere überstrahlende Ereignis im wissenschaftlichen Leben Berlins, das das 18. Jahrhundert – das Jahrhundert der Aufklärung – einleitete, war die Gründung einer Akademie oder, wie sie zunächst hieß, einer Sozietät der Wissenschaften. Schon die Spanheimsche Gesellschaft hatte das gesteigerte Bedürfnis der Gelehrten, sich zu fruchtbarem Gedankenaustausch zusammenzuschließen, deutlich gemacht. Die eigene Akademie stand nicht mehr in den Sternen. Oder doch? In einem gewissen Sinne schon, denn die altehrwürdige Wissenschaft von den Gestirnen, die Astronomie, leistete mit ihren spezifischen Bedürfnissen hier die wertvollsten Geburtshelferdienste – was freilich nicht besagen will, daß nicht auch ein anderer Anlaß, mit Geschick genutzt, letztlich zu einer Akademie geführt hätte, denn der Akademiegedanke lag zu jener Zeit einfach in der Luft.

Auf jeden Fall mußte aber eine Residenz, die auf sich hielt, auch mit einer Sternwarte ausgestattet sein.

1672 war das Observatoire Royal in Paris, drei Jahre später das Royal Observatory in Greenwich geschaffen worden. Mindestens die Kurfürstin Sophie Charlotte war davon überzeugt, daß auch Berlin nicht zurückstehen dürfte. Der weltkluge Mann, der ihr im Frühjahr 1697 beredt die Vorzüge eines Observatoriums schilderte, «wie es in Paris eins gibt», war ein Theologe, aber einer, der sich auch in weltlichen Dingen auskannte und mit ihnen zu agieren verstand: Daniel Ernst Jablonski, Enkel des berühmten Gelehrten und Pädagogen Jan Amos Komenský (Comenius), Absolvent der Viadrina und der Universität Oxford, Mitglied und später Bischof der aus ihrer Heimat vertriebenen Mährischen Brüder und seit 1693 reformierter Hofprediger in den kurfürstlich-brandenburgischen Residenzen. Einen weiteren engagierten Förderer hatte das Sternwartenprojekt in dem an der Astronomie interessierten Hof- und Justizrat Johann Gebhard Rabener, der zum Herbst 1697 ein Gutachten über diesen Plan vorlegte. Alles schien zum besten zu stehen, und es wurde, wie ein Brief des Rates und Archivars Johann Jakob Chuno an Leibniz bezeugt, auch bereits erwogen, die Sternwarte im neuen Marstall einzurichten.

Leibniz, leidenschaftlicher Verfechter des Akademiegedankens, beschloß, das Eisen zu schmieden. In Frankreich, in England und in den Niederlanden hatte er sich mit den damals aktuellsten wissenschaftlichen und wissenschaftsorganisatorischen Bestrebungen vertraut gemacht und bereits 1668 einen ersten Akademieplan ausgearbeitet. Zwar stand er seit 1676 in Hannoverschen Diensten, doch er hatte mancherlei Verbindungen nach Berlin, korrespondierte mit Spanheim, Chauvin, Chuno und anderen und war über die hiesigen Vorgänge auf dem laufenden. Wenngleich Danckelmann, damals noch in Amt und Würden, ungeachtet der Vermittlung Spanheims Leibniz die ersehnte Position des brandenburgischen Hofhistoriographen nicht verschaffte, vielleicht auch nicht verschaffen konnte, tat dies Leibniz' Wertschätzung für den weitblickenden Premierminister keinen Abbruch. Er gewann ihn mit Hilfe seiner Berliner Freunde für den Observatoriumsplan und vermochte ihn auch für dessen mögliche Weiterungen zu interessieren. In einem Brief vom November 1697 knüpfte Leibniz an das Sternwartenprojekt den Wunsch nach Einbeziehung «anderer Gegenstände, die nicht weniger bedeutsam und schön als die Astronomie sind und die ebenso

Kugelmann hat mir zu meinem Geburtstag zwei Stück Tapete aus dem Arbeitszimmer von Leibniz geschickt, was mich sehr amüsiert hat. Nämlich L[eibniz'] Haus ist niedergerissen worden letzten Winter und die dummen Hannoveraner – die in London ein Geschäft mit den Reliquien hätten machen können – haben alles weggeschmissen. Diese zwei Stück stellen jedes etwas Mythologisches dar, das eine Neptun in seinen Wogen etc. und das andre Venus, Amor etc., ganz im schlechten Louis XIV.-Geschmack. Dagegen bewährt sich die Güte (Solidität) der damaligen Manufakturarbeit, verglichen mit der jetzigen. Ich habe beide Sachen in meinem Arbeitszimmer aufgehangen. You know my admiration for L[eibniz].
Marx an Engels, 10. Mai 1870. In: MEW, Bd. 32, S. 504.

wie diese Wissenschaft der Zweck einer kurfürstlichen Akademie der Wissenschaften sein könnten».[11]

Doch Danckelmanns Sturz vereitelte fürs erste den Plan. Daß er ihn unterstützt hatte, erschien als ein hinreichender Grund, ihn einstweilen fallenzulassen. Die Kurfürstin hatte sich schon vorher von der Sternwartenidee zurückgezogen, denn sie gehörte zu der Hofpartei, die gegen Danckelmann intrigierte, und ihr Interesse an Bildung und Gelehrsamkeit wog gering, verglichen mit der Genugtuung, den bürgerlich gesinnten Staatsmann endlich aus dem Wege geräumt zu haben. Jablonski konnte im Frühjahr 1698 nur noch bedauernd feststellen, daß die Observatoriumsgründung «*vermuthlich zum erwünschten Zweck hätte kommen mögen, wenn nicht die unverhoffte Revolution hiesigen Hofes dazwischen kommen wäre*».[12] Die «Revolution» war die Verhaftung Danckelmanns; von dieser Art waren die Revolutionen, in denen sich der Hohenzollernhof gefiel und die er sich gefallen ließ.

Nun sah es nicht gut aus mit dem Akademieprojekt, doch noch einmal und diesmal erfolgreich kam die Astronomie zu Hilfe, hinter sich in einer ganz eigentümlichen und einzigartigen Konstellation die mächtigen Interessen der Kirche. Am 23. September 1699 hatten nämlich die Evangelischen Stände des Reichstages des Heiligen Römischen Reiches Deutscher Nation beschlossen, den 1582 eingeführten Gregorianischen Kalender ab 1700 in etwas variierter Form zu übernehmen. Die Kalenderreform von 1699/1700 machte umfangreiche astronomische Berechnungen erforderlich, und natürlich mußten die Berechnungen für jedes neue Jahr fortgesetzt werden. Der Jenaer Mathematiker und Pädagoge Erhard Weigel, ein bedeutender Vertreter der neuzeitlichen Wissenschaft in Deutschland, wirkte bei dieser Kalenderreform als ein fachlicher Berater mit und unterbreitete auch den Vorschlag, mit der laufenden Ausgabe des neuen Kalenders ein Monopol zu verbinden, das wissenschaftlichen Einrichtungen übertragen werden und dessen Ertrag der Finanzierung dieser Institutionen dienen sollte.

Diesen Gedanken griff Leibniz unverzüglich auf, und er erwies sich als der entscheidende Hebel. Friedrich III. war froh, daß er so billig zu einer Akademie kam und sich als ihr Protektor und als Schirmherr der Wissenschaften aufspielen konnte. Auf die Dauer hätte er der Akademiegründung ohnehin nicht ausweichen können; besonders auf einem Königsthron nahm es sich gut aus, wenn sich sein Inhaber demonstrativ nicht nur auf das Schwert, sondern auch auf die Musen stützte. Es kann keine Rede davon sein, daß der Kurfürst etwa Initiator der Akademiegründung gewesen wäre. Er schickte sich nur mit einiger Eleganz in das Unvermeidliche, dessen

Es haben Churfst. Durchlt. vier Universitäten und viel vornehme Gymnasia in dero Landen; überdieß so müssen in so weitläufftigen Landen viel wackere Ingenia (Begabungen) begriffen seyn, welche theils in Churfstl. und andern Bedienungen, theils für sich. Wie wann nun sub Auspiciis Friderici (unter der Leitung Friedrichs) eine Societas Electoralis Brandenburgica exemplo Regiarum Londinensis et Parisiensis (kurfürstliche brandenburgische Gesellschaft nach dem Beispiel der königlichen in London und Paris) eingerichtet würde? Da gelehrte Leute in omni studiorum genere (in aller Art Studien), sonderlich aber in Physicis et Mathematicis nüzliche Gedancken, Inventa et Experimenta (Erfindungen und Experimente) zusammentrügen, daß ich zu guther Einrichtung eines solchen Vorhabens etwas beytragen köndte.
Gottfried Wilhelm Leibniz: Denkschrift, 1694 (?). Zit. in: Adolf Harnack: Geschichte der Königlich Preußischen Akademie der Wissenschaften zu Berlin. Zweiter Band, Berlin 1900, S. 42. (Worterklärungen – d. Verf.*)*

Kurtze Erzehlung/
Welchergestalt
Von Sr. Kön. Maj. in Preußen
Friederich dem I.
in Dero Hauptsitz Berlin
die Societæt der Wissenschafften
Oder
Zu mehrer Aufnahme des gelehrten Wesens
abzielende Gesellschafft gestifftet worden
Und wie dieselbe zu ihrer völligen Niedersetzung gediehen.
Mit beifügung des Stiftungs-Briefs/der Einrichtungs-Gesetze/derer bey der Niedersetzung gehaltenen Reden/
und des Catalogi Membrorum Societatis.

BERLIN/
Verlegts Johann Christoph Papen/ Königl. privilegirter wie auch der Societät Buchhändler und Factor.
Gedruckt von Gotthard Schlechtigern / Königl. privilegirten auch der Societæt desselben Buchdrucker. 1711.

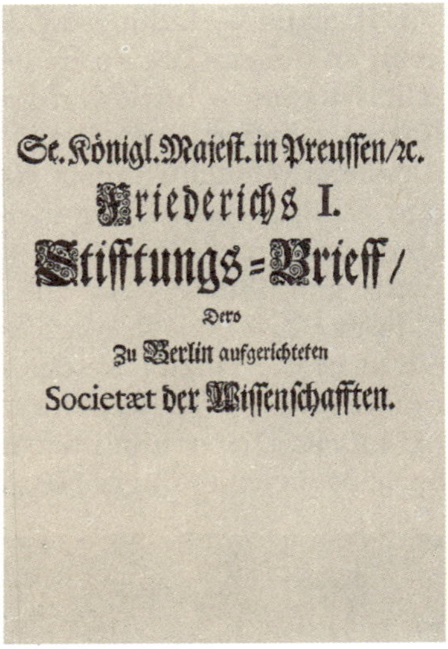

Se. Königl. Majest. in Preussen/ rc.
Friederichs I.
Stifftungs-Brieff/
Dero
Zu Berlin aufgerichteten
Societæt der Wissenschafften.

Titelblatt des Berichts über die offizielle Eröffnung der Societät der Wissenschaften 1711
In diesem Buch sind unter anderem der Stiftungsbrief Friedrichs I., die Reden von Marquard Ludwig von Printzen und von Daniel Ernst Jablonski sowie die Abbildung der von Gottfried Wilhelm Leibniz entworfenen und von Raimund Faltz (1700) gefertigten Medaille auf die Akademiegründung enthalten.

Stiftungsbrief für die Societät der Wissenschaften 1700

weitere Verhinderung ihm lediglich Ungelegenheiten gebracht hätte, und ließ auch diese ihrem Wesen nach bürgerliche Einrichtung zum Ruhm seines Thrones beitragen, wie es dem geschichtlichen Übergangscharakter des Absolutismus überhaupt entsprach.

Am 19. März 1700 fiel die Entscheidung über das Zustandekommen der Akademie. Ihr lagen Vorschläge zugrunde, die Jablonski, Rabener und Chuno unter Berücksichtigung der Überlegungen von Leibniz gemacht hatten. Die Verfasser gingen von dem «glücklichen Fortgang der hier etablierten Kunst-Akademie» aus und bezeichneten als das Ziel der neuen Einrichtung neben dem Ruhm des Kurfürsten auch «das Aufnehmen nützlicher Wissenschaften». Domizil der Sternwarte und der Akademie sollte «ein Pavillon des großen Stalles in der Dorotheenstadt» werden, wo die erforderlichen Instrumente und Bücher untergebracht werden könnten. Mit dem Hinweis auf das Kalendermonopol als einzige Finanzierungsquelle wurde dem Kurfürsten die Akademie als Gratiseinrichtung schmackhaft gemacht. Insbesondere dieses Argument war unwiderstehlich; die Hohenzollern gaben gern ihren Namen für gemeinnützige und auch ihrem eigenen Glanz dienliche Unternehmungen, die sie nichts kosteten. Die Dokumente nannten Leibniz als Präsidenten, offenbar aufgrund vorhergehender Absprachen. Für Anwesende und Abwesende Mitglieder (beide Kategorien waren vorgesehen) wurden namentliche Vorschläge unterbreitet.

Hochwürdiger,
hochedler und
hochgelahrter,
hochgeehrtester
Herr Hofprediger,
werthester Gönner!
Sr. Churf. Durchl. haben gnädigst resolviret, eine Academie des Sciences und ein Observatorium, wie vorgeschlagen, in Berlin zu établiren, welches in Eyl hiermit melde und particularia (Einzelheiten) reservire, biß ich die Ehre habe, meinen hochgeehrten Herrn Hofprediger zu sprechen, der ich bin
Ew. Hochehrwürden
bereitwilligster Diener
M. v. Wedel
Oranienburg,
den 19. März 1700
Entscheidung über die Gründung der Sozietät der Wissenschaften in Berlin. Zit. in: Adolf Harnack: Geschichte der Königlich Preußischen Akademie der Wissenschaften zu Berlin. Zweiter Band, S. 68. (Worterklärung – d. Verf.)

11 Zit. in: Adolf Harnack: Geschichte der Königlich Preußischen Akademie der Wissenschaften zu Berlin. Zweiter Band, Berlin 1900, S. 45, frz.
12 Zit. in: Ebenda. Erster Band. Erste Hälfte, S. 48.

Offizieller Gründungstag der Akademie war der 11. Juli 1700, denn an diesem Tag wurden der Stiftungsbrief und die Generalinstruktion – beide von Leibniz ausgearbeitet – vom Kurfürsten unterzeichnet. Damit wurde das Arbeitsgebiet der Akademie endgültig über Naturwissenschaften, Mathematik und Medizin hinaus erweitert, denn im Ergebnis der inzwischen geführten Gespräche waren auch philosophische, historische und philologische Disziplinen einbezogen worden.

In der Zeit vom 19. März bis 11. Juli 1700 hatte sich Leibniz direkt in die Finalphase der Akademieplanung eingeschaltet, zunächst durch Briefe, dann auch durch seine persönliche Anwesenheit. Dieser unmittelbare Einsatz von Leibniz gab der Sozietät ihr endgültiges Gepräge. Zu Mitgliedern berief man

Gottfried Wilhelm Leibniz
Kupferstich von
Johann Martin Bernigeroth
Um 1700

im wesentlichen nur Berliner – mit zwei Ausnahmen: die eine war Leibniz selbst, die andere der Astronom Gottfried Kirch, der bei Weigel in Jena studiert und sich bei dem berühmten Johann Hevel in Danzig die himmelskundlichen Sporen verdient hatte. Kirch war ein für das Gedeihen der Sozietät unerläßlicher Mann, denn er mußte mit seinen Kalenderarbeiten deren finanzielle Existenz sichern.

Es war für Berlin ehrenvoll, daß Kirch dem Ruf gefolgt war, denn er galt etwas in der europäischen Wissenschaft. Schon seit 1681 hatte er in den «Ephemeriden» die Ergebnisse seiner Himmelsbeobachtungen herausgegeben, und er war auch Autor so angesehener Zeitschriften wie der «Acta Eruditorum» in Leipzig und der von der Royal Society in London

Das Königliche Observatorium und Marstall, auf der Dorotheenstadt Kupferstich von Johann David Schleuen (Teilansicht des Planes von Samuel von Schmettau) 1734
Auf das von Nering erbaute Gebäude (1691) wurde 1695/97 ein zweites Geschoß aufgesetzt. Der Gesamtkomplex wurde bis zur Dorotheenstraße (heute Clara-Zetkin-Straße) für den Ausbau des Marstalls, die Akademie der Künste und der mechanischen Wissenschaften (1696), die Societät der Wissenschaften (1700) und andere Institutionen erweitert. Von Martin Grünberg wurde um 1705 ein 26 m hoher Turm für das Observatorium eingebaut. 1713 richtete Christian Maximilian Spener das erste anatomische Institut Berlins – Theatrum Anatomicum – in einem Pavillon des Komplexes an der Dorotheen-/Ecke Charlottenstraße ein.

edierten «Philosophical Transactions». Freilich waren die astronomischen Arbeitsbedingungen, die ihm sein neuer Tätigkeitsort bot, nicht gerade glänzend. Der Bau der akademischen Sternwarte im Marstallgebäude Unter den Linden schleppte sich hin. Erst kurz vor seinem Tode – er starb bereits 1710 – konnte er sich noch der 1709 an die Akademie übergebenen neuen Einrichtung erfreuen. Bis dahin mußte er seine Beobachtungen teils behelfsmäßig, teils auf einer privaten Sternwarte in der Klosterstraße anstellen.

Es wäre sicher nicht gerechtfertigt zu erwarten, daß die personelle Erstausstattung der Sozietät überwiegend aus erstrangigen Gelehrten bestanden hätte. Woher hätten sie auch kommen sollen in dieser bescheidenen Residenzstadt, in der noch alles im Beginnen war? Die Maßstäbe von London oder Paris durfte man hier einstweilen nicht anlegen. Gewiß waren die Anwesenden Mitglieder – außer Leibniz wurden bis Januar 1711 36 gewählt, dazu noch 60 Abwesende Mitglieder[13] – gebildete Persönlichkeiten, die die noch dünne Intelligenzschicht der Stadt vertraten, aber schöpferische Wissenschaftler waren die meisten von ihnen nicht. Unter den bedeutenderen Namen wären neben Leibniz, Kirch, Jablonski und Chauvin insbesondere noch Lorenz Beger und Mathurin Veyssière de la Croze zu nennen: Die gelehrten Arbeiten dieser 1701 gewählten Mitglieder waren historisch orientiert. Beger – seit 1686 in brandenburgischen Diensten und noch von Spanheim, Pufendorf und Danckelmann gefördert – hatte seit 1693 die Oberaufsicht über die zur kurfürstlichen Bibliothek gehörende «Kunst- und Raritätenkammer» inne und war Verfasser des von 1696 bis 1701 erschienenen «Thesaurus Brandenburgicus», eines Quellenwerkes, in dem die Münzsammlung des Kurfürsten beschrieben wurde. La Croze genoß bereits europäischen

Leibniz-Medaille der Akademie der Wissenschaften der DDR Von Constantin Stark nach der Medaille von 1907 Ausgabe von 1975 mit veränderter Umschrift, versilbert
Mit dieser Medaille ehrt der Präsident der Akademie der Wissenschaften der DDR hervorragende Leistungen von Persönlichkeiten und Kollektiven der DDR, die von ihnen entweder neben ihrer beruflichen Tätigkeit oder in Zusammenarbeit mit Wissenschaftlern der AdW erbracht wurden. Außerdem kann sie an Mitarbeiter oder Kollektive der Akademie selbst verliehen werden. Auf ihrer Rückseite ist, wie auch auf dem Akademie-Siegel, ein über dem Stadtbild fliegender Adler dargestellt. Er symbolisiert die von Leibniz in Anlehnung an eine Ode von Ovid abgeleitete Devise, daß der Adler zu den verwandten Sternen strebt (cognata ad sidera tendit).

Ruf, als er 1696 nach seinem Übertritt zur reformierten Kirche nach Berlin kam. Unter schwierigen Verhältnissen hat er als Historiker und Orientalist für die Durchsetzung der Aufklärung in Brandenburg-Preußen Bedeutendes geleistet. Er war Bibliothekar des Königs und als Nachfolger von Chauvin Professor der Philosophie am Collège Français.

Auch Pädagogen von Format zählten zu den frühen Mitgliedern der Sozietät, so beispielsweise Johann Leonhard Frisch, der am Gymnasium zum Grauen Kloster tätig war und auf Vorschlag von Leibniz, mit dem er eng zusammenarbeitete, 1706 gewählt wurde. An die hervorragenden Leistungen von Frisch als Naturwissenschaftler, als Philologe, als Wissenschaftsorganisator und auf dem Gebiet der deutsch-slawi-

Mathurin Veyssière de la Croze
Kupferstich
von Johann Georg Wolfgang
nach einem Gemälde
von A. Pesne. 1738
La Croze gehört zu den herausragendsten Persönlichkeiten in der Periode der Aufklärung. Er war auch ein genialer Sprachforscher und galt als Sprachgenie: Über 20 Sprachen eignete er sich autodidaktisch an. Seine profunden Kenntnisse, seine ausdrucksstarke Erzählweise und seine Vitalität machten ihn zu einem gern gesehenen Gast in der Berliner Gesellschaft. Mit den bedeutendsten Gelehrten seiner Zeit, insbesondere mit seinem Freund Leibniz, unterhielt er einen regen wissenschaftlichen Briefwechsel.

schen Wissenschaftsbeziehungen erinnert heute eine Gedenktafel an der Klosterkirche in Berlin.

Der Rektor des anderen Berliner Gymnasiums, des Joachimsthalschen, kam 1710 in die Akademie; zuvor hatte Paul Volckmann an der Universität Frankfurt/Oder gewirkt und 1706 zu deren Zweihundertjahrfeier den theologischen Doktorhut erhalten. Auch die Mediziner der Sozietät sind der Erwähnung wert. Christian Maximilian Spener, der 1701 zum Anwesenden Mitglied und 1702 auch zum Mitglied der Leopoldina gewählt wurde, hinterließ der Sozietät nach seinem

13 Siehe: Die Mitglieder der Deutschen Akademie der Wissenschaften zu Berlin 1700–1950. Im Auftrage der DAW zu Berlin bearbeitet von Erik Amburger, Berlin 1950. – Werner Hartkopf: Die Akademie der Wissenschaften der DDR. Ein Beitrag zu ihrer Geschichte. Biographischer Index, Berlin 1983.

kurzen 36jährigen Leben große naturwissenschaftliche Sammlungen. Er begnügte sich nicht mit der Medizin, sondern war zugleich auch Professor der Genealogie, der Heraldik und der Naturgeschichte an der Ritterakademie in Berlin, einer 1705 gegründeten Bildungsstätte der Aristokratie. Noch bedeutender war Friedrich Hoffmann, der schon 1701 während seiner Professur in Halle als Abwesendes Mitglied aufgenommen wurde und von 1709 bis 1712 als Leibarzt des Königs in Berlin wirkte. Er wurde vor allem als Erfinder der «Hoffmanns Tropfen» bekannt. Neben Georg Ernst Stahl in Halle und Hermann Boerhaave in Leiden war er einer der größten Ärzte und Naturforscher im Europa der Frühaufklärung. Mit Thomasius, Francke (1701 Abwesendes Mitglied) und Wolff (1711)

Friedrich Hoffmann
Kupferstich von Parisio
nach einer Zeichnung
von A. Pesne
Um 1710
Hoffmann war Verfechter einer systematisch aufgebauten Begründung der Heilkunde, die auch für die medizinische Praxis einsetzbar war. Für die therapeutische Behandlung benutzte er vorrangig Antispasmotika, Sedativa und Tonika. Von 1712 bis 1760 lebte er nach seiner Tätigkeit als Leibarzt in Berlin wieder in Halle. Als Lehrer und Forscher begründete er gemeinsam mit anderen Medizinern das hohe Ansehen, das die medizinische Ausbildung an der Hallenser Universität genoß.

Gebäude der ehemaligen Ritterakademie
Aufnahme um 1890
In diesem Haus in der Klosterstraße befand sich von 1705 bis 1712 die Ritterakademie. Eine größere Bedeutung erhielt dieses Gebäude durch die Eröffnung (1713) eines Lagerhauses für Wolle und Tuche durch den späteren Staatsminister Kraut. Infolge des zunehmenden Aufschwungs des Wollgewerbes in der Mark Brandenburg wurde in dem inzwischen ausgebauten Gebäudekomplex (um 1775) eine gut ausgestattete Tuch- und Wollmanufaktur eingerichtet, für die zeitweilig bis zu 4 000 Personen tätig waren.

standen Hoffmann und Stahl im Mittelpunkt der Halleschen Aufklärung.

Akademiemitglieder waren auch an der bereits erwähnten Ritterakademie und an der Charité tätig. Die Berliner Ritterakademie, die nur bis 1712 bestand, vermochte im Unterschied zu ihrer Hallenser Schwestereinrichtung nicht zum Ausgangspunkt einer Universitätsgründung zu werden. Die reale Bedeutung dieser in ihrem Unterrichtsniveau zwischen Gymnasien und Universitäten stehenden Anstalten, die der Vorbereitung auf den Hof- und Staatsdienst dienten und neben wissenschaftlichen Fächern auch moderne Sprachen, Reiten, Fechten und Tanzen lehrten, lag unter ihren oftmals mit Nachdruck verkündeten Ansprüchen. Diese waren allerdings bemerkenswert. So publizierte Dietrich Hermann Kemmerich, Direktor der 1704 in der Stadt Brandenburg gegründeten Ritterakademie, im Jahre 1711 eine Schrift unter dem Titel «Neueröffnete Academie der Wissenschaften», in deren Vorrede es hieß, «daß die Ritterakademien nicht nur Reit-, Fecht- und Tanzschulen, sondern auch Schulen der Weisheit oder Akademien der Wissenschaften sein sollen».[14] Doch es war nun einmal nicht der feudalen Aristokratie, sondern dem Bürgertum bestimmt, Hauptträger des neuen Wissenschaftsaufschwungs zu werden.

Das Bürgertum fand einen wichtigen wissenschaftlichen und zugleich praktischen Bereich seiner Tätigkeit im Medizinalwesen, dessen gesellschaftlicher Rang mit der Ausbreitung

Anno 1705 ward nahe bey dem Gymnasio in dem Proviant-Hause die Fürsten- und Ritter-Academie aufgerichtet, welche aber Anno 1712 eingegangen. Und ist nunmehro eine Tuch- und Zeug-Manufactur drinnen befindlich.
Martin Diterich: Berlinische Kloster- und Schulhistorie, Berlin 1750, S. 229.

... eine Ritter Academie neben dem Magazin in der Closter Straße aufgerichtet und mit Professoribus und Exercitien-Meister versehen ...
Handschriftliche Berliner Chronik zum Jahre 1705. Deutsche Staatsbibliothek Berlin, Handschriften-Abteilung. Ms. boruss. Quart. 230, Bl. 52.

14 Zit. in: Friedrich Debitsch: Die staatsbürgerliche Erziehung in den deutschen Ritterakademien, Osterwieck am Harz 1928.

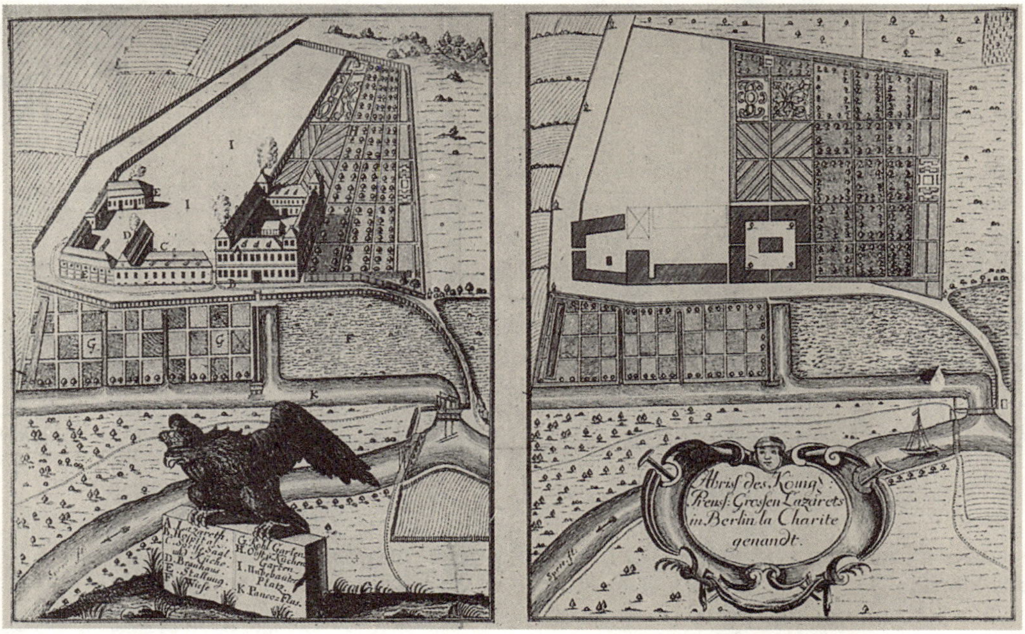

Perspektive und Grundriß der Charité
Kupferstich, vermutlich von Johann David Schleuen d. Ä.
Um 1730
Durch einen Vorschlag des Amtschirurgen Christian Gottfried Habermaass angeregt, erließ Friedrich Wilhelm I. 1726 eine Kabinettsorder, die das Hospital als Bürgerlazarett und Lehr- und Bildungsstätte für das 1724 gegründete Collegium medico-chirurgicum festlegte. Seine offizielle Bezeichnung lautete «Lazareth und Hospital vor dem Spandower Thor». Trotz eines zunehmenden Anstiegs der Krankenbehandlung sowie erhöhter Baufälligkeit der Gebäude wurde erst 1785 mit einem Neubau begonnen. Der Auf- und Ausbau dieser Anlage wurde unter der Leitung der bedeutenden Architekten Carl von Gontard und Georg Christian Unger durchgeführt.

der städtischen Lebensweise immer mehr zunahm. Ähnlich wie in der Akademie selbst bahnte sich auch hier eine institutionelle Entwicklung von langfristiger Kontinuität an. Als Anfang des Jahrhunderts eine Pestepidemie drohte, wurde außerhalb der Stadt in aller Eile ein Krankenhaus errichtet. «Es war ein recht stattlicher Fachwerkbau auf quadratischem Grundriß, mit zwei Etagen und an jeder Ecke einem Türmchen – das ‹Pesthaus›, erbaut im Jahre 1710 ...»[15] Der Name Charité, der 1727 dieser Einrichtung gegeben wurde, hat sich für die auf diesem Gelände in der späteren Friedrich-Wilhelm-Stadt nach und nach errichteten bedeutenden Berliner Krankenanstalten bis heute erhalten. Damit wurde auch eines der wichtigsten Fundamente gelegt, von denen zu Beginn des folgenden Jahrhunderts die Universitätsgründung ausgehen konnte.

So bestand im ersten Vierteljahrhundert nach der Königskrönung in der Hauptstadt schon ein recht differenziertes System von Einrichtungen höherer Bildung, gelehrten Austausches und, in bescheidenem Maße, auch wissenschaftlicher Forschung: die Sozietät der Wissenschaften und die Akademie der Künste, die Bibliothek und das Collegium medicum, die botanischen Gärten und die Hofapotheke, die Gymnasien einschließlich des Collège Français und der Ritterakademie. In Anbetracht ihres Einflusses auf das wissenschaftliche Leben in Berlin muß man auch die beiden Universitäten in Frankfurt an der Oder und in Halle dazu rechnen.

Den Mittelpunkt dieses Netzes bildete die Sozietät, denn zu ihren Mitgliedern zählten die bedeutendsten Persönlichkeiten, die durch die Vielfalt ihrer Wirkungsbereiche den Wissenschaftsbetrieb der Residenz zusammenhielten. Unmittelbar im eigenen Hause waren besonders die Arbeit der Akademie der Künste und die der Sozietät der Wissenschaften eng miteinander verflochten. Der berühmte Andreas Schlüter gehörte beiden Einrichtungen zugleich an. Hofarzt Friedrich Jägwitz, Mitglied der Sozietät seit 1701, lehrte an der Kunstakademie Anatomie. Zu den Mitgliedern der Sozietät zählte, gleichfalls schon seit 1701, der angesehene hugenottische Mathematiker Philippe Naudé der Ältere, der gleichzeitig an der Kunstakademie und am Joachimsthalschen Gymnasium unterrichtete. So wirkten Künste und Wissenschaften in Berlin Hand in Hand und Kopf an Kopf, stets in unmittelbarer Nähe der königlichen Rosse. Für den akademisch erhöhten Marstall kam das geflügelte Wort in Umlauf, er sei das Gebäude «pro mulis et musis» – für die Maulesel und die Musen.

Korporalstock und Wissenschaft

Als 1713 der «Soldatenkönig» Friedrich Wilhelm I. den Thron bestieg, da war es in Berlin mit den rauschenden Festen und der nach französischem Vorbild inszenierten Prachtentfaltung bis auf weiteres vorbei. Das absolutistische Programm wurde mit härteren und tauglicheren Mitteln fortgeführt.[16] Die Kombination von forciertem Militarismus und extremer Sparsamkeit, die Friedrich Wilhelm entwickelte, zeitigte so viele skurrile Züge, daß das Bild dieses Monarchen leicht zur Karikatur gerät. Doch das war nur die Oberfläche des Geschehens; unter dieser Oberfläche verliefen die für den Absolutismus typischen und keineswegs auf Preußen beschränkten Prozesse feudaler Machtzentralisation bei gleichzeitiger dosierter und reglementierter Entfaltung eines gewissen Maßes bürgerlicher Gewerbe-, Handels- und Finanzaktivitäten.

Für die Wissenschaft in Berlin und überhaupt in Preußen bedeutete der Thronwechsel unzweifelhaft eine kalte Dusche. Selbst Leibniz maß der Soldatenkönig an dessen – offenkundig mangelhafter – Befähigung zum Schildwachestehen. Als die Universität Leiden 1737 beabsichtigte, den Juristen Johann Gottlieb Heineccius aus Halle zu berufen, gab ihr der König höchstpersönlich eine abschlägige Antwort: «Dieser Professor ist einer der besten, die ich in Halle habe, und es ist offen-

... so ist diesem Schaden durch Errichtung mehr besagter Akademie (der Künste und mechanischen Wissenschaften) dergestalt abgeholfen worden, daß außer den Adligen, Studierenden und andern Personen, welche das Zeichnen nur als eine Zierde ihres Standes erlernet, Maler, Bildhauer, Architekten, Medailleure, Kupferstecher, Ingenieure, Kondukteure (Aufseher über Vermessungen und Bauten), Mechanici, Landmesser, Feuerwerker, Chirurgen, Goldschmiede, Glasschneider, Uhrmacher, Petschierstecher (Graveure), Tapeten- und Seidensticker, auch sogar Kleinschmiede, Tischler, Stellmacher, Zimmerleute, Maurer und dergleichen, bei der Akademie erzogen worden, welche die Gründe von der Zeichenkunst und mechanischen Wissenschaften daselbst zuvorderst geleget und darauf ihre zu erlernenden Professionen mit erwünschtem Sukzeß (Erfolg) angetreten haben, so daß Berlin itzo vor den meisten Städten Deutschlands sich rühmen kann, die geschicktesten Ouvriers (Handwerker, Künstler) zu haben, deren Arbeit von allen umliegenden Städten und Landen hochgeachtet, gesuchet und nach Würden bezahlet wird.
Georg Gottfried Küster/Johann Christoph Müller: Altes und Neues Berlin, Berlin 1737-1769. Zit. in: Berliner Leben 1648-1806. Erinnerungen und Berichte. Hrsg. von Ruth Glatzer, Berlin 1956, S. 112. (Worterklärungen – d. Verf.*)*

15 Detlef Rüster: Alte Chirurgie. Legende und Wirklichkeit, Berlin 1985, S. 193/194.
16 Siehe Heinz Kathe: Der «Soldatenkönig» Friedrich Wilhelm I., 1688–1740. König in Preußen. Eine Biographie, Berlin 1978.

Plan mit einem Prospekt der Stadt
Kolorierter Kupferstich von Georg Matthäus Seutter. 1737
Um ein gefälligeres Bild der Stadtsilhouette zu erreichen, wurde der Plan vom Künstler umorientiert. Sehr gut ist die Erweiterung der Stadt zu erkennen. Unter dem Bild Friedrich Wilhelms I. der Titel des Blattes: «Berlin die Praechtigst und maechtigste Hauptstadt des Churfürstentums Brandenburg, auch Residenz deß Königes in Preußen und florissanter Handels-Plaz verfertigt und verlegt von Matth. Seutter Ihro. Röm. Kays. u. Königl. Cath. Majest. Geogr. in Augsp.».

sichtlich, daß sein Weggang dieser Akademie großen Schaden zufügen würde ... Es ist nicht nötig, diesen Gründen noch jenen hinzuzufügen, daß die Republik (der Niederlande – *d. Verf.*) niemals Gelegenheit gefunden hat, mir einige große Flügelmänner zuzubilligen, die vielleicht einige große Gelehrte aufwiegen können».[17] Das Wort «Flügelmänner» stand in deutsch in diesem in französischer Sprache gehaltenen Brief. Die Gelehrten waren diesem König überwiegend Befehlsempfänger, noch dazu – mit einigen bemerkenswerten Ausnahmen – von zweifelhaftem Wert gegenüber Soldaten und Offizieren.

Als den Regenten die Lust anwandelte, die widerspenstigen Professoren seine Allmacht spüren zu lassen, befahl er, ebenfalls 1737, der Universität Frankfurt kurzerhand, eine Disputation über die Narrheit zu veranstalten. Schon wesentlich früher, im Jahre 1722, hatten Gegner des in Halle lehrenden Philosophen Christian Wolff dem König hinterbracht, die

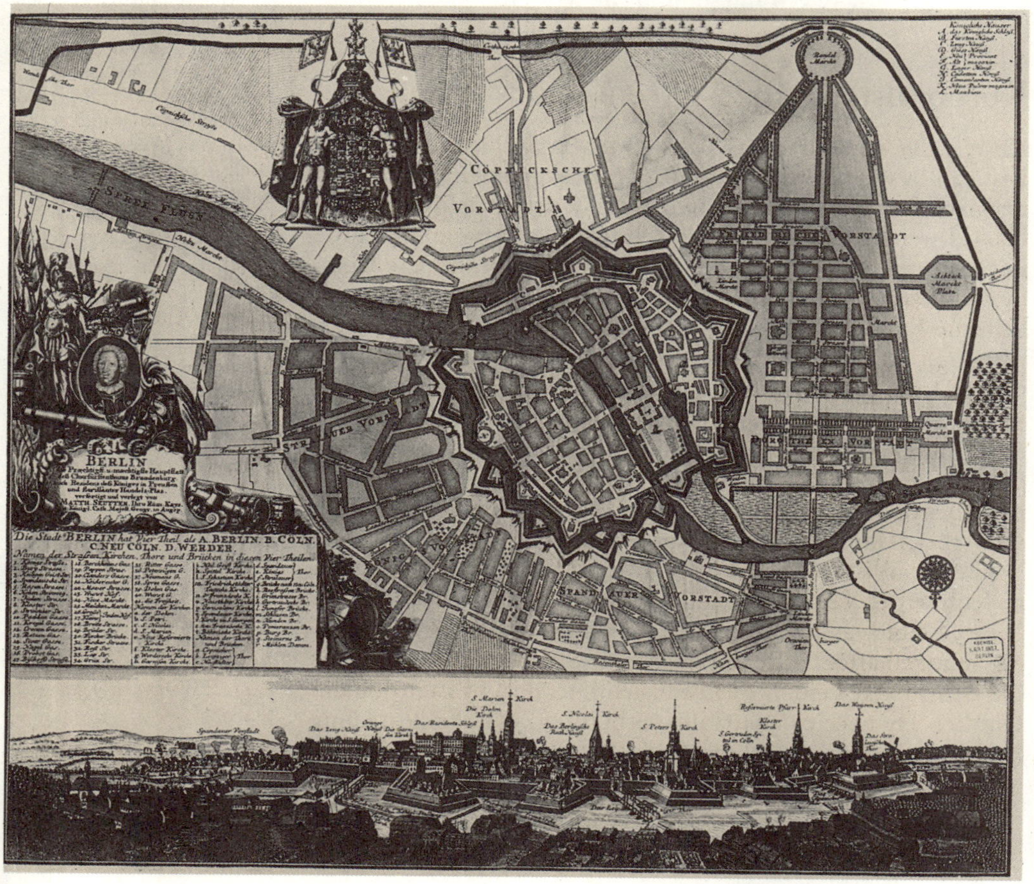

Lehre dieses hochangesehenen Philosophen schlösse die Bestrafung eines Deserteurs aus, weil dessen Handeln vorherbestimmt wäre und nicht seinem freien Willen unterläge. Diese Nachricht versetzte den Soldatenkönig in eine Mordswut; er wies an, daß der Professor bei Strafe des Stranges seinen Wirkungsort binnen 48 Stunden zu verlassen hätte. Später hätte der König den renommierten Wolff ganz gern wieder in Preußen gehabt, aber nun ließ sich dieser bis 1740 Zeit, auf die preußischen Avancen einzugehen.

Alles, was sich in Preußen einsparen und erwirtschaften ließ, verschlang die Armee als Unterpfand der staatlichen Macht und als Garant weiterer Annexionserfolge. 85 Prozent des Staatshaushalts wurden dafür eingesetzt. «Ich bin Finanzminister und Feldmarschall des Königs von Preußen, das wird den König von Preußen aufrecht erhalten.»[18] Das sagte Friedrich Wilhelm I. von sich selbst, und er ließ es auch jeden sehen, denn als erster europäischer Monarch trug er seit 1725 ständig Uniform. Es gelang ihm, in seiner Regierungszeit das Heer zu verdoppeln – von 40 000 auf 80 000 Mann. Die dabei gehandhabten Methoden zeichneten sich durch Härte und Grausamkeit aus. Arger Drill und eiserne Disziplin hielten das Heer zusammen, das aus zu den Waffen gepreßten Menschen bestand. Des Königs blauer Rock wurde nicht freiwillig angezogen, und wer in größter Not dazu gezwungen war, der behielt ihn auch lebenslänglich. Die Werber des Königs beschränkten ihre Aktionen nicht auf das eigene Staatsgebiet. Auch außerhalb der preußischen Grenzen preßten sie Unvorsichtige und übertölpelten Leichtsinnige. Für diese «Werbungen» wurden während der Regierungszeit des Soldatenkönigs insgesamt 12 Millionen Taler aufgewandt.

Freilich – die Mittel für den Unterhalt des wachsenden Heeres mußten auch erwirtschaftet werden, und bei dem regellosen Einfangen und Pressen von Soldaten lief die Armee leicht Gefahr, Landwirtschaft und Gewerbe und damit ihre eigene Existenzgrundlage zu untergraben. Daher wurde ab 1733 das «Kantonreglement» eingeführt: Das Land wurde in Kantone eingeteilt, von denen jeder für die Auffüllung bestimmter Regimenter zuständig war. Das bedeutete eine immense Stärkung der Macht der Feudalklasse: Der leibeigene Bauer sah sich, wenn er zu den Waffen eilen mußte, wiederum seinem Grundherrn gegenüber, der ihn nunmehr kommandierte und ihm Befehle erteilte. Manche Adlige begriffen nicht so leicht, daß die Garantie für die Sicherstellung ihrer

Wo das stehende Heer das A und O der politischen Bemühungen war, blieb beispielsweise für kulturelle Belange kein Raum mehr. So war die Rückläufigkeit in der kulturell-geistigen Entwicklung im Gefolge der Durchsetzung des militärischen Despotismus ein zwangsläufiges Ergebnis. Während Friedrich I. der Kunst und der Wissenschaft eine politische Funktion gab, um seinen absolutistischen Machtanspruch auch mit ihrer Hilfe zur Geltung zu bringen, interessierte sich Friedrich Wilhelm I. für Künstler und Gelehrte nur insoweit, als sie einen praktischen Nutzen zu erbringen vermochten. Deshalb galten ihm Medizin und Chemie zwar etwas, wurden auch Lehrstühle für Kameralwissenschaften in Halle und Frankfurt (Oder) eingerichtet, aber Fächer wie Literatur und Philosophie konnten nicht auf Förderung hoffen.
Günter Vogler/Klaus Vetter: Preußen. Von den Anfängen bis zur Reichsgründung, Berlin 1984, S. 76.

17 Zit. in: Heinz Schneppen: Niederländische Universitäten und deutsches Geistesleben. Von der Gründung der Universität Leiden bis ins späte 18. Jahrhundert, Münster i. Westfalen 1960, S. 72, frz.
18 Zit. in: Günter Vogler/Klaus Vetter: Preußen. Von den Anfängen bis zur Reichsgründung, Berlin 1984, S. 60.

Klassenherrschaft jetzt in der straffen Zentralisierung der Macht lag, und beschworen in manchen Detailfragen Konflikte mit dem königlichen Regiment herauf. Letztlich aber setzte sich der König als oberster Feudalherr durch, und ein wesentliches Werkzeug dieses Durchsetzungsprozesses war die Verquickung der lokalen Feudalherrschaft mit der militärischen Kommandogewalt über die Untertanen.

Die auf die Bedürfnisse des Militarismus orientierte Zentralisation der Verwaltung des Königreiches machte große Fortschritte. 1723 wurde das General-Ober-Finanz-, Kriegs- und Domänendirektorium gebildet, dessen Leitung der König selbst übernahm; es vereinigte das 1712 gegründete Generalkriegskommissariat, das für die Akziseeinnahmen (Steuern) zuständig war, und das 1713 für die Verwaltung der Domänen gegründete Generalfinanzdirektorium zu einer einheitlichen obersten Zentralbehörde. Diese Behörde hatte vier Departements, die über territoriale Zuständigkeiten für einzelne Landesteile und über inhaltliche Befugnisse wie beispielsweise für Grenz- und Rodungssachen oder für das Münz- und Postwesen verfügten. Entsprechende Kriegs- und Domänenkammern wurden in den Provinzen geschaffen.

Wie der Bauer hatte auch der Bürger «Order zu parieren, ohne zu räsonieren» – das verlangten der König, seine Offiziere und die Beamten. Die Städte wurden dem Staat vollständig unterworfen und finanziell ausgesaugt. Das Handels- und Manufakturbürgertum war im Gegensatz zur Situation in anderen europäischen Staaten zahlenmäßig und wirtschaftlich schwach, und seine politische Stoßkraft war dadurch gemindert, daß der preußische Absolutismus die wirtschaftlichen Interessen des Bürgertums der Staatsräson unterzuordnen wußte. Zwar gab es Impulse von außen auf Preußens Wirtschaft, besonders Erfahrungen aus den damals fortgeschrittensten europäischen Ländern England, den Niederlanden und Frankreich, doch auch sie wurden den Bedürfnissen des zurückgebliebenen Landes angepaßt.
Heinz Kathe: Friedrich Wilhelm I., der «Soldatenkönig». In: Preußen. Legende und Wirklichkeit, Berlin 1984, S. 54.

Die Masse der Soldaten mit unbegrenzter Dienstzeit mußten die Bauern stellen. Einige Städte wurden von der «Kantonierung» ausgenommen, um das wirtschaftlich ohnehin schwache Handwerk nicht noch mehr zu beeinträchtigen. Diesen Vorteil genoß auch Berlin. Das bedeutete nicht, daß die harte Hand des Absolutismus etwa an den Städten vorübergegangen wäre. Im Gegenteil – die Reste der alten städtischen Selbstverwaltung wurden zielstrebig beseitigt. Bereits ab 1716 wurden Ratsverfassung und kommunale Selbständigkeit abgeschafft und die neuen Magistratskollegien in stärkere Abhängigkeit vom König gebracht. Staatliche Behörden traten an die Stelle der inneren städtischen Verwaltung. In Berlin wurde dieser Prozeß 1735 eingeleitet und 1747 mit dem «Rathäuslichen Reglement» abgeschlossen.

Die Situation der in den Städten und insbesondere in Berlin angesiedelten Wissenschaft war zwiespältig. Es wäre nicht gerechtfertigt, dem Soldatenkönig frontale Wissenschaftsfeindlichkeit zu unterstellen. Friedrich Wilhelm I. wollte Wissenschaft nicht nur gezwungenermaßen dulden, sondern auch bewußt kultivieren, aber er sah ihre Nützlichkeit zu direkt und zu eng, und was nicht in diesen Rahmen paßte, hatte es wirklich schwer.

Der kalvinistische König hatte bereits als Kronprinz auf zwei Bildungsreisen in die Niederlande die dortige Geschäftswelt und Bürgerkultur kennengelernt und hier Pflichteifer und Sparsamkeit vorgefunden, die er für beispielhaft erach-

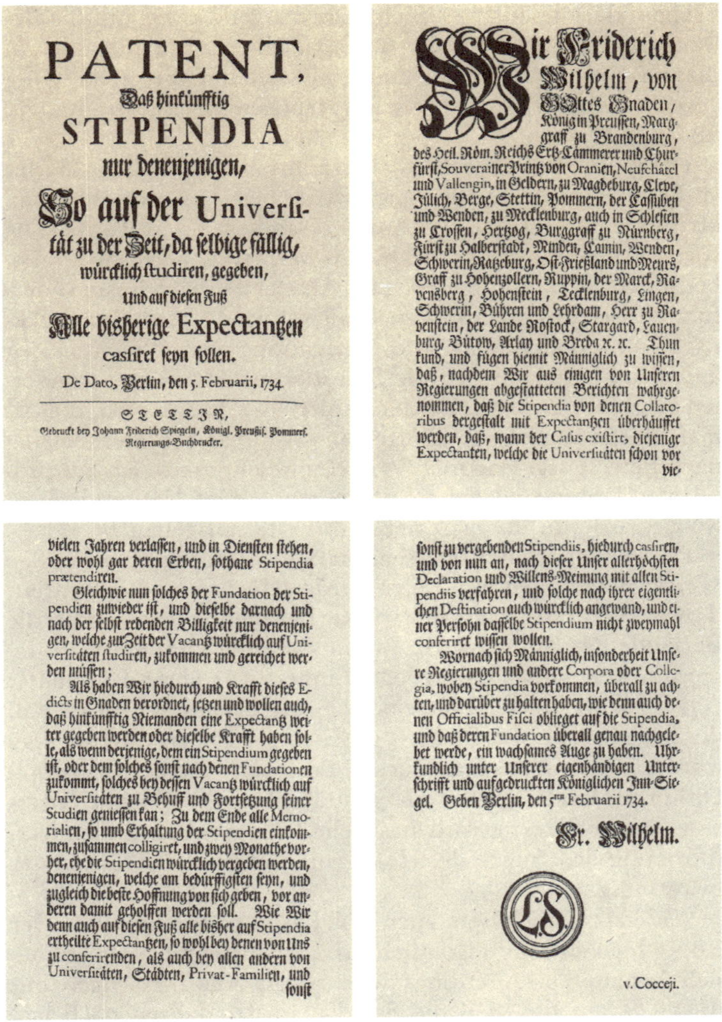

PATENT,
Daß hinkünfftig
STIPENDIA
nur denenjenigen,
So auf der Universität zu der Zeit, da selbige fällig, würcklich studiren, gegeben,
Und auf diesen Fuß
Alle bisherige Expectantzen
cassiret seyn sollen.
De Dato, Berlin, den 5. Februarii, 1734.

STETTIN,
Gedruckt bey Johann Friderich Spiegeln, Königl. Preußis. Pommers. Regierungs-Buchdrucker.

Wir Friderich Wilhelm, von GOttes Gnaden, König in Preussen, Marggraff zu Brandenburg, des Heil. Röm. Reichs Ertz-Cämmerer und Churfürst, Souverainer Printz von Oranien, Neufchâtel und Vallengin, in Geldern, zu Magdeburg, Cleve, Jülich, Berge, Stettin, Pommern, der Cassuben und Wenden, zu Mecklenburg, auch in Schlesien zu Crossen, Hertzog, Burggraff zu Nürnberg, Fürst zu Halberstadt, Minden, Camin, Wenden, Schwerin, Ratzeburg, Ost-Frießland und Meurs, Graff zu Hohenzollern, Ruppin, der Marck, Ravensberg, Hohenstein, Tecklenburg, Lingen, Schwerin, Bühren und Lehrdam, Herr zu Ravenstein, der Lande Rostock, Stargard, Lauenburg, Bütow, Arlay und Breda ꝛc. ꝛc. Thun kund, und fügen hiemit Männiglich zu wissen, daß, nachdem Wir aus einigen von Unseren Regierungen abgestatteten Berichten wahrgenommen, daß die Stipendia von denen Collatoribus dergestalt mit Expectantzen überhäuffet werden, daß, wann der Casus existirt, diejenige Expectanten, welche die Universitäten schon vor vielen Jahren verlassen, und in Diensten stehen, oder wohl gar deren Erben, sothane Stipendia prætendiren.

Gleichwie nun solches der Fundation der Stipendien zuwieder ist, und dieselbe darnach und nach der selbst redenden Billigkeit nur denenjenigen, welche zur Zeit der Vacantz würcklich auf Universitäten studiren, zukommen und gereichet werden müssen;

Als haben Wir hiedurch und Krafft dieses Edicts in Gnaden verordnet, setzen und wollen auch, daß hinkünfftig Niemanden eine Expectantz weiter gegeben werden oder dieselbe Krafft haben solle, als wenn derjenige, dem ein Stipendium gegeben ist, oder dem solches sonst nach denen Fundationen zukommt, solches bey dessen Vacantz würcklich auf Universitäten zu Behuff und Fortsetzung seiner Studien geniessen kan; Zu dem Ende alle Memorialien, so umb Erhaltung der Stipendien einkommen, zusammen colligiret, und zwey Monathe vorher, ehe die Stipendien würcklich vergeben werden, denenjenigen, welche am bedürfftigsten seyn, und zugleich die beste Hoffnung von sich geben, vor anderen damit geholffen werden soll. Wie Wir denn auch auf diesen Fuß alle bisher auf Stipendia ertheilte Expectantzen, so wohl bey denen von Uns zu conferirenden, als auch bey allen andern von Universitäten, Städten, Privat-Familien, und sonst zu vergebenden Stipendiis, hiedurch cassiren, und von nun an, nach dieser Unser allerhöchsten Declaration und Willens-Meinung mit allen Stipendiis verfahren, und solche nach ihrer eigentlichen Destination auch würcklich angewand, und einer Persohn dasselbe Stipendium nicht zweymahl conferiret wissen wollen.

Wornach sich Männiglich, insonderheit Unsere Regierungen und andere Corpora oder Collegia, wobey Stipendia vorkommen, überall zu achten, und darüber zu halten haben, wie denn auch denen Officialibus Fisci oblieget auf die Stipendia, und daß deren Fundation überall genau nachgelebet werde, ein wachsames Auge zu haben. Uhrkundlich unter Unserer eigenhändigen Unterschrifft und aufgedruckten Königlichen Inn-Siegel. Geben Berlin, den 5ten Februarii 1734.

Fr. Wilhelm.

L.S.

v. Cocceji.

Öffentliches Schreiben von Friedrich Wilhelm I. die Stipendienregelung betreffend. 1734

tete und unbedingt nach Preußen verpflanzen wollte. Es steht auf einem anderen Blatt, daß sich bei dieser Verpflanzung in ein gänzlich andersartiges gesellschaftliches Milieu der Ausdruck bürgerlicher Klasseninteressen in die Ausnutzung und Deformation bürgerlicher Kräfte und Bestrebungen durch den feudalabsolutistischen Staatsapparat verkehrte. Als eine sehr geeignete Ideologie, um solche Tugenden bei den Untertanen zu verbreiten, sah der König den lutherischen Pietismus an und förderte ihn nach Kräften. So wurden die auf diesem Gebiet führenden und mit der dortigen Universität verbundenen Franckeschen Stiftungen in Halle von Berlin aus unterstützt. Schließlich orientierte der Pietismus als Denkweise der

Schon rein äußerlich nimmt es (das Kalendarium) sich mit dem bunten Wechsel von Schwarz- und Rotdruck gar anmutig aus: Buchstaben und allerlei geheimnisvolle Zeichen tanzen da lustig durcheinander; jeder Tag fast hat gleichsam seine eigne, individuelle Physiognomie: nicht nur Datum, Wochentag und Heiligenname ist angegeben, man sieht auch, in welchem Sternbild gerade die Sonne steht, in welcher Phase sich der Mond befindet, außerdem ist – gewöhnlich nicht nur für die Mondwechsel, sondern obendrein noch für jede halbe Woche – das Wetter gewissenhaft vorausgesagt, und, damit neben dem Aberglauben nicht der Glaube zu kurz komme, pflegte man für den frommen Kirchgänger auch allsonntäglich die Perikopen (Bibelabschnitt zur Vorlesung im Gottesdienst) anzuführen. Zwischen alldies sind nun die sogenannten Erwählungszeichen oder Aspekten hineingestreut, kleine Siglen und Hieroglyphen, aus denen zu ersehen ist, welche Tage für gewisse leibliche und häusliche Verrichtungen besonders günstig oder ungünstig sind.
Zit. in: Martin Haß: Die preußischen Adreßkalender und Staatshandbücher als historisch-statistische Quellen. In: Forschungen zur Brandenburgischen und Preußischen Geschichte, Bd. 20, 1907, S. 145/146. (Worterklärungen – d. Verf.)

Frühaufklärung auf die Pflicht zum tätigen Leben, auf die Bewährung im Diesseits und auf sparsame Lebensführung. In diesem Geist erfolgte an den Universitäten die Ausbildung von Beamten, die meist aus bürgerlichen Kreisen stammten, und von Pfarrern.

Die meisten wissenschaftlichen Einrichtungen, die in Berlin vorhanden waren, blieben auch weiter bestehen, obwohl ihnen oft nur eine sehr geringe Aufmerksamkeit zuteil wurde. Die Ritterakademie wurde, wie bereits vermerkt, nach kurzer Lebensdauer wieder aufgelöst. Der Akademie der Künste widerfuhr ein solches Schicksal zwar nicht formell, aber sie lag faktisch am Boden: Da die Errichtung von Prachtbauten aufgehört hatte, wurden die Künstler arbeitslos und wanderten in großer Zahl ab. Zu den zahlreichen Fachleuten, die damals Berlin verließen, gehörte auch Andreas Schlüter; er ging nach Petersburg. Friedrich Wilhelm beschränkte sich auf prosaische Bauten und dabei auf das unbedingt Notwendige; so wurde in Berlin die Friedrichstadt weiter ausgebaut.

Die Situation der Wissenschaft war auf vordergründige Weise widersprüchlich – hier wurde gefördert und ermuntert, dort gekürzt oder gar unterdrückt. Beispielsweise wuchsen die Bestände der Bibliothek in Berlin zwischen 1715 und 1740 immerhin von 50 000 auf 72 000 Einheiten, während Gehälter von Bibliothekaren gekürzt oder – wie beispielsweise im Fall des bedeutenden La Croze – gänzlich gestrichen wurden. 1722 wurden von dem Frankfurter Professor Justus Christoph Dithmar Handschriften zur westfälischen Geschichte erworben; hier rechtfertigten dynastische Interessen an diesen Territorien in den Augen des Hofes voll und ganz die Kosten der Erwerbung.

Widersprüchlich war auch die Position der Sozietät. Der König hielt sie zwar eigentlich für überflüssig, aber sie konnte sich behaupten. Allerdings wies schon Adolf Harnack mit Recht darauf hin, daß die Sozietät in den Jahren nach 1713 eine abwartende Haltung einnahm und wenig eigene Aktivität zeigte. Leibniz versuchte von Hannover aus einzugreifen, fand aber eher Gegnerschaft als Unterstützung. Vor allem orientierte er bereits damals mit Nachdruck auf die Weiterführung der Publikationen, sie konnten nach ihrem Beginn 1710 allerdings erst 1723 fortgesetzt werden, aber bis 1740 erschienen immerhin fünf Bände der «Miscellanea».

Die Hauptarbeit der Sozietät war weiterhin die Kalendermacherei, die nach wie vor ihre entscheidende Einnahmequelle blieb. 1717 und 1718 erhielt die Sozietät aus dem Kalenderverkauf beispielsweise jeweils knapp 6 000 Taler, wovon allerdings nahezu 2 000 Taler allein für die Drucklegung ausgegeben werden mußten. 1740 waren die Einnahmen bereits

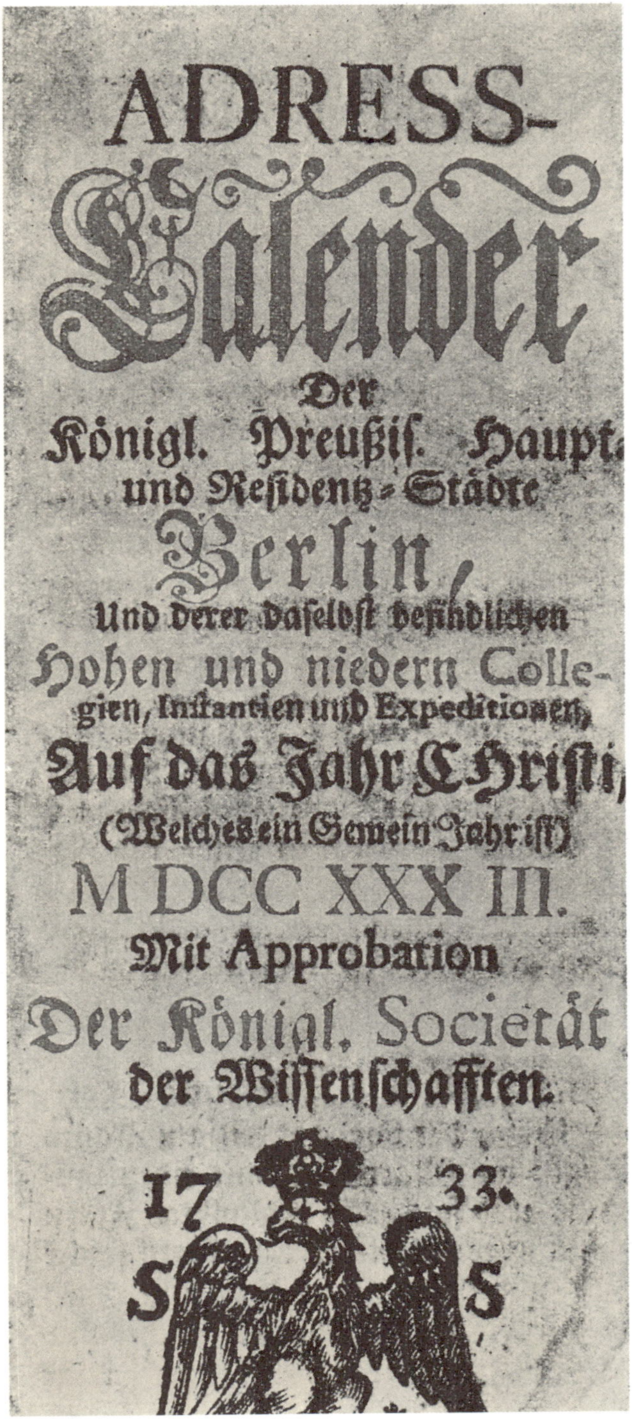
ADRESS-
Kalender
Der
Königl. Preußis. Haupt-
und Residenz-Städte
Berlin,
Und derer daselbst befindlichen
Hohen und niedern Colle-
gien, Instantien und Expeditionen,
Auf das Jahr Christi,
(Welches ein Gemein Jahr ist)
MDCC XXX III.
Mit Approbation
Der Königl. Societät
der Wissenschafften.
17 33.
S S

Adreßkalender. Titelblatt 1733

Die Kalender waren weit über die Grenzen des preußischen Staates hinaus beliebt. Sie boten dem Leser mannigfache Informationen: von abergläubischen Beigaben (bis 1767/68) über Abfahrts- und Ankunftszeiten der preußischen Postlinien und von Vorlesungsankündigungen der Gelehrten (1776 bis 1786) bis zum Adressenverzeichnis der Behörden. Ab 1818 stand die Herstellung der Kalender nicht mehr in Verbindung mit der Akademie. Der besondere kultur- und kunsthistorische Wert der Kalender ergibt sich aus der Tatsache, daß sie von namhaften Künstlern, unter anderem von Daniel Chodowiecki, illustriert wurden.

auf 9000–10000 Taler angestiegen. Die Formen der Kalender waren vielfältig; insgesamt erschienen 1740 neun Sorten. So wurden 1741/42 genannt: Duodez- und Sedezkalender entsprechend dem Format; Haushaltungs-, historische und astronomische Kalender nach dem Inhalt; kombinierte, Schreib-, Tafel- und Blattkalender nach der Nutzungsform.[19]

Besondere Bedeutung hatte der seit 1706 von der Sozietät ebenfalls kontinuierlich (außer 1714) herausgegebene Berliner

Jakob Paul
Freiherr von Gundling
Kupferstich von Friedrich Christian Carstens
Der König erhob 1717 Gundling zum Träger einer eigentlich schon abgeschafften Würde, zum Oberzeremonienmeister, und schenkte ihm die Kleidung des inzwischen an den Hof Augusts des Starken gegangenen Johann von Besser. Es liegt deshalb nahe, daß Gundling mit dieser Bekleidung (Leibrock mit französischen Aufschlägen und großer Staatsperücke aus langen weißen Ziegenhaaren) auf dem Kupferstich abgebildet ist.

Adreßkalender. Er informierte in drei Rubriken über den Hof, die zivilen Ämter und das Militärwesen. Ab 1722 wurde auf Befehl des Königs über den Hof nichts mehr berichtet; die Mitteilungen über das Militär kamen an die erste Stelle, und die Angaben über die Zivilbehörden wurden dahinter eingeordnet und verkürzt – eine scheinbare Kleinigkeit und doch vielsagend für den veränderten Charakter des Staates. Erst ab 1757 wurden der Hofstaat und ab 1775 die obersten Staatsbehörden wieder verzeichnet. Ab 1731 edierte die Sozietät zusätzlich (aber nicht jährlich) den sogenannten Provinzkalender, der den entsprechenden zentralen Kalender ergänzte.[20]

Viele Deutungen und Erzählungen ranken sich um die Tatsache, daß Friedrich Wilhelm seine Unterhalter und Spaßmacher David Faßmann und Jakob Paul Freiherr von Gundling zu Präsidenten der Sozietät ernannte. Wie soll man das verstehen? Wollte der König die Gelehrten demütigen, indem er ihnen professionelle Narren vor die Nase setzte? Wollte er demonstrativ die Gelehrten zu Narren machen? Oder nahmen es einzelne kluge Männer auf sich, auch im wohlverstandenen Eigeninteresse der Wissenschaft die Narrenkappe zu tragen, weil diesem König kaum anders als in solcher Verfremdung und Verkleidung die Wahrheit gesagt werden konnte? Manches spricht dafür, daß in der dritten, subtileren Deutung ein guter Teil Wahrheit steckt. Gundling war nicht allein ein Mann von Geist, er war auch ein wirklicher Gelehrter, ein Historiker, der schon 1705 zum Professor der Ritterakademie ernannt und 1711 auch als Akademiemitglied vorgesehen worden war. Werner Hartkopf weist darauf hin, daß unter Gundling, der von 1718 bis 1731 Präsident war, «trotz größter materieller Schwierigkeiten und zum Teil unerträglicher Belastungen» durchaus akademiewürdige Aufgaben in Angriff genommen wurden: «Seine bisher einseitige und im wesentlichen negative Bewertung entspricht nicht der historischen Wahrheit. Seine wissenschaftlichen Leistungen sind unbestritten. Seine Versuche, unerträgliche staatliche Eingriffe in die Akademie abzuwehren oder zu mildern, sein Bemühen um das wissenschaftliche Leben des akademischen Gremiums bedürfen einer exakten Bewertung und einer kritischen Würdigung.»[21] Eine gewisse Konsolidierung der Sozietät erfolgte ab 1733, als Adam Otto von Viereck Protektor der Akademie, deren Mitbegründer Daniel Ernst Jablonski Präsident und der Huge-

Angaben über die Finanzen des Berliner Botanischen Gartens in den zwanziger Jahren des 18. Jahrhunderts: Die Einnahmen betrugen damals jährlich 996,60 Mk.; 300 Mk. gab die Königl. Rentei, 589,80 Mk. die Societät der Wissenschaften, 135,60 Mk, die königl. Hofapotheke. Die Ausgaben beliefen sich auf 927,40 Mk. und zwar 204 Mk. Lohn und Kostgeld für einen Gesellen, 259,60 Mk. Kostgeld für zwei Lehrjungen, 240 Mk. für 4 Arbeitsfrauen, welche jährlich 32 Wochen beschäftigt waren (pro Tag 0,25 Mk.), 135,60 Mk. Kostgeld für den Knecht und 6 Mk. Zuschuss zu seinem Lohn, den derselbe von dem königl. Stallkommissariate zu erheben hatte, 9 Mk. zur Anschaffung von Gartengeräthschaften, 72 Mk. für Hofdienste von 4 Kossäthen. Vom Reste – 69,20 Mk. – musste der Gärtner und seine Familie leben.

Ignaz Urban: Geschichte des Königl. Botanischen Gartens und des Königl. Herbariums zu Berlin. In: Jahrbuch des Königl. botanischen Gartens und des botanischen Museums zu Berlin, Bd. 1, Berlin 1881, S. 8.

19 Siehe Adolf Harnack: Geschichte der Königlich Preußischen Akademie der Wissenschaften zu Berlin. Erster Band. Erste Hälfte, S. 261, 487.

20 Siehe Martin Haß: Die preußischen Adreßkalender und Staatshandbücher als historisch-statistische Quellen. In: Forschungen zur Brandenburgischen und Preußischen Geschichte, Bd. 20, 1907, S. 157/158, S. 168–170.

21 Werner Hartkopf: Die Akademie der Wissenschaften der DDR. Biographischer Index, S. 18.

Ich war ein Kind und lernte ein wenig Latein; ich deklinierte mit meinem Lehrer ... als plötzlich mein Vater ins Zimmer trat. «Was machst Du da?» – «Papa, ich dekliniere ...», sagte ich in kindlichem Tone, der ihn hätte rühren müssen. «O du Schurke, Latein für meinen Sohn! Geh mir aus den Augen!» und er verabreichte meinem Lehrer eine Tracht Prügel und Fußtritte und beförderte ihn auf diese grausame Weise ins Nebenzimmer. Erschreckt durch diese Schläge und durch das wütende Aussehen meines Vaters verbarg ich mich, starr vor Furcht, unter dem Tische, wo ich in Sicherheit zu sein glaubte. Ich sehe meinen Vater nach vollbrachter Hinausbeförderung auf mich zukommen – ich zittere noch mehr; er packt mich bei den Haaren, zieht mich unter dem Tische hervor, schleppt mich so bis in die Mitte des Zimmers und versetzt mir endlich einige Ohrfeigen.
Erinnerungen Friedrichs II. an seinen Vater Friedrich Wilhelm I. In: Friedrich der Große. Gespräche mit Catt. Hrsg. von Wilhelm Schüßler, Leipzig 1940, S. 47. Zit. in: Ingrid Mittenzwei: Friedrich II. von Preußen. Eine Biographie, Berlin 1984, S. 16/17.

notte Philippe Joseph de Jarige Beständiger Sekretar wurden. Dabei trat die naturwissenschaftlich-medizinische Thematik in den Vordergrund – eine Ausrichtung der Forschung, die mit den Intentionen des preußischen Absolutismus stärker korrespondierte.

Gewiß hatte dieser Absolutismus zur Zeit des Soldatenkönigs auch seine Besonderheiten, die zum Teil an die Person des Monarchen gebunden und in der Sphäre der Wissenschaft besonders spürbar waren. Doch man darf diese Besonderheiten auch nicht überschätzen oder übertreiben und Friedrich Wilhelm aus der historischen Bedingtheit seines Tuns reißen, um ihn zu einem zeitlosen, klassenindifferenten Autokratentyp zu stempeln, wie dies in bürgerlichen Abhandlungen nicht selten geschehen ist. Richtet man den Blick über Preußens Grenzen hinaus, dann bleibt nicht verborgen, daß die Zunahme selbständiger Regungen des Bürgertums (oder auch nur die Gefahr solcher Aktionen) in der Epoche des Übergangs vom Feudalismus zum Kapitalismus als Reaktion vielerorts «Tendenzen zum Überhandnehmen der zivilen und militärischen Bürokratie» hervorrief.[22]

Wissenschaft und Praxis – die ersten Annäherungsversuche

Der Absolutismus trägt einen Januskopf. Hauptsächlich blickt er in die überlebte feudale Vergangenheit und klammert sich an ihr fest. Doch zugleich, wenn auch der Not gehorchend, schaut er in die Zukunft. In den zentralisierten, einheitlich verwalteten Territorien regen sich allmählich Handel und Wandel, blühen langsam die Gewerbe auf, etablieren sich bürgerliche Lebensformen, und die Wissenschaft partizipiert an diesem sozialen Aufwind. Auch dem preußischen Absolutismus war diese Seite eigen, auch er mußte sie zwangsläufig entwickeln. Freilich waren die Ansätze des Manufakturkapitalismus – und hier zeigen sich wieder die Besonderheiten – in Preußen besonders eng mit den Bedürfnissen der Armee verbunden. Es wurde reglementiert, eingegriffen, durchgegriffen.

Bereits 1713 zwang der König den Kaufmann und Bankier Johann Andreas Kraut zur Gründung des sogenannten Lagerhauses, einer Textilmanufaktur, die in der Klosterstraße im Gebäude der ehemaligen Ritterakademie untergebracht wurde. Sie produzierte vor allem Uniformstoffe für die Armee und wurde 1723 in ein staatliches Unternehmen umgewandelt. Dieses Schicksal widerfuhr 1737 auch der schon 1686 von Kraut gegründeten Gold- und Silbermanufaktur, in der Borten, Tressen, Stickereien und anderes hergestellt wurden.

Jubiläumsblatt zur 100-Jahr-Feier der Schicklerschen Zuckersiederei in der Alexanderstraße Lithografie, Architektur von W. Riefenstahl, Ornamente und Figuren von L. Bürger. 1855
Das Gelände der ersten Zuckersiederei befand sich in der Nähe des heutigen Standortes des Märkischen Museums. Im Jahre 1751 eröffnete Splitgerber in der Holzmarktstraße 15 und 1755 in der Alexanderstraße 14/17 weitere Zuckersiedereien. Die Fabriken und Handelskontore der Firma Splitgerber wurden 1796 zum Teil von seinen Mitinhabern, den Gebrüdern Schickler, übernommen. Sie erweiterten die Gewerbe- und Handelseinrichtungen und entwickelten sie zu einem bedeutenden europäischen Industrie- und Handelsunternehmen.

Besonders erfolgreich waren die Kaufleute Gottfried Adolph Daum und David Splitgerber, die aus Sachsen und Pommern nach Berlin kamen. Sie begannen 1712 mit einer kleinen Handlung nahe der Petrikirche und gelangten durch Metall- und Munitionslieferungen, Handel mit Kolonialwaren und Aufnahme von Wechselgeschäften bald zu einem ansehnlichen Vermögen. Auf diese beiden, die Kaufmann, Bankier und Unternehmer in einem waren, gehen zahlreiche Gründungen im Berliner Raum zurück. 1719 pachteten sie den Kupferhammer bei Eberswalde, 1722 gründeten sie die Potsdamer Gewehrmanufaktur, und 1725, 1729 und 1732 folgten die Pachtungen des Zehdenicker Eisenwerks, des Hegermühler Eisenhammers und der dortigen Eisenspalterei. Daum und Splitgerber unterhielten Handelsbeziehungen nicht allein nach Leipzig, Danzig und Hamburg, sondern auch nach Amsterdam und London, nach Venedig, Bordeaux und Lissabon. Sie gehörten 1725 zu den Initiatoren der Russischen Handelskompagnie in Berlin und waren 1750, ebenfalls in Berlin, an der Gründung der Asiatischen Handelskompagnie beteiligt. Die erste Berliner Zuckersiederei wurde 1749 vor dem Stralauer Tor von Splitgerber eingerichtet.

Mit dieser wirtschaftlichen Vitalität standen mehr oder minder deutlich praxiszugewandte Regungen im wissenschaftlichen Leben und ein genereller Aufschwung im medizinischen und naturwissenschaftlichen Bereich in Einklang. Praktische Disziplinen, die für den Ausbau der inneren

22 Ernst Engelberg: Fragen der Evolution und Revolution in der Weltgeschichte. In: Zeitschrift für Geschichtswissenschaft, 1965, Sonderheft, S. 12.

Verwaltung von Wichtigkeit waren, genossen königliche Förderung. 1727 wurden auf Geheiß Friedrich Wilhelms in Frankfurt und in Halle Professuren der Kameralwissenschaft eingerichtet. Die erstere erhielt Justus Christoph Dithmar, der auch seit 1729 eine eigene wirtschaftswissenschaftliche Zeitschrift – die «Ökonomische Fama» – herausgab, die letztere Simon Peter Gasser.

Auch die gelehrte Sozietät richtete über das Kalendermachen hinaus ihren Blick auf weitere praktische Projekte, wenngleich ihr damit kein nachhaltiger Erfolg beschieden war. Schon Leibniz hatte den Seidenbau als zweite Einnahmequelle für die Sozietät ins Auge gefaßt und 1707 ein entsprechendes Privileg erwirkt. Damit wurden ihr von der Anpflanzung der Maulbeerbäume bis zur Bearbeitung und zum Vertrieb der Seide alle Rechte übertragen. Die Sozietät ver-

Kaspar Neumann
Kupferstich von Johann Christoph Sysang. Um 1710
Unter Neumann wurde die Hofapotheke reorganisiert. Das Personal wurde von vormals 4 auf 11 Personen erweitert. Nach dem 1725 erschienenen Hofapotheken-Reglement wurden von ihr beliefert: das Militär, die Geschoßfabrik in Spandau, die Lazarette und Hospitäler in Berlin, Potsdam und Oranienburg sowie auch Witwen und Waisen. Neumann entwickelte die Hofapotheke zu einer führenden pharmazeutischen Einrichtung Berlins. Seine wissenschaftlichen Leistungen begründeten seinen Ruf als erstem wissenschaftlich arbeitenden Apotheker Deutschlands.

hielt sich zu diesem Projekt allerdings insgesamt zurückhaltend, während ihr Mitglied Leonhard Frisch die Seidengewinnung zu seinem persönlichen Anliegen machte und sich energisch dafür einsetzte. Doch trotz seines Bemühens mußte hier ständig mehr Geld aufgewendet werden, als damit erwirtschaftet werden konnte. 1713 verwies Leibniz darauf, daß «der König auch die Manufacturen gern befördert», und regte an zu prüfen, «ob einige merkwürdige Vortheile oder Observationen u. dergl. zu haben und beizufügen. Ich sollte vermeinen, in Berlin würde sich dazu Gelegenheit finden».[23]

Ein Gebiet der Naturwissenschaft mit wesentlichen praktischen Aspekten, das sich in Berlin spürbarer Förderung erfreute, war die Chemie. Ihre wichtigsten Vertreter in der Sozietät waren Neumann und Pott, 1721 bzw. 1722 aufgenommen. Kaspar Neumann, ein Apotheker, kam 1704 nach Berlin und erhielt 1719 die Würde eines Hofapothekers. Seine nahezu alle Gebiete der damaligen Chemie berührenden Arbeiten veröffentlichte er nicht nur in Berlin, sondern auch in den «Philosophical Transactions» der Royal Society in London und in den Publikationen der Leopoldina; auch diese beiden Akademien wählten ihn zu ihrem Mitglied.

Johann Heinrich Pott wirkte ab 1716 in Berlin. Sein Hauptarbeitsgebiet waren Metall- und Gesteinsuntersuchungen. Später, bereits unter der Regentschaft Friedrichs II., befaßte er sich auf dessen Geheiß seit den vierziger Jahren mit Experimenten über das Porzellan, die in die Vorgeschichte der Königlichen Porzellanmanufaktur gehören. Es wird berichtet, daß er zu diesem Zweck rund 30 000 Experimente durchgeführt hat.[24] Eigenartig ist jedoch, daß der berühmteste Chemiker jener Zeit, Georg Ernst Stahl, nicht in die Sozietät gewählt wurde, obwohl er als Leibarzt des Königs, als Präsident des noch zu besprechenden Obercollegium medicum in Berlin und als Professor in Halle eine Autorität in der preußischen Hauptstadt war und als Mann mit einer ausgeprägten Hinwendung zur gewerblichen Praxis in seinen chemischen Untersuchungen genau in die Richtung der Periode paßte. Stahl war auch Lehrer und Förderer von Pott und Neumann; den letzteren unterstützte er bei ausgedehnten Studienreisen nach den Niederlanden, Frankreich, England und Italien.

Der gute Stand, den die Medizin bei Friedrich Wilhelm I. hatte, nimmt nicht wunder – ein wachsendes Heer benötigt auch zunehmend Militärärzte, insbesondere Chirurgen. Darüber hinaus warf die Entwicklung der Städte nicht unerhebli-

... welchergestalt ich alle übrige Materien zeithero tractiret (behandelte) und noch tractire, wobey man sich versichern kann, dass ich alles und jedes, da es nöthig, mit Experimentis behaupte, auch jegliches ohne den geringsten Hinterhalt communicire (mitteile), ja (auf Verlangen) wol ein- oder mehrmal reiterire (wiederhole), im übrigen noch dazu denen Studierenden und Liebhabern den freyen Zutritt ins Laboratorium, auch außer der Lectionszeit (als welche alle Mittwoch von 2.–4. Uhr angesetzt) vergönne, dergestalt, dass man in dieser Science anjetzo hier in Berlin mehr umbsonst profitiren kann als man an allen andern Orten nicht vor Geld erlernen wird, gleichwie ich solches sowol auf den vielen Universitäten, als auch in andern großen und berühmten Oertern in Teutschland, Holland, England, Franckreich und Italien, allwo ich mich eintzig und allein der Chymie halber aufgehalten, selbst erfahren habe.

Caspar Neumann über seine chemischen Vorlesungen und Übungen am Collegium medico-chirurgicum in Berlin 1727. Zit. in: Herbert Lehmann: Das Collegium medico-chirurgicum in Berlin als Lehrstätte der Botanik und der Pharmazie. Diss., Berlin 1936, S. 68. (Worterklärungen – d. Verf.)

23 Zit. in: Adolf Harnack: Geschichte der Königlich Preußischen Akademie der Wissenschaften zu Berlin. Erster Band. Erste Hälfte, S. 192.

24 Siehe Herbert Lehmann: Das Collegium medico-chirurgicum in Berlin als Lehrstätte der Botanik und der Pharmazie, Diss., Berlin 1936, S. 57/58.

Ernst Georg Stahl
Kupferstich von
Carl Christian
Glaßbach d.J.

Johann Daniel Gohl
Kupferstich, anonym
Der zeitweilig in Berlin als praktischer Arzt tätige Mediziner entwickelte in den 10 Bänden der «Acta medicorum Berolinensium» erste Ansätze zu einer regionalen Medizinalstatistik.

che seuchenhygienische Probleme auf. Die Weiterentwicklung von Biologie und Medizin war zu jener Zeit «im Gegensatz zu den schneller vorangeschrittenen Wissenschaftsdisziplinen der unbelebten Natur vorwiegend durch die starke Vermehrung des empirischen Erfahrungsschatzes gekennzeichnet».[25] Ein Signal für die erhöhte Geltung der Medizin in Berlin war die Herausgabe der «Acta Medicorum Berolinensium», der ersten wissenschaftlichen medizinischen Zeitschrift der Stadt, zwischen 1717 und 1729 durch den Arzt Johann Daniel Gohl, der seit 1711 auch der Sozietät angehörte.

Unsere vortrefflichen Anstalten des anatomischen Theaters geben, sowohl was die Menge der dahin gebrachten Körper, welche bis auf das kleinste bearbeitet werden, als auch was die hochgelehrten, erfahrnen und aufs beste ausgesuchten Herrn Professores betrifft, keinem einzigen in der Welt etwas nach. Der Vorrat der bei dem Theater aufgehobenen anatomischen Präparate ... schaffen bei den vielen curiosis und den zahlreichen chirurgischen und physischen Instrumenten dem Theater das vorzüglichste Ansehen.
August Schaarschmidt: Verzeichnis der Merkwürdigkeiten, welche bei dem anatomischen Theater zu Berlin befindlich sind, 1750. Zit. in: Die naturwissenschaftlichen und medicinischen Staatsanstalten Berlins, Berlin 1886, S. 248.

In diesem Jahr – unmittelbar nach ihrer endgültigen Konstituierung – erwog die Sozietät die Einrichtung eines Theatrum Anatomicum, wie sie an verschiedenen Universitäten, beispielsweise auch an der Viadrina, schon bestand. Der Vorschlag ging von Friedrich Hoffmann aus, dem Leibarzt des Königs Friedrich I. Zunächst wurde dieser Vorschlag noch nicht verwirklicht, möglicherweise infolge des Weggangs von Hoffmann aus Berlin, sicher aber aufgrund der mangelnden Einsatzbereitschaft der Sozietät.

Unmittelbar nach dem Thronwechsel befahl der neue König nunmehr der Sozietät, ein Theatrum Anatomicum zu gründen. Bereits 1713 nahm es unter Leitung des Anatomen und aktiven Akademiemitgliedes Christian Maximilian Spener seine Tätigkeit auf. Von nun an fanden hier regelmäßig anatomische Vorlesungen (und zwar in deutscher Sprache!) und Sektionen statt. Die dafür erforderliche Bereitstellung von Leichen war damals aus religiösen Gründen gemeinhin kompliziert, doch auf Befehl des Königs waren Armen-, Arbeits- und Krankenhäuser zur Lieferung von Leichen verpflichtet, und auch die Leichname von Selbstmördern wurden

Theatrum anatomicum Berolinense
Kupferstich von
Anton Balthasar König
nach einer Zeichnung von
Ferdinand Gottfried Leygebe
Um 1720
Die Einrichtung des anatomischen Theaters im Nordwestpavillon des Marstallkomplexes im Jahre 1713 war für das damalige Berlin auch eine gesellschaftliche Attraktion. An den Vorführungen konnten nicht nur Ärzte und medizinisches Personal teilnehmen, sondern auch interessierte Laien. Der amphitheatralisch gestaltete Raum bot bis zu 100 Personen Platz. Die Anatomie war auch direkt in das Ausbildungsprogramm der Ärzte und Chirurgen des Collegium medico-chirurgicum (1724) einbezogen.

regelmäßig zu Sektionszwecken zur Verfügung gestellt. Die Kosten für die vom König befohlene Einrichtung des Theatrum Anatomicum und für seinen Unterhalt mußte die Sozietät tragen. Auch wenn sie sich in der Anfangszeit, allerdings zurückhaltend, gegen die neue Aufgabe sperrte, ändert das nichts an deren fortschrittlichem Charakter. Gerade dadurch wurden erste Fundamente für eine wissenschaftlich begründete medizinische Lehre in Berlin gelegt. Wenn Berliner Akademiker des späten 19. Jahrhunderts beim Rückblick auf die Geschichte ihrer Institutionen dieses frühe medizinische Engagement als akademiefremde Belastung beklagten, so bezeugt das eher die Einseitigkeit des bürgerlichen Akademieverständnisses an der Schwelle zum Imperialismus als die Mangelhaftigkeit der kommentierten Situation. Genauer gesagt: Von Nachteil war wohl die Knausrigkeit des Königs bei den Ausgaben für die Wissen-

25 Geschichte der Medizin. Einführung in ihre Grundzüge. Hrsg. von Alexander Mette und Irena Winter, Berlin 1968, S. 222.

schaft, keineswegs aber die – freiwillige oder aufgenötigte – Praxisorientierung der Sozietät.

Das Theatrum Anatomicum gab nicht nur der Medizin, sondern auch der Naturwissenschaft im weiteren Sinne belebende Impulse. Am 14. Dezember 1723 bestimmte der König, an dieser Einrichtung «die anatomischen Übungen mit anderen medizinischen, chirurgischen, Botanischen und Chymischen zu vermehren».[26] Maßgeblichen Anteil daran hatte der königliche Leibchirurg und Generalchirurg der Armee Ernst Conrad Holtzendorff, ein in Italien, in der Schweiz und in

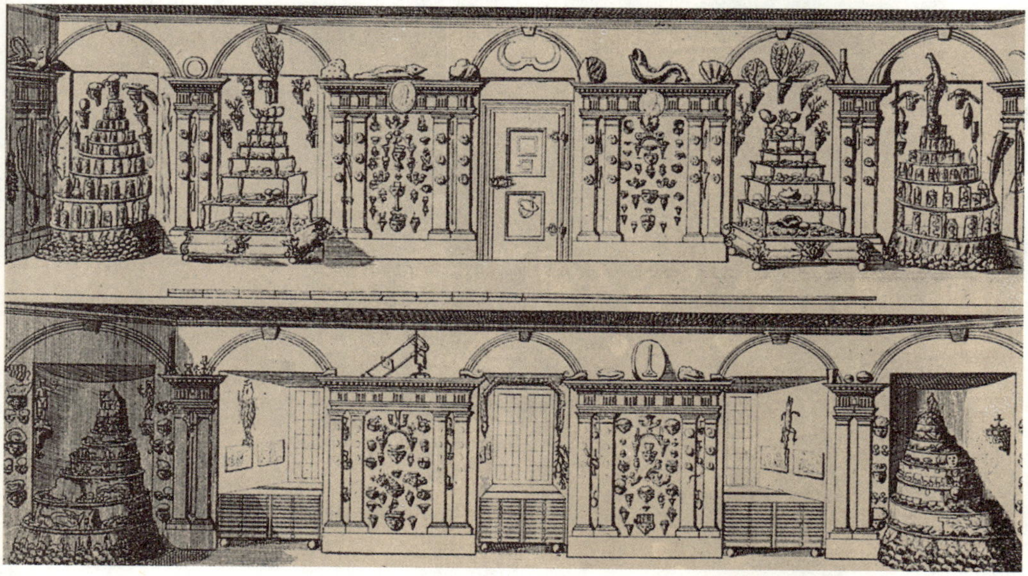

Frankreich ausgebildeter Fachmann, der 1724 auch Mitglied der Sozietät wurde.

Damit war das Collegium medico-chirurgicum konzipiert, eine naturwissenschaftlich-medizinische Bildungsstätte, die 1724 ihre Tätigkeit aufnahm. Die Kosten wurden der Sozietät auferlegt, die sich zunächst wiederum reserviert zeigte, schließlich jedoch nachgab. Das Collegium hatte zum Teil ausgezeichnete Lehrer, oftmals zugleich Mitglieder der Sozietät, und errang durch deren Tätigkeit Ansehen über die Grenzen Berlins hinaus. Als sein oberster Leiter fungierte ein Staatsminister, der meist zugleich auch Protektor der Sozietät und Chef des 1725 aus dem Collegium medicum entstandenen Obercollegium medicum war, der obersten Gesundheitsbehörde Preußens. Wissenschaftliche Leiter des Collegium medico-chirurgicum waren die Direktoren, von 1724 bis 1735 der Anatom Augustin Buddeus und seit 1735 Johann Theodor Eller, beide auch Mitglieder der Sozietät. Acht Chirurgen wur-

Ansicht vom Naturalien-Kabinett
Kupferstich von Georg Paulus Busch nach einer Zeichnung von Michael Andreas Herzog
Um 1715
Das Blatt ist betitelt: «Eigentlicher Abriß wie sich des Herrn Rath Speners Kunst- und Naturalien Cabinet auf dem königlichen Observatorium in Berlin praesentirt». Der Hofheraldikmaler Herzog stellt mit seiner Zeichnung eine der frühen Schatzkammern der Wissenschaft vor.

den auf Befehl des Königs und auf Veranlassung von Holtzendorff als «Pensionäre» unterrichtet und erhielten jeweils 100 Taler.

Der Lehrplan war breit gefächert. Neben den medizinisch-chirurgischen Fächern wurden beispielsweise Botanik, Chemie, Pharmazie und Mathematik gelehrt. Für die Verhältnisse jener Zeit waren die Ausbildungsmöglichkeiten günstig. Das Theatrum Anatomicum besaß eine gute Sammlung von anatomischen Präparaten und Anschauungsmaterial, deren Anlage auf Spener zurückging. Eine Instrumentenkammer verfügte über mathematische und physikalische Instrumente für den Unterricht; darunter befanden sich eine Luftpumpe und später sogar eine Elektrisiermaschine. Auch eine vollständige Kollektion chirurgischer Instrumente war vorhanden. Praktische Ausbildungsstätte war die Charité. Das Laboratorium der Hofapotheke diente der pharmazeutischen und zugleich auch der allgemeinen chemischen Ausbildung.

Für den Unterricht in der Botanik und in der Arzneimittellehre wurde der Botanische Garten am Rande der Stadt vielseitig genutzt. Dieser seit 1679 bestehende Garten nahm unter der Leitung des Leibarztes Andreas Gundelsheimer einen Aufschwung. Verschiedene mit ihm bekannte Botaniker unterstützten ihn bei der Ausgestaltung des Gartens, darunter der am Jardin des plantes in Paris tätige Joseph Pitton de Tournefort, der Schöpfer des vor Linné erfolgreichsten und am weitesten verbreiteten Pflanzensystems, mit dem Gundelsheimer von 1700 bis 1702 eine Forschungsreise durch Griechenland und Kleinasien unternommen hatte. Nach der 1715 erlassenen Anordnung des Soldatenkönigs, den Garten am Schloß in einen Paradeplatz für seine Armee umzuwandeln, wurde der reiche Pflanzenbestand von dort in den Botanischen Garten überführt.

Nach dem Tod Gundelsheimers wurde der Botanische Garten im Jahre 1718 der Sozietät zugewiesen. Wiederum zierte man sich hier: Wohl wurden die mit der Unterhaltung des Gartens verbundenen Ausgaben gesehen, kaum aber die damit möglich gewordene botanische Forschungstätigkeit. Die Sozietät betraute den ihr als Mitglied angehörenden Anatomen und Botaniker Michael Matthias Ludolff mit der Direktion. Eine Hauptaufgabe des Gartens war die Versorgung der Hofapotheke mit Kräutern, Samen und Wurzeln. Letztere hatte daher mehr Interesse an dieser Einrichtung als die Sozietät; wenn der Garten bei der insgesamt schwierigen materiellen Situation seinen Aufgaben als Forschungs-, Lehr- und

Weilen Wir allergnädigst resolvirt, dass der Hopfengarten, welchen Wir anitzo unserer Hofapotheke übergeben lassen, bei solcher Apotheke zwar nach wie vor, als ein Apothekergarten, verbleiben, die darin befindlichen raren auswärtigen Bäume, Stauden, Gewächse aber der Societät der Wissenschaften Aufsicht untergeben werden, und diese dahingegen die erforderten Kosten ... zur Anfertigung der Kasten und solcher Gewächse gehörigen Conservation und Vermehrung herschiessen solle, als haben Wir Euch solches in Gnaden bekannt machen wollen, um Euch danach zu achten und in allen Stücken die darunter benöthigte Veranstaltung fordersamst zu machen.

Kabinettsordre des Königs Friedrich Wilhelm I. an die Akademie der Wissenschaften, 2. April 1718. Zit. in: Ignaz Urban: Geschichte des Königl. Botanischen Gartens und des Königl. Herbariums zu Berlin. In: Jahrbuch des Königl. botanischen Gartens und des botanischen Museums zu Berlin, Bd. 1, Berlin 1881, S. 7.

26 Zit. in: Herbert Lehmann: Das Collegium medico-chirurgicum in Berlin als Lehrstätte der Botanik und der Pharmazie, S. 12.

Produktionsstätte dennoch weitgehend gerecht wurde, so war das einerseits dem Einsatz der dort tätigen leitenden Gärtner, andererseits der Hofapotheke geschuldet, für die seine Aufrechterhaltung eine Existenzfrage war. Dazu kamen seit 1724 die Ausbildungserfordernisse des Collegium medico-chirurgicum, wo Ludolff von Anfang an Botanik lehrte. Er befaßte sich gleichzeitig auch mit der Methodik des botanischen Studiums und war wie die meisten damaligen Botaniker Anhänger Tourneforts.

Die Verbindung zwischen Collegium und Sozietät ergab sich vor allem daraus, daß die führenden Professoren des Col-

Johann Theodor Eller
Kupferstich von Johann Friedrich Kauke nach einer Zeichnung von A. Pesne
Um 1760
Als ärztlicher Leiter der Charité führte er auch den klinischen Unterricht ein, den er besonders bei Boerhaave in Leiden kennengelernt hatte. Mit der Einbeziehung der Charité in die ärztliche Ausbildung wurde eine weitere wissenschaftliche Lehr- und Forschungsstätte in Berlin geschaffen.

Christian Maximilian Spener
Kupferstich, anonym
Um 1700

Schneidekammer der Berliner Hofapotheke
Um 1750

Großes Laboratorium
Um 1750

Kleines Laboratorium
Um 1750

Um 1720 begann die Rekonstruktion der Hofapotheke unter der Leitung von Kaspar Neumann. Die Zeichnungen geben einen aufschlußreichen Eindruck von der Ausstattung und den Tätigkeiten in den Apothekenräumen. In der Schneidekammer wurden die Kräuter, die im Apothekengarten (dem ehemaligen königlichen Hopfen- und Küchengarten) geerntet oder von Kräuterfrauen gesammelt wurden, abgegeben, gewogen, geschnitten und gelagert. Im großen Laboratorium befanden sich die eingemauerten Öfen mit direktem Wasseranschluß, so daß auf Kühlfässer verzichtet werden konnte. Die Ausstattung des kleinen Laboratoriums mit Delfter Kacheln läßt vermuten, daß hier gelegentlich Vertreter des Hofes chemischen Versuchen zugesehen haben. Nach dem Umbau entsprach die Hofapotheke mit all ihren Einrichtungen dem technisch-wissenschaftlichen Höchststandard der Zeit genauso wie den repräsentativen Ansprüchen an eine barocke Hofapotheke.

legiums zugleich Mitglieder der Sozietät waren. Neben Buddeus und Eller waren das auf medizinischem Gebiet Johann Nathanael Lieberkühn, Otto Kasimir Barfeknecht, Samuel Schaarschmidt, Otto Theodor Sprögel, Simon Pallas und andere. Chemieprofessoren waren nacheinander Neumann und Pott. Mathematik unterrichtete Augustin Grischow, der sich außerdem um die Kalenderarbeit der Akademie Verdienste erwarb.

Die Operationes (Untersuchungen) selbst wird Er nach denen Productis Chymicis (chemischen Produkten) oder usualen Chymischen Praeparatis (gebräuchlichen chemischen Präparaten) anstellen, solche überhaupt in humida et sicca (feuchte und trockene), hernach jede wiederum in ihre besondere Sorten eintheilen, vorhero aber die zu solchen Chymischen Operationen nothwendig gehörende Oefen, erdene, gläserne und metallene Vasa und Instrumenta zeigen, auch zu desto besserer Nachricht denen Anwesenden allemahl vorher sagen, was er bey künfftiger Demonstration vornehmen werde. Die hierzu bestimte Zeit ist Mittwochs Nachmittage von 2. bis 4. Uhr.
Aus dem Vorlesungsverzeichnis des Collegium medico-chirurgicum in Berlin von 1724 über die Lehrveranstaltungen von Caspar Neumann. Zit. in: Herbert Lehmann: Das Collegium medico-chirurgicum in Berlin als Lehrstätte der Botanik und der Pharmazie, Berlin 1936, zwischen S. 64 und 65 (Reproduktion des zeitgenössischen Drucks, Worterklärungen – d. Verf.*)*

Der bedeutendste unter den Medizinern war zweifellos Johann Theodor Eller. Er hatte an deutschen, niederländischen, französischen und englischen Hochschulen studiert und sich bereits 1721/22 als Arzt in Bernburg um die Pockenschutzimpfung verdient gemacht. 1724 kam er nach Berlin; hier zeichnete er sich besonders durch seine Bemühungen um die ärztliche Qualifizierung aus. Gemeinsam mit Stahl verfaßte er das preußische Medizinaledikt vom 27. September 1725, mit dem das genannte Obercollegium medicum installiert wurde. Das Edikt regelte die medizinische Ausbildung in Preußen und grenzte die Tätigkeitsbereiche des Arztes, des Wundarztes und des Apothekers streng voneinander ab. Insgesamt galt es als die umfassendste Regelung des Medizinalwesens in den damaligen deutschen Staaten und wurde als Vorbild betrachtet. Eller leitete auch die Charité, zusammen mit dem Chirurgen und vorbildlichen Operateur Gabriel Senff.

Mit dem Aufblühen des Collegium medico-chirurgicum hatte sich in Berlin eine Umstrukturierung des Netzes der wissenschaftlichen Institutionen vollzogen. Hier kam unmittelbarer als in der Sozietät der Fortschritt auf medizinischem und naturwissenschaftlichem Gebiet zur Geltung. Dies sei auch deshalb hervorgehoben, weil das Collegium, nachdem es 1810 in der Medizinischen Fakultät der neugegründeten Universität aufgegangen war, einschließlich seines Namens aus dem Gedächtnis der Berliner geschwunden ist, während die Akademie als ein Hauptbestandteil des Berliner Wissenschaftssystems mit ihrer erfolgreichen Entwicklung auch das Bewußtsein ihrer geschichtlichen Kontinuität wachhält. Doch es ist auch für das 18. Jahrhundert nicht ohne weiteres möglich, Sozietät und Collegium einander gegenüberzustellen, denn beide waren eng verflochten – personell wie finanziell. Für einen Teil der Gehälter der Professoren mußten Einnahmen der Akademie zur Verfügung gestellt werden. Die Arbeiten des Collegium medico-chirurgicum und seiner Hilfseinrichtungen wurden zum Teil auf diese Weise finanziert.

Auch wenn so die Sozietät als solche nicht immer und unbestritten im Zentrum des wissenschaftlichen Geschehens stand – in ihrem Rahmen wurden auch in dieser Zeit beachtliche wissenschaftliche Leistungen vollbracht, manche darunter von bleibendem Wert. Eines ihrer aktivsten Mitglieder war der bereits als Pionier des Seidenbaus erwähnte Leonhard Frisch, der unter anderem über die Entwicklungsgeschichte der Insekten und der Vögel publizierte. Auch mit chemischen Experimenten befaßte er sich; damit erreichte er beispielsweise eine Verbesserung des Berliner Blaus. Bereits 1712 hatte er ein französisch-deutsches und deutsch-französisches Wörterbuch fertiggestellt, das 1719, 1725, 1730 und 1739 neu aufge-

THEATRUM
ARITHMETICO-
GEOMETRICUM,
Das ist:
Schau-Platz
der Rechen- und Meß-Kunst,
Darinnen enthalten
Dieser beyden Wissenschafften nöthige Grund-Regeln
und Handgriffe so wohl, als auch die unterschiedene Instrumente und Machinen, welche theils in der Ausübung auf den Papier, theils auch im Felde besonderen Vortheil geben können, insonderheit wird hierinnen erkläret:
Der Nutzen und Gebrauch des nicht gnugsam zu preisenden
Proportional-Zirckels,
Nebenst der Anweisung, wie die darauf befindlichen Linien zuberechnen, aufzutragen und zu probiren, ob sie gehörig eintreffen;
Den annoch beygefüget:
Die Theilung aller Linien, insonderheit wie durch Transversal-Linien die Grade in Minuten weit correcter als nach der alten und sonst gewöhnlichen Art abzutheilen und aufzureisen, woselbst unter andern auch
Des Autoris beqvemes Instrument ohne sonderliche Mühe und nach einen einigen Maaßstab alle nur vorkommende Circkel in Grade und Minuten gar genau zu theilen.
Alles aber ist mit vielen deutlichen Figuren in 45 Kupffer-Platten begreifflich gemachet und vorgestellet
von
Jacob Leupold, Mathematico und Mechanico,
Königl. Pohln. und Chur-Fürstl. Sächsisch. Rath und Berg-Commissario, der Königl. Preuß. wie auch Sächß. und Forlischen Societät Mittglied.
Zufinden bey dem Autore und Joh. Friedr. Gleditschens seel. Sohn.
Leipzig, gedruckt bey Christoph Zunkel. 1727.

Theatrum
Arithmetico-Geometricum
Titelblatt des 1727
erschienenen Bandes
Leupolds ausführliche Beschreibungen und Konstruktionshinweise für den Bau der mechanischen Apparate fanden in kommerzieller Hinsicht ihren Ausdruck in den von ihm angefertigten Angebotskatalogen. Diese bieten eine Fülle von interessanten Fakten und Hinweisen zum Stand des damaligen Apparatebaus.

legt wurde, also ein echter Bestseller war. 1741 erschien in zwei Bänden sein «Teutsch-Lateinisches Wörter-Buch», dessen praktische Ausrichtung schon durch die Ankündigung im Titel ausgedrückt wurde, daß darin «auch die bey den meisten Künsten und Handwerken, bey Berg- und Saltzwerken, Fischereyen, Jagd-, Forst- und Hauß-Wesen u. a. m. gewöhnliche Teutsche Benennungen befindlich» seien.

Seine germanistischen und slawistischen Studien machten ihn zum Vorläufer und Wegbereiter der vergleichenden Sprachwissenschaft und der Slawistik. Von 1727 bis 1737 publizierte er sein slawistisches Hauptwerk, die «Historia linguae slavonicae», die Geschichte der slawischen Sprachen. Hauptberuflich war Frisch seit 1698 nacheinander Lehrer, Konrektor und Rektor des Berlinischen Gymnasiums zum Grauen Kloster, an dem er vor allem alte Sprachen und Geographie lehrte.[27]

Auch andere Bildungseinrichtungen Berlins waren durch Mitarbeiter in der Sozietät vertreten. Allerdings hatte keiner von ihnen, abgesehen von den Professoren des Collegium medico-chirurgicum, Leistungen aufzuweisen, die denen von Frisch vergleichbar gewesen wären. Erwähnung verdienen die Mathematiker Philippe Naudé – Vater und Sohn – vom Joachimsthalschen Gymnasium. Mitglied der Sozietät war auch der Rektor des Friedrichswerderschen Gymnasiums, Georg Gottfried Küster, ein produktiver Erforscher der brandenburgischen und Berliner Geschichte. Mit seinem 1737, 1752, 1756 und 1760 erschienenen vierbändigen Werk «Altes und neues Berlin» begründete er die Berliner Stadtgeschichtsschreibung. Paul Jakob Marperger verfaßte zahlreiche Arbeiten zur Handelskunde, zur politischen Geographie und zur Statistik. Er trug damit zur Entwicklung der Wirtschaftswissenschaft in ihrer kameralistischen Ausprägung bei, zugleich aber auch zur Ausgestaltung der deutsch-russischen Beziehungen, denn sein 1705 und 1724 erschienener «Moskowitischer Kauffmann» diente der Verbreitung von Rußland- und Russischkenntnissen. «Der Bürger, seine Berufs- und Lebenssphäre, bildeten den Ausgangs- und Endpunkt der Betrachtungen und Bemühungen Marpergers.»[28]

1715 wurde – noch unter der Präsidentschaft von Leibniz – der Leipziger Mechaniker Jacob Leupold in die Sozietät aufgenommen, einer der bedeutendsten Instrumentenmacher in den ersten Jahrzehnten des 18. Jahrhunderts. Die Sozietät hatte 1711 für Experimentalzwecke eine Leupoldsche Luftpumpe erworben, zu deren Instandhaltung ihr Hersteller gelegentlich selbst nach Berlin kommen mußte; dabei wurde er von der Sozietät um Gutachten gebeten und machte die Bekanntschaft verschiedener Mitglieder. Seine Berufung zum Mitglied, «die wahrscheinlich auf einen Vorschlag des Anatomieprofessors Chr. M. Spener zurückgeht, bedeutete für Leupold eine außerordentliche gesellschaftliche und materielle Aufwertung. Er erhielt 300 Taler Jahrespension, so daß er innerhalb eines Monats den Hausvaterdienst im St. Georgs-Lazareth quittieren und eine selbständige Werkstatt am Neukirchhofe einrichten konnte».[29]

Leupold plante ein auf viele Bände berechnetes Werk, das die gesamte zeitgenössische Technik umfassend darstellen sollte – das «Theatrum Machinarum». Zur Finanzierung dieses immensen Vorhabens bemühte er sich vielerorts um Un-

Ein undatierter «Entwurf» über die Kosten des «Theatrum machinarum» aus der gleichen Zeit zeigt, um welches gewaltige Unternehmen es sich handelte. Danach war beabsichtigt, sechs Jahre hindurch jeweils dreihundert Blätter mit Abbildungen von Maschinen herzustellen, woran neben dem Verfasser Leupold noch neun weitere Personen (Kupferstecher, Zeichner, Drucker) arbeiten sollten. Eine geplante Auflage von siebzehn Bänden in jeweils fünfhundert Exemplaren hätte nach diesen Berechnungen über 27 000 Taler gekostet. Das Konzilium der Berliner Sozietät hat sich von August 1718 bis Januar 1719 mehrmals mit Leupolds Editionsplan beschäftigt. Aus den Protokollen wird deutlich, daß der König an diesem Unternehmen interessiert war. Zwar empfand das die Akademie als eine Einmischung, doch wagte sie angesichts ihrer ungesicherten Stellung in jenen Jahren keinen Einwand. Schließlich beschloß man, die Vorlage des ersten Bandes durch Leupold abzuwarten. Dabei ist es nach den vorliegenden Unterlagen dann auch geblieben.
Conrad Grau: Zur Geschichte der Drucklegung von Jakob Leupolds «Theatrum machinarum» (1718 bis 1724). In: Jahrbuch für Wirtschaftsgeschichte, Berlin 1975, Teil II, S. 151.

Eine von Gottfried Wilhelm Leibniz konstruierte Rechenmaschine
Abbildung aus «Theatrum Arithmetico-Geometricum» Tab. VIII, Fig. I
Im Jahre 1673 fuhr Leibniz mit einer von ihm konstruierten Rechenmaschine nach England und stellte sie der Royal Society vor, zu deren Mitglied er gewählt wurde.

terstützung, auch bei der Berliner Sozietät, die ihrerseits nicht abgeneigt war, das Werk herauszugeben; die zwischen 1718 und 1720 geführten Verhandlungen erbrachten jedoch keine zufriedenstellende Lösung des finanziellen Problems. Schließlich stellte Leupold auf eigene Kosten von 1724 bis 1727 insgesamt 11 Teile fertig, die in 8 großen Foliobänden mit insgesamt 1518 Seiten und 436 Kupfertafeln erschienen.[30]

Es war ein Kompendium des technischen Wissens seiner Zeit. In der Vorrede zum ersten Band, dem «Theatrum machinarum Generale oder Schauplatz des Grundes mechanischer Wissenschaften», schrieb Leupold: «... und sollte dahero keine Schule sein, darinnen nicht wenigstens die Anfangsgründe der Geometrie und Mechanik gezeiget würden, so doch ohne besondere Kosten, nur durch eine gute Anstalt geschehen könnte; alleine man muß sehen, daß diejenigen, so solche Anstalt sollten fördern helfen, am meisten zuwider sind ...»[31] Freilich, bis aus diesem wohlbegründeten Ratschlag auch in Berlin ernsthafte Konsequenzen gezogen wurden, sollte es noch gute Weile haben, doch immerhin hatte die Berliner Sozietät über ihre Beziehungen zu Leupold einen wenig-

27 Siehe Ernst Eichler: Johann Leonhard Frisch und die russische Sprache. Ein Kapitel deutscher Rußlandkunde. In: Die deutsch-russische Begegnung und Leonhard Euler, Berlin 1958, S. 94–111. – Wolfgang Bernhagen: Leonhard Frisch und seine Beziehungen zu Rußland. In: Ebenda, S. 112–124.

28 Hannelore Lehmann: Paul Jakob Marperger (1656–1730), ein vergessener Ökonom der deutschen Frühaufklärung. Versuch einer Übersicht über sein Leben und Wirken. In: Jahrbuch für Wirtschaftsgeschichte (Berlin), 1971, Teil IV, S. 152.

29 Lothar Hiersemann: Jakob Leupold – ein Wegbereiter der technischen Bildung in Leipzig. Ein Beitrag zur Vorgeschichte der Technischen Hochschule Leipzig. In: Wissenschaftliche Berichte der Technischen Hochschule Leipzig, Heft 17, Leipzig 1982, S. 46.

30 Siehe ebenda, S. 49.

31 Zit. in: Geschichte der Naturwissenschaften, Technik und Medizin (NTM), Jg. 1, Heft 3, o. J., S. 56. – Siehe auch Conrad Grau: «... das Werk samt der Wissenschaft auf den Nutzen richten ...» Aus der Frühgeschichte der Berliner und der Petersburger Akademie der Wissenschaften. In: Jahrbuch für Wirtschaftsgeschichte, 1975, Teil II, S. 137–159.

Der Preußische Staat ist überhaupt ein kriegerischer Staat, welcher seine Erhaltung und Dauer blos einem furchtbaren Militär zu danken hat. Die Nation hat dabei einen besonderen Stolz, welchen der König durch eine scheinbare Freiheit, die er ihr in Ansehung der moralischen Gesinnungen läßt, gut zu unterhalten weiß. Es ist kein Unterthan, welcher den großen Druck nicht fühlt, den er ausstehen muß: aber er weiß, daß dies unumgänglich nothwendig ist, und denkt, würde die Militari nicht seyn, so würden wir von einem anderen gedrükt – vielleicht noch mehr gedrükt werden.

Bericht von würtembergischen Reisenden über Berlin 1776. Zit. in: Der Bär (Berlin [West]), Jg. 1979, Bd. 28, S. 102.

stens peripheren Anteil an der allmählichen Herausbildung der Maschinenwissenschaften.

Der beachtliche Aufschwung, den das wissenschaftliche Leben Berlins in der folgenden Periode unter der Regentschaft Friedrichs II. nahm, darf nicht den Blick für die bescheidenen, aber immerhin nicht zu ignorierenden Voraussetzungen verstellen, die in der Zeit des Soldatenkönigs dafür geschaffen worden sind – unter widersprüchlichen und kargen, aber keineswegs generell wissenschaftsfeindlichen Verhältnissen.

Berliner Aufklärungsdenken – bürgerlich und friderizianisch

«Daß Berlin Athen werde, diese glückliche Prophezeiung nehme ich gern an.»[32] Diese Worte schrieb Friedrich II. an den prominenten französischen Aufklärer Voltaire, nachdem er den Thron von seinem, gelinde gesagt, ungeliebten Vater übernommen hatte. Im Überschwang seiner jungen Jahre hatte der Kronprinz Friedrich die Residenz nicht als den nüchternen und dumpfen Exerzierplatz, nicht als das neue Sparta Friedrich Wilhelms I., sondern vielmehr als ein prächtiges, geistig regsames und freies, den modernsten Ideen des Zeitalters zugetanes Spree-Athen sehen wollen. Diese poetische Hoffnung hatten bürgerliche Denker schon Jahrzehnte vorher ausgesprochen. In einem 1706 erschienenen Huldigungsgedicht auf Friedrich I. hieß es:

«Die Fürsten wollen selbst
in deine Schule gehn,
Drumb hastu auch für sie
ein Spree-Athen gebauet.»[33]

Berlin wollte Athen sein, so wie sich auch Leipzig als ein «Pleiß-Athen» sah, Dresden als «Elbflorenz» und Petersburg als «Amsterdam des Nordens» oder «Venedig des Nordens». Große Hoffnungen setzte die Intelligenz in den deutschen Territorialstaaten und in anderen Ländern auf den gebildeten neuen Preußenkönig.

Der weitere Gang der Geschichte zeigte: Man täuschte sich nicht völlig, blieb aber von argen Enttäuschungen nicht verschont. Das war nicht einfach eine Sache der Individualität des zweiten Friedrich und seines guten Willens, sondern weit eher eine Sache der Zwänge, in die er als führender Repräsentant seiner Klasse, des Feudaladels, gestellt war und denen er als Hohenzoller Genüge tun mußte. Für ihn war es nicht einfach, aus seinen hochfliegenden Kronprinzenträumen und der rauhen Wirklichkeit feudaler Machtbehauptung eine haltbare Legierung zu schmieden. Letzten Endes wurden unter Fried-

Friedrich II.
Gemälde von
Johann Heinrich Franke
Um 1763

rich II. die Möglichkeiten, bürgerliche Bestrebungen und bürgerliches Aufklärungsdenken auf absolutistische Weise in den Dienst feudaler Machterhaltung zu stellen, unvergleichlich weiter ausgeschritten als unter dem recht engherzigen Regiment seines Vaters. Doch dort, wo die Freigeisterei in die Forderung nach voller bürgerlicher Selbstbestimmung und politischer Freiheit, nach einer demokratischen Republik anstelle des feudalen Ständestaates zu münden drohte, da hatte die Toleranz der aufgeklärten Monarchie ihre unüberschreitbare Grenze.

In diesem Rahmen vollzog sich das Wirken dieses Monarchen, das überaus kompliziert, widersprüchlich und zur Analyse herausfordernd war, eben weil die bereits mehrfach erwähnte innere Widersprüchlichkeit des Absolutismus sich hier in ihrer ganzen Tiefe entfaltete und weil es eine Persönlichkeit von nicht alltäglichem Format war, die in diesem Bedingungsfeld handelte und mit ihrem Handeln über mehrere Jahrzehnte das Schicksal der preußischen Dinge wesentlich mitbestimmte. «Als Politiker, der in einer Zeit des Übergangs

In unseren Tagen ist es so weit gekommen, daß eine Regierung in Europa, die die Ermunterung der Wissenschaften im geringsten verabsäumte, binnen kurzem um ein Jahrhundert hinter ihren Nachbarn zurückstehen würde.
Friedrich II., 1772
Die Werke Friedrichs des Großen. Achter Band: Philosophische Schriften, Hrsg. G. B. Volz, Berlin 1913, S. 60.

32 Zit. in: Ingrid Mittenzwei: Friedrich II. von Preußen. Eine Biographie, Berlin 1984, S. 46.
33 Zit. in: Meyers Großes Konversations-Lexikon, 6. gänzlich neubearbeitete und vermehrte Auflage, Bd. 18, Leipzig/Wien 1909, S. 787.

Was nun den Charakter der Nation anbelangt, so ist solcher kriegerisch, trotzig und stolz. Da hier ein entsetzlicher Despotismus herrscht, so ist die Nation nichts weniger dann aufgeklärt. Der meiste Theil der Gelehrten, welche sich nicht nur in Berlin, sondern in allen preußischen Staaten aufhalten, bestehet meistens aus Ausländern.
Bericht von würtembergischen Reisenden über Berlin 1776. Zit. in: Der Bär, Jg. 1979, Bd. 28, S. 110.

Bestehendes konservieren wollte, errichtete er Barrieren gegen das neue Zeitalter. Aber die Dialektik der Geschichte bewirkte, daß sich Bestehendes nicht mehr ohne Anpassungsfähigkeit und Flexibilität konservieren ließ.»[34]

Dieser immanenten Dialektik einer der interessantesten Perioden der preußischen Geschichte hat die mit Marx und Engels beginnende marxistische Forschung über Friedrich II. eingehend nachgespürt, von Franz Mehrings «Lessing-Legende» bis hin zu der jüngsten Biographie des Monarchen aus der Feder von Ingrid Mittenzwei. Auch unter Friedrich II. blieben die Bauern Leibeigene, der Adel blieb die herrschende Klasse, und die Kirche blieb eine wichtige ideologische Stütze des Staates, obgleich der König in religiösen Fragen eher indifferent war. Aber in der Bilanz des historischen Fortschritts zählt vor allem eines: Mochten die von Friedrich II. in begrenztem Maßstab rezipierten bürgerlichen Tendenzen in Ökonomie und Ideologie auch in feudalem Interesse aufgenommen worden sein, sie hatten – unabhängig vom Wunsch des Königs – neben dem beabsichtigten und unmittelbaren Effekt auch die entgegengesetzte Wirkung, nämlich auf lange Sicht die Grundlagen des Feudalsystems zu unterhöhlen.

Friedrich II. begann mit großem Tatendrang seine Regentschaft. Bereits am 27. Mai 1740, einen knappen Monat nach der Thronbesteigung, berichtete der junge König in einem Brief an Voltaire: «Ich habe gleich damit begonnen, die Wehrkraft des Staates ... zu vermehren. Ich habe die Grundlagen unserer neuen Akademie gelegt, Wolff, Maupertuis und Algarotti habe ich gewonnen. Von s'Gravesande und Euler erwarte ich Antwort. Ich habe eine neue Behörde für Handel und Industrie gegründet; ich nehme Maler und Bildhauer in Dienst ...»[35] Die hier genannte «neue Behörde» war das V. Departement des Generaldirektoriums, eine Art Fachministerium, das der geschickten staatlichen Stimulierung und Ausnutzung neuer wirtschaftlicher Entwicklungstendenzen diente. Diese Liste ließe sich durch manche weitere ähnlich orientierte Maßnahme aus den folgenden fast fünf Jahrzehnten leicht ergänzen.

Die «Wehrkraft», dieses Urelement preußischer Politik, bildete stets den Kontrapunkt zu Friedrichs kulturellen Bestrebungen; Krieg und Expansion waren die Prosa, gelehrte Dispute und Flötenkonzerte waren die Poesie dieses Regenten. Gleich am Beginn seiner Regierungszeit stand der erste Schlesische Krieg, der mit der Vergrößerung des preußischen Territoriums um ein Drittel durch die Annexion ganz Niederschlesiens und eines großen Teils Oberschlesiens endete und Friedrich zudem als ideellen Gewinn den Beinamen «der

Große» einbrachte. In dieser Hinsicht war Friedrich II., auch wenn ihm der Anblick erstklassig gedrillter Regimenter nicht mehr höchster ästhetischer Genuß war, der würdige Sohn seines Vaters.

Im übrigen ignorierte Friedrich den möglichen Nutzen der Wissenschaft für den Krieg keineswegs, wie in seiner 1772 vor der Akademie verlesenen Rede «Über den Nutzen der Künste und Wissenschaften im Staate» nachzulesen ist.

Vor diesem Hintergrund entfaltete sich das geistige Leben in Berlin. Wiederum war die Sozietät Ausgangspunkt einer Umstrukturierung des bestehenden Organisationssystems der Wissenschaft. Friedrich II. begnügte sich nicht mit der all-

Pierre Louis Moreau de Maupertuis Kupferstich von J. Ballé nach einem Gemälde von R. Tourniére. 1741

Leonhard Euler Kupferstich, anonym Um 1800

mählichen Aufbesserung des überwiegend provinziellen Zuschnitts der Berliner Wissenschaft, sondern wollte schnell und konzentriert Träger weltberühmter Namen um sich versammeln – gleich, aus welchem Lande sie kamen; im Reiche des Geistes urteilte der preußische Monarch kosmopolitisch.

Die Schlüsselfiguren der neuen Entwicklungsperiode wurden Pierre Louis Moreau de Maupertuis und Leonhard Euler, zumal Christian Wolff, der führende Philosoph der deutschen Aufklärung, den einst der Soldatenkönig schimpflich vertrieben hatte, zwar 1740 nach Preußen zurückgekehrt war, aber in vorsichtiger Distanz in Halle blieb und sich weigerte, in der zu reorganisierenden Berliner Akademie eine führende Rolle zu übernehmen. So zurückhaltend war Maupertuis nicht, dessen Name als Mathematiker und Physiker seit seiner erfolgreichen Expedition nach Lappland 1736 zur Vermessung der Erdgestalt und der damit verbundenen Bestätigung der Gravi-

In der heutigen Zeit muß ein Kriegsmann Mathematik, Befestigungskunst, Hydraulik und Mechanik studieren, um Festungswerke anlegen und künstliche Überschwemmungen herbeiführen zu können, um die Kraft des Pulvers zu kennen, den Wurf der Bomben zu berechnen, die Wirkung der Minen zu bestimmen, den Transport der Kriegsmaschinen erleichtern zu können. Er muß mit der Lagerkunst, der Taktik, der Mechanik des Exerzierens vertraut sein, muß genaue Kenntnis des Geländes und der Geographie besitzen. Seine Feldzugspläne müssen, obwohl er auf Mutmaßungen beschränkt ist, einem mathematischen Beweise gleichen. Er muß die Geschichte aller früheren Kriege im Kopfe haben, damit seine Phantasie aus ihr wie aus einer fruchtbaren Quelle schöpfen kann.
Die Werke Friedrichs des Großen, Achter Band: Philosophische Schriften. Hrsg. von Gustav Berthold Volz, Berlin 1913, S. 57.

34 Ingrid Mittenzwei: Friedrich II. von Preußen, S. 234/235.
35 Zit. in: Ebenda, S. 44.

tationstheorie Isaac Newtons in aller Wissenschaftler Munde war. Geschmeichelt akzeptierte er Friedrichs ehrenvolle Offerte, die Berliner Akademiepräsidentschaft zu übernehmen. 1741 sagte er die Übersiedlung nach Berlin zu, 1746 kam er tatsächlich.

Euler traf aus Petersburg im Sommer 1741 in Berlin ein. Er war noch an die alte Sozietät berufen worden, mit der Zusage, daß deren Umgestaltung erfolgen würde. Euler war der größte Mathematiker seines Jahrhunderts, ein unschätzbarer Gewinn für die Akademie, deren internationales Ansehen er neben Maupertuis während eines Vierteljahrhunderts wohl am nachhaltigsten prägte. Freilich haben der feudalabsolutistische preußische König und der bürgerliche schweizerische Wissenschaftler, der in Gesinnungsfragen nicht zu Kompromissen bereit war, politisch und geistig niemals tatsächlich zusammengefunden. Da war die Trennung von 1766, als Euler nach Petersburg ging, der logische Schlußpunkt von Eulers Berliner Zeit.

Den Leidener Naturforscher und Newtonianer Wilhelm Jacob s'Gravesande konnte Friedrich II. nicht an seine Akademie bekommen, er starb bereits 1742. Der italienische Schriftsteller und Naturwissenschaftler Francesco Graf von Algarotti wurde Kammerherr und Akademiemitglied, verließ aber bereits 1753 wieder Berlin und ging nach Pisa. Voltaire verbrachte nach kurzen vorherigen Besuchen drei Jahre von 1750 bis 1753 in Preußen, doch der persönliche Umgang zwischen dem Philosophen und dem König war nur eine Episode in ihren distanziert-freundschaftlichen Beziehungen.

Anno 1744. Im Monath Januarii stiften Sr. Königl. Maj. von Preußen in dero Residentz Berlin eine neue Societaet der Wißenschafften, auch räumeten allerhöchst dieselben derselben einige Zimmer und Säle auf dem königl. Schloße zu ihren Versammlungen ein. Den 23. Jan. hielte erwähnte Academia ihre erste General Zusammenkunfft, da dann die Classis Physica unterschiedliche gantz besondere Experimente de Electricitate Corporum (über die Elektrizität der Körper) machete. *Handschriftliche Berliner Chronik zum Jahre 1744, Deutsche Staatsbibliothek Berlin, Handschriften-Abteilung, Ms. boruss. Quart. 230, Bl. 167 (Rückseite) (Worterklärungen* – d. Verf.)

In der kurzen Pause zwischen dem ersten und dem zweiten Schlesischen Krieg entstand im Sommer 1743 in Berlin die Nouvelle Société Littéraire. Wesentlichen Anteil daran hatte Samuel Graf von Schmettau, ein gebildeter, vor allem auf geographischem Gebiet verdienter Generalfeldmarschall. Für die Zeit vom 1. August 1743 bis zum 16. Januar 1744 sind 21 Beratungen protokollarisch nachgewiesen. Mitglieder der Sozietät wie Euler, Pott, Marggraf und Eller arbeiteten aktiv mit und hielten wissenschaftliche Vorträge. War das nun schon die neue Akademie? Manche glaubten es. Doch die alte Sozietät bestand fort. Sie gab 1743 einen weiteren Band ihrer «Miscellanea» heraus.

Ohne Zweifel bildete die «Nouvelle Societé» aber einen Ansatzpunkt für die Reorganisation des Wissenschaftssystems. Seit Ende 1743 wurde über ihre Vereinigung mit der Sozietät der Wissenschaften verhandelt. Am 24. Januar 1744 erhielten die «vereinigten Sozietäten» ihr Statut als «Königliche Akademie der Wissenschaften»; damit kam auch der Name «Akademie» offiziell in Gebrauch. Die Mitglieder verteilten sich auf die vier Klassen für Physik (Physik, Naturgeschichte, Chemie, Botanik und Anatomie), für Mathematik (Geometrie, Astronomie, Mechanik, Hydraulik, Meteorologie, zivile und militärische Baukunst), für Philosophie (Metaphysik, Moral, Naturrecht, Geschichte und Kritik der Philosophie) und für Philologie (Literatur, Geschichte, Sprachen, Antiquitäten, Inskriptionen und Medaillen).

Doch dieses Statut kam kaum zur Geltung, denn Maupertuis, der nach seiner Übersiedlung am 1. Februar 1746 zum Akademiepräsidenten ernannt wurde, arbeitete unverzüglich ein neues Reglement aus, das am 10. Mai 1746 die königliche Billigung fand. Damit erhielt die Akademie den Namen «Académie Royale des Sciences et Belles-Lettres». Maupertuis ließ sich selbst mit dieser Ordnung sehr weitgehende Vollmachten übertragen. Die vier Klassen blieben erhalten, tagten aber fortan nicht mehr getrennt, sondern wöchentlich gemeinsam in Plenarsitzungen. Auch nach Maupertuis' Tod im Jahre 1759 galten diese Regelungen weiter. Friedrich II. ernannte keinen neuen Präsidenten, sondern übernahm ab 1764 persönlich die Leitung der Akademie.

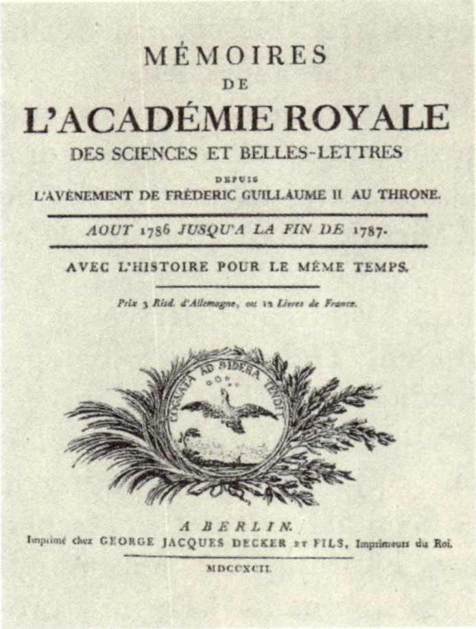

MÉMOIRES
DE
L'ACADÉMIE ROYALE
DES SCIENCES ET BELLES-LETTRES
DEPUIS
L'AVÉNEMENT DE FRÉDERIC GUILLAUME II AU THRONE.
AOUT 1786 JUSQU'A LA FIN DE 1787.
AVEC L'HISTOIRE POUR LE MÊME TEMPS.

A BERLIN.
Imprimé chez GEORGE JACQUES DECKER ET FILS, Imprimeurs du Roi.
MDCCXCII.

Mémoires
de l'Academie Royale
des Sciences et Belles-Lettres
Titelblatt. 1792
Dieser Band der Schriftenreihe enthält hauptsächlich die Nekrologe von Akademiemitgliedern zum Tode von Friedrich II. Die Titelvignette wurde 1772 von Daniel Chodowiecki gefertigt. Unter dem Adler ist im Hintergrund die Ansicht von Berlin vom Hamburger Tor aus wiedergegeben.

Andreas Sigismund Marggraf
Kupferstich
von Eduard Ritter
1754 erhielt Marggraf als erster Chemiker von der Akademie ein Wohnhaus und ein Laboratorium zur Verfügung gestellt. Hier entwickelte er seine experimentellen Fähigkeiten weiter. Es gelangen ihm Einsichten in charakteristische Reaktionen chemischer Verbindungen und Prozesse, die ihn als einen frühen Vertreter der angewandten Chemie ausweisen. Auf dem Standort des alten Labors wurden später neue Gebäude mit Laboratorien und Dienstwohnungen geschaffen. Die Einrichtungen in der Dorotheenstraße 10 waren Wirkungsstätten bedeutender der Wissenschaftler wie Franz Carl Achard, Martin Heinrich Klaproth, Eilhard Mitscherlich, August Wilhelm von Hofmann und Emil Fischer.

Mit der Reorganisation in den Jahren von 1744 bis 1746 waren Neuerungen verbunden, die die Außenwirksamkeit der Akademie entscheidend beeinflußten. Seit 1745 edierte die Akademie eine neue Serienpublikation, die sich in Form und Sprache an das Pariser Vorbild anlehnte. Hier wurden die wissenschaftlichen Mitteilungen der Akademie veröffentlicht. Bis 1769 führte die Serie den Titel «Histoire de l'Académie Royale des Sciences et Belles-Lettres», ab 1770 hieß sie «Nouveaux Mémoires de l'Académie ...» Obwohl seit 1788 auch deutschsprachige Veröffentlichungen der Akademie vorgelegt wurden, sind die französischen unter wechselnden Titeln noch bis 1804 fortgesetzt worden.

Im Jahre 1745 bestimmte Friedrich II. den Philosophen Jean-Henri-Samuel Formey zum Historiographen der Akademie, einen in Berlin geborenen Hugenotten, der als Professor am Collège Français lehrte und 1744 Akademiemitglied geworden war. Seit 1748 war er bis zu seinem Tode 49 Jahre lang Beständiger Sekretar der Akademie. Allein die Liste seiner Akademiepublikationen verzeichnet 140 Titel, darunter zahlreiche Gedenkreden für verstorbene Akademiemitglieder – heute wichtige Dokumente der Wissenschaftsgeschichte. Sein Name ist besonders mit einer aufklärerischen Zeitschrift verbunden, die unter dem Titel «Bibliothèque Germanique» bzw. «Nouvelle Bibliothèque Germanique» von 1720 bis 1759 in Berlin herausgegeben wurde und großes internationales Ansehen erwarb. Seit 1734 gehörte Formey dem Herausgeberkreis an, und zunehmend redigierte er das Journal allein. «Die Meisterung der mannigfachen Formen der Publizistik erlaubte ihm, die Werbung für die Preußische Akademie mit weltweiter Wirkung zu betreiben.»[36]

Formey war ein Bewunderer und Mitarbeiter der von Jean Baptiste le Rond d'Alembert und Denis Diderot ins Leben gerufenen französischen «Encyclopédie». Dies hinderte ihn jedoch ebensowenig wie die generelle Bindung des akademischen Lebens an die französische Sprache daran, nationale Gesichtspunkte zu pflegen. «Der Kontakt mit der deutschen Wirklichkeit wurde unter Formeys Führung von der Preußischen Akademie systematisch aufgenommen.»[37] Formey propagierte die Philosophie Christian Wolffs und wirkte sogar als «Wortführer der wolffianischen Mehrheit der Preußischen Akademie»[38], deren Durchsetzung in den sechziger Jahren

Johann Gottlieb Gleditsch
Kupferstich
von Daniel Berger
nach einer Zeichnung
von Friedrich
Eberhard Wagner
1789

Karl Ludwig Willdenow
Kupferstich von Ambroise
Tardieu. Um 1820
Sein umfangreiches Schaffen trug zur Bedeutung des Botanischen Gartens als wissenschaftliche Forschungsstätte bei. Von ihm wurde das umfassende Tafelwerk über Pflanzen im Botanischen Garten, der «Hortus Berolinensis», begonnen und nach seinem Tode von Heinrich Friedrich Link 1816 vollendet. Seit 1787 veröffentlichte Willdenow die «Flora von Berlin» und seit 1792 den «Grundriß der Kräuterkunde».

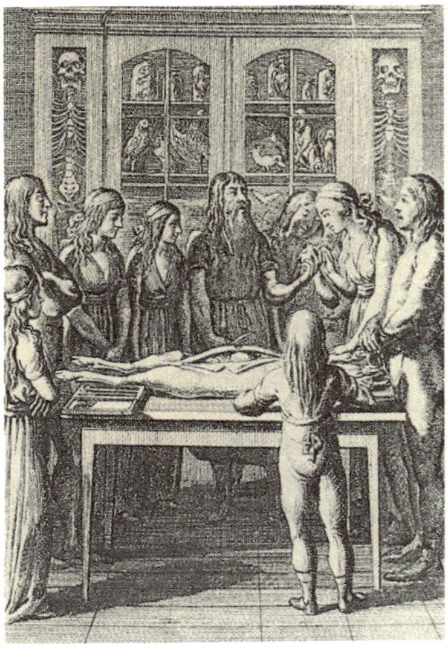

Die anatomische Lehranstalt
Radierung von
Daniel Chodowiecki. 1791
Die Abbildung zeigt das dritte Bild aus Franz Heinrich Ziegenhagens «Lehre vom richtigen Verhältniß zu den Schöpfungswerken und die durch öffentliche Einführung derselben allein zu bewürkende allgemeine Menschenbeglückung», die im Jahre 1799 erschien. Das Werk ist als ein künftiger Gesellschaftsentwurf gedacht. In ihm spiegeln sich die Gedanken und Vorstellungen der Aufklärung wider. Die anatomische Lehranstalt symbolisiert dabei eine Stätte des wissenschaftlichen Unterrichts in der von Ziegenhagen konzipierten landwirtschaftlichen Kolonie.

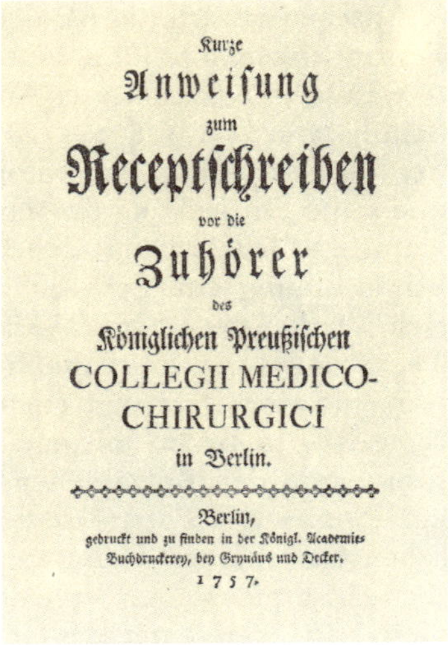

Kurze
Anweisung
zum
Receptschreiben
vor die
Zuhörer
des
Königlichen Preußischen
COLLEGII MEDICO-CHIRURGICI
in Berlin.

Berlin,
gedruckt und zu finden in der Königl. Academie-Buchdruckerey, bey Grynäus und Decker.
1757.

Anweisung für Rezepturen
Titelblatt. 1757
Das 237 Seiten umfassende Buch ist eine freie deutsche Übersetzung des «Libellus memorialis de Formulis praescribendis», eines in der Mitte des 18. Jahrhunderts weitverbreiteten Nachschlagewerkes für die Verwendung der gebräuchlichsten Arzneimittel.

nicht unwesentlich zum Weggang Eulers aus Berlin beitrug. Damit wurden auch Voraussetzungen für die Ende der achtziger Jahre im Umfeld der Französischen Revolution einsetzenden Bemühungen um eine erneute Umgestaltung der Akademie geschaffen.

Die zweite wichtige Neuerung in der 1744 neugestalteten Akademie waren die Preisfragen, die ab 1745 gestellt wurden. Bis 1786 wählte die Akademie insgesamt 45 Themen zur Bearbeitung aus. Berücksichtigt man, daß für die Zeit bis 1812 über 600 ungedruckte Preisschriften ermittelt wurden, zu denen noch die preisgekrönten und damit gedruckten gezählt werden müssen, so kommt man auf eine Anzahl von mindestens 700 wissenschaftlichen Abhandlungen, die die Akademie auf diese Weise erhielt. «War der Preußischen Akademie unter Friedrich II. jeder unmittelbare Einfluß auf die gesellschaftliche und ökonomische Entwicklung versagt, über die Preisfragen war sie in der Lage, entsprechende gesellschaftliche Tendenzen zu stimulieren, zu forcieren oder wichtige Maßnahmen anzuregen.»[39] Darüber hinaus vermittelten die Preisschriften in ihrer Gesamtheit ein Bild der vorherrschenden wissenschaftlichen Strömungen. An der Lösung der in Berlin oder von anderen Akademien gestellten Preisfragen beteiligten sich die bedeutendsten Gelehrten der Zeit wie Euler, Lagrange, d'Alembert, Condorcet, Kant, Rousseau und Herder.

36 Werner Krauss: Studien zur deutschen und französischen Aufklärung, Berlin 1963, S. 53.
37 Ebenda, S. 61.
38 Ebenda, S. 58.
39 Hans-Heinrich Müller: Akademie und Wirtschaft im 18. Jahrhundert. Agrarökonomische Preisaufgaben und Preisschriften der Preußischen Akademie der Wissenschaften (Versuch, Tendenzen und Überblick), Berlin 1975, S. 49.

Die Ordnung, die der selige Herr Professor in seinen Vorlesungen über die medizinische Botanik zu halten pflegte, ist gewiß für die Anfänger die deutlichste und faßlichste. Sie fängt mit den offiziellen Namen des Gewächses an; worauf die klassischen und methodischen Namen nebst dem Charakter, Natur, Dauer, Gegend der Kultur, der Blütezeit, der Theile, die offizinell sind, der Einsammlungszeit, dem Geruche und Geschmacke, den Bestandtheilen, dem innerlichen, äusserlichen und ökonomischen Nutzen folgen. Die Präparate, die von dem abgehandelten Arzneygewächse entweder in vorigen Zeiten bereitet worden oder auch noch anetzo daraus bereitet werden, nebst einigen Autoren, die zum Nachlesen empfohlen weren, machen den Beschluß.
Lüders als Herausgeber von J. G. Gleditsch, Botanica medica, 1788/89, Bd. 1, über Gleditschs Vorlesungen. Zit. in: Herbert Lehmann: Das Collegium medico-chirurgicum in Berlin als Lehrstätte der Botanik und der Pharmazie, Berlin 1936, S. 53.

Ansehen erwarb die Akademie auch durch das Wirken von Persönlichkeiten in ihr angeschlossenen Einrichtungen. So leitete Euler die Sternwarte. Andreas Sigismund Marggraf, ein Schüler von Pott und seit 1738 Akademiemitglied, war Vorsteher des chemischen Laboratoriums. 1747 gab er in der Akademie seine Entdeckung des Zuckergehalts der Runkelrübe bekannt und leitete damit den Entwicklungsweg zur Rübenzukkergewinnung ein. Sein Schüler Franz Carl Achard erwarb sich Verdienste um die Ausarbeitung und Erprobung einer Technologie zur fabrikmäßigen Rübenzuckerproduktion; er war eine vielseitige und ein wenig abenteuerliche Natur, erregte 1783 in Berlin mit einem Ballonaufstieg Aufsehen und führte 1784 den Blitzableiter ein. Johann Gottlieb Gleditsch, ein Pionier der Forstwissenschaft, war Direktor des Botanischen Gartens und Professor der Botanik am Collegium medico-chirurgicum, das er einstmals selbst als Student absolviert hatte. Als einer der ersten stellte er 1749 erfolgreiche Versuche über die Sexualität der Pflanzen an, die als «Experimentum Berlinense» in die Biologiegeschichte eingingen.[40]

Zu den bedeutendsten Nachfolgern Gleditschs und seines Kollegen Pott am Collegium gehörten Ende des 18. Jahrhunderts der exzellente Botaniker Karl Ludwig Willdenow und der Chemiker und Technologe Sigismund Friedrich Hermbstaedt, die nicht nur Akademiemitglieder, sondern auch die ersten Vertreter der Botanik bzw. der Chemie an der 1810 gegründeten Berliner Universität wurden.

Mit Maupertuis, Euler, Joseph Louis Comte de Lagrange und Johann Heinrich Lambert waren vier führende Vertreter der Physik und Mathematik des 18. Jahrhunderts an der Berliner Akademie tätig. Lambert arbeitete auch als Astronom und gab seit 1772 genaue Ephemeriden heraus, aus denen sich unter Johann Elert Bode das «Berliner Astronomische Jahrbuch» entwickelte, das bis heute als «Astronomische Nachrichten» erscheint.

Unter den Medizinern müssen neben Eller vor allem der Anatom Johann Nathanael Lieberkühn, der Entdecker der nach ihm benannten Drüsen des Dünndarms, und Christian Andreas Cothenius hervorgehoben werden. Cothenius, der auch ein führendes Mitglied der Leopoldina war, erwarb sich als Dekan des Obercollegium medicum und als Direktor des Collegium medico-chirurgicum Verdienste um die medizinische Lehre und die Wissenschaftsorganisation in Berlin.

Die Akademie beschränkte sich nicht auf Förderung verschiedener natur- und geisteswissenschaftlicher Fachgebiete, sondern stand auch mitten in den philosophischen Auseinandersetzungen der Zeit. Dominant war dabei der mit Leidenschaft ausgetragene Kampf zwischen der Newtonschen und der Leibniz-Wolffschen Philosophie. Anfangs hatte die Lehre Newtons, gestützt von Maupertuis, Euler, Voltaire, d'Alembert und anderen einflußreichen Persönlichkeiten, sehr starke Positionen, doch seit den sechziger Jahren begann dann der Wolffianismus die Oberhand zu gewinnen, nicht zuletzt dank der Aktivität Formeys und des Akademiemitgliedes Johann Georg Sulzer, der am Joachimsthalschen Gymnasium Mathematik unterrichtete; ein Gegner des Wolffianismus war zu dieser Zeit Johann Bernhard Merian, der am Collège Français tätig war.

Es wäre kaum angebracht, hier die eine der widerstreitenden Seiten pauschal als fortschrittlich und die andere als reaktionär zu etikettieren. Vielmehr handelte es sich um Spielarten der bürgerlichen Aufklärungsphilosophie. Die Philosophie Wolffs war längere Zeit sehr progressiv. Wolff gab sich «nicht allein mit theoretischen Spekulationen zufrieden, sondern war, den Leibnizschen Grundsatz ‹theoria cum praxi› auf seine Art realisierend, um eine praktische Anwendung des theoretischen Wissens bemüht. Verstand und Tugend sollten mit seiner philosophischen Systematik gemehrt werden, um den Menschen schon auf Erden ein sinnvolles und glückliches Leben zu ermöglichen ... Wolff hat der Philosophie im damaligen Deutschland ein einheitliches, muttersprachliches Begriffssystem geschaffen. Da seine Philosophie zugleich eine Schulphilosophie wurde, die sich rasch an fast allen deutschen Universitäten ausbreitete, setzte sich mit ihr eine einheitliche philosophische Terminologie durch».[41]

Die Notwendigkeit der schließlichen Überwindung des Wolffschen Rationalismus, die mit Kant entschieden einsetzte, folgte den inneren Gesetzmäßigkeiten der philosophischen Erkenntnisentwicklung auf dem Wege zur vollen Herausarbeitung des antifeudalen Selbstbewußtseins des Bürgertums und war nicht Ausdruck einer etwaigen Überlegenheit der newtonianischen Position. Doch in den philosophischen Kontroversen brach sich diese Entwicklung Bahn, und es spricht für die Berliner Akademie, daß sie hier nicht abseits stand.

Die Berliner Akademie der Wissenschaften war unter Friedrich Wilhelm tatsächlich in Verruf gekommen. Friedrich II. gab ihr wieder Glanz. Er berief in sie einige verdienstvolle Gelehrte und einen großen Mann. Er setzte ihnen Pensionen aus; allerdings berief er fast nur Ausländer und häufig Mittelmäßigkeiten. Freilich setzt der Brauch, sie durch königlichen Machtspruch zu ernennen, ihre Würde herab. In der schönen Literatur wie in den Wissenschaften und vielleicht auf jedem anderen Gebiet ist die Wahl durch seinesgleichen die sicherste und damit die ehrenvollste. Immerhin ließ diese Akademie den Geschmack an der Literatur in Berlin neu erstehen, und die Arbeiten der Mathematiker, Chemiker, Naturforscher und Gelehrten aller Art brachten der Industrie des Königreiches große Vorteile.
Mirabeau: Über die preußische Monarchie. In: Friedrich der Große im Spiegel seiner Zeit, Bd. 3. Hrsg. von Gustav Berthold Volz, Berlin o.J., S. 167.

40 Siehe: Geschichte der Biologie. Theorien, Methoden, Institutionen, Kurzbiographien. Hrsg. von Ilse Jahn/Rolf Löther/Konrad Senglaub, Jena 1985, S. 414.

41 Siegfried Wollgast: Zum Wirken der Frühaufklärung in Preußen. In: Preußen. Legende und Wirklichkeit, Berlin 1984, S. 84.

Überall regt sich Bildung und Streben

Die schon zur Zeit seines Vaters spürbare Belebung der Gewerbe mit den daraus für die Naturwissenschaft entspringenden Impulsen setzte sich unter Friedrich II. verstärkt fort. Doch während man hier durchaus von der Kontinuität einer in den Bahnen des absolutistischen Konzepts verlaufenden Entwicklung sprechen kann, erreichte das bürgerliche Aufklärungsdenken in Berlin eine Qualität, die schon nicht mehr nach dem Geschmack des aufgeklärten Monarchen war, weil sich darin – im Vorfeld der Französischen Revolution – weitaus energischer bürgerliches Selbstbewußtsein artikulierte, als es der Staatsmacht opportun schien.

Berlin gewann in diesem Zeitraum unbestritten viel an künstlerischer Ausstrahlung und humanistisch-geistiger Atmosphäre. Vieles wurde für die architektonische Ausgestaltung der Hauptstadt getan, und einiges davon kam damals oder später auch der Wissenschaft zugute. Das 1742 abgebrannte Akademiegebäude Unter den Linden wurde bis 1752 an alter Stelle neu errichtet; 1903 mußte es dann dem heutigen Gebäudekomplex der Staats- und Universitätsbibliothek weichen. Daneben wurde ab 1748 für Prinz Heinrich, den Bruder Friedrichs II., ein Palais erbaut, das heute Sitz der Humboldt-Universität ist. Gegenüber war nach den Plänen Georg von Knobelsdorffs bereits von 1741 bis 1743 das Opernhaus entstanden. Dahinter war seit 1747 die katholische Hedwigskirche im Bau, die 1773 vollendet wurde – der erste katholische Kirchenbau in Berlin seit der Reformation. Von 1775 bis 1780 wurde schließlich die «Kommode» geschaffen, mit der die Königliche Bibliothek – 100 Jahre nach dem erstmals geplanten Bibliotheksbau am Schloß – endlich ein neues Gebäude erhielt. Der Baumeister Georg Christian Unger lehnte sich dabei an einen Entwurf Fischer von Erlachs in Wien an. Der Platz zwischen Oper, Hedwigskirche und Bibliothek wurde zu Ehren des Königs als Forum Fridericianum bezeichnet und sollte der Kunst und der Wissenschaft gewidmet sein; er wurde jedoch nicht vollendet.

... zog die Haupt- und Residenzstadt Vorteile aus dem Erstarken des Absolutismus. Dies betraf vor allem die Berliner Handels- und Manufakturbourgeoisie, die sich als eine neue gesellschaftliche Kraft herauszubilden begann. Zahlreiche Manufakturen im Textil- und Metallgewerbe entstanden. Die Bestrebungen der Handels- und Manufakturbourgeoisie waren ganz auf die Befriedigung des Bedarfs von Hof und Armee orientiert. Sie trug zu großen Teilen das finanzielle Risiko der preußischen Militär- und Kriegspolitik, empfing dafür Privilegien und Monopole und unterwarf sich dem Dirigismus des absolutistischen Staates. Der Klassengegensatz zwischen der sich entwickelnden Bourgeoisie und dem spätfeudalen Staat wurde überdeckt. Die Berliner Handels- und Manufakturbourgeoisie trat nicht in politische Opposition zum Feudalstaat.

750 Jahre Berlin. Thesen, Berlin 1986, S. 22.

Die Berliner Bevölkerung mit ihrem schlagfertigen Humor nahm von den neuen Bauten auf ihre Weise Besitz und verlieh ihnen respektlose Bezeichnungen; die lateinische Inschrift «Nutrimentum spiritus» (Nahrung des Geistes) beispielsweise, die das Bibliotheksgebäude wegen der dort aufbewahrten Bücher trug, erhielt die volkstümliche Übersetzung «Sprit – ein Lebensmittel».

Zu einem der schönsten Plätze Berlins wurde in jenen Jahrzehnten der Gendarmenmarkt, der heutige Platz der Akade-

Gebäude der königlichen Akademie der Wissenschaften und der Akademie der Künste und mechanischen Wissenschaften
Radierung
von Johann David Schleuen
Um 1755

Neue Königliche Bibliothek
Radierung
von Johann Conrad Krüger
Um 1780
Die Berliner «Königliche Bibliothek» ist im wesentlichen aus der einstigen «Churfürstlichen Bibliothec zu Cölln an der Spree» hervorgegangen. Von 1661 bis 1782 war sie in drei Räumen des sogenannten Apothekenflügels des Stadtschlosses untergebracht. Ihre Bestände wurden mittels Ankäufen, Schenkungen und Kriegsbeuten sowie durch die Einführung der Pflichtexemplare, das heißt die unentgeltliche Abgabe von Neuerscheinungen durch die Buchdrucker und Verleger, erweitert. In der Mitte des 18. Jahrhunderts rangierte die Bibliothek an vierter Stelle nach der Kaiserlichen Bibliothek zu Wien, der Apostolica Vaticana zu Rom und der Bibliothéque du Roi zu Paris.
Mit einem Bestand von etwa 150 000 Bänden wurde die Königliche Bibliothek 1784 in der «Kommode» eröffnet.

mie, mit den 1780 bis 1785 nach Plänen von Karl Gontard erbauten Kuppeltürmen des deutschen und des französischen Doms. Die Allee Unter den Linden erhielt in der Zeit von 1788 bis 1799 durch Langhans' Brandenburger Tor ihren Abschluß.

Seinen Landsitz, das vielbewunderte Sanssouci, ließ sich Friedrich II. von 1745 bis 1747 bei Potsdam von Knobelsdorff errichten. Der König hielt sich mit Vorliebe dort auf, wenngleich er auch in dieser heiteren Umgebung selten ganz «ohne Sorgen» gewesen sein dürfte. Damit avancierte die Garnisonsstadt Potsdam mit ihrem Stadtschloß zum zweiten, vom König sogar bevorzugten Regierungssitz.

Der kräftige Strom der bürgerlichen Berliner Aufklärung entwickelte sich in räumlicher und geistiger Distanz zu Potsdam. Friedrich II. blieb der «Philosoph von Sanssouci», wie ihn eine schönrednerische Literatur gern bezeichnete, mit den neuen Berliner Ideen wollte er nach Möglichkeit nicht behelligt werden. An der Entstehung und Verbreitung dieser Ideen hatte der Buchhändler und Philosoph Christoph Friedrich Nicolai einen wesentlichen Anteil. Er war Schöpfer der «Allgemeinen Deutschen Bibliothek», eines über Berlin hinaus einflußreichen Organs der Aufklärung, das es zwischen 1765 und 1792 auf 107 Bände brachte. Johann Erich Biester, der langjährige Leiter der Königlichen Bibliothek in Berlin, gab – lange Zeit gemeinsam mit Friedrich Gedike – von 1783 bis 1811 mit der «Berlinischen Monatsschrift» eine der bedeutendsten Bildungszeitschriften heraus.

Die aufklärerische Berufung auf die Vernunft als höchste Instanz gegenüber Tradition und Herkommen verband sich auch in Berlin mit dem Streben nach vollständiger und umfassender Gleichberechtigung der Juden. Dafür wirkten in enger Verbindung mit Nicolai insbesondere der Schriftsteller und Philosoph Moses Mendelssohn, eine der führenden Gestalten des geistigen Berlin, und Gotthold Ephraim Lessing, der zeitweilig in Berlin lebte. Wie in anderen Ländern, so unterlagen auch in Preußen die Juden strengen Sondervorschriften, die mit der gegenüber den Hugenotten programmatisch geübten Toleranz scharf kontrastierten. Nur in Einzelfällen konnten diese Schikanen durch die Zahlung von sogenannten Schutzgeldern und sonstigen Gebühren aufgehoben oder eingeschränkt werden. Zahlungsfähige Juden oder deren Schutz genießende Glaubensbrüder hatten also am ehesten eine Chance, Wohnrecht zu erlangen, während gegen die sogenannten Betteljuden scharfe Edikte erlassen wurden. Lessing war ein engagierter Vorkämpfer konfessioneller Toleranz und zugleich einer der schärfsten Kritiker aller Erscheinungsformen des Despotismus in Preußen, wobei sich seine Anschauungen in dieser Frage durchaus mit den Urteilen zeitgenössischer Besucher Berlins aus dem «Ausland» trafen.

Sonst sagen Sie mir von Ihrer Berlinischen Freiheit zu denken und zu schreiben ja nichts ... Lassen Sie es aber doch einmal einen in Berlin versuchen, ... dem vornehmen Hofpöbel so die Wahrheit zu sagen, ...; lassen Sie einen in Berlin auftreten, der für die Rechte der Untertanen, der gegen Aussaugung und Despotismus seine Stimme erheben wollte ...: und Sie werden bald die Erfahrung haben, welches Land bis auf den heutigen Tag das sklavischste Land von Europa ist.
Gotthold Ephraim Lessing an Friedrich Nicolai, 25. August 1769. Zit. in: Paul Rilla: Lessing und sein Zeitalter, Berlin 1960, S. 139.

Die despotische Seite des friderizianischen Regierungsstils traf nun auch zunehmend die Akademie. Die letzten Amts- und Lebensjahre des Akademiepräsidenten Maupertuis waren durch einen erbittert geführten Streit um das physikalische Prinzip der kleinsten Wirkung und die Priorität seiner Entdeckung überschattet. Voltaire verfaßte dazu 1752 eine beißende Satire, die das in diesem Zusammenhang sichtbar werdende anmaßende Verhalten von Maupertuis glossierte. Persönlich genoß Friedrich II. durchaus den geistvoll geführten Streit zwischen den beiden berühmten französischen Aufklärern, doch als König stellte er sich hinter seine Akademie und deren Präsidenten. Voltaires Pamphlet wurde öffentlich verbrannt – doch die Wirkung blieb, Maupertuis war lächerlich gemacht worden, obwohl Voltaire vielleicht mehr den König gemeint hatte.

Friedrich ernannte für den verstorbenen Maupertuis keinen Nachfolger; mitten im Siebenjährigen Krieg dürfte sein Inter-

Johann Erich Biester
Schabblatt
von Heinrich Sitzenich
1801. Ausschnitt
Biester war ein führender Vertreter der Aufklärung in Berlin. Er war mit Johann Wilhelm Ludwig Gleim, Wilhelm und Alexander von Humboldt, mit Friedrich Nicolai, Moses Mendelssohn und vielen weiteren bedeutenden Persönlichkeiten seiner Zeit befreundet. Dank der Fürsprache von Nicolai wurde er 1777 als Dr. jur. Privatsekretär des preußischen Staatsministers Karl Abraham Friedrich von Zedlitz-Leipe berufen. Am 10. Januar 1784 wurde er auf Vorschlag von Zedlitz von Friedrich II. zum Bibliothekar an der Königlichen Bibliothek ernannt. Nachdem er 1798 zum Ordentlichen Mitglied der Akademie berufen worden war, beschäftigte er sich auch mit der Herausgabe der Kalender und leistete als Sekretär des unter Vorsitz von Alexander von Humboldt gebildeten Reorganisationskomitees der Akademie für die Ausarbeitung eines neuen Statuts eine umfangreiche wissenschaftsorganisatorische und wissenschaftspolitische Tätigkeit.

Moses Mendelssohn
Radierung
von Moritz Steinla
1821

esse an den Angelegenheiten der Akademie auch stark von militärischen Affären abgelenkt gewesen sein. Doch der Konflikt bereitete sich schon vor. Am 23. Oktober 1760 wählte die Akademie einige Auswärtige Mitglieder, unter ihnen Lessing, die auch vom König bestätigt wurden. Als aber am 2. April 1761 die nächsten Wahlen stattfanden, bei denen mit Christian Fürchtegott Gellert ein weiterer deutscher Schriftsteller vorgeschlagen wurde, schob der König die Antwort bis zum Ende des Krieges auf. Im Januar 1764 aber reagierte er mit einem Paukenschlag: In Zukunft wollte er persönlich über die Auswahl der Akademiemitglieder bestimmen und die Akademie auch selbst als Präsident leiten. Damit waren die akademischen Aussichten für die Vertreter der Berliner Aufklärung praktisch vollkommen verbaut. Das erfuhr beispielsweise Moses Mendelssohn, der 1763 Gewinner einer akademischen Preisaufgabe geworden war; als die Akademie 1771 erwog, ihn zu ihrem Ordentlichen Mitglied zu machen, da verweigerte der König strikt seine Zustimmung.

Das direkte Eingreifen Friedrichs II. in die Geschicke der Akademie seit den sechziger Jahren wirkte sich ungünstig aus, die Akademie begann zu verkümmern und ihr Ansehen einzubüßen. Die allgemeine Schwäche der Bourgeoisie in Preußen spiegelte sich auch in dem wenig kämpferischen Charakter der Berliner Aufklärung wider, die alle ihre Hoffnungen auf die rein intellektuelle, moralisch bessernde Wirkung der Vernunftidee setzte. Wenn die Akademie dennoch eine geachtete Stätte wissenschaftlicher Debatten blieb, so war das vor allem der Mathematik, den Naturwissenschaften und der Medizin zu danken, die von den Konjunkturen der königlichen Gunst weniger abhängig waren als die unmittelbarer ideologie- und weltanschauungsträchtigen Wissenschaftszweige.

Da zur Erlernung des Berg- und Hüttenwesens auf Schulen und Universitäten gewöhnlich keine Gelegenheit vorhanden ist: so hat der jetzige Chef des Bergwerks- und Hüttendepartements zu Anfange des Jahrs 1778 eine Anstalt für junge Leute, die sich diesem Fache widmen wollen, hier gestiftet und dafür gesorgt, daß die angenommenen Zöglinge (sie heißen Berg-Eleven) unentgeldlichen Unterricht in den mathematischen, und physikalischen Wissenschaften, desgleichen in der Mineralogie, Chemie, Probierkunst, Metallurgie, Theorie des Bergbaues, und Zeichenkunst, empfangen. Sie werden zugleich zur Federarbeit angezogen, und demnächst auf die Hütten- und Bergwerke, in- und außerhalb des Landes, verschickt, um sich in ihrem Fache praktisch zu üben. Aus diesen Eleven, deren Anzahl durch das Publikandum vom 8 Jan. 1778 bestimmt ist, werden, wenn sie schon einige Kenntnisse ihres Faches besitzen, Bergkadeten, und diese rücken in die Stellen der praktischen Berg- oder Hüttenofficianten, so wie dergleichen zu besetzen vorkommen.

Friedrich Nicolai: Beschreibung der Königlichen Residenzstädte Berlin und Potsdam, Berlin 1786 (Reprint Berlin [West] 1980), S. 724/725.

Die Entwicklung manufakturkapitalistischer Verhältnisse in der Wirtschaft brachte erste Ansätze zu einer gezielten Nutzung wissenschaftlicher Ergebnisse für die Produktion. So waren beim Ausbau des Finowkanals zwischen Oder und Havel in den Jahren 1744 bis 1746 die Kenntnisse von Mathematikern durchaus gefragt. Der Chemiker Pott bemühte sich bereits seit den vierziger Jahren darum, das Geheimnis der Porzellanherstellung zu lüften. Zwar ging Wilhelm Kaspar Wegely mit der 1751 in Berlin eingerichteten ersten Produktionsstätte für Porzellan schon sechs Jahre später bankrott, und Johann Ernst Gotzkowsky mußte seine 1760 gegründete Porzellanproduktion wegen Geldschwierigkeiten wieder einstellen, aber dann kaufte der König selbst die Produktionsstätten auf, und 1763 entstand daraus die Königliche Porzellanmanufaktur, die in der Folgezeit erhebliche Bedeutung erlangte.

Diese staatliche Manufaktur nutzte den Vorteil, daß Sachsen während der Besetzung durch preußische Truppen im Siebenjährigen Krieg das – nicht nur dort – streng gehütete Geheimnis der Porzellanherstellung nicht länger wahren konnte. Damit nahm Preußen eine Art später Rache an Sachsen, denn der Apotheker und Alchimist Johann Friedrich Böttger, der in Meißen unter Anleitung des berühmten Naturforschers Ehrenfried Walter von Tschirnhaus das begehrte weiße Porzellan erstmalig in Europa hergestellt hatte, war im Jahre 1701 aus Berlin geflohen.

Die Vorlesungen, die Achard den Färbern der in Preußen führenden Textilindustrie über neueste Erkenntnisse auf diesem Gebiet hielt, und seine Versuche mit einheimischen pflanzlichen Farbstoffen weisen ebenso in die Richtung praktischer Nutzung wissenschaftlicher Erkenntnisse wie die Gutachtertätigkeit von Akademiemitgliedern über Produktionsprozesse und Maschinen, über Erfindungen und Entdeckungen. Wie andere Akademien nahm auch die Berliner Akademie «im 18. Jahrhundert weitgehend die Aufgabe von technischen Prüfungsanstalten und Patentämtern» wahr.[42]

Die Bemühungen des Mineralogen Karl Abraham Gerhard führten 1770 zur Gründung der Bergakademie in Berlin, die nach dem Vorbild der 1765 in Freiberg entstandenen Bergakademie organisiert wurde. Die Einrichtung verfügte über ein Laboratorium und als Anschauungsmaterial über beachtliche mineralogische Sammlungen, die später an das Museum für Naturkunde der Berliner Universität übergingen. Die Hauptaufgabe der Bergakademie bestand darin, Fachkräfte für die Erschließung der natürlichen Ressourcen des Landes auszubilden. Neben den eigentlichen berg- und hüttenmännischen Disziplinen wurden unter anderem Mathematik, Chemie, Physik und Botanik gelehrt. In diesem Zusammenhang ist

Karl Friedrich
Anton von Heynitz
Kupferstich von J. S. L. Halle
nach einem Gemälde von
Henriette Felicite Taesert
1788

auch die 1777 erfolgte Berufung des verdienten Bergbaufachmanns Karl Friedrich Anton von Heynitz aus Sachsen zu sehen, der zeitweilig Leiter des V. Departements für Handel und Gewerbe war. Heynitz war führend an der Gründung der Bergakademie Freiberg beteiligt und gilt als der Schöpfer des auf wissenschaftlichen Grundlagen beruhenden Berg- und Hüttenwesens in Preußen. Er war im Berliner Wissenschaftssystem vielseitig aktiv: So vertrat er die Forderung, in den höheren Schulen Preußens die Naturwissenschaften stärker zu

42 Hans-Heinrich Müller: Akademie und Wirtschaft im 18. Jahrhundert, S. 67.

Im Jahre 1773 verbanden sich verschiedene hiesige Gelehrten eine Gesellschaft zu Erforschung der Natur zu errichten, welche von dem Königl. Geheimen Staatsrathe unterm 25 Oktober 1773 genehmigt wurde. Darauf nahm die Gesellschaft (naturforschender Freunde – *d. Verf.*) viele hiesige und auswärtige bekannte und berühmte Naturforscher zu Mitgliedern an, deren Zahl sich jetzt schon über 200 beläuft.
Den ersten Plan und die Haupteinrichtung dieser nützlichen und auswärts berühmten Gesellschaft hat der verstorbene D. Martini mit einigen Freunden und ersten Mitgliedern entworfen. ... Die Gesellschaft hat bereits 10 Bände ihrer Schriften herausgegeben.
... Seit der kurzen Zeit ihrer Einrichtung besitzt sie schon ein ansehnliches Naturalienkabinet und einen nicht unbeträchtlichen Anfang zu einer Bibliothek, wovon unter diesen Abschnitten weitere Auskunft gegeben wird. Die Versammlungen werden alle Dienstage Nachmittags bey einem der hiesigen ordentl. Mitglieder der Reihe nach, gehalten.
Friedrich Nicolai: Beschreibung der Königlichen Residenzstädte Berlin und Potsdam, Berlin 1786 (Reprint Berlin [West] 1980), S. 722/723.

berücksichtigen, war seit 1786 Kurator der Akademie der Künste, um deren Reorganisation 1790 er sich Verdienste erwarb, und wurde 1792 zum Ehrenmitglied der Akademie der Wissenschaften gewählt.

Im Jahre 1773 schlossen sich Naturforscher und interessierte Laien zur Berlinischen Gesellschaft Naturforschender Freunde zusammen. Diese Gründung war ein Symptom für die zunehmende Popularität der Naturwissenschaft, vielleicht aber gleichzeitig auch ein Zeichen dafür, daß die Akademie auf diesem Gebiet des wissenschaftlichen Meinungsaustausches zunehmend eine Lücke ließ. Die neue Gesellschaft, an deren Zustandekommen der Astronom Bode maßgeblich beteiligt war, schuf sich ein Naturalienkabinett und eine Bibliothek und gab eine Schriftenreihe heraus, in der bis 1786 bereits zehn Bände erschienen waren. Führende Mitglieder waren bedeutende Berliner Naturwissenschaftler wie der Botaniker Gleditsch und der Chemiker Achard. Durch die Zuwahl auswärtiger Wissenschaftler wirkte diese Gesellschaft auch über Berlin hinaus.

Ex libris der Berliner Gesellschaft naturforschender Freunde
Viele Jahre war dies das Bucheignerzeichen der im Jahre 1773 gegründeten wissenschaftlichen Vereinigung. Seit 1792 hatte die Gesellschaft ihren Sitz im Hause Französische Straße 29. In ihr wirkten solche bedeutenden Gelehrten wie Leopold von Buch, Karl Ludwig Willdenow, Peter Simon Pallas, Alexander von Humboldt und Alexander Braun. Langjähriger Präsident der Gesellschaft in der zweiten Hälfte des 19. Jahrhunderts war der berühmte Forschungsreisende und Mikrobiologe Christian Gottfried Ehrenberg.

Johann Julius Hecker
Kupferstich
von Johann Ernst Gericke
1758
Während seines Studiums in Halle von den Lehren August Hermann Franckes und dessen Initiativen beeinflußt, begründete Hecker 1748 das erste Preußische Lehrerseminar. 1851 wurde es nach Schloß Köpenick verlegt. Friedrich II. beauftragte Hecker 1762 mit der Abfassung des General-Landschulreglements (erlassen 1763), welches lange Zeit die gesetzliche Grundlage des preußischen Volksschulwesens war. Anläßlich der 150-Jahr-Feier der Gründung des Seminars (1898) wurde ihm von seinen Schülern ein Denkmal gestiftet, das heute im Schloßpark von Köpenick steht.

Diese Stadt ist unstreitig in allen preußischen Erbländern und vielleicht im ganzen Teutschlande die einzige, wo junge Lehrer in lebenden und toten Sprachen, in Wissenschaften und im Geschmacke, in Denk- und Lebensart sich am vollkommensten ausbilden können, wenn äußere Umstände den Genuß so vieler Vorteile nicht hindern.
Litterarisches Handbuch für das Jahr 1782. Zit. in: Die naturwissenschaftlichen und medicinischen Staatsanstalten Berlins, Berlin 1886, S. 26.

Der Geist der Aufklärung beflügelte in Berlin auch die Bemühungen um die Vervollkommnung des Bildungswesens, vor allem im Bereich der höheren Lehranstalten. Ein wichtiger Mann war dabei Karl Abraham Freiherr von Zedlitz, der seit 1771 die für Kirchen- und Schulsachen zuständige Staatsbehörde leitete. Sein Vorgänger Carl Joseph Maximilian Freiherr von Fürst und Kupferberg hatte 1763 als Oberkurator die Ausarbeitung einer Studienanleitung für die preußischen Universitäten veranlaßt; dazu wurde von der Akademie ein Gutachten angefordert, an dessen Abfassung unter anderem Formey, Merian und Lambert beteiligt waren und das in der entsprechenden Anordnung seinen Niederschlag fand. Unter Zedlitz, der gleichfalls Oberkurator der preußischen Universitäten war, wurde nun das Oberschulkollegium eingerichtet und an den Gymnasien das Abitur eingeführt.

Bereits 1747 hatte der hervorragende Pädagoge Johann Julius Hecker in Berlin die ökonomisch-mathematische Realschule gegründet, die der Ausbildung von Fachleuten für Wirtschaft, Handel und Manufakturen dienen sollte. Folgerichtig setzte er sich auch für eine verbesserte Lehrerausbildung ein und rief 1748 ein entsprechendes Seminar ins Leben. Seit 1773 gab Johann Georg Krünitz in Berlin seine «Ökonomische Enzyklopädie oder allgemeines System der Staats-, Stadt-, Haus- und Landwirtschaft in alphabetischer Ordnung» (ab Band 9 als «Ökonomisch-technologische Enzyklopädie» bezeichnet) heraus. Das war der Startschuß zu einem großangelegten Unternehmen, das es bis 1858 auf nicht weniger als 242 Bände brachte. Dieses sehr ausführlich gehaltene illustrierte Nachschlagewerk dokumentierte den zu jener Zeit bereits erreichten Grad der Verwertung wissenschaftlicher Kenntnisse in der Wirtschaft, berücksichtigte aber zugleich auch nichtökonomische Bereiche.

Die Berliner Gymnasien waren wichtige Zentren des geistigen Lebens, in denen sich wissenschaftliche Forschung und

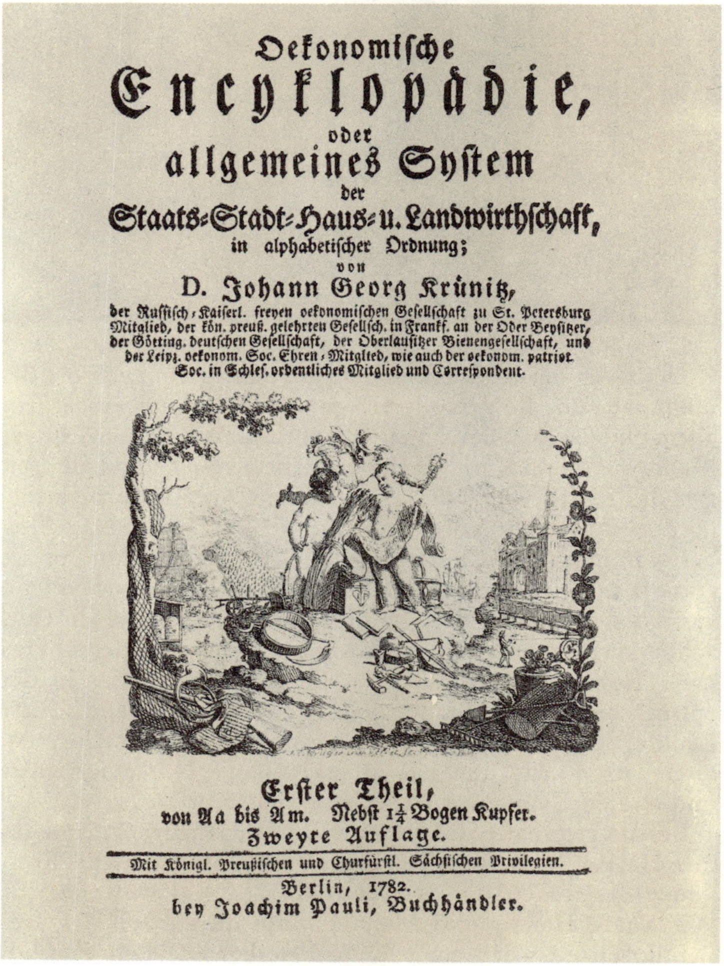

Oekonomische
Encyklopädie,
oder
allgemeines System
der
Staats- Stadt- Haus- u. Landwirthschaft,
in alphabetischer Ordnung;
von
D. Johann Georg Krünitz,
der Russisch-Kaiserl. freyen oekonomischen Gesellschaft zu St. Petersburg Mitglied, der kön. preuß. gelehrten Gesellsch. in Frankf. an der Oder Beysitzer, der Götting. deutschen Gesellschaft, der Oberlausitzer Bienengesellschaft, und der Leipz. oekonom. Soc. Ehren-Mitglied, wie auch der oekonom. patriot. Soc. in Schles. ordentliches Mitglied und Correspondent.

Erster Theil,
von Aa bis Am. Nebst $1\frac{1}{4}$ Bogen Kupfer.
Zweyte Auflage.
Mit Königl. Preußischen und Churfürstl. Sächsischen Privilegien.
Berlin, 1782.
bey Joachim Pauli, Buchhändler.

Enzyklopädie
von Johann Georg Krünitz
Titelblatt. 1782
Die Vignette auf dem abgebildeten Band ist von Johann Conrad Krüger gefertigt worden.

Bildung berührten. Einer der bedeutendsten Pädagogen war hier Anton Friedrich Büsching, ein welterfahrener Mann, der zuvor als Professor der Geographie in Göttingen und vorübergehend auch in Petersburg gewirkt hatte und der als der wohl beste Rußlandkenner Berlins im 18. Jahrhundert galt. Als er nach Berlin kam, übernahm er 1767 das Direktorat des Berlinischen Gymnasiums zum Grauen Kloster, dessen Geschichte er später schrieb, und begann im gleichen Jahr mit der Herausgabe seines «Magazins für die neuere Historie und Geographie» – wiederum eines der für die Zeit der Aufklärung typischen enzyklopädischen Vorhaben, von dem insgesamt 22 Bände erschienen. Eine Mitgliedschaft in der Akademie lehnte er, als sie ihm nach dem Thronwechsel von 1786 angetragen wurde, bezeichnenderweise ab.

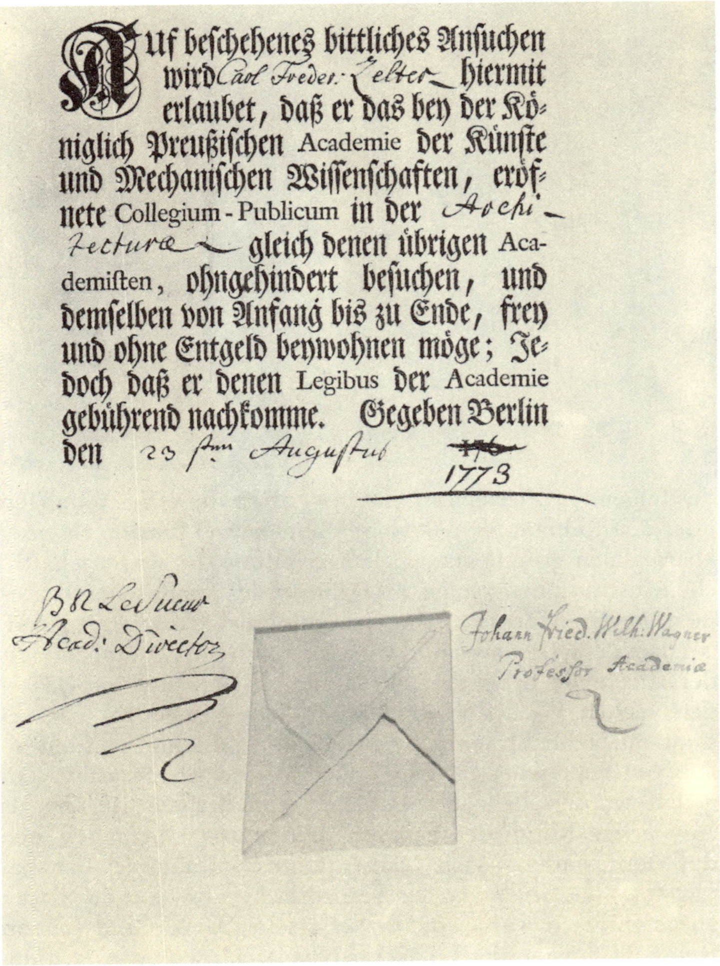
Auf beschehenes bittliches Ansuchen wird Carl Freder: Zelter hiermit erlaubet, daß er das bey der Königlich Preußischen Academie der Künste und Mechanischen Wissenschaften, eröffnete Collegium-Publicum in der Architectura gleich denen übrigen Academisten, ohngehindert besuchen, und demselben von Anfang bis zu Ende, frey und ohne Entgeld beywohnen möge; Jedoch daß er denen Legibus der Academie gebührend nachkomme. Gegeben Berlin den 23ten Augustus ~~176~~ 1773

B R Le Sueur
Acad: Director

Johann Fried. Wilh: Wagner
Professor Academiae

Bestätigungsschreiben der Königlich Preußischen Akademie der Künste und mechanischen Wissenschaften
1773
Das abgebildete Dokument ist ein Beleg für Karl Friedrich Zelter, den damaligen Maurermeister und späteren Direktor der Singakademie, der ihn berechtigte, an den Akademie-Collegien für Architektur teilzunehmen. Von der einstigen Blüte der Akademie der Künste und der mechanischen Wissenschaften um die Jahrhundertwende war ab 1715 im gesellschaftlichen Leben Berlins kaum noch etwas zu spüren. Sie sank von ihrer einstigen Höhe auf das Niveau einer einfachen Zeichenschule herab. Erst ab 1775 verbesserte sich langsam ihr Bildungsprogramm. Damit verbunden waren auch Überlegungen und Vorstellungen zur Entwicklung einer sogenannten praktischen Architektur, die dann in den Ausbildungszielen der 1799 gegründeten Bauakademie ihren konkreten Ausdruck fanden. Besonderen Anteil an dieser Reorganisation der Akademie hatten Minister von Heynitz, David Gilly und auch Daniel Chodowiecki.

Die mit den willkürlichen Eingriffen und Entscheidungen Friedrichs II. verbundene Labilität in der Stellung der Akademie, der sich nur die physikalische und die mathematische Klasse mit einigem Erfolg entziehen konnte, rief Bestrebungen zu einer gründlichen Reorganisation dieser Einrichtung hervor. Ernsthaft geltend machen konnten sie sie jedoch erst nach dem Tode Friedrichs II. am 17. August 1786. Während

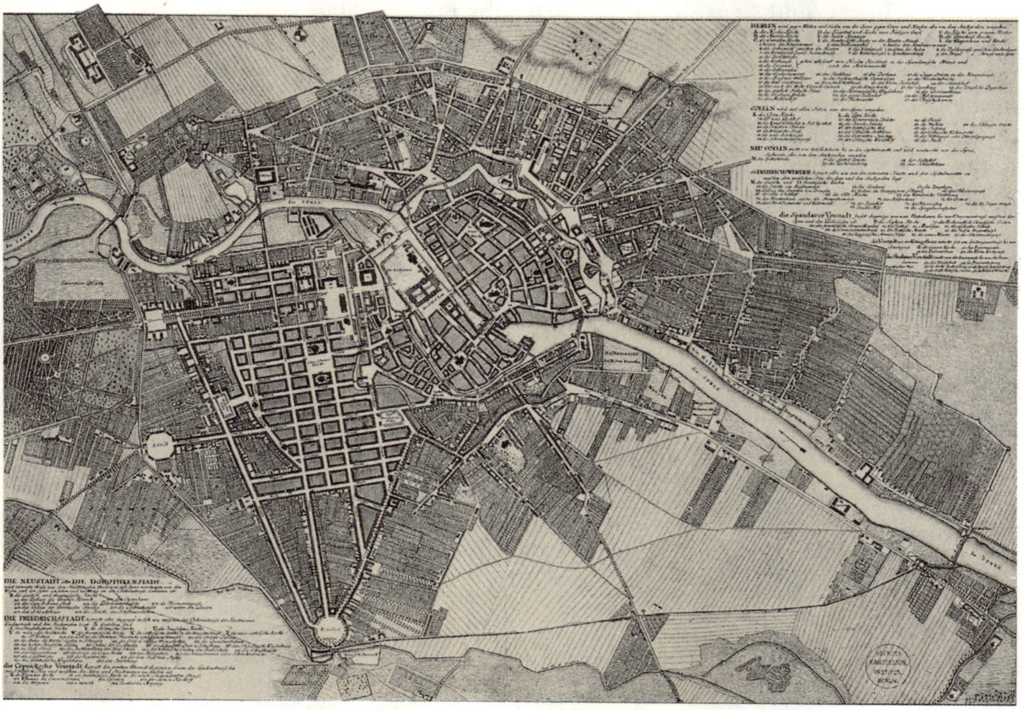

des folgenden Vierteljahrhunderts griffen diese Bestrebungen über den Rahmen der Akademie hinaus und führten zu einer abermaligen grundlegenden Umgestaltung des wissenschaftlichen Institutionensystems im Rahmen der preußischen Reformen, in deren Zentrum die Gründung der Universität stand.

Neuer geometrischer Plan der koeniglichen Haupt- und Residenzstadt Berlin nach dermahliger Beschaffenheit auf Veranlassung der koeniglichen Akademie der Wissenschaften aufs genaueste verfertigt im Jahre 1772 Kupferstich von Johann Christoph Rhoden und Friedrich Gottlieb Berger sen.

Nach dem Thronwechsel verstärkte sich die Zuwahlaktivität der Akademie bedeutend. Während sie von 1770 bis 1783 – dem letzten Wahljahr vor dem Ableben Friedrichs – insgesamt nur zehn Ordentliche Mitglieder aufnahm, wurden allein von September bis Dezember 1786 vierzehn gewählt. Zugleich wurden bedeutende Gelehrte außerhalb Berlins als Auswärtige Mitglieder benannt. Unter ihnen befanden sich der Mathematiker Marie-Jean-Antoine de Condorcet, der später (1793) als Anhänger der Französischen Revolution wieder ausgeschlossen wurde, die Naturforscher Georg und Johann Reinhold Forster, der Botaniker Nikolaus Joseph von Jacquin,

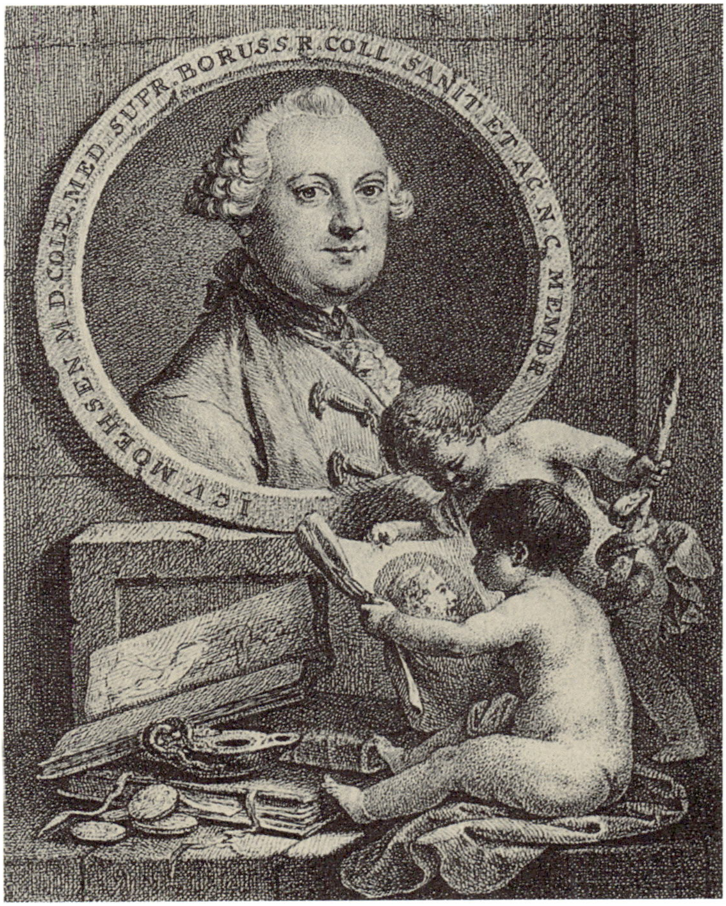

Johann Karl Wilhelm Moehsen
Radierung von Georg Friedrich Schmidt nach einer Zeichnung von Bernhard Christian Rode und Johann Conrad Krüger. 1771
Unterhalb des Porträts sind vom Künstler allegorische Darstellungen aufgenommen worden, die auf Wirken und Verdienste von Moehsen weisen. Die Öllampe symbolisiert seine Klugheit. Die Münzen, Zeichnungen und Bücher belegen seine Gelehrsamkeit und Sammlerleidenschaft. Der Äskulapstab hebt sein Wirken als Mediziner hervor. Das Bild ist eine Arbeit aus einem weniger bekannten Schaffensbereich des bedeutenden Berliner Künstlers Bernhard Christian Rode. Von ihm wurden gemeinsam mit Johann Wilhelm Meil viele Veröffentlichungen von Moehsen mit Vignetten geschmückt.

der Philosoph Immanuel Kant, der Physiker Alessandro Volta und der Schriftsteller Christoph Martin Wieland. Eine so illustre Liste, die sich fortsetzen ließe, konnte nur zusammenkommen, weil bis 1786 die Selbstherrlichkeit des Königs die Zuwahl über Gebühr beschränkt hatte.

Eine Woche nach dem Tod Friedrichs II. wurde Ewald Friedrich Graf von Hertzberg zum Kurator ernannt. Wie er nach seiner Ernennung schrieb, hatte er die Absicht, die Akademie wie ein Präsident zu leiten und sie «zur ersten in Europa zu machen».[43] Mit dieser Absicht wurde er zu einer Zentralfigur in den Bemühungen um die Reorganisation der Akademie. Die nüchterne Einsicht, daß die Berliner Einrichtung ungeachtet der kräftigen Impulse, die sie unter Fried-

43 Zit. in: Adolf Harnack: Geschichte der Königlich Preußischen Akademie der Wissenschaften zu Berlin. Erster Band. Zweite Hälfte, S. 497.

Ein großer Philosoph unserer Zeiten hat, bei Untersuchung der Ursachen der Aufnahme und des Verfalls der Wissenschaften, den Saz geäußert, und andere haben ihn als richtig angenommen, daß, wenn in einem Lande nicht Künste und Wissenschaften blüheten, wenn in einer Nation keine große Genies sich hervorthäten: so sey solches nicht so wol dem Mangel der Seelenkräfte des Volks, und dem Klima, als vielmehr der Regierung zuzuschreiben; welche alsdenn die Mittel und Wege verfehlet hätte, wodurch die Wißbegierde und der Geist der Nation ermuntert, das Studium erleichtert, und der Trieb zu den Wissenschaften gereizet würde. Hierzu gehörte noch, daß die Verdienste der Gelehrten von denen erkant würden, welche die Macht hätten, sie zu belohnen.
Johann Carl Wilhelm Moehsen: Beschreibung einer Berlinischen Medaillen-Sammlung, die vorzüglich aus Gedächtnismünzen berühmter Aerzte bestehet; nebst einer Geschichte der Wissenschaften in der Mark Brandenburg ..., Teil 2, Berlin/Leipzig 1781, S. 387.

rich II. vor dem Überhandnehmen seines Diktatorenstarrsinns erhalten hatte, keineswegs die «erste» unter den europäischen Akademien war, bildete den Ausgangspunkt der Bemühungen. Hertzberg war Staatsmann und Historiker und bereits seit 1752 Ehrenmitglied der Akademie. Seiner sozialen Stellung nach war er ein aufgeklärter Adliger, der einerseits der Berliner Aufklärung zuzurechnen war und andererseits in der Überzeugung von der Notwendigkeit handelte, in Preußen Reformen vorzunehmen, um eine bürgerliche Revolution abzuwenden: Diesen Standpunkt entwickelte er in seinen Untersuchungen über die Geschichte Brandenburgs und in seinen in Akademieabhandlungen enthaltenen Stellungnahmen zur Französischen Revolution. Die Zuwahlpolitik der Akademie oder auch seine Einflußnahme auf deren Preisaufgaben auf ökonomischem Gebiet waren für Hertzberg Mittel, um diese Intention durchzusetzen.

Angesichts der revolutionären Situation in Frankreich waren auch in Preußen die Vertreter des Feudalabsolutismus unsicher und suchten nach systemstabilisierenden Maßnahmen, zumal plötzlich Friedrichs starker Arm fehlte. Sein Nachfolger, König Friedrich Wilhelm II., besaß weder die Umsicht noch die Energie, um die für die Feudalherren zunehmend schwieriger werdende Situation zu retten. In dieser Lage war selbst ein Stockreaktionär wie Johann Christoph von Wöllner, unter dem neuen König Justizminister und Chef des Schul- und Kirchenwesens, als Akademiemitglied bestrebt, diese Institution stärker auf praktische Fragen des gesellschaftlichen Lebens zu lenken.[44]

Ein Beispiel für die von Hertzberg verfolgte Politik ist die Aufnahme von Johann Karl Wilhelm Moehsen in die Akademie im Jahre 1786. Wie andere Vertreter der Berliner Intelligenz war er ein Repräsentant der deutschen Aufklärung, die in der Regierungszeit Friedrichs II. weitgehend ignoriert worden war oder allenfalls negative Beachtung gefunden hatte. Moehsen, seiner Herkunft nach Berliner und Absolvent des Joachimsthalschen Gymnasiums, hatte an der Universität Halle studiert und wirkte seit den vierziger Jahren als Arzt und Historiker in Berlin. Bereits von 1747 bis 1750 hatte er mit seinem Schulfreund Johann Karl Konrad Oelrichs, der unter anderem die Geschichte der Königlichen Bibliothek in Berlin erforschte, die Zeitschrift «Berlinische Bibliothek, worinnen von neu herausgekommenen Schriften und andern zur Gelehrsamkeit gehörigen Sachen kurze Aufsätze und Nachrichten mitgetheilet werden», herausgegeben.

Moehsen steht am Beginn der wissenschaftshistorischen Forschungen in Berlin. Von ihm stammen umfangreiche Studien zur Medizingeschichte; 1781 veröffentlichte er seine «Geschichte der Wissenschaften in der Mark Brandenburg». Dieses Werk kommentierte Johann Heinrich Ludwig Meierotto, Rektor des Joachimsthalschen Gymnasiums, 1799 in einer Gedenkrede auf den vier Jahre zuvor verstorbenen Moehsen mit den klugen Worten: «Und in der Tat zeigt er uns die Mark von einer ganz neuen Seite; wenn man bisher nur sahe, was hier geschrieben oder wie hier gefochten, geraubt, zerstört worden oder was von der Mark etwan deduziert (hervorgebracht – *d. Verf.*) war, so sieht man zuerst in seinen Schriften, wie man in jeder Periode in der Mark gedacht, wie man gelebt, wie man gehandelt habe.»[45]

Am Ausgang des 18. Jahrhunderts, als mit der Französischen Revolution im Weltmaßstab der unumkehrbare Übergang zur kapitalistischen Gesellschaftsordnung in sein entscheidendes Stadium trat und auch Preußen in den damit einsetzenden Umwälzungsprozeß einbezogen wurde, hatte sich Berlin zu einem wichtigen wissenschaftlichen und kulturellen Zentrum in Deutschland entwickelt.

Das wissenschaftliche Leben der preußischen Hauptstadt war insgesamt vom Geist der bürgerlichen Aufklärung bestimmt, auch wenn Berlin nicht der Ort war, an dem das Aufklärungsdenken in seiner entschiedensten Gestalt auftrat. Zugleich – und das ist unter absolutistischen Bedingungen nicht anders denkbar – trug es die deformierenden Spuren verschiedener Bemühungen feudaler Kräfte, den Aufschwung der Wissenschaft ihren eigenen bornierten Zwecken dienstbar zu machen. Doch was diese Kräfte auch immer unternehmen mochten – die Bewegung, in der «Religion, Naturanschauung, Gesellschaft, Staatsordnung» in der Aufklärungszeit «der schonungslosesten Kritik unterworfen» (freilich, in Berlin steigerte sich die Schonungslosigkeit der Kritik selten zum Superlativ) wurden und ihre «Existenz vor dem Richterstuhl der Vernunft rechtfertigen oder auf die Existenz verzichten» mußten[46], trieb unaufhaltsam über die feudalen Schranken hinaus. Allerdings reichte der Schwung dieser Bewegung in Preußen nicht aus, um zur revolutionären Beseitigung der Feudalmacht zu führen; er war aber immerhin stark genug, um dieser Macht in einer Zeit ihrer Schwäche eine Reihe wichtiger bürgerlich-demokratischer Errungenschaften abzutrotzen, unter ihnen die Gründung der Universität, die infolge ihrer mit einem neuen Menschenbild verbundenen neuen Lehrweise zu einem europäischen Leitbild wurde.

Als feudale Haupt- und Residenzstadt entwickelte sich Berlin zu einem Zentrum von Künsten und Wissenschaften, das schließlich über den Territorialstaat hinaus Bedeutung gewann. ... Berlin wurde im letzten Drittel des 18. Jahrhunderts zu einem der geistigen Zentren der werdenden bürgerlichen deutschen Nation. Das war die gemeinsame Leistung deutscher, französischer und jüdischer Bürger Berlins. Dies war mit der Herausbildung der Intelligenz als soziale Schicht verbunden. Öffentliche Vorlesungen von Akademiemitgliedern und neue Lehranstalten bereiteten der Gründung einer Universität den Weg.
750 Jahre Berlin. Thesen. Komitee der Deutschen Demokratischen Republik zum 750jährigen Bestehen von Berlin, Berlin 1986, S. 23, 24.

44 Siehe Hans-Heinrich Müller: Akademie und Wirtschaft im 18. Jahrhundert, S. 96–125.
45 Zit. in: Conrad Grau: Der Arzt J. K. W. Moehsen (1722–1795) und die Anfänge der brandenburgischen Wissenschaftsgeschichtsschreibung. In: Frankfurter Beiträge zur Geschichte (Frankfurt [Oder]), 1984. Heft 13, S. 21.
46 Friedrich Engels: Herrn Eugen Dührings Umwälzung der Wissenschaft («Anti-Dühring»). In: Karl Marx/Friedrich Engels: Werke (im folgenden MEW), Bd. 20, S. 16.

Die lange Geburt einer Wissenschaftsmetropole 1789–1870

Aufbruch in ein neues Zeitalter

Die acht Jahrzehnte zwischen 1789 und 1871 markieren in der deutschen Geschichte eine «Epoche sozialer Revolution» (Karl Marx), in der sich der Übergang von der feudalen zur kapitalistischen Gesellschaft vollendete. Der deutsche Nationalstaat bildete sich heraus, in dem die kapitalistischen Produktionsverhältnisse zu den herrschenden wurden.[1]

Die bürgerliche Umwälzung in Deutschland erfolgte im Spannungsfeld der Nachwirkungen der deutschen Aufklärung und des Einflusses der Französischen Revolution, der ökonomischen und politischen Befreiungsbewegung des Bürgertums, seines schließlichen Klassenkompromisses mit dem preußischen Feudaladel und der Herausbildung des Proletariats als neue soziale Klasse. Auch in der Landwirtschaft setzte sich die kapitalistische Produktionsweise mehr und mehr durch, der Handels- und Manufakturkapitalismus entwickelte sich im Gefolge der industriellen Revolution zum modernen Industriekapitalismus.

Die Auflösung des Heiligen Römischen Reiches Deutscher Nation und die Niederlage des feudalen Preußens im Krieg gegen die napoleonischen Truppen, die preußische Reformbewegung und die Befreiungskriege gegen Napoleon, der Wiener Kongreß und die politische Restauration der Adelsherrschaft, die Entfaltung des Kapitalismus, die antifeudale Oppositionsbewegung und die Entstehung der Arbeiterbewegung, die bürgerlich-demokratische Revolution von 1848/49 und ihre Niederlage, die konterrevolutionäre Reaktion und der Kampf um die Zuendeführung der bürgerlichen Umgestaltungen auf allen Gebieten sind markante Glieder einer Kette widersprüchlicher historischer Ereignisse, die 1871 durch die «Revolution von oben» in der Gründung des deutschen Kaiserreiches gipfelte.

Der Tilsiter Frieden war die größte Erniedrigung Deutschlands und gleichzeitig eine Wendung zu einem gewaltigen nationalen Aufschwung. Damals bot die historische Situation diesem Aufschwung keinen anderen Ausweg als den zum *bürgerlichen* Staat. Damals, vor mehr als hundert Jahren, machten ein paar Handvoll Adlige und ein paar Häuflein bürgerliche Intellektuelle Geschichte ...
W. I. Lenin: Die Hauptaufgabe unserer Tage.
In: Werke, Bd. 27, S. 149.

Im Verlaufe dieser historisch ereignisreichen Zeit entwickelte sich die preußische Residenzstadt Berlin zur Hauptstadt des Deutschen Reiches, zu einer bedeutenden Industriemetropole und zu einem wissenschaftlichen und kulturellen Zentrum von nationaler Geltung. Am Ende des 18. Jahrhunderts war Berlin zwar schon eine bedeutende Stätte des Handels und der Manufaktur, insbesondere des Textilgewerbes, doch das Bild wurde von Hof und Adel, Beamtentum und Militär, Handwerkern, kleinen Gewerbetreibenden und Ackerbürgertum geprägt. Rund 150 000 Einwohner zählte die Stadt. Um 1870 hingegen bestimmte die Polarisation zwischen Proletariat und Industriebourgeoisie das Gesicht Berlins. Große Industriebetriebe und bedeutende Banken hatten sich hier angesiedelt. Im Jahre 1870 hatte Berlin mit 774 452 Einwohnern[2] be-

Wilhelm von Humboldt
Kreidezeichnung von Johann Joseph Schmeller
1826

reits das Fünffache erreicht; territorial hatte sie sich nach Osten, Westen, Norden und Süden über die Grenzen der Stadtmauern hinaus ausgedehnt.

In diesem historischen Geschehen entfaltete sich in Berlin die Wissenschaft, vollzog sich ein tiefgreifender Wandel ihrer gesellschaftlichen Stellung und Funktion, eingebettet in den Prozeß des historischen Ausreifens der kapitalistischen Gesellschaftsordnung mit ihren spezifisch preußischen Besonderheiten und Charakteristika.

Um 1800 – in den letzten beiden Dezennien des ausklin-

Man freut sich, wenn man endlich die Thurmspitzen von Berlin erblickt; jetzt kommt aber nahe an der Barrière dem Reisenden ein pestilenzialischer Geruch entgegen, denn die Berliner laden allen ihren Unrath nahe vor den Thoren ab; an der Straße von Frankfurt ist es auch damit noch nicht genug; sondern hier hat der Schinder selbst seine Werkstätte aufgeschlagen: Jeder kann sich also vorstellen, welch ein liebliches Gemisch von Gestank die Excremente von Berlin und das Aas der krepierten Hausthiere dem Reisenden hier entgegenduften. Hat man im Thore die unleidliche Revision der Accisebeamten überstanden und dem wachthabenden Offizier seine hundert Fragen beantwortet, … so sieht man sich in die Mitte ärmlicher Hütten, Wiesen und Felder versetzt … oft sieht man aber nichts, denn der kleinste Zephir erregt einen so unerträglichen Staub, daß man die Augen fest zudrükken muß …
Adolph Streckfuss:
Berlin im neunzehnten Jahrhundert,
Bd. I, Berlin o. J., S. 17/18.

1 Siehe: Deutsche Geschichte, Bd. 4: Die bürgerliche Umwälzung von 1789 bis 1871, Berlin 1984, S. 7.
2 Siehe: Berlin. Zehn Kapitel seiner Geschichte. Hrsg. von Richard Dietrich, Berlin (West)/New York 1981, S. 170.

Die Französische Revolution scheint mir wichtig für die gesamte Menschheit. Ich rede nicht von den politischen Folgen, die sie sowohl für jenes Land als für benachbarte Staaten gehabt und welche sie ohne das ungebetene Einwirken und das unbesonnene Selbstvertrauen dieser Staaten wohl nicht gehabt haben würde. Das alles ist an sich viel, aber es ist gegen das ungleich Wichtigere immer wenig.
Johann Gottlieb Fichte: Beiträge zur Berichtigung der Urteile des Publikums über die Französische Revolution. In: Werke, 1. Ergänzungsband, Leipzig o. J., S. 3.

genden und in den ersten Jahren des beginnenden Jahrhunderts – stand im geistig-kulturellen Leben Berlins das Ringen des Bürgertums um seine politische und kulturelle Befreiung von der geistigen Bevormundung durch den Adel im Vordergrund. Wurzelnd in der bürgerlichen Aufklärung, besonders der schon auslaufenden «Berliner Aufklärung», deren wohl hervorragendste Repräsentanten Moses Mendelssohn und Christoph Friedrich Nicolai waren, wurde der Drang des Bürgertums nach Wissen und Bildung als Mittel der geistigen Emanzipation allgemein; doch erfaßte er nicht alle seine Schichten gleichmäßig. Vor allem Ärzte, Beamte, Advokaten, Lehrer und Geistliche, auch einzelne Angehörige des Adels setzten sich mit Literatur, Kunst und Wissenschaft auseinander, sogen sie geradezu in sich auf.[3]

Wie überhaupt im deutschen Bürgertum fand auch in progressiven bürgerlichen Kreisen Berlins die Verkündung der Menschen- und Bürgerrechte durch die Französische Revolution ein enthusiastisches Echo: «Sympathiebekundungen für die Französische Revolution waren ebenso charakteristisch wie die bald einsetzende Differenzierung in den Urteilen und Schlußfolgerungen.»[4] Begierig wurde alles das aufgenommen und verarbeitet, was als Bestätigung des Humanitätsideals der deutschen Aufklärung empfunden wurde. Die Reflexion der gesellschaftlichen Erfahrungen Frankreichs im literarischen, künstlerischen und philosophischen Denken und Schaffen, die Werke der deutschen Klassik und die klassische deutsche Philosophie wurden zum Bildungsinhalt breiter Kreise des Bürgertums. In den Berliner Salons, in Lesegesellschaften und geselligen Gelehrtenzusammenkünften wurde Bildung vermittelt und Wissen erworben, das auch die neuesten Errungenschaften der Naturwissenschaften einschloß.

Die geistige Bewegung jener Jahre in Berlin und Preußen war durch vielfältige Fäden, durch Korrespondenzen und persönliche Bekanntschaften mit dem geistig-kulturellen Leben in anderen deutschen Ländern verwoben. Indes führte sie nicht zu praktischen gesellschaftlichen Konsequenzen; der Glaube an die Möglichkeit einer aufgeklärten Monarchie, in der das Bürgertum sich ungehemmt entfalten konnte, blieb ungebrochen. Doch war dieser Gedanke andererseits zutiefst mit dem Streben nach nationaler Einheit Deutschlands verbunden.[5]

Unter dem Eindruck des schon kapitalistisch geprägten Daseins der Bourgeoisie und des überlebten preußischen Staatswesens, durch das Bewußtwerden des Widerspruchs zwischen gesellschaftlicher Praxis und humanistischem Ideal fand auch die frühe Romantik, die sich mehr und mehr von der Wirklichkeit ab- und einer literarischen Traumwelt zuwandte, zu-

Johann Gottlieb Fichte
Kupferstich
von Johann Friedrich Jügel
nach einem Gemälde
von Heinrich Anton Dähling
Um 1810

Georg Wilhelm
Friedrich Hegel
Kupferstich von
Lazarus Gottlieb Sichling
nach Julius Ludwig Sebbers
Um 1825

gleich aber auch einen unverzichtbaren Beitrag zur Erschließung und Pflege des kulturellen Erbes und zur Stärkung des deutschen Nationalgefühls leistete, in Berlin Widerhall.[6] Aus diesen verschiedenen, miteinander verflochtenen geistigen Strömungen ging eine Reihe von bürgerlichen Repräsentanten hervor, die im ersten Drittel des 19. Jahrhunderts die Entwicklung von Wirtschaft, Wissenschaft, Politik, Kunst und Kultur in Berlin und ganz Preußen nachhaltig beeinflussen sollten.

Der Zusammenbruch des preußischen Staates unter den Schlägen der napoleonischen Armeen, der einerseits fortschrittlichen Bestrebungen Raum gab, andererseits Deutschland eine rücksichtslose Fremdherrschaft aufzwang, eröffnete Wege zu Reformen, die auch Bildung und Wissenschaft erfaßten. Ein unmittelbar greifbares Ergebnis der preußischen Reformbewegung war die Reform des Schul- und Bildungswesens unter Wilhelm von Humboldt, aus der die im Jahre 1810 gegründete Berliner Universität als ein neuer, dem neuhumanistischen Bildungsideal verpflichteter Universitätstyp hervorging, der sich von dem an vielen deutschen Universitäten traditionell vorherrschenden dogmatischen und scholastischen Wissenschaftsbetrieb bewußt distanzierte. Auch die zu praktischer Wirkungslosigkeit und bloßer Repräsentanz herabgesunkene Königliche Akademie der Wissenschaften erfuhr unter dem Einfluß Alexander von Humboldts in jenen Jahren eine Reorganisation.

3 Siehe: Henriette Herz in Erinnerungen, Briefen und Zeugnissen. Hrsg. von Rainer Schmitz, Leipzig/Weimar 1984, S. 61–68.
4 Günter Vogler/Klaus Vetter: Preußen. Von den Anfängen bis zur Reichsgründung, Berlin 1984, S. 136.
5 Siehe: Deutsche Geschichte, Bd. 4: Die bürgerliche Umwälzung von 1789 bis 1871, S. 25–32.
6 Siehe ebenda, S. 66, 117/118.

In Berlin entwickelten sich zunächst langsam, seit den sechziger Jahren beschleunigt die Naturwissenschaften, deren Verknüpfung mit modernen Industriezweigen dann im letzten Drittel des Jahrhunderts für Berlins Wirtschaft kennzeichnend wurde. ... Naturwissenschaften und Medizin, Philosophie und Literatur, Architektur und bildende Kunst, Theater und Musik, die Salons der Henriette Herz und Rahel Varnhagen, der Kreis um Bettina von Arnim ließen Berlins nationale Bedeutung als Stadt der Wissenschaften und Künste wachsen.
750 Jahre Berlin. Thesen, Berlin 1986, S. 28.

Begünstigend für die Entwicklung der Wissenschaften in Berlin wirkten die hier bereits ansässigen Bildungseinrichtungen sowie die im ausgehenden 18. Jahrhundert weit entfaltete private Vorlesungstätigkeit. Aus dem Reservoir Berliner Gelehrter rekrutierte sich in der Hauptsache der Lehrkörper der neuen Universität, die sich nun mehr und mehr zum wissenschaftlichen Zentrum Berlins entwickelte. In ihr fanden die geistigen Auseinandersetzungen des aufstrebenden Bürgertums wie auch das Verlangen nach nationaler Einheit und Freiheit eine neue Heimstatt. Studentenschaft und Lehrkörper der Alma mater Berolinensis griffen tätig in die nationalen Befreiungskriege ein. Die Geisteswissenschaften, die Philologie und ganz besonders die Philosophie Johann Gottlieb Fichtes und Georg Wilhelm Friedrich Hegels zogen Studenten aus allen deutschen Staaten und aus dem Ausland an. Die gedanklich an die Befreiungskriege anknüpfende Burschenschaftsbewegung gewann hier eine große Anhängerschaft, so daß die unter der Restauration der Adelsherrschaft einsetzende und mit unterschiedlicher Intensität bis in die dreißiger Jahre fortdauernde Demagogenverfolgung reiche Beute fand.

Indes blieben die schon von namhaften Gelehrten vertretenen Naturwissenschaften zunächst noch hinter den Geisteswissenschaften zurück. Bis auf einige an der Medizinischen Fakultät angesiedelte Gebiete waren sie der Philosophischen Fakultät der Universität zugeordnet und wurden durch jene eindeutig beherrscht. Auf der anderen Seite verlangten die zerrüttete, vorwiegend fiskalisch orientierte Wirtschaft und die Unfähigkeit des Merkantilismus, aus dieser Situation herauszuführen, eine liberalere Wirtschaftspolitik sowie eine fundiertere naturwissenschaftlich-technische Bildung privater Unternehmer. Die Einführung der Gewerbefreiheit und die in großem Stil betriebene Industriespionage, die infolge des enormen technisch-technologischen Rückstandes hinter dem industriell am weitesten fortgeschrittenen England forciert wurde, konnten für die Entfaltung des freien Unternehmertums jedoch nur ein erster, auf die Dauer aber unzulänglicher Schritt sein.[7]

Die «Förderung des Gewerbefleißes», das heißt die Entwicklung der von staatlicher finanzieller Unterstützung und Bevormundung mehr und mehr befreiten kapitalistischen Wirtschaft auf fortgeschrittenem technisch-technologischem Niveau, wurde zu einer Forderung des Tages. Ihrer nahmen sich insbesondere die in der preußischen Wirtschaftspolitik maßgebenden liberalen Beamten Gottlieb Johann Christian Kunth und Peter Christian Wilhelm Beuth an, aus deren initiativreichem Wirken zu Anfang der zwanziger Jahre neue, technisch orientierte Institutionen hervorgingen: im Jahre 1821

Alexander von Humboldt
in seinem Arbeitszimmer
Gemälde
von Eduard Hildebrandt
1845

der «Verein zur Beförderung des Gewerbefleißes in Preußen» und im gleichen Jahr die «Technische Schule», später in «Gewerbe-Institut» umbenannt.[8] Auf kommunaler Ebene entstand 1824 die «Städtische Gewerbeschule».[9]

Allmählich verlagerte sich die Wissenschaft aus den Salons und Lesegesellschaften in die Kontore und Werkstätten, begann das Übergewicht der Geisteswissenschaften nach und nach zu schwinden.

Der an dem reichen wissenschaftlichen Leben in Paris geschulte Alexander von Humboldt, der sich des Zurückbleibens Preußens und insbesondere Berlins hinter anderen Zentren der Naturwissenschaft in Deutschland, wie Göttingen und Gießen, wohl bewußt war, drängte seit seiner Rückkehr aus Paris, unter Nutzung seiner engen Beziehungen zum königlichen Hof, auf die Stärkung der Naturwissenschaften in Berlin. Zugleich wirkte er beispielhaft durch öffentliche Vorlesungen für die breitere Popularisierung der modernen Naturwissenschaft.[10]

Humboldts Bemühungen trafen sich wenigstens teilweise mit jenen des Ministers Karl Friedrich vom Stein zum Altenstein, der sich ebenfalls für die Förderung der Naturwissenschaften einsetzte. Seit den dreißiger Jahren gelang es verstärkt, namhafte Mathematiker und Naturwissenschaftler nach Berlin zu ziehen oder hier zu halten, den guten Ruf der

7 Siehe Ilja Mieck: Der Staat und die Anfänge des Maschinenbaus in Berlin. In: Berlin. Von der Residenzstadt zur Industriemetropole, Bd. I, Berlin (West) 1981, S. 97.
8 Siehe Wilhelm Treue: Preußen und die Förderung der nützlichen Künste. In: Ebenda, S. 67.
9 Siehe Herbert Teichmann: Zum Wirken Friedrich Wöhlers in Berlin. In: Berliner Wissenschaftshistorische Kolloquien IX: Beiträge zur Geschichte der Chemie in Deutschland, insbesondere in Berlin im 19./20. Jahrhundert, Berlin 1984, S. 9–13.
10 Siehe Kurt-R. Biermann: Alexander von Humboldt, Leipzig 1983, S. 70.

Die neue Gießhütte
der königlichen
Eisengießerei
Radierung
von Johann Daniel Laurens
nach einer Zeichnung
von Friedrich Adolf Calau
Um 1820
Berlin besaß günstige Ausgangsbedingungen für die Entwicklung des Maschinenbaus: umfangreiche künstliche und natürliche Wasserwege, vielfältige kleinere Gewerbeunternehmen und ein wachsendes Bedürfnis nach Eisengußfabrikaten.
Um 1804 wurde die erste Berliner Eisengießerei vor dem Neuen Tor gegründet. Infolge der Auswirkungen der Freiheitskriege verzögerte sich ihr weiterer Ausbau. Ab 1819 wurde eine neu errichtete Kupolhütte in Betrieb genommen. Mit der Unterstützung von Beuth konnte hier um 1820 eine von Julius Conrad Freund gebaute Dampfmaschine für das Bohr-, Dreh- und Schleifwerk aufgestellt werden.

Berliner Universität auch auf naturwissenschaftlichem Gebiet zu erhöhen und die Vorherrschaft von Philosophie und Philologie zurückzudrängen.[11]

Gleichzeitig damit begann mit der um 1830 forciert einsetzenden industriellen Revolution in Preußen aus bescheidenen, noch handwerklich gestalteten Anfängen die Entwicklung des kapitalistischen Fabrikwesens; am ausgeprägtesten in den verschiedenen Zweigen des Maschinenbaus, jedoch nach und nach auch auf die Textilindustrie, die chemische Industrie und andere Industriezweige übergreifend.

Die durch Freizügigkeit, wachsende Ausbeutung und massenhaftes Elend verursachten, dem Beispiel der Juli-Revolution 1830 in Frankreich folgenden sozialen Unruhen und ökonomischen Kämpfe, in denen sich die Arbeiterklasse formierte, wurden von der dem praktischen Leben entfremdeten philosophischen Reflexion schon nicht mehr zur Kenntnis genommen. Die Auseinandersetzungen zwischen den Anhängern der Hegelschen philosophischen Schule, insbesondere die Spekulationen der Junghegelianer, spielten sich in vornehmer Distanz zur gesellschaftlichen Wirklichkeit ab. Das Erbe der klassischen deutschen Philosophie traten Karl Marx und Friedrich Engels an; die von ihnen begründete wissenschaftliche Weltanschauung der Arbeiterklasse blieb aus der an den Universitäten gelehrten Wissenschaft ausgeschlossen.

Doch war der fortschrittliche Geist unter den Berliner Wissenschaftlern nicht gänzlich erloschen. In den dreißiger Jahren, unter den Bedingungen neuerlich verschärfter Demagogenverfolgungen und einer reaktionären Zensur, und im Vormärz, in den Jahren der geistigen Vorbereitung der bürgerlich-demokratischen Revolution, gewann er noch einmal neue Kraft. In den Märzkämpfen des Jahres 1848 standen Stu-

Die erste Berliner
Gasbeleuchtungsanstalt
Stahlstich
von Heinrich Hintze
nach einer Zeichnung
von Finden
Um 1830
Die Beleuchtung der Straßen mit Gas wurde zuerst im Jahre 1815 in London eingeführt. Ihr folgten Paris, Gent, Brüssel und Rotterdam. In Deutschland war Hannover die erste Stadt, die Gasbeleuchtung hatte. Am Abend des 19. September 1826 wurde in Berlin das erste Gasbeleuchtungssystem vom Brandenburger Tor bis zur Schloßbrücke in Betrieb genommen. Die Anlagen wurden von einer englischen Gasanstalt, der Imperial-Continental-Gas-Assoziation, gebaut und betrieben. Im Jahre 1847 wurden nach langwierigen Verhandlungen die ersten städtischen Gaswerke, am Stralauer Platz und in der Gitschiner Straße, mit etwa 2 000 öffentlichen und 850 Privatanschlüssen eröffnet.

denten und Wissenschaftler neben den Arbeitern aus den Berliner Industriebetrieben auf den Barrikaden. Indes konnten ihre Warnungen vor der Konterrevolution, ihr Bekenntnis zu den demokratischen Errungenschaften der Revolution, ihr leidenschaftliches Eintreten für nationale Einheit, ihre Bemühungen auch um eine Universitätsreform den Mangel an politischer Konsequenz nicht ausgleichen.[12]

So erlosch der revolutionäre Elan der Wissenschaftler und Studenten nach der Niederlage der bürgerlich-demokratischen Revolution und mit der Restauration der politischen Herrschaft der Reaktion. Namentlich die Geisteswissenschaften wandten sich zum beträchtlichen Teil von den Ideen der Aufklärung und den Humanitätsidealen der Klassik ab. Die bürgerliche Ideologie verzichtete auf die Weiterführung ihrer fortschrittlichen Traditionen.

Im Sinne des Klassenkompromisses der Bourgeoisie mit dem preußischen Adel gingen die Geisteswissenschaften dazu über, apologetische und reaktionäre, gegen die erstarkende Arbeiterbewegung gerichtete Theorien zu entwickeln und zu verbreiten.[13]

Im Gegensatz zu dem mit Beginn der fünfziger Jahre einsetzenden relativen Verfall der Geisteswissenschaften erlebten die Naturwissenschaften in den fünfziger und sechziger Jahren einen enormen Aufschwung. Die Förderung und Finanzierung der Naturwissenschaften und zunehmend der sich bereits in Ansätzen herausbildenden Technikwissenschaften lagen im un-

11 Siehe H. Mertens: Die Naturwissenschaften und die preußische Politik 1806–1871. In: Philosophie und Wissenschaft in Preußen. Hrsg. von F. Rapp/H.-W. Schütt (TUB-Dokumentation Kongresse und Tagungen, H. 14), Berlin (West) 1982, S. 234–237.

12 Siehe: Magister und Scholaren, Professoren und Studenten, Leipzig/Jena/Berlin 1981, S. 108–111.

13 Siehe ebenda, S. 112–113. – Siehe auch Walter Mohrmann: Die Berliner Universität im 19. Jahrhundert. In: Berliner Wissenschaftshistorische Kolloquien III, Berlin 1981, S. 82/83.

«Aus einem steifen Paradeplatz hat es sich in das geschäftige Zentrum des deutschen Maschinenbaus verwandelt», schrieb Karl Marx 1859 über Berlin.
Karl Marx: Die Lage in Preußen. In: MEW, Bd. 12, S. 686.

mittelbaren Interesse der Industriebourgeoisie. Die rasche Entfaltung der industriellen Revolution und der damit verbundene Aufstieg des Industriekapitalismus in den fünfziger und sechziger Jahren, die nur kurzzeitig durch die Weltwirtschaftskrise von 1857 bis 1859 unterbrochen wurden, verlangten eine zunehmende Anwendung naturwissenschaftlicher Erkenntnisse in der Produktion. Seit der Jahrhundertmitte begann sich ein neuer Typ der Bourgeoisie herauszubilden, der «Wissenschaftler-Unternehmer, der die wissenschaftliche Durchdringung der Produktion förderte und den wissenschaftlich-technischen Fortschritt im kapitalistischen Profitinteresse vorantrieb».[14] In Berlin war der hervorragende Vertreter dieses Typs Werner von Siemens, der die gänzlich auf den Ergebnissen der Naturwissenschaft basierende Elektroindustrie begründete.

Der Aufschwung der naturwissenschaftlichen Forschung brachte bislang ungeahnte Leistungen hervor. Anknüpfend an die seit Beginn der dreißiger Jahre einsetzende bewußte Förderung der Naturwissenschaften in Preußen und vor allem in seiner Hauptstadt, holten die in Berlin tätigen Naturwissenschaftler den Rückstand gegenüber anderen wissenschaftlichen Zentren in Deutschland rasch auf.

Aus den wissenschaftlichen Schulen der älteren Gelehrtengeneration hervorgegangen, fanden junge, begabte Naturwissenschaftler an der Berliner Universität ein erfolgversprechendes Tätigkeitsfeld, wenn auch noch manche notwendigen materiell-technischen Voraussetzungen fehlten. Doch in dem Maße, wie in Berlin Gelehrte vom Format des Mathematikers Karl Theodor Wilhelm Weierstraß, des Physiologen Emil Heinrich Du Bois-Reymond, des Pathologen Rudolf Ludwig Karl Virchow, des Physikers Hermann Ludwig Ferdinand Helmholtz und des Chemikers August Wilhelm Hofmann (um nur einige aus der Phalanx glänzender Namen zu nennen) zu fundamentalen Erkenntnissen gelangten, in dem Maße, wie das experimentelle Arbeiten allgemein Eingang in den akademischen Unterricht fand, gelang es, den Bau moderner naturwissenschaftlicher Institute durchzusetzen.

So gewann die Wissenschaft in Berlin, wie überhaupt in Deutschland, unter der Herrschaft des Industriekapitalismus bis zum Ende der sechziger Jahre ein völlig neues Gesicht. Einmal als Produktionspotenz erkannt, wurde sie zunehmend unter die Herrschaft und in den Dienst des Kapitals gestellt.[15] Um 1870/71 unterschied sich die gesellschaftliche Stellung der Wissenschaft in ihrer Gesamtheit in Berlin, wie auch ihre gesellschaftliche Funktion im Kapitalismus der freien Konkurrenz überhaupt, grundlegend von jener achtzig Jahre zuvor, als die Wissenschaft vornehmlich als Instrument der geistigen Befreiung des Bürgertums gepflegt wurde.

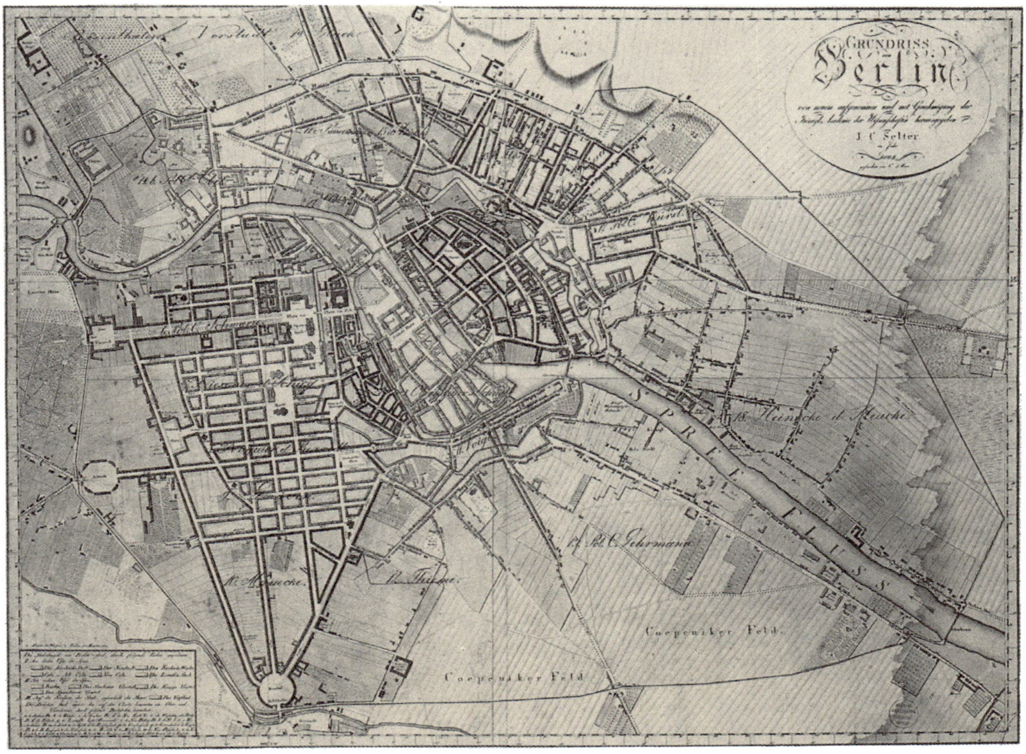

Um die Jahrhundertwende

Nach dem Tode Friedrichs II. im Jahre 1786 entwickelte sich das geistig-kulturelle Leben in Berlin in recht widersprüchlicher Weise. Während sich am Hofe Friedrich Wilhelms II. Prasserei und Prunksucht entfalteten, wirkte im erwachenden Bürgertum der Geist der Aufklärung, freilich schon abebbend, weiter fort.

Pracht und Verschwendung auf der einen Seite, Not, wachsendes Elend und erdrückende soziale Verhältnisse auf der anderen ließen, beflügelt von den begeistert aufgenommenen Ideen der Französischen Revolution, eine bürgerliche Opposition wachsen, der sich die Bürokratie und das Militär rücksichtslos entgegenstellten. Der mit dem neuen König zur Macht gekommene orthodoxe Staats- und Justizminister und Chef des geistlichen Departements, Johann Christoph Wöllner, trat mit dem Religions- und dem Zensuredikt von 1788 den

Grundriß von Berlin
Von neuem aufgenommen
und mit Genehmigung
der Königlichen Akademie
der Wissenschaften
herausgegeben
von J. C. Selter
Kolorierter Kupferstich
von Carl Mare. 1804

14 Deutsche Geschichte, Bd. 4: Die bürgerliche Umwälzung von 1789 bis 1871, S. 397.
15 Siehe Karl Marx/Friedrich Engels: Die deutsche Ideologie. In: MEW, Bd. 3, S. 60.

Kampf gegen jegliche fortschrittliche Bewegung an[16]: Die verschärfte Zensur richtete sich gegen den Geist der Aufklärung ebenso wie gegen religiöse Toleranz. Christoph Friedrich Nicolais «Allgemeine Deutsche Bibliothek» und Johann Erich Biesters «Berlinische Monatsschrift» wurden in Preußen verboten und mußten außerhalb der Landesgrenzen herausgegeben werden.

Gleichwohl hatte Berlin in Handel, Handwerk und Manufaktur schon ein beachtliches Wort mitzureden; besonders die Seidenmanufakturen florierten. Die Anzahl der Einwohner stieg bis 1810 auf 162 971, davon rund 12 000 Angehörige des Militärs.[17]

Architektur, Kunst und Theater wurden auch unter Friedrich Wilhelm II. gefördert. Mit den Baumeistern Friedrich Gilly, Karl Gontard und Karl Gottfried Langhans und dem Bildhauer Johann Gottfried Schadow nahm in Berlin die klassizistische Kunst ihren Anfang. In den Jahren 1789 bis 1793 erbaute Langhans das Brandenburger Tor, das von Schadows Quadriga gekrönt wurde. Das Königliche Schauspielhaus entwickelte sich ab 1796 unter der Leitung August Wilhelm Ifflands zu einer bedeutenden Stätte der modernen Schauspielkunst; die 1791 von Carl Friedrich Fasch gegründete und nach dessen Tode ab 1800 durch den Maurermeister Carl Friedrich Zelter weitergeführte Singakademie gab breiteren Kreisen Gelegenheit zum Musizieren.[18]

So entwickelte sich um die Jahrhundertwende trotz der stikkigen Atmosphäre des offiziellen Berlin in den progressiven Kreisen der Stadt ein reichhaltiges, bürgerlich geprägtes kulturelles Leben, das nach dem Tode Friedrich Wilhelms II. (1797) unter Friedrich Wilhelm III., angesichts der leeren Staatskasse und der Notwendigkeit einer gründlichen Erneuerung des verrotteten preußischen Staates, sogar noch an Breite und Tiefe gewann.

Berlin war Sitz der Königlichen Bibliothek; zur Akademie gehörten eine Sternwarte und ein chemisches Laboratorium;

Innenansicht der Sternwarte in der Dorotheenstraße
Um 1800
Der Beobachtungsraum der Sternwarte erstreckte sich in der Höhe über die letzten zwei Etagen des Gebäudes. Seine Wände waren mit Flachporträts und historischen Darstellungen astronomischer Geräte reich verziert. Die abgebildeten astronomischen Instrumente sind Fertigungen der bedeutendsten wissenschaftlichen Instrumentenbauer. Von Seiffert (Dresden) und Bullok (London) wurden die astronomischen Uhren und von Dollond und Ramsden die Fernrohre gefertigt.
Neben weiteren Geräten waren hier auch die von Bode und Sotzmann entworfenen und von Beringer (Nürnberg) konstruierten Erd- und Himmelsgloben aufgestellt.

Die Tierarzneischule
Farbradierung
von Peter Haas
nach einer Zeichnung
von F. A. Calau. 1795
Die Initiative zur Gründung einer Tierarzneischule geht auf Vorstellungen von Cothenius (um 1770) zurück. Sie sollte sich vorrangig um die Erhaltung der Gesundheit und die Beseitigung von Krankheiten der Haustiere bemühen. Doch erst der zunehmende Mangel an geeigneten Tierärzten beschleunigte die Ausführung des Projektes. Als Gelände für die Lehrgebäude, Schmieden, Stallungen und Weide- sowie Badeplätze wurde der Reußsche Garten ausgewählt. Die Eröffnung der Tierarzneischule fand am 1. Juni 1790 mit 6 «königlichen Scholaren» und 39 «Fahnenschmieden» statt.

es gab einen Botanischen Garten, ein Naturalienkabinett. Bereits 1710 war angesichts einer drohenden Pestepidemie die Charité gegründet worden. 1713 erhielt die Akademie ein «Anatomisches Theater», seit 1724 wurden am Collegium medico-chirurgicum Ärzte vor allem für das Militär ausgebildet. Zu diesen bereits in der ersten Hälfte des 18. Jahrhunderts entstandenen wissenschaftlichen Einrichtungen kamen 1770 die Königliche Bergakademie, 1790 die Tierarzneischule, 1795 die Pépiniere, die militärärztliche Schule, 1799 die Bauakademie, 1806 das Ackerbauinstitut hinzu. Daneben gab es eine militärische Ingenieurschule und eine Artillerieakademie, aus denen nach der Jahrhundertwende die Königlich-Preußische Artillerie- und Ingenieurschule hervorging. Alle diese Institutionen, wie auch die Gymnasien der Stadt (die bekanntesten waren das Gymnasium zum Grauen Kloster, das Friedrichswerdersche und das Französische Gymnasium), zogen Wissenschaftler der verschiedensten Fachrichtungen an sich und brachten solche hervor.

Dennoch: Ein Zentrum wissenschaftlichen und kulturellen Lebens, das mit anderen europäischen Städten mithalten konnte, war die preußische Residenzstadt vorerst nicht. Die 1700 durch Gottfried Wilhelm Leibniz gegründete Königliche Akademie der Wissenschaften hatte gegen Ende des Jahrhunderts ihre einstige Bedeutung weitgehend verloren. Nur wenige Gelehrte von Rang wurden zu neuen Mitgliedern der Gesellschaft gewählt, unter ihnen Immanuel Kant 1786 und Johann Gottfried Herder 1767 zu Auswärtigen Mitgliedern, der Direktor der Sternwarte und Begründer des «Berlinischen

16 Siehe Günter Vogler/Klaus Vetter: Preußen. Von den Anfängen bis zur Reichsgründung, S. 132/133.
17 Siehe: Berlin. Zehn Kapitel seiner Geschichte, S. 170.
18 Siehe Günter Vogler/Klaus Vetter: Preußen. Von den Anfängen bis zur Reichsgründung, S. 201.

Das Anatomie-Gebäude der Tierarzneischule Aufnahme um 1890
Alle Gebäude der Tierarzneischule wurden unter der Leitung von Carl Gotthard Langhans errichtet. Der interessanteste Bau ist das mit einer hohen Lichtkuppel bedeckte Anatomie-Gebäude. In der Mitte des runden Hörsaales stand der Demonstrationstisch, von dem aus die Sitzreihen amphitheatralisch angeordnet waren. Die Wandflächen neben den Fenstern sind mit szenischen Darstellungen, Hirten und Landleute mit

Astronomischen Jahrbuchs» Johann Elert Bode 1786, der Chemiker Martin Heinrich Klaproth 1788, der Chemiker und Technologe Sigismund Hermbstaedt 1784, der Arzt Christoph Wilhelm Hufeland 1800 zu Ordentlichen Mitgliedern sowie im gleichen Jahr Alexander von Humboldt zum Außerordentlichen Mitglied. Von letzterem stammt das Urteil: «Die Akademie gleiche einem Hospital, in dem die Kranken besser schlafen als die Gesunden.»[19]

Nach dem Zusammenbruch Preußens in den Napoleonischen Kriegen verstärkte sich die Einsicht in die Notwendigkeit, die Stellung und Funktion der Akademie der Wissenschaften neu zu bestimmen. Im Jahre 1807 setzte das Plenum der Akademie ein Reorganisationskomitee unter der Leitung Alexander von Humboldts ein, das ein neues Statut erarbeiten sollte, doch konnte dieses erst nach langwierigen, sich über fünf Jahre hinziehenden Diskussionen im Jahre 1812 bestätigt werden.

Haustierherden, von Bernhard Rode 1790 bemalt worden. 1970 wurden diese wertvollen Wandmalereien restauriert. Die Gebäude und Anlagen der ehemaligen Tierarzneischule werden heute von Instituten der Humboldt-Universität genutzt.

Ein empfindlicher Mangel war das Fehlen einer Universität. Die preußischen Universitäten befanden sich in Frankfurt an der Oder, Halle und anderswo, nur nicht in Berlin. Kurz nach der Jahrhundertwende – im Zusammenhang mit der Reorganisation der Akademie der Wissenschaften – wurde die Forderung laut, auch in der Residenzstadt eine Universität zu gründen, und bedeutende Persönlichkeiten, allen voran Wilhelm von Humboldt, bemühten sich beharrlich, dieser Forderung Gehör zu verschaffen.

Die Mehrzahl der um die Jahrhundertwende in Berlin wirkenden Gelehrten – Historiker, Philosophen, Philologen, Theologen, Juristen und Naturforscher – fühlten sich dem Geist der Aufklärung verpflichtet und drängten im Gefolge der Erschütterungen, die die Französische Revolution hervorgerufen hatte, nach einer geistigen Neuorientierung, zur Entwicklung freierer und vernünftiger gesellschaftlicher Beziehungen sich vielseitig bildender Menschen. In diesen bürgerlichen Kreisen waren in einer Zeit, in der der königliche Hof den Mittelpunkt des gesellschaftlichen Lebens bildete, Persönlichkeit und Bildung höhere Werte als Geburt und Rang.

Neben den älteren Wissenschaftlern und den hugenottischen Gelehrten der französischen Kolonie traten in dem Prozeß geistiger und kultureller Erneuerung vor allem jüdische Familien hervor, deren Häuser – gerade weil Juden keine gleichberechtigten Bürger waren – ein gewissermaßen neutrales Terrain zwischen aufstrebenden Bürgern und liberalem Adel bildeten.[20] Die Häuser vermögender und gebildeter Juden wurden zu gern aufgesuchten Treffpunkten der Gelehrten, Künstler, Beamten, Advokaten und Geistlichen mit liberal gesinnten Angehörigen des Adels, des Militärs und der Diplomatie. Dort traf sich die gebildete Welt Berlins, dort wurde die Persönlichkeit und die individuelle Ansicht respektiert, dort wurde Wissen vermittelt. Man fand sich zu anspruchsvollen Vorlesungen, literarischen Vorträgen, Theateraufführungen und Konzerten zusammen.

Eine ausgezeichnete Stellung im gesellschaftlichen Leben der Berliner Salons nahmen Frauen ein, unter ihnen Henriette Herz, Sarah Levy, Rahel Levin, die spätere Gattin des preußischen Diplomaten Karl Varnhagen von Ense, sowie Dorothea Veit, geborene Mendelssohn und spätere Frau Fried-

Sowohl um die Bekanntschaften der einheimischen als auch der fremden Gelehrten, die hier zum Besuch sind, zu machen, sind die gelehrten Gesellschaften, wie überall, und so auch in Berlin vorzüglich wichtig, und das ist auch wirklich ein Hauptvorteil, den sie stiften …
Es gibt noch sonst eine Menge Gesellschaften in Berlin, woran Gelehrte teilnehmen, z.B. die Harmonie, das Montagskränzchen im englischen Hause, worin z.B Goeckingk und Nicolai sind; sonntags ist sehr oft bei Herz eine Akademie …
Karl Asmund Rudolphi: Bemerkungen aus dem Gebiete der Naturgeschichte (1804). Zit. in: Henriette Herz in Erinnerungen, Briefen und Zeugnissen. Hrsg. von Rainer Schmitz, Leipzig/Weimar 1984, S. 415.

19 Siehe Werner Hartkopf: Die Akademie der Wissenschaften der DDR. Ein Beitrag zu ihrer Geschichte, Berlin 1975, S. 30.
20 Siehe: Henriette Herz in Erinnerungen, Briefen und Zeugnissen, S. 64–66.

rich Schlegels. Die wohl bedeutendsten Salons in Berlin führten Henriette Herz und Rahel Levin.[21]

Henriette Herz, verheiratet mit dem jüdischen Arzt und Professor der Philosophie Marcus Herz, scharte einen Kreis junger, der frühen Romantik zugewandter Leute um sich, während ihr Mann vor einem ausgesuchten Auditorium über die Philosophie seines Lehrers Immanuel Kant, über Medizin und Experimentalphysik Vorlesungen hielt. Das Haus der Familie Herz in der Spandauer Straße, später in der Neuen Friedrichstraße und zuletzt in der Markgrafenstraße wurde für lange Zeit eines der eigentlichen Zentren des geistigen und kulturellen Lebens in Berlin: Hier verkehrten die Brüder Wilhelm und Alexander von Humboldt, ihr Jugenderzieher Gottlieb Johann Christian Kunth, der Theologe Friedrich Daniel Ernst Schleiermacher, der Mediziner Johann Christian Reil, der Mineraloge Dietrich Ludwig Gustav Karsten, die Dichter Friedrich Schlegel, Jean Paul Richter und Ludwig Börne, um nur einige zu nennen.

Nicht weniger bedeutend war der Salon der Rahel Levin, bei der sich ebenfalls nahezu alle bedeutenden Gelehrten und Literaten jener Zeit einfanden und der mit ausgeprägter zeitkritischer Note das geistig-kulturelle Leben Berlins über ein Vierteljahrhundert nachhaltig beeinflußt hat.

Freilich waren die Salons von Henriette Herz und Rahel Levin nicht die einzigen in Berlin und auch nicht die einzigen Treffpunkte der Gelehrten. In kleinerem oder größerem Kreis kamen sie auch anderswo zusammen, so eine kleine Gruppe von Ärzten bei Ernst Ludwig Heim, dem volkstümlichen Arzt,

Sternkarte mit Tierkreiszeichen von Johann Elert Bode

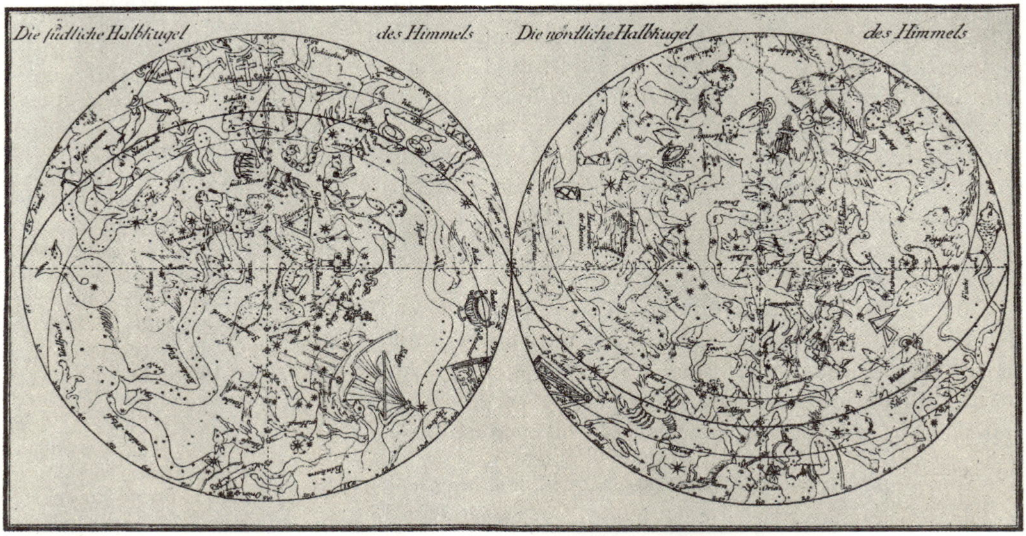

Johann Elert Bode
Kupferstich
nach einer Zeichnung
von Emil Krafft
Um 1820
Bode war von 1787 bis 1825 Direktor der alten Berliner Sternwarte. Seine astronomische Forschungstätigkeit verband er mit einem starken Bemühen um die Popularität seiner Fachdisziplin. Die in der 1801 von ihm herausgegebenen «Uraniographia» enthaltenen Sternenkarten bieten dem Gelehrten wie dem Laien faszinierende Einblicke in den hohen Stand damaliger astronomischer Erkenntnis und ihrer illustrativen künstlerischen Umsetzung.

der die Pockenschutzimpfung eingeführt hat. Hier verkehrte auch Christoph Wilhelm Hufeland, der, im Jahre 1800 als Leibarzt des Königs berufen, auch selbst in sein Haus «Friedenstal» im Berliner Tiergarten zu geselligen Begegnungen einlud.[22]

Bereits in Henriette Herz' Jugendzeit entstanden in Berlin Lesegesellschaften. Man kaufte damals noch wenig Bücher, und da es in Berlin nur eine einzige «wohlversehene Leihbibliothek gab, die Viewegsche in der Spandauer Straße»[23], tauschte man Bücher wie das Gelesene untereinander aus. In solchen Gesellschaften kamen Gelehrte mit bildungshungrigen Bürgern zusammen, um sich an gemeinsamen Lesungen zu erfreuen. Neben der 1785 entstandenen Lesegesellschaft bei Hofrat Sauer, dem Kastellan des königlichen Schlosses, war die wohl bedeutendste derartige Geselligkeit die von Ignaz Aurelius Feßler 1796 gegründete Lesegesellschaft im Engli-

21 Siehe Rainer Schmitz: Nachwort. In: Ebenda, S. 435–457.
22 Siehe Wolfgang Genschorek: Christoph Wilhelm Hufeland. Der Arzt, der das Leben verlängern half, Leipzig 1976, S. 132–134.
23 Henriette Herz in Erinnerungen, Briefen und Zeugnissen, S. 46.

schen Hause, einem der vornehmsten Berliner Restaurants, die unter dem Namen «Mittwochs-Gesellschaft» bis in unser Jahrhundert hinein bestand.[24] «Zu den ersten Teilnehmern», erinnerte sich Henriette Herz, «gehörten unter anderen Herz, Fischer, der Physiker, Hirt, Schadow und der große Schauspieler Fleck. Herz las hier wissenschaftliche Abhandlungen aus verschiedenen Fächern, Fischer physikalische, die er durch Experimente erläuterte.»[25]

Gewiß erfaßte diese Art geselliger Aneignung von Wissen und Bildung nur einen kleinen, den aufgeschlossensten Teil des Berliner Bürgertums: Ärzte, Beamte, Advokaten, Geistliche, Künstler, Schauspieler und Literaten, kaum hingegen Kaufleute und Gewerbetreibende. Doch wurden die Wissenschaften, neben den Geisteswissenschaften insbesondere Mathematik, Physik, Chemie, Mineralogie, Geologie sowie Kameralistik, auch an den verschiedenen Bildungseinrichtungen in der Stadt und durch private Kollegs gelehrt. Bereits 1786 hielten dreizehn Berliner Gelehrte Privatvorlesungen über Mathematik und Naturwissenschaften; darunter befanden sich so namhafte Wissenschaftler wie François Charles (Franz Karl) Achard, der 1801 die erste deutsche Zuckerfabrik auf dem Gut Kunern errichtete; Marcus Herz natürlich, der Chemiker Martin Heinrich Klaproth und der Anatomieprofessor am Collegium medico-chirurgicum Johann Gottlieb Walter.

Die eigentlichen Zentren des wissenschaftlichen Lebens in Deutschland lagen jedoch anderswo: in den Naturwissenschaften war es Göttingen, in der Philosophie Königsberg und Jena

Deklinatorium von Georg Friedrich Brander Um 1760
Brander war, wie viele seiner Zeitgenossen, nicht nur Mechaniker. In Altendorf hatte er Mathematik, Physik und Astronomie studiert. Seine später berühmte Werkstätte für wissenschaftliche Instrumente gründete er in Augsburg. Das Deklinatorium wurde an der ersten Berliner Sternwarte zur Bestimmung der Neigung und Richtung von Himmelskörpern zum Äquator genutzt. Es kann somit als ein Vorläufer des heutigen Theodoliten angesehen werden.

Sigismund Friedrich Hermbstaedt
Kupferstich von Heinrich Joachim Herterich
Um 1820

Franz Karl Achard
Kupferstich von Gustav Georg Endner. 1800

und in Literatur und Kunst zweifellos Weimar, wo Johann Wolfgang von Goethe, Johann Gottfried von Herder und Friedrich von Schiller ihre Wirkungsstätte gefunden hatten. In Europa war der Mittelpunkt geistigen und kulturellen Lebens noch immer Paris, wohin es jeden jungen Gelehrten zog, wann immer er die Mittel dazu aufbringen konnte. Die Anzahl der in Berlin ansässigen namhaften Gelehrten war aber bereits hinreichend dafür, daß bei der Gründung der Universität auf einen beträchtlichen Teil der Professuren – freilich auch aus Sparsamkeitsgründen – hier bereits wohnhafte und an anderen Bildungseinrichtungen tätige Wissenschaftler berufen werden konnten.

Viele jener Männer, die in den Berliner Salons, in den Lesegesellschaften, in der Akademie der Wissenschaften und in anderen gelehrten Zusammenkünften einander kennen- und achten gelernt hatten, sollten im Staatsdienst und in wissenschaftlichen Ämtern in den ersten Jahrzehnten des 19. Jahrhunderts jene Entwicklung einleiten und voranbringen, durch die Berlin zu einem wissenschaftlichen und kulturellen Zentrum von Rang wurde.

Der König gab nur seinen Segen

An der Wende vom 18. zum 19. Jahrhundert ging in den deutschen Territorialstaaten ein großes «Universitätssterben» um. Zwischen 1794 und 1818 verminderte sich die Anzahl der im deutschen Reichsgebiet gelegenen Hochschulen und Universitäten um 21 auf weniger als die Hälfte. Sie gingen entweder

Ich hörte ihn (Marcus Herz – *d. Verf.*) noch den letzten Mittwoch meiner Anwesenheit in Berlin an dem Versammlungsorte der Gesellschaft, die er vorigen ganzen Winter mit höchst interessanten physikalischen Vorlesungen unterhalten hatte, im Thiergarten eine Vorlesung über inflammable Luft halten und sah ihn mehr als 15 Experimente mit außerordentlicher Fertigkeit und Behendigkeit machen. Er hatte sich die Hauptpunkte zwar aufgeschrieben, las aber nur wenig ab. Sein Vortrag ist klar und ohne Wortfülle und Schönrednerei lebhaft. Es waren mehr als 60 Menschen in einem kleinen Saale beisammen, mehr Frauen als Männer, und doch herrschte die größte Aufmerksamkeit und bei Vielen sichtbare Wißbegierde, wie selbst aus ihren Fragen hervorging …
Literarische Zustände und Zeitgenossen. In: Schilderungen aus Karl Aug. Böttiger's handschriftlichem Nachlasse, Zweites Bändchen, Leipzig 1838, S. 109/110.

24 Ebenda, S. 463, Anm. 50.
25 Ebenda, S. 50.

Kurz vor dem Einfall der Franzosen in Preußen stand das Berliner freie Vorlesungswesen in besonderer Blüte. Geistliche, Ärzte, Lehrer, Verwaltungsbeamte, Richter und Privatgelehrte kündigten ihre Vorlesungen in der Zeitung an, wohl kaum ein Gebiet in Wissenschaft und Kunst gab es, auf dem nicht in Berlin gearbeitet wurde. Hier lehrte und lernte, dachte und schaffte eine ganze Bevölkerung. Was die Bildungsmöglichkeiten betraf, so konnte keine deutsche Stadt, auch keine Universitätsstadt, mit Berlin wetteifern. Berlin war entschieden die Stadt des regsten geistigen Lebens in Deutschland.
Norman Balk: Die Friedrich-Wilhelms-Universität zu Berlin, Berlin 1926, S. 51.

gänzlich ein oder wurden mit anderen Universitäten zusammengelegt. An die Stelle kleiner und kleinster hoher Schulen traten nach und nach leistungsstarke mittlere und große Universitäten. So war das «Universitätssterben» eigentlich nur die Kehrseite eines progressiven Prozesses, in dem sich das zeitgemäße Bemühen äußerte, auch auf dem Gebiet des höheren Bildungswesens die feudalstaatliche Zersplitterung Deutschlands zu überwinden. Dieser Prozeß bereitete eine Beschleunigung des wissenschaftlichen Entwicklungstempos in Deutschland gegenüber den anderen europäischen Ländern vor, die für das spätere 19. Jahrhundert charakteristisch war.

In diese Periode fällt die Gründung der Berliner Universität. Auch sie war ein Ausdruck des «Geistes der Zeit». Lange schon vor ihrer Gründung setzten sich in den deutschen Landen bedeutende Gelehrte für eine Reform des höheren Bildungswesens ein. Im Mai 1789 hielt Friedrich Schiller in Jena seine berühmte Antrittsrede: «Was heißt und zu welchem Ende studiert man Universalgeschichte?»[26], die er nicht allein dem Studium der Geschichte, sondern – umfassender – dem Auftrag des Universitätsstudiums insgesamt widmete. An der gleichen Universität begann 1794 Fichte, späterhin erster gewählter Rektor der Berliner Universität, seine Lehrtätigkeit als junger Philosophieprofessor mit «Einige(n) Vorlesungen über die Bestimmung des Gelehrten»[27], in denen er mit deutlicher Sympathie für die Französische Revolution die Arbeit des Wissenschaftlers in den Zusammenhang höchster sozialer Verantwortung stellte.

Fichtes Forderung, das höhere Bildungswesen zu reformieren oder einen gänzlich neuen Universitätstyp zu entwickeln, ging einher mit der Idee, eine deutsche Universität zu schaffen, die die Enge der kleinstaatlichen Landesuniversitäten durchbrechen sollte.

Auch in Berlin und besonders hier griffen solche Gedanken Platz. Unter den Schriften jener Zeit über diesen Gegenstand ragen die Fichtes aus seiner Berliner Periode, seine 1807 und 1808 gehaltenen «Reden an die deutsche Nation» und sein «Deduzierter Plan einer zu Berlin zu errichtenden höheren Lehranstalt, die in gehöriger Verbindung mit einer Akademie der Wissenschaft stehe» von 1807 ebenso hervor wie Friedrich Ernst Daniel Schleiermachers «Gelegentliche Gedanken über Universitäten in deutschem Sinn» aus dem Jahre 1807 und Henrik Steffens' Abhandlung «Ueber die Idee der Universitäten»[28] von 1809. Diese Schriften entwarfen – ungeachtet mannigfacher Differenzen im einzelnen – ein im Grundsätzlichen übereinstimmendes neues Leitbild der Universität: die «universitas litterarum».

Wilhelm von Humboldt blieb es vorbehalten, diese klassische bürgerliche Universitätsidee zu verwirklichen. Der im Geiste der Aufklärung erzogene, an der griechischen Antike geschulte, weltoffene und von der weltgeschichtlichen Wirkung der Französischen Revolution überzeugte Gelehrte und Politiker, der seit 1802 als Gesandter in Rom im preußischen Staatsdienst tätig war, hatte nach der Niederlage Preußens im Jahre 1806 auf Veranlassung des Reichsfreiherrn von und zum Stein die neugegründete Sektion Kultur und Unterricht im preußischen Innenministerium übernommen.

Stein, nach dem Frieden von Tilsit im Jahre 1807 als leitender Minister mit bedeutenden Befugnissen ausgestattet, setzte gegen das Mißtrauen des vor Napoleon Bonaparte nach Memel geflüchteten Königs Friedrich Wilhelm III. und gegen den Widerstand reaktionärer Kreise des preußischen Adels eine Reihe von umfassenden Reformen durch, ohne damit freilich das Ziel einer konstitutionellen Verfassung erreichen zu können.[29]

In dieses von liberalen Vertretern des Adels und bürgerlich-progressiven Kräften getragene Reformwerk war die Gründung der Berliner Universität als Bestandteil einer bürgerlichen Bildungsreform eingebettet. Wilhelm von Humboldt hatte als Sektionschef im Innenministerium nur wenige Monate, vom Februar 1809 bis zum Juni 1810, um die Grundpositionen dieses Arbeitsgebietes zu bestimmen, gegen die zähe Opposition konservativer Kreise eine Schulreform einzuleiten und die Gründung der Universität vorzubereiten, ehe es seinen Gegnern am Hofe gelang, seine Stellung so zu unterminieren, daß er es vorzog, im Juni 1810 von seinem Amt zurückzutreten.

Friedrich Wilhelm III. stimmte, nachdem die Kontributionen an Napoleon gezahlt waren und die napoleonischen Truppen Berlin im Februar 1808 verlassen hatten, der Gründung einer Universität nach den Grundsätzen zu, die Humboldt in seiner Denkschrift «Über die innere und äußere Organisation der höheren wissenschaftlichen Anstalten in Berlin»[30] dargelegt hatte. Zu der Entscheidung des Königs hat neben dem Bewußtsein der Schwäche seiner Macht und der Hoffnung,

... so hat in neueren Zeiten doch schwerlich irgend einer die öffentlichen Verhältnisse zugleich und die Wissenschaft mit einer solchen Größe des Geistes und solchem Geschick gehandhabt als Wilhelm von Humboldt. Er war ... ein wirklicher von Ideen durchdrungener und geleiteter Staatsmann, ... er war ein Staatsmann von Perikleischer Hoheit des Sinnes. ...
Philosophie und Poesie, Redekunst, geschichtliche, philologische, linguistische Gelehrsamkeit waren in ihm zu einer durch keinen Mißklang gestörten Harmonie, und zu jenem wunderbaren Ebenmaß verschmolzen, welches das Gepräge der besonnensten Meisterschaft ist.
August Boeckh über Wilhelm von Humboldt (1835). August Boeckh's gesammelte Kleine Schriften. Zweiter Band: Reden, Leipzig 1859, S. 213.

26 Friedrich Schiller: Was heißt und zu welchem Ende studiert man Universalgeschichte? In: Friedrich Schiller: Gesammelte Werke, Bd. 6, Berlin 1954, S. 513.

27 Siehe Johann Gottlieb Fichte: Einige Vorlesungen über die Bestimmung des Gelehrten. In: Johann Gottlieb Fichte: Von den Pflichten der Gelehrten. Jenaer Vorlesungen 1794/95, Berlin 1972, S. 1–54.

28 Henrik Steffens: Über die Idee der Universitäten. Vorlesungen von Henrik Steffens, Berlin 1909. In: Philosophische Bibliothek, Band 120: Fichte, Schleiermacher, Steffens über das Wesen der Universität. Mit einer Einleitung von Eduard Spranger, Leipzig 1910, S. 205–280.

29 Siehe: Deutsche Geschichte, Bd. 4: Die bürgerliche Umwälzung von 1789 bis 1871, S. 85–92.

30 Siehe Wilhelm von Humboldt: Über die innere und äußere Organisation der höheren wissenschaftlichen Anstalten in Berlin. In: Werke in fünf Bänden, Bd. IV. Schriften zur Politik und zum Bildungswesen, Berlin 1964, S. 225–266.

Wie gefällt Ihnen aber die Universität? Führwahr, ein herrliches Gebäude! Nur schade, die wenigsten Hörsäle sind geräumig, die meisten düster und unfreundlich, und, was das schlimmste ist, bei vielen gehen die Fenster nach der Straße, und da kann man schrägüber das Opernhaus bemerken. Wie muß der arme Bursche auf glühenden Kohlen sitzen, wenn die ledernen, und zwar nicht saffian- oder maroquinledernen, sondern schweinsledernen Witze eines langweiligen Dozenten ihm in die Ohren dröhnen, und seine Augen unterdessen auf der Straße schweifen und sich ergötzen an dem pittoresken Schauspiel der leuchtenden Equipagen, der vorüberziehenden Soldaten, der dahinhüpfenden Nymphen und der bunten Menschenwoge, die sich nach dem Opernhaus wälzt.
Heinrich Heine: Briefe aus Berlin. Hrsg. von Herbert Scurla, Berlin 1955, S. 16/17.

sie durch Reformen zu erhalten, gewiß auch die Tatsache beigetragen, daß die Hallenser Universität nach dem Tilsiter Frieden nicht mehr zu Preußen gehörte und die einstmals berühmte Universität zu Frankfurt an der Oder zur Bedeutungslosigkeit herabgesunken war, 1811 wurde sie mit der Universität Breslau vereinigt. Berlin hingegen verfügte über günstige institutionelle Voraussetzungen und ein reges wissenschaftlich-kulturelles Leben als Grundlage für die Tätigkeit einer Universität. Wenn sich der König, das Militär und die Polizei dennoch lange Zeit ihrer Gründung gegenüber mißtrauisch zeigten, so vor allem deshalb, weil sie befürchteten, dadurch könnte ein weiteres bürgerliches Element in die Residenzstadt gelangen – sehr zu Recht, wie sich später des öfteren herausstellen sollte.

Humboldt ging entschlossen, doch ohne Illusionen zu Werke. Er hatte die Universität nicht neben den bereits in Berlin bestehenden wissenschaftlichen Einrichtungen und unabhängig von ihnen konzipiert, sondern verfolgte den Gedanken, sie mit diesen zu einem harmonischen Ganzen zu verbinden: Seine Bemühungen richteten sich darauf, «die Akademie der Wissenschaften, die der Künste, die wissenschaftlichen Institute, namentlich die klinischen, anatomischen und medicinischen, überhaupt in so fern sie rein wissenschaftlicher Natur sind, die Bibliothek, das Observatorium, den botanischen Garten, und die naturhistorischen und Kunst-Sammlungen und die allgemeine Lehranstalt selbst dergestalt in Ein organisches Ganzes zu verbinden, dass jeder Theil, indem er eine angemessene Selbständigkeit erhält, doch gemeinschaftlich mit den andern zum allgemeinen Endzweck mitwirkt».[31] So hatte Humboldt strenggenommen nicht nur die Universitätsgründung, sondern die planvolle Entwicklung eines vielgliedrigen hauptstädtischen Wissenschaftssystems im Blick. Ihm war bewußt, welche Schwierigkeiten sich ihm dabei in den Weg stellen würden. Diese Schwierigkeiten reichten von der Finanzierung der Universität und der Besoldung der Professoren, die zwar aus dem Staatshaushalt bestritten werden sollten, aber letztlich doch recht kärglich ausfielen, bis zur Bereitstellung eines geeigneten Gebäudes. Humboldt hatte dafür das Palais des Prinzen Heinrich ausersehen, das, in den Jahren 1748 bis 1753 nach Plänen von Johannes Boumann errichtet, inzwischen anderen Zwecken diente und erst nach vielem Hin und Her schließlich für die neue Universität freigegeben wurde.

Nicht weniger Mühen bereitete Humboldt die Auswahl der Professoren, auf die er persönlich großen Einfluß genommen hat, obschon er an seine Frau schrieb, daß «die Gelehrten – die unbändigste und am schwersten zu befriedigende Menschenklasse (seien) – mit ihren sich ewig durchkreuzenden In-

Universitätsgebäude
Um 1825

teressen, ihrer Eifersucht, ihrem Neid, ihrer Lust zu regieren, ihren einseitigen Ansichten, wo jeder meint, daß nur sein Fach Unterstützung und Beförderung verdiene».[32]

Nach Humboldts Plan sollte die Universität in eine Theologische, eine Juristische, eine Philosophische und eine Medizinische Fakultät gegliedert sein. An diese vier Fakultäten wurden hervorragende Gelehrte bürgerlich-progressiver Gesinnung berufen. Die Liste der von Humboldt vorgeschlagenen Gelehrten enthielt klangvolle Namen: der Philosoph Johann Gottlieb Fichte, der auch als erster vom Senat gewählter Rektor an der Spitze der Universität stand, der Theologe Friedrich Daniel Schleiermacher, der Historiker Barthold Georg Niebuhr, der Jurist Karl Friedrich von Savigny, die Sprachwissenschaftler und Altertumsforscher Friedrich August Wolf und August Boeckh, die Archäologen Johann Joachim Bellermann und Aloys Hirt, die Mediziner Christoph Wilhelm Hufeland, Karl Rudolphi, Johann Christian Reil und Johann Horkel, der Agrarwissenschaftler Albrecht Daniel Thaer, der Botaniker Carl Ludwig Willdenow, der Zoologe Hinrich Martin Lichtenstein und der Mineraloge Christian Samuel Weiss, die Chemiker Sigismund Friedrich Hermbstaedt und Martin Heinrich Klaproth, der Physiker Paul Erman und der Mathematiker Ernst Gottfried Fischer folgten dem Ruf an die neue

Was das Aeußere des Universitätsgebäudes anbetrifft, so ist es ganz dasselbe geblieben, wie dies Palais Boumann der Aeltere für den Prinzen Heinrich, Bruder Friedrich's des Großen, erbaute, und sowohl diese äußere Form als auch die Lage des Gebäudes machen es zu einem der schönsten in der Residenzstadt. Hinsichtlich der inneren Einrichtung entspricht dieses dem Hohen Zweck, für den es bestimmt wurde, und mit Bequemlichkeit und Einfachheit sind Pracht und Eleganz auf das trefflichste vereinigt.
Carl von Kertbeny:
Berlin wie es ist,
Leipzig 1981.

31 Wilhelm von Humboldt: Antrag auf Errichtung der Universität Berlin, Juli 1809. In: Ebenda, S. 115.
32 Wilhelm von Humboldt. Sein Leben und Wirken, dargestellt in Briefen, Tagebüchern und Dokumenten seiner Zeit, Berlin 1955, S. 655.

Christoph Wilhelm Hufeland
Kupferstich von Joseph Erasmus Bellinger
Um 1800

August Boeckh
Lithographie von Wilhelm Werner nach einem Gemälde von F. Krüger. Um 1830

Universität. Diese konnte, nachdem der König bereits im August 1809 die Stiftungsurkunde unterzeichnet hatte, endlich am 10. Oktober 1810 eröffnet werden. Humboldt, bereits zurückgetreten, befand sich nicht unter den Gästen. Als Stifter ließ sich Friedrich Wilhelm III. feiern, nach dem sie auch 1828 benannt wurde und dessen Namen sie bis 1945 trug.

Doch der König gab nur seinen Segen; ihre Gründung war das Werk Wilhelm von Humboldts und jener fortschrittlich gesinnten Männer, die ihm, allen Widerständen zum Trotz, zur Seite standen. Durch Humboldt erhielt Berlin eine Universität, die, unbelastet von feudalen Traditionen, in unmittelbarer Verbindung mit der beginnenden bürgerlichen Umgestaltung entstand. Ihr Profil gewann sie aus der Einheit von Weltanschauung, Ausbildung und wissenschaftlicher Forschung, und sie wurde zum Muster für eine allmähliche Umgestaltung des höheren Bildungswesens in Deutschland und darüber hinaus.

Den bürgerlich-progressiven Charakter der Berliner Universität spiegelte auch die Zusammensetzung der Studentenschaft wider. Der überwiegende Teil der 256 Studenten, die sich im Wintersemester 1810 einschrieben, war bürgerlicher Herkunft; nur 36 Studenten waren von Adel.[33]

Der Grundgedanke, dem die Universitätsgründung folgte, fand seinen sichtbaren Ausdruck in den historischen Ereignis-

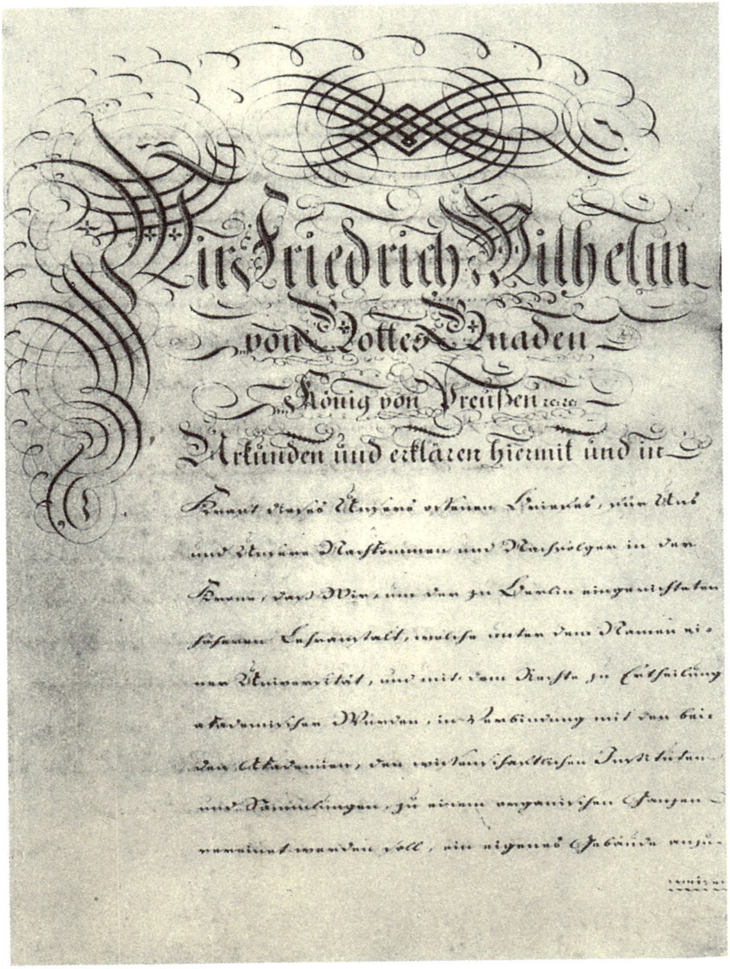
Wir Friedrich Wilhelm
von Gottes Gnaden
König von Preußen etc.
Urkunden und erklären hiermit und in
Kraft dieses Unseres offenen Briefes, für Uns
und Unsere Nachkommen und Nachfolger in der
Krone, daß Wir, nachdem der zu Berlin eingerichteten
höheren Lehranstalt, welche unter dem Namen ei-
ner Universität, und mit dem Rechte zu Ertheilung
akademischer Würden, in Verbindung mit den bei-
den Akademien, den wissenschaftlichen Instituten
und Sammlungen, zu einem organischen Ganzen
vereinigt werden soll, ein eigenes Gebäude ...

Schenkungsurkunde Friedrich Wilhelms III. vom 24. November 1810

Der Gelehrte ist ganz vorzüglich für die Gesellschaft bestimmt: ... Seine für die Gesellschaft erworbene Kenntniß soll er nun wirklich zum Nutzen der Gesellschaft anwenden; er soll die Menschen zum Gefühl ihrer wahren Bedürfnisse bringen, und sie mit den Mitteln ihrer Befriedigung bekannt machen.
... Aber er hat die Menschen nicht nur im allgemeinen mit ihren Bedürfnissen und den Mitteln, dieselben zu befriedigen, bekannt zu machen: er hat sie insbesondere zu jeder Zeit und an jedem Orte auf die eben jetzt, unter diesen bestimmten Umständen eintretenden Bedürfnisse und auf die bestimmten Mittel, die jetzt aufgegebenen Zwecke zu erreichen, zu leiten. Er sieht nicht bloß das Gegenwärtige, er sieht auch das künftige: er sieht nicht bloß den jetzigen Standpunkt, er sieht auch, wohin das Menschengeschlecht nunmehr schreiten muß, wenn es auf dem Wege zu seinem letzten Ziele bleiben und nicht von demselben abirren, oder auf ihm zurückgehen soll ... In dieser Rücksicht ist der Gelehrte der *Erzieher* der Menschheit.
Johann Gottlieb Fichte: Vierte Vorlesung. Ueber die Bestimmung des Gelehrten. In: Johann Gottlieb Fichte: Von den Pflichten der Gelehrten. Jenaer Vorlesungen 1794/95, Berlin 1972, S. 38–40.

sen des Jahres 1813. Fichte rief die Studentenschaft zur Beteiligung an den bewaffneten Kämpfen um die Befreiung vom napoleonischen Joch auf. Die Berliner Studenten meldeten sich in Scharen als Freiwillige; fast alle Professoren stellten ihre Vorlesungen ein. Als Berlin nochmals durch französische Truppen bedroht wurde, traten viele Professoren, unter ihnen auch Fichte, dem Landsturm bei. Unter den Studenten, die in den Freiheitskämpfen von 1813 fochten, waren auch der Dichter Theodor Körner, der am 26. August 1813 als Angehöriger des Lützowschen Freikorps fiel, und der später berühmte Pädagoge Friedrich Wilhelm August Fröbel, damals Student der Mineralogie.

33 Siehe Walter Mohrmann: Die Berliner Universität im 19. Jahrhundert. In: Berliner Wissenschaftshistorische Kolloquien III, S. 74.

Zu ihren ersten Ehrendoktoren ernannte die junge Universität im Jahre 1814 die siegreichen Heerführer und Politiker der Befreiungskriege: Karl August von Hardenberg, Gebhard Leberecht von Blücher, Hans David Ludwig Graf Yorck von Wartenburg und August Wilhelm Anton Neidhardt von Gneisenau.

Studenten
als Kriegsfreiwillige
Zeichnung von R. Knötel
1911
Fichte als Rektor der Universität verabschiedet Studenten zur freiwilligen Teilnahme an den Befreiungskriegen. Im Hintergrund – rechts – ist Schleiermacher dargestellt.

Karikatur auf die Unterdrückung jeder freien Meinungsäußerung durch die Heilige Allianz
Um 1825

Aus den Befreiungskriegen brachten die Studenten den Gedanken der Einheit und Freiheit Deutschlands mit, der von den 1815 gegründeten Burschenschaften aufgenommen und gepflegt wurde. Als sich zeigte, daß der Volkskrieg von 1813 nicht zur ersehnten Einheit Deutschlands, sondern mit dem Wiener Kongreß von 1815 zur «Heiligen Allianz» der Reaktion führte, nahmen sich vor allem die Studenten der Traditionen der Befreiungskriege an.[34]

Am Wartburgfest 1817 beteiligten sich auch die Berliner Studenten zahlreich, unter ihnen Hans Ferdinand Maßmann, der dazu aufrief, einen preußischen Ulanenschnürleib, einen hessischen Soldatenzopf und einen österreichischen Korporalstock als Symbole menschenverachtenden Drills öffentlich zu verbrennen.[35]

Die preußische Regierung stemmte sich dieser für sie gefährlichen Entwicklung mit aller Konsequenz entgegen. Sie nahm den anarchistischen Mord an dem als Vaterlandsverräter angesehenen Dichter August Friedrich Ferdinand von Kotzebue im März 1819 durch den Jenenser Studenten Karl Ludwig Sand zum Anlaß, um rigoros gegen die Burschenschaften und fortschrittliche Professoren vorzugehen. Die berüchtigten «Karlsbader Beschlüsse» von 1819 enthielten auch

34 Siehe ebenda, S. 75.
35 Siehe ebenda.

ein Universitätsgesetz, das die Tätigkeit der Universitäten und die an ihnen gelehrten Ideen einer strikten politischen Aufsicht unterwarf.[36]

Die dafür eingesetzten staatlichen Sonderbeauftragten – Kuratoren – wurden insbesondere an den preußischen Universitäten mit diktatorischen Vollmachten ausgestattet. Die Forderungen nach Einheit, Freiheit und Gleichheit konnten nur noch im verborgenen diskutiert werden. Gesinnungsschnüffelei, Berufsverbote für demokratisch gesinnte Professoren, Exmatrikulationen fortschrittlicher Studenten – ein ganzes Bündel reaktionärer, unter dem Stichwort «Demagogenverfolgung» geschichtsnotorisch gewordener Maßnahmen beeinträchtigten das geistige Leben an den preußischen Universitäten bis an die Schwelle der Revolution von 1848.

«Demagoge», eigentlich Volksverführer, aber gewann im Verständnis des Volkes den ehrenvollen Sinn einer Bezeichnung für einen standhaften Vertreter seiner Interessen gegen das überlebte System des preußischen Absolutismus.

Förderung des Gewerbefleißes

Während in England die industrielle Revolution schon seit gut einem halben Jahrhundert voranschritt, waren die Gewerbe im wirtschaftlich rückständigen Preußen in den ersten Jahrzehnten des 19. Jahrhunderts noch immer durch Handwerk und Manufaktur bestimmt. Über die Schlüsselpositionen in der Wirtschaft verfügte direkt oder indirekt der preußische Staat. In seinen Hütten und Gießereien, Werkstätten und Manufakturen wurde hergestellt, was nötig war, und nötig war, was dem König diente. Berlin machte dabei keine Ausnahme; die bedeutendsten Manufakturen in der Residenz-

Hof der Königlich Preußischen Porzellanmanufaktur Aquarell mit Feder von Eduard Gärtner. 1818
Neben der königlichen Eisengießerei war die Porzellanmanufaktur, die in der Zeit Friedrichs II. gegründet wurde, mit ihrer Zweigfabrik an der Tiergartenmühle ein weiteres führendes Unternehmen in Berlin. Von ihr gingen wesentliche Impulse für die Gründung mehrerer privater Porzellanfabriken aus. 1799 wurde in der königlichen Porzellanmanufaktur für das Brech- und Mahlwerk die erste Berliner Dampfmaschine in Betrieb genommen. Der bekannte Berliner Architekturmaler E. Gärtner hat dieses Aquarell während seiner dortigen Lehrzeit als Porzellanmaler gefertigt.

Erste Tagung der Berliner Stadtverordnetenversammlung am 6. Juli 1809 in der Nicolaikirche
Aquarell von F. A. Calau 1809
Auf der Grundlage einer Verordnung vom 19. November 1808 erfolgte eine Neuordnung des Städtewesens. Trotz aller noch vorhandenen Einengungen brachte sie für das Bürgertum eine weitgehende städtische Selbstverwaltung. Wer das städtische Bürgerrecht besaß, das heißt über ein Jahreseinkommen von mindestens 200 Talern verfügte, konnte sich an der Stadtverordnetenwahl beteiligen. Die Stadtverordnetenversammlung wählte den Magistrat (Stadtrat).

stadt waren die Königliche Porzellanmanufaktur, die Königliche Eisengießerei, die Königliche Gold- und Silberwarenmanufaktur, die Königliche Pulverfabrik sowie die staatlich subventionierte Tuchmacherei und Baumwollmanufaktur.[37] Der Staat griff in alle Bereiche der Wirtschaft und des Handels ein: reglementierend, kontrollierend, verbietend, doch auch fördernd, unterstützend und subventionierend.

Nach dem Zusammenbruch der preußischen Feudalmonarchie im Jahre 1806 gelang es den liberalen Reformpolitikern

36 Siehe ebenda, S. 76.
37 Siehe: Berlin. Zehn Kapitel seiner Geschichte, S. 176/177.

um Karl Freiherr von und zum Stein und Karl Fürst von Hardenberg durch das Edikt vom Oktober 1807, gegen den Widerstand des reaktionären Feudaladels die Erbuntertänigkeit der Bauern aufzuheben, durch die Städtereform 1808 den Zunftzwang zu beseitigen und 1810 die Gewerbefreiheit zu proklamieren. Damit waren wesentliche Schranken niedergerissen, die der Entfaltung privaten Unternehmertums und einer allmählichen wirtschaftlichen Gesundung des verarmten und ökonomisch dahinsiechenden Landes entgegenstanden. Die Entwicklung des Gewerbefleißes und die Einführung moderner Tecknik fanden staatliche Unterstützung; der Merkantilismus friderizianischer Prägung wurde wenigstens teilweise von einer liberalen Handels- und Gewerbepolitik abgelöst, die auf bürgerliche Initiative baute.

Als Wegbereiter der Industrialisierung Preußens wirkten der Direktor des Manufaktur- und Kommerzien-Kollegiums

Ein von Schinkel entworfener Kran am Spreeufer auf dem Grundstück der Ziegelstraße 18/19 Aufnahme von 1902
Der Aufstieg der Berliner Eisengießerei war seit Beginn des 19. Jahrhunderts auch mit der Herstellung von Erzeugnissen des Eisenkunstgusses verbunden. Schon um 1805 wurde an der königlichen Eisengießerei eine Werkstatt für Former und Bildhauer eingerichtet. Die von 1805 bis 1848 hergestellten Neujahrsplaketten geben einen interessanten Eindruck von den Produkten des technischen und künstlerischen Fortschritts: Gasbeleuchtungsgeräte, Eisenbahnschienen, Dampfmaschinen und Lokomotiven, Konstruktionen für Brücken- und Kanalbauten, Ofenplatten sowie Leistungen der Denkmalkunst.
Im Rahmen der Baumaßnahmen für ein Poliklinikum (um 1902) wurde der hier abgebildete Kran demontiert.

Gottlieb Johann Friedrich Christian Kunth
Lithographie von Paul Rohrbach nach B. de Galle. Um 1810
Seine progressive Handels- und Gewerbepolitik, seine enge Freundschaft mit führenden Vertretern der bürgerlichen Reformpolitik und sein solides technisches Wissen ließen ihn zu einem umsichtigen Initiator und Förderer von fortschrittlichen Maßnahmen werden, die den Beginn der bürgerlichen Umwälzung in Preußen charakterisieren. In seiner Funktion setzte er seine organisatorischen Fähigkeiten und seine Begabung, neueste Entwicklungen selbst in ihren schwierigen Einzelheiten schnell zu erfassen und anderen zu erklären, in vollem Maße ein. So suchte er die Gewerbetreibenden in ihren oft entlegenen Fabrikorten auf, regte sie an, ihre Einrichtungen zu vervollkommnen und sich der neuen Errungenschaften zu bedienen, über welche die Industrien Englands, Frankreichs und Belgiens schon verfügten.

Peter Christian Wilhelm Beuth
Lithographie von Bormann nach F. Krüger
Mit dem Namen Beuth ist nicht nur der einsetzende Progreß in der direkten gewerblichen Entwicklung Preußens verbunden, sondern auch die Verbesserung des Kunstgewerbes und der Kunstindustrie. So gab das unter seiner Leitung stehende Gewerbe-Institut ab 1821 die Sammlung «Vorbilder für Fabrikanten und Handwerker» heraus, die vielfältige Anstöße und Beispiele anbot, wie in den technischen Produkten das Praktische mit dem Ästhetischen zu verbinden sei.
Er war auch der Stifter des Beuth-Schinkel-Museums, das später zur Technischen Hochschule gehörte.

und der Technischen Deputation, der ehemalige Erzieher der Brüder von Humboldt, Gottlob Johann Friedrich Christian Kunth, und Peter Christian Wilhelm Beuth, der 1814 als vortragender Rat in die Gewerbeverwaltung eintrat, 1818 zum Chef des Departements für Handel und Gewerbe berufen und 1819 zum Direktor der reorganisierten Technischen Deputation für Gewerbe ernannt wurde. Kunths Aufgaben lagen vornehmlich in der Förderung des Gewerbes durch die Sammlung und Vermittlung von technischen Informationen über ein wohlorganisiertes Netz von Agenten in England und Frankreich. Von dieser Industriespionage profitierten vor allem die Textilmanufakturen, die Eisenindustrie und der Maschinenbau.

Eine für die Entwicklung des Maschinenbaus unentbehrliche Funktion erfüllte bis in die zwanziger Jahre hinein die Königliche Eisengießerei vor dem Oranienburger Tor, die auf Anregung des Ministers Friedrich von Reden 1804 gegründet worden war. Sie war, schrieb Heinrich Weber 1820, so etwas wie «die Vorarbeiterin für alle Gewerbe zur Darstellung mechanischer Werkzeuge und Triebwerke für die Fabriken und Manufakturen Berlins».[38] Insbesondere nach 1808 prosperierte die Königliche Eisengießerei. Ihre Einrichtungen mußten erweitert werden: 1814 wurde das Lehmformhaus erbaut, 1816 kam ein gußeisernes Ausstellungsmagazin hinzu, 1819/20 entstand die Neue Gießhütte. Die Königliche Eisengießerei wurde nicht nur durch die Herstellung von gußeisernen Maschinenteilen, Walz- und Mahlwerken, Geschützrohren und Kanonenkugeln bekannt; sie stellte auch gußeiserne Brücken und überschwere Gußstücke mit einem Gewicht von mehr als

38 Zit. in: Berlin: Von der Residenzstadt zur Industriemetropole, Bd. I, S. 103.

Sie geht zehn Minuten, dann steht sie still. Es fehlt an Dämpfen und an allem. Der erste Anblick zeigt schon, daß man hier noch nicht solche Maschine zu konstruieren versteht.
Gottlob Johann Friedrich Christian Kunth 1816 in einem Bericht über die erste von der Königlichen Eisengießerei gebaute Dampfmaschine. Zit. in: Ilja Mieck: Der Staat und die Anfänge des Maschinenbaus in Berlin. In: Berlin: Von der Residenzstadt zur Industriemetropole, Bd. I, Berlin (West) 1981, S. 100.

100 Zentnern her; nach 1815 vor allem Denkmale für die Befreiungskriege. Berühmtheit erlangten der gußeiserne Schmuck, der als «fer de Berlin» bis nach Amerika verkauft wurde, sowie gußeiserne Möbel. Die enge Zusammenarbeit zwischen hervorragenden Handwerkern, wie den Goldschmieden George Hossauer, Devaranne und Moritz Geiss, und Künstlern, zu denen Karl Friedrich Schinkel, Johann Gottfried Schadow, Christian Daniel Rauch und Christian Friedrich Tieck gehörten, verschaffte dem Berliner Eisenkunstguß eine unvergleichliche Stellung. Besonders geschätzt waren auch die aus Eisen gegossenen Neujahrsplaketten, die im Relief Gebäude und Produkte der Gießerei zeigten und ab 1812 in samtgefütterten Lederetuis an den König, an Standespersonen und Geschäftspartner versandt wurden.

Wenig erfolgreich hingegen waren die Versuche der Königlichen Eisengießerei, Dampfmaschinen und Lokomotiven zu bauen. Zwar stellte der Hüttenfaktor Krigar schon 1816 dem staunenden Publikum den ersten Dampfwagen des Kontinents vor, doch traten vielerlei Mängel auf, so daß er nicht eingesetzt werden konnte. Nicht anders erging es einer zweiten, für ein Bergwerk an der Saar gebauten Lokomotive, die nicht zu bewegen war, mehr als «20 oder 30 Fuß vor- und rückwärts zu rücken, wobei sehr oft durch Schieben und Stoßen hat Hilfe geleistet werden müssen».[39] Auch die Bemühungen der Königlichen Eisengießerei um den Bau von Dampfmaschinen endeten enttäuschend: Die gefertigten Exemplare wurden letztlich wieder eingeschmolzen.

Anders hingegen verlief die Entwicklung der Dampfschiffahrt. Der Aufschwung des Schiffbaus im Berliner Raum be-

Das Dampfschiff «Prinzessin Charlotte»
Kolorierte Aquatinta
Radierung von F. A. Calau
1818
Das Schiff mit einer Länge von 40 m und einer Breite von 5,8 m war mit einer Wattschen 30-PS-Dampfmaschine ausgerüstet. Unter den in der Mitte liegenden Holzaufbauten befand sich das mit 8 Schaufeln versehene Antriebsrad. Die «Prinzessin Charlotte» stand im Dienst der königlich-preußischen Post und war im Liniendienst zwischen Charlottenburg und Potsdam eingesetzt.

gann, nachdem im Jahre 1815 dem englischen Ingenieur John Humphreys ein Privileg zum Bau von Dampfschiffen in Preußen erteilt worden war. Neun Jahre nach der Fahrt des ersten Dampfschiffes «Clermont» auf dem Hudson lief in Pichelsdorf bei Spandau das erste deutsche Dampfschiff, die «Prinzessin Charlotte von Preußen», vom Stapel. Ihr folgten 1817 der «Courier» und «Stadt Magdeburg», 1818 «Friedrich Wilhelm III.» und 1819 «Fürst Blücher». Der gleichzeitig eingerichtete regelmäßige Passagierdienst nach Potsdam wurde indes 1822 wegen zu hoher Betriebskosten und mangelnden Bedarfs wieder eingestellt; die Schiffe wurden verkauft oder verschrottet. Doch schon sechs Jahre später nahm die 1828 gegründete «Berliner Dampfschiffahrtsgesellschaft» mit den Dampfern «Berlin» und «Henriette» den Liniendienst nach Hamburg auf. 1851 übernahm dann die «Preußische Seehandlung» Schiffe und Liniendienste.[40]

Während die Bemühungen der Königlichen Eisengießerei um den Bau von Dampfschiffen gescheitert waren, nahm sich der gebürtige Westfale Georg Christian Freund, der 1814 von Kopenhagen nach Berlin gekommen war, dieses Vorhabens mit ungleich größerem Erfolg an. Freund konstruierte 1815 für die Gold- und Silberwaren-Manufaktur Hensel & Schumann eine einwandfrei funktionierende Dampfmaschine mit einer Leistung von immerhin sechs Pferdestärken. «Die Nettigkeit und die Genauigkeit, mit welcher der ... Kolben und alle übrigen Teile der Maschine ausgeführt sind», urteilte Hensel, «setzt sie unter die ersten englischen.»[41] Sie tat ihren Dienst bis zum Jahre 1902.

Dieser Erfolg war ganz nach dem Geschmack der Gewerbeverwaltung. Kunth und Beuth sahen darin eine Bestätigung bürgerlich-liberaler Gewerbepolitik: Ohne staatliche Unterstützung setzten sich privater Unternehmergeist und handwerklich-technisches Geschick durch. Beuth lehnte daher auch jede finanzielle Unterstützung für den jungen Unternehmer ab – und er behielt recht. Freund bekam neue Aufträge: Bis zum Jahre 1826 baute die Freundsche Fabrik, die ab 1819 von Julius Conrad Freund, dem Bruder des verstorbenen Georg Christian, geführt wurde, elf Dampfmaschinen, denen bis 1834 weitere sechs folgten. Von den 26 Dampfmaschinen, die bis 1834 in Berlin arbeiteten, stammten neun von Freund. Die Gewerbeverwaltung gab selbst Dampfmaschinen bei Freund in Auftrag: Eine mit zehn Pferdestärken Leistung erhielt die Königliche Eisengießerei, eine weitere mit 16 Pferdestärken

Die Eisengießerei, an der, vor dem Oranienburger Thore an der Panke im Jahre 1702 angelegten Schleifmühle, durch den Minister *von Reden* im Jahre 1804 geschaffen, dehnt ihre weitläufigen Gebäude, von denen die bedeutendsten die neuere Zeit hervorgerufen, längs der rechten Seite der Invalidenstraße vor dem Oranienburger Thore aus, und ist in Hinsicht ihres Nutzens eine von den Anstalten, welche unserer Residenzstadt zur Zierde gereichen. Auf eine wundersame Weise vereinigt sie das Nützliche mit den Angenehmen, und es ist kaum glaublich, daß aus derselben Werkstatt, welche die zerstörenden Werkzeuge des Krieges, welche Statuen und Denkmäler, Verzierungen aller Art, Gefäße, nützliche Maschinerien oder wenigstens einen großen Theil der dazu nöthigen Stücke, welche endlich in unserer Zeit die Zierden unserer Kirchhöfe, die geschmackvollen Kreuze auf den Grabhügeln der Verstorbenen liefert, daß zugleich auch aus derselben Werkstatt die zierlichsten Arbeiten, von demselben Material verfertigt, wie die zuerst genannten, hervorgehen.
Carl von Kertbeny: Berlin wie es ist, S. 233/234.

39 Zit. in: Ebenda, S. 100.
40 Siehe Lothar Baar: Die Berliner Industrie in der industriellen Revolution, Berlin 1966, S. 20/21.
41 Zit. in: Ilja Mieck: Der Staat und die Anfänge des Maschinenbaus in Berlin. In: Berlin: Von der Residenzstadt zur Industriemetropole, Bd. I, S. 101.

ging an die Königliche Porzellanmanufaktur. Auch die Bauverwaltung setzte eine Freundsche Dampfmaschine ein, im Jahre 1822 zum Wasserschöpfen beim Bau der neuen Schloßbrücke und später zum Schleifen und Polieren der berühmten Granitschale im Berliner Lustgarten.

Indes waren weder die Maschinenbau-Anstalt von Freund noch die Königliche Eisengießerei Betriebe, die am Anfang des 19. Jahrhunderts für die preußische Gewerbepolitik typisch gewesen wären. Sie waren Repräsentanten zweier gegensätzlicher Auffassungen, des Liberalismus, der auf Unternehmergeist, Marktbedarf und Profitstreben setzte, und des Merkantilismus, der bestrebt war, ökonomische Prozesse durch gezielte staatliche Eingriffe zu steuern. Vorherrschend war vielmehr, junge hoffnungsvolle Unternehmer durch staatliche Unterstützung zur Konkurrenzfähigkeit zu führen.[42]

In dieser frühen Periode industrieller Entwicklung wurden alle Mittel und Methoden, auch wenn sie aus dem Arsenal merkantilistischer Gewerbepolitik stammten, eingesetzt, um der Belebung der Gewerbe zu dienen. In diesem Prozeß nahmen Kunth und Beuth in den zwanziger Jahren, auf verschiedenen Ebenen arbeitend, eine Schlüsselposition ein. Kunth wurde 1816 in die Funktion eines General-Handels- und Fabriken-Kommissars berufen, während Beuth 1818 die Leitung des Gewerbe-Departements übertragen wurde, an dessen Spitze er bis 1845 stand. Im Jahre 1819 wurde Beuth schließlich auch zum Direktor der reorganisierten Technischen Deputation für Gewerbe ernannt.

Um engen Kontakt mit den Gewerbetreibenden bemüht, gründete Beuth 1820 den «Verein zur Beförderung des Gewerbefleißes» in Preußen, in dem er selbst den Vorsitz, Kunth die Funktion eines der beiden Stellvertreter übernahm. Im gleichen Jahr gründete Beuth in Berlin die «Technische Schule», eine Art Polytechnikum, in dem angehende Werkmeister und Fabrikanten das für ihre Tätigkeit notwendige Wissen erwerben konnten. Die Technische Deputation für Gewerbe, der Verein zur Beförderung des Gewerbefleißes in Preußen und die «Technische Schule» fanden ihren Sitz im ehemaligen Haakeschen Palais in der Klosterstraße 36. Die «Technische Schule» wurde 1827 in «Gewerbe-Institut» umbenannt, ab 1866 führte sie den Namen «Gewerbe-Akademie». Aus ihr und der Bauakademie entstand schließlich 1879 die Königliche Technische Hochschule.[43]

Mit der Entwicklung der «Technischen Schule» ging ab 1818 die Gründung von 14 Provinzial-Gewerbeschulen einher, die einerseits eine bessere Beamtenausbildung gewährleisten sollten, andererseits als Vorschule für den Besuch des Berliner Gewerbe-Instituts gedacht waren. Beuth arbeitete als Direktor

Das Ziel des «Vereins zur Beförderung des Gewerbfleißes in Preußen» bestand darin, «die Entwicklung und den Aufschwung der Gewerbe im Preußischen Staate möglichst zu befördern ..., Kenntnis nehmen von dem Zustand der Gewerbsamkeit im In- und Ausland, Prüfungen von Entdeckungen und Erfindungen, Unterricht, Aufmunterung durch Belohnung bedeutender Erfindungen, Konkurrenz durch das Aussetzen von Prämien sind die Mittel, derer die Gesellschaft sich bedient, ihren Zweck zu erreichen.» *Christian Peter Wilhelm Beuth (1821). Zit. in: Wilhelm Treue: Preußen und die Förderung der nützlichen Künste. In: Berlin: Von der Residenzstadt zur Industriemetropole, Bd. I, S. 67.*

Das Königliche Gewerbe-Institut
Stahlstich
von Ernst Grünewald
nach einer Zeichnung
von E. Gärtner. 1833
Das Gebäude des Gewerbe-Instituts – rechtes äußeres Haus – wurde 1827 von Schinkel erbaut. Anregungen für diesen frühen Rasterbau mit neuartiger Eisenfensterkonstruktion erhielten Schinkel und Beuth auf ihrer gemeinsam durchgeführten Studienreise nach England (1826). In den rund dreißig Jahren des Bestehens dieser Schule haben hier etwa 1 200 Schüler eine ein- bis dreijährige Ausbildung erhalten.

der «Technischen Schule» eng mit dem Direktor der 1799 gegründeten Bauakademie, Karl Friedrich Schinkel, dem er in tiefer Freundschaft verbunden war, zusammen; ebenso auch mit dem Direktor der 1823 gegründeten «Königlichen Gärtnerlehranstalt zu Schöneberg und Wildpark», dem Gartenarchitekten Peter Josef Lenné. Im Jahre 1829 schließlich wurde Beuth auch das Direktorat der Bauakademie übertragen.

Das technische Schulwesen entstand in Preußen in gewolltem Gegensatz zum neuhumanistischen Bildungsideal Wilhelm vom Humboldts. Beuth vertrat die Auffassung, der gelehrte Unterricht an den vier Berliner Gymnasien sei für den Gewerbestand «zu kostbar und zeitraubend».[44] Die Schüler der «Technischen Schule» mußten sich verpflichten, nicht Beamte im Staatsdienst, sondern freie Gewerbetreibende oder leitende Angestellte zu werden. Gewerbeförderung durch Bildung stand also im Vordergrund aller staatlichen Bemühungen um eine liberale Gewerbepolitik. Diesem Ziel diente auch die erste, bereits 1822 von Beuth organisierte Ausstellung des preußischen Gewerbes im Gewerbehaus Klosterstraße 38, an der sich 176 Unternehmer – freilich nur 36 aus Berlin – beteiligten.[45]

Die technische Schule zerfällt in zwei Klassen ... Wer mehr lernen will, thut es auf der Universität. Dieses Mehr schliesse ich von der technischen Schule deshalb aus, weil ich es mehr für eine Zierde, als von wesentlichem Einflusse auf das Gedeihen der Gewerbe und auf ihre Blüthe halte.
Christian Peter Wilhelm Beuth 1821 in seinem Organisationsplan für die Technische Schule in Berlin. Zit. in: Hans Joachim Wefeld: Das technische Schulwesen als Basisfaktor für die junge Industriemetropole Berlin. In: Ebenda, S. 383/384.

Nicht ganz den Provinzial-Gewerbeschulen vergleichbar, doch sehr im Sinne Beuthscher Gewerbepolitik war die Gründung der «Städtischen Gewerbeschule» im Jahre 1824. Diese in der Niederwallstraße 12 ansässige kommunale Einrichtung reicht in ihrer Entstehungsgeschichte bis ins Jahr 1806 zurück,

42 Siehe ebenda, S. 103/104.
43 Siehe Wilhelm Treue: Preußen und die Förderung der nützlichen Künste. In: Ebenda, S. 67–70.
44 Zit. in: Ebenda, S. 67.
45 Siehe Ilse Balg: Das Preußische Element in der Entwicklung Berlins zum Industriezentrum. In: Ebenda, S. 58.

in dem Ernst Gottfried Fischer, Professor am Gymnasium zum Grauen Kloster, auf die Unzulänglichkeit der alten Gymnasialschulen aufmerksam gemacht hatte. Doch bedurfte es eines zähen Ringens – nicht zuletzt um die Finanzierung der Anstalt –, bis auf Initiative des Bürgermeisters von Berlin, von Bärensprung, die «Städtische Gewerbeschule» gegründet werden konnte.

Im Mittelpunkt der Ausbildung standen Mathematik und Naturwissenschaften; anstelle von Griechisch und Latein wurden Englisch und Französisch gelehrt. Im Lehrprofil der Schule waren die späteren Realgymnasien vorgeprägt. Mit der Reifeprüfung konnten Absolventen der «Städtischen Gewerbeschule» zum «Gewerbeinstitut» überwechseln; andere Schüler verließen die Anstalt früher, um «zur Handlung und zu den Gewerben zu gehen».

Geleitet wurde die «Städtische Gewerbeschule» von Karl Friedrich von Klöden, unter dessen Direktorat eine Reihe von bedeutenden Wissenschaftlern lehrten. Zu ihnen gehörten der Mathematiker Jakob Steiner, der Literaturhistoriker Philipp Wackernagel und der Chemiker Friedrich Wöhler. Letzterer wurde 1825 durch Bemühungen von Leopold von Buch, Jöns Jakob Berzelius und Eilhard Mitscherlich nach Berlin geholt und lehrte dort bis zu seinem Weggang nach Kassel 1831 an der Gewerbeschule Chemie und Mineralogie.[46] Durch Wöhler, Mitscherlich und Heinrich Rose erlebte die Chemie in Berlin eine erste Blütezeit.

Der berühmteste Zögling der – später in Friedrichswerdersche Oberrealschule umbenannten – «Städtischen Gewerbeschule» war wohl der Apothekerlehrling Theodor Fontane, der allerdings erst im Jahre 1833, also nach Wöhlers Weggang, in die Anstalt aufgenommen wurde.[47]

Die Bemühungen auf staatlicher wie auf kommunaler Ebene, den Bildungsstand junger Handwerker und Gewerbetreibender auf das fortgeschrittene Niveau der Naturwissenschaften zu heben, haben wesentlichen Einfluß auf die Durchsetzung der industriellen Revolution in Preußen und die Entwicklung Berlins zu einer modernen Industriemetropole ausgeübt. Indes war es nicht so, daß Gymnasial- und Realbildung, universitäre und technische Bildung in einem unüberbrückbaren Interessengegensatz standen. Sie waren die beiden Pole, zwischen denen sich die Entwicklung Berlins zu einem wissenschaftlichen und industriellen Zentrum vollzog.

Minister Karl Freiherr vom Stein zum Altenstein bemühte sich um die Einrichtung eines Polytechnischen Instituts in Berlin, vor allem im Zusammenhang mit dem Versuch, den Mathematiker Carl Friedrich Gauß von Göttingen nach Berlin zu ziehen. Diese Pläne scheiterten an der fehlenden Kom-

Bei dem raschen Vorschreiten der Naturwissenschaften, bei der innigen Verschmelzung derselben mit dem Gewerbebetriebe, bei den Fortschritten, welche der Kunstfleiß des Auslandes, besonders durch Institute dieser Art gehoben, täglich macht, bei den größeren Anforderungen, welche bei der veränderten Lage des Gewerbestandes jetzt an wissenschaftliche Ausbildung der Gewerbetreibenden gemacht werden, wird eine solche Anstalt ein dringendes Bedürfnis der Zeit.
Ankündigung des Magistrats zur Eröffnung der Gewerbeschule vom 18. Okt. 1824. Stadtarchiv Berlin, Rep. 20.

Karl Friedrich von Klöden
Gemälde
von W. Kalchbrenner. 1846
Als Sohn eines Unteroffiziers 1786 geboren, lernte er früh das karge Dasein einer einfachen preußischen Soldatenfamilie kennen. Er brachte aber den Mut und die Kraft auf, alle Hemmnisse zu überwinden und sich eine geachtete Stellung in der Gesellschaft zu erarbeiten. Bis 1855 war er Direktor der städtischen «Berliner Gewerbeschule». Neben seiner bedeutenden schulpolitischen Tätigkeit hat er sich besondere Verdienste als Geograph, Kartenstecher und Historiker, vor allem durch Arbeiten zur historischen und geologischen Entwicklung der Mark Brandenburg, erworben.

petenz Altensteins bei der Bestimmung des beruflichen Einsatzes der Absolventen einer solchen Einrichtung. Im Jahre 1824 wurden sie gänzlich ad acta gelegt, nicht zuletzt, weil Gauß selbst inzwischen den Gedanken, nach Berlin zu gehen, aufgegeben hatte.[48]

46 Siehe Herbert Teichmann: Zum Wirken Friedrich Wöhlers in Berlin. In: Berliner Wissenschaftshistorische Kolloquien IX, S. 17–31.
47 Siehe ebenda, S. 47, Anm. 3.
48 Siehe G. Schubring: Pläne für ein polytechnisches Institut in Berlin. In: Philosophie und Wissenschaft in Preußen, S. 212–215.

Ein Jahrzehnt im Zeichen Hegels: die zwanziger Jahre

Trotz Restauration der Adelsherrschaft, trotz Repressalien, Denunziationen, Verhören und willkürlichen Verhaftungen, trotz der allenthalben zu gewärtigenden Einkerkerung in der berüchtigten Stadtvogtei war die Entfaltung eines reichen, von bürgerlichem Geist getragenen kulturellen Lebens in Berlin nicht aufzuhalten oder auch nur einzudämmen. Berlin war im Aufbruch zu einem kulturellen Zentrum von europäischem Rang.

Städtebauliche Akzente setzten die klassizistischen Bauten des Geheimen Oberbaurates Karl Friedrich Schinkel: die 1816 bis 1818 erbaute Neue Wache Unter den Linden, das 1827 eröffnete Gebäude der Singakademie am Kastanienwäldchen, das 1823 bis 1830 errichtete Alte Museum, vor allem aber das neue Schauspielhaus am Gendarmenmarkt, das in den Jahren 1818 bis 1821 anstelle des 1817 bis auf die Grundmauern niedergebrannten Langhansschen «Koffers» erbaut worden war und das diesen zu einem der schönsten Plätze Europas werden ließ.

Blick vom Kreuzberg auf Berlin, mit Gebäudeansichten
Lithographie, anonym
Um 1850

Die Kunstwerke Johann Gottfried Schadows und seines berühmten Schülers Christian Daniel Rauch – von ihm stammt das 1851 enthüllte Reiterstandbild Friedrichs II. Unter den Linden – schmückten das Antlitz der Stadt. Bildende Kunst, Musik, Theater, Literatur und Wissenschaft erlebten in Berlin eine Blüte wie nie zuvor. Das geistige Leben Berlins in jener Zeit prägten die Dichter Ernst Theodor Amadeus (E. T. A.) Hoffmann, Achim von Arnim und Adelbert von Chamisso – zugleich Vorsteher der Königlichen Herbarien – ebenso wie die Sängerinnen Anna Milder-Hauptmann und Henriette Sontag, wie der Schauspieler Ludwig Devrient. Im bürgerlichen Musikleben der Stadt nahm Carl Friedrich Zelter – gelernter Maurermeister und Direktor der Berliner Singakademie – eine bedeutende Stellung ein. Die von ihm 1809 begründete «Liedertafel» vereinte viele Kultur- und Geistesschaffende der Berliner Gesellschaft.

Das bedeutendste Theaterereignis jener Jahre war wohl die Uraufführung von Carl Maria von Webers Oper «Der Freischütz» 1821 im neuerbauten Schauspielhaus, mit der der «musikalische Freiheitskrieg» gegen den vom Hof bevorzugten Generalmusikdirektor der Königlichen Oper Gasparo Spontini eröffnet wurde. Der «Jägerchor» und ganz besonders «Wir winden dir den Jungfernkranz» kamen zu schlagerhafter Popularität: In allen Straßen und Gassen wurden sie gesungen und gepfiffen.

Nicht wegzudenken aus dem geistig-kulturellen Leben Berlins war die Wissenschaft. Das Bildungsbürgertum, die Künstler, Literaten und Wissenschaftler pflegten regen gesellschaftlichen Verkehr. Vornehmlich trafen sie sich zwanglos in den Berliner Salons, in denen man Tagesereignisse und oftmals heikle politische Fragen, die neue Kunst und Literatur, Philosophie und andere wissenschaftliche Probleme besprach. Kein Thema wurde ausgespart: Bildung und Kenntnis der neuesten Wissenschaft waren Lebensbedürfnisse des aufstrebenden Bürgertums.

Der bedeutendste Berliner Salon war in dieser Zeit der der Rahel Varnhagen, Tochter des vermögenden jüdischen Bankiers Markus Levin, deren Gatte, der liberale preußische Diplomat und Publizist Karl August Varnhagen von Ense, bereits 1819 aus dem diplomatischen Dienst entlassen und so zu einem frühen Opfer der politischen Restauration geworden war.[49] In ihrer Berliner Wohnung waren die Varnhagens in den zwanziger Jahren Gastgeber für bedeutende Persönlichkeiten aus Literatur, Kunst, Musik, Wissenschaft und Politik.

Doch vorwärts! Wir müssen über die Brücke. Sie wundern sich über die vielen Baumaterialien, die hier herumliegen, und die vielen Arbeiter, die hier sich herumtreiben und schwatzen und Branntewein trinken und wenig tun. Hier nebenbei war sonst die Hundebrücke; der König ließ sie niederreißen und läßt an ihrer Stelle eine prächtige Eisenbrücke verfertigen. Schon diesen Sommer hat die Arbeit angefangen, wird sich noch lange herumziehn, aber endlich wird ein prachtvolles Werk dastehen. Schauen sie jetzt mal auf. In der Ferne sehen Sie schon – die Linden! Wirklich, ich kenne keinen imposantern Anblick, als, vor der Hundebrücke stehend, nach den Linden hinaufzusehen. Rechts das hohe, prächtige Zeughaus, das neue Wachthaus, die Universität und Akademie. Links das königliche Palais, das Opernhaus, die Bibliothek usw. Hier drängt sich Prachtgebäude an Prachtgebäude. Überall verzierende Statuen; doch von schlechtem Stein und schlecht gemeißelt. Außer die auf dem Zeughause.

Heinrich Heine: Erster Brief vom 26. Januar 1822. In: Heinrich Heine: Reisebriefe und Reisebilder, Berlin 1981, S. 15.

49 Siehe Werner Greiling: Nachwort. In: Karl August Varnhagen von Ense: Kommentare zum Zeitgeschehen. Publizistik, Briefe, Dokumente. 1813–1858, Leipzig 1984, S. 227.

Wohnhaus
der Familie Varnhagen
von Ense
Aufnahme um 1890
Das Haus befand sich in der Mauerstraße 35/36. Um 1794 von Unger erbaut, war es eines der bedeutendsten Bürgerhäuser Berlins. Während des zweiten Weltkrieges wurde es zerstört.

... auf keiner andern Universität herrscht wohl solch allgemeiner Fleiß, solcher Sinn für etwas Höhres als bloße Studentengeschichten, solches Streben nach Wissenschaft, solche Ruhe und Stille wie hier; wahre Kneipen sind andre Universitäten gegen das hiesige Arbeitshaus.
Ludwig Feuerbach in einem Brief an seinen Vater Anselm von Feuerbach vom 6. Juli 1824. In: Ludwig Feuerbach: Briefwechsel I. (1817–1839), Berlin 1984, S. 48.

Hier traf sich die Welt; die Gesellschaft, die sich um Rahel Varnhagen versammelte, bildete den Mittelpunkt des geistig-kulturellen Lebens der Stadt. Doch auch junge, noch unbekannte Männer fanden hier freundliche Aufnahme, regen geistigen Austausch und wohlwollende Förderung. Die beiden Humboldts, Friedrich Ernst Daniel Schleiermacher, Georg Wilhelm Friedrich Hegel, Eduard Gans, Leopold von Ranke, Henrik Steffens, Adelbert von Chamisso, Bettina und Achim von Arnim, der junge Heinrich Heine, Felix Mendelssohn-Bartholdy und viele andere gehörten zu dem Kreis, den Rahel Varnhagen um sich scharte.

Rahel Varnhagens Salon war nicht der einzige in Berlin, doch er war der bedeutendste. Gesellige Zusammenkünfte entwickelten sich auch in den Häusern Berliner Gelehrter, so nach wie vor im Haus Friedensthal des Arztes Christoph Wilhelm Hufeland, bei dem Zoologen Martin Hinrich Karl Lichtenstein und anderen. Solche Ausstrahlungskraft wie Rahel Varnhagens Salon erlangten sie nicht; den Wissenschaftlern fehlten gewöhnlich dazu die finanziellen Mittel.

Der eigentliche Mittelpunkt des wissenschaftlichen Lebens freilich war die Universität. Hinter ihr standen die Akademie der Wissenschaften und die anderen wissenschaftlichen Einrichtungen in der Stadt zurück. Demagogenverfolgung, strengste Zensur und staatliche Beaufsichtigung hielten die Entwicklung der Universität zu einem dem Bürgertum verpflichteten erstklassigen Bildungs- und Forschungszentrum nicht auf, wenngleich die Reaktion alles versuchte, um eben dies zu erreichen. Bereits dem Nachfolger Wilhelm von Hum-

Rahel Varnhagen von Ense, geb. Levin
Aquarell von M. Daffinger

Karl August Varnhagen von Ense

boldts in der Sektion Kultur und Unterricht des preußischen Innenministeriums, Friedrich Freiherr von Schuckmann, war sehr daran gelegen, Humboldts Universitätskonzeption zu unterminieren. Insbesondere die als Gegengewicht zum Recht des preußischen Staates auf die Ernennung der Universitätslehrer vorgesehene finanzielle Unabhängigkeit der Universität vom Staat wurde nicht verwirklicht. Schuckmann betrieb stattdessen eine Politik der hochgehängten Brotkörbe: die angestrebte Besoldung der Ordinarien von 1500 Talern jährlich wurde selten erreicht. Auch die gleichberechtigte Stellung der Philosophischen Fakultät neben der Theologischen Fakultät wurde – freilich vergebens – zu hintertreiben versucht. Resignierend schrieb Wilhelm von Humboldt 1817 über «seine» Universität: «Der Geist ist aus allem gewichen. Man sinkt in eine ungeheure Alltäglichkeit zurück.»[50]

Wie aber auch die Köpfe exaltiert sein mögen, so behalten doch die Mägen immer ihre Rechte gegen sie, die einzigen, die in diesem Zustand geschont werden. Wem die Herrschaft über letztere bleibt, der wird immer auch mit ersteren fertig, und wer die Befriedigung der letzteren an seine Wahl bindet, hat die beste Sicherheit, daß die ersteren dafür arbeiten.
Friedrich Freiherr von Schuckmann. Zit. in: A. Busch: Die Geschichte des Privatdozenten, Stuttgart 1959, S. 26/27.

Im gleichen Jahr 1817 übernahm Karl Freiherr vom Stein zum Altenstein das umgebildete Ministerium für die geistlichen Unterrichts- und Medizinalangelegenheiten; er war ein dem Staatskanzler Karl August Fürst von Hardenberg nahestehender, bislang weniger hervorgetretener Reformpolitiker, der mit scheinbarer Passivität energisches und zielstrebiges Handeln zu verbinden wußte.

Unter den Bedingungen schärfster politischer Unterdrükkung im preußischen Staat gelang es ihm, den bürgerlichen Liberalismus im Bildungswesen zu erhalten. Seine Möglich-

50 Zit. in: Herbert Mertens: Die Naturwissenschaften und die preußische Politik 1806–1881. In: Philosophie und Wissenschaft in Preußen, S. 235.

Bei unserer Universität gibt's gar nichts Neues, außer daß zweiunddreißig Studenten relegiert worden, wegen unerlaubter Verbindungen. Es ist eine fatale Sache, relegiert zu werden; sogar das bloße Konsiliiertwerden soll sein Unangenehmes haben. … Polnische Studierende *sieht* man jetzt hier höchstens ein halb Dutzend. Man hatte strenge Untersuchungen gegen sie verfügt. Die meisten sind, wie man sagt, ohne besondere Lust wiederzukommen, von hier abgereist, und ein großer Teil, ich glaube gegen zwanzig, werden noch in unsern Stadtgefängnissen verwahrt. Die meisten davon sind aus dem *russischen* Polen und sollen sich mit demagogischen Umtrieben gegen ihre Regierung befaßt haben.
Heinrich Heine: Dritter Brief vom 7. Juni 1822. In: Heinrich Heine: Briefe und Reisebilder, S. 74.

keiten freilich waren im restaurierten Ständestaat sehr begrenzt, auch hatte sein Ministerium in dem nach dem Tode Hardenbergs herrschenden Kollegialsystem eine schwache Stellung. So blieb Altenstein nicht viel mehr, als den Mangel der Finanzen zu verwalten, die politische Unterdrückung zu vermitteln und dort, wo möglich, abzuschwächen. Bedeutenden Einfluß hatte und nahm Altenstein auf die Personalpolitik an den preußischen Universitäten.

Eine strikte zentralisierte Kontrolle aller Berufungen begann um 1820, nach der Einsetzung der staatlichen Sonderbevollmächtigten für die Universitäten. Die Fakultäten wurden in Berufungsfragen regelrecht übergangen. Die jungen Wissenschaftler, Dozenten und Extraordinarien buhlten um die Gunst Altensteins, seines engsten Mitarbeiters Johannes Schulze und seiner Berater. Altenstein und Schulze, im Geiste des Neuhumanismus erzogen, fühlten sich besonders der Philosophie und Philologie verbunden, förderten aber auch zielstrebig die Naturwissenschaften an den preußischen Universitäten, ganz besonders die Mathematik. Verschiedene nam-

Karl Freiherr von Stein zum Altenstein
Lithographie

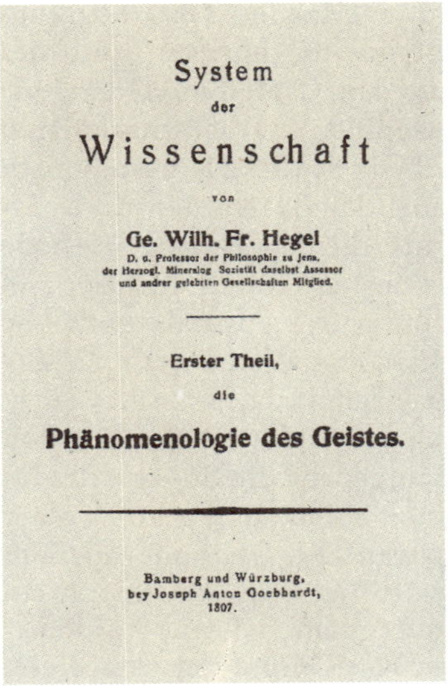
System
der
Wissenschaft
von
Ge. Wilh. Fr. Hegel
D. u. Professor der Philosophie zu Jena,
der Herzogl. Mineralog. Sozietät daselbst Assessor
und andrer gelehrten Gesellschaften Mitglied.

Erster Theil,
die
Phänomenologie des Geistes.

Bamberg und Würzburg,
bey Joseph Anton Goebhardt,
1807.

System der Wissenschaft
Erster Teil:
Die Phänomenologie
des Geistes
Titelblatt der Erstausgabe
1807
In den Jahren 1801 bis 1807 übernahm Hegel eine Lehrtätigkeit an der Universität in Jena. Hier entwickelte sich auch das zunächst freundschaftliche Verhältnis zu Schelling, mit dem er ab 1802 das «Kritische Journal der Philosophie» herausgab. Während dieser Zeit als Privatdozent entstand seine erste grundlegende Abhandlung, das «System der Wissenschaft», in der die Kerngedanken seiner dialektischen Betrachtungsweise dargestellt sind.

Hegels Grab
auf dem Dorotheen-
städtischen Friedhof
in Berlin
Aufnahme von 1986

hafte Gelehrte wurden von Altenstein und Schulze als Gutachter herangezogen.[51]

Hierbei hat Alexander von Humboldt, schon von Paris aus, seinen Einfluß geltend machen können. Auf seine Anregung hin wurde beispielsweise 1828 der Mathematiker August Leopold Crelle als mathematischer Fachberater im Ministerium Altenstein angestellt. Schulze hat die Namen von 35 Naturwissenschaftlern und Mathematikern aufgeführt, die von Altenstein berufen worden sind, unter ihnen Johannes Peter Müller, Eilhard Mitscherlich, Peter Gustav Lejeune Dirichlet und viele andere mehr.

Eine bedeutungsvolle wissenschaftspolitische Entscheidung Altensteins war die Berufung des Philosophen Georg Wilhelm Friedrich Hegel auf den seit dem Tode Fichtes im Jahre 1814 vakanten Lehrstuhl für Philosophie an der Berliner Universität. Diese Berufung hatte ein kompliziertes Vorspiel, denn Hegel hatte nicht nur Bewunderer, sondern auch einflußreiche Gegner in Berlin, darunter die Theologen Schleiermacher und Wilhelm Martin Leberecht de Wette, aber letztlich kam sie doch zustande.[52] Am 29. September 1818 traf Hegel in Berlin ein.

Es ist nicht übertrieben, diese Ankunft eine Sternstunde der Berliner Wissenschaft zu nennen. Der schwierige Gedankenbau der Philosophie dieses Mannes – in der während seiner Heidelberger Zeit 1817 erschienenen «Enzyklopädie der

Bei meiner Uebernahme der obersten Leitung des öffentlichen Unterrichts ist es für mich eine der wichtigsten Angelegenheiten, den durch den Tod des Professors Fichte erledigten Lehrstuhl der Philosophie auf eine würdige Art zu besetzen. Ich lade Sie daher hierdurch ein, die Lehrstelle bei der hiesigen Königlichen Universität als ordentlicher Professor in der philosophischen Fakultät anzunehmen.
Karl Freiherr vom Stein zum Altenstein an Georg Wilhelm Friedrich Hegel (1817). In: Briefe von und an Hegel, Bd. 2, Berlin 1970, S. 170.

51 Siehe ebenda, S. 226.
52 Siehe Arseni Gulyga: Georg Wilhelm Friedrich Hegel, Leipzig 1980, S. 131–150.

Das Jahresgehalt eines Ordinarius an der Berliner Universität war gewöhnlich geringer als 1500 Taler. Altenstein bot Hegel ein Gehalt von 2000 Talern jährlich und dazu ein Umzugsgeld von 1000 Talern.
Ganz ungewöhnlich für einen preußischen Minister, übertrug Altenstein seiner Schwester die Regelung der Umzugsangelegenheiten von Hegel nach Berlin. Hegel wohnte zunächst in einer Wohnung Ecke Leipziger Straße/Friedrichstraße; später bezog er das Haus Nr. 4a am Kupfergraben, in dem er bis zu seinem Lebensende wohnte.
Siehe Georg Biedermann: Georg Wilhelm Friedrich Hegel, Leipzig/Jena/Berlin 1981, S. 126.

philosophischen Wissenschaften» erstmals im Gesamtzusammenhang dargestellt – repräsentierte die höchste Stufe des klassischen deutschen Idealismus, den Gipfelpunkt der fortschrittlichen bürgerlichen Philosophie. In den tiefsinnigen und wegen ihrer Schwerverständlichkeit oftmals bespöttelten oder angefeindeten Gedankenreihen lag das konzentrierte Fazit der ganzen Erkenntnisgeschichte, die dialektische Methode in ihrer bis dahin reinsten und reichsten Gestalt. Mit der Hegelschen Philosophie bot die Bourgeoisie, damals noch die progressivste Klasse der Gesellschaft, ihre Weltsicht und Welterfahrung der nachfolgenden Menschheit dar.

Es bedurfte eines neuen sozialen Standortes, der Position der Arbeiterklasse, die von der Bourgeoisie die Stafette des historischen Fortschritts übernehmen sollte, und zudem einer genialen Begabung, um die dialektische Methode aus der Kruste des idealistischen Systems zu befreien und sie auf ein materialistisches, das heißt konsequent wissenschaftliches Fundament zu stellen. Der junge Karl Marx, der sich dieser Aufgabe stellte, hatte seine entscheidende Begegnung mit der Hegelschen Gedankenwelt ebenfalls in Berlin.

Doch das war später. Zunächst hatte Hegel in Berlin seine Position und sein wissenschaftliches Programm zu bestimmen. Er sah sich in der Verantwortung, das stark geschwundene Interesse an der Philosophie wiederzuerwecken. Den einzig möglichen Weg dazu sah er darin, die Philosophie unmittelbar mit drängenden Fragen der Zeit zu verbinden: dem Bedürfnis nach einem starken einigen Deutschland, dem Modus einer Verfassung, einer ihr angemessenen Moral und Sittlichkeit, nach einem neuen Recht überhaupt. Nach Hegels Überzeugung stand die Philosophie in der Pflicht, auf diese Fragen Antwort zu geben. Die Philosophie des Rechts und des Staates stand daher im Mittelpunkt der Vorlesungen während des dreizehnjährigen Wirkens Hegels in Berlin, die er im Oktober 1818 begann.

Zunächst nahm man in Berlin wenig Notiz von Hegel. Doch bald waren seine Vorlesungen Universitäts- und Stadtgespräch. Es gehörte zum guten Ton, wenigstens einmal eine Vorlesung bei Hegel gehört zu haben – nicht nur für die Studenten: Im Hörsaal fanden sich Professoren aller Fachrichtungen, Beamte, Offiziere und Geistliche ein. Der Zuspruch zu seinen Vorlesungen war so groß, daß Hegel seit dem Winter 1821 regelmäßig Repetitionen, Wiederholungen, ankündigen mußte, die zu halten vorzugsweise seinen begabtesten Studenten oblag, aus denen sich der philosophisch-wissenschaftliche Nachwuchs rekrutierte.

Zu den ersten Repetenten Hegelscher Philosophie gehörten der Burschenschafter Friedrich Wilhelm Carové und dessen

Freund Leopold von Henning. Bald gingen die Repetenten dazu über, selbst Vorlesungen über Hegels Philosophie zu halten: von 1823 bis 1827 las Henning Hegelsche Logik und Metaphysik, ab 1825 Eduard Gans, später Professor für Römisches Recht an der Berliner Universität und Lehrer von Karl Marx, Philosophie des Rechts, weiterhin Karl Ludwig Michelet, Heinrich Gustav Hotho und Karl Rosenkranz.[53]

Bereits Anfang der zwanziger Jahre begann sich um diesen Kreis von Schülern die Hegelsche Schule der Philosophie herauszubilden. Diese Schüler wurden als Althegelianer bezeichnet, weil ihre philosophischen Interpretationen – ausgenommen die von Gans – dem Hegelschen System der Philosophie und dessen konservativem Inhalt streng verpflichtet blieben. Noch zu Lebzeiten Hegels indes begann sich aus den Reihen fortschrittlicher Studenten die Richtung der Junghegelianer zu entwickeln, die aus der logischen Methode Hegels mitunter direkte revolutionäre Schlußfolgerungen zogen. Zu den bedeutendsten Repräsentanten der Junghegelianer zählten David Friedrich Strauss, Bruno Bauer, Max Stirner und Arnold Ruge, mit denen auch der Student Karl Marx in Verbindung stand. Der Höhepunkt im Schaffen der Junghegelianer lag allerdings erst in den dreißiger Jahren, in der Zeit der Vorbereitung der Revolution von 1848.[54]

Nicht zu Unrecht ist Hegel vorgeworfen worden, daß sein philosophisches System zur wissenschaftlichen Behausung des Geistes der preußischen Restauration geworden sei. Doch das ist nur ein Teil der Wahrheit, und nicht der wichtigste. Obgleich er im preußischen Staat die Vollendung der geschichtlichen Entwicklung sah, war Hegel kein «Demagogenbekehrer» und erst recht kein «Demagogenhasser». Im Gegenteil, er unterstützte verfolgte Anhänger der Burschenschaftsbewegung, und er beging jedes Jahr mit einem Glas auf die Einnahme der Bastille den Jahrestag der Französischen Revolution[55], wenngleich er sich in politischen Fragen oftmals zurückhaltend und geradezu ängstlich verhielt. Seine treuesten Anhänger und engsten Schüler waren fast ohne Ausnahme staatsfeindlicher Umtriebe verdächtig und wurden durch die preußische Polizei unbarmherzig verfolgt. Zu ihnen gehörten die Burschenschafter Wilhelm Carové, Leopold von Henning, Friedrich Förster, Karl Ulrich, Gustav Asverus und einige andere mehr.

Auf Betreiben des Oberkammerherrn und Staatsministers Wilhelm Ludwig Georg Fürst zu Sayn-Wittgenstein verwei-

53 Siehe Georg Biedermann: Georg Wilhelm Friedrich Hegel, Leipzig/Jena/Berlin 1981, S. 131/132.
54 Siehe ebenda, S. 132/133.
55 Siehe Arseni Gulyga: Georg Wilhelm Friedrich Hegel, S. 162.

Aus der Rede Hegels bei Abgabe des Rektorats im Oktober 1830:
Während wohl beinahe in jeder Senatssitzung Pakete von Anschreiben anderer Universitäten bekannt zu machen waren, die uns von relegierten und konsiliierten Studierenden in Kenntnis setzten, ist auf der hiesigen Universität in diesem Jahre keiner relegiert, und nur ein einziger mit dem Consilium abeundi bestraft worden. Doch erscheint die offizielle Liste der behandelten Disziplinarfälle noch immer stark, sie beträgt 129. Darunter ist aber vieles, in Rücksicht auf die Sitten überhaupt betrachtet, wenig bedeutend; z. B. 12 Fälle wegen Tabakrauchens, meist von fremden Ankömmlingen, die das Verbot, im Tiergarten zu rauchen, nicht kannten und mit einer Warnung entlassen wurden; – so wegen Unfleißes die, die keine Vorlesungen angenommen. – Wegen wörtlicher und Realinjurien kamen 21 Fälle vor, wegen vollzogenen Duells nur drei, aber wegen intendierten Duells 15 … Die stärkste Anzahl machen die Fälle wegen Straßenunfugs, nächtlicher Ruhestörung, Unfug in Tabagien aus – sie betragen etliche um 30.
Zit. in: Idee und Wirklichkeit einer Universität. Dokumente zur Geschichte der Friedrich-Wilhelms-Universität zu Berlin. Hrsg. von Wilhelm Weischedel, Berlin (West) 1960, S. 327.

Alexander von Humboldt
Fotografie von A. Schwartz und J. Zschille
Um 1855
Humboldt ist auf dieser sehr frühen Fotografie ungefähr 85 Jahre alt.

gerte Altenstein die Bestätigung Carovés als Repetent Hegels; damit wurde ihm die wissenschaftliche Laufbahn zerstört. Henning wurde verhaftet und wochenlang in der Stadtvogtei eingekerkert. Förster, seines Lehramtes an der Kriegsschule enthoben, blieb bis 1823 von jeder Art Staatsdienst ausgeschlossen. Für Asverus, 1819 verhaftet und angeklagt, stellte Hegel eine Kaution von 500 Talern. Asverus wurde zwar freigelassen, aber das Verfahren gegen ihn wurde erst 1826 eingestellt, nachdem er noch 1824 zu sechs Jahren Festungshaft verurteilt worden war.[56]

Er war eigentlich der Eckstein der hiesigen Universität, auf ihm ruhte die Wissenschaftlichkeit des Ganzen, in ihm hatte das Ganze seine Festigkeit ...
Karl August Varnhagen von Ense über Georg Friedrich Wilhelm Hegel. In: Hegel in Berichten seiner Zeitgenossen, Berlin 1971, S. 470.

Hegel bekannte sich auch öffentlich zu den Burschenschaften, wenngleich er deren politisches Programm mit Distanz betrachtete: 1819 nahm er gemeinsam mit den Berliner Professoren Schleiermacher und de Wette an einem Treffen der Burschenschafter auf dem Pichelsberg bei Berlin teil. Einmal ließ er sich des Nachts unter die Fenster der Stadtvogtei rudern, um den dort eingekerkerten Studenten Mut zuzusprechen.[57]

Alles dies machte Hegel bei den Studenten ungemein beliebt und populär; der Reaktion hingegen war er ein Dorn im Auge. Mehr als einmal zog er sich das Mißfallen des Königs Friedrich Wilhelm III. zu, insbesondere, als die «Voßische Zeitung» über Hegels Geburtstag im Jahre 1826 viel ausführlicher berichtete als über den des Königs drei Wochen zuvor. Durch eine Kabinettsorder wies der Monarch die Ober-Zensurbehörde an, künftig Berichte über Privatfeiern in den Zeitungen zu unterbinden. Hegels Ansehen war jedoch so groß, daß Altenstein ihn für die Amtsperiode 1829/1830 in das Amt des Rektors der Universität berief.

Als Hegel 1831 starb, folgten viele Professoren und Studenten seinem Sarg zum Dorotheenstädtischen Friedhof, wo er neben Fichte beigesetzt wurde.

Mit Recht vermerkte Varnhagen von Ense in seinem Tagebuch, daß Hegel «eigentlich der Eckstein der hiesigen Universität» war[58]; wenn sich die Anzahl der Studenten der Berliner Universität von 1820 bis 1830 auf 2000 Studenten erhöhte, so ist dies wesentlich der Ausstrahlungskraft Hegels und der Ernsthaftigkeit und Solidität wissenschaftlichen Arbeitens in Berlin zu danken, durch die sich die Berliner Universität von mancher anderen wohltuend unterschied.

Nicht minder wesentlich für das wissenschaftliche Leben in Berlin war jedoch das Wirken Alexander von Humboldts, der im Jahre 1827 für immer seinen Wohnsitz in der Stadt genommen hatte.

Als aber Hegel gestorben war, begann seine Philosophie erst recht zu leben. Die Herausgabe seiner sämtlichen Werke, besonders der Vorlesungen, machte eine unermeßliche Wirkung. Neue Pforten taten sich auf zu dem verborgenen, wundervollen Schatze, der im verschwiegnen Bergesschoße lag, und dessen Herrlichkeit nur für wenige bisher geschimmert hatte. Klein war die Zahl derer gewesen, die den Mut hatten, auf eigne Faust sich in das Labyrinth der Zugänge zu wagen; jetzt war eine gerade, bequeme Bahn da, auf der das märchenhafte Kleinod erreicht werden konnte. Zugleich nahm die Lehre im Munde der Schüler Hegels eine menschlichere, anschaulichere Gestalt an, die Opposition von seiten der Philosophie selbst wurde immer schwächer und bedeutungsloser, und allmählich hörte man nur noch den theologischen und juristischen Schlendrian sich über die Impertinenz beklagen, mit der ein Unberufener sich in seine Fachgelehrsamkeit eindränge.
Friedrich Engels: Schelling und die Offenbarung. In: MEW, Ergänzungsband. Zweiter Teil, S. 175.

Debüt der Naturwissenschaften

Nächst der nun schon achtzehn Jahre zurückliegenden Gründung der Universität wurde das Jahr 1828 zu dem vielleicht bedeutendsten der ersten Hälfte des 19. Jahrhunderts im wissenschaftlichen Leben Berlins. Dieses Jahr ist eng mit dem Namen Alexander von Humboldt verbunden.

Der berühmte Weltreisende hatte sich nach der Rückkehr von seiner fünfjährigen Forschungsreise durch den südamerikanischen Kontinent zunächst in Paris niedergelassen, um die Fülle neuer Beobachtungen, Entdeckungen und Erkenntnisse für sein am Ende 34 Bände umfassendes Werk «Reise in die

56 Siehe Georg Biedermann: Georg Wilhelm Friedrich Hegel, S. 138/139.
57 Siehe ebenda, S. 139/140. Gulyga meint dazu allerdings: «Aller Wahrscheinlichkeit nach ist nichts derartiges vorgefallen. Offensichtlich ist das eine der Legenden, mit denen die Studenten sowohl ihre eigenen Streiche als auch ihre Professoren umweben. Aber sie ist interessant als Zeugnis der Achtung und der Sympathie der Studenten Hegel gegenüber.» (Arseni Gulyga: Georg Wilhelm Friedrich Hegel, S. 156.)
58 Zit. in: Hegel in Berichten seiner Zeitgenossen. Hrsg. von G. Nicolin, Berlin 1971, S. 470.

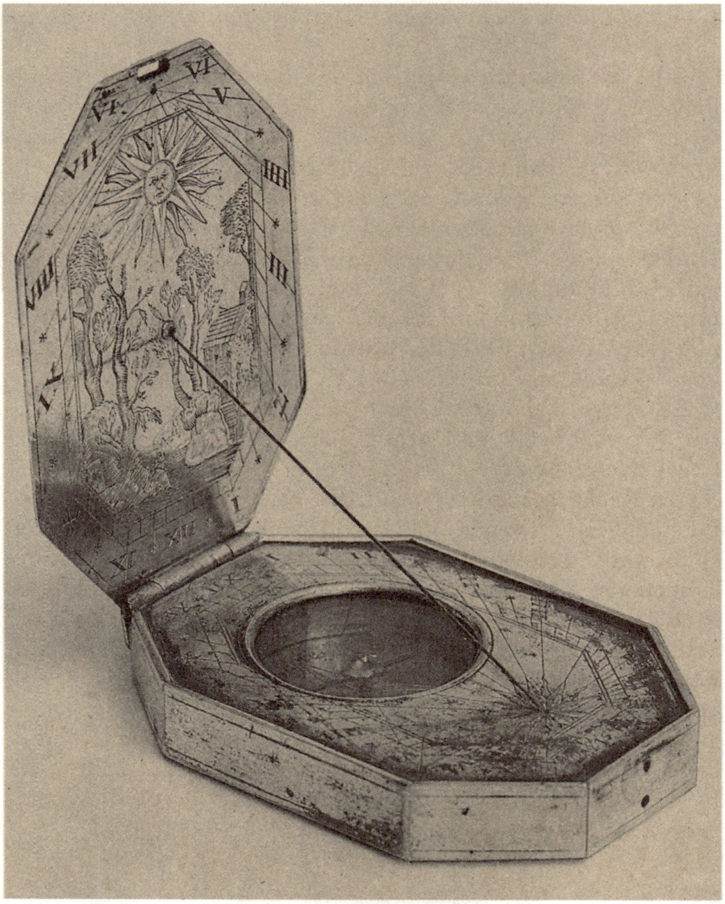

Taschen-Klappsonnenuhr mit Kompaß aus dem Besitz von Alexander von Humboldt
Messingarbeit mit Gravur von Christian Köhler
Um 1766

Achthundert Menschen atmen kaum, um den Einen zu hören. Es gibt keinen großartigeren Eindruck, als die irdische Macht zu sehen, wie sie dem Geiste huldigt; und schon deshalb gehört Humboldts Wirken in Berlin zu den erhebendsten Erscheinungen der Welt.
Karl von Holtei an Johann Wolfgang von Goethe am 17. Dezember 1827.

Nie habe ich einen Menschen in anderthalb Stunden so viel und interessante und neue Ansichten und Tatsachen vortragen hören.
Christian Karl Josias von Bunsen an seine Frau über Humboldt. Zit. in: Herbert Scurla: Alexander von Humboldt, Berlin 1980, S. 251.

Äquinoktial-Gegenden des Neuen Kontinents»[59] auszuwerten. Diese Arbeit hatte Humboldts ererbtes Vermögen verschlungen. Er, der preußische Kammerherr, war gezwungen, dem Drängen Friedrich Wilhelms III. nachzugeben und im Mai 1827 nach Berlin zurückzukehren.

Humboldt, der an das reiche wissenschaftlich-kulturelle Leben in Paris gewöhnt war, mußte freilich die preußische Residenz als ein zurückgebliebenes Provinznest erscheinen. Noch von Paris aus schrieb er: «Männer von Talent finden hier in der Weltstadt bald und dauernd Anerkennung: in Berlins nebuloser Atmosphäre, die den Gesichtskreis ringsum verschleiert und wo Alles und Jedes nach der Schreiber-Schablone gemessen wird, kann davon nicht die Rede sein.»[60]

Indes beobachtete Humboldt andererseits von Paris aus, wie sich in den deutschen Ländern die Naturwissenschaften zu entfalten begannen, so in Göttingen, Gießen, Heidelberg,

Karl Ritter
Stahlstich
Sein Hauptwerk «Die Erdkunde im Verhältnisse zur Natur und Geschichte des Menschen» begründete seine führende Position unter den deutschen Geographen. In der von ihm 1828 gegründeten Gesellschaft für Erdkunde zu Berlin wirkten Gelehrte wie Klöden, von Chamisso, Baeyer, von Buch, Encke und Zeune (Geograph und 1806 Gründer der ersten Blindenanstalt Deutschlands). Die Gesellschaft war weit über Berlin hinaus von Bedeutung und gab den Impuls für die Bildung einer Anzahl ähnlicher Vereinigungen.

Johann Franz Encke
Lithographie
von C. Tritzsche
*Encke war von 1825 bis 1863 Direktor der Sternwarte der Berliner Akademie und als Professor an der Berliner Universität tätig.
Er entwickelte das «Berliner astronomische Jahrbuch», dessen Redaktion er seit 1831 innehatte, zur ersten Ephemeridensammlung der Welt. Encke gab vier Bände der «Astronomischen Beobachtungen auf der Sternwarte zu Berlin» (1840 bis 1860) heraus und leitete die Veröffentlichung der akademischen Sternkarten.*

Bonn und München. Berlin war in diesem Kreis das jüngste und ganz gewiß nicht das bedeutendste Kulturzentrum; doch völlig bedeutungslos war es schon nicht mehr. Anzeichen für eine kraftvolle Entwicklung der Industrie gab es genug; die Universität und die Akademie der Wissenschaften boten gute Voraussetzungen für einen Aufschwung der Naturwissenschaften. Noch dominierten in Berlin die Geisteswissenschaften, insbesondere Philosophie und Philologie. Um seinen Bruder Wilhelm, der wegen seines Protestes gegen die Karlsbader Beschlüsse aus dem preußischen Staatsdienst entlassen worden war und sich nun ganz der vergleichenden Sprachwissenschaft zugewandt hatte, scharten sich solche namhaften Philologen wie August Boeckh, Franz Bopp und Karl Lachmann. An der Universität lehrten der Theologe Friedrich Ernst Daniel Schleiermacher, der Rechtswissenschaftler Friedrich Karl von Savigny und Alexander von Humboldts wissenschaftlicher Gegner, der Philosoph Georg Wilhelm Friedrich Hegel.

Doch auch die Naturwissenschaften zogen, obwohl sie noch keine gleichberechtigte Stellung neben Philosophie und Philologie errungen hatten, bereits namhafte Gelehrte an. Zu dem Geologen Leopold von Buch, der freilich nicht an der Universität, sondern an der Akademie wirkte, zu dem um die Entwicklung der chemischen Technologie hochverdienten Sigismund Friedrich Hermbstaedt, zu den bekannten Ärzten Christoph Wilhelm Hufeland und Ernst Ludwig Heim gesell-

59 Voyage aux régions équinoxiales du Nouveau Continent, fait en 1799, 1800, 1801, 1802, 1803, et 1804, par Alexandre de Humboldt et Aimé Bompland. Redigé par A. de Humboldt, Vol. 1–34, Paris 1805–1834.

60 Briefwechsel Alexander von Humboldts mit Heinrich Berghaus, Bd. 1, Jena 1869, S. 6.

ten sich Vertreter einer jüngeren Wissenschaftlergeneration: der Kristallograph Christian Samuel Weiss, die Chemiker Heinrich Rose und Eilhard Mitscherlich, der Astronom Johann Franz Encke, der Geograph Karl Ritter, der Physiker Paul Erman, der Zoologe Hinrich Lichtenstein, der Chirurg Karl Ferdinand von Graefe begannen den wissenschaftlichen Ruf der Universität zu begründen. Zugleich verliehen sie der Akademie der Wissenschaften größeres Ansehen und Gewicht, denn die meisten von ihnen wurden zu Akademiemitgliedern gewählt.

Doch es blieb viel zu tun. Humboldt ging mit hochgesteckten Zielen ans Werk: «Berlin soll mit der Zeit die erste Sternwarte, die erste chemische Anstalt, den ersten botanischen Garten, die erste Schule für transzendente Mathematik besitzen. Das ist das Ziel meiner Bemühungen und das einigende Band meiner Anstrengungen.»[61]

Um diese Ziele zu verwirklichen, bedurfte es Verbündeter, der Aufgeschlossenheit für die Naturwissenschaften in der Öffentlichkeit. Die Universität, obwohl von überkommenen Traditionen unbelastet, führte, wie übrigens auch die Akademie der Wissenschaften, ein von den breiten Schichten des Bürgertums relativ isoliertes Dasein. Abgesehen von einer verhältnismäßig kleinen Schicht des Bildungsbürgertums, dessen bedeutendste Vertreter – Gelehrte und Beamte zumeist – sich untereinander kannten, trotz oftmals gegensätzlicher Anschauungen gesellschaftlichen Umgang pflegten, im Salon der Rahel Varnhagen von Ense verkehrten oder sich bei Hufeland

Die alte Sternwarte
Kolorierte Radierung
von E. Gärtner. Um 1840
Die Sternwarte in der Dorotheenstadt bestand als wissenschaftliche Einrichtung bis zum Neubau der Sternwarte am Halleschen Tor. 1832 wurde auf der Plattform der alten Sternwarte ein optischer Zeigertelegraph eingerichtet. Er war der Ausgangspunkt der Signallinie Berlin–Magdeburg–Köln und später bis Koblenz. Ab 1833 wurden zwischen Berlin und Magdeburg die ersten Nachrichten ausgetauscht. Die optischen Instrumente wurden von der Berliner Werkstatt von Pistor vervollkommnet; die notwendigen Eisenkonstruktionen wurden in der Freundschen Maschinenfabrik hergestellt.

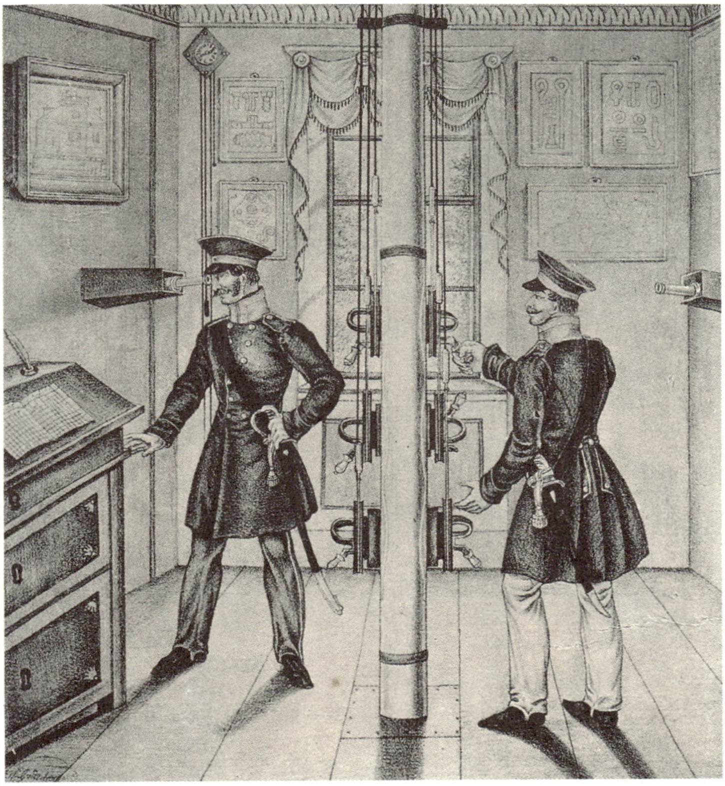

Blick in eine
Zwischenstation der
optischen Telegraphenlinie
Zeichnung von
J. W. Grünberg
Um 1835

oder Lichtenstein trafen, blieb der Masse des Bürgertums die Wissenschaft fremd. Von Ausnahmen, wie Hermbstaedt oder Wöhler, abgesehen, wurde die breite Popularisierung wissenschaftlicher Erkenntnisse von den Gelehrten noch weithin als herabwürdigend empfunden.

Alexander von Humboldts Anliegen hingegen war es, die naturwissenschaftliche Volksbildung zu fördern und eine breite Aufgeschlossenheit für die Erfordernisse moderner naturwissenschaftlicher Forschung zu erreichen. Der Boden dafür war fruchtbar, doch noch kaum bestellt. Humboldt ging unverzüglich an die Arbeit. Erst ein halbes Jahr wieder in Berlin ansässig, begann er mit einer breit angelegten Vorlesungstätigkeit. In der Zeit vom 3. November 1827 bis zum 26. April 1828 hielt Humboldt an der Universität 61 Vorlesungen; hinzu kommen 16 öffentliche Vorträge, mit denen er vom 6. Dezember 1827 bis zum 27. April 1828 in der Singakademie auftrat, dem damals größten Saal in Berlin (dem heutigen Maxim Gorki Theater).

61 Zit. in: Kurt-R. Biermann: Alexander von Humboldt, S. 70.

Nun will ich denn auch des großen Vergnügens gedenken das mir *von Humboldts* prächtigreiches Naturwundercollegium gewährt vor einem respectabelsten Auditorio das an die Tausend geht. Ein Mann steht vor mir, meiner Art, der *hat* was er giebt, ohne zu wissen, zu kargen *Wem? Keine* Capitel macht: keine Vorrederey, kein Dunst, keine Kunst. Selbst wo er irren sollte, müßte man's gern glauben.
Karl Friedrich Zelter an Johann Wolfgang von Goethe am 28. Januar 1828. In: Briefwechsel zwischen Goethe und Zelter in den Jahren 1796 bis 1832. Hrsg. von Friedrich Wilhelm Riemer. Fünfter Theil, die Jahre 1828 bis 1830 Juny, Berlin 1834, S. 6.

Sternwarte
am Halleschen Tor
(später Encke-Platz)
Aufnahme um 1890
Die 1835 eröffnete Sternwarte war nach dem neuesten Stand der Technik aufgebaut und eingerichtet worden. Der große Frauenhofersche Refraktor – ein Ankauf aus München – war von einer drehbaren Kuppel umgeben.
1865 übernahm Wilhelm Foerster die Leitung. Zur Vervollständigung der Einrichtung erhielt die Sternwarte weitere Meßinstrumente aus Berliner Präzisionswerkstätten: 1868 einen neuen Meridiankreis von Pistor und Martins (siehe Abb. S. 189), 1869 eine luftdichte Pendeluhr von Tiede und 1879 nach baulicher Veränderung ein Universal-Durchgangsinstrument von Bamberg.
Der Sternwarte waren ein Recheninstitut und ein Seminar zur Ausbildung von Studenten im wissenschaftlichen Rechnen zugeordnet.
Von der Sternwarte wurde auch der wissenschaftliche und öffentliche Zeitdienst übernommen. Um 1885 wurden durch entsprechende Leitungen die wenigen Normaluhren auf den öffentlichen Plätzen Berlins reguliert, die Genauigkeit der Uhren für den deutschen Telegraphendienst abgesichert und elektrische Zeitsignale zur Uhrmacherschule nach Glashütte gegeben.

Diese Vorträge, die als Kosmos-Vorlesungen in die Geschichte eingegangen sind, fanden damals ein geradezu sensationelles Echo. In ihnen vermittelte Humboldt in anschaulicher Weise das gesicherte naturwissenschaftliche Wissen seiner Zeit und fügte es zu einem geschlossenen Bild zusammen. Tausende hörten Humboldts Kollegs, nicht nur Professoren, Lehrer und Studenten, nicht nur der König selbst und sein Hofstaat, nicht nur namhafte Vertreter des Geistes- und Kulturlebens, der Ministerialbürokratie und des Militärs – sie alle zusammen hätten wohl kaum Tausende begeisterte und aufgeschlossene Zuhörer ausgemacht; dazu gehörten vor allem zahlreiche Handwerker, Gewerbetreibende, kurzum Männer und Frauen des Bürgertums, denen Humboldt einen Zugang zur Welt des Wissens eröffnete. Die Kosmos-Vorlesungen wurden zum Ursprung der wissenschaftlichen Bildungsvereine, um deren Gründung sich später der Berliner Historiker Friedrich Ludwig Georg von Raumer verdient ma-

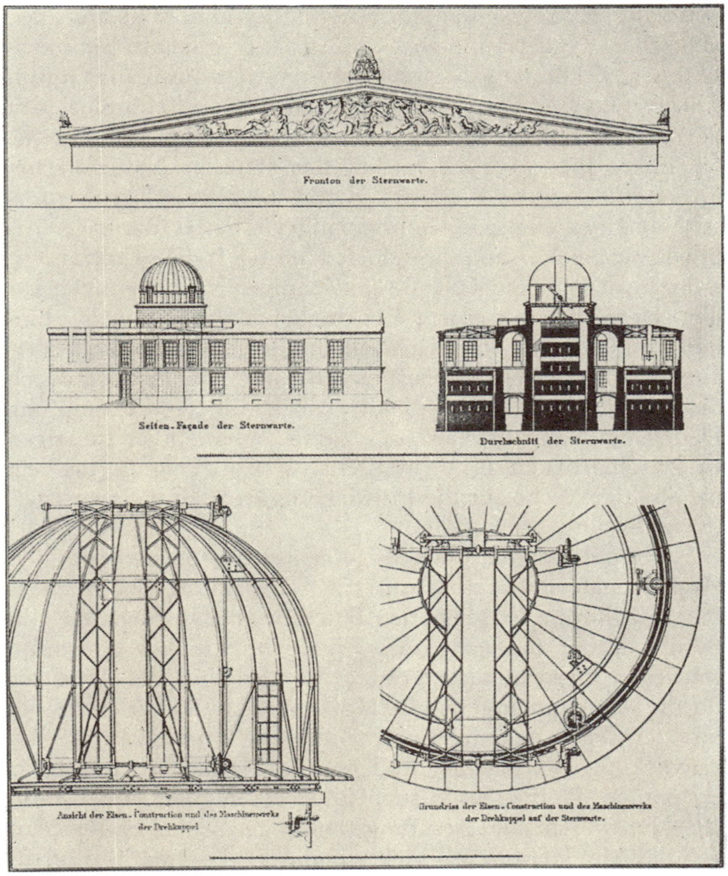

Konstruktionszeichnungen von Karl Friedrich Schinkel für die neue Sternwarte
Das Gebäude einschließlich der technischen Konstruktionen wurden von Schinkel entworfen. Die Herstellung der Eisenteile wurde in der Berliner Maschinenfabrik von Egells ausgeführt.

chen sollte. «Mit dem Wissen kommt das Denken», schrieb ihm Humboldt, «und mit dem Denken der Ernst und die Kraft in die Menge.»[62]

Dies war das eine gesellschaftliche Ereignis, das 1828 dem wissenschaftlichen Leben in Berlin den Atem gab. Das andere war die 7. Versammlung Deutscher Naturforscher und Ärzte im September des gleichen Jahres. Die jährlich stattfindenden Tagungen waren durch den Jenenser Gelehrten Lorenz Oken 1822 ins Leben gerufen worden, um der Einheit der Naturwissenschaft ein Forum des Meinungs- und Gedankenaustausches zu geben – der Einheit im nationalen wie im weltanschaulichen Sinn. Humboldt setzte beim König durch, daß die Versammlung des Jahres 1828 in Berlin stattfinden konnte, und zerstreute die Bedenken gegen die Teilnahme Okens, der unter dem Druck der Reaktion sein Lehramt in Jena aufgege-

62 Zit. in: Herbert Scurla: Alexander von Humboldt. Sein Leben und Wirken, Berlin 1980, S. 252.

Der Hauptzweck des Vereins ... besteht nicht, wie in anderen Akademien, die eine geschlossene Einheit bilden, in gegenseitiger Mitteilung von Abhandlungen, in zahlreichen Vorlesungen, die, alle zum Drucke bestimmt, nach mehr als Jahresfrist in eigenen Sammlungen erscheinen. Der Hauptzweck dieser Gesellschaft ist die persönliche Annäherung derer, welche dasselbe Feld der Wissenschaft bearbeiten; die mündliche und darum mehr anregende Auswechselung von Ideen, sie mögen sich als Tatsachen, Meinungen oder Zweifel darstellen; die Gründung freundschaftlicher Verhältnisse, welche den Wissenschaften Licht, dem Leben heitere Anmut, den Sitten Duldsamkeit und Milde gewähren. ...
In der Nähe der Versammlungsorte, welche ... für Ihre allgemeinen und besonderen Arbeiten vorbereitet werden, erheben sich die Museen, welche der Zergliederungskunst, der Zoologie, der Oryktognosie und der Gebirgskunde gewidmet sind. Sie bieten dem Naturforscher einen reichen Stoff der Beobachtung und vielfache Gegenstände kritischer Diskussion.
Alexander von Humboldt, Eröffnungsansprache auf der Tagung deutscher Naturforscher und Ärzte in Berlin, 18. September 1828. Zit. in: Herbert Scurla: Alexander von Humboldt, S. 255–260.

ben hatte. Etwa 600 Naturwissenschaftler und Ärzte aus allen deutschen Ländern und aus dem Ausland kamen in Berlin zusammen. Zu ihnen gehörten Carl Friedrich Gauß aus Göttingen, dessen Berufung nach Berlin an der Entschlußlosigkeit der Ministerialbürokratie gescheitert war, der schwedische Chemiker Jöns Jakob Berzelius, der dänische Naturforscher und Entdecker des Elektromagnetismus Hans Christian Ørsted und der englische Mathematiker Charles Babbage. Als Präsident der Versammlung hielt Humboldt eine Eröffnungsrede, in der er geschickt die notwendigen Verbeugungen vor dem Herrscher mit einem eindringlichen Appell an die Einheit des Schaffens der Gelehrten, an die gesellschaftliche Verantwortung der Wissenschaftler verband.[63] Nicht zuletzt durch das hohe Ansehen Humboldts wurde die 7. Versammlung Deutscher Naturforscher und Ärzte zu einem erstrangigen wissenschaftlichen und gesellschaftlichen Ereignis, das ein nachhaltiges Echo für die Entwicklung der Naturwissenschaften in Berlin hatte.

Humboldt bemühte sich als gefeierter Nestor der deutschen Wissenschaft mit Erfolg um die Entwicklung der Wissenschaft in Berlin. Er setzte den Bau einer neuen Sternwarte in Berlin durch, die von Karl Friedrich Schinkel entworfen wurde. Er förderte nach Kräften das Gedeihen des «Journals für die reine und angewandte Mathematik» und der «Astronomischen Nachrichten». Er arbeitete eng mit Ritter bei der Entwicklung der 1828 gegründeten Gesellschaft für Erdkunde zusammen. Und er übte schließlich einen nicht unwesentlichen Einfluß auf die Berufungspolitik aus, wobei er gelegentlich das Ministerium geschickt umging und seinen Einfluß als Kammerherr des Königs ausspielte. So gelang es ihm, die Mathematiker Gustav Peter Lejeune Dirichlet, Jakob Steiner und Carl Gustav Jakob Jacobi nach Berlin zu ziehen.[64]

Nach dem Tode Königs Friedrich Wilhelm III. im Jahre 1840 nutzte Humboldt seine Beziehungen zum Thronfolger Friedrich Wilhelm IV., um mit Unterstützung des neuen Ministers für die geistlichen, Unterrichts- und Medizinalangelegenheiten Johann Albert Friedrich Eichhorn den beiden Sprachforschern Jakob und Wilhelm Grimm – beide gehörten zu den «Göttinger Sieben» – eine neue wissenschaftliche Heimstatt zu geben.

Bis zu seinem Tode im Jahre 1859 gelang es Humboldt immer wieder, gegen die Ministerialbürokratie und auch gegen den kirchlichen Einflüssen erlegenen Minister Eichhorn beim König wichtige Entscheidungen für die Forschung durchzusetzen. So erreichte er die Bewilligung der finanziellen Mittel für die Ägyptische Reise des jungen Ägyptologen Richard Lepsius, den späteren Begründer des Ägyptischen Museums

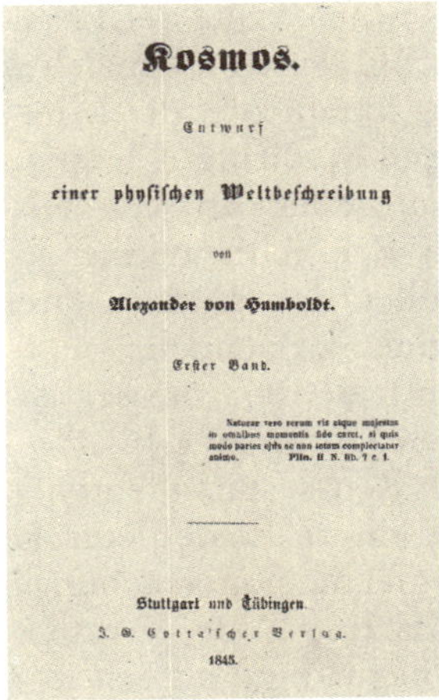
Kosmos.

Entwurf

einer physischen Weltbeschreibung

von

Alexander von Humboldt.

Erster Band.

Naturae vero rerum vis atque majestas in omnibus momentis fide caret, si quis modo partes ejus ac non totam complectatur animo. Plin. H. N. lib. 7 c. 1.

Stuttgart und Tübingen.

J. G. Cotta'scher Verlag.

1845.

in Berlin.[65] Andererseits unterstützte Humboldt aber auch die Berufung des idealistischen Philosophen Friedrich Wilhelm Joseph Schelling im Jahre 1840 als Nachfolger Hegels nach Berlin; seine anfangs positive Haltung zu Schelling wandelte sich indes bald zu strikter und schroffer Ablehnung.

Neben seinem umfangreichen und kräftezehrenden wissenschaftspolitischen Wirken arbeitete Humboldt bis zur Erschöpfung an seinem wissenschaftlichen Hauptwerk «Kosmos»[66], das aus den Vorlesungen von 1828 hervorging. Es blieb unvollendet. Ursprünglich war es auf zwei Bände bemessen; Humboldt stellte jedoch vier Bände fertig. Fragmente des fünften Bandes erschienen nach seinem Tode. Der «Kosmos» wurde zu einem wissenschaftlichen Bestseller, der ins Englische, Dänische, Italienische, Niederländische und Russische übersetzt wurde. Bereits 1851 schätzte Humboldt die Gesamtauflage der ersten drei Bände auf mehr als 800 000 Exemplare, eine auch heute für ein wissenschaftliches Werk überwältigende Zahl.

Mit Humboldt und durch ihn gewann das naturwissenschaftliche Leben in Berlin eine neue Qualität. Die Naturwissenschaften errangen gegenüber der Philosophie und der Philologie eine gleichrangige, bald indes überragende Stellung. Freilich war dies nicht allein Humboldt zu danken. Zahlreiche weitere namhafte Gelehrte trugen dazu bei: der Chemiker Eilhard Mitscherlich, Entdecker der Isomorphie und der Polymorphie, ebenso wie der Physiker Heinrich Gustav Magnus,

«Kosmos»
Titelblatt des 1. Bandes der Erstausgabe

Reliefplatte vom Sockel des Beuth-Denkmals
Aufnahme um 1900
Für Peter Christian Wilhelm Beuth wurde 1861 vor der Bauakademie ein Denkmal aufgestellt. Dieses für die Kulturgeschichte Berlins wichtige Kunstwerk ist von dem Rauch-Schüler August Kiß gefertigt worden. Die vier umlaufenden Sockelreliefplatten schuf Friedrich Drake. Ihre Darstellungen beziehen sich auf Vorgänge und Persönlichkeiten, die die Entwicklung des industriellen und wissenschaftlichen Fortschritts in Preußen wesentlich bestimmten und förderten.
Im Mittelpunkt der hier abgebildeten Reliefplatte steht Alexander von Humboldt. Auf der rechten Seite wird von Lehrlingen mit einer modernen Schnellpresse von König der «Kosmos» gedruckt. Die linke Seite zeigt eine Szene aus der für Berlin typischen Tuchfabrikation, dem Kattundruck.

63 Siehe Herbert Scurla: Alexander von Humboldt. Sein Leben und Wirken, S. 255–260.
64 Siehe Kurt-R. Biermann: Alexander von Humboldts Einflußnahme auf die Entwicklung der Mathematik in Berlin. In: Berliner Wissenschaftshistorische Kolloquien III, S. 99–103.
65 Siehe E. Freier/S. Grunert: Eine Reise durch Ägypten, Berlin 1984, S. 11.
66 Siehe Alexander von Humboldt: Kosmos. Entwurf einer physikalischen Weltbeschreibung, Bd. 1–5, Stuttgart/Tübingen 1845–1862.

Wenn man auch noch bedenkt, was es für Männer sind, die hier miteinander wetteifern, der Gesellschaft zu nützen und gleichzeitig Ehre und Gold zu erlangen, kann man sich leicht den Eifer vorstellen, mit dem hier das Studium betrieben wird, und die Anstrengung, die diese Konkurrenz erfordert. In der theologischen Fakultät: Marheinecke, Neander, Vatke, Twesten; in der Philosophie: Steffens, Hotho, Michelet, Beneke; in Geschichte: Raumer, Ranke; in der Chirurgie: Jüngcken, Dieffenbach, Gräfe, Froriep; in Chemie: Mitscherlich, Rose, Link. Dazu die ihr Fachgebiet mehr oder weniger allein vertretenden Männer wie Savigny, Encke, Poggendorf, Müller (Anatom), Ehrenberg, Stuhr (Archäologe), Ritter, und die Philologen: Boeckh, Zumpf, Wegre, Bopp, Grimm, Rükkert. Angesichts solcher Namen hat ein jüngerer, weniger berühmter Lehrer keine andere Möglichkeit, als *unentgeltlich* zu lesen, bis seine Kenntnisse und Vorlesungen bekannt geworden sind und ihm Hörer verschafft haben.
Johann Wilhelm Snellmann: Deutschland. Eine Reise durch die deutschsprachigen Länder 1840–1841, Helsinki 1884, S. 388/389.

der in seinem Haus am Kupfergraben 7 (heute Sitz der Physikalischen Gesellschaft der DDR) den Studenten erstmals experimentelles physikalisches Arbeiten ermöglichte, der Mineraloge Gustav Rose und der Zoologe und Mediziner Christian Gottfried Ehrenberg, die Humboldt auf seiner russisch-sibirischen Reise im Jahre 1829 begleiteten, der Mathematiker Jacobi und der Physiologe Johannes Müller, der spätere Lehrer von Ernst Haeckel, um nur einige Namen zu nennen.

Mehr und mehr Studenten zog es nach Berlin, trotz der verschärften Demagogenverfolgung in den Jahren 1834 bis 1840, der auch der damals 26jährige Fritz Reuter nicht entging. Drei Jahre wurde er, der später berühmte niederdeutsche Dichter, in der berüchtigten Stadtvogtei in Untersuchungshaft gehalten, dann wegen Hochverrats zum Tode verurteilt, schließlich zu 30 Jahren Festungshaft begnadigt und erst 1840 durch Entscheid des neuen Königs freigelassen. Indes war Reuter keineswegs das einzige Opfer dieses preußischen Gesinnungsterrors.[67]

Die Studenten kamen nicht deshalb nach Berlin, weil hier die Unterdrückung jeglicher freiheitlichen Regung weniger brutal als anderswo gewesen wäre – dazu gab es an den deutschen Universitäten keine Alternative. Sie kamen nach Berlin, weil hier in den Grenzen des Möglichen ein reges wissenschaftliches Leben herrschte, weil die Universität sich eines guten Rufes erfreute. «Berlin dagegen zählt Vertreter aller Richtungen unter seinen akademischen Lehrern», schrieb Friedrich Engels, «und macht dadurch eine lebendige Polemik möglich, die dem Studierenden eine leichte, klare Übersicht über die Tendenzen der Gegenwart verschafft.»[68]

Doch auch dies allein war noch nicht ausschlaggebend. Als das in letzter Instanz Bestimmende kam – auch wenn es von der wissenschaftlichen Welt noch kaum wahrgenommen wurde – hinzu, daß um 1830 die ökonomische Entwicklung in Preußen einen Stand erreicht hatte, bei dem, wie Karl Marx sagte, die Wissenschaft nach und nach «in den Dienst des Kapitals» gepreßt werden mußte.[69]

Arena industriellen Aufschwungs und geistiger Kämpfe

Im Jahre 1821 bereits eröffnete der Schlosser Franz Anton Egells vor dem Stralauer Tor eine Maschinenbauanstalt, die er indes schon 1823, der günstigen Grundstückspreise wegen, in die Chausseestraße vor dem Oranienburger Tor verlegte. In nächster Nachbarschaft zur Königlichen Eisengießerei entwikkelte sich hier eines der ersten Industriegebiete Berlins.

Franz Anton Egells
Lithographie, anonym
Egells hielt sich oftmals in England auf und studierte dort die Maschinenfabrikation in London, Birmingham, Leeds und anderen Städten. Nachdem er seine eigene Maschinenbauanstalt gegründet hatte, entwikkelte er sie in relativ kurzer Zeit zur größten und modernsten Maschinenbaufabrik Berlins. Neben Borsig erhielten bei ihm auch Wöhlert, Hoppe und Pflug, die später eigene Werke gründeten, eine praktische Ausbildung.

Johann Carl Friedrich
August Borsig
Stahlstich
von Nikolaus Afinger
Um 1850

Im Jahr 1825 nahm Egells einen Praktikanten auf, dessen Name sich mit der Entwicklung Berlins zu einem Zentrum des Maschinenbaus verbinden sollte: August Borsig.

Der junge Mann, der an der «Technischen Schule» nicht recht vorangekommen war, entwickelte sich bei Egells zu einem begabten Konstrukteur, kühlen Rechner und wagemutigen Fabrikanten, dessen Sinn nach einem eigenen Unternehmen stand.

Von langer Hand vorbereitet, machte Borsig sich 1837 selbständig. In unmittelbarer Nachbarschaft von Egells' Etablissement gründete er 1837 eine großzügig geplante eigene Maschinenbaufabrik. Wenngleich patriarchalisch geführt und zunächst noch auf handwerkliches Arbeiten angewiesen, trug Borsigs Etablissement doch schon von Anfang an den Stempel der neuen, großen Industrie. Auf staatliche Förderung baute Borsig schon nicht mehr; er gründete seine Fabrik mit vorwiegend geliehenem Geld, dadurch gezwungen, nach einträglichen und zukunftsträchtigen Großaufträgen Ausschau zu halten.

Der Zeitpunkt war günstig gewählt. Der 1834 gegründete Deutsche Zollverein belebte den Handel und bot der privaten Initiative gute Entwicklungschancen. Seinen ersten großen Auftrag erhielt Borsig vom Komitee der Eisenbahn Berlin – Potsdam: die Lieferung von 116 200 Schrauben, die von seinen

67 Siehe: Magister und Scholaren, Professoren und Studenten, S. 98.
68 Friedrich Engels: Tagebuch eines Hospitanten. In: MEW, Ergänzungsband, Zweiter Teil, S. 249.
69 Karl Marx: Das Kapital, Erster Band. In: MEW, Bd. 23, S. 382.

Die Lokomotive «Beuth»
Anläßlich der Gewerbeausstellung im Zeughaus 1844 wurde die «Beuth» mit einer goldenen Preismedaille ausgezeichnet. In den Borsigschen Fabriken entwickelte sich der Bau von Lokomotiven zu dem gewinnträchtigsten Produktionszweig.

Zur Beachtung
Da das Zuspätkommen zur Arbeit noch zu häufig stattfindet, so soll zur Erleichterung der desfallsigen Kontrolle jetzt mit der Einführung der Marken vorgeschritten und sollen dieselben sofort vertheilt werden. Ich nehme daher auf die mit den Deputirten genommene Besprechung Bezug und führe den Inhalt derselben nachstehend an.
1. Jeder Arbeiter muß die übergebene Marke im Fall des Zuspätkommens dem Portier übergeben, welcher sie im Comptoir abliefert. Beim nächsten Ausgange holt jeder Betroffene seine Marke aus dem Comptoir und muß sich daher die No. merken um sie danach abfordern zu können.
2. Wer seine Marke vergessen hat und kommt zu spät, kann nicht eingelassen werden, sondern muß umkehren um dieselbe zu holen.
3. Wer seine Marke verliert muß dieselbe mit 5 Sgr. ersetzen. Diese will ich aber nicht beanspruchen, da ich die Marken unentgeltlich liefere, sondern sie sollen in die Unterstützungskasse fliessen.
Berlin, den 4. Juli 1848
i.A. Borsig
Archiv der A. B. V., Akte A 536 K (Fabricksangelegenheiten 1848–1884). In: Dieter Vorsteher: Borsig. Eisengießerei und Maschinenbauanstalt zu Berlin, Berlin (West) 1983, S. 60.

Arbeitern von Hand gefertigt werden mußten. Anfangs beschäftigte Borsig 50 Arbeiter; sie zogen mit ihrem Herrn am gleichen Strang, denn Arbeitskräfte gab es infolge der großen Zuwanderung vom Lande genug. Gearbeitet wurde so lange, bis die Arbeit geschafft war: Hypothekenzinsen mußten gezahlt werden, und bei Überschreitung der Liefertermine drohten empfindliche Konventionalstrafen. Gleichzeitig mit der Schraubenfabrikation ließ Borsig eine Gießerei errichten. Bereits im Juli 1837 erfolgte der erste Guß.[70]

Bald jedoch endete die Idylle einträchtiger Arbeit von Unternehmer und Arbeitern. Bereits 1840 legte Borsig schriftliche die Länge des Arbeitstages fest: 16 Stunden am Tag schwerste körperliche Arbeit. 1848 erfolgte die Reglementierung der Arbeitszeit durch «Marken». Die prompte Erledigung des ersten Großauftrags brachte dem Unternehmen neue Aufträge herein.

Borsigs Aufstieg als Unternehmer war eng mit dem Betrieb der Eisenbahnlinie von Berlin nach Potsdam verbunden. Nachdem am 28. Oktober 1838 die 26 Kilometer lange Strecke eingeweiht worden war, übernahm Borsig die Wartung und Reparatur der 13 aus dem Ausland beschafften Lokomotiven. Borsig studierte die Funktionsweise, die konstruktiven Vor- und Nachteile der verschiedenen Fabrikate gründlich. 1844 baute er seine erste eigene Lokomotive: Sie erhielt den Namen «Beuth». Nur zehn Jahre sollte es dauern, bis im Sterbejahr Borsigs die 500. Lokomotive aus seiner Maschinenbauanstalt in Dienst gestellt werden konnte.[71]

Egells und Borsig blieben nicht die einzigen Fabrikunternehmer in der Chausseestraße, dem ersten großen Industrieviertel Berlins, im Volksmund «Feuerland» genannt. Die Aufhebung der Kontinentalsperre im Jahre 1840 bot ihnen gute

Gewerbeausstellung
im Berliner Zeughaus 1844
Federzeichnung
von Albert Kretschmer
Gewerbeausstellungen wurden in Preußen seit 1822 durchgeführt. An der ersten hatten nur 176 Aussteller teilgenommen. Die zweite fand mit 208 Ausstellern im Akademiegebäude Unter den Linden statt. In der Ausstellung von 1840 wurden nur Berliner Erzeugnisse gezeigt. Erst mit der Präsentation von 1844, an der vorrangig alle Länder des Zollvereins teilnahmen, wurde ein Durchbruch in dieser speziellen Form der wissenschaftlich-technischen Leistungsschau und Erzeugnisübersicht erreicht. An ihr beteiligten sich über 3 000 Aussteller. Es wurden zum erstenmal in Deutschland in einer kaum gekannten Breite Erzeugnisse der Technik, des Kunstgewerbes und der Kunstindustrie der Öffentlichkeit vorgestellt. Von ihr gingen viele Impulse für die wissenschaftlich-technische Entwicklung aus; so für die Entwicklung der Fotografie, der Wäschefabrikation, der Erzeugnisse des Kattundrucks und für die Entwicklung von Feinchemikalien.

Absatzchancen auch im Ausland.[72] Und der Maschinenbau war nicht der einzige Gewerbezweig, der sich zu einer modernen Industrie entwickelte. Nach wie vor bedeutend blieb das Textilgewerbe. Mit seiner Entwicklung erhöhte sich nicht nur die Nachfrage nach Maschinen, sondern auch nach dringend und in steigenden Mengen benötigten Bleich- und Färbemitteln. Dies war Anreiz, die Chemikalienherstellung aus den Apotheken herauszulösen und mit dem Aufbau chemischer Fabriken zu beginnen.[73]

Mit der Entwicklung Berlins zum Industriezentrum erhöhte sich der Zustrom von Arbeitsuchenden in die Stadt. Zwischen 1815 und 1845 verdoppelte sich die Einwohnerzahl Berlins von 191 000 auf 380 000. Mit dem Strom der Zuwanderer stieg die Wohnungsnot, wuchs das Elend der Lohnarbeiter, die sich noch immer gern Handwerker nannten, erhöhte sich die Anzahl der Armen. Doch wenn es die einen gelernt hatten, aus der wohlfeilen Arbeitskraft kräftigen Profit zu schlagen, warum sollte es den anderen nicht gelingen, aus Armut und Not Gewinn zu machen? Bereits zwischen 1822 und 1824 hatte der Kammerherr von Wülknitz seine Chance erkannt. Billig erwarb er Land vor dem Hamburger Tor im Bereich der heutigen Gartenstraße und ließ dort «Familienhäuser» errichten. In diesen Häusern, die wahrhaftig nichts mit Schinkelscher Baukunst gemein hatten, lebte in jedem der von einem Mittelgang aus erreichbaren Zimmer eine Familie, die oftmals, um

70 Michael Kling: Borsig – ein Abriß der Unternehmensgeschichte. In: Berlin: Von der Residenzstadt zur Industriemetropole, Bd. I, S. 193.
71 Siehe Ilja Mieck: Der Staat und die Anfänge des Maschinenbaus in Berlin. In: Ebenda, S. 107.
72 Siehe ebenda, S. 106/107.
73 Siehe Wolfgang Girnus: Die chemische Forschung und Lehre und die chemische Industrie in Berlin – Gedanken zu ihrer Wechselwirkung im 19. Jahrhundert. In: Berliner Wissenschaftshistorische Kolloquien IX, S. 52–59.

Der innere Zusammenhang zwischen Hungerpein der fleißigsten Arbeiterschichten und auf kapitalistischer Akkumulation begründetem, grobem oder raffiniertem Verschwendungskonsum der Reichen enthüllt sich nur mit Kenntnis der ökonomischen Gesetze. Anders mit dem Wohnungszustand. Jeder unbefangne Beobachter sieht, daß je massenhafter die Zentralisation der Produktionsmittel, desto größer die entsprechende Anhäufung von Arbeitern auf demselben Raum, daß daher, je rascher die kapitalistische Akkumulation, desto elender der Wohnungszustand der Arbeiter.
Karl Marx: Das Kapital. Erster Band. In: MEW, Bd. 23, S. 687.

die Miete zahlen zu können, noch einen Schlafburschen als Aftermieter aufnahm. Selbstverständlich waren auch Keller und Dachboden vermietet, und die gemeinschaftlichen sanitären Einrichtungen spotteten jeder Beschreibung.[74] Daß Egells, Borsig und andere Unternehmer sich hier ansiedelten, daß gerade hier das erste große Industrieviertel Berlins entstand, ist sicher nicht nur auf die niedrigen Bodenpreise, vielmehr auch auf das billige Arbeitskräftereservoir zurückzuführen.

Mit dem Übergang der Wülknitzschen «Familienhäuser» in bürgerlichen Besitz änderte sich für die Bewohner nichts. Exmittierungen waren an der Tagesordnung. Es nimmt nicht wunder, daß angesichts einer solchermaßen konzentrierten Not die Pariser Juli-Revolution und der Lyoner Seidenweberaufstand auch in Berlin revolutionäre Aktionen nach sich zogen. 1831 kam es zu Tumulten, die sich gegen die brutalen Exmittierungen richteten und bei denen vor allem die Berliner Textilarbeiter höheren Lohn forderten.

Die Menge setzte sich gegen die Polizei zur Wehr. An die Spitze der Erhebungen stellten sich die Schneider, die gefährliches Gedankengut aus Frankreich mitgebracht hatten; ihnen schlossen sich die Schlosser und Schuster an. Sie alle wurden gnadenlos zusammengeschlagen, viele verhaftet, zu Auspeitschung, Arrest oder Arbeitshaus verurteilt. Trotzdem kam es im Sommer 1835 erneut zu Tumulten; es gab Tote, Verletzte, Verhaftete. Zudem brach 1831 eine verheerende Cholera-Epidemie aus, der auch Hegel zum Opfer fiel. Am schrecklichsten grassierte die Seuche freilich in den Vierteln der Armen, draußen vor den Toren der Stadt.[75]

Die Kattunfabrik von R. Goldschmidt und Sohn in Berlin, Köpenicker Straße 27 Um 1840

Eisengießerei
und Lokomotivenbaufabrik
von Borsig
Holzstich von Adolf Eltzner
1867

Unter jenen, die sich mühten, Not und Elend zu mildern, war Bettina von Arnim, die Frau des Dichters Achim von Arnim. Trost über den frühen Tod ihres Mannes suchend, ging Bettina dorthin, wo die Seuche am heftigsten grassierte: in die «Familienhäuser» und in andere Elendsquartiere. Das Elend und die Armut erschütterten sie tief. Zwölf Jahre später, nach der Thronbesteigung von Friedrich Wilhelm IV., von dem sich auch Bettina eine liberalere Regierung erhoffte, beschrieb sie das erlebte Elend, wies sie auf die Mißstände im Lande hin. «Dies Buch gehört dem König»[76] nannte sie den Band. Die Veröffentlichung brachte ihr Verleumdungen, Anfeindungen und schließlich, unter fadenscheinigem Vorwand, einen Prozeß ein.

In dieser Zeit des industriellen Aufschwunges, der wachsenden Verelendung und der politischen Gärung, in einer Zeit also, die schon ganz vom Kapitalismus gekennzeichnet war, kam im Oktober 1836 der junge Karl Marx von Bonn nach Berlin, um hier sein Studium der Rechtswissenschaft fortzusetzen. Marx belegte Vorlesungen bei dem Hegel-Schüler Gans, bei Savigny, Steffens und Ritter.[77]

74 Siehe Ilse Balg: Das Preußische Element in der Entwicklung Berlins zum Industriezentrum. In: Berlin: Von der Residenzstadt zur Industriemetropole, Bd. I, S. 52.

75 Siehe: Deutsche Geschichte, Bd. 4: Die bürgerliche Umwälzung von 1789 bis 1871, S. 184.

76 Siehe Bettina von Arnim: Dies Buch gehört dem König. In: Bettina von Arnim: Sämtliche Werke. Hrsg. in Benutzung ungedruckten Materials von Waldemar Dehlke, Bd. 6, Berlin 1921.

77 Siehe: Karl Marx. Dokumente seines Lebens 1818–1883, Leipzig 1970, S. 95/96.

In jener Zeit befanden sich an der Berliner Universität die Naturwissenschaften im Aufschwung, und die Blüte der Geisteswissenschaften war noch nicht verwelkt. Vor allem wirkte die Philosophie Hegels nach. Mit ihr befaßte sich jeder Student, so auch Marx, den vor allem die Dialektik Hegels begeisterte. Ganz selbstverständlich beteiligte Marx sich an den heißen Diskussionen um Hegels Deutung des preußischen Staates als des letzten und höchsten Produktes dialektischer Entwicklung. Diese Diskussionen wurden insbesondere von den Junghegelianern geführt, die im «Doctorclub» zusammenkamen. Marx fand als Student Anschluß an diesen Kreis meist bereits graduierter junger Gelehrter und griff mit «wildem Ungestüm» in die Auseinandersetzungen ein.[78]

Die Junghegelianer trafen sich im Roten Zimmer des Cafés Stehely am Gendarmenmarkt, so genannt, weil es mit roter Tapete ausgeschlagen war. Hier lagen fortschrittliche Zeitungen aus, die bei Josty oder im Café Kranzler nicht zu finden waren, und das zog fortschrittliche, bisweilen sogar radikal gesinnte Gäste an.[79]

Indes blieben die Dispute im «Doctorclub» auf literarische und philosophische Themen beschränkt. Keinem fiel es ein, nach dem Zusammenhang von deutscher Philosophie und deutscher Wirklichkeit zu fragen, philosophische Überlegungen mit der Kritik der eigenen Umgebung zu verbinden. Niemand ahnte damals, welche gewaltige politische Kraft sich in den Fabriken, in den Familienhäusern vor dem Oranienburger Tor zu entfalten begann. Auch Marx, der 1840 sein Studium in Berlin beendete, und Engels, der 1841 bis 1842 seinen Militärdienst in Berlin abzuleisten hatte und nebenher als

Karl-Marx-Erinnerungsstätte in Alt-Stralau Bildhauerarbeiten von Hans Kies Aufnahme von 1968
Während seines Studiums an der Berliner Universität wohnte Marx 1837 auch im Gasthof von Gottlieb Köhler am Ufer der Spree in Alt-Stralau. Im Haus Nr. 4 – heute Nummer 18 – traf er sich mit seinen Freunden aus dem Doktorclub. Das Haus wurde 1944 durch Bomben zerstört. Im Auftrag des Magistrats von Berlin wurde hier durch den Berliner Bildhauer Kies eine Freiluft-Gedenkstätte gestaltet.

Karikatur
von Friedrich Engels
auf die «Gesellschaft
der Freien»
1842
Die Berliner «Freien» trafen sich oft in der Hippelschen Weinstube (Unter den Linden). Von l. nach r.: Arnold Ruge, Ludwig Buhl, Karl Nauwerck, Bruno Bauer, Otto Wigand, Edgar Bauer, Max Stirner, Eduard Meyen, zwei unbekannte Personen und Friedrich Köppen in Uniform. Der preußische Kulturminister Eichhorn wurde von Engels als ein Eichhörnchen dargestellt.

«Schwarzhörer» an der Universität hospitierte[80], fanden damals noch nicht diesen Bezug zur Wirklichkeit. Doch bereits in ihrem ersten gemeinsamen Werk «Die heilige Familie»[81], das 1844 entstand, rechneten Marx und Engels schonungslos mit den junghegelianischen Spekulationen ab. Ihre Kritik richtete sich gegen die Junghegelianer «Bruno Bauer & Consorten», die zu einem subjektivistischen Vulgärmaterialismus herabgesunken waren und sich eine «Theorie» zurechtgemacht hatten, nach der nur besonders ausgezeichnete Menschen, Träger des «Geistes» und der «reinen Kritik», als Schöpfer der Geschichte agierten, die Massen hingegen lediglich träges Material, Ballast des historischen Prozesses seien. Statt gelehrter Betrachtungen forderten Marx und Engels den Kampf für eine bessere Gesellschaft.

Und dennoch hatte Engels recht, wenn er während seiner Berliner Zeit schrieb: «Es ist der Ruhm der Berliner Universität, daß keine so sehr wie sie in der Gedankenbewegung der Zeit steht und sich zur Arena der geistigen Kämpfe gemacht hat.»[82] Freilich nur der geistigen Kämpfe, denn als die politische Situation sich zuspitzte und auch die gutgläubigsten Geister – wie Alexander von Humboldt, Carl August Varnhagen von Ense und Bettina von Arnim – ihre Hoffnungen auf den König Friedrich Wilhelm IV. enttäuscht sahen, wagten es nur wenige Gelehrte, sich offen auf die Seite der bürgerlichen Op-

78 Siehe ebenda, S. 93/94.
79 Siehe ebenda, S. 90–93.
80 Siehe: Friedrich Engels. Dokumente seines Lebens 1820–1895, Leipzig 1977, S. 93–95.
81 Siehe Friedrich Engels/Karl Marx: Die heilige Familie oder Kritik der kritischen Kritik. Gegen Bruno Bauer und Konsorten. In: MEW, Bd. 2, S. 3–223.
82 Friedrich Engels: Tagebuch eines Hospitanten. In: MEW, Ergänzungsband. Zweiter Teil, S. 249.

Aufruf der progressiven Berliner Studenten zur Teilnahme an der Gedenkfeier für die Märzgefallenen

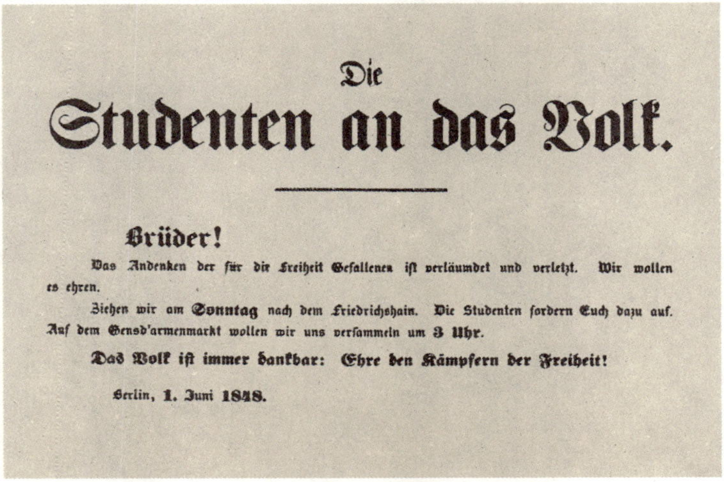
Die Studenten an das Volk.

Brüder!

Das Andenken der für die Freiheit Gefallenen ist verläumdet und verletzt. Wir wollen es ehren.

Ziehen wir am **Sonntag** nach dem Friedrichshain. Die Studenten fordern Euch dazu auf. Auf dem Gensd'armenmarkt wollen wir uns versammeln um **3 Uhr.**

Das Volk ist immer dankbar: Ehre den Kämpfern der Freiheit!

Berlin, 1. Juni **1848.**

position zu stellen. Zu ihnen gehörte neben Eduard Gans vor allem der Orientalist Karl Ludwig Theodor Nauwerck, der durch seine publizistische Tätigkeit für die Verbreitung demokratischer Auffassungen in der Öffentlichkeit sorgte. Es ist kein Wunder, daß ihm im Jahre 1844 die Lehrbefugnis entzogen wurde.[83]

In der bürgerlich-demokratischen Revolution von 1848, in deren Ergebnis die Bourgeoisie ihren Klassenfrieden mit dem Adel schloß, kämpften immerhin auch über einhundert Studenten der Berliner Universität. Gemeinsam mit den Berliner Arbeitern und Handwerkern standen sie auf den Barrikaden. Als Führer der revolutionären Studenten zeichneten sich Gustav Adolf Schlöffel und Paul Börner aus. Auch der junge Privatdozent Rudolf Virchow gehörte zu den Barrikadenbauern.

Der Mathematiker Carl Gustav Jakob Jacobi trat nach den Märzereignissen im «Konstitutionellen Klub» des liberalen Bürgertums hervor, der ihn zum Kandidaten als Wahlmann zur Deutschen Nationalversammlung in Frankfurt am Main nominierte. Wenngleich Jacobi sich nicht als Republikaner fühlte, er galt als Linker, Repressalien gegen ihn blieben nicht aus: Sein Ersuchen als Lesendes Akademiemitglied um eine ordentliche Professur an der Berliner Universität wurde abgelehnt. Bei der Diskussion des Antrages in der Philosophischen Fakultät hatte sich neben anderen Professoren der Mineraloge Christian Samuel Weiss unter ausdrücklichem Hinweis auf die politische Wirksamkeit Jacobis gegen eine Berufung ausgesprochen. Nur der Chemiker Heinrich Rose setzte sich für Jacobi ein. Der Ablehnung des Berufungsantrages folgten finanzielle Restriktionen, und es bedurfte der Bemühungen Alexander von Humboldts, daß Jacobi in Berlin blieb.[84]

Auch 1848 kollidierten die Interessen der oppositionellen Klassen untereinander, handelte jede für sich. Die Bourgeoisie, zu weit entwickelt, um sich den feudal-bürokratischen Absolutismus noch länger gefallen zu lassen, war doch noch nicht mächtig genug, die Ansprüche andrer Klassen den ihrigen sofort unterzuordnen. Das Proletariat, viel zu schwach, um auf ein rasches Überhüpfen der Bourgeoisperiode und auf seine eigne baldige Eroberung der Herrschaft rechnen zu können, hatte schon unter dem Absolutismus die Süßigkeiten des Bourgeoisregiments zu sehr kennengelernt und war überhaupt viel zu entwickelt, um auch nur für einen Moment in der Emanzipation der Bourgeoisie seine eigne Emanzipation zu sehen. Die Masse der Nation, Kleinbürger, Kleinbürgergenossen (Handwerker) und Bauern, wurde von ihrem zunächst noch natürlichen Alliierten, der Bourgeoisie, als schon zu revolutionär, und stellenweise vom Proletariat, als noch nicht avanciert genug, im Stich gelassen; unter sich wieder geteilt, kam auch sie zu nichts und opponierte rechts und links ihren Mitopponenten.
Friedrich Engels: Der deutsche Bauernkrieg. In: MEW, Bd. 7, S. 412/413.

Gedenkfeier für die bei den Märzkämpfen gefallenen Revolutionäre auf der Friedrichshöhe (Friedrichshain) am 4. Juni 1848

Gewiß war die Haltung der Berliner Professoren und Studenten zu den Ereignissen im März 1848 äußerst differenziert, aber nichtsdestoweniger hatten diese Vorgänge eine tiefgehende Wirkung: Zur Beisetzung der 230 Märzgefallenen, zu denen auch Studenten zählten, führten Rektor und Senat den Trauerzug der Professoren und Studenten an. Im Trauerzug ging auch der greise Alexander von Humboldt.

Im Juni 1848 folgten 50 000 Menschen dem Aufruf radikaldemokratischer Studenten zu einer Demonstration gegen die drohende Konterrevolution zu den noch frischen Gräbern der Märzgefallenen. Wie recht sie hatten, zeigte im November des gleichen Jahres die Besetzung Berlins durch preußische Truppen und die Verhängung des Belagerungszustandes. Nach der Niederlage der bürgerlich-demokratischen Revolution von 1848 verlor die Berliner Universität mehr und mehr ihre Stellung als Arena der geistigen Kämpfe und als Sammelbecken bürgerlich-oppositioneller Wissenschaftler und Studenten.

Was soll aus den Deutschen werden? Das machen sie leider nicht allein ab, sondern ganz Europa muß dabei mitwirken. Die deutsche Bewegung appelliert an eine größere, europäische. So viel aber ist gewiß, daß der Mut des Volkes überall sich als außerordentlich zeigt und der Freiheitsgeist so allgemein und tief verbreitet, wie man es vor den Ereignissen kaum geglaubt hätte.
Karl August Varnhagen von Ense, Tagebuchnotiz vom 13. Mai 1849. In: Karl August Varnhagen von Ense: Kommentare zum Zeitgeschehen, Leipzig 1984, S. 193.

Verschiebung der Akzente

Die Niederlage der bürgerlich-demokratischen Revolution von 1848/49 und der sich abzeichnende Klassenkompromiß zwischen Bourgeoisie und Adel zeitigten ebenso wie der wirtschaftliche Aufschwung der Industrie direkte und indirekte Auswirkungen auf die Entwicklung der Wissenschaft in den fünfziger und sechziger Jahren.

83 Siehe Karl Obermann: Die Berliner Universität am Vorabend und während der Revolution von 1848/49. In: Forschen und Wirken, S. 167–175.
84 Siehe Herbert Pieper: Jacobi in Berlin. In: Berliner Wissenschaftshistorische Kolloquien VII: Zur Entwicklung der Mathematik in Berlin, Berlin 1982, S. 21–25.

Die Mehrzahl der meist akademisch gebildeten Abgeordneten der Frankfurter Nationalversammlung sah ihre Ziele in einer «klein-deutschen» Lösung, in einem deutschen Bundesstaat unter der Hegemonie Preußens erfüllt und begnügte sich damit, die Freiheit von Wissenschaft und Lehre auf dem Papier zu proklamieren. Auf dem zweiten Wartburgtreffen in Eisenach und auf der Jenaer Hochschullehrertagung des Jahres 1848 wurde hingegen eine demokratische Reform der Universitäten debattiert. Allerdings scheiterten alle derartigen Vorstellungen an einem Mangel an politischer Konsequenz.

Viele der zur Diskussion stehenden Fragen einer Universitätsreform resultierten aus der inneren Entwicklung der Wissenschaft selbst. So machte sich seit den zwanziger, verstärkt seit den dreißiger Jahren eine steigende Tendenz zur weiteren Spezialisierung der Wissenschaft bemerkbar, mit der die Schaffung von Extraordinariaten (außerordentlichen Professuren) und Privatdozenturen als Ausdruck der disziplinären Aufgliederung der Wissenschaft einherging. Extraordinarien und Privatdozenten waren den Ordinarien, den Inhabern der Lehrstühle, rechtlich nicht gleichgestellt. Sie hatten in den Fakultäten entweder ein sehr beschränktes oder gar kein Mitspracherecht. Extraordinarien erhielten nur eine sehr geringe, häufig überhaupt keine Besoldung; die Privatdozenten waren auf ihre Einkünfte aus den Vorlesungshonoraren angewiesen.

Die Abschaffung der Privatdozenturen und die Gleichstellung der Extraordinarien mit den Ordinarien war eine der Forderungen, die im Zusammenhang mit der Reform der Universitäten erhoben wurden. Diese Forderung wurde nicht erfüllt; das Gegenteil trat ein: Nach 1848 setzte sich die unbesoldete Privatdozentur als Startphase einer akademischen

Deutsches Wörterbuch
Ausgabe 1983
Das «Deutsche Wörterbuch», als ein reines Verlagsprojekt begonnen, wurde 1908 von der Akademie der Wissenschaften mit erweiterter Aufgabenstellung übernommen. Entsprechend den Intentionen ihrer Gründer, sollte es die Geschichte der deutschen Wörter seit ihrer frühesten Belegung aufzeigen. Im Jahre 1983 wurde die bisher umfassendste Neubearbeitung (33 Bände) von der AdW der DDR in Zusammenarbeit mit der AdW zu Göttingen beim S. Hirzel Verlag, Leipzig, herausgegeben.

Wilhelm und Jakob Grimm
Stahlstich um 1845
Die Gebrüder Grimm gehörten zu den sieben Göttinger Professoren, die 1837 gegen die Aufhebung der Landesverfassung durch den König von Hannover protestierten und daraufhin aus ihren Lehrämtern entlassen wurden. Dieses Vorgehen löste eine Welle von Protesten im liberalen Bürgertum aus und förderte die Oppositionsbewegung im Vormärz. Auf Initiative der Buchhändler Salomon Hirzel und Karl Reimer begannen die Gebrüder Grimm ab 1838 mit den Arbeiten für ein «Deutsches Wörterbuch». Auch nach der Berufung an die Berliner Universität (1841) setzten sie ihre Tätigkeit an diesem umfangreichen Unternehmen fort.

Laufbahn in Verbindung mit der Habilitation, dem Nachweis der Lehrbefähigung, allgemein durch. Nur wenigen begabten, aber mittellosen jungen Wissenschaftlern gelang es auf diesem Wege, sich den Zugang zu einer Hochschullehrerlaufbahn zu erhungern; in der Regel aber war dem unbemittelten wissenschaftlichen Nachwuchs dieser Weg verschlossen. Im Ergebnis der bürgerlich-demokratischen Revolution von 1848 blieb das Bildungsprivileg ungebrochen. Die Mehrzahl der habilitierten Hochschullehrer entstammte ihrer sozialen Herkunft nach der bürgerlichen, akademisch gebildeten und finanziell besser gestellten Intelligenz.[85]

Mit dem Scheitern der bürgerlichen Reformbestrebungen war eine allgemeine Stagnation verbunden. Die Anzahl der Studenten ging zurück und erreichte in Berlin erst wieder nach 1870 die Höhe der dreißiger Jahre. Fortschrittliche bürgerlich-demokratisch oder liberal gesinnte Professoren und

85 Siehe: Magister und Scholaren, Professoren und Studenten, S. 109–111.

Dozenten wurden widerrechtlich ihres Amtes enthoben, zwangsweise pensioniert oder gar gerichtlich verfolgt und ins Exil getrieben. Der fortschrittliche Geist, der im Vormärz Professoren- und Studentenschaft entflammt hatte, erlosch. Die Burschenschaftsbewegung entartete; es entstanden studentische Korps, in denen Untertanengeist und Elitedenken wucherten.[86]

An der Berliner Akademie der Wissenschaften ging die bürgerlich-demokratische Revolution von 1848 nahezu spurlos vorüber. Als wissenschaftliche Institution hatte sie sich vom gesellschaftlichen Leben völlig isoliert; nach der Niederlage der Revolution nutzte sie jedoch die Gelegenheit, auf ihren unpolitischen Charakter zu verweisen, und auch Anregungen, mit ihrer wissenschaftlichen Arbeit stärker an die Öffentlichkeit zu treten, schenkte sie kaum Gehör.[87]

Die schlimmsten Auswirkungen hatte die Niederlage der Revolution auf die Geisteswissenschaften. Die Philosophie Hegels war gänzlich verpönt. Während Ludwig Feuerbach, der letzte große Vertreter der klassischen deutschen Philosophie, isoliert von der offiziellen Wissenschaft in dörflicher Abgeschiedenheit sein Dasein fristete, kam Arthur Schopenhauers irrationalistisch-pessimistische Philosophie in Mode. Zwischen 1820 und 1832 war Schopenhauer an der Berliner Universität Privatdozent gewesen und hatte damals kaum Resonanz gefunden; dreizehn Semester lang kündigte er immer wieder seine Vorlesungen an, aber nur neun Studenten schrieben sich bei ihm ein, und wirklich gelesen hat er nicht ein einziges Mal.[88]

Fortschrittliches geisteswissenschaftliches Denken war von den Universitäten verbannt. Insbesondere der Lehre des wissenschaftlichen Sozialismus war der Zugang zur offiziellen Wissenschaft verschlossen. Das Erstarken der Arbeiterbewegung, die sich allmählich vom utopischen Sozialismus zu befreien und der Lehre von Karl Marx und Friedrich Engels zuzuwenden begann, zwang indes zu akademischen Gegenmaßnahmen. An den Universitäten bildete sich ein vulgärökonomischer Kathedersozialismus heraus, zu dessen bekanntesten und einflußreichsten Vertretern neben Gustav Schmoller auch Eugen Dühring gehörte.

Nicht weniger verhängnisvolle Auswirkungen zeitigte die reaktionäre Entwicklung in der Geschichtswissenschaft, die mehr und mehr in die Verherrlichung des Preußentums und der Monarchie von Gottes Gnaden abglitt. Dennoch gab es auch in den Geisteswissenschaften Persönlichkeiten, die sich den Blick nicht verstellen ließen, wie der von der Universität Leipzig seines Lehramtes verwiesene Historiker Theodor Mommsen, der seit 1859 als Professor für Alte Geschichte an

Der deutschen Wissenschaft hat die Zensur jedoch weniger durch direkte Verbote geschadet als durch den Zwang, den sie den Wissenschaftlern auferlegt hat, die immer auf der Hut sein mußten und dadurch auch in den Abstraktionen befangen blieben, zu denen die politischen Verhältnisse Deutschlands seit ältester Zeit seine Wissenschaft getrieben haben, da sie nicht durch eine Ausrichtung am wirklichen und Vorhandenen ihre Theorien zugleich sicherer und nutzbringender machen konnte.
Johann Wilhelm Snellmann: Deutschland. Eine Reise durch die deutschsprachigen Länder 1840–1841, S. 414/415.

Theodor Mommsen
Gemälde von Ludwig Knaus

der Berliner Universität wirkte. Erst nachdem sich Mommsen im Schweizer Exil durch seine «Römische Geschichte» internationale Anerkennung erworben hatte, wählte ihn die Berliner Akademie der Wissenschaften zum Korrespondierenden Mitglied und gab ihm 1868 als Ordentliches Mitglied eine Anstellung: Mommsen übernahm die Leitung eines der wenigen bedeutenden Unternehmen der Akademie in jener Zeit, die Herausgabe des «Corpus inscriptorum Latinarum» (Lateini-

86 Siehe ebenda, S. 111/112.
87 Siehe Werner Hartkopf: Die Akademie der Wissenschaften der DDR. Ein Beitrag zu ihrer Geschichte, S. 44/45.
88 Siehe Walter Mohrmann: Die Berliner Universität im 19. Jahrhundert. In: Berliner Wissenschaftshistorische Kolloquien III, S. 83.

Theodor Schwann
Lithographie von Hoffmann

Mathias Jakob Schleiden
Lithographie von Hoffmann

sche Inschriften). Nach der Gründung des Deutschen Reiches unter preußischer Hegemonie wandte sich Mommsen gemeinsam mit Rudolf Virchow gegen den aufkommenden Antisemitismus.

Während die Geisteswissenschaften in den Jahren der Reaktion teilweise einschneidende Tendenzen des Verfalls zeigten, während die Bourgeoisie mehr und mehr von ihren humanistischen Idealen und ihren liberalen Bestrebungen abrückte, erlebten die Naturwissenschaften in den fünfziger und sechziger Jahren einen ungeahnten Aufschwung. Die Entwicklung der Industrie unter den Bedingungen des Kapitalismus der freien Konkurrenz erforderte und förderte die Naturwissenschaft als eine unentbehrliche Produktionspotenz. Die romantische Naturphilosophie und -wissenschaft, die versucht hatte, das Naturgeschehen aus einer ganzheitlichen Sicht zu begreifen, wurde in Bausch und Bogen verworfen. An ihre Stelle trat eine empirische Tatsachenforschung, in wesentlichen Zügen am mechanischen Materialismus orientiert, der sich oftmals nur verschämt zu erkennen gab.

Zahlreiche bedeutende Entdeckungen auf allen Gebieten der Naturwissenschaft kennzeichneten die nun einsetzende stürmische Entwicklung. Friedrich Engels hob drei Entdekkungen heraus, die diesen Prozeß charakterisierten und durch die «die Hauptvorgänge der Natur erklärt, auf natürliche Ursachen zurückgeführt»[89] sind: die Entdeckung der Zelle und die Entwicklung der Zelltheorie durch Theodor Schwann und Matthias Jakob Schleiden 1838/39 im Laboratorium des Berliner Physiologen Johannes Müller, die Entdeckung des Energieerhaltungssatzes, wonach verschiedene Energieformen ineinander übergehen können, die Gesamtmenge an Energie

«Von entscheidender Wichtigkeit aber waren drei große Entdeckungen. Die erste war der von der Entdeckung des mechanischen Äquivalents der Wärme (durch Robert Mayer, Joule und Colding) sich herleitende Nachweis der Verwandlung der Energie. ... Die zweite ... ist die Entdeckung der organischen Zelle durch Schwann und Schleiden, der Zelle als der Einheit, aus deren Vervielfältigung und Differenzierung alle Organismen mit Ausnahme der niedrigsten entstehen und herauswachsen.» Die Frage, woher dann die unendliche Verschiedenheit dieser Organismen kommt, «wurde beantwortet durch die dritte große Entdeckung, die Entwicklungstheorie, die zuerst von Darwin im Zusammenhang dargestellt und begründet wurde».
Friedrich Engels: Dialektik der Natur. In: MEW, Bd. 20, S. 467, 468.

Johann Christian Poggendorff
Lithographie
von R. Hoffmann. 1856
Seit 1834 war Poggendorff Professor für Physik an der Berliner Universität. Von ihm wurden etwa 160 Bände der «Annalen der Physik und Chemie» herausgegeben. Er ist der Erfinder des Galvanoskops und Begründer des bis heute weitergeführten «Literarisch-biographischen Handwörterbuchs für Mathematik, Physik, Chemie und verwandte Wissensgebiete».

Heinrich Gustav Magnus
Lithographie von Wildt
nach einer Zeichnung
von Eduard Magnus

dabei jedoch konstant bleibt, durch Robert Julius Mayer 1842 und schließlich die Theorie der Entstehung der biologischen Arten von Charles Robert Darwin 1859.[90]

An der stürmischen Entwicklung der Naturwissenschaften nahm auch Berlin teil; der Grund dazu war schon seit Beginn der dreißiger Jahre gelegt worden. Inzwischen hatte sich Berlin durch die industrielle Revolution zu einem bedeutenden Industriezentrum entwickelt. Seine Bevölkerung wuchs von 418 690 Einwohnern im Jahre 1850 auf 774 452 Einwohner im Jahre 1870. Territorial dehnte sich die Stadt weit nach dem Osten, Norden und Westen aus. Zählte Berlin 1850 noch 79 910 Wohnungen, so waren es im Jahre 1870 bereits 168 144, wobei die Anzahl der Wohnungen je 100 Grundstücke von 921 auf 1 148 stieg.

Die 1850 gegründete Berliner Industrie- und Handelskammer hob bereits in ihrem ersten Jahresbericht die Fortschritte der Berliner Industrie und die Ausweitung der Handelsbeziehungen über ganz Deutschland hervor. Im Jahre 1860 gab es in Berlin 67 Maschinenfabriken mit mehr als 53 000 Beschäftigten; allein bei Borsig arbeiteten etwa 1 200. Berlin verfügte über einen der bedeutendsten Binnenhäfen und war ab 1864 als erste größere deutsche Stadt mit allen Hauptstädten des europäischen Kontinents durch Eisenbahnlinien verbunden. 1870 war Berlin hinter Paris und London zum drittgrößten Banken- und Börsenplatz aufgerückt.[91] Bereits im Jahre 1856 war in Berlin der Verein Deutscher Ingenieure gegründet worden.

89 Friedrich Engels: Dialektik der Natur. In: MEW, Bd. 20, S. 468.
90 Siehe ebenda, S. 467/468.
91 Siehe: Berlin. Zehn Kapitel seiner Geschichte, S. 181–186.

Die wirtschaftliche Entwicklung der Stadt hatte schon in den vierziger Jahren günstige Auswirkungen auf die Naturwissenschaften. Die Hinwendung der Naturwissenschaften zur Praxis und deren Förderung im Interesse der Produktion wiederum war neben den Veränderungen in ihren theoretischen und methodologischen Grundlagen von größter Bedeutung für das Entstehen eines naturwissenschaftlichen Zentrums von Weltgeltung. Der Aufschwung der Naturwissenschaften, verbunden mit einer weiteren Differenzierung und Spezialisierung der Forschung und Lehre, erfaßte alle Gebiete von der Mathematik über Physik und Chemie bis zur Biologie und Medizin.

In der Mathematik gelang es durch den Einfluß Alexander von Humboldts, die Traditionen von Dirichlet, Steiner und Jacob Jacobi ab 1856 in der Ära von Ernst Eduard Kummer, Karl Theodor Wilhelm Weierstraß und Leopold Kronecker ohne Bruch fortzusetzen. Kummer wurde 1855 anstelle von Dirichlet an die Berliner Universität berufen, da dieser als Nachfolger von Gauß nach Göttingen gegangen war. Kummer war gleichzeitig Professor für Mathematik an der Kriegsschule. Weierstraß wurde 1856 zum Professor für Mathematik an das Berliner Gewerbeinstitut und 1864 zum Professor für Mathematik an die Universität berufen. Kronecker schließlich wurde 1861 zum Ordentlichen Mitglied der Akademie der Wissenschaften und zum Lesenden Akademiemitglied an der Universität gewählt; 1883 erhielt er eine Professur für Mathematik.

Karl Weierstraß führte den Erfolg der Mathematik in Berlin darauf zurück, daß es durch sein Zusammenwirken mit Kummer und Kronecker möglich wurde, «nach einem umfassenden … Plan, dem sich später auch herangezogene jüngere Kräfte willig und erfolgreich anschlossen, den mathematischen Unterricht in der Weise zu organisieren, daß den Studirenden Gelegenheit gegeben ist, in einem zweijährigen Cursus eine beträchtliche Reihe von Vorträgen über die wichtigsten mathematischen Disciplinen in angemessener Aufeinanderfolge zu hören, darunter nicht wenige, die zu anderen Universitäten gar nicht oder doch nicht regelmäßig gelesen werden».
Zit. in: Kurt-R. Biermann: Die Mathematik und ihre Dozenten an der Berliner Universität. 1810–1920, Berlin 1973, S. 75.

In der Physik trat bereits 1834 Heinrich Gustav Magnus, Sohn einer begüterten Berliner Kaufmannsfamilie, die Nachfolge von Hermbstaedt mit einer außerordentlichen Professur für chemische Technologie an; 1845 wurde er zum Professor für Physik berufen. Neben seiner Tätigkeit an der Universität lehrte Magnus Physik an der Artillerieschule und chemische Technologie am Gewerbeinstitut. In seinem Hause Am Kupfergraben 7 richtete Magnus 1840 ein physikalisches Laboratorium ein, das er begabten Studenten öffnete. Seinen Vorlesungen gab er konsequent eine experimentelle Grundlage. 1863 wurde sein Laboratorium von der Universität übernommen und im Ostflügel des Universitätsgebäudes untergebracht. Magnus ist neben seinen nicht unbedeutenden wissenschaftlichen Leistungen vor allem als hervorragender Lehrer hervorgetreten. Seiner Schule entstammten zahlreiche bedeutende Wissenschaftler, darunter Hermann von Helmholtz, Emil Du Bois-Reymond, Rudolf Julius Emanuel Clausius, Paul Groth, John Tyndall, Emil Warburg und schließlich Werner von Siemens, der Begründer der Elektrotechnik in Berlin.

Im Jahre 1843 begründete Magnus das Physikalische Kollo-

Das Magnus-Haus,
Am Kupfergraben 7
Aufnahme um 1910
Bis 1870 befand sich hier das erste physikalische Laboratorium Deutschlands. Die Tradition dieses Hauses ist mit den Namen weiterer bedeutender Persönlichkeiten und Einrichtungen des wissenschaftlichen und kulturellen Lebens Berlins verbunden. Hier wohnte ab 1912 bis zu seiner Emigration im Jahre 1933 der Theaterregisseur Max Reinhardt; in der unteren Etage befanden sich Ende der zwanziger Jahre Einrichtungen der Universität. Nach 1945 war das Gebäude das erste Domizil der Gesellschaft für Deutsch-Sowjetische Freundschaft. Seit 1958 wird es von der Physikalischen Gesellschaft der DDR und anderen Institutionen genutzt. In seinen Räumen ist auch die wertvolle und umfangreiche Bibliothek von Max Planck untergebracht, die am Ende des zweiten Weltkrieges von sowjetischen Truppen sichergestellt, gepflegt, restauriert und der DDR wieder übergeben wurde.

quium, in dem in freimütiger Diskussion vor allem Probleme der experimentellen Physik besprochen wurden. Aus dem Physikalischen Kolloquium ging die Berliner Physikalische Gesellschaft hervor, die sich stärker mit Fragen der mathematischen Physik beschäftigte, aber auch die Beziehung zwischen Physik und Technik pflegte. In der Physikalischen Gesellschaft hielt beispielsweise 1847 Helmholtz seinen berühmten Vortrag über die Erhaltung der Kraft; Siemens referierte über Telegraphie.

Die Räumlichkeiten im Physikalischen Laboratorium wurden bald zu eng, indes wurde der Bau eines Physikalischen Instituts erst nach 1871 unter Helmholtz, dem Nachfolger von Magnus auf dem Lehrstuhl für Physik, verwirklicht.

Eine ähnliche Entwicklung ist in der Chemie zu verzeichnen. Im Unterschied zu einigen anderen Universitäten, wie beispielsweise Jena und Gießen, verfügte die Universität über kein eigenes Laboratorium. «In der Tat», schrieb der Chemiker Carl Friedrich Rammelsberg in seinen Lebenserinnerungen, «gab es damals noch keinen anderen Weg, sich in der Chemie praktisch auszubilden, als das Laboratorium eines Apothekers.»[92]

Auch Hermbstaedt stand für experimentelle Arbeiten nur die Hofapotheke zur Verfügung. Sein Nachfolger Heinrich Rose unterhielt ein Privatlaboratorium, und Eilhard Mitscherlich konnte das Laboratorium der Akademie der Wissenschaften nutzen. Diese Situation stand im krassen Gegensatz zur

92 Zit. in: Hans Landolt: Carl Friedrich Rammelsberg 1813–1899. In: Berichte der Deutschen Chemischen Gesellschaft 42, 1909. S. 4944.

Entwicklung des chemischen Gewerbes zur chemischen Industrie und wurde noch 1840 von Justus Liebig in seiner Schrift «Über das Studium der Naturwissenschaften und den Zustand der Chemie in Preußen» heftig kritisiert. Doch eine Wende trat erst ein, als nach dem Tod Roses und Mitscherlichs nunmehr August Wilhelm Hofmann in das 1. Chemische Ordinariat berufen wurde. Hofmann hatte die Annahme der Berufung an die Bedingung geknüpft, an der Universität ein Chemisches Institut zu errichten. Dieser Forderung wurde entsprochen und 1866 mit dem Bau begonnen, der nach vierjähriger Bauzeit 1869 seiner Bestimmung übergeben werden konnte.

Die Entwicklung in den biologischen Wissenschaften und in der Medizin war eng mit der Schule von Johannes Müller verbunden, aus der neben vielen anderen Schwann, Haeckel, Du Bois-Reymond und Virchow hervorgingen.

Sitzungssaal der Akademie
Aufnahme um 1902

Nach dem Tode Müllers wurde sein Ordinariat aufgeteilt:

Virchow übernahm bereits 1856, nach seiner Rückkehr nach Berlin, die Pathologie; die Anatomie und die Zoologie wurden 1858 an Karl Bogislaus Reichert und die Physiologie im gleichen Jahr an Du Bois-Reymond übertragen. Im Jahre 1856 wurde an der Ziegelstraße das Pathologische Institut und 1865 das Anatomische Institut der Universität eingerichtet.

Nach dem Tode des Direktors des Zoologischen Museums Lichtenstein fiel die Leitung dieser Einrichtung an Wilhelm Peters, ebenfalls ein Schüler Müllers. In der Botanik trat 1851 Alexander Heinrich Braun die Nachfolge von Heinrich Friedrich Link als Ordinarius und Direktor des Botanischen Gartens an. Die Pharmakologie vertrat bis 1871 Karl Gustav Mitscherlich, ein Bruder Eilhard Mitscherlichs, die Neurologie von 1865 bis 1868 Wilhelm Griesinger, die Augenheilkunde von 1868 bis zu seinem Tode 1870 Albrecht von Graefe und die Chirurgie seit 1848 Bernhard von Langenbeck.

So sind dies sämtlich Namen hervorragender Gelehrter, die der Berliner Universität in vielen wichtigen Zweigen der Naturwissenschaft und der Medizin Glanz und Ansehen verliehen, die in ihren Fachgebieten hervorragende Leistungen vollbrachten und mit ihrem wissenschaftsorganisatorischen Wirken halfen, den Aufstieg Berlins zu einem erstrangigen Wissenschaftszentrum vorzubereiten. Hinter der Universität blieb die Akademie der Wissenschaften indes zurück. In einer Eingabe aus dem Jahre 1866 wies die Akademie darauf hin, daß sie den gewachsenen Ansprüchen nicht mehr genügen könne, wenn nicht grundlegende Veränderungen vorgenommen würden; sie stellte fest, daß sie «fast wie eine parasitische Pflanze erscheine, da sie fast nur durch die Universität und die dort gewährten Gehalte existiere».[93]

Solange sich in den Akademiesitzungen im wesentlichen Professoren der Berliner Universität trafen, war das in der Tat der Fall; das wissenschaftliche Leben der Akademie konnte kaum etwas anderes sein als ein Ableger der wissenschaftlichen Tätigkeit der Berliner Alma mater. Doch die Zeiten begannen sich zu ändern. Je größer nämlich das Netz außeruniversitärer wissenschaftlicher Einrichtungen in und um Berlin wurde und je besser diese Einrichtungen – in der Regel über ihre Direktoren – in der Akademie vertreten waren, um so stärker wuchs der Akademie auch ohne eigene Forschungsinstitute eine eigenständige Funktion des interinstitutionellen wissenschaftlichen Gedankenaustausches auf hohem Niveau zu.

Ueberallhin dringt in diesem Augenblicke neubefruchtend das Prinzip der Oeffentlichkeit. Ihm huldigt, was frische Lebenskraft in sich fühlt, und der Macht der öffentlichen Meinung will es seine eigene Macht verdanken. … Möchte denn die Scheidewand fallen, die zu lange bestanden hat zwischen der Akademie und dem größeren Publikum. Möchte es diesem vergönnt sein, statt durch kurze Zeitungsanzeigen und nach Monaten erscheinende Sitzungsberichte, in unmittelbarster Frische aus dem Munde der großen Forscher selbst die Ereignisse ihrer Arbeit zu vernehmen … Dann wird auch bald die lebendigste Einwirkung der Akademie auf das Volk beginnen, und wo jetzt ihr Bestehen vielleicht kaum gekannt oder mit Gleichgültigkeit betrachtet ist, wird sie als Stolz der Nation und als derjenige unentbehrliche Bestandteil des Gemeinwesens erscheinen, dessen wichtige Aufgabe es ist, in Sachen der Wissenschaft stets die Initiative zu ergreifen …

Aus einer Adresse der Physikalischen Gesellschaft an die Akademie der Wissenschaften. Zit. in: Werner Hartkopf: Die Akademie der Wissenschaften der DDR. Ein Beitrag zu ihrer Geschichte, Berlin 1975, S. 45.

93 Zit. in: Adolf Harnack: Geschichte der Königlich Preußischen Akademie der Wissenschaften zu Berlin. Erster Band. Zweite Hälfte, Berlin 1900, S. 990.

Zwischen Reichsgründung und Jahrhundertwende 1870–1900

Aufstieg zum Wissenschaftszentrum

Als die Zeichen der Zeit auch in Berlin eine welthistorische Zäsur erkennen ließen – das Auslaufen des Kapitalismus der freien Konkurrenz, das Aufkommen des Monopolkapitalismus –, arbeitete in der Stadt eine Vielzahl solider Gelehrter, unter denen Denker von Weltruf waren. Zu einem Mekka der wissenschaftlichen Welt fehlte ihr dennoch vieles. So schrieb beispielsweise einer der großen alten Herren der deutschen Naturwissenschaft über sie: «... so wäre doch Berlin der allerletzte Ort, an den ich gehen möchte. Was gäbe ich darum, wenn ich die geisttötenden Prüfungen der Mediziner und Pharmazeuten hier in München abschütteln könnte, aber in Berlin sind sie vernichtend; darin können sich alte Männer zurechtfinden, welche einen Grund darin finden, nichts mehr in der Wissenschaft zu tun ... ich glaube, daß für Sie das ganze dortige Leben mit der Zeit unerträglich werden wird ...»[1] Justus von Liebig gab dieses gallige, aber nicht unbegründete Urteil am 14. November 1863 in einem Brief ab, und er wurde darin von seinem Freund Friedrich Wöhler bestärkt, der einige Jahrzehnte zuvor als junger Mann die Berliner Verhältnisse selbst kennengelernt hatte.

Adressat dieses Briefes war Liebigs Schüler August Wilhelm von Hofmann, der in England eine glänzende Karriere gemacht hatte und nun im Begriff war, einer Berufung auf das mit Eilhard Mitscherlichs Tod vakante Chemie-Ordinariat an der Berliner Universität zu folgen. Hofmann ließ sich durch die Warnung seines Lehrers nicht umstimmen. Er ging nach Berlin und wurde zum Initiator eines bemerkenswerten Aufschwungs dieser dynamischen und mit einem der technologisch progressivsten Industriezweige jener Zeit verbundenen Wissenschaft. Um die Jahrhundertwende, als Berlin eine Hochburg der organischen Chemie geworden war, die ihresgleichen suchte, hätte selbst ein hartgesottener Skeptiker wie Liebig keinen jungen Chemiker mehr gewarnt, nach Berlin zu gehen. Im Gegenteil: Er hätte jedem empfohlen, in Berlin Augen und Ohren offenzuhalten, so wie er einstmals als junger Mann das erregende Erlebnis wissenschaftlichen Weltstandards als bewegenden Impuls seiner ganzen weiteren Laufbahn aus Paris mitgenommen hatte.

Wissenschaft ist ein Land, welches die Eigenschaft hat, um so mehr Menschen beherbergen zu können, je mehr Bewohner sich darin sammeln; sie ist ein Schatz, der um so größer wird, je mehr man ihn teilt. Darum kann jeder von uns in seiner Art seine Arbeit tun, und die Gemeinsamkeit bedeutet nicht Gleichförmigkeit.
Wilhelm Ostwald: Chemical Society. The banquet to past presidents. In: The Chemical News (London), vol. 78, 1898, No. 2038, p. 298.

Doch nicht nur in der Chemie konnte sich die Wissenschaft Berlins eines imponierenden Aufschwungs rühmen. Auf vielen Gebieten wurden alte Maßstäbe über den Haufen geworfen. Mit der Entdeckung des elementaren Wirkungsquantums stieß Max Planck an der Schwelle des neuen Jahrhunderts die Tür zu einer prinzipiell neuartigen theoretisch-physikalischen und im weiteren Sinne des Wortes gesamt-na-

Proklamierung
des Deutschen Kaiserreiches
zu Versailles
Gemälde
von Anton von Werner

turwissenschaftlichen Denkweise auf, deren Raum im 20. Jahrhundert weltweit ausgeschritten wurde und deren praktische Konsequenz – die wissenschaftlich-technische Revolution – die Problematik unserer Zeit in mannigfacher Weise bestimmte. Gewiß war es nicht «programmiert», daß die Plancksche Konstante gerade in Berlin entdeckt werden mußte. Doch die Entdeckung war auch nicht das trotzige Werk eines isolierten Genies in einer resistenten Umgebung, sondern erwuchs auf natürliche Weise aus der spezifischen Qualität, die das wissenschaftliche Leben Berlins während des letzten Drittels des 19. Jahrhunderts gewonnen hatte.

In wenigen Jahrzehnten vollzog sich dieser bemerkenswerte Wandel im wissenschaftlichen Ansehen Berlins: Von einem bekannten Sitz wissenschaftlicher Einrichtungen, der einer unter vielen war, zu einer Metropole der Lehre und Forschung, die in der Welt von damals nicht viele ihresgleichen hatte. Die gesellschaftlichen Kräfte, die diesen Aufstieg ermöglichten, waren – zum Unterschied von den Wissenschaftlern als seinen unmittelbaren Akteuren – allerdings kaum vom Ideal uneigennütziger Wahrheitssuche getrieben. Handfeste politische und ökonomische Interessen bestimmten ihr Verhältnis zur Wissenschaft.

Sucht man nach Zusammenhängen und Gründen dieser Vorgänge in der Berliner Wissenschaft, so fällt der Blick des Betrachters zuerst auf die politische Oberfläche des Geschehens. Unüberhörbar war der Paukenschlag, mit dem das Finale des 19. Jahrhunderts eingeleitet wurde: die aus dem schmählichen Sieg im Deutsch-Französischen Krieg hervorgegangene Gründung des Deutschen Reiches, mit der die Hege-

1 Zit. in: Karl Heinig: Das chemische Institut der Berliner Universität unter der Leitung von August Wilhelm von Hofmann und Emil Fischer. In: Forschen und Wirken. Festschrift zur 150-Jahr-Feier der Humboldt-Universität zu Berlin. 1810–1960, Bd. I, Berlin 1960, S. 341.

monie Preußens in Deutschland staatsrechtlich und machtpolitisch festgeschrieben wurde, Triumph des Realpolitikers und Meisters des diplomatischen Spiels Otto Fürst von Bismarck, der dieses Geschehen jahrelang umsichtig vorbereitet und mit der gezielten Verstümmelung der Emser Depesche schließlich geschickt ausgelöst hatte. Berlin, bislang Hauptstadt des preußischen Staates, wurde nunmehr auch Reichshauptstadt.

Zwangsläufig erhöhte sich damit der hegemoniale Status Berlins in Deutschland auf allen Gebieten, auch auf dem der Wissenschaft. Das wurde um so wesentlicher, je mehr die Wissenschaft als politisch bedeutsamer Faktor objektiv an Gewicht gewann und subjektiv so wahrgenommen wurde. Insofern kam eine Entwicklung, in der die wissenschaftliche Bedeutung Berlins gegenüber dem Ausland und gegenüber anderen traditionellen Wissenschaftszentren des Reiches zunahm, den Intentionen jener politischen Kräfte entgegen, die unmittelbar hinter Bismarck standen bzw. die ihn in wechselnden Konstellationen und Koalitionen unterstützten, auch wenn er sich selbst kaum unmittelbar für wissenschaftspolitische Entscheidungen engagierte. Das Interesse der herrschenden Kreise des Reiches an der Entwicklung eines gleichermaßen hochleistungsfähigen wie staatskonformen Wissenschaftssystems in Berlin überdauerte auch Bismarcks Sturz.

Berlin wurde zu einer Stadt der Wissenschaft und Technik, der Kultur und Künste von internationalem Rang. Die Idee des «Großbetriebes der Wissenschaft», an der Akademie und der Universität formuliert, wurde in modernen Instituten der Universität und der Technischen Hochschule, besonders aber an Forschungseinrichtungen wie der Physikalisch-Technischen Reichsanstalt und später (nach 1911) der Kaiser-Wilhelm-Gesellschaft zunehmend realisiert. In Laboratorien von Großunternehmen der Elektrotechnik und der Chemie war ein neuer Typ industrieller Forschung und Entwicklung im Entstehen. Mit dem insgesamt hohen Niveau seiner zahlreichen gewerblich-technischen, Fach- und Hochschulen hatte Berlin im Reich wie im Vergleich mit anderen kapitalistischen Industrieländern eine Spitzenposition gewonnen.
750 Jahre Berlin. Thesen, Berlin 1986, S. 35.

Freilich entspräche es nicht der Realität, wollten wir annehmen, die Kaiserkrönung wäre so etwas wie ein Startschuß zu einer freigebigen Öffnung der Staatskassen für die Belange der Wissenschaft gewesen. Selbst Gelehrte der ersten Garnitur, mit deren Ruhm sich das Deutsche Reich schmückte, mußten weiterhin mit Energie, List und Beziehungen fechten, um zu erreichen, daß wenigstens den elementaren Entwicklungsbedürfnissen der Wissenschaft in einem modernen Industriestaat entsprochen wurde. Für die Wissenschaft gab es keinen «Milliardensegen» und keine rauschenden Gründerjahre, sie partizipierte nur in sehr bescheidenem Maße an dem goldenen Strom der französischen Kriegskontributionen, dessen Löwenanteil in die unersättliche preußisch-deutsche Rüstungsindustrie floß. Ein Blick auf den Militäretat, dessen ständiges Anschwellen zum Lebensgesetz des Reiches wurde, erweist jedes Selbstlob wilhelminischer Kulturfreundlichkeit, an dem es wahrhaft nicht mangelte, unverzüglich als pure Demagogie.

Dennoch ist unbestreitbar, daß sich – verglichen mit den ärmlichen Verhältnissen, unter denen früher in Berlin wissenschaftliche Leistungen erbracht worden waren – in der nunmehrigen Reichshauptstadt die äußeren Verhältnisse für die Wissenschaft sichtlich verbesserten. Die Entwicklung der Existenzbedingungen wissenschaftlicher Arbeit verließ den

August Wilhelm
von Hofmann
Gemälde
von Heinrich von Angely
Hofmann leistete neben seiner Lehr- und Forschungstätigkeit auch eine umfangreiche wissenschaftspolitische Arbeit. So verfaßte er zum Beispiel Berichte über die Weltausstellungen in London 1851 und 1862 sowie Einschätzungen zum Entwicklungsstand der Teerfarbstoffe auf der Ausstellung von 1873 in Paris. Für den amtlichen Bericht über die Wiener Ausstellung von 1873 erarbeitete er informatives Material über die Fortschritte der chemischen Industrie in den letzten zehn Jahren

schläfrigen Trott der vorhergehenden Jahrzehnte und beschleunigte sich spürbar. Der Bau des ersten chemischen Universitätslaboratoriums in der Georgenstraße zwischen 1865 und 1869 – das preußische Kultusministerium hatte dem eingangs erwähnten Chemiker Hofmann für seine Zustimmung zu einem Ruf nach Berlin als Gegenleistung die Errichtung eines neuen Instituts versprechen müssen – war eine Art erste Schwalbe, der durchaus ein Sommer für die Berliner Wissenschaft folgte, beginnend mit der Bautätigkeit. Hofmann hatte hier vorgearbeitet: Er hatte für die Geräteausstattung des neuen Laboratoriums einen Standard gefordert, den die vorgesetzte Behörde als «skandalösen Luxus» ansah,[2] und er

2 Fritz Welsch: Zur Geschichte der Herstellung künstlicher organischer Farbstoffe und ihrer Bedeutung für die Entwicklung der chemischen Wissenschaft und Industrie im 19. Jahrhundert. Inauguraldissertation, Leipzig 1966, S. 107.

Die deutschen Professoren

Hochkritisch wird jetzt unsre Zeit, / Die Freiheit geht verloren; / Man fragt: Sind denn nicht hilfsbereit / Die Herren Professoren?

Sie sollen doch mit ganzer Kraft / Im Lande sich erheben / Und der bedrohten Wissenschaft / Zu helfen sich bestreben!

Der Herr Professor Strippelmann / Erklärt heraus ganz ehrlich: / Bei mir hat «Sie» die Hosen an / Und das ist sehr gefährlich!

Der Herr Professor Muckenich, / Der denkt an die Studenten. / Voll Schrecken meint er, daß sie sich / Dabei auch mucksen könnten.

Der Herr Professor Duckedich / Wär' Hofrath gern geworden, / Und läuft er jetzo wider'n Strich, / Entgeht ihm auch ein Orden.

Der Herr Professor Zuckenich / War jüngst im Kirchenstuhle / Zur Beicht'; da ward ihm schauerlich / Angst vor dem Höllenpfuhle.

Der Herr Professor Sträubenich / Zeigt auch nicht sehr viel Schärfe: / Sein Töchterlein liebt minniglich / Ein Lieutenant der Reserve.

Der Herr Professor Krümmedich, / Der wollt' schon wacker streiten, / Thät er nur nicht so fürchterlich / An der Verdauung leiden.

Drum gebt euch so viel Müh' nicht heut / Mit diesen Professoren; / Mit ihnen ist zu jeder Zeit / Das Vaterland verloren!

Der Wahre Jacob (Stuttgart), 1895, Nr. 225.

nahm die preußische Knausrigkeit in der Bemessung des Institutsetats nicht widerspruchslos hin. 1873 beklagte er sich in einem Schreiben an den preußischen Kultusminister Falk: «Nur mit der äußersten Sparsamkeit ist es mir gelungen, die Bedürfnisse des Instituts mit dieser Summe zu begleichen, und nur zu oft habe ich mich in der Lage eines Industriellen befunden, dem eine prachtvolle Maschine zu Gebote steht, der aber nicht das nothwendige Betriebscapital besitzt, um sie mit vollem Effect arbeiten zu lassen.»[3]

Für das preußische Kultusministerium – Ministerium der geistlichen, Unterrichts- und Medizinalangelegenheiten –, das in Berlin ansässig war, bedeutete die Reichsgründung eine wissenschaftspolitische Kompetenzausweitung. Die Eigenart der Reichseinigung von oben hatte es mit sich gebracht, daß die Führungsfunktionen des Reiches und jene des preußischen Staates durch mannigfache Personalunionen miteinander verquickt waren. Verschiedene Bereiche der politischen Führung waren im Reichsmaßstab überhaupt nicht institutionalisiert, so daß die entsprechenden preußischen Ministerien unter den gegebenen Verhältnissen zumindest indirekt faktisch auch Funktionen für das Reich ausübten. Dies traf voll auf das Kultusministerium zu. Es blieb der Hauptträger der wissenschaftspolitischen Maßnahmen in jener Zeit, soweit sie vom Staat ausgingen oder staatlich vermittelt waren, und das in einer Phase schnell expandierender wissenschaftlicher Aktivitäten.

Die wichtigsten, über längere Zeit amtierenden Inhaber dieses Ministerportefeuilles in jener Periode waren Paul Ludwig Adalbert Falk (1872–1879), Gustav Heinrich Konrad von Gossler (1879–1891) und Julius Robert Bosse (1892–1899), doch die für die Strategie der Wissenschaft interessantesten Persönlichkeiten waren wohl weniger die Minister als vielmehr der 1882 als Referent für Universitätsangelegenheiten in dieses Gremium eingetretene, 1897 zum Ministerialdirektor ernannte und mit allen erdenklichen Ehrungen versehene Friedrich Theodor Althoff und Friedrich Schmidt-Ott, der seine Ministeriumskarriere 1888 im Alter von 28 Jahren als Hilfsarbeiter begann, Stufe um Stufe durchlief und schließlich nach seiner Ernennung zum Minister im Jahre 1917 die Wissenschaftspolitik der Weimarer Republik wesentlich prägte.

Gemeinsam mit allen anderen Mechanismen, die – mit dem durch das Bildungsprivileg der Besitzenden stark gefilterten Zugang zur Gymnasial- und Universitätsbildung beginnend – den Wissenschaftsbetrieb auf kaisertreuen Gleisen hielten, tat die Personalpolitik das ihre, um die Erhaltung und Vermehrung des für das deutsche Kaiserreich nützlichsten Gelehrtentyps zu sichern:

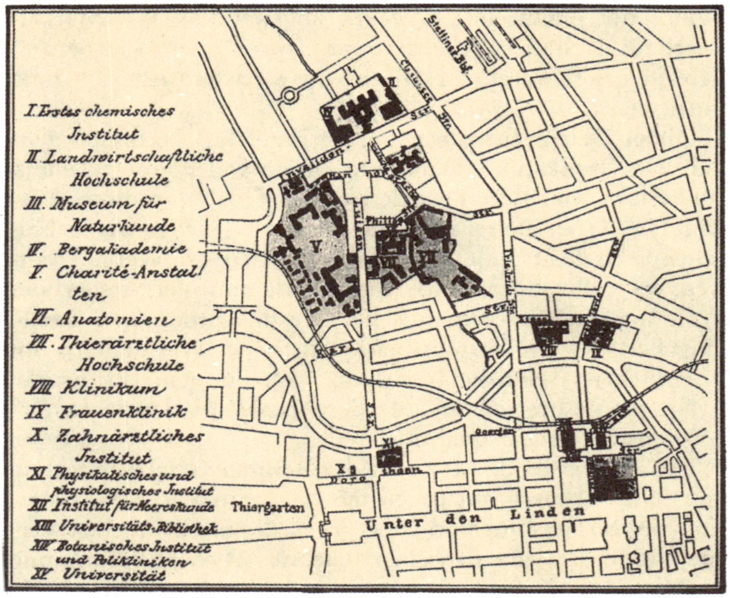

Lageplan einiger Berliner Lehr- und Forschungsstätten Um 1900

– Männer mit glänzenden Gaben und hervorragender Ausbildung, ihres eigenen Wertes voll bewußt und bereit, für den Fortschritt der Erkenntnis persönliche Opfer zu bringen;

– Männer mit einem weiten Horizont, keineswegs bornierte Superspezialisten und doch meilenweit von der Einsicht in jene Kräfte entfernt, die unter der Oberfläche des politischen und wirtschaftlichen Geschehens die gesellschaftliche Entwicklung vorantrieben;

– Männer, die einen inneren Zusammenhang zwischen der Stärke des Deutschen Reiches und dem Fortschritt der Wissenschaft annahmen und ehrlich glaubten, der stürmische Aufschwung von Wissenschaft und Technik würde, wenn nicht heute, so doch morgen oder übermorgen, allen sozialen Nöten auf den Wegen vernünftiger Reform ein Ende bereiten;

– Männer, die bei der Wertung wissenschaftlicher Leistungen mit größter Selbstverständlichkeit den Gesichtspunkt des nationalen Prestiges in den Vordergrund stellten und keine Schwierigkeiten hatten, ihn mit den traditionellen Idealen der Internationalität und Humanität der Wissenschaft zu vereinbaren;

– Männer schließlich, die oft gar nicht zum «Elfenbeinturm» neigten, sondern bewußt ihre Rolle im öffentlichen Leben spielten, dabei zugleich mehr und mehr – auch wenn das

3 Zit. in: Monika Müller: Aus dem Leben und Wirken des Chemikers und Hochschullehrers August Wilhelm von Hofmann (1818–1892). In: Beiträge zur Geschichte der Humboldt-Universität zu Berlin, Heft 4, Berlin 1981, S. 20.

Ihren größten Aufschwung erlebte die Wissenschaft in Deutschland, das auf Grund der Anzahl seiner Universitäten, seiner neugegründeten *Technischen Hochschulen*, seiner unzähligen *Zeitschriften* und *Handbücher* gegen Ende des Jahrhunderts mehr und mehr die wissenschaftliche Welt zu beherrschen begann. Großbritannien und Frankreich, gestützt auf ihre eigene große Tradition, leisteten dieser Tendenz Widerstand; dennoch entwikkelte sich die deutsche Sprache zum vorherrschenden internationalen Verständigungsmittel in der Wissenschaft. Die deutschen Professoren errichteten eine Art wissenschaftliches Imperium, das sich über ganz Nord-, Mittel- und Osteuropa erstreckte; sie hatten auch beträchtlichen Einfluß auf die wissenschaftliche Entwicklung in Rußland, den Vereinigten Staaten und Japan. Der deutsche Professor wurde langsam zum Vorbild der Wissenschaftler in aller Welt. Wie die meisten deutschen Intellektuellen hatte er seinen Frieden mit dem Bündnis von militaristischem Feudalismus und Großindustrie geschlossen, das diesen erst vor kurzem industrialisierten und recht expansiven Staat beherrschte.
J. D. Bernal: Die Wissenschaft in der Geschichte, Berlin 1967, S. 367.

Indessen ging bekanntlich während dieser Zeit die Entwicklung der Produktivkräfte, insbesondere die Entwicklung der Kohlen- und Eisenindustrie, in Deutschland unvergleichlich schneller vor sich als in England, geschweige denn in Frankreich oder Rußland.
W. I. Lenin: Der Imperialismus als höchstes Stadium des Kapitalismus. In: Werke, Bd. 22, S. 280.

Der nicht gerade langsame Fortschritt der vorigen Epoche (1848-1870) verhält sich zu der Schnelligkeit, mit der Deutschlands Gesamtwirtschaft und mit ihr das deutsche Bankwesen in dieser Periode (1870-1905) vorwärts kam, etwa so, wie das Tempo der Postkutsche des heiligen römischen Reiches deutscher Nation zu dem Fluge des heutigen Automobils, dessen ... Dahinsausen allerdings auch manchmal sowohl den harmlos dahinziehenden Fußgänger wie die Insassen selbst gefährdet.
Jakob Riesser: Die deutschen Großbanken und ihre Konzentration im Zusammenhange mit der Entwicklung der Gesamtwirtschaft in Deutschland, Jena 1910, S. 354.

Pathos der praktischen Zwecken abgewandten Wissenschaft durchaus noch nicht verflogen war – bereit oder sogar persönlich engagiert waren, Erkenntnis in wirtschaftliche Nutzung umzusetzen.

Dieser Gelehrtentyp war hocheffizient für die immer stärker vom Großkapital dominierte Fusion von Bourgeoisie und Junkertum, und Berlin wurde zu einer Hochburg dieser Spezies. Hier lagen immer reichlich fließende Quellen des technischen Fortschritts, mit dessen Hilfe das deutsche Kapital weltweit vorprellte, hier wurde durch Erkenntnisleistungen von Weltrang auch außenpolitisches Prestige produziert, das – eingebettet in ein Gespinst nationalistischer Wertungen – im öffentlichen Bewußtsein wirksam geltend gemacht wurde; nach 1900 ließ es sich anhand der Anzahl der deutschen Nobelpreisträger sogar quantifizieren.

Die überwiegende Mehrheit der Berliner Gelehrten war so von selbst abgeschirmt gegen mögliche Einflüsse des revolutionären Sozialismus und auch gegen die intellektuellen Versuchungen der marxistischen Theorie. Diese Abschirmung funktionierte ziemlich perfekt; polizeilicher Repressalien, wie sie das tägliche Brot der Arbeiterbewegung waren, bedurfte es hier nur selten; drohte jedoch diese Abschirmung irgendwo schadhaft zu werden, dann wurde – wie im Fall Leo Arons – hart zugeschlagen. So war es selbstverständlich, daß die marxistische Theorie in der offiziellen Berliner Wissenschaft kein Bürgerrecht erhielt; so geschah es, daß die revolutionäre Berliner Arbeiterbewegung, die mit dem Kampf gegen das Sozialistengesetz aus bescheidenen Anfängen heraus immer mehr an Stärke gewann, und die hochrangige Berliner Wissenschaft zum Ende des Jahrhunderts zwei Welten waren, die einander nur wenig berührten.

Doch der Aufschwung der Berliner Wissenschaft wäre in der Intensität, die er nach 1870 gewann, nicht möglich gewesen, hätten hinter den politischen Zielen, mit denen er konform ging, nicht starke ökonomische Interessen gestanden, die sich weit stärker als jemals zuvor auf die Wissenschaft orientierten. Die Reichsgründung, der Berlin seine neue Hauptstadtfunktion und damit auch günstigere Bedingungen für den Wissenschaftsbetrieb verdankte, war letztlich – sosehr die Form, in der sie als dynastisch-militärisches Geschehen über die Bühne ging, auch vom preußischen Junkertum geprägt war – Vollstreckung wirtschaftlicher Interessen der Bourgeoisie.

In einer Zeit, in der das deutsche Kapital verspätet, doch dafür unter Nutzung der Erfahrungen Englands und Frankreichs die industrielle Revolution bewältigt hatte, konnte sich die Produktivkräfteentwicklung mit den Partikularitäten der

Otto von Bismarck
Bismarck, der seit 1851 im preußischen Staatsdienst tätig und während der Krise der preußischen Monarchie 1862 zum Ministerpräsidenten berufen worden war, wurde mit der Gründung des Deutschen Reiches 1871 Reichskanzler.

überkommenen Kleinstaaterei nicht mehr abfinden. Der Abschluß der industriellen Revolution um 1870 aber bedeutete den unverzüglichen Übergang zur maschinellen Großproduktion mit fortlaufender Umrüstung der technischen Grundlagen, die an vielen Stellen nach der Wissenschaft rief und für sie Ansatzpunkte bot. Mit dem Kaiserreich entstand auch ein einheitlicher nationaler Markt, und es setzte sich eine für Handel und Verkehr vorteilhafte einheitliche Verwaltungs-, Währungs-, Maß- und Rechtsordnung durch, nach dem Urteil von Friedrich Engels eine tatsächliche Revolution für die deutsche Wirtschaft.[4]

Da Berlin über ein ausgesprochen leistungsfähiges Fernverkehrsnetz – schon 1790 hatte der Ausbau des preußischen

4 Siehe Friedrich Engels: Die Rolle der Gewalt in der Geschichte. In: MEW, Bd. 21, S. 451.

Mein seliger Vater sah mit klarem Auge die Dinge. Er blickte auf England, Frankreich, Belgien und Nordamerika und sagte sich: diese Länder werden von Tag zu Tag reicher, angesehener durch den eisernen Arbeiter und ist ihre innere wie ihre Kraft nach aussen gestiegen. Er blickte auf Deutschland, auf Preussen und sagte sich: Warum sollte nicht unsere Industrie auch einer Entwicklung fähig sein. Wir haben Kohlen und Eisen so gut wie diese Länder und andere Stoffe noch besser, schiffbare Ströme und gute Straßen. Wie viele Tausend Menschen könnten glücklich werden, wenn wir selbst daran gingen, diese Schätze zu heben und zu verwerten kraft des Dampfes.
Albert Borsig über seinen Vater August Borsig. Rede anläßlich des 25. Firmenjubiläums am 22. Juli 1862.
In: Dieter Vorsteher: Borsig. Eisengießerei und Maschinenbauanstalt zu Berlin, Berlin (West) 1983, S. 216.

Am typischsten für die neuesten Fortschritte der Technik, für den Kapitalismus am *Ende* des 19. und am Anfang des 20. Jahrhunderts ist die Elektroindustrie. Sie entwickelte sich am stärksten in den zwei fortgeschrittensten der neuen kapitalistischen Länder, in den Vereinigten Staaten und Deutschland.
W. I. Lenin: Der Imperialismus als höchstes Stadium des Kapitalismus. In: Werke, Bd. 22, S. 250.

Straßen- und Chausseensystems begonnen, in der zweiten Hälfte des 19. Jahrhunderts war Berlin die größte Binnenhafenstadt Europas, ab 1864 bestanden Eisenbahnverbindungen nach allen europäischen Hauptstädten – und damit verbunden über ein entsprechendes Nachrichtennetz verfügte, führten diese veränderten Rahmenbedingungen unverzüglich zu einer nachhaltigen Belebung der Wirtschaft in Berlin.

Seit dem ersten Drittel des 19. Jahrhunderts hatte sich Berlin zur Industriestadt entwickelt. Dabei ging die Mechanisierung und der damit verbundene Einsatz von Dampfmaschinen schnell voran. Der Großbetrieb setzte sich mehr und mehr durch. 1875 verwendeten von 3635 größeren Betrieben 624 eigene und 148 gemietete Dampfmaschinen; um 1880 arbeiteten von 2401 größeren Betrieben bereits 933, also 39 Prozent, mit maschinellem Antrieb.[5]

Mit seiner gut ausgebauten Eisengießerei- und Werkzeugmaschinenindustrie war Berlin zugleich ein Herd der Mechanisierung von überregionaler Bedeutung. «Wer Berlin vor zehn Jahren gesehen hat, würde es heute nicht wiedererkennen. Aus einem steifen Paradeplatz hat es sich in das geschäftige Zentrum des deutschen Maschinenbaus verwandelt.»[6] Diesen Eindruck hatte Karl Marx 1859 notiert. Um 1870 hatte sich dieser Prozeß noch erheblich beschleunigt. Besondere Bedeutung aber hatte die Tatsache, daß Berlin eine Metropole der elektrotechnischen Industrie war, eines jener jungen Industriezweige wie der Teerfarbenindustrie oder der feinmechanisch-optischen Industrie, die von vornherein mit der Wissenschaft verbunden waren und als Schrittmacher für die wissenschaftliche Durchdringung der Gesamtindustrie wirkten.

Auch die chemische Industrie hatte Positionen in Berlin, doch vor allem Siemens & Halske, wo der Firmengründer Werner von Siemens und bald auch weitere Physiker und Techniker mit immer neuen konstruktiven Ideen aufwarteten, und die aus der Deutschen Edison-Gesellschaft hervorgegangene Allgemeine Elektrizitäts-Gesellschaft (AEG) waren in Berlin jedermann bekannt, und diese beiden Großunternehmen waren nur die Spitzen einer Vielfalt von Firmen, die in Berlin an der «elektrotechnischen Revolution»[7] mitwirkten. Hier zeigte sich besonders deutlich das entstehende neuartige Verhältnis von materieller Produktion und Wissenschaft, mit dessen Ausprägung die Industrie immer mehr «das *wirkliche* geschichtliche Verhältnis der Natur und daher der Naturwissenschaft zum Menschen»[8] ausdrückte.

Berlin war im Aufbruch, war einem Wachstumsprozeß ausgesetzt, wie ihn bis dahin in dieser Größenordnung noch keine andere deutsche Stadt meistern mußte. Das brachte Spannungen und Disproportionen mit sich, aber auch die

Die elektrotechnischen Werkstätten von Siemens & Halske in Berlin
Druck nach Zeichnungen von W. Busch
1. Stammbetrieb in der Markgrafenstraße, 2. Klöppelmaschinen zur Herstellung kleiner Kabel, 3. Bad für Beleuchtungskabel, 4. und 5. Bleipressen für Starkstromkabel, 6. Spinnmaschine, 7. Prüfkessel für Kabel, 8. und 9. Funktionsprüfungen der elektrischen Lampen.

Entwicklung der Stadt zu einem außerordentlich lebendigen geistig-kulturellen Zentrum mit einer starken Ausstrahlungs- und Anziehungskraft. In diese Bewegung Berlins zur bürgerlichen Weltstadt war die Wissenschaft mit tausend Fäden verwoben, sie war tiefer in die Widersprüche dieser Bewegung verstrickt, als ihre Vertreter gemeinhin wahrhaben wollten.

Der Lärm wegen der elektrotechnischen Revolution
... In der Tat aber ist die Sache enorm revolutionär ... Und Deprez' neuste Entdekkung, daß elektrische Ströme von sehr hoher Spannung mit verhältnismäßig geringem Kraftverlust durch einen einfachen Telegraphendraht auf bisher ungeträumte Entfernungen fortgepflanzt und am Endpunkt verwandt werden können – die Sache ist noch im Keim –, befreit die Industrie definitiv von fast allen Lokalschranken, macht die Verwendung auch der abgelegensten Wasserkräfte möglich, und wenn sie auch im Anfang den *Städten* zugute kommen wird, muß sie schließlich der mächtigste Hebel werden zur Aufhebung des Gegensatzes von Stadt und Land.
Engels an Eduard Bernstein, 27. Februar–1. März 1883. In: MEW, Bd. 35, S. 444/445.

Daß aber damit auch die Produktivkräfte eine Ausdehnung bekommen, ... liegt auf der Hand.
Ebenda, S. 445.

---

5 Zahlen nach der Zusammenstellung und Auswertung der Gewerbeaufnahme von 1875 und den Berichten des Gewerberates. In: Johannes Rößler: Zur Lage der Berliner Arbeiter und ihrer sozialistischen Bewegung vom Gründerkrach bis zu den Reichstagswahlen im Jahre 1881. Inauguraldissertation, Berlin o. J., S. 108.
6 Karl Marx: Die Lage in Preußen. In: MEW, Bd. 12, S. 686.
7 Engels übernahm den Terminus «elektrotechnische Revolution» von Louis Viereck. Siehe: Engels an Eduard Bernstein, 27. Februar–1. März 1883. In: MEW, Bd. 35, S. 444/445.
8 Karl Marx: Ökonomisch-philosophische Manuskripte aus dem Jahre 1844. In: MEW, Bd. 40, S. 543.

Beginnender Zwiespalt

Ein eigentlich progressives Ziel – die staatliche und wirtschaftliche Einigung des nationalen Territoriums des deutschen Volkes – war statt durch eine bürgerlich-demokratische Revolution durch eine dynastische Aktion von oben erreicht worden, die doppelt belastet war: mit der Schande eines Aggressionskrieges (denn den Deutsch-Französischen Krieg, der, wie immer er auch verursacht war, doch als Verteidigungskrieg begonnen hatte, funktionierten Bismarck und seine Kamarilla kaltblütig berechnend in einen Eroberungskrieg um) und mit der Schmach, bei der Niederschlagung der Pariser Kommune Schützenhilfe geleistet zu haben. Die Proklamation des deutschen Kaiserreiches, die am 18. Januar 1871 im Spiegelsaal des Versailler Schlosses stattfand, war von diesem unheilvollen Antagonismus belastet, und er prägte den Weg des Reiches, bis es in der Novemberrevolution unterging, dauerte – ungelöst – durch die Weimarer Republik fort, fand sein entsetzliches Finale im Grauen des Hitlerfaschismus, bis die Befreiung des deutschen Volkes von der Nazibarbarei durch den Sieg der Sowjetarmee und ihrer Verbündeten die Chance zum echten Neubeginn bot.

Diesen Widerspruch fühlte man in Berlin durchaus, auch wenn ihn damals wohl kaum jemand mit der Weitsicht der Marxschen Stellungnahmen zu diesen Vorgängen zu analysieren vermochte. Der hurrapatriotisch aufgeputzte Siegesrummel und der Anblick der Kriegskrüppel in den Straßen der Stadt, der pomphafte Einmarsch der siegreichen Truppen durch das Brandenburger Tor am 16. Juni 1871 mit Bismarck, Helmuth Graf von Moltke, Albrecht Graf von Roon und Wilhelm I. an der Spitze und die Trauer über die Gefallenen, der erstaunliche Kontrast zwischen der schwindelerregenden wirtschaftlichen Prosperität der Gründerjahre und der einschneidenden Verschlechterung der Lebenslage des Volkes – das reimte sich für viele nicht zusammen und hinterließ Unbehagen. «Eine Furcht überkommt selbst die Furchtlosen: Zu weit ausgegriffen hat die Sichel, zu reichlich gedüngt ist das Blachfeld»,[9] schrieb ein zeitgenössischer Publizist.

Zu diesen Künstlern gehörten:

der alte Theodor Fontane
1819-1898
der junge Gerhart Hauptmann
1862-1946
Max Liebermann
1847-1935
Walter Leistikow
1865-1908
Lovis Corinth
1858-1925
Max Slevogt
1868-1932
Hans Baluschek
1870-1935
Käthe Kollwitz
1867-1945
Heinrich Zille
1858-1929

Dieses Gefühl steckte auch noch in der rauschhaften Hektik der Gründerspekulationen, doch dann verdrängte der Eindruck der scheinbar grenzenlosen wirtschaftlichen, militärischen, politischen und auch wissenschaftlichen Machtzunahme des Reiches bei den Bürgern und Kleinbürgern – bis auf eine kleine Schicht der künstlerischen Intelligenz, die mit seismographischer Empfindlichkeit die Morbidität der Fundamente ahnte – das Unbehagen, während es sich in der revolutionären sozialistischen Arbeiterbewegung unter der Wirkung

Bethel Henry Strousberg
Aufnahme von B.J. Hirsch
Um 1870
Strousberg war einer der bedeutendsten Vertreter der Berliner Unternehmerschaft. Durch seine initiativreiche Anwendung neuer Organisationsformen und -methoden in der kapitalistischen Unternehmensführung hatte er besonders großen Anteil am Ausbau des Eisenbahnnetzes. Doch Ende der siebziger Jahre zwangen fehlgeschlagene Spekulationen den einstmals gepriesenen «Eisenbahnkönig» in den Konkurs.

Heinrich von Treitschke
Aufnahme um 1890

von Unterdrückung und Kampf mit der fortschreitenden Aneignung der marxistischen Theorie zur Klarheit des Klassenbewußtseins läuterte.

Die Wissenschaft war von diesem Widerspruch durchaus nicht nur äußerlich berührt. Nichts wäre falscher, als den tatsächlichen Status der Wissenschaft nach dem flachen, evolutionistischen «Fortschrittsglauben» zu beurteilen, der bei ihren Vertretern weit verbreitet war – Fortschreibung einer traditionellen Überzeugung auf Bedingungen, zu denen sie eigentlich nicht mehr paßte, mit denen sie aber bei oberflächlicher Wahrnehmung der Gegebenheiten des «verhältnismäßig ‹friedlichen› Kapitalismus»[10] jener Zeit verträglich schien. Mit der Annexion Elsaß-Lothringens hatte der Taktiker Bismarck eine Mine mit Langzeitwirkung gelegt, durch die die Kriegsgefahr «zu einer ‹europäischen Institution›» wurde[11] und in deren Effekten der preußisch-deutsche Militarismus immer wieder die Rechtfertigung zu unbegrenzten Rüstungseskalationen fand.

Ist «diese Zeit von Eisen, so bleibt es auch eine Notwendigkeit für die Gesittung der Welt, daß eine Nation bestehe, die neben dem Idealismus der Wissenschaft zugleich den Idealismus des Krieges behüte ... Und dies ist Deutschlands herrlichster Beruf». Dies verkündete der stockreaktionäre Berliner Universitätsprofessor Heinrich von Treitschke im Jahre 1870, und er bezeichnete das Heer als die wichtigste Institution des Reiches.[12]

9 Zit. in: August Bebel: Aus meinem Leben, Berlin 1978, S. 320.
10 W. I. Lenin: Vorwort zu N. Bucharins Broschüre «Weltwirtschaft und Imperialismus». In: Werke, Bd. 22, S. 102.
11 Ernst Engelberg: Deutschland von 1871 bis 1897. In: Deutsche Geschichte in drei Bänden, Bd. 2, Berlin 1965, S. 481.
12 Zit. in: Ebenda, S. 515.

Zu Humboldts Zeiten wäre es wohl kaum denkbar gewesen, daß ein führender Historiker den Militarismus so offen gelobhudelt hätte. Nun aber war Treitschke wohl ein Extrem an reaktionärer Perfidie, aber durchaus kein wirkungsloser Außenseiter. Mit seinen Vorlesungen und Vorträgen ebenso wie mit den fünf Bänden seiner Geschichte des 19. Jahrhunderts wirkte er «sehr nachhaltig auf die Masse der Akademiker und der sogenannten Gebildeten. Er formte die geistige Physiognomie der zukünftigen Beamten und Angehörigen der freien Berufe»[13]. In reaktionären Organisationen wie dem Alldeutschen Verband, dem Deutschen Kriegerbund, dem Flottenverein usw. betätigten sich auch andere Akademiker als Sprachrohre des Militarismus.

Die gelehrten Barden der Alldeutschen konnte man vielleicht noch als Randfiguren im Bereich der Wissenschaft ansehen, bei denen die politische Leidenschaft über den wissenschaftlichen Takt siegte; in der Tat gab es auch unter den Berliner Geistes- und Sozialwissenschaftlern nicht wenige – stellvertretend sei hier der angesehene Altertumswissenschaftler Hermann Diels genannt, der sich als Organisator wissenschaftlicher Arbeit hervortat und zukunftsweisende Gedanken über Wissenschaftsorganisation formulierte –, denen das intellektuelle Säbelrasseln nicht behagte und in denen liberale und demokratische Ideale lebendig waren. Gefährlicher noch als die chauvinistische Propaganda aus gelehrtem Mund war die sich anbahnende stille, «sachbezogene» Liaison von Militarismus und Wissenschaft.

Es gab wissenschaftliche Institutionen, die eigens für den preußischen Generalstab arbeiteten, so das 1870 gegründete Geodätische Institut. Doch auch dort, wo eine solche Zuordnung nicht fixiert war, trat der Generalstab als einflußreicher Auftraggeber auf. Ein ganz besonders aufschlußreiches – weil direkt auf die Annexion Elsaß-Lothringens bezogenes – Beispiel bietet die Tätigkeit des Geo- und Bergbauwissenschaftlers Wilhelm Hauchecorne, der 1875 zum 1. Direktor der vereinigten Preussischen Geologischen Landesanstalt und Bergakademie in Berlin ernannt wurde. Hauchecorne, der der Schwerindustrie an der Saar nahestand und die geologischen und wirtschaftlichen Verhältnisse Elsaß-Lothringens ausgezeichnet kannte, verfaßte bereits unmittelbar nach Kriegsausbruch, am 18. August 1870, eine Denkschrift unter dem Titel «Über Bergbau, Hüttenbetrieb und Salzgewinnung in den ehemals deutschen Landesteilen Frankreichs», die die Grenzziehung wesentlich beeinflußte.

In diesem Memorandum, das detaillierte Angaben über Betriebsgrößen, verkehrstechnische Situationen und die Verbindung der zu annektierenden Erzlager mit den Kohlelagerstätten im Saargebiet enthielt, gelangte Hauchecorne zu dem allgemeinen Urteil:
Die ehemals deutschen Provinzen Frankreichs, das Land zwischen Saar und Rhein, gehören nicht allein hinsichtlich des Ackerbaus und der allgemeinen Gewerbsthätigkeit zu den besten des Kaiserreichs. Sie besitzen auch den Vorzug, daß ihr Boden reiche Lagerstätten nutzbarer Mineralien enthält, welche die Grundlage einer schon jetzt blühenden und noch sehr entwicklungsfähigen Industrie bilden.
Zit. in: Uwe Wirth: Zur Vorgeschichte und Gründung einer staatlichen geologischen Institution in der zweiten Hälfte des 19. Jahrhunderts in Preußen – dargestellt am Beispiel der Preußischen Geologischen Landesanstalt in Berlin. Dissertation (A), Wilhelm-Pieck-Universität, Rostock 1983, S. 99.

Die ursprünglich vom deutschen Generalstab vorgeschlagene Grenzziehung verlief so, daß Frankreich den größeren und wertvolleren Teil des lothringischen Erzgebietes behalten hätte. Die Denkschrift Hauchecornes war Anlaß zur Revision. Der Reichskanzler berief Hauchecorne – damals bereits Direktor der Bergakademie Berlin – im März 1871 zum Mitglied der internationalen Grenzkommission, er war beim Abschluß des endgültigen Friedensvertrages in Frankfurt zugegen und engagierte sich auch in der Folgezeit weiter für die wirtschaftliche Ausbeutung der geraubten Territorien.

Erstmals in der Geschichte wurde ein Geologe und Montanwissenschaftler als Experte zu Friedensverhandlungen herangezogen: Äußerer Ausdruck der Wertschätzung seiner Dienste war das Eiserne Kreuz 2. Klasse am weißen Band, das Hauchecorne nach dem Frankfurter Frieden verliehen wurde.

Die Geburtsstunde des Deutschen Reiches präsentiert uns also einen renommierten Berliner Wissenschaftler als Erfüllungsgehilfen der Annexionspolitik. Kann man den Zwiespalt, in den die reichshauptstädtische Wissenschaft nunmehr unaufhaltsam geriet, noch treffender illustrieren? Die lothringische Eisenerzförderung stieg von 364000 t im Jahre 1871 stetig (von unbedeutenden konjunkturellen Schwankungen abgesehen), bis sie am Vorabend des ersten Weltkrieges im Jahre 1913 den Rekordstand von 21133000 t erreichte. Das Erz aus den Territorien, die unter Mithilfe der Wissenschaft Frankreich entrissen worden waren, floß zum erheblichen Teil in die deutsche Rüstungsproduktion, in die wesentlich gegen Frankreich gerichtete Aufrüstung, und trug damit dazu bei, in den verlustreichen Materialschlachten des ersten Weltkrieges unzählige Menschenleben auszulöschen.

Im preußisch-deutschen Staat, in dem der Militarismus alle Lebensbereiche durchdrang und sich alle Kräfte der Nation nutzbar machte, war es auch für die Wissenschaft undenkbar, sich im Abseits zu halten. Auch für sie gab es kein Reservat, weil ihre elementaren Existenzbedingungen auf subtile und kaum durchschaubare Weise mit dem Militarismus verquickt waren. Wilhelm Foerster, der verdienstvolle Berliner Astronom, dessen wissenschaftsorganisatorische Regsamkeit ihn stets dort wirksam werden ließ, wo im Berliner Raum die Wissenschaft dringend neuer Institutionen bedurfte, setzte sich zu Beginn der siebziger Jahre energisch für die staatliche Förderung der Präzisionsmechanik ein, da nach der Schließung der Werkstatt von Pistor & Martin der wissenschaftliche Gerätebau in Berlin am Boden lag. So verfaßte er in dieser Angelegenheit eine Denkschrift und richtete sie an den Mann, von dem er am ehesten Beistand erwarten konnte – an Generalmajor Otto von Morozowicz, den Chef der preußischen Landestriangulation.

Der Zustand der Präzisionsmechanik in Deutschland und insbesondere in Berlin ist es, welcher nicht länger der aufmerksamsten Erwägung und der kräftigsten Fürsorge aller derjenigen entbehren darf, denen die Ausführung streng wissenschaftlicher Arbeiten sowohl nach der Seite der Forschung als nach der Seite der unmittelbar nutzbringenden Staatstätigkeit und der wirtschaftlichen Entwicklung hin am Herzen liegt, und Ew. Hochwohlgeboren sind als Leiter eines wesentlichen Teiles der Vermessungstätigkeit des Staates, welche einerseits bedeutendere Mittel erfordert und andererseits dem Staate bedeutendere *direkte* Vorteile gewährt, als irgendeine andere einzelne wissenschaftliche Institution, vielleicht am besten in der Lage, die Aufmerksamkeit der Staatsbehörden jener wichtigen Sachlage zuwenden zu können.
Denkschrift von Wilhelm Foerster vom 27. Oktober 1873 an den Chef der Preußischen Landestriangulation, Generalmajor Otto v. Morozowicz. Zit. in: Gisela Buchheim: Die Gründungsgeschichte der Physikalisch-Technischen Reichsanstalt von 1872 bis 1887, Teil I. In: Dresdener Beiträge zur Geschichte der Technikwissenschaften, Heft 1, Dresden 1981, S. 13.

13 Ebenda, S. 556.

Hermann Diels
Aufnahme von H. Noack
Um 1912

Wilhelm Förster
Aufnahme von A. Halwas
1912

Die Bedürfnisse der militärischen Topographie nach Geräten höchster Präzision trafen sich hier mit den Bedürfnissen der experimentellen Naturwissenschaft nach moderner gerätetechnischer Ausstattung. Mochte der geschilderte Einsatz von Hauchecorne auch etwas Außerordentliches gewesen sein – diese Art von Interessenverflechtung gehörte schon zum wissenschaftlichen Alltag. Geographie, Geschichte, Landeskunde, selbst verschiedene Zweige der Philologie kamen nicht umhin, so oder so in den Kontext einer Außen- und Kolonialpolitik eingespannt zu werden, die mit der militärischen Gewalt als Ultima ratio für die Durchsetzung der preußisch-deutschen Großmachtinteressen rechnete.

Bei der Entwicklung des Eisenbahnnetzes, das ein wichtiger Einsatzbereich wissenschaftlich-technischer Arbeit war und zu dessen signal-, sicherungs- und nachrichtentechnischer Ausstattung die weltbekannte Berliner Firma Siemens & Halske zahlreiche Neuentwicklungen beisteuerte, ließen sich zivile und militärische Belange nicht mehr auseinanderhalten, nachdem das Eisenbahnnetz im Deutsch-Französischen Krieg erstmalig in den Aufmarsch- und Mobilisierungsplan des Generalstabs einbezogen worden war.

Und wofür arbeiteten Techniker, wenn sie Konstruktions- und Entwicklungsarbeiten für die großen Berliner Maschinenbaufabriken ausführten? Kaum eine war darunter, die nicht irgendwie in das Rüstungsgeschäft eingestiegen gewesen wäre: Die Aktiengesellschaft für Eisengießerei und Maschinenfabrikation (vormals J. C. Freund & Co.) erzeugte Hilfsmaschinen für den Geschützbau, Züge für Kanonenrohre, Verschlüsse für Hinterlader; die Märkisch-Schlesische Hütten-AG (vormals F. A. Egells) spezialisierte sich immer mehr auf Schiffsmaschinen für die deutsche Kriegsmarine; die C. Hoppe Ma-

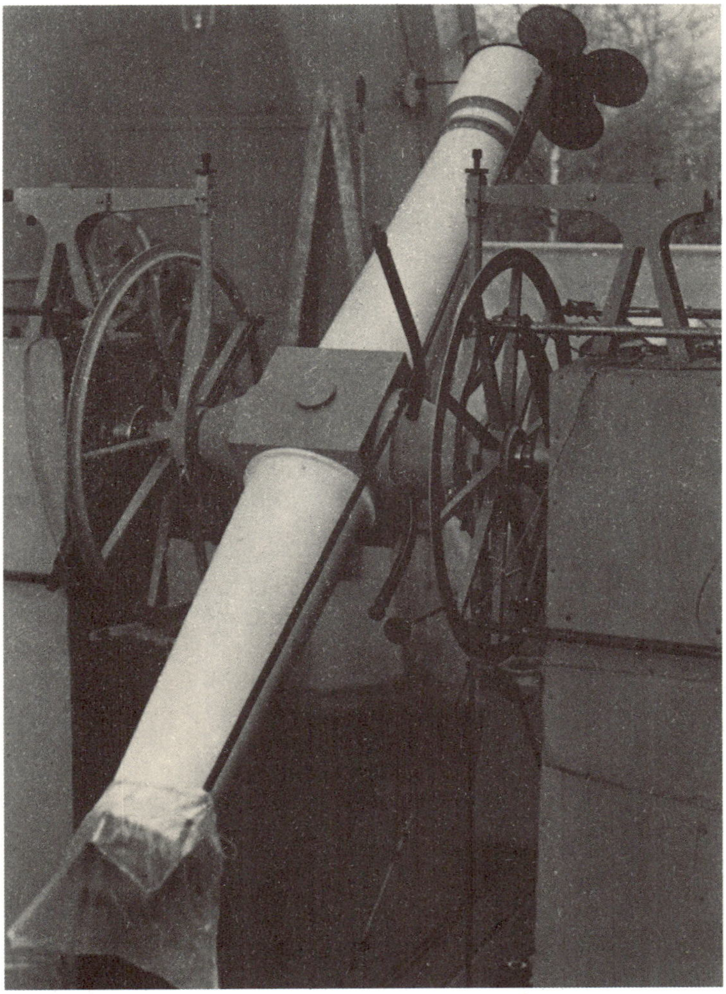

Astronomisches Beobachtungsgerät von Pistor & Martins Aufnahme um 1975
1868 wurde dieser Meridiankreis in der Berliner Werkstatt von Pistor & Martins gebaut. Mit ihm konnte die Bewegung von Himmelskörpern durch den Meridian (Mittagslinie) beobachtet werden.

schinenbau-Anstalt, Eisengießerei und Dampfkessel-Fabrik produzierte Werkzeugmaschinen für die Spandauer Geschützgießerei; die Kommanditgesellschaft Ludwig Loewe & Co., in der Öffentlichkeit als Nähmaschinenhersteller bekannt, befaßte sich mit der Erzeugung von Werkzeugmaschinen für die Waffenproduktion und beteiligte sich maßgeblich an der Erzeugung des neuen Zündnadelgewehrs M 71 für die preußische Infanterie usw.[14] Hier war die Technologie nicht konservativ, hier wurde Erfindergeist verlangt, denn der Generalstab wollte stets das Beste und Modernste.

Man schätzt, daß der Anteil der militärisch orientierten

14 Siehe Annemarie Lange: Berlin zur Zeit Bebels und Bismarcks, Berlin 1984, S. 181–185.

Wissenschaftsausgaben an den Gesamtausgaben des Reiches für Wissenschaft und Technik in den Jahren 1870 bis 1879 durchschnittlich 63,4 Prozent betrug (allerdings erfolgte die staatliche Wissenschaftsfinanzierung damals größtenteils nicht über das Reich, sondern über die Länderetats). Zieht man in Betracht, daß zu den militärisch orientierten Wissenschaftsausgaben jeweils nur der Etat der dem Generalstab direkt unterstellten Institutionen gerechnet wurde, nicht aber derjenigen, die zumindest teilweise im Auftrag des Militärs arbeiteten, ihm jedoch institutionell nicht zugeordnet waren, so können diese Ausgaben nur als Orientierung dienen. Die insgesamt zu veranschlagende Summe muß wesentlich höher gewertet werden.[15]

Bisher hatten die Wissenschaftler, deren Wirken objektiv mit dem geschichtlichen Aufstieg der Bourgeoisie verbunden war, mit gutem Gewissen davon ausgehen können, daß ihr Ringen um Erkenntnisfortschritte auf vielleicht komplizierten und opferreichen Wegen, aber doch letztlich eindeutig und sicher für den sozialen Fortschritt der Menschheit zu Buche schlägt. Nun hatte die deutsche Bourgeoisie den Zenit ihrer historischen Progressivität überschritten, ohne den Feudalismus durch eine siegreiche Revolution zerschlagen zu haben. Nach der Niederlage von 1848 wurden die Reserven des bürgerlichen Fortschrittspotentials – buchstäblich ablesbar am Schicksal der von dem Achtundvierziger und berühmten Berliner Mediziner Rudolf Virchow mitbegründeten Fortschrittspartei – zwischen den mächtigen Mühlsteinen des junkerlich-großbourgeoisen Konservatismus und der aufkommenden

Versuchsschießen
der Firmen
Krupp und Armstrong
auf dem Artillerie-
schießplatz bei Tegel
Zeichnung von H. Lüders
Um 1868

Auf dem Tegeler Gelände wurde auch der Einsatz neuer Materialien für die Kriegstechnik getestet. Krupp, als ein bekannter Hersteller von Gußstahl für Kanonen, arbeitete dabei eng mit dem ehemaligen Oberingenieur der Berliner Maschinenfabrik Wöhlert, Hermann Gruson, zusammen. Gruson hatte den Schalenguß, das heißt das Gießen von Metall in Metallformen, untersucht und dabei festgestellt, wie die Verbindung der äußeren harten Schicht mit dem inneren weichen Kern durch den richtigen Materialeinsatz zu erreichen sei. Damit waren auch die Grundlagen für die Entwicklung neuartiger Eisenlegierungen geschaffen. Ihre Anwendung fanden sie bei der Produktion von Eisenbahnmaterialien genauso wie bei der Herstellung von Hartgußgranaten und Panzerplatten.

Wilhelm Liebknecht
Aufnahme um 1898
Liebknecht begründete besonders in seiner Schrift «Wissen ist Macht – Macht ist Wissen» (1872) anhand der Bildungsproblematik die Notwendigkeit des Kampfes der Arbeiter für die Veränderung der gesellschaftlichen Verhältnisse und der Aneignung des für diesen Kampf erforderlichen Wissens. Ungeachtet einiger Inkonsequenzen hinsichtlich des Klassencharakters von Kultur und Bildung ist dieses Werk auch ein wertvoller Beleg für die damaligen wissenschaftspolitischen Auffassungen in der deutschen Arbeiterbewegung.

Arbeiterbewegung allmählich zermahlen, und Bismarcks politische Schachzüge beschleunigten diesen unvermeidlichen Prozeß. Einige der konsequentesten Revolutionäre fanden den Weg zur Arbeiterbewegung und wurden, wie Wilhelm Liebknecht, zu deren ersten Führern, die anderen paßten sich an oder verhärteten sich in der Enttäuschung über die verratene Revolution.

Für die Wissenschaft bahnte sich ganz allmählich und hinter dem Rücken der Gelehrten ein tragischer, existentieller Zwiespalt an. Noch ahnte ihn kaum einer von den so selbstbewußten Koryphäen der Berliner Wissenschaft. Es bedurfte noch langer und schmerzlicher Erfahrungen – die erste einschneidende war die deutsche Gaskriegführung im ersten Weltkrieg –, ehe er ihnen bewußt wurde. Er war deshalb tra-

15 Siehe Gisela Buchheim: Die Gründungsgeschichte der Physikalisch-Technischen Reichsanstalt von 1872 bis 1887, Teil I. In: Dresdener Beiträge zur Geschichte der Technikwissenschaften, Heft 3, Dresden 1981, S. 12.

gisch, weil die Wissenschaftler nicht einfach zu wählen hatten, ob sie für oder gegen das Wohl der Menschen wirken wollten, sondern weil sie, was immer sie taten, fortan selbst mit den humansten Ergebnissen, wie etwa der von Robert Koch begründeten erfolgreichen Bekämpfung der Infektionskrankheiten, nicht nur den Menschen halfen, sondern zugleich unvermeidlich auch Kräfte stärkten, die dem geschichtlichen Fortschritt im Wege standen, solange sie im Geiste der Wilhelminischen Gesellschaft funktionierten und einfach das taten, was ihnen aus Beruf und Berufung aufgegeben war: Unbekanntes erforschen und neue Wahrheiten finden.

Die aus der vorsichtigen militaristischen Durchdringung des Wissenschaftsbetriebes hervorgehenden Konflikte bildeten nur die Frontlinie einer sehr viel umfassenderen Widersprüchlichkeit der Verhältnisse, die jene Zeit kennzeichnete. Wo man hinsah im Deutschland des ausgehenden 19. Jahrhunderts, tat sich Gegensatz und Widerspruch auf. Das Erstarken des organisierten, revolutionären Proletariats, insbesondere nach dem Gothaer Vereinigungsparteitag, und die Durchsetzung des wissenschaftlichen Sozialismus in der Arbeiterbewegung prägten den Geist dieser Zeit ebenso wie der Erlaß des «Gesetzes gegen die gemeingefährlichen Bestrebungen der Sozialdemokratie» am 21. Oktober 1878 und die Verhängung des kleinen Belagerungszustandes über Berlin. Die Gründung zahlreicher neuer wissenschaftlicher, medizinischer und kultureller Einrichtungen, die in architektonisch repräsentativ angelegten und großzügig ausgestatteten Prachtbauten ihre Heimstatt fanden, bestimmten ihn geradeso wie die zur Jahrhundertwende stetig wachsende Anzahl der Wissenschaftler, Ärzte und Rechtsanwälte, die von der Berliner Armenverwaltung regelmäßig Unterstützung empfingen. Die wirtschaftliche Euphorie der Gründerjahre, das explosionsartige Bevölkerungswachstum in Berlin und die schwierige Entwicklung seiner kommunalen Infrastruktur drückten ihm ihren Stempel ebenso auf wie der Katzenjammer des Gründerkrachs, der die schwerste Wirtschaftskrise des ganzen Zeitraumes bis hin zum ersten Weltkrieg auslöste.

Unter denen, die von der Berliner Armenverwaltung regelmäßig Unterstützungen empfangen, befinden sich Rechtsanwälte, Ärzte und Doktoren der Philosophie. Das Elend in dieser Beziehung steigt von Jahr zu Jahr. Jemand, der durch ungefähr 15 Jahre für die höhere Bildung gearbeitet hat …, sucht vielleicht durch Unterrichtsstunden, durch Abschreiben, durch Mitarbeit an Zeitungen sich zu halten. Aber auch bei diesem Bestreben gerät er in eine Schar, die das Gleiche erstrebt und wo jeder den andern unterbietet, um nur das elende Leben zu fristen.
Otto von Leixner: Soziale Briefe aus Berlin. Mit besonderer Berücksichtigung der sozialdemokratischen Strömungen, Berlin 1894, S. 211.

Es waren die Widersprüche einer Übergangszeit. Doch wohin führte dieser Übergang? Das Phänomen der Gründerjahre enthält für den, der es zu deuten versteht, die Antwort. Die französischen Kriegskontributionen – verwaltet von Bismarcks finanzpolitischem Ratgeber, dem Berliner Bankier Gerson Bleichröder – fachten eine wilde Spekulationswut an und gaben dem Kapitalhunger der deutschen Wirtschaft Nahrung. Wie im Taumel gründete man ein Unternehmen nach dem anderen, alte Betriebe wurden als Aktiengesellschaften «umgegründet», und nur wenige Großfirmen widerstanden

Karikatur auf den Sieg der Bismarckschen Diktatur über den Liberalismus
Zeichnung aus den «Berliner Wespen»
1881

der Lockung und blieben wie Siemens & Halske im Familienbesitz. Allein 1872 wurden 174 Aktiengesellschaften mit einem Aktienkapital von rund 1,5 Milliarden Mark Kurswert neu in das Berliner Handelsregister eingetragen, fast sechsmal soviel wie im Rekordjahr 1856 in allen deutschen Kleinstaaten zusammengenommen. Gründungen ermöglichten märchenhafte «Gründergewinne» – de facto Vorgriffe auf Mehrwert, der erst noch produziert werden mußte. In den Gründerkonsortien fanden sich Industriekapitalisten und Bankvertreter zusammen. Freilich, der Traum endete schnell mit einem beispiellosen Serienbankrott, dem «Gründerkrach», mit dem 1873 die Berliner Vereinsbank Quistorp & Co., die Mamrothsche Zettelbank, die Preussische Boden-Credit-Anstalt, Eisenbahngesellschaften und viele andere gerade erst ins Leben getretene – oder sollte man besser sagen: «spekulierte»? – Unternehmen wie Kartenhäuser zusammenfielen. Unter diesen

Berlins Bevölkerungsexplosion:

1867
rd. 702 400 Einwohner
1870
fast 800 000 Einwohner
1871
rd. 827 000 Einwohner
1876
rd. 980 000 Einwohner
1880
1 122 000 Einwohner
1890
1 578 000 Einwohner
1900
1 888 000 Einwohner
1910
2 071 000 Einwohner

Zusammengestellt aus: Berliner Stadt- und Gemeindekalender und Städtisches Jahrbuch (Jg. 2-6: Berlin und seine Entwicklung). Hrsg. vom Statistischen Bureau der Stadt, Jg. 1-6, Berlin 1867-1872. - Statistisches Jahrbuch der Stadt Berlin (Jg. 1-3: Berliner städtisches Jahrbuch für Volkswirtschaft und Statistik), Jg. 1-34, Berlin 1874-1920.

Zwei Knaben gingen zum Büfett, der eine aß ein Sülzkotelett, der andere nur 'nen Hering, er hatte nämlich «Schering».
1873 bis 1875 Klapphornvers an der Berliner Börse. Gemeint waren die Aktien der Chemischen Fabrik auf Actien, vorm. E. Schering.
Hans Holländer: Geschichte der Schering Aktiengesellschaft. Hrsg. von der Schering A.G. Berlin, Berlin (West) 1955, S. 13.

Verhältnissen traf die weltweite Überproduktionskrise die deutsche Wirtschaft besonders empfindlich. Es folgte eine ungewöhnlich lange Depressionsphase, aus der sich Handel und Industrie erst gegen Ende des Jahrzehnts wieder erholten.

Die Gründerzeit bedeutete indes – auch für die Wissenschaft – weitaus mehr als eine Episode von Euphorie und nachfolgender Ernüchterung. Was war unter der hektischen Oberfläche tatsächlich geschehen? Als man aus dem Hexentanz erwachte, sah man, daß viele kleine und mittlere Unternehmen auf der Strecke geblieben waren. Die stärksten Firmen aber hatten ihre Position behauptet. Die Verflechtung von Industrie- und Bankkapital und ihre Verschmelzung zum Finanzkapital hatte begonnen, und Berlin wurde eines der führenden Zentren des Finanzkapitals in Deutschland. Die Trennung von Produktions- und Kapitalfunktionen schritt erheblich voran – die Patriarchen der Berliner Industrie wie Borsig, Egells, Freund oder Siemens hatten noch selbst Hand angelegt oder ihre Unternehmen mit eigenen Erfindungen vorangebracht, nun genügte schon der Erwerb von Aktien, um zu profitieren. Der parasitäre Typ des Couponabschneiders bürgerte sich in der feinen Berliner Gesellschaft ein.

Mit der Depression verlor der Wirtschaftsliberalismus an Popularität. Der Ruf nach mehr Aktivität des Staates im Wirtschaftsleben wurde laut, Preußens Tradition der «Staatseinmischung» wurde nicht mehr verteufelt, sondern eher beschworen. Der Staat sollte die gemeinsamen Interessen des Großkapitals wahrnehmen und auch dessen außenwirtschaftlichen Wünschen dienen. Folgerichtig formierte sich eine Bewegung für die Verstaatlichung der Eisenbahnen in Preußen und für die Einführung von Schutzzöllen, die freilich auch den Junkern entgegenkamen, weil sie ihnen erlaubten, die Produktivkräfte auf ihren Gütern weiterhin nur im Schneckentempo zu entwickeln. Der «Volkswirtschaftliche Kongreß» im September 1875 sagte sich vom Prinzip des Freihandels los und sprach sich mit 62 gegen 58 Stimmen für Schutzzölle aus. Die Unternehmer der verschiedensten Industrie- und Gewerbezweige schlossen sich zu Verbänden zusammen, die – wie der «Verein deutscher Eisen- und Stahlindustrieller» (1874) oder der sehr einflußreiche «Verein zur Wahrung der Interessen der chemischen Industrie Deutschlands» (1877) – der Abstimmung ihrer Interessen, deren koordinierter Vertretung gegenüber dem Staat und der konzentrierten Abwehr und Unterdrückung der sozialen und politischen Forderungen des deutschen Proletariats dienten. Höhepunkt dieser Entwicklung war am 15. Februar 1876 die Konstituierung des «Zentralverbandes deutscher Industrieller zur Beförderung und Wahrung nationaler Arbeit». Für die bürgerliche Ökonomie deutete sich ein Funktionszuwachs an: Sie konnte sich nun nicht mehr damit begnügen, apologetisch das «laissez faire», die Selbstregelung der Wirtschaft durch den freien Markt zu preisen, sondern sollte Instrumentarien für wirtschaftspolitische Maßnahmen des Staates im Interesse des Großkapitals entwerfen oder wenigstens begründen, und sie wurde in der Entfaltung dieser instrumentalen oder «herrschaftstechnologischen» Funktion zum Vorreiter eines ganzen Ensembles bürgerlicher Sozialwissenschaften.

Kurzum, was hier anfing, war nichts anderes als jener historisch notwendige Prozeß, dessen ökonomisches Wesen W. I. Lenin später als den «Übergang vom fortschrittlichen, vormonopolistischen Kapitalismus der Jahre 1860 bis 1870 zum reaktionären, monopolistischen Kapitalismus (dem Imperialismus)» bezeichnete.[16] Zufällig war nur der wilde Boom der Gründerjahre, mit dem sich das deutsche Kapital, trunken vom Sieg über den verhaßten Nebenbuhler Frankreich und noch ungeschickt, zum Monopolkapital auszurecken begann. Sozial und politisch gesehen trat auch Deutschland in «die Epoche der vollen Herrschaft und des Niedergangs der Bourgeoisie, die Epoche des Übergangs von der fortschrittlichen Bourgeoisie zum reaktionären und erzreaktionären Finanzkapital»[17] ein. Auf denkbar reaktionäre Art war die stürmische Zeit des Ringens um bürgerliche Umgestaltung, nationale Einheit und Unabhängigkeit Deutschlands abgeschlossen und ad acta gelegt worden.[18]

Nicht an die Stunde der Schwäche des Preußenkönigs im bewegten Jahr 1848 hatte man sich von Staats wegen zu erinnern, sondern an die Schlacht von Sedan. Im Zeichen dieser Tradition wurde eine Periode preußisch-deutscher Großmachtpolitik eingeleitet, in der die Bourgeoisie im Bündnis mit dem allmählich verbürgerlichenden Junkertum erstarkte und alle Kräfte der Nation dem einen Ziel zu unterwerfen suchte: der Neuaufteilung der Welt zugunsten des Deutschen Reiches mit nichtkriegerischen und kriegerischen Mitteln. Dazu gehörte eine ökonomische Offensive von immenser Dynamik, der kurze Weg vom Prädikat «billig und schlecht», mit dem der Reichskommissar für Weltausstellungen und Direktor der Berliner Gewerbeakademie Franz Reuleaux 1876 die deutschen Industrieexponate auf der Weltausstellung in Philadelphia versah[19], zum geachteten und begehrten Markenzeichen «Made in Germany». Um das zu erreichen, bedurfte es eines enormen Aufschwungs der industriellen Produktiv-

Wer Berlin nicht kennt, kennt Deutschland nicht. Berlin hat sich zum Kopf und zum Herz Deutschlands gemacht: es ist Berlin, das denkt, begreift, überlegt, anzettelt, kommandiert, führt, das nimmt und gibt, das Recht und Ruhm verteilt; hierhin strömt das Leben und die Wärme jenes Deutschlands, das nicht mehr das der unschuldigen Legenden ist, der rührenden Balladen, der gotischen Träume, der heiligen Kathedralen, sondern das Deutschland von Blut und Eisen, das Deutschland der Kanonen, der Kartätschen und der Schlachten.
Victor Tissot, um 1870. Zit. in: Berliner Leben 1870-1900. Hrsg. von Ruth Glatzer, Berlin 1963, S. 24.

16 W. I. Lenin: Statistik und Soziologie. In: Werke, Bd. 23, S. 289.
17 W. I. Lenin: Unter fremder Flagge. In: Werke, Bd. 21, S. 135.
18 Siehe Ernst Engelberg: Deutschland von 1871 bis 1897. In: Deutsche Geschichte, Bd. 2, S. 488.
19 Franz Reuleaux: Briefe aus Philadelphia, Braunschweig 1877.

Die Landwirtschaftliche Hochschule
Aufnahme von F.A. Schwartz
Um 1885

kräfte, für die die Monopolisierung alle Schleusen öffnete. Nun genügte es nicht mehr, daß die Wissenschaft hier und da verbessernd in die Industrie eingriff. Sie mußte zu einer die gesamte industrielle Technologie systematisch durchdringenden und immer wieder umwälzenden unmittelbaren Produktivkraft werden. Und Berlin wurde Hirn und Herz dieser Entwicklung in Deutschland.

Virchow im Schlußwort: Was uns überraschte und was wir nicht erwartet hatten, das war die Zahl von Damen, die unter den erschwerten Bedingungen uns ihre Theilnahme geschenkt haben. Es sind 1496 Damenkarten abgehoben worden, so viel Damenkarten, wie auf gut besuchten Naturforscher-Versammlungen sonst überhaupt Theilnehmer anwesend zu sein pflegten. Wir haben uns dieser aussergewöhnlichen Theilnahme erfreut, haben uns gefreut, dass sogar in einzelnen Sektionen wissende Damen mit betheiligt waren, dass vor allem die Anwesenheit der Damen mildernd und verschönernd unseren Verkehr beeinflusst hat, und dass wir bis zu dem letzten herrlichen Abend ihre Liebenswürdigkeit haben bewundern dürfen.
Tageblatt der 59. Versammlung Deutscher Naturforscher und Aerzte zu Berlin vom 18.–24. September 1886, Berlin 1886, S. 364.

Musterung der Wissenschaften

Alles mußte gewaltig und imposant sein in der Hauptstadt des neuen Deutschen Reiches. So war auch die 59. Versammlung Deutscher Naturforscher und Ärzte, die sich rund fünfzehn Jahre nach der Reichsgründung vom 18. bis 24. September 1886 in Berlin zusammenfand, ein Riesenspektakulum, das die ganze Stadt in Atem hielt. Klein und bescheiden hatte sich dagegen die nun schon 58 Jahre zurückliegende und noch von Alexander von Humboldt organisierte erste Naturforscherversammlung in Berlin ausgenommen, an die Virchow – er trug zusammen mit Hofmann die Bürde der Geschäftsführung – in seiner Eröffnungsrede im Circus Renz achtungsvoll erinnerte. In der Schlußrede konnte er bekanntgeben, daß insgesamt 2224 Mitglieder und 1931 Teilnehmer eingetragen waren, davon 1444 aus Berlin.[20]

Aus aller Welt waren Besucher herbeigeeilt, das Teilnehmerverzeichnis war geradezu eine Illustration zur Weltkarte der damaligen Wissenschaft – Tokio und Kasan, Constantinopel und Adelaide, Mexico und San Francisco, alles war vertreten. Die Berliner Wissenschaft konnte sich im Glanz weltweiter Aufmerksamkeit sonnen. Als eine Heerschau ihres Leistungsvermögens war die ganze Veranstaltung angelegt. Die Welt sollte sehen, was für ein exzellentes Netz wissen-

Die Militärärztliche Akademie
Aufnahme um 1890
Die erste Berliner militärärztliche Bildungsanstalt (Pepinière) wurde 1795 auf Initiative von Goercke gegründet. Nach der Auflösung des Collegium medico-chirurgicum wurde 1811 die «Medicinisch-chirurgische Akademie für das Militär» und 1818 die bisherige Pepinière als «Medicinisch-chirurgisches Friedrich-Wilhelms-Institut» eröffnet. Du Bois-Reymond, Helmholtz, Hofmann, Virchow, Bardeleben, Waldeyer und weitere anerkannte Wissenschaftler waren hier als Lehrer tätig. Die Gebäude der militärärztlichen Bildungsanstalten standen bis zu dem Neubau in der Scharnhorststraße (1903–1910) in der Friedrichstraße 139–140, zwischen dem Stadtbahnhof und der Weidendammer Brücke.

schaftlicher Einrichtungen hier entstanden war, wie viele Gelehrte von Rang den Ruhm der Stadt, des preußischen Staates und des Deutschen Reiches mehren halfen. Das war zwar alles auf Hochglanz poliert, doch es war keine Talmifassade. Die Berliner Wissenschaft hatte etwas vorzuweisen. Den meisten der 30 Sektionen – eine spürbare Erweiterung des disziplinären Rahmens gegenüber vorhergehenden Naturforscherversammlungen – standen in Berlin ansässige Gelehrte von Weltruf vor.

Festschriften wurden verteilt, die einen Überblick über die Stätten der Wissenschaftspflege und ihre Anwendungsbereiche in Berlin vermitteln sollten. Der Kultusminister Gossler übermittelte die von Professor Albrecht Guttstadt bearbeitete Festschrift «Die naturwissenschaftlichen und medicinischen Staatsanstalten Berlins». Die städtischen Behörden steuerten die Festschrift «Die Anstalten der Stadt Berlin für die öffentliche Gesundheitspflege und den naturwissenschaftlichen Unterricht» bei, und das Kaiserliche Gesundheitsamt lieferte die Schrift «Rückblick auf den Ursprung sowie auf die Entwicklung und Tätigkeit des Kaiserlichen Gesundheitsamtes in den ersten 10 Jahren seines Bestehens». 86 Einrichtungen (in der Regel mit Pferdebahnlinien erreichbar!), sowohl solche wissenschaftlicher Natur als auch solche, in denen man Wissenschaft angewandt sah oder gern angewandt sehen wollte, warben um den Besuch der Naturforscher. Das waren nicht allein Institute, Museen und Schulen, sondern auch das Arbeitshaus Rummelsburg (!), die Desinfektions-Anstalt, die Fernsprech-Vermittelungs-Anstalt, die Gasanstalten, das Leichenschau-Haus (täglich von 8 bis 12 Uhr einzeln und in beliebigen Gruppen nach Anmeldung im Bureau des Commissars zu be-

20 Siehe: Tageblatt der 59. Versammlung Deutscher Naturforscher und Aerzte zu Berlin vom 18.–24. September 1886. Unter Redaktion von Prof. Dr. Guttstadt, Sanitätsrath Dr. S. Guttmann und Dr. Sklarek, Berlin 1886, S. 364.

Hofmann über die Leistung Virchows als I. Geschäftsführer der Versammlung: Die Anstrengungen, welche er gemacht hat, grenzen an das Unglaubliche. Wer ihn im Interesse der Naturforscherversammlung hat arbeiten sehen, hätte glauben können, dass es seine ausschliessliche Lebensaufgabe sei, sich mit den Vorbereitungen für die bevorstehende Naturforscherversammlung zu beschäftigen, und doch ist es gewiss Einigen von Ihnen nicht unbekannt geblieben, wie viele Eisen Virchow ausserdem noch im Feuer hat.
Tageblatt der 59. Versammlung Deutscher Naturforscher und Aerzte zu Berlin vom 18.-24. September 1886, Berlin 1886, S. 368.

sichtigen), die Central-Markthalle, die Militärische Lehrschmiede, die Pumpstationen und Rieselfelder in Grossbeeren, Osdorf und Blankenburg-Malchow, das Staatsgefängnis Plötzensee, der Vieh- und Schlachthof, die städtischen Wasserwerke.

Oberbürgermeister Max von Forckenbeck erklärte in seiner Grußansprache auf der Eröffnungssitzung: «Wenn die Gemeindeverwaltung einer Grossstadt in der Lösung ihrer idealen Aufgabe: eine allen ihren Einwohnern die freie Bethätigung ihrer Kräfte sichernde, in den öffentlichen Einrichtungen ihr geistiges und leibliches Wohl fördernde Bildungsstätte zu sein, mit steter Arbeit und Anstrengung auch nur allmählich vorwärts kommen will» – fürwahr vornehm verstand der Bürgermeister die krassen sozialen Gegensätze und das Massenelend in seiner aufstrebenden Metropole zu umschreiben –, «so bedarf sie auf allen Gebieten der Unterstützung der Naturwissenschaften, muss überall folgen den Anregungen, welche diese hochgeehrte Versammlung so oft gegeben hat.»[21] Virchow konstatierte denn auch zum Schluß: «Ich denke, jeder, der von hier fortgeht, wird sagen müssen, dass Berlin in der That in bestem Sinne gastfreundlich der Naturforscher-Versammlung gegenübergetreten ist.»[22]

Die Akzente, die auf dieser Naturforscherversammlung ideologisch gesetzt wurden, drücken mit einer kaum zu überbietenden Prägnanz das Anforderungsprofil und das Selbstbewußtsein der deutschen Naturwissenschaft in der Periode des werdenden Monopolkapitalismus aus, und es ist durchaus kein Zufall, daß sie gerade in Berlin gesetzt wurden. Berlin profilierte sich damit auch als Reichshauptstadt der Wissenschaft – nicht in dem Sinne, als hätte Berlin etwa in allen Disziplinen im Reich die Führung innegehabt, aber doch insofern, als hier vor allem jene Wissenschaftsideologie formuliert wurde, die die Wissenschaftspolitik des Staates und des Großkapitals auf höchst wirkungsvolle Weise ergänzte, zumal sie ja offenkundig nicht von außen als Forderung herangetragen wurde, sondern von innen, aus der Gemeinschaft der Wissenschaftler selbst kam und von deren angesehensten Repräsentanten auf den Begriff gebracht wurde.

Das Muster der Hauptreferate, die auf den allgemeinen Sitzungen im prächtigen Bau des Circus Renz vorgetragen wurden, war symptomatisch. Vier von ihnen geben zusammengenommen ein klares Bild der Epoche. Da war zunächst der Einleitungsvortrag des ersten Mannes der Versammlung, des Mediziners und Politikers Virchow, der in einem weiten Bogen Tradition und Gegenwart verband und das Wirken der Wissenschaft programmatisch in den Zusammenhang des gesellschaftlichen Lebens stellte: «Die Tage der deutschen Na-

Circus Renz
Aufnahme um 1890

turforscher-Versammlung waren seit langem Festtage des Volkes, und wir am wenigsten möchten ihnen diesen Charakter abstreifen. ... Freuen wir uns daher der Fülle des wissenschaftlichen Lebens, welches sich in befruchtendem Strome über alle Theile unseres Vaterlandes ergiesst. Es ist eine der stärksten Bürgschaften für das Gedeihen der Nation. In dem schweren Kampfe um das Dasein der Völker werden nur diejenigen bestehen, denen es gelingt, die Geheimnisse der Natur in immer neuen Richtungen zu enthüllen und die Kräfte, welche in verschwenderischem Maasse in der Welt ausgestreut sind, in den Dienst des Menschen zu stellen. Hier gilt der alte Baconische Spruch: ‹Wissen ist Macht!› in vollem Sinne. Kein Volk hat in höherem Maasse den Beweis geliefert, dass gutes und zielbewusstes Wissen Stärke verleiht, als das deutsche.»[23] Ohne dieses obligatorische Mindestmaß an Nationalismus kam im Wilhelminischen Kaiserreich auch der liberalste Gelehrte nicht aus.

In drei Hauptrichtungen wurde diese allgemeine Orientierung durch weitere Plenarvorträge untersetzt.

Über «Das naturwissenschaftliche Zeitalter» sprach Werner von Siemens. Schon der Name war Programm: Wie kein zweiter in Berlin verkörperte er die Einheit von Wissenschaft, Technik und Industrie. Wissenschaftlicher, technischer und kultureller Fortschritt erschienen ihm zu einer im unaufhaltsamen Voranstürmen begriffenen Trias verbunden, die dem Gesetz der «Beschleunigung unserer jetzigen Culturentwickelung» folgt.[24]

«Wir Aelteren unter Ihnen haben das Glück gehabt, Zeuge

21 Ebenda, S. 89.
22 Ebenda, S. 365.
23 Ebenda, S. 78, 81.
24 Ebenda, S. 93.

Werner von Siemens über die Perspektiven der wissenschaftlichen Kultur:
... dass im Zeitalter der Herrschaft der Naturwissenschaften dem Menschen die schwere Körperarbeit, von der er in seinem Kampfe um das Dasein stets schwer niedergedrückt war und grossen Theils noch ist, mehr und mehr durch die wachsende Benutzung der Naturkräfte zur mechanischen Arbeitsleistung abgenommen wird, dass die ihm zufallende Arbeit immer mehr eine intellektuelle wird, indem er die Arbeit der eisernen Arbeiter zu leiten, nicht aber selbst schwere Körperarbeit zu leisten hat. ... Diese sich progressiv steigernde Leichtigkeit der Gewinnung der materiellen Existenzmittel wird dem Menschen wegen der kürzeren Arbeitszeit, die er darauf zu verwenden hat, den nöthigen Ueberschuss an Zeit zu seiner besseren geistigen Ausbildung gewähren; die immer vollkommener und leichter herzustellenden mechanischen Reproduktionen künstlerischer Schöpfungen werden diesen auch Eingang in die Hütte verschaffen und die das Leben verschönernde und die Gesittung hebende Kunst der ganzen Menschheit anstatt wie bisher nur den bevorzugten Klassen derselben zugänglich zu machen!
Tageblatt der 59. Versammlung Deutscher Naturforscher und Aerzte zu Berlin vom 18.-24. September 1886, Berlin 1886, S. 93/94.

Virchow in der ersten allgemeinen Sitzung:
In den letzten Jahren hat sich die Zahl derer vermehrt, welche den Nutzen solcher Versammlungen überhaupt und unserer Versammlung insbesondere in Zweifel ziehen. Manche meinen, die Naturforscher-Versammlung habe sich überlebt, und sie diene mehr dem Vergnügen, als der Wissenschaft und dem praktischen Leben. Festlichkeiten und Gastereien seien die Hauptsache geworden. Es mag sein, dass zuweilen darin zu viel geschehen ist. Nichtsdestoweniger haben wir keine Bedenken getragen, für Sie auch Festlichkeiten vorzubereiten, und sowohl die städtischen Behörden, als Vereine von Privaten sind uns beigetreten. Ob wir darin das richtige Mass getroffen haben und ob schließlich des Himmels Gunst, ohne welche unsere Hoffnungen sich kaum verwirklichen dürften, uns beschieden sein wird, das werden die nächsten Tage lehren.
Tageblatt der 59. Versammlung Deutscher Naturforscher und Aerzte zu Berlin vom 18.-24. September 1886, Berlin 1886, S. 78.

des gewaltigen Aufschwunges zu sein, zu dem die menschliche Tätigkeit auf fast allen Gebieten des Lebens durch den belebenden Odem der Naturwissenschaften angeregt wurde. Wir haben aber auch gleichzeitig gesehen, wie die Wissenschaft ihrerseits wiederum durch die technischen Errungenschaften gefördert wurde, wie die Technik ihr eine Fülle neuer Erscheinungen und Aufgaben und damit die Anregung zu weiteren Forschungen brachte und wie mit der Verbreitung naturwissenschaftlicher Kenntnisse ihr ein Heer von Beobachtern und Mitarbeitern erwuchs ...»[25] Grenzenlose Perspektiven eröffneten sich, ein «ganz unermessliches Arbeitsfeld», denn wir stehen «erst im ersten Vorhofe der Wissenschaft». Ernst zu nehmende Wolken am Horizont dieses aktivistischen Drängens sah Siemens nicht: «Es liegt daher kein Grund vor, an der Fortdauer des progressiven Aufschwunges der naturwissenschaftlichen Entwickelung zu zweifeln, wenn nicht die Menschen selbst durch kulturfeindliche Handlungen sie durch-

Rudolf Virchow
Lithografie
von G. Engelbach
Um 1870

Werner von Siemens
Stahlstich von A. Delzers
Um 1895

Am Rande der Naturforscherversammlung: Wir erlauben uns die in Berlin anwesenden hochverehrten Mitglieder der Naturforscherversammlung ganz ergebenst zu ersuchen, unsere Asylhäuser Büschingstr. 4 (Männer), Füsilierstr. 5 (Frauen) geneigtest zu besichtigen und von den Einrichtungen derselben Kenntniss zu nehmen. Etwaige Rathschläge zur Verbesserung der letzteren nehmen wir dankbar an. Gleichzeitig senden wir anbei 100 Exemplare unserer Ausstellungsschrift zur gefälligen Vertheilung.
Hochachtungsvoll
Der Berliner Asylverein für Obdachlose
Gustav Thölde

Die alten Herren und Freunde des mathematischen Vereins der Universität Berlin werden hiermit zu einer Freitag, den 24. September, Abends 7½ Uhr, in Gorsboths Restaurant, Unter den Linden 4a, stattfindenden Mathematikerkneipe eingeladen.
Prof. Dr. Netto,
Prof. Dr. Rudio,
stud. math. Wurtzel

kreuzen. Doch selbst solche feindlichen Eingriffe können fortan nur zeitweilige Unterbrechungen des Entwicklungsganges, höchstens nur partielle Rückschritte hervorrufen ...»[26] Über die «partiellen Rückschritte» ließ sich im Hochgefühl des Aufschwunges trefflich spekulieren – bis zum Ausbruch des imperialistischen ersten Weltkrieges waren noch fast dreißig Jahre Zeit.

Gleichsam materiell untermauert wurde diese Rede durch die Ausstellung wissenschaftlicher Apparate, Instrumente und Unterrichtsgegenstände in den Räumlichkeiten der Königlichen Akademie der Wissenschaften und der Königlichen

25 Ebenda, S. 92.
26 Ebenda, S. 93.

An den Besuch der technischen Hochschule in Charlottenburg am 21. Sept., 4 Uhr Nachmittags, zu dem Rektor und Senat eingeladen haben, schliesst sich um 6 Uhr eine freie Vereinigung der Mitglieder und Theilnehmer mit ihren Damen im Zoologischen Garten an. ... Die Brauereien Berlins beabsichtigen bei dieser Gelegenheit ihre Biererzeugnisse zur Verfügung zu stellen.

Der Besuch meiner Anlage zur Reinigung städtischer Abwässer und Jauchen und Wiedergewinnung des Dunges aus ebendenselben steht den Mitgliedern und Theilnehmern der Naturforscher-Versammlung täglich offen. Es wird jedesmal die Jauche von 1500 Menschen gereinigt. Abfahrt vom Anhalter Bahnhof nach Marienfelde Nachmittags 4 Uhr. Rückfahrt 7 Uhr 20 Min. Ankunft in Berlin 7 Uhr 40 Min. Auch Freitag und Sonnabend, nach dem Schlusse der Naturforscher-Versammlung, werden die Versuche fortgesetzt.
Hochachtungsvoll
Dr. Friedrich Petri, Professor
Tageblatt der 59. Versammlung Deutscher Naturforscher und Aerzte zu Berlin vom 18.-24. September 1886.

Akademie der Künste Unter den Linden 38, zu deren Eröffnung die Elite der Ministerialbürokratie erschienen war: die Minister Karl Heinz von Boetticher und von Scholz, der Reichstagspräsident von Wedell-Piesdorf, der Geheime Regierungsrat Althoff und andere. Hier lieferten die – wie Virchow es ausdrückte – «feineren und edleren Richtungen der Präzisionstechnik, der naturwissenschaftlichen Industrie» Berlins eine glanzvolle Leistungsschau: «Als wir die uns zugefallene schwere Aufgabe überblickten, trat uns vor Augen, dass kaum irgendwo in dem Fortschreiten der Wissenschaften, in der weiteren Ausbildung der gelehrten Forschung, die Verbindung derselben mit dem praktischen Leben in solcher Stärke zur Erscheinung kommt, wie hier in Berlin, und dass sich nirgends besser zeigt, wie das praktische Leben mit der Forschung in innigste Wechselwirkung tritt, wie die Methoden der Forschung auch zugleich die Methoden der Arbeit bestimmen und wie mehr und mehr das ganze grosse wirtschaftliche Leben bestimmt wird durch die Wirkungen, welche das Licht der Wissenschaft hervorbringt.»[27]

Doch auch dies war symptomatisch: Eigens aus Kairo war Georg Schweinfurth herbeigeeilt, um über «Europas Aufgaben und Aussichten im tropischen Afrika» vorzutragen. Die Naturforscher wurden höflich eingeladen, den kolonialen Gelüsten des Reiches ihren gelehrten Segen zu erteilen, und sie sperrten sich nicht. Das lag im Zug der Zeit. Bismarck, der zunächst in Kolonialangelegenheiten zurückhaltend war, hatte gerade in den beiden Jahren vor der Naturforscherversammlung begonnen, die deutsche koloniale Expansion zu forcieren: 1884 wurden die Erwerbungen von Adolf Lüderitz in Südwestafrika unter den Schutz des Reiches gestellt, und Gustav Nachtigal vereinnahmte im Namen des Kaisers Togo und Kamerun; 1885 wurde für die Erwerbungen von Carl Peters («Hängepeters») in Ostafrika ein kaiserlicher Schutzbrief ausgestellt, und der gleichen Gunst wurde auch die Neu-Guinea-Kompagnie teilhaftig.

Freilich, im Vergleich mit der kolonialen Festtafel des britischen Imperiums waren das nur dürftige Happen, die den teutonischen Hunger eher anstachelten als stillten. So hatten sich die kolonialen Nimmersatte aus Schwerindustrie, Bankkapital und Aristokratie denn auch 1882 zum Deutschen Kolonialverein zusammengeschlossen, und dieser Verein gab sich die Ehre, der Naturforscherversammlung 2000 Exemplare der als Festschrift gedruckten neuesten Nummer der «Deutschen Kolonialzeitung» zu überreichen. Schweinfurth tat sein Bestes, um den versammelten Wissenschaftlern den Kolonialismus als Kulturmission schmackhaft zu machen, und nahm dabei kein Blatt vor den Mund. «Waren wir Deutsche bislang doch

Pendeluhr von Seyffert
Aufnahme um 1978
Diese um 1860 konstruierte Stundenuhr wurde vorrangig bei astronomischen Untersuchungen und für andere exakte Zeitmessungen verwendet.

Zylinderinduktor-Maschine
von Werner von Siemens
Zeichnung um 1880
Auf der Grundlage der Entwicklung des Doppel-T-Ankers (1856) konstruierte Siemens 1859 diese magnet-elektrische Maschine. Sie wurde vorrangig für den Betrieb von Zeigertelegrafen, Läutewerken und Blockapparaturen im Eisenbahnwesen eingesetzt. Sie war auch eine der technischen Grundlagen, die zur Entdeckung des dynamo-elektrischen Prinzips und zum Bau der ersten Dynamomaschine durch Siemens (1866) führten.

Astrofotometer
von Karl Friedrich Zöllner
Aufnahme um 1978
Ein von dem Leipziger Astronomen und Physiker Zöllner (1834–1882) um 1860 entwikkeltes und im Jahre 1882 von der Berliner Präzisionswerkstatt Wanschaff gebautes Fotometer. Mit ihm wurde erstmals die sogenannte Potsdamer Durchmusterung von Himmelskörpern durchgeführt, bei der über 1 000 Sterne beobachtet und registriert wurden. Zöllner beschäftigte sich eingehend mit der Spektralanalyse und ihrer Anwendung auf die Himmelskunde. Er war auch einer der ersten, die Instrumente entwarfen und beschrieben, mit denen man Sonnenprotuberanzen jederzeit beobachten konnte.

gewohnt die Erforschung des unbekannten Afrikas als eine der uns im Wettkampfe des Geistes zugefallenen Aufgaben, die das Jahrhundert an uns stellt, zu betrachten, weshalb sollen wir jetzt anderen Nationen den Vorrang einräumen, um den Acker von Fremden besäen zu lassen, den wir selbst bestellt, und wo wir bereits an mehreren Stellen festen Fuss gefasst haben; weshalb immer wieder aufs neue einen Schritt nach dem anderen weichen auf der Bahn einer künftigen Si-

27 Ebenda, S. 62.

Expeditionen,
die die Akademie
unternahm bzw.
an denen sie sich beteiligte
(bis 1900):

Zoologisch-botanische
Expedition nach Ägypten,
Syrien und Arabien
1820–1826
Zoologisch-paläontologische
Expedition nach Südamerika
1863–1867
Geographische Expedition
nach Afrika
1868–1871
Zoologische Expedition
nach Kamerun
1874
Expedition zur Beobachtung
des Venus-Durchganges
nach Luxor (Afrika)
1874
Botanische Expedition
nach Ostafrika
1876
Physiologische Expedition
nach Venezuela
1876
Zoologisch-ethnographische
Expedition nach
Mikronesien
1878–1882
Expedition zur Beobachtung
des Venus-Durchganges
nach Punta Arenas
(Argentinien)
1882
Geographische Expedition
nach Chile
1883
Medizinische (Lepra-)
Expedition nach Hawaii
1883
Geographische Expedition
nach Ägypten
1884
Geographische Expedition
nach Brasilien
1887–1888
Biologische (Plankton-)
Expedition in den Atlantik
1889
Zoologische Expedition
nach Madagaskar
1889–1895

cherstellung nutzbringenden Besitzes? Wir wissen, was wir verloren haben in früherer Zeit, da Deutschland bei der Theilung der Erde leer ausging; aber selbst in der allerneuesten Zeit noch, selbst seit uns die Erkenntnisse des Versäumten gekommen, selbst da noch haben wir neue Einbussen zu verzeichnen auf afrikanischem Gebiet.»[28]

Seine Ausführungen hatten nun wirklich nichts mehr mit dem Trugbild unpolitischen Gelehrtentums zu tun, das auch von Berliner Professoren noch immer beschworen wurde. Es gab eine spezielle Sektion – die Sektion 24 – für «medicinische Geographie, Klimatologie und Tropenhygiene», in der man auch dort, wo sich die Redner auf einen strikt naturwissenschaftlichen Rahmen beschränkten, durchaus praktikable Themen wählte, beispielsweise Zülzer «Ueber Untersuchungsmethoden in der Adaptierung des Organismus an fremde Klimata».[29] Doch nicht alle Redner hielten sich zurück. Hugo Zöller verkündete unter dem harmlosen Titel «Ueber klimatische Vergleiche» die nachfolgende Weisheit: «Aber selbst wenn eine vollkommene Akklimatisierung des Europäers im grössten Theile der Tropenwelt niemals möglich sein sollte, würde dadurch doch weder die Kolonisation dieser Länder verhindert noch ihr Wert verringert werden. Die grössten Kulturleistungen der Menschheit (Hellas, Rom, Renaissance) beruhten auf dem Gegensatz zwischen Herrschern und Dienern.»[30] Merensky verbreitete sich «Ueber die Erziehung der Eingeborenen zur Arbeit». Seine Schlußfolgerung verdient als Lehrbeispiel zum Thema «Die Borniertheit des wilhelminischen staatsfrommen Gelehrten» wiedergegeben zu werden: «Der Deutsche scheint im hohen Grade befähigt zu sein, den Neger zu erziehen; möge mit dem thätigen Eingreifen der Deutschen in die Geschichte Afrikas und für dessen schwarze Bewohner die Periode der Entwickelung zu gesitteten Kulturmenschen anbrechen.»[31]

Der dritte Akzent schließlich berührte ein hochaktuelles Bedürfnis der Wissenschaftsorganisation. Der Leipziger Anatom Wilhelm His, der sich später um die internationale Organisation der Hirnforschung verdient machte, gab einen Bericht über die Entwicklung der zoologischen Station in Neapel und knüpfte daran allgemeinere Betrachtungen über das «Bedürfniss nach wissenschaftlichen Centralanstalten». Die Hauptaufgaben solcher Anstalten sollten nach seiner Ansicht sein: «1. Die Bewältigung von grösseren, über die Kräfte einzelner Forscher hinausgehenden Aufgaben, vor allem von solchen Aufgaben, welche ein nach einheitlichem Plane arbeitendes, technisch geschultes Personal verlangen. 2. Die Sammlung und die Ordnung des Materials bestimmter Lehrgebiete zu dem Zweck, dass dasselbe nach Art einer Bibliothek oder eines Museums allen denen zugänglich gemacht wird, die desselben zur Förderung ihrer Kenntnisse bedürfen.»[32]

Um die Vorteile derartiger Einrichtungen zu demonstrieren, beschrieb His mit größter Ausführlichkeit das Projekt einer «Centralanstalt für Gehirnstudium». Angesichts der Neuartigkeit der Forderung verband er sie mit einer Art Entschuldigung: «Gegenüber den Regierungen, welche für ihre Hochschulen so ausserordentliche Opfer bringen, mag es als eine Undankbarkeit, gegenüber den ein so reges Leben entfaltenden Anstalten als eine Ungerechtigkeit erscheinen, wenn der Satz aufgestellt wird, dass in den bestehenden Einrichtungen das letzte Ziel noch nicht erreicht sein kann. Die Forderung nach einem weiteren System von Institutionen, von Centralanstalten, wie sie kurzweg heissen mögen, liegt einestheils in den Ansprüchen der wissenschaftlichen Arbeit selbst, anderentheils in den Bedürfnissen der Hochschulen und ihrer Lehrer.»[33]

Eine neue Art wissenschaftlicher Einrichtungen außerhalb der Universitäten und Akademien meldete ihren Daseinsanspruch mit Nachdruck an. Gewiß gab es sie schon in mehr oder minder perfekten Beispielen, etwa in der Meteorologie oder der Geodäsie, doch ihren klassischen Prototyp gab es noch nicht: Mit der Physikalisch-Technischen Reichsanstalt wurde er ein Jahr später in Berlin geschaffen.

So war die Wissenschaft gegen Ende des 19. Jahrhunderts eine starke Kraft in der Staatspolitik, auf die diese Politik rechnete und auf die sie rechnen durfte, solange die Legierung aus Selbstwertgefühl und – zurückhaltend ausgedrückt – gesteigertem nationalem Empfinden in der Gemeinschaft der deutschen Gelehrten nicht brüchig wurde. So konnte Virchow zum Abschluß mit fester Überzeugung sagen: «... die Naturwissenschaften und die Naturforschung befinden sich einmal wieder in einem starken Vorrücken. ... Wir kennen die Methoden, durch welche wir die Natur zwingen, nicht bloss sich uns zu erschliessen, sondern auch ihre Kräfte in unsere Hand zu geben. Wie die Menschheit das verwerthen wird, welche Einflüsse daraus hervorgehen werden für die Gesamtheit des politischen und wirtschaftlichen Lebens, das wird Sache der Nationen sein, welche von ihren naturwissenschaftlichen Lehrmeistern angeleitet werden. Aber dass wir diese Anleitung werden geben können, dass die Naturfor-

Geographische Expedition nach Südostafrika
1892–1894
Botanische Expedition zum Kilimandscharo
1892–1893
Zoologische Expedition nach den Falkland-Inseln
1893–1895
Physiologisch-biologische Expedition in das Rote Meer
1894–1895
Zoologisch-anatomische Expedition nach Ägypten
1894
Zoologische Expedition nach Neu-Pommern
1896–1897
Geologische Expedition nach Chile
1896
Geographisch-ethnographisch-anthropologische Expedition nach Neuseeland
1897–1899
Zoologisch-botanische Expedition zum Njassa-See und Kinga-Gebirge
1898–1900

Siehe Werner Hartkopf: Die Akademie der Wissenschaften der DDR. Ein Beitrag zu ihrer Geschichte, Berlin 1975, S. 56/57.

28 Ebenda, S. 251.
29 Ebenda, S. 402.
30 Ebenda, S. 403.
31 Ebenda, S. 201.
32 Ebenda, S. 261.
33 Ebenda, S. 263.

schung berufen ist, den Nationen auch materiell zu helfen, wie sie sie geistig vorwärts bringt, das ist die siegesfreudige Zuversicht aller derer, welche in der Naturforschung stehen, und das von neuem gezeigt zu haben und vor der ganzen Nation diese feste Zuversicht ausgedrückt zu haben, das, glaube ich, wird die Signatur dieser Versammlung bleiben.»[34]

… und nicht nur Robert Koch

Könnten wir im Berlin der Jahrhundertwende eine Umfrage anstellen, welche der während der vorangegangenen dreißig Jahre in den Mauern dieser Stadt vollbrachten wissenschaftlichen Leistungen in der Öffentlichkeit das nachhaltigste Echo gefunden hat, dann würden wohl der Aufschwung der Bakteriologie und die damit verbundenen medizinischen Erfolge und Hoffnungen an erster Stelle stehen, und Robert Koch gebührte die Krone der Popularität. So hoch die Wellen des Interesses an technischen Neuerungen – an der elektrischen Straßenbahn, dem Phonographen oder den ersten Filmversuchen etwa – auch immer schlugen, am nachhaltigsten berührten solche Leistungen der Wissenschaft die Berliner, mit denen zumindest eine Chance verbunden war, der vielköpfigen Hydra gesundheitlicher Gefahren, die auch in Friedenszeiten ihr Leben bedrohten und verkürzten, gewappneter gegenüberzutreten.

Der Reichskanzler erachtete in einer am 9. April 1872 an den Bundesrat gerichteten Denkschrift eine Reichsbehörde für notwendig, um «das Reich in der Ausübung der ihm zugewiesenen Aufsicht über die medizinal- und veterinärpolizeilichen Angelegenheiten zu unterstützen, von den hierfür in den einzelnen Bundesstaaten bestehenden Einrichtungen Kenntniß zu nehmen, die vom Reiche ausgehende Gesetzgebung vorzubereiten, die Wirkungen der im Interesse der öffentlichen Gesundheitspflege ergriffenen Maßnahmen zu beobachten, in geeigneten Fällen den Staats- und Gemeindebehörden Auskunft zu ertheilen, die Entwickelung der Medizinalgesetzgebung in außerdeutschen Ländern zu verfolgen, die Herstellung einer genügenden medizinischen Statistik für Deutschland zu organisieren.»
Zit. in: Walter Ruske: Reichs- und preußische Landesanstalten in Berlin, Berlin (West) 1973, S. 29/30.

Die Tuberkulose, mit deren Bekämpfung sich Kochs Name im öffentlichen Bewußtsein vor allem verbindet – obwohl dieser beharrliche und hochbegabte Forscher auf verschiedenen Gebieten der Hygiene bahnbrechende Leistungen zu verzeichnen hatte –, war eine gefürchtete Krankheit, an der damals noch jeder zehnte Berliner starb und gegen die den Ärzten kein effektives Mittel zur Verfügung stand. Es nimmt nicht wunder, daß Paul Ehrlich später schrieb, der Abend des 24. März 1882, als Koch nach der Entdeckung des Tuberkelbazillus seinen Vortrag «Über Tuberkulose» in der Berliner Physiologischen Gesellschaft hielt, sei ihm stets als sein größtes wissenschaftliches Erlebnis in Erinnerung geblieben.[35]

Koch, der als Militärarzt im Deutsch-Französischen Krieg vielfältige therapeutische Erfahrungen gesammelt und mit der Entdeckung des Milzbrandbazillus, die ihm mit bescheidenen Mitteln während seiner Tätigkeit als praktischer Arzt in Wollstein bei Posen gelungen war, seinen wissenschaftlichen Lebensweg vorprogrammiert hatte, war 1880 – anstelle des ausscheidenden Rudolf Finkelnburg – zum Mitglied des Kaiserlichen Gesundheitsamtes berufen worden. Diese nach mehrjährigen Querelen 1876 geschaffene Einrichtung, die da-

Robert Koch
Aufnahme um 1908

mals in der Luisenstraße ansässig war, diente vor allem als Beratungsinstanz für die Regierung bei der Vorbereitung von Gesetzen, Verordnungen und Verwaltungsentscheidungen verschiedenster Art, doch sie übte auch eine umfangreiche Gutachtertätigkeit aus und baute allmählich eine nicht unbeträchtliche eigene Forschungskapazität auf. Dazu gehörte das bakteriologische Laboratorium, das Koch einrichtete und zu einem «Musterbetrieb» bakteriologischer Forschung ausgestaltete. Von hier aus unternahm er 1883 im Auftrag der Reichsregierung seine erste Expedition nach Ägypten und Indien, bei der er den Erreger der Cholera entdeckte. Ihr schlossen sich bis 1907 noch mehrere weitere Expeditionen in verschiedene Gebiete Asiens und Afrikas zur Bekämpfung von Infektionskrankheiten an. 1885 erhielt er die Professur für In-

34 Ebenda, S. 365.
35 Siehe Annemarie Lange: Berlin zur Zeit Bebels und Bismarcks, S. 559.

nere Medizin und Hygiene an der Berliner Universität und stand auf der Höhe seines Ruhmes, als er auf dem X. Internationalen Medizinischen Kongreß im August 1890 in Berlin in einem Vortrag mitteilte, daß es ihm gelungen sei, mit dem Tuberkulin ein Tuberkuloseheilmittel zu entdecken.

Ernst von Leyden über den X. Internationalen medizinischen Kongreß: Die Erwartungen waren aufs höchste gespannt, da unter der Hand bekannt geworden war, daß Robert Koch in der ersten Sitzung Mitteilung über eine bisher geheim gehaltene, weltbewegende Entdeckung machen würde. Als dann der damalige Kultusminister von Goßler in seiner Ansprache auf diese große Entdeckung des berühmten Forschers, die Erfindung des Tuberkulins, hinwies, dessen Einspritzung die Tuberkelbazillen zu töten und dadurch eine Heilung der Krankheit herbeizuführen vermöge, ging es wie ein Sturm der Begeisterung durch die Versammlung. Robert Koch selbst äußerte sich indessen in einer darauffolgenden ausführlichen Rede äußerst vorsichtig über seine Versuche … Trotz dieser Mahnung zur Mäßigung der allzu hochgespannten Erwartungen wuchs die Erregung von Tag zu Tag höher an. Alle von dieser grausamen Krankheit Befallenen glaubten sich schon gerettet, und wer irgend die Mittel dazu besaß, eilte nach Berlin in der festen Hoffnung, dort geheilt zu werden.
Ernst von Leyden: Lebenserinnerungen, Stuttgart/Leipzig 1910, S. 178-180.

Selten hat ein Fachkongreß eine so sensationelle Wirkung in der Öffentlichkeit gehabt wie dieser. Kochs Ernennung zum Ehrenbürger Berlins fand ungeteilten Beifall. Die vorsichtigen, zurückhaltenden und sogar warnenden Töne in seinem Vortrag wurden einfach überhört, ein Tuberkulinrummel ohnegleichen brach los. Patienten strömten in der Hoffnung auf Heilung nach Berlin – doch der Euphorie folgte bald der Katzenjammer, als sich die bittere Erkenntnis durchsetzte, daß das Tuberkulin als Therapeutikum nicht das hielt, was es versprochen zu haben schien. Daß Koch selbst die Möglichkeiten seines im Tierversuch bewährten Mittels überschätzte, war nichts weiter als ein normaler wissenschaftlicher Irrtum und schmälert seine Leistung in keiner Weise. Die Schlacht gegen die Infektionskrankheiten hatte zwar begonnen, aber der Sieg war noch nicht errungen.

Problematisch ist hier ganz etwas anderes: Koch wurde gegen seinen Willen und gegen sein Zögern gedrängt, diese Entdeckung verfrüht zu verkünden – ein eindrucksvolles frühes Beispiel für die Manipulation von Wissenschaftlern in einem wissenschaftsfremden bürgerlichen Kalkül. Es ist sicher, daß der Kultusminister Gossler, von dessen Wohlwollen Kochs Arbeitsmöglichkeiten weitgehend abhingen, seine eigene erschütterte Stellung durch eine überzeugende Demonstration festigen wollte. Doch vielleicht waren auch weit höhere Staatsinteressen im Spiel als die am politischen Überleben eines Kultusministers: Schließlich mußten auch die auf wissenschaftlichem Gebiet erbrachten Leistungen herhalten, um Preußens Gloria gegen den «Erbfeind» Frankreich auszuspielen, und wo hätte man das effektvoller tun können als auf einem medizinischen Weltkongreß? Seit den Entdeckungen Louis Pasteurs war die Bakteriologie ein vielbeachtetes Feld deutsch-französischer Rivalität.

Doch wie dem auch sei: In der Frage der Infektionskrankheiten – damals ungeachtet sehr bedeutender Fortschritte in der Chirurgie wohl das Frontgebiet der medizinischen Therapie – kreuzten sich die verschiedensten sozialen und politischen Bezüge der Medizin. Die Einsicht in das Wesen dieser Krankheiten, die jahrtausendelang eine der schlimmsten Geißeln der Menschheit waren, und die Entwicklung wirksamer Verfahren für Therapie und Prophylaxe – das war unzweifelhaft eine Errungenschaft, in der der humane Auftrag der Wissenschaft unmittelbar zur Anschauung kommt. Trotzdem

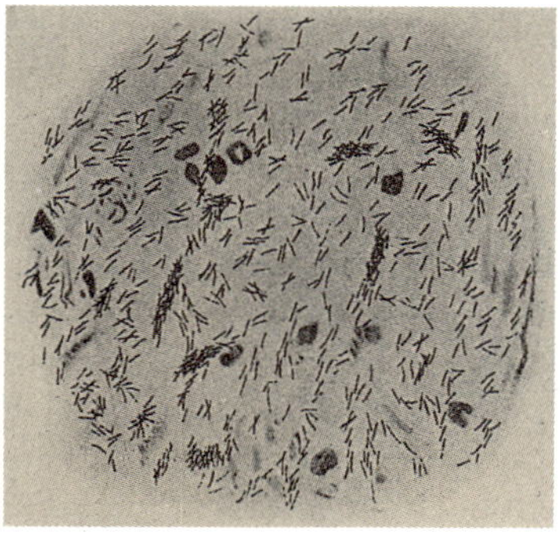

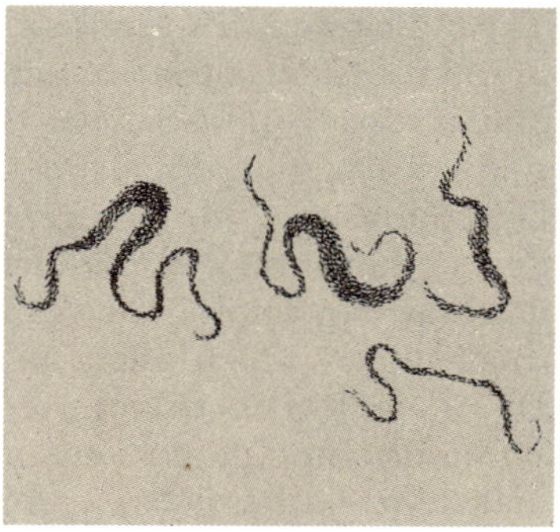

Tuberkelbazillen
bei einem Lungenkranken
Deckglaspräparat
700fache Vergrößerung
Aufnahme von 1884

Kolonien von Tuberkelbazillen auf erstarrtem Tierblutserum
Deckglaspräparat
700fache Vergrößerung
Aufnahme von 1884

konnte sich auch dieses Werk reiner Menschlichkeit dem Bannkreis imperialistischer Politik nicht entziehen. Erst die Erfolge der von Koch inspirierten, organisierten und zum Teil persönlich ausgeführten Forschungen ermöglichten den ständigen Aufenthalt weißer Siedler in vielen tropischen Gebieten, und Kochs Tropenexpeditionen fanden das größte Interesse kolonialistischer Kreise. So ist im entfalteten Kapitalismus auch das lauterste Anliegen menschlichen Erkennens unvermeidlich in das Spannungsfeld gesellschaftlicher Ambivalenz einbezogen, aus dem es keine Flucht gibt.

Dem Kongreßauftritt 1890 folgten mit überraschender Geschwindigkeit institutionelle Konsequenzen: Nach einer Interpellation im Preußischen Abgeordnetenhaus am 29. November 1890 wurde für Koch bereits im Sommer 1891 ein besonderes staatliches Institut für Infektionskrankheiten geschaffen, das die Forschung und die Erprobung am Krankenbett miteinander verband. Zahlreiche internationale Ehrungen fielen Koch zu, als Krönung im Jahre 1905 der Nobelpreis für Medizin. Selbst die Berliner Akademie, die mit der Medizin damals weitaus weniger im Sinn hatte, als deren gesellschaftlicher Bedeutung entsprochen hätte, wählte ihn 1904 zum Ordentlichen Mitglied – allerdings wohl eher unter dem Druck der öffentlichen Meinung und mit acht Gegenstimmen.

Nach dem Tode Kochs im Jahre 1910 erhielt das von ihm begründete Institut für Infektionskrankheiten seinen Namen, und seine Urne wurde in einem Mausoleum auf dem Institutsgelände beigesetzt.

Koch hatte einen bestimmten Stil der wissenschaftlichen Hygiene geschaffen, der auf die Bekämpfung der Infektionskrankheiten durch Immunisierung konzentriert war, aber unvermeidlich auch einen weiten Kreis sozialer und hygienischer Fragen berührte. Er wurde mitgeprägt und weiterentwickelt von einer ganzen Reihe hochbegabter Schüler und Mitarbeiter, die in Berlin zu verschiedenen Zeiten unter Kochs Leitung tätig waren. Einige Namen mögen die ungewöhnliche

Der Zustrom der Aerzte und Naturforscher aus allen Ländern der zivilisierten Welt, zu denen die berühmtesten Namen der Zeit gehörten, war so gewaltig, daß man den größten Raum, der damals in Berlin zur Verfügung stand, den 8 000 Personen fassenden Zirkus Renz, zu den Sitzungen herrichten ließ. Regierungsbaumeister Jaffé hatte den sonst schmucklosen Raum mit großer Kunst zu einem griechischen Tempel umgewandelt, nach dem Vorbild des berühmten Zeustempels in Olympia, nur daß statt des Göttervaters die Kolossalstatue des Aeskulap dort thronte. Am Eingange wehten die Fahnen aller Länder, und neue Straßen zur Auffahrt waren hergerichtet ...
Ernst von Leyden: Lebenserinnerungen, S. 178

Berlin, Anfang December
Lieber Jacob! Nu sind wir dicke raus, mit siebzig un een Freiloos, Jacob, un nu kann uns ieberhaupt so leicht Keener mehr an de Wimpern klimpern. Wat sagste denn eijentlich nu zu Robert Koch'n? Wat, da stehste platt un weeßt nich, wat De sagen sollst. Ick kann Dir ja nu verrathen, det ick eijentlich zuerst, wie ick von det jlorreiche Ereigniß heerte, ooch nich so recht wußte, wat ick sagen sollte, objleich ich sonst nich in 'n Jeringsten perplex bin, weil ich een Anhänger von det elfte Jebot bin, wat bekanntlich heeßt: «Laß Dir nich verbliffen».
Aber wir haben nu een Mittel jejen die Schwindsucht, un de Bazillen sollen nu vor Angst jarnich wissen, wat se anfangen sollen. Robert Koch is heite der beriehmteste Mann, un Forckenbeck soll sich schon seine Feder spitz jemacht haben, um vor Koch'n eenen Ehrenbürjerbrief vor der Stadt Berlin zu schreiben. ...
Also die Dage der Schwindsucht sind jezählt. Et wird bald 'ne Zeit kommen, wo man jarnich mehr weeß, wat eijentlich de Schwindsucht war, aber det Kapital wird woll denn irjend eene andere Krankheit erfunden haben, die davor sorgt, det de Proletarier nich zu ippig werden. Un det hat ja iebrijens Koch ooch schon jesagt, det sein Heilmittel alleene den Menschen noch nich widder uff de Strimpe helfen kann: da jeheert denn nachher doch'n bisken mehr zu. Seehste, Jacob, dazu jeheert jesunde Luft, 'n orndlicher Happen-Pappen, jute Jetränke – verstehste so'n Pulleken Rotspohn, nich zu ville zu duhn, keene Sorjen,

Talentdichte in den Kreisen um Koch veranschaulichen: Georg Gaffky, der älteste Schüler Kochs, Mitentdecker des Typhuserregers und ab 1904 Direktor des Instituts für Infektionskrankheiten; Friedrich Loeffler, der den Erreger der Diphtherie und die Erreger verschiedener Tierseuchen entdeckte; Emil von Behring, der nach der 1890 gelungenen Entdeckung des Diphtherie-Antitoxins als «Retter der Kinder» (noch 1892 starben allein in Deutschland 50000 Kinder an Diphtherie) weltberühmt wurde und der auch die erste passive Immunisierung gegen Tetanus durchführte; Ehrlich, der «geniale Gewebechemiker», von Koch nach längerer Tätigkeit bei den bedeutenden Berliner Internisten Friedrich Theodor von Frerichs und Ernst Leyden 1889 zu sich geholt und später in Frankfurt a. M. für das zusammen mit dem japanischen Forscher Sahachiro Hata entwickelte Antisyphilis-Präparat Salvarsan mit dem Nobelpreis gewürdigt; August Wassermann, der für die Entwicklung der Cholera-Schutzimpfung Bedeutendes leistete; Paul Frosch, dessen Arbeiten über die Maul- und Klauenseuche die moderne Veterinärmedizin wichtige Beiträge verdankt. Übrigens enthielt die Berliner Akademie der Wissenschaften den Nobelpreisträgern Behring und Ehrlich die Ehre ihrer Mitgliedschaft vor.

Natürlich war die Berliner Medizin auch in dieser Periode weitaus mehr als nur Hygiene und Bakteriologie. Auf zahlreichen Gebieten bestimmte man in Berlin den internationalen Standard mit. Personell wurde die Szene noch weithin beherrscht von den auch in der Berliner Öffentlichkeit wohlbekannten Patriarchen Emil Du Bois-Reymond und Rudolf Virchow, beide Schüler von Johannes Müller und Zentralfiguren des Aufschwungs der Berliner Medizin. Beide neigten in ihren späteren Jahren zum fachlichen Konservatismus und übten in jener Zeit in der Medizin keinen durchgehend vorwärtsweisenden Einfluß mehr aus. Du Bois-Reymond, einflußreicher Chef des Physiologischen Instituts der Universität, stand mit seinen wissenschaftlichen Überzeugungen der Entwicklung neuerer Strömungen der Physiologie im eigenen Hause entgegen, nutzte ihnen aber mit seinem großen Namen; zudem tendierte er, der die Physiologie als «organische Physik» auffaßte, eigentlich mehr zur Naturwissenschaft als zur Medizin und fand in der Akademie – hier wirkte er nahezu drei Jahrzehnte als Sekretar – ein ausgedehntes und fruchtbares Tätigkeitsfeld.

Virchow hingegen beherrschte, gestützt auf den nur langsam verblassenden Ruhm seiner Zellularpathologie, deren kreative Möglichkeiten sich erschöpften und deren konservative Züge allmählich in den Vordergrund traten, mit starker

Hand die gesamte Berliner Medizin, und neue Richtungen, die er nicht mochte, hatten es – wie etwa Kochs Bakteriologie – nicht leicht, sich gegen den allmächtigen «Medizinpapst» durchzusetzen. Die Berliner medizinische Wissenschaft und das Berliner praktische Gesundheitswesen verdankten Virchow auch in dieser Zeit vieles, doch ist es beeindruckend, wie auf der einen Seite die von Virchow mitbegründete Fortschrittspartei ihre Progressivität verlor und auf der anderen Seite mit fortschreitendem Alter sein fachliches Profil erstarrte und er die Kreativität durch Autorität ersetzte.

keen Aerjer, keen Kummer, 'ne scheene Wohnung un wat ieberhaupt so zu'n anständijet, jemiethlichet menschlichet Dasein jeheert. Un, seehste, Jacob, da liegt der Hund bejraben ... womit ick verbleibe erjebenst un mit ville Jrieße Dein treuer
Jotthilf Naucke
An'n Jörlitzer Bahnhof jleich links
Der Wahre Jacob, 1890, Nr. 114.

Vielerorts geschah Bemerkenswertes in der Berliner Medizin. In der Anatomie folgte dem Müller-Schüler Karl Bogislaus Reichert im Jahre 1883 Wilhelm Waldeyer-Hartz, der unter anderem bedeutende neuroanatomische Leistungen vollbrachte und die Termini «Chromosom» und «Neuron» einführte. Auf dem Gebiet der Inneren Medizin profilierte sich durch die Tätigkeit der berühmten Internisten Frerichs und Leyden am deutlichsten eine erste Gegenbewegung gegen das seinerzeit bedeutsame, aber einseitige Konzept der «physiologischen Klinik», das die Medizin strikt als angewandte Naturwissenschaft verstand. Darin zeigte sich der Gedanke der Einheit der gesamten Inneren Medizin ungeachtet ihrer fortschreitenden Differenzierung in Spezialfächer.

Dem 1870 verstorbenen Albrecht von Graefe folgte auf dem Lehrstuhl für Ophthalmologie dessen bedeutender Schüler Carl Schweigger. Großes auf dem Gebiet der Kinderheilkunde leisteten die Berliner Pädiater Eduard Henoch und Otto Heubner, für den 1894 das erste spezielle Ordinariat für Kinderheilkunde eingerichtet wurde. Auf Heubners unermüdlichen Einsatz ist es weitgehend zurückzuführen, daß die Pädiatrie im Kreis der älteren medizinischen Fachgebiete «salonfähig» und 1918 endlich zum Prüfungsfach erhoben wurde. In der Gynäkologie machten sich Eduard Martin, Carl Schröder und Adolf Gusserow einen Namen.

Paul Ehrlich
über Theodor von Frerichs:
Frerichs war hervorgegangen aus der Schule der reinen Physiologie und das Muster eines kritischen und bedeutsamen Mannes; seine wissenschaftliche Vergangenheit war groß. Einen idealeren Chef als ihn konnte man sich nicht denken. Er hatte das vollste Verständnis für wissenschaftliches Empfinden und Denken und pflegte immer zu sagen: «Die Wissenschaft ist ein Vogel, der nur im Freien singt; bei mir kann jeder arbeiten über das, wonach ihm sein Herz steht.»
Der Eid des Hippokrates. Ärzteerinnerungen aus vier Jahrhunderten, Berlin 1967, S. 569.

Die Pharmakologie, ein wichtiges Grenzgebiet der Medizin, durchlief in jener Zeit in Berlin den Übergang von der traditionellen beschreibenden Arzneikunde zur modernen, chemisch und biologisch fundierten Fachdisziplin.

Dieser Prozeß war entscheidend mit dem Wirken von Oskar Liebreich verbunden, der 1871 Karl Gustav Mitscherlich auf dem Lehrstuhl für Pharmakologie folgte. Liebreich fand 1869, daß das schon von Liebig dargestellte Chloralhydrat als Schlafmittel wirkt, und mit der Darstellung des reinen Wollfetts «Lanolin» im Jahre 1882 setzte er in der präparativen pharmakologischen Arbeit neue Maßstäbe. Nicht minder interessant ist die Energie, mit der er zu Werke ging, um seinem Fach Geltung zu verschaffen. 1871 beantragte Liebreich, da-

Berliner Medizin in den siebziger Jahren des 19. Jahrhunderts: Der erste große und konstituierende Aufschwung der neueren naturwissenschaftlichen Medizin, besonders soweit er die Grundlagenfächer betraf, war vollzogen. Die wesentliche Ergänzung, die Mikrobiologie, stand noch aus. Die Chirurgie bediente sich zwar seit Jahrzehnten der Narkose, aber die Antisepsis stak noch in den Kinderschuhen, an Asepsis war noch nicht zu denken, und damit hatte die Ära der großen Chirurgie noch nicht begonnen. Die konservativen Fächer nutzten zwar die Fortschritte der Naturwissenschaften zur Diagnostik, aber um die Therapie war es noch nicht gut bestellt. Der aktuellen Machtlosigkeit stand aber ein großer Optimismus gegenüber, der sich auf den Fortschritten der Naturwissenschaft und Technik begründete und der allgemeinen Zeitstimmung entsprach.
Peter Wolfgang Ruff: Die Hauptentwicklungslinien der Berliner Medizin zwischen 1870 und 1930. In: Berliner Wissenschaftshistorische Kolloquien IV: Die Berliner Medizin zwischen 1870 und 1930 als Ausgangspunkt weiterführender medizin-theoretischer Entwicklungen, Berlin 1982, S. 1.

mals noch Privatdozent für Arzneimittellehre und medizinische Chemie, ihm die Betreuung der im Hauptgebäude der Universität stationierten Drogensammlung zu übertragen. Das Husarenstück (denn er stellte diesen Antrag unter pflichtwidriger Umgehung der Fakultät direkt an den Kultusminister) glückte; so konnte er 1873 die Notwendigkeit eines eigenen Instituts begründen, erhielt auch prompt provisorische Räumlichkeiten in der Luisenstraße und setzte schließlich einen Institutsneubau durch, der 1883 abgeschlossen wurde. Wie Friedrich Jung treffend bemerkt, lassen die diesbezüglichen Akten erkennen, «daß es nicht nur wissenschaftlicher Leistung, sondern auch robusten Durchsetzungsvermögens und Mutes bedurfte, wenn man in Berlin etwas erreichen wollte».[36] Liebreichs Konzept der Pharmakologie – als Wissenschaft vom Zusammenhang der Wirkung der Arzneimittel mit ihrer chemischen Konstitution, ihrer chemischen Aufspaltung im Organismus und dem Nachweis der Zwischen- und Endprodukte in den einzelnen Organen und in den Ausscheidungen – war überaus modern und gilt in den Grundgedanken bis in unsere Zeit.

Selbst die flüchtigste Übersicht über die Berliner Medizin jener Zeit hätte eine unverzeihliche Lücke, wollten wir nicht noch einen kurzen Blick auf die Chirurgie werfen, traditionell eine weitgehend autonome Provinz im medizinischen Reich. Senior war Bernhard von Langenbeck, der seit 1848 der chirurgischen Universitätsklinik in der Ziegelstraße vorstand, als einer der prominentesten Chirurgen seiner Zeit galt und eine Schar von Schülern hatte, unter denen sich 16 spätere Ordinarien und Klinikchefs befanden. Eine weitere chirurgische Klinik bestand in der Charité, seit 1868 von Adolf von Bardeleben, dann ab 1895 von Franz König geleitet. Bardeleben war ein energischer Anwender des «Listerns», der von Lord Joseph Lister in den sechziger Jahren in der Wundchirurgie eingeführten Methode der Antisepsis. Bald ging man in Berlin den Schritt zur Asepsis, besonders gefördert von Ernst von Bergmann, dem berühmten Hirnchirurgen, der 1882 die Nachfolge Langenbecks antrat.

An Bergmanns Klinik war ein hochtalentierter Enthusiast der Asepsis tätig, der junge Arzt Curt Schimmelbusch, der Dampfsterilisatoren für Verbandstoffe und Instrumente und zweckmäßige Operationskleidung einführte und dessen Leben auf tragische Weise endete: Er starb mit 35 Jahren an einer Sepsis, die er sich bei seinen Versuchen zur Verbesserung der Asepsis zuzog.

Von Berlin gingen auch weitere Fortschritte der Anästhesie aus. Der Arzt Carl Ludwig Schleich erfand 1892 eine Methode örtlicher Betäubung (Infiltrationsanästhesie), stieß damit je-

Heinrich Adolf
von Bardeleben
Holzstich
nach einer Aufnahme um
1890
Bardeleben war 27 Jahre als Direktor der chirurgischen Klinik der Charité tätig gewesen. Während seiner gesamten Praxis als Chirurg hat er mehr als 30 000 Operationen ausgeführt. Seine Erfahrungen und Erkenntnisse veröffentlichte er in dem damals in hoher Auflage und in mehreren Übersetzungen erschienenen «Lehrbuch der Chirurgie und Operationslehre».

Emil Du Bois-Reymond
Aufnahme um 1885

doch zunächst auf allgemeinen Widerstand. 1899 gab der Chirurg August Bier die von ihm entwickelte Lumbalanästhesie bekannt. Antisepsis, Asepsis und Anästhesie waren die wichtigsten Mittel, die der Chirurgie damals einen stürmischen Aufschwung ermöglichten. Die Chirurgie drang in die Tiefen des Körpers vor; gegen Ende des Jahrhunderts wurden in Berlin durch Werner Körte, Karl Langenbeck, Eduard Sonnenburg und andere Pionierleistungen in der Chirurgie des Bauchraumes vollbracht.

Stellt man die Neugründungen und Neubauten in Berlin auf medizinischem Gebiet zwischen 1870 und 1900 zusammen, so erhält man eine imponierende Liste. Doch der Eindruck verliert an Glanz, zieht man den enormen Nachholebedarf in Betracht, der sich hier vor 1870 angestaut hatte.

Schlechter noch als um die medizinische Forschung, für die einige dringend benötigte Neubauten errichtet wurden, stand es um die medizinische Versorgung der Bevölkerung. So war es schon beschämend für ein so großes Gemeinwesen wie Berlin mit seiner wirtschaftlichen Prosperität, daß es bis 1874 kein städtisches Krankenhaus gab. Es gab nur die Charité, in deren unübersichtlichem Kompetenzdickicht sich militärische und zivile Instanzen recht und schlecht arrangierten, und einige konfessionelle Anstalten. Bei den nicht selten über Berlin hereinbrechenden Epidemien waren diese kärglichen Kapazitäten hoffnungslos überfordert. 1874 wurde endlich das städtische Allgemeine Krankenhaus im Friedrichshain eröffnet, mit 600 Betten in ein- und zweigeschossigen Pavillons, säuberlich differenziert in Ein- und Zweibettzimmer für finanzkräftige

Medizinische Gründungen
und Neubauten in Berlin
zwischen 1870 und 1900
(Auswahl)

1874
Allgemeines Krankenhaus
am Friedrichshain
1876
Kaiserliches Gesundheitsamt
1877
Neubau des Physiologischen
Instituts
1882
Neubau der chirurgischen
Klinik
1882
Bau der
Universitäts-Frauenklinik
in der Artilleriestraße
(heute Tucholskystraße)
1883
Bau des Pharmakologischen
Instituts der Universität
1888
3. Medizinische Klinik
1890
Urban-Krankenhaus
1891
Institut
für Infektionskrankheiten
1897
Institut für Untersuchung
mit Röntgenstrahlen

36 Friedrich Jung: Die Berliner Pharmakologie im Übergang zwischen Phänomenologie und Kausalanalyse. In: Berliner Wissenschaftshistorische Kolloquien IV: Die Berliner Medizin zwischen 1870 und 1930 als Ausgangspunkt weiterführender medizin-theoretischer Entwicklungen, Berlin 1982, S. 44.

Zur sozialen Situation der Medizin gegen Ende des 19. Jahrhunderts: Selbst die Medizin begann, sich den Zeitläuften anzupassen und, wenn auch sehr zögernd, von der neuen Chemie solche Geschenke wie die Anästhetika entgegenzunehmen. Auf Grund der Armut, der schlechten Wohnverhältnisse und ganz allgemein auf Grund der *laisser-faire*-Ökonomie war der Gesundheitszustand der Bevölkerung in den Industrieländern wahrscheinlich schlechter als jemals zuvor in der Geschichte! Verheerende Epidemien der asiatischen Cholera, die durch die neuen Verkehrserleichterungen eingeschleppt worden war, brachen immer wieder aus, bis schließlich ihre Bösartigkeit und die damit verbundene Gefahr für die Besitzenden selbst das Verständnis für die Notwendigkeit sanitärer Maßnahmen weckten.
J. D. Bernal: Die Wissenschaft in der Geschichte, Berlin 1967, S. 352/353.

Patienten und Säle zu je 38 Betten für die auf städtische Armenkosten einquartierten Kranken.[37] Erst 16 Jahre später folgte als zweites das Urban-Krankenhaus. «Sanitätswachen», eine Art Ambulanzen, wurden in einzelnen Revieren der Stadt ab 1872 – wesentlich auf der Basis privater Spenden – zögernd eingerichtet. Auch um die Jahrhundertwende war die medizinische Betreuung für die Arbeiterbevölkerung noch hochgradig unbefriedigend. Privatkliniken für Begüterte schossen hingegen wie die Pilze aus der Erde: 1873 waren es 11, um die Jahrhundertwende bereits 73.

Und dennoch geschah für die Medizin in diesen dreißig Jahren erheblich mehr als in jedem vergleichbaren Zeitraum zuvor. Wie war das möglich? Die bessere Kenntnis des Wesens der Infektionskrankheiten, untermauert durch die drastische Erfahrung einiger Epidemien (beispielsweise in Berlin die Choleraepidemie 1866 und die Pockenepidemie 1871), förderte nachdrücklich die Einsicht, daß sich die Gesundheit nicht so zuverlässig wie der materielle Wohlstand nach der Größe des Geldbeutels verteilen läßt. Dieser Umstand gab humanistisch orientierten bürgerlichen Gesundheits- und Sozialreformern einen gewissen Handlungsspielraum, und er eröffnete auch der Arbeiterbewegung Chancen, einige Forderungen auf diesem Gebiet durchzusetzen.

Arbeiten am Bau der Kanalisation
Aufnahme um 1885

Beginn der Bauarbeiten des Wasserwerks am Müggelsee (Friedrichshagen) Aufnahme um 1890

Der Bau neuer Wasserwerke für Berlin am Tegeler See (vollendet 1877) und am Müggelsee (vollendet 1893) war nicht nur durch die Zunahme des städtischen Wasserverbrauchs, sondern auch durch die notwendige Verbesserung der Filtration des Wassers bedingt. Die Bedeutung der Wasserfiltration wurde lange Zeit unterschätzt; man begnügte sich lediglich mit den praktischen Versuchen der Wassertechniker. Erst die bakteriologischen Untersuchungen Robert Kochs gaben genaue Kenntnis über die Vorgänge bei der Wasserfiltration. Die daraufhin veranlaßten Überprüfungen erbrachten den Nachweis, daß pathogene Bakterien den Filter durchwandern können. Eine Folge war, daß in Verbindung mit den schlechten hygienischen Wohnverhältnissen besonders in den Berliner Arbeitervierteln mehrfach Typhusepidemien auftraten.

In Berlin waren die Verhältnisse besorgniserregend; die mittlere Lebenserwartung lag hier erheblich unter der in anderen deutschen Städten und betrug bei Männern 24,3 Jahre (Durchschnitt des Reiches 45,2), bei Frauen 27,9 (50,3); etwa die Hälfte aller in Berlin geborenen Kinder starben.[38] Natürlich blieb es nicht verborgen, daß gerade die Arbeiterviertel Seuchenherde waren, und schon oberflächliche Studien enthüllten den Zusammenhang dieser Tatsache mit den jeder Beschreibung spottenden Zuständen in den überfüllten Wohnungen, den unsäglichen hygienischen Bedingungen. Also mußte etwas geschehen, zumal auch das an gesunden Rekruten interessierte Militär einen unbegrenzten Fortschritt der Massenverelendung nicht hinnehmen konnte. Das Impfgesetz von 1874 erklärte die Erst- und Zweitimpfung der Kinder gegen Pocken endlich für obligatorisch.

Der 1873 nach Plänen des Stadtbaumeisters James Hobrecht begonnene und 1911 vollendete Bau einer neuzeitlichen Ansprüchen genügenden Kanalisation in Gestalt eines unterirdischen Druckrohr-Radialsystems mit Rieselfeldern vor der Stadt brachte eine Umwälzung in einem entscheidenden Element der kommunalhygienischen Situation; er bedeutete auch die praktische Umsetzung medizinischer Einsichten, denn er stützte sich auf Empfehlungen von Virchow, der als Leiter einer schon 1859 von der Stadtverwaltung eingesetzten Studienkommission die entsprechenden Verhältnisse in England und Frankreich eingehend untersucht hatte.

Hygiene und Gesundheitswesen gehörten folgerichtig auch zu den Kampffeldern, denen sich die junge Berliner Arbeiterbewegung frühzeitig zuwandte und auf denen sie auch etwas erreichen konnte. Die im «Vorwärts» veröffentlichten Unter-

37 Siehe Annemarie Lange: Berlin zur Zeit Bebels und Bismarcks, S. 107.
38 Siehe ebenda, S. 562.

suchungsergebnisse der 1892 auf Initiative des sozialdemokratischen Arztes und Stadtverordneten Ignaz Zadek geschaffenen Arbeiter-Sanitäts-Commission[39] über die hygienischen Zustände in Mietshäusern und Fabriken erzwangen Beachtung. Als die Kommission 1893 gezielt Mißstände in der Charité anprangerte und zum Boykott aufrief, reagierten die zuständigen Regierungsstellen zwar nicht sofort – aber ein Jahr später erschienen Minister und höhere Staatsbeamte an Ort und Stelle, einiges wurde in der Tat verändert, und längst notwendige Neubauten wurden beschlossen.

Berliner Wissenschaftskaleidoskop

Vieles tat sich in den Jahrzehnten nach der Reichsgründung auf der Berliner Wissenschaftsszene. Nur weniges können wir zu näherer Betrachtung auswählen. Für alles andere bleibt nur noch die Methode des Kaleidoskops: Wir schauen hindurch auf das vielgestaltige wissenschaftliche Geschehen und greifen, fast wahllos, bald hier, bald dort ein Detail heraus. Nur die Vielzahl der Details läßt den Reichtum des Ganzen ahnen.

Doch unser Notbehelf, das Kaleidoskopverfahren, konfrontiert uns unversehens mit einem vieldiskutierten Charakterzug damaliger Wissenschaft, der machtvoll auseinanderstrebenden Differenzierung und Spezialisierung in mehr und mehr Gebiete, die mit der lebhaft erörterten Gefahr eines zunehmenden Übersichts- und Orientierungsverlustes verbunden war. Gewiß war das nur die eine Seite eines dialektischen Entwicklungsprozesses. Das notwendige Komplement eines solchen Vorgangs sind immer die großen Synthesen, die zuvor Getrenntes auf tiefer gegründeten Fundamenten vereinigen, und daran mangelte es auch in jenen Jahrzehnten nicht: Die Biologie befand sich zu jener Zeit mitten in der Rekonstruktion ihres Gebäudes nach darwinistischen Maßstäben, die Chemie gewann mit dem Periodensystem der Elemente und der organischen Strukturtheorie eine zuvor unerreichte Einheitlichkeit und Transparenz, James Clerk Maxwells Elektrodynamik löste das alte Rätsel der Einheit von Elektrizität, Magnetismus und Licht.

Doch wer hätte in einer Zeit, als Georg Wilhelm Friedrich Hegel in Deutschland ein «toter Hund» und die Dialektik verpönt war, die Tiefe Engelsscher Einsicht in den inneren Zusammenhang von Integration und Differenzierung der Erkenntnis erreichen können? An der Oberfläche jedenfalls herrschte das Moment der Differenzierung vor: Die Laufbahnen wurden vielfältiger, immer neue Gebiete setzten – oft in einem zähen und langwierigen Ringen – ihr Recht auf eigen-

Unaufhaltsam und, je näher dem Jahrhundertsende, um so rascher ist dieser Prozeß vorwärtsgeschritten. Immer von neuem erweitern, vertiefen, spalten sich die Einzelwissenschaften, und jedes neu sich abzweigende Fach, das die wachsende Erkenntnis aus den Abgründen der Forschung hervortreibt, sucht sich abzugrenzen und den ihm zusagenden Boden zu finden, auf dem es eigene Wurzeln schlagen und neue Sprossen entwickeln kann. Die philosophische Fakultät aber hat ihren Widerstand gegen diese Eigenkraft der Wissenschaft längst aufgegeben und eingesehen, daß hier nicht Zersplitterung und Verengung, sondern Entfaltung und die Fülle wachsender Erkenntnis am Werke sind.
Max Lenz:
Geschichte der Königlichen Friedrich-Wilhelms-Universität zu Berlin.
Zweiter Band, zweite Hälfte, Halle 1918, S. 365.

ständige Institutionalisierung durch. Die Gemeinde der Wissenschaftler schwankte in der Beurteilung dieses Phänomens. Den einen schien der Zauberschlüssel «Arbeitsteilung» im Reich der Erkenntnis ebenso zu passen wie in der Industrie. Die anderen fürchteten den unwiederbringlichen Verlust der oft im verklärenden Glanz des Rückblicks überhöhten Einheit der Wissenschaft. Die meisten aber erblickten einen Januskopf: Gewinn und Verlust zugleich.

Die «Lokomotiven» des Berliner Wissenschaftsfortschritts in diesen Jahrzehnten waren zweifellos die Naturwissenschaften, unter ihnen – ohne die biologischen Disziplinen gering zu achten – in erster Linie Physik und Chemie, und in Verbindung damit, aber sich mehr und mehr als selbständige Glieder des Wissenschaftssystems profilierend, die stürmisch aufstrebenden technischen Wissenschaften.

Doch auch in der Mathematik gediehen auf dem Berliner Pflaster exzellente Blüten. Im immer feineren Ausbau ihrer Grundlagen, in der immer präziseren Komposition ihres Gebäudes war sie längst den Diensten vorausgeeilt, die die zeitgenössische Naturwissenschaft rechtens von ihr fordern konnte, und arbeitete (ihr selbst, die nur an ihrem eigenen Bau zu wirken glaubte, unbewußt) bereits den Bedürfnissen der Naturwissenschaft des 20. Jahrhunderts vor. In den siebziger und achtziger Jahren war die Berliner Mathematik noch ganz von dem Dreigestirn Ernst Eduard Kummer, Karl Weierstraß und Leopold Kronecker geprägt und beherrscht vom Ideal der Weierstraßschen Strenge, die aus dem Gang des mathematischen Schließens jede noch so verborgene Anleihe bei Anschauung und Intuition radikal auszumerzen trachtete, dadurch die Kultur des mathematischen Denkens und die Leistungsfähigkeit der Mathematik bedeutend hob, zugleich aber die Grundlagen dieses Gebietes für einen Nichtfachmann, auch wenn er mathematisch begabt war, nahezu undurchdringlich werden ließ. Das methodisch und didaktisch vorbildliche Lehrprogramm der Mathematik, das die systematische Darlegung gesicherten Grundlagenwissens mit der Mitteilung neuester Forschungsergebnisse und einer speziellen Begabtenförderung im «Mathematischen Seminar» verband, zog viele Mathematiker und Mathematikstudenten nach Berlin.

Rückblickend schrieb Kronecker am 18. September 1891 an Cantor:
... die etwa 20 Jahre von 1856 bis nahe 1876, in denen wir drei, Kummer, Weierstraß und ich, des engsten und lebhaftesten wissenschaftlichen Verkehrs uns erfreuten, haben nicht bloss uns selbst, sondern auch vielen andern, die ab und zu an unserem Verkehr teilnahmen, reiche Früchte und den Segen wahrer geistiger Erbauung gebracht.
Jahresbericht der Deutschen Mathematiker-Vereinigung, Jg. 1, 1890/91, S. 24.

Die in Berlin kultivierte logische Strenge des mathematischen Stils trug unvermeidlich dazu bei, daß die Mathematik mit der Mengenlehre ein tiefer liegendes und tragfähigeres Fundament erhielt, aber um die Jahrhundertwende in diesem

39 Siehe Ruth Rüdiger: Die Tätigkeit der Arbeitersanitätskommission in Berlin (1892–1903). In: Beiträge zur Geschichte der Arbeiterbewegung, 1985, Heft 1, S. 94–103.

Kummer trug methodisch brillant in einem zweijährigen Kursus relativ abgeschlossene Gebiete der Mathematik vor, so etwa analytische Geometrie, Zahlentheorie und Mechanik. Weierstraß dagegen las über eigene neueste Forschungsergebnisse auf den Gebieten analytische und elliptische Funktionen, Abelsche Funktionen und Variationsrechnung. Zu Weierstraß kamen die Zuhörer aus aller Herren Länder, weil er gerade das brachte, was noch in keinem Lehrbuch und in keiner Fachzeitschrift stand. Kronecker trug in geistvollem, aber für Studierende oft zu schwierigem Stil über neueste Resultate aus der Theorie der algebraischen Gleichungen, der Zahlentheorie, der Theorie der Determinanten und Integrale vor.
Walter Purkert/ Hans Joachim Ilgauds: Georg Cantor, Leipzig 1985, S. 15.

Fundament jene logischen Schwierigkeiten aufgedeckt wurden, an denen sich der komplizierte und langwierige, in der Entfaltung konkurrierender Schulen aber ungemein fruchtbare mathematische Grundlagenstreit des frühen 20. Jahrhunderts entzündete. Georg Cantor, der an der Wiege der Mengenlehre stand, war ein Weierstraß-Schüler und studierte in den sechziger Jahren in Berlin, wo er nicht nur bei den Mathematikern, sondern auch bei den Physikern Heinrich Wilhelm Dove und Gustav Magnus und bei dem Philosophen Friedrich Adolf Trendelenburg hörte.

Die Hinwendung der Mathematik zu ihren eigenen Grundlagen, ihre verstärkte Orientierung auf sich selbst war lebensnotwendig, um ihre innere Einheit auf höherer Stufe zu erneuern.[40] Doch sie war nicht unproblematisch, weil nur mit großem Geschick die Balance zu den von Natur- und Technikwissenschaften ausgehenden Anwendungsforderungen gehalten werden konnte. In Berlin fiel das schwer. Die «heroische Zeit» des Dreigestirns war um 1880 vorüber. Die forcierte Orientierung auf Grundlagenprobleme, die auch von den Nachfolgern Lazarus Fuchs und Hermann Amandus Schwarz fortgesetzt wurde, ließ eine Kluft zwischen «reiner» und «angewandter» Mathematik entstehen, mit der man in Berlin nicht fertig wurde. So mußte die Berliner Universität ihre führende Position in der Mathematik an Göttingen abgeben, wo man es besser vermochte, eine fruchtbare Symbiose von Fundamentalität und Applikation zu finden.

Dabei ging der Druck auf eine zunehmende technische Anwendbarkeit der Mathematik nicht zuletzt von Berlin aus, wo an der Technischen Hochschule Reuleaux mit seiner theoretischen Kinematik versuchte, das Wissen von Struktur und Funktion der Maschinen ebenso wie die Operationen des Erfindens und Konstruierens axiomatisch-deduktiv zu gestalten. Reuleaux war einer der führenden Vertreter der technischen Mechanik und des wissenschaftlichen Maschinenwesens, der in Karlsruhe bei Jacob Ferdinand Redtenbacher, einem der Pioniere der mathematischen Durchdringung der Maschinenlehre, studiert hatte und nach praktischer Ingenieurtätigkeit und einigen Jahren wissenschaftlicher Arbeit an der hervorragenden Eidgenössischen Technischen Hochschule in Zürich 1864 als Professor für Maschinenlehre an das Berliner Gewerbeinstitut berufen worden war. Sein Ansatz war Ausdruck des Emanzipationsstrebens der Technikwissenschaften, hinter dem die neue Allianz von Industrie und Wissenschaft stand.

Folgerichtig wurde der Mathematik in der Ingenieurausbildung an technischen Hochschulen ein hoher Stellenwert beigemessen, und die Laufbahn manches bedeutenden deutschen Mathematikers in der zweiten Hälfte des 19. Jahrhunderts

Karl Weierstraß
Aufnahme um 1875

Franz Reuleaux
Holzstich nach
einer Aufnahme um 1880

führte über die Lehrtätigkeit an technischen Hochschulen und Polytechnika. Indes ließen sich die technikwissenschaftlichen Theorien jener Zeit nur um den Preis übermäßiger Idealisierungen der Gestalt deduktiver Systeme annähern. Das, wovon im Interesse der Eleganz und Strenge der Theorie abgesehen werden mußte, war für den praktisch tätigen Ingenieur unverzichtbar wichtig, beispielsweise die in Maschinen wirksamen Reibungskräfte, die bei längerem Betrieb auftretenden Verschleißerscheinungen usw.

Seitens der Mathematiker fanden die anwendungsorientierten Probleme, die mit dem Aufschwung der kapitalistischen Großindustrie und dem damit verbundenen Ausbau der experimentellen Seite des Maschinenwesens in Gestalt von großzügig ausgestatteten Maschinenlaboratorien an den technischen Hochschulen im letzten Drittel des 19. Jahrhunderts zunehmend auftraten, keine ausreichende Beachtung. So hatten sich die Konzeptionen der theoretischen Maschinenlehre zu weit von den Ansprüchen der konstruktiven Praxis entfernt, und die Kritiker, die der Ingenieurausbildung Theorieüberfrachtung, «maßlose Überschätzung mathematischer Methoden» und «unfruchtbaren Gelehrtengeist» vorwarfen, taten dies nicht ganz ohne Grund. Doch verschiedene Vertreter der Fraktion der «Praktiker» schossen dabei weit über das Ziel hinaus und übten eine im Grunde konservative und vulgäre Kritik.[41]

Der Ruhm von Weierstraß beruht auf seinen mit höchster Sorgfalt ausgeführten Schlußweisen, auf der «Weierstraßschen Strenge», die nicht nur in seiner Funktionstheorie zutage tritt, sondern auch in seiner Variationsrechnung. Er klärte die Begriffe des Minimums, der Funktion und der Ableitung völlig auf und beseitigte damit die noch vorhandene Unbestimmtheit der Ausdrucksweise in den grundlegenden Begriffen der Infinitesimalrechnung. Er war das mathematische Gewissen schlechthin, sowohl in methodischer als auch in logischer Beziehung. Ein anderes Beispiel seiner peinlich genauen Denkweise ist seine Entdeckung der gleichmäßigen Konvergenz. Mit Weierstraß begann jene Zurückführung der Prinzipien der Analysis auf die einfachsten arithmetischen Begriffe, die wir die Arithmetisierung der Mathematik nennen.
Dirk Jan Struik: Abriß der Geschichte der Mathematik, Berlin 1976, S. 168.

---

40 Siehe Peter Schreiber: Zur Umwälzung der Vorstellungen von Wesen und Inhalt der Mathematik zwischen 1871 und 1917. In: Beiträge zur Wissenschaftsgeschichte. Wissenschaft im kapitalistischen Europa, 1871–1917. Hrsg. von Günter Wendel, Berlin 1983, S. 105 ff.

41 Siehe Klaus Mauersberger: Die Herausbildung der technischen Mechanik und ihr Anteil bei der Verwissenschaftlichung des Maschinenwesens. In: Dresdener Beiträge zur Geschichte der Technikwissenschaften, Heft 2, Dresden 1980, S. 40.

Hermann von Helmholtz
Stahlstich. 1891

Jeder einzelne Forscher arbeitet an seinem Teile; er wählt sich diejenigen Aufgaben, denen er, vermöge seiner geistigen Anlage und seiner Bildung, am meisten gewachsen ist. Jeder einzelne muß aber wissen, daß er nur im Zusammenhang mit den anderen das große Werk weiter zu fördern imstande ist und daß er deshalb verpflichtet ist, die Ergebnisse seiner Arbeit den übrigen möglichst vollständig und leicht zugänglich zu machen. Dann wird er Unterstützung finden bei den anderen und wird ihnen wieder seine Unterstützung leihen können. Die Annalen der Wissenschaft sind reich an Beweisen solcher Wechselverhältnisse, die zwischen den scheinbar entlegensten Gebieten eingetreten sind.
Hermann von Helmholtz: Über das Verhältnis der Naturwissenschaften zur Gesamtheit der Wissenschaften. In: Hermann von Helmholtz: Philosophische Vorträge und Aufsätze. Hrsg. von Herbert Hörz/Siegfried Wollgast, Berlin 1971, S. 106.

Der wohl fanatischste Wortführer der unter dem Motto »Die Technischen Hochschulen den Technikern« agierenden «Antimathematikerbewegung» war Alois Riedler, der 1895 – damals in der Funktion des Rektors der TH Charlottenburg – schrieb: «Die gelehrte, unfruchtbare Theorie … fliegt … der wirklichen Welt aus den Augen, hinauf über die Wolken zu Abel und Riemann, wo die Theta-Funktionen verschwinden, wo der spezielle Begriff Dimension durch den allgemeinen Begriff Mannigfaltigkeit ersetzt wird und dann in einer Welt von 4 und mehr Mannigfaltigkeiten geturnt werden kann … allmächtig und unduldsam herrscht ein Unterrichtssystem, welches mit dem größten Aufwand von Mühe und Arbeit die geringsten Leistungen erzielt, und diese widersprechen den Forderungen unserer Zeit.»[42]

Zu dieser Zeit war der 66jährige Reuleaux ebenfalls Angehöriger des Lehrkörpers dieser Hochschule, doch 1896 zog er sich enttäuscht von seinem Lehramt zurück. Der sogenannte Methodenstreit in den Technikwissenschaften schlug insbesondere in Berlin hohe Wellen, denn hier war der wortgewaltige und nicht eben taktvolle Riedler ansässig, der seine sozialdarwinistischen Überzeugungen auch auf von ihm zur Durchsetzung der eigenen Ansichten gewählte Strategien anwandte. So geht es auf Riedler zurück, daß nach der Emeritierung von Reuleaux aus dem Lehrplan der TH Charlottenburg das Fach Kinematik gestrichen wurde.

Ungeachtet der vielfältigen Verzerrungen in dieser Debatte, die in den neunziger Jahren ihren Höhepunkt erreichte, ungeachtet der persönlichen Ressentiments, die in sie einflossen, führte sie doch zu einer Bereinigung der Situation und leitete einen beschleunigten Erkenntnisfortschritt auf dem Gebiet der angewandten Mathematik ein. Daß aus der Krisensituation eine fruchtbare Bewegung erwuchs, ist nicht zuletzt der geschickten Wissenschaftspolitik Althoffs zu danken, der – beide Seiten dämpfend – dem Positiven zum Erfolg verhalf und so das mathematische Niveau der Ingenieurausbildung an den technischen Hochschulen ungeschmälert zu erhalten, die Universitäten aber für Probleme der angewandten Mathematik zu öffnen vermochte.

Ein Gebiet besonderen Renommees der Berliner Wissenschaft war die Physik. 1871 wurde Hermann von Helmholtz – Max Lenz bezeichnet ihn als die «stolzeste Erwerbung» der Berliner Universität seit der Reichsgründung – zum Ordinarius berufen. «Helmholtz aber zog wieder Gustav Kirchhoff nach sich, also daß Berlin nun auch dies Dioskurenpaar besaß; vor dessen Glanz alle andern Namen am Horizonte der Naturwissenschaften verblaßten.»[43] Helmholtz setzte 1875 für Kirchhoff die Gründung eines Lehrstuhls für theoretische Physik – eine bedeutende Neuerung in der institutionell anerkannten innerphysikalischen Arbeitsteilung – durch und förderte auch nach Kirchhoffs Tod 1887 die Berufung des jungen Planck, mit der 1890 zugleich die Gründung eines kleinen Universitätsinstituts für theoretische Physik mit einer Bibliothek und einer besoldeten Assistentenstelle verknüpft war. Wie Hans-Jürgen Treder bemerkt, begann mit Helmholtz' Berufung eine etwa sechzigjährige Periode, in der «die allgemeine Geschichte der Physik aufs engste … mit der Geschichte der Berliner Physik» verbunden war.[44]

Unter allen Wissenschaften ist kaum eine, die in Richtung allseitiger Verwendbarkeit eine größere Bedeutung beanspruchen könnte, als die Mathematik. … Das wird anerkannt und von keiner Seite bestritten. Und doch beobachten wir im Gegensatze dazu einen merkwürdigen Widerspruch. … Der Praktiker ignoriert unsere Fortschritte und ist höchstens geneigt, einzelne paradox scheinende Folgerungen aus dem Zusammenhange herauszugreifen und dann einer nicht eben schonenden Kritik zu unterwerfen.
Felix Klein: Über die Beziehungen der neueren Mathematik zu den Anwendungen. Antrittsrede, gehalten am 25. Oktober 1880 in Leipzig. In: Zeitschrift für mathematischen und naturwissenschaftlichen Unterricht, 1895, H. 7, S. 535/536.

42 Zit. in: Walter Purkert: Zum Verhältnis von Mathematik und Anwendungen zwischen 1871 und 1917. In: Beiträge zur Wissenschaftsgeschichte. Wissenschaft im kapitalistischen Europa, S. 121.

43 Max Lenz: Geschichte der Königlichen Friedrich-Wilhelms-Universität zu Berlin. Zweiter Band, zweite Hälfte, Halle 1918, S. 355, 356.

44 Hans-Jürgen Treder: Zur Geschichte der Physik an der Berliner Akademie von 1870 bis 1930. In: Physiker über Physiker I. Wahlvorschläge zur Aufnahme von Physikern in die Berliner Akademie 1870 bis 1929 von Hermann von Helmholtz bis Erwin Schrödinger, Berlin 1975, S. 11.

Hermann von Helmholtz über den Sinn der wissenschaftlichen Arbeit:
Wir können aber nicht verkennen, daß, je mehr der einzelne gezwungen ist, das Feld seiner Arbeit zu verengen, desto mehr das geistige Bedürfnis sich ihm fühlbar machen muß, den Zusammenhang mit dem Ganzen nicht zu verlieren. Wo soll er die Kraft und die Freudigkeit für seine mühsame Arbeit hernehmen, wo die Zuversicht, daß das, woran er sich gemüht, nicht ungenützt vermodern, sondern einen dauernden Wert behalten werde, wenn er sich nicht die Überzeugung wach erhält, daß auch er einen Baustein geliefert hat zu dem großen Ganzen der Wissenschaft, welcher die vernunftlosen Mächte der Natur den sittlichen Zwekken der Menschheit dienstbar unterwerfen soll? Auf einen unmittelbaren praktischen Nutzen ist freilich bei den einzelnen Untersuchungen gewöhnlich im voraus nicht zu rechnen. Zwar haben die Naturwissenschaften das ganze Leben der modernen Menschheit durch die praktische Verwertung ihrer Ergebnisse umgestaltet. Aber in der Regel kommen diese Anwendungen bei Gelegenheiten zum Vorschein, wo man es am wenigsten vermutet hätte; ihnen nachzujagen führt gewöhnlich nicht zu irgendeinem Ziele, wenn man nicht schon ganz sichere nahe Anhaltspunkte dafür hat, so daß es sich nur noch um Beseitigung einzelner Hindernisse für die Ausführung handelt. Sieht man die Geschichte der wichtigsten Erfindungen durch, so sind sie entweder, namentlich in älterer Zeit, von

Dabei war der Start nicht einmal so glänzend. Zwar mußte die Universität einiges aufwenden, um den bereits namhaften Helmholtz – damals Professor in Heidelberg – für sich zu gewinnen: 4000 Taler Jahresgehalt und das Versprechen eines Institutsneubaus, doch er hat «nach seiner Berufung noch nahezu 8 Jahre in den beschränkten Räumen des Ostflügels (des Universitätsgebäudes Unter den Linden – *d. Verf.*) lehren und arbeiten müssen, wohin Laboratorium und Sammlungen überhaupt erst nach Magnus' Tode aus dessen Wohnung übergeführt waren, zugleich mit seiner kostbaren Bibliothek und den feinen Apparaten, welche der Hochherzige dem Institut, das ihm selbst vorenthalten war, hinterlassen hatte».[45] Schließlich mußten auch die Krämerseelen im Finanzministerium begreifen, daß im Zeitalter der expandierenden Elektroindustrie in der Physik systematisch und aufwendig experimentiert werden mußte, und so erhielt er 1879 sein Institutsgebäude am Reichstagsufer – weithin gerühmt als das schönste und modernste physikalische Institut in Deutschland, mit einem Jahresetat von 27000 Talern und drei, ab 1880 sogar vier bezahlten Assistentenstellen.

Heute mutet ein solches Physikinstitut zwergenhaft an, damals erschien es überaus großzügig, und in seinen Labors – hier arbeiteten stets bis zu 15 Praktikanten – wurden Arbeiten ausgeführt, die in die Physikgeschichte eingingen: Helmholtz' Schüler Eugen Goldstein experimentierte mit Kathoden- und Kanalstrahlen, der junge Heinrich Hertz empfing hier die Anregungen für seinen späteren experimentellen Nachweis der elektromagnetischen Wellen, Ludwig Boltzmann bestimmte die Dielektrizitätskonstanten von Gasen, und Albert Abraham Michelson kam aus den USA, um hier die Ätherhypothese experimentell zu prüfen.

Die Hochblüte der Berliner Physik, die Außenstehenden wie ein Wunder erschien, hatte ihre gut bestimmbaren Ursachen. Magnus, der sein Vermögen eingesetzt hatte, um der Physik an der Universität wenigstens eine bescheidene Arbeitsgrundlage zu schaffen, hatte in ungünstigen Zeiten die Saat gelegt, die nun, unter günstigeren Umständen, aufging. Sowohl Helmholtz als auch Kirchhoff waren seine Schüler. Zwei dieser Umstände sind wohl vor allem zu nennen. Da war einmal das lebhafte Interesse der elektrotechnischen Industrie an einem hohen Niveau physikalischer Forschung und Lehre in Berlin, persönlich vermittelt durch den vielseitigen Siemens. Noch aus der Frühzeit der Berliner Physikalischen Gesellschaft waren Siemens und Helmholtz befreundet, und 1884 wurde ihre Freundschaft sogar familiär besiegelt, als Helmholtz' Tochter Ellen den ältesten Siemens-Sohn Arnold heiratete. Zum anderen spielte es gewiß eine nicht zu unterschät-

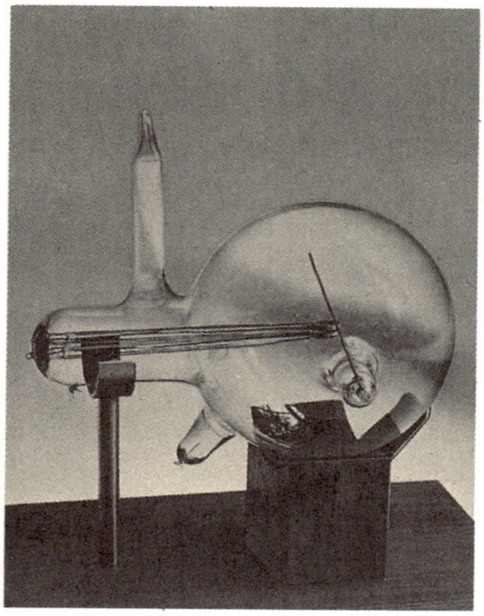

Eugen Goldstein
Aufnahme um 1920

Kanalstrahlröhre
von Eugen Goldstein
Aufnahme um 1978
Mit einer solchen Röhrenart entdeckte 1886 Goldstein die Kanalstrahlen. Diese erwiesen sich später als grundlegend für die Entdeckung der Isotope und damit für die Entwicklung der Atomphysik.

zende Rolle, daß in Berlin an besonders vielen Einrichtungen – jeweils unter verschiedenartigen Aspekten, eingebettet in unterschiedliche praktische und theoretische Aufgabenprofile – Physik betrieben wurde und diese differenten Sichtweisen über ein gut ausgebautes und bewegliches System der innerphysikalischen Kommunikation leicht miteinander in Kontakt kamen.

Doch das allein hätte wohl gute, aber wahrscheinlich nicht überragende Physik ergeben. Um aus den objektiven Bedingungen auch das Beste zu machen, bedurfte es einer ungewöhnlichen Persönlichkeit: sie stand mit Helmholtz in Berlin zur rechten Zeit zur Verfügung. Helmholtz wurde zur Vaterfigur der Berliner Physik, man nannte ihn den «Reichskanzler der Physik», so wie Virchow als «Medizinpapst» firmierte, nur daß Helmholtz in jener Zeit bedeutend inspirierender war als der alternde Pathologe. Übrigens war auch Helmholtz ausgebildeter Mediziner: in Heidelberg hatte er eine Physiologieprofessur inne. Helmholtz war ein universeller Kopf, seine Arbeitsgebiete reichten von der Medizintechnik (der berühmte Augenspiegel) und der Grundlegung der Geometrie über die theoretische Physik (die exakte Begründung des Energiegesetzes war eine seiner bekanntesten Leistungen) bis hin zu ausgesprochen philosophischen Themen. Er war überall originell, hatte Sinn für die Bedürfnisse der Technik und konnte Schüler begeistern. Unter Helmholtz' Leitung wurden bedeutende Arbeiten zur Elektrodynamik, zur allgemeinen Wärmelehre und chemischen Thermodynamik und auch zur Elektronenphysik ausgeführt.

Handwerkern und Arbeitern gemacht, die ihr ganzes Leben hindurch nur eine Arbeit trieben, und bald durch günstigen Zufall, bald durch hundertfältig wiederholte tastende Versuche einen neuen Vorteil in ihrem Geschäftsbetriebe fanden; oder sie sind – und zwar ist dies bei den neueren Erfindungen meist der Fall – Früchte der ausgebildeten wissenschaftlichen Kenntnis des betreffenden Gegenstandes, welche Kenntnis zunächst immer ohne direkte Aussicht auf möglichen Nutzen nur um der wissenschaftlichen Vollständigkeit der Gesamterkenntnis willen gewonnen war.
Hermann von Helmholtz: Über das Ziel und die Fortschritte der Naturwissenschaft. In: Hermann von Helmholtz: Philosophische Vorträge und Aufsätze, S. 156/157.

45 Max Lenz: Geschichte der Königlichen Friedrich-Wilhelms-Universität zu Berlin. Zweiter Band, zweite Hälfte, S. 369/370.

Als Baeyer das Ureid der Malonsäure zum ersten Male erhielt, suchte er für die schöne Substanz einen Namen. Heute verdienen Fabrikanten jährlich Millionen auf leichte Art an den Barbitursäuren und haben keine Ahnung vom Sinn dieses Namens. In seinem Kolleg erzählte Baeyer: «Ich liebte damals ein Fräulein Barbara. Und da habe ich meiner Harnstoffverbindung den Namen Barbitursäure gegeben.»
Was nicht in den Annalen steht. Hrsg. von Josef Hausen, Weinheim/Bergstr. 1958, S. 10.

Baeyer besaß ein feines Gefühl für Humor im niederdeutschen Sinn. Gern erzählte er gelegentlich, wie er eigentlich zum Studium der Chemie gelangt sei. Er habe sich zuerst für Mathematik und Physik entschieden, dann aber habe er sein Einjährig-Freiwilligen-Jahr bei einem Garderegiment in Berlin abgedient. Dabei sei er so verblödet, daß er das Gefühl gehabt habe, für jene Wissenschaften sei er zu dumm geworden, so sei nur noch Chemie übriggeblieben, «denn man sagte mir, da brauche man nur alle Vierteljahre einmal nachzudenken».
Was nicht in den Annalen steht, S. 11/12.

In der Chemie war Berlin mit Hofmann vor allem die Hochburg der Organiker. Das theoretische Fundament dafür – die klassische Strukturlehre der organischen Chemie und ihre nie ganz unumstrittene, aber doch akzeptable Ausdehnung auf den widerspenstigsten Fall, die aromatischen Verbindungen, durch August Kekulés Formel des Benzols (Benzens) – war schon in den fünfzehn Jahren vor 1870 geschaffen worden, nun ging die Entwicklung auf dieser tragfähigen Basis in die Breite. 1865 kannte man etwa 4000 organische Verbindungen, 1896 waren es bereits 60000.

Die entscheidende Triebfeder dieses Aufschwungs waren die Bedürfnisse der organisch-chemischen Industrie, die zunächst vor allem eine Vielzahl von Farbstoffen synthetisch herstellte, dann aber ihre Palette bald auf künstlich erzeugte Arzneimittel und andere Produkte organischer Synthese erweiterte. Am Anfang stand der erfolgreiche Versuch, die chemische Konstitution interessanter und kommerziell bedeutsamer Naturstoffe künstlich «nachzubauen»; hier wurden wichtige frühe Ergebnisse in Berlin erzielt – 1868 gelang Carl Graebe und Carl Liebermann die Alizarinsynthese, 1870 stellte Adolf von Baeyer den klassischen Naturfarbstoff Indigo künstlich dar, 1874 synthetisierte Ferdinand Tiemann das Vanillin. Die Ausarbeitung solcher Synthesewege zu technischen Verfahren begründete den beispiellosen Aufstieg der deutschen Teerfarbenindustrie. Bald wurde der «Nachbau» von Naturstoffen wirksam ergänzt durch die zielstrebige Synthese von Stoffen mit erwünschten, in der Natur nicht anzutreffenden Eigenschaften.

In den achtziger Jahren machte sich in der organischen Chemie die Tendenz zur Untersuchung biologisch wirksamer Stoffe verstärkt bemerkbar. Eine der ersten klassischen Grenz- oder Übergangswissenschaften, die Biochemie (oder mit der bis zur Jahrhundertwende bevorzugten Bezeichnung physiologische Chemie) war im Entstehen. Sie hatte ihre Wurzeln eher in der Medizin als in den zur Philosophischen Fakultät gehörigen chemischen Einrichtungen, aber ihre erfolgreiche Entwicklung setzte selbstverständlich einen hohen Stand der allgemeinen Theorie und Methodik der organischen Chemie voraus und wirkte auf diese zurück.

Die Berliner Medizinische Fakultät hatte in diesem Prozeß starke Positionen. Zwar wurde der erste Lehrstuhl für physiologische Chemie nicht hier errichtet, sondern 1872 an der nach der Annexion Elsaß-Lothringens unter maßgeblichem Einfluß Althoffs organisierten Universität Straßburg, aber Felix Hoppe-Seyler, der ihn erhielt und der 1877 als Fachorgan der werdenden Disziplin die «Zeitschrift für physiologische Chemie» begründete, war Chemie-Assistent am Pathologischen

Institut von Virchow gewesen. Die beiden wichtigsten Ursprünge der Biochemie in Berlin lagen bei den Chemie-Assistenten in diesem Institut – ab 1880 gab es hier ein selbständiges chemisches Laboratorium, dessen Vorstand Ernst Salkowski war – und in der chemischen Abteilung am Physiologischen Institut. Spätestens mit dem Hofmann-Nachfolger Emil Fischer, dem seine Eiweißuntersuchungen Weltruhm brachten, wurde sie aber auch am I. Chemischen Institut der Universität heimisch.

1879 gelang Albrecht Kossel – Schüler von Hoppe-Seyler und Vorstand der Chemischen Abteilung am Physiologischen Institut – die Isolierung des Nucleins aus Hefe. Sie bildete den Auftakt für seine umfangreichen Arbeiten über Nucleinsäuren, für die er 1910 – nun schon in Heidelberg – mit dem Nobelpreis ausgezeichnet wurde. Schließlich beendete zum Ausklang des Jahrhunderts Eduard Buchners epochemachende Entdeckung der zellfreien Gärung und des Gärungsferments Zymase den jahrzehntelangen Streit um die Frage, ob komplizierte biochemische Vorgänge auch außerhalb der lebenden Zelle ablaufen können, und machte außerdem die Unterscheidung zwischen Enzymen und Fermenten gegenstandslos.

Buchner hatte seit 1898 eine außerordentliche Professur für Chemie an der Berliner Landwirtschaftlichen Hochschule inne. Für seine Entdeckung erhielt er 1902 den Nobelpreis,

Saal der Färberei
bei Spindler
Zeichnung um 1883
1832 hatte der Färbermeister Johann Julius Wilhelm Spindler ein kleines Geschäft in der Burgstraße eröffnet. Infolge seiner geschickten Unternehmensführung und des Einsatzes von moderner Färbe- und Reinigungstechnik entwickelte er seine Fabriken zu einem bedeutenden Berliner Gewerbezweig. 1872 wurde mit dem Bau eines neuen Werkkomplexes an der Oberspree bei Köpenick begonnen, bei dem auch gewisse sozialhygienische Forderungen aus der Arbeiterschaft berücksichtigt wurden.

Einmal eilte in St. Blasien auf der Promenade Hermann Sudermann auf Fischer zu: «Wie bin ich glücklich, Exzellenz, Ihnen einmal meinen Dank ausdrücken zu können für Ihr wundervolles Schlafmittel Veronal. Sie haben mich gerettet. Ich brauche es nicht einmal einzunehmen, es genügt mir schon, es auf meinem Nachttisch liegen zu haben!» «Das ist ein merkwürdiges Zusammentreffen», antwortete Fischer freundlich. «Wenn ich schwer einschlafe, greife ich nämlich zu einem Ihrer Romane. Das wirkt unfehlbar, und es wirkt schon, wenn ich das schöne Buch auf meinem Nachttisch liegen sehe.» «Da ist der dumme Kerl davongelaufen», pflegte Fischer lachend hinzuzufügen, wenn er diese Geschichte erzählte. *Was nicht in den Annalen steht, S. 43.*

wurde jedoch nicht als Mitglied in die Berliner Akademie der Wissenschaften aufgenommen. Fischers «Untersuchungen über Aminosäuren, Polypeptide und Proteine» bildeten den Schlußpunkt dieser Entwicklung im 19. Jahrhundert, zugleich aber den Auftakt einer neuen Epoche der chemischen Entschlüsselung der Geheimnisse des Lebens, in der Engels' Prognose fachwissenschaftliche Wirklichkeit zu werden begann. 1902 sagte Fischer in seinem Nobel-Vortrag: «Trotzdem wird das chemische Rätsel des Lebens nicht gelöst werden, bevor die organische Chemie nicht ein anderes, noch schwierigeres Kapitel, die Eiweißstoffe, in gleicher Art wie die Kohlehydrate bewältigt hat. Es ist darum begreiflich, daß sich ihm das Interesse der organischen und physiologischen Chemiker in immer steigendem Maße zuwendet, und auch ich selbst bin seit Jahren damit beschäftigt.»[46]

Die mit industriellen Belangen einhergehende intensive Konzentration auf organische Chemie und organisch-chemische Technologie drängte die anorganische Chemie in Deutschland zeitweise so sehr in den Hintergrund, daß ihre Vertreter um einen angemessenen Platz an den Universitäten zu fürchten begannen und Forderungen nach der Einrichtung spezialisierter anorganischer Ordinariate stellten. In Berlin kam es hier nicht zu so temperamentvollen Kontroversen wie an mancher anderen Universität, denn es wurde bereits früh erkannt, daß die absolute Orientierung des Hofmannschen Instituts auf organische Chemie eines leistungsfähigen anorganischen Pendants bedurfte, zumal die Praktikumsplätze bei Hofmann bereits wenige Jahre nach Institutseröffnung teilweise überbelegt waren. So besetzte man 1874 nach zehnjähriger Vakanz das zweite chemische Ordinariat wieder und berief dafür von der Gewerbeakademie den bereits über sechzigjährigen Carl Friedrich Rammelsberg, einen bedeutenden Fachmann für analytische Chemie, der auch mit Leistungen in der Mineralogie, der Kristallographie und der chemischen Technologie hervorgetreten war und während seines langen Lebens ein Werk von rund 500 wissenschaftlichen Arbeiten schuf, darunter 14 Lehr- und Handbücher. Lange hatte Rammelsberg auf ein Universitätsordinariat gewartet. Nun erhielt er auch ein eigenes Institut – das II. Chemische Institut der Universität mit 30 Laborplätzen und einem Auditorium für 130 Hörer; dieses 1883 übergebene Institut befand sich in der Schlachtgasse (heute Bunsenstraße) und vervollständigte den ab 1873 errichteten großen Komplex der naturwissenschaftlichen Universitätsinstitute im Geviert Reichstagsufer – Neue Wilhelmstraße – Dorotheenstraße – Schlachtgasse. Doch auch hier überholte die Entwicklung der Chemie die kühnen Pläne: Bereits 1886 waren sämtliche Arbeitsplätze des

Instituts besetzt, und zahlreiche Anmeldungen von Studenten mußten zurückgewiesen werden. Es ist Rammelsbergs bleibendes Verdienst, daß die Beschäftigung mit Problemen der anorganischen, pharmazeutischen und technischen Chemie in Forschung und Lehre in Berlin stetig fortgesetzt wurde.

Als 1891 Hans Landolt – er war bereits seit 1880 an der Landwirtschaftlichen Hochschule in Berlin – Rammelsbergs Nachfolge antrat, waren die entscheidenden Ereignisse schon vor sich gegangen, in denen sich die Herausbildung der zweiten klassischen Grenzdisziplin, der physikalischen Chemie, manifestierte: 1887 wurde gleichsam die dreifache Geburtsurkunde des neuen Gebietes ausgestellt: die Verknüpfung der osmotischen Lösungstheorie von Jacobus Henricus van't Hoff mit der Theorie der elektrolytischen Dissoziation von Svante Arrhenius, die das Kontinuitätskonzept der Thermodynamik und das Konzept der chemischen Atomistik zueinander ins Verhältnis setzte; die Berufung von Wilhelm Ostwald als Ordinarius an das II. Chemische Institut der Universität Leipzig; schließlich die Begründung der «Zeitschrift für physikalische Chemie, Stöchiometrie und Verwandtschaftslehre» durch Ostwald und van't Hoff.

Peter Riess, der Berliner Physiker, definierte die Chemie als den «unreinlichen Teil der Physik». Seitdem ist als besondere Wissenschaft zwischen Physik und Chemie die physikalische Chemie hinzugetreten. Den Unterschied dieser nunmehr drei verwandten Gebiete charakterisierte Hans Landolt so:
«Der Physiker arbeitet nach guten Methoden mit schlechten Substanzen, der Chemiker arbeitet nach schlechten Methoden mit guten Substanzen, und der Physikochemiker arbeitet nach schlechten Methoden mit schlechten Substanzen.»
Was nicht in den Annalen steht, S. 63.

Daran hatte Berlin noch keinen Anteil. Um so kräftiger schaltete es sich in die weitere Entwicklung der jungen Disziplin ein, die auch als ein wirksamer Motor für einen neuen Aufschwung der anorganischen Chemie fungierte. Auch hier war es wieder die chemische Industrie, die die Herstellung einer immer größeren Anzahl von Produkten unter zunehmendem Konkurrenzdruck wirtschaftlich und damit auch verfahrenstechnisch zu optimieren trachtete und so die Entwicklung vorantrieb; denn die herkömmliche empirische chemische Technologie war zu schwach, um die verlangte Optimierung zu ermöglichen, und der Übergang zur theoretisch begründeten klassischen Prozeßverfahrenstechnik war nur vermittels der physikalischen Chemie zu erreichen.

Landolt hatte klassische Arbeiten im Grenzgebiet von organischer Chemie und Optik ausgeführt. Er hielt physikochemische Lehrveranstaltungen, und sein Assistent Hans Jahn las über Elektrochemie. Dennoch hatten es die Grundideen der neuen Physikochemie, insbesondere die Arrheniussche Theorie der elektrolytischen Dissoziation (Ionentheorie), nicht ganz leicht, sich in Berlin durchzusetzen, zumal auch Landolt kein «Ionier» war. Anerkannte Koryphäen wie Du Bois-Reymond und Fischer verhielten sich skeptisch. Wenn Landolt auch keinen Durchbruch in den theoretischen Überzeugungen bewirkte, so tat er doch faktisch nicht wenig für einen all-

Arrhenius über den Kampf um die Durchsetzung der Ionentheorie:
Es waren wirklich schreckliche Zeiten für die Gegner, «das wilde Heer der Ionier» (Horstmanns Ausdruck ...) stürmte herum auf dem großen Schlachtfeld der Chemie, und niemand vermochte ihnen Widerstand zu bieten.
Svante Arrhenius: Aus meiner Jugendzeit, Leipzig 1913, S. 16.

46 Siehe Emil Fischer: Synthesen in der Purin- und Zuckergruppe, Braunschweig 1903.

Emil Du Bois-Reymond zur Einführung von Hans Landolt als Mitglied der Akademie der Wissenschaften: Der wachsenden Bedeutung der Hauptstadt, in welcher neue Lehranstalten ins Leben gerufen werden, verdanken wir, daß die Akademie sich in Ihnen, Hr. Landolt, auch einen der seltenen Bearbeiter des Grenzgebietes von Chemie und Physik einverleiben konnte, denen Methoden und Betrachtungsweisen der Chemie so vertraut sind, wie in schwerer mathematischer Rüstung Optik und allgemeine Physik.
Physiker über Physiker II, Antrittsreden. Erwiderungen bei der Aufnahme von Physikern in die Berliner Akademie. Gedächtnisreden 1870 bis 1929, Berlin 1979, S. 129.

mählichen Sinneswandel: umfangreiche, äußerst sorgfältig ausgeführte Reihen physikochemischer Experimentaluntersuchungen bereicherten den Fundus verläßlicher Daten, und sein wohl mühsamstes Werk – die gemeinsam mit Richard Börnstein geschaffenen und zuerst 1883 publizierten «Physikalisch-chemischen Tabellen» – sind in überarbeiteter und komplettierter Gestalt noch heute in Gebrauch.

Gegen Ende des Jahrhunderts war der Klimawechsel unverkennbar. Der große Helmholtz, ein Befürworter der Physikochemie, der mit einer klassischen Arbeit zur chemischen Thermodynamik zu deren Pionieren zählte, setzte sich auch dafür ein, daß 1896 van't Hoff nach Berlin berufen wurde und die mit 10 000 Mark dotierte Akademie-Professur erhielt.

Verglichen mit dem für die Verhältnisse jener Zeit hohen Aufwand für die Chemie muten die Bedingungen, unter denen die Biologie in Berlin und anderswo sich entwickeln mußte, bescheiden an. Hier waren vorläufig keine nennenswerten industriellen Interessen im Spiel, die der Biologie eine politisch und wirtschaftlich starke Lobby verschafft hätten. Nichtsdestoweniger weist auch die Berliner Biologie jener Zeit vielfältige Aktivitäten und große Namen auf, die ihr – auch wenn sie einen mit der legendären Berliner Physik vergleichbaren Glanz nicht zu erreichen vermochte – doch gestatteten, auf der Höhe der Zeit zu bleiben. Der Sturm auf die Mikrostruktur der lebenden Materie, der mit der Zellenlehre begann, wurde mit immer wirksamerer Ausrüstung weitergeführt. Das geniale Konzept Darwins, das das gesamte biologische Wissen in historischer Dimension integrierte, stellte letzten Endes die Aufgabe, die Mikrostrukturen zu entschlüsseln, die für Vererbung und Variabilität der Organismen verantwortlich sind.

Der Anatom und Haeckel-Schüler Oskar Hertwig, der 1888 nach Berlin kam, betrieb an dem für ihn an der Medizinischen Fakultät eingerichteten anatomisch-biologischen Institut modernste Untersuchungen: experimentelle Zytologie, Chromosomenstudien, Entwicklungsphysiologie. Was hier begann, kam erst im neuen Jahrhundert voll zum Tragen.

Unbestreitbar war Berlin ein Zentrum klassisch-systematischer Botanik und Zoologie. Dabei vollzog sich, verbunden mit einer inhaltlichen Modernisierung, auch eine institutionelle Bereinigung und Differenzierung im Zusammenhang mit der Errichtung des Naturkundemuseums in der Invalidenstraße und dem Auszug der Sammlungen aus den Räumlichkeiten im Hauptgebäude der Universität, die für sie längst zu eng geworden waren.

Die Zoologie trug in Berlin ein belastendes Erbteil mit sich herum, das die Entwicklung eines modernen Forschungsstils

Oscar Hertwig
Aufnahme um 1895

behinderte. Die deskriptive Richtung (die sogenannte Balgzoologie) und die vergleichend-anatomische Richtung, die das Skelett- und Organsystem der Tiere untersuchte, waren in der Zoologie voneinander getrennt, entsprechend bestanden zwei Museen – das zoologische und das anatomisch-zootomische. Wilhelm Peters, der Direktor des ersteren, hätte gern die beiden Richtungen miteinander verknüpft, doch Reichert, der dem letzteren vorstand, war dagegen (beide waren übrigens Müller-Schüler); erst 1883, nachdem beide verstorben waren, kam es zur Vereinigung der Sammlungen «und damit zu der längst fälligen Zusammenführung der Arbeitsgrundlagen für eine groß angelegte zoologische Systematik, die auch den neuen *theoretischen* Anforderungen der *nachdarwinschen* Epoche gerecht werden konnte».[47]

---

47 Ilse Jahn: Zur Herausbildung biologischer Disziplinen an der Berliner Universität im 19. Jahrhundert, mit besonderer Berücksichtigung der Zoologie. In: Berliner Wissenschaftshistorische Kolloquien V: Zur Entwicklung der biologischen Disziplinen in Berlin, insbesondere an der Berliner Universität, Berlin 1982, S. 10.

Gedicht von Schwendener über das Botanische Institut der Berliner Universität: In Berlin am sandigen Ufer / Erhob sich ein stattliches Haus, / Man nannte es «alte Börse», / Da gingen wir ein und aus. / Denn oben im zweiten Stocke / stand offen ein Institut, / Wo manch' botanisches Thema / Gedieh bis zum Doktorhut. / Dort saßen noch Westermeier, / Ambronn und Zimmermann, / Dort war's, wo der seelige Krabbe / Die Forscherarbeit begann. / Zu ihnen gesellten sich Reinhardt, / Schultz, Bloch und Potonié, / Sie saßen an eichenen Tischen, / Die Fenster grüßten die Spree. / Auch Wille aus nordischem Reiche, / Und Tschiren vom Neißestrand / Dann Volkens, der Afrikaforscher, / Gehörten zum «Börsenverband». / Dicht neben dem «Camposanto» / Befand sich der Eingang zum Haus, / Dort streuten laubgrüne Bäume / Behaglichen Schatten aus. / So stehst du mir «alte Börse» / Noch treu und fest in dem Sinn, / Und bist von der Erde verschwunden, / Der Dom schaut über dich hin. / Doch blühend im Wandel der Dinge / Lebt weiter mein Institut, / Und begeistert zu hohem Streben / Viel jungfrisch Forscherblut.
Zit. in: E. Richter: Simon Schwendener (1829–1919) – Begründer der physiologischen Pflanzenanatomie. In: Gleditschia, Jg. 9, 1982, S. 340.

Die Museumsaufgaben wurden auch organisatorisch von der Lehre getrennt. 1884 wurde Franz Eilhard Schulze berufen, der das neue Zoologische Institut der Universität aufbauen sollte und der das kapitale vielbändige Werk «Die Tierwelt» herausgab. Neuer Direktor des Zoologischen Museums – nunmehr innerhalb des Museums für Naturkunde – wurde 1888 Karl Möbius. Eine ähnliche Differenzierung ging auch innerhalb der Botanik vor sich. Nach dem Tod Alexander Brauns wurde das Ordinariat für Botanik 1877 geteilt. Einer der neuen Ordinarien, August Wilhelm Eichler (bekannt durch die Darstellung von Blütendiagrammen), wurde Direktor des Botanischen Museums mit dem angeschlossenen Herbarium und außerdem auch noch Direktor des Königlichen Botanischen Gartens; der andere, Simon Schwendener, der die physiologische Pflanzenanatomie begründete und von dem über seinen Schüler Erwin Baur eine Entwicklungslinie zur modernen Genetik führte, wurde 1878 zum Ordentlichen Professor und zugleich zum Direktor des «Universitätsgartens» ernannt und mit der Gründung des Botanischen Instituts beauftragt[48], das zunächst in der – zwischen Nationalgalerie und Dom gelegenen – Alten Börse untergebracht war. Im Museum trat 1889 Adolf Engler an die Stelle von Eichler. Der große Systematiker war in gewissem Sinn das botanische Gegenstück zu Schulze, denn er edierte ab 1900 das unvollendete, 96 Bände umfassende Standardwerk «Das Pflanzenreich».

Die Vielfalt der biologischen Gebiete speziellen bzw. angewandten Profils, die zur Anerkennung drängten, können wir hier nicht einmal nennen. So begann auf breiter Front die systematische Arbeit auf dem Gebiet des Pflanzenschutzes. Pionier dieses praktisch überaus wichtigen Feldes war Albert Bernhard Frank, der 1881 an die Landwirtschaftliche Hochschule berufen wurde. Nachdem im gleichen Jahr die Internationale Reblauskonvention in Kraft getreten war, in der sich die Unterzeichnerstaaten verpflichteten, ihre Gesetzgebung so zu verbessern, daß ein koordiniertes Vorgehen gegen die Einschleppung und Verbreitung der Reblaus möglich wird, wurden dem Kaiserlichen Gesundheitsamt die technischen Arbeiten über Rebschädlinge übertragen. Bald erweiterte sich die Aufgabe auf den gesamten Pflanzenschutz, der in den Verantwortungsbereich der 1898 geschaffenen Biologischen Abteilung fiel. 1893 wurde die «Biologische Versuchs- und Fischerei-Station Müggelsee» gegründet, zu deren Kuratorium auch Schulze und Möbius gehörten.

Um auch ein «kleines» biologisches Fach mit seinen Emanzipationsbestrebungen zu nennen, erwähnen wir kurz die Dendrologie, die Wissenschaft von den Gehölzen, denn das Arboretum in Baumschulenweg zeigt noch Spuren dieser Ent-

wicklung. Theodor Koch, der sich fast zwei Jahrzehnte lang um eine Botanikprofessur an der Universität bemühte, ehe sie ihm gewährt wurde, war Bahnbrecher des neuen Gebietes, dessen Grundlagen von ihm um 1870 in dem dreibändigen Werk «Dendrologie, Bäume, Sträucher und Halbsträucher, welche in Mittel- und Nordeuropa im Freien kultiviert werden» niedergelegt worden waren. Der hinhaltende Widerstand galt weniger seiner Person als seinem Spezialgebiet, dem die arrivierten Berliner Botaniker nicht die Würde universitärer Selbständigkeit zuerkennen wollten.

Saal der Säugetiersammlung im Naturkundemuseum Aufnahme um 1906

48 Siehe Ekkehard Richter: Simon Schwendener (1828–1919) – Begründer der physiologischen Pflanzenanatomie. In: Gleditschia, Jg. 9, 1982, S. 329–351.

Man lege die Exekutive dieser Aufgabe in die sachkundigen und durch frühere Studien dazu am besten vorbereiteten Hände und eröffne nach erfolgter Fertigstellung die neue Schöpfung dem Publikum zum Genusse, zur Belehrung, zum pietätvollen Schutz, selbstredend unter den humansten Formen des zu gestaltenden Zutritts, nie vergessend, dass, wenn der Mann aus dem Volke ehrfurchtsvoll und mit Dankbarkeit die in langjähriger Gewöhnung ihm huldvoll geöffneten königlichen Parks betritt, er sich dagegen im dendrologischen Garten als Bürger und Mitbesitzer des Eigentums der Gesamtheit fühlen soll.
Carl Bolle: Ein Wort zu Gunsten des Dendrologischen Gartens. Zit. in: Ulrich Sucker: Zur Geschichte der Dendrologie und des Späthschen Arboretums in Berlin (1846-1945). In: Wissenschaftliche Zeitschrift der Humboldt-Universität zu Berlin. Mathematisch-Naturwissenschaftliche Reihe, 1980, Heft 3, S. 263/264.

Um ein nach wissenschaftlichen Gesichtspunkten angelegtes Arboretum focht er sein Leben lang vergeblich. Fast schien es, als würde sich sein Traum mit dem Aufbau des Treptower Parks verwirklichen, denn Gustav Meyer, Berlins erster Stadtgartendirektor, der den Friedrichshain, den Humboldthain und eben auch den Treptower Park konzipierte, war diesen Ideen gegenüber aufgeschlossen und nahm in den zweiten Plan für Treptow 1874 auch die Idee eines dendrologischen Gartens auf, den er in Verbindung mit der praktischen Baumschulenarbeit für sehr wichtig hielt. Doch Meyer starb bereits 1877, und der Plan wurde nicht ausgeführt.

Nach dem Tode von Koch 1879 gerieten die Dinge allerdings in rasche Bewegung. Der Botaniker Carl Bolle, ebenfalls ein Verfechter des Dendrologiekonzepts, errichtete auf der Insel Scharfenberg im Tegeler See ein privates Arboretum. Bei der Verlegung des Berliner Botanischen Gartens von Schöneberg nach Dahlem wurde auch die Gestaltung eines Arboretums beschlossen. Schließlich ließ Franz Späth, der Besitzer der renommierten Späthschen Baumschule, auf seinem Gelände ein Arboretum anlegen. Es war allerdings nicht nach den Bedürfnissen der Wissenschaftler, sondern nach kommerziellen Motiven strukturiert; der Kunde sollte einen Eindruck davon empfangen, wie die von ihm erworbenen Gehölze später in einer Parkanlage wirken könnten. Doch wenigstens in dieser gebrochenen Form und auf indirekte Weise traten Kochs Ideen ins Leben, denn Späth hatte für den Entwurf Gustav Meyer gewonnen; auch eine direkte Anregung Kochs an Späth ist nicht auszuschließen.

Wenn wir uns nun noch die Frage vorlegen, wie denn die größte biologische Idee der zweiten Hälfte des Jahrhunderts, der Darwinismus, in Berlin aufgenommen wurde, so können wir pauschal und mit einiger Vergröberung sagen: Die Fachleute stellten sich unspektakulär darauf ein, doch die heiklen weltanschaulichen Konsequenzen umging man oder versuchte sie sogar abzublocken. Eine seriöse fachliche Konsequenz war die Institutionalisierung der Paläobotanik mit der Berufung des Mineralogen und Geologen Christian Ernst Weiss als Dozenten an die Preußische Geologische Landesanstalt und Bergakademie. Besonders sein Nachfolger Henry Potonié, ein Botaniker, führte die geologische und die botanische Traditionslinie dieses Gebietes zusammen. Er ging über den engen Rahmen rein praktischer Aufgaben hinaus und bezog generelle Aspekte der Abstammungslehre ein, mit deren Autor Charles Darwin er auch korrespondierte.[49]

Eine unseriöse politische und ideologische Konsequenz waren Virchows haßerfüllte Tiraden gegen den Darwinismus. Freilich wußte auch der von ihm 1877 angegriffene Ernst

Haeckel nichts Besseres, als Virchows Unterstellung, er sei ein Bundesgenosse der Sozialdemokratie, scharf zurückzuweisen – so weit sollten nun selbst für Haeckel die Schlußfolgerungen aus der Entwicklungslehre nicht gehen. Doch das war nicht alles. Virchow schickte seine Rede über die Freiheit der Wissenschaft im modernen Staat 1877 an den Kultusminister Falk. Darin befand sich die famose Passage: «Wir können nicht lehren, wir können es nicht als eine Errungenschaft der Wissenschaft bezeichnen, daß der Mensch vom Affen oder von irgendeinem Tier abstamme ... Wir müssen daher den Schullehrern sagen, lehrt das nicht.» Virchow, der selbst im Reichstag die Einschränkung der Lehrfreiheit für die Darwinsche Evolutionstheorie forderte, durfte sich eine große Aktie daran zuschreiben, daß aus der ohnehin jämmerlichen «Naturkunde» der Volksschulen 1878 sicherheitshalber die Biologie gleich ganz gestrichen wurde.[50] Engels hatte genau ins Schwarze getroffen, als er im gleichen Jahr – wenige Wochen vor Erlaß des Sozialistengesetzes – an Pjotr Lawrowitsch Lawrow schrieb: «Sollte die Reaktion in Deutschland freie Bahn erhalten, so werden die Darwinisten nach den Sozialisten die ersten Opfer sein.»[51] 1882 wurde auch der Biologieunterricht an den höheren Klassen der deutschen Gymnasien abgeschafft und erst 1908 wieder eingeführt.

Mit diesem Ausblick wollen wir das Kaleidoskop stoppen. Wir konnten nicht einmal im flüchtigen Überblick komplett sein, doch wir fanden vielleicht hier und da typische Bilder, die sich mit einigen Modifikationen auch in den ungenannten Gebieten wiederfinden. Eines aber, am Beispiel der Biologie demonstriert, ist wohl das typische: Selbst hinter den allergrößten wissenschaftlichen Fortschritten verbarg sich in dieser Gesellschaft irgendwo der Pferdefuß der Reaktion.

Ein profitables Verhältnis – Wissenschaft und Industrie

Für die letzten drei Jahrhunderte nennt Bernal insgesamt nur sechs europäische Universitätsstädte, die gleichermaßen Zentren der Wissenschaft wie der Industrie waren: Glasgow, London, Kopenhagen, Petersburg, Moskau und – Berlin.[52] Auch hier wie anderswo waren es vor allem die beiden technologisch progressivsten Industriezweige jener Zeit – die chemische und

In Berlin vollzog sich die für eine ganze Reihe kapitalistischer Länder im letzten Drittel des 19. Jahrhunderts charakteristische schnelle Entwicklung der Produktivkräfte besonders eindrucksvoll. Sie war durch die Verbindung kapitalistischer Fabrikproduktion mit Verkehrs- und Nachrichtenwesen sowie Wissenschaft und Technik bestimmt und prägte sich intensiv in den neuen Industrien – Elektrotechnik, Chemie, Nahrungs- und Genußmittel – aus.
750 Jahre Berlin. Thesen, S. 32/33.

49 Siehe Ulrich Sucker: Zur Geschichte der Botanik in Berlin unter besonderer Berücksichtigung der Paläobotanik. In: Berliner Wissenschaftshistorische Kolloquien V, S. 21–23.
50 Siehe Annemarie Lange: Berlin zur Zeit Bebels und Bismarcks, S. 577/578.
51 Engels an Pjotr Lawrowitsch Lawrow, 10. August 1878. In: MEW, Bd. 34, S. 337.
52 Siehe J. D. Bernal: Die Wissenschaft in der Geschichte, Berlin 1967, S. 436.

Was immer man von diesen Verhältnissen halten mag, es läßt sich nicht leugnen, daß dieser Verquickung von Hochschule und Industrie, der heimlichen Ehe von Hochschullabor und Fabrik ... ein ungeheurer wirtschaftlicher Erfolg beschieden war, der wesentlich zu dem damaligen Aufstieg der Industrie beitrug.
Otto Krätz: Der Chemiker in den Gründerjahren. In: Der Chemiker im Wandel der Zeiten. Hrsg. von Eberhard Schmauderer, Weinheim 1973, S. 282.

die Elektroindustrie –, in denen die historisch neuartige Verflechtung mit der Wissenschaft erstmals erprobt und gefestigt wurde. Es war dies keine zufällige Liaison auf Ausnahmegebieten, sondern ein gesetzmäßiges Verhältnis, das sich auf einzelnen Gebieten zwar zuerst ausprägte, von dort aus aber, wie eine Kettenreaktion, schnell auf weitere Industrien und andere Disziplinen ausstrahlte. Zu den Bahnbrechern des wissenschaftlich-technischen Fortschritts wäre auch der Bereich der Feinmechanik und technischen Optik zu rechnen; hier allerdings hatte Berlin nicht die großen Trümpfe in der Hand, während es auf elektrotechnischem und chemischem Gebiet darüber reichlich verfügte.

Es mag wohl sein, daß die neuartige Verbindung von Naturwissenschaftlern und Industrieunternehmen anfangs noch Züge einer «heimlichen Ehe» trug, die sich vor den insbesondere an der Akademie des öfteren als traditionelle Pflichtübung zelebrierten Deklamationen der «reinen», zweckfreien Wissenschaft als nicht standesgemäß verbergen mußte. Doch die Wirksamkeit solcher Deklamationen, ihre moralische Verbindlichkeit für das Bewußtsein der Wissenschaftler jener Zeit sollte nicht zu hoch veranschlagt werden. Die Idee der «reinen» Wissenschaft hatte einen schillernden, zwischen wesentlich verschiedenartigen Bedeutungsnuancen schwankenden Inhalt. Da war einerseits gewiß das überlebte, rückwärtsgewandte Ideal einer von jeder praktischen Zweckbindung freien Wissenschaft; doch eine andere, mehr zeitgemäße Bedeutung bestand in der Forderung nach methodischer Strenge in der Forschung, die durch nichts, auch nicht durch die Bedürfnisse der Praxis, verwässert werden dürfe. Diese zweite Bedeutung war mit dem Engagement für den technischen Fortschritt nicht nur vereinbar, sondern verlieh diesem Engagement wissenschaftlichen, von der empiristischen Erfindertätigkeit abgehobenen Rang.

Der industrielle Aufschwung Preußen-Deutschlands und der ihm zugrunde liegende technische Fortschritt hatten in der öffentlichen Meinung einen so hohen, von der offiziellen chauvinistischen Propaganda noch ständig unterstrichenen Stellenwert, daß die Berliner Physiker und Chemiker mit dem, was sie für die Industrie taten, nicht hinter dem Berg halten mußten. Ihre Verbindungen mit der Industrie waren ihrem gesellschaftlichen Wesen nach selbstverständlich Beziehungen zwischen Wissenschaft und Kapital. Die wichtigsten elektrotechnischen und chemischen Unternehmen wurden mit wenigen Ausnahmen als Aktiengesellschaften gegründet oder «umgegründet». Eine ganze Reihe von befähigten Wissenschaftlern waren in Berlin Gründer, Besitzer, Mitbesitzer oder zumindest Aktieninhaber solcher Unternehmen. Männer

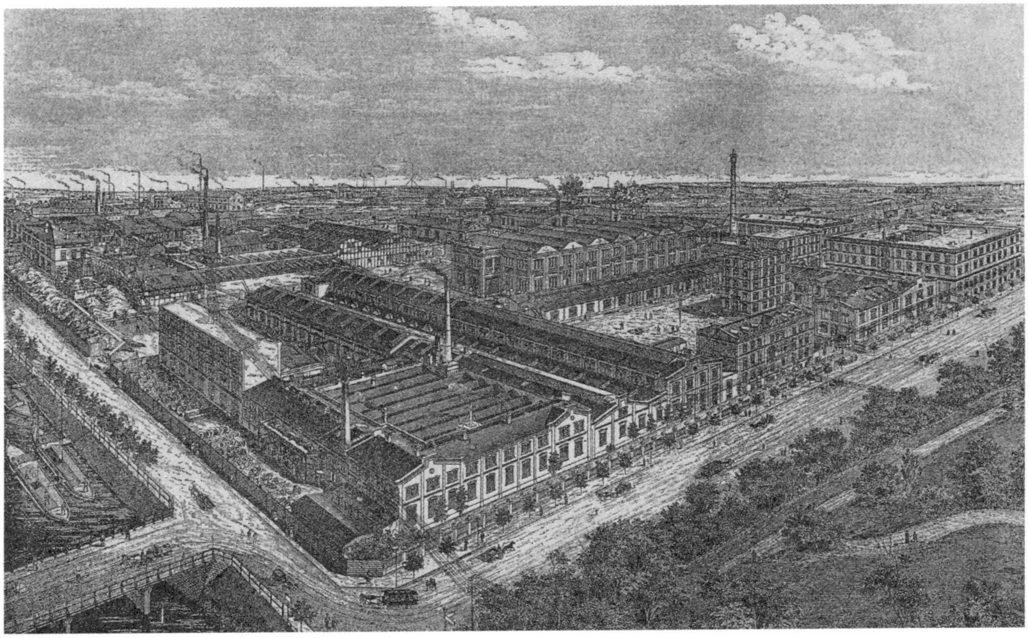

wie der Firmenchef Werner von Siemens, ein Physiker von Format und ein genialer Techniker, oder der Hofmann-Schüler Carl Alexander von Martius, Mitbegründer der Berliner Actien-Gesellschaft für Anilin-Fabrikation (Agfa), verkörperten gleichsam in eigener Person die neue Dreieinigkeit von Wissenschaft, Technik und Kapital.

Zweifellos hatte die Naturwissenschaft auch früher vielfältig auf die Technologie der industriellen und der landwirtschaftlichen Produktion Einfluß genommen. Diese Einflüsse waren jedoch zumeist sporadisch und partiell. Nun wurde der Zusammenschluß zwingend und systematisch, die Naturwissenschaft begann in ihrem Verhältnis zur materiellen Produktion mehr und mehr jenem Bild zu gleichen, das Marx mit ihrer Kennzeichnung als «unmittelbare Produktivkraft» vorausschauend von ihr gezeichnet hatte. Die Entwicklung der chemischen Industrie nahm dabei von der Umgestaltung älterer Gewerbe auf wissenschaftlicher Grundlage ihren Ausgang, während die Elektrotechnik von vornherein auf wissenschaftlichen Fundamenten entstanden war. Schon seit zwei Jahrzehnten bestand in Berlin das Unternehmen Siemens & Halske. Auf seinem Weg zur Weltfirma – mit familieneigenen Zweigunternehmen in London und Petersburg – meisterte es alle Gebiete der damaligen Schwachstromtechnik, zum Teil mit technischen Pionierleistungen, die Siemens oder seine engsten Mitarbeiter selbst ersannen. Siemens & Halske waren sogar

Industrieanlagen von Siemens & Halske in Charlottenburg
Holzstich nach einer Aufnahme von 1896

Die Geschichte der Elektrizität und des Magnetismus bietet das erste Beispiel in der Geschichte für die Umwandlung eines Systems rein wissenschaftlicher Experimente und Theorien in eine Großindustrie. Die Elektroindustrie ist notwendigerweise durch und durch wissenschaftlich. Dennoch bietet sie das wohl unwiderlegbarste Beispiel dafür, wie sich ein Zweig der wissenschaftlichen Forschung sehr schnell in einen Zweig der Technik verwandeln kann. ... Binnen fünfzig Jahren hatte die Elektrotechnik eine eigene Tradition und einen eigenen Berufskodex erworben.
J. D. Bernal: Die Wissenschaft in der Geschichte, Berlin 1967, S. 396, 397/399.

mit einer nahezu familieneigenen Bank versehen, denn Vetter Georg von Siemens stand der 1870 in Berlin gegründeten Deutschen Bank vor.[53] 1870 beschäftigte das Unternehmen bereits 351 Arbeiter und erreichte noch vor Ende des Jahrhunderts ein Kapital von 45 Millionen Mark.

Auf schwachstromtechnischem Gebiet waren Siemens & Halske beim Ausbau der Kabeltelegraphie engagiert, im Interesse der Eisenbahn und des Militärs vor allem, nach und nach aber auch im Interesse der Post, deren mit Siemens befreundeter energischer Chef Heinrich von Stephan mit Wirkung vom 1. Januar 1876 den Übergang der Telegraphie in Preußen aus der militärischen in die zivile Kompetenz durchsetzte. 1877 verband das erste deutsche Telegraphennetz die Reichshauptstadt Berlin mit den Garnisonsstädten Spandau, Mainz, Frankfurt a. Main, Kassel, Halle, Magdeburg, Hamburg und Kiel durch insgesamt 1477 km unterirdisch verlegte

Heinrich von Stephan
Aufnahme um 1880
In vielfacher Weise trat Stephan als Initiator und Organisator beim Ausbau und der Entwicklung des nationalen und internationalen Postwesens auf. Durch sein Bemühen wurden ein einheitliches nationales Postrecht und zahlreiche Post- und Telegraphenschulen geschaffen sowie der Weltpostverein und das Postmuseum in Berlin gegründet. Im technischen Bereich hat er sowohl die Telegraphen-Freiluftverkabelung als auch die sehr aufwendige unterirdische Kabelverlegung gefördert.

Fernsprechanschluß
Um 1882
Aufnahme um 1920
(nachgestellte Situation)

Kabel.[54] Bald kam auch die Telephonie hinzu, und wiederum war Stephan die treibende Kraft. Im Oktober 1877 ließ der deutsche Generalpostmeister die Funktionstüchtigkeit der Bellschen Telephonie von Berliner Beamten prüfen; bereits im November wurden die ersten «Fernsprecher» – so lautete ihre amtliche Bezeichnung – in Berliner Postämtern installiert.

Siemens & Halske erwarben die Nachbaugenehmigung für die Bellschen Apparate und schlossen durch Dumpingpreise jede Konkurrenz aus. Nun ging es rasch voran: 1879 gab es in den Postämtern 389 öffentliche Fernsprechstellen, und ein Jahr später wurde in der Französischen Straße das erste Berliner Fernsprechamt mit insgesamt 220 Anschlüssen eröffnet. Anschlußinhaber waren zunächst meist Banken, Zeitungen und größere Geschäfte; die Berliner selbst blieben noch zurückhaltend. Doch der «sprechende Draht» setzte sich durch – von den 89 000 Fernsprechanschlüssen, die es 1894 in Deutschland gab, waren bereits 23 000 in Berlin installiert.[55]

Aus dem Wahlvorschlag für Werner von Siemens zum Ordentlichen Mitglied der Preußischen Akademie der Wissenschaften zu Berlin:
Die großen Erfolge, welche Herr *Siemens* ... errang, und die seinen Namen in den weitesten Kreisen durch ganz Europa und halb Asien bekannt gemacht haben, verdankt er wesentlich dem wissenschaftlichen Geiste, mit dem er die technischen Fragen angegriffen hat. ...
Die Unterzeichneten glauben, daß ein Mann von so ungewöhnlichen wissenschaftlichen und technischen Leistungen, so tiefdringender Einsicht, so eigenthümlicher Erfindungskraft in hervorragendem Grade befähigt sei, die wissenschaftlichen Arbeiten der Klasse zu unterstützen und der Akademie Ehre zu machen.
Hagen
Helmholtz
Rieß
Poggendorff
E. Du Bois-Reymond
Physiker über Physiker I, Berlin 1975, S. 84, 86.

53 Siehe: Biographien bedeutender Physiker. Hrsg. von Wolfgang Schreier, Berlin 1984, S. 158–164.
54 Siehe Annemarie Lange: Berlin zur Zeit Bebels und Bismarcks, S. 274.
55 Siehe ebenda, S. 517.

An der Schwelle zum «elektrischen Zeitalter»: Alle Gespräche waren mit Elektrizität geladen. Wer sich ausschließen wollte, mußte sich wie auf einem Isolierschemel vorkommen. Wenn ich mich von einem Freunde verabschiedete, um ins Theater zu gehen, rief er mir nach: «Ich wünsche Ihnen angenehme Beleuchtung!» Und wenn auf dem Anhalter Bahnhofe die Züge nach München zur elektrischen Ausstellung abgelassen wurden, so ging es von Mund zu Mund: «Vergnügtes Glühlicht!»
... Ja man hat bereits angefangen, darüber nachzudenken, ob die Sonne nach dem System Edison oder nach dem System Siemens ihr tägliches Beleuchtungswerk reguliert. ... Phantasievolle Leute aber sehen schon die Zeit herannahen, da die letzte Gaslaterne als eine Merkwürdigkeit vergangener Jahrhunderte im Märkischen Museum gegen Eintrittsgeld gezeigt wird!
Blumenthal: Von der Bank der Spötter. Zit. in: Berliner Leben. 1870-1900. Hrsg. von Ruth Glatzer, Berlin 1963, S. 198, 199.

Der Auf- und Ausbau des Telegraphen- und Telephonnetzes ließ nicht nur die elektrotechnische Industrie aufblühen, sondern warf auch immer wieder neue wissenschaftliche und technische Fragen auf. Da waren die technischen Probleme der Verlegung und der dauerhaften Isolation der Kabel, die jeweils effektivsten Energieverteilungs- und Schaltungssysteme mußten gefunden werden, und schließlich galt es, die Qualität der Nachrichtenübermittlung und die Anzahl der in einer bestimmten Zeit übertragbaren Signale zu steigern. Siemens & Halske und insbesondere Siemens selbst widmeten sich diesen Fragen eingehend. Mit der Konstruktion seines Fehlersuchgerätes, der Entwicklung der Ruhestromtechnik, der Erfindung des Doppel-T-Ankers für Zeigertelegraphen (1856), der Konstruktion einer wirksamen Kabelbremse für Seekabelverlegungen hatte sich Siemens schon früh hohes Ansehen als technischer Physiker erworben. 1860 verlieh ihm die Berliner Universität die Ehrendoktorwürde, 1873 wählte ihn die Preußische Akademie der Wissenschaften als ersten Vertreter der Technik zu ihrem Ordentlichen Mitglied. Siemens und sein Unternehmen gestalteten in hohem Maße den Weg von der ersten Telegraphenleitung bis zum weltumspannenden Telegraphen- und Telephonnetz mit.

Während die Entwicklung der konventionellen Schwachstromtechnik noch auf vollen Touren lief, setzte mit der Einführung des Starkstroms in der Elektrotechnik schon wieder ein neuer «Innovationsschub» ein, der eng mit dem Monopolisierungsprozeß in dieser Branche verbunden war – und wiederum waren Siemens & Halske daran führend beteiligt. Das von Siemens 1867 gefundene dynamoelektrische Prinzip, die wohl folgenreichste aus der langen Liste seiner wissenschaftlich-technischen Leistungen, wurde durch den von dem bedeutenden Elektrotechniker Friedrich von Hefner-Alteneck, damals Mitarbeiter der Firma Siemens & Halske, 1873 erfundenen Trommelanker zur Stromerzeugung im Generator – der «Dynamomaschine» – technisch nutzbar.[56]

Der erste größere Einsatzbereich war die Umwälzung des Beleuchtungswesens, vorangetrieben durch einen scharfen Wettlauf zwischen der Glühlampe und der noch keineswegs am Ende ihrer Entwicklungsmöglichkeiten angelangten Gasbeleuchtung. Zur Ausnutzung der Edison-Patente war – unter Beteiligung von Siemens – 1883 die «Deutsche Edison-Gesellschaft für angewandte Elektricität» gegründet worden, und die aus dieser 1887 hervorgegangene «Allgemeine Elektricitäts-Gesellschaft» (AEG) wurde schnell zum zweiten Berliner Elektro-Imperium neben Siemens & Halske. Innerhalb von 14 Jahren erhöhte die AEG ihr Kapital von 5 auf 47 Millionen Mark und konnte bis zu 15 Prozent Dividende zahlen.

Verkabelungsarbeiten auf dem Dach der Telefonzentrale in der Oranienburger Straße Aufnahme um 1895

Manches war anders bei der AEG. Während Siemens & Halske stolz an der Form des Familienunternehmens festhielt, war die AEG ein typisches Kind des Finanzkapitals und war auch schon von außen als ein Konzern zu erkennen. AEG-Chef Emil Rathenau war ein fähiger Organisator, der, obgleich gelernter Ingenieur mit praktischen Erfahrungen, nicht wie Siemens die Firma mit eigenen Erfindungen speisen konnte. Nichtsdestoweniger entwickelten sich beide Firmen zu Monopolen, und so erbitterte Konkurrenzschlachten sie sich auch lieferten – sie waren doch, wie es im Monopolkapitalismus zu sein pflegt, durch mannigfache personelle Beziehungen verflochten und teilweise auch durch formelle Abmachungen verbunden. Auch die AEG gebar eine ganze Reihe von Tochterunternehmen, so die Berliner Elektrizitätswerke AG (BEWAG), Straßenbahngesellschaften, Kraftwerksunternehmen und elektrochemische Betriebe wie etwa die Elektrochemischen Werke AG (Berlin/Bitterfeld).

Die Rivalität von Siemens & Halske und AEG war wesentlich durch den stürmischen Aufschwung der Starkstromtechnik gekennzeichnet, deren Wirkungen das Leben der Berliner auf mehreren Gebieten berührten; entscheidend war dabei die prinzipielle Lösung des Problems der Elektrizitätsübertragung über weite Entfernungen durch die Erfindung des Drehstrommotors und die damit verbundene Einführung der Wechselstromtechnik Ende der achtziger Jahre (Nikola Tesla, Friedrich August Haselwander, Michail Ossipowitsch Doliwo-Do-

Aus der Einladung zur Gründungsversammlung des Berliner Elektrotechnischen Vereins: Die staunenswerten Fortschritte der Elektrotechnik und die wachsende Ausdehnung ihrer Anwendung haben den Wunsch nach einer dauernden Vereinigung der auf diesem Gebiete wissenschaftlich, gewerblich und verwaltend tätigen Kräfte angeregt.
Die ersten fünfundzwanzig Jahre des elektrotechnischen Vereins. Hrsg. von E. Naglo, Berlin 1904, S. 9. 46 der damals 182 Mitglieder der Berliner Physikalischen Gesellschaft traten gleichzeitig dem Elektrotechnischen Verein bei, der 1880 bereits 1504 Mitglieder hatte, davon 328 aus Berlin.

56 Siehe: Biographien bedeutender Techniker, Ingenieure und Technikwissenschaftler. Hrsg. von Gerhard Banse/Siegfried Wollgast, Berlin 1983, S. 284–289.

Über die ersten Versuche der 1882 gegründeten «Studiengesellschaft für elektrisches Glühlicht», dem Vorläufer der «Deutschen Edison-Gesellschaft für angewandte Elektricität», zur elektrischen Beleuchtung berichtete Felix Pinner:
Die Ressource (ein nobler Berliner Spielklub in der Schadowstraße) veranstaltete zur Feier der gelungenen Beleuchtung ein Bankett, das so etwas wie ein gesellschaftliches Ereignis für Berlin darstellte. Gerade während Hugo Pringsheim in einer schwungvollen Rede das neue Licht und den Schöpfer der Anlage, Emil Rathenau, feierte, verdüsterte sich allmählich, wie Rathenau später ausplauderte, das Licht, und der diensthabende Ingenieur meldete mit schreckensbleichem Gesicht, daß er die Anlage nicht halten könne. In der gehobenen Feststimmung bemerkte niemand das Verschwinden des Ehrengastes, der im Gesellschaftsanzuge die persönliche Führung der Anlage bis zum Morgen übernahm und mit zwei Ingenieuren durch eifriges Kühlen der Lager mit dem für die Sektkühler bestimmten Eis den Betrieb aufrechterhielt. Ein Verlöschen des Lichts an dieser sichtbaren Stelle wäre ein harter Schlag für das Schicksal der elektrischen Beleuchtung geworden und ein noch stärkerer für das Schicksal des in der Gründung befindlichen Unternehmens, dessen Aktien in kurzer Zeit herausgebracht werden sollten.
Felix Pinner: Emil Rathenau und das elektrische Zeitalter, Leipzig 1918, S. 95.

browolski). In allen drei Schwerpunkten der Starkstromtechnik – der verlustarmen Fernübertragung des Stromes, der Nutzung der Elektrizität als Antriebskraft und der Beleuchtungstechnik – behaupteten die beiden Berliner Konzerne internationale Spitzenpositionen.

Auf welche Weise das geschah, demonstriert anschaulich das folgende Beispiel. Der Gleichstrom, den die Dynamomaschine von Siemens erzeugte, ließ sich nur mit hohen, mit der Länge der Leitungen wachsenden Energieverlusten übertragen. Der Versorgungsradius eines Gleichstromkraftwerkes war so kaum größer als 2000 m. Wollte man die Übertragungsverluste durch Übergang zu höheren Spannungen senken, dann wurde der Umgang mit der Elektrizität für den Nutzer zu einem gefährlichen Risiko. Die Grenzen der unmittelbaren Kopplung Erzeuger–Verbraucher konnten nur durch den Einsatz von Wechselstrom überwunden werden, bei dem die Verwendung von Transformatoren eine einfache Spannungs- und Stromstärkewandlung erlaubte.

In den nun einsetzenden internationalen Wettlauf um das effektivste Wechselstromsystem schaltete sich auch der deutsche Ingenieur Haselwander ein. Ihm gelang eine komplette technische Prinziplösung – eine Anlage, bestehend aus einem Dreiphasenwechselstromgenerator («Drehstromgenerator»), Transformatoren für Erzeuger und Verbraucher und einem Drehstrommotor –, auf die er 1889 ein Patent erhielt. Naiv glaubte Haselwander, seine Erfindung selbst gewinnbringend auswerten und die Produktion seiner Aggregate in größeren Stückzahlen aufnehmen zu können. Doch hatte er die Rechnung ohne die AEG gemacht, deren «Patentjäger» sofort die unerwünschte Konkurrenz witterten. Die AEG zwang ihm einen langwierigen und kostspieligen Patentrechtsstreit auf, der mit der Streichung seiner Patente endete. Noch im selben Jahr knüpfte der mit der AEG verbundene russische Ingenieur Doliwo-Dobrowolski an Haselwanders Arbeiten an und verbesserte sie mit seinem «Käfigläufer» so entscheidend, daß noch heute die meisten Wechselstrommotoren nach seinem Prinzip gebaut werden.

Gegen Ende des Jahrhunderts nahm die Anzahl der Elektromotoren außerordentlich schnell zu: 1893 liefen in Berlin 217 Motoren mit einer Gesamtleistung von knapp 500 kW, 1898 fast 3000 mit insgesamt etwa 8000 kW. 1897 wurden im Kabelwerk der AEG in Berlin-Oberspree erstmalig Walzenstraßen mit Elektromotoren angetrieben.[57] Man nutzte die neuen Motoren als Antriebsaggregate für Werkzeugmaschinen unterschiedlichster Art, aber auch schon für elektrische Fahrstühle und Lastenaufzüge sowie als Antrieb für Fahrzeuge.

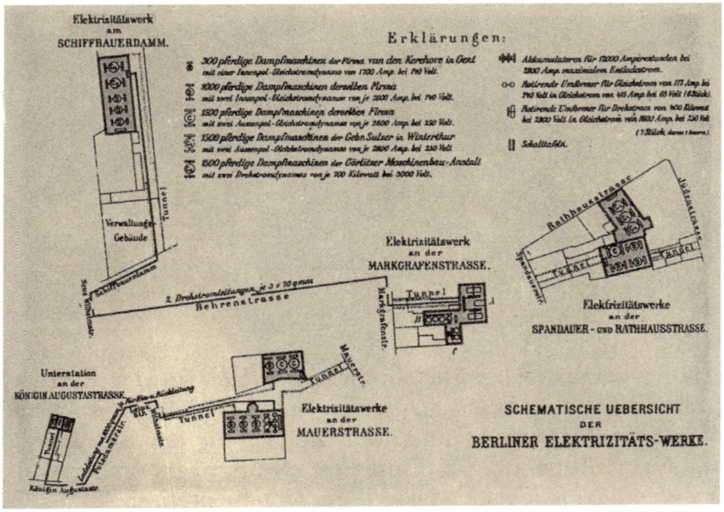

Lageplan der Berliner Elektrizitätswerke
Um 1895

Damit bahnte sich eine Umwälzung im städtischen Nahverkehr an. Die «Hafermotoren» der Pferdebahnen waren der Konkurrenz der Elektromotoren auf die Dauer nicht gewachsen. 1879 führten Siemens & Halske auf der Berliner Gewerbeausstellung in Moabit eine elektrische Bahn vor. Zwei Jahre später verkehrte die erste elektrische Straßenbahn vom Bahnhof Lichterfelde zur Lichterfelder Kadettenanstalt und bis zur Villenkolonie Seehof bei Teltow. Aus Anlaß der Berliner Gewerbeausstellung 1896 in Treptow wurde die erste elektrische Straßenbahnlinie im Stadtinneren eröffnet. 1896 begann nach einem Siemensschen Projekt der Bau der ersten Berliner U-Bahnstrecke, die dann 1902 in Betrieb genommen wurde. 1898 wurde ein Omnibus mit Akkumulatorantrieb getestet, und im März 1900 fuhren die ersten Oberleitungsbusse der Welt vom Stettiner zum Anhalter Bahnhof.

Ein weiteres wirtschaftlich wichtiges Anwendungsgebiet des Starkstroms war die elektrochemische Industrie, in der die AEG über ihre Tochtergesellschaft Elektrochemische Werke AG (Berlin/Bitterfeld) stark engagiert war und die schon in den neunziger Jahren zum größten Elektroenergieverbraucher avancierte. Auch Siemens & Halske waren im Geschäft: Bereits 1879 betrieben sie in der Hütte in Oker (Harz) eine umfangreiche elektrolytische Kupfer-Raffination, denn Kupfer wurde in großen Mengen für die Kabelherstellung benötigt.

Am Ende des hier betrachteten Zeitraums begann sich eine neue, aus der theoretisch-physikalischen Fundamentalfor-

Die Begeisterung für das «elektrische Zeitalter» und für «Elektrotechnik» hat sich seit etwa einem Jahre bedeutend abgekühlt, da Accumulatoren, elektrische (mechanische) Kraftübertragung, ja selbst die elektrische Beleuchtung den gehegten Erwartungen keineswegs entsprochen haben. Die Verwendung der Elektricität in der chemischen Industrie, an welche man zur Zeit der elektrischen Hochflut kaum gedacht hat, ist dagegen schon jetzt ungemein mannigfaltig und erfolgreich.
Ferdinand Fischer: Die Verwendung der Elektrizität in der chemischen Industrie II. In: Zeitschrift des VDI, Jg. 28, 1884, S. 574–577.

---

57 Siehe Siegfried Richter: Technik und Industrialisierung bis zum Ende des I. Weltkrieges. In: Burchard Brentjes/Siegfried Richter/Rolf Sonnemann: Geschichte der Technik, Leipzig 1978, S. 286.

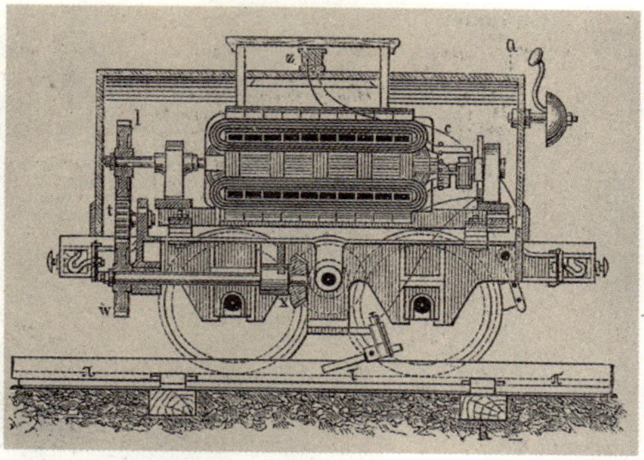

Die ersten elektrischen Glühlampen für die Berliner Straßenbeleuchtung
Um 1882
Am 13. Mai 1882 begann der Probebetrieb für die elektrische Straßenbeleuchtung. Der Aufbau der Versuchsstrecke in der Kochstraße wurde von Siemens & Halske durchgeführt. Damit begann der ökonomische und technische Konkurrenzkampf zwischen dem «Gaslicht» und dem «elektrischen Licht».

Lokomotive der ersten elektrischen Bahn (Konstruktionsschema, Längsschnitt)
Die Lokomotive bewegte drei je sechssitzige Personenwagen und erreichte mit einer Arbeitsleistung von etwa 3 PS eine Geschwindigkeit von 3 m/s. Das Gleis war aus zwei Grubenschienen (Spurbreite 0,50 m) und einer aus Flacheisen gebildeten Mittelschiene aufgebaut. Eine dynamo-elektrische Maschine, System Hefner-Alteneck, die durch eine Dampfmaschine in Betrieb gesetzt wurde, erzeugte den erforderlichen Strom. Er wurde in die Mittelschiene geleitet und versetzte dann die auf der Lokomotive befindliche dynamo-elektrische Maschine in Rotation.

schung herauswachsende «Innovationswelle» in der Elektrotechnik anzudeuten, die aber erst im 20. Jahrhundert praktisch wirksam wurde: die technische Beherrschung der Erzeugung, der Ausbreitung und des Empfangs elektromagnetischer Wellen, deren Möglichkeit Maxwell um 1860 theoretisch vorausgesagt und deren Existenz der Helmholtz-Schüler Heinrich Hertz 1887 experimentell nachgewiesen hatte. Hertz selbst war allerdings noch skeptisch, was die technische Auswertbarkeit seiner Entdeckung betraf; 1889 gab er auf die Anfrage eines Elektroingenieurs, ob man mit den neuen Wellen beispielsweise auch die Schwingungen des Telephons in die Ferne übertragen könne, eine verneinende Antwort.

Doch das politische, militärische und wirtschaftliche Interesse an einer drahtlosen Nachrichtenverbindung war viel zu groß, als daß es nun den technischen Erfindergeist nicht in höchstem Grade angestachelt hätte. Die Kabeltelegraphie hatte nicht nur alte Wünsche erfüllt, sondern auch neue geweckt. Schiffe, insbesondere Kriegsflotten, waren mit ihr nicht erreichbar, Sturmwarnungen konnten nicht empfangen, Hilferufe nicht abgesetzt werden. Im Kriegsfall war damit zu rechnen, daß durch Zerstörung der Kabelverbindungen Kolonialgebiete vom «Mutterland» abgeschnitten wurden. Darüber hinaus waren die Fernleitungen sehr störanfällig, bei Defekten schwer wieder instandzusetzen, und sie bildeten meistens den kostenaufwendigsten Posten einer Telegraphenlinie. Die Versuche der Techniker, die sich über die skeptischen Vorbehalte seitens der theoretischen Physik hinwegsetzten, führten letztlich zum Erfolg. Die überzeugendste Lösung fand Guglielmo Marconi: Er konnte für sein System – bestehend aus einem Funkeninduktor, dem 1890 von Edouard Branly erfundenen Kohärer und einer Antenne – Geldgeber interessieren und bei 1897 begonnenen Großversuchen die Reichweite der Übertragung schnell erhöhen, bis schließlich am 12. Dezember 1901 die funktelegraphische Überbrückung des Atlantik gelang.

In Deutschland beobachtete man diese Vorgänge sehr ge-

Die erste elektrische Bahn auf der Berliner Gewerbeausstellung Aufnahme 1879

nau und schaltete sich frühzeitig – bereits Ende 1897 – mit eigenen Kapazitäten in die Entwicklung ein. Anfang Dezember 1897 stellte K. Strecker vom Telegraphen-Technischen Reichsamt, zugleich Professor an der TH Charlottenburg, in einem Vortrag im Berliner Elektrotechnischen Verein die Marconische Funkentelegraphie vor; seitdem gehörte die drahtlose Telegraphie zu den regelmäßig im Verein behandelten Gegenständen. Adolph Slaby von der TH Charlottenburg konnte einigen Versuchen Marconis beiwohnen und nahm sofort eigene Experimente auf, die von der kaiserlich-deutschen Marine und dann auch von der AEG unterstützt wurden. Am 7. Oktober 1897 gelang eine Funkverbindung zwischen Schöneberg und Rangsdorf, im Sommer 1898 wurden bereits zwischen Berlin und Jüterbog Funksprüche gewechselt.[58]

Slabys Assistent Graf Georg von Arco begann 1898 mit entsprechenden Experimenten in dem gerade eröffneten Kabelwerk Oberspree (KWO) der AEG: In Ausnutzung der Patente Slabys entwickelte die AEG dann das System Slaby-Arco für die drahtlose Telegraphie. 1903 gründeten die AEG und Siemens & Halske gemeinsam die «Gesellschaft für drahtlose Telegraphie m. b. H., System Telefunken», deren erster Direktor Arco wurde. Sehr viel später äußerte sich einer, der es wissen mußte – Hans Bredow, Rundfunkpionier und langjähriger Telefunken-Direktor –, ganz offenherzig über die Hintergründe dieses Monopolisierungsprozesses: «Die AEG und Siemens & Halske hatten nach mehrjähriger Vorarbeit im Jahre 1903 die Telefunken-Gesellschaft ins Leben gerufen, um für Deutschland eine von ausländischen Patenten freie neue Militärtelegraphie und gleichzeitig ein neues Absatzgebiet für ihre Erzeugnisse zu schaffen.»[59] So weit hier auch zunächst Amateure vorprellten – der entscheidende Durchbruch der drahtlosen Telegraphie, Ausgangspunkt des folgenreichen Booms

58 Siehe: Biographien bedeutender Techniker, Ingenieure und Technikwissenschaftler, S. 300.
59 Hans Bredow: Im Banne der Ätherwellen, Bd. I, Stuttgart 1954, S. 255.

der elektronischen Massenkommunikationsmittel des 20. Jahrhunderts, erfolgte zweifellos auf wissenschaftlicher Grundlage. Ihre gesellschaftliche Durchsetzung war das Ergebnis des konzertierten Zusammenwirkens von Wissenschaft, Technik, Wirtschaft und Staat.

Siemens & Halske und AEG hatten, obwohl beide neueste wissenschaftlich-technische Entwicklungen profitabel nutzten, ein unterschiedliches Verhältnis zur Forschung und demonstrierten so gültige Varianten monopolkapitalistischen Einsatzes der Wissenschaft als unmittelbare Produktivkraft. Während Siemens & Halske in großem Umfang eigene Erfindungen – vom Gründer der Firma und bald auch schon von zur Mitarbeit herangezogenen Physikern und Technikern – auswerteten und seit 1871 ein spezielles Industrielaboratorium unterhielten[60], bestand die AEG-Strategie vorwiegend in der Auswertung fremder Patente. Lediglich Entwicklungsarbeiten zur Anpassung der Patente an die beabsichtigte Produktion wurden bei der AEG in kleinen Werkslaboratorien ausgeführt. Der erwähnte Forschungsauftrag zur drahtlosen Telegraphie war eine Ausnahme. So war es möglich, daß zwar Siemens & Halske an der Entwicklung der Metallfaden-Glühlampe beteiligt waren, aber von der AEG als dem größeren Glühlampenhersteller dazu keine nennenswerten Impulse ausgingen. Erst 1928 sah sich die AEG genötigt, auch ein eigenes Forschungslaboratorium zu eröffnen.

In Berlin trugen Siemens & Halske wesentlich zur Entwicklung der Tantal-Lampe bei. Die 1892 gegründete und eigentlich auf dem Gebiet der Gasbeleuchtung tätige, aber bald auch listig in das Geschäft mit der konkurrierenden elektrischen Beleuchtung eingestiegene «Auer-Gesellschaft AG» befaßte sich mit der Entwicklung der Osmium-Lampe, die 1901 in der Januarsitzung der Deutschen Gasglühlicht-Gesellschaft erstmals vorgeführt wurde. Die AEG beteiligte sich zwar an der Entwicklung der Wolframfadenlampe und später auch an der Entwicklung der gasgefüllten Glühlampe, blieb aber sonst in dieser Frage weitgehend passiv, obwohl sie ursprünglich gerade über den Beleuchtungssektor auf den elektrotechnischen Markt vorgestoßen war. Später vereinigten die AEG, Siemens & Halske und die Auer-Gesellschaft ihre Glühlampenfabriken zu der marktbeherrschenden Osram-Gesellschaft.

Eine ähnlich imponierende Liste technischer Neuerungen könnte aus der Berliner Chemieindustrie jener Zeit vorgestellt werden. Eine ganze Reihe von Unternehmen, die sich vorwiegend auf die Erzeugung von anorganischen Feinchemikalien, organischen Farbstoffen, Pharmazeutika und weiteren organischen Verbindungen spezialisiert hatten, waren mit ihren Produkten führend in der Welt; ihre speziellen Arbeitsgebiete gehörten zu den wissenschaftsintensivsten Branchen der chemischen Industrie. Jedes dieser Unternehmen verkörperte in seiner Entwicklung den typischen Weg vom Kleingewerbe zur Massenproduktion in Großbetrieben.

Bis in die sechziger Jahre hinein waren die wissenschaftlich-technischen Bedürfnisse einer chemischen Fabrik noch vollauf zu befriedigen, wenn der – meist als Chemiker ausgebildete – Besitzer seine Fachkenntnisse einsetzte und für die Lösung spezieller Fragen gelegentlich noch die Hilfe eines Universitätschemikers in Anspruch genommen wurde. Seit den siebziger Jahren war es dem einzelnen Chemiker kaum mehr möglich, auf sich allein gestellt eine kommerzielle Unternehmung zu gründen. Unter den Verhältnissen eines unbarmherzigen und durch die Patent- und Zolltarifgesetzgebung weiter angeheizten Konkurrenzdruckes war die chemische Industrie zur Vergrößerung ihrer Produktionsmaßstäbe und vor allem zum Übergang auf ein neues Rationalitäts- und Effektivitätsniveau ihrer Produktion gezwungen, das der Wissenschaft auf breiter Front Möglichkeiten technologischer Wirksamkeit eröffnete. Von den neunziger Jahren an hatte der Mittel- und Kleinbetrieb hier allenfalls noch eine Außenseiterchance.

In der kurzen Zeit bis zur Jahrhundertwende vollzog sich der Übergang zur Industrieforschung in betriebseigenen Forschungsstätten mit größeren Forscherteams. So wurde in der «Chemischen Fabrik auf Actien, vorm. Ernst Schering», die aus der «Grünen Apotheke» in der Chausseestraße hervorgegangen war und bereits seit 1864 ein technisches Laboratorium unterhielt, 1883 unter Leitung von Albrecht Schmidt, einem Schüler von Robert Bunsen und Rudolf Fittich, ein analytisches Kontrollaboratorium gegründet. Schmidt übernahm dann auch das sechs Jahre später auf Initiative von Hermann Finzelberg eingerichtete und ausschließlich mit Chemikern besetzte wissenschaftliche Laboratorium. Bereits ein Jahr darauf (1890) brachte das Unternehmen als erstes Produkt planmäßiger Forschung auf dem Gebiet der synthetischen Arzneimittel das «Piperazin» auf den Markt. In der Zeit um die Jahrhundertwende ging die Ausweitung und Spezialisierung der Forschungskapazität Hand in Hand mit einer entsprechenden Produktionsprofilierung. Bei den anderen führenden Chemieunternehmen Berlins verlief die Entwicklung ähnlich.

Die Chemische Fabrik C. A. F. Kahlbaum, die – einer Anregung Hofmanns folgend – seit 1872 Präparate für wissenschaftliche Laboratorien herstellte, beschäftigte im Jahre 1900 in ihrem Adlershofer Werk 250 Angestellte, darunter 10 Chemiker. Über 1 000 Laboratoriumspräparate machten den Namen Kahlbaum zu einem Qualitätsbegriff für reine Chemikalien und begründeten den Weltruf des Unternehmens. Nur die älteren Laboranten erinnerten sich noch an «die kahlbaumlose, die schreckliche Zeit», in der sie oft einfache Chemikalien für analytische Zwecke in langwierigen Prozeduren selbst herstellen mußten. Weitere bekannte Berliner Chemiefirmen waren die Chemische Fabrik Kunheim & Co. – 1827 als Kunheimsche Holzsäurefabrik gegründet und damit «dienstältestes» Chemieunternehmen in der Stadt –, die 1870 ihre Produktionsanlagen an die Oberspree nach Niederschöneweide verlegte (Werk «Kanne»), unter der Leitung von Hugo Kunheim (ab 1877) einen führenden Platz in der Ammo-

Nach Angaben von Ferdinand Fischer lag in den Jahren 1891 und 1892 das zahlenmäßige Verhältnis von Arbeitern zu akademisch ausgebildeten Chemikern in der anorganisch-chemischen Präparateindustrie und in der Industrie organischer Farbstoffe, Pharmazeutika und organisch-chemischer Präparate im Durchschnitt bei 28:1. Hingegen betrug es in der chemischen Großindustrie (Säuren- und Alkalienproduktion) nur 68:1, in der Kunstdünger- und Sprengstoffindustrie 60:1 und in den Schwelerei- und Erdöldestillationsbetrieben 85:1 – und selbst das waren damals schon internationale Spitzenwerte.
Siehe Ferdinand Fischer: Das Studium der technischen Chemie an den Universitäten und Technischen Hochschulen Deutschlands und das Chemiker-Examen, Braunschweig 1897, S. 38ff.

Piperazin ist eine zyklische organische Base von der Zusammensetzung $C_4H_{10}N_2$. Piperazin wird heute zur Herstellung zahlreicher Arzneimittel sowie in Form einiger Salze als Wurmbekämpfungsmittel (unter anderem Spul- und Madenwürmer) in der Veterinärmedizin verwendet.

60 Eine Übersicht wichtiger wissenschaftlich-technischer Arbeiten bei Siemens & Halske zwischen 1842 und 1883 ist enthalten in: Intensivierung der Forschung. Bedingungen – Faktoren – Probleme. Hrsg. von Günter Kröber/Lothar Läsker/Hubert Laitko, Berlin 1984, S. 113–117.

niakproduktion errang, die erste Druckverflüssigung von Kohlensäure mit Hilfe von stählernen explosionssicheren Zylinderflaschen mit Sicherheitsventil großtechnisch realisierte und 1897 bereits etwa 1000 Beschäftigte hatte; die von dem Hofmann-Schüler Paul Mendelssohn-Bartholdy, einem Sohn des bekannten Komponisten, 1867 gegründete Gesellschaft für Anilinfabrikationen in Rummelsburg, die 1873 mit der seit 1850 bestehenden Treptower Farbenfabrik von August Max Jordan am Schlesischen Tor zur Actien-Gesellschaft für Anilin-Fabrikation (mit der Eintragung des Warenzeichens ab 15. April 1897 offiziell «Agfa» genannt) fusionierte; die 1872 als Glykol-Destillationsbetrieb gegründete Charlottenburger Firma Jaffé & Darmstädter, die später als Vereinigte Chemische Werke Lanolin-Seifen und Cremes herstellte (Ludwig Darmstädter war übrigens auch sehr an der Geschichte der Chemie interessiert: Er legte eine einzigartige Autographensammlung berühmter Naturforscher an und übereignete sie 1907 der Preußischen Staatsbibliothek); die Firma Johann Daniel Riedel, die 1860 von Julius Rütgers in Erkner errichtete erste große Teerdestillation auf dem europäischen Festland, deren Leitung ab 1881 in den Händen des Hofmann-Schülers Gustav Kraemer lag.

Fischer über die Situation bei der Übernahme des früheren Instituts von Hofmann im Jahre 1892: Das nach Anordnungen von A. W. Hofmann erbaute chemische Laboratorium in der Georgenstraße ... galt in bezug auf Architektur und Fassade als Sehenswürdigkeit, war aber für chemische Zwecke recht unpraktisch gebaut. Überall fehlte es an Luft und Licht und ein großer Teil des bebauten Raumes bestand aus dunklen und unbenutzbaren Korridoren. Nur die beiden Hauptarbeitssäle im ersten Stock nach der Georgenstraße und das geräumige Privatlaboratorium konnten als normale Arbeitsräume angesehen werden. Dagegen war der große Vorlesungssaal so dunkel, daß selbst mittags von 11 bis 12 meist künstliche Beleuchtung angewandt werden mußte. Selbst die Heizung befand sich in einem traurigen Zustand, denn die dafür vorhandenen Torföfen funktionierten so schlecht, daß ein Teil der Studenten sich Privatgasöfen angeschafft hatte, die natürlich dem Institut durch den Gasverbrauch teuer zu stehen kamen.
Emil Fischer: Aus meinem Leben, Berlin 1922, S. 146.

Das Zusammenspiel von Wissenschaftlern und Industriellen war im Fall der Chemie vielleicht besonders ausgeprägt, doch es war kein Sonderfall und wurde immer mehr zur Norm, je weiter sich monopolkapitalistische Verhältnisse ausbreiteten. Das Großkapital setzte seine Interessen an der Wissenschaftsentwicklung auch gegenüber dem Staatsapparat organisiert durch, wobei der 1877 ins Leben gerufene Unternehmerverband «Verein zur Wahrung der Interessen der chemischen Industrie Deutschlands» eine exponierte Rolle spielte. Ein Beispiel: Dem Organiker Emil Fischer, der 1892 in Berlin die Nachfolge Hofmanns antrat, hatte Kultusminister Bosse einen Institutsneubau zugesagt. Als Fischer aber nun die ihm zur Inventarergänzung versprochenen 15000 Mark forderte, kam es zu einem heftigen Zusammenstoß mit Althoff, der ihm vorschlug, die notwendigen Anschaffungen aus eigener Tasche zu bezahlen, und es sah keineswegs danach aus, daß der Institutsneubau wirklich zustande käme. Nach diesem Vorgeplänkel wurden die schwereren Geschütze aufgefahren. Die Chemische Gesellschaft verfaßte Gutachten und Denkschriften, um Fischers Anliegen zu unterstützen. Der «Verein zur Wahrung der Interessen der chemischen Industrie Deutschlands» – zu deren Interessenkreis das neue Institut erklärtermaßen gehörte – gab sich gar nicht erst mit dem Kultusministerium ab, sondern richtete seine energische Eingabe gleich an das Finanzministerium;

Emil Fischer
in seinem Labor
Aufnahme um 1905

seine Repräsentanten hielten dem Finanzminister auch in persönlichen Gesprächen vor Augen, «daß gerade die Technik» – in solchen Kontexten war «die Technik» immer eine vornehme Umschreibung für das Großkapital – «an der Schaffung erstklassiger wissenschaftlicher Forschungs- und Lehrstätten das größte Interesse nehme».[61] So erhielt Fischer seinen ob seiner Modernität und Großzügigkeit allgemein bewunderten Institutskomplex in der Hessischen Straße, der noch heute einen Teil der Sektion Chemie der Humboldt-Universität beherbergt.

Die Wechselbeziehungen von Wissenschaft und Industrie formten sich allmählich zu einem ganzen System wechselwir-

R. Willstätter
über E. Fischer:
Es konnte im Laboratorium bei kraftvollen jungen Gelehrten vorkommen, daß sie unter Fischers autokratischem Wesen litten. Einmal besuchte ich Herrn und Frau Harries in der prächtigen Charlottenburger Villa, in der Werner von Siemens gelebt hatte. Im Arbeitszimmer fiel mir auf, daß ein großes Bild umgewendet hing, Bildseite nach der Wand. Erstaunt fragte ich den Hausherrn: «Hängen Sie dieses Bild verkehrt auf, um es zu schonen?» «Nein», antwortete er und drehte es um, «es ist Emil Fischer, ich bin böse auf ihn, und er hängt so zur Strafe.»
Was nicht in den Annalen steht, S. 56.

61 Zit. in: Kurt Hoesch: Emil Fischer – Sein Leben und sein Werk. In: Berichte der Deutschen Chemischen Gesellschaft, Jg. 54, 1921, S. 130.

kender Komponenten aus. Dazu gehörten die Personalunion von Industriellen und Wissenschaftlern, die Auftragsarbeiten von Hochschulwissenschaftlern für Industrieunternehmen, die ständige Beschäftigung von Wissenschaftlern in Betrieben, der Aufbau von Betriebslaboratorien und nicht zuletzt die Tätigkeit wissenschaftlicher und wissenschaftlich-technischer Gesellschaften, die flexible Möglichkeiten der gegenseitigen Information und des Kontakts zwischen Wissenschaftlern und Industriellen boten. Eine solche Mittlerrolle spielte schon seit längerem die Berliner Physikalische Gesellschaft, die 1880 bereits 185 Mitglieder zählte. 1866 hatte Siemens hier seine Dynamomaschine erstmals öffentlich vorgeführt.

Hofmann am 14. Dezember 1872 zu der Frage, ob die Chemische Gesellschaft «Berliner Chemische Gesellschaft» oder «Deutsche Chemische Gesellschaft» heißen sollte:
Jeder weiss, dass, wenn es sich um irgend eine geistige Bewegung handelt, *London* für *England* und *Paris* für *Frankreich* einsteht. In unserem Vaterlande liegen die Dinge anders. Wie gross immer die Bedeutung, welche die preussische Hauptstadt in Folge der politischen Ereignisse der letzten Jahre gewonnen hat, *Berlin* bedeutet nicht Deutschland und wird es niemals bedeuten. Berlin ist nicht mehr und nicht weniger als einer der vielen Mittelpunkte geistigen Lebens, welche unser Vaterland glücklicher Weise besitzt; aber es vereinigt sich in Berlin für das Gedeihen einer grossen, Chemiker aus allen Theilen Deutschlands umfassenden Gesellschaft eine Summe von Bedingungen, wie sie keine andere deutsche Stadt besitzt. Hätten wir uns die *Berliner chemische Gesellschaft* genannt, wir würden ein Berliner Localverein geworden und geblieben sein, welcher kümmerlich und ruhmlos sein Dasein gefristet hätte.
Berichte der Deutschen Chemischen Gesellschaft, Jg. 5, 1872, S. 1115.

Ende 1879 entstand auf Initiative von Siemens und Stephan der Berliner Elektrotechnische Verein, eine Vereinigung mit spezifisch wissenschaftlich-technischem Profil, die noch zielgerichteter auf die Bedürfnisse der Elektroindustrie orientiert war. Zahlreiche Physiker und Techniker gehörten beiden Gesellschaften zugleich an. Durch solche personellen Verflechtungen waren die verschiedenen Elemente des wissenschaftlichen Lebens auf bewegliche und unkomplizierte Art miteinander verbunden und fügten sich zu einem kreativen und innovationsfreudigen Wissenschaft-Technik-Komplex zusammen, der auf dem Gebiet der Elektrotechnik gegen Ende des 19. Jahrhunderts einzigartig in der Welt war.

Nicht weniger wirksam war die auf einer Versammlung von etwa 100 Vertretern aus Lehre, Forschung und Industrie am 11. November 1867 im damaligen Berliner Gewerbe-Museum in der Georgenstraße 7 (dieses Gebäude wurde später für den S-Bahn-Bau abgerissen) gegründete Deutsche Chemische Gesellschaft zu Berlin (ab 1877 kurz Deutsche Chemische Gesellschaft). Seit jenem denkwürdigen Abend hatten die deutschen Chemiker nun endlich eine Vereinigung, vergleichbar mit der «Societé Chimique de Paris» (1857) oder mit der «Chemical Society of London» (1841), die «nicht nur die Interessen ihrer Mitglieder, sondern auch die Fortschritte der Wissenschaft im Allgemeinen wesentlich gefördert»[62] hatte.

Hofmann, der diese Worte sprach, urteilte aus genauer Kenntnis der Sache: 1861 war er selbst gewählter Präsident der Chemical Society gewesen, war vor kurzem aus England nach Deutschland zurückgekehrt und führte auf jener Berliner Versammlung den Vorsitz. Das Londoner Beispiel wurde gründliche ausgewertet; für die projektierte deutsche Chemikervereinigung hatten Hofmanns Schüler Martius und Hermann Wichelhaus ein von diesem Vorbild geprägtes Statut entworfen. Wichtigstes Ziel der Gesellschaft sollte es danach sein, «den Vertretern der speculativen und der angewandten Chemie Gelegenheit zum gegenseitigen Ideenaustausche zu geben, um auf diese Weise die Allianz zwischen Wissenschaft und Industrie aufs Neue zu besiegeln».[63]

Hofmann wurde zum ersten Präsidenten gewählt. Der Gesellschaft waren ein erfolgreicher Start und ein anhaltend intensives wissenschaftliches Leben beschieden: Die Anzahl der Mitglieder – am Anfang 257 – stieg in den vier Jahren bis 1872 auf mehr als das Dreifache, in den ersten 25 Jahren fanden 500 wissenschaftliche Kolloquien statt, in den «Berichten der Deutschen Chemischen Gesellschaft» (von den Chemikern kurz «Berichte» genannt) erschienen bis zu Hofmanns Tod im Jahre 1892 nicht weniger als 277 von ihm allein und weitere 622 von ihm gemeinsam mit seinen Schülern und Mitarbeitern verfaßte Abhandlungen.

Mitgliedschaft und Vorstand waren so zusammengesetzt, daß das Zusammenwirken von Wissenschaft und Industrie auf ganz natürliche Weise zum Lebenselement der Gesellschaft wurde. Schon zu den Gründungsmitgliedern zählten neben Hofmann, Baeyer, Martius und Wichelhaus unter anderem seitens der Wissenschaft Heinrich Buff, Du Bois-Reymond, Graebe, Liebermann, Liebreich, Magnus, Alexander Mitscherlich, Adolf Pinner, Rammelsberg, Gustav Rose, Friedrich Rüdorff, Carl Scheibler und Eugen Sell, seitens der chemischen Industrie Theodor Goldschmidt, Wilhelm Kahlbaum, Louis und Hugo Kunheim und Ernst Schering. Und es war kein Zufall, daß zwar immer – gewissermaßen als Aushängeschild – ein bekannter Hochschulchemiker zum Präsidenten gewählt wurde, die Schatzmeister in diesem Zeitabschnitt aber stets führende Vertreter der chemischen Industrie waren. Zunächst hatte diesen Posten der Unternehmenschef Schering inne, dann löste ihn Julius Friedrich Holtz ab, Vorstands- und Aufsichtsratsmitglied der «Chemischen Fabrik auf Actien, vorm. E. Schering» und Mitbegründer und langjähriger Präsident des «Vereins zur Wahrung der Interessen der chemischen Industrie Deutschlands».

Auf Holtz geht übrigens auch die Einführung der gewerblichen Unfallversicherung und die damit zusammenhängende Gründung der Berufsgenossenschaft der chemischen Industrie im Jahre 1885 zurück, nachdem er schon 1876 bei der Schering-AG eine Betriebskrankenkasse als freie Hilfskasse eingerichtet hatte. 1886 gründete er die Beamten- und Arbeiterpensionskasse der «Chemischen Fabrik auf Actien, vorm. E. Schering» als eine der ersten derartigen Einrichtungen Berlins.

Die Deutsche Chemische Gesellschaft beschränkte sich keineswegs auf «wissenschaftliches Leben» im herkömmlichen

Die Präsidenten
der Deutschen Chemischen Gesellschaft
in den Jahren 1867 bis 1900:

August Wilhelm von Hofmann (14mal)
1867/68, 1869, 1872, 1873, 1875, 1876, 1879, 1882, 1883, 1885, 1887, 1888, 1890, 1894

Adolf von Baeyer (3mal)
1871, 1881, 1893

Emil Erlenmeyer
1884

Emil Fischer (2mal)
1894, 1895

August Kekulé (3mal)
1878, 1886, 1891

Hermann Kopp
1880

Hans Landolt (2mal)
1896, 1899

Carl Liebermann
1898

Victor Meyer
1897

Carl Friedrich Rammelsberg (2mal)
1870, 1874

Jacob Volhard
1900

Johannes Wislicenus
1889

Friedrich Wöhler
1877

62 Constituirende Versammlung vom 11. November 1867. In: Berichte der Deutschen Chemischen Gesellschaft, Jg. 1, 1867/68, S. 2.
63 Ebenda, S. 3.

Aus der Petition des Vorstandes der Chemischen Gesellschaft an Bismarck 1867:
Die Gesellschaft fühlt sich zu einem solchen Schritte berechtigt, ja verpflichtet, weil die Regelung des Patentwesens in den Staaten des Norddeutschen Bundes die Interessen ihrer Mitglieder in hohem Grade berührt, von denen viele unter den mannigfachsten Verhältnissen, als Naturforscher oder Techniker, als Industrielle oder Kaufleute, im In- und Auslande Gelegenheit gehabt haben, Erfahrungen über die Wirkungen verschiedenster Patentgesetzgebungen zu sammeln. Aufgrund dieser vielseitigen Erfahrungen erachtet die Gesellschaft die Erteilung von Erfindungspatenten als eine im wohlverstandenen Interesse der Gesamtheit liegende Maßregel, indem sie darin einen mächtigen Hebel für die wissenschaftliche Forschung, die Entwicklung der Industrie, somit für die Förderung des nationalen Wohlstandes erblickt.
Berichte der Deutschen Chemischen Gesellschaft, Jg. 7, 1874, S. 837.

Sinn, sondern begann sich schon bald nach ihrer Gründung auch auf wissenschafts- und wirtschaftspolitischem Gebiet kräftig zu regen. Bereits 1869 forderte der Vorstand in einer Petition an Bismarck, damals noch Kanzler des Norddeutschen Bundes, eine einheitliche Regelung des Patentwesens in Deutschland; bis dahin hatte es nur einzelstaatliche Regelungen gegeben: Nachdem mit der Reichsverfassung vom 14. April ein Patentgesetz versprochen worden war, warben die «Berichte der Deutschen Chemischen Gesellschaft», die regelmäßig Mitteilungen über chemische Patente anderer Länder veröffentlichten, für den Beitritt zu dem 1874 auf Anregung von Siemens gegründeten Deutschen Patentschutz-Verein. Im Beitrittsaufruf dieses Vereins hieß es, «dass diese Gesetzgebung als Ziel und Inhalt in erster Linie die Förderung der Industrie und nicht das einseitige Erfinderrecht im Auge haben und letzteres nur soweit schützen muss, als es nöthig ist, um den Fortschritt lebendig zu erhalten und die neuen Ideen der heimischen Industrie vorzugsweise, oder doch gleichzeitig mit der anderer Länder zuzuführen».[64]

Als der Regierungsentwurf zum Patentgesetz endlich erschienen war, setzte die Gesellschaft eine besondere Kommission ein, die den Entwurf kritisch prüfte und dem Reichstag Änderungsvorschläge unterbreitete. Diese Vorschläge fanden Berücksichtigung im Patentgesetz vom 25. Mai 1877, das nicht, wie ursprünglich vorgesehen, das chemische Produkt, sondern das chemische Verfahren patentrechtlich schützte. Damit wurde, wie Werner Sombart drastisch schrieb, das Erfinden endgültig «aus einer gelegentlich geübten dilettantischen Beschäftigung geistvoller Pfarrer und ingeniöser Barbiere zu der berufsmäßigen Tätigkeit gelehrter Fachmänner».[65] Der einzelne Erfinder blieb nach dieser Gesetzesvorschrift auf der Strecke, wenn er nicht finanzkräftig genug war, sein neues Produkt auch verfahrenstechnisch gegen den sofort einsetzenden Konkurrenzdruck mit Gewinn zu realisieren. Ihm blieb meist keine andere Wahl, als sich und seine Erfindung auf Gedeih und Verderb einem kapitalkräftigen Unternehmen auszuliefern – denn in der Regel war es nur eine Frage der Zeit, bis in den gut ausgestatteten und mit erstklassigen Fachleuten besetzten Laboratorien der chemischen Industrie andere Wege zur Herstellung des gleichen Produkts gefunden wurden, wenn dieses kommerziell interessant erschien.

Aber das Patentgesetz beförderte zugleich den wissenschaftlich-technischen Fortschritt, indem es zur Suche nach immer neuen, bis dahin patentrechtlich noch nicht geschützten Verfahren anregte: In dieser Hinsicht unterlag die chemische Industrie keinerlei Beschränkungen. Solche Forschungen führten aber ihrerseits oft auch zu neuen Stoffen und Stoffklassen, für die dann wiederum der effektivste – konkurrenzfähigste und gewinnträchtigste – Produktionsweg gefunden werden mußte. Das Patentgesetz von 1877 war ein ausgeprägtes Instrument der Monopolisierung. Es bevorzugte von vornherein die finanz- und investitionskräftigsten Unternehmen, deren Belange die Deutsche Chemische Gesellschaft auf ihrem Gebiet bereitwillig unterstützte.

Natürlich verstand sich die Gesellschaft zugleich als «Standesvertretung» der Chemiker, und die Repräsentanten der Industrie gingen – im wohlverstandenen Eigeninteresse an einem Klima, das verwertbaren wissenschaftlichen Höchstleistungen günstig ist – meist bereitwillig auf solche Forderungen ein, mochte es nun um die Unterstützung literarischer Unternehmungen, um Laboratoriums- und Institutsneubauten oder auch um Etaterhöhungen für nichtkommerzielle wissenschaftliche Institutionen gehen. Das war um so wichtiger, als die preußische Regierung meist nicht gerade schnell bei der Hand war, wenn es galt, den Wissenschaftlern der Universitäten und Hochschulen bessere – und teurere – Forschungs- und Lehrbedingungen zu schaffen.

Mit dem Prestige seiner Naturwissenschaft und seiner wissenschaftsintensiven Produktion, aber auch mit der Wirksamkeit überregionaler Institutionen wie der erwähnten Gesellschaften oder des Patentamtes förderte Berlin den Zusammenschluß von Wissenschaft und kapitalistischer Produktion in Deutschland und wuchs so allmählich in die Ausübung wissenschaftspolitischer Hauptstadtfunktionen im Maßstab des Reiches hinein.

Das war nicht von Anfang an unbestritten. So wäre die Gründung des Vereins zur Wahrung der Interessen der chemischen Industrie Deutschlands 1877 beinahe gescheitert, weil die rheinischen und süddeutschen Chemieindustriellen an dem in ihren Augen ungerechtfertigten Berliner Übergewicht im vorgesehenen Vorstand Anstoß nahmen. In den achtziger Jahren aber hatten sich die hauptstädtischen Ansprüche schon weitgehend durchgesetzt. Nun galt es als ausgemacht, daß man zumindest einen ständigen Generalvertreter in der Reichshauptstadt haben mußte, wollte man sich nicht selbst ins Abseits stellen. So berichtete der stellvertretende Vorsitzende des Deutschen Apotheker-Vereins Wimmel 1887, man sei sich darüber einig, «daß ein schneidiger Vertreter unserer Interessen bei den Behörden und in der Presse durchaus erforderlich sei, daß eine Vereinfachung in der Geschäftsführung allmählich herbeigeführt und daß für alle diese Angele-

Carl Duisberg über den Wandel des Verhältnisses von Universität und chemischer Industrie (1893):
Während die Farbentechnik früher jedoch die Fortschritte fast ausschließlich den Hochschulen und ihren berühmten Gelehrten verdankte, hat auf diesem großen Gebiete in den letzten Jahren eine solche Spezialisierung stattgefunden, daß nur derjenige noch, der mitten im Getriebe dieser Technik steht, einen maßgebenden Einfluß auf dieselbe ausüben kann. Seitdem nun die Farbenfabriken angefangen haben, die Derivate des Holz- und Kohlenteers auch in den Dienst der medizinischen Wissenschaften zu stellen, ist der Wettbewerb der einzelnen Fabriken untereinander derartig gestiegen, daß von allen beteiligten Firmen die größten Aufwendungen gemacht werden müssen, um in dem Kampfe ums Dasein nicht zu unterliegen. So haben alle größeren Vertreterinnen der Farbenindustrie in den letzten Jahren Laboratorien geschaffen, in denen zahlreiche Chemiker unausgesetzt bemüht sind, zu der großen Zahl künstlicher Teerfarbstoffe, den wachsenden Bedürfnissen der Färberei entsprechend, neue hinzuzufügen.
Carl Duisberg: Abhandlungen, Vorträge und Reden aus den Jahren 1882-1921, Berlin/Leipzig 1923, S. 104.

64 Berichte der Deutschen Chemischen Gesellschaft, Jg. 7, 1874, S. 840.
65 Werner Sombart: Die deutsche Volkswirtschaft im neunzehnten Jahrhundert und im Anfang des 20. Jahrhunderts, Berlin 1919, S. 145.

genheiten eine Zentralstelle, ein Zentralbureau in der Reichshauptstadt geschaffen werden müsse».[66]

Es ist auch bezeichnend, daß 1893 die Elektrochemische Werke AG mit Sitz in Berlin gegründet wurden, obwohl aufgrund der Standortbedingungen von vornherein klar war, daß die Produktionsstätten für die Chloralkali-Elektrolyse niemals in Berlin liegen würden. Die ökonomische Magistrale dieses mannigfaltigen Geschehens war die Subsumtion der zur Produktivkraft werdenden Wissenschaft unter die Verwertungsbedürfnisse des entstehenden Monopolkapitals. Als Hofmann 1867 von der «Allianz zwischen Wissenschaft und Industrie» sprach, hatte er noch eine gleichberechtigte Partnerschaft von Universität und Unternehmen im Sinn. Dreißig Jahre später sahen die Dinge schon ganz anders aus, und Wissenschaftler-Manager neuen Stils wie etwa Carl Duisberg, Projektant und erster Repräsentant des späteren IG-Farben-Konzerns, nahmen da auch gar kein Blatt vor den Mund. Die Universitätschemiker mußten nicht mehr unbedingt neue industriell nutzbare Verfahren entwickeln oder gar produktionsreif machen, vielfach war es nicht einmal erwünscht, wenn die Herren Professoren zu viel von dem bemerkten, was in den Betriebslaboratorien der künftigen Produktion entgegenreifte. Das war Sache der strikt der Firmendisziplin verpflichteten hochqualifizierten und hochspezialisierten Industriechemiker. Von den Hochschulen erwartete die Industrie gründlich ausgebildete, ehrgeizige, kreative und disponible Absolventen, deren nähere Einweisung in die Geheimnisse des betreffenden Produktionszweiges sie dann lieber selbst übernahm.

Der Elektrizitätspalast auf der Pariser Weltausstellung 1900
Die protzige und pompöse Schaustellung technischer Errungenschaften war typisch für das vom frühen Imperialismus verbreitete Technikbewußtsein, das mit einer oberflächlichen Glorifizierung des technischen Fortschritts die sozialen Antagonismen der Gesellschaft verdecken und die Identifizierung breiter Massen mit imperialistischen Zielen fördern sollte.

Gewiß wäre es anachronistisch, im letzten Drittel des 19. Jahrhunderts schon einen klar profilierten staatsmonopolistischen Lenkungsapparat zu vermuten, über den das Kapital die Entwicklung der Wissenschaft in seinem Interesse orientiert hätte. Doch in dem beweglichen Netz formeller und informeller Beziehungen, das sich zwischen Wissenschaft, Staatsapparat und Wirtschaft in Berlin spannte, bildeten sich genügend Kanäle, über die Wünsche des Kapitals an die Wissenschaft adressiert werden konnten und die Unternehmen imstande waren, ohne bürokratische Umwege die aus der Wissenschaft entspringenden Neuerungen aufzugreifen und zu verwerten.

Zwischen Akribie und Apologetik – bürgerliche Geisteswissenschaft in der Defensive

«Der Aufwärtsentwicklung der Technik und der sich spezialisierenden Naturwissenschaften stand der Niedergang der bürgerlichen Gesellschaftswissenschaften gegenüber ... Eine solch gegensätzliche Entwicklung mußte ein Hindernis werden für den umfassenden Fortschritt der Produktivkräfte, die mehr und mehr der Wissenschaft bedürfen und deshalb durch die Friktionen und Diskrepanzen im System der wissenschaftlichen Disziplinen Schaden leiden.»[67] So wertet Ernst Engelberg eine wesentliche Tendenz der Zeit, mit der sich Entwicklungen fortsetzten und vertieften, die wir schon für die beiden Jahrzehnte nach der Niederlage der 48er Revolution konstatiert hatten.

«Niedergang» bedeutet allerdings keineswegs etwa ein Erlahmen der Aktivität auf diesem Feld; im Gegenteil, was dies betrifft, so machten die Geisteswissenschaften den Aufwärtstrend mit, dessen Vorhut Natur- und Technikwissenschaften waren, wenn auch nicht so steil und nicht so schnell, denn die – auch in Berlin – auf diesem Sektor neu gegründeten Institute und Seminare waren noch immer klein. Auch bei der Produktion von Faktenwissen konnte man kaum von einem Niedergang sprechen; zwar blendete ideologische Voreingenommenheit manche wesentliche Tatsachen aus dem Interessenbereich dieser Gelehrten aus, doch was zur Kenntnis genommen wurde, das wurde auch nach allen Regeln der Forschungsakribie analysiert und gesichert, wie es seit August Boeckhs philologischem Seminar zum Standard geworden

Max Lenz:
Vielleicht, daß sie sich nicht so großer Gunst erfreuen wie die dem Naturerkennen gewidmeten Fächer, denen das unmittelbare Bedürfnis, der einleuchtende Nutzen für Staat und Gesellschaft zu Hilfe kommt. Tatsächlich aber ist die Entfaltung der Geisteswissenschaften um nichts geringer gewesen. Man braucht dazu nur einen Blick auf die Geschichte der Berliner Philologie zu werfen seit dem Gründungsjahr der Universität als Bellermann mit seinem Hebräisch sich noch zur Theologischen Fakultät stellte und die Einrichtungskommission unter Schleiermachers Führung Bedenken trug, auch nur die deutsche Sprache und Altertumswissenschaft als Lehrgebiet zuzulassen. Damals umschloß sie kaum mehr als das Studium der beiden klassischen Sprachen und Literaturen, mithin den Horizont, den schon die Epoche des Humanismus und der Reformation gewonnen hatte, nur daß alles im Geiste des Neuhumanismus umgebildet war; während sie heute sich zu einer von historischen Gesichtspunkten ganz beherrschten, den Stimmen aller Völker der Erde lauschenden, ihre Individualität ergründenden Wissenschaft ausgestaltet hat, welche erst in der Anthropologie und in der vergleichenden Sprachwissenschaft, ja in den Ursprüngen der menschlichen Sprache selbst ihre Grenzen anerkennt.
Max Lenz: Geschichte der Königlichen Friedrich-Wilhelms-Universität zu Berlin, Zweiter Band, zweite Hälfte, Halle 1918, S. 372.

66 Festschrift des Deutschen Apotheker-Vereins zur 25. Haupt-Versammlung, Berlin 1896, S. 58.
67 Ernst Engelberg: Deutschland von 1871 bis 1897. In: Deutsche Geschichte, Bd. 2, S. 490.

Jürgen Kuczynski:
Nach erstaunlicher Blüte in der Vorbereitungszeit sowie in der ersten Machtperiode der Herrschaft der Bourgeoisie sanken die Gesellschaftswissenschaften etwa seit dem zweiten Drittel des Jahrhunderts in die Rolle von Verteidigungskünsten des Systems des Kapitals herab – und als die Opposition zur Herrschaft des Kapitals unter Führung der Arbeiterklasse die Gesellschaftswissenschaften rettete, wurden die neuen Erkenntnisse von den herrschenden Klassen, deren Ablösung sie voraussahen, nicht anerkannt. Während also die Naturwissenschaften blühten, verkamen die Gesellschaftswissenschaften im institutionellen Gefüge der herrschenden Klassen – und während die Gesellschaftswissenschaftler sich in ihrer Rolle als Apologeten des Kapitals unredlich abrackerten, begannen die Naturwissenschaftler (und ein Großteil der Kapitalisten) mehr und mehr Verachtung für die geistigen Strampeleien der Gesellschaftswissenschaftler zu empfinden.
Jürgen Kuczynski: Studien zu einer Geschichte der Gesellschaftswissenschaften, Bd. 4, Berlin 1976, S. 125.

war, der sich immer mehr vervollkommnete. Man darf sogar sagen, daß sich das empirische Feld der bürgerlichen Geisteswissenschaft, das bisher weitgehend auf die Erzeugnisse des geistigen Lebens und auf die als Folge der Gedanken und Entschlüsse illustrer Persönlichkeiten gedachten politischen Haupt- und Staatsaktionen konzentriert war, verstärkt auf die Realprozesse des sozialen und wirtschaftlichen Lebens auszudehnen begann.

«Niedergang» bedeutet vielmehr den Verlust der großen leitenden Ideen, die das Handeln in der Richtung des historischen Fortschritts orientierten, die Gesetze dieses Fortschritts zu erfassen und das Erkennen in den Dienst eines solchen Handelns zu stellen suchten. Von solchen Ideen wollte man nichts mehr hören; die Sozialwissenschaftler neuen Stils, die sich als Vertreter der «positiven» Wissenschaft fühlten, verachteten sie als angeblich bodenlose und metaphysische Spekulationen. Damit waren natürlich die prätentiösen Ideen nicht verschwunden; nur dienten sie jetzt der vordergründigen Lobpreisung des Hohenzollerntums und seines politischen Systems, und wenn jene Gelehrten von Fortschritt sprachen, dann meinten sie die Fortschreibung des Bestehenden in alle Zukunft – nur noch gewaltiger, noch mächtiger, noch preußischer. Der ganz und gar nicht fortschrittliche Kompromiß zwischen Bourgeoisie und Junkertum, der das politische Korsett des Deutschen Reiches bildete, schuf sich seine Garde gelehrter Apologeten – insbesondere unter den Staatsrechtlern, den Philosophen und den Historikern. Berlin hatte Vertreter jeder Sorte. Vor allem war die Reichshauptstadt eine Hochburg der «kleindeutschen» Historiker.

Das Attribut «kleindeutsch» erhielten sie, weil sie alles, was ihres Erachtens am Deutschen Reich rühmlich war, historisch aus Preußens Gloria herleiteten. Die Kleinkariertheit dieses Leitgedankens kontrastierte erstaunlich mit der Sorgfalt, mit der sie dafür die geschichtlichen Belege suchten. Die «kleindeutsche» Lösung war die durch die Niederlage der 48er Revolution und den reaktionären Kompromiß von Junkern und Bourgeoisie ermöglichte undemokratische Variante der nationalen Einigung; sie fand ihren besonderen Ausdruck in der Föderalstruktur des Reiches, in der die preußische Staatlichkeit weitgehend erhalten blieb und die wichtigsten Organe der preußischen Regierung, darunter auch das preußische Kultusministerium, ohne demokratische Legitimation de facto Reichsfunktionen ausübten, so daß die unvermeidliche allmähliche Integration des Reiches mit den dazu von Berlin ausgehenden Impulsen die reaktionär verzerrte Gestalt der «Verpreußung» Deutschlands annahm.

Diese Politik hatte in den «kleindeutschen» Historikern

ihre eifrigsten gelehrten Klopffechter. Da war Johann Gustav Droysen, der mit seiner «Geschichte der preußischen Politik» der Preußenlegende eine voluminöse historische Grundlage gab, da war Heinrich von Sybel, der mit der von ihm seit 1859 herausgegebenen «Historischen Zeitschrift» das Fachorgan der ganzen Richtung in den Händen hielt. Beide waren Männer von Rang, Namen und Einfluß. Doch einen Nachteil hatten diese Männer: Sie sparten in ihren Forschungen die jüngste Geschichte weitgehend aus und konnten daher auch nur auf Umwegen zur ideologischen Rechtfertigung der wilhelminischen Politik genutzt werden. Daher verschrieb man sich dem Erzreaktionär und Antisemiten Treitschke aus Heidelberg, dem Autor der Hetzparole «Die Juden sind unser Unglück», der unter den Berliner Ideologen an stockpreußischer Gesinnung allenfalls noch von dem obskuren Hofprediger Adolf Stoecker übertroffen wurde, dem er aber seinerseits an Geist und Wissen bei weitem überlegen war.

1874 trat Treitschke sein Amt als Universitätsprofessor an, für ein Jahresgehalt von 12000 Mark, und das war für einen Professor ein sehr hohes Salair. Damals gehörte er dem Reichstag schon drei Jahre als Abgeordneter der Nationalliberalen Partei an. Er war fast taub und konnte seine Rhetorik mit demosthenischer Donnerstimme ungehemmt entfalten. Grimmig wetterte er gegen die Sozialdemokraten, gegen die gottlosen Materialisten und gegen Demokraten aller Art und hatte großen Zulauf; sein Elite-, Militär- und Kriegskult fanatisierte einen Teil der nationalistisch eingestellten akademischen Jugend. So sehr überschritt er jegliches Maß, daß ihn nicht nur aufrechte Demokraten wie Mommsen kritisierten, sondern selbst seine eigenen Parteifreunde bei den Nationalliberalen; Gustav Schmoller attackierte ihn in einem offenen Brief wegen seiner unflätigen Beschimpfungen der Sozialdemokraten, die offenkundig die Arbeiterbewegung nicht schwächten, sondern eher das Gegenteil bewirkten. Selbst die Nationalliberalen, die doch wahrhaftig sicher im großbürgerlichen Fahrwasser schwammen, waren ihm auf die Dauer zu liberal, so daß er ihre Reihen verließ und als parteiloser Reichstagsabgeordneter weiter wetterte.

Treitschke ließ sich bereitwillig vor die Karosse der wilhelminischen Propaganda spannen und stellte die Waffen seiner Rhetorik überall zur Verfügung, wo man ihn brauchte. Zum 25. Jahrestag der Kriegserklärung hielt er am 19. Juli 1895 vor der Universität eine chauvinistische Brandrede, während die sozialdemokratischen Vertrauensmänner Berlins ein Vierteljahrhundert nach der Schlacht bei Sedan an die französischen Sozialisten das folgende Telegramm sandten: «Am 25. Jahrestag der Schlacht von Sedan senden wir, als Protest gegen

Zu den Folgen des Gothaer Programms für die theoretische Arbeit der deutschen Arbeiterpartei: Da dieses Kompromißprogramm den gleich nach Gotha einsetzenden Aufschwung der Arbeiterbewegung nicht hemmte, verstärkte sich eine Geistesverfassung, die auch künftig gegenüber unmarxistischen ideologischen Strömungen der Devise des «leben und leben lassen» folgte. Entstehung und Schicksal dieses Kompromißprogramms gaben scheinbar jenen recht, die im Grunde ihres Herzens Programme und Beschlüsse nicht allzu ernst nahmen. So entstand auf die Dauer eine Diskrepanz zwischen Wort und Tat, zwischen Wissenschaft und Politik, zwischen Theorie und Praxis – zum Schaden beider. Ideologische Krankheitskeime von virulenter Fernwirkung wurden in Gotha gelegt. Sie waren um so tückischer, als die unmittelbaren Erfolge der Einigung für jedes Mitglied unverkennbar und begeisternd waren.
Ernst Engelberg: Deutschland von 1871 bis 1897. In: Deutsche Geschichte, Bd. 2, Berlin 1965, S. 536.

Krieg und Chauvinismus, den französischen Genossen Gruß und Handschlag. Hoch die Völkersolidarität!» Am wichtigsten für die Reaktion aber war Treitschkes fünfbändige Geschichte des 19. Jahrhunderts, die die aktuellen Probleme frontal anging – ein wahres Kompendium des Chauvinismus, aus dem die Barden der geistigen Aufrüstung ihr Argumentenarsenal auffüllen konnten.

Die bürgerlich-demokratische Traditionslinie war natürlich nicht von heute auf morgen von der Bildfläche verschwunden; der Reaktion kam es vor allem darauf an, den Einfluß ihrer Vertreter in den ideologisch brisanten Gebieten zu unterbinden, und die Polemiken, die hier geführt wurden, waren durchaus keine Scheingefechte. Doch dahinter stand schon der viel tiefere Gegensatz von Bourgeoisie und Arbeiterklasse, der die neue Epoche bestimmte. Gegen das Gespenst des revolutionären Sozialismus, das in Berlin bereits sehr reale Konturen annahm, ließ man starke Männer wie Treitschke los; doch gegen diesen Feind waren sie von Anfang an hoffnungslos in der Defensive.

Als Treitschke 1874 kam, waren die Eisenacher in Berlin noch schwach vertreten, die Berliner Arbeiterbewegung wurde weitgehend vom Lassalleanischen ADAV (Allgemeiner Deutscher Arbeiterverein) beherrscht. Doch darin kriselte es erheblich, so daß es seine Führer vorzogen, die Flucht nach vorn anzutreten und auf Vereinigung mit den Eisenachern zu drängen, die dann 1875 in Gotha forciert mit einem Programmkompromiß vollzogen wurde. Unter den Repressionen der «Ära Tessendorf» und des Sozialistengesetzes formte sich die Berliner Organisation der marxistischen deutschen Arbeiterpartei jedoch zu einem kampfstarken Organismus, der einen erheblichen Anteil daran hatte, daß sich das Zentrum der internationalen Arbeiterbewegung nach der Zerschlagung der Pariser Kommune für einige Zeit nach Deutschland verlagerte. Bei den Reichstagswahlen fielen die in Berlin für die Sozialdemokratie abgegebenen Stimmen sehr ins Gewicht (ihre Vertretung im preußischen Abgeordnetenhaus wurde durch das reaktionäre Dreiklassenwahlrecht verhindert); 1877 waren es bereits 31 560 (1874: 11 279), nur geringfügig weniger als die Anzahl der für die stärkste Liste, die der Fortschrittspartei, votierenden Wähler. Bei den Reichstagswahlen vom 20. Februar 1890 (noch unter dem Sozialistengesetz) errang die Berliner Sozialdemokratie mit 126 317 Stimmen auf Anhieb die absolute Mehrheit. Am 30. September 1893 schrieb Engels aus Berlin an Laura Lafargue: «... hier ist der Schwerpunkt der Arbeiterbewegung.»[68]

Einer so bedrohlich wachsenden Kraft mußte die Reaktion alle verfügbaren Mittel entgegensetzen. Die durch den Namen

August Bebel
Aufnahme um 1870
Bebel wurde 1867 als erster Vertreter der Arbeiterschaft in den Norddeutschen Reichstag gewählt. Seit 1871 war er Mitglied des deutschen Reichstages sowie von 1881 bis 1890 Mitglied des sächsischen Landtages. Ab 1890 lebte er in Berlin. In vielen Arbeiten behandelte Bebel Probleme und Widersprüche bürgerlicher Bildungs-, Kultur- und Wissenschaftspolitik in direkter Konfrontation mit der sozialen Lage und den Bildungserfordernissen der Arbeiterbewegung.

Paul Singer
Aufnahme um 1890
1883 wurde Singer in die Berliner Stadtverordnetenversammlung gewählt. Als ein bei der Arbeiterschaft beliebter und anerkannter Führer war er bis 1911 Vorsitzender der sozialdemokratischen Fraktion. Singer war wesentlich an der Ausarbeitung der Prinzipien revolutionärer proletarischer Kommunalpolitik beteiligt.

Treitschke symbolisierte Richtung der Gesellschaftswissenschaft lieferte die Begründung für die in der preußisch-deutschen Politik sehr starke aggressive Linie, die auf die Zerschlagung der Arbeiterbewegung durch Terror und Gewalt setzte. Diese Linie drängte – in wechselnden politischen Konstellationen – immer wieder nach vorn; mit dem Sozialistengesetz, mit der ultrareaktionären Anti-Bismarck-Fronde um Alfred Graf von Waldersee, dem «Köller-Coup» 1895 und dem «Kleinen Sozialistengesetz» 1897.

Doch die klügere und deshalb für die Arbeiterbewegung gefährlichere bourgeoise Taktik, die auf der Einsicht in die Erfolglosigkeit frontalen Terrors beruhte, lief darauf hinaus, der revolutionären Partei durch dosierte Reformen den Wind aus den Segeln zu nehmen, sie von innen her zu zersetzen und so weit zu zähmen, daß sie sich mit der Rolle eines Partners im Kräftespiel der nicht mehr generell in Frage gestellten bürgerlichen Gesellschaft begnügte. Obwohl diese Linie in der Staatspolitik des Wilhelminischen Deutschlands nicht dominierte, war sie doch nicht ohne Einfluß: Bereits Bismarck bediente sich ihrer in Ergänzung zur repressiven Linie des Sozialistengesetzes. Auch diese Linie hatte ihre Theoretiker, die vor allem unter den Wirtschaftswissenschaftlern zu finden waren, und einige ihrer führenden Köpfe wirkten in Berlin.

Köller-Coup:
Versuch des preußischen Innenministers Ernst-Matthias von Köller, durch die polizeiliche Auflösung des sozialdemokratischen Parteivorstandes und anderer sozialdemokratischer Organisationen eine scharfe staatliche Unterdrückungspolitik gegenüber der Arbeiterbewegung zu erzwingen.
Siehe:
Sachwörterbuch der Geschichte, Berlin 1969, S. 938.

Ab 1862 bestand in Berlin ein von Ernst Engel als Direktor des Königlichen Preußischen Statistischen Bureaus gehaltenes Seminar. Adolph Wagner, Mitglied des Bureaus und seit 1872 Professor in Berlin, hielt im Oktober 1869 in der Garnisons-

68 MEW, Bd. 39, S. 125.

kirche eine programmatische «Rede über die soziale Frage». Darin forderte er dazu auf, den unberechtigten Optimismus der Liberalen über Bord zu werfen, es werde sich allein durch das freie Spiel der Kräfte in der kapitalistischen Wirtschaft alles zum Besten wenden. Man müsse die Vorstellung überwinden, daß ein staatlicher Eingriff in das Wirtschaftsleben schädlich sei. Wagner empfahl die Lösung der sozialen Frage durch «Versittlichung» der ökonomischen Beziehungen zwischen Kapitalisten und Arbeiterklasse und Anhebung des Lebensstandards der Arbeiter auf dem Wege von Lohnerhöhungen, gerechterer Steuerbelastung und anderen sozialpolitischen Maßnahmen.

Diese drei wesentlichen Ideen – «Betriebsfrieden» durch geregelte Beziehungen zwischen Unternehmern und Arbeitern, Reformpolitik statt Klassenkampf im gesellschaftlichen Maßstab und Möglichkeit regulierender staatlicher Eingriffe in das «freie Unternehmertum» – riefen den Widerstand der «Freihändler» hervor, die für unbegrenztes «Manchestertum» in der Wirtschaft und Polizeigewalt als ultima ratio zur Zerschmetterung der Arbeiterbewegung plädierten, doch die Legierung von staatsmonopolistischer Lenkung und Reformismus entsprach grundlegenden Entwicklungstendenzen der kapitalistischen Gesellschaft, während der totale Wirtschaftsliberalismus schon überholt war.

In den großen Berliner Unternehmen setzte sich in diesen Jahrzehnten eine gewisse innerbetriebliche Sozialpolitik durch, die auf die Erhaltung eines qualifizierten und betriebstreuen Stammpersonals ausgerichtet war. Ein frühes Muster war das um 1872 nach Spindlersfeld verlegte Großunternehmen von William Spindler (chemische Reinigung, Färberei und Waschanstalt). Spindler, der philanthropisch dachte und mit Berliner Sozialdemokraten persönlich bekannt war, tat dies offenbar nicht mit der Absicht, die Arbeiterbewegung zu unterlaufen; aber objektiv war damit ein Weg zu einer unternehmerischen Taktik gegen die Arbeiterbewegung gewiesen, zu der um die Jahrhundertwende – zwar nicht mit der von Spindler praktizierten Großzügigkeit – auch Unternehmen wie Borsig, Schwartzkopff, Siemens & Halske und andere griffen, als die Großbetriebe mehr und mehr in die Randgebiete verlegt wurden.[69]

Die von Wagner geäußerten Gedanken fanden Eingang in das Konzept des 1872 gegründeten Vereins für Sozialpolitik, dessen Vertreter – großenteils Hochschulprofessoren – später als «Kathedersozialisten» bezeichnet wurden, weil sie von den Kathedern der Universitäten für vom Staat ausgehende wirtschaftliche und soziale Reformen eintraten, die die bürgerliche Gesellschaft stabilisieren sollten: Maßnahmen also, die eigentlich nur von verbohrten Stockreaktionären als Sozialismus diskreditiert werden konnten.

In der Tat wirkte dieses Gedankengut aber auch in die Sozialdemokratie hinein. Daß dieser Verein im Grunde nicht für die Verbesserung der Lage der Arbeiter, sondern zur Bekämpfung der Sozialdemokratie gebildet worden war, beweist ein Rundschreiben, das er 1878 bei Erlaß des Sozialistengesetzes verschickte.

Für Wagner war der Verein, den er selbst mitbegründet hatte, auf die Dauer übrigens dennoch zu liberal; er löste sich wieder von ihm und trat bezeichnenderweise der Konservativen Partei bei, die er von 1882 bis 1885 auch im preußischen Abgeordnetenhaus vertrat.

Zur führenden Persönlichkeit des Vereins wurde der Nationalökonom Gustav Schmoller, der sich in seiner Eröffnungsrede auf der Gründungsversammlung klar von allen revolutionären Ambitionen abgrenzte und der Bourgeoisie den Teufel der roten Gefahr an die Wand malte, die ihr drohe, wenn nicht mit Hilfe von Reformen Konzessionen an die Forderungen der Ausgebeuteten gemacht würden. 1882 nahm er eine Berufung aus Straßburg an die Berliner Universität an, unter der Bedingung, daß für ihn ein staatswissenschaftliches Seminar eingerichtet und dotiert würde. Dieses Seminar, das er gemeinsam mit Wagner führte, begann 1886 seine Tätigkeit – mit einem Gründungsfonds von 6000 Mark und der bescheidenen Jahresdotation von 1000 Mark.

Schmoller zählte wie die meisten Kathedersozialisten zu der jüngeren historischen Schule der Nationalökonomie und galt als deren Haupt. Noch mehr als die ältere historische Schule, deren wichtigster Repräsentant der Göttinger Professor Wilhelm Roscher war, verwarf er das theoretische System der klassischen bürgerlichen Ökonomie und ging noch weiter hinter deren Intention zurück, objektive Gesetze der Wirtschaft zu entdecken. An ihre Stelle trat auf der Erkenntnisebene die wirtschaftshistorische Tatsachenforschung – mit dem vagen Versprechen, vielleicht einmal induktiv aus einem Meer von Fakten zu Gesetzen vorzustoßen –, auf der Bekenntnisebene das schon erwähnte Plädoyer für Reformpolitik.

Schmollers Verdienste um Kaiser und Reich wurden ausgiebig anerkannt. Obwohl er sich – wie es heißt – aus Titeln und Orden nichts machte, wurde ihm der erbliche Adel verliehen, er wurde Mitglied des Preußischen Herrenhauses und des Staatsrates und erhielt obendrein den Orden «Pour le mérite». Sein Wirken ist wissenschaftshistorisch allerdings keineswegs eindimensional zu werten. Sosehr man seine theo-

69 Siehe Annemarie Lange: Berlin zur Zeit Bebels und Bismarcks, S. 485/486.

Im Rundschreiben hieß es, daß besonders jetzt, «wo die öffentliche Meinung auf die in der Sozial-Demokratie liegende Gefahr allgemein aufmerksam geworden ist, die Bedeutung unseres Vereins nur eine um so größere ist. Denn ganz besonders dringend und wichtig ist es jetzt geworden, die soziale Reform innerhalb des nationalen Staates, mit seiner Mithilfe und auf dem Boden der bestehenden Rechtsordnung vorzubereiten und zu fördern».
Zit. in:
Bürgerliche und kleinbürgerliche ökonomische Sozialismuskonzeptionen, 1848–1917, Berlin 1976, S. 122.

Anspruch und Wirklichkeit der jüngeren historischen Schule der Nationalökonomie:
Es wurden wirtschaftsgeschichtliche Einzeluntersuchungen gefordert, da man zunächst die Entwicklung der einzelnen wirtschaftlichen Institutionen erforschen müsse, bevor man die Entwicklung der ganzen Volkswirtschaft darstellen könne. Die deskriptive Forschung sollte nur Vorarbeit für eine allgemeine und umfassende Theorie sein. Doch ist es nie zu einer umfassenden Theorie gekommen – nicht weil die Vertreter des Historismus theoretisch unbegabt waren, sondern weil die Lage der Klasse, die sie vertraten, die historische Situation der deutschen Bourgeoisie die theoretische Verallgemeinerung verbot.
Fritz Behrens:
Grundriß der Geschichte der politischen Ökonomie, Bd. 3, Berlin 1979, S. 159.

Bebel in seinen Lebenserinnerungen über den Haftantritt auf der Festung Hubertusburg im Juli 1872:
Nachdem unabänderlich feststand, daß ich für einunddreißig Monate meine Freiheit eingebüßt hatte, entschloß ich mich, diese Zeit mit aller Kraft zu verwenden, um die Lücken meines Wissens einigermaßen auszufüllen. Sobald ich also wieder arbeitsfähig war, stürzte ich mich mit aller Energie in die Arbeit, das beste Mittel, über eine unangenehme Situation hinwegzukommen. Ich studierte hauptsächlich Nationalökonomie und Geschichte.
August Bebel: Aus meinem Leben, Berlin 1978, S. 378/379.

retische Position als Verfall der bürgerlichen politischen Ökonomie, seine politischen Ansichten als antiproletarisch werten muß – seine Hinwendung zur Geschichte ließ ihn gleichzeitig zu einem Pionier der Wirtschaftsgeschichtsschreibung werden. Wertvolle Quellenforschungen, insbesondere zur Wirtschaftsgeschichte Preußens im 18. Jahrhundert, gehen auf ihn zurück. Gemeinsam mit Reinhold Koser betreute er an der Akademie die Fortführung der Forschungen zur Geschichte Preußens im 18. Jahrhundert: In den «Acta Borussica» wurden Quellen zur preußischen Innenpolitik erschlossen.

Der Reformismus der Kathedersozialisten war nicht ungefährlich, denn die deutsche Sozialdemokratie war gegen das Einsickern solcher Ideen nicht gefeit. Ihre Stärke war die praktische Politik und Organisation, weniger die Theorie, und so stand oft genug meisterhafter politischer Auseinandersetzung mit unmarxistischen Positionen aller Art – wie sie insbesondere August Bebel mit scharfer Klinge zu führen wußte – das Dulden kompromißlerischer Beschlußformulierungen und das ungebührliche Hinauszögern oder Unterlassen der organisatorischen Trennung von Personen gegenüber, die den ideologischen Standort der Partei verlassen oder niemals wirklich eingenommen hatten.

In der Sozialdemokratie genoß die Wissenschaft unstreitig von Anfang an große Hochachtung, und ihre führenden Repräsentanten – August Bebel und Wilhelm Liebknecht vor allem – leisteten neben der Fülle ihrer praktisch-politischen Tätigkeiten auch eine nicht zu unterschätzende theoretische Arbeit. Nichtsdestoweniger war die theoretische Front der Partei, speziell auch in Berlin, nicht stark genug. Engels sprang mit Rat und Tat in die Bresche, aber natürlich konnte er von England aus nicht alles tun, was in Berlin an Ort und Stelle hätte getan werden müssen.

So geschah es, daß der Privatdozent Eugen Dühring mit seinen Vorlesungen an der Berliner Universität und mit seinem Buch «Kritische Geschichte der Nationalökonomie und des Sozialismus» nicht nur mit seinem Auftreten als Fundamentalkritiker des gesamten zeitgenössischen Wissens bei der studentischen Jugend Anklang fand, sondern auch in die Organisation der Berliner Sozialdemokratie hineinwirkte und «in der noch so jungen und eben erst definitiv geeinten Partei von neuem Gelegenheit zu sektiererischer Spaltung und Verwirrung» gab.[70] Selbst Bebel und Wilhelm Bracke waren von seinen Gedanken angetan. Dabei war Dühring ein Eklektiker und Wirrkopf, der die Geschichte nicht aus der Sicht ihrer objektiven Gesetzmäßigkeit, sondern nach dem von außen angelegten Maßstab moralischer Forderungen beurteilte. Mit diesem kläglichen Rüstzeug machte er sich anheischig, Marx

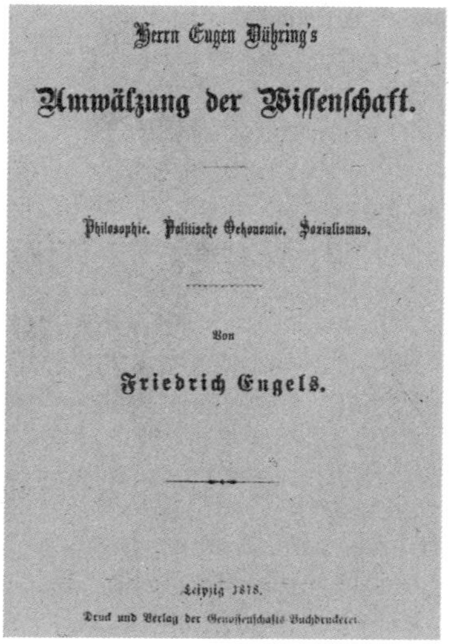

Herrn Eugen Dühring's

Umwälzung der Wissenschaft.

Philosophie. Politische Oekonomie. Sozialismus.

Von

Friedrich Engels.

Leipzig 1878.

Druck und Verlag der Genossenschafts-Buchdruckerei.

Friedrich Engels
Aufnahme um 1893

Herrn Eugen Dührings
Umwälzung der Wissenschaft
Titelblatt. 1878

von links zu überholen. Liebknecht war diesmal (oftmals war es umgekehrt) scharfsichtiger als sein Kampfgefährte Bebel, teilte dessen positiven Eindruck überhaupt nicht und erachtete es für dringend notwendig, Dührings Einfluß durch eine gediegene Auseinandersetzung mit seinen Ansichten zurückzudrängen. Sein beharrliches Drängen bewegte Engels schließlich dazu, den «Anti-Dühring» zu schreiben.

Eigentlich war Dühring kein Gegner von einem theoretischen Format, das Engels zur Auseinandersetzung gereizt hätte; die Verantwortung für den Zustand der deutschen Sozialdemokratie, die Engels empfand, veranlaßte ihn jedoch, auch mit diesem unbedeutenden Mann ausführlich ins Gericht zu gehen. Dieser Konstellation verdanken wir eines der klassischen Werke der marxistischen Literatur, über das viele Arbeiter und sozialdemokratische Funktionäre zum erstenmal gründlich mit dem Marxismus bekannt geworden sind.

Ab Januar 1877 erfolgte der Abdruck des «Anti-Dühring» im «Vorwärts». Er löste auch unter den Genossen nicht nur Zustimmung aus; manche fanden Engels' Kritik ungerecht und zu persönlich, zumal Dühring – mochte man zu seinen Ansichten stehen, wie man wollte – durch die Energie imponierte, mit der er als Blinder mit seinem körperlichen Gebrechen fertig zu werden suchte. In Berlin wurden sogar Unterschriften gegen die Fortsetzung des Abdruckes gesammelt. Dem Leser M. Etteiler, der sich über die unnütze «Wissenschaftlichkeit» des «Vorwärts» beschwerte, entgegnete Liebknecht am 5. März 1877 mit folgenden Worten: «Vergessen Sie

Engels über Dühring im Vorwort zur Neuauflage des «Anti-Dühring» 1885:
... ich bin theoretisch mit ihm fertig. Im übrigen muß ich ihm gegenüber die Anstandsregeln des literarischen Kampfes um so mehr aufrechterhalten, als ihm seitdem von der Berliner Universität schmähliches Unrecht angetan worden ist. Freilich ist sie dafür gezüchtigt worden. Eine Universität, die sich dazu hergibt, Herrn Dühring unter den bekannten Umständen die Lehrfreiheit zu entziehn, darf sich nicht wundern, wenn man ihr unter den ebenfalls bekannten Umständen Herrn Schweninger aufzwingt.
Friedrich Engels: Herrn Eugen Dührings Umwälzung der Wissenschaft («Anti-Dühring»). In: MEW, Bd. 20, S. 9.
(Ernst Schweninger, seit 1881 Arzt Bismarcks, hatte 1883 an der Berliner Universität eine Professur für Dermatologie erhalten)

70 Friedrich Engels: («Anti-Dühring») In: MEW, Bd. 20, S. 5.

In den sechziger Jahren bis weit in die siebziger Jahre hinein konnte man an den deutschen Universitäten einen sozialistischen Studenten mit der Lupe suchen. ... Bezeichnenderweise benahm sich die Polizei gerade den Studenten gegenüber von einer ausgesuchten Brutalität. Die einen wurden, nachdem man bei ihnen Haussuchung gehalten und sogar die Polstermöbel durchstochen, nach dem Polizeiamt am Molkenmarkt eskortiert und dort, nach stundenlangem Warten in den kahlen Vorzimmern, gleich Verbrechern verhört, andere ließ man sogar per Schutzmann aus dem Kollegium herausholen. Nachdem die Polizei das Ihrige getan, übergab sie außerdem die der Universitätsdisziplin unterstehenden Studenten dem Universitätsgericht zur disziplinarischen Verantwortung ...
Genosse J. Grunzig, Sohn eines angesehenen Berliner Kaufmanns, war am 9. Februar 1880 wegen Verbreitung verbotener Zeitschriften zu dreimonatlicher Gefängnisstrafe verurteilt worden. Nach Verbüßung derselben ging Grunzig ... im Herbst 1882 nach Berlin zurück, um an der Berliner Universität Nationalökonomie und Staatswissenschaft zu studieren. Hören wir ihn selbst berichten, wie seine Absicht vereitelt wurde: «Da ich», schreibt der nun in Amerika lebende Genosse, «ein mehrjähriges Privatleben hinter mir hatte, so bedurfte ich eines polizeilichen Führungsattestes, auf dem natürlich meine Verurteilung auf Grund des Sozialistengesetzes vermerkt stand.

ja nicht, die Macht der Sozialdemokratie *liegt in ihrem Verwachsensein mit der Wissenschaft.* Im Moment, wo wir mit der Wissenschaft brechen, hören wir auf, eine *Partei* zu sein, und werden eine verächtliche Horde von Schreiern, eine Sekte.»[71]

Die Bürokratie, die offenbar Dührings sozialistische Phraseologie für bare Münze nahm, entzog ihm nun – zumal er auch die Universitätsordnung scharf kritisiert hatte – im gleichen Jahr die Lehrbefugnis an der Universität, so daß er nur noch an einem privaten Frauenlyzeum unterrichten durfte. Diese Maßregelung, immerhin ein harter Eingriff in die gepriesene akademische Freiheit, rief in Berlin eine spontane Protestbewegung hervor, die – auch wenn sie den beamteten Lehrkörper kaum erfaßte – eine Reihe von Studenten und Intellektuellen in die Nähe der sozialdemokratischen Partei führte. Eine Frucht dieser Bewegung war der von dem rechten Sozialdemokraten und Referendar am Kgl. Kammergericht Louis Viereck ins Leben gerufene «Mohrenklub», der in einem Bierlokal in der Mohrenstraße tagte und politische und theoretische Fragen erörterte, aber auch praktisch-politische Arbeit leistete. Ihm gehörten sozialistisch orientierte Studenten der Berliner Universität, der Bergakademie und der Bauakademie sowie einige sympathisierende Intellektuelle an.

Ein weiterer Treffpunkt sozialistischer Studenten war der «Nordklub» in der Rosenthaler Straße.

Dührings weitere Entwicklung zeigt übrigens drastisch, wie wenig eine zeitweilige und oberflächliche Koketterie mit der Arbeiterbewegung davor bewahrte, sogar auf offenkundig reaktionäre Positionen zurückzufallen. Nach der von Engels an seiner Doktrin geübten Kritik, der er auf wissenschaftlichem Boden nicht zu entgegnen vermochte, griff Dühring zur antisemitischen Verleumdung und beschimpfte in seiner 1881 veröffentlichten Hetzschrift «Die Judenfrage als Racen-, Sitten- und Culturfrage» Marx und Engels als «Agitatoren» des Judentums.[72] Sie darf keineswegs einfach als persönlicher Racheakt eines beleidigten Gernegroß gedeutet werden. Dühring war hier kein Einzelfall, er reiht sich ein in eine erste Flut des Antisemitismus, die Ende der siebziger bis Anfang der achtziger Jahre Berlin überschwemmte und von höchsten Kreisen unterstützt wurde, weil sie als ein probates Mittel zum Auffangen der Unzufriedenheit des von den Auswirkungen der Gründerkrise enttäuschten Kleinbürgertums und zur Zügelung des Liberalismus erschien.

Die antisemitische «Berliner Bewegung» wurde von einer ganzen Reihe – untereinander wieder vielfach zerstrittener – obskurer Halbintellektueller wie Wilhelm Marr, Bernhard Förster, Max Liebermann von Sonnenberg und Ernst Henrici getragen, der Hofprediger Adolph Stoecker ist zu dieser Strömung zu rechnen, und Treitschke – unter anderem von Mommsen deshalb scharf kritisiert – machte sie in akademischen Kreisen salonfähig.

Reaktionäre Berliner Studenten spielten bei antisemitischen Ausschreitungen eine unrühmliche Rolle. Geistig lebte diese Bewegung im Grunde von den unsagbar dürftigen Ideen der Mitte des Jahrhunderts von Arthur Graf von Gobineau entwickelten Rassenlehre (das Wort «Theorie» will in diesem Kontext nicht aus der Feder), die auf die Deutung der gesamten Geschichte als ewiger Kampf zwischen edlen, lichten, kulturschöpferischen «Ariern» und niederen, unschöpferischen «Semiten» hinauslief. Es ist fast überflüssig zu erwähnen, daß sich die Berliner Sozialdemokratie stets energisch und ohne Schwanken dem Antisemitismus, diesem «Merkzeichen einer zurückgebliebenen Kultur»[73], entgegenstellte. 1884 dokumentierten die Arbeiter der Hauptstadt diese Haltung weithin sichtbar mit der Wahl von Paul Singer, der jüdischer Herkunft war, zum Reichstagsabgeordneten.

Nach dem erwähnten Boom ging mit der Änderung der politischen Konstellationen die Bedeutung des Antisemitismus als ideologisches Werkzeug der Herrschenden wieder zurück; doch erstens wurden in der rassistischen Welle Schlagworte und Praktiken geboren, an die später die deutschen Faschisten anknüpfen konnten, und zweitens flackerte der Antisemitismus immer wieder auf und wurde dann ungeachtet der verfassungsrechtlich garantierten Gleichberechtigung der Juden von Staates wegen nicht bekämpft, sondern wohlwollend toleriert. So empfahl Wilhelm II. persönlich das 1898 erschienene Machwerk «Die Grundlagen des neunzehnten Jahrhunderts» von Houston Stewart Chamberlain wärmstens als Pflichtlektüre für die höheren Schulen.

Der Berliner Sozialdemokratie fiel es nicht leicht, in den akademischen Einrichtungen Fuß zu fassen, bereits die Auslese der Studenten nach ihrer sozialen Herkunft verhinderte, daß viele das – nicht nur während des Sozialistengesetzes – ihre akademische Laufbahn gefährdende Risiko einer Mitgliedschaft in der Partei auf sich nahmen. Wurde eine Betätigung in sozialistischer Richtung bekannt, dann drohten Polizei, Staatsanwalt und Universitätsgerichtsbarkeit. Diese Schwierigkeiten entmutigten die Führung der Partei keineswegs, um Einfluß an der Universität und an den Hochschulen zu ringen. 1897 sprach Bebel in Berlin vor 3000 Zuhörern, größtenteils Studenten, über das Thema «Akademiker und Sozialismus». Im Juli 1898 trat Liebknecht in einer Versamm-

Auf diese Verurteilung hin wies mich die Immatrikulationskommission ab. Ich wendete mich furchtlos an alle Beschwerde-Instanzen (Rektor, Senat, Minister). Der derzeitige Rektor, Du Bois-Reymond, sagte mir rundheraus:
‹Derartige Elemente wollen wir nicht.›
Ich: Aber ein politisches Vergehen ist doch kein ehrenrühriges?
Er: Das müssen Sie uns überlassen. Wir sind autonom.
Ich: Das wäre doch gerade ein Grund mehr, auch autonom zu handeln?
Er: Wie gesagt, Herr, das müssen Sie uns selbst überlassen.
Aus den Zeitungen ersah ich, daß am selben Abend der Herr Rektor bei Seiner Majestät zur Tafel ‹befohlen› war.»
Herr Du Bois-Reymond, der sich auf seinen Freisinn in kirchlichen Dingen viel zugute tut, hat sich, wie die meisten Professoren seiner Richtung, von einer politischen Intoleranz erwiesen, die der der orthodoxen Pfaffen in nichts nachgibt.
Ignaz Auer: Nach zehn Jahren. Material und Glossen zur Geschichte des Sozialistengesetzes. Nürnberg 1913. Zit. in: Berliner Leben 1870–1900. Hrsg. von Ruth Glatzer, Berlin 1963, S. 90–92.

71 Zit. in: Wadim Tschubinski: Wilhelm Liebknecht. Eine Biographie, Berlin 1973, S. 191.
72 Siehe Walter Mohrmann: Antisemitismus, Berlin 1972, S. 54.
73 Friedrich Engels: Über den Antisemitismus. In: MEW, Bd. 22, S. 49.

Akademische Unternehmen, die vor 1900 gegründet wurden:
Griechische Inschriften 1815
Aristoteles-Ausgabe 1817
Sternkarten 1825
Ausgabe der Werke Friedrichs II. 1840
Lateinische Inschriften 1853
Aristoteles-Kommentare 1874
Preußische Staatsschriften des 18. Jahrhunderts 1874
«Politische Korrespondenz Friedrich des Großen» 1874
Prosopographie der römischen Kaiserzeit (1. bis 3. Jahrhundert) 1874
Acta Borussica 1888
Griechische Münzwerke 1888
Kirchenväter-Ausgabe 1891
Wörterbuch der deutschen Rechtssprache 1896
Ägyptisches Wörterbuch 1897
Ausgabe der Biographien des Ibn Saad 1897
Codex Theodosianus 1898
Index rei militaris Imperii Romani 1898
Siehe Werner Hartkopf: Die Akademie der Wissenschaften der DDR. Ein Beitrag zu ihrer Geschichte, S. 42.

lung vor Berliner Studenten auf. Die Zahl der sozialistischen Studenten an der Universität wurde 1894 auf etwa 60 geschätzt.

Die Annäherung kleinbürgerlicher Intellektueller war gewiß ein Zeugnis für die wachsende Attraktivität der Sozialdemokratie, doch sie barg auch erhebliche Probleme. Weder von den harten Erfahrungen einer proletarischen Existenz noch von einem wirklich konsequenten wissenschaftlichen Begreifen des historischen Materialismus konnten diese Intellektuellen ausgehen, so daß sie vor der Konsequenz der Unerbittlichkeit des Klassenkampfes und der Unvermeidlichkeit der sozialistischen Revolution zurückscheuten und nach leichteren Wegen suchten. Zweifellos waren sie von den mit Gründerjahren und Gründerkrise in der anarchisch wachsenden Großstadt Berlin besonders kraß hervortretenden sozialen Mißständen des Industriekapitalismus ehrlich betroffen, doch nur einigen gelang es, das Format konsequenter Revolutionäre zu erreichen. Andere hingen den Ideen der Sozialreform als Allheilmittel an und suchten oftmals eher schleichend und verborgen als auf dem Weg einer offenen und radikalen Trennung die theoretischen Grundlagen der Parteipolitik zu revidieren. Zwischen dem bourgeoisen Kathedersozialismus und dem sich innerhalb der Partei oder in ihren Sympathisantenkreisen entwickelnden Reformismus ergaben sich unmerkliche Übergänge.

Im «Mohrenklub» verkehrten verschiedene Teilnehmer mit solchen Neigungen. Einer von ihnen war der junge Bankangestellte Eduard Bernstein, ein Mann mit theoretischer Begabung, die er eine Reihe von Jahren unter dem Einfluß erfahrener Revolutionäre, auch von Engels selbst, zu nutzbringender Parteiarbeit einsetzte. Letztlich aber stellte er sich ganz und gar in den Dienst der Zersetzung des revolutionären Sozialismus, so daß er sich schließlich zum führenden Kopf des revisionistischen Flügels in der deutschen Sozialdemokratie emporarbeitete.

Zwei Eckpunkte der Defensivposition, von der aus die bürgerliche Gesellschaftswissenschaft der von der aufsteigenden Arbeiterklasse und ihrer politischen Bewegung ausgehenden Herausforderung zu begegnen versuchte, hatten wir dargestellt: die Strategie der gewaltsamen Repression und die Strategie der Zersetzung durch Reformen. Der Staat bediente sich beider Strategien und der sie rechtfertigenden Gedankengebäude, je nach Situation. In dem Terrain, dessen politische Fronten durch diese Markierungen abgesteckt waren, blieben jedoch große wissenschaftliche Leistungen möglich.

Zwei Typen von Haltungen, manchmal auch miteinander verflochten, lagen ihnen zugrunde. Da war einmal der Rückzug auf die systematische Faktenerschließung, von der man glaubte, sie entspreche der so erfolgreichen Methode der Naturwissenschaft, zumal die Größen der Berliner Naturwissenschaft keine Gelegenheit ausließen, zu verkünden, sie betrieben unvoreingenommene Tatsachenforschung und sonst gar nichts, und nichts hätte der Naturwissenschaft so schmählich geschadet wie die spekulative Naturphilosophie des frühen 19. Jahrhunderts. Zweifellos äußerte sich darin die Zersetzung des philosophischen Selbstbewußtseins der Bourgeoisie, doch diese positivistischen Stimmungen motivierten zu immer größerer Akribie der Quellenforschung gemäß den Traditionen der Berliner Philologie.

Im übrigen benötigte auch das Industriekapital zunehmend verläßliches Tatsachenwissen über wirtschaftliche und soziale Prozesse; dieses Interesse förderte Statistik, Nationalökonomie und die aufkommende Soziologie.

Jene, denen die Theorieabstinenz nicht behagte, konnten sich an die geistigen Ressourcen aus der Aufstiegsperiode des Bürgertums halten und, von humanistischen und demokratischen Idealen geleitet, auch schöpferische theoretische Leistungen vollbringen, vorausgesetzt, sie tummelten sich dabei in Gebieten, die den unmittelbar staatspolitischen Interessen ferner standen. Hier konnte sich kräftige wissenschaftliche Objektivität noch gegenüber den deformierenden Zwängen zur Apologetik behaupten. Wir nennen als ein besonders prägnantes Beispiel die glanzvolle Berliner Altertumswissenschaft, ausgezeichnet durch das Bestreben, die alten Gesellschaften nicht durch die einengende Brille bloßer Philologie zu betrachten, sondern als kulturelle Ganzheiten zu erfassen. Weltruf erlangten hier die Erforscher der griechischen Antike Ernst Curtius und Hermann Diels und der großartige Kenner des alten Rom, Theodor Mommsen. Curtius war Erzieher des liberaler als die meisten anderen Hohenzollern eingestellten Kronprinzen Friedrich Wilhelm, des späteren 90-Tage-Kaisers, dessen Protektion ihm die Leitung der deutschen Ausgrabungen in Olympia ermöglichte, wo ihm als dem «letzten Sieger von Olympia» ein Denkmal errichtet worden ist. Diels ist zumindest durch die von ihm herausgegebenen Fragmente der Vorsokratiker noch heute jedem ein Begriff, der einmal einen Kurs der Philosophiegeschichte absolviert hat. Er war Mitbegründer des Instituts für Altertumswissenschaften an der Universität und Autor ausgezeichneter Untersuchungen über antike Wissenschaft und Technik und vertrat in wesentlichen Zügen sehr zeitgemäße Ansichten über die wissenschaftliche Arbeit und ihre Organisation.

An der Wiege dieses Instituts standen weiter Ulrich von Wilamowitz-Moellendorff, ein Altertumswissenschaftler von

Mommsen zu seinem 50jährigen Doktorjubiläum über das komplexe Vorgehen des Historikers:
Es ist mir beschieden gewesen, an dem großen Umschwung, den die Beseitigung zufälliger und zum großen Teil widersinniger, hauptsächlich aus den Fakultätsordnungen hervorgegangener Schranken in der Wissenschaft herbeigeführt hat, in langer und ernsthafter Arbeit mitzuwirken. Die Epoche, wo der Geschichtsforscher von der Rechtswissenschaft nichts wissen wollte, und der Rechtsgelehrte die geschichtliche Forschung nur innerhalb seines Zaunes betrieb, wo es dem Philologen als ein Allotrium erschien, die Digesten aufzuschlagen, und der Romanist von der alten Literatur nichts kannte als das Corpus juris, wo zwischen den beiden Hälften des römischen Rechts, dem öffentlichen und dem privaten, die Fakultätslinie durchging, wo der wunderliche Zufall die Numismatik und sogar die Epigraphik zu einer Art von Sonderwissenschaft gemacht hatte und ein Münz- oder Inschriftenzitat außerhalb dieser Kreise eine Merkwürdigkeit war – diese Epoche gehört der Vergangenheit an, und es ist vielleicht mit mein Verdienst, aber vor allen Dingen mein Glück gewesen, daß ich bei dieser Befreiung habe mittun können.
Zit. in: Jürgen Kuczynski: Studien zu einer Geschichte der Gesellschaftswissenschaften, Bd. 9, Berlin 1978, S. 260.

untadeliger fachlicher Solidität, aber starr konservativen Ansichten, und auch Mommsen, der streitbare Demokrat. Mommsen war der wohl bedeutendste Berliner Geisteswissenschaftler jener Zeit, der das Erbe der fortschrittlichen bürgerlichen Demokratie nicht nur in seinen politischen Überzeugungen, sondern auch in seiner wissenschaftlichen Arbeit ungebrochen weitertrug. Jürgen Kuczynski, der Mommsen eine eingehende Studie gewidmet hat, hebt hervor: «Kein bürgerlicher deutscher Gesellschaftswissenschaftler hat solch Weltansehen genossen wie Mommsen ... Mommsen war der einzige wirklich bedeutende bürgerliche Politiker unter den deutschen Gesellschaftswissenschaftlern des 19. Jahrhunderts.»[74] Seit 1858 wirkte er in Berlin, er lehrte an der Universität, war auch deren Rektor und mehr als zwei Jahrzehnte ständiger Sekretar der philosophisch-historischen Klasse der Akademie.

Mommsen leistete eine wahrhaft gigantische empirische Arbeit bei der Schaffung eines der bedeutendsten Quellenwerke der Berliner Akademie. Seitdem Boeckh 1815 den «Corpus Inscriptionum Graecarum» initiiert hatte, betrieb die Berliner Akademie eine Reihe kooperativ angelegter historischer Quellensammlungen. Mommsen stellte nun dem Korpus griechischer Inschriften den 1853 begründeten «Corpus Inscriptionum Latinarum» an die Seite. Dieser war vor allem sein persönliches Werk. Er akkumulierte «durch die Lektüre bzw. Interpretation von über 150 000 Inschriften ein so ungeheures Wissen allein schon an Fakten, daß er auf einsamer Höhe stand. Niemand wird auch künftig eine solche Anzahl von Inschriften selbst nur lesen, wie es Mommsen auf Grund seiner Sammler- und Interpretationsarbeit tun mußte».[75] Bis zum Ende des Jahrhunderts wurden an der Akademie noch weitere Unternehmen historisch-philologischer Quellensammlungen und kritischer Werkausgaben begründet, auf die Mommsen konzeptionell und organisatorisch einen teilweise sehr wesentlichen Einfluß nahm. Er erblickte darin erste, noch keimhafte Realisierungsformen des wissenschaftlichen «Großbetriebes», dessen Aufkommen er für unerläßlich erachtete.

Die akribische Quellenerschließung, wiewohl sie für sich genommen schon die Leistungsfähigkeit eines durchschnittlichen Wissenschaftlers bei weitem überstieg, war nur ein Teil der persönlichen wissenschaftlichen Leistung Mommsens. Für seine große Römische Geschichte, in der er im Gegensatz zur fortschreitenden Zersplitterung der historischen und philologischen Disziplinen und Hilfsdisziplinen eine integrale kulturhistorische Sicht durchzuführen trachtete, erhielt er 1902 – kurz vor seinem Tod – den Nobelpreis für Literatur. Mit diesem Preis, von dem er übrigens auch noch einen großen Teil

Theodor Mommsen
im Kreise seiner Familie
Aufnahme um 1891
Das Bild ist vor dem Haus der Familie Mommsen in der Marchstraße aufgenommen worden. Theodor Mommsen sitzt am Tisch, und sein Schwiegersohn Wilamowitz-Moellendorff steht auf der Treppe (oben).

der Volksbibliothek in Charlottenburg stiftete[76], kam er erstmalig in seinem langen Leben in auskömmliche Verhältnisse. Demokraten, selbst wenn sie Deutschland zu wissenschaftlichem Weltruhm verhalfen, pflegte man im Wilhelminischen Reich kurzzuhalten.

Bewundernswert war die strenge Objektivität, die Mommsen auszeichnete und die ihn zu kritischer Ehrlichkeit gegenüber den eigenen Ansichten und zu der inneren Bereitschaft veranlaßte, früher vertretene Positionen aufzugeben, wenn sie sich bei genauer Prüfung als nicht mehr haltbar erwiesen. Dieser Wesenszug blieb ihm bis in sein hohes Alter erhalten. Seine Klassenposition hielt ihn stets von der Sozialdemokratie fern, und noch 1884 votierte er für die Verlängerung des Sozialistengesetzes und erklärte dazu, mit jeder anderen Partei

74 Jürgen Kuczynski: Studien zu einer Geschichte der Gesellschaftswissenschaften, Bd. 9, Berlin 1978, S. 8, 37.
75 Ebenda, S. 167.
76 Siehe ebenda, S. 36.

könne man sich vertragen und unter Umständen sogar paktieren – nicht aber mit der Sozialdemokratie.

Doch er beobachtete auch den Verfall der Kräfte, die einst die bürgerliche Demokratie getragen hatten, und das wirkliche Verhalten der als Gefahr für die Zivilisation gefürchteten Sozialdemokratie. Noch an seinem Lebensabend gelangte er zu einer bemerkenswerten Revision seiner Ansichten. 1902 – er war bereits 85 Jahre alt – schrieb er den Artikel «Was uns noch retten kann», in dem es hieß: «Es darf nicht mehr geschehen, daß der Freisinnige dem unverschämten oder verschämten Reaktionär seine Stimme lieber gibt als dem Sozialdemokraten. ... Ich bin nie einer gewesen und gedenke auch nicht es zu werden: aber es ist leider wahr, zur Zeit ist dies die einzige große Partei, die Anspruch hat auf politische Achtung. Von dem Talent ist es nicht nötig zu reden; jedermann in Deutschland weiß, daß mit einem Kopf wie Bebel ein Dutzend ostelbischer Junker so ausgestattet werden könnten, daß sie unter ihresgleichen glänzen würden. Die Hingebung, die Opferbereitschaft der sozialdemokratischen Massen imponirt auch dem, der ihre Zwecke nichts weniger als theilt. An der Disziplin der Partei, deren ungeheure Schwierigkeiten uns ihre Parteitage drastisch vor Augen führen, können namentlich unsere Liberalen sich ein Muster nehmen.»[77]

Diese späte Einsicht ist von symbolischer Bedeutung. Sie läßt ahnen, wer das Erbe der 48er Revolutionäre wirklich aufgenommen hat, und enthält – wenn man diese weitreichende Deutung wagen darf – vielleicht schon die ferne Vision eines möglichen Zusammengehens von Arbeiterbewegung und bürgerlichen Demokraten gegen Imperialismus und Militarismus.

Eine neue Art, Wissenschaft zu treiben[78]

«Der Präsident bestimmt ..., welche Arbeiten auszuführen ... sind; er entscheidet über die anzuwendenden Methoden; er überwacht die Ausführung der Arbeiten beider Abteilungen und ist befugt, jederzeit Aufschluß über den Stand der Arbeiten zu verlangen ... Veröffentlichungen über Untersuchungen, welche im Auftrage der Reichsanstalt ausgeführt sind, dürfen nur mit Genehmigung des Präsidenten erfolgen ... Es ist verboten, die mit den Mitteln der Reichsanstalt durchgeführten Untersuchungen zur Erlangung von Patenten zu benutzen.»[79] Undenkbar, daß solche Sätze im 19. Jahrhundert in den Statuten oder Satzungen einer Universität gestanden haben könnten, von den noblen Akademien ganz zu schweigen.

Dort, wo sie galten – sie entstammen der 1888 publizierten Geschäftsordnung der in Berlin ansässigen Physikalisch-Technischen Reichsanstalt (PTR) –, begann eine neue Art des Wissenschaftsbetriebes, und da die Tätigkeit den Menschen formt, war hier auch ein neuer Typ des Wissenschaftlers im Entstehen. Er unterschied sich gründlich von dem auf seine Autonomie bedachten Universitätsgelehrten traditionellen Stils; weit mehr als dieser kam er in den Bedingungen seiner Arbeit dem Lohnarbeiter nahe. Die materielle Privilegierung zusammen mit den wirklichen oder eingebildeten Vorteilen des «Beamten»-Status sorgten dafür, daß sich der Wissenschaftler auch unter objektiv veränderten Verhältnissen immer noch als Vertreter eines exklusiven, meilenweit vom Proletariat entfernten «Standes» fühlte und nicht etwa auf den umstürzlerischen Gedanken verfiel, daß «Kopfarbeiter» und «Handarbeiter» den gleichen Feind haben.

Im Institutionengefüge der Berliner Wissenschaft war seit der Reichsgründung viel Bewegung. Die Gründung der PTR aber war ein in solchem Grade neuartiges Phänomen, daß wir es wagen möchten, sie als das entscheidende institutionelle Ereignis der Berliner Wissenschaft in dem hier betrachteten Zeitabschnitt zu werten. Quantitativ war nur ein kleiner Teil der Berliner Wissenschaftler und Techniker davon betroffen; qualitativ aber traten hier die wichtigsten neuartigen Tendenzen des Verhältnisses von Wissenschaft und Monopolkapital erstmalig mit einer solchen Prägnanz und Dichte zutage, als wäre die Anstalt eigens erfunden worden, um als Lehr- und Anschauungsbeispiel für dieses Thema zu dienen.

In dem langen Zeitraum ihrer Vorbereitung bildete sich eine für jene Zeit noch einzigartige Überschneidung wissenschaftlicher, technischer, gewerblicher, industrieller, militärischer, innen- und außenpolitischer Interessen heraus und konzentrierte sich wie in einem Brennpunkt in diesem einen Projekt. Die Geschichte des Projekts ist faszinierend, weil sie deutlich erkennen läßt, daß diese Überlagerung der Interessen nicht von vornherein als feste Ausgangsgröße gegeben war, sondern sich im Gegen- und Miteinander der Einflußgruppen allmählich herauskristallisierte – offensichtlich entsprechend dem Übergangscharakter der deutschen Gesellschaft jener Zeit vom Kapitalismus der freien Konkurrenz zum Monopolkapitalismus.

Der Anlaß, aus dem die komplizierte und hier nicht im einzelnen zu verfolgende fünfzehnjährige Bewegung einsetzte,

Militärische Interessen an der Gründung der Physikalisch-Technischen Reichsanstalt: Über die Notwendigkeit von Untersuchungen zur Entwicklung qualitativ hochwertigen optischen Glases schrieb Emil Busch, Inhaber der «Rathenower optischen Industrieanstalt, vormals Emil Busch»:
Das Beschaffen großer Vorräte ist ... sehr schwierig, und doch hatte ich beim Ausbruch des letzten Krieges zufällig mehrere Schmelzungen erhalten, sonst hätte ich die Fabrik, soweit sie die betreffenden Branchen betrifft, schließen müssen, obgleich sich in Doppelfeldstechern für Militär damals ein Geschäft entwickelte, wie es zuvor zu keiner Zeit ... dagewesen. Wie wichtig es aber ist, daß gerade zu solcher Zeit eine auf Kriegsmaterial Bezug habende Fabrik leistungsfähig bleibt, brauche ich wohl nicht zu erwähnen. Der nächste Krieg ... kann lange dauern ...
Emil Busch: Gutachterliche Äußerung ..., die Bedürfnisse der Rathenower Industrie betreffend, vom 27. November 1883. Zit. in: Gisela Buchheim: Die Gründungsgeschichte der Physikalisch-Technischen Reichsanstalt von 1872 bis 1887, Teil 1. In: Dresdener Beiträge zur Geschichte der Technikwissenschaften, Heft 3, Dresden 1981, S. 33.

77 Zit. in: Ebenda, S. 70.
78 Siehe Gisela Buchheim: Die Gründungsgeschichte der Physikalisch-Technischen Reichsanstalt. Teil 1 in: Dresdener Beiträge zur Geschichte der Technikwissenschaften, Heft 3, Dresden 1982; Teil 2 in: Ebenda, Heft 4, Dresden 1982 (im folgenden Gisela Buchheim, Teil 1 und Gisela Buchheim Teil 2). – Siehe auch Robert Rompe: Einige Worte über Helmholtz und die Physikalisch-Technische Reichsanstalt. In: Robert Rompe: Ausgewählte Vorträge und Aufsätze, Berlin 1980, S. 299–306.
79 Zit. in: Gisela Buchheim, Teil 2, S. 9.

Aus der Denkschrift vom 13. November 1885:
Es ist aber einleuchtend, daß in Zukunft das größte Vertrauen von Seiten der an Zahl und Bedeutung immer stärker wachsenden Kreise, welche an Messungsarbeiten beteiligt sind, demjenigen Lande entgegengebracht wird, welches in einer auch durch große experimentelle wissenschaftliche Arbeiten offenkundigen Weise am frühesten und am vollständigsten Institutionen begründet, welche den Zuverlässigkeitsgrad der Leistungen seiner Präzisionstechnik erhöhen. Der Wert von Präzisionsapparaten, welcher schon in rein wissenschaftlichem Sinne durch solche Steigerungen ihrer Zuverlässigkeit bedeutend erhöht wird, weil dem mit den besseren Apparaten Arbeitenden enorme Aufwendungen an Zeit und Kraft erspart werden, wächst erfahrungsgemäß in noch höherem Grade in der ideellen Schätzung der Beteiligten. Hieraus ergibt sich aber die wohltätige Wirkung, daß jede, der Zuverlässigkeit und Normalität der Leistungen der Präzisionstechnik eines Landes bereitete Förderung, welche schon an sich der allgemeinen gewerblichen Tätigkeit desselben zu Gute kommt, auch auf die Verwertung seiner sämtlichen gewerblichen Produkte auf dem Weltmarkt sehr bald einen äußerst günstigen Einfluß übt.
Zit. in: Ebenda, Teil 2, S. 10/11.

die schließlich zur Gründung der PTR führte, war zufällig und lokal. Mit dem Ausfall der renommierten Werkstatt von Pistor & Martin war in Berlin ein Engpaß auf dem Gebiet der Präzisionsmechanik entstanden. Dabei gab es gerade hier mit der Sternwarte, den physikalischen Einrichtungen, dem der Generalität zugeordneten Vermessungswesen (Generalstabschef Moltke, ein talentierter Kartograph, leitete selbst das «Central-Directorium für die Vermessungen im preußischen Staate») und anderen wissenschaftlichen Diensten einen großen Kundenkreis für präzise Beobachtungs-, Meß- und Prüfinstrumente.

Karl Heinrich Schellbach, der als Professor für Mathematik und Physik am Friedrich-Wilhelm-Gymnasium und an der Kriegsakademie tätig war, sah sich durch diesen Notstand veranlaßt, am 30. Juli 1872 in einer Denkschrift an das Kultusministerium die Errichtung eines Staatsinstituts zur Förderung der Präzisionsmechanik in Berlin vorzuschlagen. Natürlich spiegelten sich in den momentanen Schwierigkeiten der Präzisionsmechanik umfassendere Entwicklungsprobleme des Verhältnisses von industrieller und handwerklicher Fertigung, doch unbestreitbar waren die Probleme in Berlin einstweilen durch gezielte Maßnahmen lokalen Charakters – etwa die Förderung einiger Mechaniker bei der Eröffnung von Werkstätten – zu beheben und hätten zu ihrer Lösung nicht der Gründung einer Reichsanstalt bedurft. Doch es ist ebenso unbestreitbar, daß sich die letztlich hinter der Gründung der PTR stehenden Interessen dann eines anderen Anlasses bedient hätten, um eine ähnliche Institution durchzusetzen.

Mehrfach schien es, als würde die Kette der Vorstöße und Denkschriften, an deren Anfang das Schellbach-Papier gestanden hatte, unwiderruflich abreißen. Endgültigen Erfolg hatte das Unternehmen erst, als es nicht mehr vordergründig von den Interessen der Mechaniker und der Nutzer ihrer Erzeugnisse bestimmt wurde, sondern das Kapital der modernen, wissenschaftsintensiven Industrie sich energisch einschaltete. Das bedeutete allerdings nicht, daß die praktischen Mechaniker mit dem weiteren Fortgang des Projekts nichts mehr zu tun gehabt hätten. Sie blieben ein Einflußfaktor, nur eben nicht der dominante. 1882 benannte der Fachverein Berliner Mechaniker und Optiker die Mechaniker Carl Bamberg (er hatte bei Carl Zeiss gelernt, in Jena und Berlin Vorlesungen über Mathematik und Physik gehört und seine Berliner Werkstatt 1871 gegründet) und Rudolf Fuess als Vertreter für die Kommission zur Vorbereitung der Anstaltsgründung, beide wurden später auch Mitglieder des Kuratoriums der Anstalt, dazu die Mechaniker Steinheil aus München und Repsold aus Hamburg.

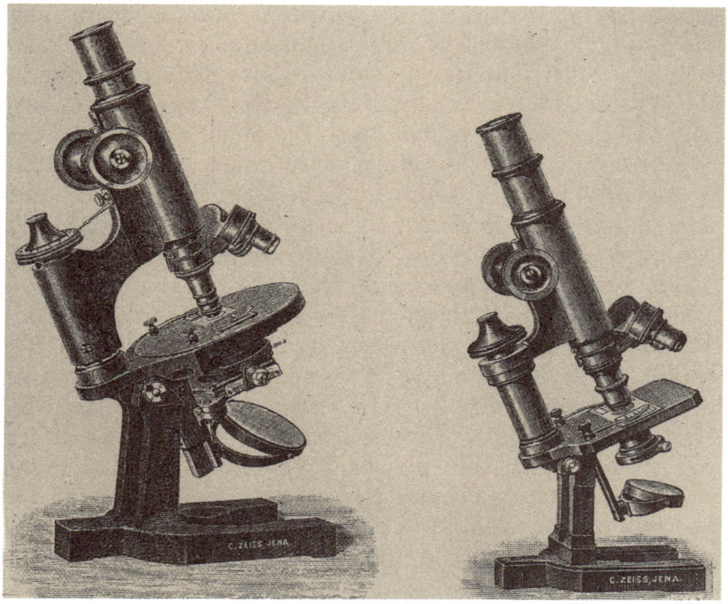

Mikroskope. Um 1900
Derartige Mikroskope der Firma Carl Zeiss Jena gehörten zur Standardausrüstung für biologische, zoologische und chemische Untersuchungen.

Nicht unwichtig war die Einflußnahme von Ernst Abbe und Friedrich Otto Schott und damit des Jenenser feinmechanisch-optischen Komplexes auf die Entwicklung des Projekts, weil so anhand eines speziellen Problems – der Entwicklung neuer optischer Gläser mit qualitativ besseren Eigenschaften, als sie die bisher allein auf der Basis handwerklicher Erfahrungen produzierten Gläser aufwiesen – die Pläne entschieden in Richtung auf Forschung gedrängt wurden. Während aber die praktischen Mechaniker und Optiker von der angestrebten Institution direkt nutzbare Entwicklungsarbeiten wünschten[80], waren Abbe und Schott weit eher daran interessiert, die Entwicklungsarbeiten selbst durchzuführen. Sie verlangten von der neuen Einrichtung jedoch einerseits eine gewisse Garantie zur Bewältigung des Versuchs- und Überführungsrisikos, andererseits durch eine nach höchsten wissenschaftlichen Ansprüchen erfolgende Prüfung und Beglaubigung ihrer Erzeugnisse Durchsetzungsvorteile in der Marktkonkurrenz.

«Die Entwicklung der glastechnischen Versuchsanstalt, der späteren Firma ‹Glastechnisches Laboratorium Schott & Gen.›, und des feinmechanisch-optischen Betriebes Carl Zeiss Jena symbolisierten das Entstehen eines Monopols an feinmechanisch-optischen Geräten, das die qualitativ neuen Eigenschaften seiner Produkte nur mit Hilfe naturwis-

80 Siehe ebenda, Teil 1, S. 30.

senschaftlicher Forschung entwickeln konnte.»[81] Die Erzeugnisprüfung in speziellen Versuchsanstalten war generell ein wichtiges Mittel für die Qualitätsverbesserung der Produktion. Während aber die mechanisch-technischen Versuchsanstalten – eine solche bestand seit 1870 auch in Berlin an der Gewerbeakademie – auf Routineprüfungen nach Standardmethoden orientiert waren, wurde hier der Schwerpunkt auf die ständige Höherentwicklung der Prüfverfahren selbst gelegt, die nur mit Hilfe von Forschungsarbeiten, und zwar von Forschungen höchsten Niveaus, erfolgen konnte.

Der entscheidende Problemkreis dieser sich herauskristallisierenden Aufgabenstellung war die Frage der exakten Bestimmung der elektrischen Maßeinheiten und die Entwicklung zuverlässiger und genauer Verfahren zu diesem Zweck. Als diese Frage in den Mittelpunkt trat, da wurde Siemens (er war schon seit den frühen siebziger Jahren in die Bemühungen einbezogen, ohne besonders hervorzutreten) zum Motor des Unternehmens, und von da an konnte man seine Realisierung trotz aller Schwierigkeiten als letztlich gesichert betrachten. Siemens ist es zu danken, daß Helmholtz erster Präsident der PTR wurde und deren wissenschaftliches Gesicht bestimmte.

Alles in allem war das eine glänzend bestandene Probe auf die Macht, die das werdende Elektromonopol Siemens & Halske damals bereits tatsächlich besaß. So bot Siemens dem Kultusminister Gossler – dieser unterstützte das Projekt, doch er verfügte nicht über das Geld – im Juli 1883 an, dem Staat für den Bau ein geeignetes Gelände in der Nähe der Technischen Hochschule – in der Charlottenburger Marchstraße 25 – zu schenken. Nach der Weigerung des Finanzministers, die beantragten Mittel in den Etat 1884/85 aufzunehmen, offerierte Siemens dem Kultusminister, er würde auch die Baukosten vorerst aufbringen. Als auch diese Geste nicht den erwarteten Erfolg hatte, lancierte Siemens den Übergang des Projektes aus preußischen Händen in die Zuständigkeit des Reiches, wo er in Boetticher, Staatssekretär im Reichsamt des Innern, einen energischen und einflußreichen Partner fand.[82] Ehe das Projekt dem Bundesrat und dem Reichstag zur Beratung zugeleitet wurde, war die Ausarbeitung der Baupläne schon in Auftrag gegeben, um so viele vollendete Tatsachen wie möglich zu schaffen, und Siemens hatte auch hier die materielle Sicherung übernommen. Sobald der Bundesrat im Juni 1886 die Aufnahme der Mittel in den Etat bewilligt hatte, begann Siemens auf eigene Verantwortung mit dem Bau, obwohl die Reichstagsdebatte noch ausstand.[83] Siemens war stets in der Offensive und nötigte die widerstrebenden – weil noch nicht hinreichend auf die neuartigen Bedürf-

Gebäude der Akademie
Aufnahme um 1900
Über dem Hauptportal der Akademie war auf Initiative von Bode um 1790 eine Uhr eingebaut worden. Bis 1872 war sie die einzige öffentliche Normaluhr in Berlin. In der darauffolgenden Zeit wurden weitere Uhren, unter anderem auch elektrische, auf bedeutenden Straßen und Plätzen aufgestellt.

nisse des mit der Wissenschaft liierten Großkapitals eingestellten – staatlichen Behörden, letzten Endes so oder so seinen Forderungen Genüge zu tun.

Die weltweiten Wirtschaftsbeziehungen, in die die moderne Technik eingebunden war, zwangen dazu, über eine ganze Reihe von häufig gebrauchten Maßen internationale Konventionen abzuschließen. Dazu mußten Einheiten definiert werden, die mit höchster Genauigkeit reproduzierbar waren, und es waren Verfahren zu bestimmen, mit denen sich diese verläßliche Reproduktion vollziehen ließ. Schließlich mußten für die einzelnen Länder gesetzliche Bestimmungen erarbeitet und ihre Durchführung überwacht werden.

81 Ebenda, S. 41.
82 Siehe ebenda, S. 86–90.
83 Siehe ebenda, Teil 2, S. 23/24.

Urania-Säule
Aufnahme um 1910
Ab 1892 wurden in Berlin sogenannte Urania-Säulen aufgestellt. Die Anregung für diese Säulen ging von Foerster und Bezold im Zusammenhang mit den Aktivitäten der Urania-Gesellschaft aus. Auf ihnen waren elektrische Uhren angebracht, zudem konnten Informationen metereologischen, astronomischen, statistischen und geographischen Inhalts gelesen und Flächen für Werbezwecke gemietet werden.
Die hier abgebildete Säule stand vor den Spittelkolonnaden in der Nähe der Leipziger Straße.

Systeme dieser Art sind keine bloßen Konventionen, sie stellen sehr hohe Anforderungen an ihre wissenschaftliche Begründung ebenso wie an die verfügbare Präzisionsmeßtechnik. So präsentierte sich das Problem zwar abstrakt; tatsächlich aber wurde diese klare Aufgabenstellung bis zum äußersten kompliziert und verwirrt durch die politische Rivalität der teilnehmenden Staaten. Auf dem Gebiet der Längenmaße war das Meter eine Errungenschaft der Französischen Revolution, doch in den deutschen Staaten wurde nach Fuß und Zoll, nach preußischen und sächsischen Meilen usw. gemessen. Erst nach der Reichsgründung erzwang der Generalstab die gesetzliche Einführung von Meter und Kilogramm für das gesamte Reichsgebiet; indes vermochte das Internationale Metrische Komitee in Paris trotz großer Bemühungen Foersters nicht, eine gesamteuropäische Regelung zu erreichen. Das Chaos der Zeitunterschiede – es gab allein in Deutschland noch 20 verschiedene Ortszeiten – erschwerte die Fahrplangestaltung bei der Eisenbahn außerordentlich, erst 1893 setzte sich die mitteleuropäische Zeit international durch.[84] Der rasche Fortschritt der elektrotechnischen Industrie hatte auch eine entsprechende Regelung auf dem Gebiet der elektrischen Maßeinheiten auf die Tagesordnung gesetzt.

Über Foerster schreibt Annemarie Lange:
Er vertrat die deutsche Wissenschaft so würdig gegenüber allen chauvinistischen Tendenzen des eignen wie des Auslandes, daß er selbst während des Siebziger Krieges zur Konferenz nach Paris eingeladen wurde; doch gestattete das Bundeskanzleramt ihm die Teilnahme nicht.
Annemarie Lange: Berlin zur Zeit Bebels und Bismarcks, S. 271.

Hier bestand nun allerdings eine wesentlich neuartige Situation. Die Bestimmung der Zeit-, Längen-, Flächen-, Raum- und Gewichtsmaße warf – in den damals erforderlichen Genauigkeitsgrenzen – keine wissenschaftlichen Grundlagenprobleme auf. Die entsprechenden Regelungen waren auf der Basis des vorhandenen Wissens zu treffen, die entsprechende Prüf- und Kontrolltätigkeit konnte sich auf dem Niveau gehobener wissenschaftlicher Routine vollziehen. Das gehörte zum Kompetenzbereich der von Foerster geleiteten «Kaiserlichen Normal-Eichungs-Kommission», die mit der Reichsgründung aus der 1869 in Preußen – mit Aufgaben im Rahmen des Norddeutschen Bundes – gegründeten «Normal-Aichungs-Kommission» hervorgegangen war.

Das elektrische Maßeinheitensystem hingegen war auf zweierlei Weise mit ungelösten physikalischen Forschungsproblemen verbunden: Einerseits waren die Möglichkeiten noch sehr begrenzt, die Maßeinheiten physikalisch genau zu realisieren, andererseits war die durchaus noch nicht allgemein anerkannte Grundlagentheorie des Gebietes, die Maxwellsche Elektrodynamik, in ihrer empirischen Bestätigung an die Verfeinerung der Meßmittel und -methoden gebunden, so daß diese im Brennpunkt der Aufmerksamkeit nicht nur der elektrotechnischen Industrie, sondern auch der theoretischen Phy-

Einheitliche, exakt bestimmte und leicht reproduzierbare elektrische Maßeinheiten waren für die Industrie unentbehrlich geworden. Aber die Physik war vorerst nicht in der Lage, dem zu entsprechen. Es gab zwar Ansätze für die theoretische Entwicklung eines solchen einheitlichen Maßsystems, aber die experimentelle Darstellung der Grundgrößen sowie die Herstellung von Etalons war mit großen Schwierigkeiten verbunden. Die festgestellten Werte differierten bis zu 2 Prozent ...
Gisela Buchheim, Teil 1, S. 46.

84 Annemarie Lange: Berlin zur Zeit Bebels und Bismarcks, S. 275.

sik stand. In wesentlichen Fragen hatte die Physik damals gegenüber den Bedürfnissen der praktischen Elektrotechnik keinen Vorlauf.

Die Tatsache, daß diese Aufgabenstellung damals nicht auf der Ebene angewandter Physik zu lösen war, sondern Vertiefung bis zur Grundlagenforschung verlangte, bestimmte maßgeblich das unverwechselbare Profil der PTR. Es lag nun aber auch auf der Hand, daß jenes Land, in dem diese Forschungsproblematik am ehesten und am solidesten gelöst wäre, auch die größten Chancen haben würde, seinen Standard bei allen internationalen Vereinbarungen durchzusetzen. Damit wurde das Projekt zu einem Außenpolitikum. Siemens machte davon geschickt Gebrauch. Möglicherweise war diese Überlegung sogar das Hauptargument, mit dem er die Übernahme des Projekts durch das Reich durchdrücken konnte. Der Internationale Elektrikerkongreß im Herbst 1881 in Paris, an dem unter anderem Siemens, Helmholtz, Foerster und Du Bois-Reymond teilnahmen, endete hinsichtlich der am meisten umstrittenen Einheit, der des elektrischen Widerstandes, mit dem Kompromiß, zwar das Ohm als verbindlich anzuerkennen, aber die konkrete Bestimmung dieser Einheit der weiteren Arbeit einer internationalen Kommission zu überlassen. Hier nun bestand die reale Möglichkeit, daß die Tätigkeit dieser Kommission zur Errichtung eines internationalen wissenschaftlichen Zentrums in Paris unter der Ägide der französischen Regierung geführt und damit Frankreich auf diesem strategisch wichtigen Gebiet des wissenschaftlich-technischen Fortschritts Pluspunkte gebracht hätte. Damit war dieses Problem in das Spannungsfeld der deutsch-französischen Rivalität geraten. Die französische Regierung forcierte die Tätigkeit der Kommission, während die deutsche, beraten von ihren führenden Wissenschaftlern, sie mit allen Mitteln verzögerte. Deutschland war auf diesem Gebiet führend: Die bei Siemens & Halske entwickelte praktische Widerstandseinheit war die am einfachsten und am genauesten herstellbare.[85]

Die Verzögerungstaktik allein genügte natürlich nicht, um die Interessen der herrschenden Kreise Deutschlands durchzusetzen; man mußte in die Offensive gehen und selbst eine Zentralstelle für elektrische Maßeinheiten schaffen, «die sowohl das Zentrum der weiteren wissenschaftlichen Untersuchungen bilden als auch das praktische Meß- und Prüfwesen in ihren Mauern zentralisieren würde».[86]

Unter den fortan zugunsten der Dringlichkeit der PTR vorgebrachten Argumenten spielte der Gesichtspunkt, Frankreich zuvorzukommen und eine Einrichtung zu entwickeln, die sich durch ihre Leistung selbst zum internationalen Zentrum profilieren würde, eine maßgebliche Rolle. In der Zeit

Wilhelm Foerster als Vorsitzender des Elektrotechnischen Vereins an Staatssekretär Boetticher zu den Konsequenzen einer internationalen Vereinbarung über elektrische Maßeinheiten (12. Februar 1885): Eine unumgängliche Konsequenz einer solchen nicht bloß im wissenschaftlichen und gewerblichen Interesse, sondern auch für gewisse öffentliche und Reichs-Einrichtungen unmittelbar bedeutungsvollen internationalen Vereinbarung wird aber darin bestehen, daß auch in Deutschland nunmehr ein wissenschaftlich-technischer Mittelpunkt ähnlicher Art, wie er in Frankreich bereits geplant ist, zu dem Zwecke geschaffen wird, einerseits diejenigen tieferen Forschungen und genaueren Messungen dauernd in die Hand zu nehmen, welche zu einer vollen wissenschaftlichen und gewerblichen Durchführung der in Rede stehenden Festsetzungen erforderlich sein werden, andererseits für die elektrotechnische Praxis in Deutschland die unentbehrliche Einheitlichkeit und Normalität bei der Verausgabung elektrischer Maßbeder Reichstagsdebatten, als die Budgetkommission das Projekt wesentlich zu beschneiden suchte, verwies Foerster in seiner Broschüre «Die Physikalisch-Technische Reichsanstalt. Ein Beitrag zur Verständigung», die den Abgeordneten vorlag, unverhüllt darauf, daß eine Nichtbewilligung der Mittel für die Reichsanstalt einer Unterstützung der Interessen Frankreichs gleichkäme – und das war für jenen Reichstag ein schweres Geschütz.[87]

Die Bundesrats- und Reichstagsdebatten um die PTR-Gründung 1886 und 1887 bereiteten zwar noch manche Ungelegenheiten für die Realisierung des Vorhabens, aber für das Zustandekommen des Projekts spielten sie letztlich keine entscheidende Rolle mehr, nachdem zwischen Elektroindustrie und Reichsregierung alles Wesentliche ausgehandelt und zum Schluß auch noch eine gewisse, aber keineswegs profilverändernde Berücksichtigung der vom Verein Deutscher Ingenieure (VDI) vertretenen Interessen des Maschinenbaus erreicht worden war. Sie veranschaulichten aber die Schwierigkeiten, die die verschiedenen politischen Kräfte mit dem Begreifen des sich abzeichnenden neuen Verhältnisses von Großindustrie und Wissenschaft hatten. Foerster entsann sich später mißmutig der von liberaler Seite vorgebrachten Schlagworte vom «Staatsbetrieb des Gewerbes» und von der «Beeinträchtigung der freien Konkurrenz» und des Einwandes der Konservativen, hier sei eine «übermäßige Hätschelung der Industrie» beabsichtigt.[88]

Nur die sozialdemokratischen Abgeordneten stimmten vorbehaltlos zu. Dabei ist zu berücksichtigen, daß der Fraktion die in den streng vertraulich geführten Beratungen zur PTR-Gründung sehr massiv geäußerten Forderungen des Großkapitals nicht bekannt gewesen sein dürften; die Vorbehaltlosigkeit der sozialdemokratischen Zustimmung beruhte offenbar auf der Erwägung, daß ein Staatsprojekt (als ein solches firmierte das Vorhaben offiziell) immer noch besser sei als ein direkt vom Privatkapital beherrschtes Unternehmen, und sie berücksichtigte selbstverständlich auch den unbestreitbaren wissenschaftlichen und kulturellen Wert der Anstalt. Allerdings ist der Kontrast dieser Entscheidung zur generellen Parlamentstaktik der Sozialdemokraten («Diesem System keinen Mann und keinen Groschen») nicht zu übersehen; es bereitete zweifellos Schwierigkeiten, zu den neuen Phänomenen der wissenschaftlich-technischen Strategie des Kapitals einen allseitig begründeten Standpunkt zu entwickeln.

stimmungen zu verwirklichen … Es ist auch einleuchtend, daß je früher und vollkommener das deutsche Reich derartige Einrichtungen begründet, desto größer bei dem künftigen Wettbewerbe mit den ähnlichen Institutionen anderer Länder, zumal im Hinblick auf den bereits hochentwickelten Zustand der deutschen Elektrotechnik die Aussicht sein wird, den internationalen Mittelpunkt und die letzte Instanz der elektrischen Maßbestimmungen nach Deutschland verlegt zu sehen, was natürlich auch für die gesamte deutsche Präzisionstechnik von größter Bedeutung sein würde.
Zit. in: Gisela Buchheim, Teil 1, S. 58/59.

Der außenpolitische Aspekt des Ringens um die PTR: Der Moment ist hierfür von um so größerer Wichtigkeit, als Deutschland auf die Dauer seine Stellung im Weltverkehr, gegenüber der enormen Ertragsfähigkeit anderer Länder an Naturprodukten, nur dadurch rechtzeitig zu sichern vermögen wird, daß es die Intelligenz und Geschicklichkeit seines Volkes oder, wie englische und amerikanische Blätter sagen, die Ertragsfähigkeit seines Gehirns, gehörig steigert und sichert.
Denkschrift von Wilhelm Foerster an den preußischen Kultusminister vom 22. Dezember 1880.
Zit. in: Ebenda, S. 31.

---

85 Siehe Gisela Buchheim, Teil I, S. 43–58.
86 Ebenda, S. 55.
87 Siehe ebenda, Teil 2, S. 35/36.
88 Wilhelm Foerster: Lebenserinnerungen und Lebenshoffnungen, Berlin 1911, S. 192.

Reichstagsdebatte um die Gründung der Physikalisch-Technischen Reichsanstalt 1887

Staatssekretär Boetticher: Jedenfalls aber wird es nicht möglich sein, durch Privattätigkeit und Privatforschung die Arbeiten dieser Anstalt entbehrlich zu machen; es wird insbesondere nicht möglich sein, die Arbeiten der Privatforschung so nutzbar für unsere Industrie und unser wirtschaftliches Leben zu machen, wie es ermöglicht wird durch die Gründung einer solchen Anstalt.

Abgeordneter Kalle (Nationalliberale Partei): Heute werden Erfindungen auf ganz andere Weise gemacht ... bei weitem die große Mehrzahl ist die Frucht eines zielbewußten Forschens und experimenteller Ausführungen ernst-wissenschaftlicher Gedanken. Gerade infolge dieser systematischen Erfindungsarbeit ... beherrscht die deutsche Teerfarbenindustrie den Weltmarkt. ... wenn, wie ich es auffasse, die Förderung der nationalen Industrie der letzte Zweck der hier geplanten Anstalt ist, so ziehe ich auch die Konsequenzen, daß das Reich der Träger derselben sein muß ...

Abgeordneter Geiser (Sozialdemokratie): Die moderne Technik, welche im engsten Zusammenhang steht mit der gewaltigen Entwicklung unseres Erwerbslebens, und welche gar nicht hintanzustellen ist in ihrer Ausbreitung, verlangt und bedarf zu ihrer Weiter-

In diesem Projekt wurde das Anliegen der Verbindung von Wissenschaft und Industrie mit einer Weitsicht verfochten, wie sie von den deutschen Kapitalisten damals wohl nur Siemens besaß; die Profitinteressen anderer Unternehmer waren viel kurzschlüssiger und unmittelbarer konzipiert. Das wird eindeutig in einem Votum von Siemens sichtbar, das im Juni 1883 als Beilage Nr. 1 zur «Denkschrift betreffend die Begründung eines Instituts für die experimentelle Förderung der exakten Naturforschung und der Präzisionstechnik» dem preußischen Kultusministerium übermittelt wurde.[89] Siemens ging es nicht in erster Linie um unmittelbare Auftragsforschung, sondern um fundamentale Forschung mit modernster Experimentaltechnik, die von Anwendungserfordernissen zwar stimuliert wurde, aber nicht eingeschränkt war, und von der revolutionäre, doch in ihrer konkreten Beschaffenheit mitunter völlig unvorhergesehene Neuerungen für die Produktion zu erwarten waren.

Dieser Sicht entsprangen auch der Gedanke, die neue Einrichtung als «Naturwissenschaftliche Reichsanstalt» zu bezeichnen, mit dem Siemens nicht durchkam[90], und die Struktur der Anstalt, die den Intentionen von Siemens entsprach. Als die PTR im Oktober 1887 unter der Präsidentschaft von Helmholtz – nach seinem Tode 1894 folgte ihm Friedrich Kohlrausch – ihre Tätigkeit aufnahm, war gesichert, daß ihr Aufbau in zwei Abteilungen erfolgte, einer wissenschaftlichen und einer technischen, daß die Aufgaben der beiden Abteilungen in wechselseitiger Bedingtheit bei übergreifender Orientierung durch die erste konzipiert waren und daß diese Ordnung der Dinge auch personell fixiert war, denn der Präsident der Anstalt war zugleich Leiter der wissenschaftlichen Abteilung, während die technische Abteilung einen eigenen, dem Präsidenten unterstellten Chef erhielt. Der Leiter der technischen Abteilung war der von Foerster empfohlene bisherige Mitarbeiter der Normal-Eichungs-Kommission Leopold Loewenherz. Dies war ein doppelter Sieg der Siemens-Linie: einmal über die Bedenken grober utilitaristischer Sparsamkeit, die das ganze Unternehmen auf die technische Abteilung eingeschränkt sehen wollte, zum anderen über den bereits anpassungsfähigeren Pragmatismus, der mit der Einbeziehung naturwissenschaftlicher Forschung zwar einverstanden war, diese aber ausschließlich unter das Kommando technischer Bedürfnisse zu stellen gedachte.

In zweierlei Hinsicht war die PTR etwas prinzipiell Neuartiges. *Zum ersten* ermöglichte sie prononciert Forschung als Beruf. Bis dahin war es – von wenigen individuellen Ausnahmen abgesehen – in Deutschland nur möglich gewesen, Forschungstätigkeit als Anhängsel zur Lehre, zur Praxis (etwa bei

Gebäude der Physikalisch-Technischen Reichsanstalt
Aufnahme um 1900

Ärzten und Juristen) oder zu wissenschaftlichen Dienstleistungen (Meteorologie, Geodäsie) auszuüben. Allenfalls Personen mit Vermögen, die der Einnahmen aus der Lehre nicht bedurften, konnten sich als «Privatgelehrte» ganz der Forschung widmen. Dazu war ein enormes Maß an Enthusiasmus und Opferwillen vonnöten, und das Ausmaß der auf diese Weise überhaupt in Angriff zu nehmenden Forschungsaufgaben war naturgemäß begrenzt. Ausdrücklich hatte Siemens die vollständige Inanspruchnahme hochbegabter Wissenschaftler durch Lehre und Verwaltungsaufgaben als «Vergeudung nationaler Kraft» angeprangert.[91] Sich ohne materielle Existenzsorgen für längere Zeit ungestört auf Forschungsarbeit konzentrieren zu können, war ein allgemeines Bedürfnis der Wissenschaftler und ein herangereiftes Erfordernis der Wissenschaftsentwicklung selbst.

Zum zweiten bildete die PTR den Prototyp einer Forschungsorganisation, in der Aufgaben von dringender Notwendigkeit für den wissenschaftlich-technischen Fortschritt und damit für die wirtschaftliche Kraft kapitalistischer Großunternehmen bearbeitet wurden, die für das Gesamtkapital wichtig, aber für das einzelne Unternehmen nicht unmittelbar profitabel waren und daher zweckmäßig dem Staat übertragen wurden. So wurde dann auch, abweichend von ursprünglichen Vorstellungen, auf Betreiben von Boetticher festgelegt, daß der Präsident der Anstalt nicht zugleich auch Präsident ihres

89 Siehe Gisela Buchheim, Teil 1, S. 67–70.
90 Siehe ebenda, Teil 2, S. 2.
91 Siehe ebenda, Teil 1, S. 70.

entwicklung die Unterstützung seitens aller naturwissenschaftlichen Gebiete und Forschungen; und gegenwärtig ist niemand, auch keine Regierung mehr imstande, der Entwicklung der Wissenschaften, und zwar der vorurteilsfreien, voraussetzungslosen Naturwissenschaften, die Tür zu schließen. Wir haben also keine Bedenken, so sehr wir uns sonst auch hüten, der Regierung mehr Machtmittel in die Hand zu geben, als sie bereits hat, der Regierung nicht allein nach dem Schraderschen Antrag einen Teil des Gewünschten zu gewähren, nicht allein ihr beide Abteilungen des Instituts … zu bewilligen, sondern auch das ganze dafür geforderte Geld … die modernen Naturwissenschaften sollen sich so üppig und so rasch wie möglich entwikkeln, – das ist, was wir wollen.
Abgeordneter Virchow (Deutsche Freisinnige Partei):
… so möchte ich den deutschen Reichstag daran erinnern, daß die andere Frage auch noch da ist, ob man nicht ein internationales Institut dieser Art gründen soll … man wartet in Paris nur auf den Augenblick, daß Sie nein sagen, um ein solches Institut sofort einzurichten … in dieser Beziehung besteht eine Art von positiver Verpflichtung. …
Zit. in: Ebenda, Teil 2, S. 40–43, 46.

Kuratoriums ist, sondern daß die letztere Funktion ein Mitarbeiter des Reichsamtes des Innern ausübt – zunächst war es Oberregierungsrat Weymann. «Somit wurde das Kuratorium bis zu einem gewissen Grade auch zum Kontrollorgan der Reichsbehörde.»[92]

Es sollte aber auch eine Organisation sein, auf die wissenschaftsintensive Unternehmen nicht nur indirekt, sondern nach Bedarf auch direkt Einfluß nehmen konnten. Dazu bot das Kuratorium gewisse Voraussetzungen. Auf jeden Fall waren sie günstiger als bei der Akademie. Im Prinzip hätte dem gesellschaftlichen Bedürfnis nach spezifischen Forschungseinrichtungen zum Beispiel auch dadurch entsprochen werden können, daß die im 19. Jahrhundert im wesentlichen auf eine Gelehrtengesellschaft reduzierte Akademie mit Forschungsinstituten ausgestattet worden wäre. Siemens trug sich offenbar mit dieser Idee. Jedenfalls hatte er die Absicht, der Berliner Akademie zur Begründung eines Laboratoriums für wissenschaftliche Fundamentaluntersuchungen eine größere Summe zur Verfügung zu stellen, doch 1884 verzichtete er zugunsten der PTR auf diesen Plan.[93] Die PTR war ein durch die Industrie weitaus leichter zu beeinflussendes Instrument, als es die Akademieforschung jemals gewesen wäre. So kann man mit gutem Grund in der PTR erste Ansätze staatsmonopolistischer Regulierung des Verhältnisses von Wissenschaft und Produktion sehen.[94]

Votum von Siemens, dem Kultusministerium als Beilage Nr. 1 zur Denkschrift vom 16. Juni 1883 übermittelt:
Die naturwissenschaftliche Forschung bildet immer den sicheren Boden des technischen Fortschrittes, und die Industrie eines Landes wird niemals eine internationale leitende Stellung erwerben und sich erhalten können, wenn dasselbe nicht gleichzeitig an der Spitze des naturwissenschaftlichen Fortschritts steht! Dies herbeizuführen, ist das wirksamste Mittel zur Hebung der Industrie.
Die deutsche Naturwissenschaft hat stets eine achtungsgebietende Stellung eingenommen. Man wird auch nicht fehlgehen, wenn man annimmt, daß es nur dem hohen Stande der naturwissenschaftlichen Bildung in Deutschland zu verdanken ist, daß die deutsche Industrie trotz ihrer ungünstigen Lage ihre Stellung einigermaßen zu behaupten vermochte.
Zit. in: Ebenda, Teil 1, S. 68–70.

Mit der Gründung der PTR erwarb das Reich bestimmte forschungspolitische Funktionen. Es ist bemerkenswert, daß die Herausbildung von Wissenschaftspolitik im Reichsmaßstab zuerst auf industrieverbundenen Gebieten der Forschung erfolgte, während die Universitäten in der Kompetenz der Länder blieben. Für Berlin bedeutete das einen Schritt zur Wahrnehmung seiner Funktionen als Reichshauptstadt auch auf wissenschaftspolitischem Gebiet. Zu der Ausprägung gemeinsamer Wissenschaftsinteressen des Kapitals auf der Ebene des Reiches kam noch ein besonderer, der Situation der Wissenschaftsentwicklung geschuldeter Umstand. Die theoretische Elektrotechnik hatte sich noch nicht von der Physik gesondert, und so wurden ihre Probleme als physikalische verstanden und beanspruchten die Aufmerksamkeit der bedeutendsten Physiker jener Zeit. So kam es, daß die PTR nicht zu einer technikwissenschaftlichen Anstalt wurde, sondern auf für jene Zeit musterhafte Weise den Bogen schlug von der physikalischen Grundlagenforschung bis zur praktisch-technischen Umsetzung. Wäre die Gründung zehn Jahre später erfolgt, als die Elektrotechnik schon auf eigenen Füßen stand, dann wäre möglicherweise die Gunst der Stunde für das Zustandekommen einer derartigen Einrichtung vorüber gewesen. Obwohl die PTR ihr Profil mit den Jahren erweiterte, bildeten Probleme der Elektrodynamik und der Elektrotechnik doch ihr Rückgrat. Sie erfüllte die in sie gesetzten Erwartungen: Ihre Arbeiten bereiteten das 1898 erlassene «Gesetz, betreffend die elektrischen Maßeinheiten» vor. Auf der Basis dieses Gesetzes «zeichnete sie als oberste Instanz des Deutschen Reiches für die Darstellung und Betreuung der elektrischen Einheiten sowie für die Überwachung der Meßgeräte zur elektrischen Energieversorgung verantwortlich».[95]

Anläßlich des Elektriker-Kongresses in Chicago 1893 unternahm die PTR in Abstimmung mit den Reichsbehörden und Vertretern der Elektroindustrie Vorstöße, um bei der internationalen Vereinheitlichung des Systems der elektrischen Maßeinheiten in deutschem Interesse voranzukommen. Doch sie leistete wesentlich mehr: Mit goldenen Lettern trug sie sich bereits im Vorfeld der Quantentheorie in das Buch der großen Physik ein. Wie sehr ihre Bildung den Forderungen der Zeit entsprach, ist auch an ihrem internationalen Echo ablesbar; nach ihrem Beispiel wurden das National Physical Laboratory in London und das National Bureau of Standards in Washington eingerichtet.

Walther Nernst hatte eine Abneigung gegen die Einführung von neuen Einheiten. Als das «Hertz» als Einheit der Schwingung eingeführt wurde, erklärte er ungehalten: «Ich würde vorschlagen, eine Einheit für die Durchflußgeschwindigkeit von 1 Liter pro Sekunde zu wählen und sie ein ‹Falstaff› zu nennen.»
Was nicht in den Annalen steht, S. 77.

Ein vielfältiges Netz

Gegen Ende des Jahrhunderts hatte sich in und um Berlin eine Vielzahl wissenschaftlicher Institutionen herausgebildet. Der Außenstehende brauchte schon einen Führer, um sich darin zu orientieren. Neben der Universität und der Akademie, den Museen und Bibliotheken gab es nicht wenige militärische Bildungsanstalten, Fachhochschulen, preußische Landesanstalten und Reichsanstalten.

Ein lebhafter institutioneller Wandel hielt dieses Netz in ständiger Bewegung. Der rote Faden dieses Geschehens war die sich herausbildende wechselseitige Durchdringung von Wissenschaft und kapitalistischer Wirtschaft. Damit die Wissenschaft ihre neue Funktion als unmittelbare Produktivkraft der Gesellschaft in vollem Maße entfalten konnte, genügte es nicht, daß sich die Naturwissenschaften auf die Erfordernisse der materiellen Produktion orientierten. Vor allem mußte eine spezifische, weder mit den Naturwissenschaften noch mit den

92 Ebenda, Teil 2, S. 50.
93 Siehe Conrad Grau: Die Akademie der Wissenschaften und ihre Stellung im wissenschaftlichen Leben Berlins an der Wende vom 19. zum 20. Jahrhundert. In: Berliner Wissenschaftshistorische Kolloquien III, S. 23.
94 Siehe Gisela Buchheim, Teil 1, S. 2.
95 Dieter Hoffmann: Zur Geschichte der Physikalisch-Technischen Reichsanstalt. In: Rostocker Physikalische Manuskripte, Heft 3/II, Rostock 1978, S. 84.

Spezielle wissenschaftliche Institutionen in Berlin (Auswahl):

Militärische Bildungsanstalten:
Kriegsakademie
Kgl. preuß. Artillerie- und Ingenieurschule
Kgl. medizinisch-chirurgisches Friedrich-Wilhelms-Institut
Medizinisch-chirurgische Akademie für das Militär

Fachhochschulen:
Landwirtschaftliches Institut bzw. landwirtschaftliche Hochschule
Tierarzneischule bzw. Tierärztliche Hochschule
Kgl. Bergakademie

Preuß. Landesanstalten:
Meteorologisch-magnetisches Observatorium
Geodätisches Institut
Astrophysikalisches Observatorium
Astronomisches Rechen-institut
Geologische Landesanstalt
Kgl. Institut für Infektionskrankheiten
Versuchsstation zur Prüfung der Festigkeit von Stahl und Eisen bzw. Mechanisch-technische Versuchsanstalt
Prüfstation für Baumaterialien
Chemisch-Technische Versuchsanstalt
Zentralstelle für Explosivstoffe bzw. Militärversuchsamt

Reichsanstalten:
Kaiserliches Gesundheitsamt
Kaiserliches Patentamt
Physikalisch-Technische Reichsanstalt
Kaiserliche Normal-Eichungs-Kommission

Siehe: Wissenschaft und Gesellschaft. Beiträge zur Geschichte der Technischen Universität Berlin 1879–1979, Bd. 1, Berlin (West)/Heidelberg/New York 1979, S. 231–263.

Gesellschaftswissenschaften identische Gruppe wissenschaftlicher Disziplinen ein eigenes Profil, hinreichend großes Potential und institutionelle Selbständigkeit und Gleichberechtigung gewinnen: die Technikwissenschaften, die einerseits an die technische Erfahrung, andererseits an Naturwissenschaften und Mathematik anknüpften.

Zu jener Zeit hatten sie bereits eine längere, in einzelnen Fällen – etwa der Baumechanik oder der Montanwissenschaften – sogar eine lange Entwicklungsgeschichte hinter sich. Im letzten Jahrhundertdrittel verlief der Prozeß ihrer Ausprägung und Verselbständigung jedoch besonders intensiv. Ein nicht unerheblicher Teil dieses Vorganges spielte sich in den Mauern der Industriemetropole Berlin ab. Man darf wohl sagen, daß das Ende des Jahrhunderts einen Kulminationspunkt dieser Entwicklung bedeutete, denn es brachte die juristische und damit institutionelle Gleichberechtigung der Technikwissenschaften. Das war durchaus nicht problemlos: Die Technikwissenschaften mußten nicht nur wachsen und reifen – sie mußten sich auch durchsetzen, denn in den «altehrwürdigen» Tempeln der Wissenschaft galten sie lange Zeit als nicht salonfähig, und an den Universitäten hatten sie so gut wie keinen Platz.

Als Siemens 1874 in die Berliner Akademie aufgenommen wurde, erklärte er in seiner Antrittsrede, die Wissenschaft erhalte ihre «höhere Weihe» erst dadurch, «daß sie nicht ihrer selbst wegen besteht, ... sondern daß ihre Aufgabe die ist, den Schatz des Wissens und Könnens des ganzen Menschengeschlechtes zu erhöhen und dasselbe damit einer höheren Kulturstufe zuzuführen. Sie bildet gleichsam das Nervennetz, welches den Organismus menschlicher Kultur durchzieht, das auch in seinen feinsten, kaum noch bemerkbaren Verzweigungen noch neues frisches Leben in ihm erzeugt und dadurch nicht allein die idealen Güter der Menschheit vermehrt, sondern ihr auch durch Dienstbarmachung der noch unerkannt schlummernden Kräfte der Natur den schweren Kampf um das materielle Dasein erleichtert».[96] Das war, wenn auch in eine akademische Sprache gekleidet, das selbstbewußte Pathos des Technikwissenschaftlers. Du Bois-Reymond fühlte sich in seiner Erwiderung denn auch verpflichtet, Siemens höflich in die Schranken zu weisen: die «praktische Anwendung der Wissenschaft, ihre Dienstbarmachung für technische Zwecke», liege außerhalb des Kreises akademischer Beschäftigungen. «Insofern diese Anwendung dem, der sich ihr mit Erfolg widmet, Reichtum, Macht und Ansehen sichert, wird sie ohne Schaden sich selbst überlassen, und bedarf sie keiner ihr vom Staat bereiteten Stätte». Nicht das Talent des «mechanischen Erfinders» habe Siemens die Tore der Akademie geöff-

Hauptgebäude der Technischen Hochschule Aufnahme um 1925

net, sondern die Tatsache, daß er als «Fürst der Technik ... im Innersten der deutsche Gelehrte in des Wortes edelstem Sinne» geblieben und stets «mit echter Begeisterung zur reinen Wissenschaft» zurückgekehrt sei.[97] In diesen Worten schwingt vieles mit, nicht nur Negatives, doch ersichtlich ist, daß Du Bois-Reymond glaubte, im erlauchten Akademikerkreis die Aufnahme von Siemens rechtfertigen und sogar in gewissem Sinne entschuldigen zu müssen. Unverkennbar ist auch das mangelnde Verständnis für den Rang und den Wissenschaftsstatus der technischen Disziplinen und der wissenschaftlich-technischen Arbeit überhaupt.

Indes vermochten keinerlei konservative Vorbehalte den Siegeszug der Technikwissenschaften aufzuhalten. Mit Wirkung vom 1. April 1879 wurden die Gewerbeakademie und die Bauakademie zur Technischen Hochschule Charlottenburg zusammengeschlossen, und die neue TH wurde dem Kultusministerium unterstellt (die Gewerbeakademie unterstand dem preußischen Handelsministerium). Die 1821 in der Klosterstraße 36 gegründete Gewerbeschule war 1827 in «Gewerbeinstitut» umbenannt worden und hatte 1866 den Status einer «Gewerbeakademie» erhalten. Hier erfolgte faktisch schon die stufenweise Entwicklung zur Hochschule. 1871 bekam die Gewerbeakademie, die sich damals in die vier Abteilungen Maschinen- und Ingenieurwesen, Chemie, Hüttenkunde und Schiffbau gliederte, eine Verfassung, die ihre

Die Hundertjahrfeier der Technischen Hochschule zu Charlottenburg (18. Oktober) war neben der Gutenbergfeier das bedeutsamste Ereignis dieser Art im laufenden Jahre. In dem historischen Rückblick, zu dem sie Veranlassung gab, spiegelt sich ein Stück Kulturgeschichte ab, das beispiellos dasteht. Die Kulturentwicklung in dieser kurzen Spanne Zeit gleicht einem Strome, der immer mächtiger anschwellend, alles mit sich fortreißt, aber nicht zerstörend und verschlingend, wie das blinde Element, sondern in tausendfältiger Weise befruchtend, Segen spendend und in ungeahnter Mannigfaltigkeit neu gestaltend. Nichts kann die Großartigkeit dieser Entwicklung beredter zur Anschauung bringen als die einfache Statistik der in Rede stehenden Anstalt.
Kürschners Jahrbuch 1901, Berlin (1900), Sp. 563.

96 Monatsberichte der Preußischen Akademie der Wissenschaften zu Berlin, 1874, S. 466.
97 Ebenda, S. 475, 477.

akademische Selbstverwaltung garantierte und in deren § 1 es ausdrücklich hieß: «Die Königliche Gewerbeakademie ist eine technische Hochschule.»[98]

Die neue TH übernahm von der Gewerbeakademie die Abteilungen Chemie und Hüttenkunde; der Schiffbau wurde in die Abteilung Maschineningenieurwesen einbezogen; aus dem Bestand der Bauakademie wurden die Abteilungen Architektur und Bauingenieurwesen eingegliedert. 1883 wurde der Neubau der Hochschule in Charlottenburg übergeben. Im großen und ganzen wurden Studienbedingungen und Verwaltungsstruktur denen der Universität angeglichen. Die Statuserhöhung erfolgte in kleinen, manchmal nur symbolischen Schritten: Im November 1891 wurde dem Rektor von Wilhelm II. erlaubt, zu feierlichen Anlässen die goldene Amtskette zu tragen – dieses Privileg war bis dahin den Magnifizenzen der Universität vorbehalten; 1893 durften die Mitglieder des Lehrkörpers erstmals den Talar anlegen; am 15. Juni 1898 schließlich erhielten die technischen Hochschulen Preußens Sitz und Stimme im preußischen Herrenhaus, wobei zum Vertreter der TH Charlottenburg der Elektrotechniker Slaby berufen wurde. In § 1 des 1882 erlassenen «Verfassungs-Statuts» wurde als Zweck der Hochschule bestimmt, «für den technischen Beruf im Staats- und Gemeindedienst wie im industriellen Leben die höhere Ausbildung zu gewähren, sowie die Wissenschaften und Künste zu pflegen, welche zu dem technischen Unterrichtsgebiet gehören».[99]

Felix Klein über das Verhältnis von technischen Hochschulen und Universitäten: Unbeschadet aller Verbindungen, die man zwischen Universität und technischer Universität in Zukunft möglicherweise wird herstellen wollen, empfehle ich den Angehörigen der Universität fürs Erste, dahin zu arbeiten, dass die Wissenschaft überall da, wo sie hingehört, auch voll zur Geltung kommt, dass der Gegensatz zwischen Theorie und Praxis … nicht zu einer Zerreissung unseres höheren Unterrichtes führt … Indem die Universitäten den wissenschaftlichen Betrieb auf den überkommenen Gebieten steigerten, haben sie zu wenig Ausschau nach neuen Gebieten gehalten, die der Fortschritt unserer allgemeinen Cultur in den Vordergrund gerückt hat. Ich verlange eine durchgreifende Erweiterung der Universitäten nach der modernen Seite hin, eine volle wissenschaftliche Berücksichtigung aller Momente, die in dem hochgesteigerten Leben der Neuzeit als maassgebend hervortreten …

Unter diesen Bedingungen wuchs die Anzahl der Studenten außerordentlich rasch. Bereits 1870 waren mehr Studenten der Natur- und Technikwissenschaften an den wenigen preußischen Polytechnika immatrikuliert als an allen preußischen Universitäten zusammengenommen. Um die Jahrhundertwende waren es dann sogar 2,8mal soviel; das ist ein erstaunliches Ergebnis, wenn man bedenkt, daß auch die Anzahl der Studenten an den Universitäten in diesem Zeitraum so rasant wie nie zuvor zunahm.[100] Aber es ist charakteristisch, daß in der ersten Hälfte der achtziger Jahre die Anzahl der an technischen Hochschulen Studierenden unter der Zahl der Universitätsstudenten lag. Das war eine Folge der lang anhaltenden Gründerkrise, die für den Nachwuchs die Chancen einer späteren Industriekarriere vorübergehend sinken ließ, waren doch die technischen Hochschulen in ihrer Entwicklung weitaus direkter als die Universitäten von der Industrie abhängig.

Auch der Lehrkörper, dessen Gehälter übrigens immer noch hinter den an der Universität gezahlten zurückblieben, nahm zu, wenn auch nicht so stürmisch wie die Studentenzahlen. Allerdings blieben die Relationen zwischen Lehrkörper und Studentenzahlen in der betrachteten Periode relativ ungünstig. Nicht selten mußte ein TH-Professor zwei- bis dreimal mehr Studenten ausbilden als sein Kollege an der Universität. Das Gros der Lehrer vertrat die ausgesprochen technischen Disziplinen, wobei neben den traditionellen Fächern seit den neunziger Jahren auch die Elektrotechnik zunehmend in den Vordergrund trat. Hierher strebten auch die meisten Studenten, während auf die stärker naturwissenschaftlich orientierten Disziplinen wie Chemie und Hüttenkunde nur etwa ein Sechstel der Lehrer und 5 bis 10 Prozent der Studenten entfielen.

Um noch einmal das Wichtigste zu wiederholen: die technischen Hochschulen brauchen zur Entwicklung ihres Specialunterrichts Einrichtungen nach Art der Universitäten, diese letzteren wieder dürfen gegenüber den Fortschritten des Ingenieurwesens nicht länger die unbetheiligten Zuschauer spielen.
Felix Klein: Universität und technische Hochschule. In: Verhandlungen der Gesellschaft deutscher Naturforscher und Ärzte, 70. Versammlung zu Düsseldorf, 19.–24. September 1898, Erster Teil, Leipzig 1898, S. 30, 33, 35.

Gegen Ende des Jahrhunderts wurden an den deutschen technischen Hochschulen aufgrund nachdrücklicher Forderungen der Industrie und des Vereins Deutscher Ingenieure und mit deren Unterstützung zahlreiche Großlaboratorien für die technische und naturwissenschaftliche Forschung und Ausbildung (insbesondere Maschinenbaulaboratorien) eingerichtet. So wurde das schon 1884 an der Technischen Hochschule Charlottenburg geschaffene elektrotechnische Laboratorium im wesentlichen von der Berliner Elektroindustrie ausgerüstet und finanziert.

Althoff notierte dazu mit Genugtuung, daß viele elektrotechnische Firmen und namentlich «auch die AEG von jeher der Entwicklung des elektrotechnischen Instituts der Hochschule die lebhafteste Anteilnahme entgegengebracht und dasselbe im Laufe der Jahre durch zahlreiche Schenkungen von Lehrmitteln zu fördern gewußt haben».[101] Damit wurde eine weitere Aufwertung der TH Charlottenburg gegenüber der Universität ebenso erreicht wie ihre möglichst genaue Anpassung an die Bedürfnisse der Industrie.

Ein empfindliches, als ehrenrührig empfundenes und immer heftiger debattiertes Manko hatten die technischen Hochschulen jedoch nach wie vor: Das Promotionsrecht war ein Privileg der Universitäten geblieben. Es konnte nicht im Interesse der Industrie liegen, diesen Zustand unbegrenzt beizubehalten, und auch für die staatliche Wissenschaftspolitik war die Gewährung dieses Rechts eine probate Geste, denn sie war ein Leistungsstimulans, das den Etat nicht belastete.

Rückgrat des Berliner Wissenschaftsbetriebes war jedoch – ungeachtet des außerordentlichen Aufschwungs der TH – nach wie vor die Universität, an der während dieser Zeit etwa 17 Prozent aller deutschen Hochschulstudenten studierten;

98 Renate Schröder-Werle: Chronik zur Geschichte der Technischen Universität Berlin. In: Wissenschaft und Gesellschaft. Beiträge zur Geschichte der Technischen Universität Berlin. 1879–1979, Bd. 2, Berlin (West)/Heidelberg/New York 1979, S. 6.

99 Zit. in: Wilhelm Paszkowski: Berlin in Wissenschaft und Kunst. Ein akademisches Auskunftsbuch nebst Angaben über akademische Berufe, Berlin 1910, S. 112.

100 Siehe Peter Lundgreen: Natur- und Technikwissenschaften an deutschen Hochschulen, 1870 bis 1970: Einige quantitative Entwicklungen. In: Wissenschaft und Gesellschaft, Bd. 1, S. 211 ff.

101 ZStA Merseburg. Nachlaß Althoff, A I, Nr. 175.

nach einem gewissen Rückgang in den siebziger Jahren stiegen die Studentenzahlen unaufhaltsam und überschritten 1878 das dritte, 1880 das vierte, 1884 das fünfte und 1889 das sechste Tausend.[102] Um 1886 studierten an den 21 deutschen Universitäten über 30 000 Studenten, die von 2 242 akademischen Lehrern betreut wurden. Berlin hatte mit 5766 Studenten die größte Universität.

Eine gewisse Erweiterung der sozialen Basis, aus der sich die Studenten rekrutierten, war angesichts des zunehmenden Bedarfs des Reiches an wissenschaftlich ausgebildeter Intelligenz nicht zu umgehen, doch sie beschränkte sich auf das Bürgertum, allenfalls das Kleinbürgertum. Nach wie vor gehörte es zu den seltenen Ausnahmen, wenn sich ein Arbeiter- oder Bauernsohn durch das Studium hungerte und zudem noch den herablassenden Dünkel seiner wohlhabenden Kommilitonen ertrug. Schon die Kostenschranke schirmte die Universität ziemlich zuverlässig gegen unerwünschte Aufsteiger ab. Allein für Kollegiengelder waren etwa 1 000 Mark aufzubringen, in medizinischen und naturwissenschaftlichen Fächern wesentlich mehr, dazu kamen einige Hunderter für Bücher und 400 Mark Promotionsgebühren.[103]

Besonders rückständig war Berlin im konservativen Beharren auf einem männlichen Wissenschaftsmonopol. Während anderswo, wenn auch meist auf dornigen Wegen, «bildungsbeflissene Weiblichkeit» immerhin schon vereinzelt in die Hörsäle vordringen konnte, war in Berlin die Mauer des Vor-

Aula der Friedrich-Wilhelms-Universität
Aufnahme von F. A. Schwartz
Um 1890

Emilie Lehmus
Federzeichnung
Um 1880
Mit Henriette Hirschfeld-Tiburtius (1869), Emilie Lehmus (1877) und Franziska Tiburtius (1877) begannen die ersten weiblichen Ärzte in Berlin ihre Tätigkeit. Aufgrund der herrschenden Studienbedingungen in Deutschland absolvierte Hirschfeld-Tiburtius ihre zahnmedizinische Ausbildung in Amerika. Lehmus und Tiburtius studierten Allgemeinmedizin an der Universität in Zürich, damals eine der wenigen europäischen Hochschulen, die nicht nur Frauen zum Studium zuließen, sondern ihnen auch das Recht zur Promotion gaben. Mit Erlaubnis des zuständigen Professors war es ab 1896 den Frauen auch an der Berliner Universität möglich, wenigstens an den Vorlesungen teilzunehmen. Bis dahin war die später bedeutende Mathematikerin Kowalewskaja, die um 1872 bei Weierstraß Mathematikvorlesungen gehört hatte, die einzige Ausnahme.

Franziska Tiburtius
Federzeichnung
Um 1880

urteils noch undurchdringlich. Nur Ausländerinnen wurden gelegentlich zugelassen und als exotische Absonderlichkeiten bestaunt.

Bis 1892 blieb den Berliner Mädchen sogar das Reifezeugnis prinzipiell versagt; erst danach waren Gesuche an das Kultusministerium um Zulassung zur Reifeprüfung überhaupt möglich. Um die Jahrhundertwende ließ es sich allerdings nicht mehr vermeiden, daß die ersten mutigen Studentinnen auch in die Berliner Universität Einzug hielten.

In wachsendem Maße kamen ausländische Studenten nach Berlin, vor allem aus osteuropäischen Ländern, aber auch aus Japan und den USA. Besonders hoch war der Anteil russischer und polnischer Studenten. Nach der Verhängung des extrem reaktionären Universitätsstatuts durch das zaristische Regime im Jahre 1884 strömten russische Studenten verstärkt in das Ausland, und Berlin war eines ihrer bevorzugten Ziele. In ihrer Heimat wuchs der studentische Kampf gegen das Universitätsstatut unter dem Einfluß erster marxistischer Organisationen in den politischen Kampf gegen die Zarenmacht hinüber. Die Studenten, die ins Ausland gingen, brachten den Funken der revolutionären Organisation mit.

Bereits kurz nach Gründung des «Auslandsbundes russischer Sozialdemokraten» im Jahre 1894 wirkten Anhänger des Bundes auch in Berlin und bauten Verbindungen nach Rußland auf. Andererseits leistete die politische Polizei des Wilhelminischen Regimes bei der Überwachung der russischen Studenten – ihre Anzahl stieg an der Friedrich-Wilhelms-Universität von 64 im Sommersemester 1884 auf 246 im Som-

102 Siehe Max Lenz: Geschichte der Königlichen Friedrich-Wilhelms-Universität zu Berlin. Zweiter Band, zweite Hälfte, S. 358/359.
103 Siehe Annemarie Lange: Berlin zur Zeit Bebels und Bismarcks, S. 571/572.

mersemester 1901 – dem zaristischen Regime bereitwillig Schützenhilfe.[104]

Die Söhne aus dem Bürgertum wandten sich damals meist medizinischen, naturwissenschaftlichen oder mathematischen Studiengängen zu. Theologie und Geisteswissenschaften waren für studierende Adelssprößlinge anziehender. Vor allem die juristischen Studien, Voraussetzung für Karrieren im höheren Staatsdienst, blieben in hohem Maße ein Reservat des Adels. Entsprechend reaktionär ging es dort auch zu. Die bürgerlich-demokratischen Traditionen waren verblaßt oder chauvinistisch umfunktioniert. Bei den Studiosi gaben Korpsgeist und schlagende Verbindungen den Ton an. Am zehnten Gründungstag des Reiches – am 18. Januar 1881 – wurde in Berlin der erste antisemitische (und bald auch exponiert antisozialdemokratische) «Verein Deutscher Studenten» ins Leben gerufen, der sich übrigens auch bei der chauvinistischen Verunglimpfung der russischen Kommilitonen hervortat. Seine Bildung war Signal für ähnliche Gründungen an anderen deutschen Universitäten. Im Sommer entstand ebenfalls die «Vereinigung der Studierenden an der Friedrich-Wilhelms-Universität zu Berlin zur Pflege des Deutschtums». Die Statuten des VDS gaben als Ziel des Vereins an: «Hebung und Förderung des christlich deutschen Nationalgefühls und Widerstand gegen den verderblichen Einfluß des Judenthums auf die Entwicklung des deutschen Volkes.»[105]

Notiz des «Vorwärts» vom 5. Januar 1902: Russische und deutsche Studenten. Uns wird aus den Kreisen der an der hiesigen Universität studierenden Russen geschrieben: In der von den alten Herren des V.D.St. am 18.v.M. einberufenen Akademikerversammlung kam eine Resolution zur Annahme, deren zweiter Teil folgenden Wortlaut hat: «Die Berliner deutsche Studentenschaft richtet an den Kultusminister die ergebene Bitte, Vorkehrungen gegen die Beeinträchtigung des Studiums durch Ausländer zu treffen, soweit deren minderwertige wissenschaftliche Leistungen oder *gesellschaftliche Gewohnheiten* die notwendigen Voraussetzungen für den Zuschnitt unseres akademischen Lebens vermissen lassen». Wir, russische Studenten und Studentinnen, sehen uns dieser Tatsache gegenüber zur folgenden Erklärung genötigt: ... Wie auch unsere gesellschaftlichen Gepflogenheiten sein mögen, jedenfalls sind sie derart, daß wir uns in *unserem Heimatlande niemals erlauben würden*, ausländischen Studierenden gegenüber, welche die *Gastfreundschaft* unseres Landes in Anspruch zu nehmen genötigt sind, vor der Öffentlichkeit ohne jedweden Versuch einer Begründung einen so schweren, für sie in hohem Grade beleidigenden Vorwurf zu erheben.
Zit. in: Botho Brachmann: Russische Sozialdemokraten in Berlin 1895–1914, Berlin 1962, S. 134.

Aus Anlaß der Bayreuther Festspiele 1880 wurde eine Massenpetition an den Reichskanzler initiiert, die die Fernhaltung von Juden aus Staats- und Lehrämtern verlangte; mehr als 200 000 Personen, darunter viele Studenten und Akademiker, unterzeichneten schließlich dieses Dokument der Schande.

In solchen Situationen, wo reaktionäre Verbohrtheit gar zu zynisch die überkommenen liberalen Werte schmähte, fanden sich immer noch demokratisch gesinnte Männer, die zu ihrer Verteidigung aufstanden. So verfaßten im November 1880 Mommsen und der Philologe Cauer die sogenannte Notabelnerklärung, die das antisemitische Treiben und vor allem dessen Einpeitscher Treitschke und Stoecker verurteilte. Diese Erklärung wurde von 73 angesehenen Berliner Persönlichkeiten unterzeichnet, darunter dem Oberbürgermeister Forckenbeck und dem Universitätsrektor Hofmann, und in der Presse veröffentlicht. Darauf entspann sich eine heftige Pressepolemik zwischen Mommsen und Treitschke.[106]

Der berühmte Chemiker Hofmann durchschaute den politischen Hintergrund des Antisemitismus nicht, aber Rassenhetze war ihm aus elementaren humanistischen Erwägungen zuwider, und er betrachtete sie als einen schädlichen Eingriff in das wissenschaftliche Klima der Universität. Deshalb

Studenten bei der Mensur
Aufnahme um 1906
Nach 1871 ist eine Fülle studentischer Verbindungen gegründet worden. Bei der überwiegenden Mehrheit der studentischen Jugend waren die Ideale der Burschenschaften aus der Zeit der Befreiungskriege vergessen bzw. von ihren geistigen Führern für reaktionär-nationalistische Zielsetzungen mißbraucht worden. Besonders in den «schlagenden Verbindungen» wurde durch spezielle studentische Sitten und Gebräuche kaisertreuer nationalistischer Korpsgeist gepflegt, wie ihn später Heinrich Mann in seinem Buch «Der Untertan» mit schonungsloser Offenheit und Kritik entlarvte. Doch bei allem Vordringen reaktionärer Ideologien in die Studentenschaft gab es auch Tendenzen und Aktivitäten individueller und organisierter Abwehr. Am aktivsten traten dabei die Mitglieder der Freien Studentenschaft auf.

brachte er den Mut auf, dem bereits von der Polizei genehmigten VDS die akademische Anerkennung zu verweigern. Als dies ohne Wirkung blieb, ging er disziplinarisch vor, ließ öffentliche Versammlungen des VDS mit dem Einsatz von Polizei verhindern oder auflösen und den Rädelsführer Schramm schließlich am 27. Januar 1881 mit dem Consilium abeundi, der Verweisung von der Universität, bestrafen.[107]

Das brachte ihm viel Ärger und die erbitterte Feindschaft der deutschnationalen Studenten ein; es versteht sich, daß überhaupt nur eine Persönlichkeit von Weltruf und mit so engen Industrieverbindungen wie Hofmann es mit einiger Aussicht auf Erfolg wagen konnte, so vorzugehen. Ein Jahr später, unter dem Rektorat des Altphilologen Curtius, erhielt der Verein dann seine Zulassung.

Im großen und ganzen war das Klima an der Universität von den auf Kaiser und Reich eingeschworenen Gelehrten bestimmt, die ihren «Frieden mit dem Bündnis von militaristischem Feudalismus und Großindustrie geschlossen» hatten.[108] Leitbild war der solide, «unpolitische» Fachmann, der in der Welt etwas galt und mit seinen Leistungen sich und seinem Vaterland Ehre einbrachte; aus diesem Rahmen durfte man

104 Siehe Botho Brachmann: Russische Sozialdemokraten in Berlin 1895–1914, Berlin 1962, S. 4–8.
105 Zit. in: Monika Müller: Aus dem Leben und Wirken des Chemikers und Hochschullehrers August Wilhelm von Hofmann (1818–1892). In: Beiträge zur Geschichte der Humboldt-Universität zu Berlin, Heft 4, S. 49.
106 Siehe ebenda, S. 48. – Magister und Scholaren, Professoren und Studenten, Leipzig/ Jena/Berlin 1981, S. 137.
107 Siehe Monika Müller: Aus dem Leben und Wirken des Chemikers und Hochschullehrers August Wilhelm von Hofmann (1818–1892). In: Beiträge zur Geschichte der Humboldt-Universität zu Berlin, Heft 4, S. 49.
108 J. D. Bernal: Die Wissenschaft in der Geschichte, Berlin 1967, S. 367.

allenfalls nach rechts ausscheren. Dabei war die Treue zum Wilhelminischen Reich in das Ideal des «Unpolitischen» eingeschlossen, sie galt als das schlechthin Selbstverständliche, jenseits dessen sich der Abgrund des «Umsturzes» auftat, der aus den Tempeln der Wissenschaft ferngehalten werden mußte.

Wie sehr sich die Zeiten gewandelt hatten, das zeigt die Geschichte der Denkmäler der Brüder Humboldt vor dem Hauptgebäude, die 1883 eingeweiht wurden und deren Errichtung «die progressiven Kräfte der Berliner Universität einen fast fünfzehnjährigen Kampf gekostet hat. 1869 war es Rudolf Virchow, der die Initiative dazu ergriff. Doch Kaiser und Junker wollten die Humboldts nicht auf ihrer Prachtstraße. Viele Petitionen wurden verfaßt, die alle unbeantwortet blieben. Schließlich stellten die Hohenzollern für die Errichtung beider Standbilder die Bedingung, daß die Gebrüder Humboldt auf keinen Fall die Statuen von Scharnhorst und Bülow überragen, weder vor dem Gitter der Universität vortreten, noch besonders auffallen dürften. Deshalb wurden beide Persönlichkeiten sitzend gestaltet.»[109]

Zwischen 1870 und 1896 verdoppelte sich die Stärke des Lehrkörpers, wobei der größte Zuwachs auf medizinischem und mathematisch-naturwissenschaftlichem Gebiet erfolgte.[110] Die Zeit der Wohnzimmerseminare und Remisenlaboratorien endete unwiderruflich. Anfang der siebziger Jahre war das alte Universitätsgebäude noch ein vollgestopftes Sammelsurium aller möglichen Einrichtungen. In den achtziger Jahren begann der Bauboom der Universität; moderne Institute wurden erbaut, der Auszug aus dem Hauptgebäude begann. Lenz nennt die achtziger Jahre nicht ohne Grund die Epoche, «in

Gebäude der Universität
Aufnahme um 1895

der die Entwicklung unserer Alma Mater zu einer wirklichen Weltuniversität einsetzte».[111]

In einem engen Verhältnis zur Universität entwickelte sich auch die älteste der großen Berliner Wissenschaftsinstitutionen, die Akademie der Wissenschaften – allein schon deshalb, weil ihre Ordentlichen Mitglieder zum großen Teil Ordinarien waren und an der Universität ihre berufliche Existenzgrundlage hatten. Die Besonderheit der Akademie bestand in ihrer ausgeprägten kommunikativen Funktion. Auf dem Wege des intensiven Gedankenaustausches auf höchstem Niveau beeinflußte sie in einer nicht meßbaren, aber dennoch nachhaltigen Weise den Gang der Wissenschaftsentwicklung in Berlin und in Deutschland. «Schnellster Austausch von Gedanken, Diskussion von Ergebnissen, kurzfristiger Ansatz experimenteller Arbeiten führten zu bemerkenswerten Resultaten. Die enge Verbindung von Akademie und Universität wirkte sich positiv aus.»[112]

Keiner der anderen wissenschaftlichen Diskussionskreise in Berlin wies ein derartiges Spektrum an Interdisziplinarität auf wie die Klassen und das Plenum der Akademie – Gremien freizügigen wissenschaftlichen Gedankenaustausches ohne nennenswerte Verwaltungsaufgaben. Hertwig sagte das so: «Durch die Akademie wird eine engere Verbindung der nebeneinander bestehenden Zweige der Gesamtwissenschaft herbeigeführt.»[113] Im ganzen darf man für diesen Zeitraum wohl behaupten, daß der Kreis der Ordentlichen Mitglieder der Akademie eine intellektuelle Auslese der Berliner Wissenschaft repräsentierte – Männer, die oft nicht nur von lokaler Bedeutung, sondern von internationalem Ruf waren. Allerdings blieben für manche Berliner Wissenschaftler großen Formats die Pforten der Akademie verschlossen. Als ein Zentrum des forschungsorientierten Dialogs – denn in der Regel stand im Mittelpunkt der von den Mitgliedern gehaltenen Vorträge die Vorstellung neuer Forschungsergebnisse – repräsentierte die Akademie ein enormes Forschungspotential, ohne es selbst zu besitzen.

Darüber hinaus organisierte die Akademie Forschungsunternehmen, für die sie als Körperschaft verantwortlich zeichnete, oder sie nahm an solchen Unternehmen teil.[114] Diese

Was sonst für «Kunst» / und «Wissenschaft» / Berlin noch tat, / ist fabelhaft, / Des zum Beweis / will ich in Kürze / (Die nicht allein / des Witzes Würze) / *Hochschulen* und *Akademieen* / Hier der Erwähnung / unterziehen. / Zuerst die *Universität.* / Die hinter *Humboldts* Statuen steht – / Auf einer Seite *Alexandern* / Sieht man, und *Wilhelm* auf der anderen, / wobei es dem Beschauer nützt, / Daß einer wie der andere *sitzt*; / Denn wenn das Paar dort *aufrecht stände*, / So würde dadurch doch am Ende / Die Universität verdeckt, / Was keineswegs ward bezweckt. /
In: Der Lustige Baedeker. V. Vollständiger humoristisch-poetischer Führer durch Berlin. Hrsg. von R. Schmidt-Cabanis, Stuttgart 1890 (Reprint Leipzig 1895), S. 29.

109 Walter Mohrmann: Die Berliner Universität im 19. Jahrhundert. In: Berliner Wissenschaftshistorische Kolloquien III, S. 87.
110 Siehe ebenda, S. 86.
111 Max Lenz: Geschichte der Königlichen Friedrich-Wilhelms-Universität zu Berlin. Zweiter Band, zweite Hälfte, S. 371.
112 Robert Rompe: Einige Worte über Helmholtz und die Physikalisch-Technische Reichsanstalt. In: Robert Rompe: Ausgewählte Vorträge und Aufsätze, Berlin 1980, S. 303.
113 Sitzungsberichte der Preußischen Akademie der Wissenschaften zu Berlin, 1893, S. 637.
114 Siehe Liane Zeil: Die wissenschaftlichen Unternehmen der Berliner Akademie der Wissenschaften. In: Berliner Wissenschaftshistorische Kolloquien III, S. 51–66.

Vorhaben, die aus dem Haushalt und mit projektgebundenen Zuschüssen finanziert wurden, gingen aber aufgrund des Fehlens eigener Forschungsinstitute, abgesehen von den kritischen Gesamtausgaben der Werke bedeutender Persönlichkeiten, in eine ganz bestimmte, merkwürdig gemeinsame Richtung: das Explorieren, Katalogisieren und Systematisieren gewaltiger Faktenmassen, hauptsächlich in Form von historischen und philologischen Quellensammlungen und Wörterbüchern auf der einen, von Expeditionen auf der anderen Seite. Unternehmen, die größeren Experimentalaufwand erfordert hätten, konnte die Akademie nicht organisieren. Teilweise gingen aus den von der Akademie ausgeführten Unternehmen Sammlungen von unvergänglicher Bedeutung hervor. Dennoch wird man die Behauptung wagen dürfen, daß kaum eines dieser überaus mühsamen Unternehmen mit entscheidenden Ideen verbunden gewesen ist, die auf der Magistrale des internationalen Erkenntnisfortschritts lagen; es ist anzunehmen, daß vom wissenschaftlichen Gedankenaustausch innerhalb der Akademie auf die Wissenschaftsentwicklung in Berlin und in Deutschland nachhaltigere Wirkungen ausgegangen sind als von ihren kooperativen Unternehmen.

Letzte Friedrichssitzung der Königlich Preußischen Akademie der Wissenschaften im alten Gebäude Unter den Linden
Gemälde von Wilhelm Pape 1903

Bereits vor 1870 hatte die Akademie – beginnend mit dem 1815 gestarteten griechischen Inschriftenwerk – verschiedene Unternehmen ins Leben gerufen und Expeditionen durchgeführt. Nach der Reichsgründung aber setzte auf diesem Gebiet eine Häufung von Aktivitäten ein, die um die Jahrhun-

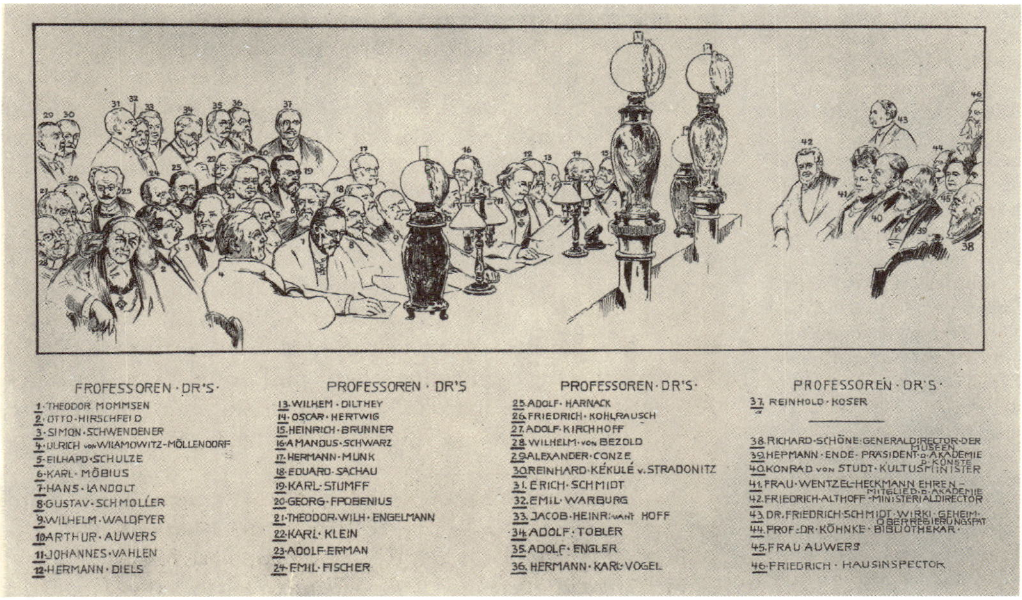

Aufstellung der Personen, die auf dem Gemälde auf Seite 292 dargestellt sind

dertwende kulminierte. Die außerordentliche Belebung der Expeditionstätigkeit ging mit dem Aufschwung kolonialer Bestrebungen synchron. Vielfach zeigte sich auch eine deutliche Übereinstimmung zwischen den Zielgebieten der Expeditionen und den Schwerpunkten der Interessen an kolonialen Erwerbungen oder außenwirtschaftlicher Expansion.

Neben dem interdisziplinären Austausch war die Akademie auch bestrebt, eine Art wissenschaftliches Gesamtbewußtsein zu artikulieren und zu pflegen. Eine traditionell fixierte Gelegenheit dazu boten die Erklärungen, die der Vorsitzende Sekretar alljährlich zum Friedrichstag im Januar und zum Leibniztag im Juli abzugeben hatte und die in den Sitzungsberichten publiziert wurden.

Eines der charakteristischen neuen Elemente dieser wissenschaftlichen Selbstreflexion in den Jahrzehnten vor der Jahrhundertwende war der wiederholt und energisch verfochtene Gedanke eines arbeitsteiligen wissenschaftlichen Großbetriebes, seiner Vorzüge, seiner Gefahren und seiner Unvermeidlichkeit. Obwohl die das akademische Bewußtsein auszeichnende Verbindung des Ideals der «reinen» Wissenschaft mit einer offenkundigen Geringschätzung der Technikwissenschaft und der industriebezogenen Forschung – wir hatten sie nicht an einem Philologen, wo sie vielleicht noch eher verständlich wäre, sondern an dem bedeutenden Experimentator Du Bois-Reymond demonstriert – offensichtlich hinter der Zeit zurückgeblieben war, sind die Gedanken des Großbetrie-

Mommsen über die Aufgaben der Akademie als Organisator kooperativer Forschung 1874: Alle die wissenschaftlichen Aufgaben, welche die Kräfte des einzelnen Mannes und der lebensfähigen Association übersteigen … muß der Staat auf sich nehmen … Dazu aber bedarf es eines Vermittlers; und das rechte Organ des Staates für diese Vermittlung ist die Akademie. Sie wird in den meisten Fällen geeignete Vertreter des Fachs in sich selbst finden, zu denen nach Umständen Nicht-Akademiker hinzutreten können, sie wird in ihrer Gesamtheit Männer von allgemeinen gelehrten Interessen und Geschäftskunde zählen, die neben den eigentlich Sachverständigen an der Leitung solcher Unternehmen zu betheiligen von unschätzbarem Werth ist. Sie wird ihre Schranken erkennen und nicht meinen die Initiative des wissenschaftlichen Schaffens im höchsten Sinne des Wortes entbehrlich machen oder auch hervorrufen zu können; aber sie wird treue Arbeiter ermitteln, die da, wo es die Natur der Sache verstattet, dem genialen Forscher den Weg bahnen und es ihm überlassen ihn zu finden wo er nur kann. Sie muß die Schutzstatt der jungen Talente, die Vertreterin derjenigen Forscher werden, die noch nicht berühmt sind, es aber werden können.
Monatsberichte der Preußischen Akademie der Wissenschaften zu Berlin, 1874, S. 456.

bes innerhalb der Wissenschaft selbst doch als ein Reflex des mit der Monopolbildung stürmisch verlaufenden Vergesellschaftungsprozesses der materiellen Produktion zu werten.

Naturgemäß verband sich die Idee des Großbetriebes vor allem mit den akademieeigenen Unternehmen. Dieser Stil der Kooperation war in erster Linie für die historisch-philologischen Disziplinen fruchtbar, weitaus weniger für die Naturwissenschaften. Auf dem Leibniztag 1900 erklärte der Sekretar der physikalisch-mathematischen Klasse Arthur Auwers, daß sich auch die Naturwissenschaftler der Akademie zum «Großbetrieb der Wissenschaft» bekennen, «den sie nach einem nicht in jeder Beziehung gelungenen Versuch innerhalb der Akademie lange gänzlich der philosophisch-historischen Klasse überlassen» hatten.[115] In solchen Äußerungen schwang, kaum verhüllt, die Forderung nach akademischen Forschungsinstituten mit.

Im Prinzip wäre es nicht nur möglich, sondern sogar naheliegend gewesen, dem immer dringender werdenden gesellschaftlichen Bedarf nach Gelegenheiten zu berufsmäßiger Forschungstätigkeit durch einen entsprechenden Ausbau der Akademie zu genügen. Indes ging es unter den gegebenen gesellschaftlichen Umständen nicht schlechthin um Forschung hoher Qualität, sondern um eine solche, deren Richtung seitens des Großkapitals auf verhältnismäßig unkomplizierte Weise zu beeinflussen war. Deshalb kamen diejenigen, die sich für eine eigene Forschungsbasis der Akademie einsetzten, nicht durch, denn die strikt auf Autonomie bedachte Akademie mit ihrer Betonung der «reinen» Forschung bot solche Möglichkeiten leichter Steuerbarkeit eben nicht. Die Alternative dazu war bereits im Entstehen – in Gestalt der PTR, der später mit der Kaiser-Wilhelm-Gesellschaft eine große außeruniversitäre Organisation der Grundlagenforschung folgte.

1881 erhielt die Akademie ein neues Statut, das bis 1938 in Kraft blieb; es brachte keine prinzipiellen Neuerungen und übernahm aus dem alten Statut von 1838 auch die Bestimmung der Akademie als «Gesellschaft von Gelehrten, welche zur Förderung und Erweiterung der allgemeinen Wissenschaften, ohne einen bestimmten Lehrzweck, eingesetzt ist».[116]

Im Zusammenhang damit unternahm die Akademie einen bedeutenden Schritt, um gegenüber dem Ausland ihren Anspruch auf den führenden Platz unter den deutschen Akademien herauszustellen. Auf Vorschlag des «Kartells» der Akademien in Göttingen, Leipzig, München und Wien (es war 1893 gegründet worden, und die Berliner Akademie hatte sich zunächst nicht angeschlossen) berief die Berliner Akademie für den 9. und 10. Oktober 1899 die Gründungsversammlung der Internationalen Assoziation der Akademien nach Wiesbaden ein. Freilich hielt diese Assoziation nicht, was sich ihre Gründer von ihr versprochen hatten. Ihre Tätigkeit war von den zunehmenden imperialistischen Rivalitäten zwischen den europäischen Mächten im Vorfeld des ersten Weltkrieges belastet, und der Kriegsausbruch war zugleich auch schon das Ende ihrer Existenz. Nichtsdestoweniger waren die Erfahrungen, die bei diesem ersten Versuch einer so umfassenden internationalen Forschungskooperation gesammelt wurden, nicht verloren, und einige der 31 Forschungsthemen, die unter der Ägide der Assoziation in Angriff genommen wurden, überlebten in der Gültigkeit ihrer Ansätze die Vereinigung bei weitem; das gilt insbesondere für das 1901 gestartete Projekt einer internationalen Organisation der Hirnforschung.[117]

Die Tatsache aber, daß die Berliner Akademie um die Jahrhundertwende zum allgemein akzeptierten Initiator eines solchen internationalen Zusammenschlusses wurde, bestätigte den Rang, den Berlin als ein Knotenpunkt weltweiter Wissenschaftsbeziehungen im «internationalen Fernverkehr des Geistes»[118] während der vorangegangenen Jahrzehnte erworben hatte. Rückblickend schrieb dazu später Georg Schreiber: «Die Reichsgründung, das gewonnene außenpolitische Prestige, der Aufstieg der Wirtschaft, die technische Industrialisierung des Landes, die aus Wirtschaft, Kultur und einem neu sich orientierenden Sozialgefühl verstärkte wissenschaftliche Aktivität leiteten eine *neue* Epoche wissenschaftlicher Auslandswirkung für Deutschland ein. ... Auf Gebieten, wo eine ständige wissenschaftliche Zusammenarbeit notwendig war, trat die deutsche Wissenschaft in entsprechende *Vereinbarungen* ein, die zum großen Teil ihren festen Mittelpunkt in Deutschland erhielten.»[119]

Nur eines dieser Gebiete nennen wir stellvertretend für viele andere, weil es unter ihnen durch seine besonders frühzeitige Institutionalisierung herausragt: die geodätische Längen- und Breitenmessung, die mit ihren wissenschaftlichen und technischen Grundlagen von dem (übrigens gebürtigen Müggelheimer, wo ihm 1962 ein Gedenkstein errichtet wurde) preußischen General Johann Jacob Baeyer zunächst als «Mitteleuropäische Gradmessung» konzipiert und auf der I. Allgemeinen Konferenz in Berlin 1864 durch die Vertreter von

Mommsen über das gleiche Thema 1887:
Angewiesen, wie wir es sind, auf die Zufälligkeiten des Personalbestandes der Berliner Gelehrtenwelt und weiter beschränkt durch die geringe Zahl der akademischen Stellen, kann nicht jeder Zweig der Wissenschaft gleichzeitig in unserem Kreis vertreten sein; und schwer empfundene Lücken ... vermögen wir zur Zeit und vielleicht noch für geraume Zeit nicht zu füllen. Aber so weit es irgend die Verhältnisse gestatten, sind wir fortwährend bemüht, überall, wo die Wissenschaft der staatlichen Hülfe bedarf, wo die Arbeitskosten die Mittel des Einzelnen übersteigen, wo die Gelehrtenassociation erforderlich wird, wo große Unternehmungen eine über die Kraft und die Lebenszeit des einzelnen Mannes hinausgehende Oberleitung erfordern, nach bestem Vermögen und ohne Unterschied des Faches mit Rath und Tath einzutreten ... Gewiß wird die Wissenschaft immer individuell bleiben und alles Größte und Beste nicht von der Akademie geleistet werden, sondern von Männern, seien sie Akademiker oder Nichtakademiker. Aber die Bedeutung der Organisation der Arbeit oder, richtiger gesagt, der Vorarbeiten, ist daneben unermeßlich und in beständigem Steigen; und diese durchzuführen sind die Akademien der Wissenschaften bestimmt.
Sitzungsberichte der Preußischen Akademie der Wissenschaften zu Berlin, 1887, S. 631/632.

115 Sitzungsberichte der Preußischen Akademie der Wissenschaften zu Berlin, 1900, S. 669.
116 Zit. in: Die Berliner Akademie der Wissenschaften in der Zeit des Imperialismus, Teil 1, Berlin 1975, S. 7.
117 Dietmar Biesold/Jochen Richter: Die «Brain Commission» der Internationalen Assoziation der Akademien. In: Wissenschaft und Technik – Humanismus und Fortschritt. Kolloquien der Akademie der Wissenschaften der DDR, Institut für Theorie, Geschichte und Organisation der Wissenschaft, Heft 22, S. 127–132.
118 Georg Schreiber: Auslandsbeziehungen der deutschen Wissenschaft. In: Aus fünfzig Jahren deutscher Wissenschaft. Hrsg. von Gustav Abb, Berlin 1930, S. 9.
119 Ebenda, S. 11/12.

Johann Jacob Baeyer
Gemälde von
Julius Stakiewicz
Um 1875
Baeyer ersetzte die bis dahin gebräuchliche Lattenvermessung durch die für die topographische Erfassung von Landesteilen wichtige Dreieck-Punktmessung (rechnerische Ermittlung von Entfernungen zwischen geographischen Punkten auf der Grundlage von Messungen einer Grundlinie und entsprechender Winkel). Ein solcher topographischer Punkt wurde 1857 am Müggelturm festgelegt. 1879 war der Stein Ausgangspunkt für die Vermessung der Kreise Niederbarnim und Teltow, und er war auch 1920 der Bezugspunkt für die neuerliche Berliner Stadtvermessung. Dieser für die damalige Vermessungskunde wichtige Stein steht heute am Fenster in der Gaststätte «Am Teufelssee» am Fuße der Müggelberge.

Denkmal
für Johann Jakob Baeyer
in Müggelheim
Das Denkmal wurde mit Unterstützung des Geodätischen Instituts der Akademie der Wissenschaften (später mit anderen Einrichtungen zum Zentralinstitut für Physik der Erde der AdW der DDR vereinigt) im Jahre 1962 eingeweiht.

13 Staaten vereinbart wurde. Mit dem Beitritt weiterer Staaten 1867 wurde sie in «Europäische Gradmessung» und 1886 schließlich in «Internationale Erdmessung» umbenannt. «Die ‹Gradmessung› war die erste wissenschaftliche Vereinigung, zu der sich die Regierungen bereitfanden, um auf einem naturwissenschaftlichen Gebiet zusammenzuarbeiten. Gegenüber allen ähnlichen Vereinigungen, die nach ihr geschaffen wurden, zeichnete sie sich durch ihre vorbildliche Organisation und große Aktivität aus.»[120] Die preußisch-deutsche Dominanz war durch die Regelung garantiert, wonach der Direktor des Anfang 1870 geschaffenen und dem Kultusministerium unterstellten Geodätischen Instituts – zunächst in Berlin, später nach dem Bau des neuen Hauptgebäudes 1889 bis 1892 auf dem Telegraphenberg in Potsdam untergebracht – zugleich Direktor des Zentralbüros der Gradmessung ist und das Geodätische Institut die Aufgaben des Zentralbüros übernimmt. Zu Lebzeiten Baeyers funktionierte diese Regelung als vertragsloses Agreement; 1886, bereits unter dem Direktorat von Robert Helmert, erhielt sie die Form einer vertraglichen Vereinbarung zwischen den teilnehmenden Staaten.[121]

Insgesamt bestand gegen Ende des vorigen Jahrhunderts ein leistungsfähiges und flexibel funktionierendes System wissenschaftlicher Einrichtungen in Berlin. Seine verschiedenen Glieder ergänzten einander wirksam, ohne sich zu überschneiden. Ihr unbürokratisches Zusammenwirken beruhte vor allem darauf, daß viele Wissenschaftler – vor allem die bedeutendsten – gleichzeitig in verschiedenen Einrichtungen wirkten, so daß der Fluß der Ideen unkompliziert vonstatten gehen konnte.

Die vielfältigsten Verbindungen schlossen die wissenschaftlichen Einrichtungen mit der Praxis der Industrie, der Staatspolitik, des Rechts oder des Gesundheitswesens zusammen. Die einzelnen Institutionen waren zum großen Teil bereits so ausgeprägt, daß sie mit der einen Seite ihres Wirkens dem Erkenntnisgewinn, mit der anderen aber der Vorbereitung praktikabler Entscheidungen und Empfehlungen zugewandt waren. Wo es sich ergab, festigten familiäre Bande den Zusammenhalt. Arnold von Siemens, der älteste Sohn des Begründers von Siemens & Halske, heiratete Helmholtz' Tochter Ellen. Herta von Siemens – die erste Praktikantin, die Fischer in seinem chemischen Laboratorium aufgenommen hatte – wurde die Gattin des Chemikers Carl Dietrich Harries, eines Hofmann-Schülers und Mitarbeiters von Fischer. Das sind nur zwei von zahlreichen Beispielen für diese Art von Personalunion.

Das Institutionengefüge der Berliner Wissenschaft wies genügend Kanäle auf, über die Großindustrie und Staatspolitik ihren Einfluß ausüben konnten. Obwohl bestimmte wissenschaftliche Funktionen bereits auf der Reichsebene entwickelt wurden, war das wichtigste Steuerungsinstrument der Staatspolitik für die Wissenschaft weiterhin das preußische Kultusministerium; hier spielte in dieser Zeit Friedrich Althoff, ein Ministerialbeamter von einem für preußische Verhältnisse ungewöhnlichen Format, eine maßgebliche Rolle.

Wie drangen nun die Ergebnisse der im großen und ganzen sehr erfolgreichen wissenschaftlichen Arbeit in Berlin in die Bevölkerung? Die praktischen Früchte der wissenschaftlichen Erkenntnis wurden, wie es in einer kapitalistischen Gesellschaft nicht anders sein kann, nach dem Besitz verteilt. Den Zuwachs an Komfort, der sich aus den Anwendungen der Elektrizität, der Kältetechnik oder der Chemie ergab, genossen die besitzenden Klassen eher und unvergleichlich umfassender als das Berliner Proletariat. Dennoch ist nicht zu be-

Mommsen über die «Großwissenschaft»:
Auch die Wissenschaft hat ihr soziales Problem; wie der Großstaat und die Großindustrie, so ist die Großwissenschaft, die nicht von Einem geleistet, aber von Einem geleitet wird, ein nothwendiges Element unserer Culturentwicklung und deren rechte Träger sind die Akademien oder sollten es sein ... Die Großwissenschaft braucht Betriebskapital wie die Großindustrie und wenn dies versagt, so ist die Akademie eben ornamental und müssen wir es uns gefallen lassen von dem Publicum als Dekoration angesehen und als überflüssig betrachtet zu werden. Wir müssen es hinnehmen, aber es wird uns dies nicht leicht.
Sitzungsberichte der Preußischen Akademie der Wissenschaften zu Berlin, 1890, S. 792/793.

120 Heinz Kautzleben/Heinz Stiller: Die Geschichte des Geodätischen Instituts Potsdam. In: Beiträge zur Geschichte des Zentralinstituts für Physik der Erde und der in ihm aufgegangenen Institute. Akademie der Wissenschaften der DDR, Forschungsbereich Geo- und Kosmoswissenschaften, Zentralinstitut für Physik der Erde, Potsdam 1974, S. 6.

121 Siehe Lothar Lerbs: Über die Entwicklung des Geodätischen Instituts Potsdam von der Gründung 1870 bis zur Eingliederung in das Zentralinstitut für Physik der Erde 1969, Dissertation A, Potsdam 1970.

streiten, daß die Fortschritte der wissenschaftlichen Erkenntnis und ihre Anwendungen – etwa auf dem Gebiet der Hygiene – auch bestimmte Vorteile für das Leben der arbeitenden Massen mit sich brachten; folgerichtig wandte sich die Sozialdemokratie auch nicht gegen den wissenschaftlich-technischen Fortschritt als solchen, sondern sie wandte sich dagegen, daß die kapitalistischen Verhältnisse dazu führten, seine möglichen Konsequenzen für ein höheres Lebensniveau des Volkes zu schmälern und ihn sogar – wie in Gestalt der modernen Waffentechnik – gegen die Interessen des Volkes zu mißbrauchen.

Plakat von Ludwig Sütterlin für die Berliner Gewerbeausstellung 1896
Um stärker auf den Weltmarkt vordringen zu können, hatten Berliner Kaufleute und Industrielle mehrfach versucht, eine Weltausstellung in Berlin auszurichten. Doch eine neue Wirtschaftskrise mit Massenarbeitslosigkeit, Lohnkämpfen und demonstrierenden Arbeitern bestimmte Anfang der neunziger Jahre das Berliner Wirtschaftsleben. Diese Lage war den herrschenden Kreisen zu risikoreich. Die Folge war, daß die erhoffte «Jahrhundertausstellung» letztlich «abgesagt» wurde. Da sich bis 1896 die wirtschaftliche Situation verbessert hatte, wurde im eigens dafür hergerichteten Treptower Park eine nationale, aber nicht minder pompöse Ausstellung präsentiert. Hier waren schon die wesentlichen Elemente der zukünftigen deutschen «Weltpolitik» abzulesen: Werbung für Kolonialbesitz und koloniale Eroberung, Aufrüstung einer deutschen Seemacht und ein starkes Wirtschaftsgefüge. Die Exponate der Feinmechanik, Optik, Fotografie und Chemie zeugten besonders von der Leistungskraft der wissenschaftlichen und technischen Entwicklung.

Dürftig sah es auch mit der Einführung wissenschaftlicher Erkenntnisse in die Schulbildung aus. In den Volksschulen, deren Besuch für acht Jahre möglich, für sechs Jahre Pflicht war, hatte man 1872 für Berlin die Klassenfrequenz auf 60 festgelegt – im übrigen Reich betrug sie noch 80! Die Volksschullehrer mußten mit kläglichen Gehältern auskommen; dabei konnte der Staat seine Lehrerschaft durch ein ausgefeiltes System von Denunziation und Repression derart an der Kandare halten, daß kaum einer das Risiko einer oppositionellen Betätigung auf sich nahm. Dazu wird ein bezeichnendes Beispiel berichtet: Als 1873 die «Berliner Schulzeitung» einen neuen Redakteur brauchte, fand sich unter den 1600 Berliner Lehrern nicht ein einziger, der bereit gewesen wäre, sich durch die Annahme dieses Angebots bei den vorgesetzten Behörden mißliebig zu machen.[122]

Selbst bei einem guten Lehrplan wäre es unter diesen Verhältnissen schwierig gewesen, eine nennenswerte Bildung zu vermitteln; die Lehrdirektiven liefen jedoch auf simple Vaterlands- und Hohenzollernlobpreisung, Religion und unumgängliche Elementarkenntnisse hinaus, und zudem gab es nicht einmal einheitliche Lehrpläne. Vor allem sollte die Volksschule der heranwachsenden Generation Untertanengeist einbleuen und sie gegen eventuelle Einflüsse der Sozialdemokratie immun machen. Wenn es eine gewisse Chance für die Verbesserung der Volksschulbildung gab, dann betraf sie die Vermittlung mathematischer, physikalischer und chemischer Elementarkenntnisse; die technisch komplizierter werdende Produktion mußte davon auch bei ihrem Arbeiternachwuchs ein Minimum voraussetzen.

Sehr viel mehr Aufmerksamkeit wurde den höheren Schulen zuteil, an denen die sozial bevorrechtete Bildungselite des Landes heranwuchs. Die Berliner Gymnasien hatten beispielsweise auf dem Gebiet der klassischen Philologie eine glänzende Tradition; nicht wenige Gymnasialprofessoren traten mit eigenen wissenschaftlichen Arbeiten hervor. Der wichtigste Zug auf dieser Ebene des Bildungswesens war damals der Vorstoß der modernen Naturwissenschaften, an dem die Industrie ein vitales Interesse hatte. 1890 entschied eine Konferenz zu Fragen der höheren Schule die langwierigen Wortgefechte zwischen den Verteidigern der Privilegien des «humanistischen» Gymnasiums und den Anhängern der mathematisch-naturwissenschaftlich betonten Realschulbildung zugunsten einer relativen Gleichberechtigung der Realschulen.[123] Bei «Verhandlungen über Fragen des höheren Unterrichts» im

122 Siehe Annemarie Lange: Berlin zur Zeit Bebels und Bismarcks, S. 266.
123 Siehe ebenda, S. 668/669.

Juli 1900 wurde schließlich festgelegt, daß die Realgymnasien und Oberrealschulen den humanistischen Gymnasien hinsichtlich der mit ihrem Abschluß erworbenen Berechtigung zur Aufnahme eines Universitätsstudiums gleichzustellen sind.[124]

Für den Kenntniserwerb im Erwachsenenalter bestanden bescheidene Möglichkeiten. Ein Tropfen auf den heißen Stein – aber immerhin schon eine soziale Errungenschaft, denn früher war Vergleichbares überhaupt nicht vorhanden – waren die Berliner Volksbüchereien, deren es 1888 immerhin schon 27 gab. Diese Büchereien gingen auf eine Initiative fortschrittlicher Bürger aus der Zeit der achtundvierziger Revolution zurück, waren größtenteils in Schulen untergebracht, wurden ehrenamtlich von Lehrern betreut, die in ihnen einige Stunden am Wochenende Dienst taten, und konnten kostenlos benutzt werden. Die größte und bestausgestattete dieser Einrichtungen, die in der Kreuzberger Alexandrinenstraße gelegene Öffentliche Bibliothek und Lesehalle, war eine Stiftung des Sozialdemokraten Hugo Heimann.[125]

Der Funke der populären Wissensvermittlung war in Berlin, auch wenn er nicht zum hellen Feuer wurde, doch seit Humboldt nicht mehr erloschen. Hier war ein Feld, das sich auf ganz verschiedenartige Weise beackern ließ: Man konnte sich in «unparteiischer» Zurückhaltung und vorsichtiger Unverbindlichkeit als Fachmann präsentieren, aber man konnte auch soziales und wirtschaftliches Engagement entwickeln. Die populären Vorträge von Virchow, Helmholtz und Du Bois-Reymond waren berühmt; sie lieferten mit ihrer geschliffenen Diktion ein unvergeßliches Muster dafür, daß sich Wissenschaft nicht unbedingt in das Gewand einer trockenen und langweiligen Sprache kleiden muß, um auf der Höhe der Zeit zu sein.

Foerster, Berliner Sternwartendirektor und passionierter Gründer wissenschaftlicher Einrichtungen, war sehr bemüht, diesem Anliegen eine feste organisatorische Basis zu geben. Zusammen mit dem Autodidakten und Astronomen Wilhelm Meyer hob er am 3. März 1888 die «Urania» aus der Taufe. Dies war einerseits eine Gesellschaft, als deren Vorsitzender Foerster bis 1912 wirkte, andererseits ein «wissenschaftliches Theater», das breite Kreise auf verständliche Art mit neueren Entwicklungen vertraut machen sollte und für das sich «Urania»-Meyer, auf ein solches Unternehmen durch erfolgreiche populärwissenschaftliche Schriftstellerei bestens vorbereitet, mit Leidenschaft einsetzte. Die «Urania», im Landesausstellungspark der Gewerbeausstellung von 1879 an der Invalidenstraße angesiedelt, verfügte über eine Sternwarte, über ein von Goldstein – dem Entdecker der Kanalstrahlen – vorbildlich eingerichtetes physikalisches Kabinett zum Selbstexperimentieren, über eine Bühne, auf der die Entwicklung von Weltall, Erde und Menschheit anschaulich demonstriert werden konnte, und über weitere Einrichtungen. 1896 zog die «Urania» in ein größeres Haus in der Taubenstraße 48/49, doch das bedeutete auch den Abschied vom «naturwissenschaftlichen Theater» und von Direktor Meyer, der von seinem eigenen Aufsichtsrat ausgebootet wurde. Rückblickend schrieb er: «Aus allen Kreisen der Bevölkerung kam man zu uns. Die Arbeiter besetzten zwei bis drei Veranstaltungen jeden Sonntag allein mit ihren Vereinen. Das waren immer meine andächtigsten Zuhörer, zu denen ich auch immer am liebsten sprach.»[126]

Dem reichgegliederten System wissenschaftlicher Einrichtungen, über das die unter der Ägide des Bürgertums stehende offizielle Wissenschaft in Berlin verfügte, standen nur geringfügige institutionelle Möglichkeiten für die Wissenschaft der Arbeiterklasse gegenüber. Sie beschränkten sich – da für die marxistische Theorie weder an der Universität noch an der Akademie ein Platz war – auf das, was die Sozialdemokratie ermöglichen konnte: die Verlage und die entstehenden Parteischulen.

Trotz der ungünstigen materiellen Bedingungen wurde auch in Berlin an den geistigen Grundlagen für den Klassenkampf des Proletariats und für die sozialistische Gesellschaft der Zukunft geschmiedet. Selbst in der Zeit des Sozialistengesetzes erreichten die Schriften von Marx und Engels die Berliner Arbeiter. Das sozialdemokratische «Berliner Volksblatt», aus dem 1891 nach dem Fall des Sozialistengesetzes der «Vorwärts» als Zentralorgan der Partei hervorging, war bestrebt, neben politischer Information auch den Standpunkt der Sozialdemokratie zu neueren Entwicklungen in Wissenschaft und Kunst seinen Lesern nahezubringen. Große Verdienste erwarben sich die «Berliner Volks-Tribüne» mit der Verbreitung anspruchsvoller Literatur und die «Berliner Arbeiterbibliothek» mit ihren aufklärenden Broschüren. Selbst der bei J. H. W. Dietz in Stuttgart erscheinende satirische «Wahre Jakob», der bei Berliner Arbeitern sehr beliebt war, brachte populärwissenschaftliche Beilagen. 1890 hatte die Berliner Sozialdemokratie endlich auch einen eigenen Verlag: die Buchhandlung «Vorwärts», später Paul Singer GmbH in der Lindenstraße 3.

Von ihren Anfängen an war die Arbeiterbewegung eng mit Fragen der Arbeiterbildung verbunden. Dieser Problemkreis war auch stets ein Gegenstand der Auseinandersetzung zwi-

«Allerhöchste Ordre» von Wilhelm II., erlassen am 1. Mai 1889: Schon längere Zeit hat Mich der Gedanke beschäftigt, die Schule in ihren einzelnen Abstufungen nutzbar zu machen, um der Ausbreitung sozialistischer und kommunistischer Ideen entgegenzuwirken. In erster Linie wird die Schule durch Pflege der Gottesfurcht und der Liebe zum Vaterland die Grundlage für eine gesunde Auffassung auch der staatlichen und gesellschaftlichen Verhältnisse zu legen haben. Aber Ich kann Mich der Erkenntniß nicht verschließen, daß in einer Zeit, in welcher die sozialdemokratischen Irrtümer und Entstellungen mit vermehrtem Eifer verbreitet werden, die Schule zur Förderung der Erkenntniß dessen, was wirklich und was in der Welt möglich ist, erhöhte Anstrengungen zu machen hat. Sie muß bestrebt sein, schon der Jugend die Überzeugung zu verschaffen, daß die Lehren der Sozialdemokratie nicht nur den göttlichen Geboten und der christlichen Sittenlehre widersprechen, sondern in Wirklichkeit unausführbar und in ihren Konsequenzen dem Einzelnen und dem Ganzen gleich verderblich sind.
Zit. in: Geschichte der Erziehung, Berlin 1982, S. 362.

124 Siehe: Geschichte der Erziehung, Berlin 1982, S. 363.
125 Siehe Annemarie Lange: Berlin zur Zeit Bebels und Bismarcks, S. 686.
126 Wilhelm Meyer: Wie ich Urania-Meyer wurde. Eine Geschichte für alle, die etwas werden wollen, Hamburg 1908, S. 81. – Siehe auch Annemarie Lange: Berlin zur Zeit Bebels und Bismarcks, S. 578–580.

schen reformistischen Kreisen, die eine politisch unverbindliche Allgemeinbildung bevorzugten, und den revolutionären Kräften, die die Bildungsarbeit der Partei als ein Mittel zur Festigung des proletarischen Klassenbewußtseins entwickelten. Auf Initiative des bereits erwähnten «Mohrenclubs» war im April 1878 in der Seydelstraße 8 (Nähe Spittelmarkt) ein Arbeiterbildungsinstitut eröffnet worden, das bereits wenige Monate später den Repressalien des Sozialistengesetzes zum Opfer fiel.

Nach dem Fall dieses Gesetzes konnte wieder an eine Arbeiterbildungsschule in Berlin gedacht werden. Liebknecht

Fall des Sozialistengesetzes
Zeichnung aus dem «Süd-Deutschen Postillon». 1900

widmete sich ihrer Vorbereitung mit viel Energie; im Januar 1891 wurde ihre Eröffnung in einer Massenversammlung in der Brauerei «Friedrichshain» mit großer Begeisterung beschlossen. Hier lehrten unter anderem Franz Mehring und Rosa Luxemburg, die 1898 nach Berlin übersiedelte.

Zwei Besuche von symbolhafter Bedeutung für die Arbeiterbewegung der Welt fanden in den neunziger Jahren in Berlin statt. Auf dem Rückweg vom Internationalen Sozialistenkongreß in Zürich war Friedrich Engels 1893 noch einmal hier. Die Berliner Sozialdemokraten feierten ihn herzlich mit einem vom Triumph des Sieges über die Politik des Sozialistengesetzes getragenen Festkommers, und Engels würdigte hoch die Erfolge der Partei in dieser Stadt, die damit an der Spitze aller europäischen Großstädte stand.

1895 war Lenin für einige Zeit in Berlin. Er trieb nicht nur Studien in der königlichen Bibliothek am Opernplatz, sondern nahm auch mit Wilhelm Liebknecht und der Redaktion des «Vorwärts» Verbindung auf.[127] Damals vermochte noch niemand vorauszusehen, daß dieser junge Revolutionär der Führer der ersten sozialistischen Revolution der Weltgeschichte und der größte marxistische Theoretiker des 20. Jahrhunderts werden sollte.

Mit einer neuen Generation revolutionärer Führer, die einen nicht unbeträchtlichen Anteil an der Weiterentwicklung der marxistischen Theorie hatten, kündigte sich auch in Berlin das Jahrhundert der proletarischen Revolution an. Franz Mehring, Rosa Luxemburg und Karl Liebknecht, selbst Absolvent der Berliner Alma mater, der sich 1899 in Berlin als Rechtsanwalt niederließ, schlugen in den Kämpfen ihres Lebens den Bogen von den besten Traditionen der deutschen Sozialdemokratie zu der aus der Novemberrevolution hervorgehenden Kommunistischen Partei Deutschlands.

Engels zu seinem Berlin-Besuch 1893:
Es sind, fast auf den Tag, 51 Jahre, daß ich Berlin zuletzt gesehen. Seitdem ist Berlin vollständig umgewandelt. Damals war es eine kleine sogenannte «Residenz» von kaum 350 000 Einwohnern und lebte vom Hof, vom Adel, von der Garnison und der Beamtenwelt. Heute ist es eine große Hauptstadt mit fast zwei Millionen Einwohnern, die von der Industrie lebt; heute könnten Hof, Adel, Garnison und Beamte sich einen anderen Wohnort suchen, und Berlin bliebe doch Berlin. Und die industrielle Entwicklung Berlins hat noch eine andere Umwälzung hervorgebracht. Damals gab es noch keinen einzigen Sozialdemokraten in Berlin; man wußte nicht einmal, was Sozialdemokratie war; heute, vor wenigen Monaten, hat man die Berliner Sozialdemokratie Revue passieren lassen, und sie ist aufmarschiert mit fast 160 000 Stimmen, und Berlin hat fünf sozialdemokratische Abgeordnete auf sechs Vertreter im ganzen. In dieser Beziehung steht Berlin an der Spitze aller europäischen Großstädte und hat selbst Paris weit überflügelt.
Friedrich Engels: [Rede auf einer sozialdemokratischen Versammlung in Berlin am 22. September 1893]. [Zeitungsbericht]. In: MEW, Bd. 22, S. 412.

127 Siehe Botho Brachmann: Russische Sozialdemokraten in Berlin 1895–1914, S. 9.

Berliner Wissenschaft im Abgesang des Wilhelminischen Reiches 1900–1917

Die unauffällige Revolution

Stadt der Nobelpreisträger

Drei Jubiläen

Ein deutsches Oxford?

Die offizielle und die inoffizielle Gesellschaftswissenschaft

Größer – schneller – höher – weiter

Die Gelehrten und das Vaterland

Hältst du es für möglich, daß die alte Kutsche, in die Herr Benz einen knatternden Motor von anderthalb Pferdestärken eingesetzt hat, sich in Kürze so vermehrt, daß die erstickenden Abgase in den Großstädten den Tag zur Nacht machen und das Problem, dieses Vehikel nach einer Spazierfahrt irgendwo abzustellen, zum größten Unglück der gewaltigsten Metropolen wird? Hältst du es für wahrscheinlich, daß dank dem Prinzip des Feuerwerks und des Rückstoßes nächstens Menschen auf dem Mond spazierengehen, wobei ihnen zur selben Zeit Hunderte Millionen auf der Erde zusehen, ohne sich aus dem Haus zu rühren? Hältst du es für möglich, daß sich bald künstliche Himmelskörper bauen und mit Instrumenten ausrüsten lassen, dank denen man aus dem kosmischen Raum jede Bewegung der Menschen auf freiem Feld oder in belebter Straße verfolgen kann?
Für Professor Kouska ist es klar, daß man im Jahr 1900 verrückt sein mußte, wenn man in alledem auch nur ein Quentchen Glaubwürdigkeit gefunden hätte. Dennoch ist alles eingetroffen.
Stanisław Lem: Das absolute Vakuum, Berlin 1984, S. 180/181.

Die unauffällige Revolution

Das Außerordentliche geschah ohne Aufsehen. Niemand bemerkte, daß am 14. Dezember 1900 in Berlin Weltgeschichte geschrieben wurde. Die Arbeiter ahnten es nicht, die in dumpfen Werkstätten oder in modernen, nach der Stoppuhr organisierten und kontrollierten Fabrikhallen schufteten, getrieben von der Sorge, vielleicht zum Fest im Wirbel der hereinbrechenden Weltwirtschaftskrise den Arbeitsplatz zu verlieren. Die geschäftigen Hausfrauen übersahen es im Trubel des weihnachtlichen Sonderverkaufs von Tietz und Wertheim mit dem Riesenangebot und den «phantastisch niedrigen» Preisen. Den «politischen Köpfen» entging es, die in den gasbeleuchteten Cafés die Aussichten des draufgängerischen Reichskanzlers Bülow erörterten, der im Oktober an die Stelle des senilen Fürsten Hohenlohe getreten war, oder sich über die «Strafexpeditionen» des Grafen Waldersee in China erei-

Max Planck
Aufnahme 1903

ferten und diese Untaten des reaktionären Militärs gar für Weltgeschichte ansahen. Auch die unmittelbar beteiligten Fachleute erfaßten es nicht. Viel später freilich, im Zeitalter der Elektronik und der Kernenergie, würden es alle gewahr werden, die Laien wie die Fachleute, die Weitblickenden wie die Ignoranten.

Noch ruhten die Geheimnisse einer unentsiegelten Zukunft chiffriert in einem sorgsam geschriebenen Manuskript zum Thema «Zur Theorie des Gesetzes der Energieverteilung im Normalspektrum», das sein Autor Max Planck mit sprichwörtlicher Akkuratesse abgefaßt hatte und nun in das Physikalische Institut am Reichstagsufer mitbrachte, um es dort zum traditionellen Physikalischen Kolloquium vorzutragen.

Das Berliner Physikalische Kolloquium war für die Physiker der Hauptstadt ein Begriff, man kannte es auch in anderen Ländern. Bereits Gustav Magnus hatte es ins Leben gerufen, die Physikalische Gesellschaft war daraus hervorgegangen

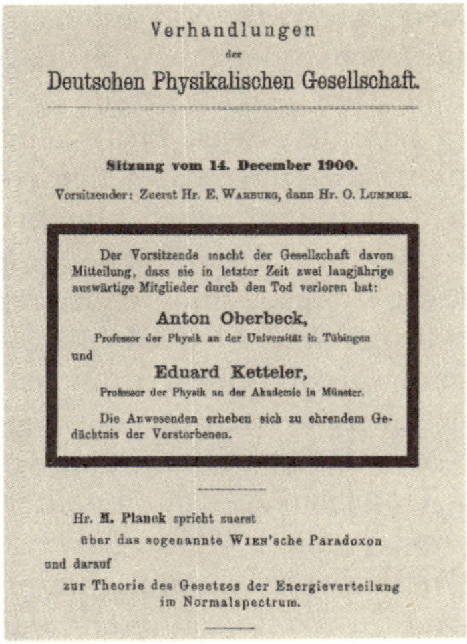

Verhandlungen
der
Deutschen Physikalischen Gesellschaft.

Sitzung vom 14. December 1900.

Vorsitzender: Zuerst Hr. E. Warburg, dann Hr. O. Lummer.

Der Vorsitzende macht der Gesellschaft davon Mitteilung, dass sie in letzter Zeit zwei langjährige auswärtige Mitglieder durch den Tod verloren hat:

Anton Oberbeck,
Professor der Physik an der Universität in Tübingen
und
Eduard Ketteler,
Professor der Physik an der Akademie in Münster.

Die Anwesenden erheben sich zu ehrendem Gedächtnis der Verstorbenen.

Hr. **M. Planck** spricht zuerst
über das sogenannte Wien'sche Paradoxon
und darauf
zur Theorie des Gesetzes der Energieverteilung im Normalspectrum.

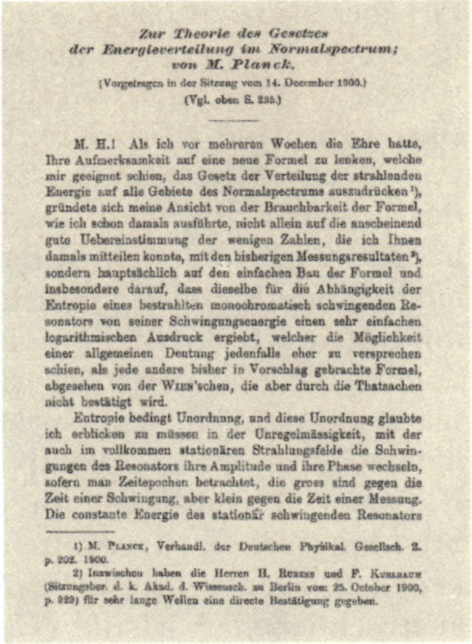

Zur Theorie des Gesetzes der Energieverteilung im Normalspectrum; von M. Planck.

(Vorgetragen in der Sitzung vom 14. December 1900.)
(Vgl. oben S. 235.)

M. H.! Als ich vor mehreren Wochen die Ehre hatte, Ihre Aufmerksamkeit auf eine neue Formel zu lenken, welche mir geeignet schien, das Gesetz der Verteilung der strahlenden Energie auf alle Gebiete des Normalspectrums auszudrücken[1]), gründete sich meine Ansicht von der Brauchbarkeit der Formel, wie ich schon damals ausführte, nicht allein auf die anscheinend gute Uebereinstimmung der wenigen Zahlen, die ich Ihnen damals mitteilen konnte, mit den bisherigen Messungsresultaten[2]), sondern hauptsächlich auf den einfachen Bau der Formel und insbesondere darauf, dass dieselbe für die Abhängigkeit der Entropie eines bestrahlten monochromatisch schwingenden Resonators von seiner Schwingungsenergie einen sehr einfachen logarithmischen Ausdruck ergiebt, welcher die Möglichkeit einer allgemeinen Deutung jedenfalls eher zu versprechen schien, als jede andere bisher in Vorschlag gebrachte Formel, abgesehen von der Wien'schen, die aber durch die Thatsachen nicht bestätigt wird.

Entropie bedingt Unordnung, und diese Unordnung glaubte ich erblicken zu müssen in der Unregelmässigkeit, mit der auch im vollkommen stationären Strahlungsfelde die Schwingungen des Resonators ihre Amplitude und ihre Phase wechseln, sofern man Zeitepochen betrachtet, die gross sind gegen die Zeit einer Schwingung, aber klein gegen die Zeit einer Messung. Die constante Energie des stationär schwingenden Resonators

1) M. Planck, Verhandl. der Deutschen Physikal. Gesellsch. 2. p. 202. 1900.

2) Inzwischen haben die Herren H. Rubens und F. Kurlbaum (Sitzungsber. d. k. Akad. d. Wissensch. zu Berlin vom 25. October 1900, p. 929) für sehr lange Wellen eine directe Bestätigung gegeben.

Protokoll der Verhandlungen der Deutschen Physikalischen Gesellschaft mit Ankündigung des Vortrages von Max Planck

Vortrag von Max Planck «Zur Theorie des Gesetzes der Energieverteilung im Normalspectrum» Erstveröffentlichung. 1900

und hatte es dann ihrerseits als institutioneller Träger unter ihre Fittiche genommen.

Planck, ein korrekter und konservativ eingestellter Gelehrter, hatte alles erreicht, was ein Wissenschaftler normalerweise in seiner Laufbahn erhoffen kann: Er war der erste Mann der Berliner Physik, wie es einst Helmholtz gewesen war, nicht kraft seiner Dienststellung, sondern kraft seiner wissenschaftlichen Autorität, er war Ordentliches Mitglied der Berliner Akademie und Ordinarius für Theoretische Physik an der Berliner Universität – sogar mit einer bezahlten Assistentenstelle –, er war als Forscher und Lehrer international geschätzt, besonders seine thermodynamischen Arbeiten genossen hohes Ansehen, Verwaltungspflichten drückten ihn nicht. Bei alledem war er erst wenig über vierzig Jahre alt und als leidenschaftlicher Bergsteiger in bester gesundheitlicher Verfassung. Wozu hätte sich ein solcher Mann in das riskante Abenteuer der Erkenntnis stürzen sollen?

Es lag auch nicht in seiner Absicht, das zu tun, als er an jenem Tag, der später als der Geburtstag der Quantentheorie in die Geschichte der Wissenschaft einging, vor sein Auditorium in der Physikalischen Gesellschaft trat, wenngleich er nicht ohne innere Unruhe war. Fast zwei Monate hatte er über seinen Vortrag nachgedacht. In diesem Kreis war Plancks Auftritt eine erwartete Fortsetzung des Kolloquiums vom 16. Oktober, als er schon einmal gesprochen und dabei seinem Fach und seinen Fachkollegen aus einer akuten Verlegenheit geholfen hatte.

Damit verhielt es sich folgendermaßen. An der PTR bestanden dank ihrer hervorragenden apparativen Ausstattung exzellente Meßmöglichkeiten, die sowohl die dort angestellten Physiker als auch Physiker von der Universität und anderswo für die Ausführung von Serien anspruchsvoller Präzisionsmessungen ausgiebig nutzten. Erst in jüngster Zeit hatten die Physiker Ferdinand Kurlbaum, Otto Lummer, Ernst Pringsheim und Heinrich Rubens mit Strahlungsmessungen von sich reden gemacht. Im Physikalischen Kolloquium am 16. Oktober hatten Kurlbaum und Rubens über ihre Experimente mit langwelliger Strahlung berichtet, die sie insbesondere mit der infraroten Reststrahlung von Flußspat und Steinsalz vorgenommen hatten. Diese Experimente waren insofern problematisch, als sie nicht jene spektrale Energieverteilung ergaben, die nach dem 1896 von Willy Wien – damals Assistent an der PTR und Privatdozent an der Universität – aufgestellten Strahlungsgesetz zu erwarten gewesen wäre. Meßungenauigkeiten als eventuelle Quelle der Nichtübereinstimmung waren auszuschließen. Auch die Wiensche Gesetzesformulierung war erwiesenermaßen korrekt, denn sie hatte sich für kurzwellige Strahlung bei niedrigen Temperaturen bewährt.[1]

Freilich hätte man sich zunächst mit der Annahme begnügen können, daß zwei ganz verschiedenartige Strahlungsgesetze gelten: das eine für kurzwellige Strahlung bei niedrigen Temperaturen, das andere für langwellige Strahlung bei hohen Temperaturen, aber ernstlich befriedigt hätte das niemand, denn es handelte sich schließlich um Phänomene von qualitativ gleichartiger Natur.

Planck, der die Meßergebnisse von Kurlbaum und Rubens schon einige Tage vorher erfahren hatte, brachte zum Kolloquium am 16. Oktober einen vorbereiteten Beitrag mit, der bald darauf unter dem Titel «Über eine Verbesserung der

Anschließend an die Arbeiten von Willy Wien stellte sich Planck das Programm, auf dem Gebiete der Strahlungstheorie die Elektrodynamik mit den thermodynamischen Prinzipien zu durchdringen. Das Programm hat er, vom Jahre 1896 ab, mit seltenem Zielbewußtsein und Erfolge durchgeführt. ... Es ist ein schönes Beispiel wissenschaftlicher Konzentration, wie Planck während einer Reihe von Jahren, nicht rechts und links blickend, sein Ziel im Auge behielt. Die gleichzeitigen Messungen der Physikalisch-technischen Reichsanstalt gaben ihm dabei die Möglichkeit, seine theoretischen Ergebnisse an der Erfahrung zu prüfen.
Arnold Sommerfeld: Max Planck zum sechzigsten Geburtstag. In: Max Planck in seinen Akademie-Ansprachen, Berlin 1948, S. 173.

Wienschen Spektralgleichung» in den «Verhandlungen der Deutschen Physikalischen Gesellschaft» gedruckt wurde und in dem er eine neue Strahlungsformel vorschlug, die die aufgetretenen Unstimmigkeiten beseitigen sollte, ohne das Wiensche Gesetz für dessen erwiesenen Geltungsbereich zu verwerfen. Die neue Formel war einheitlich für alle Frequenzen und so aufgebaut, daß sie für den Fall tiefer Temperaturen und niedriger Wellenlängen in den Wienschen Ausdruck übergehen konnte.

Die empirische Richtigkeit der Planckschen Formel stellte sich unverzüglich heraus. Er hatte diese Formel «dank seinem unvergleichlichen thermodynamischen Feingefühl»[2] gefunden oder auch, wie er selbst sagte, «glücklich erraten». Dieses Feingefühl entsprang intimer Vertrautheit mit der Problematik, die er als Forscher überblickte.

Als er an die Arbeiten seines verstorbenen Berliner Vorgängers Kirchhoff – dieser hatte um 1860 in die Lehre von der Wärmestrahlung thermodynamische Überlegungen eingeführt und dabei erkannt, daß sich alle Fragen der Wärmestrahlung auf das Problem des Strahlungszustandes in einem allseitig abgeschlossenen Hohlraum («ideal schwarzer Körper») zurückführen lassen – anknüpfte, da tat er es in der Hoffnung, einen Ansatz zu finden, um Wärmelehre und Elektrodynamik zu einem Ganzen zu vereinen und damit eine in dem fast vollendet scheinenden Gebäude der klassischen Physik noch verbliebene Lücke zu schließen. Dies alles wiederum sollten vermittelnde Schritte sein, um jenes grandiose Erkenntnisideal zu erfüllen, das in der Zurückführung der Beschreibungen aller physikalischen Erkenntnisse auf die Gesetze der Newtonschen Mechanik bestand.

Zu diesem Werk sollte ohne Zweifel auch die neue Strahlungsformel beitragen, mit der Planck den Messungen von Kurlbaum und Rubens gerecht wurde. Doch mit der Präsentation der Formel hatte er zunächst einmal erste Hilfe geleistet. Nun kam es darauf an, sie theoretisch zu begründen, das heißt, sie aus den als gültig angenommenen Grundsätzen der physikalischen Theorie herzuleiten oder wenigstens ihre Verträglichkeit mit diesen nachzuweisen. Als Planck mit dem Ergebnis seiner entsprechenden Untersuchungen am 14. Dezember 1900 vor seine Kollegen trat, mußte er schweren Herzens bekennen, daß eine solche Begründung nur unter der Voraussetzung möglich ist, daß die Energie nicht in einem kontinuierlichen, stetig veränderbaren Fluß, sondern in zwar klei-

Dem theoretischen Physiker sind in der Gegenwart ungleich schwerere Aufgaben gestellt als noch vor einem Menschenalter. Damals gab es für jeden, der in der exakten Naturwissenschaft nach großen, einfachen Gedanken, nach einer zusammenfassenden Naturanschauung suchte, nur ein einziges fest bestimmtes, durch das eben entdeckte Energieprinzip zum erstenmal als erreichbar hingestelltes Ziel: die Zurückführung aller Naturvorgänge auf Mechanik ...
Die ganze neuere Entwickelung der Thermodynamik hat sich unabhängig von der mechanischen Theorie einzig auf Grund der beiden Hauptsätze der Wärmelehre vollzogen, auch die fundamentalen Beziehungen zwischen Elektrodynamik und Optik, zwischen Galvanismus, chemischer Aktivität und Thermodynamik sind gefunden worden ganz ohne Rücksichtnahme auf die mechanische Natur der betreffenden Vorgänge. Ebenso steht zu hoffen, daß wir auch über diejenigen elektrodynamischen Prozesse, welche direkt durch die Temperatur bedingt sind, wie sie sich namentlich in der Wärmestrahlung äußern, nähere Aufklärung erfahren können, ohne erst den mühsamen Umweg durch die mechanische Deutung der Elektrizität nehmen zu müssen.
Max Planck:
Antrittsrede zur Aufnahme in die Akademie vom 28. Juni 1894.
In: Max Planck in seinen Akademie-Ansprachen, S. 1, 3.

1 Siehe: Historischer Exkurs: Zum Wechselverhältnis von Physik und Elektroindustrie in Berlin bis zum Beginn des 20. Jahrhunderts. In: Intensivierung der Forschung. Bedingungen – Faktoren – Probleme. Hrsg. von Günter Kröber/Lothar Läsker/Hubert Laitko, Berlin 1984, S. 63–133.

2 Friedrich Herneck: Bahnbrecher des Atomzeitalters, Berlin 1974, S. 141.

Im Frühjahr 1889, nach dem Tod von Kirchhoff, wurde ich auf Vorschlag der Berliner philosophischen Fakultät als dessen Nachfolger zur Vertretung der theoretischen Physik an die Universität berufen, zuerst als Extraordinarius, von 1892 ab als Ordinarius. Das waren die Jahre, in denen ich wohl die stärkste Erweiterung meiner ganzen wissenschaftlichen Denkweise erfuhr. Denn nun kam ich zum erstenmal in nähere Berührung mit den Männern, welche damals die Führung in der wissenschaftlichen Forschung der Welt inne hatten. Vor allem mit Helmholtz.
Max Planck: Wissenschaftliche Selbstbiographie, Leipzig 1970, S. 12.

nen, aber doch endlichen, nicht weiter unterteilbaren Portionen (den berühmten «Quanten») abgestrahlt und aufgenommen wird. Die Größe dieser Quanten hängt von der Frequenz der Strahlung und einer universellen Naturkonstante – heute zu Ehren des Entdeckers Plancksche Konstante genannt – ab. Diese Annahme war ein Fremdkörper, eine Provokation, ein Störenfried in der heilen Welt der klassischen Physik. Die Auffassung, daß die Energie ein reines Kontinuum, ein grenzenlos teilbares Etwas sei, gehörte zu den am tiefsten verwurzelten Überzeugungen der Physiker.

Planck verstand sofort, daß in seiner Annahme die schwerste Herausforderung lag, der der Anspruch der klassischen Mechanik, unerschütterliche Grundlage des gesamten physikalischen Wissens zu sein, jemals ausgesetzt war. Das war überhaupt nicht in seinem Sinne. Als ein Revolutionär fühlte er sich ganz und gar nicht. Er wollte bewahren, verbessern und vollenden, nicht umstürzen und niederreißen. Im stillen hegte er wohl noch die Hoffnung, es könnte durch irgendeinen Trick des theoretischen Verstandes gelingen, den schon entfesselten Geist in die Flasche zurückzuzwingen, und alles würde bleiben, wie es war. «Meine vergeblichen Versuche, das Wirkungsquantum irgendwie der klassischen Theorie einzugliedern, erstreckten sich auf eine Reihe von Jahren und kosteten mich viel Arbeit.»[3]

Die Versuche blieben vergebens. Der Quantenbegriff ließ sich aus der Welt der Physik nicht wieder verbannen. Planck beugte sich der eisernen Macht der Tatsachen, so wie er auf seinem weiteren schweren Lebensweg Winkelzüge und Ausweichmanöver immer verabscheut hat. Damit wurde er zu einem Herold der Revolution in der Physik, und daß er – wie man ihn später gelegentlich nannte – ein «Revolutionär wider Willen» war, das läßt das Zwingende, Gesetzmäßige der auch von ihm ausgelösten Umwälzung um so plastischer hervortreten. Die Stadt Berlin mag es sich zur Ehre anrechnen, daß das theoretische Signal dieser Revolution in ihren Mauern gegeben worden ist, und zwar nicht von ungefähr, sondern als ein legitimes Resultat des kultivierten wissenschaftlichen Klimas der Berliner Physik. Die spätere Entwicklung der Quantenphysik spielte sich in vielen Zentren ab und bezog Wissenschaftler zahlreicher Länder ein; die Physiker Berlins standen dabei mehr an der Peripherie als im Zentrum.[4]

Übrigens würden wir das Bild der Entdeckung Plancks unzulässig vereinfachen, wollten wir sie allein seinem Genie und der inneren Kultur des Berliner Physikerkreises zugute halten. Die Messungen, die Planck zur Aufstellung seiner Formel zwangen, wurden an der PTR durchgeführt, und daß sie dort überhaupt und zudem mit solcher Präzision stattfanden, war wesentlich durch Bedürfnisse der Industrie motiviert. Die Industrie forcierte die Strahlungsmessungen an der PTR vor allem deshalb, weil eine scharfe Konkurrenz zwischen Glühlampe und Gasbeleuchtung eine ständige Verbesserung der Photometriemethoden verlangte. Die Meßmethoden konnten gar nicht fein genug, die benutzten Apparate gar nicht empfindlich genug sein. Praktische Prüfungen von Gas-, Petroleum-, Glüh- und Bogenlampen gehörten zu den laufenden Aufgaben der zweiten Abteilung der PTR.

Das einzigartige Profil der PTR, in der die zweite, die technische Abteilung, in Beziehung zu der ersten, der wissen-

schaftlichen, gestellt war, legte es nahe, technische Probleme nicht so eng wie möglich aufzufassen, sondern sie im Gegenteil so weit zu analysieren, bis sie gegebenenfalls als Spezialfälle fundamentaler physikalischer Probleme erkennbar wurden. Diese physikalischen Probleme wurden dann auch in ihrer Fundamentalität in Angriff genommen, selbst wenn das für die konkrete technische Aufgabenstellung als ein Umweg erschien. So vollzog sich der Übergang vom technikorientierten Photometrieproblem zu den grundlagenorientierten Strahlungsmessungen organisch. Das läßt sich zum Beispiel aus folgender Passage des Tätigkeitsberichtes der PTR für das Jahr

Technisches Labor der PTR
Aufnahme um 1900

3 Max Planck: Wissenschaftliche Selbstbiographie, Leipzig 1970, S. 21.

4 Siehe Dieter Hoffmann: Die Physik an der Berliner Universität in der ersten Hälfte unseres Jahrhunderts – zur personellen und institutionellen Entwicklung sowie wichtige Beziehungen mit anderen Institutionen physikalischer Forschung in Berlin. In: Berliner Wissenschaftshistorische Kolloquien VIII: Die Entwicklung der Physik in Berlin, Berlin 1984, S. 13.

1900 entnehmen: «Die optischen Arbeiten haben das Ziel, die grundlegenden Gesetze der Wärme- und Lichtstrahlung festzulegen. Im Anschluß daran sollen die Probleme der Leucht- und Heiztechnik gelöst werden, soweit sie sich durch Strahlungsversuche angreifen lassen ... Die Versuche sollen in der Weise erweitert werden, daß man die Emission mit der des schwarzen Körpers vergleicht, hierdurch das Reflexionsvermögen der glühenden Substanzen erhält und so ein Urteil über die Ökonomie der Lichtquellen gewinnt.»[5]

Es ist also gar nicht zu bestreiten, daß die Quantentheorie ihrer Herkunft nach auch in den Grundtendenzen der Produktivkräfteentwicklung des späten 19. Jahrhunderts wurzelt. Das heißt aber keinesfalls, daß der beste Weg zu fundamental neuartigen Entdeckungen in einer Umwandlung der naturwissenschaftlichen Forschung in industrielle Auftragsarbeit bestände. Dies ist eben nicht die Botschaft jener Erfahrung an das neue Jahrhundert. Wird eine technische Aufgabe so bearbeitet, daß gerade die konkrete technische Aufgabenlösung herauskommt und weiter nichts, so ist es höchst unwahrscheinlich, daß – gleichsam als Nebenprodukt – auch noch eine fundamentale Erkenntnis abfällt.

Selbst die unmittelbaren physikalischen Konsequenzen der Planckschen Entdeckung – von den Fernwirkungen ganz zu schweigen – waren nicht ohne weiteres absehbar, und es bedurfte vieler Jahre, damit sie sich Schritt für Schritt offenbarten. Planck, von Skrupeln geplagt, tat anfangs sehr wenig für die Verbreitung seiner Quantenlehre, er widersetzte sich der Verallgemeinerung der Quantenvorstellung über den Bereich der Wärmestrahlung hinaus, und er lehnte die von Einstein 1905 aufgestellte Lichtquantenhypothese – die erste kühne und grundsätzliche Anwendung der Planckschen Idee durch einen anderen Physiker – noch im Frühjahr 1913 als eine über das Ziel hinausschießende Spekulation ab.[6]

Längere Zeit war Planck nicht nur Revolutionär wider Willen, sondern auch ein unerkannter Revolutionär. Seine Veröffentlichungen wurden nicht einmal von den Fachleuten allgemein beachtet. Das «Handbuch zur Geschichte der Naturwissenschaften und der Technik» von Ludwig Darmstaedter verzeichnete für das Jahr 1900 ungefähr 120 Entdeckungen und Erfindungen, aber Plancks Name wurde nicht erwähnt. So ist es auch erklärlich, daß ihm der Nobelpreis (für das Jahr 1918) erst 1919 überreicht wurde.

Eine neue wissenschaftliche Wahrheit pflegt sich nicht in der Weise durchzusetzen, daß ihre Gegner überzeugt werden und sich als belehrt erklären, sondern vielmehr dadurch, daß die Gegner allmählich aussterben und daß die heranwachsende Generation von vornherein mit der Wahrheit vertraut gemacht ist.
Max Planck: Wissenschaftliche Selbstbiographie, S. 16/17.

Die Veränderung des physikalischen Denkens, in der Plancks Entdeckung einen hervorragenden Platz einnahm, erschütterte vertraute Begriffe und erzeugte unter den Physikern eine verbreitete philosophische Krisenstimmung, für deren Bewältigung die bei den Fachwissenschaftlern üblichen

Formen des Philosophierens ebensowenig ausreichten wie die eilfertig zusammengefügten und von dieser Stimmung profitierenden Formen bürgerlicher Modephilosophie. In der Sozialdemokratie lenkte diese Entwicklung die Aufmerksamkeit wieder auf Engels' Untersuchungen zu philosophischen Problemen der Naturwissenschaft. In der «Neuen Zeit» schrieb Josef Diner-Dénes, die neueste Entwicklung der Physik sei eine glänzende Bestätigung der von Engels 1877 im «Anti-Dühring» gegebenen Prognose einer Revolution in den Naturwissenschaften: «Nun, diese Revolution ist schon da.»[7] Weiter hieß es: «... die Materie ist ebenfalls nur eine gewisse Form, in der wir diese Bewegung wahrnehmen. Wie glänzend ist damit Engels vor dreißig Jahren gemachter Ausspruch gerechtfertigt: Die Bewegung ist die Daseinsweise der Materie.»[8]

Freilich zeugt die Äußerung eher vom guten Willen des Verfassers als von irgendeinem präzisen Verständnis der Intentionen von Engels. Die marxistische Analyse der Revolution in der Physik wurde nicht im Autorenkreis der «Neuen Zeit» geleistet, sondern von Lenin in seiner Arbeit «Materialismus und Empiriokritizismus». Darin machte er klar, daß angesichts der intensiven Fortschritte der Physik von einer etwaigen Krise der physikalischen Erkenntnis keine Rede sein konnte. Was tatsächlich vor sich ging, war eine philosophische Krise: die Kollision der neuen Erkenntnisinhalte der Physik mit den bürgerlich-philosophischen Denkformen. Und er diagnostizierte auch den tiefliegenden Prozeß, der infolge seiner Spontaneität krisenhaft verlief: Die Physik war dabei, «den dialektischen Materialismus zu gebären».[9]

Doch das anbrechende Jahrhundert brachte nicht nur leise Revolutionen im intellektuellen Klima der Wissenschaft, die der öffentlichen Aufmerksamkeit verborgen blieben. Weit mehr als die vorangegangenen hundert Jahre war es von Erschütterungen, Kriegen und tiefgreifenden sozialen Umwälzungen gekennzeichnet. Mit Riesenschritten ging die Zeit der relativ friedlichen Entwicklung des Kapitalismus ihrem Ende entgegen.

Wilhelm II. hatte in der berüchtigten «Hunnenrede» bei der Verabschiedung eines Expeditionskorps in Bremerhaven am 27. Juli 1900 zur Niederschlagung des chinesischen Volksaufstandes in unmißverständlich nationalistischen Tönen die Zeichen gesetzt, mit denen der nunmehr ausgewachsene deut-

Das *Wesen* der Krise der modernen Physik besteht in der Zerstörung der alten Gesetze und Grundprinzipien, in der Preisgabe der außerhalb des Bewußtseins existierenden objektiven Realität, d. h. in der Ersetzung des Materialismus durch Idealismus und Agnostizismus.
W. I. Lenin: Materialismus und Empiriokritizismus. In: Werke, Bd. 14, S. 257.

Aus der «Hunnenrede» von Wilhelm II.: Kommt ihr vor den Feind, so wird derselbe geschlagen! Pardon wird nicht gegeben! Gefangene werden nicht gemacht! Wer Euch in die Hände fällt, sei Euch verfallen! Wie vor 1000 Jahren die Hunnen unter ihrem König Etzel sich einen Namen gemacht, der sie noch jetzt in Überlieferung und Märchen gewaltig erscheinen läßt, so möge der Name Deutscher in China auf 1000 Jahre durch Euch in einer Weise betätigt werden, daß niemals wieder ein Chinese es wagt, einen Deutschen auch nur scheel anzusehen!
Dokumente zur deutschen Geschichte, 1897/98-1904. Hrsg. von Dieter Fricke, Berlin 1976, Dokument 37, S. 56.

5 Tätigkeitsbericht der Physikalisch-Technischen Reichsanstalt für das Jahr 1900. In: Zeitschrift für Instrumentenkunde, Jg. 20, 1902, S. 147.
6 Siehe Friedrich Herneck: Die heilige Neugier, Berlin 1983, S. 83.
7 Josef Diner-Dénes: Der Marxismus und die neueste Revolution in den Naturwissenschaften. In: Die Neue Zeit, 25. Jg. (1906–1907), 2. Bd., S. 859.
8 Ebenda, S. 863/864.
9 W. I. Lenin: Materialismus und Empiriokritizismus In: Werke, Bd. 14, S. 316.

sche Imperialismus seine Weltmachtansprüche anmeldete. Die Marxisten wußten, daß dies der Anfang vom Ende der Hohenzollernherrschaft war und daß aus dem militärischen Debakel und der inneren Zersetzung der alten Mächte die sozialen Revolutionen erwachsen würden. Mitten in der unerschütterlichen Selbstsicherheit des Wilhelminischen Reiches, noch ehe der Imperialismus als ein qualitativ neues Stadium der kapitalistischen Ordnung in seinen Besonderheiten und Konsequenzen analysiert war, hatte Friedrich Engels bereits in nüchternen Worten von der objektiven Tendenz des Großkapitals zur Entfesselung internationaler Katastrophen, von europäischen Kriegen ganz neuer Dimension gesprochen, an deren Ende die Kronen zu Dutzenden über das Parkett der europäischen Höfe rollen würden und niemand da sein würde, sie aufzuheben.[10]

Doch bürgerliche Ideologen waren unfähig, hinter die Kulissen der Geschichte zu blicken. Die typische Haltung des bürgerlichen Denkens im Deutschland der Jahrhundertwende war Saturiertheit. Man hatte es doch so herrlich weit gebracht, und so sollte es auch bleiben, nur noch mächtiger, noch expansiver, noch herrlicher. Selbst geradezu provinzielle Besonderheiten Preußen-Deutschlands, wie das starr-hierarchische Standes- und Kastenwesen in der Gesellschaft mit seinen verknöcherten Bräuchen, wurden zu Ewigkeitswerten hochstilisiert. Das Beharren auf der Unantastbarkeit des stolzen Gebäudes der klassischen Naturwissenschaft stand im Einklang mit diesem allgemeinen Gestus des Bewahrens – nicht mehr, aber auch nicht weniger. Und doch war alles nur noch brüchiger Schein. Runde zwei Jahrzehnte später war nicht mehr viel vorhanden von dem, was für die Ewigkeit gemacht schien. Auf russischem Boden hatte die erste sozialistische Revolution der Weltgeschichte gesiegt. Deutschland war von Krisen und Klassenkämpfen erschüttert. In der Physik ging die Revolution, die ein neues Theoriengebäude mit neuen Prinzipien geschaffen hatte, ihrem krönenden Abschluß mit der Aufstellung der Quantenmechanik entgegen.

Auf die kommenden Zeiten war die deutsche Sozialdemo-

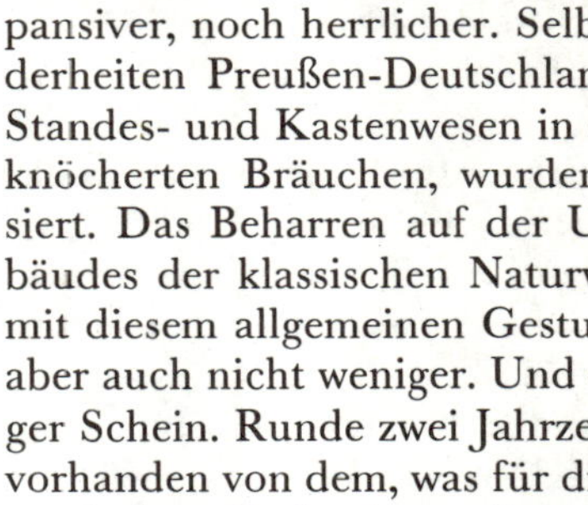

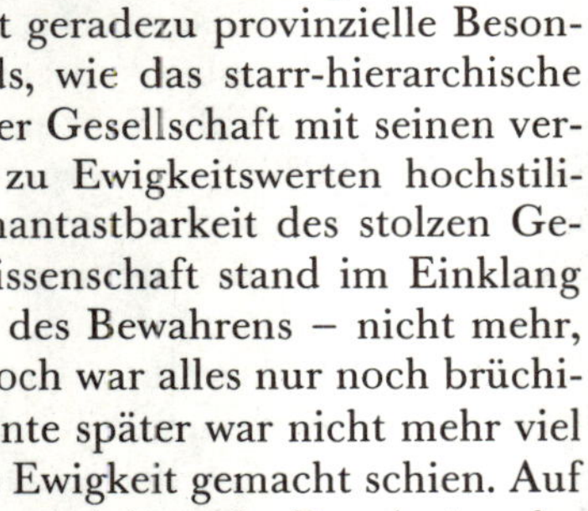

Zeitungsannoncen
Um 1900
Jede sich bietende Einnahmequelle mußte vom kleinen Gewerbetreibenden genutzt werden: die künftigen Doktoren wurden auf den harten Paukboden des Lebens vorbereitet, und mit der gepriesenen neuen Schreibfeder sollte für das neue Jahrhundert natürlich jeder akademisch Gebildete ausgestattet sein.

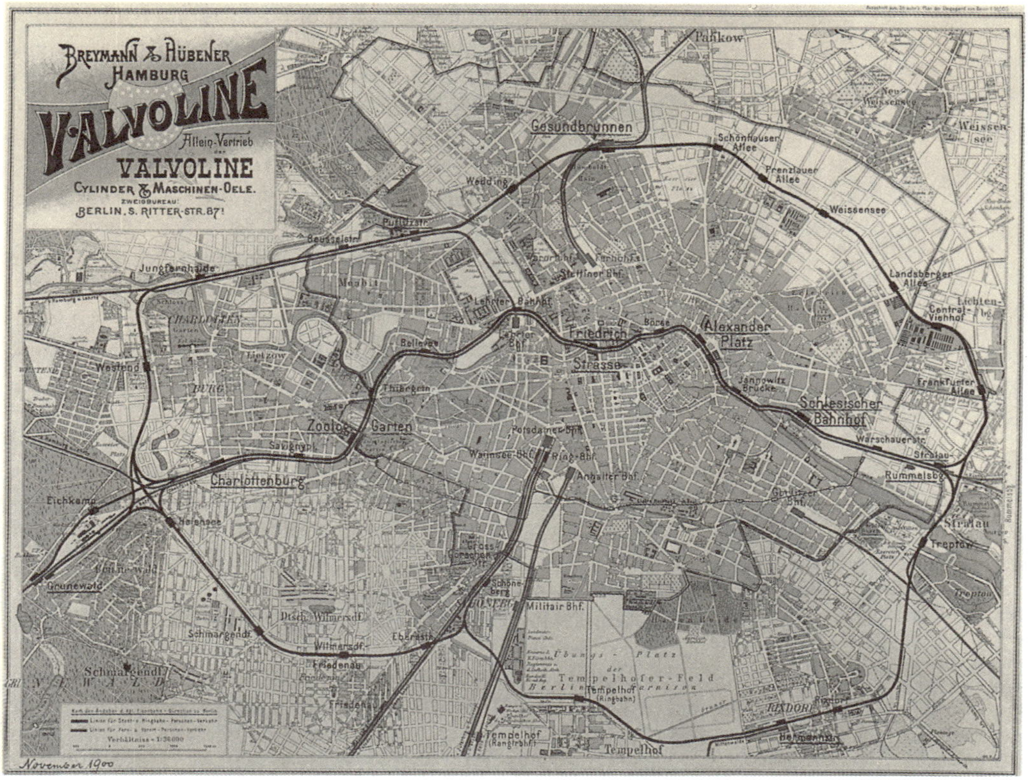

kratie schlecht vorbereitet. Schwer kämpfte sie gegen den Revisionismus, der die Partei Bebels und Liebknechts, den Stolz der deutschen Arbeiterklasse, auf das Niveau einer kleinbürgerlichen Reformpartei herabzuzerren suchte. Die erfahrenen alten Revolutionäre erwehrten sich streitbar der Vorstöße des Revisionismus und setzten auf den Parteitagen immer wieder Resolutionen zu dessen Verurteilung durch. Weniger gewappnet waren sie gegen den Zentrismus, der die Einheit der großen Parteiorganisation beschwor und zu kitten versuchte, was innerlich längst auseinandergefallen war.

Berlin hatte sich zum Zentrum der Linken in der Arbeiterbewegung entwickelt. Eine Reihe leidenschaftlicher, hochbegabter und hochgebildeter Revolutionäre – damals erst eine politische Strömung und noch keine organisierte Gruppe – führte die harten Auseinandersetzungen in der Sozialdemokratie, ohne aber einen solchen Einfluß in der Partei zu erreichen, daß sie die strikte Trennung von Revisionisten und Zentristen hätten durchsetzen und die so erneuerte Partei vor der

Übersichtsplan der Berliner Stadt- und Ringbahn. 1899
Im Jahre 1871 hatte Berlin 930 000 Einwohner, und die Bevölkerungszahl stieg einschließlich der Vororte bis zum Jahr 1900 auf über 2,5 Millionen. Damit war Berlin nach London und Paris die drittgrößte Stadt Europas. Aus dem enormen Anstieg der Bevölkerungszahl ergab sich auch eine starke Zunahme der Transportbedürfnisse, mit denen eine bedeutende technische Weiterentwicklung der Verkehrsmittel verbunden war. Mit dem Bau der ersten Berliner Hochbahnlinie hatte Siemens & Halske 1896 begonnen. Die Eröffnung dieses Streckenabschnitts zwischen Warschauer Brücke und Potsdamer Platz bzw. Knie fand 1902 statt.

10 Siehe Friedrich Engels: Einleitung [zu Sigismund Borkheims Broschüre «Zur Erinnerung für die deutschen Mordspatrioten. 1806–1807»]. In: MEW, Bd. 21, S. 350/351.

Misere des Einschwenkens auf die Position des «Burgfriedens» und der «Vaterlandsverteidigung» bewahren können. Doch sie trugen, wenn auch nicht mit der umfassenden Konsequenz Leninscher Analyse, zur Einsicht in den Charakter der neuen Epoche bei, sie bewahrten die Kultur des revolutionären theoretischen Denkens der deutschen Arbeiterklasse, und sie standen für ihre Erkenntnisse und Überzeugungen mutig ein.

Mit besonderer Gründlichkeit analysierten und entlarvten sie den inneren Zusammenhang zwischen Kapitalismus und Militarismus in dessen neuem Stadium und bemühten sich um die Initiierung eines breiten antimilitaristischen Kampfes. Karl Liebknecht faßte die Ergebnisse in seiner Anfang 1907 erschienenen berühmten Schrift «Militarismus und Antimilitarismus» zusammen. So sehr hatte er damit den Lebensnerv des Regimes getroffen, daß er im Oktober 1907 wegen «Vorbereitung zum Hochverrat» vor das Reichsgericht in Leipzig gezerrt und zu anderthalb Jahren Festungshaft verurteilt wurde. Vor Antritt der Haft auf der Festung Glatz verabschiedete sich Karl Liebknecht am 20. Oktober 1907 auf einer antiimperialistischen Massenkundgebung in der Hasenheide von den Berliner Arbeitern.

Das Proletariat der gesamten Welt hat von jener Politik, die den Militarismus nach außen notwendig macht, keinen Nutzen zu erwarten, seine Interessen widersprechen ihr sogar auf das allerschärfste. Jene Politik dient mittelbar oder unmittelbar den Ausbeutungsinteressen der herrschenden Klassen des Kapitalismus. Sie sucht der regellos-wilden Produktion und der sinnlos-mörderischen Konkurrenz des Kapitalismus mit mehr oder weniger Geschick über die Welt hinaus den Weg zu bereiten, indem sie alle kulturellen Pflichten gegen die minder entwickelten Völkerschaften niedertrampelt; und sie erreicht doch im Grunde genommen nichts, als eine wahnsinnige Gefährdung des ganzen Bestandes unserer Kultur durch die Heraufbeschwörung weltkriegerischer Verwicklungen.
Karl Liebknecht: Militarismus und Antimilitarismus. In: Gesammelte Reden und Schriften, Bd. 1, Berlin 1983, S. 274.

Seine Kampfgefährtin Rosa Luxemburg verfaßte gemeinsam mit Lenin die Resolution, die vom Internationalen Sozialistenkongreß im August 1907 in Stuttgart einstimmig angenommen wurde: «Droht der Ausbruch eines Krieges, so sind die arbeitenden Klassen und deren parlamentarische Vertretungen in den beteiligten Ländern verpflichtet ..., alles aufzubieten, um ... den Ausbruch eines Krieges zu verhindern ... Falls der Krieg dennoch ausbrechen sollte, ist es die Pflicht, für dessen rasche Beendigung einzutreten und mit allen Kräften dahin zu streben, ... die Beseitigung der kapitalistischen Klassenherrschaft zu beschleunigen.»[11]

Wäre diese Resolution von der deutschen Sozialdemokratie strikt befolgt worden, so wäre – berücksichtigt man die Stärke der sozialdemokratischen Organisation, ihren Masseneinfluß, die 1908/1909 erschreckend zutage getretene allgemeine Brüchigkeit des sich so ehern gebenden politischen Systems in Deutschland, aus der sich der deutsche Imperialismus nur durch eine abenteuerliche Flucht nach vorn retten konnte – ein alternativer Gang der historischen Ereignisse in Deutschland und damit in Europa nicht ausgeschlossen gewesen. Doch der Parteivorstand war nicht mehr imstande, Arbeiterklasse und Volk auf dem Weg eines kompromißlosen politischen Massenkampfes zu führen, und er wurde des Orientierungsvermögens in den schwierigsten Fragen des Klassenkampfes gänzlich beraubt, nachdem 1913 August Bebel verstorben war. Der ideologische Zersetzungsprozeß der Partei schritt mit der Gewalt einer Epidemie voran. Die deutsche und damit auch die Berliner Arbeiterklasse mußte Jahre tiefer Demütigung durchleben, in denen nur die Linken und ihre langsam wachsende Anhängerschar ihr verfolgtes, gehaßtes, aber unbeugsames Gewissen blieben, bis aus dem Aufschwung der Novemberrevolution eine neue revolutionäre Arbeiterpartei geboren wurde, die auch der marxistischen Wissenschaft in Deutschland eine Heimstatt bot: die Kommunistische Partei Deutschlands. Das Hohenzollernregime aber ging in dem von ihm mit größtem Eifer vorbereiteten und mitverschuldeten Krieg zugrunde, nicht ohne zuvor großes Leid über Europa und die Welt gebracht zu haben.

Von diesen Zusammenhängen, die für die marxistische Analyse klar zutage lagen, begriff der wissenschaftliche Revolutionär Max Planck nichts, obwohl doch der Weltkrieg, der ihm seinen ältesten Sohn raubte, hart genug in sein persönliches Leben eingegriffen hatte. Wie der Weltkrieg in seinem Wesen unbegriffen an ihm vorübergegangen war, das dokumentierte er in seiner Ansprache zum Leibniztag der Berliner Akademie am 3. Juli 1919: «Der furchtbarste Krieg, den die Welt gesehen hat, ist beendigt, aber was tiefer brennt als alle seine Schrecknisse und Leiden, das ist die Schmach des uns von den Feinden aufgezwungenen Friedensschlusses.»[12] In dieser Hinsicht war er keine Ausnahme, sondern eher der Prototyp des etablierten Berliner Wissenschaftlers. Die Politik gehörte nicht in die heiligen Hallen der Wissenschaft.

Mit dieser Haltung bewirkte er durchaus Positives, je mehr imperialistische Politik diese traditionelle «Gewaltenteilung» selbst offen durchbrach, und mit ihr stellte er sich später dem Wüten des Antisemitismus in der Berliner Wissenschaft unerschrocken in den Weg, bis die nazistischen Machthaber den weltberühmten greisen Gelehrten wie einen Schuljungen abkanzelten. Weit mußte Planck den Teufelskreis der gesellschaftlichen Kataklysmen ausschreiten, in den der Imperialismus das historische Schicksal Deutschlands zwang. Sein zweiter Sohn Erwin, der in die Verschwörung des 20. Juli 1944 eingeweiht war, wurde ein Opfer des faschistischen Mordterrors. Sein Haus in Berlin-Grunewald mit der geliebten Bibliothek brannte bei einem Luftangriff aus.

Doch die Erfahrung eines leidvollen Lebens konnte die Kluft nicht überbrücken, die Plancks Wissenschaftsverständnis von der Wissenschaft des Marxismus trennte, obwohl

Albert Einstein über Max Planck:
War die atomistische Natur der Materie auch schon von den Griechen erschaut und von den Forschern des 19. Jahrhunderts zu großer Wahrscheinlichkeit erhoben, so hat doch Max Planck zugleich mit seinem Strahlungsgesetz zuerst eine genaue, von zusätzlichen Annahmen unabhängige Bestimmung der wahren Größe der Atome gegeben. Darüber hinaus aber hat er überzeugend dargetan, daß es neben der atomistischen Struktur der Materie eine Art atomistische Struktur der Energie gibt, die durch die von ihm eingeführte universelle Konstante beherrscht wird. Diese Erkenntnis hat die Entwicklung der Physik in unserem Jahrhundert eingeleitet und nahezu vollständig beherrscht. Ohne sie wäre die Aufstellung einer brauchbaren Theorie der Atome und Moleküle sowie der ihre Umwandlung beherrschenden energetischen Vorgänge unmöglich gewesen. Diese Erkenntnis hat ferner den Rahmen der klassischen Mechanik und Elektrodynamik gesprengt und die Wissenschaft vor die Aufgabe gestellt, eine neue begriffliche Basis für die gesamte Physik zu finden, eine Aufgabe, die trotz bedeutender Teilerfolge noch lange nicht befriedigend gelöst ist.
Albert Einstein: In memoriam Max Planck (1948). In: Albert Einstein: Aus meinen späten Jahren, Frankfurt a. M./Berlin (West)/Wien 1984, S. 221.

11 Resolution. In: Internationaler Sozialistenkongreß zu Stuttgart, 18. bis 24. August 1907, Berlin 1907, S. 66.

12 Max Planck in seinen Akademie-Ansprachen. Erinnerungsschrift der Deutschen Akademie der Wissenschaften zu Berlin, Berlin 1948, S. 29.

doch in dieser die prinzipielle vorausschauende Erklärung und Deutung seiner Erfahrungen, die Planck wie das ganze Volk machte, und ein unanfechtbar begründetes Programm humanen Handelns unter den schwierigen Verhältnissen des 20. Jahrhunderts zu finden waren. Sein genialer Fachkollege Albert Einstein, den Planck nach Berlin holte und der die zweite große Säule der Revolution in der Physik begründete, die Relativitätstheorie, ging einige Schritte weiter zur Schließung dieser Kluft, obwohl auch er den Weg nicht konsequent vollenden konnte.

Mit der Herausbildung des Imperialismus um die Jahrhundertwende wurde Berlin zur Zentrale des deutschen Finanzkapitals und zur Drehscheibe imperialistischer Kriegsvorbereitung. Die Polarisierung der beiden Hauptklassen der kapitalistischen Gesellschaft trat in Berlin besonders kraß hervor. Die Macht der Monopole verband sich mit dem kaiserlich-militaristischen Regime. Die dem Kapitalismus eigenen Widersprüche prägten sich in der «Kaiserstadt» voll aus, und neue entfalteten sich. Von seiner Metropole aus verfolgte der deutsche Imperialismus seine Politik verschärfter Reaktion nach innen und der gewaltsamen Expansion nach außen. Hier wurden Pläne und Waffen für den Kampf um die Neuaufteilung der Welt zugunsten des deutschen Imperialismus geschmiedet. Bei seiner politischen und ideologischen Kriegsvorbereitung stützte sich der deutsche Imperialismus auf Unternehmerverbände, bürgerlich-nationalistische sowie junkerlich-militaristische Propaganda- und Massenorganisationen, auf Bildungs- und Kultureinrichtungen, Vertreter des Klerus sowie auf einflußreiche Organe der monopolisierten, technisch modern ausgestatteten bürgerlichen Presse, wie sie in Berlin konzentriert wirkten.
750 Jahre Berlin. Thesen, S. 36/37.

So kam es, daß am Anfang des Jahrhunderts in Berlin der naturwissenschaftliche Revolutionär Max Planck und die Revolutionäre Rosa Luxemburg und Karl Liebknecht gleichsam in getrennten Welten operierten. Sollte das heißen, daß die Revolution in der Physik, an deren Schwelle Planck stand, und die sozialistische Revolution der Gesellschaft, für die die deutschen Linken heroisch kämpften, auch der Sache nach nichts miteinander zu tun hatten? Es gab eine Klammer, doch sie lag nicht an der Oberfläche des historischen Geschehens. Der großartige Wandel der Physik, der in einer Fülle experimenteller Schritte und theoretischer Leistungen vonstatten ging, enthüllte bei zahlreichen physikalischen Erscheinungen, die früher als reine Kontinua angesehen wurden, diskrete, quantenhafte Züge, und der solide, aus diskreten Atomen aufgebaute Stoff offenbarte bei tieferer Untersuchung Momente der Kontinuität, ließ Welleneigenschaften erkennen.

Die physikalische Wirklichkeit, so stellte sich heraus, verlangte für ihr Verständnis dialektisches Denken, die Anerkennung der Einheit von Gegensätzen – dasselbe Denken, mit dem Marx und Engels den Klassenkampf als Gesetzmäßigkeit der bisherigen geschichtlichen Entwicklung seit Auflösung der Urgemeinschaft erkannt und damit auch die Gesetzmäßigkeiten der sozialen Revolution nachgewiesen hatten. Planck hatte mit der Quantenhypothese objektiv den Einstieg zur Erkenntnis dialektischer Zusammenhänge in der Physik vermittelt, ohne selbst jene philosophische Konsequenz zu ziehen. Es war nicht die erste Lektion in Sachen Dialektik, die die Physik von innen, aus ihrer eigenen Problematik heraus erhielt, doch sie war wesentlich nachhaltiger als jene, die sich aus der Einsicht in die quantitative Erhaltung der Energie beim qualitativen Wandel ihrer Formen als universelles Naturgesetz Mitte des vorigen Jahrhunderts ergeben hatte.

Ebendies war die grundlegende Klammer, die den Übergang von der klassischen zur modernen Naturwissenschaft mit der marxistischen Arbeiterbewegung und dem Kampf um die Errichtung des Sozialismus verband. Die leise, unauffällige Revolution der Physik und der die Massen bewegende Kampf für die Veränderung der gesellschaftlichen Verhältnisse erwiesen sich als Momente des gleichen historischen Prozesses, die in der Wurzel zusammengehören.

Um indes diesen Zusammenhang zu verstehen, bedurfte es des theoretischen Standorts des Marxismus und, um es bereits damals zu können, der Genialität Lenins. Für die Berliner Wissenschaftler blieb in ihrer überwiegenden Mehrheit die Spannung von Wissenschaft und modernem Sozialismus ungelöst. In diesem Spannungsfeld traten sie in das neue Jahrhundert, Fachleute von Format, doch weltanschaulich schlecht gerüstet, um die soziale Wirklichkeit zu begreifen und zu meistern.

Stadt der Nobelpreisträger

Als der schwedische Erfinder und Industrielle Alfred Nobel am 10. Dezember 1896 in seiner Villa in San Remo starb, hinterließ er ein Testament mit einer für die Wissenschaft überaus folgenreichen Festlegung, die seinen Namen unsterblich machte. Ein beträchtlicher Teil seines Vermögens sollte als Preis für wissenschaftliche Leistungen, die im verflossenen Jahr der Menschheit den größten Nutzen gebracht haben, verwendet werden.

1901 begann die alljährliche Preisverleihung – in der durch enge Verbindung von Wissenschaft, Nationalprestige und internationaler Rivalität gekennzeichneten Atmosphäre der Vorkriegszeit ein Stimulus fieberhaften Wettstreits, auch wenn einige Jahre vergingen, ehe sich jene von politischen Vorurteilen belastete Wertung des Nobelpreises allgemein durchsetzte. Berlin baute sich hier ein Prestigepolster auf. Für einige Zeit wurde es zu der Stadt mit den meisten Nobelpreisträgern. Der Ruhm brachte Verpflichtungen: Mehr internationale Kongresse wurden nach Berlin vergeben, der Erfolg solcher Veranstaltungen erhöhte wiederum das Ansehen der Stadt in der Welt der Wissenschaft.

Den ersten Nobelpreis für Chemie erhielt 1901 der in Berlin tätige Niederländer Jacobus Henricus van't Hoff, der zu den Vätern der physikalischen Chemie und der Stereochemie zählte, der bahnbrechende Arbeiten zur Theorie der chemischen Kinetik verfaßt hatte und dessen Berufung an die Berliner Akademie der Wissenschaften 1896 – wo er sich der seltenen Chance einer wohldotierten hauptamtlichen Forschungsstelle erfreute – auf die Initiative von Emil Fischer und Max Planck zurückging. Der Nobelpreis wurde ihm für seine Forschungen über die Gesetze der chemischen Dynamik und des osmotischen Drucks zuteil. In Berlin arbeitete er intensiv über die Bildung der ozeanischen Salzablagerungen und die Aufar-

Aus dem Testament von Alfred Nobel:
Über mein übriges realisierbares Vermögen wird auf folgende Weise verfügt: das Kapital, vom Testamentsvollstrecker in sicheren Wertpapieren realisiert, soll einen Fonds bilden, dessen jährliche Zinsen als Preise denen zuerteilt werden, die im verflossenen Jahr der Menschheit den größten Nutzen geleistet haben. Die Zinsen werden in fünf gleiche Teile geteilt, von denen zufällt: ein Teil dem, der auf dem Gebiet der Physik die wichtigste Entdeckung oder Erfindung gemacht hat; ein Teil dem, der die wichtigste chemische Entdeckung oder Verbesserung gemacht hat; ein Teil dem, der die wichtigste Entdeckung auf dem Gebiet der Physiologie oder der Medizin gemacht hat; ein Teil dem, der in der Literatur das Ausgezeichnetste in idealistischer Richtung hervorgebracht hat; ein Teil dem, der am meisten oder besten für die Verbrüderung der Völker gewirkt hat und für die Abschaffung oder Verminderung der stehenden Heere sowie für die Bildung und Verbreitung von Friedenskongressen.
Zit. in: Horst Kant: Alfred Nobel, Leipzig 1983, S. 99.

beitung der Rohsalze und schlug damit eine Brücke von der physikalischen Chemie zur chemischen Technologie. Die aufblühende Kaliindustrie im Staßfurter Raum zog daraus den größten Nutzen.

1902 standen gleich zwei Nobelpreise ins Haus – der Literaturpreis für Theodor Mommsen und erneut ein Chemiepreis, diesmal für Emil Fischer, den bedeutenden Organiker, der einer der Klassiker der Eiweißchemie war und mit seinen Forschungen das außerordentlich perspektivreiche Grenzgebiet zwischen Chemie und Biologie erschließen half. 1905 folgte

der Medizinpreis für Robert Koch, 1907 ein Chemiepreis für Eduard Buchner. 1911 wurde Willy Wien für seine an der PTR ausgeführten Arbeiten zur Wärmestrahlung und für die auf deren Grundlage gewonnene Formulierung eines Strahlungsgesetzes und des sogenannten Verschiebungssatzes ausgezeichnet.

Freilich – nicht auf allen Wissenschaftsgebieten genoß Berlin höchstes Ansehen. Der Glanz der Berliner Mathematik beispielsweise war verblaßt, seitdem Felix Klein und David Hilbert die talentierten jungen Mathematiker nach Göttingen lockten. Doch in wesentlichen Bereichen der Naturwissenschaft war der Ruf Berlins fest gegründet, in der Physik erreichte er solche Höhen, daß selbst die fruchtbare Periode des Wirkens von Helmholtz nur als eine bescheidene Vorbereitung erschien. Planck wurde zur überragenden Persönlichkeit, und ab 1914 nahm Albert Einstein, den Planck nach Berlin geholt hatte und der furchtloser im schöpferischen Denken, sensibler für die politische Verantwortung des Wissenschaftlers und kühner in seinem Engagement war, mindestens den gleichen Rang ein. Einstein erhielt durch Plancks Fürsorge, wie

Jacobus Henricus van't Hoff (links) im Labor von Wilhelm Ostwald in Leipzig Aufnahme um 1903 früher schon van't Hoff, eine der seltenen dotierten Mitgliedstellen der Akademie, damit er frei von Lehrbelastungen und materiellen Sorgen seinen den Erkenntnishorizont der damaligen Physik weit überschreitenden Forschungen nachgehen konnte.

Auch für jene Ereignisse der beginnenden Umwälzung in der Physik, die sich nicht in Berlin abspielten, hatte die Berliner Akademie zumindest teilweise einen wachen Blick. Es war keine Sensation, daß Wilhelm Conrad Röntgen bereits 1896, also ein Jahr nach seiner Entdeckung, zum Korrespondieren-

Nobelpreisurkunde für Robert Koch. 1905

den Mitglied gewählt wurde, wo doch alle Welt von seinen geheimnisvollen X-Strahlen sprach. Die Akademie wählte auch Henri Becquerel, den Entdecker der Radioaktivität, aber Marie Curie, die mit ihrem Gatten Pierre das Radium und das Polonium entdeckte, wurde nicht gewählt. Es steht dahin, ob die Berliner Akademiker diese Entdeckung nicht für grundlegend genug hielten oder ob bei diesem Entscheid ihr männliches Elitebewußtsein den Ausschlag gab.

Indes ging die PTR mit der Zeit: Hans Geiger leitete ab 1912 ein Laboratorium für Radioaktivität und entwickelte hier hochempfindliche Nachweismethoden für atomare Teilchen. Er machte Berlin zugleich zu einem der Zentren der sich stürmisch entwickelnden Kernphysik. Eugen Goldstein – ein Mann mit Sinn für eine packende, lebensnahe Vermittlung der Physik, der sich um die Berliner URANIA große Verdienste erwarb – führte als Gast der PTR Experimente mit Kathodenstrahlen durch, die einen wichtigen Beitrag zur Atomphysik lieferten. Seine Entdeckung der Kanalstrahlen 1886 war eine wissenschaftliche Großtat ersten Ranges, die die Entwicklung der Physik des 20. Jahrhunderts nachhaltig beeinflußte.

Nobelpreisträger in Berlin

Physik
Wilhelm Wien, 1911
Max von Laue, 1914
Max Planck, 1918
Albert Einstein, 1921
Gustav Hertz, 1925
James Franck, 1925
Werner Heisenberg, 1932
Erwin Schrödinger, 1933
(mit P. Dirac)

Chemie
Jacobus Henricus van't Hoff, 1901
Emil Fischer, 1902
Adolf v. Baeyer, 1905
Eduard Buchner, 1907
Richard Willstätter, 1915
Fritz Haber, 1918
Walther Hermann Nernst, 1920
Peter Debye, 1936
Adolf Friedrich Johann Butenandt, 1939
(mit L. Ružička)
Otto Hahn, 1944

Physiologie, Medizin
Robert Koch, 1905
Paul Ehrlich, 1908
(mit I. I. Mečnikov)
Albrecht Kossel, 1910
Otto Heinrich Warburg, 1931

Literatur
Theodor Mommsen, 1902
Gerhart Hauptmann, 1912

Friedensnobelpreisträger
Gustav Stresemann, 1926
(mit A. Briand)
Ludwig Quidde, 1927
(mit F. Buisson)
Carl von Ossietzky, 1935

Die enge Arbeitsverbindung Otto Hahns und Lise Meitners wurde der Anlaß zu einer heiteren Begebenheit. Auf einem Kongreß begrüßte ein Kollege Lise Meitner: «Wir haben uns doch früher schon kennengelernt.» Darauf Lise Meitner, die sich nicht erinnerte: «Ich glaube, Sie verwechseln mich mit Professor Hahn!»
Was nicht in den Annalen steht, S. 70.

Im Berlin jener Jahre fand sich auch ein wissenschaftliches Paar, das auf dem Gebiet der Erforschung der Radioaktivität im weiteren Bahnbrechendes leistete: Lise Meitner und Otto Hahn. Auf Empfehlung von Sir William Ramsay nahm Fischer im Jahre 1906 den jungen Chemiker Hahn in sein Berliner Universitätsinstitut auf. Lise Meitner hatte als zweite Frau an der Wiener Universität unter Ludwig Boltzmann zu einem physikalischen Thema promoviert und ging 1907 zu Planck nach Berlin, um sich in der theoretischen Physik zu vervollkommnen. Mit diesem Ansinnen kam Planck in eine Zwickmühle, denn erst 1908 wurde das Frauenstudium in Preußen offiziell zugelassen. Seine Stellungnahme zum Thema «Frau und Wissenschaft» war ganz typisch für seine Persönlichkeit: Einerseits wollte er beileibe nicht an dem althergebrachten Dogma rütteln, daß das Weib und die Wissenschaft gemeinhin nichts miteinander zu tun haben, andererseits wollte er aber auch nicht derjenige sein, der einer begabten, von ernsthaftem Streben geleiteten jungen Frau etwa Steine in den Weg legt. Also einigte er sich mit seinem Gewissen auf die Kompromißformel: «In besonderen Ausnahmefällen zulässig.» Lise Meitner durfte in sein Seminar, und sie imponierte ihm derart, daß er sie von 1912 bis 1915 sogar als Assistentin an seinem Institut für Theoretische Physik anstellte: damit war er wieder in der Rolle eines Revolutionärs wider Willen, denn es ergab sich, daß gerade er die erste wissenschaftliche Assistentin beschäftigte, die überhaupt an einer preußischen Universität tätig war.

Max Planck über das Frauenstudium: Wenn eine Frau, was nicht häufig, aber doch bisweilen vorkommt, für die Aufgaben der theoretischen Physik besondere Begabung besitzt und außerdem den Trieb in sich fühlt, ihr Talent zur Entfaltung zu bringen, so halte ich es, in persönlicher wie auch in fachlicher Hinsicht, für unrecht, ihr aus prinzipiellen Rücksichten die Mittel zum Studium von vornherein zu versagen, ich werde ihr gerne, soweit es überhaupt mit der akademischen Ordnung verträglich ist, den probeweisen und stets widerruflichen Zutritt zu meinen Vorlesungen und Übungen gestatten, und habe in dieser Beziehung auch bis jetzt nur gute Erfahrungen gemacht. Andererseits muß ich aber daran festhalten, daß ein solcher Fall immer nur als Ausnahme betrachtet werden kann... Amazonen sind auch auf geistigem Gebiet naturwidrig.
In: Die Akademische Frau, Hrsg. Arthur Kirchhoff, Berlin 1897, S. 256.

Fischer interessierte sich persönlich gar nicht für die Radioaktivität, deren Untersuchung er offenbar als ein wissenschaftliches Nebengleis betrachtete, doch er war tolerant genug, Otto Hahn die Beschäftigung mit diesem ausgefallenen Phänomen zu ermöglichen. Er durfte sich in einer unbenutzten Holzwerkstatt im Erdgeschoß des Instituts ausbreiten, nachdem die Hobelbank gegen einen Labortisch ausgetauscht worden war. Fünf Jahre etwa mußte er sich mit diesem Domizil behelfen, bis er 1912 im neuen Kaiser-Wilhelm-Institut (KWI) für Chemie als Mitglied angestellt wurde und dort eine Reihe schöner Laborräume in Besitz nehmen konnte. Zu dieser Zeit war die radioaktive Verseuchung der alten Holzwerkstatt aber auch schon so weit fortgeschritten, daß sie die Meßgenauigkeit zu beeinträchtigen begann. Ab Herbst 1907 begann, durch Heinrich Rubens vermittelt, die mehr als dreißigjährige überaus ergiebige Zusammenarbeit von Otto Hahn und Lise Meitner. Geheimrat Fischer hatte sich auch nur ausnahmsweise bereitgefunden, eine Dame einzustellen, und Lise Meitner nahm es standhaft hin, daß sie die Holzwerkstatt einstweilen nur durch eine Nebentür betreten durfte.[13]

Die Berliner Physik des frühen 20. Jahrhunderts war reich an bemerkenswerten Wissenschaftlerpersönlichkeiten. Zu ihnen zählte Emil Warburg, der 1894 dem plötzlich verstorbenen August Kundt in der Leitung des Physikalischen Instituts der Universität gefolgt war. Er war ein begabter Forscher, ein talentierter Organisator und ein ausgezeichneter Lehrer zugleich – von den nahezu hundert Doktoranden, die er betreute, erwarb später mindestens ein Drittel selbst Professuren – und damit hervorragend geeignet, 1904 in der Nachfolge Friedrich Kohlrauschs die Präsidentschaft der Phy-

Lise Meitner und Otto Hahn in der «Holzwerkstatt» im Chemischen Institut der Berliner Universität Aufnahme um 1909

sikalisch-Technischen Reichsanstalt zu übernehmen, die mit ihren nahezu 100 Mitarbeitern, zur Hälfte Wissenschaftler, «in jener Zeit wohl unzweifelhaft das bedeutendste und bestausgerüstete Physikinstitut Deutschlands» war.[14]

Direktoren des Universitätsinstituts wurden dann kurzzeitig Paul Drude und nach dessen Freitod 1906 Heinrich Rubens – ein fähiger Experimentator, dessen Messungen den Anlaß zu Plancks Quantenhypothese gegeben hatten und der sowohl Präzisionsinstrumente als auch hochempfindliche Untersuchungsmethoden entwickelte. Zugleich wurde ein zweiter Lehrstuhl für Physik eingerichtet, auf den der mit seinem Spezialgebiet – Gasentladungsphysik und Elektronenemission glühender Metalle – für die Berliner Elektroindustrie sehr interessante Arthur Wehnelt aus Erlangen berufen wurde.

Die bereits unter Helmholtz spürbare Tendenz, in der Profilierung des Physikalischen Instituts den Bedürfnissen der

13 Siehe Werner Stolz: Otto Hahn – Lise Meitner, Leipzig 1983, S. 27.

14 Dieter Hoffmann: Die Physik an der Berliner Universität in der ersten Hälfte unseres Jahrhunderts. In: Berliner Wissenschaftshistorische Kolloquien VIII, S. 7.

Albert Einstein
Aufnahme um 1920
Im Frühjahr 1914 übersiedelte Einstein von Zürich nach Berlin. Seine 1913 erfolgte Wahl zum Ordentlichen Mitglied der Berliner Akademie bot ihm die Möglichkeit, sich ausschließlich seinen Forschungen zu widmen. Zu seiner wissenschaftlichen Heimstatt wurden besonders die wöchentlich durchgeführten physikalischen Kolloquien. Hier lernte er im direkten Gedankenaustausch weitere bedeutende Physiker kennen und entwickelte teilweise freundschaftliche Beziehungen zu ihnen. An den Kolloquien nahmen neben Nernst, Planck und von Laue auch die Physiker Hertz, Franck und Schrödinger sowie zeitweilig Meitner teil.

Elektroindustrie entgegenzukommen, setzte sich fort. Zwei Männer hoben sich jedoch aus dem unter Plancks geistiger Führung stehenden exzellenten Feld der Berliner Physik deutlich ab: der geniale Albert Einstein und der hochbefähigte Theoretiker Max von Laue. Beiden war gemeinsam, daß sie viel über relativistische Physik gearbeitet haben. Einstein schuf die spezielle und die allgemeine Relativitätstheorie. Von Laue brachte sie als erster in eine monographische Darstellung von hohem Rang. Laues Monographie über die spezielle Relativitätstheorie erschien bereits 1911 unter dem Titel «Das Relativitätsprinzip». Einen Teil seines Studiums hatte er in Berlin absolviert und bei Planck eine Doktorarbeit über die Theorie der Interferenzerscheinungen an planparallelen Platten geschrieben. 1905 übernahm er für drei Jahre eine Assistentenstelle bei Planck am Institut für Theoretische Physik und habilitierte sich dort auch. Aber seine große Berliner Zeit begann erst später, nach Jahren in München, wo ihm die 1912 gemeinsam mit Friedrich und Knipping gelungene Entdek-

Laboratorium im Neubau des I. Chemischen Instituts der Universität
Aufnahme um 1902

In den etwa sechzig Jahren, die zwischen der Berufung von *Hermann Helmholtz* zum Ordinarius für Physik an der Berliner Universität und seiner gleichzeitigen Wahl zum Ordentlichen Akademiemitglied im Jahre 1871 und der Berufung von *Erwin Schrödinger* auf den Lehrstuhl für Theoretische Physik an der Universität und seiner Wahl zum Ordentlichen Mitglied (1924) liegen, war die allgemeine Geschichte der Physik aufs engste verbunden mit der Geschichte der Berliner Physik. ...
Insbesondere repräsentierten die Ordentlichen, Auswärtigen und Korrespondierenden Mitglieder der Berliner Akademie während dieses Zeitraumes in ihrer Gesamtheit im wesentlichen alle Hauptschulen und -richtungen der internationalen Physik. ... Gleichzeitig mit der Entwicklung der Physik und der Entstehung neuer physikalisierter Wissenschaftsdisziplinen entstanden auf dem Grenzgebiet zwischen Physik und Technik die verschiedenen Zweige der technischen Physik... Auch diese Entwicklung der technischen Physik spiegelt sich in der Berliner Physikgeschichte repräsentativ wider.
Hans-Jürgen Treder: Zur Geschichte der Physik an der Berliner Akademie von 1870 bis 1930. In: Physiker über Physiker I, Berlin 1975, S. 11.

kung der Röntgenstrahlinterferenzen an Kristallen schlagartig Weltruhm und 1920 auch den Nobelpreis einbrachte.[15]

Einstein war durch seine Arbeiten zur Grundlegung der speziellen Relativitätstheorie, zur Lichtquanten- oder Photonenhypothese und zur statistischen Theorie der Brownschen Molekularbewegung bereits weltbekannt, als er nach Berlin kam. Den Nobelpreis erhielt er jedoch erst 1921. Seine Arbeiten forderten ein Verlassen vertrauter Ansichten – besonders solcher, die für unerschütterlich erachtet wurden – und ein gründliches Umdenken. Deshalb wurde das mit der speziellen Relativitätstheorie verlangte Abgehen von den klassischen Vorstellungen lange Zeit auch von zahlreichen Physikern nicht verstanden oder gebilligt. Nach dem Weltkrieg kam es sogar zu einer unflätigen Anti-Einstein-Kampagne, die sich mit Antisemitismus und Chauvinismus verband.

15 Siehe Friedrich Herneck: Max von Laue, Leipzig 1979, S. 11–43.

Bericht über die Eröffnung des I. Chemischen Instituts:
Das erste chemische Institut der Berliner Universität wurde heute Mittag in Gegenwart des Cultusministers, vieler Räthe des Ministeriums und einer großen Zahl von Vertretern der Wissenschaft feierlich eröffnet. Es ist auf dem Terrain des alten Charité-Friedhofes, auf dem heute Hessische Straße genannten Gelände errichtet. Der in drei Theile zerlegte Neubau zeigt eine in hellem Putz ausgeführte Facade mit hellgelben Verblendern für die Gesimse und die Fenster- und Thürumrahmungen. Drei Stockwerke besitzt der Hauptbau. In diesem befinden sich die Räume für die speziellen chemischen Arbeiten, so für Photo-Chemie, Thermo-Chemie, Pyro-Chemie, Metallurgie u.s.w. Das Institut hat drei Hörsäle, unter diesen das große Auditorium mit 500 Plätzen. …
Dem Festakt hatte, wie noch erwähnt sein mag, auch der Vater des Directors, der Rentier Fischer, ein 92jähriger Greis, beigewohnt.
Berliner Local-Anzeiger, 14. Juli 1900.

Anfang 1916 veröffentlichte Einstein seine Arbeit «Die Grundlagen der allgemeinen Relativitätstheorie», die längere Forschungen zusammenfaßte. Darin wurde eine physikalische Theorie der Gravitation entwickelt, auf deren Basis er beispielsweise den Effekt der Ablenkung des Sternenlichts im Schwerefeld der Sonne voraussagte; 1919 wurde dieser von einer englischen Sonnenfinsternis-Expedition nach Brasilien empirisch nachgewiesen. Mit Hilfe dieser Theorie war es auch möglich, physikalische Modelle des Kosmos aufzustellen und ihre Tragfähigkeit zu prüfen.

Einstein dachte aber nicht nur über grundlegende physikalische Fragen, sondern auch über gesellschaftliche Probleme nach. Er wußte, wo die Schuldigen am Weltkrieg saßen, und haßte den Militarismus. Der ängstliche Konformismus seiner Kollegen war ihm fremd; die wilhelminische Polizei bespitzelte ihn sogar während des Krieges eifrig.

Die Physik war in jenen Jahren gewiß ein besonderer Glanzpunkt der Berliner Wissenschaft, doch auch auf anderen Gebieten wurde Bedeutendes erreicht. Die Chemiker hatten allen Grund zur Zufriedenheit, als 1900 auf Wunsch und nach den Vorstellungen Emil Fischers der neuerbaute Institutskomplex in der Hessischen Straße eröffnet wurde, das Nonplusultra der neuzeitlichen Chemieinstitute.

Bei Fischer wurde hauptsächlich organisch und biochemisch gearbeitet, und die Industrieverbindungen waren nicht lockerer als bei Hofmann. So hatte Fischer selbst bei seinen Untersuchungen über Nucleinsäuren die Diäthylbarbitursäure entdeckt, die bald darauf industriell hergestellt wurde und als «Veronal» in den Handel kam. Seine Industriekontakte reichten zur BASF, zu Merck, zu Bayer und zu den Farbwerken Höchst.[16]

Zur Eröffnung seines Instituts betonte er in der Festansprache, chemische Wissenschaft und Praxis hätten «solidarische Interessen», und die Industrie zahle der «Nation alle für die Theorie ausgegebenen Summen mit guten Zinsen zurück».[17] Dabei waren weder Fischer selbst noch sein Institut praktizistisch orientiert. Industrienähe und Fundamentalität der Forschung widersprachen einander nicht. So wurde Fischers Nachweis, daß die Proteine aus Aminosäuren aufgebaut sind, später zu einem der wichtigsten Fundamente der Molekularbiologie.

Während Berlin seit Hofmann eine Hochburg der organischen Chemie war, hatte es auf dem ganz modernen Gebiet der physikalischen Chemie trotz Landolt nicht zur Avantgarde gehört. Das änderte sich mit der Akademieprofessur für van't Hoff und erst recht mit der Berufung von Walther Nernst an die Universität im Jahre 1905. Als sich Wilhelm

Ostwald 1906 von der Leitung des Leipziger Physikochemischen Instituts zurückgezogen hatte, «übernahm Berlin an Stelle von Leipzig die führende Rolle als Zentrum der Entwicklung der Physikochemie».[18] Nernst, der zuvor in Göttingen das zweite Physikochemische Institut Deutschlands aufgebaut hatte, kam mit eigenem Auto nach Berlin, denn er war nicht nur einer der führenden Vertreter der physikalischen Chemie, sondern auch einer der ersten Automobilisten des Landes.

Sein Faible für intelligente physikalisch-technische Spielereien, für die «physique amusante», kultivierte er auch in der Hauptstadt zur Freude seines ausgedehnten Kollegen- und Bekanntenkreises. Der von ihm entwickelte «Neo-Bechstein-Flügel», der Funktionsprinzipien heutiger elektronischer Musikinstrumente vorwegnahm, war Stadtgespräch. Im Physikalisch-chemischen Institut in der Bunsenstraße – auf Wunsch der Fakultät hatte das bisherige II. Chemische Institut durch ministeriellen Erlaß diese neue Bezeichnung erhalten – wurden bedeutende thermodynamische Untersuchungen durchgeführt. Dabei gelang Nernst eine großartige Entdeckung, das Prinzip der Unerreichbarkeit des absoluten Nullpunktes, das auch als III. Hauptsatz der Thermodynamik bezeichnet wird. Er berichtet das 1906 in seiner Abhandlung «Über die Berechnung chemischer Gleichgewichte aus thermischen Messungen». Für diese Untersuchungen erhielt er 1920 den Nobelpreis. Als Assistent bei Ostwald hatte er einiges vom Geist dieser Pionierschule der Physikochemie aufgenommen; nun zog er selbst eine Plejade hervorragender Schüler (Eucken, Jost und viele andere) heran und führte mit ihnen die physikalische Chemie in Berlin zu hoher Blüte. Er untersuchte sowohl physikochemische als auch physikalische Problemstellungen; und so bereitete es ihm keine Schwierigkeiten, 1922 die Leitung des Universitätsinstituts gegen den Präsidentensessel der PTR zu vertauschen und 1929 schließlich das Direktorat des Berliner Physikalischen Instituts zu übernehmen.

Die biologischen Wissenschaften beanspruchten, soweit sie nicht gerade medizinische Auswirkungen hatten, in Berlin die öffentliche Aufmerksamkeit damals nicht so stark wie Chemie, Physik und Technik. Davon darf man sich jedoch keineswegs zu dem Fehlschluß verleiten lassen, daß auf diesem Gebiet nichts geleistet worden wäre. Im Gegenteil, für die Biowissenschaften in Berlin war das eine große Zeit. Immer neue Spezialgebiete entstanden, immer tiefer drang man in

Auf einer Tagung wurde über Energieprobleme der Kraftfahrzeuge diskutiert, und es wurden praktische Versuche in gebirgigem Gelände empfohlen. Da meldete sich der stolze Autobesitzer Nernst zu Wort: «Das könnte ich schon machen. Wir haben im Norden von Berlin geeignete Berge.»
Physiker-Anekdoten, S. 39.

Als *Nernst* sich dem Bau seines Instrumentes widmete, stand bereits eine größere Anzahl elektronischer Musikinstrumente zur Verfügung …
Nach der Fertigstellung des Instrumentes veranstaltete die Firma Bechstein eine öffentliche Pressevorführung, die am 25. August 1931 stattfand und der ein lebhaftes Echo nachfolgte …
Von all den damals entwickelten elektronischen Musikinstrumenten war der Neo-Bechstein-Flügel wohl das einzige, das serienmäßig hergestellt wurde, und zwar mit einer Auflage von 150 Stück.
Dieter B. Herrmann: Walther Nernst und sein Neo-Bechstein-Flügel. In: NTM 9 (1972) 1, S. 41, 43, 46, 47.

16 Siehe F. Welsch: Geschichte der chemischen Industrie, Berlin 1981, S. 53.
17 Ebenda, S. 57.
18 Werner Haberditzl: Walther Nernst und die Traditionen der physikalischen Chemie an der Berliner Universität. In: Forschen und Wirken, Bd. 1, Berlin 1960, S. 401.

Obschon es schwer ist, die zukünftige Entwicklung der Wissenschaften vorauszusehen, so glaube ich doch sagen zu können, daß die Verbindung der organischen Chemie mit der Biologie viel enger werden und immer reifere Früchte bringen wird. Im besonderen hoffe ich zuversichtlich, daß es durch die Erzeugnisse der organischen Synthese gelingen wird, einen radikalen chemischen Einfluß auf die Entwicklung der Organismen zu gewinnen und Veränderungen hervorzurufen, die alles durch Züchtung Erreichbare weit übertreffen.
Emil Fischer über das künftige Verhältnis von Chemie und Biologie. Zit. in: Friedrich Herneck: Wissenschaftsgeschichtliche Vorträge und Abhandlungen, Berlin 1984, S. 181.

das Innere der Organe und Zellen ein. Dieser Trend, der schon gegen Ende des vorigen Jahrhunderts erkennbar war, wurde nun maßgebend. Unterstützt wurde er von der voranschreitenden physiologischen Chemie (Biochemie). Ein für seine Untersuchungen von Pflanzenalkaloiden, pflanzlichen und tierischen Farbstoffen und Enzymen berühmter Biochemiker war Richard Willstätter; er wurde 1912 Direktor des neuen KWI für Chemie in Dahlem und 1915, schon mitten im Krieg, für seine Chlorophyllforschungen mit dem Nobelpreis geehrt.

In seiner Berliner Zeit als Privatdozent an der Universität veröffentlichte Emil Abderhalden 1906 sein «Lehrbuch der physiologischen Chemie», das zu hohem Ansehen kam und bis 1948 nicht weniger als 26 Auflagen erlebte. Diese Namen mögen die Blüte illustrieren, die die Biochemie in Berlin erlebte.

Die klassischen biologischen Disziplinen konnten mit der Verbreitung der physiologisch-funktionellen Betrachtungsweise, die für die Anwendung chemischer und physikalischer Methoden auf die Untersuchung von Lebenserscheinungen günstig war und sich auch auf die Medizin auswirkte, wichtige Fortschritte erzielen. In der Botanik wurde die von Schwendener begründete experimentelle Richtung der physiologischen Pflanzenanatomie von seinem bedeutendsten Schüler Gottlieb Haberlandt fortgesetzt, der 1910 das Ordinariat seines Lehrers übernahm. Er war ein energischer Mann, der einen Institutsneubau zur Bedingung für die Annahme seiner Berufung machte und verlangte, die alte Bezeichnung «Botanisches Institut» abzuändern. 1914 konnte das «Pflanzenphysiologische Institut» in Dahlem seine Arbeit aufnehmen. Haberlandt wies nach, daß pflanzenphysiologische Grundvorgänge wie Zellteilung und Embryonalentwicklung durch Hormone induziert werden; mit dieser Pionierleistung zeigte er, «daß die Botanik an der Universität Berlin nunmehr den Anschluß an progressive Entwicklungen in der Botanik gefunden hatte».[19]

Zugleich wurden auch die «klassischen» beschreibend-klassifikatorischen Richtungen der biologischen Wissenschaften weiterhin gepflegt – sie hatten nur nicht mehr das Monopol. Die monumentalen akademischen Unternehmungen «Das Tierreich» und «Das Pflanzenreich», initiiert und geleitet von Franz-Eilhard Schulze bzw. Adolf Engler, wurden mit großer Intensität vorangetrieben.

Die systematischen Disziplinen wurden von modernen, an Darwin orientierten entwicklungstheoretischen und ökologischen Ideen durchdrungen. Karl August Möbius, Direktor des Zoologischen Museums, hatte ein Ökologiekonzept ausgearbeitet; Friedrich Dahl, Kustos der Spinnensammlung am gleichen Museum, übertrug den Möbiusschen Biozönosebegriff auf die Landfauna, führte den Begriff des Biotops und quantitative Untersuchungsmethoden ein. Engler, der dem Botanischen Museum und dem Botanischen Garten vorstand und unter dessen Leitung der von Friedrich Althoff mit Nachdruck unterstützte Umzug dieser Einrichtungen nach Dahlem vonstatten ging, dachte durchaus darwinistisch. Er hatte Kontakt zu dem überzeugten Darwinisten Henri Potonié, der sich 1901 an der Berliner Universität habilitiert hatte und der die Paläobotanik an der Bergakademie und dann auch an der Universität vertrat.

Der Vorstoß der Biowissenschaften löste in Berlin entsprechende wissenschaftsstrategische Überlegungen aus. Im Januar 1912 berief das Kultusministerium eine Beratung von etwa 50 Biologen und Medizinern sowie Vertretern der Industrie, des Staates und der KWG ein. Vorbereitend waren 29 Fachgutachten erarbeitet worden. Die Beratung bestimmte folgende Gebiete der biowissenschaftlichen Forschung als vorrangig: Vererbungs- und Entwicklungslehre, Erforschung der Mikroorganismen, Hirnforschung, experimentelle Physiologie, Pathologie und Therapie.[20]

Bereits im Krieg, im Jahre 1915, eröffnete die KWG in Dahlem ein Institut für Biologie mit einer in der Tat illustren Besetzung, das zu einem Konzentrationspunkt modernster biowissenschaftlicher Forschungen wurde. Zu seinem Direktor wurde Carl Erich Correns berufen, ein Schüler von Schwendener und Haberlandt und einer derjenigen Biologen, die um die Jahrhundertwende die Mendelschen Gesetze wiederentdeckt hatten. Damit wurde Berlin auch zu einem Zentrum der Genetik, eines ganz modernen Grundlagengebietes der Biologie. Correns selbst übernahm neben dem Direktorat auch die Abteilung für Vererbungslehre und Biologie der Pflanzen. Für die parallele Abteilung Vererbungslehre und Biologie der Tiere wurde Richard Goldschmidt gewonnen. Als dritter im Bunde der Genetiker, wenn auch außerhalb der KWG, ist Erwin Baur zu nennen, der längere Zeit am Botanischen Institut der Universität tätig war und 1914 ein Institut für Vererbungsforschung an der Landwirtschaftlichen Hochschule gründete. Mit der «Zeitschrift für induktive Abstammungslehre» schuf er 1908 ein Diskussionsforum der Genetiker.

Die Bedeutung der genetischen Arbeiten wurde erst im Zeitalter der Molekularbiologie in vollem Maße klar. Auch

Geschäftemacherei
am Rande
der Naturwissenschaft:

Bade elektrisch / in dem Pflanzensaft. / Das allein nur / giebt Dir Lebenskraft. / Diese elektrischen Lebensbäder, eine anerkannt epochemachende Erfindung... / Dankschreiben Geheilter, sowie Gutachten ärztlicher Autoritäten, alle amtlich beglaubigt, können im Bade eingesehen werden. / Die erste nach dieser Erfindung eingerichtete Anstalt in Berlin befindet sich Chausseestraße 35. / Geöffnet 8 bis 8 Uhr. / Bei Abgabe dieser Annonce 1 Probebad zum halben Preis.

Eine Kur nach dem Zukunftssystem in Berlin ist jeder Badereise vorzuziehen. / Das Institut ist mit den hervorragendsten Influenz-, Ozon- und Oscillations-Apparaten für 3 Behandlungszimmer ausgestattet und ist in seiner Art bis jetzt das Einzige in der ganzen civilisierten Welt. / Das Heilsystem der Zukunft. / Elektrostatisches und Oscillations-Heil-Institut / Direction W. R. Schreibler Berlin W., Potsdamerstraße 52

Inserate im Berliner Local-Anzeiger 1900.

19 Ilse Jahn/Ulrich Sucker: Zur Geschichte der Botanik an der Berliner Universität von 1810 bis 1945. In: Wissenschaftliche Zeitschrift der Humboldt-Universität zu Berlin. Mathematisch-naturwissenschaftliche Reihe, 1985, Heft 3/4, S. 200.

20 Siehe: Die Berliner Akademie der Wissenschaften in der Zeit des Imperialismus, Teil I. Von den neunziger Jahren des 19. Jahrhunderts bis zur Großen Sozialistischen Oktoberrevolution, Berlin 1975, S. 50/51.

die drei anderen Abteilungen des KWI für Biologie konnten mit klangvollen Namen aufwarten. Für die Abteilung «Entwicklungsmechanik und kausale Morphologie» zeichnete Hans Spemann verantwortlich, der hier seine aufsehenerregenden Transplantationsversuche an Molchkeimen fortsetzte. Die «Protistenkunde» leitete Max Hartmann, der längere Zeit bei Robert Koch am Institut für Infektionskrankheiten gearbeitet hatte. Der Abteilung Physiologie schließlich stand Otto Warburg vor, der 1931 für seine epochemachenden Arbeiten über die Atmungsfermente mit dem Nobelpreis ausgezeichnet wurde. Mit treffender Ironie erklärte Richard Willstätter, mit solchen Entdeckungen hätten die hinter der KWG stehenden Kreise des Großkapitals «etwas zum Vorzeigen».[21]

Diese gedrängte Übersicht, in der die meisten biowissenschaftlichen Spezialgebiete nicht einmal erwähnt werden konnten, läßt die Qualität der biowissenschaftlichen Forschungen in Berlin wenigstens ahnen. Wenn auch viele weitere bedeutende Namen ungenannt bleiben müssen, wollen wir die beachtenswerte Tatsache nicht übergehen, daß die Biologie in Berlin auch durch starke Fäden mit der landwirtschaftlichen und gärtnerischen Praxis verbunden war. Hier wirkte der Pflanzenphysiologe Albert Bernhard Frank, einer der Pioniere des wissenschaftlichen Pflanzenschutzes, dessen Grundanliegen es war, nicht durch radikale und einseitige Schädlingsbekämpfung die natürlichen Gleichgewichte zu

Haupteingang der Charité
Aufnahme um 1910

Gebäude
der Chirurgischen Klinik
der Charité
Aufnahme um 1910

zerstören, sondern ein ganzes System des Pflanzenschutzes im Sinne angewandter Ökologie zu schaffen. Daran arbeitete er unermüdlich, zuerst an der Landwirtschaftlichen Hochschule, dann als Leiter der Biologischen Abteilung für Land- und Forstwirtschaft, die 1899 als zentrale staatliche Forschungs- und Beratungsstelle für den Pflanzenschutz am Reichsgesundheitsamt ins Leben gerufen wurde und sich 1905 zu einer selbständigen Biologischen Reichsanstalt (später Biologische Zentralanstalt für Land- und Forstwirtschaft) etablierte. Den Praktikern war Frank insbesondere durch sein «Kampfbuch gegen die Schädlinge unserer Feldfrüchte» (1897) und durch die zusammen mit P. Sorauer im Auftrag der Deutschen Landwirtschaftsgesellschaft herausgegebenen Anleitungen für den praktischen Pflanzenschutz bekannt. Den Kontakt zwischen der biologischen Forschung und der Berliner Öffentlichkeit pflegten auch die gern besuchten Museen und Gärten. Hier sei noch erwähnt, daß Oscar August Heinroth 1911 ein Aquarium im Zoologischen Garten einrichtete.

Besonders populär war in Berlin die Medizin, deren naturwissenschaftliche Grundlagen weiter ausgebaut wurden. Nicht allein das vitale Bedürfnis der Besitzenden nach dem Schutz

21 Siehe Günter Wendel: Die Berliner Institute der Kaiser-Wilhelm-Gesellschaft und ihr Platz im System der Wissenschaftspolitik des imperialistischen Deutschland in der Zeit bis 1933. In: Berliner Wissenschaftshistorische Kolloquien X: Zur Geschichte der Deutschen Staatsbibliothek sowie zu Tendenzen der Wissenschaftspolitik im imperialistischen Deutschland, Berlin 1984, S. 54.

Eröffnung des Pathologischen Museums durch Rudolf Virchow (am Rednerpult) Aufnahme von 1899

vor Epidemien, sondern auch die Forderungen des Militärs nach gesunden Rekruten und das Verlangen des Kapitals nach einer hohen psychophysischen Leistungsfähigkeit der Arbeiter unter den Bedingungen des Übergangs zu intensiven Formen der Ausbeutung machten es unumgänglich, in der wissenschaftlichen Fundierung und materiell-technischen Ausstattung von Diagnostik, Therapie und Hygiene in Berlin einen großen Schritt nach vorn zu tun. Unter den vielen Förderungsprojekten, auf die das Kultusministerium seine Aufmerksamkeit richtete, waren die medizinischen Vorhaben wohl diejenigen, denen Althoff die größte Kraft widmete. Es ist in erheblichem Maße sein Verdienst, daß zum Beispiel die jährlichen Staatszuschüsse für das Universitätsklinikum in der Ziegelstraße von 14000 Mark im Jahre 1870 auf stattliche 178000 Mark im Rechnungsjahr 1896/97 stiegen.[22]

Unter der Leitung von Stadtbaurat Ludwig Hoffmann wurden in Berlin folgende «Wohlfahrtsbauten» errichtet: das Virchow-Krankenhaus mit 54 Gebäuden, das Irrenhaus in Buch mit 40 Gebäuden, das Genesungsheim in Buch mit 30 Gebäuden und das Alteleuteheim in Buch mit 21 Gebäuden.
Virchows Witwe: «Von der Besichtigung kehrte ich tiefbewegten Herzens nach Hause zurück in dem Bewußtsein, daß das Virchow-Krankenhaus das herrlichste Denkmal, auch ganz im Sinne des Verstorbenen bleiben werde ...»
Ludwig Hoffmanns Wohlfahrtsbauten der Stadt Berlin, Berlin 1927, S. 7, 13.

Nicht umsonst wurde sein erstes Denkmal auf dem Charitégelände errichtet, denn er war derjenige, der das Projekt zum vollständigen Um- und Neubau der Charité nicht nur aus der Taufe gehoben, sondern auch gegen eine Fülle von Widerständen buchstäblich durchgeboxt hat.

Gegen Ende des vergangenen Jahrhunderts war die altehrwürdige Charité ein Stein des Anstoßes. Die Baulichkeiten waren veraltet, verwinkelt und viel zu klein, und ihre Unzulänglichkeit korrespondierte mit der Undurchsichtigkeit der Leitungs- und Kompetenzverhältnisse. Im Ergebnis eines umfangreichen Rekonstruktions- und Reorganisationsprogramms entstand daraus ein für das beginnende 20. Jahrhundert vorbildliches Großstadtklinikum. Noch zu Althoffs Lebzeiten wurden das Pathologische Museum (1899), das

Lehrgebäude der Psychiatrischen und Nervenklinik (1901), die Kinderklinik (1903), die Chirurgische Klinik und das Krankengebäude der Psychiatrischen und Nervenklinik (beide 1904) fertig; damit gekoppelt entstand auf dem Gelände des ehemaligen Charitéfriedhofes von 1903 bis 1905 das neue Hygienische Institut. Die Vollendung des 1907 begonnenen Neubaus der beiden großen Medizinischen Kliniken erlebte Althoff schon nicht mehr.

Den Leiter der 1910 fertiggestellten II. Medizinischen Klinik, Friedrich Kraus, hatte Althoff 1902 noch selbst berufen. Kraus war ein interessanter Gelehrter mit vielschichtigen Ansichten. Er wollte die einseitig naturwissenschaftliche Ausrichtung der klinischen Medizin durch «eine biologisch-psychologisch-konstitutionelle Fundierung aus einem Guß»[23] überwinden, geriet dabei aber weltanschaulich in das Fahrwasser des subjektiven Idealismus. Zugleich wurde unter seiner Leitung die II. Medizinische Klinik zu einem der progressivsten Zentren der klinischen Medizin und insbesondere der modernen Diagnostik, die es damals in Deutschland gab. Noch vor dem Krieg wurde hier die Röntgenologie eingeführt.

Julius Citron vervollkommnete die Serodiagnostik. Georg Friedrich Nicolai befaßte sich mit der Anwendung der Elektrokardiographie in der Herzdiagnostik und veröffentlichte 1910 gemeinsam mit Kraus «Das Elektrokardiogramm des gesunden und kranken Herzens». Der Hämatologe Arthur Pappenheim führte bahnbrechende Arbeiten zur klinischen Blutuntersuchung aus.

Die I. Medizinische Klinik leitete zunächst noch Ernst von Leyden, der sich sehr für die Bekämpfung der verbreiteten Krankheiten einsetzte (1903 eröffnete er auf dem Charitégelände ein Spezialinstitut für Krebsforschung, 1904 erreichte er die Einrichtung der ersten Tuberkulose-Fürsorgestellen in Berlin); ihm folgte Wilhelm His jun., der sich als Neuroanatom einen Namen machte, aber Ende der zwanziger Jahre auch mit unwissenschaftlichen «rassenhygienischen» Auffassungen hervortrat.

Außerordentliche Verdienste um die Besserung des Gesundheitszustandes von Müttern und Kindern in Berlin erwarben sich der Gynäkologe Ernst Bumm und der Pädiater Otto Heubner, in dessen Amtszeit die Säuglingssterblichkeit in Berlin spürbar zurückging. Auch für die Stomatologie

Grundlegender Um- und Neubau der Charité (1897–1917)
1899
Pathologisches Museum
1901
Lehrgebäude der Psychiatrischen und Nervenklinik
1903
Kinderklinik
Spezial-Institut für Krebsforschung (von Leyden)
1904
Chirurgische Klinik, Krankengebäude der Psychiatrischen und Nervenklinik
1903–05
Hygienisches Institut
1907–10
I. und III. Medizinische Klinik
1909
Hygiene-Institut (in der Hessischen Straße) tauscht Standort mit dem Physiologischen Institut
1906
Einführung der staatlichen Prüfung für alle Krankenpflegepersonen
1907
Konstituierung der «Schwesternschaft der Charité» mit einer eigenen Schwesternschule.
Charité 1710–1985, Berlin 1985, S. 20–25.

22 Siehe Ralph-Jürgen Lischke: Zur wissenschaftspolitischen und wissenschaftsorganisatorischen Leistung Friedrich Althoffs unter besonderer Berücksichtigung seines Beitrages zur Herausbildung Berlins als bedeutendes Wissenschaftszentrum. Dissertation A, Humboldt-Universität, Berlin 1985, S. 101.

23 Peter Wolfgang Ruff: Die Hauptentwicklungslinien der Berliner Medizin zwischen 1870 und 1930. In: Berliner Wissenschaftshistorische Kolloquien IV: Die Berliner Medizin zwischen 1870 und 1930 als Ausgangspunkt weiterführender medizin-theoretischer Entwicklungen, Berlin 1982, S. 9.

wurde etwas getan; 1912 erhielt die Universität ein Zahnärztliches Institut.

Auf eine sehr wichtige Entwicklung jener Zeit im Schnittbereich von Biologie, Medizin und Psychologie ist noch hinzuweisen: den schnellen Fortschritt der Hirnforschung. Das war vor allem das Verdienst des Forscherehepaares Oskar und Cécile Vogt. Im Jahre 1898 hatte Oskar Vogt eine außerordentliche Professur für Neurophysiologie an der Universität erhalten und eine private Forschungseinrichtung aufgebaut,

die 1902 als Neurobiologisches Laboratorium an die Universität überging und 1915, auf der Basis einer Stiftung der Familie Krupp, den Status eines KWI erhielt.

Auch im städtischen Gesundheitswesen ging es voran, jedoch bei weitem nicht so flott wie in den medizinischen Einrichtungen der Universität und der Charité. Obwohl Berlin 1914 immerhin schon sechs Krankenhäuser besaß, blieb der Versorgungsgrad der Großstadtbevölkerung noch weit hinter dem Notwendigen zurück. Das vom Stadtbaurat Ludwig Hoffmann erbaute Rudolf-Virchow-Krankenhaus wurde am 1. Oktober 1906 eröffnet. Es galt als modernstes Krankenhaus in Deutschland und war – ein Novum in der Krankenhausorganisation – in medizinische Spezialabteilungen für Inneres, HNO, Gynäkologie, Augenkrankheiten usw. gegliedert. Die Fortschritte der Medizin führten auch zur Einrichtung von chemisch-bakteriologischen und pathologisch-anatomischen Abteilungen an den Berliner Krankenhäusern. 1905 wurde in Preußen ein Gesetz erlassen, das die Desinfektion bei ansteckenden Krankheiten zur Pflicht machte; die Voraussetzungen dafür waren durch die Arbeiten von Koch, Gaffky und Loeffler geschaffen worden.

Wenn wir uns nun fragen, was denn Staat und Magistrat eigentlich taten, damit die exzellenten Ergebnisse der Wissenschaft in dieser Stadt nicht nur in der vergegenständlichten

Schneidegerät
zur Herstellung von
Untersuchungspräparaten
1915
Dieses Gerät wurde unter Ausnutzung der von Vogt bei neurobiologischen Forschungen gesammelten praktischen Erfahrungen von der Berliner Firma Paul Altmann hergestellt.

Cécile und Oskar Vogt
Aufnahme um 1925

Form profitabler technischer Erzeugnisse unter die Leute kamen, sondern das Wissen und Denken der Berliner auch unmittelbar bereicherten, dann müssen wir die entsprechenden Antworten aus früheren Kapiteln wiederholen: nur so viel, wie mit dem unangetasteten Bildungsprivileg der besitzenden Klassen vereinbar war. Die Volksschulen bildeten weiterhin eine Art Bodensatz des Bildungswesens: Gebunden durch die Kleinlichkeit der Vorschriften ebenso wie durch die Kläglichkeit der Mittel, beschränkte man sich hier auf das absolut Unumgängliche. In den offiziellen Berichten über das Schulwesen wurden nur die höheren Schulen erwähnt,[24] und nur hier tat sich auch etwas Nennenswertes. Entsprechend war die Lehrerausbildung strikt zweigeteilt. Die Lehrerbildungsanstalten, die wenig vom Geist der Wissenschaft berührt waren, dienten der Ausbildung von Lehrern für die Volks- und Mittelschulen. Lehrer an Gymnasien oder Realschulen absolvierten hingegen ein mindestens dreijähriges Universitätsstudium mit einer abschließenden Lehramtsprüfung. Danach war, insbesondere zum Zweck der politischen Gesinnungsprüfung, ein Probejahr an einem Gymnasium zu leisten; in Preußen waren sogar zwei Jahre vorgeschrieben.

Als an den Universitäten das Frauenstudium nicht mehr aufzuhalten war, nahm unvermeidlich auch das höhere Mädchenschulwesen einen Aufschwung. Ab 1906 richtete man in Berlin spezielle Realgymnasiumsklassen für Mädchen ein, aus denen 1909 das Mädchen-Realgymnasium hervorging. Nachdem der Schulerlaß des Kaisers aus dem Jahre 1900 die formelle Gleichberechtigung der verschiedenen Typen höherer Schulen für den Erwerb der Hochschulreife verkündet hatte, gewannen die Realschulen unaufhaltsam an Bedeutung.

Die bürgerliche Intelligenz bedurfte eher mathematischer und naturwissenschaftlicher Kenntnisse und der Beherrschung lebender Sprachen als der «humanistischen» Versenkung in Sprachen und Kulturgut des Altertums, so hoch der Bildungswert dieser Betätigung auch immer veranschlagt werden mochte. Führende Natur- und Technikwissenschaftler interessierten sich daher sehr für Fragen der höheren Schule. In einem weiteren Heranführen der Unterrichtsinhalte an den modernen Stand der Wissenschaft sahen sie eine unerläßliche Voraussetzung für die Qualifizierung des Hochschulstudiums. Der 1908 gegründete «Deutsche Ausschuß für den mathematischen und naturwissenschaftlichen Unterricht» bemühte sich beispielsweise um die umfassende Einführung der Differential- und Integralrechnung in die Lehrprogramme, und der

In Berlin mußte 1914 an Schulgeld für die höheren Schulen bezahlt werden:

140 Mark in Gymnasien, Realgymnasien und Oberrealschulen
80 Mark in Realschulen
140 Mark in den Lyzeen
140 Mark in den städtischen Studienakademien
120 Mark in den Vorschulklassen

Eine Staffelung der Schulgeldsätze bestand nicht, auswärtige Schüler hatten ein noch höheres Schulgeld zu zahlen:

180 Mark in Gymnasien, Realgymnasien, Oberrealschulen, Lyzeen
200 Mark in der Studienanstalt (Realgymnasium für Mädchen)
140 Mark in Realschulen

Monographien deutscher Städte – Berlin, Oldenburg 1914, S. 112.

24 Siehe: Das höhere Schulwesen der Stadt Berlin. In: Monographien deutscher Städte – Berlin, Oldenburg 1914, S. 105–114.

«Deutsche Ausschuß für das technische Schulwesen» befaßte sich zwischen 1910 und 1914 auch mit der Ausbildung an den technischen Hochschulen.

Die wachsende technische Kompliziertheit der modernen Produktionsprozesse zwang auch zu einer bestimmten Qualifizierung der Berufsbildung. Die Firma Borsig richtete als einer der ersten Berliner Betriebe eine eigene Lehrwerkstatt ein und garantierte 1909 die Ausbildung in elf verschiedenen Berufen.

Entsprechend den mit der allmählichen Verkürzung der Arbeitszeit wachsenden Kulturbedürfnissen erhöhte sich – teilweise auch in Reaktion auf die eigenständigen Bildungsbe-

Der große Refraktor der Sternwarte in Treptow Aufnahme um 1910
Der Bau des großen Fernrohres war der Initiative von Friedrich Simon Archenhold zu danken. Der Refraktor war zur Aufstellung während der Berliner Gewerbeausstellung 1896 bestimmt. Obwohl er erst in den letzten Wochen der Ausstellung fertiggestellt wurde, war er mit seiner Länge von 21 m eine große Attraktion und Sehenswürdigkeit. In der folgenden Zeit bedurfte es wiederum der Bemühungen Archenholds, um, unterstützt von Geldern der Gewerkschaften der Berliner Arbeiter, einen notwendig gewordenen Neubau der Sternwarte im Frühjahr 1909 zu realisieren. Damit entstand eine astronomische Kulturstätte, die durch ihre Vorträge, sternkundlichen Beobachtungen und Forschungsarbeiten sowie mit ihren Sammlungen auch heute ein attraktiver Anziehungspunkt für astronomisch Interessierte ist.

mühungen der Arbeiterbewegung – das Angebot der Erwachsenenbildung. Allerdings ging es mehr in die Breite als in die Tiefe, denn die Neigung der führenden Berliner Wissenschaftler zu populärwissenschaftlicher Arbeit war im ganzen weiterhin nicht sehr ausgeprägt. An einigen Museen wurde jedoch eine musterhafte populärwissenschaftliche Tätigkeit gepflegt.

Als 1909 die neu erbaute Treptower Sternwarte eröffnet und Friedrich Archenhold – dessen Namen sie heute trägt – ihr Direktor wurde, entstand der Verein «Berlin-Treptow-Sternwarte», der von der Stadt Zuschüsse unter der Bedingung erhielt, Schülern den kostenlosen Besuch der Sternwarte, des astronomischen Museums und eines Lichtbildervortrages zu gewähren. In den Hörsälen der Sternwarte fanden regelmäßig populäre naturwissenschaftliche Vorträge statt. An der Technischen Hochschule und an der Universität richteten Studenten spezielle Unterrichtskurse für Arbeiter ein. Verschiedene Vereine – so die «Gesellschaft zur Verbreitung von Volksbildung» – bemühten sich um die Vermittlung von Kenntnissen. Auch Kunst- und Theaterfreunde gründeten Vereine, deren wohl bekanntester, der 1890 entstandene Verein «Neue freie Volksbühne», einen Fonds für den Bau eines eigenen Volkstheaters – eben der späteren «Volksbühne» – anlegte.

Die ersten drei Volkshochschulen bereicherten das Bildungsangebot. Die älteste unter ihnen war die 1878 gegründete Humboldt-Akademie in der Kurfürstenstraße. 1901 folgte die Lessinghochschule (Potsdamer Straße) und 1902 die Freie Hochschule (Blankenfelder Straße). In der Humboldt-Akademie wurden pro Vierteljahr von etwa 100 Dozenten (Privatdozenten, Lehrer, Ingenieure, Ärzte, Schriftsteller) durchschnittlich 200 Vortragsreihen angeboten. Etwa 8500 Hörer pro Quartal wurden registriert. Neben den populärwissenschaftlichen Zyklen gab es auch Fremdsprachenkurse und «wissenschaftliche Abende» mit freiem Eintritt. Träger der Humboldt-Akademie war ein «Wissenschaftlicher Zentralverein» mit 600 Mitgliedern und 60 Körperschaften.

Einen erheblichen Aufschwung verzeichnete das Netz der öffentlichen Bibliotheken. 1914 bestanden 28 sogenannte Volksbibliotheken und 14 Lesehallen. Die 1902 gegründete Stadtbibliothek war täglich von 10 Uhr morgens bis 10 Uhr abends geöffnet. Benutzung und Ausleihe waren in allen Bibliotheken kostenlos. Das war ein ernst zu nehmender Fortschritt, der zu einem guten Teil von der Arbeiterbewegung selbst erstritten worden war.

Doch um diese Daten richtig zu werten, muß man sie zu der fortdauernden Volksschulmisere und der Einwohnerzahl der Millionenstadt in Beziehung setzen – dann nimmt sich

Über das Projekt «Die Kultur der Gegenwart» berichtete die Presse:
Ein großes Encyklopädiewerk ist unter dem Titel «Die Kultur der Gegenwart» von dem Berliner Professor Dr. Paul Hinneberg in Angriff genommen worden und zum Theil schon vollendet. Vor vier Jahren hat der Gelehrte, der Herausgeber der von Friedrich Althoff begründeten «Internationalen Wochenschrift», die ersten Vorarbeiten für das Werk, das im Verlage von B. G. Teubner erscheint, begonnen. Bisher sind von dem großen Werk, dessen Widmung der deutsche Kaiser angenommen hat, 12 die Religionen, Philosophie, die Literatur und Geschichte, das Recht und den Staat behandelnde Bände erschienen, welche die höchste Anerkennung der wissenschaftlichen Kritik gefunden haben ... Um nun die naturwissenschaftlichen und medicinischen Abtheilungen des Werkes in Anlage und Stoffvertheilung auf die gleiche literarische Höhe zu bringen, hatte der Herausgeber in der Weihnachtswoche eine größere Zahl hervorragender Naturforscher und Mediciner des In- und Auslandes in das Hotel «Bristol» in Berlin zu einer Reihe von Konferenzen geladen. Nahezu alle Eingeladenen, mehr als vierzig Herren, waren zu diesen Besprechungen erschienen.
Berliner Local-Anzeiger, 1. Januar 1910, 2. Beiblatt, S. 3.

Otto Hahn berichtet: «Habilitieren konnte sich Lise Meitner damals noch nicht, denn weibliche Dozenten gab es noch nicht in Preußen. Erst als nach dem ersten Weltkrieg auch Frauen zur Hochschullaufbahn zugelassen wurden, erhielt auch sie die venia legendi. Ihre Antrittsvorlesung behandelte die damals noch ziemlich rätselhaften ‹Probleme der kosmischen Physik›. Einem Zeitungsberichterstatter kam dieses Thema bei einer Frau offenbar etwas seltsam vor; er nannte den Vortrag deshalb ‹Probleme der kosmetischen Physik›.»
Was nicht in den Annalen steht, S. 70.

das Erreichte trotz allem Enthusiasmus der Initiatoren bescheiden aus.

Einen Hinweis verdienen jedoch unbedingt die allgemein- und populärwissenschaftlichen Zeitschriften. So gab die URANIA «Himmel und Erde» heraus. Der unermüdliche Althoff rief 1908 eine «Internationale Wochenschrift für Wissenschaft, Kunst und Technik» ins Leben, ein Blatt mit einem breiten Profil, das alle Sphären der geistigen Kultur zusammenzuführen suchte. Redakteur wurde sein Vertrauter Paul Hinneberg, der mit Althoffs Unterstützung schon seit 1901 das vielbändige Monumentalwerk «Die Kultur der Gegenwart» edierte. Für den ersten Band hatte Hermann Diels einen vielversprechenden Aufsatz «Die Organisation der Wissenschaft» beigesteuert.[25] Es war zutiefst symptomatisch für den Geist der Zeit, daß in einem Zyklus, der das Gebäude des modernen Wissens im ganzen darstellen sollte, die Frage vorangestellt wurde, wie Wissenschaft organisiert wird und wie sie organisiert werden sollte. In der Tat war die Organisation der Wissenschaft in Berlin in jenen Jahrzehnten in lebhafter Bewegung, in gewissem Sinne sogar im Umbruch.

Drei Jubiläen

Von den 55 wissenschaftlichen Institutionen in Berlin, die die Statistik für das Jahr 1910 ausweist,[26] feierten die drei größten und wichtigsten hundertjährige Jubiläen. Auch damals übten runde Jahreszahlen eine eigenartige Faszination aus: Sie mahnten zur Rückschau, ermunterten zu einem Blick in die Zukunft und veranlaßten gegebenenfalls, irgendwelche dringend fälligen und hartnäckig verlangten Förderungsmaßnahmen endlich zu gewähren.

Auswahl internationaler Kongresse, die in Berlin stattfanden:
1901
Internationaler Zoologie-Kongreß
1903
V. Internationaler Kongreß für angewandte Chemie
1908
Internationaler Kongreß für historische Wissenschaften
Gründungskongreß der Internationalen Vereinigung für Krebsforschung
1909
V. Internationaler Zahnärztekongreß
1910
IV. Internationaler Kongreß zur Fürsorge für Geisteskranke

Den Reigen der Jubiläen eröffnete im Oktober 1899 die TH Charlottenburg, obwohl historisch exakt 100 Jahre zuvor lediglich die Bauakademie gegründet worden war. Das Jubiläum sollte den Höhepunkt jahrzehntelanger Bemühungen der Techniker bilden, das erstrebte Signum wissenschaftlicher und gesellschaftlicher Gleichstellung mit den etablierten altehrwürdigen Universitäten zu erhalten, das Recht der Verleihung akademischer Grade, das Promotionsrecht.[27] Die Jahrhundertfeier an der TH sollte den prunkvollen Rahmen abgeben, vor dem Kultusminister Studt am 18. Oktober die beiden Erlasse Wilhelms II. verkündete. Damit durften künftig alle preußischen TH den Grad eines Diplomingenieurs verleihen sowie das Recht der Promotion und Ehrenpromotion wahrnehmen. Der jeweilige Rektor der TH durfte sich – wie sein Kollege an der Universität – Magnifizenz nennen.

Gemälde in der Technischen Hochschule von Ernst Hildebrand 1898
Auf dem Bild wurden in anschaulicher Weise typische Situationen beim Bau eines ingenieurwissenschaftlichen Projektes arrangiert. Neben der Darstellung des kühnen technischen Bauwerks und verschiedener Szenen der schweren körperlichen Arbeit wurde vor allem der Gruppe der Projektanten und offensichtlichen Auftraggeber durch den Künstler eine besondere Bedeutung beigemessen.

Somit gestaltete sich die Feier zu einem gesellschaftlichen Ereignis ersten Ranges, an dem Vertreter in- und ausländischer Wissenschaftseinrichtungen, aber auch von Politik, Industrie und Militär teilnahmen.[28] Die engen Beziehungen zur Industrie wurden in mehrfacher Weise bekundet. Vor dem Hochschulgebäude enthüllte man die Denkmäler von Alfred Krupp und Werner von Siemens, und beim akademischen Festakt verkündete Ernst Borsig die Einrichtung einer «Jubiläumsstiftung der deutschen Industrie zur Förderung der technischen Studien» in einer Höhe von 1,5 Millionen Mark. Das Interesse der Industrie war nur allzu verständlich, denn die technischen Hochschulen trugen die Hauptlast der Ausbildung in den technischen Berufen höchster Qualifikation.

Die Organisation des Unterrichts an der TH blieb zwischen 1882, als das Verfassungsstatut angenommen wurde, und 1921/22 mit der Einführung von Fakultäten unverändert. Bei Studienbeginn hatte sich der Student – Damen hatten hier bis in die Zeit der Weimarer Republik nicht das Recht auf

25 Siehe Hermann Diels: Die Organisation der Wissenschaft. In: Die Kultur der Gegenwart. Ihre Entwicklung und ihre Ziele. Hrsg. von Paul Hinneberg, Teil I, Abt. 1, Berlin/Leipzig 1912, S. 632–692.
26 Siehe Wilhelm Paszkowski: Berlin in Wissenschaft und Kunst. Ein akademisches Auskunftsbuch nebst Angaben über akademische Berufe, Berlin 1910. – Berlin als Hochschulstadt, Teil 1, Berlin 1928; Teil 2, Berlin 1929.
27 Siehe Karl-Heinz Manegold: Universität, Technische Hochschule und Industrie, Berlin (West) 1970.
28 Siehe: Die Hundertjahrfeier der Königlichen Technischen Hochschule zu Berlin, 18. bis 21. Oktober 1899, Berlin 1900.

Immatrikulation, durften sich aber mit ministerieller Genehmigung als Hörerinnen eintragen lassen – für eine der bestehenden Fachabteilungen zu entscheiden. Während des Studiums konnte gegebenenfalls gewechselt werden. Zunächst gab es vier, dann sechs Abteilungen; als nach jahrelangen Verhandlungen 1916 die Bergakademie mit der TH vereinigt wurde, entstand die siebente Abteilung Bergbau. Das vierjährige Studium («Unterricht» genannt) gliederte sich in Vorlesungen zu den einzelnen Fachgebieten und in praktische Übungen in Zeichensälen, Laboratorien, Werkstätten und Versuchsanstalten und schloß auch Exkursionen in Betriebe ein. Um die Hauptprüfungen ablegen zu können, mußte ein Teilnahmenachweis an Betriebspraktika von festgelegter Dauer erbracht werden. Ähnlich wie an den Universitäten wurden jährlich Preisaufgaben für die Studenten gestellt, um das selbständige schöpferische Arbeiten zu fördern. Seit 1902 die Diplomprüfungsordnung erlassen worden war, bildete das Diplom den regulären Abschluß des vierjährigen Studiums. Im Juni 1901 promovierte der erste Kandidat zum Dr.-Ing.

Die TH Charlottenburg entwickelte sich zu einer der angesehensten technischen Hochschulen Deutschlands. Sie vermittelte auch in Nebenfächern wie der Mathematik eine solide Ausbildung. Zu ihrem Lehrkörper gehörten bedeutende Mathematiker und Physiker. Die Wertschätzung, die der TH vom Staat entgegengebracht wurde, war nicht allein auf ihre Bedeutung für die zivile Technik gegründet. In das wilhelminische Aufrüstungsprogramm waren wesentliche technische Neuerungen einbezogen – Kriegsschiffe, weittragende Ge-

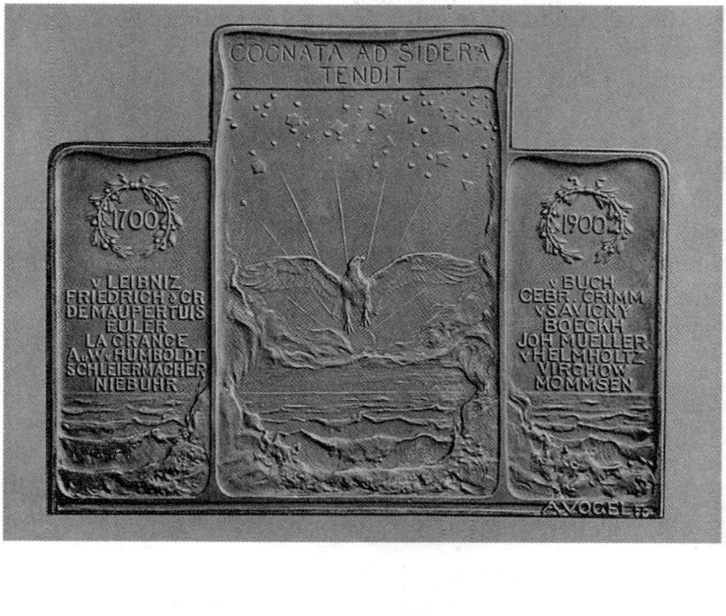

Plakette zum 200jährigen Jubiläum der Akademie von A. Vogel. 1900 Ausfertigung in Silber und Bronze sowie in zwei Größen

Auf der Vorderseite wurden im mittleren Teil Symbole des Akademiesiegels – der zum Sternbild des Aquila aufsteigende Adler – aufgenommen. Die Seitenteile tragen die Namen berühmter Akademiemitglieder. Auf der Rückseite sind allegorische Figuren an einem Brunnen dargestellt.

schütze, Luftschiffe, Flugzeuge, militärische Nachrichtentechnik. Überall stützte sich die Kriegsmaschinerie nicht mehr nur auf technischen Erfindergeist, sondern auch schon auf ernsthafte wissenschaftliche Forschungsarbeit. Die Technikwissenschaften wurden nicht allein in den Dienst der kapitalistischen Ausbeutung, sondern auch in den Dienst des Militarismus gepreßt. Bezeichnenderweise trat zur Jahrhundertfeier seine Majestät in der Uniform des Ingenieurcorps der Armee vor die TH, Formationen der technischen Einheiten des Heeres marschierten auf, der Kriegsminister von Goßler sowie zahlreiche Generäle und weitere hohe Offiziere aus Heer und Marine nahmen teil. Zielstrebig wurde die Beschäftigung mit der Militärtechnik gefördert. 1913 errichtete man beispielsweise einen besonderen Lehrstuhl für Kriegsschiffbau.

Am 19. und 20. März 1900 feierte die Berliner Akademie ihr 200jähriges Bestehen. Adolf Harnack hatte aus diesem Anlaß eine dreibändige «Geschichte der Königlich Preußischen Akademie der Wissenschaften» verfaßt; er hielt auch die Festrede auf der Jubiläumsveranstaltung. Die königliche Morgengabe zum Jubiläum fiel mit je drei neuen Mitgliederstellen für jede der beiden Klassen bescheiden aus, denn von dem, was die Akademie wirklich benötigt hätte – etwa eigene Forschungsinstitute –, war nur in Andeutungen in der Harnackschen Festansprache die Rede. Kultusminister Studt verlas den Erlaß des Kaisers: «Aus Anlass der ... Jubelfeier ... will Ich unter Abänderung des § 7 der Statuten der Akademie vom 28. März 1881 hierdurch bestimmen, dass die Zahl der Stellen

Gliederung der Technischen Hochschule in 6 Abteilungen (1910):

1. Architektur
   Prüfungsanstalt für Heizungs- und Lüftungseinrichtungen
2. Bauingenieurwesen
   Versuchsanstalt für Statik der Baukonstruktionen
3. Maschineningenieurwesen (einschließlich Elektrotechnik)
   Elektrotechnisches Laboratorium, Maschinenbaulaboratorium. Mechanisch-Technologisches Laboratorium, Festigkeitslaboratorium, Versuchsanstalt für Wassermotoren, Elektrotechnisches Versuchsfeld, Laboratorium für Verbrennungsmaschinen und Kraftwagen, Versuchsfeld für Werkzeugmaschinen und Maschinenelemente
4. Schiff- und Schiffsmaschinenbau
   Sammlungen für Schiffbau und -maschinen
5. Chemie und Hüttenkunde
   Anorganisches Laboratorium, Elektrochemisches Laboratorium, Eisenhüttenmännisches Laboratorium, Metallhüttenmännisches Laboratorium, Mineralogisch-geologisches Institut, Organisches Laboratorium, Photochemisches Laboratorium Technisch-chemisches Institut, Chemisches Museum.
6. Allgemeine Wissenschaften
   Physikalisches Institut.

Wilhelm Paszkowski: Berlin in Wissenschaft und Kunst. Ein akademisches Auskunftsbuch nebst Angaben über akademische Berufe, Berlin 1910, S. 113.

Die Geschichte der Akademie ist die Geschichte der Ideen und Kräfte ihres Stifters und ihrer großen Mitglieder; denn in ihrer Einrichtung und in der Entwicklung ihrer Organisation haben sich die Erkenntnisse und die Ziele Jener gleichsam verdichtet. Dieser Bau stellt darum in lebendiger Verwirklichung ein Stück Geschichte der Wissenschaft dar – und nicht nur der Wissenschaft in diesem Lande. Den heutigen Tag feiert die gesamte wissenschaftliche Welt mit uns; denn unsere Geschichte ist ihre Geschichte. ... Den Grossbetrieb der Wissenschaft, den das Zeitalter forderte, hat sie aufgenommen und im Laufe der letzten Jahrzehnte mehr als zwanzig umfassende Unternehmungen ins Werk gesetzt, welche die Kräfte des einzelnen Mannes übersteigen und Menschenalter zu ihrer Durchführung erheischen. Sie hat treue Arbeiter ermittelt und gesammelt; sie ist die Schutzstätte der jungen Talente geworden, und sie hat auch dort gesäet, wo sie selbst nicht ernten wird.
Adolf Harnack: Festrede. In: Die Zweihundertjahrfeier der Königlichen Preussischen Akademie der Wissenschaften am 19. und 20. März 1900, Berlin 1900, S. 28, 46.

Um die Jahrhundertwende waren Beständige Sekretare der Akademie:
für die physik.-math. Klasse:
Arthur Auwers
Wilhelm Waldeyer
für die phil.-hist. Klasse:
Johannes Vahlen
Hermann Diels

für ordentliche Mitglieder in jeder Classe von siebenundzwanzig auf dreissig erhöht wird. Die neugeschaffenen Stellen sind ... vorzugsweise für deutsche Sprachforschung, in der physikalisch-mathematischen Classe vorzugsweise für technische Wissenschaften zu verwenden.»[29] Zugleich lobte der Kaiser in seiner Rede die Akademie dafür, daß sich in ihrem Wirken zwar die «großen Erlebnisse der Nation» gespiegelt hätten, sie es aber stets vermieden habe, «in das Gewühl der politischen Leidenschaften hinabzusteigen, und ihre oberste Pflicht vielmehr alle Zeit in der reinen und interesselosen Pflege der Wissenschaft erblickt» hätte.[30]

Die Berliner (Preußische) Akademie war die größte und bedeutendste der deutschen Akademien. Der Schwerpunkt ihrer Arbeiten lag in der Diskussion und Rezeption von Forschungsergebnissen, die ihre Mitglieder jedoch zum überwiegenden Teil in außerakademischen Einrichtungen erzielten.[31] In ihren Sitzungen begegneten sich Gelehrte mit zahlreichen institutionellen und persönlichen Verbindungen, manche von ihnen waren wirkliche «Multifunktionäre» der Wissenschaft, die überall saßen, wo Entscheidungen zu treffen oder zu beeinflussen waren.

So war die Akademie ein Ort, an dem strategische Ideen über die Gestaltung des Wissenschaftsbetriebes ausgesprochen werden konnten. Mochte die Akademie in ihrer Wirksamkeit und in gewissem Sinn in ihrem Prestige durch das Fehlen eigener Forschungsinstitute auch beeinträchtigt sein, die Wahl zu ihrem Ordentlichen oder Korrespondierenden Mitglied galt weiterhin als eine der höchsten wissenschaftlichen Auszeichnungen, die in Deutschland vergeben werden konnten.

Ab 1892 hatte die Akademie eine zusätzliche Möglichkeit der Würdigung besonderer Leistungen. Seit 1892, ab 1898 alle zwei Jahre, verlieh sie die Helmholtz-Medaille «zur Auszeichnung wissenschaftlicher Forscher aller Länder ..., welche die in der physikalisch-mathematischen Klasse der Akademie vertretenen Wissenschaften oder die Erkenntnislehre durch hervorragende Leistungen gefördert haben»[32], die höchste Auszeichnung der Akademie. Ab 1907 konnte jährlich am Leibniz-Tag die Leibniz-Medaille verliehen werden, einmal in Gold und dreimal in Silber. Sie war für außerhalb der Akademie erbrachte wissenschaftliche Leistungen vorgesehen, zu deren Würdigung die Wahl zum Korrespondierenden oder Ehrenmitglied nicht opportun erschien. Außerdem konnte man damit den Spendern größerer finanzieller Zuwendungen eine sichtbare Anerkennung erweisen. Die Akademie mußte sehr darauf bedacht sein, möglichst große Summen auf diesem Wege zu erhalten, denn die Staatsgelder flossen spärlich. Die

«Akademische Jubiläumsstiftung der Stadt Berlin» beispielsweise, die 1900 ins Leben gerufen worden war, brachte ab 1904 alle vier Jahre 14 000 Mark. Vorsitzende des Kuratoriums der Stiftung waren bis 1908 Waldeyer, von 1909 bis 1913 Diels, ab 1913 Planck, jeweils in ihrer Funktion als Beständige Sekretare der Akademie.

Bereits in seiner Akademiegeschichte hatte Harnack die Idee ausgesprochen, es müßten «aus den ‹akademischen Commissionen›. wenn auch nicht aus allen, geschlossene Institute hervorgehen mit eigenem Etat und pensionsfähigen Beamten, die ausschliesslich der Bewältigung bestimmter wissenschaftlicher Aufgaben dienen».[33] Alle Vorstöße, die Akademie wenigstens mit einzelnen eigenen Forschungseinrichtungen auszustatten, schlugen jedoch fehl. Das unumgängliche Bedürfnis, Forschungsinstitute außerhalb der Universität zu schaffen, wurde in Deutschland auf anderen Wegen befriedigt. Die Intensität indes, mit der die Akademie ihre Unternehmen und Expeditionen förderte, deutet darauf hin, daß sie nach wie vor den Bedarf nach einer eigenen Forschungsbasis empfand und sich nicht mit der Rolle eines gehobenen Kommunikationszentrums begnügen wollte.

Ständig wurden neue Unternehmen aus der Taufe gehoben, ohne daß die alten zu einem Abschluß kamen. Die generellen Organisationsprinzipien blieben die gleichen wie im vorhergehenden Zeitabschnitt. Mit der Zunahme ihrer Anzahl ging auch eine Tendenz zur Zentralisierung einher, es wurden weitere Kommissionen geschaffen, die jeweils für eine Gruppe thematisch verwandter Unternehmen zuständig waren und in denen Harnack um die Jahrhundertwende die Keimform

Helmholtz-Medaille
der AdW der DDR
Große Ausgabe in Bronze
nach der ersten Medaille
von Joseph Tautenhayn
(1891)
jetzt mit veränderter
Umschrift gefertigt
Diese Medaille ist die höchste Auszeichnung der Akademie der Wissenschaften für Naturwissenschaftler. Sie wird seit 1954 auf Vorschlag der Ordentlichen und Korrespondierenden Mitglieder vom Plenum der Akademie für überragende wissenschaftliche Leistungen verliehen.

Träger der Helmholtz-Medaille
1892 (von Helmholtz benannt)
Emil Du Bois-Reymond (OM)
Karl Weierstraß (OM)
Robert Bunsen (OM)
William Thomson Lord Kelvin (KM)
1898 Rudolf Virchow (OM)
1900 George G. Stokes (AM)
1902 keine Vergabe
1904 Ramon y Cajal (1906 Nobelpreis Medizin)
1906 Henri Becquerel (KM) (1903 Nobelpreis Physik)
1908 Emil Fischer (OM) (1902 Nobelpreis Chemie)
1910 Jacobus Henricus van' t Hoff (OM) (1901 Nobelpreis Chemie)

29 Erlaß Wilhelms II. In: Die Zweihundertjahrfeier der Königlich Preussischen Akademie der Wissenschaften am 19. und 20. März 1900, Berlin 1900, S. 17.
30 Ebenda, S. 21.
31 Siehe: Die Berliner Akademie der Wissenschaften in der Zeit des Imperialismus, Teil I, S. 7.
32 Zit. in: Ebenda, S. 130.
33 Adolf Harnack: Geschichte der Königlich Preußischen Akademie der Wissenschaften zu Berlin, Erster Band, Zweite Hälfte, Berlin 1900, S. 1042.

«Die Akademie ist nicht zur Parade da» – dieses Wort Friedrichs des Großen hat sich die Akademie gesagt sein lassen. Unter den Bedingungen aber, unter denen die Wissenschaften heute stehen, bedeutet es die Leitung und Durchführung grosser Arbeiten, die der Einzelne nicht zu bewältigen vermag. Sie zweckmäßig auszugestalten, gegen Wechselfälle zu schützen und die Mitarbeiter sicher zu stellen, ist ein Problem, dessen Lösung noch nicht vollkommen gelungen ist. … In erster Linie ist das Sache des Staats und seiner Wissenschaftspolitik: er wird eine Laufbahn für wissenschaftliche Berufsarbeiter ohne speciellen Lehrzweck eröffnen müssen, wie er eine solche schon für Archiv- und Bibliotheks-Beamte eröffnet hat. Sie werden, ohne des Zusammenhangs mit den Universitäten zu entbehren, in engster Verbindung mit den Akademien stehen müssen, an die sich alle wissenschaftlichen Specialgesellschaften anlehnen sollten, welche aus öffentlichen Mitteln unterstützt werden. Vertrauensvoll blicken wir auf das Unterrichtsministerium unseres Staats: es wird wie bisher in den wissenschaftlichen Unternehmungen der Akademie auch die seinigen erkennen und den neuen Bedürfnissen der Wissenschaft mit neuen Organisationen entgegenkommen.
Adolf Harnack: Geschichte der Königlich Preußischen Akademie der Wissenschaften zu Berlin. Erster Band, Zweite Hälfte, Berlin 1900, S. 1042/1043.

künftiger Institute zu sehen glaubte. 1903 wurde unter Erich Schmidt, Konrad Burdach und Gustav Roethe die Deutsche Kommission gegründet, 1912 unter Eduard Meyer die Orientalische Kommission.

Für die Arbeit an einigen dieser Unternehmungen wurde im Jahre 1900 der Status eines hauptamtlichen wissenschaftlichen Mitarbeiters, des sogenannten wissenschaftlichen Beamten der Akademie, eingeführt. Vor dem Weltkrieg konnte die Akademie bis zu zehn solcher Beamten beschäftigen; es handelte sich bei ihnen in der Regel um hochqualifizierte und hochspezialisierte Fachleute.

Teilweise waren die Unternehmungen von bedeutendem wissenschaftlichem Wert. Es sei hier nur an das «Deutsche Wörterbuch» der Brüder Grimm erinnert, dessen Weiterführung die Berliner Akademie zusammen mit der Göttinger Gesellschaft der Wissenschaften im Jahre 1908 übernahm und dessen erster Band bereits 1854 erschienen war. Diese Aufgabe hatte kulturpolitischen Rang, denn das Wörterbuch erfaßte den Wortschatz der deutschen Schriftsprache vom 16. Jahrhundert bis zur Gegenwart in seiner historischen Entwicklung. Generationen von Germanisten und Wissenschaftlern anderer Disziplinen arbeiteten an diesem Werk, doch die aufgewandten Mittel waren für einen zügigen Abschluß viel zu knapp. Erst 1960, nachdem unter ganz anderen gesellschaftlichen Verhältnissen die nötigen personellen und finanziellen Voraussetzungen geschaffen worden waren, konnte das Unternehmen beendet werden.

Das einstige unproblematische Bekenntnis zur weltweiten Gemeinsamkeit der Gelehrten hatte in der Epoche imperialistischer Rivalitäten einer sehr sensiblen, durch nationalistische Vorurteile verzerrten Wahrnehmung des Verhältnisses von Nationalem und Internationalem in der Wissenschaft Platz gemacht. Auf diesem Hintergrund vollzog sich auch die Tätigkeit der Internationalen Assoziation der Akademien, bei deren Gründung 1899 die Berliner Akademie eine Initiatorrolle gespielt hatte. Hermann Diels, einer der beiden ständigen Vertreter der Berliner Akademie in der Generalversammlung der Assoziation, verknüpfte mit dieser internationalen Organisation große Erwartungen. Er verfaßte regelmäßig Presseberichte über ihre Kongresse und erwiderte auf der Jubiläumsveranstaltung der Berliner Akademie die Grußadressen der vertretenen ausländischen Akademien, wobei er die Hoffnung aussprach, daß die Vereinigung der Akademien auch zu einer Vereinigung der Völker zu friedlichem Werke beitragen möge.[34]

Es war jedoch nicht so leicht, eine wirklich gedeihliche Zusammenarbeit zu erreichen, und sie kam auch nur auf wenigen Gebieten zustande. Die bedeutendste kooperative Organisation, die auf dieser Basis geschaffen wurde, war die von der ersten Generalversammlung der Assoziation in Paris 1901 auf Antrag der Königlich Sächsischen Gesellschaft der Wissenschaften zu Leipzig beschlossene Zentral-Kommission für Hirnforschung («Brain Commission»).[35]

Kurz vor Kriegsausbruch, am 22. März 1914, bezog die Akademie im neuerbauten Gebäudekomplex Unter den Linden einen Trakt, nachdem sie während der ausgedehnten Bauarbeiten 1903 nach der Potsdamer Straße 120 umquartiert gewe-

100-Jahr-Feier
der Universität
am 10. Oktober 1910
Vor dem Hauptgebäude der Universität begrüßt der Rektor Erich Schmidt die kaiserliche Familie.

sen war. Nun waren Akademie und Universität auch räumlich wieder nahe beieinander. Fraglich war nur, ob die Akademie auch in jeder Hinsicht auf der Höhe der Aufgaben ihrer Zeit stand. Harnack, schon Präsident der Kaiser-Wilhelm-Gesellschaft, äußerte in einem 1912 an Diels geschriebenen Brief arge Bedenken. Die Akademie, so meinte er, müsse sich erweitern, wenn sie in lebendiger Fühlung mit der neuen Stellung der Wissenschaften bleiben und ihre Führerrolle behaupten will, und auch die angewandte Wissenschaft kommandieren.[36] Doch dieser Wunsch blieb unerfüllt. Die KWG, die große Forschungsorganisation neuen Typs, entwickelte sich zwar unter Ausnutzung der Kompetenz der Akademie, aber im wesentlichen unabhängig von ihr.

Kartell und Internationale Assoziation der Akademien:

Kartell der deutschsprachigen Akademien 1893 gegründet mit Akademien aus Göttingen, Leipzig, München, Wien; ab 1904 beteiligte sich die Berliner Akademie; 1909 wurde die Akademie in Heidelberg gegründet.

Internationale Assoziation der Akademien
9. und 10.10.1899 Gründungsversammlung in Wiesbaden, Vertreter von 10 Akademien nahmen teil: Berlin, Göttingen, Leipzig, München, Wien, London, Paris (Académie des Sciences), Petersburg, Rom, Washington.

Generalversammlungen der Association fanden statt:
1901 Paris
1904 London
1907 Wien
1910 Rom
1913 Petersburg
1916 sollte sie in Berlin stattfinden

34 Siehe Hermann Diels: Erwiderung auf ausländische Grußadressen. In: Die Zweihundertjahrfeier der Königlich Preussischen Akademie der Wissenschaften, S. 60/61.

35 Siehe Dietmar Biesold/Jochen Richter: Die «Brain Commission» der Internationalen Assoziation der Akademien. In: Wissenschaft und Technik – Humanismus und Fortschritt. Kolloquien der Akademie der Wissenschaften der DDR, Institut für Theorie, Geschichte und Organisation der Wissenschaft, Heft 22, Berlin 1981, S. 127–132.

36 Siehe: Die Berliner Akademie der Wissenschaften in der Zeit des Imperialismus, Teil I, S. 219/220.

Angaben zur Berliner Universität

Organisation der Universität:
An der Spitze steht der Rektor, er wird jährlich aus der Zahl der ordentlichen Professoren erwählt. Ihm und dem Senat, der sich aus einem Ausschuß der Professoren und dem Universitätsrichter zusammensetzt, obliegt die Verwaltung, die Aufsicht über die Studierenden und der Verkehr mit dem Kultusministerium.
Die Dekane der 4 Fakultäten – der theologischen, juristischen, medizinischen und philosophischen – werden ebenfalls jährlich gewählt. Zur philosophischen Fakultät gehören an der Berliner Universität – im Unterschied zu anderen deutschen Universitäten – auch die staatswissenschaftlichen und die naturwissenschaftlichen Fächer.
Siehe: Berlin und seine Universität, Berlin 1914, S. 93.

Zehn Jahre nach dem Akademiejubiläum wurde der hundertste Jahrestag der Eröffnung der Universität festlich begangen. Auch zu dieser Gelegenheit wurde ein großes historisches Werk vorgelegt: die vierbändige Universitätsgeschichte von Max Lenz. Man hatte wohl Grund, sich des Erreichten zu rühmen. Franz Mehring schrieb: «Unstreitig kann die hiesige Universität mit einiger Befriedigung auf das erste Jahrhundert ihres Lebens zurückblicken ... Und wie sie reich gewesen ist an berühmten und verdienten Männern unter ihren Lehrern, so haben als Lernende auf ihren Bänken gesessen Männer wie Heinrich Heine, wie David Strauß und Ludwig Feuerbach, wie Lassalle und Marx ...»[37] Anlaß zum Stolz bot vor allem die immense quantitative Ausdehnung, die sich besonders in den letzten Jahrzehnten vollzogen hatte. Allein während der «Ära Althoff» – Althoff trat 1882 in das Preußische Kultusministerium ein und starb 1908 – bekam die Universität 43 neue wissenschaftliche Einrichtungen, davon allein 23 im medizinischen Bereich. Die Studentenzahlen erhöhten sich bis zum Weltkrieg bedeutend, die Institute wurden bald nach ihrer Eröffnung wieder zu eng und zu klein. Seit dem 15. August 1908, etwa ein Jahrzehnt später als in vielen anderen europäischen Staaten, standen die Hörsäle und Laboratorien endlich auch immatrikulierten Studentinnen offen. Ausländische Studenten strebten in großer Zahl nach Berlin. Zur Beratung in allen Fragen des Studiums wurde 1904 eine besondere «Amtliche Akademische Auskunftsstelle» eingerichtet.[38]

Die Semester dauerten in Berlin vom 16. Oktober bis zum 15. März und vom 16. April bis zum 15. August. Dreimal jährlich – zum Kaisergeburtstag am 27. Januar, zum Stiftungsfest am 3. August und zur Rektoratsübergabe am 15. Oktober – gab es öffentliche Festreden zu allgemeinen Fragen des wissenschaftlichen Lebens und seiner Stellung im Staat, deren Texte einige Tage später gedruckt und den Studenten zur Erbauung und Beherzigung unentgeltlich ausgehändigt wurden. Während die öffentlichen Vorlesungen meist Überblickscharakter trugen, waren die sogenannten Privatvorlesungen spezieller angelegt und mußten bezahlt werden. Jeder Student war verpflichtet, mindestens eine Privatvorlesung zu belegen, wenn ihm bei der Prüfung das Semester angerechnet werden sollte. Begabte und fortgeschrittene Studenten konnten darüber hinaus, wenn sie zuvor eine spezielle mündliche oder schriftliche Prüfung abgelegt hatten, auch Privatissima besuchen, die verschiedene Dozenten auf ihren Spezialgebieten hielten.

Institutionen eigener Art waren die Seminare, deren Profil sich bereits im vorigen Jahrhundert herausgebildet hatte. Die Zulassung zu einem der Seminare, in denen besondere Ta-

Studenten der Technischen Hochschule bei der Einweihung des neuen Gebäudes der königlichen Bibliothek Aufnahme von 1914
Adolf von Harnack hatte 1905 mit Unterstützung von Althoff die Leitung der Bibliothek übernommen. Während seiner Amtszeit erfolgte ein bedeutsamer Aufstieg der Bibliothek. In vielfältiger Weise trat er für die Belange der Bestandserweiterung, den Aufbau von Spezialsammlungen und für die zentrale Funktion der Bibliothek ein. Unter seiner Leitung wurde auch der äußerst komplizierte Umzug aus der «Kommode» in das neue Gebäude in der Straße Unter den Linden durchgeführt.

lente gefördert wurden, war in der Regel an das Bestehen einer speziellen Vorprüfung gebunden. Um die selbständige wissenschaftliche Arbeit der Studenten anzuregen, schrieben die vier Fakultäten alljährlich Preisaufgaben aus; die Preise bestanden in Gedenkmünzen oder in Geldbeträgen zwischen 225 und 500 Mark. Abschluß und Höhepunkt des Universitätsstudiums bildete die Promotion.

1914 besaß die Universität fast 60 eigene Institute, die in etwa 40 Gebäuden untergebracht waren; etwa 20 Institute und Anstalten, die ihr eigentlich rechtlich nicht zugehörten, wurden für Lehrzwecke der Universität genutzt.[39] Diese Einrichtungen dienten nicht allein der Lehre, sondern stellten nach wie vor – ungeachtet des wachsenden Bedürfnisses nach speziellen Forschungseinrichtungen – ein bedeutendes Forschungspotential dar.

Die Forschungsarbeit an der Universität war mit dem wissenschaftlichen Leben der Akademie eng verflochten, denn zahlreiche Ordinarien und Institutsdirektoren der Universität waren Ordentliche Mitglieder der Akademie, während andere Akademiemitglieder, die nicht dem Lehrkörper der Universität angehörten, ihr mit der Akademiemitgliedschaft verbundenes Recht wahrnahmen, an der Universität Vorlesungen zu halten. Diese Verflechtung beeinflußte sowohl die Berufungspolitik an der Universität als auch die Strategie der Wahlvorschläge an der Akademie. Damit war ein Mechanismus gegeben, der die Einhaltung sehr hoher wissenschaftlicher

Am teuersten stellt sich das medizinische Studium, das auf 150 bis 250 Mark für das Semester zu beziffern ist, etwas billiger das mathematisch-naturwissenschaftliche Studium, noch billiger das theologische, juristische und das historisch-philologische Studium.
Berlin und seine Universität, S. 100–102.

Zum Vergleich:
Um die Jahrhundertwende betrug der Wochenlohn eines Arbeiters zwischen 15 und 24 Mark ... das ergibt einen Lohn pro Jahr von etwa 780 bis 1248 Mark... der Lohn für Arbeiterinnen betrug wöchentlich nur zwischen 6 bis 8 Mark.
Siehe Jürgen Kuczynski: Geschichte des Alltags des deutschen Volkes, Bd. 4, Berlin 1982, S. 402/403, S. 441. – Arbeiterleben um 1900, Berlin 1983, S. 50.

---

37 Franz Mehring: Eine akademische Jubelfeier. In: Die Neue Zeit, 29. Jg. (1910–1911), 1. Bd., S. 1/2.
38 Siehe: Berlin und seine Universität. Ein Führer für Studierende mit besonderer Berücksichtigung der Ausländer. Hrsg. von Wilhelm Paszkowski, Berlin 1914, S. 91.
39 Siehe ebenda, S. 115–176.

Karikatur auf den Kaiser «Meine Vorliebe hat die Universität, die Armee und das Theater, resp. Ballett»
Aus «Kladderadatsch». 1909

Wilhelm Waldeyer, Rede zum Friedrichstag der Berliner Akademie 1909:
War es am Platze, so wird vielleicht einer oder der andere fragen, in den Einleitungsworten zur heutigen Feier mit dem Hinweis auf den gesteigerten Ernst der Zeiten zu beginnen und politische Fragen zu berühren? Sollte die Akademie sich nicht auf das Gebiet der Wissenschaften streng beschränken?
Gewißlich! Aber wir sind auch Glieder unseres Vaterlandes, und die Akademie steht in dessen Dienst nicht minder wie jede andere Institution. Alles in einem Staate steht wie in einem Organismus in lebendiger Wechselwirkung, muß es wenigstens, falls der Staat gesund bleiben soll; so ist eines nicht vom anderen zu scheiden. In Zeiten, wie es die heutigen sind, tut es not, daß alle im Gefühl patriotischer Zusammengehörigkeit sich zusammenschließen und den Parteienzank verstummen lassen, tut es not, daß alle sich um Kaiser und Reich scharen.
Sitzungsberichte der Preußischen Akademie der Wissenschaften, 1909, S. 106–107.

Standards bei der Kaderauswahl unterstützte; das ist beispielsweise an den Berufungen von Mathematikern zur Zeit von Weierstraß erkennbar. Unter den Verhältnissen des Imperialismus hatte dieser Vorzug aber zugleich seine Kehrseite: Es bildete sich eine kleine Elite exponierter Geheimräte mit vielfältigen Verbindungen zur Ministerialbürokratie, oft auch zu Konzerngewaltigen, Militärs und Parlamentariern, die das wissenschaftspolitische und wissenschaftliche Leben weitgehend beherrschten. Solche Persönlichkeiten wie Fischer, Harnack, Nernst, Planck oder Waldeyer kann man ohne weiteres auch als Wissenschaftspolitiker mit erheblichem Einfluß ansehen.

So vielfältig und fruchtbar auch das wissenschaftliche Leben an der königlichen Friedrich-Wilhelms-Universität war – auf politischem und ideologischem Gebiet unterlag die Berliner Alma mater einer Uniformierung, die mit dem Herannahen des Krieges immer mehr zunahm. In der Studentenschaft gaben chauvinistische Verbindungen den Ton an. Die Herren des Lehrkörpers waren auf Treu und Redlichkeit gegenüber dem militaristischen Kurs des Wilhelminischen Reiches eingestimmt. Kurt Tucholsky, der hier 1912 studierte und schon zu dieser Zeit – auch für den sozialdemokratischen «Vorwärts» – Feuilletons schrieb, hatte über Mangel an Gegenständen für seinen geschliffenen Spott nicht zu klagen. Hier war nicht länger der Ort, an dem man das Aufflammen bürgerlich-demokratischer Initiativen und Protestbewegungen erwarten konnte. Der Politik und Ideologie der Arbeiterbewegung hatte man grimmig die Tür gewiesen, ein für allemal, wie man glaubte.

Dazu war am Ende des alten Jahrhunderts ein Exempel statuiert worden. Am 17. Juni 1898 trat das vom preußischen Abgeordnetenhaus verabschiedete Gesetz zur Klärung der Disziplinarverhältnisse der Privatdozenten in Kraft, das auch den nichtbeamteten Privatdozenten an den preußischen Hochschulen und Universitäten jegliche sozialdemokratische Betätigung strikt untersagte. Den Anlaß, einen solchen Gesetzentwurf einzubringen und im Mai 1897 die Landtagsdebatte darüber zu eröffnen, boten die sozialdemokratischen Aktivitäten des Physikers Leo Arons, des Erfinders der Quarz-Quecksilberdampflampe, eines Schülers von Kundt und Helmholtz, der sich auch im Elektrotechnischen Verein rege betätigte und seit 1890 eine Privatdozentur an der Berliner Universität innehatte. Bei der Berufung hatte das Kultusministerium an den ihm bekannten sozialdemokratischen Aktivitäten keinen Anstoß genommen, das blamable Versagen des Sozialistengesetzes ließ den Zeitpunkt für ein drastisches Vorgehen ungeeignet erscheinen. Doch schon wenige Jahre später prellte die Reaktion wieder vor. Am 5. Mai 1894 forderte Kultusminister Bosse die Philosophische Fakultät der Universität auf, Arons bezüglich seines Engagements für die Sozialdemokratie zu vernehmen. Zunächst berief sich die Fakultät auf die universi-

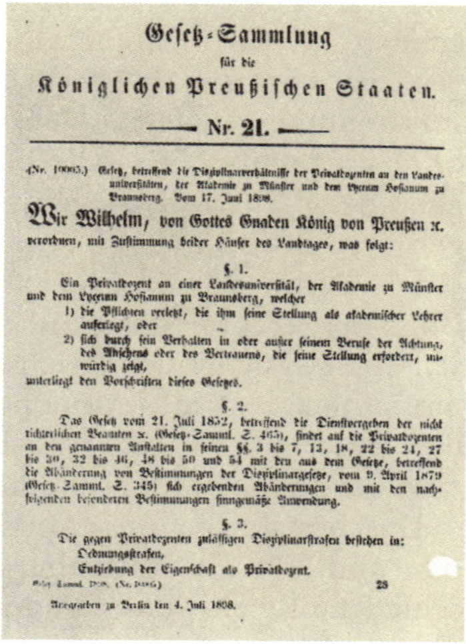

Gesetz-Sammlung
für die
Königlichen Preußischen Staaten.

Nr. 21.

(Nr. [illegible].) Gesetz, betreffend die Disziplinarverhältnisse der Privatdozenten an den Landesuniversitäten, der Akademie zu Münster und dem Lyceum Hosianum zu Braunsberg. Vom 17. Juni 1898.

Wir Wilhelm, von Gottes Gnaden König von Preußen rc.
verordnen, mit Zustimmung beider Häuser des Landtages, was folgt:

§. 1.

Ein Privatdozent an einer Landesuniversität, der Akademie zu Münster und dem Lyceum Hosianum zu Braunsberg, welcher
1) die Pflichten verletzt, die ihm seine Stellung als akademischer Lehrer auferlegt, oder
2) sich durch sein Verhalten in oder außer seinem Berufe der Achtung, des Ansehens oder des Vertrauens, die seine Stellung erfordert, unwürdig zeigt,
unterliegt den Vorschriften dieses Gesetzes.

§. 2.

Das Gesetz vom 21. Juli 1852, betreffend die Dienstvergehen der nicht richterlichen Beamten rc. (Gesetz-Samml. S. 465), findet auf die Privatdozenten an den genannten Anstalten in seinen §§. 3 bis 7, 13, 18, 22 bis 24, 27 bis 30, 32 bis 46, 48 bis 50 und 54 mit den aus dem Gesetze, betreffend die Abänderung von Bestimmungen der Disziplinargesetze, vom 9. April 1879 (Gesetz-Samml. S. 345) sich ergebenden Abänderungen und mit den nachfolgenden besonderen Bestimmungen finngemäße Anwendung.

§. 3.

Die gegen Privatdozenten zulässigen Disziplinarstrafen bestehen in:
Ordnungsstrafen,
Entziehung der Eigenschaft als Privatdozent.

Gesetz-Samml. 1898. (Nr. [illegible].) 28

Ausgegeben zu Berlin den 4. Juli 1898.

täre Autonomie und verweigerte ein disziplinarisches Vorgehen gegen Arons; dann mißbilligte sie sein öffentliches Eintreten für die Sozialdemokratie und sprach ihm eine Verwarnung aus.[40] Um härter vorgehen und zugleich einer möglichen Solidaritätsbewegung für Arons vorbeugen zu können, wurde das später «Lex Arons» genannte Unterdrückungsgesetz entworfen und durchgebracht. So mußte an der Berliner Universität

Leo Arons
Aufnahme um 1915

Gesetz, betreffend die Disziplinarverhältnisse der Privatdozenten an den Landesuniversitäten, der Akademie zu Münster und dem Lyceum Hosianum zu Braunsberg vom 17. Juni 1898 (Lex Arons)

40 Siehe: Die Actenstücke des Disciplinarverfahrens gegen den Privatdozenten Dr. Arons, Berlin 1900. – Siehe auch Franz Mehring: Zur lex Arons. In: Die Neue Zeit, 16. Jg. (1897–1898), 1. Bd., S. 577–580.

Aus dem Nachruf Albert Einsteins auf Leo Arons:
Sein soziales Fühlen und sein Gerechtigkeitsdrang führten ihn dem Kreis der Sozialisten zu, ließen ihn in der Öffentlichkeit seine sozialistischen Überzeugungen vertreten, ungeachtet der schweren Hemmungen und Anfeindungen, die er sich im reaktionär geleiteten Staat dadurch zuzog. Er war eine jener im Kreise unserer Akademiker so seltenen Erscheinungen, denen nicht nur Selbständigkeit des Geistes, sondern auch Unabhängigkeit des Charakters, Unbeeinflußbarkeit gegenüber den Vorurteilen seiner Kaste und selbstloser Opfermut eigen waren. Was er tat, war in seinen Augen nur das Selbstverständliche; er tat es in Schlichtheit, ohne die große Geste des Märtyrers.
Albert Einstein: Leo Arons als Physiker. In: Sozialistische Monatshefte, 1919 (Bd. 53, II. Teil), S. 1 055/1 056.

am 13. April 1899 ein Disziplinarverfahren eröffnet werden. Obwohl ihn am 22. Juli 1899 die Philosophische Fakultät in erster Instanz «freisprach», forderte der Staatsanwalt Berufung. Das Staatsministerium machte sich das neue Gesetz zunutze und beschloß am 18. November 1899 – verkündet wurde die Entscheidung am 20. Januar 1900 –, Arons die Lehrbefugnis (Venia legendi) zu entziehen und ihm die Kosten des Verfahrens aufzuerlegen. Den Protesten aus Professoren- und Studentenkreisen schenkte man keine Beachtung, und den Wissenschaftlern blieb nichts anderes übrig, als im bitteren Gefühl der Ohnmacht Staatsräson zu üben.

Dem Staatsapparat war mit der Lex Arons ein probates Instrument für die Verhängung von Berufsverboten über politisch mißliebige Wissenschaftler in die Hand gegeben; in der Regel genügte es in Zukunft schon, mit dieser Waffe zu drohen. «Nach der Lex Arons kann nur noch ein Narr oder ein Schelm von der ‹unbeschränkten Freiheit der Lehre› sprechen, die einst Schleiermacher für die Berliner Universität gefordert hatte»[41], urteilte Franz Mehring anläßlich des Jubiläums. Karl Liebknecht äußerte sich mit beißendem Spott über die Freiheit der Wissenschaft in Preußen. Er hatte Gelegenheit, die Entwicklung an der Universität genau zu verfolgen. Seit 1902 war er Mitglied der Berliner Stadtverordnetenversammlung, und seit 1908 hatte er eines der Mandate der SPD im preußischen Abgeordnetenhaus inne und war Mitglied des Parlamentsausschusses, der sich mit Universitätsfragen beschäftigte.

Die Berliner Marxisten hatten allen Grund, den kritischen Blick der Arbeiterklasse auf die politische Tendenz des Wissenschaftssystems der Reichshauptstadt zu lenken, und dies um so mehr, als das Monopolkapital gerade im Begriff war, der Unterordnung der Wissenschaft unter seine Interessen eine neue Qualität zu verleihen.

Das bestehende Institutionennetz aus Universität, Akademie und TH Charlottenburg, ergänzt durch die PTR, verschiedene Reichs- und Landesanstalten und weitere Bildungseinrichtungen, war zwar wohletabliert, leistungsstark und staats- und kaisertreu, doch es hatte aus der Sicht des Kapitals einen wesentlichen Mangel: Es entsprach bei weitem nicht dem steigenden Bedürfnis nach Gelegenheiten zu professioneller Forschung. Die Industrie benötigte aber nun, nachdem monopolkapitalistische Verhältnisse in Deutschland voll ausgebildet waren, Kapazitäten großangelegter Grundlagenforschung, die von den Konzernen gut beeinflußbar waren. Obwohl die Elektro- und die Chemieindustrie weiterhin die wissenschaftsintensivsten Zweige waren, schalteten sich auch andere Zweige zunehmend ein – die Schwer- und die Mon-

Gewiß hat sich die Berliner Universität gegen die Lex Arons, die mit dem letzten Schein von akademischer Lehrfreiheit aufräumte, ein wenig gesträubt. Aber eben durch die Art, wie sie es tat, verleugnete sie am heftigsten den Geist der Männer, die sie gegründet haben. …
Franz Mehring: Eine akademische Jubelfeier. In: Die Neue Zeit, 29. Jg. (1910–1911), 1. Bd., S. 3, 4.

tanindustrie vor allem. Es mußte eine Lösung großen Maßstabes gefunden werden, und das geschah auch verhältnismäßig rasch mit der Kaiser-Wilhelm-Gesellschaft. Das unvermeidliche Tauziehen im Vorfeld betraf wesentlich die heikle Frage, inwieweit man zur Finanzierung der neuen Einrichtung in die konzerneigenen Kassen greifen mußte und sollte und wie man dem Staat einen möglichst großen Teil der Kosten aufbürden konnte, ohne daß der einzelne Konzern oder die einzelne Großbank ein Jota an Einflußmöglichkeiten verlor.

Ein deutsches Oxford?

Bis in seine letzten Lebenstage befaßte sich Friedrich Althoff mit dem Projekt der «Begründung einer durch hervorragende Wissenschaftsstätten bestimmten Kolonie, eines deutschen Oxford».[42] Als die Pläne zur Aufsiedelung der Domäne Dahlem in ein akutes Stadium traten, führte er unter Berliner Gelehrten eine diese Absicht betreffende Umfrage durch. Sie fand ein starkes Echo. Was die Gelehrten in diesem Zusammenhang schrieben, «widerspiegelt die zahlreichen neuen Bedürfnisse, wie sie im Wissenschaftsbereich herangereift sind, es ist zugleich aber auch eine unüberhörbare Kritik an den Wissenschaftszuständen im preußischen Staat».[43]

Auch für die Akademie schien die Gelegenheit günstig zu sein. Althoff ermunterte deshalb Anfang 1907 die Professoren Auwers, Diels, Fischer, Harnack, Hertwig, Nernst und Waldeyer zu einer unmittelbaren Eingabe an den Kaiser, in der dringlich auf die Notwendigkeit von ausschließlich der Forschung gewidmeten und großzügig eingerichteten Staatsinstituten verwiesen wurde. In diese Forderung flossen Erfahrungen von Auslandsstudienreisen ein; Waldeyer hatte sich beispielsweise selbst von der Leistungsfähigkeit der neuen großen Forschungsinstitute in den USA überzeugt, und mit gutem Grund sahen die führenden Wissenschaftsstrategen die Gefahr heraufziehen, daß die deutsche Wissenschaft hinter der des Auslandes zurückbleiben könnte, weil ihre institutionelle und materiell-technische Basis nicht Schritt hielt.

In den vielen Denkschriften, Eingaben, Plänen, Gutachten, die in jenen Jahren um das Problem der Errichtung selbständiger Forschungsinstitute abgefaßt wurden, kehrten zwei Gruppen von Argumenten, der Sache nach eng miteinander

Aus dem Bericht Bethmann-Hollwegs an Wilhelm II., 7. April 1910:
Die von Geheimrat Harnack eindringlich geschilderte Notlage der deutschen Naturwissenschaft muß im wesentlichen als zutreffend anerkannt werden. Das Bedürfnis nach Gründung selbständiger naturwissenschaftlicher Forschungsinstitute, die über den Rahmen der Universitäten hinausgehen und deren Leiter von Unterrichtspflichten befreit sind, ist unter Hinweis auf das großartige Vorgehen des Auslandes auch von anderen Sachverständigen neuerdings mehrfach betont und besonders auch seitens der Berliner Akademie der Wissenschaften, als es sich um die Reservierung von Terrains in Dahlem handelte, zum Gegenstand von Eingaben an den Unterrichtsminister gemacht worden. Faßt man die Notwendigkeit voller Entfaltung unserer Wissenschaft und der Erhaltung ihres geschichtlich erworbenen Ruhmes ins Auge, so wird die Inangriffnahme solcher Gründungen auch abgesehen von den an die Überlegenheit auf naturwissenschaftlichem Gebiet vielfach anknüpfenden wirtschaftlichen Vorteilen als wohlgerechtfertigt und dringlich zu bezeichnen sein.
Zit. in: Günter Wendel: Die KWG 1911–1914, Dokument 40, S. 329.

---

41 Franz Mehring: Eine akademische Jubelfeier. In: Die Neue Zeit, 29. Jg. (1910–1911), 1. Bd., S. 3.

42 Zit. in: Ralph-Jürgen Lischke: Zur wissenschaftspolitischen und wissenschaftsorganisatorischen Leistung Friedrich Althoffs unter besonderer Berücksichtigung seines Beitrages zur Herausbildung Berlins als bedeutendes Wissenschaftszentrum, S. 116.

43 Günter Wendel: Die Kaiser-Wilhelm-Gesellschaft (im folgenden KWG) 1911–1914. Zur Anatomie einer imperialistischen Forschungsgesellschaft, Berlin 1975, S. 72.

Friedrich Theodor Althoff
Aufnahme um 1905
Die wichtigste Persönlichkeit im Ministerium der geistlichen, Unterrichts- und Medicinal-Angelegenheiten war Althoff. Nach seinem Jurastudium war er ab 1871 in Straßburg tätig. Hier erwarb er sich erste Erfahrungen und Einblicke in die Methoden des preußischen Verwaltungsapparates, die ihm nach seiner Berufung 1882 in das Kultusministerium in Berlin sehr nützlich waren. Bis 1907 war er so dominierend an der Steuerung und Ausgestaltung der preußischen Wissenschaftspolitik beteiligt, daß man sehr bald von einem «System Althoff» sprach.

verbunden, mit stereotyper Regelmäßigkeit wieder. Die eine Gruppe betraf das Dogma vom «selbstverständlichen» Führungsanspruch der deutschen Wissenschaft, der in Gefahr gerate. Die andere Gruppe betraf Versuche, die Wissenschaft aufzuwerten, indem ihre Wichtigkeit der des Militärs gleichgestellt und das wissenschaftliche Erkennen in pseudomilitärischen Metaphern beschrieben wurde.

Nach dem Tod von Althoff wurde dessen Nachfolger Friedrich Schmidt-Ott von Wilhelm II. beauftragt, die Notizen des Verstorbenen durchzusehen und ihr Fazit in einer Denkschrift zu formulieren. Der Kaiser, von dem Verlangen beherrscht, sich den Nimbus eines weisen Förderers der Gelehrsamkeit zu geben, drängte auf ein machbares Projekt, mit dem er sich zum bevorstehenden Universitätsjubiläum präsentieren konnte. Die von Schmidt-Ott und Brugger abgefaßte Denkschrift «Althoffs Pläne für Dahlem» wurde der Akademie vertraulich zur Stellungnahme übermittelt. In ihr wurde die mögliche Gründung von Forschungsinstituten in Dahlem in Aussicht gestellt; die Akademiker brachten engagiert ihre Vorschläge zu Papier. Sie hielten unter anderem Institute für physikalische Chemie, für Radioaktivität und Elektronik, für Serumforschung, für Mineralchemie, für Hirnforschung und für Photographie für erforderlich. Im November 1909 wurden die zusammengefaßten Vorschläge beider Klassen dem Kultusministerium zugestellt.

Die Wissenschaftler erwarteten zum überwiegenden Teil staatlich finanzierte und geleitete Institute, deren Programm von den Grundlagenbedürfnissen der wissenschaftlichen Erkenntnisentwicklung bestimmt wurde, wie sie die Gelehrten selbst sahen. Um das sicherzustellen, verlangten Emil Fischer, Franz Eilhard Schulze, Hermann Munk und Albrecht Penck ein Protektorat der Akademie über die zu errichtenden Institute, was de facto einer Ausstattung der Akademie mit eigenen Forschungsinstituten gleichgekommen wäre, selbst wenn diese einen außerakademischen Rechtsstatus erhalten hätten.

Ganz andere Entwicklungen waren aber schon vor sich gegangen, die das Geschick der künftigen Kaiser-Wilhelm-Gesellschaft bestimmten. Die verschlungenen Pfade, auf denen es schließlich zu einem programmatischen Konsensus kam, und das verzwickte Gerangel um die Finanzierung können wir hier nicht nachzeichnen; Günter Wendel hat das mit Gründlichkeit in seinem Buch über die Anfangsjahre der KWG getan. Als schließlich 1911 die «Kaiser-Wilhelm-Gesellschaft zur Förderung der Wissenschaften e. V.» (KWG) gegründet wurde, war sie «von Anfang an durch Züge der in Deutschland besonders frühen Entwicklung des staatsmonopolistischen Kapitalismus geprägt».[44]

Gewiß entsprach diese Gründung bestimmten Entwicklungsbedürfnissen der Wissenschaft. Einigen an Universität und Akademie geäußerten Überlegungen über Notwendigkeit und Arbeitsweise selbständiger Forschungsinstitute wurde stattgegeben, aber betrachtet man nicht das einzelne KWI – einige verkörperten einen sehr hohen Standard –, sondern die KWG in ihrer Gesamtheit, so ist keinerlei einheitliche Grundidee, keine Gesamtkonzeption zu erkennen, sondern nur ein Konglomerat, erklärbar aus der Überlagerung unterschiedlicher Kapitalinteressen. Es wurden solche Institute gegründet, für die sich vor allem ausreichend finanzkräftige Interessenten fanden. So spiegelte die KWG getreu die Verhältnisse der kapitalistischen Marktwirtschaft wider, deren Interessen die Gesellschaft geschaffen hatten und am Leben hielten.

Der Ursprung des staatsmonopolistischen Organisationsprinzips lag hauptsächlich in den mehrjährigen und sehr kontroversen Bemühungen, eine Chemische Reichsanstalt (CRA) ins Leben zu rufen. Die Reichsanstalt selbst kam nicht zu-

Wilhelm von Waldeyer schätzte die Situation 1910 so ein:
Für die Berliner Akademie bot sich im Jahre 1910 eine vorzügliche Gelegenheit, ihre Wirksamkeit wesentlich zu erhöhen: es war die Gründung der *Kaiser-Wilhelm-Gesellschaft.* Die Mittel zur Gründung dieser Gesellschaft hätten meines Erachtens nicht für ein neues Unternehmen verwendet werden sollen mit unabhängiger Verwaltung, sondern die an sich höchst wertvolle Forschungsanstalt mußte der Akademie der Wissenschaften unterstellt und von ihr aus verwaltet werden; die Akademie mußte die Leiter der einzelnen Institute anstellen, die zugleich ihre Mitglieder wurden. Ich habe alsbald nach Gründung der Gesellschaft mich dafür ausgesprochen, daß diese innige Vereinigung mit der Akademie das Richtige wäre. Sie wurde nicht beliebt. Statt dessen wurde nur, ich möchte sagen, eine halbe Vereinigung getroffen. Die Gesellschaft blieb unabhängig, obwohl verschiedene der bei ihr in leitenden Stellungen tätigen Forscher zu Mitgliedern der Akademie gewählt wurden und auch der erste Präsident der Gesellschaft, Adolf v. Harnack, zu den Mitgliedern der Akademie zählte.
Zit. in: Ebenda, Dokument 80, S. 321.

44 Günter Wendel: Die Berliner Institute der KWG und ihr Platz im System der Wissenschaftspolitik des imperialistischen Deutschland in der Zeit bis 1933. In: Berliner Wissenschaftshistorische Kolloquien X, S. 27.

stande, aber ein Teil ihres fachlichen Anliegens wurde später vom KWI für Chemie wahrgenommen, das als erstes aller Kaiser-Wilhelm-Institute 1912 unter der Leitung von Ernst Beckmann gegründet wurde. Der Gedanke einer Chemischen Reichsanstalt war durch das Beispiel der PTR initiiert worden. Bereits 1905 hatten sich Fischer, Nernst und Ostwald über diese Frage verständigt und eine Denkschrift über die Notwendigkeit der Begründung einer CRA abgefaßt. Im Oktober 1905 wurde der Plan einem Gremium von etwa 30 Wissenschaftlern und Chemiemonopolisten vorgelegt und – mit kritischen Hinweisen – im großen und ganzen gebilligt. Aus dieser Beratung ging ein ständiges Komitee hervor, das das Projekt weiter verfolgen sollte.

Es ist verständlich, daß Wissenschaftler und Großindustrielle unterschiedliche Ansichten über die Tätigkeit einer

Kaiser-Wilhelm-Institut für Chemie in Berlin-Dahlem Aufnahme um 1920
Der Architekt Ernst von Ihne entwarf in Zusammenarbeit mit E. O. Beckmann und Fritz Haber die Pläne für den Bau der Institute für Chemie sowie für Physikalische Chemie und Elektrochemie. Im Oktober 1912 wurden diese Einrichtungen fertiggestellt und ihrer Bestimmung übergeben.

CRA entwickelten. So sah Max Delbrück auf der Nürnberger Hauptversammlung des «Vereins Deutscher Chemiker» 1906 den Zweck der CRA darin, «solche Untersuchungen durchzuführen, die wenig Ruhm einbringen, aber jahrelange, mühsame Arbeit erfordern wie z. B. Atomgewichtsbestimmungen, genaue Durcharbeitung analytischer Methoden, Bestimmung physikalischer Konstanten chemisch reiner Substanzen, Ausarbeitung analytischer Gänge für organische Verbindungen, Beglaubigungen von chemischen Präparaten bezüglich Reinheit, Eichung chemisch reiner Metalle».[45]

Die Industrie wollte dagegen die weitestgehende Berücksichtigung ihrer Belange und ein Maximum an direkten Einflußmöglichkeiten. Carl Duisberg war in der Frage der Strate-

Ernst Otto Beckmann
Aufnahme um 1910

Gedenktafel
für Walther Nernst
in der Humboldt-Universität
zu Berlin
Aufnahme von 1986

gie der Wissenschaftsförderung wohl der weitestblickende Vertreter des Chemiekapitals. 1907 betonte er, daß es der Industrie ausdrücklich nicht um eine chemisch-technische, sondern um eine chemische Reichsanstalt ginge.[46] Im Herbst 1907 verfaßte Beckmann eine Schrift zur Begründung der CRA, im März 1908 schrieb Nernst einen Artikel zu diesem Thema. So kristallisierte sich das Konzept einer Einrichtung heraus, die weit stärker grundlagenorientiert arbeiten sollte als die PTR. Bezüglich der Finanzierung gingen die Monopolvertreter davon aus, daß eine eigene Kapitalanlage Voraussetzung war, um auf die Anstalt effektiv Einfluß nehmen zu können. Sie gründeten daher im März 1908 den «Verein Chemische Reichsanstalt», in dem die ordentliche Mitgliedschaft durch die Verpflichtung auf fünf Jahresbeiträge zu je 1000 Mark oder eine einmalige Kapitaleinzahlung von 25000 Mark erworben werden konnte. Einen wesentlichen Teil der Finanzierung sollte der Staat übernehmen, so daß ein Chemiekonzern von der CRA weitaus mehr an wissenschaftlicher Leistung erlangen konnte, als seinem eigenen Kapitalbeitrag entsprach.

Viele Chemiker unterstützten diese Forderungen an den Staat. Nernst – mit deutlichem Hinweis auf die beträchtlichen Rüstungsausgaben – schrieb zum Beispiel: «Die wissenschaftliche Forschung, die neue Gebiete zu erobern hat und daher auch eine Art von Kriegführung darstellt, kostet wie diese viel Geld; immerhin werden die Mittel, die das Reich aufzuwenden hätte, nicht als erheblich im Vergleich zu dem gewaltigen Tribut anzusehen sein, den die deutsche chemische Industrie mit ihrer Jahresproduktion von annähernd einer

Eine Anstalt, die in erster Linie auf die Verfeinerung aller chemischen Meßmethoden hinarbeitet, überhaupt chemische Probleme allgemeiner Art mit großen Mitteln zu behandeln als ausschließliches Ziel im Auge hat, suchen wir nun in der Tat in unserem Vaterlande vergeblich. Zwar besitzen die Universitäten und die technischen Hochschulen eine große Anzahl vortrefflich eingerichteter chemischer Laboratorien ... Unsere bedeutendsten chemischen Fabriken haben ebenfalls sämtlich großartige Versuchslaboratorien eingerichtet ... aber wie gelegentlich der Leiter der Elberfelder Farbenwerke, Duisberg, treffend ausführte, sind die Arbeiten dieser Laboratorien naturgemäß durch das Spezialinteresse der betreffenden Fabrik begrenzt ...
Walther Nernst: Die Begründung einer chemischen Reichsanstalt (1908), Dokument 25. In: Ebenda, S. 267.

45 Zit in: Günter Wendel: Die KWG 1911–1914, S. 59.
46 Siehe ebenda, S. 62.

Harnack-Denkschrift: Wodurch ist diese ernste Lage herbeigeführt? … Es genügt … auf *ein* entscheidendes Versäumnis hinzuweisen, das durch energische Anstrengung beseitigt werden muß und sicher beseitigt werden kann: *Die Errichtung von Forschungsinstituten, wie sie einem Humboldt als dritter Faktor in der wissenschaftlichen Gesamtanstalt vorschwebten, hat in Preußen und in Deutschland nicht Schritt gehalten mit der großen Entwicklung der Wissenschaft.* …
Was tat diesen neuen Bedürfnissen der Wissenschaft gegenüber das Ausland? *Nun – die großen anderen Kulturnationen haben die Zeichen der Zeit erkannt, und sie haben in den letzten Jahren ungeheure Aufwendungen für die Förderung der naturwissenschaftlichen Forschung gemacht. … Das ist im Ausland geschehen, – was geschieht bei uns?* …
Forschungsinstitute brauchen wir, nicht eins, sondern mehrere, planvoll begründet und zusammengefaßt als Kaiser-Wilhelm-Institut für naturwissenschaftliche Forschung … Es gilt, die Unterlassungen eines Jahrzehnts mit allen Mitteln wieder gut zu machen!
50 Jahre Kaiser-Wilhelm-Gesellschaft und Max-Planck-Gesellschaft zur Förderung der Wissenschaften. 1911–1961. Beiträge und Dokumente, Göttingen 1961, S. 80–87. (25 Jahre KWG, Handbuch Bd. 1, Berlin 1936, S. 30–44.)

Milliarde Mark dem deutschen Nationalwohlstande liefert.»[47] Beckmann betonte in der 1908 ausgearbeiteten «Begründung einer Chemischen Reichsanstalt»: «Deutschland kann beim friedlichen Wettbewerb der Völker nur im Zeichen wissenschaftlichen und industriellen Fortschreitens siegen. Alle Mittel, die zur Erreichung eines solchen Sieges aufgewandt werden, sind für das Reich am nutzbringendsten angelegt. Bei den großen Summen, welche durch die Rüstungen für einen eventuellen Krieg aufgebracht werden müssen, sollte man die kleinen Ausgaben zur Rüstung für einen segenbringenden friedlichen Wettkampf nicht scheuen.»[48]

Das Tauziehen um die Finanzierung beendete der Staatssekretär des Reichsschatzamtes von Sydow, der das CRA-Projekt begrub: «Die chemische Industrie ist stark genug, um die zu ihrer weiteren Entwicklung erforderlichen Mittel nötigenfalls auch ohne Reichshilfe aufbringen zu können.»[49]

Entscheidend war, daß beim Ringen um die CRA das Großkapital einen Mechanismus gefunden hatte, der später im Interesse dieses Großkapitals bei minimalem Aufwand ein Maximum an Profit versprach.

Eine neue Chance ergab sich im Zusammenhang mit den erwähnten Plänen zur Aufteilung der Domäne Dahlem. Adolf von Harnack, Direktor der Königlichen Staatsbibliothek, hatte mit seiner Denkschrift vom November 1909 – verfaßt nicht aus eigenem Antrieb, sondern entsprechend einer Forderung von Wilhelm II., auf Veranlassung von Schmidt-Ott – eine glückliche Hand. Gedanken der verschiedenen früheren Vorschläge, Elemente eines Planes von Walter Rathenau und internationale Erfahrungen wurden im Gedankenaustausch mit Fischer und Rubner zu einer ziemlich weitreichenden Synthese geführt. Dabei gab der erfahrene Harnack «den Forderungen der Gelehrten jenes nationalistisch-chauvinistische Vorzeichen, welches notwendig ist, um ihnen bei dem geltungsbedürftigen und militaristisch eingestellten Kaiser Gehör zu verschaffen».[50]

Unter Berücksichtigung späterer Abweichungen kann man die Denkschrift Harnacks als die eigentliche Gründungskonzeption der KWG ansehen. Hier war eine Plattform entworfen worden, auf die sich in der Tendenz das gesamte deutsche Monopolkapital begeben konnte, nicht nur – wie beim CRA-Projekt – die Chemiekonzerne. Von Valentini, Präsident des Königlichen Staatsministeriums, rapportierte Mitte Dezember 1909 dem Kaiser über die Diskussion der Denkschrift: «Für Deutschland ist das Behaupten seiner wissenschaftlichen Vormachtstellung eine ebensolche Staatsnotwendigkeit wie die Überlegenheit seiner Armee. Ein Verlust an wissenschaftlichem Prestige Deutschlands wirkt auch zurück auf die natio-

Adolf von Harnack
Aufnahme um 1925

nale Geltung und den nationalen Einfluß Deutschlands auf allen anderen Gebieten, ganz abgesehen davon, welche eminente Bedeutung die Überlegenheit auf gewissen Gebieten der Wissenschaft, wie namentlich der Chemie, für unsere Volkswirtschaft besitzt.»[51]

Die Einzelheiten wurden ausgehandelt, die erforderlichen Stiftungsmittel zusammengebracht, vorzugsweise aus Kreisen des Großkapitals. 1910 gab der Kaiser mit seiner Rede zum Universitätsjubiläum den zeremoniellen Auftakt, und 1911 schließlich wurde die KWG offiziell aus der Taufe gehoben – als ein eigenartiges Hybrid von Privat- und Reichsinstitution. Harnack wurde erster und langjähriger Präsident, er «bot als Theologe den Vorteil, daß mögliche interdisziplinäre Auseinandersetzungen zwischen den Naturwissenschaftlern über die Wertigkeit ihrer Spezialgebiete von vornherein eingeschränkt werden konnten».[52]

Nach internen Verhandlungen und Spendenaufrufen wurden 1910 von insgesamt 150 Stiftern etwa 10,4 Millionen Mark aufgebracht. Davon stammten 7,75 Millionen Mark von 47 führenden Vertretern der Großindustrie und der Banken. Das erscheint beachtlich; doch es sollte dabei auch bedacht wer-

47 Zit. in: Ebenda, S. 65.
48 Ebenda, Dokument 26, S. 275.
49 Zit. in: Ebenda, S. 71.
50 Ebenda, S. 79.
51 Ebenda, Dokument 38, S. 283.
52 Die Berliner Akademie der Wissenschaften in der Zeit des Imperialismus, Teil I, S. 215.

Rede von Wilhelm II. auf dem Festakt zum Gründungsjubiläum der Berliner Universität (1910):
Humboldts großer Wissenschaftsplan verlangt neben der Akademie der Wissenschaften und der Universität *selbständige Forschungsinstitute* als integrierende Teile des wissenschaftlichen Gesamtorganismus. *Die Gründung solcher Institute* hat in Preußen mit der Entwicklung der Universitäten *nicht* Schritt gehalten, und diese Lücke, namentlich in unserer naturwissenschaftlichen Ausrüstung, wird infolge des gewaltigen Aufschwungs der Wissenschaften *immer empfindlicher.* Wir bedürfen *Anstalten, die über den Rahmen der Hochschulen hinausgehen* und unbeeinträchtigt durch Unterrichtszwecke, aber in enger Fühlung mit Akademie und Universität, lediglich der Forschung dienen. *Solche Forschungsstätten tunlichst bald ins Leben zu rufen, erscheint mir als eine heilige Aufgabe der Gegenwart,* und ich halte es für meine landesväterliche Pflicht, das allgemeine Interesse für dieses Unternehmen zu erbitten. Das *hohe Ziel erfordert große Mittel* und kann nur erreicht werden, wenn alle an dem Fortschritt der Wissenschaft und der Wohlfahrt des Vaterlandes interessierten Kreise bereit sind, an der bedeutungsvollen Aufgabe mitzuarbeiten und für sie Opfer zu bringen.
Berliner Local-Anzeiger, 11. Oktober 1910, Abendausgabe, S. 1.

Brief von Adolf Harnack an Akademie-Sekretar Hermann Diels (1912): Auf der einen Seite steht die Akademie mit ihren großen geistigen Kräften. Aber gemessen an den Aufgaben der Gegenwart sind ihre Mittel kläglich gering, und ihre Organisation ist m.E. in mehr als einer Hinsicht zu schwerfällig und veraltet. …
Die Organisation der Akademie stammt aus der Zeit, da Wissenschaft lediglich Sache der Gelehrten war und in gewisser Weise ein Arcanum. Die Akademie – will sie in lebendiger Fühlung mit der neuen Stellung der Wissenschaft bleiben und die Führerrolle behaupten – muß sich erweitern. Andernfalls droht ihr, daß sie auf die Rolle sich selbst beschränkt, die der Senat in der späteren Kaiserzeit hatte. Sie muß auch die angewandte Wissenschaft kommandieren, und sie muß daher auch ein festes Verhältnis zu den Bürgern gewinnen, die sich aus diesem oder jenem Grunde zur Wissenschaft gezogen fühlen bzw. die sie für ihre technischen Unternehmungen benutzen und in ihren Fabrik-Laboratorien und sonst bedeutend fördern.
Zit. in: Die Berliner Akademie der Wissenschaften in der Zeit des Imperialismus, Teil 1, S. 219/220.

den, daß in den für die Sammlung dieser Summe erforderlichen zwei Jahren das Deutsche Reich nicht weniger als 1300 Millionen Mark für Heer und Flotte ausgegeben hatte.

Die Organisation der KWG war so beschaffen, daß sie den Stiftern der größten Beträge auch die bedeutendsten Einflußmöglichkeiten eröffnete. Verschiedene Stiftungsbeiträge waren strikt zweckgebunden, so etwa Mittel der Chemieindustrie für ein Chemisches Institut oder Mittel des Bankiers Koppel für ein Institut für Physikalische und Elektrochemie. In einer auf das Wichtigste verknappten Formulierung bezeichnete Wendel die KWG als «eine monarchistisch protegierte, mit dekorativem Beiwerk verbrämte, nach großkapitalistischen Spielregeln organisierte, zum staatsmonopolistischen Kapitalismus tendierende und seine Methoden schon frühzeitig praktizierende Wissenschaftsorganisation des deutschen Finanzkapitals».[53]

Ein Jahr nach der Gründung äußerte sich Harnack in einem Zeitschriftenbeitrag ziemlich euphorisch und suchte den Eindruck zu erwecken, als sei die KWG ausschließlich auf die Wünsche der Wissenschaftler zugeschnitten: «Reine Wissenschaft und nichts anderes soll hier gepflegt werden; praktische Gesichtspunkte sollen als solche fernbleiben.»[54] Wie bürgerliches Bewußtsein die Wirklichkeit verkehrt widerspiegelt, zeigt dieses Beispiel, da ein in allen taktischen Fragen so durch und durch realistischer Mann wie Harnack derartigen Illusionen erlag.

Die Leitungsform der KWG erinnerte in manchen wesentlichen Zügen direkt an die Leitung von Aktiengesellschaften. Im Senat der KWG befanden sich 16 Vertreter der Finanzoligarchie und nur vier Gelehrte. Nun verhielt es sich jedoch nicht so, daß der Wunsch der Wissenschaftler nach «reiner» Forschung, nach systematischer Befriedigung der aus dem Erkenntnisfortschritt hervorgehenden weiteren Erkenntnisbedürfnisse in der KWG etwa völlig ignoriert worden wäre. Daran war dem Monopolkapital nicht gelegen. Die verschiedenen Institute im einzelnen sind unterschiedlich zu beurteilen. In den Instituten, die in der Folgezeit die repräsentativen wissenschaftlichen Leistungen hervorbrachten, wurde etwa folgende Strategie verfolgt: Neuartige Gebiete, die den Stiftern aussichtsreich erschienen, wurden systematisch bearbeitet, um sie für künftig profitable, aber zur Zeit der Bearbeitung meist noch gar nicht absehbare Anwendungen aufzuschließen.[55]

War die Richtung einmal festgelegt, ließ man den führenden Wissenschaftlern freie Hand und holte auch den Rat der Akademie ein, in der die Direktoren der wichtigsten KWI Mitglieder waren. Statt kleinliche Vorschriften über For-

Karl Liebknecht und Julian Borchardt (links) vor dem preußischen Abgeordnetenhaus in der Prinz-Albrecht-Straße Aufnahme von 1912
Liebknecht gehörte von 1908 bis 1916 dem preußischen Abgeordnetenhaus und von 1912 bis 1916 dem Reichstag an. Borchardt war von 1911 bis 1913 Mitglied des preußischen Abgeordnetenhauses. Später publizierte er Schriften über Sowjetrußland sowie über volkswirtschaftliche und historische Fragestellungen. 1920 initiierte er eine Volksausgabe von Marx' «Das Kapital», die bis 1931 in sieben Auflagen erschien. Ende der zwanziger Jahre war er auch als Lehrer an der Marxistischen Arbeiterschule (MASCH) tätig.

schungsinhalte und erwartete Ergebnisse zu machen, bevorzugten die kapitalistischen Träger der KWG den Weg, mit Hilfe des Staates (und mittels überdurchschnittlicher Dotationen) die Spitzenvertreter der entsprechenden Fachgebiete an die Institute der Gesellschaft zu holen, wohl wissend, daß diese Wissenschaftler, gab man ihren fachlichen Ambitionen Entfaltungsmöglichkeiten, an den KWI eine weitaus höhere Intensität und Ergiebigkeit der Forschungsarbeit gewährleisten würden, als durch Bevormundung und Administration jemals zu erreichen gewesen wären. Die hohe Konzentration von Nobelpreisträgern in der KWG war ein Resultat der anspruchsvollen Kaderauswahlpolitik; sie trat nicht deshalb ein, weil die KWI vielleicht eine besonders günstige Schule für noch unbekannte Nachwuchskräfte gewesen wären, sondern deshalb, weil aus den Wissenschaftlern des Landes für den Personalbestand der KWG auf bestimmten Fachgebieten die bereits durch hervorragende Leistungen ausgewiesenen Spezialisten geholt wurden.

Die Gründung der KWG rief ein lebhaftes Echo hervor, sowohl in Wissenschaftlerkreisen als auch in der breiten Öffentlichkeit. Sie erweckte – nicht erfüllbare – Hoffnungen auf

Präsidenten der KWG:
1911–1930
Adolf v. Harnack
1930–1937
Max Planck
1937–1940
Carl Bosch
1941–1945
Albert Vögler
1945–1946
Max Planck

Generalsekretäre der KWG:
1921–1937
Friedrich Glum
1937–1948
E. Telschow

Anzahl der Mitglieder der Gesellschaft:
(aufgrund ihrer Spenden)
Sommer 1911 150
September 1912 186
September 1913 199
April 1914 213
Oktober 1917 284

53 Günter Wendel: Die KWG 1911–1914, S. 114.
54 Adolf Harnack: Die Kaiser-Wilhelm-Gesellschaft zur Förderung der Wissenschaften am Schluß ihres ersten Jahres. In: Internationale Monatsschrift für Wissenschaft, Kunst und Technik, Februar 1912, Spalte 4.
55 Siehe Günter Wendel: Die Berliner Institute der KWG und ihr Platz im System der Wissenschaftspolitik des imperialistischen Deutschland in der Zeit bis 1933. In: Berliner Wissenschaftshistorische Kolloquien X, S. 41.

größere wissenschaftsfördernde Maßnahmen, aber auch Neid in anderen deutschen Städten wegen der Bevorzugung Berlins. Kritische Stimmen gegenüber der Verquickung von Staat, Geld (Kapital) und Wissenschaft wurden laut.

Die konsequenteste Kritik übten dabei die sozialdemokratischen Vertreter im Abgeordnetenhaus und die Presseorgane der Sozialdemokratie. Die Gründung der KWG bot einen wichtigen Anlaß zur Entwicklung spezifisch wissenschaftspolitischer Positionen in der Arbeiterbewegung. Zum einen zeigten sie die Klasseninteressen, die hinter solchen vorgeblich im

Interesse der Kultur und der reinen Wissenschaft getroffenen Maßnahmen standen, eindeutig auf. Zum anderen war die Frage zu beantworten, ob man zwischen der Wissenschaftssteuerung durch den Staat und der direkten Beeinflussung durch die Monopole einen Unterschied machen oder nicht vielmehr die Position beziehen sollte, daß sich beide, da doch auf den gleichen Klassenpositionen beruhend, nicht stärker unterscheiden als der Teufel vom Beelzebub. Liebknecht arbeitete eine klare und für das Verhältnis der revolutionären Arbeiterbewegung zum imperialistischen Staat wichtige Differenzierung heraus, die nicht nur für die Wissenschaftspolitik gilt. Dabei wies Liebknecht strikt jegliche Illusion über einen vorgeblich überparteilichen Charakter des Staates zurück.

Die wichtigsten Institute der KWG, die bis zum ersten Weltkrieg und in den Kriegsjahren entstanden, wurden in erster Linie in Berlin errichtet. Hier befanden sich auch die zen-

Das Wilhelminische Zeitalter
Karikatur von W. A. Wellner aus «Lustige Blätter». 1913

tralen Leitungsorgane (Verwaltungsausschuß, Senat und Generalverwaltung). Die Illusionen reiner, nur der Mehrung des Wissens gewidmeter Forschung hielten nicht lange vor. Als der erste Weltkrieg begann, hatten sich die Wissenschaftler der KW-Institute, ihrem Status nach Staatsbeamte, für sogenannte kriegswichtige Aufgaben zur Verfügung zu stellen. Diese Betätigung führte zu dem leider berechtigten weltweiten Vorwurf an die Berliner Wissenschaft, mit voller Absicht an der Schaffung von Massenvernichtungsmitteln mitgewirkt zu haben. Deutlich sichtbar wurde der Januskopf wissenschaftlicher Wahrheit, die je nach den gesellschaftlichen Verhältnissen und Zwecken, unter denen von ihr Gebrauch gemacht wird, zum Nutzen oder Schaden der Menschheit verwendet werden kann.

Sind Forschungsinstitute nöthig, so hat der Staat sie zu gründen. ... Kann ers nicht, so mag ihn der Teufel holen. Dreizehnhundert Millionen im Jahr für Heer und Flotte, doch nicht das Bischen, was die Wissenschaft, fern vom Unterrichtsbetrieb, für ihr inneres Gedeihen braucht: dagegen wäre der wildeste Fluch von der Zunge eines brandrothen Fechters für «Kulturaufgaben» noch viel zu mild.
Maximilian Harden: Ornamente. In: Die Zukunft, 1911, Nr. 19, S. 181.

Die offizielle und die inoffizielle Gesellschaftswissenschaft

Im Unterschied zu den vorangegangenen Kapiteln wollen wir nunmehr von Gesellschaftswissenschaft statt wie bisher von Geisteswissenschaft sprechen, wenn auch bürgerliche Wissenschaftler bis heute den letzteren Terminus verwenden.

Mit dem Wort Gesellschaftswissenschaft wird die Gesamtheit der Wissenschaften bezeichnet, die sich mit den gesellschaftlichen Verhältnissen der Menschen, den Gesetzmäßigkeiten und Triebkräften ihrer geschichtlichen Entwicklung befassen. Historisch erfolgte ihre Entstehung bereits um die Mitte des 19. Jahrhunderts, eigentlich mit der Begründung des Marxismus Ende der vierziger Jahre. Die Bourgeoisie, die im Begriff war, ihre eigene Gesellschaftsordnung zu schaffen und ihre Klassenherrschaft aufzubauen, ermöglichte erste Ansätze für die Entstehung einer Reihe gesellschaftswissenschaftlicher Disziplinen, besonders der bürgerlichen Ökonomie, der Geschichtsschreibung und -theorie, der Staatstheorie und der Soziologie. Die Entwicklung gesellschaftswissenschaftlicher Theorien war zunehmend direkter mit politischen, ideologischen und weltanschaulichen Forderungen, mit dem politischen Parteienkampf, verbunden. Somit spiegelte die Herausbildung der gesellschaftswissenschaftlichen Theorien mehr oder weniger genau den Kampf der Klassen, den Gegensatz ihrer Interessen und ihre historische Rolle wider.

Die Entwicklung der Gesellschaftswissenschaften, die auf der Grundlage des Marxismus-Leninismus entstanden, war dabei eng mit der Herausbildung der revolutionären Arbeiterbewegung verbunden. Mit dem Erstarken der Arbeiterbewegung war andererseits die zunehmende Einbeziehung bürger-

Das Gesalbader von der «Freiheit der Wissenschaft» ... kann einem übel machen. ...
Daß der moderne Kommunismus, wie ihn in erster Reihe Marx in seinem großen Werke über das Kapital begründet hat, eine streng wissenschaftliche Richtung ist, kann nicht bestritten werden ... Ihn dennoch von den deutschen Hochschulen ausschließen, heißt die «Freiheit der Wissenschaft» an deutschen Hochschulen vernichten. Hier gilt es einfach, der Wahrheit die Ehre zu geben, und der Kultusminister Bosse hat vor seinen bürgerlichen Gegnern entschieden die Tugend der Ehrlichkeit voraus, wenn er sich mit dem verlogenen Gerede von der «Freiheit der Wissenschaft» nicht lange aufhält und kurzweg erklärt, den jungen Leuten, die sich an den Brüsten der königlich preußischen Wissenschaft nähren wollen, müsse die Heiligkeit der Profitinteressen besser eingepaukt werden, als es gegenwärtig geschehe.
Franz Mehring: Die Hetze gegen den Kathedersozialismus. In: Gesammelte Schriften, Bd. 14, Berlin 1978, S. 181/182.

licher Gesellschaftswissenschaften im Kampf gegen die Arbeiterbewegung verknüpft.

Das 20. Jahrhundert begann für die offizielle Berliner Gesellschaftswissenschaft im Zeichen behördlich verordneter Selbstbeschränkung. Die Beschäftigung mit dem Marxismus war zu einer inoffiziellen und illegitimen Tätigkeit abgestempelt. «Alle bürgerlichen Gevattern», schrieb Mehring, «mögen sie rechts oder links oder in der Mitte sitzen, sind darüber einig, daß jeder Vertreter des wissenschaftlichen Kommunismus, mag er sonst der ruhigste und sachlichste Forscher sein, um seiner wissenschaftlichen Überzeugung willen von den Lehrstätten der deutschen Hochschulen ferngehalten werden muß.»[56] Damit wurde die Arbeiterbewegung zweifellos getroffen; ihr oblag es weiterhin, unter großen Opfern wenigstens bescheidene Möglichkeiten für die wissenschaftliche Arbeit ihrer Theoretiker und für die Verbreitung der Resultate ihrer Arbeit zu schaffen.

Doch die Verbannung des Marxismus von den offiziellen Pflegestätten der Wissenschaft blieb auch für das bürgerliche Wissenschaftssystem nicht ohne Folgen. Die Kluft im Gebäude der Wissenschaften, die bereits in der zweiten Hälfte des vorigen Jahrhunderts aufzubrechen begann, vertiefte sich mehr und mehr. Der Verzicht auf die großen fortschrittlichen Ideen, die einst das bürgerliche Denken beflügelt hatten, erweiterte unaufhaltsam den Riß, der durch das Wissenschaftssystem ging, mochte die Einheit der Wissenschaft auch noch so oft beschworen und noch so ehrlich gewollt werden. Während Natur- und Technikwissenschaften weiter aufblühten, wurde die Gesellschaftswissenschaft immer mehr zu einem ideologischen Dienstleistungsunternehmen für das Wilhelminische System, das für jene Gelehrten den höchsten Wert, das Maß aller Dinge bildete.

Mit dieser Entwicklung bröckelte zwangsweise die Basis, auf der bürgerliche Gelehrte im echten Sinn des Wortes große Gesellschaftswissenschaft treiben konnten; sie reduzierte sich nahezu gänzlich auf Altertumswissenschaft, auf solche Gebiete der Geschichte, die einzelne demokratische Forscher noch der übermächtigen Phalanx der Hohenzollernapologeten unter den Historikern abtrotzen konnten, auf die Philologie und auf bestimmte Richtungen der Kunst- und Literaturwissenschaft. Von den 27 Mitgliederstellen, über die die Philosophisch-historische Klasse der Berliner Akademie zu Beginn des Jahrhunderts verfügte, waren 18 fachgebunden, die sich folgendermaßen verteilten: 1 für Staats- und Rechtswissenschaften, je 2 für Philosophie und Kunstwissenschaften, je 3 für Geschichte, deutsche und andere neuere Philologie, 4 für klassische Philologie.[57]

Diese Verteilung zeigt, wie die seriöse Berliner Gesellschaftswissenschaft die Beschäftigung mit den materiellen Grundlagen des gesellschaftlichen Lebens, mit den sozialen und politischen Strukturen und Prozessen der zeitgenössischen Gesellschaft mied, sicher auch in intuitivem Widerwillen gegen das Übermaß an Apologetik, zu dem sie andernfalls genötigt gewesen wäre. Aber selbst «exotische» Gebiete konnten, wenn sich eine entsprechende Konstellation ergab, in den Brennpunkt politischer Interessen geraten.

Ein aufschlußreiches Beispiel bieten die orientalischen Sprachen, die mit den kolonialen Ambitionen des Deutschen Reiches unversehens politische Bedeutung gewannen. Das Seminar für Orientalische Sprachen wurde unter energischer Förderung von Althoff und auf direkte Veranlassung Bismarcks 1887 an der Berliner Universität gegründet. Der bekannte Orientalist Eduard Sachau, der das Seminar bis 1928 leitete, setzte bereits bei der Eröffnungsansprache klare politische Akzente: Das Seminar «will für sein bescheiden Theil an den Grundlagen einer neuen Zeit mitarbeiten, einer Zeit, in welcher Deutsche Männer auf vielen ihren Vorfahren unbekannten Wegen die tausendfachen Interessen unserer Nation auf Deutsche Art, mit Deutscher Geschicklichkeit und Ausdauer zu verfolgen und zu fördern bestrebt sein werden.»[58] Die Einrichtung war der Universität angegliedert, hatte aber «von seiten des Reiches und des Staates die Aufgabe, ... solchen Reichsangehörigen, welche in asiatische oder afrikanische Länder hinausziehen und sich dort ... im Reichsdienst ... zu betätigen wünschen, eine geeignete Vorbildung zu geben.»[59]

Zunächst erfolgte die Ausbildung vor allem im Sprachunterricht; im Laufe der Zeit wurde das Seminar, dessen Leiter stets und besonders während des Weltkrieges als ein aktiver Verfechter der Nahostpolitik des deutschen Imperialismus auftrat, über die bloße Sprachvermittlung hinaus in landeskundlich-regionalwissenschaftlicher Richtung erweitert. Die Teilnehmer – «künftige Kolonialbeamte, Offiziere und Lehrer»[60] – studierten Geographie, Geschichte, Ethnologie, Wirtschafts- und Rechtskunde der betreffenden Länder.

Deutschlands Kolonialinteressen führten zu einem stetigen Ausbau des Seminars. Es kamen europäische Sprachen dazu, auch Russisch wurde nunmehr zu den orientalischen Spra-

Im Grunde genommen ist freilich die ganze deutsche Kolonialpolitik, die nun schon ins dritte Jahrzehnt geht, ein fortlaufender Skandal, selbst wenn man sie nur mit der Kolonialpolitik anderer Nationen vergleicht. Handelskolonien ... sind immer Ausbeutungskolonien, die auf der Ausraubung und Plünderung exotischer Ländereien und Völkerschaften beruhen. Sie bekehren den «Wilden», nicht um ihm die himmlische Seligkeit im Jenseits zu sichern, sondern um ihn im Diesseits aufnahmefähiger für den Konsum europäischer Waren zu machen, und sie «lehren», das heißt, sie zwingen ihn zu arbeiten, nicht weil Arbeit das Leben süß macht, sondern um Mehrwert aus seinen abgerackerten Knochen zu schöpfen.
Franz Mehring: Kolonialskandale. In: Gesammelte Schriften, Bd. 15, Berlin 1977, S. 175.

56 Franz Mehring: Die Hetze gegen den Kathedersozialismus. In: Gesammelte Schriften, Bd. 14, S. 181.
57 Siehe: Die Berliner Akademie der Wissenschaften in der Zeit des Imperialismus, Teil I, S. 8.
58 Ralph-Jürgen Lischke: Zur wissenschaftspolitischen und wissenschaftsorganisatorischen Leistung Friedrich Althoffs unter besonderer Berücksichtigung seines Beitrages zur Herausbildung Berlins als bedeutendes Wissenschaftszentrum, S. 51.
59 Wilhelm Paszkowski: Berlin in Wissenschaft und Kunst, S. 109/110.
60 Ebenda, S. 110.

Die ganze Aufmachung des Kultusetats geschieht im Interesse der herrschenden und besitzenden Klasse. Sie betrachten Kunst, Wissenschaft, die Schule von den Kindergärten bis zur Universität als das Instrument Ihrer Klassenherrschaft, mit der Sie dieselbe sich sichern wollen. Die Volksschulen als Drillanstalten für Arbeitslohnsklaven und Kanonenfutter; die technischen Hochschulen sind Ihre Hochkulturen für geistige Ausbeutungsobjekte des Kapitalismus; die Universitäten mit der Unfreiheit der Professoren und ihren manchmal wunderlichen Berufungen und empörenden Maßregelungen ... Sie benutzen die Universitäten als Zwangsjacken der Wissenschaft.
Erste sozialdemokratische Erklärung zur Kulturpolitik, abgegeben im Preußischen Abgeordnetenhaus am 27. April 1909 von Adolph Hoffmann. In: Stenographische Berichte über die Verhandlungen des preußischen Abgeordnetenhauses 1908/09, S. 5324.

chen gerechnet. Der Lehrkörper vergrößerte sich von 11 Personen im Gründungsjahr auf 46 im Sommersemester 1910. Die Anzahl der Teilnehmer stieg ständig: 1887/1888 waren es 98, 1909/1910 bereits 300. Neben verschiedenen Lehrbüchern für die künftigen Kolonialbeamten gab das Seminar für die praktischen Bedürfnisse der Kolonialverwaltung das «Archiv für das Studium deutscher Kolonialsprachen» heraus.

Sieht man von den oben angedeuteten Gebieten ab, auf denen bürgerliche Gesellschaftswissenschaftler unter Umständen noch einen gewissen Freiraum zur Verfügung hatten, blieben ihnen im Grunde zwei mögliche Verhaltensweisen. Die eine war der Rückzug auf akribische Tatsachensammlung bei ständiger Verfeinerung der Methoden und äußerster Zurückhaltung in der Interpretation; dafür boten die großen akademischen Unternehmen ideale Gelegenheiten. Die andere war das direkte Engagement für imperialistische Ziele, das im frühen 20. Jahrhundert typisch für viele Gelehrte wurde. Dieses Engagement spaltete sich wiederum in zwei Richtungen auf, die sich in vielfältiger Weise durchdrangen und ergänzten.

Eine von ihnen konnte man als die «soziotechnologische» bezeichnen: Im Rahmen der als gegeben vorausgesetzten kapitalistischen Ordnung wurden bestimmte Züge der Struktur und Funktion dieses Systems gründlich mit dem Ziel untersucht, Herrschaftsinstrumentarien zu entwickeln, die bewußt zur Durchsetzung kapitalistischer Profit- und Machtinteressen angewandt werden konnten. Das klassische Beispiel dafür war die Rechtswissenschaft. Jetzt, wo auf einem gegenüber dem Kapitalismus der freien Konkurrenz wesentlich erhöhten Niveau der Vergesellschaftung der Produktion und des sozialen Lebens das Kapital in wachsendem Maße staatsmonopolistische Maßnahmen zur Aufrechterhaltung seiner Macht benötigte, wuchs der Bedarf nach solchen Instrumentarien an und wurde vielfältiger.

Die Verselbständigung der Soziologie mit ihrem umfangreichen Methodenkomplex empirischer Sozialforschung und die Herausbildung der Arbeitswissenschaften hatten in diesem Bedürfnis ihre gesellschaftlichen Wurzeln. Dennoch entwickelte sich die «soziotechnologische» Richtung der bürgerlichen Gesellschaftswissenschaft zunächst nur langsam und hatte in Berlin bis zum Weltkrieg keine großen Positionen inne. Obwohl die Gründungsversammlung der Deutschen Gesellschaft für Soziologie im März 1909 im Berliner Hotel «Esplanade» stattfand und auch der 2. Soziologentag – zum Thema «Volk und Nation» – in Berlin durchgeführt wurde,[61] gelang es der Soziologie nicht, in Berlin größere Wirksamkeit zu entfalten, wenn man davon absieht, daß die Wirtschaftsgeschichte de facto auch soziologische Methoden entwickelte und nutzte. Gegen Ende der Periode wurde in Berlin ein wichtiger Schritt zur Institutionalisierung der Arbeitswissenschaften unternommen. In der Nutzung der Arbeitsstudien zu einer intensiveren Ausbeutung der Arbeitskraft waren die deutschen Monopolisten hinter ihren amerikanischen Rivalen zurückgeblieben. Deshalb unterstützte das Monopolkapital nachdrücklich die Gründung eines KWI für Arbeitsphysiologie, die 1913 unter Leitung von Max Rubner zustande kam. 1916 erhielt das zunächst provisorisch untergebrachte Institut ein eigenes Gebäude: Die Angelegenheit war wichtig genug, um auch im Krieg unter Dach und Fach gebracht zu werden.[62]

Hauptsächlich aber hatte die engagierte bürgerliche Gesellschaftswissenschaft im damaligen Berlin ideologische Aufgaben zu erfüllen. Es gab mannigfache Gründe dafür, daß diese Aufträge zunahmen. Die von Reichstagswahl zu Reichstagswahl zunehmende Anzahl der für die Sozialdemokratie abgegebenen Stimmen signalisierte Gefahren, denen es zu begegnen galt. Die allmähliche Verkürzung des Arbeitstages mit dem Übergang zu intensiven Ausbeutungsformen ermöglichten der Arbeiterklasse, kulturelle und Informationsbedürfnisse zu entwickeln. Damit wuchs ihre politische Aktivität.

Um Arbeiterklasse und Kleinbürgertum geistig zu beherrschen, entstanden neue Formen der Beeinflussung, insbesondere seit Ende des 19. Jahrhunderts die Massenpresse, der erste Typ moderner Massenkommunikationsmittel. Mit ihrer Hilfe konnte eine größere Wirksamkeit erzielt werden als mit den Mechanismen, die professionelle Geisteswissenschaftler bisher zur Verfügung gehabt hatten. Im Berliner Zeitungsviertel saßen die Könige des Pressegeschäfts, die weit über die Hauptstadt hinaus Meinung machten: Mosse, Scherl und Ullstein. Die Sozialdemokratie hatte es nicht leicht, dieser Flut mit den bescheidenen technischen Mitteln ihrer Presse zu widerstehen.

Die Möglichkeiten, mit Hilfe neuer technischer Errungenschaften neuartige Medien für die öffentliche Meinungsbildung aufzubauen, wurden emsig geprüft; dabei wurde wie bei der Presse zweierlei verlangt – die neuen Medien sollten wirksam bürgerliche Ideologie verbreiten und auch Profit erzielen. Der Film – nachdem gerade erst 1895 die Gebrüder Skladanowsky zum Gaudium der Berliner «bewegte Bilder» gezeigt hatten – wurde erstaunlich schnell dafür genutzt.[63] 1917 grün-

Innerhalb dieser Vielfalt standen die Bedürfnisse nach Unterhaltung und nach aktueller Information ganz vorn, wenn Arbeiter um 1900 das Lesen als eine ihrer liebsten Freizeitbeschäftigungen nannten. Es rangierte zwar hinter allem, was Natur, frische Luft und Sonne oder was Geselligkeit verhieß. Aber gedruckte Texte und Illustrationen blieben für viele Arbeiter auch überall dort gefragt, wo knappe Stunden alltäglicher Freizeit erholsam genutzt sein wollten.
Arbeiterleben um 1900, S. 142.

Die bürgerliche Massenpresse – Sprachrohr «vaterländischer Gesinnung» – wirkte vor allem in der Gestalt sogenannter Familienzeitschriften wie «Daheim», «Gartenlaube», «Bibliothek der Unterhaltung und des Wissens», «Buch für Alle», «Stein der Weisen», die neben «erhebender Unterhaltung» auf ein allgemeines Informationsbedürfnis als Zugkraft setzten.
Ebenda, S. 143.

---

61 Siehe Dieter Pasemann: Soziologie und Sozialphilosophie zwischen 1871 und 1917. In: Beiträge zur Wissenschaftsgeschichte. Wissenschaft im kapitalistischen Europa 1871–1917. Hrsg. von Günter Wendel, Berlin 1983, S. 163/164.
62 Siehe Günter Wendel: Die Berliner Institute der Kaiser-Wilhelm-Gesellschaft und ihr Platz im System der Wissenschaftspolitik des imperialistischen Deutschland in der Zeit bis 1933. In: Berliner Wissenschaftshistorische Kolloquien X, S. 51.
63 Siehe P. M. Grempe: Der Sieg des Großkapitals in der Kinobranche. In: Die Neue Zeit, 31. Jg. (1912–1913), 1. Bd., S. 774/775.

Wilhelm Dilthey
Aufnahme um 1908

Friedrich Nietzsche
Nach einer Aufnahme um 1900

Die Hauptelemente dieser Ideologie bestanden in der Behauptung, daß der chauvinistische Taumel und nationalistische Einheitsrausch von 1914 eine «revolutionäre» Überwindung der Klassengesellschaft durch eine höhere Idee darstelle, die zugleich den freiheitlichen und demokratischen Ideen der Großen Französischen Revolution von 1789 entgegengestellt wurde. Die Burgfriedenspolitik und der kriegswirtschaftliche Staatsmonopolismus wurden auf diese Weise glorifiziert und maskiert als eine neue «Volksgemeinschaft des nationalen Sozialismus». Von der Basis eines demagogischen Antikapitalismus aus wurde der Krieg des deutschen Imperialismus als Kampf gegen den Kapitalismus, den demokratischen Individualismus und eine angeblich materialistische Händlergesinnung der westeuropäischen Nationen bezeichnet.
Peter Schuppan: Die kulturelle Entwicklung Deutschlands 1897/98 bis 1917. In: Fritz Klein: Deutschland von 1897/98 bis 1917, Berlin 1977, S. 423.

deten verschiedene Monopolgruppen auf Anregung der Obersten Heeresleitung (!), die offenbar auf den Film als Durchhaltehilfe setzte, den Ufa-Konzern.

Die herkömmliche, im Grunde noch den Bedingungen des vormonopolistischen Kapitalismus entsprechende Art der bürgerlichen Weltanschauung war kontemplativ, beschaulich. Aus vornehmer Distanz wurde der Lauf der Dinge betrachtet, kommentiert und gewertet. Diesen akademischen Stil des Philosophierens vertrat auch Berlins tonangebender Philosoph Wilhelm Dilthey, wenn auch der Inhalt seiner «Lebensphilosophie» mit der Denkweise der klassischen bürgerlichen Philosophie grundsätzlich brach. Nach seinem Tod beschloß die Berliner Akademie eine Gesamtausgabe seiner Werke; eine solche Ehre wurde keinem anderen zeitgenössischen Geisteswissenschaftler zuteil.[64]

Was aber der deutsche Imperialismus eigentlich benötigte, um das deutsche Volk für einen Eroberungskrieg reif zu machen, war eine Ideologie der Mobilisierung, der Ausschaltung der Vernunft und der totalen Hemmungslosigkeit. Das Konzentrat einer derartigen Philosophie war in der Lehre Friedrich Nietzsches bereits vorhanden: Wille zur Macht, zügelloses Befehlen und bedingungsloses Unterordnen; «Humanitätsduselei», die Ideale von Menschlichkeit, Demokratie und Gleichheit wurden als Ausdruck schwächlicher Entartung und Dekadenz verdammt. Nietzsches Lehre war nur das Destillat eines allgemeineren imperialistischen Zeitgeistes, der auch andere sozialdarwinistische, geopolitische und rassistische Lehren durchdrang. Diese Ansichten besitzen teilweise präfaschistischen Charakter. So publizierte ein gewisser Paul Rohrbach ein Pamphlet, in dem zur Ausrottung der Ureinwohner in den Kolonien aufgerufen wurde, um «Platz» für die «deutschen Herrenmenschen» zu gewinnen.[65]

Franz Mehring
Aufnahme um 1898

Es unterliegt keinem Zweifel und wird auch in der Tat von keiner Seite bestritten, daß je weiter sich die Arbeiterbewegung ausdehnt, um so mehr die Presse ihre wichtigste Waffe wird. So notwendig auch die Anfeuerung der Massen durch Vereine und Versammlungen ist, so sehr in manchem Betracht das gesprochene dem geschriebenen Worte in seiner Wirkung überlegen bleibt, so kommt man auf diesem Wege doch nur an die Hunderte und Tausende heran, und auch das nur in verhältnismäßig großen Zwischenräumen, während die Presse täglich das Ohr von Zehntausenden und Hunderttausenden hat. ...
Die Arbeiterpresse hat ihre ganz besonderen Lebensbedingungen, die es ohne weiteres ausschließen, daß sie mit der Bourgeoispresse verglichen werden kann. Diese Presse wird ihr zwar niemals intellektuell und moralisch, aber sie wird ihr technisch immer überlegen sein, überlegen in der Fixigkeit, aber nicht in der Richtigkeit.
Franz Mehring: Die Parteipresse. In: Gesammelte Schriften, Bd. 15, S. 250/251.

Es machte nicht viel aus, daß sich die Berliner Akademiker naserümpfend vom brutalen Irrationalismus der Philosophie Nietzsches oder von den Rassenlehren Gobineaus und Chamberlains distanzierten. Der gleiche Geist, nur in einer dem akademischen Empfinden gefälligeren Aufmachung, wohnte auch in den Lehren der maßgebenden rechten Historiker, die tonangebend im Alldeutschen Verband und in anderen reaktionären Organisationen waren. Diese Gedanken, über die Massenmedien in das öffentliche Bewußtsein getragen, erzeugten jenen rauschhaften Zustand fanatischer Kriegsbegeisterung, der 1914 weite Teile des deutschen Volkes erfaßt hatte.

Der Marxismus, aus den offiziellen Wissenschaftseinrichtungen verbannt, war dennoch unsichtbar allgegenwärtig – als Gegner, dessen Existenz man rhetorisch überging; als Feind, den man offen angriff, weil die Taktik des Verschwei-

64 Siehe: Die Berliner Akademie der Wissenschaften in der Zeit des Imperialismus, Teil 1, S. 254.
65 Siehe Paul Rohrbach: Die Kolonie, Frankfurt a. M. 1907.

Lehrplan der Arbeiter-Bildungs-Schule, 1. Quartal 1906: Zu den Kursen, die am 15. Januar 1906 begannen, gehörten Vorträge zu den Themen: Nationalökonomie, Handel und Verkehr (Max Grunwald); Geschichte Deutschlands politischer Parteien (Max Maurenbrecher); Geschichte des Gewerkschaftswesens (Simon Katzenstein); Gesetzeskunde, Gemeindeverwaltung und Gemeindepolitik (Simon Katzenstein); Rednerschule – Übungen im Halten von Vorträgen und in der Diskussionsrede (Heinrich Ströbel); Fortschrittskursus in Nationalökonomie (Max Grunwald); Finanzwissenschaftliche Übungen. Die Vorträge zu den Themen fanden von Montag bis Freitag jeweils abends statt, zu der Schule gehörte eine Bibliothek. *Siehe Annemarie Lange: Das Wilhelminische Berlin, Berlin 1984, S. 504.*

gens nicht half; und – besonders gefährlich – als Reservoir von Ideen und Methoden, aus dem man sich bediente, nachdem man sorgsam den revolutionären Klasseninhalt abgetrennt hatte. Franz Mehring hatte das deutlich erkannt: «Karl Marx hat eine wissenschaftliche Methode geschaffen, die hermetisch von den deutschen Hochschulen abgesperrt wird, obgleich sie revolutionierend auch auf die bürgerliche Gelehrsamkeit, namentlich ihre historischen und ökonomischen Fächer, gewirkt hat; die bahnbrechende, wissenschaftliche Bedeutung von Marx wird kaum noch von den beschränktesten Zunftgelehrten bestritten, und mindestens seit einem Jahrzehnt ist kein namhaftes historisches oder ökonomisches Werk herausgegeben worden, das nicht seines Geistes eine Spur trüge.»[66]

Weder die entstehende Soziologie (Tönnies, Simmel, Weber) noch die jüngere historische Schule der Nationalökonomie wären ohne Anleihen beim Marxismus denkbar gewesen.

Vor dem ersten Weltkrieg schufen sich aber auch der Revisionismus und der Zentrismus, die in die Sozialdemokratie politisch und ideologisch eingedrungen waren, ihre Plattformen. Die Unterschätzung der theoretischen Arbeit in der Partei war ein Grund ihrer Anfälligkeit gegenüber diesen Strömungen. Mit dem Studium der Werke von Marx und Engels stand es in der Mitgliedschaft und auch in Funktionärskreisen der Partei nicht zum besten. Die grundlegenden Arbeiten Lenins, die eine schöpferische Antwort auf die Frage nach den Aufgaben der Partei unter den neuen Bedingungen der imperialistischen Epoche gaben, waren wenig bekannt.

Die Linken verbanden ihren Kampf für eine revolutionäre politische Haltung der Partei mit dem Eintreten für die Pflege und Reinhaltung der marxistischen Theorie. Diese Forderung propagierten sie nicht nur, sondern sie versuchten, sie durchzusetzen. Aus ihrer Feder stammten bedeutende theoretische Arbeiten, die mit den zentralen Fragen des politischen Kampfes jener Zeit verbunden waren – so von Karl Liebknecht die Schrift «Militarismus und Antimilitarismus» und von Rosa Luxemburg «Die Akkumulation des Kapitals» und «Die Krise der Sozialdemokratie».

Mehring war unstrittig der bedeutendste marxistische Historiker im Deutschland jener Jahre. Er widmete der Erschließung des literarischen Nachlasses von Marx und Engels große Aufmerksamkeit und bereicherte das theoretische Arsenal der deutschen Arbeiterbewegung mit seiner vierbändigen «Geschichte der deutschen Sozialdemokratie» (1898). Mit seiner «Deutschen Geschichte vom Ausgang des Mittelalters» (1910) gab er den deutschen Arbeitern eine Waffe gegen die offizielle Hohenzollernlegende in die Hand.

Unklarheit in der Sozialdemokratie über den Wert der theoretischen Arbeit äußerte sich zum Beispiel darin, daß Unmut über die sogenannten Parteiintellektuellen des öfteren in undifferenziert intelligenzfeindliche Stimmungen umschlug. Auf dem Parteitag in Lübeck 1901 wurden Anklagen gegen die sogenannten Akademiker in der Partei laut. Verstimmung und sogar «grundsätzliche Antipathie» traten zutage. Andererseits mußte als «Tatsache» anerkannt werden, daß «die Partei ihre Akademiker sehr nothwendig braucht, daß sie dieselben niemals entbehren kann und heute schon nicht mehr

Erster Kursus an der zentralen Parteischule der SPD 1906/07

in der Lage wäre, ohne dieselben die ‹wissenschaftlichen› und ‹unwissenschaftlichen› Angriffe ihrer zahlreichen Gegner mit gebührender Kraft zurückzuweisen».[67]

Im Parteivorstand erkannte man die dringende Notwendigkeit, für die Kader der Partei ein organisiertes Studium des wissenschaftlichen Sozialismus einzuführen. Auf dem Jenaer Parteitag 1905 wurde daher die Schaffung eines Zentralen Bildungsausschusses der Partei beschlossen. Bebel bemerkte dazu: «Eine so vollständige Verwirrung über die Grundanschauungen hat es in der Partei nie gegeben, wie jetzt ... Daraus folgt, daß es unsere Aufgabe ist, von nun an viel energi-

66 Franz Mehring: Die Komödie von Norderney. In: Gesammelte Schriften, Bd. 15, Berlin 1977, S. 299.

67 Michael Impertro: Akademiker und Proletarier. In: Die Neue Zeit, 20. Jg. (1901–1902), 1. Bd., S. 222.

scher als bisher an der Schulung und politischen Aufklärung der Genossen zu arbeiten.» Er sprach sich dafür aus, daß auch «wieder das Studium der grundlegenden Schriften des Sozialismus zu Ehren kommt und in ganz anderer Weise als bisher betrieben wird».[68]

Auf dem Mannheimer Parteitag 1906 stand die Schul- und Bildungspolitik abermals zur Diskussion. Bebel konnte am 15. November 1906 in der Berliner Lindenstraße feierlich die Reichsparteischule der SPD eröffnen. Ihre Teilnehmer wurden nach Vorschlägen der Bezirksorganisationen vom Zentralen Bildungsausschuß gemeinsam mit der Schulleitung ausgewählt. Im Winter fanden regelmäßig Halbjahreskurse für etwa 30 Teilnehmer statt; meist waren es Funktionäre der Partei, die diese Kurse besuchten.[69] Die Gewerkschaften konnten 10 Plätze besetzen, nutzten aber dieses Kontingent nicht aus; die Gewerkschaftsleitung hatte 1906 eine eigene Schule gegründet.

An der Reichsparteischule wurden wichtige Gebiete von den besten Theoretikern der Partei vertreten. Sie war in jener Zeit das eigentliche institutionelle Zentrum der marxistischen Wissenschaft in Deutschland. Rosa Luxemburg unterrichtete von 1907 bis 1914 Nationalökonomie und Wirtschaftsgeschichte, Franz Mehring lehrte von 1906 bis 1911 Deutsche Geschichte, Hermann Duncker von 1912 bis 1914 Geschichte des Sozialismus. Auch Julian Marchlewski und Otto Rühle wirkten hier.

Wilhelm Pieck im Büro des Zentralen Bildungsausschusses in Berlin, Lindenstraße
Aufnahme von 1912
Pieck besuchte von 1907 bis 1908 die zentrale Parteischule der SPD in Berlin. Als ein entschiedener Gegner des Revisionismus setzte er sich auch intensiv für eine systematische marxistische Schulungsarbeit in der Partei ein. Im April 1910 wurde er als 2. Sekretär des Zentralen Bildungsausschusses der Partei und als Sekretär der zentralen Parteischule in Berlin eingesetzt. Die Fotografie zeigt neben Wilhelm Pieck Luise Reimer (rechts) und Hedwig Reinhard (links).

Die zentrale Parteischule der SPD
Aufnahme von 1910
Auf der Fotografie sind bedeutende Lehrer und Parteifunktionäre abgebildet: Emanuel Wurm (1), Arthur Stadthagen (2), Franz Mehring (3), Curt Rosenfeld (4), Heinrich Cunow (5), Rosa Luxemburg (7), Ernst Eckstein (6) und Heinrich Schulz (8).

Von zunächst 777 Unterrichtsstunden behandelten 250 Nationalökonomie, 90 Geschichte, 80 Soziologie und 28 Fragen der Naturerkenntnis. Die Geschichte des Sozialismus wurde erst später mit Duncker eingeführt, die Philosophie fehlte völlig.[70] Zwischen 1906 und 1910 nahm «Die Neue Zeit» in fast jedem Band zur Parteischule, ihrer Organisation und Reorganisation (nach 1908) Stellung. Die Position der Marxisten an dieser Einrichtung festigte sich, als Wilhelm Pieck, der dort 1907 selbst einen Lehrgang besucht hatte, 1910 in den Zentralen Bildungsausschuß und zugleich zum Sekretär der Zentralen Parteischule berufen wurde.

Die Revisionisten richteten heftige Angriffe gegen den Parteischulbetrieb und erzwangen dazu auf dem Nürnberger Parteitag 1908 eine größere Debatte. Mehring wandte sich in einem Aufsatz in scharfen Worten gegen diese destruktive Haltung.[71] Eine Befragung der 141 Genossen, die an den ersten fünf Kursen teilgenommen hatten, ergab ein positives Bild. Als besonders wertvoll erachteten die Befragten den Unterricht in sozialistischer Theorie und Nationalökonomie, den juristischen Unterricht und die Übungen im schriftlichen und mündlichen Ausdruck. Die Schule sei «eine der besten Waffen der modernen Arbeiterbewegung; ... das wichtigste Bildungsinstitut der Arbeiterbewegung».[72]

Die Reichsregierung ersann spitzfindige Schikanen, um die

Morgen wird die neue Parteischule eröffnet werden, und vor einigen Tagen ist der neue Bildungsausschuß von Partei wegen ernannt worden: Damit betritt die deutsche Sozialdemokratie neue Gebiete ihrer Tätigkeit, neue Gebiete wenigstens in dem Sinne, als sich nunmehr die Partei mit den gesamten Parteimitteln einsetzt, wo bisher einzelne Parteiorgane und Parteiorte schon viel dankenswerte Vorarbeit geleistet haben. ... Es ist nicht die Geringfügigkeit, sondern die Überfülle dieses Schatzes, die den neuen Bildungsinstituten der Partei die größten Schwierigkeiten schafft; um das zu begreifen, genügt ein Blick auf den überreichen Unterrichtsplan der neuen Parteischule, den heute der «Vorwärts» veröffentlicht. Aber unüberwindlich würden diese Schwierigkeiten erst werden, wenn die Partei den sicheren Leitstern ihrer wissenschaftlichen Methode aufgäbe und den morschen Boden beträte, der unter der «bürgerlichen Wissenschaft» mehr und mehr zusammenbricht.
Franz Mehring: Bildungsfragen. In: Gesammelte Schriften, Bd. 15, S. 201 und S. 206.

68 Zit. in: Peter Schuppan: Die kulturelle Entwicklung Deutschlands 1897/98 bis 1917. In: Fritz Klein: Deutschland von 1897/98 bis 1917, Berlin 1977, S. 411.
69 Siehe Heinrich Schulz: Fünf Jahre Parteischule. In: Die Neue Zeit, 29. Jg. (1910–1911), 2. Bd., S. 806–813. Der Beitrag enthält auch Statistiken über Alter, Beruf und delegierende Bezirksorganisation.
70 Siehe M. Schneider: Die Parteischule. In: Die Neue Zeit, 27. Jg. (1908–1909), 2. Bd., S. 696. – P. Runge: Zu einer Reorganisation der Parteischule. In: Ebenda, S. 867–869.
71 Siehe Franz Mehring: Bildungsfragen. In: Gesammelte Schriften, Bd. 15, S. 201 ff.
72 Heinrich Schulz: Fünf Jahre Parteischule. In: Die Neue Zeit, 29. Jg. (1910–1911), 2. Bd., S. 811.

Die Berliner Arbeiterbewegung organisierte viele Aktionen gegen Imperialismus und Kriegsgefahr, für den Frieden, für die demokratischen und sozialen Rechte und Freiheiten der werktätigen Massen. Sie sammelte und organisierte ihre Kräfte und wuchs in die Breite. In der Sozialdemokratie, die sich 1905 in Berlin und Umgegend als einheitliche Parteiorganisation zusammenschloß, 1914 etwa 120000 Mitglieder zählte und hier bei den Reichstagswahlen 1912 75 Prozent der abgegebenen Stimmen erhielt, bildeten sich die proletarische und die bürgerliche Klassenlinie aus.
Berlin wurde zum Zentrum der deutschen Linken um Karl Liebknecht, Rosa Luxemburg, Franz Mehring und Wilhelm Pieck. Sie führten – von einer revolutionären, internationalistischen Klassenposition ausgehend – einen heroischen Kampf gegen Imperialismus und Militarismus. Als Berliner Stadtverordneter vertrat Karl Liebknecht von 1902 bis 1913 konsequent die Interessen der Berliner Arbeiter. Auch im Preußischen Abgeordnetenhaus (1908 bis 1916) und als Reichstagsabgeordneter des Wahlkreises Potsdam-Spandau-Osthavelland (1912 bis 1916) erhob er seine Stimme für die Rechte der Werktätigen.
750 Jahre Berlin. Thesen, S. 37.

Arbeit der Schule zu behindern. So verfügte Reichskanzler von Bülow im September 1907, daß Hilferding und Pannekoek als Ausländer mit der Ausweisung aus Deutschland zu rechnen hätten, falls sie ihren Unterricht an der Parteischule fortsetzten. «Gewiß ist diese Maßregel mit jenem plumpen Raffinement ausgeheckt, das die preußische Polizei auszeichnet, das aus einer Mischung von sehr viel Bosheit und sehr wenig Geist besteht. ... Aber es war ein kalter Schlag, soweit er die Parteischule treffen sollte; sie hat ihn spielend überwunden und wird am 1. Oktober ihren zweiten Kursus eröffnen, nur daß jetzt nicht acht, sondern neun Lehrer an ihr tätig sein werden, und darunter mehr als einer, der vom polizeilichen Standpunkt aus ungleich anrüchiger ist als die beiden vertriebenen Genossen.»[73] Die Konzentration marxistischer Theoretiker an der zentralen Bildungsstätte der Partei war allerdings für sich allein nicht ausreichend, um das Vordringen des Opportunismus aufzuhalten.

Unter diesen Bedingungen war die proletarische Bildungsarbeit zu führen. Die Sozialdemokraten, die den Standpunkt ihrer Klasse konsequent vertraten, grenzten sich strikt von der Kulturpolitik des preußischen Staates ab. Das Bildungsprivileg der Besitzenden gehörte zum Gesamtsystem der Ausbeutung der Arbeiterklasse; um seine Brechung zu kämpfen, war eine der zentralen Aufgaben des revolutionären Kampfes der deutschen Arbeiterklasse.

Das Bildungsstreben der deutschen Arbeiterschaft war groß, und die Arbeiterbewegung versuchte mit der Gründung von Arbeiterbildungsvereinen, Arbeiterbibliotheken usw. diesem Bedürfnis unter den Bedingungen des Kapitalismus in den Grenzen des Möglichen zu entsprechen. «Die Neue Zeit» druckte zahlreiche Beiträge zur Arbeiterbildung.[74]

Die Sozialdemokratie entwickelte eigene bildungspolitische Vorstellungen und verfocht sie in Auseinandersetzung mit der Schulpolitik des Staates, auch auf der parlamentarischen Tribüne. Ein Markstein in der Entwicklung einer sozialdemokratischen Bildungskonzeption war das 1912 erschienene Buch «Grundfragen der Erziehung» von Otto Rühle. In Berlin kümmerte sich Wilhelm Pieck mit großem persönlichem Einsatz um die Erziehung der Arbeiterjugend im sozialistischen Sinne. Die Bildungsarbeit der Partei konnte den Arbeitern etwas geben, das ihnen die bürgerliche Schule nicht zu vermitteln vermochte – wissenschaftlich begründetes, sozialistisches Bewußtsein, das Wissen von ihrer geschichtlichen Aufgabe. Sie konnte ihnen aber nicht ersetzen, was ihnen das bürgerliche Bildungsprivileg an solider sprachlicher, mathematischer und naturwissenschaftlicher Allgemeinbildung vorenthielt. Zwar stieg die Anzahl der Arbeiterbibliotheken rasch und er-

Aufruf zur Volksversammlung Oktober 1913
Bei einigen wichtigen Aktivitäten arbeiteten Vertreter der SPD mit nichtproletarischen Kräften zusammen. Auf speziellen Veranstaltungen, die die Trennung von Kirche und Staat forderten, traten zum Beispiel Karl Liebknecht und Wilhelm Ostwald, der bekannte Chemiker und Vorsitzende des Deutschen Monistenbundes, gemeinsam auf. Obwohl beide grundsätzlich verschiedene weltanschauliche und politische Anschauungen vertraten, verbanden sie ihre Aktivitäten im Kampf gegen die Staatskirche. Derartige Veranstaltungen und Forderungen hatten in breiten Kreisen der Bevölkerung und besonders in der Intelligenz eine große Resonanz. Die Berliner Veranstaltungen waren durchschnittlich von 3 000 bis 4 000 Bürgern besucht worden.

reichte 1914 im Reichsgebiet 1250; nach den statistischen Angaben der Bibliotheken lag der Anteil der Bibliotheksbenutzer unter den organisierten Arbeitern bei 10 Prozent. Aber nur 5 Prozent aller Ausleihen betrafen politische Literatur, der Bestseller auf diesem Gebiet war immer noch Bebels «Die Frau und der Sozialismus», während die Werke von Marx und Engels wenig propagiert und gelesen wurden.[75]

Zynisch konnte der bürgerliche Beobachter Fritz Berolzheimer 1910 schreiben, daß die «gewaltige politische und kulturelle Mission» der Sozialdemokratie aufgrund der Entwicklung des Arbeiters zum Kleinbürger nunmehr erfüllt sei: «In ihrem eigenen Lebensinteresse wird die Sozialdemokratie früher oder später eine Änderung ihres Programms – im Einklang mit den Forderungen des revisionistischen Flügels der Partei – herbeiführen müssen. ... Die Sozialdemokratie wird sich daher in absehbarer Zeit auch äußerlich als das deklarieren müssen, was sie tatsächlich schon heute ist: die Arbeiterpartei ohne jeden revolutionären Charakter, die radikale Kleinbürgerpartei.»[76] Ganz im Stil der späteren bürgerlichen Marxologie bescheinigte der Autor Marx gönnerhaft noch ein gewisses historisches Interesse, da er immerhin die Gesell-

In der Tat gibt es eine weitgehende Freiheit der Wissenschaft in Preußen; aber diese Freiheit hat die Eigentümlichkeit, daß sie nur nach der rechten Seite, nach der reaktionären Seite, zu geht. Es kann in Preußen kein Wissenschaftler so reaktionär, so volksfeindlich, so gemeingefährlich in diesem Sinne des Wortes sein, daß er etwa dadurch von seiner Dozentur ausgeschlossen werden würde oder auch nur im geringsten die Freundlichkeit der Regierung einbüßen würde.
Karl Liebknecht: Für Freiheit der Wissenschaft. In: Gesammelte Reden und Schriften, Bd. III, Berlin 1960, S. 211.

---

73 Franz Mehring: Die Komödie von Norderney. In: Gesammelte Schriften, Bd. 15, S. 298.
74 Siehe: Die Neue Zeit, 22. Jg. (1903–1904), 2. Bd., 12 Beiträge zur Volksbildung; 23. Jg. (1904–1905), 1. Bd., zur öffentlichen Bibliothek in Berlin; 24. Jg. (1905–1906), 2. Bd., 10 Beiträge zur Arbeiterbildung; 26. Jg. (1907–1908), 2. Bd., 3 Beiträge zur Parteischule; 27. Jg. (1908–1909), 1. Bd., 4 Beiträge zu Bibliotheken 29. Jg. (1910–1911), 2. Bd., 3 Beiträge zur Idee einer sozialdemokratischen Schulreform.
75 Siehe Peter Schuppan: Die kulturelle Entwicklung Deutschlands 1897/98 bis 1917. In: Fritz Klein: Deutschland von 1897/98 bis 1917, S. 412.
76 Fritz Berolzheimer: Deutschland von Heute. Kulturgemälde der deutschen Gegenwart, Berlin/Leipzig 1910, S. 60/61.

schaftswissenschaften beeinflußt habe.[77] Die Rechten im Parteivorstand warteten gerade noch ab, bis Bebel die Augen geschlossen hatte, um diesem «wohlmeinenden» Rat aus dem bourgeoisen Lager in aller Offenheit zu folgen und ihren Verrat mit der Zustimmung zu den Kriegsplänen im Jahre 1914 zu krönen.

Größer – schneller – höher – weiter

Die Zeitgenossen des beginnenden 20. Jahrhunderts hatten das Gefühl, einen rasanten Wettlauf der Technik zu erleben; eine Neuerung jagte die andere. Die systematische Produktion technischer Neuerungen durch die kapitalstarken Konzerne, die dazu eigene Forschungs- und Entwicklungskapazitäten einsetzten, wurde zu einem regulären Mittel der Sicherung von Extraprofit und der Durchsetzung gegenüber den ausländischen Konkurrenten. Selbstverständlich war die Lobpreisung der in Deutschland erzielten technischen Neuerungen stark nationalistisch gefärbt. Die gesamte staatstreue Presse erhob ein Triumphgeschrei, als auf der Pariser Weltausstellung 1900 die deutschen technischen Exponate zahlreiche Medaillen und Anerkennungen erhielten. Zufrieden meldete man, daß der deutsche Reichskommissar für die Weltausstellung, der Geheime Oberregierungsrat Dr. Richter, in Paris zum Großoffizier der Ehrenlegion ernannt wurde. Richter selbst gab der Presse hochtönende Interviews über den «Sieg der Deutschen in Paris».[78]

Die Faszination des atemberaubenden Tempos wurde besonders sinnfällig an der Entwicklung des Verkehrswesens, sie wurde für den Berliner als Großstädter zum Massenerlebnis. Der Elektromotor und der Verbrennungsmotor ermöglichten es, daß die Verkehrsmittel in immer kürzeren Zeiten die Entfernungen überbrückten und zugleich in ungewohnte Bereiche vorstießen, unter die Erde ebenso wie in die Luft. Der technische Fortschritt bemächtigte sich unaufhaltsam der verschiedensten Lebenssphären. Dennoch, wollte man in der Vielfalt der Erfindungen und Neuerungen jener Zeit einen roten Faden suchen, so ging man nicht fehl, wenn man behauptete: Im Zentrum standen jene Zweige der Technik, die die fortschreitende Vergesellschaftung der Produktion und des Lebens vermittelten und so die Produktivkräfte auch gegen den im Vergleich zum vormonopolistischen Kapitalismus erweiterten Entwicklungsrahmen des Monopolkapitals rebellieren ließen: die modernen Antriebs- und Verbundsysteme, die Massenproduktion, die Fließfertigung und chemische Großsynthesen (nach dem Muster des von Haber und Bosch ent-

Presseinterview mit Dr. Richter, Deutscher Reichscommissar für die Weltausstellung in Paris 1900:
Frage:
«Sie sind also ebenfalls der Ueberzeugung, dass Deutschlands Industrie einen Sieg davongetragen hat?» Antwort:
«Ich möchte da etwas vorausschicken. Ueberall tönt jetzt das Wort von dem Siege, den unsere Gewerbetätigkeit errungen hat. Dadurch scheint in Deutschland sich die Empfindung eingebürgert zu haben, als gäbe es in Paris überhaupt nur einen Sieger, und der seien wir. So liegen die Dinge nicht! *Von der französischen Industrie müssen wir absehen.* Mit dieser in einen Wettstreit uns einzulassen, war niemals beabsichtigt. Das konnte auch gar nicht unsere Absicht sein, weil die Vorbedingungen zu einem solchen Kampfe für uns fehlten. Frankreich, das sich naturgemäß den größten Platz gesichert hatte, konnte dementsprechend auch ganz anders auftreten. Aber allen übrigen Nationen gegenüber sind wir zweifellos Sieger geblieben!»
Frage:
«Wie erfreulich, daß Sie, Herr Geheimrath, dies verkünden können.»
Antwort:
«Ach! Dies wäre von geringer Bedeutung. Nein! Die Hauptsache ist, daß die anderen Nationen es sagen. Die amerikanische und englische Presse und die Fachzeitungen dieser Länder reden fast von nichts Anderem als von dem Sieg der Deutschen in Paris.»
Berliner Local-Anzeiger, 27. August 1900.

Bau der Untergrundbahn am Alexanderplatz
Aufnahme
von Max Missmann
1911

wickelten Verfahrens zur katalytischen Ammoniaksynthese aus Luftstickstoff und Wasserstoff); die Verkehrstechnik einschließlich der Technik zum Bau der Verkehrswege; die Elektrizitätsnetze und weitere städtische und regionale Ver- und Entsorgungssysteme, die Technik der Nachrichtenvermittlung (der drahtgebundenen und zunehmend auch der drahtlosen) und der Massenkommunikation.

Die zunehmende Vergesellschaftung der Wirtschaft war in Berlin, wo 1910 bereits 32 664 Einwohner auf den Quadratkilometer kamen, buchstäblich mit Händen zu greifen. «Seit Beginn des 20. Jahrhunderts demonstrierte Berlin mit seinem Umland alle Attribute einer spontan gewachsenen Millionen-Metropole führender kapitalistischer Industriestaaten. Ein Ballungsraum höchster Verdichtung an Produktivkräften war entstanden.»[79] Damit wurde eine Vielzahl von Verkehrsbauten erzwungen.

Allerdings darf man daraus nicht den Schluß ziehen, Berlin hätte es mit dem Technikfortschritt auf diesem Gebiet etwa besonders eilig gehabt. Die neuen technischen Möglichkeiten wurden eher schleppend als forciert genutzt. Erst als mit der Verlagerung eines Teils der Großindustrie an den Stadtrand ein leistungsfähiger Berufsverkehr unumgänglich wurde, tat sich mehr; für die neugierigen Berliner gab es stets eine Fülle von Strecken-, Tunnel- und Brückenbauten zu bewundern. Einmal in Gang gekommen, war der Ausbau des städtischen Schnellverkehrs seinerseits ein starker Anreiz für die Anlage

Internationale Fernsprechverbindungen, Stand vom 6. August 1900:
Berlin – Paris
1 200 km
Berlin – Budapest
970 km
Berlin – Amsterdam
950 km
Berlin – Basel
915 km
Berlin – Brüssel
860 km
Berlin – Breslau – Wien
660 km
Berlin – Prag – Wien
658 km
Berlin – Kopenhagen
550 km
Berliner Local-Anzeiger, 19. August 1900.

77 Siehe ebenda.
78 Siehe: Die chemische Industrie auf der Pariser Weltausstellung 1900. In: Chemiker-Zeitung, 1900, Nr. 55, S. 581. – Berliner Local-Anzeiger, 8. Juli und 17. August 1900.
79 Produktivkräfte in Deutschland 1870 bis 1917/18, Berlin 1985, S. 301/302.

Gebäude
der Handelshochschule
Aufnahme um 1910
Die Berliner Handelshochschule wurde im Herbstsemester 1906 eröffnet.
In Übereinstimmung mit dem bürgerlich-liberalen Selbstverständnis ihrer Gründer erfolgte die Finanzierung regierungsunabhängig allein durch die «Kooperation der Berliner Kaufmannschaft».
Die Handelshochschulkonzeption beruhte auch auf internationalen Erfahrungen. Sie berücksichtigte zweierlei: sowohl die Interessen des Monopolkapitals an einer Verwissenschaftlichung seiner Ökonomie als auch die Bildungsbestrebungen der Angestelltenbewegung. Handelshochschulen spielten bis in die Weimarer Republik eine Pionierrolle in der angewandten ökonomischen Forschung und ökonomischen Berufspädagogik.

neuer Industrie- und Wohngebiete in den Vororten. Die Firma Borsig zog nach Tegel, Siemens & Halske bauten die Siemensstadt, die Flugzeugindustrie siedelte sich um Johannisthal an. Dabei wurden Standorte in der Nähe von Wasserstraßen deutlich bevorzugt.[80]

Zu Beginn unseres Jahrhunderts wurden bedeutende Bauten fertiggestellt: von 1901 bis 1906 der Teltowkanal, 1903 der Neuköllner Schiffahrtsweg Berlin–Stettin. Der Teltowkanal ermöglichte eine kurze Verbindung zwischen Elbe und Oder und regelte zudem noch die Entwässerung der Orte Britz, Tempelhof, Mariendorf, Lankwitz, Steglitz und Lichterfelde. Hier sollte auch ein elektrischer Schleppbetrieb eingerichtet werden; den für den besten Entwurf ausgesetzten Preis erhielt die Firma Siemens & Halske, die bereits früher in Finow entsprechende Versuche mit elektrischen Lokomotiven angestellt hatte.[81]

Zügig schritt in Berlin und Umgebung die Elektrifizierung des schienengebundenen Verkehrs voran. Seitdem Siemens & Halske anläßlich der Treptower Gewerbeausstellung im Jahre 1896 die erste elektrische Straßenbahn im Stadtinnern fahren ließen, wurden die alten Pferdebahnen allmählich auf elektrischen Betrieb umgestellt. Größere Schwierigkeiten waren bei der Elektrifizierung der Stadt- und Ringbahn und auch der Hoch- und Untergrundbahn – hier fand die Jungfernfahrt auf dem ersten Streckenabschnitt am 18. Februar 1902 statt – zu überwinden. Erst 1913 wurden vom preußischen Abgeordnetenhaus die entsprechenden Festlegungen beschlossen. Dabei hatten Siemens & Halske bereits seit Beginn des Jahrhunderts mit elektrischen Schnellbahnen erfolgreich experimentiert. «Die Neue Zeit», die wichtige technische Neuerungen aufmerksam verfolgte und auch deren mögliche Auswirkungen auf die soziale Lage der Arbeiterklasse kommentierte, schrieb damals: «Auf der Militärbahn Berlin–Zossen fuhr in diesen Tagen zum erstenmal ein elektrischer Wagen mit einer Geschwindigkeit von 210 Kilometern in der Stunde. Es ist nicht ausgeschlossen, daß diesem Ereignis eine ähnliche Bedeutung innewohnt wie der Inbetriebsetzung der ersten Dampflokomotive.»[82]

Auch mit der Einführung des Kraftfahrzeugs bewegte sich Berlin nicht an der Spitze der internationalen Entwicklung. 1900, als in Berlin die ersten Autodroschken fuhren, war in Paris der Automobilverkehr schon in vollem Gange.[83] Nach der Jahrhundertwende holte aber die Reichshauptstadt auf diesem Gebiet schnell auf. Die ersten Autobusse wurden 1903 eingesetzt, und am Sonntag, dem 19. November 1905, war das Ereignis des Tages die Inbetriebnahme der ersten beiden Decksitzomnibusse mit Motor, die auf der Linie Hallesches Tor–Chausseestraße verkehrten.[84]

Die Kraftfahrzeuge wurden statistisch erfaßt; 1907 gab es in Berlin insgesamt 1976, am 1. Januar 1913 waren es bereits 7909, davon 6482 Pkw und 1427 Lkw.[85] Seit 1910 wurden in Deutschland polizeiliche Kennzeichen für Pkw und Lkw vergeben, Berlin erhielt die Nummern IA 1 bis 5999. 1911 wurden die ersten Tankstellen eingerichtet. Aber auch die aus heutiger Sicht sehr geringe Verkehrsdichte bewahrte die Automobilisten nicht vor Tollkühnheit, und so hieß es für 1907: «Die Zahl der schädigenden Ereignisse beim Verkehr mit Kraftfahrzeugen vom 1. Oktober 1906 bis 30. September 1907 belief sich insgesamt auf 4864»[86] – was immerhin bedeutete, daß während dieses einen Jahres jedes der damals in Berlin zugelassenen Fahrzeuge im Durchschnitt mehr als zweimal in derartige «Ereignisse» verwickelt gewesen sein muß.

Wenn schon die Automobile Aufsehen erregten, so erschien die Entwicklung des Flugwesens noch weitaus sensationeller. Der tödliche Unfall des Berliner Flugpioniers Otto Lilienthal, der im August 1896 mit seinem selbstgebauten Flugapparat in den Rhinower Bergen abgestürzt und an den Folgen einer dabei erlittenen Rückgratverletzung verstorben war, dämpfte

80 Siehe Otto Fischer: Der Einfluß der Berliner Wasserstraßen auf die Ansiedlung der Industrie, Berlin 1927.
81 Siehe: Festschrift zur Einweihung des Teltowkanals durch Seine Majestät den Kaiser und König Wilhelm II., im Auftrage des Kreises Teltow verfaßt, o. O. u. J., S. 61–68.
82 Elektrische Schnellbahnen. In: Die Neue Zeit, 22. Jg. (1903–1904), 1. Bd., S. 192.
83 Siehe: Berichte über die Welt-Ausstellung in Paris im Jahre 1900, Berlin 1902, S. 285–301.
84 Siehe: Berliner Omnibusse. Vom Pferdebus zum Doppeldecker, Düsseldorf 1975.
85 Siehe: Kürschners Jahrbuch 1907 und 1913.
86 Kürschners Jahrbuch 1909, Spalte 561.

Zahl der Automobile in Deutschland vor 1914 (1907/1914)

Kraftfahrzeuge insgesamt	27026/93072
Pkw	25815/83333
Krafträder	15700/22457
Pkw bis 8 PS	5111/15188
von 8 bis 16 PS	3278/17735
von 16 bis 40 PS	1674/25734
über 40 PS	52/2219
Lastfahrzeuge insgesamt	1211/9739
Krafträder	254/100
Lkw bis 8 PS	516/2019
von 8 bis 16 PS	313/2259
von 16 bis 40 PS	126/4549
über 40 PS	2/812

Die Neue Zeit, 35. Jg. (1916–1917), 2. Bd., S. 336.

Internationale Statistik der Kraftfahrzeuge (1914)

USA	110300
Deutschland	93072
England	40700
Frankreich	28500
Österreich	20900
Rußland	8600

Kürschners Jahrbuch 1915, Spalte 601/602.

Die Luftfahrt
des Grafen Zeppelin:
Das Gelingen dieses Aufstiegs dürfte in der ganzen technischen und wissenschaftlichen Welt eine tiefe Wirkung hervorbringen. Wohl ist es nicht das erste Mal, daß der Luftballon bis zu einem gewissen Grade lenkbar gemacht wurde. … Alle Constructionen aber und aller aufgewendete Scharfsinn scheiterten, wenn es galt, den Ballon gegen den Wind zu steuern. Der Winddruck machte alle Manövrirkunst zu nichte, und alle Apparate erwiesen sich als wirkungslos.
Die glückliche Luftfahrt hat nun allen Zweifel widerlegt. Ein neues System hat einen vollen Sieg errungen, und die Luftschiff-Technik wird in Zukunft mit diesem System, mit der vom Grafen Zeppelin erdachten Construction rechnen müssen, einerlei ob sich die weitgehenden Pläne des genialen Constructeurs verwirklichen oder nicht.
Die gestrige Auffahrt war eine That, die einen Markstein in der Geschichte der Luftschiffahrt bilden wird.
Berliner Local-Anzeiger, 3. Juli 1900.

kaum den Unternehmungsgeist der Flugenthusiasten, die ohne nennenswerte wissenschaftliche Grundlagen und angesichts der offenkundigen Skepsis prominenter Physiker durch systematisches Probieren der Verwirklichung ihres Traumes vom Fliegen näherzukommen suchten. Anfangs waren die Flugpioniere Außenseiter und wurden auch so behandelt. Ferdinand Graf von Zeppelin, der 1891 als Generalleutnant aus dem aktiven Truppendienst ausschied und erst dann an die Realisierung seiner Luftschiffpläne ging, mußte noch 1903 zur Kenntnis nehmen, daß der Generalstab alle Offiziere in einem vertraulichen Rundschreiben gewarnt hatte, diese Pläne finanziell oder moralisch zu unterstützen.

In der Öffentlichkeit erregten die Flugversuche großes Aufsehen, sie hatten den prickelnden Reiz des Abenteuerlichen und rangierten irgendwo zwischen Sensationshascherei und Sport, besonders wenn sich geschäftstüchtige Manager ihrer annahmen und Wettflüge, Preisveranstaltungen und Rekordversuche organisierten. Eine solche Attraktion bot in Berlin der Amerikaner Orville Wright, der auf Einladung des Scherl-Verlages vom 4. bis 18. September 1909 über das Tempelhofer Feld mit einem Motorflugzeug Schauflüge veranstaltete. Dabei erreichte er eine Höhe von 172 m und entführte einen Fluggast für eine Stunde und 35 Minuten in die Lüfte.[87]

Bald jedoch erkannte man im Generalstab, daß sich im Flugwesen die Möglichkeit eines völlig neuen Waffensystems abzeichnete. Das erwachende Interesse der Generalität bestimmte wesentlich die weitere Entwicklung. So gab es beim Militär seit 1894 eine Luftschiffabteilung; das Meteorologische Institut richtete eine Aeronautische Abteilung ein. Die militärische Nutzung der Luftschiffe wurde öffentlich besprochen.[88] So war es denn auch bezeichnend, daß die ersten offi-

Prall-Luftschiff von 118 m Länge und eine drehbare Luftschiffhalle der Siemens-Schuckert-Werke in Berlin-Biesdorf Aufnahme von 1911

Der erste Flug
von Alfred Frey mit seinem
Doppeldecker über Berlin
Aufnahme vom 23. Mai 1910

Luftschiff LZ IX
mit offener Kabine
Aufnahme von 1911
Die Fotografie zeigt
Graf Zeppelin mit Angehörigen
einer militärischen
Abnahmekommission.

Der Zeppelin-Luftschiffbau
1894
erster Entwurf
1898
Gründung der «Gesellschaft
zur Förderung
der Luftschiffahrt»
2. Juli 1900
Start des ersten
Zeppelin-Luftschiffes
von der Luftschiffhalle
Manzell am Bodensee
16. Januar 1906
Das zweite Zeppelin-
Luftschiff im Allgäu zerstört
Herbst 1907
Nach gelungenen Fahrten
des dritten Luftschiffes
bewilligt der Reichstag
2 350 000 Mark
für zwei neue Luftschiffe
4. August 1908
Luftschiffunglück
bei Echterdingen.
Die darauf eingeleitete
Volksspende bringt
6 170 000 Mark
Ende 1908
Die Heeresverwaltung
kauft ein Luftschiff
Von 1909 ab
befindet sich der Bau
von Zeppelin-Luftschiffen
in ständigem Anwachsen
29. August 1909
Zeppelin-Luftschiff
landet in Tegel
1910
Gründung der «Deutschen
Luftschiffahrts-A.-G.»
(DELAG)
Eine Chronik des Fluggedankens bis zum Luftverkehr im Dienste der Völkerverbindung, Berlin 1930.

ziellen Flüge in Berlin, beginnend mit einer internationalen Ballonfahrt am 14. Oktober 1906, auf dem Schießplatz des Heeres in Tegel stattfanden. Im August 1909 landete dort ein Zeppelin-Luftschiff. Im selben Jahr wurde der erste ständige Flugplatz Deutschlands in Johannisthal eröffnet, wo vom 26. September bis 3. Oktober 1909 die erste Groß-Berliner Flugwoche durchgeführt wurde. Einen Monat später errang der Ingenieur Hans Grade den von der Mannheimer Schütte-Lanz-GmbH gestifteten «Lanz-Preis der Lüfte» in Höhe von 40 000 Mark, und 1910 gab es in Johannisthal bereits drei Flugwochen.

---

87 Siehe: Wilbur Wright 1867 bis 1912 und Orville Wright 1871 bis 1948. In: Biographien bedeutender Techniker, Ingenieure und Technikwissenschaftler. Hrsg. von Gerhard Banse/Siegfried Wollgast, Berlin 1983, S. 275.

88 Siehe Hermann Wendel: Eine Umwälzung der Kriegstechnik. In: Die Neue Zeit, 26. Jg. (1907–1908), 1. Bd., S. 476–480.

Der Deutsche Luftfahrerverband gab für 1913 an:
89 Vereine
mit 74 000 Mitgliedern
123 Freiballone
1 300 ausgeführte Fahrten im Jahr 1912
503 Flugzeugführer (128 im Jahr 1910)
38 Luftschiffführer
21 Luftschiffhallen
30 Luftschiff-landungsplätze
62 Flugplätze, Flugfelder und Fluggelände
Zusammengestellt aus: Kürschners Jahrbuch 1909–1914.

Brief des Grafen Zeppelin an den Kriegsminister: Meine Absicht ist, zur möglichst schnellen Niederwerfung Englands durch schnelle Schaffung sehr mächtiger Flugzeuge beizutragen ... Mit einer ausreichenden Anzahl von Luftschiffen und solcher Flugmaschinen könnte die Furcht vor Aushungerung und die Angst vor Bomben England bald dahin bringen, nach Frieden um jeden Preis zu bitten, ohne daß wir nötig gehabt hätten, im Kampfe mit der englischen Flotte die unsrige, auch im Falle des Sieges, so sehr zu schwächen, daß sie für lange Zeit nicht imstande sein würde, unsere gewonnene Macht über den Meeren zur Geltung zu bringen ... Für gütige Benachrichtigung, ob ich mich hier zur weiteren Auskunft bereit halten soll, wäre ich gehorsam dankbar.
Zit. in: Dieter und Ruth Glatzer: Berliner Leben 1914–1918, Berlin 1983, S. 241.

In der Nähe dieses Geländes mieteten sich nun die verschiedensten deutschen Flugzeugfirmen Schuppen; eine Flugzeugfabrik siedelte sich hier an: die Albatros-Werke, die zunächst Wright-Modelle nachbauten. Der deutsche Generalstab unterstützte anfangs vor allem den Luftschiffbau. Als aber Frankreich bei Manövern erstmals Flugzeuge einsetzte, wurde das preußische Kriegsministerium auch im Flugzeugbau aktiv. Es beteiligte sich mit hohen Preisen an den Johannisthaler Flugwochen, und spezielle «Luftfahrtoffiziere» prüften die neuen Modelle auf ihre eventuelle militärische Verwendbarkeit.

Die Professionalisierung des Flugwesens ging mit dem Ausbau entsprechender Organisationen und Einrichtungen einher. Die «Zeitschrift für Flugtechnik und Motorluftschifffahrt» und die «Deutsche Zeitschrift für Luftschiffahrt» wurden gegründet, verschiedene Vereine entstanden, und der Deutsche Luftfahrer-Verband entwickelte sich aus einer Sportorganisation zur zentralen Verwaltungs- und Aufsichtsbehörde. Bereits am 22. Oktober 1910 gab das Königlich Preußische Ministerium der öffentlichen Arbeiten und des Inneren einen Erlaß über die Luftfahrt heraus, der Bestimmungen über «Zeugnisse für Flugzeugführer», Prüfungs- und Abnahmebedingungen, Typenkontrollen und Bedingungen für die Mitnahme von Passagieren enthielt.

Das Flugwesen fesselte zunehmend die Aufmerksamkeit von Physikern und Technikwissenschaftlern, besonders mit seinen mathematisch schwierigen und experimentell aufwendigen aerodynamischen Problemen. 1912 wurde in Adlershof die «Deutsche Versuchsanstalt für Luftfahrt» unter Leitung von Professor Bendemann errichtet. Der Göttinger Aerodynamiker Ludwig Prandtl forderte schon frühzeitig die wissenschaftliche Erforschung der Flugprobleme, aber erst während des Krieges wurde im Rahmen der Kaiser-Wilhelm-Gesellschaft ein Institut hierfür eingerichtet. Obwohl das Flugzeug das Luftschiff zurückdrängte, wurden dennoch im Weltkrieg zunächst auch Zeppeline eingesetzt. Am 31. Mai 1915 warfen in Staaken gebaute Luftschiffe erstmals Bomben auf dichtbesiedelte Gebiete Londons.[89]

Zu Beginn des Krieges war auch das Militärflugzeug einsatzfähig. Technischer Erfindungsgeist hatte mit wissenschaftlicher Unterstützung eine neue gefährliche Waffe hervorgebracht. Als im August 1914 die Mobilmachung erfolgte, besaß Deutschland bereits Luftstreitkräfte mit etwa 260 Flugzeugen, während Frankreich mit etwa 350 Flugzeugen und 1 200 ausgebildeten Flugzeugführern in den Krieg eintrat.[90] Bis 1915 wurden drei Typen von Kriegsflugzeugen entwickelt: Aufklärer, Jäger und Bomber. Sie wurden mit Kolbenmotoren angetrieben, bestanden aber zum großen Teil noch aus Holz. Das von Hugo Junkers 1916 eingeführte Ganzmetallflugzeug bedeutete einen weiteren Fortschritt in der Entwicklung leistungsfähiger Flugapparate. Nach Beendigung des ersten Weltkrieges wurde dieses Prinzip auch beim Bau von Zivilflugzeugen verwendet.

Die großen Konzerne hatten sich rechtzeitig vor dem Weltkrieg in das Flugzeuggeschäft eingeschaltet. Ihre Hoffnungen auf hohen Rüstungs- und Kriegsprofit wurden nicht enttäuscht. Die Siemens-Schuckert-Werke und die AEG lieferten zusammen mit den Rumpler-Werken den Hauptteil der Kriegsflugzeuge, die in Deutschland während des ersten Weltkrieges produziert wurden.

Weitgehend parallel mit dem Verkehrsnetz entwickelten sich die technischen Systeme der Nachrichtenübertragung. Während die Berliner in den achtziger Jahren das Telephon noch mit Mißtrauen betrachteten, hatte der Fernsprecher inzwischen den Alltag erobert. Zugleich wurde die drahtgebundene Telegraphie weiter ausgebaut. 1900 wurde das erste Fernsprechwählamt in Berlin eingerichtet, Münzfernsprecher tauchten im Stadtbild auf. Berlin wurde zu einem Zentrum des internationalen Fernsprechverkehrs. Seit 1899 verlegte Deutschland auch eigene Übersee-Telegraphenkabel.

Auf dem Gebiet der drahtlosen Telegraphie wurde ein scharfer Konkurrenzkampf mit dem Marconi-Konzern geführt, nachdem 1903 die Telefunken-Gesellschaft gegründet worden war und ihr Direktor Graf Arco eine zielstrebige Forschungs- und Entwicklungsarbeit in die Wege geleitet hatte. Hier gab es attraktive Aufgaben für die Physiker, manche durch technisches Probieren gefundene Lösung harrte noch der physikalischen Bearbeitung. Die Telefunken-Gesellschaft praktizierte eine geschickte Verbindung von Wissenschaft, Technik und Ökonomie. «Während Georg v. Arco die wissenschaftliche Seite absicherte und G. W. Gargmann … die kaufmännische, wurde Bredow als ‹Mittler› zwischen beiden zum organisatorischen Gestalter des Telefunken-Systems.»[91]

1906 begann Telefunken mit dem Aufbau der Großfunkstation Nauen für den transatlantischen Verkehr. Die damals benutzten Knallfunkensender waren abenteuerliche Konstruktionen: «Böse Zungen behaupteten, daß man den Lärm dieser Funkenstrecke schon von weitem hörte, und viel weiter wäre auch die drahtlose Reichweite nicht gegangen.»[92] Der Über-

Neues Fernsprech-Vermittlungsamt III.
Auf dem Grundstück Oranienburger Straße 71/72, welches die Reichs-Post und Telegraphenverwaltung vor zwei Jahren für eine Million Mark von der Großen Landesloge erworben hat, wird in dem früheren großen Logensaale gegenwärtig ein neues Telegraphen-Vermittlungsamt III eingerichtet. … Auch ist es bei den neuen Einrichtungen nicht erforderlich, daß der Abonnent nach Beendigung seines Gespräches das sogenannte Schlußzeichen durch Drehen der Inductorkurbel giebt, um anzuzeigen, daß die Verbindung getrennt werden kann. Die Einrichtung ist derart getroffen, daß jede bestehende Verbindung sogleich mechanisch getrennt wird, sobald der Theilnehmer den Fernhörer wieder an den an der Seitenwand des Apparates angebrachten Haken anhängt.
Berliner Local-Anzeiger, 1. Juli 1900.

89 Siehe Dieter und Ruth Glatzer: Berliner Leben, 1914–1918, Berlin 1983, S. 242.
90 Siehe: Eine Chronik des Fluggedankens bis zum Luftverkehr im Dienste der Völkerverbindung, Berlin 1930.
91 Horst Kant: Aspekte der Entwicklung der Nachrichtentechnik um die Jahrhundertwende – Beziehungen zwischen physikalischer Forschung und technischer Entwicklung. In: Berliner Wissenschaftshistorische Kolloquien VIII, S. 40.
92 Wilhelm T. Runge: Wiege des deutschen Funks. In: Festschrift zum 100jährigen Bestehen des Elektrotechnischen Vereins, Berlin (West) 1979.

Wohnbedingungen einer Arbeiterfamilie im Norden Berlins, Metzer Straße 18
Aufnahme um 1910

Endlich die großstädtische Gemeindeschulbildung, die Durchschnittsbildung der letzten und größten Gruppe unsrer Arbeiterschaft. Sie ähnelte wohl ... in manchem derjenigen der Bürgerschule, aber sie steht, nach Bildungsziel und Lehrcharakter der Schule, im Grunde doch nur auf etwa demselben Niveau wie die Bildung einer großen völlig ausgebauten achtklassigen Dorfschule. Auch hier die übertriebene Abhängigkeit der profanen Wissensbestandteile von denjenigen der Bibel ... Aber freilich, so stark die Sehnsucht nach Bildung in den Köpfen steckt, so viele sind der Hemmnisse, die sich ihrer Befriedigung in den Weg stellen. Das eine hauptsächliche, die allzulange Arbeitszeit, verbunden mit weiten Fabrikwegen, ... weitere wichtige sind die kleinen engen Wohnungen mit den vielen Personen in dem einen Zimmer, dann die Sorgen ... das bewirkt vor allem auch, daß der größte Teil der Jugend dieses Bildungsinteresse im Grunde entbehrte.
P. Göhre: Drei Monate Fabrikarbeiter, o. O. 1891, S. 215. Zit. in: Jürgen Kuczynski: Geschichte des Alltags des deutschen Volkes. 1871–1918, Bd. 4, Berlin 1982, S. 234, 235/236.

gang zu Ton- oder Löschfunkensendern nach einer Idee des Physikers Max Wien beseitigte diesen Mangel und ermöglichte die Erzeugung wenig gedämpfter Schwingungen. Die Senderleistungen stiegen schnell. 1914 baute Telefunken für Nauen einen 400-kW-Maschinensender.

Auf der Empfangsseite waren die Verhältnisse noch sehr unsicher, solange der Braunsche Detektor verwendet wurde. Einen grundsätzlichen Wandel schuf hier der Übergang zur Elektronenröhre. Bald darauf ging man von Gasionisations- zu Hochvakuumröhren über und erkannte, daß Elektronenröhren nicht nur für die Empfänger-, sondern auch für die Sendetechnik einsetzbar waren. Noch vor Beginn des ersten Weltkrieges brachte Telefunken den ersten mit Hochvakuumtrioden ausgestatteten zweistufigen Niederfrequenzverstärker für Hörempfang auf den Markt; Ende 1914/Anfang 1915 begann H. Rukop auch mit dem Bau von Sendern mit Hochvakuumröhren.[93]

Gesamtansicht der AEG-Fabrikanlagen in der Brunnenstraße. Um 1915
Das linke Eckgebäude ist eine von Peter Behrens entworfene Turbinenhalle (1908/09), der erste künstlerisch gestaltete Industriebau in Stahl und Glas. Behrens war von 1907 bis 1922 künstlerischer Berater des AEG-Elektrokonzerns. Mit seiner Tätigkeit hatte erstmalig ein künstlerischer Gestalter direkten Einfluß auf alle Bauten und Fertigungsprodukte eines Konzerns.

Ferdinand Braun
Aufnahme um 1900
Nachdem es Marconi (1897) gelungen war, eine Distanz von 13 km mit Hilfe von Hertzschen Wellen drahtlos telegrafisch zu überbrücken, nahmen die funktechnischen Experimente immer mehr zu. Braun, der an der Universität in Straßburg tätig war, schloß sich mit Vertretern von Siemens & Halske zu einer Studiengruppe zusammen. Er entwickelte die nach ihm benannte Kathodenstrahlröhre, die heute besonders als Fernsehbildröhre bekannt ist, und konstruierte weitere funktechnische Neuerungen. Gemeinsam mit Marconi erhielt er im Jahre 1909 den Physik-Nobelpreis.

Carl von Linde
Aufnahme von 1915

Der Siegeszug der Elektrizität wurde in dieser Zeit vollendet. Für den Hausgebrauch war sie freilich zunächst noch Privileg der bemittelten Berliner: Um 1900 wurden die ersten Glühlampen (Kohlefadenlampen) zu einem Stückpreis von 6 Mark angeboten. Mit der Osram-Lampe (1911) wurde die elektrische Beleuchtung gegenüber dem Gasglühlicht konkurrenzfähig und setzte sich von nun an durch. Mit der wachsenden Anzahl der Elektrizitätswerke wurde die Stromerzeugung billiger; 1916 waren bereits 17500 Ortschaften – 21 Prozent aller Gemeinden – in Deutschland an die Stromversorgung angeschlossen.[94]

Die Berliner Großkonzerne AEG und Siemens & Halske hatten es geschafft, fast den gesamten europäischen Elektrotechnik-Markt zu beherrschen. «Im Jahre 1907 wurde zwischen

93 Siehe Horst Kant: Aspekte der Entwicklung der Nachrichtentechnik um die Jahrhundertwende. In: Berliner Wissenschaftshistorische Kolloquien VIII, S. 31–51.
94 Siehe: Elektrizitätsversorgungsmonopol? In: Die Neue Zeit, 34. Jg. (1915–1916), 2. Bd., S. 456.

Deutschland, vertreten durch den Konzern der *Allgemeinen Elektrizitäts-Gesellschaft*, und Amerika, repräsentiert durch den Trust der *General Electric Company*, die Welt geteilt. ... Nebenbei sei hier nur bemerkt, daß für Deutschland und die umliegenden Länder zwischen den Elektrogroßfirmen gemeinsame Abmachungen über die Herstellung ganzer Anlagen bestehen, ein Schwachstrom-Submissionskartell existiert, ein Akkumulatorenmonopol geschaffen worden ist, die drahtlose Telegraphie zentralisiert wurde, der Metallfadenlampenmarkt einheitlich beherrscht wird, ein Kartell der Starkstromkabelproduzenten arbeitet usw.»[95]

Von den zahlreichen weiteren aktuellen Richtungen des technischen Fortschritts jener Zeit wollen wir hier nur noch eine exemplarisch erwähnen: die Kältetechnik. Sie ist ein Beispiel dafür, wie sich aus wissenschaftlichen Forschungen (hier auf dem Gebiet der technischen Thermodynamik) überaus rasch und konsequent ein neuer Industriezweig mit weitreichenden Anwendungen entwickeln konnte. Carl von Linde erhielt im Münchener Polytechnikum als 26jähriger eine außerordentliche Professur für Maschinenlehre, konstruierte nach ausführlichen Studien über die Thermodynamik der Kühlvorgänge 1875 seine erste verbesserte Kältemaschine und gründete 1879 in Wiesbaden unter Beteiligung zahlreicher Industrieller die «Gesellschaft für Lindes Eismaschinen». 1895 fand er das Gegenstromprinzip der Gasverflüssigung. Damit wurde eine effektive Verflüssigung von Sauerstoff, Stickstoff und anderen Gasen möglich.[96] Dadurch ergaben sich neue Perspektiven sowohl für die Lebensmittelkonservierung als auch für die schnelle Ausbreitung der Schweißtechnik nach der Jahrhundertwende. Unter allen Kühlanlagen, die auf der Pariser Weltausstellung 1900 zu sehen waren, hinterließ Lindes System den größten Eindruck.[97]

In Berlin nutzte Borsig – in der Borsigschen Lokomotivfabrik am Oranienburger Tor hatte Linde 1865 als unbezahlter Volontär gearbeitet – entschlossen die neuen Möglichkeiten und wurde zum Großproduzenten von Kältetechnik. 1898 wurde in der Firma eine spezielle Eis- und Kältemaschinenabteilung gegründet, zunächst in der Kirchstraße in Moabit, ab 1899 in Tegel. Borsig baute Kälteanlagen für den 1900 in Betrieb genommenen Berliner Schlachthof, für Brauereien, Schokoladenfabriken und Molkereien, für Kühlräume in Transportschiffen und in Lagerräumen in Markthallen. Nach dem Weltkrieg bereicherten Klimaanlagen und erste Haushaltskühlschränke die Produktionspalette.

Auch zur Beschleunigung chemisch-technischer Prozesse in der chemischen Industrie wurden Borsig-Kühlaggregate eingesetzt.[98] Dieses Beispiel zeigt mit größter Anschaulichkeit einen Charakterzug, den die Entwicklung der modernen Produktivkräfte erstmalig unter der Ägide des Großkapitals annahm: Sowie die Wissenschaft ein grundlegend neuartiges Wirkungsprinzip bereitstellt, wird es unverzüglich in allen nur denkbaren Richtungen verwertet, um den Markt maximal auszuschöpfen und dadurch Höchstprofite zu erzielen.

Sosehr der Aufschwung der Technik in Berlin zu Beginn unseres Jahrhunderts Beachtung verdient, sowenig darf man allerdings vergessen, daß er nicht nur die intensive Ausbeutung der Arbeiterschaft und schreiende soziale Ungerechtigkeiten zur Kehrseite und Voraussetzung hatte, sondern auch in Krieg und Massenvernichtung mündete. Da war keine Berliner Weltfirma mit lauthals gerühmter technischer Perfektion, die nicht vom Kriegsgeschäft profitiert hätte. Wer nicht direkt Waffen – in immer neuen Generationen – herstellte, der produzierte Zubehör aller Art. Deutlich trat der innere Zwiespalt zutage, den die imperialistischen Verhältnisse dem wissenschaftlich-technischen Fortschritt verleihen.

Der Siemens-Konzern profitiert am Weltkrieg: Vom Wernerwerk wurden große Mengen von Feldfernsprechern verlangt, ferner Einrichtungen für drahtlose Telegraphie, die Telefunken bei der Meßinstrumentenabteilung bestellte, Röntgenanlagen für Feld- und Reservelazarette und natürlich alles das, was die Flotte brauchte … Das Blockwerk fing an, seine Motorenherstellung auf den Bau von Flugzeugmotoren auszudehnen … Das Dynamowerk begann in großem Umfange mit der Geschoßdreherei, Elektromotoren- und Kleinbauwerk folgten seinem Beispiel; daneben wurden ebenfalls Geschoßzünder, Wurfminen und Einzelteile zu Seeminen hergestellt. Das Kabelwerk, von den übrigen Betrieben abseits gelegen, richtete sogar eine Pulverfabrik ein.
Georg Siemens: Der Weg der Elektrotechnik. Zit. in: Dieter und Ruth Glatzer: Berliner Leben 1914–1918. Berlin 1983, S. 236.

Die Gelehrten und das Vaterland

Als große Teile der Berliner Bevölkerung den ins Feld ausrükkenden Regimentern in euphorischer Kriegsbegeisterung – der freilich bald genug der Katzenjammer eines bösen Erwachens folgte – aus voller Kehle zujubelten, da stand die Wissenschaft mit in Reih und Glied. Die Anzahl derjenigen, in denen etwas von dem Bekennermut lebendig war, der Karl Liebknecht bei seinem standhaften Nein zu den Kriegskrediten beseelte, und die ihre Stimme gegen den Wahnwitz dieses Krieges erhoben, war gering.

Die Wissenschaftler, die sich oft beim vorurteilsfreien Vordringen zu neuen Wahrheiten ausgezeichnet hatten, erkannten nicht, daß der chauvinistische Taumel einer durch ein ganzes System der Erziehung und Propaganda erzeugten Erosion der Vernunft, einer der wissenschaftlichen Methode feindlichen irrationalistischen Stimmungswelle entsprang – von einer wissenschaftlichen Einsicht in die Ursachen dieses Krieges ganz zu schweigen. Sie waren daher bereit, dem Militarismus unter Einsatz ihres ganzen Wissens und Könnens mit kriegstechnischen Leistungen zu dienen und ihm mit Aufrufen, Reden und Propagandaschriften beizuspringen, die die Kriegsbegeisterung immer wieder neu anfachen sollten. Die

95 Kurt Heinig: Der Weg des Elektrotrusts. In: Die Neue Zeit, 30. Jg. (1911–1912), 2. Bd., S. 474, 475.
96 Siehe: Carl von Linde (1842 bis 1934). In: Biographien bedeutender Techniker, Ingenieure und Technikwissenschaftler, S. 226–231.
97 Siehe: Berichte über die Welt-Ausstellung in Paris im Jahre 1900, S. 18.
98 Siehe: Deutscher Maschinenbau 1837–1937 im Spiegel des Werkes Borsig, Berlin 1937, S. 303–414.

Brief von Fritz Haber an Schmidt-Ott (1917): Euer Exzellenz erlaube ich mir daran zu erinnern, daß wir in der Gründungszeit des Kaiser-Wilhelm-Instituts für physikalische Chemie und Elektrochemie vielfach den Gedanken erwogen haben, ob nicht bei dieser Gelegenheit ein Zusammenhang hergestellt werden könnte, wie er in Frankreich und England zwischen der Heeresverwaltung und den maßgeblichen Persönlichkeiten der Wissenschaft immer bestanden hat. Die Mauer, die damals diese Kreise trennte, ist im Kriege gefallen. Die Kaiser-Wilhelm-Stiftung für kriegstechnische Wissenschaft stellt ein Verbindungsglied dar, von dem ich hoffe, daß es einen dauernden Zusammenhang schaffen wird. …
Eine Angliederung an diese Stiftung in der Form, daß der zuständige Fachausschuß dieser Stiftung zum wissenschaftlichen Beirat des neuen Instituts wird, würde beiden Einrichtungen zum besonderen Vorteil dienen und dazu beitragen, die Verbindung von Landesverteidigung und Wissenschaft zu stärken, deren unersetzliche Bedeutung wir in diesem Kriege auf den verschiedensten Gebieten erfahren haben.
Günter Wendel: Die KWG 1911–1914, Dokument 127, S. 357.

Militärs ihrerseits sahen, daß die deutschen Gelehrten gar nicht so weltfremd waren, wie sie zuvor geglaubt hatten, sondern sich gut verwenden ließen, wenn man sie nur einzuspannen verstand. Fritz Haber bestätigte 1917 in einem Brief an Schmidt-Ott, die «Mauer», die beide Seiten früher getrennt habe, sei im Kriege gefallen.[99] Der Chauvinismus der deutschen Wissenschaftler unterschied sich wenig von dem ihrer französischen Kollegen, ergab er sich doch aus der in beiden kriegführenden Ländern vorherrschenden imperialistischen Ideologie, und er machte auch vor den akademischen Gefilden nicht Halt.

Warum haben sich die Wissenschaftler in ihrer Mehrheit so orientiert? Waren sie etwa Anhänger der militärischen Gewalt, des Tötens und Sterbens? Obwohl es unter ihnen sicher einige gab, denen man eine solche Gesinnung zutrauen kann, trifft dies für das Gros auf keinen Fall zu. Die meisten Wissenschaftler zweifelten nicht an den Vorzügen des Friedens, sie waren sich der Unersetzlichkeit des friedlichen wissenschaftlichen Austausches, der internationalen Kongresse und Assoziationen durchaus bewußt. Viele hatten die heraufziehende Kriegsgefahr gespürt, es hatte auch an warnenden Stimmen nicht gefehlt. Einsicht und Illusion wohnten dabei nahe beieinander. So erklärte der Berliner Astronom Wilhelm Foerster im Dezember 1913, «daß wir jetzt mitten in all den Kriegsvorbereitungen erst recht an die Verwirklichung des Beginnes einer gemeinsamen, d.h. einer eminent friedlichen Verwaltung der Erde glauben, weil ein Krieg zwischen den großen Kulturvölkern unter den jetzigen Existenz- und Gesittungsbedingungen so nahe am Wahnsinn grenzen würde, daß er kaum begonnen, schon zu Ende sein wird».[100]

Manche besuchten internationale Friedenskonferenzen, wie sie 1899 und 1907 in Den Haag stattfanden.[101] Die Hoffnungen, die der Königsberger Staats- und Kirchenrechtler Philipp Zorn 1899 vor der Abreise zu der Konferenz ausdrückte, waren unter den Wissenschaftlern keine Ausnahme: «Ich sehe der Konferenz hoffnungsvoll entgegen und möchte glauben, dass bei redlichem Willen aus dieser und etwaigen späteren Konferenzen, wenn auch keine ‹Abrüstung›, so doch die wertvolle Weiterbildung des Völkerrechts zum Segen der Menschheit sich ergeben wird.»[102]

Der Gedanke des Friedens hatte im Bewußtsein der Wissenschaftler – und nicht allein bei ihnen – eine unmerkliche, doch um so unheilvollere Deformation erfahren. Viele von ihnen verbanden die Garantie des Friedens mit der Vormachtstellung Deutschlands in der Welt und sahen jede Kritik an Nationalismus und Großmachtchauvinismus, jede Aktivität dagegen als Angriff auf den Frieden. Deshalb mißverstanden sie es als Friedenstat, wenn sich die deutschen Vertreter in Den Haag besonders hartnäckig gegen Abrüstungsmaßnahmen wandten und die Konferenz von 1907 durch ihre Haltung letztlich zum Scheitern brachten.[103] Daher ließen sich auch Wissenschaftler mit Agitationsschriften und Vorträgen vor den Karren des Flottenrüstungsprogramms spannen; die Zahl dieser «Flottenprofessoren» ging in die Hunderte.[104] 1914 bot auch die Sozialdemokratie mit ihrem rechten Vorstand in der Kriegssituation keine Erkenntnis- und Orientierungshilfe. Die Beschlüsse des Internationalen

Nach der Verkündigung der allgemeinen Mobilmachung am 1. August 1914 ziehen chauvinistisch gesinnte Studenten durch die Straße Unter den Linden

Sozialistenkongresses in Stuttgart (1907) waren vergessen; der Parteivorstand beschritt den Weg zur Bewilligung der Kriegskredite, obwohl am 28. Juli 1914 allein in Berlin in 13 großen Versammlungen gegen den Krieg rund 30000 Menschen ihre Bereitschaft zu entschlossenen Aktionen demonstriert hatten. Die Opportunisten in vielen Ländern handelten ähnlich.

---

99 Siehe Günter Wendel: Die KWG 1911–1914, Dokument 127, S. 357.

100 Wilhelm Foerster: Der Beginn gemeinsamer Verwaltung der Erde. In: Ethische Kultur, 1914, S. 41.

101 Siehe Philipp Zorn: Zu zwei Haager Friedenskonferenzen. In: Internationale Monatsschrift für Wissenschaft, Kunst und Technik, 1910, Spalte 1499–1512, 1543–1558.

102 Philipp Zorn. In: Männer der Wissenschaft über die Friedenskonferenz. Hrsg. von Arthur Kirchhoff, Berlin 1899, S. 32.

103 Siehe M. Pawlowitsch: Die Haager Konferenz. In: Die Neue Zeit, 26. Jg. (1907–1908), 1. Bd., S. 544–550.

104 Siehe Wolfgang Marienfeld: Wissenschaft und Schlachtflottenbau in Deutschland 1897–1906. In: Marine-Rundschau, Beiheft 2, Zeitschrift für Seewesen (Frankfurt a. M.), 1957, S. 12–78. Im Anhang (S. 110–125) werden 270 Professoren angegeben, die sich an der Flottenpropaganda beteiligt hatten.

Tagebuchnotiz von Romain Rolland vom 16. September 1915:
Professor A. Einstein, der geniale Physiker und Mathematiker an der Universität Berlin, der mir im Laufe des letzten Winters geschrieben hat, kommt mich von Zürich aus besuchen ... Was die Intellektuellen an den Universitäten betrifft, so teilt Einstein sie in zwei sehr deutlich unterschiedene Klassen: die Mathematiker, Physiker, die Leute der exakten Wissenschaften, die tolerant sind; und die Historiker und die Literaturwissenschaftler, die irre reden vor lauter nationalen Leidenschaften ... Schallend lachend erzählte Einstein, daß sich bei jeder Zusammenkunft des Senats der Universität Berlin alle Professoren nach der Sitzung in einem Lokal treffen und daß dort jedesmal die Unterhaltung mit dieser Frage beginnt: «Warum sind wir in der Welt verhaßt?»
Romain Rolland: Das Gewissen Europas. Zit. in: Dieter und Ruth Glatzer: Berliner Leben 1914–1918, S. 116/117.

Angesichts des völkerrechtswidrigen Einmarsches deutscher Truppen in das neutrale Belgien und der internationalen Proteste dagegen entwarfen Berliner Wissenschaftler den berüchtigten «Aufruf an die Kulturwelt», in dem die deutsch-nationale Gesinnung bürgerlicher Wissenschaftler ihren verhängnisvollen Niederschlag fand. Da wurde Wilhelm II. als «Schirmherr des Weltfriedens» gepriesen und auf denkbar schamlose Weise der Überfall gerechtfertigt.[105] Unter widersinniger Berufung auf Beethoven, Goethe und Kant wurde darin behauptet: «*Es ist nicht wahr*, daß der Kampf gegen unseren sogenannten Militarismus kein Kampf gegen unsere Kultur ist, wie unsere Feinde heuchlerisch vorgeben. Ohne den deutschen Militarismus wäre die deutsche Kultur längst vom Erdboden getilgt. Zu ihrem Schutze ist er aus ihr hervorgegangen in einem Lande, das jahrhundertelang von Raubzügen heimgesucht wurde wie kein zweites. Deutsches Heer und deutsches Volk sind eins. Dieses Bewußtsein verbrüdert heute 70 Millionen Deutsche, ohne Unterschied der Bildung, des Standes und der Partei.»[106]

93 Intellektuelle unterzeichneten diesen Aufruf, 33 von ihnen waren Mitglieder der Berliner Akademie der Wissenschaften oder wurden es später; sie bestätigten sich «gehorsamst» als «geistige Elitetruppe, die Friedrich der Große angeworben und auf ihren Ehrenposten gestellt hat» – so Wilhelm II., als die Gelehrten 1912 zum 200. Geburtstag von Friedrich II. im Schloß antreten durften.[107] Große Namen waren darunter – auch Planck, Nernst und Fischer. Sie alle glaubten, dem Vaterland «Nibelungentreue» zu schulden.

Wollten die deutschen Wissenschaftler künftig Humanismus und Patriotismus wieder in Einklang bringen, so mußten sie aus den bitteren Erfahrungen des Krieges einen neuen Begriff vom Vaterland gewinnen. Die Bezeichnung «Bund Neues Vaterland», die sich eine mitten im Siegesrausch im Herbst 1914 gebildete kleine Vereinigung bürgerlicher Kriegsgegner gab, war von zutiefst symbolischer Bedeutung.

Das militaristische Deutsche Reich konnte ebensowenig das Vaterland der geistigen Arbeiter wie das der Proletarier sein. Jedoch engagierten sich nur ganz wenige Berliner Wissenschaftler hier, aber darunter ihr größter Vertreter, Albert Einstein, das einzige Akademiemitglied, das bis zu bewußter Ablehnung des imperialistischen Krieges gelangte.[108]

Weil er die Schande des «Aufrufes an die Kulturwelt» nicht unwidersprochen lassen wollte, verfaßte er Mitte Oktober 1914 zusammen mit dem Physiologen Georg Friedrich Nicolai ein Gegendokument, den «Aufruf an die Europäer». Aber diesem Unternehmen war kein Erfolg beschieden, nur zwei außer den Autoren wagten es, zu unterzeichnen. Doch daß es überhaupt riskiert wurde, gereicht seinen Initiatoren zur Ehre. Nicolai schrieb später dazu: «Wenn wir bei der privaten Versendung des Aufrufs auch zahlreiche freundliche Zustimmung fanden, so wollten doch selbst die Beistimmenden nicht unterzeichnen: Dem einen schien der Passus mit Griechenland historisch nicht ganz richtig, ein anderer meinte, ein solcher Aufruf käme zu spät, und ein dritter, er käme zu früh, wieder ein anderer hielt es für inopportun, wenn sich die Wissenschaft überhaupt in die Händel der Welt mengte, usw. Die meisten aber waren zu feige, oder sie waren prinzipiell anderer Ansicht. Selbst die besten Deutschen wollten in jenen Tagen nicht gute Europäer sein oder – wagten es nicht.»[109]

Einer der mutigen Unterzeichner war übrigens Foerster, der Astronom, der damit wohl den Moment der Verwirrung, in dem er seine Unterschrift unter den «Aufruf an die Kulturwelt» gesetzt hatte, korrigieren wollte. Einstein wirkte im «Bund Neues Vaterland» und, nach dessen Verbot Anfang 1916, in der Nachfolgeorganisation «Vereinigung Gleichgesinnter», aus der nach dem Krieg die bürgerlich-pazifistische «Deutsche Liga für Menschenrechte» hervorging.

Der Kriegsverlauf ernüchterte die Hurrapatrioten. Der «Heldentod» raffte auch Wissenschaftler und Studenten dahin. Hunger und Mangel zogen in Berlin ein. Auf die Familientische kamen immer mehr Arten von «Ersatz», bei deren «wissenschaftlicher» Komposition sich unter anderem Rubners arbeitsphysiologisches KWI betätigte. Die unnatürliche, aufgeputschte Gemeinsamkeit des Spätsommers 1914 zerfiel. Manche Wissenschaftler bereuten ihre Unterschrift unter den «Aufruf an die Kulturwelt». Als chauvinistische Kreise in der Akademie den Ausschluß aller Korrespondierenden Mitglieder aus den «Feindländern» erzwingen wollten, verhinderte dies Planck mit taktischem Geschick und setzte im Sommer 1915 einen von ihm und Erman eingebrachten Beschlußantrag durch, alle etwaigen Schritte gegen Akademien feindlicher Länder bis nach Kriegsende zu vertagen, wodurch er «für das politische Ansehen der Akademie eine große Tat vollbrachte».[110]

Aber noch immer waren Männer wie Planck und Einstein in der Minderheit. Als im Künstlerhaus in der Bellevuestraße der Alldeutsche Verband im Juni 1915 eine Kundgebung organisiert hatte, die den Beschluß faßte, die Regierung in einer Eingabe vor übermäßiger Zurückhaltung in Sachen Annexio-

Während Technik und Verkehr uns offensichtlich zur faktischen Anerkennung internationaler Beziehungen und damit zu einer allgemeinen Weltkultur drängen, hat noch nie ein Krieg die kulturelle Gemeinschaftlichkeit des Zusammenarbeitens so intensiv unterbrochen, wie der gegenwärtige.
Darf uns also dieser Zustand auch nicht wundernehmen, so wären doch diejenigen, denen jene gemeinsame Weltkultur auch nur im geringsten am Herzen liegt, doppelt verpflichtet, für die Aufrechterhaltung dieser Prinzipien zu kämpfen. Diejenigen aber, bei denen man solche Gesinnung vermuten sollte – also vornehmlich Wissenschaftler und Künstler – haben bis jetzt fast ausschließlich Dinge gesagt, die vermuten lassen, als ob mit der Unterbrechung der tatsächlichen Beziehungen auch selbst der Wunsch zu deren Fortsetzung geschwunden sei …
Solche Stimmung ist durch keine nationale Leidenschaft zu entschuldigen, sie ist unwürdig dessen, was bisher alle Welt unter dem Namen der Kultur verstanden hat, und sollte sie als Allgemeingut der Gebildeten werden, so wäre das ein Unglück.
Zit. in:
Georg Friedrich Nicolai: Die Biologie des Krieges. Betrachtungen eines Naturforschers den Deutschen zur Besinnung, Zürich 1919, S. 12–14.

105 Siehe: Schulthess' Europäischer Geschichtskalender, 31. 1. (1915), München 1917, S. 402.
106 Ebenda, S. 403.
107 Siehe: Die Berliner Akademie der Wissenschaften in der Zeit des Imperialismus, Teil 1, S. 174.
108 Siehe ebenda, S. 179.
109 Georg Friedrich Nicolai: Die Biologie des Krieges. Zürich 1919, S. 14.
110 Die Berliner Akademie der Wissenschaften in der Zeit des Imperialismus, Teil 1, S. 186.

Karl Liebknecht vor Gericht am 23. August 1916 nach dem Plädoyer des Staatsanwaltes: Zuchthaus! Verlust der Ehrenrechte! Nun wohl! Ihre Ehre ist nicht meine Ehre! Aber ich sage Ihnen: Kein General trug je eine Uniform mit so viel Ehre, wie ich den Zuchthauskittel tragen werde. Ich bin hier, um anzuklagen, nicht – um mich zu verteidigen! Nicht Burgfrieden, sondern Burgkrieg ist für mich die Losung.
Zit. in: Deutsche Geschichte, Bd. 2, Berlin 1965, S. 813.

nen zu warnen, unterzeichneten diese sogenannte Professorendenkschrift 1347 Intellektuelle, darunter 352 Professoren. Autor war der Berliner Theologieprofessor Reinhold Seeberg. Der ganze 9. Jahrgang der «Internationalen Monatsschrift für Wissenschaft, Kunst und Technik» (1915) mit seinen vier «Kriegsheften» stand bezeichnenderweise unter dem Motto «Deutschlands Kampf für Recht und Gesittung. Äußerungen führender Männer über den Krieg». Lediglich Hermann Diels durchbrach mit seinem Beitrag «Eine Katastrophe der internationalen Wissenschaft» das chauvinistische Gleichmaß.[III]

Viele Bereiche der Natur- und Technikwissenschaften wurden für Kriegszwecke eingespannt, auch Mathematik und Physik gehörten dazu. Ein anonymer Verfasser schrieb darüber zwei Beiträge für «Die Neue Zeit», aber selbst in dieser sozialdemokratischen Zeitschrift nicht mehr kritisch, sondern die wissenschaftliche Größe Deutschlands rühmend, die nun auch im Kriege zum Tragen komme: «Jedenfalls zeigt sich, in

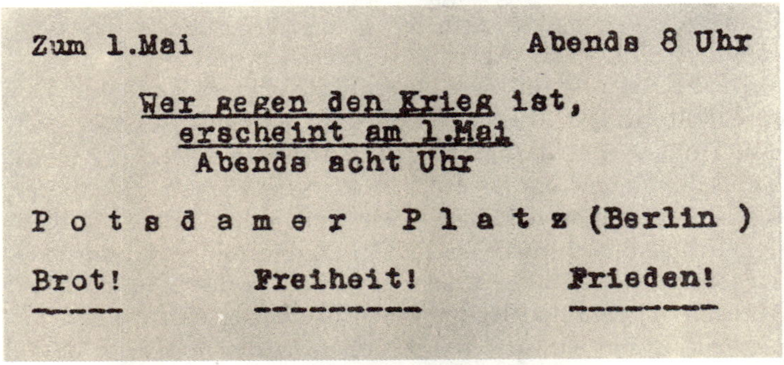
Zum 1.Mai Abends 8 Uhr

Wer gegen den Krieg ist,
erscheint am 1.Mai
Abends acht Uhr

Potsdamer Platz (Berlin)

Brot! Freiheit! Frieden!

Handzettel (Flugblatt) für die Antikriegsdemonstration am 1. Mai 1916

Karl Liebknecht auf der Antikriegsdemonstration am Potsdamer Platz am 1. Mai 1916
Gemälde von Hans Moczнay

Telegraphenwagen für den Einsatz im ersten Weltkrieg Aufnahme um 1915

welch hohem Maße die gesamte Kriegführung und alles, was mit ihr zusammenhängt, von der wissenschaftlichen Arbeit abhängig ist, welche in den letzten Jahrzehnten geleistet wurde.»[112] Der Krieg rege die Forschungstätigkeit an, und «wie in früheren Kriegen, so treten auch im gegenwärtigen neue Aufgaben hervor, die ihre Lösung erheischen durch die Vertreter der reinen Mathematik».[113]

Aus diesem Aufsatz geht übrigens hervor, daß bereits damals Optimierungsprobleme bearbeitet wurden: «Ein interessantes Beispiel dafür gibt uns die Tatsache, daß in einer unserer Festungen eine ‹mathematische Schneiderwerkstätte› bestand, in der der vorhandene Luftballonstoff so zugeschnitten wurde, daß möglichst wenig Materialverlust eintrat und bei Herstellung der Kugelform der Ballonhüllen möglichst wenig Nähte notwendig wurden.»[114] Der Krieg zeige der Jugend, wie notwendig eine solide Mathematik- und Physikausbildung bereits in der Schule sei und daß diese Ausbildung unbedingt erweitert und verbessert werden müsse.

Reibungslos ging die «Mobilmachung» bei der KWG vonstatten. Gerade erst eingerichtet, wurde sie zu einem Instrument für die Bearbeitung kriegswichtiger Forschungs- und Entwicklungsarbeiten umprofiliert. Für die – auch kriegswichtige – Notwendigkeit der theoretischen Grundlagenforschung auf den Gebieten der Aerodynamik und Hydrodynamik hatte sich schon Anfang 1912 der Göttinger Professor

Der liebe Gott wird sich schön wundern. Bis jetzt hat es jeden Sonntagmorgen antelefoniert, und eine Stimme hat gesagt: ‹Beschütze das königliche Kriegsheer und die gesamte deutsche Kriegsmacht zu Lande und zu Wasser.› – ‹Ach so, Preußen!› hat dann der liebe Gott gesagt und hat abgehängt. Denn nun heißt es: ‹… gesamte deutsche Kriegsmacht zu Lande und zu Wasser, insonderheit die Schiffe und die Luftfahrzeuge, welche auf der Fahrt sind.› – ‹Insonderheit›, wird der liebe Gott sagen, ‹ist kein deutsches Wort. So was schreibt man nicht einmal, geschweige denn betet man es. Aber meine lieben Preußen da unten haben so bürokratische Vorbeter, da bin ich dergleichen gewohnt.› Und wird wieder abhängen.
… Aber die Religion geht doch mit der Technik mit, und das ist auch schon eine ganze Menge. Es geht ihnen bestimmt vorher genau so schlecht und so gut wie nachher, aber das macht nichts. Man konnte nunmehr die Luftschiffahrt vor dem lieben Gott nicht mehr verheimlichen, denn der hat schon längst danach gefragt, was da immer explodiert, und hat sich nur gewundert, wenns einmal kein Zeppelin war.
Kurt Tucholsky: Das Gebet für die Luftschiffer. In: Gesammelte Werke, Bd. 1, 1907–1918, Reinbek bei Hamburg 1975, S. 221.

111 Siehe Hermann Diels: Eine Katastrophe der internationalen Wissenschaft. In: Internationale Monatsschrift für Wissenschaft, Kunst und Technik, 1915, Heft 2, Spalte 127–134.
112 H. H. (anonym): Die Physik im Krieg. In: Die Neue Zeit, 34. Jg. (1915–1916), 1. Bd., S. 384.
113 H. H. (anonym): Die Mathematik im Kriegsdienst. In: Die Neue Zeit, 33. Jg. (1914–1915), 2. Bd., S. 59.
114 Ebenda, S. 61.

Aus einem Brief von Fritz Haber an den Chef des Zivilkabinetts, Rudolf von Valentini, 2. Januar 1916:
Der Krieg mit Gaswolken hat seit dem Frühjahr 1915 Monat um Monat seinen Fortgang genommen. Die Gasmasse, die wir vom Winde gegen den Feind insgesamt haben vortragen lassen, reichte, um die Luft über der Gesamtfläche des Deutschen Reiches zwei Meter hoch über dem Boden unatembar zu machen. Die Panik ... ist ... regelmäßig beobachtet worden ... Geländegewinn und Beute haben diesem Erfolg freilich nicht entsprochen. ... Das Institut, bis zum letzten Zimmer besetzt, militärisch bewacht und lediglich für militärische Aufgaben tätig, prüft alle Gasschutzmasken, die ins Feld gehen sollen, belehrt die Fabriken, die mit ihrer Fertigung zu tun haben, und bearbeitet alle Fortschritte. ...
Hoffentlich wird Frieden, obwohl ich keinen Frieden gerne sehe, bei dem Frankreich und Belgien rüstungsfähige Feinde bleiben.
... Die neue Rüstung wird die Gefahr eines Luftkrieges großen Stiles zu beachten haben. ...
Dokument 56. In: Der erste Weltkrieg. Dokumente, Berlin 1983, S. 157–159.

Ludwig Prandtl eingesetzt, aber erst 1915 angesichts «dringender Kriegsbedürfnisse» wandte man sich seinen Vorschlägen, ausgearbeitet in einer neuen Denkschrift «Ausbau der Göttinger Modellversuchsanstalt zu einem vollwertigen aerodynamischen Forschungsinstitut für Heer und Marine»[115], zu und etablierte die Versuchsanstalt im Rahmen der KWG.

In den Berliner KWG-Instituten wurden die verschiedensten Themen der Kriegsforschung bearbeitet – von der «Streckung» von Nahrungsmitteln bis zur Entwicklung einer neuartigen Bremsflüssigkeit für Waffen. 1916 kam es in Dahlem zur Gründung einer «Kaiser-Wilhelm-Stiftung für kriegstechnische Wissenschaft», die die entsprechenden Arbeiten koordinieren und konzentrieren sollte. Die Kriegsarbeit der KWG kann in drei Komplexe zusammengefaßt werden: Lösung von Rohstoffproblemen; Lösung sanitärer, chemotherapeutischer, biochemischer und nahrungsmittelchemischer Aufgaben; Entwicklung von Massenvernichtungsmitteln.[116]

Im Mittelpunkt der vom deutschen Generalstab angezettelten Gaskriegführung steht die Persönlichkeit von Fritz Haber, der 1912 das neue KWI für Physikalische und Elektrochemie in Dahlem als Direktor übernommen hatte. Er war einer der bedeutendsten deutschen Chemiker jener Zeit. Das zusammen mit Carl Bosch produktionsreif ausgestaltete Haber-

Fritz Haber
Aufnahme um 1920

Bosch-Verfahren wurde 1913 erstmals mit Erfolg großtechnisch erprobt. Andererseits versprach die Ammoniaksynthese für die deutschen Militärs auch, die durch den Ausfall der Chilesalpeter-Importe auftretenden Rohstoffprobleme für die Sprengstoffherstellung zu lösen. Daher wurde der BASF 1916 der Millionenauftrag erteilt, bis 1917 die Ammoniakanlage bei Merseburg zu errichten. In einem dienstlichen Bericht an das Kriegsministerium vom 22. April 1916 heißt es zum Bau der Leuna-Werke: «Diese neue Fabrik wird mit einem Kostenaufwand von etwa 60 Millionen Mark bei Merseburg unverzüglich erbaut und soll programmgemäß 9 Monate nach Baubeginn mit der Produktion beginnen.»[117]

Die Ammoniaksynthese war ursprünglich nicht für militärische Zwecke vorgesehen. Die Giftgaserzeugung jedoch war von vornherein ausschließlich auf den Kriegseinsatz ausgerichtet. Mit der Entwicklung der Chemie waren den Chemikern mannigfache neue Stoffe mit toxischen Eigenschaften bekannt geworden, und die Generalstäbe waren immer auf der Suche nach neuen, der Ausrüstung des potentiellen Gegners überlegenen Waffen. So hatte die Heeresverwaltung bereits mit entsprechenden Versuchen begonnen.[118] Um diese Waffe kriegstüchtig oder gar kriegsentscheidend zu machen, zog der Generalstab die besten Chemiker heran. Nur selten hatte jemand den Mut zu einem klaren Nein – etwa der Mediziner Ludolf von Krehl, der in einem Brief an Schmidt-Ott im März 1917 ablehnte, diese «fürchterliche Art der Kriegführung» mit wissenschaftlichen Mitteln zu fördern.[119]

Haber brauchte nur den Teufelspakt mit dem Militarismus zu schließen – sogleich strömte das Gold. Vor dem Krieg reichte die Förderung für das Institut nur für fünf Mitarbeiter. Nun jedoch erhielt es «den Charakter eines militärischen Großinstituts mit 150 Vollakademikern und 2000 Hilfskräften in 10 Abteilungen».[120] Bis September 1917 schnellte der jährliche Aufwand auf das Fünfzigfache des Friedensetats hoch. Wir erkennen hier schon das typische Wachstumsmuster für die Potentiale wissenschaftlich-technischer Großprojekte militärischer Zweckbestimmung.

Haber avancierte auch zum Chef der chemischen Abteilung (später «Abteilung für Gaskampfwesen») im preußischen Kriegsministerium. Schon die Erprobungen waren sehr ge-

Aus der am 22. April 1915 durch Wolffs Telegraphen-Büro verbreiteten Erklärung des Großen Hauptquartiers: In einer Veröffentlichung vom 21. ds. Mts. beklagte sich die englische Heeresleitung darüber, daß deutscherseits «entgegen allen Gesetzen zivilisierter Kriegsführung» bei der Wiedereinnahme der Höhe 60 südlich von Ypern Geschosse, die beim Platzen erstickende Gase entwickeln, verwendet worden seien. ... Wer sich nicht entrüstet, ja nicht einmal gewundert hat, als unsere Gegner in Flandern die Gewalt des Wassers gegen uns zu Hilfe nahmen, der hat auch keinen Grund, empört zu sein, wenn wir uns statt dessen die Luft zum Bundesgenossen machen und sie benutzen, um unseren Feinden betäubende Gase entgegenzutragen. ...
Schulthess' Europäischer Geschichtskalender N. F., 31. 1. (1915), München 1919, S. 247, 252.

115 Siehe Günter Wendel: Die KWG 1911–1914, Dokument 126, S. 350–356; Dokument 121, S. 347–349.
116 Siehe Günter Wendel: Die KWG 1911–1914, S. 211.
117 Dokument 62. In: Der erste Weltkrieg. Dokumente, Berlin 1983, S. 171.
118 Siehe Günter Wendel: Die KWG 1911–1914, S. 212.
119 Siehe ebenda, S. 221.
120 Siehe Günter Wendel: Die Berliner Institute der KWG und ihr Platz im System der Wissenschaftspolitik des imperialistischen Deutschland in der Zeit bis 1933. In: Berliner Wissenschaftshistorische Kolloquien X, S. 45.

Walther Nernst als wissenschaftlicher Berater im ersten Weltkrieg
Aufnahme um 1916

Soldaten während eines Gasangriffs
Aufnahme um 1917

Aus den Lebenserinnerungen von Otto Hahn:
Mitte Januar 1915 wurde ich zum Geheimrat Haber befohlen … Haber teilte mir mit, daß er den Auftrag habe, eine Spezialtruppe für den Gaskampf aufzustellen. Außer mir wurde noch eine Reihe meiner früheren Kollegen, darunter James Franck, Gustav Hertz, Wilhelm Westphal und Erwin Madelung für diese Aufgabe abkommandiert. Wir bildeten nun das neue Pionierregiment 36 und erhielten in Berlin die erste Spezialausbildung im Umgang mit Gaskampfstoffen …
Diese Arbeit war nicht ungefährlich, war man doch dabei auf die absolute Sicherheit der eigenen Schutzmaske angewiesen. Mir passierte nichts, der Leverkusener Chemiker Dr. Günther wurde aber tödlich vergiftet, weil seine Maske verrutscht war; und auch Professor Freundlich vom Haberschen Institut exponierte sich so, daß er in Lebensgefahr geriet.
Zit. in:
Dieter und Ruth Glatzer: Berliner Leben 1914–1918, S. 239/240.

fährlich; es kam zu schweren Erkrankungen und sogar zu Todesfällen. Beim Einsatz an der Westfront war vielen Soldaten ein besonders qualvoller Tod beschieden. Wenn die Gasmunition doch nicht so brauchbar als Aggressionswaffe war, wie der Generalstab erhofft hatte, so liegt das nicht an den Wissenschaftlern, die sie entwickelt hatten, und es entschuldigt sie auch nicht.

Die ganze Angelegenheit hatte ein bezeichnendes Finale: 1918 erhielt Haber den Nobelpreis für die Ammoniaksynthese, und die Alliierten setzten ihn wegen seiner früheren Beteiligung am Gaskrieg auf die internationale Kriegsverbrecherliste und forderten von Deutschland seine Auslieferung. Im gleichen Atemzug bezeugte ihm die Welt ihre Achtung und ihre

Verachtung. Deutlich erhellt dieser Widerspruch der Geschichte den Januskopf der damaligen deutschen Wissenschaft: Sie war zu allem fähig, in diesem wie in jenem Sinne. Niemand hätte wohl geglaubt, daß der unheilvolle Fortgang der Ereignisse eineinhalb Jahrzehnte später dann eine tragisch-groteske Pointe haben könnte: Haber war Jude, und so gab ihm die gleiche Klasse, der er stets bedenkenlos gedient hatte, am Ende seines Lebens statt des erwarteten Lorbeers den Fußtritt einer schimpflichen Vertreibung aus Amt und Würden.

Wie aus einem Schreiben von Nernst an den Chef des Zivilkabinetts, von Valentini, hervorgeht, wurde bereits die Möglichkeit einer bakteriologischen Kriegführung erwogen: «Ew. Exzellenz beehre ich mich anliegend den ersten ausführlichen Bericht über die Wirkung unserer ‹chemischen Munition› zu übersenden, von welcher ich neulich kurz mündlich berichtete. Ich tue dies um so lieber, als diese von uns ausgearbeitete Munition offenbar humaner ist als ein gewisses anderes Projekt, von dem wir ebenfalls neulich sprachen ... Trotzdem schiene es mir immer noch angebracht, für alle Fälle an die Gewinnung von Waffen mit Hilfe der Arbeit der medizinischen K. W.-Institute zu denken, wenn auch zum Glück ihr Bedürfnis in weiter Ferne liegt.»[121]

Eine Reihe von Charakterzügen der Liaison von Militarismus und Wissenschaft zeigt sich hier: Das Fehlen von Skrupeln bei den teilnehmenden Wissenschaftlern oder ihre erfolgreiche Verdrängung; der Reiz des wissenschaftlich «interessanten» Problems als hinreichendes Motiv für die bereitwillige Teilnahme an einem solchen Projekt; die moralische Rechtfertigung mit Hilfe von Pseudoargumenten.

In den Jahren des ersten Weltkrieges reiften aber zugleich welthistorische Veränderungen heran, die den deutschen Wissenschaftlern die Chance einer grundsätzlichen Neuorientierung boten. In Rußland siegte die Große Sozialistische Oktoberrevolution, die einer neuen Gesellschaft zum Durchbruch verhalf, in der die Einheit von Wissenschaft und Humanismus auf einer prinzipiell neuen geschichtlichen Stufe wiederhergestellt und höherentwickelt wurde.

In Deutschland geriet die alte Gesellschaft in eine tiefgreifende Krise, die Novemberrevolution bereitete sich vor. Noch waren es in Berlin nur wenige Gelehrte, die den neuen Weg gingen, aber die Saat war gelegt.

Der erste Weltkrieg offenbarte das zutiefst volksfeindliche Wesen des Imperialismus. Tod und Verstümmelung für Zehntausende Berliner, Elend und Ausbeutung in den Knochenmühlen der Rüstungsindustrie, Hunger und Siechtum für Hunderttausende, besonders im berüchtigten «Kohlrübenwinter» 1916/17, einerseits, extreme Profite und brutaler Machteinsatz des Rüstungskapitals andererseits – das war der imperialistische Krieg. Von Berlin aus wurde die staatsmonopolistische Kriegswirtschaft organisiert. Von keiner anderen deutschen Stadt gingen aber auch so nachhaltige Impulse für den entschlossenen Kampf gegen imperialistischen Krieg und dessen aktive Unterstützung durch die rechten sozialdemokratischen Führer aus. Die marxistischen Linken bildeten den aktiven Kern der Antikriegsbewegung. Die von Wilhelm Pieck organisierte Antikriegsdemonstration Berliner Frauen im Mai 1915, die Demonstration am 1. Mai 1916 mit Karl Liebknecht auf dem Potsdamer Platz, politische Massenstreiks im Juni 1916, im April 1917 und im Januar 1918 bildeten auf ganz Deutschland ausstrahlende Höhepunkte des Kampfes der Berliner Arbeiterklasse gegen den imperialistischen Raubkrieg und für den Frieden.

750 Jahre Berlin. Thesen, S. 38/39.

121 Dokument 47. In: Der erste Weltkrieg. Dokumente, S. 139/140.

Hauptstädtische Wissenschaft in der ‹Republik auf Zeit› 1918–1933

Restauration statt Revolution:
Geburt einer neuen Wissenschaftsstrategie

Hochschulstadt –
oder ein Versuch preußischer Hochschulpolitik
unter Weimarer Vorzeichen

Wissenschaft als Elixier der Konkurrenzfähigkeit –
das Beispiel der Elektroindustrie

Das Wissen und das Volk

Was sonst noch geforscht wurde …

Die Physiker und die Ignoranten:
Grundlagenwissenschaft im Sog politischer Kämpfe

Zwei Welten in Kontakt:
Frühe deutsch-sowjetische Wissenschaftsbeziehungen

Ilja Ehrenburg notierte 1922 seine Eindrücke über Berlin:
In Europa gibt es nur *eine* zeitgemäße Stadt – es ist Berlin. ...
Was für eine Staatsordnung Deutschland hat? Man sagt, es sei eine Republik. Wahrscheinlich ist das so. Jedenfalls hat Berlin eine unauffällige Staatsordnung, das aber ist ein nicht geringer Vorzug. ...
Wie in jeder Stadt, gibt es in Berlin Nationalisten und Internationalisten. Sie wohnen in verschiedenen Vierteln. Der Berliner Westen ist überpatriotisch gesinnt.
... die westlichen Viertel sind weit entfernt vom Dunst der Fabriken, und darum sind sie von «anständigen Leuten» bewohnt, die «anständigen Leute» aber reden bekanntlich gern von ihrer Vaterlandsliebe. ... Die an der Ost- und Nordperipherie Berlins Wohnenden halten sich für «Internationalisten». ... Sie legen von ihren spärlichen Groschen einige zurück und schicken sie durch die Gewerkschaften den Ruhrgenossen. Manchmal begeben sie sich in fremde Stadtviertel und singen, durch die Straßen des Westens ziehend, die Internationale. ...
... Im Lauf der letzten Jahre wurde eine neue große Untergrundstrecke gelegt. Die Nauener Funkstation hat sich um das Vierfache vergrößert. Sie ist jetzt die gewaltigste unter den europäischen Stationen. Die Deutschen können nicht umhin, zu arbeiten ...
Ilja Ehrenburg: Briefe aus dem Café. In: Ilja Ehrenburg· Visum der Zeit, Leipzig 1982, S. 46–54.

Restauration statt Revolution: Geburt einer neuen Wissenschaftsstrategie

Das Kapitel II der Weltgeschichte begann mit der Großen Sozialistischen Oktoberrevolution. Wenngleich es zunächst noch nicht in Deutschland aufgeschlagen wurde – das Echo der Ereignisse in Rußland war auch hier machtvoll zu spüren. Die Kriegsstrategie der deutschen Imperialisten hatte schmählichen Schiffbruch erlitten. Ihre Resultate waren jedem sichtbar: lange Gefallenenlisten – allein die Berliner Universität verlor 1100 Angehörige auf den Schlachtfeldern, vom Studenten bis zum Nobelpreisträger[1] –, Hunger, Krankheiten, Leid und Not. Die Massen der deutschen Arbeiter begriffen mehr und mehr, wo die Schuldigen am Krieg zu suchen waren. Ihr Zorn entlud sich in der Novemberrevolution, deren Zentrum Berlin war und deren elementare Gewalt ausgereicht hätte, den alten Staatsapparat zu zerschlagen, wäre bereits eine organisierte, gestählte revolutionäre Kampfpartei vorhanden gewesen und hätte nicht die rechte sozialdemokratische Führung durch ihren Verrat den revolutionären Schwung der Massen gebremst, die Richtung ihres Kampfes verbogen, seine Ergebnisse verfälscht.

Schließlich holte sie die reaktionäre Soldateska nach Berlin, um den Kampf für eine neue Ordnung in Blut zu ersticken – alles unter Ausnutzung des eingespielten Parteiapparates, der einst unter der Führung August Bebels und Wilhelm Liebknechts als Kampfinstrument der Arbeiterklasse aufgebaut worden war und nun zum Instrument ihrer Entwaffnung wurde.

Aus den Stürmen der Revolution ging aber auch als größte Errungenschaft der deutschen Arbeiterbewegung die Kommunistische Partei Deutschlands hervor. Die Reaktion, die die prinzipielle Herausforderung, die mit dieser neuen, zahlenmäßig noch schwachen Partei für sie verbunden war, erkannte, ließ ihre Führer Rosa Luxemburg und Karl Liebknecht kaltblütig ermorden. Dieser politische Mord, Vorbote der Herrschaftspraxis, die der deutsche Imperialismus fünfzehn Jahre später zur Methode machen sollte, raubte nicht nur der deutschen Arbeiterbewegung zwei hervorragende Führerpersönlichkeiten, sondern nahm der marxistischen Gesellschaftswissenschaft auch zwei ihrer besten Theoretiker, über die sie damals auf deutschem Boden verfügte. Doch ihr Werk lebte weiter im Erstarken der jungen KPD in den Kämpfen der zwanziger Jahre, auch in Berlin.

Alle diese Ereignisse vollzogen sich in wenigen Monaten – im Grunde von Anfang November 1918 bis Mitte Mai 1919 –

Hoch Spartakus
Federzeichnung
von Karl Holtz. 1919

in unerhörter Dramatik und Dichte. Nun könnte man natürlich annehmen, daß die Berliner Wissenschaftler, die doch so sensibel und genau auf die kleinsten Andeutungen neuer Wahrheiten auf ihren Fachgebieten zu reagieren wußten, von der welthistorischen Größe dieser Vorgänge zutiefst ergriffen gewesen wären. Doch die Erziehung, die sie genossen hatten, ihr ideologisches Eingebundensein in die herrschende Klasse, hinderte die meisten von ihnen, aus dem Weltkrieg und der militärischen Niederlage des imperialistischen Deutschlands richtige Lehren zu ziehen und den historischen Sinn der Novemberrevolution zu verstehen.

Maxim Gorki
an Michail Prischwin
aus Berlin am 20. November 1923:
Und am meisten leidet darunter die Intelligenz, ganz besonders die Schriftsteller und die Wissenschaftler.
Hier wie überall in Europa ist ein ständig sinkendes Interesse an der Kultur zu beobachten: Die Etats und Budgets der wissenschaftlichen Einrichtungen werden gekürzt, und es sinkt der Bedarf an Büchern, weil sie immer teurer werden. Hoch im Kurs stehen nur Abenteuerromane ... Und immer mehr zieht das stumme, dumme Kino das Publikum an – statt bisher zwei Vorstellungen je Abend gibt es bereits drei bis vier.
Der Geruch der Zersetzung, der Fäulnis, ist sehr stark, besonders hier in Deutschland.
Maxim Gorki.
Briefwechsel mit sowjetischen Schriftstellern,
Berlin 1984, S. 353/354.

1 Siehe: Magister und Scholaren, Professoren und Studenten, Leipzig/Jena/Berlin 1981, S. 143.

Albert Einstein in einem Brief vom 4. Dezember 1918 an seinen Freund Michele Besso: Etwas Großes ist wirklich erreicht. Die militärische Religion ist verschwunden. Ich glaube, sie wird nicht mehr wiederkehren. ... Drollig sind nun die Sitzungen der Akademie; die alten Leutchen sind größtenteils desorientiert und schwindlig. Sie empfinden die neue Zeit wie einen traurigen Carneval und trauern nach der alten Wirtschaft, deren Verschwinden unsereinem eine solche Befreiung bedeutet. Wenn ich den Treitschke im Hof der Universität sehe mit seiner protzig-arroganten Stellung und seinem soliden Bauch aus Erz, kommt er mir vor wie ein Mammut der Bismarckschen Eiszeit. *Zit. in: Friedrich Herneck: Einstein und sein Weltbild, Berlin 1976, S. 189.*

Viele begriffen überhaupt nichts und sahen in den revolutionären Ereignissen nur eine unliebsame Störung der «Ordnung», die ihnen Unbequemlichkeiten schuf und sie beim Prozeß des Übergangs von den besonderen Bedingungen des Krieges zum «normalen» wissenschaftlichen Leben störte. Viele blickten nicht nur indigniert, sondern haßerfüllt auf die demonstrierenden Arbeiter, weil sie sich fest auf der reaktionären Seite der Barrikade engagiert hatten.

Nur wenige – unter ihnen Albert Einstein – sahen in der Revolution eine große Chance, die die Gesellschaft und damit die Wissenschaft zu neuen Horizonten führen konnte. Kaum einer überschritt dabei den Rahmen bürgerlich-demokratischer Hoffnungen und fand zu den Positionen des revolutionären Marxismus. Nur einige wenige junge Ordinarien – so der gegen den Widerstand der Fakultät berufene Sozialhygieniker Alfred Grotjahn und der Jurist Gustav Radbruch – vertraten sozialdemokratische Positionen und standen der sozialistischen Studentengruppe (nicht den wenigen Jungkommunisten) an der Universität nahe. Einstein, der sich für die Verständigung der Völker und Geistesschaffenden einsetzte, blieb damit an der Akademie allein.

Die Durchhalteprofessoren, die während des Krieges eifrig die hurrapatriotische Propagandatrommel geschlagen hatten, machten auf der alten Linie weiter. Bis zur Revolution hatten sich viele in der alldeutsch-chauvinistischen «Deutschen Vaterlandspartei» von Wolfgang Kapp und Dietrich Schäfer betätigt, in deren Vorstand auch noch die Akademiemitglieder Karl Holl, Gustav Roethe und Ulrich von Wilamowitz-Moellendorff wirkten.[2] Manche schlossen sich dann dem «Stahlhelm» oder dem «Deutsch-Völkischen Schutz- und Trutzbund» an. Roethe, führender Germanist an der Universität und Klassensekretar der Akademie, engagierte sich als Vorsitzender des «Reichsausschusses deutsch-nationaler Hochschullehrer».

Von Reichsgründungsfeiern, Anti-Versailles-Kundgebungen und anderen Veranstaltungen der Universität und der Technischen Hochschule strahlte ein militanter Nationalismus und Revanchismus aus. Dieser Geist inspirierte Studenten und Abiturienten, am Kapp-Lüttwitz-Ehrhardt-Putsch im März 1920 teilzunehmen. Auch monarchistische Professoren bedauerten lebhaft, daß es mit diesem Putsch nicht gelungen war, der gerade erst gegründeten Republik den Todesstoß zu versetzen. Er scheiterte an der kampfentschlossenen Haltung der Arbeiterklasse, die nicht gewillt war, ihre Errungenschaften wieder preiszugeben. Wüst und hemmungslos war das konterrevolutionäre Treiben im akademischen Bereich. Selbst der rechtssozialdemokratische Kulturpolitiker Konrad Hae-

Bewaffnete Arbeiter vor dem Universitätsgebäude
Aufnahme von 1918

nisch mußte zugeben, daß «in der Tat unsere höheren Lehranstalten und Universitäten die gefährlichsten Herde der gegenrevolutionären Bewegung» seien. Universitätsrektor Reinhold Seeberg wertete die Novemberrevolution als die «traurigste und bitterste Zeit» seines Lebens. Wie verständnislos viele Gelehrte in Berlin die Novemberrevolution erlebten, zeigen die Erinnerungen des Pathologen Otto Lubarsch, der übrigens später als einer der ersten Berliner Wissenschaftler die Sowjetunion besuchte. Selbst für einen zum Liberalismus und zu «elastischeren» Positionen neigenden Gelehrten wie Ernst Troeltsch war die Revolution ein «Unglück», der opportunistische Verrat an der Revolution hingegen ein Beitrag zur «Rettung von Reich, Staat, Gesellschaft und Ordnung». Wie Friedrich Meinecke leugneten er und andere nicht, «Herzensmonarchisten» zu sein, fanden sich aber als «Vernunftrepublikaner» mit den ungeliebten Realitäten ab.

Auch die vielen, die sich von chauvinistischen Übersteigerungen frei hielten, empfanden zum beträchtlichen Teil die militärische Niederlage als ein unverschuldetes Unglück, so wie sie nach wie vor den Krieg als Ergebnis einer gegen Deutschland gerichteten Aggression seiner neidischen Feinde auffaßten. Ihre Rechnung war etwa so: Die deutsche Wirtschaft liegt am Boden, die Kolonien sind verloren, es werden enorme Reparationen zu zahlen sein – was geblieben ist, um wieder in die Höhe zu kommen, das ist die Wissenschaft, das ist die unersetzliche geistige Kapazität der deutschen Gelehrten, die kein Sieger rauben kann. Also heißt es unbeirrt und

Otto Lubarsch erinnert sich: Gegen Mittag hörten wir im Institut Gejohle auf der Straße und sahen in einer gewissen Ordnung einhermarschierende Männer und Weiber mit roten Abzeichen, untermischt mit liederlich und lumpig aussehenden Soldaten. ... In maßloser Wut schrie ich dem Gesindel allerlei Schimpfworte mit der Faust drohend zu, als ich mich plötzlich an den Armen gepackt und in einen Hausflur gezogen fühlte und ein Herr mich anschrie: «Sind Sie denn irrsinnig ...?»
Zit. in:
Dieter und Ruth Glatzer: Berliner Leben 1914–1918, Berlin 1983, S. 533.

2 Siehe: Die Berliner Akademie der Wissenschaften in der Zeit des Imperialismus, Teil II. Von der Großen Sozialistischen Oktoberrevolution bis 1933, Berlin 1975, S. 87.

Denn die Wissenschaft gehört mit zu dem letzten Rest von Aktivposten, die uns der Krieg gelassen hat ... Und gerade diese idealen Güter werden uns am allernötigsten sein, wenn wir auf die Wiederaufrichtung unseres Vaterlandes hoffen wollen ... Darum war eine treue zielbewußte Pflege der geistigen Güter niemals nötiger als in der jetzigen Welt der beginnenden allgemeinen geistigen Verarmung.
Max Planck am Leibniztag 1919 der Berliner Akademie. In: Sitzungsberichte der Preußischen Akademie der Wissenschaften zu Berlin 1919, S. 548.

sachlich weiterarbeiten, ohne sich vom Lärm der Straße und den Nöten des Alltags allzusehr beeindrucken zu lassen. Es ist nicht zu bestreiten, daß mit dieser Haltung unter schwierigen materiellen Bedingungen der Arbeit persönliche Opfer im Dienste der Wissenschaft gebracht, vom Abreißen bedrohte Traditionen erhalten und Positionen bewahrt wurden. Doch ist ebensowenig zu bezweifeln, daß diese Haltung des treuen, hingebungsvollen Arbeitens, ohne nach rechts und nach links zu sehen, ausgezeichnet in das Konzept der um die Festigung ihrer gerade noch behaupteten Macht bemühten deutschen Großbourgeoisie paßte und daß diese Übereinstimmung ihren realistischen, weitsichtigsten Vertretern auch bewußt war und von ihnen überlegt genutzt wurde.

Machterhaltung, Machtausbau und Maximalprofit stehen an der Spitze der Interessen des Monopolkapitals, und um dies zu sichern, werden notfalls die Taktiken und die Figuren gewechselt. Wie die Ereignisse des Jahres 1918 lehrten, kann – wenn eine sozialistische Revolution droht – dieser Kulissen- und Figurenwechsel sogar unerwartet weit gehen, bis hin zum Aufgeben der in Deutschland tief eingewurzelten monarchistischen Staatsform. Die «flexible» Richtung des Monopolkapitals, die auf einen «Verständigungsfrieden» aus war, gewann während des Weltkrieges um so mehr an Autorität, je deutlicher die Unmöglichkeit eines militärischen Sieges wurde. Die Monopolisten dachten nicht daran, die Talfahrt des Hohenzollernregimes mitzumachen, und stellten sich frühzeitig, wenn auch zunächst noch sehr diskret, auf neue politische Kräftekonstellationen ein.

Diese Vorbereitungen auf die Nachkriegssituation betrafen alle wesentlichen Seiten der Politik, selbstverständlich auch die Wissenschaftspolitik, denn diesen Kreisen war es in weit höherem Grade als den meisten Wissenschaftlern bewußt, daß die Förderung und produktive Nutzung der Wissenschaft in den Wiederaufstiegs- und Revanchepläne des deutschen Imperialismus fortan einen Haupttrumpf darstellen mußte.

Sie legten sich auch darüber Rechenschaft ab, daß dazu eine entsprechend den veränderten Bedingungen abgewandelte, aus der Klassensicht des Monopolkapitals höher entwikkelte Wissenschaftsstrategie vonnöten sein würde. Man darf also nicht glauben, daß die neuartigen Nachkriegsmaßnahmen auf diesem Gebiet ad-hoc-Reaktionen auf eine überraschende Wirklichkeit gewesen wären; in ihren Grundgedanken waren sie von langer Hand vorbereitet.

Die herkömmliche preußische Hierarchie, in der die Wissenschaft mit Abstand hinter «Wehrkraft» und Wirtschaft eingeordnet war, stand schon in den letzten Kriegsjahren unter Kritik. Flexibler denkende Monopolisten erachteten es für wahrscheinlich, daß künftig Kultur und Wissenschaft gegenüber der Wirtschafts- und Militärmacht verstärkt in Rechnung gestellt werden müßten. P. M. Rühlmann schrieb 1919 rückblickend: «Unsere Weltgeltung war zu einseitig auf wirtschaftliche und militärische Machtentfaltung gestellt. Es fehlten fast vollständig die geistigen, die kulturellen Ausstrahlungen ...»[3] Repräsentanten einflußreicher Monopole wie Walther Rathenau oder Wichard von Moellendorff empfahlen, sich für die Nachkriegszeit am «Vorbild der guten Teile der Kriegswirtschaft» zu orientieren.[4] Sie gingen davon aus, daß ein künftiger Friede im Grunde nichts weiter als die Fortsetzung des Krieges mit anderen Mitteln und unter anderen Bedingungen sein würde, also ein Friede mit imperialistischen Vorzeichen.

Bereits im Januar 1918, als an der Westfront noch gekämpft wurde, wurde ein Reichswirtschaftsamt gegründet, das sich mit der Überleitung der Wirtschaft auf eine langfristige Friedensstrategie befaßte und dabei auch den verstärkten Ausbau natur- und technikwissenschaftlicher Potentiale in Rechnung stellte. Neuere Quellenanalysen haben gezeigt, «daß führende Kreise des forschungsengagierten Kapitals und der Staatsbürokratie schon in der Krise der Monarchie 1917/18 um eine gewisse Modifizierung jener Rangordnung (von ‹Wehrkraft und Wissenschaft› – *d. Verf.*) insoweit bemüht waren, als sie den verstärkten Ausbau und die Nutzung natur- bzw. technikwissenschaftlichen Potentials für die weitere Kriegführung und darüber hinaus für eine zukünftige – wie auch immer anzusetzende – Nachkriegsstrategie des deutschen Imperialismus anstrebten».[5]

Entsprechend traten in der Wissenschaftspolitik neue Köpfe in den Vordergrund; sie hatten auf diesem Gebiet auch schon vorher eine Rolle gespielt, nun aber wurden ihre Gedanken und Handlungen maßgebend. Zu ihnen zählen Fritz Haber, Carl Duisberg, Friedrich Schmidt-Ott, Carl Heinrich Becker und andere – Männer von unterschiedlicher Position und unterschiedlichem Profil, die – jeder auf seine Weise – am System der großbürgerlichen Wissenschaftsstrategie mitbauten. Danach wurden Neuerungen in der Wissenschaftspolitik und in der Organisation der wissenschaftlichen Arbeit mit dem erklärten Ziel eingeführt, die alte Gesellschaftsordnung zu restaurieren und zu stärken.

Zu den vitalen Notwendigkeiten des Staates gehört auch die Erhaltung der wenigen großen Aktivposten, die er noch besitzt. Unter diesen Aktivposten kommt der deutschen Wissenschaft eine hervorragende Stellung zu. Sie ist die wichtigste Voraussetzung nicht nur für die Erhaltung der Bildung im Lande sowie für die Technik und Industrie Deutschlands, sondern auch für sein Ansehen und seine Weltstellung, von der wiederum Geltung und Kredit abhängen.
Adolf von Harnack: Denkschrift der kartellierten deutschen Akademien von 1920. Zit. in: Wolfgang Schlicker: Forschung und Gesellschaft – Vergesellschaftung der Forschung. Zur Stellung der Notgemeinschaft der Deutschen Wissenschaft in der bürgerlichen Wissenschaftspolitik der Weimarer Republik. In: NTM, 1975, Heft 1, S. 45.

---

3 P. M. Rühlmann: Kulturpropaganda. Grundsätzliche Darlegungen und Auslandsbeobachtungen, Charlottenburg 1919, S. 4.
4 Siehe Dieter Baudis/Helga Nussbaum: Wirtschaft und Staat in Deutschland vom Ende des 19. Jahrhunderts bis 1918/19, Berlin 1978, S. 326.
5 Wolfgang Schlicker: Die Notgemeinschaft der deutschen Wissenschaft und die bürgerliche deutsche Wissenschaftspolitik in der Weimarer Republik. In: Berliner Wissenschaftshistorische Kolloquien X: Zur Geschichte der Deutschen Staatsbibliothek sowie zu Tendenzen der Wissenschaftspolitik im imperialistischen Deutschland, Berlin 1984, S. 73/74.

Den Zusammenhang zwischen dem Drängen der Monopole nach neuerlicher ökonomischer Expansion und der Notwendigkeit intensiverer Nutzung von Forschung und Technik unterstrich Duisberg mit seinen Forderungen nach einem höheren qualitativen Niveau der kapitalistischen Produktion in Deutschland:
«Es läßt sich in der Industrie unendlich viel erreichen, wenn man die Technik auf eine höhere wissenschaftliche Basis stellt, und wenn man dann versucht, die Verfeinerung soweit als möglich zu treiben. ... Wollen wir unseren Absatz vergrößern, so müssen wir fremde Erzeugnisse durch bessere verdrängen.»
Abhandlungen, Vorträge und Reden aus den Jahren 1882-1921 von Carl Duisberg. Herausgegeben zu seinem 60. Geburtstag vom Aufsichtsrat und Direktorium der Farbenfabriken vorm. Friedr. Bayer & Co., Berlin/Leipzig 1923, S. 844, S. 846.

Duisberg vertrat das Chemiekapital, doch in der Zeit der Weimarer Republik trat er darüber hinaus als konzeptiver Ideologe und Wissenschaftspolitiker des gesamten deutschen Monopolkapitals auf. Als Repräsentant eines Industriezweiges, der seine Innovationsstrategie mindestens ebenso wie die Elektroindustrie, vielleicht noch systematischer und umfassender, auf die mit wissenschaftlichen Methoden durchgeführte Serienproduktion von Erfindungen gründete, und als von der Pike auf gedienter Chemiker konnte er die Erfordernisse dieser Arbeit mit hoher Sachkenntnis beurteilen.[6] Auch führende Vertreter anderer Industriezweige, die früher der Anwendung wissenschaftlicher Ergebnisse eher distanziert gegenüberstanden, hatten die Zeichen der Zeit erkannt und folgten nun diesem Kurs. Neben Duisberg trieben Repräsentanten des Berliner Elektrokapitals wie Carl Friedrich von Siemens oder das AEG-Vorstandsmitglied Georg Klingenberg, jedoch auch Albert Vögler, der als Wortführer der Schwerindustrie an der

Friedrich Schmidt-Ott
Aufnahme um 1925

Carl Duisberg
Aufnahme um 1934
Nach langjähriger Tätigkeit als Chemiker wurde Duisberg 1899 Direktor der chemischen Farbenfabriken vorm. Friedrich Bayer & Co. in Elberfeld. In der folgenden Zeit gelang es ihm auch durch die konsequente Ausnutzung internationaler Erfahrungen und Entwicklungstrends in der Unternehmensführung, zum Initiator des IG-Farben Konzerns und zum Vorsitzenden des Reichsverbandes der Deutschen Industrie und damit in Spitzenfunktionen des Monopolkapitals aufzusteigen.

Carl Heinrich Becker
Aufnahme um 1930

Ruhr ständig in Berlin zu tun hatte, den Ausbau monopolkapitalistischer Positionen in der Wissenschaftspolitik voran.

Schmidt-Ott, der sich noch bei Althoff die Sporen verdient hatte und im Kultusministerium dessen Nachfolger geworden war, hatte 1917/18, in der Agonie des Wilhelminischen Reiches, selbst das Ministeramt bekleidet; er vermied es mit Bedacht, nach der Novemberrevolution im Kultusministerium mitzuarbeiten. Er lehnte auch die Aufforderung ab, die Leitung eines in Aussicht genommenen Reichskommissariats für Wissenschaft zu übernehmen. Seine Sache war es nicht, sich in der ersten Reihe der Politiker verschleißen zu lassen, die den Schwung der Revolution aufzufangen und zu brechen hatten; das verbot ihm nicht nur seine strikt monarchistische Gesinnung. Er hatte weitaus größere Pläne, und er wurde im folgenden zum Initiator und Haupt einer Organisation, deren wissenschaftspolitischer Einfluß den eines preußischen Kultusministers wohl übertroffen haben dürfte. Beachtenswert ist seine enge Verbindung mit dem Chemiekapital und dabei insbesondere mit Duisberg. Auf Anregung von Henry Theodor von Böttinger wurde er in den Aufsichtsrat der Elberfelder Farbenfabriken (ab 1925 IG Farben) aufgenommen; zugleich wurde er auch 2. Vizepräsident der KWG, deren Präsident weiterhin Harnack blieb.[7]

Becker, von Haus aus Orientalist, wurde 1916 Staatssekretär im preußischen Kultusministerium, ein großbürgerlich-liberal

6 Siehe Hubert Laitko: Carl Duisberg – wissenschaftspolitischer Programmatiker des deutschen Chemiekapitals. In: Perspektiven interkultureller Wechselwirkung für den wissenschaftlichen Fortschritt. Kolloquien der Akademie der Wissenschaften der DDR, Institut für Theorie, Geschichte und Organisation der Wissenschaft, Heft 48, Berlin 1985, S. 49–62.

7 Siehe Wolfgang Schlicker: Die Notgemeinschaft der deutschen Wissenschaft und die bürgerliche deutsche Wissenschaftspolitik in der Weimarer Republik. In: Berliner Wissenschaftshistorische Kolloquien X, S. 78.

Preissteigerungen während der Inflation am Beispiel einer Straßenbahnfahrt in Berlin (Auswahl aus den Steigerungsetappen):
1. Januar 1918 – 0,10 M
1. Mai 1918 – 0,15 M
1. Sept. 1919 – 0,20 M
1. Januar 1920 – 0,30 M
1. April 1920 – 0,50 M
1. April 1921 – 1,00 M
1. April 1922 – 1,50 M
1. Oktober 1922 – 10,00 M
1. November 1922 – 20,00 M
1. Dezember 1922 – 50,00 M
1. Februar 1923 – 150,00 M
1. April 1923 – 300,00 M
1. Juli 1923 – 1 000,00 M
1. August 1923 – 10 000,00 M
1. Oktober 1923 – 4 500 000,00 M
1. November 1923 – 2 000 000 000,00 M
22. November 1923 – 150 000 000 000,00 M
Willy Mann: Berlin zur Zeit der Weimarer Republik, Berlin 1957, S. 70.

eingestellter Mann, der gerade recht kam, um Nachkriegskonzepte zu entwickeln. Sein Anliegen war eine in die Konsolidierungsstrategie des deutschen Imperialismus mit Bedacht eingeordnete Kulturpolitik, die nach innen wie nach außen wirksam werden und in der die Wissenschaftspolitik einen beachtlichen Platz einnehmen sollte. Dieses Anliegen verfocht er bereits 1917 in einer Denkschrift; besonders bekannt wurde aber seine Denkschrift «Kulturpolitische Aufgaben des Reiches» aus dem Jahre 1919, zu der ihn Hugo Preuss – Mitautor der Weimarer Verfassung – angeregt hatte. Sehr beachtenswert ist, daß die Kulturpolitik hier in aller Offenheit politisch, nicht einfach als Fachressort, definiert wurde, als «bewußte Einsetzung geistiger Werte im Dienste des Volkes oder des Staates zur Festigung im Innern und zur Auseinandersetzung mit anderen Völkern nach außen». Deutschland habe jetzt «im Ringen der Völker nur noch seinen Ideengehalt als Einsatz».[8]

In der erwähnten Denkschrift betonte Becker die entscheidende wissenschaftspolitische Kompetenz des Reiches. Auch der weitsichtige Schmidt-Ott hatte sich schon früh für eine größere Reichskompetenz in der Wissenschaftspolitik eingesetzt.[9] Doch die staatliche Finanzierung und Lenkung des Hochschulwesens und der bisherigen preußischen Landesanstalten blieben auch weiterhin Landesangelegenheit. Die Forderungen von 1919, die Wissenschaftslenkung auf Reichsebene in Berlin zu zentralisieren, erwiesen sich bald als irreal. Es wurden lediglich im Reichsinnenministerium eine Abteilung III zur «Bildung und Schule» und im Auswärtigen Amt eine Abteilung IV für das «Deutschtum im Auslande» und für «kulturelle Angelegenheiten» (also für auswärtige Kulturpolitik im Beckerschen Sinne) installiert, von denen aus Reichsanstalten, von Kapital und Staat finanzierte «Selbstverwaltungskörperschaften» und andere reichsgeleitete Einrichtungen gelenkt und gesteuert werden sollten.

Dabei war unausbleiblich, daß bei einer solch doppelgleisigen Struktur auch Differenzen zwischen Reichsinnenministerium und preußischem Kultusministerium auftraten. Das letztere, das nunmehr als Ministerium für Wissenschaft, Erziehung und Volksbildung bezeichnet wurde, übernahmen im Auftrag des Rates der Volksbeauftragten am 12. November 1918 Konrad Haenisch (SPD) und Adolph Hoffmann (USPD). Doch mochten auch die Minister wechseln – die eigentlichen Erfahrungsträger, die Leute, die das Know how und die unschätzbaren Beziehungen hatten, die hohen Beamten und Fachreferenten, blieben die gleichen. Der Staatsapparat der Monarchie wurde auch auf diesem Sektor nicht zerschlagen, sondern übernommen.

Kultusministerium
Unter den Linden 4
Aufnahme um 1905

Von welcher politischen Couleur die Minister auch waren, keiner von ihnen verlangte von seinen Referenten ernstlich, bürgerlich-demokratische Positionen einzunehmen – weder Haenisch, der rechte Sozialdemokrat, der von 1919 bis 1921 das Ministerportefeuille trug, noch der der Deutschen Demokratischen Partei nahestehende Becker, der ihn 1921 ablöste und auch von 1925 bis 1930 das Ministeramt innehatte, zwischendurch aber als Staatssekretär im Ministerium verblieb, noch schließlich der der rechtsbourgeoisen Deutschen Volkspartei angehörende Monarchist Otto Boelitz, der das Ministerium von 1921 bis 1925 regierte.

Von den Widersprüchen der kapitalistischen Millionenstadt war auch das wissenschaftliche und geistig-kulturelle Leben geprägt. Das System der staatsmonopolistischen Steuerung der Wissenschaft erreichte mit der Notgemeinschaft der deutschen Wissenschaft eine neue Qualität.
750 Jahre Berlin. Thesen, S. 45.

8 Carl Heinrich Becker: Kulturpolitische Aufgaben des Reiches, Leipzig 1919. (Zit. in: Die Berliner Akademie der Wissenschaften in der Zeit des Imperialismus, Teil II, S. 94.)

9 Siehe Friedrich Schmidt-Ott: Die Kulturaufgaben und das Reich. In: Internationale Monatsschrift für Wissenschaft, Kunst und Technik, April 1919, Heft 5, Spalte 449–462.

Die im Versailler Vertrag fixierte allseitige Schwächung des deutschen Wirtschaftspotentials stachelte den Wunsch der Monopolisten an, nun erst recht schnell wieder in die Höhe zu kommen und für die erlittene Niederlage Revanche zu nehmen. Dazu mußte die ganze kapitalistische Produktion von modernster Forschung durchdrungen werden. Exponenten dieses Kurses wie Duisberg oder Haber wurden nicht müde zu betonen, daß die Rückgewinnung von Weltmarktpositionen von der Effektivität jeder Arbeitsstunde, vom qualitativ höheren Niveau der Produktion und damit von intensiver Nutzung wissenschaftlicher Ergebnisse abhing.

Eine vielstimmige Kampagne wurde in die Wege geleitet, um der Öffentlichkeit diesen Gedanken einzuhämmern: Kopf und Faust würden gemeinsam den deutschen Karren wieder aus der Misere ziehen. Kapitalvertreter, bürgerliche Politiker und Gelehrte setzten sich im Reichstag und im preußischen Abgeordnetenhaus, in Zeitungen, Zeitschriften und Broschüren für einen zielstrebigen Ausbau der deutschen Wissenschaftspositionen ein. Harnack und andere erfahrene Wissenschaftspolitiker und -organisatoren schalteten sich in die Kampagne ein, wobei sie auch das wissenschaftliche Ansehen Max Plancks nutzten. Duisberg und andere wiesen rigoros die Forderungen der Entente zurück, deutsche Forschungsergebnisse und Verfahrenstechnologien auszuliefern. Sie konnten sich dieses brüske Vorgehen leisten, weil sie nicht ohne Grund auf jene Kreise der Entente rechneten, die den geschlagenen deutschen Rivalen nur bis zu einer gewissen Grenze schwächen wollten, um ihn später noch gegen den Sozialismus in Sowjetrußland einsetzen zu können.

Adolph Hoffmann über das Preußische Kultusministerium in der Zeit der Novemberrevolution: Als die Novemberstürme heranbrausten, saß das lichtscheue, schwarze Raubvogelgezücht in allen Löchern, Ritzen und Verstecken, im Gemäuer des alten, in seinen Festen erzitternden Turms der Reaktion und harrte schlau und geduldig auf – besseres Wetter. Den festen Halt und die größte Sicherheit bot den schwarzen Galgenvögeln der älteste und mit tausendfältigen Schlupfwinkeln versehene Hort der kirchlichen Reaktion in Berlin, Unter den Linden 4, «Kultus»-Ministerium genannt. Hier hatten sich die Totengräber deutscher Denkfähigkeit so fest eingenistet, daß mehr denn eine Herkulesarbeit dazu gehörte, Wandel zu schaffen oder, richtiger gesagt, Auskehr zu halten …
Nun könnte man mit Recht sagen: Die sozialdemokratischen Minister hätten doch das «Großreinemachen» besorgen müssen! Gewiß, das war auch meine Meinung und Absicht! Aber wer Konrad Haenisch und seine Entwicklung vom radikal sich überschlagenden Flugblattschreiber – innerhalb eini-

Die deutsche Wissenschaft war jedoch nach dem Krieg in einer insgesamt heiklen Lage, so daß es erst einmal zu retten und zu bewahren galt, ehe eine weitgefaßte Strategie entwikkelt werden konnte. Es bürgerte sich ein, von der «Not» der deutschen Wissenschaft zu sprechen. Durch die Reduzierung des Betriebes wissenschaftlicher Einrichtungen während der Kriegsjahre oder durch ihre Umstellung auf Kriegsaufgaben waren auf vielen Gebieten der Forschung empfindliche Unterbrechungen eingetreten. Schwerer noch wog das Abreißen der internationalen Verbindungen, die das Lebenselixier der Wissenschaft darstellen. Organisationen der Wissenschaft wie die Internationale Assoziation der Akademien, mit denen sich einmal große Hoffnungen verbunden hatten, waren dem Krieg zum Opfer gefallen.

Die Ententemächte, die genau wußten, an welcher Stelle der deutsche Imperialismus den Ausweg aus der Niederlage suchen würde, setzten Deutschland einem genau berechneten Wissenschaftsboykott aus. Zwar nahmen sie nicht an, daß die

Entwicklung Deutschlands als einer wissenschaftlichen Großmacht auf Dauer eingefroren werden könnte, doch sie hofften, Deutschland einen Rückstand aufzuzwingen, der auf längere Zeit nicht aufzuholen sein würde. Auf Konferenzen in Paris und London wurden 1918 Boykottbeschlüsse gefaßt und 1919 in Brüssel im Sinne des Versailler Vertrages bestätigt: Deutschland wurde in die neugeschaffenen internationalen Vereinigungen wie den Counseil des Recherches (International Research Council/IRC) für die Naturwissenschaften und Union Académique International (UAI) für die Gesellschaftswissenschaften, die internationalen natur- und gesellschaftswissenschaftlichen Fachorganisationen und die ihnen angeschlossenen Fachverbände nicht aufgenommen.[10]

Aus dem Umstand, daß Sowjetrußland den gleichen Boykottmaßnahmen unterworfen war, ergab sich im weiteren eine bemerkenswerte Interessengemeinsamkeit zwischen Staaten unterschiedlicher Gesellschaftsordnung, wie sie in der Geschichte zum erstenmal auftrat. Zunächst jedoch fachte der Wissenschaftsboykott in Deutschland die nationalistischen Stimmungen an. Die aus dem Boykott resultierenden Probleme waren Gegenstand vielfältiger Diskussionen innerhalb der Universität und der Akademie, aber auch zwischen führenden Gelehrten und dem Auswärtigen Amt. Der 1920 gegründete Verband Deutscher Hochschulen, der in Berlin seinen Sitz hatte, bildete hier einen eigenen Auslandsausschuß, der ausgesprochen konservativ-nationalistische Positionen vertrat; der gleiche Ungeist beseelte die Hochschultage, die der Verband in deutschen und österreichischen Universitätsstädten durchführte.

Doch es war nicht allein die internationale Isolierung, die den deutschen Wissenschaftlern zu schaffen machte. Die einsetzende Inflation – gleichzeitig ein der Produktionsanarchie des Kapitalismus geschuldetes ökonomisches Elementarereignis und ein gerissener Coup des Großkapitals zur Abwälzung der Kriegsfolgelasten auf die Rücken der Steuerzahler – untergrub die materiellen Grundlagen der Wissenschaft. Die Stiftungskapitalien, von deren Zinsen viele wissenschaftliche Unternehmen gezehrt hatten, schmolzen wie Schnee an der Sonne dahin. Die Finanzierung der experimentellen Forschungen, die Erneuerung der technischen Ausrüstung der Forschungsstätten, die Weiterführung und ständige Ergänzung der Bibliotheken, die Durchführung von Studienreisen und Expeditionen, die Fortsetzung großer akademischer Unternehmen, die Förderung des wissenschaftlichen Nachwuch-

ger Tage – zum «Deutschland, Deutschland über alles» brüllenden Überalldeutschen kennt, der wird die Unmöglichkeit, von ihm überhaupt nur etwas wie Grundsätze zu verlangen oder umfassende Änderungen durchzuführen, einsehen. Und dieser Mann war mir gleichberechtigt zur Seite gegeben als Folge eines Beschlusses jener denkwürdigen Zirkusversammlung am 16. November der Arbeiter- und Soldatenräte, bei der die irregeführten Massen nur auf die Phrasen «Einigkeit» und «Parität» dressiert waren. Ich habe mich trotzdem eifrig bemüht, zu schaffen, was möglich war. Das erste, was ich tat, war, meinem in Konvenienzen und Scharwenzeln ersterbenden Kollegen Haenisch klarzumachen, daß wir mit diesem «Räte-System» der Geheimen und Wirklichen Geheimen Räte unmöglich arbeiten könnten, daß wir hier aufräumen müßten. Dem widersetzte er sich, indem er erklärte, die ganze Maschine stände still, wenn wir die alten erfahrenen Leute ausschalteten …

Zit. in:
Dieter und Ruth Glatzer: Berliner Leben 1914–1918, Berlin 1983, S. 552-553.

10 Siehe Karl Kerkhof: Die internationalen naturwissenschaftlichen Organisationen vor und nach dem Weltkriege und die deutsche Wissenschaft. In: Internationale Monatsschrift für Wissenschaft, Kunst und Technik, Januar 1921, Heft 3, Spalte 225–242.

Um wenigstens die schlimmsten Lücken in den deutschen Bibliotheken an ausländischen Büchern und Zeitschriften zu schließen, setzte die Notgemeinschaft auch einen Bibliotheksausschuß ein. Folgende Mittel wurden durch ihn verausgabt (trotzdem gab es, wie eine Übersicht von 1929 belegte, weiterhin empfindliche Fehlbestände in den Bibliotheken):

1923
176 000 M
1924
360 000 M
1925
1 522 000 M
1926
1 483 000 M
1927
2 418 000 M
1928
1 053 000 M
1929
608 000 M
1930
793 000 M
1931
301 000 M
1932
367 000 M

Siehe Steffen Richter: Forschungsförderung in Deutschland 1920–1936, Düsseldorf 1972, S. 29.

ses – das alles war in Gefahr. Noch 1922, als Gegenmaßnahmen bereits angelaufen waren, erhob auf der Reichsgründungsfeier der Universität (diese Feiern setzte man treu und brav fort, sich solcherart zur Tradition des Wilhelminischen Reiches bekennend) Max Rubner einen Alarmruf: «Die These, daß die Wissenschaft für unseren Staat die einzige Kraft geworden sei, mit der wir uns aufrichten können, steht im grellen Gegensatz zu der finanziellen Lage der Geistesarbeiter und der Gelehrten überhaupt.»[11] Im Februar 1920 wurde in der Berliner Akademie eine Eingabe der kartellierten deutschen Akademien der Wissenschaften an die Nationalversammlung formuliert, sie möge eine Summe von 3 Millionen Mark zur Unterstützung der krisenbedrohten Wissenschaft zur Verfügung stellen.

Das war nun das Sprungbrett für Schmidt-Ott: Vor einer Techniker-Notversammlung am 13. März 1920 – dem Tag, als der Kapp-Putsch startete – einigte er sich mit Haber über das Konzept einer Organisation zur Vergabe staatlicher und privater Zusatzmittel für die Wissenschaft, in der alle deutschen Wissenschaftskörperschaften zusammengeschlossen sein sollten.[12] Mitte April wandte sich daraufhin auf Antrag Habers die Akademie an ihr Ehrenmitglied Schmidt-Ott und bat ihn offiziell, die Vorbereitung einer Notgemeinschaft der deutschen Wissenschaft zu übernehmen.[13] Es war gut vorgearbeitet worden, also ging es jetzt schnell voran. Sehr aktiv engagierte sich Staatssekretär Theodor Lewald vom Reichsinnenministerium, mit dem Schmidt-Ott schon seit der Kaiserzeit auf vertrautem Fuße stand. Bis Ende Mai hatten bereits die wichtigsten Verbände ihre Bereitschaft zur Teilnahme bekundet: die kartellierten Akademien, der Hochschulverband, die KWG, die Gesellschaft Deutscher Naturforscher und Ärzte und der Deutsche Verband technischer wissenschaftlicher Vereine. Im Juni versammelte Schmidt-Ott im Akademieflügel der Preußischen Staatsbibliothek einen exklusiven Kreis von Vertretern des Staatsapparates und Gelehrten, der die Bildung der Notgemeinschaft beschloß. Im Saal der Bibliothek erfolgte in einer größeren Runde von 40 Rektoren, Akademie- und Verbandspräsidenten und in Anwesenheit des Gastgebers Harnack – des Hausherrn der Bibliothek und KWG-Präsidenten, der nun bereits die Würde des Nestors der bürgerlichen Wissenschaftspolitik besaß – feierlich die offizielle Konstituierung und die Annahme der von Schmidt-Ott entworfenen Satzung.[14] Zum Sitz der Gemeinschaft wurde Berlin bestimmt. Bald darauf traten auch die tierärztlichen und die land- und forstwirtschaftlichen Hochschulen bei.

Bemerkenswert ist der Status der Notgemeinschaft, der offenbar in Anlehnung an die KWG-Erfahrungen bestimmt

Preußische Staatsbibliothek
Aufnahme um 1915
Das Gebäude wurde von 1903–1914 nach Entwurf von E. von Ihne errichtet, und ihm waren auch die Universitätsbibliothek sowie die Akademie der Wissenschaften eingegliedert. Im Bibliotheksgebäude fanden einige Sitzungen der Notgemeinschaft statt; ihr offizieller Sitz war aber das Berliner Schloß.

wurde. Das Zauberwort von der «Selbstverwaltungskörperschaft» wurde wieder hervorgeholt. Es gefiel der Masse der Wissenschaftler, die es mit ihren traditionellen Vorstellungen von der «Freiheit der Wissenschaft» assoziierten und die zudem bei ihrer verbreiteten Abneigung gegen die Weimarer Republik gegenüber staatlichen Einrichtungen gern auf Distanz gingen. Vor allem aber sagte es dem Großkapital zu, das auf diese Weise seine direkte Rolle verschleiern wollte.

Schmidt-Ott wurde Notgemeinschafts-Präsident. Als 1. Vizepräsident fungierte der Münchener Mathematiker Walther von Dyck, weitere Vizepräsidenten wurden Haber und Harnack, der auch dem Hauptausschuß vorstand. Die Förderungsmittel wurden von Staat und Wirtschaft aufgebracht. Appelle an die Spendebereitschaft von Industrie, Banken, Handel und Gewerbe erbrachten zwar beachtliche, aber doch bei weitem nicht ausreichende Beträge; eingesetzt wurde im-

11 Zit. in: Wolfgang Schlicker: Positionen der Berliner Akademie der Wissenschaften in Wissenschaftspolitik und Forschungsorganisation in der Weimarer Republik. In: Berliner Wissenschaftshistorische Kolloquien III, Berlin 1981, S. 37.

12 Siehe Wolfgang Schlicker: Die Notgemeinschaft der deutschen Wissenschaft und die bürgerliche deutsche Wissenschaftspolitik in der Weimarer Republik. In: Berliner Wissenschaftshistorische Kolloquien X, S. 78.

13 Zur Notgemeinschaft der Deutschen Wissenschaft siehe auch Wolfgang Schlicker: Konzeptionen und Aktionen bürgerlicher deutscher Wissenschaftspolitik. Zum gesellschaftlichen Stellenwert der Forschung nach 1918 und der Gründung der Notgemeinschaft der Deutschen Wissenschaft. In: Zeitschrift für Geschichtswissenschaft, 1979, Heft 5, S. 423–438. – Kurt Zierold: Forschungsförderung in drei Epochen. Deutsche Forschungsgemeinschaft. Geschichte – Arbeitsweise – Kommentar, Wiesbaden 1968.

14 Siehe: Satzungen der Notgemeinschaft der Deutschen Wissenschaft e. V. In: Internationale Monatsschrift für Wissenschaft, Kunst und Technik, März 1921, Heft 4, Spalte 321–328. – Präsidium und Ausschüsse der Notgemeinschaft der Deutschen Wissenschaft. In: Internationale Monatsschrift für Wissenschaft, Kunst und Technik, April 1921, Heft 5, Spalte 417–422.

mer nur der Zinsertrag der vom Kapital gespendeten Summen. Der Löwenanteil der Finanzierung mußte dem Staatshaushalt entnommen werden, insbesondere über das Reichsministerium des Innern und das preußische Kultusministerium. Das Kapital spielte mit den unmittelbar von ihm bereitgestellten kleineren Summen das Zünglein an der Waage und erreichte so mit geringem Aufwand einen großen Steuerungseffekt. «Dem Kapital gelang es, wegen des latenten Spannungsverhältnisses zwischen den benötigten und den tatsächlich gewährten Forschungsmitteln aus dem Staatshaushalt, mit relativ geringem, aber faktisch entscheidendem finanziellen Aufwand auch über die Nachkriegskrise hinaus seinen Einfluß auf die ‹Förderung› der Forschung und damit auf ihre Lenkung zu festigen.»[15] Um das mit höchster Effektivität zu bewirken, waren zwei Sicherungen eingebaut.

Aus einem Briefwechsel zwischen Alfred Merton, Direktor der «Metallbank und Metallurgische Gesellschaft AG» Frankfurt/Main, und dem Generalsekretär der Kaiser-Wilhelm-Gesellschaft, Friedrich Glum, in Berlin, bei dem es um einen Stiftungsbetrag von 1 Mill. Reichsmark ging:
Merton an Glum (11. März 1921): «Es ist uns gesagt worden – und das scheint mir richtig zu sein –, daß es für uns zweckmäßiger ist, der Helmholtz-Gesellschaft den größeren Teil des Geldes zu geben, weil diese Gesellschaft sich hauptsächlich mit physikalischen und chemischen Dingen befaßt. Ehe wir aber etwas Definitives festsetzen, wäre ich für Ihre Ansichtsäußerung verbunden.»

Glum an Merton (18. März 1921): «Wir (Glum und Harnack – *d. Verf.*) würden es für sehr erwünscht halten, wenn die von Ihnen in großzügiger Weise beabsichtigte Stiftung der Notgemeinschaft mit der Bestimmung, daß die ganze Summe zu ihrer ausschließlichen Verfügung bestimmt werden soll, gegeben werden könnte. Wie Sie vielleicht nicht wissen,

Erstens wurde gleichzeitig mit der Notgemeinschaft auch ein Stifterverband der Notgemeinschaft der deutschen Wissenschaft e.V. geschaffen; er wurde von Carl Friedrich von Siemens, dem Aufsichtsratsvorsitzenden des Siemens-Konzerns, geleitet und sein Geschäftsführer Robert Fellinger kam aus dem gleichen Unternehmen. Dieser Stifterverband behielt sich die Entscheidung darüber vor, wie und wofür die vom Kapital stammenden Mittel jeweils eingesetzt werden sollten.[16] *Zweitens* arrangierten Duisberg und Vögler noch weitere Fördergesellschaften außerhalb der Notgemeinschaft – so die Helmholtz-Gesellschaft zur Förderung angewandter physikalisch-technischer Forschung. Den Vorsitz übernahm Vögler selbst, ihn vertrat der Experimentalphysiker Willy Wien aus München, die Geschäftsführung lag bei dem von Vögler geleiteten schwerindustriellen Verein deutscher Eisenhüttenleute (VdEh) in Düsseldorf. Schmidt-Ott hat das wohl weniger zugesagt, doch für das Großkapital war es sehr vorteilhaft, noch über einen zweiten Kanal zur Kontrolle und Korrektur außerhalb der Notgemeinschaft zu verfügen. Die Zusatzmittel des Kapitals wurden nach einem Verteilerschlüssel zwischen Notgemeinschaft und Helmholtz-Gesellschaft aufgeteilt, der für letztere die günstigeren Quoten vorsah; ähnliches gilt für die Emil-Fischer-Gesellschaft zur Förderung der chemischen Forschung und andere.

In der Notgemeinschaft bestanden zahlreiche Fachausschüsse für unterschiedliche Wissenschaftsgebiete, in denen namhafte Wissenschaftler Förderungsanträge prüfen und Vorschläge für die Verteilung der Mittel unterbreiten konnten. Schwerpunkte der Förderungstätigkeit bildeten vor allem:
«a) die Gewährung von Forschungsstipendien besonders für den Nachwuchs,
b) die Bewilligung von Beihilfen für Studienreisen,

c) die finanzielle Absicherung wissenschaftlicher Publikationen (durch Druckbeihilfen für Periodika und Monographien, Hilfen für langfristige Unternehmen wie Thesaurus-, Wörterbucharbeiten u. a. oder durch Verlagsunterstützungen), wofür ein Verlagsausschuß bestand,
d) die Beschaffung wissenschaftlicher Literatur (auch aus dem Ausland),
e) die finanziell-materielle Sicherung der Experimentalforschung (durch Ausleihe von Apparaten und Instrumenten, Überlassung von Material oder Versuchstieren, wofür ebenfalls eigene Ausschüsse bestanden).»[17]

Gefördert werden sollten nicht Institutionen, sondern Projekte und Gebiete. Den Fachausschüssen blieb kaum mehr als das Recht der Empfehlung. Die Entscheidung traf weitgehend Schmidt-Ott selbst, der mit einem kleinen Mitarbeiterkreis bald in das Berliner Schloß zog und hier über die Förderungsanträge und die Gesamtarbeit der Notgemeinschaft befand. Er war nicht weniger selbstherrlich als sein Mentor Althoff, nur war er wohl noch konservativer als dieser und hielt ungeachtet der veränderten Verhältnisse guten Kontakt zum Exkaiser in Doorn. Doch er war ein konservativer Realist, kein Gesinnungsfanatiker, und tat nüchternen Sinnes das Notwendige. Beispielsweise gab er, der im Februar 1920 den Vorsitz der 1913 gegründeten Deutschen Gesellschaft zum Studium Osteuropas übernommen hatte, in der Notgemeinschaft der Pflege wissenschaftlicher Kontakte zu Sowjetrußland bewußt Raum.

So wurde die Notgemeinschaft zum wichtigsten wissenschaftspolitischen Steuerungsorgan, das auf dem gesamten Reichsgebiet agierte und im Prinzip alle möglichen Wissenschaftsgebiete und alle möglichen Sphären wissenschaftlicher Arbeit erfaßte. Sie ersetzte nicht die schon vorhandenen Steuerungsinstanzen, sondern komplettierte das System staatsmonopolistischer Wissenschaftssteuerung. Da dieses System nicht zentralisiert, sondern pluralistisch aufgebaut war, blieben Spannungen und Reibereien nicht aus, doch es war geeignet, Einflüsse unterschiedlicher Kräfte des Monopolkapitals aufzunehmen und darauf zu reagieren. Solche Spannungen zeichneten besonders die Zeit aus, in der Becker Kultusminister war und zusammen mit seinem Ministerialdirektor Werner Richter seinem stärker zentralistisch orientierten

ist der Gedanke der Notgemeinschaft der deutschen Wissenschaft, für die Bedürfnisse der notleidenden gesamten Wissenschaft Geldmittel aufzubringen, durch die Gründung der Helmholtz-Gesellschaft in Frage gestellt worden. Ein großer Teil der kapitalkräftigsten Geldgeber hat Summen, die sie für die Notgemeinschaft zu geben beabsichtigten, der Helmholtz-Gesellschaft gegeben ... Ich habe gar nichts gegen die Helmholtz-Gesellschaft, im Gegenteil, nur glaube ich, daß, wie die Dinge sich entwickelt haben, es jetzt darauf ankommt, auch die wissenschaftlichen Arbeiten zu unterstützen, die nicht unmittelbar industriell verwertbar erscheinen.»
Archiv und Bibliothek der Max-Planck-Gesellschaft Berlin (West), Akten der KWG-Generalverwaltung, Akte 937, Blatt 68, 71 und 73.

Zusammensetzung des Fachausschusses für Physik der Notgemeinschaft von 1922 bis 1928:
Theoretische Physik (Max von Laue, Berlin)
Experimentelle Physik (Max Wien, Jena)
Technische Physik (Jonathan Zenneck, München)
Astrophysik (Hans Ludendorff, Potsdam)
Physik des Erdkörpers und seiner Atmosphäre (August Schmauss, München)

15 Wolfgang Schlicker: Konzeptionen und Aktionen bürgerlicher deutscher Wissenschaftspolitik. In: Zeitschrift für Geschichtswissenschaft, 1979, Heft 5, S. 455.
16 Siehe: Satzung des Stifterverbandes der Notgemeinschaft der Deutschen Wissenschaft. In: Internationale Monatsschrift für Wissenschaft, Kunst und Technik, Juli 1921, Heft 7, Spalte 609–616.
17 Wolfgang Schlicker: Die Notgemeinschaft der deutschen Wissenschaft und die bürgerliche deutsche Wissenschaftspolitik in der Weimarer Republik. In: Berliner Wissenschaftshistorische Kolloquien X, S. 83. – Siehe auch: Die Not der deutschen Wissenschaft. In: Internationale Monatsschrift für Wissenschaft, Kunst und Technik, Oktober 1920, Heft 1, Spalte 1–35.

Die Fachausschüsse waren die Basis der Notgemeinschaft: Ihre Aufgabe war es, die Entscheidungen des Präsidiums über die Vergabe der Finanzmittel durch Gutachten vorzubereiten bzw. vorzuschlagen, welche Gebiete und Themen förderungswürdig seien. Führende Gelehrte waren deshalb ihre Mitglieder. Die Notgemeinschaft hatte folgende Fachausschüsse (in Reihenfolge und Termini der NG):
evangelische und katholische Theologie
Rechtswissenschaften
Wirtschaftswissenschaften
theoretische und praktische Medizin
Philosophie
alte und orientalische Philologie
Geschichte
Kunstwissenschaften
Völkerkunde
Biologie
Geologie/ Mineralogie/ Geographie
Chemie
Physik
Mathematik
Bauingenieurwesen
Hochbau und Architektur
Bergbau und Hüttenwesen
Maschinenbau
Elektrotechnik
Land- und Forstwirtschaft
Tiermedizin
Präsident der NG: Friedrich Schmidt-Ott
Vizepräsident: Walther v. Dyck (Rektor der TH München)
Vizepräsident: Fritz Haber (KWI)
Vorsitzender des Hauptausschusses für Grundsatzfragen: Adolf v. Harnack (Präsident der KWG und Generaldirektor der Preußischen Staatsbibliothek)

Konzept der Wissenschaftspolitik Geltung zu verschaffen suchte.

Becker meinte zunächst, die Notgemeinschaft hätte nur eine zeitweilige Existenzberechtigung zur Überbrückung der Nachkriegsschwierigkeiten, und als er damit nicht durchkam, suchte er ihre direkte Unterstellung unter den bürgerlichen Staat zu erreichen. Beides war unrealistisch. Die Notgemeinschaft – sie wurde übrigens 1929 in Deutsche Forschungsgemeinschaft umbenannt – war keine Ausgeburt der Nachkriegsprobleme, sondern ein dem generellen Entwicklungsstand der kapitalistischen Wirtschaft und den spezifischen Verhältnissen der Weimarer Republik entsprechender Mechanismus der Vermittlung zwischen Kapital und Wissenschaft. Die Nöte der Nachkriegsjahre hatten nur den Anlaß geboten, diesen Mechanismus reibungslos und schnell einzurichten.

Daß es sich so verhielt, zeigte sich mit aller Deutlichkeit beim Übergang von der Nachkriegsperiode zur Periode der relativen Stabilisierung des Kapitalismus 1924/25. Nun war es so weit, daß nicht mehr die Behebung akuter Nöte im Vordergrund stand, sondern die in der unmittelbaren Nachkriegszeit konzipierten strategischen Ideen großräumig umgesetzt werden konnten. Die Notgemeinschaft wurde zur Trägerin forschungspolitischer Bestrebungen, die in eine breite Palette staatlicher, halbstaatlicher und konzerneigener Aktivitäten zur Forschungsförderung eingebettet waren. 1925 wurde in einer Denkschrift ein komplexes Forschungsprogramm skizziert, das durch die organisierte Zusammenarbeit von Fachwissenschaftlern verwirklicht werden sollte und dessen Schwerpunkte die Beziehungen zu den Interessen des Industrie- und Agrarkapitals und auch der Reichswehr erkennen lassen.[18]

Berliner Wissenschaftler nahmen in den Gremien der Notgemeinschaft wichtige Positionen ein. Angesichts der Stellung Berlins in der deutschen Wissenschaftslandschaft war das ganz natürlich, doch oftmals wurden Vorwürfe laut, die einen angeblich übermäßigen Einfluß der Berliner Wissenschaftler unterstellten. Hinter solchen Vorwürfen verbargen sich nicht nur gewöhnliche Rivalitäten, sondern mitunter auch reaktionäre, präfaschistische Vorurteile. Letzteres ist an der Arbeit des Physikausschusses deutlich zu erkennen: Seine Entscheidungen waren den gehässigen Angriffen von Johannes Stark und Philipp Lenard – Verfechtern der obskuren «Deutschen Physik» – ausgesetzt, weil die Physiker aus Berlin, Göttingen und München auf die modernen, von Relativitäts- und Quantentheorie ausgehenden Forschungsrichtungen der theoretischen Physik besonderen Wert legten.

Die Notgemeinschaft trug zum Aufschwung vieler Wissenschaftszweige im bürgerlichen Deutschland bei. Sie hatte unleugbaren Anteil daran, daß internationale Spitzenpositionen gehalten, zurückerobert oder neu gewonnen werden konnten. Dabei hielt sich ihre Neuartigkeit in Grenzen. Sie war eine Ausbaustufe des Systems staatsmonopolistischer Wissenschaftssteuerung, deren Platz in der Evolution dieses Systems schon daraus deutlich wurde, daß sie die vorhergehenden Formen nicht verdrängte, sondern sich ihnen überlagerte und sich mit ihnen verflocht. Die PTR war noch eine relativ starre und spezielle staatsmonopolistische Lenkungsform, die KWG war bereits flexibler und erfaßte einen wesentlich breiteren Teilbereich der Wissenschaft, und die Notgemeinschaft war eine sehr elastische Form des Kapitaleinflusses auf die Wissenschaft unter Heranziehung staatlicher Mittel von – der Tendenz nach – unbegrenzter Wirkungsbreite. Das Prinzip der Mehrquellenfinanzierung wurde hier bis zur Virtuosität entwickelt – eine Art Verstärkerprinzip in der Wissenschaftssteuerung, bei dessen Anwendung ein kleiner Impuls einen großen Steuereffekt auslöst.

Die wissenschaftspolitischen Formen, in denen sich zu jener Zeit das wissenschaftliche Leben in Berlin entwickelte, wiesen gegenüber der vorhergehenden Periode einen unübersehbaren und dennoch sekundären Wandel und eine weniger spürbare, aber dennoch gravierende Kontinuität auf.

Die Hochschulstadt – oder ein Versuch preußischer Hochschulpolitik unter Weimarer Vorzeichen

Als Hauptstadt der ersten deutschen Republik zählte die 1920 gebildete neue Stadtgemeinde Berlin rund vier Millionen Einwohner in 20 Stadtbezirken. Darunter war auch eine große Anzahl von Studenten, die sich an der Universität und an den diversen Hochschulen auf ihre Karriere vorbereiteten. Manche dieser jungen Leute, die die Leidenschaft des Erkennens gepackt hatte, waren auf dem Wege, bedeutende Wissenschaftler zu werden. Doch in ihrer Mehrzahl strebten die Studenten danach, später einen Platz in der Kommandohierarchie der herrschenden Klasse einzunehmen oder zumindest ein sicheres «Brotstudium» zu absolvieren, das ihnen einen bescheidenen sozialen Aufstieg ermöglichte.

Das «Gesetz über die Bildung der neuen Stadtgemeinde Berlin» wurde am 27. April 1920 als Ergebnis des Massenkampfes der Berliner Werktätigen mit 165 gegen 148 Stimmen angenommen und trat am 1. Oktober 1920 in Kraft. Das neue Stadtgebiet von Groß-Berlin umfaßte 878,35 Quadratkilometer Fläche und war 1 200mal größer als das mittelalterliche Berlin bzw. 13mal so groß wie die bisherige Stadt. Die Stadtgrenze verlief zum Teil mehr als 20 Kilometer vom Rathaus entfernt und war über 235 Kilometer lang. Ein Fußgänger, der in einer Stunde 5 Kilometer zurücklegt, hätte zu ihrer Umrundung 50 Stunden oder, bei 10 Stunden täglich, 5 Tage benötigt. Damit war Berlin eine Weltstadt ersten Ranges geworden, territorial die größte und hinsichtlich der Einwohnerzahl mit 4 Millionen nach New York und London die drittgrößte Stadt der Erde. ... Hier gab es gewaltige Industriezentren und ausgedehnte Kiefernwälder, düstere Mietskasernen und elegante Villenviertel, große Verwaltungs- und Geschäftshäuser, helle Seen, ausgedehnte Wiesen und Felder, breite Asphaltstraßen und enge Gartenwege, sanfte Hügel aus der Eiszeit und Abfallkippen, auf denen sich der Stadtmüll türmte.
Berlin. 800 Jahre Geschichte in Wort und Bild, Berlin 1980, S. 236.

18 Siehe Wolfgang Schlicker: Die Notgemeinschaft der deutschen Wissenschaft und die bürgerliche deutsche Wissenschaftspolitik in der Weimarer Republik. In: Berliner Wissenschaftshistorische Kolloquien X, S. 87.

Der «Fall Nicolai»:
In der Tat: noch niemals, seit es auf Erden eine Wissenschaft gibt, hat man die Pioniere der Menschheit so selten wie heute an der Spitze des Zuges gesehen. Noch niemals haben die Vorkämpfer des Geistes so inbrünstig die gepanzerte Faust geküßt; noch niemals haben Jünger der Wahrheit die Politik der angestaunten Herrenmenschen – an der sie aktiv sich zu beteiligen außerstande waren – so skrupellos mit allen Mitteln der Lüge untermauert.
Das ist der schwere Vorwurf, den man unserer gebildeten Jugend von heute machen muß: daß sie kein Verständnis für die gewaltige Summe von Idealismus hat, die trotz allem im Proletariat lebt und daß sie überhaupt jeden Zusammenhang mit dem kämpfenden und ringenden Volke verloren hat.
Georg Friedrich Nicolai: Reaktion und Universität.

Dieser, meiner Überzeugung nach im tiefsten Sinne vaterländischen Empfindung entspringt alles, was ich getan und geschrieben habe. Ich habe unter Hintansetzung aller persönlichen Vorteile und unter den größten Unannehmlichkeiten für dieses Ziel gekämpft …
Georg Friedrich Nicolai in seiner «Vernehmung» vor dem Senat der Berliner Universität am 23. Januar 1920.

Nichts Wesentliches hatte sich geändert – und das war auch kein Wunder: Die soziale Herkunft der Studenten blieb die gleiche wie früher, der Anteil der Arbeiterkinder unter ihnen lag unter 2 Prozent, und wenn es da eine soziale Verschiebung gab, dann nur die, daß bei dem bis zur Weltwirtschaftskrise Ende der zwanziger Jahre anhaltenden rapiden Wachstum der Studentenzahlen die kleinbürgerlichen Schichten verstärkt als Reservoir für akademischen Nachwuchs in Anspruch genommen wurden. So war zwar das alte Regime von der Novemberrevolution hinweggefegt worden, das «geistige Leibregiment» des Hauses Hohenzollern aber war noch immer intakt. Eine böse Gesinnung herrschte vor. Die reaktionären Korporationen standen im Vordergrund des studentischen Lebens. Viele Offiziere und Offiziersanwärter, nach dem verlorenen Krieg auf die Hörsaalbänke zurückgekehrt, peitschten den Haß gegen die revolutionären Arbeiter bis zur Mordlust auf. Studenten strömten zu den reaktionären Vereinen – den «Freikorps» und «Zeitfreiwilligenverbänden» –, die die revolutionäre Bewegung im Arbeiterblut ertränken wollten. Die Kaiser-Wilhelm-Institute in Dahlem boten ihnen Unterschlupf. Dieses Treiben wurde von maßgebenden Herren des Lehrkörpers ermuntert oder zumindest wohlwollend geduldet.

Und das kann auch nicht verwundern, schließlich waren es doch im wesentlichen die gleichen Herren, die gerade erst in Aufrufen und Denkschriften die Kriegsbegeisterung geschürt und zum Durchhalten aufgerufen hatten. Es waren auch die gleichen vortrefflichen Nurfachleute, die den wissenschaftlichen Standard der höchsten Bildungsstätten Berlins bestimmten und mit ihrer eingefleischten Überzeugung, die Politik habe außerhalb der Hochschultore zu bleiben, der Reaktion in die Hand arbeiteten. Ihnen mochte der Bericht aus dem Herzen gesprochen sein, den der Rektor der Berliner Universität im Jahre 1919 erstattete: «Mochte draußen die Revolution toben, mochten Scharen von Soldaten fast die Hälfte unserer Räume für sich in Anspruch nehmen …, wir haben … unsere Arbeit in altpreußischem Pflichtbewußtsein durchgeführt.»[19]

Am liebsten hätte man Krieg und Revolution unter der Rubrik «außerwissenschaftliche Störung» abgebucht und hätte genau dort weitergemacht, wo man 1914 unterbrechen mußte. Dem Lehrkörper blieb nichts weiter übrig, als der neuen Republik nach außen so etwas wie Loyalität zu zeigen, im Inneren jedoch blieben viele weiter schwarz-weiß-rot, überzeugt, daß die republikanischen Verhältnisse nur ein Provisorium seien, das schon bald wieder der Vergangenheit angehören würde. Der «Fall Nicolai», eine beschämende Episode, läßt dies überdeutlich werden.

Festzug der Studenten vom Universitätsgebäude zur neuen Aula in der «Kommode»
Aufnahme um 1925

Der Kardiologe Georg Friedrich Nicolai kehrte im November 1918 unverzüglich nach Deutschland zurück, um in Berlin seine Lehrtätigkeit an der Universität wiederaufzunehmen, denn er glaubte, unter den neuen Verhältnissen nach dem Sturz der Monarchie hier unbedingt gebraucht zu werden. Nicolai, der gemeinsam mit Einstein den humanistischen Aufruf «An die Europäer» entworfen hatte, war ein bürgerlicher Pazifist und – vor allem – ein Mann, der für seine Überzeugungen einstand. Während des Krieges hatte ihn der Militaristenklüngel endlosen entwürdigenden Schikanen ausgesetzt, denen er sich schließlich 1918 durch die abenteuerliche Flucht mit einem Flugzeug nach Dänemark entzog.

Für die Berliner Universität aber war Nicolai noch immer nicht der aufrechte Patriot, der dem volksfeindlichen Militarismus mutig widerstanden hatte, sondern ein feiger Vaterlandsverräter. Die Lehrtätigkeit wurde ihm faktisch unmöglich gemacht, obwohl sich der einflußreiche Mediziner Kraus für ihn verwendete. Wollte er lesen, so belagerte ein chauvinistischer Studentenmob den Hörsaal und hinderte ihn – lärmend, provozierend und das Deutschlandlied grölend – an der Ausübung seiner wissenschaftlichen Pflichten. Im Januar 1920 zitierte ihn der Senat der Universität zu einer «Vernehmung». Nicolai wurden «Fahnenflucht» und «Landesverrat» vorgeworfen, und im März erkannte ihn der Senat für unwürdig, fernerhin Lehrtätigkeit auszuüben. Es half nichts, daß der sozialdemokratische Kultusminister Haenisch dieses das demokratische Image der Weimarer Kulturpolitik peinlichst belastende Senatsurteil annullierte. Das Zusammenspiel von

Diese Unterstützung unserer Feinde im Kriege kann moralisch nur als ein landesverräterisches Treiben bezeichnet werden, mag auch der Tatbestand eines – übrigens amnestierten – Strafdeliktes nicht gegeben sein.
Urteil des Senats vom 5. März 1920, bezogen auf Nicolais Antikriegsbuch «Biologie des Krieges».

Statt daß dieser [der Senat] in seiner Stellungnahme die akademische Lehrfreiheit wieder hergestellt hätte, hat er die Tätigkeit eines Ehrengerichtes ausgeübt, und entgegen seiner eigenen Auffassung ein *politisches* Urteil gefällt, bei dessen Bildung er freilich den völligen Umsturz der Verhältnisse in Deutschland außer Acht ließ.
Schreiben des Kultusministers Konrad Haenisch an den Senat der Berliner Universität vom 10. März 1920.
Zit. in: Irena Winter: Georg Friedrich Nicolai, ein Kämpfer gegen den Krieg. In: Forschen und Wirken, Bd. 1, Berlin 1960, S. 461–466.

19 Zit. in: Die Humboldt-Universität gestern – heute – morgen, Berlin 1960, S. 108.

Aus den Erinnerungen von Alfred Grotjahn:
Am Dienstag, den 20. Juli 1920, erschien ich zum ersten Mal als neugebackener Ordinarius – übrigens in der Blüte meines einundfünfzigsten Lebensjahres – in einer Fakultätssitzung. Ausgerechnet Rubner war Dekan. Dieser echte Sohn des kernigen bajuvarischen Volksstammes machte ein sehr unwirsches Gesicht, als ich mich bei ihm meldete. Ich selbst fühlte die Empfindung eines Triumphators aufsteigen, was die Peinlichkeit der Situation erheblich milderte. In meinem Tagebuch finde ich folgenden Vermerk:
20. Juli 1920
Heute erste Fakultätssitzung, die mir Gelegenheit gab, diese Dunkelkammer einmal von innen zu besehen. Sie entsprach den Erwartungen. Die übliche Begrüßung unterblieb. Einige ältere Mitglieder wie z. B. Oskar Hertwig, den ich neben Rubner und A. Bier noch als meine alten Lehrer aus der Studentenzeit antraf, gaben sich Mühe, wenigstens formal korrekt zu sein. Rubner als Dekan ließ im Laufe der Verhandlungen mehrmals Redensarten fallen, die sich nur auf mich beziehen konnten: «So, wie heute Professoren gemacht werden» u. ähnl. Ich hielt mich zurück, soviel ich konnte, mußte aber doch dreimal kurz und scharf sprechen.

Hinhaltetaktik der Universitätsbehörden und chauvinistischer Studentenclique war ausreichend, um Nicolai zu entmutigen und schließlich in die Emigration zu treiben.[20] Doch trotz solcher Beispiele war auch im Wissenschaftsbetrieb nicht mehr alles beim alten. Ganz und gar von den Kämpfen der Arbeiterklasse abschirmen ließ sich der Hochschulbereich nicht. Der Artikel 142 der Weimarer Verfassung garantierte formell die Freiheit der Wissenschaft. Es war nicht zu verhindern, daß nunmehr einzelne demokratisch gesinnte Gelehrte, die mit der Arbeiterbewegung sympathisierten, nicht nur in der Hochschullehre tätig waren, sondern sogar Ordinariate erhielten.

An der Universität wurde der Sozialdemokrat Alfred Grotjahn gegen den Widerstand der Fakultät auf Intervention des Kultusministeriums 1920 Ordentlicher Professor für Sozialhygiene, der erste und einzige Ordinarius dieses Gebietes in Deutschland. Grotjahn war ein weitaus fortschrittlicherer Mann, als es damals noch in seiner Partei üblich war, und seine Beiträge zur gesundheitspolitischen Programmatik waren musterhaft und brachten die Interessen der Arbeiterklasse in dieser Frage unverfälscht zum Ausdruck.

Der Historiker Gustav Mayer, der unter anderem als Autor einer zweibändigen Engels-Biographie bekannt wurde, erhielt 1922 an der Berliner Universität eine außerordentliche Professur für Geschichte der Demokratie und des Sozialismus, nachdem ihn die Fakultät 1917 bei seinem Habilitationsverfahren – insbesondere auf Betreiben Dietrich Schäfers – vorsätzlich hatte durchfallen lassen. Mayer war kein Marxist, doch er empfand – von einer idealistischen Geschichtsauffassung ausgehend – Sympathie für die Arbeiterbewegung und die Ideale ihres Kampfes.

Minder progressiv war der Rechtssozialdemokrat Heinrich Cunow, der 1919 Direktor des Museums für Völkerkunde und Außerordentlicher Professor für Soziologie und Staatswissenschaften wurde. Von ihm stammen eine vierbändige «Allgemeine Wirtschaftsgeschichte» (1926-31) und das revisionistische Buch «Die Marxsche Geschichts-, Gesellschafts- und Staatstheorie» (1920-21). Einige rechte Sozialdemokraten übernahmen Gastvorlesungen, so Eduard Bernstein im Sommersemester 1921.[21] Während Sozialdemokraten im konservativen Lehrkörper der Berliner Universität Außenseiterchancen hatten, waren die Katheder für Kommunisten strikt gesperrt. Der Althistoriker Arthur Rosenberg wurde beispielsweise erst 1930 berufen, nachdem er 1927 aus der KPD ausgetreten war.

Die vierzig sozialistischen Studenten der Berliner Universität wählten noch am 9. November 1918 einen Studentenrat, der den Kern der künftigen Sozialistischen Studentenpartei bildete, und in der Charité formierte sich ein Arbeiterrat. Wenn-

Georg Friedrich Nicolai
Aufnahme um 1913

Alfred Grotjahn
Aufnahme um 1920

gleich die übermächtigen konservativen Kräfte in der Studentenschaft die Räteidee bald für sich okkupierten und in das seichte Fahrwasser einer bürgerlichen Studentenvertretung – des Allgemeinen Studentenausschusses (ASTA) – mit konservativer Mehrheit hinüberleiteten, konnte die Flamme sozialistischer Überzeugungen in der Berliner Studentenschaft von der Reaktion doch nie mehr ganz ausgelöscht werden. Bei der ASTA-Wahl im Mai 1919 an der Berliner Universität erhielt die Sozialistische Studentenpartei immerhin 7 von 120 Sitzen. Am 12. Juli 1920 versammelten sich hier in einem Hörsaal sozialistische Studenten unter Teilnahme junger Arbeiter, und im Oktober 1920 trennten sich die politisch bewußtesten Studenten endgültig von den rechten Sozialdemokraten und gründeten die Kommunistische Studentenfraktion.[22]

Stets verfolgt und unterdrückt, aber außerordentlich aktiv, rang der kleine Kreis von jungen Kommunisten und Sympathisierenden an der Universität und an den anderen Berliner Hochschulen um die Herzen und Hirne der aus der Arbeiterklasse und dem Kleinbürgertum stammenden Studenten, bot der nationalistischen Flut Paroli, setzte sich für die Lebensinteressen dieses meist schwer um die Sicherung seiner materiellen Existenz ringenden Teils der Studentenschaft ein und analysierte und entlarvte unermüdlich den mit Phrasen getarnten großkapitalistischen Klassencharakter der Weimarer Wissenschaftspolitik.

2. August 1920
Zum ersten Mal bei der Wahl des Rektors mitgewirkt. Man sah manches Antlitz von Geist und Intelligenz, dazwischen aber auch verkniffene Schulmeistergesichter. Auch Waldeyer, noch einer meiner alten Lehrer, lief rüstig herum, obwohl er bereits entpflichtet ist. Nachher Fakultätssitzung, die natürlich nicht ohne einiges Geplänkel zwischen Rubner und mir ablief. Doch von Zeit zu Zeit seh' ich den Alten gern! Auch August Bier konnte nicht umhin, einmal in anzüglicher Weise von «Revolutionsprofessoren» zu sprechen.
Es hat ziemlich lange gedauert, bis die Atmosphäre in der Fakultät sich mir gegenüber besserte.
Zit. in: Diagnosen. Ärzteerinnerungen aus dem 20. Jahrhundert. Hrsg. von Barbara Albrecht und Günter Albrecht, Berlin 1974, S. 240/241.

20 Siehe Irena Winter: Georg Friedrich Nicolai, ein Kämpfer gegen den Krieg. In: Forschen und Wirken, Bd. 1, Berlin 1960, S. 461–466. – Siehe auch Wolf Zuelzer: Der Fall Nicolai, Frankfurt a. M. 1981.
21 Gerhard Schilfert: Die neuere Geschichtswissenschaft an der Berliner Universität. In: Beiträge zur Geschichte der Humboldt-Universität zu Berlin, Heft 6, Berlin 1982, S. 25/26.
22 Siehe: Die Humboldt-Universität zu Berlin. Hrsg. von Karl-Heinz Wirzberger, Berlin 1973, S. 157.

Die Friedrich-Wilhelms-Universität – übrigens ein schöner Name – hat bekanntlich Einquartierung …
Unter Leitung von Offizieren bespitzeln handfeste Soldaten alle Gespräche der Studenten. Enthalten diese Unterhaltungen Beschimpfungen der sozialistischen Republik, wird tüchtig gegen rote Abzeichen und alle anderen Neuerungen der Revolution gehetzt, dann finden sie andächtige und beifallklatschende Zuhörer, Studenten, Studentinnen und Soldaten. Sobald es jedoch jemand wagt, in revolutionärem Sinne zu sprechen, erfolgt auf eine Handbewegung des aufsichtsführenden Spitzels, größtenteils eines Offiziers, sofort das Einsetzen rohester Gewalt.
So erging es unserem Genossen Maslowski, der als Student sich in öffentlicher Studentenversammlung als Spartakusanhänger bezeichnete und dem man bis jetzt stets das Wort entzog, sobald er gegen die Spartakusverhetzung protestierte oder die Ziele unseres Bundes auseinandersetzen wollte. …
Gewissermaßen zur Illustration dieses reaktionären Terrors steht Tag und Nacht ein Maschinengewehr schußbereit auf Bänken im Vorraum der Universität. Es richtet seinen Lauf in den Garten des Gebäudes und beherrscht die Zugänge.
So sehen geheiligte Räume der Wissenschaft in einer sogenannten freien sozialistischen Republik aus!
Die Rote Fahne,
15. Dezember 1918.
Zit. in:
Dieter und Ruth Glatzer: Berliner Leben 1914–1918, Berlin 1983, S. 536.

Im November 1925 war Berlin Gastgeberstadt einer Reichskonferenz der kommunistischen Studenten, in deren Aufruf die folgende klare Einschätzung der Lage gegeben wurde: «Weit entfernt, dem deutschen werktätigen Volk, den Kopf- und Handarbeitern Erleichterungen und wirtschaftlichen und kulturellen Aufstieg zu bringen, hat die Politik des Bürgertums eine neue ungeheure Welle des Elends, der Arbeitslosigkeit, der politischen und wirtschaftlichen Krise über die arbeitenden Massen Deutschlands gebracht. An Stelle des versprochenen wirtschaftlichen Wiederaufbaues ist die Unmöglichkeit getreten, die heranwachsende Generation in den Produktionsprozeß einzugliedern. Die geistigen Arbeiter sind von dieser Tatsache am härtesten getroffen. Tausende von Bankbeamten, Ingenieuren, Staatsbeamten liegen auf der Straße. Tausende von Studenten haben nach dem Abschluß ihres Studiums nichts anderes zu erwarten als Stellenlosigkeit und Verelendung. Tausende von Studenten sind schon während dieses Studiums genötigt, zur Fristung ihres Lebens Arbeit unter solchen Bedingungen anzunehmen, die einer menschenwürdigen Entlohnung spotten.»[23]

Im Wintersemester 1925/26 begannen die kommunistischen Studenten in Berlin mit dem systematischen Studium des Leninismus und unterhielten dabei gute Verbindungen zu ihren etwa 100 in Berlin studierenden sowjetischen Kommilitonen. 1926 reiste erstmals eine Gruppe von Berliner Studenten in die Sowjetunion.

Die Arbeit der kommunistischen Studenten der Hauptstadt trug wesentlich dazu bei, daß sich die hochschulpolitische Linie der KPD herauskristallisierte und Profil gewann. Das Hochschulprogramm der KPD, das im Juni 1927 auf der 3. Reichskonferenz der kommunistischen Studentengruppen Deutschlands in Berlin beschlossen wurde, enthielt nicht nur einen Katalog aktueller politischer Forderungen, sondern ging vor allem von einer gründlichen soziologischen Analyse der Lage und der Perspektive der Intelligenz im zeitgenössischen Imperialismus aus; dabei konnte es sich auf grundlegende Überlegungen stützen, die Clara Zetkin in ihrem Referat «Die Intellektuellenfrage» auf dem V. Kongreß der Kommunistischen Internationale 1924 entwickelt hatte.[24]

Das Programm konstatierte die zunehmende Polarisierung der Intelligenz in eine kleine, mit der Bourgeoisie verschmolzene Schicht und die Masse der einer unaufhaltsamen Proletarisierung unterliegenden geistigen Arbeiter und analysierte die Mittel, mit denen die Bourgeoisie dieses objektive Aufbrechen des grundlegenden Klassengegensatzes der kapitalistischen Gesellschaft innerhalb der Intelligenz zu verschleiern und zu neutralisieren sucht: «Zu diesem Zweck bedient sie

Clara Zetkin
Aufnahme um 1910

sich einerseits der Gewährung eines über das proletarische Lebensniveau ein wenig herausragenden Einkommens, andererseits und vor allem der Schaffung eines einheitlichen Standesbewußtseins der Intellektuellen.»[25]

Das Programm begründete den Standpunkt, daß eine vollständige Lösung der Probleme, die die Stellung des Wissenschaftlers in der modernen Gesellschaft betreffen, erst unter sozialistischen Verhältnissen möglich ist, daß aber zugleich beharrlich der Kampf um die Erfüllung demokratischer Forderungen innerhalb der bestehenden Ordnung geführt werden muß. So enthielt das Programm einen ganzen Katalog aktueller Forderungen, unter anderem zu den Komplexen

Clara Zetkin
über die weltanschauliche Situation der bürgerlichen Wissenschaft in den zwanziger Jahren:
Heute ist die bürgerliche Kultur trotz staunenswerter Fortschritte im einzelnen außerstande, die Ergebnisse von Natur- und Geisteswissenschaften in organischer Synthese zu einer Weltanschauung zu verknüpfen, die mit dem Leben verbindet und sich als soziale Energie entwickelt. Wenn die Wissenschaft über die engen Schranken der Einzelforschung hinausblickt, so starrt sie entsetzt ins Leere und findet keine andere Rettung, als sich entweder an einen müde resignierenden oder kalt lächelnden Relativismus zu klammern oder aber auf den Flugsand des Mystizismus zu treten.
Clara Zetkin: Die Intellektuellenfrage. In: Ausgewählte Reden und Schriften, Bd. III, Berlin 1960, S. 32/33.

23 Dokumente und Materialien zur Geschichte der deutschen Arbeiterbewegung, Bd. VIII, Berlin 1975, S. 265.
24 Siehe Clara Zetkin: Ausgewählte Reden und Schriften, Bd. III, Berlin 1960, S. 9–56.
25 Dokumente und Materialien zur Geschichte der deutschen Arbeiterbewegung, Bd. VIII, S. 550.

Die «Vereinigung der sozialistischen Studenten Frankreichs» begrüßt in einem Aufruf die Stellungnahme Romain Rollands zur Überwindung des Völkerhasses. Darauf antworten Mitte März 1919 der «Bund kommunistischer Studenten und Akademiker Deutschlands» und die «Sozialistische Studentenpartei der Hochschulen Berlins» in einem Schreiben:
Kameraden, revolutionäre Studenten Frankreichs, wir kommunistischen Studenten Deutschlands grüßen mit Euch alle revolutionären sozialistischen Studenten und reichen über die Grenzen, die man zwischen uns zu errichten versucht, allen revolutionären Studenten die brüderliche Hand.
Uns hat nichts voneinander trennen können. ... Die Idee, die während des Krieges in Zimmerwald und Kienthal neu auflebte, die in Sowjet-Rußland zur Tat wurde, wir wollen nicht ruhen, bis diese Idee in der ganzen Welt verwirklicht ist. Helft uns sie zu verbreiten! Wie Karl Liebknecht in Frankreich den Glauben an die Internationale wach hielt, so entflammten Romain Rolland und Henri Barbusse in Deutschland den Kampf für die Internationale des Geistes.
Zit. in: Erhard Moritz: Zu den Auslandsbeziehungen der Berliner Universität in der Zeit der Weimarer Republik. In: Forschen und Wirken, Bd. 1, Berlin 1960, S. 488.

«Wirtschaftliche Maßnahmen für die Minderbemittelten» und «Politische Forderungen». So lautet der letztgenannte Komplex: «Entfernung aller Dozenten, die ihr Amt zu faschistischer und monarchistischer Propaganda gebrauchen; Verbot der Werbung für die Teno (Technische Nothilfe – eine präfaschistische Organisation – *d. Verf.*); Auflösung aller ihrer Institutionen an den Hochschulen; Aufhebung aller sonstigen Beschränkungen der Rede-, Vereins- und Versammlungsfreiheit an den Hochschulen; Wiedereinsetzung und Schadengutmachung der gemaßregelten revolutionären und sonstigen fortschrittlichen Dozenten und Studenten.»[26]

Kurzum: Das Maximalziel der Reaktion, Lehrkörper und Studentenschaft der Berliner Hochschulen ausnahmslos für reaktionäre Ziele zu vereinnahmen, hatte sich nicht verwirklichen lassen. Der Klassenkampf hatte in der Universität und in den Hochschulen Einzug gehalten. So klein auch das Häuflein der Kommunisten und ihrer Sympathisanten in dieser vom Konservatismus durchdrungenen Sphäre war – die bloßen Zahlen täuschen, denn hinter den wenigen Kommunisten an der Universität stand die KPD. Nach den Jahren der Fraktions- und Richtungskämpfe war sie schließlich zu einer revolutionären Massenpartei geworden, die unter der konsequenten Führung des Thälmannschen Zentralkomitees das Vertrauen eines großen Teils der Berliner Arbeiterschaft erwarb und bald eine so starke Kraft darstellte, daß die Reaktion zur faschistischen Macht greifen mußte, um ihren Vormarsch zu stoppen. Unter diesen Bedingungen begriffen weitsichtige bürgerliche Ideologen und Politiker schon früh, daß auch im Hochschulwesen nicht alles so bleiben konnte wie in der Kaiserzeit und daß Anpassungen an die veränderten Bedingungen nicht zu umgehen waren, wenn die bürgerlichen Verhältnisse stabil gehalten werden sollten. Es waren die gleichen Überlegungen, aus denen die Notgemeinschaft der deutschen Wissenschaft hervorging, und sie folgten dem allgemeinen Nachkriegsmotto des deutschen Imperialismus: verändern, um zu erhalten.

Die Hochschulpolitik war jener Sektor der Wissenschaftspolitik, auf dem Becker ganz besonders zum Zuge kam. Unter der Schockwirkung der Massenkämpfe jener Zeit schrieb er 1919 seine «Gedanken zur Hochschulreform». Diese Reform sollte die offenkundigen Widersprüche zwischen den neuen staatlichen Strukturen und dem veränderten inneren Kräfteverhältnis der Gesellschaft auf der einen und der Verfassung und dem inneren Zustand der Universitäten und Hochschulen auf der anderen Seite schrittweise mildern oder ganz beseitigen. Mit dem Gedanken, die faktische Ordinarienherrschaft an den Hochschulen abzubauen und Extraordinarien

Sowjetfahne auf dem Gebäude der Universität am 1. Mai 1931
Eine wehende rote Fahne auf der Berliner Universität war eine besonders mutige Tat der revolutionären Studenten, die natürlich bei der bürgerlichen Presse eine ungeheure Empörung hervorrief. Mit Beginn der dreißiger Jahre hatte die revolutionäre Studentenbewegung ihre politischen Aktivitäten verstärkt. So gaben sie z. B. die in 3 000 Exemplaren erschienene Monatsschrift «Der Rote Student» heraus. Weiterhin beteiligten sie sich auch an der Demonstration des revolutionären Proletariats am 1. Mai 1931 mit Losungen und Transparenten, die «Nieder mit dem Hochschulfaschismus» und «Die Hochschule den Werktätigen» forderten.

oder Privatdozenten wirkliche Mitspracherechte zu gewähren, griff er auf liberale und demokratische Forderungen der Revolution von 1848/49 zurück. Zugleich wandte er sich gegen die traditionelle Überbetonung der Forschung gegenüber der Lehre, die zwar zu hohen Forschungsleistungen beigetragen, jedoch auch letztlich die Verbreitung ultrareaktionärer, revanchistischer oder «völkisch»-rassistischer Tendenzen unter Angehörigen des Lehrkörpers und besonders unter den Studenten begünstigt habe.

Becker gehörte zu jenen einsichtigen bürgerlichen Politikern, die den Feind nicht nur links sahen, sondern begriffen,

---

26 Ebenda, S. 553.

Das Hochschulprogramm der KPD (1927) über die Wissenschaft unter den Bedingungen der Diktatur des Proletariats: Die Diktatur des Proletariats wird die Hochschulen ihres Charakters als Privilegiertenschulen entkleiden. Sie wird sie gemeinsam mit allen Intellektuellen, die den Weg zur Zusammenarbeit mit den Handarbeitern gefunden haben, zu Instrumenten des sozialistischen Aufbaus umgestalten. Die Hauptmasse der Studierenden wird sich aus der werktätigen Bevölkerung rekrutieren. Zu diesem Zweck wird die proletarische Diktatur folgende Mittel ergreifen:
Erhaltung aller proletarischen und minderbemittelten Studenten durch den Staat; hierzu ist notwendig [die] Auswahl der Begabten durch die Organisationen der Werktätigen selbst, insbesondere die Gewerkschaften; Entfernung aller jener, die ohne besondere Begabung, nur auf Grund des Vermögens ihrer Eltern studieren;
Errichtung besonderer Arbeiterfakultäten für Arbeiterstudenten ohne Vorbildung.
Dokumente und Materialien zur Geschichte der deutschen Arbeiterbewegung, Bd. VIII, Berlin 1957, S. 551.

daß der Rechtsradikalismus – auch an den Hochschulen – das eigene bürgerliche Herrschaftssystem gefährden könnte. Die äußerste Rechte griff mit dem Kapp-Putsch nach der Macht, sie schreckte nicht einmal davor zurück, den zur Führungsschicht des deutschen Monopolkapitals gehörenden Außenminister Walther Rathenau zu ermorden, und die machtvollen Gegenaktionen der Arbeiterklasse ließen sehr wohl ahnen, daß der blindwütige Terror rechtsradikaler Fanatiker eines Tages eine revolutionäre Welle auslösen konnte, die sich nicht mehr aufhalten lassen würde.

Das alles berücksichtigte Becker, als er seine Ideen für systemstabilisierende Reformen entwarf. Studentenschaft und Studentenausschüsse sollten enger mit dem Staat verbunden werden. Das Fachstudium sollte durch «staatsbürgerliche», das politische Urteilsvermögen fördernde Lehrveranstaltungen ergänzt werden, für die geeignete Lehrkräfte indes erst noch auszubilden wären.

Dieser Trend förderte die Zeitgeschichte und machte die lange Zeit von den meisten Historikern desavouierte Soziologie salonfähig. So erhielt der bürgerliche Demokrat Alfred Vierkandt, ein auch um die Entwicklung der Volkshochschulen in Berlin verdienter Wissenschaftler, nach zwei Jahrzehnten Privatdozentur an der Berliner Universität 1921 endlich ein neu errichtetes Extraordinariat für Soziologie und wurde 1925 schließlich Ordinarius. Bei der Arbeiterklasse konnte Becker für sein Reformprogramm schwerlich Sympathien erwarten, da er ängstlich vermied, das Bildungsmonopol der herrschenden Klasse auch nur in bescheidenem Maße anzutasten. Zudem war es offensichtlich, daß die projektierten Maßnahmen dazu dienten, den Einfluß der marxistischen Theorie und der revolutionären Bewegung auf die Hochschulen abzublocken.

Es darf aber nicht übersehen werden, daß das Reformprogramm progressive Ansätze enthielt, die – in einen anderen gesellschaftlichen Zielrahmen eingeordnet – wertvolle Neue-

Physikalischer Hörsaal der Technischen Hochschule Aufnahme um 1920

rungen ermöglicht hätten. Dazu gehörte die Begründung eines neuen Hochschultyps: der «Pädagogischen Akademien», an denen auch künftige Volksschullehrer eine Hochschulausbildung erhalten sollten. Einen großen Anteil hatte hier Beckers persönlicher Referent Adolf Reichwein, der damit weiterreichende demokratische Zielsetzungen verband. Insgesamt wurde das Reformprogramm nur in einigen Ansätzen Wirklichkeit; seine vollständige Realisierung scheiterte am Widerstand der konservativen Ordinarien, denen es in der Weimarer Republik an ideologischer und politischer Rückendeckung nicht mangelte.

In seinen «Gedanken zur Hochschulreform» von 1919 hatte Becker auch die endgültige Gleichstellung der technischen Hochschulen mit den Universitäten gefordert. Dabei handelte es sich nicht mehr um eine einschneidende Veränderung; der überwiegende Teil dieses ein halbes Jahrhundert umfassenden Emanzipationsprozesses war bereits absolviert. Der Berliner Professor für Maschinenbau Alois Riedler hatte bereits seit der Jahrhundertwende gefordert, daß der Beitrag der technischen Hochschulen zum «Kampf ums Dasein» darin bestehen müßte, zukünftigen Ingenieuren und Betriebsleitern eine breit angelegte, an der «Wirklichkeit» der kapitalistischen «Großwirtschaft» orientierte und anwendungsfähige technische und wirtschaftliche Allgemeinbildung zu vermitteln. Der militante Riedler machte nun das Versagen des bisherigen technischen Bildungswesens und seiner Einrichtungen sogar für die Weltkriegsniederlage mitverantwortlich; viel zuwenig habe es bisher die technisch-wirtschaftlichen Belange berücksichtigt. 1919 faßte er seine Reformvorschläge in einer Denkschrift zusammen.[27] Die von den technischen Hochschulen ausgehenden Forderungen verflochten sich mit Beckers Reformprogramm. Conrad Matschoss und andere Wortführer des Vereins Deutscher Ingenieure (VDI) erhoben den Ruf «Kampf gegen jede neue Fachhochschule, nicht Spezialisierung, sondern Zusammenschluß», den Becker formuliert hatte und dem auch Riedler zustimmen konnte.

Erste Beschlüsse zur Hochschulreform wurden in Preußen bereits im Dezember 1919 gefaßt. Ihre weitere Konkretisierung betraf insbesondere die technischen Hochschulen. Der als Experte in das Berliner Kultusministerium berufene Danziger TH-Professor Heinrich Aumund konnte feststellen, daß nun die Notwendigkeit der Reform allgemein anerkannt werde und ihre generellen Ziele kaum noch umstritten seien. Es ginge um die Einschränkung der vorzutragenden Stoffmenge

Das Hochschulprogramm der KPD (1927) über die Situation der Hochschulen im kapitalistischen Deutschland:
Die Hochschulen sind jene Stätten, an denen die Bourgeoisie ihre wichtigsten Beauftragten zu brauchbaren Organen erzieht. Neben der Übermittlung fachlicher Spezialkenntnisse sind daher ihre Hauptaufgaben die Propaganda der bürgerlichen Klassenwissenschaft als objektiver Wissenschaft sowie die Herstellung einer besonderen akademischen Ideologie. Die Erziehung der Studentenschaft liegt infolge der reaktionären Methode der Auswahl der Dozenten in den Händen der erbittertsten Feinde der Arbeiterklasse.
An ihre alten ideologischen Vorurteile gebunden, sind zwar vorübergehend breite Massen der Studentenschaft zu den Hauptkadern der faschistischen Stoßtrupps der Bourgeoisie geworden. Der untergehende Kapitalismus kann jedoch den Intellektuellen keine menschenwürdige Existenz mehr gewähren. Er wird zum Hemmschuh der Entwicklung der gesellschaftlichen Produktion und dadurch auch des gesamten Geisteslebens, insbesondere der Wissenschaft. Früher oder später müssen die Intellektuellen erkennen, daß nur die proletarische Revolution sie, wie in der Sowjetunion, gemeinsam mit allen anderen Arbeitenden zu neuem Aufstieg führen kann.
Ebenda, S. 550.

---

27 Zu den Vorschlägen Riedlers siehe: Magister und Scholaren, Professoren und Studenten, S. 160/161.

Die kommunistischen Studentenorganisationen als Organe der KPD an den Hochschulen kämpfen trotzdem in allen aktuellen Tagesfragen auch um die kleinsten Verbesserungen für die proletarischen und minderbemittelten Studenten. In diesem Kampfe zeigen sie ihnen die Unzulänglichkeiten aller Heilungsversuche innerhalb der bestehenden Gesellschaftsordnung und führen sie zum gemeinsamen Kampf mit dem Proletariat zum Sturze des Kapitalismus.
Ebenda, S. 551.

zugunsten des technisch-wirtschaftlichen Könnens. Zum einen seien die wirtschaftlichen Kenntnisse zu erweitern, zum anderen sei der technisch-konstruktive Unterricht mit ökonomischem, natur- und technikwissenschaftlichem Wissen «inniger und wirkungsvoller zu verschmelzen».

In einer 1921 über den VDI publizierten Denkschrift erläuterte Aumund ausführlich seinen Vorschlag, die technischen Hochschulen in «Hochschulen für Technik und Wirtschaft» umzugestalten. Letztlich ging es ihm darum, technische Hochschulen und Universitäten zu «allgemeinen Landesuniversitäten» zusammenzuschließen. Diese Idee wurde mit Skepsis aufgenommen, sowohl in den Führungskreisen der Schwerindustrie als auch unter den Wissenschaftlern, und blieb bald auf der Strecke. Die Diskussion förderte aber bestimmte Veränderungen in Stellung, Struktur und Lehrinhalten der technischen Hochschulen, die auch an der TH Berlin eingeführt wurden.

Die am 30. Juni 1921 erlassene Durchführungsverordnung zur Hochschulreform enthielt den Gedanken der «Hochschulen für Technik und Wirtschaft» und sah den Ausbau der «Allgemeinen Abteilungen» an den technischen Hochschulen vor. Dadurch sollte deren Ausbildungsniveau vollständig dem der Universitäten angeglichen werden. Gerade während der Kriegszeit hatten Vertreter der TH Berlin unter Hinweis auf die kriegsentscheidende Rolle der Technik immer wieder die Gleichrangigkeit von technischer Hochschule und Universität betont. Offenkundig stießen ihre Wünsche nicht auf taube Ohren, denn die rege Bautätigkeit zur Erweiterung der TH, die schon vor dem Krieg eingesetzt hatte, wurde auch während des Krieges nicht unterbrochen.[28] Wie die Berliner Universität die erste Universität in Deutschland blieb, so konnte auch die Charlottenburger TH ihre führende Stellung unter den technischen Hochschuleinrichtungen Deutschlands behaupten. 1927/28 waren hier 5 205 Studenten immatrikuliert – das waren etwa 60 Prozent aller TH-Studenten in Preußen und ungefähr ein Viertel sämtlicher TH-Studenten in Deutschland. Ab Mitte der zwanziger Jahre führte das Hochschulreformprogramm zu einem Ausbau der Lehrstühle und Institute.

Einen wichtigen Schritt zur vollständigen formalrechtlichen Angleichung an den Status der Universitäten bedeutete der Erlaß des preußischen Kultusministers vom April 1922 über die künftige Gliederung der technischen Hochschulen in Fakultäten, die auch die Bildung akademischer Senate einschloß. Die Berliner TH hatte nun die vier Fakultäten Allgemeine Wissenschaften, Bauwesen, Maschinenwirtschaft und Stoffwirtschaft. Der Allgemeinwissenschaftlichen Fakultät

Elektrotechnisches Versuchsfeld der Technischen Hochschule Aufnahme um 1920

oblag es, unter anderem die Vertretung der Wirtschafts- und Sozialwissenschaften an der TH zu verstärken. Damit sollte die Enge des rein technischen Denkens bei den Absolventen gesprengt werden. Der moderne kapitalistische Großbetrieb sollte keine Nurtechniker beschäftigen, sondern Fachleute, die sich in jeder Hinsicht als der verlängerte Arm des Aufsichtsrates bewährten und alle ihre Vorschläge und Entscheidungen nicht nur aus der Sicht der technischen Machbarkeit, sondern auch aus der Sicht höchster Profitabilität und intensiver Ausbeutung bei Aufrechterhaltung eines unternehmerfreundlichen «Betriebsklimas» entwickelten. Die Rationalisierungsbestrebungen der Monopole – bereits 1921 war das Reichskuratorium für Wirtschaftlichkeit (RKW) als Organ zur staatsmonopolistischen Koordinierung und Lenkung dieser Bestrebungen geschaffen worden – fanden so eine gewisse Entsprechung in der technikwissenschaftlichen Forschung und Lehre.

Anwachsen der Hochschullehrer- und Studentenzahlen an der TH Berlin in der Zeit der Weimarer Republik:
Lehrer/Studenten
1914
196/2 303
1918
219/3 210
1920
250/3 798
1922
275/4 290
1924
279/3 877
1926
300/4 198
1928
329/5 057
1930
339/5 140
1932
369/4 140
Siehe:
Wissenschaft und Gesellschaft. Beiträge zur Geschichte der Technischen Universität Berlin 1879–1979, Berlin (West)/Heidelberg/ New York 1979.

Die Absicht, eine Vereinigung mit der Berliner Handelshochschule zu erreichen, wurde zwar nicht verwirklicht, aber immerhin wurde 1926/27 erstmals eine Studienrichtung «Wirtschaftsingenieure» an der TH eingerichtet, in der wirtschaftswissenschaftliche und naturwissenschaftlich-technische Ausbildungsanteile kombiniert wurden. 1918 wurde unter Goetz Briefs ein Institut für Betriebssoziologie und soziale Betriebslehre errichtet. Georg Schlesinger, der seit 1904 den Lehrstuhl für Werkzeugmaschinen und Fabrikbetriebe innehatte, kombinierte in seiner Vorlesungsreihe «Fertigung, Fabrikbetriebe und Fabrikorganisation» technische und betriebswirtschaftli-

28 Siehe: Wissenschaft und Gesellschaft. Beiträge zur Geschichte der Technischen Universität Berlin 1879–1979, Berlin (West)/Heidelberg/New York 1979.

Die Rektoren
der Berliner Universität
in der Zeit
der Weimarer Republik:
1918/19
Reinhold Seeberg
(Theologie)
1919/20
Eduard Meyer
(Alte Geschichte)
1920/21
Emil Seckel
(Römisches Recht)
1921/22
Walther Nernst
(Physikalische Chemie)
1922/23
Arthur K. W. Heffter
(Pharmakologie)
1923
Gustav Roethe
(Germanistik)
1924
Karl Holl
(Kirchengeschichte)
1925
Josef F. Pempeckij
(Paläonthologie)
1926
Heinrich Triepel
(Staatsrecht)
1927
Eduard Norden
(Philologie)
1928
Wilhelm His
(Innere Medizin)
1929
Erhard Schmidt
(Mathematik)
1930
Gustav A. Deissmann
(Theologie)
1931
Heinrich Lüders
(Indologie)
1932/33
Eduard Kohlrausch
(Strafrecht)
schied nach dem
Machtantritt der Nazis
vorzeitig aus dem Amt

che Fragestellungen und schuf bereits 1918 eine «Arbeitsstelle für industrielle Psychotechnik», die später zu einem eigenen Institut ausgebaut wurde. Seine Studien zum amerikanischen Taylor-System führten beispielsweise 1925 in den Zwickauer Horch-Automobilwerken zu umfangreichen Rationalisierungsmaßnahmen und zu einer Steigerung der Produktion von 1,8 auf 10 Automobile pro Tag.

Besonders der Ausbau der Allgemeinen Abteilung – nach der Fakultätsverfassung die Fakultät für Allgemeine Wissenschaften – hatte auch in einer anderen Beziehung auf die weitere Entwicklung der TH günstige Auswirkungen. Seit 1921 durften hier in den mathematisch-naturwissenschaftlichen Fächern Oberlehrer ausgebildet, seit 1924 auch Diplomstudenten immatrikuliert werden. An der TH Berlin wurde dabei ein bedeutender Durchbruch erzielt, als es 1928 gelang, den Nobelpreisträger Gustav Hertz als Ordinarius zu gewinnen und für ihn ein neues, nach modernsten Gesichtspunkten gestaltetes Physikalisches Institut zu errichten.

Die Reformen an der TH waren insgesamt bescheiden, aber immer noch umfassender als die Neuerungen an der Universität. Überhaupt blieben alle Veränderungen im Hochschulwesen nach 1918 von mäßiger Größenordnung, eingepaßt in das kapitalistische Gesellschaftskonzept der Weimarer Republik. Die Nichtordinarien erhielten mehr Rechte in Lehre und Forschung, die materielle Stellung der Privatdozenten wurde aufgebessert. Für die Zulassung zum Universitätsstudium traten einige Erleichterungen in Kraft. Mit der Umsetzung der «Grundsätze einer Neuordnung der preußischen Universitätsverfassung» vom 20. März 1923 ließ sich die Berliner Universität jedoch Zeit; ihr darauf aufbauendes neues Universitätsstatut trat erst 1930 in Kraft. Die TH Berlin brachte es während der gesamten Weimarer Zeit nicht fertig, ihren 1924 ausgearbeiteten neuen Verfassungsentwurf auch in Kraft zu setzen.

Da die Weimarer Verfassung die gesetzliche Gleichberechtigung von Mann und Frau ausdrücklich proklamierte, mußte nun wohl oder übel auch die Möglichkeit der Berufung weiblicher Hochschullehrer eingeräumt werden. Niemand wird erwarten, daß die Berliner Hochschulen ausgerechnet auf diesem Gebiet ihren Konservatismus aufgegeben hätten. An der Universität gelang es alles in allem nur zwei Wissenschaftlerinnen, die Hürde zu nehmen. Der Physikerin Lise Meitner, die Weltruf besaß und der das Kultusministerium bereits 1919 den Professorentitel verliehen hatte, wurde 1922 eine Privatdozentur und 1926 eine außerordentliche Professur für Physik zuteil; die Historikerin Hedwig Hintze wurde 1928 Privatdozent. Mit dieser mageren Bilanz übertraf aber die Universität

Ausweiskarte für Otto Hahn als Mitglied des Lehrkörpers der Berliner Universität

noch die TH, in deren Lehrkörper die Herren weiterhin unter sich blieben und in deren Hörerschar der Anteil der Studentinnen verschwindend gering war.

Ohne allzu große Schwierigkeiten, nach der verstaubten, aber bewährten Devise der Trennung von Wissenschaft und Politik, holte sich die Berliner Universität auf wichtigen Gebieten ihre frühere Weltgeltung zurück. In einigen Fächern begann ein neuer Aufschwung, der das in der Vorkriegszeit Erreichte in den Schatten stellte. Dennoch dürfte es wohl zutreffen, wenn man die Weimarer Jahre in der Geschichte der bürgerlichen Berliner Universität im ganzen als eine Zeit der Nachblüte, als das Auslaufen jener Phase des geballten Aufstiegs zwischen Reichsgründung und Weltkrieg wertet: Zu sehr war alles auf Bewahrung und Anpassung, zuwenig auf grundsätzliche Neuerungen gestellt, zu sehr war der Ruhm der Weimarer Jahre von Persönlichkeiten getragen, die sich ihre Sporen schon in der vorhergehenden Periode verdient hatten.

In der Sicht des Auslandes verblaßten aber bald die chauvinistischen Entgleisungen, die sich manche der Schöpfer dieser Resultate während des Krieges hatten zuschulden kommen lassen, hinter den wissenschaftlichen Leistungen, und selbst ihre Teilnahme an der Schaffung von Massenvernichtungsmitteln wurde nicht mehr so streng beurteilt. Darin äußerte sich die Diskrepanz «zwischen weiterwirkenden wissenschaftlichen Leistungen, die für die historische Einschätzung von Gelehrten bestimmend blieben, und manchen zeitgebundenen gesellschaftlichen Einflüssen und Bindungen, die im politischen und ideologischen Bereich ihren differenzierten Ausdruck fanden».[29] Allmählich strebten auch ausländische Stu-

Frauenanteil an deutschen Universitäten und Hochschulen

Universitäten
1918
etwa 10 Prozent
1931
knapp 19 Prozent

Universität Berlin
1925
13,7 Prozent
1932
24 Prozent

Technische Hochschulen
1931
etwa 4 Prozent

TH Berlin
1926/27
0,8 Prozent
1931
etwa 0,4 Prozent

Zusammengestellt aus: Alma mater berolinensis. Geschichte der Humboldt-Universität zu Berlin von 1810 bis 1981, Berlin 1985, Kap. V. – Wissenschaft und Gesellschaft. Beiträge zur Geschichte der Technischen Universität Berlin 1879–1979.

29 Die Berliner Akademie der Wissenschaften in der Zeit des Imperialismus, Teil II, S. 104.

Aus einem auf Initiative von Erhardt Schmidt verfaßten Antrag der Philosophischen Fakultät vom 10. Juni 1918:
Die mit der Entwicklung der Technik in den letzten Jahren ... immer weitergehende Durchdringung der Praxis mit mathematischen Methoden und vor allem das ungeahnte durch den Krieg zu Tage getretene Bedürfnis nach praktisch und theoretisch durchgebildeten Mathematikern ... machen es ... zur unabweisbaren Notwendigkeit, daß die angewandte Mathematik an der größten Landesuniversität eine vollwertige Vertretung erhält ...
Zit. in: Hannelore Bernhardt: Das Institut für angewandte Mathematik der Berliner Universität. In: Berliner Wissenschaftshistorische Kolloquien VII: Zur Entwicklung der Mathematik in Berlin, Berlin 1982, S. 94.

denten wieder an die Berliner Alma mater, doch die großen Zahlen der Vorkriegszeit wurden nicht mehr erreicht: Im Wintersemester 1926/27 waren 1058 Ausländer (11,18 Prozent aller Studenten) eingeschrieben, 1911/12 waren es 1318 (14 Prozent).

Die Berliner Physik war noch immer legendär und hatte starke Wurzeln an der Universität. Ruhm wurde auch auf mathematischem Gebiet geerntet, wo Berlin einige Jahrzehnte zuvor die Führung in Deutschland an Göttingen verloren hatte. Mit der Berufung des Hilbert-Schülers Erhard Schmidt, der alle Vorzüge des Göttinger Stils mit nach Berlin brachte, wurde rasch aufgeholt. Zu einem guten Teil dankte die Berliner Universität die Gewinnung dieses insbesondere durch seine Arbeiten zur Theorie der Integralgleichungen bekannten hervorragenden Funktionentheoretikers und glänzenden Lehrers den Bemühungen von Einstein.

1919 kam Issai Schur, der die traditionsreiche algebraisch-zahlentheoretische Richtung der Berliner Mathematik in Anknüpfung an Kummer und Kronecker fortsetzte und Mitherausgeber der «Mathematischen Zeitschrift» war.

Das waren noch längst nicht alle Sterne erster Größe, die in jenen Jahren am Firmament der Berliner Mathematik erstrahlten; unbedingt zu nennen sind auch noch Constantin Carathéodory, Richard von Mises und der junge Dozent Johann Neumann von Margitta, der später als John von Neumann unter anderem durch seine Leistungen zur mathematischen Grundlegung der Kybernetik Weltruf errang. Eine beachtliche Neuerung war die Gründung des Instituts für angewandte Mathematik im Jahre 1920. Schmidt hatte sich sehr dafür eingesetzt, und Mises wurde von der TH Dresden zum Direktor der Neugründung hierher berufen. Damit wurde einem dringenden Bedürfnis der Physik und der industriellen Technik Rechnung getragen, ihre mathematischen Grundlagen besser auszubauen und zugleich den Anwendungserfordernissen anzupassen. Auch die physikalische Chemie hatte hier weiterhin Weltgeltung. An der Universität wirkten Haber, Nernst (der aber bald zur Physik «wechselte») und Bodenstein. Zahlreiche bedeutende Schüler gingen aus der Berliner physikochemischen Schule hervor, darunter Franz Simon und Karl Friedrich Bonhoeffer.

Viele Wissenschaftszweige, die an der Universität bedeutende Fachvertreter hatten, müssen wir hier übergehen. Unbedingt zu nennen ist jedoch die Medizin, für die es in Berlin in der Tat gerechtfertigt ist, von goldenen zwanziger Jahren zu sprechen. In vielen Zweigen wirkten hier wissenschaftliche Autoritäten von Rang. 1927 wurde der hochbegabte Chirurg Ferdinand Sauerbruch an die Charité berufen. Er war in der Berliner Öffentlichkeit allgemein bekannt, seine wichtigsten

Erhard Schmidt
Aufnahme um 1910

Walther Nernst
Aufnahme um 1930

Neuerungen in der Thoraxchirurgie (Druckdifferentialverfahren) und die von ihm erfundene Methode, künstliche Glieder mit Hilfe der Muskeln des Amputationsstumpfes zu bewegen, eröffneten ganz neue Perspektiven für Therapie und Rehabilitation. Mit ihm wurde die Charité zu einem Anziehungspunkt für Chirurgen des In- und Auslandes.

Als bedeutende Gynäkologen kamen 1926 Walter Stoeckel und Bernhard Zondek; letzterer entwickelte 1927 zusammen mit Selmar Aschheim die Aschheim-Zondek-Reaktion zur Früherkennung der Schwangerschaft. Verschiedene medizinische Koryphäen, die bereits in der vorhergehenden Periode Professuren erhalten hatten, setzten ihre Tätigkeit in den zwanziger Jahren fort; erwähnt seien nur Adalbert Czerny, das Haupt einer angesehenen Schule der Pädiatrie, der wissenschaftliche Grundlagen zur Bekämpfung der Ernährungsstörungen bei Säuglingen schuf und Pawlows Lehre von den bedingten Reflexen in die Kinderheilkunde einführte, der Gynäkologe Ernst Bumm, der führende Anatom und Biologe Oskar Hertwig, der Bakteriologe August von Wassermann, der Internist Friedrich Kraus.

Nicht nur ein ausgezeichneter Fachmann, sondern auch ein aufrechter Gegner des Faschismus war Karl Bonhoeffer, der seit 1912 die Nervenklinik der Charité leitete und durch seine Forschungen über Psychosen bekannt war; zwei seiner Söhne und zwei seiner Schwiegersöhne wurden später von den Faschisten hingerichtet. Der bereits erwähnte progressive Sozialdemokrat Grotjahn grenzte mit seinem grundlegenden Werk «Soziale Pathologie» die Sozialhygiene von der experimentell-biologischen Hygiene ab und verband sie mit den Sozialwissenschaften. Beim Durchsetzen moderner physikalischer Methoden in der Medizin nahm Berlin eine Spitzenposition ein.

Sehen Sie, die Physik und die Medizin, das sind zwei saftige Wiesen, getrennt durch einen kleinen Graben. Am Rande dieses Grabens wachsen die herrlichsten Kräuter und Blumen. Ab und zu verirrt sich ein Rindvieh dorthin, um sich an ihnen zu laben.
Zit. in: Eike Schierhorn: Walter Friedrich, Berlin 1983.

1923 wurde der Physiker Walter Friedrich, der sich nach der 1912 gemeinsam mit Laue und Knipping in München gelungenen Entdeckung der Röntgenstrahlbeugung am Kristallgitter erfolgreich strahlenmedizinischen Forschungen zugewandt hatte, Ordinarius für medizinische Physik und baute bis 1929 ein entsprechendes Institut auf. Das war der erste derartige Lehrstuhl in Deutschland.[30]

Die maßgeblichen Gesellschaftswissenschaftler der Universität vertraten weitestgehend bürgerliche Positionen, wobei man feststellen kann, daß es unter ihnen nur wenige konsequente bürgerliche Demokraten gab, dagegen viele, die in ihrer mehr oder weniger irrationalistisch gefärbten Weltauffassung die labile Situation der Weimarer Jahre als «Kulturkrise» empfanden und dabei entweder restaurative, auf «Deutschlands Größe» von einst gerichtete Ideen oder eine von verschiedenen Seiten her faschistische Denkgleise berührende Aufbruchstimmung oder schließlich einen aktionslosen Pessimismus verfochten.

Oswald Spenglers irrationalistische Zyklen- und Kulturkreislehre übte unter anderem über sein Buch «Der Untergang des Abendlandes» eine beträchtliche Wirkung auf die Intelligenz aus. Er versuchte darin seine kulturpessimistischen geschichtsphilosophischen Auffassungen als eine Wende der Geschichtsschreibung darzustellen, die gegen eine marxistisch-materialistische Geschichtsauffassung gerichtet war, und wurde damit zu einem Wegbereiter des deutschen Faschismus.

Zur Situation der Geschichtswissenschaft in der Weimarer Republik: Die Mehrzahl der Historiker war nicht bereit, Lehren aus der Geschichte zu ziehen und die traditionelle preußisch-deutsche, machtstaatliche Geschichtsideologie zu revidieren. Verbissen hielten sie an ihrer konservativen, vielfach monarchistischen Einstellung fest und erklärten sich zu Gegnern der Weimarer Republik. Eine Reihe rechtsliberaler Historiker bekannte sich als «Vernunftrepublikaner» zur Weimarer Verfassung mit dem Ziel, die Kontinuität des imperialistischen Staates zu retten und ihn durch Einbeziehung der rechten Sozialdemokratie auf eine breitere soziale Basis als vor 1914 zu stellen. ... Für die Mehrheit

Unter denen, die mit ihren Arbeiten unmittelbar Weltanschauung prägten, war in Berlin am einflußreichsten wohl der Dilthey-Schüler Eduard Spranger, der ab 1920 eine Professur innehatte. Er verband die von seinem Lehrer übernommene irrationalistische Lebensphilosophie mit dem Gedankengut des Neuhegelianismus zu einer konservativen, die Dialektik über Bord werfenden Deutung Hegels. Zugleich hatte er mit seinen pädagogischen und psychologischen Arbeiten zur Persönlichkeitstheorie und zur Psychologie des Jugendalters im damaligen Deutschland einen weitreichenden Einfluß. In der Geschichtswissenschaft blühte die Ranke-Renaissance: Die konservative Verherrlichung des «Machtstaates» verband sich mit der einseitigen Orientierung auf das Wirken außerordentlicher Persönlichkeiten; der Rückgriff auf Ranke fiel meist mit einer Berufung auf Bismarck zusammen[31]: ein durchsichtig verschlüsselter Ausdruck dessen, daß die Weltmachtansprüche des deutschen Imperialismus nicht erloschen, sondern nur umständehalber suspendiert waren.

Es ist leicht einzusehen, daß dieser brüchige Wall aus Fragmenten der verschiedensten bürgerlichen Denktraditionen vor allem deshalb so eilfertig zusammengetragen wurde, weil er das Eindringen marxistischer Gedankengänge in den akademischen Raum verhindern sollte. Das war nicht mehr Vorsorge für eine ferne Zukunft, sondern Konfrontation mit akuten Gefahren für das Monopol bürgerlicher Theorien in der Berliner Gelehrtenwelt. Nachdem die KPD in den ersten Jahren ihres Bestehens – angesichts ungünstiger Bedingungen wie beispielsweise des zeitweiligen Einflusses der theoriefeindlichen ultralinken Fischer-Maslow-Gruppe – in der Arbeit mit der Intelligenz nur wenig vorangekommen war, änderte sich das Mitte der zwanziger Jahre grundlegend.

Nachdem Ernst Thälmann an die Spitze der Partei getreten war, wurde ihre Intelligenzpolitik systematisch ausgebaut, und die Pflege der marxistischen Theorie gewann in der Parteiarbeit einen hohen Stellenwert.[32] Es gab einen Katalysator des Interesses von Wissenschaftlern am Marxismus, der mit den Jahren wirksamer wurde: den erstaunlichen Aufstieg der Sowjetgesellschaft, der kaum einer der bürgerlichen Gelehrten eine Überlebenschance gegeben hätte. Mit der Entwicklung verschiedenartiger wissenschaftlicher Beziehungen zur Sowjetunion, für die Berlin in Deutschland das Kristallisationszentrum war, erreichte zunehmend mehr Information über die dort ablaufenden gesellschaftlichen Veränderungen Berliner Wissenschaftlerkreise. Weit davon entfernt, die historische Gesetzmäßigkeit des Sozialismus zu begreifen, sahen zahlreiche Wissenschaftler in den sowjetischen Vorgängen ein grandioses Experiment zur Umgestaltung einer Gesellschaft nach vorgefaßten Plänen und interessierten sich von hier aus auch für die Theorie, die diesen Plänen zugrunde liegt.

Auf verschiedenen Spezialgebieten der Gesellschaftswissenschaften wurden an der Berliner Universität nach wie vor respektable Leistungen vollbracht, teils in Weiterführung traditionsreicher Richtungen, teils mit dem Start völlig neuer Gebiete. Eine solche Neuerung war beispielsweise das 1923 von Max Herrmann begründete Theaterwissenschaftliche Institut. Herrmann, der bereits seit 1909 eine außerordentliche Professur innehatte, war ein Enthusiast seines Gebietes; zum erstenmal in der Welt wurde damit die Theaterwissenschaft als Hochschuldisziplin anerkannt.

Hans Reichenbach, seit 1926 Außerordentlicher Professor für Naturphilosophie, schuf die Berliner Schule des Neopositivismus. Dabei ist weniger das weltanschauliche Fundament von Bedeutung, eine stärker rationalistische Spielart des sub-

der konservativen und «liberalen» Historiker rückte der ideologische Kampf gegen die Versailler Kriegsschuldthese und für die Rückeroberung der 1918 abgetretenen Gebiete in den Mittelpunkt. Sie konzentrierten sich auf die Propagierung eines imperialistischen Bismarck-Mythos und der Dolchstoßlegende sowie auf den Ausbau der Auslandsstudien, wobei der revanchistischen Ostforschung eine entscheidende Rolle zufiel. Neu war in diesem Zusammenhang, daß der Staat und das Monopolkapital erhebliche Mittel in die Gesellschaftswissenschaften zu stecken begannen und in die Organisation und Leitung geschichtswissenschaftlicher Vorhaben direkt eintraten.
Peter Schuppan: Die Kulturentwicklung in der Weimarer Republik. In: Wolfgang Ruge: Deutschland von 1917 bis 1933, Berlin 1978, S. 488.

30 Siehe Horst Kant: Walter Friedrich – Wissenschaftler und Friedenskämpfer. In: Berliner Wissenschaftshistorische Kolloquien VIII: Die Entwicklung der Physik in Berlin, Berlin 1984, S. 108–110.
31 Die Berliner Akademie der Wissenschaften in der Zeit des Imperialismus, Teil II, S. 66.
32 Siehe Peter Altner/Hubert Laitko: KPD und Wissenschaftsentwicklung: Ansatzpunkte und Fragestellungen. In: KPD und Wissenschaftsentwicklung 1919–1945, Berlin 1986, S. 20.

Die soziale Herkunft der Studenten an den deutschen Universitäten und Hochschulen im Jahre 1928 (Zahlen in Prozent):
höhere Beamte, Offiziere 15,5
mittlere Beamte 27,8
niedere Beamte 1,7
freie Berufe mit akademischer Ausbildung 6,3
freie Berufe ohne akademische Ausbildung 1,7
Großlandwirte 1,5
Mittel- und Kleinlandwirte 4,4
Handel- und Gewerbetreibende 24,5
davon
Besitzer und Direktoren von Fabriken sowie Großhändler und Bankiers 5,7
selbständige Handwerksmeister und Kleingewerbetreibende 13,2
sonstige Handel- und Gewerbetreibende 5,6
Privatangestellte in leitender Stellung 5,2
sonstige Privatangestellte 7,1
Arbeiter 2,0
sonstige Berufe, Berufslose, unbekannt 2,3
Magister und Scholaren, Professoren und Studenten, Leipzig/Jena/Berlin 1981, S. 147.

jektiven Idealismus, als vielmehr die Tatsache, daß hier im Dialog mit Fachleuten verschiedener Disziplinen systematisch an der Analyse wissenschaftlicher Erkenntnismethoden gearbeitet wurde, war es doch sonst in der bürgerlichen philosophischen Tradition üblich, daß der große Denker seine Weltentwürfe in spekulativer Einsamkeit schafft.

An der Universität wirkten auch der erzchauvinistische Germanist Gustav Roethe, ungeachtet seiner rückschrittlichen Gesinnung ein erstklassiger Fachmann, der 1921 den Vorsitz der Goethegesellschaft übernahm, der berühmte Kunsthistoriker Adolf Goldschmidt und der Psychologe Wolfgang Koehler, Mitbegründer der Schule der Gestaltpsychologie – um nur noch diese wenigen Namen zu nennen.

Die Altertumswissenschaften standen weiterhin hoch im Kurs, doch sie verloren an ideologischem Gewicht, je weniger «klassische» Bildung das geistige Profil der bürgerlichen Intelligenz bestimmte, und wurden mehr oder weniger auf den Status von Fachdisziplinen reduziert. Deshalb vermochten sie es auch nicht, dem Irrationalismus Paroli zu bieten, obwohl sie selbst von irrationalistischen Gedankengängen kaum angekränkelt waren. Als eines von vielen glänzenden Beispielen erwähnen wir die Leistungen von Ernst Herzfeld, der 1920 Professor für orientalische Archäologie wurde. Die Ergebnisse der von ihm geleiteten Ausgrabungen sind noch heute im Islamischen Museum zu bewundern.

Neben der Universität und der TH, die seit dem Weltkrieg auch die Bergakademie in sich aufgenommen hatte, gab es in Berlin eine ganze Reihe weiterer Lehreinrichtungen mit Hochschulcharakter, darunter die Handelshochschule, die Musikhochschule, die am 14. Oktober 1919 eröffnete Verwaltungsakademie, die am 15. Mai 1920 begründete Hochschule für Leibesübungen oder auch die Deutsche Hochschule für Politik, die am 1. November des gleichen Jahres ihre Pforten öffnete. Wir wollen uns hier jedoch kurz einer anderen Einrichtung zuwenden, deren Existenz wir in den vorhergehenden Kapiteln nur gelegentlich erwähnt hatten: der Landwirtschaftlichen Hochschule. Ihr Wirken bestätigt, daß der Kontakt zwischen Biowissenschaften und Praxis in Berlin nicht allein über die Medizin verlief.

Die Berliner Universität hatte schon frühzeitig die landwirtschaftliche Ausbildung in ihr Programm aufgenommen und bereits bei ihrer Gründung Albrecht Thaer, der in Möglin eine private Landwirtschaftslehranstalt betrieb, zum Professor berufen. Dem ersten Anstoß folgte allerdings kein stürmischer Aufschwung, denn dem Durst nach Wissenschaft, den das kapitalistische Unternehmertum in der Industrie zu entwickeln begann, stand in den die Agrarproduktion beherrschenden

Junkerkreisen, von wenigen Pionieren der wissenschaftlichen Landwirtschaft abgesehen, kein vergleichbares Bedürfnis gegenüber. Erst 1859 entstand aus einem kleinen, staatlich subventionierten Privatlaboratorium die «Landwirtschaftliche Lehranstalt zu Berlin».[33]

Studentenzahlen an der Landwirtschaftlichen Hochschule Berlin:
1881 – 126
1886 – 481
1904/05 – 1080
1926 – 716

Problematisch war das Fehlen direkt zugehöriger landwirtschaftlicher Produktionsflächen. In den sechziger Jahren wurde deshalb beschlossen, wenigstens in einem landwirtschaftlichen Museum geeignetes Demonstrationsmaterial zur Verfügung zu stellen. Das frühere Grundstück der Königlichen Eisengießerei in der Invalidenstraße bot genügend Raum, um neben der Geologischen Landesanstalt, der Bergakademie und dem Naturkundemuseum auch noch ein Landwirtschaftliches Museum zu errichten und der Lehranstalt ein neues Domizil zu schaffen. Unmittelbar nach Vollendung der Baulichkeiten wurden Lehranstalt und Museum im Februar 1881 zur «Kgl. Landwirtschaftlichen Hochschule» vereinigt.[34] Die neue Hochschule hatte 8 Professoren und 21 Honorardozenten. Die Anzahl der Studenten stieg rasch, denn die Einsicht, daß Schutzzölle und Schnitterkasernen auf die Dauer keine hinreichende Garantie für die Konkurrenzfähigkeit des Großgrundbesitzes abgeben können, hatte mit der Zeit auch in die widerstrebenden Junkerhirne Eingang gefunden. Erster Rektor war der bekannte Chemiker Hans Landolt – der dann 1892 das II. Chemische Institut der Universität übernahm –, und schon allein diese Tatsache bezeugt die Bedeutung, die man nun der naturwissenschaftlichen Grundausbildung der Landwirte beimaß.

Anfang des 20. Jahrhunderts gliederte sich die Hochschule in die drei Abteilungen: Landwirtschaft, Geodäsie, Kulturtechnik und Landwirtschaftlich-technisches Gewerbe mit insgesamt 19 Instituten. Das Reifezeugnis wurde jedoch erst in den zwanziger Jahren als Voraussetzung für die Zulassung verlangt – bis dahin genügte neben dem Nachweis einer zweijährigen landwirtschaftlichen Eleventätigkeit die Bestätigung des einjährigen freiwilligen Dienstes bei der Armee. Der leichtere Zugang tat indes dem wissenschaftlichen Niveau von Forschung und Lehre durchaus keinen Abbruch – manche Provinzuniversität konnte sich nicht mit einem so profilierten Lehrkörper brüsten wie diese Spezialhochschule. Darunter

33 Günther Natho/Ernst-Manfred Wiedenroth: Zur Geschichte der Botanik an der Landwirtschaftlich-Gärtnerischen Fakultät der Humboldt-Universität zu Berlin. In: Wissenschaftliche Zeitschrift der Humboldt-Universität, Mathematisch-Naturwissenschaftliche Reihe, 1985, Heft 3/4, S. 235.

34 Siehe: Die Königliche Landwirtschaftliche Hochschule in Berlin. Festschrift zur Feier des 25jährigen Bestehens, Berlin 1906. – Helmut Klein: Die Entwicklung der Agrarwissenschaften von der Gründung der Landwirtschaftlichen Hochschule Berlin bis zu den agrarwissenschaftlichen Sektionen an der Humboldt-Universität zu Berlin. In: Festschrift anläßlich der 100. Wiederkehr des Gründungsjahres der Landwirtschaftlichen Hochschule Berlin und des 30jährigen Bestehens der Akademie der Landwirtschaftswissenschaften der DDR, Berlin 1981, S. 7–37.

Einige bedeutende Hochschullehrer der Landwirtschaftlichen Hochschule Berlin:
Friedrich Aereboe
Landwirtschaftliche Betriebslehre
Otto v. Baeyer
Physik
Erwin Baur
Pflanzenzüchtung
Richard Börnstein
Physik
Eduard Buchner
Chemie, Nobelpreis 1907
Karl Kronacher
Tierzüchtung
Hans Landolt
Chemie
Ernst Mangold
Ernährungsphysiologie
Kurt v. Rümker
Kulturpflanzenzüchtung
Hermann Settegast
Tierzüchtung

waren auch der Biochemiker und Nobelpreisträger Eduard Buchner, der Genetiker Erwin Baur, der hier sogar ein eigenes Institut für Vererbungsforschung (1914) erhielt, und der Pflanzenphysiologe und Pflanzenschutzpionier Franck, aber auch beispielsweise so profilierte Physiker wie Richard Börnstein (bis 1918) und Otto v. Baeyer (ab 1921).

Da die Erweiterungsmöglichkeiten in der Invalidenstraße beschränkt waren, griff die Hochschule nach dem Weltkrieg verstärkt auf das Gelände in Dahlem zurück, wo sie bereits eine agrikulturchemische und bakteriologische Versuchsstation und eine Rieselwiese in Betrieb hatte. Dort war schon eine ganze Reihe biologischer Einrichtungen konzentriert, unter anderem der Botanische Garten, das Botanische Museum, das KWI für Biologie und ab 1903 die Kgl. Gärtnerlehranstalt (seit Kriegsende: Höhere Gärtnerlehranstalt), die 1929 teilweise in die Landwirtschaftliche Hochschule eingegliedert wurde. In den Jahren von 1921 bis 1924 entstanden in Dahlem Institute für Acker- und Pflanzenbau, Vererbungs- und Züchtungsforschung, Agrikulturchemie und Bakteriologie sowie Kulturtechnik und Bienenkunde.

Die Erweiterungen und Umgestaltungen der Landwirtschaftlichen Hochschule in den Jahren der Weimarer Republik hingen mit den Bedürfnissen der kapitalistischen Großproduktion in der Land- und Nahrungsgüterwirtschaft zusammen und wurden von Versuchen der staatsmonopolistischen Regulierung der Landwirtschaft und der staatlichen Lenkung des Agrarmarktes am Ende dieser Periode beeinflußt.

Während die Beziehungen zu den landwirtschaftlich-technischen Gewerben – etwa zur Spiritus-, Stärke-, Hefe- und Essigfabrikation oder zur Zuckerindustrie – von Anfang an sehr eng waren, wirkten Rückfälle in die traditionelle Wissenschaftsskepsis der Großgrundbesitzer immer wieder störend auf die wissenschaftliche Durchdringung der Ackerbau- und Viehwirtschaftspraxis. Auch von der Agrarkrise, die mit der 1929 einsetzenden Weltwirtschaftskrise verbunden war, gingen Hemmnisse aus. So mußte der damalige Rektor Friedrich Aereboe auch noch zur Fünfzigjahrfeier der Hochschule im Jahre 1931 feststellen, daß sich dieser Umwandlungsprozeß «nur sehr langsam, viel zu langsam» vollzieht.

Nichtsdestoweniger hatte das akademische Berlin sein Gesicht spürbar nicht nur der Industrie, sondern auch der Landwirtschaft zugewandt. Im übrigen war Berlin das auch seinem Ruf als «großes Dorf» schuldig: Die Namen verschiedener Stadtbezirke erinnerten noch an die dörfliche Herkunft, und – vor allem – das Großberliner Territorium, das sehr unregelmäßig mit Siedlungen städtischen Charakters bedeckt war und vielerorts noch einen dörflichen Anblick bot, hatte selbst eine nicht unbedeutende landwirtschaftliche Produktion aufzuweisen.

Im großen und ganzen lieferte die Hochschulstadt Berlin wissenschaftlich ausgebildete Nachwuchskräfte nahezu aller fachlichen Profile, die in der Weimarer Republik benötigt wurden, und entsprach in dieser Hinsicht den Erwartungen, die an eine Hauptstadt zu stellen waren.

Wissenschaft als Elixier der Konkurrenzfähigkeit – das Beispiel Elektroindustrie

Bei der Etatberatung im Plenum des Reichstages zu Berlin am 19. Februar 1926 verkündete der Abgeordnete Dr. Erkelenz von der Demokratischen Partei unter Hinweis auf die von den Vereinigten Staaten ausgehende Revolutionierung der Technik: «Wir haben ein Kuratorium für wirtschaftliche Fertigung; es gibt aber bisher nur ganz wenige Betriebe in Deutschland, die sich die Ergebnisse dieser Rationalisierungsbehörde zu Nutze machen. Die deutsche Unternehmerschaft beschränkt sich leider zu viel darauf, ihre Betriebe zu verwalten, aber sie hat bisher nicht die Kraft entwickelt, ihre Betriebe zu gestalten. Wir brauchen eine großzügige Werbearbeit für die *Rationalisierung der Wirtschaft*.»[35]

Alarmrufe dieser Art konnte man in den Jahren der Weimarer Republik häufig vernehmen. Als in der unmittelbaren Nachkriegszeit Vertreter des Kapitals, Kulturpolitiker und Wissenschaftler einmütig erklärten, das geistige Potential sei das einzige, was Deutschland nach der militärischen Niederlage und dem Versailler Diktat noch geblieben sei, und man müsse sich für den Wiederaufstieg vor allem auf diese Ressource stützen, da standen dahinter – ganz gleich, welche Motive die Autoren der einzelnen Äußerungen jeweils bewegt haben mögen – letztlich die ökonomischen Interessen des Imperialismus. Solange keine genügend starken gesellschaftlichen Gegenkräfte vorhanden sind, gebietet dieser innere Zwang, zu immer neuen Runden des mörderischen Kampfes um die Neuaufteilung der Welt anzutreten und die Perioden des friedlichen Aufbaus als bloße Zwischenphasen des Kräftesammelns zu betrachten.

Obwohl natürlich wissenschaftliche Leistungen – besonders wenn ihnen die Qualitätsmarke eines Nobelpreises angeheftet wird – auch schon für sich genommen, ähnlich sportlichen Weltbestleistungen, internationales Prestige machen,

Paul Silverberg, Vertreter des Reichsverbandes der deutschen Industrie, auf der 7. Versammlung des Reichsverbandes in Dresden 1926:
Nach dem Kriege mußte das deutsche industrielle Unternehmertum feststellen, daß seine vier Jahre lang einseitig auf Kriegsproduktion eingestellten Anlagen verschlissen und unmodern geworden waren, es mußte in der ausländischen Produktion einen bedeutenden und bemerkenswerten technischen Fortschritt feststellen, und es war zwingend, daß angesichts der sozialen Revolution, die sich in Verkürzung der Arbeitszeit und Erhöhung der Lohnkosten darstellte, die Selbstkosten der Produktion wieder auf einen normalen Stand kommen mußten. Die Folgen waren Umbauten, Modernisierungen, Neubauten zur Vermehrung der Erzeugung. Nur allein von diesen modernen Anlagen leben wir heute, lebt das industrielle Unternehmertum ... Wenn das deutsche industrielle Unternehmertum nicht zur rechten Zeit den Mut zur Errichtung moderner, auf dem Weltmarkt konkurrenzfähiger Anlagen gehabt, nicht die alten Anlagen modernisiert hätte – das deutsche Volk schiede aus auf dem Weltmarkt.
Schulthess' Europäischer Geschichtskalender N. F., Jg. 42, 1926, München 1927, S. 141.

35 Zit. in: Schulthess Europäischer Geschichtskalender N. F., Jg. 42, 1926, München 1927, S. 46.

Carl Duisberg, der ein höheres qualitatives Niveau der kapitalistischen Produktion in Deutschland forderte, unterstrich damit auch den Zusammenhang zwischen dem Drängen der Monopole nach neuerlicher ökonomischer Expansion und nach intensiver Nutzung von Forschung und Technik. Als Wortführer des deutschen Chemiekapitals wandte er sich gegen Forderungen der Entente, chemische Forschungsergebnisse und Verfahrenskenntnisse auszuliefern und damit Grundlagen eigener Konkurrenzfähigkeit zu liquidieren. ... Die Verbindung von Wissenschaft und Produktion drückte Duisberg in der programmatischen Formulierung aus: «Es läßt sich in der Industrie unendlich viel erreichen, wenn man die Technik auf eine höhere wissenschaftliche Basis stellt, und wenn man dann versucht, die Verfeinerung soweit als möglich zu treiben.»
Die Berliner Akademie der Wissenschaften in der Zeit des Imperialismus, Teil II, Berlin 1975, S. 93/94.

obwohl auch der Gedanke, die kulturelle Infiltration als Vorhut einer stillen Expansion anzusehen, immer im Kalkül des deutschen Imperialismus blieb: In der Hauptsache bekundete das deutsche Monopolkapital seine Liebe zur Wissenschaft, weil es am Umschlag der geistigen Resultate der Wissenschaft in die materielle Gewalt höherer Produktivität und damit wirtschaftlichen Machtzuwachses interessiert war. Dieser Aufgabe dienten PTR und KWG. Zu diesem Zweck wurde unter anderem die Notgemeinschaft gegründet. Aus diesem Grund betrieb das Großkapital über ein unübersichtliches Netz zahlloser Vereinigungen, Gesellschaften und Verbände Forschungsbeeinflussung und Forschungslenkung in großem Stil. Deshalb wagte kein Landeshochschulreferent, über die Berufung eines Chemieprofessors zu befinden, ohne sich zuvor der Zustimmung Duisbergs versichert zu haben.

Nicht zufällig ließ der überfüllte Terminkalender führender Monopolisten immer Raum für die Teilnahme an Konferenzen und Besprechungen in Berlin, auf denen über Sicherung und Ausbau der Forschung und ihrer Körperschaften beraten und beschlossen wurde. Duisberg gab mit der Gründung der «Gesellschaft der Freunde der Universität Bonn» bereits 1917 ein Beispiel dafür, wie durch Freundes- und Fördergesellschaften über die gezielte Vergabe von Stiftungsmitteln die Positionen des Kapitals an den deutschen Universitäten und Hochschulen gefestigt werden konnten.

Dieser ganze Aufwand diente jedoch nur dazu, um ein maximal günstiges Umfeld für die konzerneigene Forschung zu schaffen. Einfluß und Wirkung des offiziellen Lenkungsapparates endeten vor den Türen der Konzerne, über deren Laboratorien die Konzernleitungen – beraten von ihren eigenen Fachleuten – alles selbst entschieden, von der Richtung der Forschungen bis zu den Personalfragen. Diese Forschungszentren waren in der Regel hervorragend ausgestattet und repräsentierten internationales Spitzenniveau, während ringsum im Land die wissenschaftlichen Einrichtungen nach Notunterstützungen riefen. Wer in der Konzernforschung arbeitete, der spürte wenig von Inflation und Krise. Die Gehälter, die hier gezahlt wurden, waren in den staatlichen Forschungseinrichtungen sowohl für den wissenschaftlichen Nachwuchs als auch für die bewährten Forscher unerreichbar. Führende Gelehrte dieser Institutionen klagten bereits in der Nachkriegskrise, noch stärker jedoch in der Folgezeit über die Abwerbung guter Fachkräfte in die Industrielaboratorien.

In Berlin stand hinsichtlich der Forschungsintensität nach wie vor die Elektroindustrie an der Spitze. Die Entwicklungsstätten und Konstruktionsbüros in Siemensstadt oder Schöneweide/Oberspree boten für Physiker, Chemiker und Techni-

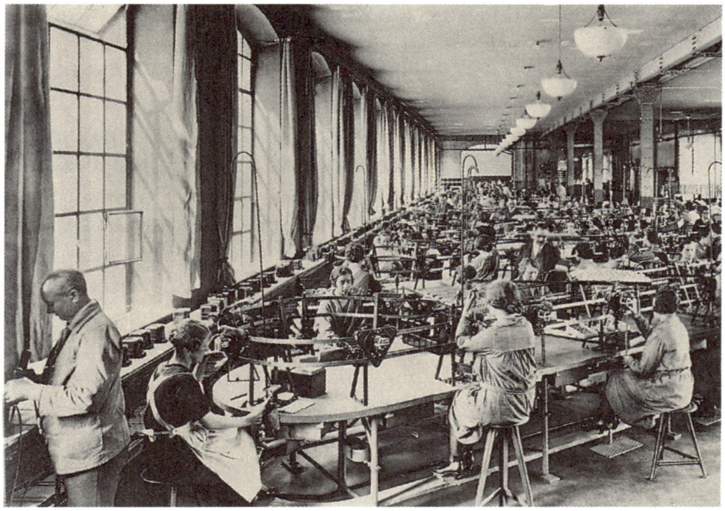

Fließbandarbeit in der Produktion von Elektrozählern Aufnahme um 1930

ker attraktive Arbeitsplätze. Und diese Einrichtungen mußten auch nach allen Regeln der Kunst gepflegt werden, wenn die Berliner Elektroindustrie international konkurrenzfähig bleiben wollte. Innerhalb Deutschlands war ihr Übergewicht erdrückend und wurde kaum ernsthaft angefochten. 1925 erzeugte die Berliner Industrie
74 Prozent aller elektrotechnischen Geräte,
90 Prozent aller Glühlampen,
67 Prozent aller Filme,
63 Prozent aller Zinkwaren,
63 Prozent aller Telefonapparate,
60 Prozent aller Kabel,
die in Deutschland hergestellt wurden.

Der industrielle Aufschwung in Berlin führte zu einer Verknappung der Elektroenergie. Die AEG errichtete zwischen 1925 und 1927 das Großkraftwerk Klingenberg mit einer Leistung von 240 000 kW. Der Beschäftigtenzahl nach dominierte in Berlin zwar die Konfektionsindustrie, die auf der Höhe der Konjunktur knapp 200 000 Beschäftigte zählte, doch nichts zeigt anschaulicher die Stärke der Berliner Elektroindustrie wie die Tatsache, daß ihr Mitarbeiterstamm mit 175 000 knapp darunter lag, obwohl sie den Textilbereich an Arbeitsproduktivität und wissenschaftlich-technischem Niveau unvergleichlich übertraf.[36]

Der Siemens-Konzern, dessen Vorkriegskapital insgesamt 85,5 Millionen Mark betrug, wies in seiner ersten Goldmarkbilanz nach Krieg und Inflation ein Gesamtkapital von

36 Peter Czada: Die Berliner Elektroindustrie in der Weimarer Zeit, Berlin (West) 1969, S. 66.

Wie Siemens, so beschränkte sich auch die AEG nicht nur auf die Elektroindustrie im engeren Sinne, sondern stieg in andere profitträchtige Unternehmungen ein (die AEG vielleicht noch stärker als Siemens). Wie die AEG sich das Nachkriegsgeschäft sicherte, liest sich aus Unternehmersicht so:
Auch die AEG hatte – die Zeichen der Zeit richtig erkennend – sich sogleich 1918 vom Kriegsgeschäft zurückgezogen und Vorarbeiten für die Umstellung auf erfolgversprechende Gebiete der Friedensproduktion getroffen. So erwarb sie z. B. eine Staubsaugerfirma, ein Vergaser-Unternehmen, sie beteiligte sich am Bau der Hamburger Werft und – bereits 1917 – bei der Gründung der Filmgesellschaft UFA. Sie übernahm das Stahlwerk und die Dampflokomotivfabrik Hennigsdorf bei Berlin und nicht zuletzt schaltete sie sich erfolgreich in eine ganz neue, zukunftsweisende Technik ein, in die Verkehrsfliegerei. So gehörte sie zu den Gründern der Deutschen Luft-Reederei, der Vorläuferin der sieben Jahre später entstandenen Deutschen Lufthansa. 1919 wurde als erste Linie Berlin–Weimar, zur Nationalversammlung, beflogen.
Siegfried Weiher: Berlins Weg zur Elektropolis, Berlin (West)/München 1974, S. 137/138.

Kraftwerk Klingenberg der Berliner Städtischen Elektrizitätswerke Aktiengesellschaft (BEWAG)
Aufnahme um 1927
Es war das erste Großkraftwerk auf der Basis von Steinkohlenstaubfeuerung. Mit seinen drei Hauptturbogeneratoren von je 80 MW Leistung und mehreren 37-atü-Kesseln entsprach es dem modernsten Entwicklungsstand von Stromerzeugungsanlagen in Europa.
Der nach Entwürfen von Walter Klingenberg und Werner Issel errichtete Industriebau sowie die nahegelegene Werksiedlung von Engelmann sind durch die Bauausführung im Stil der Neuen Sachlichkeit auch heute noch beeindruckende Gebäude der Produktionsgeschichte.

127,5 Millionen Mark aus; die Löhne betrugen etwa 75 Prozent des Vorkriegsstandes, während das Preisniveau auf 150 Prozent geklettert war.[37] AEG und Siemens hatten im Weltkrieg offensichtlich ihr Schäfchen ins trockene gebracht.

Auf die unterschiedlichen Wissenschaftsstrategien, die die beiden Giganten verfolgten, hatten wir bereits hingewiesen. Siemens stützte sich stark auf eigene Forschungen in Kontakt mit der PTR und der TH Berlin, während der AEG-Gründer Emil Rathenau sein Unternehmen so orientierte, eigene Forschungen nur ausnahmsweise zu betreiben, im wesentlichen aber vorliegende Erfindungen aufzugreifen und durch technologische Entwicklungsarbeiten innerhalb des Konzerns zur Produktionsreife zu bringen. Diese Differenz der Strategien hatte zur Folge, daß die AEG erst 1928 ein eigenes Forschungsinstitut aufbaute (vorher wurden Forschungsarbeiten hier vor allem in den sogenannten Prüfabteilungen betrieben), während bei Siemens im Prinzip schon seit den siebziger Jahren des vorigen Jahrhunderts ein regelrechtes Forschungslaboratorium bestand.

Auch bei Siemens & Halske wurde bereits während des Krieges, als die Berliner Werke des Unternehmens mit allen möglichen Arten von Kriegsproduktion beschäftigt waren, an günstige Startpositionen für die Nachkriegsentwicklung gedacht. 1916 erfolgte die Grundsteinlegung für ein Physikalisch-Chemisches Laboratorium in Siemensstadt. 1920 nahm es seine Arbeit auf, 1924 erhielt es den Namen «Forschungslaboratorium der Siemens & Halske AG und der Siemens-Schuckertwerke GmbH». Zum Leiter wurde 1916 der Kieler Chemiker Carl Dietrich Harries berufen; er leitete auch die

Forschungslaboratorium von Siemens & Halske Aufnahme um 1940

1919 gegründete Zentralstelle für Wissenschaftlich-Technische Forschungsarbeiten, «deren Aufgabe es war, für die planmäßige Bearbeitung der im Rahmen des Tätigkeitsgebietes der Siemens-Firmen gelegenen wissenschaftlichen Fragen, die über das Arbeitsfeld der Werklaboratorien hinausgehen, zu sorgen».[38] Die Zentralstelle gab ab 1920 auch die Zeitschrift «Wissenschaftliche Veröffentlichungen aus dem Siemens-Konzern» heraus. Nach Harries' Tod 1923 übernahm Hans Gerdien die Leitung des Forschungslaboratoriums und Robert Fellinger – der auch in der Notgemeinschaft eine exponierte Stellung innehatte – die Zentralstelle. Außerdem wurde 1920 das Zentrallaboratorium des Wernerwerkes von Siemens & Halske gegründet, das bis 1929 von Fritz Lüschen und dann bis 1935 von Hermann v. Siemens geleitet wurde. Ein ansehnliches wissenschaftliches Potential war hier vereinigt: Im Forschungslaboratorium waren 1924 etwa 160 und 1929 etwa 200 Mitarbeiter tätig, im Zentrallaboratorium 1928 bereits ungefähr 400 Mitarbeiter, davon etwa die Hälfte Ingenieure. Welche Wissenschaftsmacht der Konzern damit unmittelbar in der Hand hatte, ist aus der Tatsache ersichtlich, daß in jener Zeit ein naturwissenschaftliches Universitätsinstitut mit zehn bis fünfzehn ständigen Mitarbeitern schon als hervorragend besetzt galt.

Im Wernerwerk gab es ein von K. W. Hausser geleitetes physikalisches Laboratorium, das sich vorwiegend mit röntgenphysikalischen und elektromedizinischen Fragen beschäftigte, und bei Siemens & Halske bestand eine Abteilung Elek-

37 Siehe Willy Mann: Berlin zur Zeit der Weimarer Republik, Berlin 1957, S. 109.
38 Ferdinand Trendelenburg: Aus der Geschichte der Forschung im Hause Siemens, Düsseldorf 1975, S. 46.

Lagen die Vorteile der Leuchtröhre gegenüber der Glühlampe anfangs zwar noch nicht «beweiskräftig» auf der Hand, so lagen sie aber außerdem auch nicht im Konzerninteresse.
Bei Osram war man so von der Glühlampe überzeugt – und wollte mit dieser weiterhin die ausgezeichneten Geschäfte machen –, daß für die Studiengesellschaft für elektrische Beleuchtung ein ausdrückliches Verbot erlassen wurde, sich überhaupt mit Gasentladungslichtquellen zu beschäftigen. Erst nachdem die holländische Philips begonnen hatte, auf Grund der Untersuchungsergebnisse von Pirani, eine Natriumlampe für Allgemeinbeleuchtung (Straßenbeleuchtung) zu entwickeln, begann man auch in der Studiengesellschaft mit technologischen Arbeiten.
Heinz Schmellenmeier: Licht und Beleuchtung. Physikalische Gesellschaft der DDR, Manuskriptdruck, Berlin 1982, S. 92-93.

trochemie unter V. Engelhardt. Die Palette der bei Siemens unternommenen Forschungen umfaßte ein sehr weites Spektrum, das von Atomphysik, Metallphysik, Halbleiterphysik, Meßtechnik und Akustik bis zu medizinischen und biologischen Untersuchungen reichte. Viele Forschungen wurden in enger Zusammenarbeit mit anderen Forschungseinrichtungen ausgeführt, vor allem natürlich mit solchen, die in Berlin gelegen waren.

Die AEG hatte 1928 vierzehn Fabriken, davon neun in Berlin und Umgebung. In diesem Jahr entschloß sich nach langem Zögern die Konzernleitung, in einem bereits bestehenden Fabrikgebäude in Berlin-Reinickendorf ein zentrales Forschungslaboratorium einzurichten. Als dessen Leiter wurde der Physiker Carl Raumsauer von der Technischen Hochschule Danzig berufen.

Bereits 1912 hatten – wie schon früher erwähnt – Siemens & Halske, AEG und die Deutsche Gasglühlicht AG (Auergesellschaft) die Osram-Gesellschaft gegründet, um ihre Glühlampenproduktion zu vereinigen und sich dadurch international marktbeherrschende Positionen zu sichern. Ab 1919 trat Osram dann als selbständige Gesellschaft in Erscheinung. Die AEG und Siemens & Halske besaßen je 40 Prozent, die durch den Bankier Koppel vertretene Auergesellschaft 20 Prozent der Firmenanteile. Neben den drei Produktionsstätten, die von den Gründerkonzernen eingebracht wurden, gehörte zur Osram-Gesellschaft noch die sogenannte Studiengesellschaft für elektrische Leuchtröhren mbH, die sich nicht nur mit der Weiterentwicklung der konventionellen Glühlampe, sondern unter Leitung von Marcello Pirani von der TH Berlin, der seit 1928 Direktor der Studiengesellschaft war, insbesondere auch mit Möglichkeiten zur Lichterzeugung durch Gasentladung beschäftigte.

1929 schuf Pirani mit der experimentellen Realisierung der Natrium-Entladungslampe entscheidende Grundlagen für die moderne Beleuchtungstechnik.

Siemens und die AEG konkurrierten zwar erbittert gegeneinander, doch sie machten auch gemeinsame Sache und legten ihre wissenschaftlich-technischen Kapazitäten zusammen, wo es ihnen profitabler erschien. So war es beispielsweise auf dem Gebiet der drahtlosen Nachrichtentechnik bereits 1903 mit der Gründung der Telefunken-Gesellschaft, der auch in den Weimarer Jahren weiterhin der Funkpionier Graf Arco vorstand. Im Weltkrieg hatte Telefunken das deutsche Heer mit fahrbaren Feld-Funkstationen ausgerüstet und suchte nun zum Ende des Krieges nach neuen profitablen Möglichkeiten. Die Technik der drahtlosen Nachrichtenübermittlung war aus den Kinderschuhen heraus, die gröbsten technischen Schwierigkeiten waren gemeistert, nun konnte die große Zeit des Hörrundfunks beginnen.

Nach dem verlorenen Kriege suchte das Monopolkapital dringend nach neuen technischen Mitteln zur Beeinflussung der Bevölkerung, die die Möglichkeiten der Massenpresse ergänzten und an Wirksamkeit übertrafen. Der Hörrundfunk, dessen technische Realisierbarkeit bereits erwiesen war, erschien hier sehr geeignet, zumal er auch den zusätzlichen Reiz der Neuheit hatte. Die Telefunken-Gesellschaft erkannte dieses Bedürfnis frühzeitig und stieg konzentriert ein. Sie stellte ihren bisherigen Direktor Hans von Bredow im Jahre 1919 als Leiter der Funkabteilung im Reichspostministerium zur Verfügung. Außerdem engagierte sich Telefunken in der Weiterentwicklung der Technik für den kommerziellen Funkverkehr, den Presse- und Wirtschaftsfunk. Auch dieses Gebiet wurde schnell ausgebaut; so konnte bereits im September 1920 ein Erweiterungsbau der Großfunkstelle Nauen in Betrieb genommen werden.

In der Vorbereitungsphase des Rundfunks waren vor allem die technischen Bedingungen für eine einwandfreie Sprachübermittlung zu klären und ein geeigneter, kostengünstiger Heimempfänger zu entwickeln. Dazu wurde eine Reihe von Versuchen unternommen, die in Berlin nicht wenig Aufsehen erregten. Zu ihnen gehörten die Übertragung eines größeren Instrumentalkonzertes zu Ostern 1921 aus dem Senderaum der Hauptfunkstelle der Deutschen Reichspost in Königs Wusterhausen und im Juni des gleichen Jahres die Übertragung einer Aufführung von «Madame Butterfly» aus der Lindenoper. Die Arbeiten wurden durch das Bestreben forciert, den deutschen Rückstand aufzuholen, denn Sowjetrußland und die USA hatten ihre ersten Rundfunksender bereits 1920 in Betrieb genommen. Am 1. September 1922 begann offiziell der Wirtschaftsrundspruch-Dienst über den Sender Königs Wusterhausen. Im gleichen Jahr schlossen sich unter dem Druck von Telefunken die im Funkgeschäft führenden deutschen Firmen zu einer Rundfunkgesellschaft mbH zusammen.

Nun war es soweit. Die kommerziellen und technischen Vorbereitungen waren abgeschlossen. Zur Einstimmung auf das neue Medium wurde in Berlin ab Juni 1923 die erste Rundfunk-Fachzeitschrift mit dem Titel «Radio» herausgegeben. Auf dem Höhepunkt der Inflation, als die Arbeiter ihren Lohn in Waschkörben nach Hause trugen, deren Inhalt buchstäblich mit jedem Schritt auf dem Heimweg weiter an Kaufkraft verlor – in dieser makabren Situation nahm am 29. Oktober 1923 um 20.00 Uhr der erste offizielle deutsche Rundfunksender auf Welle 400 m seinen Betrieb auf. Gesendet wurde aus dem Vox-Haus in der Potsdamer Straße. Berlin

Edward Bellamy hat in seinem phantastischen Sozialroman Looking Backward: Ein Rückblick aus dem Jahre 2000 auf 1887 ... den Rundfunk vor 40 Jahren geweissagt, ehe die Welt technisch etwas davon wußte. Es bedarf im Musikzimmer jedes wohleingerichteten Wohnhauses oder im Schlafzimmer nur des Druckes auf einen Knopf an der Wand, um Musik jeglicher Art zu allen Tages- und Nachtstunden nach Wunsch zu vernehmen; die Kopfhörer bewirken die telephonische Vermittlung. Auch die Sonntagspredigt wird auf die gleiche bequeme Weise daheim angehört in dem erträumten Zukunftsstaat ...
Und nach vier Jahrzehnten – was ist aus der von den Zeitgenossen Bellamys (der 1898 starb) verspotteten Utopie des Amerikaners geworden! Über 12 000 Kilometer hinweg, aus der alten Welt über den Ozean in die neue Welt und zurück, unterhalten sich Berlin und Buenos Aires mit klangscharfer Fernspruchsendung ... Es ist Tatsache geworden an der Ausbreitung des Rundfunks in die Millionen seiner regelmäßigen Hörer, daß er die geistigen, gesellschaftlichen, wirtschaftlichen und politischen Grenzen der Völker überwindet: die gesamte Menschheit einigt er zu einer Kulturgemeinschaft. Das drahtlose Fernkino ist noch unterwegs, doch der Weg zu ihm ist sicher, also nur noch eine Frage der Zeit.
Zit. in:
Das Wissen im Rundfunk, Berlin 1927, S. IX.

Empfangsantennen im Transradio-Gebäude in Geltow bei Potsdam Aufnahme um 1925

war dem Reich eine Nasenlänge voraus, aber bald begann nach dem Berliner Muster der Ausbau des Sendernetzes in Deutschland. Auch in Berlin geschah auf rundfunktechnischem Gebiet genügend, um die Telefunken-Gesellschaft voll auf ihre Kosten kommen zu lassen. Am 3. September 1926 wurde in Berlin-Witzleben der Berliner Funkturm eröffnet, eine städtebauliche Attraktion. Er hatte zwar nur knapp die halbe Höhe des Pariser Eiffelturms, dem er ein wenig nachempfunden war, zeichnete sich aber – worauf seine Projektanten nicht wenig stolz waren – gegenüber diesem durch eine bedeutend materialsparendere Konstruktion aus. Höher hinauf strebte der 280 m hohe Sendemast des Deutschlandsenders in Königs Wusterhausen, der ab 1929 als Kurzwellen-Weltrundfunksender arbeitete. Am 1. September 1927 gab es in Berlin bereits rund eine halbe Million Rundfunkteilnehmer.[39]

Die Möglichkeit der politischen Massenbeeinflussung erkannten die politischen Interessenvertreter des Kapitals sehr bald. Vom ersten Experimentalvortrag Bredows in der «Urania» im November 1919 wurde berichtet:
Trotzdem der Vortragende streng auf dem Boden nüchterner Sachlichkeit blieb, konnte er doch gelegentlich Zukunftsperspektiven von Jules Vernescher Kühnheit entwerfen. So beispielsweise den zukünftigen politischen Redner, der seine Rede an einer Stelle in den drahtlosen Empfangsapparat spricht, während sie gleichzeitig in tausend verschiedenen Sälen in ganz Deutschland von einer Million Menschen gehört wird.
G. Goebel: Der deutsche Rundfunk. Archiv für das Post- und Fernmeldewesen, Jg. 2, 1950, S. 359.

Die Erfahrungen der ersten Jahre zeigten, daß die Rundfunktechnik in vielerlei Hinsicht verbesserungsbedürftig und auch verbesserungsfähig war, aber nur in geringem Maße durch bloßen technischen Spürsinn. Hier mußte gezielte Grundlagenforschung eingesetzt werden. Deshalb wurde auf Anregung von Bredow zur weiteren Erforschung der Grundlagen der Rundfunktechnik im Jahre 1928 das Heinrich-Hertz-Institut für Schwingungsforschung gegründet. Es wurde von der Studiengesellschaft für Schwingungsforschung in engem Zusammenwirken mit der TH Berlin betrieben. An seiner Spitze stand der Nachrichtentechniker Karl Willy Wagner, seit 1925 einer der wenigen Techniker, die Ordentliche Mitglieder der Berliner Akademie der Wissenschaften waren. Damit hatte sich die Monopolindustrie ein weiteres Grundlagen-

Hochspannungsraum
im Vox-Haus
Aufnahme von 1923
Der Sender für den Unterhaltungsrundfunk hatte eine Leistung von 1,5 kW.
Hinter dem abgebildeten Raum befand sich das erste Aufnahme«studio».

forschungsinstitut geschaffen, das ihren eigenen Etat nur wenig belastete.

Während der Rundfunk allmählich zu einem Bestandteil des Alltags wurde, arbeiteten die Laboratorien bereits mit Hochdruck an neuartigen nachrichtentechnischen Mitteln und an der Vorbereitung neuer Medien. An der Spitze der technischen Probleme stand die Bildübertragung. Telefunken war hier schon seit Beginn der zwanziger Jahre in Zusammenarbeit mit dem Leipziger Physiker August Karolus am Werk. Nach dem System Siemens-Karolus-Telefunken (die Bezeichnung verrät übrigens, daß sich Siemens und die AEG neben ihrer Beteiligung an Telefunken auch noch selbständig in der Nachrichtentechnik engagierten) wurde zwischen Berlin und Wien eine Bildtelegrafie-Strecke eingerichtet. Sie wurde im April 1926 zu Versuchszwecken in Betrieb genommen und am 1. Dezember 1927 dem öffentlichen Gebrauch übergeben. Damit hatte Telefunken dieser neuen Art der Nachrichtenübertragung zum Durchbruch verholfen.

Gleichzeitig wurde die Schwelle zum Fernsehen überschritten, zunächst noch mit optisch-mechanischen Systemen der Bildabtastung, wie sie – anknüpfend an die Erfindung des damals in Berlin studierenden Paul Nipkow von 1883 – von Denes von Mihaly von der Reichspost und von Karolus entwikkelt wurden. Mit diesen Systemen fanden auf der 5. Deutschen Funkausstellung – diese Ausstellungen waren in der Weimarer Zeit in Berlin populäre Leistungsschauen der

Ansprache
von Albert Einstein
am 22. August 1930
zur Eröffnung
der 7. Deutschen
Funk-Ausstellung
und Phonoschau
auf dem
Ausstellungsgelände
am Funkturm in Berlin:
Verehrte
An- und Abwesende!
Wenn Ihr den Rundfunk höret, so denkt auch daran, wie die Menschen in den Besitz dieses wunderbaren Werkzeuges der Mitteilung gekommen sind. Der Urquell aller technischen Errungenschaften ist die göttliche Neugier und der Spieltrieb des bastelnden und grübelnden Forschers und nicht minder die konstruktive Phantasie des technischen Erfinders. …
Was speziell den Rundfunk anlangt, so hat er eine einzigartige Funktion zu erfüllen im Sinne der Völkerversöhnung.
Zit. in: Friedrich Herneck: Einstein und sein Weltbild, Berlin 1976, S. 46-48.

39 Siehe Hermann Thurn: Die Entwicklung des deutschen Rundfunksendernetzes. In: Das Wissen im Rundfunk, Berlin 1927, S. 168.

Manfred von Ardenne
über seine Entwicklungsarbeiten
zum Fernsehen:
Alle an der Entwicklung des Fernsehens maßgeblich beteiligten europäischen Stellen bedienten sich 1930 ohne Ausnahme mechanischer Methoden zur Bildzerlegung und -zusammensetzung. ... ich sah, daß dieser Weg in einer Sackgasse enden mußte. Demgegenüber hatte die Bildsynthese mit abgelenkten Elektronenstrahlen den grundsätzlichen Vorteil, daß bewegte mechanische Teile ganz wegfielen und höchste Präzision der Bildschreibung allein auf Grund der elektronenoptischen Entwicklung erreichbar schien.
Manfred von Ardenne: Ein glückliches Leben für Technik und Forschung, Berlin 1974, S. 82/83.

drahtlosen Nachrichtentechnik – 1928 die ersten deutschen Fernsehversuchsvorführungen statt. Die Bilder, die damit übertragen werden konnten, waren allerdings sehr unscharf. Wirkliche Perspektiven erhielt das Fernsehen erst durch den Sprung vom mechanisch-optischen zum vollelektronischen System. Einer von jenen, die diesen Sprung vollbrachten, war – neben W. K. Zworykin in den USA – in Berlin Manfred von Ardenne; er schuf dieses System auf der Grundlage der von ihm vervollkommneten Hochvakuum-Kathodenstrahlröhre 1930 in seinem Lichterfelder Privatlaboratorium und führte es auf der 8. Berliner Funkausstellung im Herbst 1931 der Öffentlichkeit vor. Das 100-Zeilen-System, das ein 25 x 28 cm großes Bild von guter Qualität ergab, wurde gemeinsam mit den Loewe-Radio-Werken technisch ausgeführt. Telefunken stieg nun schnell auf das vollelektronische Fernsehen um. Fritz Schröter, Direktor der technischen Abteilungen von Telefunken und Verantwortlicher für die Fernsehentwicklung, holte dafür bei Ardenne ausführliche Informationen ein.

Berlin blieb im folgenden ein Zentrum der Fernsehentwicklung. Die Faschisten bedienten sich in den ersten Jahren ihrer Herrschaft der hier erzielten Ergebnisse als Paradestücke gegenüber dem Ausland. Nachdem die rechtlichen Verhältnisse für Rundfunk und Fernsehen durch Bestimmungen des Reichsinnenministeriums grundsätzlich geklärt waren, wurden die für die Konzerne unprofitablen Entwicklungsarbeiten in größerem Maße staatsmonopolistisch gefördert. Entscheidend für die Monopolinteressen war dabei nur, daß man die rechten Leute an den richtigen staatlichen Stellen hatte – und das war Telefunken mit Bredow vollauf gelungen.[40]

Batterie-Radio mit Hochfrequenz-Empfangsteil Baujahr um 1925
Dieses für die zwanziger Jahre typische Gerät war aufgrund einer Mehrfachsteckleiste auch für den Kopfhörer-«Familien»-Empfang geeignet. Das Batterie-Radio verfügte über Mittel- und Langwellenbereiche sowie eine induktive Lautstärkeregelung.

Eröffnung des Bildtelegrafenverkehrs zwischen Berlin und Wien am 1. Dezember 1927
Die telegrafische Bildübertragungsanlage im Haupttelegrafenamt Berlin wurde durch den Staatssekretär Feyerabend der Öffentlichkeit übergeben. Auf dem Foto sind abgebildet (von r. nach l.): Feyerabend, Cramer, Karolus und Graf Arco.

Ein weiteres Massenmedium entwickelte sich in den zwanziger Jahren, der Tonfilm, dessen Wiege in Berlin stand. 1922 stellten die jungen Funktechniker Hans Vogt, Jo Engl und Joseph Massolle im Kino «Alhambra» am Kurfürstendamm der Öffentlichkeit den von ihnen entwickelten Licht-Tonfilm vor. Leider blieb dieses Experiment ohne Erfolg, doch nicht aus technischen Gründen; in der Inflationszeit fehlten zum einen die finanziellen Mittel, zum anderen hielt man den Stummfilm für künstlerisch wertvoller. So kam es, daß der Tonfilm fünf Jahre später in den USA seinen Siegeszug antrat. Nun intensivierten Siemens & Halske und die AEG ihre diesbezüglichen Entwicklungsarbeiten, legten 1928 ihre Patentstreitigkeiten durch gemeinsame Gründung der Gesellschaft «Klangfilm» bei und führten ungeachtet der ausbrechenden Weltwirtschaftskrise den Tonfilm auch in Deutschland ein. 1930 begann Siemens sogar mit der Farbfilmentwicklung, wurde aber auf diesem Gebiet schließlich von der Agfa Wolfen überrundet.

Jetzt wurde es im Labor und in den Werkstätten aufregend. Wir experimentierten ... Und schließlich gelang im Frühjahr 1931 die Übertragung von Kinofilmen mit der damals von den Fernsehern auf mechanischer Grundlage gerade erreichten Bildqualität von 10 000 Bildpunkten, aber mit sehr viel größerer Bildhelligkeit. Die öffentliche Vorführung dieser Anlage im Herbst 1931 auf der Berliner Funkausstellung wurde vierzig Jahre später in zahlreichen europäischen und amerikanischen Fach- und Tageszeitungen als «Weltpremiere des elektronischen Fernsehens» bezeichnet.
Ebenda, S. 86/87.

Bei allen diesen aufsehenerregenden Neuheiten der Nachrichtentechnik schien die konventionelle Starkstromtechnik beinahe in den Hintergrund zu treten. Doch auch hier ging die Entwicklung rasch weiter und wurde immer wissenschaftsintensiver. Sowohl Siemens als auch die AEG pflegten ihre in das vorige Jahrhundert zurückreichenden Traditionen der Entwicklung von elektrischen Triebfahrzeugen und von Signal- und Sicherungstechnik für die Eisenbahn. Carl Friedrich von Siemens – der von 1923 bis 1933 auch Präsident des vorläufigen Reichswirtschaftsrates war – übernahm den Vorsitz im Präsidium der 1924 durch Zusammenlegung aller staat-

40 M. Hempel: Die Entstehung und Entwicklung der Television in Deutschland bis zur Zerschlagung des Hitlerregimes. In: Mitteilungen des Postmuseums Berlin, Bd. 3/4, Berlin 1970.

lichen Bahnbetriebe gegründeten Deutschen Reichsbahn-Gesellschaft. Zwischen 1924 und 1929 wurde die Berliner Stadtbahn elektrifiziert – die Triebwagenzüge kamen aus den AEG-Werken in Hennigsdorf bei Berlin. Das Kraftwerk Klingenberg wurde im wesentlichen zur Versorgung der S-Bahn erbaut. Auch die Fahrzeuge und Anlagen der Berliner Untergrund- und Straßenbahnen stammten weitgehend von der AEG. Von Siemens wurden vor allem Neuerungen für den Fernverkehr geschaffen. Die 1930 im Dynamowerk von Siemens von Walter Reichel konstruierte Mehrzweck-Elektrolokomotive E 44 war eine Spitzenleistung. 1932 wurden bei Siemens die dieselelektrischen Antriebsaggregate für den als «Fliegender Hamburger» bekannt gewordenen Schnellbahn-Triebwagen entwickelt.

Selbstverständlich waren Siemens & Halske und die AEG weiterhin stark im Auslandsgeschäft, und sie waren ebendeshalb, weil sie auf verschiedenen Gebieten wissenschaftlich-technisch an der Spitze standen, auch gefragte Partner. Es zeugt vom wirtschaftlichen und politischen Realismus der damaligen Konzernleitungen, daß beide zu den ersten deutschen Industrieunternehmen zählten, die mit Sowjetrußland in Geschäftsverbindungen traten; dabei knüpften sie natürlich an die ausgedehnten Beziehungen an, die sie früher zum zaristischen Rußland unterhalten hatten.

Bei der AEG hatte dieser Realismus neben den Bezügen zum eigenen Unternehmen auch einen staatspolitischen Aspekt, denn Walther Rathenau war ihr Aufsichtsratsvorsitzender. Er unterzeichnete 1922 als Außenminister der Weimarer Republik die Rapallo-Verträge mit dem jungen Sowjetstaat, ein Schritt, den er mit dem Leben bezahlen mußte. Bereits zwei Monate später ermordete ihn die ultrareaktionäre

Erster Fernsehsender und -empfänger nach dem System «M. von Ardenne». 1931
Die Vorführung der Anlage auf der Funkausstellung fand ein äußerst starkes Interesse bei allen maßgebenden Vertretern europäischer Fernsehversuchslaboratorien. Daraufhin wurden die weiteren technischen Erprobungen vorrangig mit Braunschen Röhren fortgesetzt.
Ein Nachbau dieser Anlage befindet sich im Museum für Deutsche Geschichte.

Terrororganisation «Consul». Im Grunde waren es die gleichen Kräfte, die auch Karl Liebknecht und Rosa Luxemburg und manchen anderen fortschrittlichen Politiker Nachkriegsdeutschlands aus blindwütigem antikommunistischem Haß umbrachten – ein überaus eindringlicher Beleg dafür, daß unter imperialistischen Verhältnissen nicht einmal Spitzenvertreter des Monopolkapitals für die äußerste Reaktion immun sind, wenn sie für stabile und friedliche Beziehungen zu einem sozialistischen Staat eintreten.

Das Wirken Rathenaus zeigt, wie weit unter Umständen die Front der Kräfte reichen kann, die aus unterschiedlichen, sogar aus klassenmäßig entgegengesetzten Motiven dennoch gemeinsam das Unerläßliche tun, um Frieden und Stabilität auf unserer Erde zu bewahren.

Clara Zetkin
in der Reichstagsdebatte
am 14. Januar 1922:
Wir wissen mit Marx, daß auch die Theorie Gewalt wird, wenn sie die Massen ergreift. Wir werden dafür sorgen, daß die Erkenntnis, die Einsicht die Massen draußen ergreift und ausschlaggebende Macht wird, eine Macht, die sich in steigendem Maße für die Eroberung der politischen Macht im Staate einsetzt. Denn eine durchgreifende, grundlegende Schulreform steht nicht vor der Eroberung der politischen Macht durch das Proletariat, sie wird eine ihrer wichtigsten und wertvollsten Früchte sein.
Clara Zetkin: Gegen das reaktionäre Reichsschulgesetz. In: Ausgewählte Reden und Schriften, Bd. II, Berlin 1960, S. 495.

Das Wissen und das Volk

Ein wichtiger Prüfstein, an dem zu messen ist, ob und inwieweit eine Revolution das werktätige Volk auf der Bahn des historischen Fortschritts vorangebracht hat, ist ihr Erfolg beim Niederreißen der durch Klassenprivilegien entstandenen Schranken zwischen Wissenschaft und Massen. Ihrer sozialen Funktion nach gehört die Wissenschaft dem ganzen Volk, denn die von ihr gewonnenen Erkenntnisse sind nichts anderes als der konzentrierte, aktive, vorauseilende geistige Ausdruck jenes geschichtlich bestimmten Verhältnisses des Menschen zur Welt, das das werktätige Volk in seiner Arbeit praktisch verwirklicht. Doch so unzweifelhaft dies zutrifft, so unbestreitbar ist es auch, daß die herrschenden Klassen die Wissenschaft seit jeher als Mittel nutzen, um die Ausbeutung zu erhöhen und die Klassenherrschaft zu sanktionieren. Wenn auch ihre besten Vertreter sich in den Aufstiegsphasen ihrer Klassen zu Anwälten der Bildungsansprüche des Volkes machten, wurde doch besonders in den Perioden ihres Niedergangs der Anteil, den die arbeitenden Klassen von der Wissenschaft erlangen konnten, durch die Gestaltung der Volksbildungssysteme auf ein Minimum herabgedrückt.

Gäbe es keine anderen Indikatoren für das Scheitern der Novemberrevolution – am Schulwesen konnte man es leicht ablesen. Gewiß kann man nicht behaupten, daß es etwa keine Veränderungen gegeben hätte; doch sie blieben weit unter dem, was sich eine konsequente bürgerlich-demokratische Revolution zum Ziel stellen müßte – von einer sozialistischen Revolution ganz zu schweigen. Das, was in dem doppelköpfigen preußischen Kultusministerium der mit der Reformpädagogik verbundene Adolph Hoffmann durchsetzen wollte, wurde von dem Rechtsopportunisten Konrad Haenisch wieder unterlaufen, durchkreuzt oder verwässert. Und dennoch: «Die Novemberrevolution hat trotz ihrer Begrenztheit Bewegung in die Schulpolitik gebracht. Durch die gesellschaftlichen Veränderungen, die sie bewirkt hat, sind letztlich alle in den Jahren der Weimarer Republik zustande gekommenen Reformen in Schule und Erziehung ermöglicht worden.»[41]

Der Klasseninhalt der Bildung blieb unverändert, die Formen unterlagen einem gewissen Wandel. Die vielleicht wichtigste Neuerung war die vierjährige Grundschule, die nach dem Gesetz vom 4. April 1920 in allen deutschen Ländern eingeführt wurde. Doch die Reichen konnten sie durch Hauslehrer und Privatschulen umgehen. Alle Festlegungen dieser Art waren aber in ihrem Wert beeinträchtigt durch den Weimarer Schulkompromiß, den die rechte SPD-Führung bei der Ausarbeitung der Verfassung mit dem Zentrum und anderen bürgerlichen Parteien ausgehandelt hatte.

Erlaß des sozialdemokratisch verwalteten Preußischen Kultusministeriums an die Provinzialschulkollegien, der niemals ernsthaft verwirklicht wurde: 1. Wo bisher der Geschichtsunterricht mit anderen Lehrfächern dazu mißbraucht wurde, Volksverhetzung zu betreiben, hat solches in Zukunft unbedingt zu unterbleiben, vielmehr einer sachgemäßen kulturhistorischen Belehrung Platz zu machen. Alle tendenziösen und falschen Belehrungen über den Weltkrieg und dessen Ursachen sind zu vermeiden. 2. Aus den Schulbibliotheken sind alle Bücher zu entfernen, welche den Krieg an sich verherrlichen. 3. In keinem Unterrichtsfache sind durch die Lehrkräfte abfällige oder entstellende Bemerkungen über die Ursachen und Folgen der Revolution sowie der gegenwärtigen Regierung zu äußern, welche geeignet sind, bei der Schuljugend das Ansehen und die Errungenschaften dieser Volksbefreiung herabzuwürdigen. 4. Es hat durch die Schulleiter und Lehrer im Verkehr mit der Jugend alles zu unterbleiben, was geeignet ist, die Stimmung zu einer Gegenrevolution (besonders auf dem flachen Lande) zu schüren, da solches Vorgehen im jetzigen

Seit langem hatte die Schulreformbewegung, die auch innerhalb der SPD-Mitgliedschaft starke Positionen hatte, bei allen Meinungsunterschieden im einzelnen drei große Forderungen vertreten:
- die vom Elementarunterricht bis zur Universität in einer Folge aufeinander abgestimmter Stufen einheitlich aufgebaute und für alle Kinder gleichermaßen zugängliche Schule;
- die strikte Trennung von Kirche und Schule, ohne die das Prinzip des einheitlichen Schulaufbaus durch die konfessionelle Zersplitterung des Schulwesens unterlaufen worden wäre;
- die Verbindung des Unterrichts mit produktiver Arbeit.

Diese fortschrittlichen, aber noch keineswegs sozialistischen Forderungen wurden von der rechten SPD-Führung blockiert, und der Punkt, von dem aus konsequente Neuerungen hintertrieben wurden, waren weitreichende Zugeständnisse an den Klerikalismus. Im Codex juris canonici legte die katholische Kirche im Mai 1918 eine für ihre Mitglieder verbindliche gegenrevolutionäre Position fest: Katholische Kinder dürfen keine nichtkatholische, neutrale, simultane Schule besuchen; die religiöse Unterweisung in den Schulen ist der kirchlichen Leitung und Aufsicht unterstellt. Die deutsche Zentrumspartei faßte im Juni 1918 einen entsprechenden Beschluß, und die SPD-Führung torpedierte das Prinzip des einheitlichen Schulaufbaus, indem sie kompromißlerisch alle möglichen Typen von Schulen zuließ.

Groß-Berlin hatte 1920 rund 1000 Schulen mit etwa 16000 Lehrern für 500000 Schüler. Einige fortschrittliche Lehrer und Eltern nahmen den Kampf gegen die bisherigen Konfessions- und Standesschulen in eigene Hände und bildeten in den Arbeiterbezirken Sammelschulen ohne Religionsunterricht, die in der Bevölkerung weltliche Schulen genannt wurden. Am 15. Mai 1920 wurde die erste Schule dieser Art im Stadtteil Adlershof eröffnet. Die weltlichen Schulen strebten eine allseitige Ausbildung an, die auch den Erwerb praktischer Fähigkeiten und Kenntnisse einschloß, und führten in ihrer Mehrheit die Gemeinschaftserziehung von Jungen und Mädchen ein. 1928 gab es bereits 42 weltliche Schulen mit rund 20 000 Schülern. Doch insgesamt waren noch Anfang der dreißiger Jahre weniger als ein Prozent aller deutschen Volksschulen weltliche, einen größeren Anteil hatten religiöse Simultanschulen, aber die meisten Schulen waren monokonfessionell ausgerichtet.[42]

Clara Zetkin, eine Meisterin treffender Sprachbilder, sagte in der Reichstagsdebatte am 24. Januar 1922 zu dem von dem sozialdemokratischen Staatssekretär Heinrich Schulz vorgelegten Reichsschulgesetzentwurf: «Die weltlichen Schulen und die Weltanschauungsschulen werden in dem Gesetzentwurf dem ungeheuer großen Gebäude, dem stolzen Dom der Bekenntnisschule, der religiösen Schule, angeklebt wie ein paar kleine, bescheidene Schwalbennester.»[43]

Ein anderer grober Mangel des Schulwesens zur Weimarer Zeit war die Schwäche der kulturellen Oberhoheit des Reiches. Im Grunde setzte das Reich nur die Rahmenbedingungen, die überaus vage waren und alles Wesentliche der Länderkompetenz überließen. Dieser Zustand sollte in dem erwähnten Gesetzentwurf auch noch ausdrücklich festgeschrieben werden, wozu Clara Zetkin bemerkte: «Das Reichsschulgesetz liefert in Wirklichkeit in den entscheidenden Bestimmungen die Volksschule an die Landesgesetzgebung aus, das heißt an die Reaktion. Charakteristisch für diese Reaktion ist eins. In Preußen ist kürzlich dank der Großen Koalition ein Kultusminister berufen worden, der kurz vorher erklärt hatte, die deutsche Schule, die deutsche Kultur müsse wieder im Zeichen des Geistes von Potsdam stehen.»[44] (Gemeint ist Kultusminister Otto Boelitz von der Deutschen Volkspartei.) Zu einem akzeptablen Reichsschulgesetz kam es nicht; die Reaktion unternahm jedoch mehrfach Vorstöße, ein Reichsschulgesetz durchzubringen, das die bescheidenen Errungenschaften der Novemberrevolution endgültig liquidieren sollte.

In Sachen Schulpolitik trat die KPD von vornherein sehr aktiv auf den Plan; sie machte sich zur Sprecherin der konsequentesten Schulreformer, entwickelte ihre Gedanken weiter und unterschied auch genau und konkret, was zu seiner

Augenblick die größte Gefahr eines Bürgerkrieges für unser Volk in sich birgt. 5. Bis zum Erlaß über Trennung von Schule und Kirche sind Kinder von Dissidenten und solchen Andersgläubigen, für die ein Religionsunterricht im jetzigen Schulplan nicht vorgesehen ist, auf Antrag der Erziehungsberechtigten ohne jeden weiteren Nachweis vom Religionsunterricht zu befreien.
Schulthess' Europäischer Geschichtskalender N. F., Jg. 34, 1918, München 1922, S. 488.

41 Geschichte der Erziehung, Berlin 1982, S. 523/524.
42 Siehe ebenda, S. 571–573.
43 Clara Zetkin: Ausgewählte Reden und Schriften, Bd. II, Berlin 1960, S. 483.
44 Ebenda, S. 480.

Aus dem Antrag der Reichstagsfraktion der KPD vom 15. Juni 1925 mit Richtlinien für das Schulwesen:
Der Reichstag wolle beschließen:
Das Schulwesen des gesamten Deutschen Reichs wird auf Grund folgender Richtlinien geordnet:
1. Alle im deutschen Reichsgebiet wohnenden Kinder und Jugendlichen im Alter von 3 bis 18 Jahren haben Anspruch auf volle unentgeltliche körperliche wie geistige Ausbildung durch den Staat.
2. An Stelle der bisherigen Klassen- und Standesschule tritt die weltliche Einheits- und Arbeits- (Produktions-) Schule des werktätigen Volkes. Das Schulwesen wird über das ganze Reich einheitlich geordnet. ...
6. Eine Trennung der Kinder nach Konfessionen, Nationalitäten oder Geschlechtern findet grundsätzlich nicht statt. Nationale Minderheiten haben Anspruch auf Unterricht in der eigenen Sprache.
7. Schule und Kirche sind vollkommen getrennt. ...
15. Die berufsmäßige Ausbildung der Lehrkräfte für alle Schulstufen findet auf der Hochschule statt, und zwar in Verbindung mit praktischer Erziehungsarbeit.
... Für sämtliche Lehrkräfte sind periodische Fortbildungskurse praktischer und wissenschaftlicher Art auf den verschiedensten Gebieten einzurichten.
Dokumente und Materialien zur Geschichte der deutschen Arbeiterbewegung, Bd. VIII, S. 153–155.

Durchsetzung des Sturzes der politischen Macht der Bourgeoisie bedarf und was bereits im bürgerlichen Staat erkämpft werden kann. Die KPD trat für eine demokratische Schulreform ein, grenzte sich aber entschieden vom Reformismus ab. Schon 1919 veröffentlichte die Freie Sozialistische Jugend, aus der später der Kommunistische Jugendverband Deutschlands hervorging, ein Schulprogramm mit dem Titel «Die kommunistische Schule» mit einem Vorwort von Edwin Hoernle; darin wurde ein einheitlicher Schulaufbau von der «Spielschule» bis zur Universität konzipiert.

Mit Clara Zetkin, Ernst Schneller und Edwin Hoernle (sein Buch «Grundlagen der proletarischen Erziehung» erschien 1929) verfügte die KPD über ausgezeichnete Schulpolitiker, die nicht nur gewandte politische Taktiker, sondern auch Theoretiker des Bildungswesens von Format waren. Sie leisteten wesentliche Beiträge zur marxistischen Theorie eines wissenschaftlich begründeten Schulwesens, die für die Entwicklung der sozialistischen Schule in der DDR von großem Wert waren und sind.

Ein ausführliches Konzept der Auffassungen der KPD über den erforderlichen Aufbau des Schulsystems enthält der Antrag, den die KPD-Fraktion am 15. Juni 1925 an den Reichstag richtete. Er ging davon aus, daß alle Kinder und Jugendlichen im Alter von 3 bis 18 Jahren Anspruch auf unentgeltliche, für das Reichsgebiet einheitlich geregelte Ausbildung durch den Staat haben, wobei die ersten drei Stufen – Spielschule, Grundschule, Fachschule – für alle Kinder obligatorisch sind; der Besuch der Hochschule ist ebenfalls unentgeltlich und allein von der Leistung abhängig, wobei die Zulassungsquoten nach dem Bedarf des Staates an akademisch gebildeten Kräften geregelt werden; die vergesellschaftete Produktion in Industrie und Landwirtschaft wird zur Grundlage der gesamten Erziehung gemacht; die besitzenden Klassen werden zur Finanzierung des Schulsystems herangezogen.[45]

Das wohldurchdachte Schulprogramm der KPD war auch für bürgerlich-demokratische Kreise attraktiv. In der Reformbewegung – einer Form der Bündnispolitik – arbeiteten Kommunisten mit Pädagogen unterschiedlicher Weltanschauung beim Entwurf und bei der Erprobung neuer Formen der Unterrichtsgestaltung zusammen. Die wichtigste Organisation war hier der 1919 gegründete und von Paul Oestreich geleitete «Bund entschiedener Schulreformer». Die Zersplitterung und Unbestimmtheit der Schulorganisation in der Weimarer Republik, die der Bildung der Kinder der Werktätigen zum Nachteil gereichte, bot zugleich pädagogischen Enthusiasten, die zu überdurchschnittlichem Arbeitsaufwand und auch zu materiellen Opfern bereit waren, eine gewisse Chance für

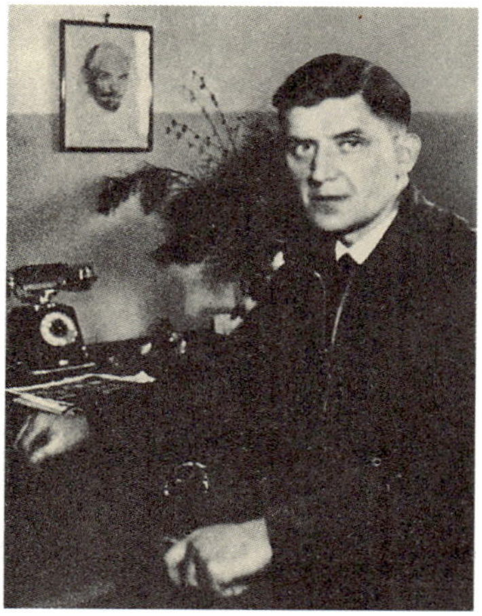

Edwin Hoernle
Aufnahme um 1925
Als Mitglied der Zentrale der KPD wurde Hoernle nach dem 7. Parteitag der KPD (1921) die Leitung der neugeschaffenen Abteilung Bildung und Propaganda übertragen. In Zusammenarbeit mit Hermann Duncker organisierte er marxistische Bildungskurse und die Herausgabe von Schulungsmaterial.

Ernst Schneller
Aufnahme um 1930
Schneller entwickelte sich in den Jahren von 1921 bis 1923 zu einem bedeutenden Schulpolitiker der KPD. Um die theoretische Aneignung des Leninismus innerhalb der KPD systematischer zu fördern, wurde ihm 1925 die Leitung der ersten marxistisch-leninistischen Zirkel übertragen. Diese «Lenin-Zirkel» waren die Anfänge für den späteren Aufbau von Parteischulen.

pädagogische Experimente mit gänzlich neuartigen Schultypen und Unterrichtsformen. Auch in Berlin gab es solche Formen, insbesondere die «Schulfarm» auf der Havelinsel Scharfenberg.

Die herrschende Klasse befand sich in Sachen Volksbildung in den Jahren der Weimarer Republik in einer Zwickmühle. Das Vorkriegsrezept, die Volksschulbildung auf Katechismus, Schlachtengeschichte, die vier Grundrechenarten sowie den Rohrstock zu gründen, hatte sich endgültig überlebt. Die SPD mußte zumindest auf kulturpolitischem Gebiet Anstrengungen unternehmen, um sich als «Volkspartei» zu profilieren; und schließlich verlangte der auf Rationalisierung gerichtete ökonomische Kurs der Monopole auch einen technisch gebildeten Facharbeiter, der eine höhere Allgemeinbildung mitbringen mußte, um sich die technische Spezialbildung effektiv aneignen zu können. Auf der anderen Seite aber, und das war den Herrschenden ebenfalls klar, konnte höhere Bildung für die Arbeitenden unter entsprechenden Umständen zum Hebel für die Entwicklung ihres politischen Klassenbewußtseins werden.

Diese widersprüchliche Situation war Triebkraft der «inneren Schulreform», eines Bündels systemerhaltender Maßnahmen zur Verbesserung des Unterrichts, mit denen die Ausstattung der Bevölkerung mit wissenschaftlich begründeten Kenntnissen unbestreitbar erhöht wurde, jedoch nicht auf demokratische, gleichberechtigte Weise, sondern dosiert und kanalisiert.[46] Die unübersehbaren Rückstände in der naturkund-

45 Siehe: Dokumente und Materialien zur Geschichte der deutschen Arbeiterbewegung, Bd. VIII, S. 153–155.
46 Siehe Peter Schuppan: Die Kulturentwicklung in der Weimarer Republik. In: Wolfgang Ruge: Deutschland von 1917 bis 1933, Berlin 1978, S. 489.

Treptow bei Berlin hat eine Sternwarte, und die Sternwarte hat ein großes Fernrohr; die Prospekte sagen, es sei das größte der Welt, davon wird es nicht größer. Manchmal, an lauen, staubigen Sommerabenden, wenn in der «Abtei» die Militärmusik randaliert und die Kellner der Bierabteilung schwitzen und die der Weinabteilung transpirieren und: ... ja, also dann sind wir die kleinen Eisentreppen hinaufgeklettert; manchmal war es sehr voll, dann mußten wir auf den Treppchen warten, bis wir an den Mars kamen oder an den Saturn. Ja, da standen wir. Bis die Milchstraße frei war, hatte man Muße, sich im Stehen einen kleinen zu denken. Die Treptower Sternwarte ist ein winziges Arsenal der Großstadt-Metaphysik. Sehr anspruchsvoll ist sie nicht, diese Metaphysik – aber hier, so auf den kleinen Eisentreppen, ruht das Radio-Gehirn einen Momang, wenn man so bedenkt ... ja, das ist nun ganz weit weg, die wissen vielleicht gar nichts von uns, komisch ... was für ein winziges Wesen der Mensch eigentlich ist ... Sophokles ... rasch tritt der Tod den Menschen – ach, Zimt ... immerhin, was hat der Astronom vorhin gesagt? Fünf Millionen Lichtjahre ... das sind ..., Donnerwetter ... so, jetzt sind die da vorn fertig – wollen mal sehen: ich seh ja gar nichts – doch, da:
Ah – !
Ja – wie 'ne Erbse! Der Mars sieht aus wie 'ne Erbse ... Ja, und ganz gelb.
Kurt Tucholsky: Deutschland, Deutschland ueber alles, Berlin 1967, S. 180/181.

lichen Volksbildung wurden teilweise abgebaut, neue Lehrfächer wie Werkunterricht und Staatsbürgerkunde wurden eingeführt.

Während die Volksschulen weiterhin mit knappen Mitteln und karger Ausstattung auskommen mußten, stockten die führenden Monopole das Niveau ihrer Lehrlingsausbildung erheblich auf. Moderne Werkschulen und Lehrlingswerkstätten entstanden, in denen ein Facharbeiterstamm herangebildet wurde, wie man ihn für eine hochtechnisierte Produktion benötigte. Freilich kam in einer Zeit permanenter Jugendarbeitslosigkeit nur ein Teil der Jugendlichen in den Genuß einer solchen Ausbildung, zu deren Förderung 1925 von der Schwerindustrie das «Deutsche Institut für technische Arbeitsschulung (Dinta)» gegründet wurde.

Wie schon im Kaiserreich üblich, waren die interessantesten Modernisierungsvorgänge im elitären Bereich des höheren Schulwesens zu verzeichnen. Die «realistischen», auf Mathematik und Naturwissenschaften orientierten Zweige gewannen nicht nur volle Gleichberechtigung, sondern nun bereits die dominante Position. Das Artenspektrum der höheren Schulen wuchs weiter an. Es gab nun auch «Deutsche Oberschulen» als exponierte Pflanzstätten des Nationalismus. Soziologisch bemerkenswert ist aber vor allem die Einrichtung von «Aufbauschulen», in denen man nach dem Abschluß der siebenten Volksschulklasse innerhalb von sechs Jahren das Abitur erwerben konnte. Entsprechend dem wachsenden Bedarf des Kapitals an wissenschaftlich ausgebildeten Kadern wurde damit erstmals eine besondere Einrichtung zur Abschöpfung von Begabungen aus breiteren Bevölkerungsschichten geschaffen. Aber die aus dem Kapitalverhältnis resultierende Kluft zwischen Wissenschaft und Volk wurde so in den Jahren der Weimarer Republik durch das Bildungswesen nur unwesentlich reduziert. Man kann auch nicht davon sprechen, daß es besonders große Anstrengungen bürgerlicher Organisationen gegeben hätte, um die vom Schulwesen offengelassene Lücke zu schließen.

Die Berliner Gesellschaft URANIA, deren Ausstrahlungskraft um die Jahrhundertwende groß war,[47] hatte die Veränderung der Rezeptionsbedingungen für Populärwissenschaft nicht klar genug erkannt und sich nicht entschlossen auf die Bedürfnisse des Arbeiterpublikums eingestellt. So waren die Jahre der Republik für die URANIA Jahre des Niedergangs. Es half wenig, daß man mit Reiseberichten und «Heimatvorträgen» verstärkt eine unterhaltende Note in die Programmgestaltung zu bringen versuchte; nicht einmal Themen aus der Technik – so die im März 1926 gemeinsam mit Industrie und Reichspostministerium getragene Veranstaltung «Telefonie –

Rundfunkwerbung der Deutschen Post Aufnahme von 1924

einst und jetzt und in der Zukunft» oder die 1927 von Manfred von Ardenne gehaltene Vortragsreihe über den Rundfunk – konnten der URANIA noch aufhelfen. Die von der Berliner URANIA herausgegebene Zeitschrift «Himmel und Erde» war bereits während des Weltkrieges eingegangen. Mit dem Verkauf ihres Hauses in der Taubenstraße im Jahre 1928 hörte die Gesellschaft praktisch auf zu existieren.

Aus diesem Vorgang darf man nicht ohne weiteres entnehmen, daß etwa das Interesse an naturwissenschaftlich-technischen Problemen abgenommen hätte, wenngleich die hektische Atmosphäre der Weimarer Jahre mit ihren heftigen politischen Kämpfen, dem fast pausenlosen Szenenwechsel an der Oberfläche des Geschehens, dem auf leichtes Rezipieren und schnelles Vergessen eingestellten Unterhaltungs- und Amüsierbetrieb einer systematischen Erwachsenenbildung nicht besonders günstig war. Jedenfalls behauptete der «Berliner Börsencourier» im Jahre 1927, der Bedarf an derlei Bildung sei «eher größer geworden ... Die Besucherzahlen des Deutschen Museums in München, das große Interesse, welches die Planetarien erregen, beweisen dies ganz eindeutig».[48]

Hans Bredow, Rundfunkkommissar des Reichspostministers: Es ist das Schicksal mancher Erfindung gewesen, daß sie zuerst bekämpft und belächelt worden ist, um dann um so stärker anerkannt zu werden. Dem Rundfunk ist es nicht anders ergangen. Als ich im Herbst 1919 in einem Vortrage in der Berliner Urania die Zukunftsmöglichkeiten eines Rundfunks erörterte, fand ich keinen Widerhall. Was 1923 nach seiner Eröffnung von wenigen Neugierigen mit geringer Begeisterung und großer Skepsis aufgenommen wurde, ist heute längst zum Gemeingut des deutschen Volkes geworden. Gewiß, das Wunder, das die technische Erfindung bedeutete, ist verblaßt; aber von Rundfunkmüdigkeit ist nichts zu spüren. ... Die Bildungsstätten und die Presse sind trotz ihrem anerkannten Eifer allein nicht in der Lage, dies Bildungsbedürfnis restlos zu befriedigen. Der Rundfunk ist das ideale Mittel, dieses Verlangen zu erfüllen: vielleicht liegt seine vornehmste Bedeutung gerade darin, daß die wirtschaftlich schwachen Teile unseres Volkes aus ihrem Wissen neue Kraft und neues Vertrauen schöpfen können.
Hans Bredow: Rundfunk. In: Das Wissen im Rundfunk, S. XV.

---

47 Harro Hess: Aus der Geschichte der Berliner Gesellschaft Urania. In: Vorträge und Schriften der Archenhold-Sternwarte Berlin-Treptow, Nr. 58, Berlin-Treptow 1979.
48 Zit. in: Ebenda, S. 22.

In der Eröffnungsrede von Franz Pahl klang noch die Frische der Faszination mit, die das neue technische Medium Rundfunk damals ausübte:
Ich komme mir vor, wie auf einem hohen Berge stehend, den lauschende Zuhörer von allen Seiten bis in unabsehbare Ferne hin umdrängen, und trotz ihrer verschiedenen räumlichen Entfernung hören alle gleichzeitig, und was noch wunderbarer ist, alle mit vollauf vernehmlicher Lautstärke die Worte, mit denen ich den Gedanken, die mich augenblicklich bewegen, Ausdruck verleihe. Was ist doch das für eine Erfindung, die solches zu Wege bringt, die den Bereich der menschlichen Stimme bis ins Unermeßliche erweitert, die es ermöglicht, den ganzen Erdball mit dem gesprochenen Wort in wenigen Sekunden zu umspannen!
Zit. in:
Das Wissen im Rundfunk, Berlin 1927, S. X.

Wissenschaftler, die die Verpflichtung spürten, neue Erkenntnisse in die Öffentlichkeit zu tragen, suchten sich neue Wirkungskreise, mit denen sie ihr Publikum eher zu erreichen hoffen konnten – so etwa die Volkshochschule, wo Einstein im Februar 1920 einen Vorlesungszyklus über die Bewegung der Körper begann. Die meisten prominenten Berliner Gelehrten standen allerdings der populärwissenschaftlichen Tätigkeit reserviert bis ablehnend gegenüber. Selbst Planck, dessen spätere Vorträge doch Musterbeispiele für eine im besten Sinne verständliche Erörterung fundamentaler wissenschaftlicher Probleme waren, konnte sich in dieser Hinsicht nicht von Skepsis freihalten. 1919 sagte er in einer seiner Akademieansprachen: «Freilich kann gerade die Wissenschaft niemals auf unmittelbares Interesse in der breiten Öffentlichkeit rechnen; ja man darf sagen, daß die reine Wissenschaft ihrem Wesen nach unpopulär ist.»[49]

Die von der Akademie der Wissenschaften seit 1919 jeweils im Winter veranstalteten 6 Vorlesungen für die Öffentlichkeit – zum Eintrittspreis von 5 Mark pro Vortrag – zielten eher auf ein wissenschaftliches Publikum. In der Regel wurden jeweils 5 Vorträge von Ordentlichen Mitgliedern und ein Vortrag von einem Korrespondierenden Mitglied gehalten. Die Vorträge hatten offenbar gute Resonanz, und im Winter 1924/25 begann auch die Kaiser-Wilhelm-Gesellschaft mit einer analogen Vortragsserie.

In der Weimarer Republik eroberte sich die populärwissenschaftliche Tätigkeit neue Medien, in erster Linie den Rundfunk. Hier verflocht sich Wissensvermittlung eng mit ideologischer Einflußnahme. In jenen Jahren, als die drahtlose Ausbreitung von Wort und Musik für das breite Publikum noch etwas Geheimnisvolles hatte, besaß der Rundfunk eine suggestive Macht über die Gemüter, und was über Ätherwellen kam, wurde eher geglaubt als das, was auf dem nur zu geduldigen Papier der bürgerlichen Massenblätter stand. Schon ein Jahr, nachdem die Berliner Funk-Stunde ihre regelmäßigen Sendungen aus dem Vox-Haus aufgenommen hatte, wurde in diesem Sender am 2. November 1924 die Hans-Bredow-Schule eröffnet, ein umfangreiches Programm belehrender Vorträge, gegliedert in sogenannte Hochschulkurse (zusammenhängende Vortragsserien) und «Bildungskurse» für einen breiteren Hörerkreis.

Eine Zwischenbilanz nach drei Jahren wies bereits rund 3500 Vorträge auf: «Die ersten Reihen dieser Bildungszyklen der Hans-Bredow-Schule gehörten den Themen: Hygiene des Kindesalters; französische Literaturgeschichte; die Sonate. In bunter Reihe seither u. v. a.: Buchführung, englische Literatur, Rechtsfragen des Tages, deutsche Dichter und Denker, Espe-

Rundfunkempfänger als Weihnachtsgeschenk Aufnahme von 1926

ranto, Weltanschauung der Völker, Hühnerzucht, Hygiene des Hauses und Ertüchtigung der Jugend, der Stalldünger, Astronomie und Klimakunde, Briefmarken, der Boxsport, Gewerberechtsschutz, Wechselwesen, internationale Gauner, das Deutschtum im Auslande, Mutterschutz und Säuglingsfürsorge, die Methode Coué, die Frauenbewegung, Kunstgeschichte, Psychologie des Alltags, die Milch, Wald und Garten, modernes Drama usw.»[50]

Der zitierte Autor ermangelt nicht der Ironie, indem er den internationalen Gaunern das Deutschtum im Ausland folgen läßt, doch die «bunte Reihe» spricht für sich: Hier wurde nicht systematische Bildung geboten, sondern ein Sammelsurium über den Hörer ausgeschüttet, die Unterhaltungs- und Ablenkungsfunktion dominierte. Bredow krönte in seiner Widmung zu einer gedruckten Auswahl der Vorträge die unfreiwillige Selbstironie noch mit dem obligaten Schuß Nationalismus: «Das deutsche Volk, das in seiner Durchschnittsbildung über vielen anderen Nationen steht, wird, wenn erst einmal die riesenhafte *Volkshochschule des Rundfunks* in alle Kreise und alle Gegenden unseres Vaterlandes gedrungen ist, den Rundfunk nicht mehr missen wollen.»[51]

Zugleich wurde schon früh daran gedacht, den Rundfunk auch in den Dienst der «Kultur-Außenpolitik» des Reiches zu stellen, deshalb wurde bereits 1927 bei Königs Wusterhausen der «Deutschlandsender» errichtet, der auf Langwelle 1250 m einen großen Teil Europas überstreichen sollte und als stärkster Rundfunksender Europas gedacht war: «Durch Vermitt-

Rundfunkempfang anno 1927: Unbestreitbar bleibt, daß der Detektorapparat ein gutes, billiges Volksgerät für den Nahempfang eines Ortssenders ist, das dem Rundfunk viele Teilnehmer auch aus minderbemittelten Kreisen zuführt. Unbestreitbar ist auch das Bestreben bei fast allen Rundfunkteilnehmern, einen bequemen Empfang durch Lautsprecher zu erhalten, von den lästigen Kopfhörern loszukommen und, wenn möglich, auch mehrere Sender zu hören. Das Bestreben der Funkindustrie, ein möglichst einfaches, billiges Röhrengerät unter Benutzung eines Netzanschlußgeräts zu schaffen, ist sehr zu begrüßen. Durch das Netzanschlußgerät wäre der Rundfunkteilnehmer von Heiz- und Anodenbatterie für den Röhrenapparat durch Anschluß an das Lichtnetz unabhängig. Die augenblickliche Nachfrage nach Röhrengeräten und Lautsprechern überwiegt stark im Vergleich zum Detektorgerät.
Hermann Thurn: Die Entwicklung des deutschen Rundfunksendernetzes. In: Das Wissen im Rundfunk, S. 166.

49 Max Planck in seinen Akademieansprachen, Berlin 1948, S. 30.
50 Theodor Kappstein: Einleitung. In: Das Wissen im Rundfunk, S. XI.
51 Hans Bredow: Rundfunk. In: Ebenda, S. XVI.

Aufruf zur Gründung der Marxistischen Arbeiterschule, 5. April 1927: Die neugeschaffene Marxistische Arbeiterschule stellt es sich zur Aufgabe, eine seit langen Jahren im Bildungswesen bestehende Lücke auszufüllen. ... Veranstaltungen: 1. Einzelvorträge, 2. seminaristische Kurse (über 4–6 Abende), Arbeitsgemeinschaften. Der Lehrplan umfaßt alle wichtigen Wissensgebiete, so Volkswirtschaftslehre, ... Geschichte des Kapitalismus und Imperialismus, Parteiwesen, moderne Technik und Rationalisierung, Monopolwesen, internationale Politik, Kunstentwicklung usw. Als Referenten stehen auf allen Gebieten namhafte Fachleute zur Verfügung. Die Veranstaltungen beginnen mit einer Reihe von Einzelvorträgen, die bis auf weiteres an jedem Dienstag und Freitag, abends 7½ Uhr, im Saal Kleine Alexanderstraße 28, 4. Etage, stattfinden. ...
Dr. Hermann Duncker;
Horst Fröhlich;
Professor
Dr. Alfons Goldschmidt;
Dr. med. I. Meyer;
Dr. med. Leo Klauber;
Ingenieur Dr. Lange;
Dr. Ernst Meyer;
Direktor Henry Meyer;
Richard Oehring;
John Heartfield;
Wieland Herzfelde;
Dr. Lothar Wolf; Studienrat
Dr. Ausländer;
Dr. Ludwig Alexander;
Walter Loewenheim;
Dr. Rosenberg;
Betriebsrat Walter,
Siemens-Konzern;
Betriebsrat Glatzer,
AEG-Konzern.
Dokumente und Materialien zur Geschichte der deutschen Arbeiterbewegung, Bd. VIII, S. 531/532.

lung deutscher Wissenschaft, deutscher Musik und Kunst an Millionen deutscher Hörer soll er Verständnis für deutsche Kultur wecken und zum Ausland das Sprachrohr deutschen Geistes sein.»[52]

Marxistisches Wissen war an keiner der wie auch immer gearteten bürgerlichen Bildungseinrichtungen zu erwerben. Für die Werktätigen Möglichkeiten des Zugangs zu einer klassenmäßigen Bildung, zu einer wirklichen Bildung des proletarischen Klassenbewußtseins in einem Ausmaß und einer Dichte geschaffen zu haben, die in der früheren Parteigeschichte niemals erreicht worden war, gehört zu den historischen Verdiensten der KPD. Bereits der 8. Parteitag der KPD 1923 in Leipzig beschloß eine Resolution zur Bildungsarbeit, die die revolutionäre Bildungsarbeit der Partei eindeutig von den opportunistischen Bildungsaktivitäten der Sozialdemokratie abgrenzte und auf die Aneignung der Grundsätze des wissenschaftlichen Marxismus orientierte.[53]

Mit der Wahl des Thälmannschen Zentralkomitees wurde das System der theoretischen Arbeit der Partei weiter ausgebaut und profiliert. Seinen inhaltlichen Schwerpunkt bildete die Aneignung der Lehre Lenins, um die Kommunisten ideologisch auf die Forderungen einzustellen, die die außerordentlich zugespitzte Klassenkampfsituation in einer Entwicklungsphase des Weltimperialismus stellte, in der in einigen Ländern (insbesondere in Italien) faschistische oder faschistoide Regimes bereits die Macht an sich gerissen hatten und auch in Deutschland die Gefahr des Faschismus drohend heraufzog. Der 11. Parteitag der KPD im März 1927 beschloß die Herausgabe der Werke Lenins in deutscher Sprache.[54]

Die beiden wichtigsten Zentren der theoretischen Bildungsarbeit der KPD befanden sich in Berlin und strahlten auf das geistige Leben der Stadt aus: die Reichsparteischule in Fichtenau, die der systematischen theoretischen Bildung von Funktionären der Partei diente, und die Marxistische Arbeiterschule (MASCH).

Die MASCH, in deren weitgefächertem und formenreichem Programm der Marxismus-Leninismus das Kernstück eines vielfältigen, auch Naturwissenschaft, Technik und Kunst umfassenden Angebots darstellte, war ein hervorragendes Beispiel attraktiver kommunistischer Bildungsarbeit für breite Schichten der Bevölkerung – vorrangig, aber nicht ausschließlich für die in ihrer Bezeichnung direkt angesprochenen Arbeiter.[55] Zugleich war sie auch ein Stück praktizierter Intelligenzpolitik der Partei, denn in ihrem ständigen Lehrkörper wie auch in der nach Bedarf und Bedingungen wechselnden Dozentenschaft – auch Einstein hielt hier im ersten Trimester 1931/32 eine Vorlesung über die Relativitätstheo-

Reichsparteischule der KPD «Rosa Luxemburg» in Schöneiche-Fichtenau Aufnahme um 1930
Der erste Kursus der Reichsparteischule der KPD fand im April/Mai 1927 auf der Burg Hohnstein in der Sächsischen Schweiz statt. Ab 1929 bis 1933 wurden die Lehrgänge in dem mit Unterstützung der Schweizer Genossin Mentona Moser erworbenen Gebäude in Fichtenau durchgeführt. An dieser höchsten Bildungsstätte der KPD in der Weimarer Republik unterrichteten: Ernst Thälmann, Wilhelm Pieck, Ernst Schneller, Fritz Heckert, Edwin Hoernle, Theodor Neubauer, Hermann Duncker, Franz Dahlem, Heinrich Rau, Philipp Dengel, Fred Oelßner, Ernst Noffke und andere.

rie – arbeiteten kommunistische Wissenschaftler und Künstler mit sympathisierenden Parteilosen und linken bürgerlichen Demokraten zusammen.

Die Schule, die von Johann-Lorenz Schmidt geleitet wurde und in deren Tätigkeit Hermann Duncker eine entscheidende Rolle spielte, hatte ausdrücklich den Status einer überparteilichen Einrichtung. Hier lehrten bewährte und kampferfahrene Funktionäre der KPD wie Ernst Schneller, Edwin Hoernle, Fritz Heckert, Franz Dahlem und Walter Stoecker, Wissenschaftler wie Alfons Goldschmidt, Jürgen Kuczynski, Felix Halle, Alfred Kurella oder Theodor Neubauer, Künstler wie

52 Hermann Thurn: Die Entwicklung des deutschen Rundfunksendernetzes. In: Ebenda, S. 168.
53 Siehe: Dokumente und Materialien zur Geschichte der deutschen Arbeiterbewegung, Bd. VII, 2. Halbband, Berlin 1966, S. 258.
54 Siehe Siegfried Vietzke/Heinz Wohlgemuth: Deutschland und die deutsche Arbeiterbewegung in der Zeit der Weimarer Republik 1919–1933, Berlin 1966, S. 494.
55 Johann-Lorenz Schmidt: Die MASCH – eine traditionsreiche Bildungsstätte. In: Einheit, 1976, Heft 12, S. 1349–1354.

Beschluß
des 11. Parteitages der KPD
vom März 1927
über die Herausgabe
der Werke Lenins
in deutscher Sprache:
Der Parteitag hält im Interesse der leninistischen Schulung der Mitgliedschaft es für unbedingt nötig, daß die Veröffentlichung der wichtigsten politischen, ökonomischen und philosophischen Werke Lenins in deutscher Sprache mit aller Energie in Angriff genommen werde. Die Reihenfolge der Veröffentlichung soll nicht in der Reihenfolge der offiziellen Lenin-Ausgabe geschehen, sondern entsprechend der politischen Aktualität der einzelnen Bände für die deutschsprachigen Länder.
Zit in:
Siegfried Vietzke/
Heinz Wohlgemuth:
Deutschland und die deutsche Arbeiterbewegung in der Zeit der Weimarer Republik 1919–1933,
Berlin 1966, S. 494.

Ludwig Renn, Egon Erwin Kisch, Erwin Piscator, John Heartfield oder Hanns Eisler, Architekten wie Walter Gropius oder Bruno Taut. Bereits die Auswahl der Namen läßt das bedeutende intellektuelle Potential dieser Schule ahnen. Das entsprach der weitsichtigen Linie einer großzügig angelegten Politik des Bündnisses mit der Intelligenz, die von Clara Zetkin in ihrem Referat «Die Intellektuellenfrage» auf dem V. Kongreß der Kommunistischen Internationale (1924) dargelegt worden war.

Diese Linie war nicht nur von aktuellen Bedürfnissen des Klassenkampfes diktiert, sondern insbesondere von dem Gedanken bestimmt, daß das siegreiche Proletariat beim Aufbau der sozialistischen Gesellschaft der Wissenschaft und ihrer Träger umfassend bedürfen würde. Clara Zetkin wandte sich dabei sowohl gegen die linkssektiererische Intelligenzfeindlichkeit als auch gegen die opportunistische Manier, politisch ungefestigte Intellektuelle, die den Schwierigkeiten des Klassenkampfes nicht gewachsen waren und in harten Situationen der Partei in den Rücken fielen, nur aufgrund ihrer spontanen Sympathie für die sozialistische Bewegung kritiklos in die Partei aufzunehmen. Die Hauptform der Arbeit mit der Intelligenz unter kapitalistischen Verhältnissen sollte das vertrauensvolle Bündnis sein, nicht die Eingliederung in die Partei. Auf dieser Basis arbeitete die MASCH, und ihre Tätigkeit war ungewöhnlich fruchtbar und zog eine Vielzahl von Schülern an. Am Anfang, im Jahre 1927, begann sie mit 500 Schülern, im Unterrichtsjahr 1931/32 waren es bereits mehr als 7000, die rund 8000 Kursusveranstaltungen besuchten. Dazu wurden über 200 Lehrkräfte eingesetzt.[56]

Es erschien eine eigene Schulungszeitschrift «Der Marxist. Blätter der Marxistischen Arbeiterschule». Zunächst reichte

Eröffnung der MASCH
im eigenen Gebäude
Aufnahme von 1928

Ausschuß zur öffentlichen Untersuchung der blutigen Maiereignisse von 1929
Die KPD nutzte in ihrem praktisch-politischen Kampf vielfältige Formen der Zusammenarbeit mit bürgerlichen Demokraten und Vertretern der Intelligenz. So arbeitete sie unter anderem an dem unter Vorsitz Carl von Ossietzkys gebildeten Untersuchungsausschuß zu den Vorgängen am 1. Mai 1929 mit. Durch diese gemeinsame Aktivität war es möglich, den eindeutigen Nachweis zu erbringen, daß die Terrorakte der Polizei am Tod vieler Demonstranten schuldig waren und nicht die von der Reaktion als «Putschpartei» diffamierte KPD.
Ausschußmitglieder im Berliner Schauspielhaus: der Literat Stephan Großmann (stehend), der Publizist Carl von Ossietzky, der Schriftsteller Alfred Döblin, der kommunistische Stadtrat Dr. A. Schminke, der Publizist Dr. A. Goldschmidt, der Rechtsanwalt Dr. A. Apfel und der kommunistische Reichstagsabgeordnete Ottomar Geschke.

der Saal in der vierten Etage der Kleinen Alexanderstraße 28 für die Veranstaltungen aus. In diesen Räumlichkeiten, die 1926 eingerichtet worden waren, blieb auch die Zentrale der MASCH. Der Unterricht aber mußte sich mit der zunehmenden Anzahl der Veranstaltungen über Berlin verteilen und fand vorwiegend abends in Klassenräumen städtischer Schulen statt. Die rhetorische Kraft der Vorträge Dunckers war so außergewöhnlich, daß die Hörer nur so herbeiströmten – oft waren es 700 bis 800 – und ein besonders großer Saal gemietet werden mußte. Die Berliner MASCH arbeitete so gut, daß der 12. Parteitag der KPD 1929 beschloß, dieses Beispiel auf das ganze Reichsgebiet auszudehnen. Ende 1931 bestanden bereits in mehr als dreißig deutschen Städten derartige Einrichtungen.

Der Erfolg des Bildungssystems der KPD basierte nicht zuletzt darauf, daß sich seine Einrichtungen nicht darauf beschränkten, Wissen weiterzugeben. Wenn diese Funktion auch im Zentrum ihrer Tätigkeit stand, mußten sie doch zugleich auch das Wissen weiterentwickeln. Für die marxistische Wissenschaft waren die Bildungseinrichtungen der KPD das, was für die offizielle Wissenschaft des bürgerlichen Staates die Forschungseinrichtungen innerhalb und außerhalb der Universitäten und Hochschulen darstellten. Eine marxistisch-leninistische Partei kann ohne ständige Weiterentwicklung der weltanschaulichen und gesellschaftlichen Grundlagen nicht auf der Höhe der Zeit bleiben, und an den staatlichen Wissenschaftseinrichtungen, die ihre Tore für Marxisten sperrten, konnte dies nicht geschehen.

Ein großer Teil dieser Erkenntnisarbeit erfolgte auch in der KPD in Form der analytischen Tätigkeit zur Vorbereitung

56 D. Müller: Die Marxistische Arbeiterschule (MASCH) 1927 bis 1933 – ein neuer Typ von Erwachsenenbildungseinrichtungen. In: Jahrbuch für Erziehungs- und Schulgeschichte, Jg. 21, 1981, S. 66.

Clara Zetkin
auf dem V. Kongreß der Kommunistischen Internationale (1924):
An die Stelle des anarchischen, blind um sich greifenden Auflösungs- und Verwesungsprozesses der bürgerlichen Kultur muß treten der bewußte energische Kampf für die Ideologie des revolutionären Proletariats. Diese vor uns stehende Aufgabe wirft helles Licht auf die Bedeutung der Intellektuellen als Bundesgenossen. Bei der Überwindung und Ablösung der bürgerlichen Ideologie durch die kommunistische Ideenwelt werden die Intellektuellen sehr wertvolle Dienste leisten können. Diese Erkenntnis veranlaßt uns, um sie zu werben, als Bundesgenossen zum Kampf für die proletarische Revolution.
Clara Zetkin: Die Intellektuellenfrage. In: Ausgewählte Reden und Schriften, Bd. III, Berlin 1960, S. 43.

von Beschlüssen und Dokumenten, und die Resultate dieser Arbeit fanden dann meist keine theoretisch-systematische, von der direktiven Form der Beschlüsse abgehobene Darstellung. Doch mit dem Netz der Schulen erweiterte sich, vermittelt über das dringende Bedürfnis, Lehrbücher und Studienmaterial zu besitzen, auch die systematisch-theoretische Produktion der marxistischen Gesellschaftswissenschaft.

So wurden an der MASCH – mit Unterstützung der Komintern – Fernunterrichtsbriefe zur politischen Ökonomie und zur Geschichte der Arbeiterbewegung ausgearbeitet.

Sehr wichtige theoretische Arbeit leistete die KPD auf editorischem Gebiet, so in der von Duncker herausgegebenen Reihe «Elementarbücher des Kommunismus». Eine Reihe marxistischer Klassikerwerke wurden entweder überhaupt zum ersten Male oder erstmalig in deutscher Sprache veröffentlicht, so die «Deutsche Ideologie» von Marx und Engels (1926), die «Dialektik der Natur» von Engels (1927), die «Ökonomisch-philosophischen Manuskripte» von Marx (1931) sowie «Materialismus und Empiriokritizismus» (1927) und die «Philosophischen Hefte» (1925-1931) von Lenin.

Trotz Verfolgung, Schikanen und immerwährender Knappheit der materiellen Mittel schuf so die KPD, unterstützt von ihr mehr oder minder nahestehenden Intellektuellen anderer Weltanschauung, in Berlin bemerkenswerte Keimformen einer echten, auf den Klasseninteressen des Proletariats beruhenden Verbindung von Wissenschaft und Volk.

Wo sonst noch geforscht wurde …

Der Kaiser ging, sein Name blieb. Man forschte weiter in der Kaiser-Wilhelm-Gesellschaft, als wäre nichts geschehen. Im Sommer 1919 bekräftigten Verwaltungsausschuß, Präsidium und Senat der KWG intern, daß die Ergebnisse der Novemberrevolution keinerlei Anlaß zu neuen Überlegungen über die Struktur oder etwa gar über eine Änderung des Namens der Gesellschaft geben würden. Mit anderen Worten: Die Monopolstrategie, die auf den Ausbau von Machtpositionen in der ganzen deutschen Wissenschaft zielte, blieb unvermindert in Kraft, und die KWG bekannte sich dazu, dieser Strategie so wie zur Zeit ihrer Gründung zu dienen. Das Monopolkapital und seine Repräsentanten in der Leitung der Forschungsgesellschaft, an ihrer Spitze der weiterhin als Vizepräsident amtierende Ruhrmagnat und Kanonenkönig Gustav Krupp von Bohlen und Halbach, konnten dem Präsidenten Harnack für seine Initiative zu dieser klaren Positionsbestimmung nur dankbar sein.

Funktechnische Feldstärkemessung Aufnahme von 1924

Der Ausbau der KWG – mit dem Schwerpunkt in Berlin – zu einer Forschungseinrichtung von einer gegenüber anderen wissenschaftlichen Institutionen entscheidenden Größenordnung war während des Krieges ungeachtet der zeitweiligen Beschäftigung der meisten Institute mit «kriegswichtigen» Sonderaufgaben zielstrebig fortgesetzt worden.[57] Auch darin zeigte sich die vorsorgliche Einstellung des Großkapitals auf die Nachkriegszeit. So entstand 1917 das KWI für Deutsche Geschichte unter Leitung von Paul Kehr, der seit 1915 Generaldirektor der Preußischen Staatsarchive und zugleich ab 1919 Vorsitzender der Zentraldirektion der (dem Reichsinnenministerium unterstehenden) bereits im 19. Jahrhundert begründeten Monumenta Germaniae Historica war. Im gleichen Jahr 1917 erwarb der Berliner Industrielle Franz Stock die Mitgliedschaft der KWG für einen Aufnahmebeitrag von 540 000 Mark (davon waren 500 000 Mark Kriegsanleihe!). Auf seinen Wunsch wurde damit ein bereits früher gefaßter Plan realisiert und ein Institut für Physik unter Leitung von Albert Einstein gegründet; allerdings war das bis auf weiteres nicht viel mehr als ein Rechtstitel zur Verteilung von Forschungsmitteln, zu einem richtigen Institut mit Forschungslabor wurde es erst unter Peter Debye in den dreißiger Jahren.

Auch in der unmittelbaren Nachkriegszeit sind zahlreiche Neugründungen zu registrieren. Vordringlich war nun aber

Im Einvernehmen mit der Koppel-Stiftung wurde vom Senat der Kaiser-Wilhelm-Gesellschaft beschlossen, vom 1. Oktober 1917 ab das geplante Institut für physikalische Forschung ins Leben zu rufen. An der Spitze sollte ein Kuratorium von 6 Mitgliedern und ein Direktorium, zunächst für die Dauer des Krieges nur aus den Berliner Physikern, später auch aus anderen Physikern bestehend, stehen. ... Der Entschluß, den Bau gleichzeitig mit der Errichtung des Institutes zu beginnen, wurde hinausgeschoben, was zur Folge gehabt hat, daß das Institut jahrelang ohne eigentliche Arbeitsräume existieren mußte. Das Kaiser-Wilhelm-Institut für Physik unterschied sich daher von den anderen Kaiser-Wilhelm-Instituten dadurch, daß es niemals eigene wissenschaftliche Arbeit treiben konnte, sondern nur einen Fonds darstellte zur Unterstützung von Arbeiten, die an anderen Stellen im Deutschen Reich gemacht werden.
25 Jahre Kaiser-Wilhelm-Gesellschaft zur Förderung der Wissenschaften, Bd. I. Hrsg. von Max Planck, Berlin 1936, S. 54.

57 Siehe Günter Wendel: Die Kaiser-Wilhelm-Gesellschaft 1911–1914. Zur Anatomie einer imperialistischen Forschungsgesellschaft, Berlin 1975. – Günter Wendel: Die Berliner Institute der Kaiser-Wilhelm-Gesellschaft und ihr Platz im System der Wissenschaftspolitik des imperialistischen Deutschland in der Zeit bis 1933. In: Berliner Wissenschaftshistorische Kolloquien X, S. 27–70.

erst einmal die Absicherung der KWG und ihrer Institute gegen den kapitalistischen Währungsverfall und die akute Krise des Systems. Kennzeichnend für die Absichten, die hinter der KWG standen, war die Tatsache, daß die Finanzkrise klug genutzt wurde, um eine neue langfristige Lösung des Grundproblems zu finden, wie der Staat hier stärker zur Kasse gebeten werden konnte, ohne dabei die direkten Einflußmöglichkeiten der einzelnen Konzerne einzuschränken. Seit Sommer 1920 wurde eine stärkere Finanzbeteiligung des Staates sowohl im Reichsinnenministerium als auch im preußischen Kultusministerium befürwortet. Staatssekretär Becker setzte sich dafür ein, die benötigten Grundmittel zu gleichen Teilen aus dem Etat des Reichsinnenministeriums und dem Etat des preußischen Kultusministeriums aufzubringen. Nachdem Bedenken im preußischen Finanzministerium ausgeräumt und die Modalitäten der staatlichen Mitwirkung ausgehandelt waren, gab Harnack auf einer Berliner Hauptversammlung der KWG im März 1921 den Mitgliedern die nunmehr erreichte staatliche Zahlungsbereitschaft bekannt.

Die Mitglieder – wesentlich Vertreter des Monopolkapitals und seiner Spitzenverbände – nahmen diese Nachricht mit Genugtuung auf. Nunmehr mußte noch, wie Becker betonte, die «Mitverantwortung des Staates für die Unternehmungen der Gesellschaft» in einem neuen Statut festgeschrieben werden. Er versicherte, daß sein Ministerium keineswegs beabsichtige, «eine Bureaukratisierung der Gesellschaft herbeizuführen» – zu deutsch: die KWG zu verstaatlichen. Hier ließ man also die «Sozialisierung» nicht einmal auf dem Papier marschieren. Die Gesellschaft müsse als «freie Arbeitsgemeinschaft zwischen Staat, Wissenschaft und Wirtschaft» erhalten bleiben; der Staat würde «auch bei der Wahrnehmung seiner Rechte wie bisher stets in vertrauensvoller Fühlung mit den Organen der Gesellschaft vorgehen». Was wollten die Herren Senatoren mehr? Die staatlichen Samthandschuhe waren ihnen garantiert. Ende 1921 wurde die neue Satzung auf einer weiteren Hauptversammlung beschlossen.

Mit dem neuen Modus wurde differenziert vorgegangen: Institute, die bestimmte Kreise des Monopolkapitals besonders in der Hand zu behalten wünschten, wurden von ihnen auch stärker finanziert – das betraf das KWI für Chemie, das weiterhin im wesentlichen vom Chemiekapital getragen wurde, und eine Reihe von Instituten mit ausgesprochen anwendungsorientiertem Charakter, die wir heute als Institute industriezweigspezifischer Grundlagenforschung bezeichnen würden. Die Institute des letztgenannten Typs waren in der Regel besonders gut ausgestattet, doch sie waren auch weit mehr vom Kapital abhängig. «Kaiser-Wilhelm-Institute, die

Dazu Wendel in marxistischem Klartext:
Wenn sich die Gesellschaft nun auch ständig als selbständiger, freier und unabhängiger Selbstverwaltungskörper darstellt, wobei sie diese Art von Eigencharakterisierung nach 1918/19 noch wesentlich verstärkt, so handelt es sich doch im Grunde um eine Klassenvereinigung der Spitzen des deutschen Monopolkapitals, die sich und ihre Forschungseinrichtungen tatsächlich «selbst verwaltet», indem sie die Wissenschaftler in diesen Einrichtungen direkt und mit Hilfe des Staates in monopolistische Abhängigkeit bringt und sich sowohl die Verfügungsgewalt über die Verwendung der Mittel als auch den unmittelbaren Zugriff zu den Forschungsergebnissen sichert.
Berliner Wissenschaftshistorische Kolloquien X, S. 40/41.

neben den Mitteln der KWG auf die der Industrie angewiesen waren, ließen sich weit weniger unabhängig führen als solche, deren Zuwendungen durch die KWG, den Staat und Forschungsförderungseinrichtungen ... gesichert waren. Die in der KWG festgelegte Unabhängigkeit war bei jenen zweifellos eingeschränkt ...»[58]

Doch die einfache Beziehung: mehr direkter Kapitaleinfluß – stärkere pragmatische Einengung und Verzerrung des Institutsprofils, traf nicht durchgehend zu. Welche Bewegungsfreiheit ein KWI bei seinen Forschungen tatsächlich hatte, war sehr von der Weitsicht oder Engstirnigkeit jener Kreise des Kapitals abhängig, die den Strom der Mittel regulierten. Zwei Beispiele – beide aus der Chemie – mögen dies belegen. 1920 wurde in Berlin auf Verlangen der Textil-, Zellstoff- und Papierindustrie ein KWI für Faserstoffchemie unter Leitung von Reginald Oliver Herzog gegründet. Er bekam auch 1922 in Dahlem ein nobles und teures Institutsgebäude für 11,5 Millionen Mark. Die Veredlung von Naturfasern ebenso wie die Entwicklung synthetischer Fasern und entsprechender Bearbeitungstechnologien – der erklärte Zweck des Instituts – warf jedoch eine Vielzahl ungelöster naturwissenschaftlicher Grundlagenfragen auf, denen sich das Institut in einem langfristig angelegten Forschungsprogramm widmen wollte. Die Industrie aber erwartete unmittelbar profitable Ergebnisse, und als sie diese nicht bekam, wurden die Mittel knapp. In dieser Kollision der Interessen konnte sich das Institut nur mühsam über Wasser halten und mußte sogar Institutsräume abtreten, um seine Existenz mühsam behaupten zu können.[59]

Das andere Beispiel betrifft das KWI für Chemie, in dem der Chemiemonopolist Duisberg die Fäden zog. Als auf einer Nachkriegssitzung des Verwaltungsrates der Vorschlag unterbreitet wurde, das Institut solle sich angesichts der Notsituation verstärkt mit der Lösung von Praxisproblemen befassen, erhob Duisberg dagegen Protest und veranlaßte einen Beschluß, den «rein wissenschaftlichen Charakter» der Forschungsarbeit beizubehalten.[60] Er konnte sich diese Großzügigkeit leisten, denn die Industrie, die er vertrat, besaß ein glänzend ausgebautes System von Laboratorien und Forschungszentren und hatte es nicht nötig, die eigentliche Industrieforschung nach außerhalb zu vergeben. Statt dessen lag ihr an einer Institution mit einem grundlagenorientierten Programm, von dessen Realisierung man den Anstoß zu grund-

Seit der Konzernfusion von 1925, während der Jahre der relativen Stabilisierung des Kapitalismus, hat vor allem die IG Farbenindustrie AG die Einflußnahme auf die staatlichen und halbstaatlichen Forschungseinrichtungen zielbewußt ausgebaut. Zum einen wurde die konzerneigene Forschung und Entwicklung mit erheblichen, im Vergleich zu staatlichen Forschungsgeldern sehr hohen Finanzmitteln erweitert; nach bisher bekannten Quellen belaufen sich diese Mittel auf 1927 – 154 Mill. RM, 1928 – 140,3 Mill. RM, 1929 – 137,2 Mill. RM, 1930 – 99,9 Mill. RM, sowie noch während der Schwerpunktjahre der Weltwirtschaftskrise 1931 – 70 Mill. RM und 1932 – 40 Mill. RM. Zum anderen nahm die IG durch entsprechende Zuwendungen auf die nichtkonzerneigene Forschung Einfluß, vor allem auf die Notgemeinschaft über den Stifterverband der Notgemeinschaft, auf die Kaiser-Wilhelm-Gesellschaft und ihre entsprechenden Institute, aber auch auf chemische Laboratorien von Universitäten und Hochschulen.

Zusammenstellung der Zahlenangaben nach Wolfgang Schlicker: Carl Krauch, die IG Farben und die Forschungspolitik im faschistischen Deutschland. In: Bulletin des Arbeitskreises «Zweiter Weltkrieg», 1979, Nr. 1/2, S. 9/10.

58 Michael Engel: Geschichte Dahlems, Berlin (West) 1984, S. 245.
59 Siehe Günter Wendel: Die Berliner Institute der Kaiser-Wilhelm-Gesellschaft und ihr Platz im System der Wissenschaftspolitik des imperialistischen Deutschland in der Zeit bis 1933. In: Berliner Wissenschaftshistorische Kolloquien X, S. 47.
60 Ebenda, S. 43.

Diskussionsrunde im Harnack-Haus in Berlin-Dahlem Aufnahme von 1931
Max Planck (mit dem Rücken zum Betrachter) im Gespräch (von l. nach r.) mit dem Physiologen Ernst Mangold, Rektor der Landwirtschaftlichen Hochschule, Adolf Deißmann, Rektor der Berliner Universität, Archäologe Theodor von Wiegand und Otto Lienau, Rektor der Technischen Hochschule Danzig.

sätzlich neuen, unerwarteten Nutzensrichtungen erwarten konnte, auf die die von vornherein in bestimmten Zweckbindungen stehende Industrieforschung nicht stieß.

Im übrigen gab es im Mechanismus der KWG auch genügend feine und unauffällige Formen, Prioritäten zu setzen oder zu beeinflussen. Dazu gehörte nicht nur die unmittelbare Interessenabstimmung zwischen Gelehrten und Industrievertretern in den Gremien der Gesellschaft. Auch über Exponenten des Staatsapparates wurde vermittelt: Politiker der großen bürgerlichen Parteien oder selbst rechte SPD- und Gewerkschaftsführer – sie alle waren im Senat vertreten, wie es der von Harnack ebenso entschieden wie gewandt praktizierten Maxime entsprach, unter den ungeliebten, aber nun einmal gegebenen politischen Bedingungen «überparteilich» weiterzuarbeiten.

Von den 33 Einrichtungen, die die KWG bis 1933 schuf oder übernahm, befanden sich 16 in Berlin, die auf dem Höhepunkt der KWG-Entwicklung, im Jahre 1928, nicht weniger als 601 Personen beschäftigten, darunter 346 Wissenschaftler. In Berlin waren auch das Harnack-Haus und die zentralen Leitungsorgane der Gesellschaft beheimatet.[61] Besonders rasch wurde nun der Prozeß der Gründung von Instituten angewandten Profils vorangetrieben. So entstand 1921 ein KWI für Metallforschung. 1926 wurde, vor allem in Zusammenarbeit mit der Deutschen Glastechnischen Gesellschaft und der Deutschen Keramischen Gesellschaft, das Institut für Silikatforschung (SFI) eröffnet. Zum Direktor wurde der Königsberger Mineraloge Wilhelm Eitel berufen, der vorher entsprechende Institutionen in den USA studiert hatte und das Institut nach dem Vorbild des geophysikalischen Laboratoriums der Carnegie-Stiftung in den USA organisierte, wo nach seiner Auffassung eine «glückliche Synthese» zwischen den verschiedenen fachwissenschaftlichen und technischen Interessen gelungen sei.

Nach Eitels Worten wurde die «Förderung der Forschung auf dem Gebiet der Baumaterialien eine der wichtigsten Zielaufgaben»[62] in den drei Bereichen Glas, Keramik und Zement, die den Kern des Instituts bildeten. Die in der KWG oft wiederholte Erklärung, auch den Instituten mit ausgesprochen anwendungsbezogenem Profil sei «streng wissenschaftlicher Charakter» garantiert,[63] war nicht nur Lippenbekenntnis. Den Geldgebern kam es in ihrem ureigensten Interesse darauf an, daß hier auf wissenschaftlichem Höchstniveau gearbeitet wurde; Kollisionen zwischen Anwendungsinteressen und wissenschaftlichen Gesichtspunkten traten vor allem dort auf, wo das Kapital die organische Verbindung von Fundamentalität und hoher Praktikabilität der Forschung auch dann für möglich hielt, wenn das betreffende Gebiet von den Grundlagen her dafür noch nicht reif war.

Am SFI jedenfalls hielt Eitel darauf, daß ein ausgewogenes Verhältnis von Grundlagen- und angewandter Forschung eingehalten wurde – wenngleich er politisch ein Karrierist war, denn er suchte, um die zentrale Rolle seines Instituts innerhalb der deutschen Silikatforschung besser durchsetzen zu können, frühzeitig die Zusammenarbeit mit dem Naziregime. Die Beachtung übergreifender Gesichtspunkte an diesem Institut führte beispielsweise dazu, daß hier 1930 Bruno Lange gemeinsam mit Walter Schottky die Wiederentdeckung des «Sperrschicht-Fotoeffekts» gelang; auf dieser Grundlage entwickelte Lange eine leistungsfähige Fotozelle und gründete 1933 schließlich in Dahlem eine Spezialfabrik für lichtelektrische Zellen und Apparate.

Bedeutsame Ergebnisse wurden auch an anderen KWI erzielt, wenngleich Fritz Haber an dem von ihm geleiteten KWI für Physikalische Chemie und Elektrochemie mit dem Versuch scheiterte, ein leistungsfähiges Verfahren für die Gewinnung von Gold aus dem Meerwasser zu entwickeln, das der Regierung die Zahlung der Kriegskontributionen erleichtern sollte. Dafür entwickelte sich hier unter Herbert Freundlich die Kolloidchemie zu einem ergiebigen und praxisrelevanten Forschungsgebiet. Am KWI für Chemie wurden Arbeiten zur perspektivischen Erkundung prinzipiell neuartiger Gebiete und Arbeiten mit expliziter praktischer Zwecksetzung auf besonders geschickte Weise in Übereinstimmung gebracht.

Für den Organiker Kurt Hess wurde im Auftrag der IG Farben eine Abteilung für Zelluloseforschung eingerichtet, deren Direktfinanzierung der Konzern 1931 übernahm. Ande-

Der Physikochemiker Haber, dem es gelungen war, der Luft den Stickstoff zu entreißen und in Ammoniak zu verwandeln, er wollte nun auch den Versuch wagen, dem Meer das Gold zu entringen. Bereits im Frühjahr 1920 überraschte Haber einen Kreis seiner vertrautesten Mitarbeiter mit diesem Entschluß. In aller Heimlichkeit machte man sich an das große Werk, von dem die übrige Welt nichts erfahren durfte. Bis zum Sommer 1923, also mehr als drei Jahre, benötigten Haber und seine Mitarbeiter, um das nächstliegende Problem zu klären: die Meeresgoldkonzentration analytisch genau zu bestimmen und diese Ergebnisse statistisch zu sichern. ...
Nun wollte er die Weltmeere systematisch abfahren, um zu erforschen, wo die reichsten Goldgründe liegen.
... In seinem großangelegten öffentlichen Vortrag über «Das Gold im Meerwasser» lüftete Fritz Haber im Mai 1926 zum ersten Mal das Geheimnis und berichtete über die Erfolgschancen der Meeresgoldgewinnung. Seine Zwischenbilanz war ernüchternd: «Es wird kein Gold geben!» Die ersten Analyseergebnisse waren – falsch gewesen!
Klaus Hoffmann: Kann man Gold machen?, Leipzig/Jena/Berlin 1979, S. 102–104.

61 Siehe ebenda, S. 39/40.
62 Kurt Zierold: Forschungsförderung in drei Epochen. Deutsche Forschungsgemeinschaft. Geschichte – Arbeitsweise – Kommentar, S. 246.
63 Siehe: Die Berliner Akademie der Wissenschaften in der Zeit des Imperialismus, Teil II, S. 121.

Lise Meitner und Otto Hahn im Meßraum der Abteilung «Chemische und Physikalische Radioaktivität» Aufnahme um 1925

rerseits setzte die Problemen der Radioaktivität gewidmete Abteilung unter Otto Hahn und Lise Meitner ihr systematisches Forschungsprogramm fort, erwarb wachsende internationale Anerkennung und wurde großzügig unterstützt, auch wenn praktische Anwendungen größeren Ausmaßes noch nicht abzusehen waren. Allerdings sollten die Beziehungen, die sich zwischen der Radiochemie und der Gasbeleuchtungstechnik bereits vor dem ersten Weltkrieg auszubilden begannen und beiden Seiten Anregungen brachten, auf keinen Fall unterschätzt werden.[64] Die von Lise Meitner durchgeführten präzisen Untersuchungen des Energiespektrums der radioaktiven β-Strahlung ermöglichten Wolfgang Pauli 1930 die Formulierung der berühmten Neutrino-Hypothese.[65] Nachdem Hahn das Direktorat des Instituts übernommen hatte, wurde die Arbeit fast ausschließlich auf Probleme der Radioaktivität und der Kernphysik konzentriert.

Stärker bekamen die biologischen Einrichtungen der KWG die Knappheit der Mittel in der Nachkriegsperiode zu spüren. Eventuelle praktische Anwendungen ihrer Resultate lagen überwiegend in weiter Ferne. Die ganz modernen Gebiete wie Vererbungslehre und Zellbiologie, denen am KWI für Biologie besondere Aufmerksamkeit zuteil wurde, steckten noch in den Anfängen, und das traf im großen und ganzen auch für die Anwendung physikalischer und chemischer Methoden in der biowissenschaftlichen Forschung zu – insbesondere wenn es sich nicht nur um Makrountersuchungen (etwa zur Energiebilanz der Lebenstätigkeit von Organismen usw.), sondern um das Eindringen in die im Inneren der Zellen ablaufenden Prozesse handelte.

Trotz bescheidener Finanzierung gingen vom KWI für Biologie weltweit wirksame Forschungsimpulse aus. Der Ruf des Instituts war so groß, daß zahlreiche Wissenschaftler es in Kauf nahmen, ohne Gehalt zu arbeiten, nur um in einem Forscherteam dieses Ranges tätig sein zu können. Zu den hervorragenden Wissenschaftlern dieses Instituts zählten seit 1914 Otto Warburg und seit 1924 Otto Meyerhof. Warburg, der 1922 die Wirkquanten in der Photosynthese maß und 1924 das von ihm bereits 1911 vermutete «Atmungsferment» Zytochromoxydase entdeckte, wurde 1931 mit dem Nobelpreis geehrt und erhielt im gleichen Jahr aus Mitteln der Rockefeller Foundation ein eigenes kleines KWI für Zellphysiologie. Meyerhof arbeitete insbesondere über Fragen der Muskelchemie und erkannte als einer der ersten den zyklischen Ablauf der chemischen Prozesse in Organismen als Ursache für den Gleichgewichtszustand lebender Systeme.[66]

Studien zu Gärungserscheinungen, Fermenten und Enzymen im Interesse der Nahrungs- und Genußmittelindustrie, die entsprechende Geldmittel bereitstellte, wurden unter Carl Neuberg am KWI für Biochemie (mit einer Abteilung für Tabakforschung) unternommen. Dieses Institut ging aus der chemischen Abteilung des nach dem Tod von Wassermann 1925 aufgelösten KWI für experimentelle Therapie hervor (nominell wurde es schon seit 1918 als KWI für Biochemie geführt).

Übrigens soll Neuberg der erste gewesen sein, der – anstelle der bis dahin geläufigen Bezeichnung «physiologische Chemie» – 1903 den Terminus «Biochemie» einführte.[67]

Der gute Ruf, den sich Berlin auf dem jungen und zukunftsträchtigen Gebiet der Genetik erworben hatte, wurde auch durch die Tatsache unterstrichen, daß der V. Internationale Kongreß für Vererbungswissenschaften im September 1927 nach Berlin vergeben wurde.[68]

In Berlin bestanden seit längerem verschiedene Reichsanstalten – das Reichspatentamt, das Reichsgesundheitsamt, die Biologische Anstalt für Land- und Forstwirtschaft und natürlich die PTR. Dazu waren einige Neuerungen zu registrieren. Das KWI für Chemie, in dessen Gründung die Vorkriegsbemühungen um die Schaffung einer Chemischen Reichsanstalt schließlich mündeten, hatte nicht alle mit diesen Bestrebun-

Otto Warburg hielt 1929 in Baltimore/USA einen Vortrag, und daraufhin bot ihm die Rockefeller Foundation finanzielle Unterstützung für den Bau eines größeren KW-Institutes an. Doch Warburg war stets bestrebt, nur mit einer kleinen Arbeitsgruppe zu arbeiten. So schlug er «den Bau eines kleinen Instituts für Zellphysiologie vor sowie die Gründung eines größeren Instituts für Physik unter der Leitung von Max von Laue. Denn er hatte eine enge Zusammenarbeit mit den Physikern im Auge, insbesondere auf dem Gebiet der Strahlenphysik, weil die optische Messung biochemischer Vorgänge eine Hauptquelle seiner jüngsten Erfolge gewesen war». – 1930 stellte die Rockefeller Foundation 600 000 Mark für Gebäude und Einrichtung des KWI für Zellphysiologie und rund 1,5 Millionen Mark für ein KWI für Physik zur Verfügung, dazu 635 000 Mark zum Erwerb des Baugrundes in Berlin-Dahlem.
Hans Krebs:
Otto Warburg – Zellphysiologe, Biochemiker, Mediziner, Stuttgart 1979, S. 25.

64 Zit. in: Günter Wendel: Die Berliner Institute der Kaiser-Wilhelm-Gesellschaft und ihr Platz im System der Wissenschaftspolitik des imperialistischen Deutschland in der Zeit bis 1933. In: Berliner Wissenschaftshistorische Kolloquien X, S. 44.
65 Siehe Werner Stolz: Otto Hahn, Lise Meitner, Leipzig 1983, S. 31.
66 Siehe: Geschichte der Biologie. Theorien, Methoden, Institutionen, Kurzbiographien. Hrsg. von Ilse Jahn/Rolf Löther/Konrad Senglaub, Jena 1985, S. 498.
67 Siehe ebenda, S. 495.
68 Siehe: Verhandlungen des V. Internationalen Kongresses für Vererbungswissenschaften – Berlin 1927. Hrsg. von W. Nachtsheim, 2 Bde., Leipzig 1928.

gen verbundenen Wünsche erfüllt. So blieb beispielsweise der Aspekt der chemischen Materialprüfung außer Betracht. Nach Kriegsende ergab sich eine unerwartete Gelegenheit, nunmehr auch diesen Aspekt zu berücksichtigen. Der Versailler Vertrag verlangte die Auflösung des dem Kriegsministerium unterstehenden Militärversuchsamtes, das Ende des 19. Jahrhunderts aus der Zentralstelle für Explosivstoffe entstanden war. Diese Einrichtung wurde 1920 als Chemisch-Technische Reichsanstalt dem Innenministerium unterstellt. Damit war die Auflösungsforderung des Versailler Vertrages formell erfüllt, faktisch jedoch umgangen worden – ein Verfahren, dessen sich der deutsche Imperialismus in der Weimarer Republik vielfach bediente, um das «Überwintern» seines militärischen Potentials zu garantieren. Die Anstalt stand nun zwar zivilen Bedürfnissen zur Verfügung (für die Berücksichtigung dieser Bedürfnisse sorgten die Monopolvertreter, die das Kuratorium beherrschten), führte aber gleichzeitig getarnte Forschungs- und Entwicklungsarbeiten für die Reichswehr aus.[69]

Eine weitere staatliche Einrichtung, die sich mit Fragen der Materialprüfung befaßte, war das 1905 aus anderen Vorläuferinstitutionen entstandene Staatliche Materialprüfungsamt in Lichterfelde, das in den zwanziger Jahren in sehr enge Beziehungen zur KWG trat. Von 1923 bis 1929 leitete Wichard von Moellendorff, früher Unterstaatssekretär des Reichswirtschaftsamtes, dieses Amt und übernahm zugleich nach dem Tod von Heyn das 1923 nach Dahlem überführte KWI für Metallforschung, das damit in das Amt eingegliedert wurde. Anfang der dreißiger Jahre wurden hier als wesentliche Neuerung zerstörungsfreie Prüfverfahren eingeführt, insbesondere Verfahren unter Anwendung röntgenographischer Mittel. Unter den sonstigen in den Weimarer Jahren in Berlin entstandenen Forschungseinrichtungen nennen wir noch das 1921 als Stiftung mit Unterstützung durch staatliche Mittel gegründete Deutsche Forschungsinstitut für Agrar- und Siedlungswesen und das 1925 gebildete Institut für Konjunkturforschung.

Die Physikalisch-Technische Reichsanstalt hatte noch immer einen beachtlichen, aber in der Tendenz in diesem Zeitraum deutlich abnehmenden Anteil am Gesamtforschungsertrag der Berliner Wissenschaft. Von 1905 bis 1922 hatte Emil Warburg die Präsidentenwürde inne. In den glänzend ausgestatteten Laboratorien mit fast 50 Wissenschaftlern wurde bereits Präzisionsphysik im modernen Sinn betrieben. Warburg setzte die bereits von seinen Vorgängern verfolgte Strategie der Verbindung physikalischer Grundlagenforschung mit der Bearbeitung von Meß- und Untersuchungsaufgaben für prak-

Die Direktoren der Physikalisch-Technischen Reichsanstalt:
1888
Hermann von Helmholtz
1895
Friedrich Kohlrausch
1905
Emil Warburg
1922
Walther Nernst
1924
Friedrich Paschen
1933
Johannes Stark
1939
Abraham Esau

Gebäude der Physikalisch-Technischen Reichsanstalt Aufnahme um 1930

tische Zwecke unbeirrt fort. Auch der beherrschende Einfluß der Berliner Elektroindustrie machte sich bemerkbar; 1913 wurde beispielsweise in ihrem Interesse ein Starkstromlaboratorium eingerichtet.

1914 nahm Warburg eine Umstrukturierung der Anstalt vor. Die PTR erhielt nun drei Abteilungen – für Licht, Elektrizität und Wärme –, jede mit der traditionellen Zweiteilung in eine wissenschaftliche und eine wissenschaftlich-technische Unterabteilung. Drei Laboratorien behielt der Direktor persönlich in der Hand: das präzisionsmechanische, das chemische und das sogenannte störungsfreie Laboratorium; letzteres war für Untersuchungen, die unbeeinflußt von magnetischen Störungen und mechanischen Erschütterungen ablaufen sollten, 1913 auf dem Telegrafenberg bei Potsdam errichtet worden.[70]

Der Experimentalphysiker Warburg war an den Fortschritten der physikalischen Theorie lebhaft interessiert und stand den Entwicklungen, die in jenen Jahren von der klassischen zur modernen Physik führten, sehr aufgeschlossen gegenüber. Wenn er in der PTR Einstein und anderen bedeutenden Physikern aus anderen Einrichtungen zeitweilige Gastarbeitsplätze bot, so leistete er damit der physikalischen Wissenschaft einen zweifachen Dienst: Zum einen gab er seinen Gästen die Chance, Themen zu bearbeiten, die Experimentaltechnik von höchster Präzision verlangten; zum anderen bewahrte er die PTR durch den über die Gäste vermittelten

Seit dem Jahre 1913 wird in der Reichsanstalt mit flüssigem Wasserstoff gearbeitet. 1923 wurde die ursprüngliche kleine Wasserstoffverflüssigungsanlage, bei der man einen Nernstschen Verflüssiger für ½ l flüssigen Wasserstoff/Std. benutzte, durch eine größere Anlage für 5 l Flüssigkeit/Std. ersetzt. Mit Hilfe der so zur Verfügung stehenden größeren Mengen flüssigen Wasserstoffs ... gelang 1925 die Einrichtung einer Heliumverflüssigungsanlage, so daß seitdem auch Messungen im Temperaturgebiet des flüssigen Heliums bis herunter zu 1,2° abs. angestellt werden konnten, die vorher nur in Leiden und Toronto (Kanada) möglich waren. ...
Im Laufe des Jahres 1927 ist nunmehr ein neuerbautes Kältelaboratorium in Betrieb genommen worden, in dem auch eine Anlage für 20 l flüssigen Stickstoff/Std. aufgestellt wurde. Auch ist die neue Wasserstoffverflüssigungsanlage für 10 l statt 5 l/Std. eingerichtet, während die Heliumverflüssigungsanlage wesentlich unverändert überführt wurde.
Walther Meißner: Das neue Kältelaboratorium der Physikalisch-Technischen Reichsanstalt in Berlin. In: Physikalische Zeitschrift, 1928, S. 610/611.

69 Siehe Walter Ruske: Außeruniversitäre technisch-naturwissenschaftliche Forschungsanstalten in Berlin bis 1945. In: Wissenschaft und Gesellschaft. Beiträge zur Geschichte der Technischen Universität Berlin 1879–1979, 1. Bd., S. 231–263.

70 Siehe: Forschung und Prüfung. 75 Jahre Physikalisch-Technische Bundesanstalt/Reichsanstalt. Hrsg. von H. Moser, Braunschweig 1962, S. 13.

Die Mittel für den Bau des Kältelaboratoriums und seine Maschineneinrichtungen sind im wesentlichen vom Reich bewilligt worden. Außerdem hat die Notgemeinschaft der Deutschen Wissenschaft erhebliche Mittel für die Einrichtung der Laboratorien und der Verflüssigungsanlagen sowie für die Arbeiten selbst zur Verfügung gestellt. Ferner hat sie sich von vornherein mit großer Energie für die Schaffung eines deutschen Kälte-Instituts nach dem Leidener Vorbilde eingesetzt. Auch von seiten der Lieferfirmen, besonders der Linde-Gesellschaft, wurde das Institut durch weitgehendes Entgegenkommen unterstützt.
Mit Rücksicht auf die von der Notgemeinschaft zur Verfügung gestellten Mittel ist es ... möglich, daß auch wissenschaftliche Gäste in dem Kältelaboratorium Versuche bei tiefsten Temperaturen ausführen.
Ebenda, S. 623.

Kontakt zu aktuellen Problemen der modernen Physik davor, in die qualifizierte Routine einer bloßen Prüf- und Beglaubigungsanstalt abzugleiten. Auf die Dauer ließ sich letzteres zwar nicht verhindern, aber zu Warburgs Zeiten hatte die PTR in der Berliner Physik noch ein Wort mitzureden.

Walther Nernst war nur ein Interimspräsident für zwei Jahre. Doch sein wissenschaftsorganisatorisches Gespür und auch seine Entscheidungsfreudigkeit auf diesem Gebiet hinterließen in der PTR Spuren. Er gliederte der PTR die Reichsanstalt für Maß und Gewicht ein, die seit 1918 so bezeichnete frühere Normal-Aichungs-Kommission. Dadurch wurden einheitliche Grundlagen für das Präzisionsmeßwesen im gesamten Reichsgebiet geschaffen. Zugleich veränderte Nernst abermals die Abteilungsstruktur. Jetzt gab es die vier Abteilungen für Maß und Gewicht, Elektrizität, Wärme und Druck, Optik. Der Präsident behielt sich die Laboratorien für Radioaktivität, Feinmechanik und Chemie vor. Er stellte auch Walter Noddack ein, der 1925 gemeinsam mit seiner Frau Ida das Element Rhenium entdeckte. Walter Bothe erhielt für seine an der PTR durchgeführten Untersuchungen über die Gültigkeit des Energiesatzes bei elementaren Strahlungsvorgängen später den Nobelpreis.

Als Nachfolger Nernsts trat mit Friedrich Paschen wieder ein bedeutender Experimentator an die Spitze der PTR. Paschens spektroskopische Untersuchungen hatten seinerzeit Ergebnisse geliefert, die einen wichtigen Teil des von Niels Bohr zur Begründung seiner Quantentheorie des Atoms verwendeten empirischen Materials darstellten. Die bedeutendste Neuerung, die in der Amtszeit Paschens eingeführt wurde, war der Aufbau eines Kältelaboratoriums unter Walther Meißner. Damit konnte nun auch in Berlin Tieftemperaturforschung nach modernstem Standard betrieben werden.

Weitere Projekte fielen der Weltwirtschaftskrise zum Opfer. Wohin sich aber die Dinge insgesamt entwickelten, das drückte Paschen selbst mit einem Schuß Ironie so aus: «Die Herren in der Reichsanstalt, die machen Aufgaben aus dem großen Kohlrausch, die aber mit äußerster Präzision.»[71] Der «große Kohlrausch» war ein damals weit verbreitetes grundlegendes Lehrbuch der praktischen Physik. Noch konnte die PTR ihre besondere Stellung unter den deutschen Physikinstituten behaupten. Seit 1925 wirkte Laue an der PTR – von Paschen verpflichtet, nachdem Nernst entsprechende Vorarbeit beim Minister geleistet hatte – als Berater, um die Mitarbeiter in der theoretischen Physik auf dem laufenden zu halten. Dennoch war der Weg der PTR von einer Institution, die auf unikale Weise physikalische Grundlagenforschung mit den Belangen des praktischen Meß- und Prüfwesens verband, zu

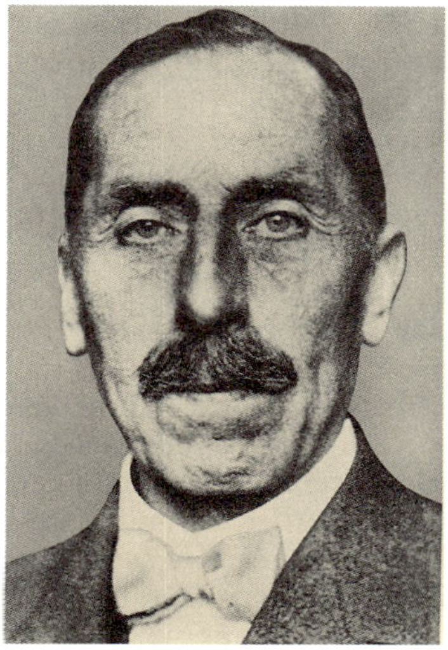

Friedrich Louis
Carl Heinrich Paschen
Aufnahme um 1930

Max von Laue
Aufnahme von 1930

einer bloßen, allerdings auf höchstem apparativem und methodischem Niveau tätigen Meß-, Prüf- und Standardisierungsanstalt unwiderruflich vorgezeichnet.

Die Preußische Akademie der Wissenschaften war nach wie vor eine Gelehrtengesellschaft ohne eigene Forschungsinstitutionen. Gewiß standen die akademischen Unternehmen nach wie vor auf einem hohen professionellen Niveau; doch mochten sie auch für einzelne Disziplinen, insbesondere für geschichtswissenschaftliche Spezialgebiete, von gravierender Bedeutung sein – für die Hauptlinie der Wissenschaftsentwicklung waren sie ornamental.

Je größer die Phalanx spezifischer Forschungsinstitutionen in Berlin wurde, um so schwieriger wurde es für die Akademie, zumindest auf der Ebene der Kommunikation und der kollektiven strategischen Meinungsbildung wirklich als höchste Instanz der Wissenschaft in Berlin zu fungieren. Einmal konnte die Akademie aufgrund der statutengemäßen starren Fachbindung des überwiegenden Teils der Stellen für Ordentliche Mitglieder und sämtlicher Stellen für Korrespondierende Mitglieder die vielen neuen Wissenschaftsgebiete nur äußerst lückenhaft berücksichtigen. Zum anderen aber engte die Akademie auf der Grundlage des in ihr vorherrschenden kontemplativen Wissenschaftsideals das Spektrum der in ihr vertretenen Wissenschaftsgebiete noch weiter ein, als es formalrechtlich nötig gewesen wäre.

Der Kosmos der Wissenschaften sah nun anders aus als hundert Jahre zuvor; er war als Ganzheit undenkbar ohne die

71 Zit in: Von den Präsidenten der PTR. In: Physikalische Blätter, Jg. 18, 1962, S. 323.

Aus der Mitgliederstatistik der Berliner Akademie:
Ordentliche Mitglieder (je 35 Planstellen) besetzt:
physik.-mathem. Klasse
1918 – 26
1924 – 26
1929 – 33
philos.-hist. Klasse
1918 – 30
1924 – 31
1929 – 32
Korrespondierende Mitglieder (je 100 Planstellen) besetzt:
physik.-mathem. Klasse
1918 – 60
1924 – 67
1929 – 56
philos.-hist. Klasse
1918 – 62
1924 – 68
1929 – 75
Zuwahlen 1918 bis 1932
physik.-mathem. Klasse
OM 25, KM 80
philos.-hist. Klasse
OM 22, KM 53
Zusammenstellung der Daten nach: Die Berliner Akademie der Wissenschaften in der Zeit des Imperialismus, Teil II, 1917–1933, Berlin 1975.

Systeme der Technikwissenschaften und der wissenschaftlich betriebenen klinisch-medizinischen Fächer – von der jenseits des bürgerlichen Klassenhorizonts liegenden marxistischen Gesellschaftswissenschaft hier gar nicht zu reden. Diesen Kosmos repräsentierte die Akademie nicht mehr, da sie sich nur auf künstlich zu einem Ganzen gefügte Fragmente einer in Wirklichkeit weitaus umfassenderen Totalität berief.

Eine bezeichnende Episode mag diese zugespitzte Behauptung illustrieren. 1919 war über eine Eingabe des Rektors der TH Berlin die Frage wieder einmal akut geworden, ob die Akademie nicht eine dritte, «technische» Klasse einrichten sollte. Das Anliegen wurde im November durch eine analoge Eingabe des Reichsbundes Deutscher Technik bestärkt, in der es zutreffend hieß, daß «die Einordnung der Technik unter ihre Mutterwissenschaften ... nicht mehr ... den tatsächlichen Verhältnissen» entspräche. Die Technik habe «ihren eigenen Gedankeninhalt, ihre eigenen Ziele, welche auf einer Verkettung der naturwissenschaftlichen Erkenntnis mit wirtschaftlichen und sozialen Gesichtspunkten beruhen». In ihrem Gutachten zu dieser Eingabe erklärte die Akademie, die Struktur der Akademie würde über Gebühr erweitert, «wenn die Lehren von der praktischen Anwendung der Natur- und Geisteswissenschaft in den Wirkungskreis der Akademie mit einbezogen würden»; eine technische Klasse wäre ein Fremdkörper, der die bisherige Einheitlichkeit der Arbeit sprengen würde; die Bedeutung der Akademie als höchste wissenschaftliche Körperschaft ergäbe sich aus dem Verzicht auf die praktische Zweckbindung und der Orientierung auf die reine Wissenschaft, aus der «Unabhängigkeit ihres idealen Wirkens von den Faktoren unseres staatlichen und öffentlichen Lebens».[72]

Dieser Begriff von der «reinen» Wissenschaft (die Wortprägung selbst ist in jener Zeit schillernd – sie kann beispielsweise auch einfach das bedeuten, was heute «Grundlagenforschung» genannt wird) war in einer Zeit, in der die Wissenschaft schon zur entscheidenden Produktivkraft wurde, deutlich veraltet; in diese «reine» Wissenschaft gehörten menschliche Handlungen und Handlungsentwürfe nämlich nur, soweit sie durch den historischen Abstand (noch dazu einen möglichst großen) zu Objekten kontemplativer Betrachtung werden konnten. Aus dieser Sicht mußte das von der Akademie abgegebene und von den Sekretaren Lüders, Planck, Roethe und Rubner signierte Gutachten zwangsläufig die Technikwissenschaften als bloße praktische Anwendung der Natur- und Geisteswissenschaften mißverstehen.

Mit anderen Worten: Die Berliner Akademie wurde nicht nur durch die Wissenschaftspolitik des Monopolkapitals aus dem Zentrum des wissenschaftlichen Lebens gedrängt, sie

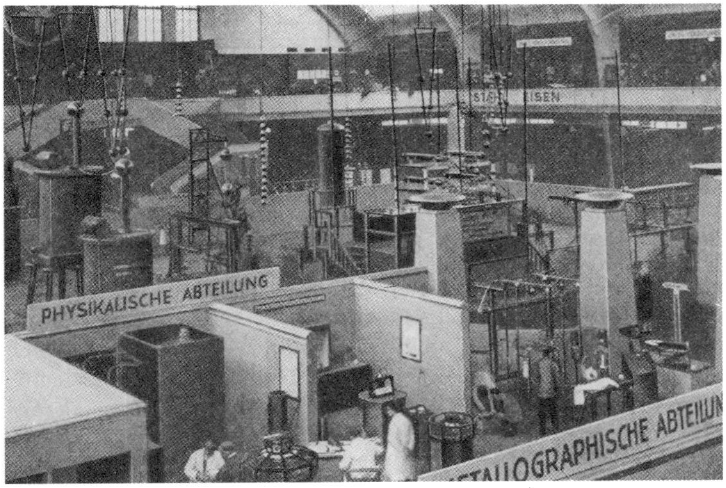

Ausstellung neuer Werkstoffe in Berlin 1927

trug durch ihr konservatives Wissenschaftsverständnis auch selbst dazu bei. Es verwundert nicht, daß die Arbeitsweise der Akademie durchaus keinen gravierenden Veränderungen unterlag. Oktober- und Novemberrevolution gingen fast unbemerkt vorüber. «Nur einzelne ihrer Mitglieder gelangten zu einer in Ansätzen mehr oder weniger richtigen historischen Bewertung ...»[73] Für die Akademie als Ganzes aber war die Hauptkonsequenz der Novemberrevolution, das Patronat von Wilhelm II. für erloschen zu erklären.

Doch wir sind bei aller Verknappung weit davon entfernt, eine Karikatur zeichnen zu wollen. In der von Widersprüchen zerrissenen Gesellschaft des deutschen Imperialismus der zwanziger Jahre war das kontemplative Ideal der «reinen Wissenschaft» selbst eine höchst widersprüchliche Erscheinung. Das konservative Moment dieser Orientierung liegt auf der Hand. Unbestreitbar wurde damit die Diskrepanz zwischen dem Wissenschaftsbild der Akademie und der Wissenschaftswirklichkeit immer größer. Aber die verstärkte Hinwendung zu den Technikwissenschaften und überhaupt zu den Verbindungen von Wissenschaft und Praxis hätte unter den gegebenen Bedingungen zwangsläufig eine größere Öffnung für die unmittelbare Steuerung durch das Kapital bedeutet, wie sie für die gut ausgestatteten KWI selbstverständlich bestand. Gegen die Unterordnung der Wissenschaft (ausgenommen den Bereich der Erzeugung reaktionärer Geschichtsideologie) unter das Interesse des Monopolkapitals schuf die Akademie

72 Zit. in: Die Berliner Akademie der Wissenschaften in der Zeit des Imperialismus, Teil II, S. 113–115.
73 Werner Hartkopf: Die Akademie der Wissenschaften der DDR. Ein Beitrag zu ihrer Geschichte, Berlin 1975, S. 93.

so ein bestimmtes Gegengewicht, nicht sosehr, weil sie etwa eine aktive Abschirmungspolitik betrieben hätte, sondern vor allem, weil sie mit ihrer konservativen Position für das Großkapital zuwenig interessant war.

Der akademische Konservatismus hatte zudem auch eine nicht zu unterschätzende politisch-ideologische Kehrseite, die um so bedeutsamer wurde, je mehr sich der deutsche Imperialismus im Vorfeld des Faschismus anschickte, seine bisherige ideologische Position von rechts zu überholen. Konservatismus bedeutete hier auch das Festhalten an dem zwar begrenzten, aber doch realen bürgerlichen wissenschaftlichen Humanismus, an den hergebrachten Standards wissenschaftlicher Solidarität, am Ideal vorurteilsfreier internationaler Zusammenarbeit. Deshalb findet man unter den deutschen Akademikern, die sich in Wort und Tat für die Entwicklung der Wissenschaftsbeziehungen zur Sowjetunion einsetzten, viele, die im ersten Weltkrieg nicht selten noch von nationalistischen Vorurteilen beeinflußt gewesen waren. Deshalb verhielten sich die meisten Akademiemitglieder zur abenteuerlichen Ideologie des Faschismus und deren pseudowissenschaftlichen Derivaten wie der «deutschen Physik» oder der «deutschen Mathematik» stets distanziert. Deshalb schließlich ging von verschiedenen Mitgliedern der Akademie ein versteckter, in einzelnen Fällen auch offener Widerstand gegen die antisemitische Hexenjagd und Bereitschaft zur Hilfeleistung für die Verfolgten aus. Gewiß führte vom deutsch-nationalen Konservatismus noch immer ein kurzer Weg zum Faschismus, doch unter Umständen konnte er auch zu einer antifaschistischen Potenz werden.

Ulrich Wilcken wurde 1921 zum Ordentlichen Mitglied der Akademie gewählt. Im Wahlvorschlag hieß es dazu:
... schon seit langem ist Herr Wilcken als die führende Persönlichkeit auf dem Gebiet der Papyrusforschung nicht nur in Deutschland, sondern in der gesamten wissenschaftlichen Welt allgemein anerkannt. Bei uns kann er geradezu als ihr Begründer gelten; denn bis er, von Mommsen angeregt, sich zu Anfang der achtziger Jahre diesem Gebiet zuwandte, lagen die reichen Schätze, die vor allem unser Museum dafür enthielt, völlig unbeachtet und ungenutzt da.
Die Altertumswissenschaften an der Berliner Akademie. Wahlvorschläge zur Aufnahme von Mitgliedern. Hrsg. von Christa Kirsten, Berlin 1985, S. 169.

Wie sehr jedoch die Berliner Akademie vom deutschen Kapital ins Abseits gestellt wurde, das zeigt ein aufschlußreicher Vergleich: Der Etat der Berliner Akademie stieg von 351 700 Mark im Jahre 1918 auf 414 400 Mark im Jahre 1927 (dabei muß noch die weitgehende Einbuße der Stiftungskapitalien der Akademie während der Inflation berücksichtigt werden); demgegenüber wandte allein die IG Farben AG 1927 für Forschungs- und Entwicklungsarbeiten 127 Millionen Mark auf. Die IG hatte eine eigene Zentralstelle für Spenden, über die sie allein im Jahre 1929 für die zusätzliche Finanzierung von für sie interessanten Forschungen außerhalb des Konzerns 435 836 Mark verteilte, also mehr, als die Akademie insgesamt an Mitteln aus dem preußischen Staatshaushalt zur Verfügung hatte.[74] Die wohlklingenden Worte über akademische Freiheit und Selbstverwaltung werden so auf ihren mageren Kern zurückgeführt, wenn man die materielle Basis betrachtet, die für relativ unabhängige Entscheidungen überhaupt zur Disposition stand.

Sitzung in der Akademie der Wissenschaften
Aufnahme von 1932
Am Tisch die Sekretare der AdW (von l. nach r.): Max Planck, der Physiologe Max Rubner, der Rechtshistoriker Ernst Heymann und der Historiker Eduard Sthamer, Bibliothekar und Archivar der AdW. Im Hintergrund der Psychologe Eduard Spranger und links vorn der Elektrotechniker K. W. Wagner.

Insofern befand sich die Akademie bei der Weiterführung ihrer Unternehmen ständig in einer prekären Situation. Eine entscheidende Veränderung der Tendenz erfolgte nicht. Der Grundtenor wurde auf Sicherstellung, Weiterführung und eine gewisse Konzentration gelegt; so wurden ein Teil der altertumswissenschaftlichen Unternehmen 1922 in einer Kommission für griechisch-römische Altertumskunde – auf diesem Gebiet lag weiterhin das wichtigste eigene Forschungsimperium der Akademie – unter der Leitung von Ulrich Wilcken und die Unternehmen zur brandenburgisch-preußischen Geschichte 1923 in einer Preußischen Kommission zusammengefaßt.[75]

Die Problematik der Unternehmen hielt natürlich ständig den Wunsch wach, sie auf die gesichertere Basis eigener Forschungsinstitute zu überführen oder diesem erwünschten Zustand durch eine größere Zahl fest angestellter wissenschaftlicher Beamter wenigstens näherzukommen. Indes beruhten die um 1930 erneut hervortretenden Bestrebungen einer Akademiereform, die solche Forderungen zaghaft und inkonsequent zur Diskussion stellten, durchaus auf einer Fehleinschätzung der Position, die der Berliner Akademie in dieser Gesellschaft tatsächlich zugebilligt war.

Die 1929 für die Ausarbeitung des Entwurfs einer entsprechenden Denkschrift eingesetzte Akademiekommission ging zunächst davon aus, daß die Akademie auf längere Sicht die Aufgaben der Notgemeinschaft und ihrer Ausschüsse bei der «Überwachung und Leitung» des wissenschaftlichen Lebens übernehmen und dazu finanziell und institutionell entsprechend gestärkt werden müßte. Diese Hoffnung erwies sich

74 Siehe Wolfgang Schlicker: Positionen der Berliner Akademie der Wissenschaften in Wissenschaftspolitik und Forschungsorganisation in der Weimarer Republik. In: Berliner Wissenschaftshistorische Kolloquien III, S. 44.

75 Siehe Liane Zeil: Die wissenschaftlichen Unternehmungen der Berliner Akademie der Wissenschaften. In: Berliner Wissenschaftshistorische Kolloquien III, S. 61.

schon im Prozeß der Arbeit an der Denkschrift als unerfüllbar; denn die Notgemeinschaft konsolidierte sich weiter, legte nun auch ihren an ein Provisorium erinnernden Namen ab und bezeichnete sich ab Dezember 1929 als «Deutsche Gemeinschaft zur Erhaltung und Förderung der Forschung».

Die endgültige Fassung der Denkschrift aus dem Jahre 1930, deren Forderungen nie verwirklicht wurden, hielt sich in bescheidenen Grenzen: einige neue Stellen für Ordentliche Mitglieder ohne die bisher damit verbundene Präsenzpflicht in Berlin, einige weitere Stellen für wissenschaftliche Beamte und Mitarbeiter, die Angliederung einiger staatlicher naturwissenschaftlicher Institute, mit denen die Akademie ohnehin schon traditionell gute Beziehungen unterhielt (Astrophysikalisches Observatorium, Preußisches Meteorologisches Institut, Geodätisches Institut), und schließlich die Neubildung einiger Institute an der Akademie. Gerade der letzte Punkt zeigt die Zaghaftigkeit des Reformprogramms.

Gegründet werden sollten ein Institut für Theoretische Physik (dieses Gebiet war unter den Naturwissenschaften seit langem das Paradepferd der Akademie), ein Deutsches Institut (wie es der im «geisteswissenschaftlichen» Bereich der Akademie, besonders unter den Historikern und Germanisten, stets sehr starken nationalistischen Strömung entsprach) sowie Institute für griechisch-römische Epigraphik, für Geschichte der Wissenschaften im Altertum, für Patristik und für buddhistische Forschungen.[76] Auf den ersten Blick wird sichtbar, daß die Akademie hier eine Lückenstrategie verfolgte. Sie hielt die Gründung eigener Institute im wesentlichen dort für aussichtsreich, wo es in Berlin an entsprechenden Kapazitäten mangelte oder gänzlich fehlte – keine Spur von einem Gesamtplan, wonach die Akademie das System der modernen Wissenschaften in seinen wesentlichen Elementen forschend zu repräsentieren hätte.

Interessant ist jedoch, daß sich die Berliner Akademie in ihrem Wunsch nach eigenen Forschungsinstituten sehr durch das Beispiel der sowjetischen Akademie bestärkt fühlte, mit der sich in den letzten Jahren fruchtbare Arbeitskontakte herausgebildet hatten. Noch am 26. Januar 1933, wenige Tage vor der Machtergreifung des Faschismus, verwies der Vorsitzende Sekretar Heinrich von Ficker in einer Ansprache auf den Ausbau der Wissenschaftsorganisation in der UdSSR.[77] Nicht die Denkschrift selbst, wohl aber die hinter ihr stehende Tendenz, Gelehrtengesellschaft und Forschungseinrichtungen in einer Institution zusammenzuführen, wurde nach 1945 zur Richtschnur für die Neugestaltung der Akademie.

Ein weiteres Problem der Wissenschaftsentwicklung in der Weimarer Republik, das mit der Berliner Akademie in Zu-

Bau des Spiegelteleskopgebäudes der Sternwarte in Potsdam-Babelsberg Aufnahme um 1912
Im Sommer 1913 wurde die Berliner Sternwarte von ihrem früheren Ort am Enckeplatz nach Babelsberg verlegt. Die zunehmenden Einschränkungen der Beobachtungstätigkeit durch die Bebauung der benachbarten Grundstücke und den gesteigerten Stadtverkehr hatten den Umzug notwendig gemacht. Nach entsprechenden Probebeobachtungen (1906) wurde 1911 mit dem Bau der einzelnen Gebäude auf einem Teil des Schloßparks Babelsberg begonnen.
Das Spiegelteleskop und die Drehkuppel mit einem Durchmesser von 13 m wurden von der Firma Carl Zeiss in Jena hergestellt.
Die Sternwarte Babelsberg und das Astrophysikalische Observatorium Potsdam (Hauptgebäude 1876/77 erbaut) gehören heute zum Forschungsbereich Geo- und Kosmoswissenschaften der AdW der DDR.

sammenhang stand, wollen wir hier in aller Kürze streifen. Je differenzierter das Netz der Produktionsstätten wissenschaftlicher Erkenntnis wird, je stärker sich seine Abhängigkeit im nationalen und internationalen Maßstab ausprägt, um so wesentlicher wird auch die rationelle Ordnung der darin fließenden Informationsströme. Die deutsche Wissenschaft hatte sich hier mit angesehenen Zeitschriften und Referateorganen vor dem Weltkrieg eine Reihe internationaler Spitzenpositionen oder gar Monopole aufgebaut. Nach dem Krieg waren die internationalen Wissenschaftsverbindungen weitgehend abgerissen. Dies und der anschließend von der Entente ausgehende Wissenschaftsboykott verursachten gerade auf diesem Gebiet einen schwerwiegenden Einbruch. Der Währungsverfall verschärfte die kritische Situation. Im April 1919 verwiesen daher die Deutsche Physikalische Gesellschaft, die Deutsche Chemische Gesellschaft, die Deutsche Geologische Gesellschaft und die Berliner Mathematische Gesellschaft mit vier führenden Referateorganen aus ihren Bereichen in einer an das Preußische Kultusministerium gerichteten Denkschrift auf die akute Krisensituation im wissenschaftlichen Referatewesen. Zu ihrer Behebung schlugen sie die Einrichtung einer Zentralstelle für die naturwissenschaftliche Information und Dokumentation vor. Die Deutsche Gesellschaft für technische Physik schloß sich an, die Naturforscher-Gesellschaft unterstrich die Dringlichkeit des Problems auf ihrer Leipziger Jubiläumsversammlung 1922. Die Denkschrift mahnte, eine Zerstörung des seit mehr als einem halben Jahrhundert «als mustergültig und notwendig von der Gelehrtenwelt und von der Industrie» anerkannten deutschen Referatewesens müsse verhindert werden.

76 Siehe: Die Berliner Akademie der Wissenschaften in der Zeit des Imperialismus, Teil II, S. 302.
77 Ebenda, S. 306.

Das Kultusministerium verlangte ein Gutachten von der Akademie, der zugleich weitere Stellungnahmen aus den Fachgesellschaften zugingen.

Karl Kerkhof, der früher im deutschen Büro für internationale Bibliographie tätig war, hatte sich zugleich persönlich gegenüber Planck und in einer der Akademie zugeleiteten ausführlichen Denkschrift für die Zentralisation der bedrohten Berichterstattung eingesetzt. Die physikalisch-mathematische Klasse der Akademie unterstützte den Plan. So kam es unter der Oberhoheit des Innenministeriums noch 1920 zur Bildung der von Kerkhof geleiteten Reichszentrale für naturwissenschaftliche Berichterstattung, die vor allem Kopien wissenschaftlicher Publikationen bereitstellte. Die Akademie war beratend und anleitend tätig. Damit wurde für die Wissenschaftler ein Zugang insbesondere zu aktueller ausländischer Fachliteratur erschlossen, die unter den gegebenen Bedingungen im Original kaum erreichbar war. Kerkhof begnügte sich jedoch nicht damit; er neigte zur chauvinistischen Linie der Anti-Versailles-Propaganda und sah – wie er 1939 rückschauend bemerkte – in der Beeinflussung «aller in Betracht kommenden Stellen» gegen den Wissenschaftsboykott seine politische Aufgabe zur Unterstützung dieser Propaganda.[78]

Auch eine weitere unikale kritisch-referierende Zeitschrift drohte der Finanznot zu erliegen: die schon von Theodor Mommsen initiierte Berliner «Deutsche Literaturzeitung» (DLZ), die seit 1892 der Historiker und frühere Althoff-Mitarbeiter Paul Hinneberg als Eigentümer herausgab. Wissenschaftler und Kulturschaffende verwiesen hier in Rezensionen auf herausragende neue Veröffentlichungen der verschiedensten Fachgebiete. Selbstverständlich konnte nur ein Bruchteil aus der Flut der Neuerscheinungen erfaßt werden; der Reiz der Zeitschrift bestand aber gerade in dem multidisziplinären Angebot, mit dem sie zu fachübergreifender Lektüre anregte.

Um diese Zeitschrift zu erhalten, beschlossen die deutschen Akademien der Wissenschaften und ihre ebenfalls dem Akademiekartell angehörende Wiener Schwesterinstitution auf dem Bamberger Kartelltag im September 1923, sie in ihre eigene Regie zu übernehmen und die Betreuung der Berliner Akademie zu übertragen. Führende, auch wissenschaftsorganisatorisch engagierte Berliner Wissenschaftler wie Harnack, Meyer, Wilamowitz-Moellendorff, Kehr, Planck, Nernst und Penck gehörten dem Redaktionsausschuß an, der von dem Germanisten Julius Petersen geleitet und von Vertrauensmännern der anderen Akademien unterstützt wurde. Hinneberg blieb Redakteur der DLZ, nun aber als Angestellter der Berliner Akademie.

Damit konnte die DLZ ihren Rang als ein führendes Berichtsorgan halten. Sie wurde nicht nur von deutschen Wissenschaftlern vieler Disziplinen ständig verfolgt, sondern war auch international vielbeachtet.[79] In ihr spiegelten sich progressive wie regressive Tendenzen der Wissenschaftsentwicklung im imperialistischen Deutschland der zwanziger Jahre: Wie in einem Brennglas konnte man darin die Widersprüchlichkeit dieses ganzen Entwicklungsprozesses erkennen.

Die Physiker und die Ignoranten: Grundlagenwissenschaft im Sog politischer Kämpfe

«Berliner Physik» – das war seit Helmholtz ein Gütesiegel in der Fachwelt, ein Wort, von dem Faszination ausging. Zündendes geistiges Klima, Freiraum für große Ideen und Sorgfalt in den Details, ein achtsam auf höchstem Niveau gehaltener experimenteller Standard, ein lebendiger Industriekontakt, der die Grundlagenforschung nicht einengte, sondern beflügelte: Das alles war nach dem Weltkrieg wieder da. Planck und Einstein waren hier, 1919 kam Max von Laue, um in Berlin in der Nähe seines von ihm hochverehrten Lehrers Planck arbeiten zu können. Das Physikalische Kolloquium, der Lebensnerv jenes einzigartigen geistigen Klimas, wurde von Heinrich Rubens mit Umsicht geführt.

Laue zog im Triumph in die Berliner Physikergemeinde ein, und man wußte kaum, welcher seiner Leistungen die höchste Anerkennung gebührte – ob der Entdeckung der Röntgenstrahlinterferenzen, von der inzwischen mit der Röntgenspektroskopie eine gewichtige neue Arbeitsrichtung der Physik ihren Ausgang genommen hatte, oder der kongenialen Systematisierung der Einsteinschen Relativitätstheorie. 1920 wurde Laue Ordentliches Mitglied der Berliner Akademie, und als Rubens 1922 starb, wurde sein Kolloquium von Laue fortgeführt.

Allerdings war der physikalische Weltrang Berlins ganz ohne sein Zutun relativiert worden. Die Revolution in der Physik brachte es mit sich, daß die Zahl der hervorragenden physikalischen Zentren in Deutschland und in der Welt erheblich zunahm. So war denn auch nicht Berlin der Ort, an dem die Quantenmechanik geschaffen wurde, an der die Physiker überall fieberhaft arbeiteten, doch es war immerhin so glücklich, den theoretischen Physiker Erwin Schrödinger, der mit der Wellenmechanik gerade eine der Versionen der neuen

Der deutsche Botschafter in London berichtete am 8. September 1920 an das Deutsche Auswärtige Amt:
Professor Einstein ist gerade im gegenwärtigen Augenblick für Deutschland ein Kulturfaktor ersten Ranges, da Einsteins Name in weiten Kreisen bekannt ist.
Zit. in: Wolfgang Schlicker: Albert Einstein – Physiker und Humanist, Berlin 1981, S. 23/24.

78 Zit. in: Ebenda, S. 130/131.
79 Siehe ebenda, S. 195/196.

Die bedeutende Rolle der Berliner Physik – aber auch die selbstbewußte Überheblichkeit, mit der manche Berliner Physiker daran glaubten – zeigt folgende Episode. Als der bedeutende sowjetische Physiker A.F. Joffe 1930 ein mögliches Berufungsangebot nach Berlin ablehnte, antwortete Nernst erregt: «Aber verstehen Sie denn nicht, daß Berlin der erste Lehrstuhl in der Welt ist? Den lehnt man nicht ab.»
Zit. in: A. F. Joffe: Begegnungen mit Physikern, Leipzig 1967, S. 83.

Quantenmechanik geschaffen hatte, 1927 als Nachfolger des emeritierten Planck zu gewinnen.[80]

Mit aller Vorsicht darf man wohl sagen, daß die Berliner Physik im ganzen ein wenig klassisch orientiert war und es vorzog, die Quantenmechanik, statt auf ihrer Magistrale voranzustürmen, wohlwollend von der Seite zu betrachten, an ihren erkenntnistheoretischen Grundlagen zum Nachdenken anregende Kritik zu üben und im übrigen in ihren Anwendungen auf der Höhe der Zeit zu bleiben. Von allen Pionieren der Quantenmechanik paßte darum auch Schrödinger am besten nach Berlin, denn seine Version kam der Denkweise des klassischen Physikers weitaus näher als die von Heisenberg, Jordan und Born.

Physikalisch-fachlich stand alles zum besten in Berlin. Doch die Zufriedenheit in der rastlosen Arbeit war nicht mehr so ungetrübt, wie sie es einmal gewesen war, als das lärmende Treiben der Öffentlichkeit und das stille Tun des theoretischen Physikers noch getrennte Welten waren. Die Woge des Irrationalismus, der den chauvinistischen und rassistischen Leidenschaften zugrunde lag, mit denen die Reaktion in Deutschland einen neuen Sturm auf die Weltherrschaft geistig vorbereitete, machte auch vor den theoretischen Fundamenten dieser Wissenschaften nicht halt. Unglücklicherweise fügte es sich so, daß die unsachlichen Angriffe, denen die moderne Physik in Berlin ausgesetzt war und die von Dilettanten und Ignoranten vorgetragen wurden, Rückhalt bei Physikern fanden. Johannes Stark und Philipp Lenard, die beide früher durch physikalische Forschungsergebnisse zu wissenschaftlichem Ansehen gelangt waren, intrigierten nun – von Unverständnis und Neid gegenüber den modernen theoretischen Entwicklungen erfüllt, an denen sie keinen Anteil hatten und die sie nicht begriffen – mit verwerflichen Mitteln gegen führende Köpfe der Berliner Physik; dabei stützten sie sich auf die Macht der reaktionärsten Kreise, denn sie waren Erzchauvinisten und liebäugelten frühzeitig mit dem Nationalsozialismus. Die Berliner Physik und ihr Umkreis wurden so nicht nur wie gewohnt zu einer Produktionsstätte fachlicher Erfolge, sondern auch zu einer Arena weltanschaulicher Auseinandersetzung, in der die geistigen Widersprüche einer zum Faschismus hinführenden Entwicklung in krassen Formen in Erscheinung traten.

Während die Weiterführung des physikalischen Kolloquiums nach dem Tod von Rubens dank Laue unkompliziert zu regeln war, bereitete es größere Schwierigkeiten, für das vakante Ordinariat einen passenden Nachfolger zu finden. Lenard und Stark setzten alle Hebel in Bewegung, um, diesen Zustand ausnutzend, an der Berliner Universität Fuß zu fas-

Walther Nernst
während einer Vorlesung
Aufnahme von 1933

sen, schließlich konnten beide auf Nobelpreise verweisen. In der zweijährigen Übergangszeit hielt Peter Pringsheim (bekannt durch seine Fluoreszenzuntersuchungen) die große Physikvorlesung, während die kommissarische Wahrnehmung der Institutsgeschäfte Arthur Wehnelt, einem Spezialisten für Gasentladungen, übertragen wurde. Der Entschluß, schließlich den bereits sechzigjährigen Nernst zu berufen, dürfte nicht leichtgefallen sein, zumal er gerade erst zwei Jahre vorher PTR-Präsident geworden war. Damit waren aber Stark und Lenard zunächst einmal die regulären Wege an die Universität verlegt. Um so mehr bedienten sie sich verschiedener Schleichwege, bis schließlich 1933 Stark von seinen Nazimäzenen mit einer solchen Machtfülle ausgestattet wurde, daß er nun ungezügelt fortfahren konnte, politische Denunziationen und physikalische Argumente ineinanderfließen zu lassen.

Doch noch war es nicht soweit. Nernst hielt nun die große Experimentalvorlesung, der Glanz seines Namens führte ihm an die 1000 Hörer zu. Seine Assistenten mußten Schwerstarbeit leisten; es waren nur noch fünf, weniger als vor dem Kriege, während die Anzahl der Studenten und Doktoranden in die Höhe geschnellt war.[81]

Bedeutend war die Hausmacht der Physik in der physikalisch-mathematischen Klasse der Berliner Akademie; mehr als ein Viertel ihrer Mitglieder waren damals Physiker, unter ihnen fünf, die den Nobelpreis bereits besaßen, und zwei, die ihn später erhielten. In den Klassensitzungen stellten die Mit-

Ordentliche Mitglieder
der physikalisch-
mathematischen
Klasse der Berliner
Akademie
der Wissenschaften in jenen
Jahren, die die Physik oder
der Physik nahestehende
Fachgebiete vertraten.

Physiker
M. Planck, OM 1894
Theoretische Physik
A. Einstein, OM 1913
Theoretische Physik
E. Warburg, OM 1895
Experimentalphysik
H. Rubens, OM 1907
Experimentalphysik
M. v. Laue, OM 1920
Theoretische Physik
F. Paschen, OM 1925
Experimentalphysik
E. Schrödinger, OM 1929
Theoretische Physik

der Physik nahestehend
W. Nernst, OM 1905
Physikalische Chemie/
Physik
F. Haber, OM 1914
Physikalische Chemie
C. Carathéodory, OM 1919
Mathematik
O. Hahn, OM 1924
Radiochemie
K. W. Wagner, OM 1925
Nachrichtentechnik
H. v. Ficker, OM 1926
Meteorologie

80 Siehe Dieter Hoffmann: Erwin Schrödinger, Leipzig 1984, S. 49–58.

81 Siehe Dieter Hoffmann: Die Physik an der Berliner Universität in der ersten Hälfte unseres Jahrhunderts – zur personellen und institutionellen Entwicklung sowie wichtige Beziehungen mit anderen Institutionen physikalischer Forschung in Berlin. In: Berliner Wissenschaftshistorische Kolloquien VIII, S. 14/15.

Albert Einstein und Max Planck am Leibniz-Tag der AdW 1931

glieder wie bisher nicht nur eigene Untersuchungen, sondern auch bedeutende Arbeiten anderer Physiker, die nicht Mitglieder der Akademie waren, vor, insbesondere aus dem Kreis der Berliner Kollegen. Dennoch waren die Beratungen der Akademikerelite keine Konkurrenz für die legendären Mittwochkolloquien im kleinen oder im großen Hörsaal des Physikalischen Instituts am Reichstagsufer. Hier standen alle modernen Richtungen der physikalischen Forschung zu freimütiger Diskussion, das eigentümliche, unnachahmliche Fluidum gab allen Teilnehmern, vom Nobelpreisträger bis zum jüngsten Nachwuchsphysiker, das Gefühl ehrenvoller Zugehörigkeit zur physikalischen Gemeinschaft. Seit Ende der zwanziger Jahre bemühte sich auch Gustav Hertz erfolgreich, die stärker technisch orientierten Physiker – vor allem jene, die in der Industrieforschung tätig waren – in einem entsprechenden Kolloquium an der TH Berlin zusammenzuführen.

1927 kam ich auf Plancks Lehrstuhl nach Berlin. Zwei große Hochschulen, die Reichsanstalt, die Kaiser-Wilhelm-Institute, das Astrophysikalische Observatorium und eine Anzahl Forschungsstätten der Industrie erzeugten damals in Berlin eine Bevölkerungsdichte von Physikern ersten Ranges ohne Beispiel. Sie in einem gemeinsamen Kolloquium jede Woche zu einem intimen Kongreß vereinigt zu sehen, war ein tiefer Eindruck und die Behandlung aller brennenden Tagesfragen vor diesem Forum ein großer Genuß.
Erwin Schrödinger: Grundgedanke der Wellenmechanik (Nobelvortrag); Autobiographisches. In: Le Prix Nobel 1933, Stockholm 1935.

Kaum vorstellbar mutet es an, wenn man die Liste derjenigen liest, die die «zweite Reihe» der Berliner Physiker bildeten: Rubens, Pringsheim, Wehnelt, Geiger, Bothe, Meitner und manch anderer. Viele Universitätsstädte hätten sich glücklich geschätzt, auch nur einen aus dieser Gruppe als «erste Kraft» auf physikalischem Gebiet zu besitzen. Die Spitzen der Berliner Physik mit Max Planck und dem genialen Albert Einstein waren wahre Olympier der physikalischen Erkenntnis. Weiter als alle seine Fachkollegen hatte Einstein sich von den vertrauten Sphären des hausbackenen «gesunden Menschenverstandes» entfernt, tiefer als sie war er in fundamentale Zusammenhänge des Weltgebäudes eingedrungen, hatte er die Grenzen dessen berührt, was der Menschheit des 20. Jahrhunderts zu erkennen möglich war.

Um sich diese Dimensionen zu erobern, mußte Einstein ein ganz und gar unkonventioneller Mensch sein; dabei war ihm zur Schau getragene Extravaganz vollkommen fremd, seine Ungewöhnlichkeit entfaltete sich in subtilen Bereichen. Wir hatten schon gesehen, daß er in keine preußische Schablone

Albert Einstein
und weitere Teilnehmer
an der fünften
Solvay-Konferenz 1927
Seit 1911 wurden auf Initiative des belgischen Chemikers und Unternehmers Ernest Solvay, der auch die Finanzierung übernahm, regelmäßig Treffen der führenden Physiker der Welt organisiert. Diese Veranstaltungen entwickelten sich zu wichtigen Fachforen, auf denen aktuelle Probleme diskutiert und wissenschaftliche Resultate ausgetauscht wurden. Zum Kreis der Teilnehmer gehörten unter anderem Ernest Rutherford, Marie Sklodowska-Curie, Paul Langevin, Jules Henri Poincaré, Jean Perrin, Max Planck, Albert Einstein, Walther Nernst, Hendrik Antoon Lorentz und Fritz Hasenöhrl.

paßte, nicht einmal in eine bequem gelockerte. Auf ihn ließ sich das Schema «Er ist wie alle, nur klüger», mit dem man manchem bedeutenden Wissenschaftler Genüge tun kann, nicht anwenden. So ist es wohl zutreffend zu sagen, daß seine Persönlichkeit der empfindlichste Indikator für die Qualität des geistigen Milieus der Berliner Wissenschaft war, den man sich denken konnte; am Verhältnis zu Einstein schieden sich die Geister.

Beim Nachdenken über die Gründe des «Einstein-Rummels» und der «Anti-Einstein-Kampagnen», die schon in der Frühzeit der Weimarer Republik einsetzten, wird man zu dem Schluß geführt, daß es nicht schlechthin das Ungewöhnliche oder Außergewöhnliche seiner Entdeckungen war, das jenes zwiespältige Verhältnis zu ihm hervorrief. Ungewöhnliche Entdeckungen verkraftet die Öffentlichkeit relativ leicht, wenn sie von vornherein als etwas Außergewöhnliches erscheinen, das das tägliche Leben scheinbar wenig oder gar nicht berührt. Einsteins größte Entdeckungen hingegen nahmen ihren Ausgang von einer fundamentalen Erkenntniskritik an alltäglichen Überzeugungen; Ansichten, die jedermann selbstverständlich erschienen, enthüllte er als zutiefst problematisch: die Absolutheit der Gleichzeitigkeit zweier Ereignisse, die Gleichheit von träger und schwerer Masse, die geometrische Beschaffenheit des Weltraums.

Damit war das Alltagsdenken herausgefordert, das ging nicht nur Fachleute an, und diese Herausforderung zeitigte nicht nur überwältigende Neugier, die die Berliner ebenso wie die Touristen zeitweise in hellen Scharen in seine Vorlesungen zog, sondern in der mit Nationalismus, völkischem Grimm und Rassenhaß geladenen geistigen Atmosphäre jener Jahre auch böse, unflätige Reaktionen. Der Haß der Ultrareaktionäre gegen Einstein entzündete sich allerdings nicht nur an dessen ungewöhnlichen Theorien, sondern vorrangig an seiner standhaft antimilitaristischen Haltung, deren Beweise aus der Kriegszeit bei den Rechten genau registriert worden waren.

Was, Sie schwören noch auf Einstein? Auf die Relativitätstheorie? Junge, Junge: daß Sie aber auch immer eine Viertelstunde zu spät kommen! Einstein: Is nicht mehr. Das wäre ja gelacht, von wegen Brechung der Sonnenstrahlen! Mensch, sind Sie doof! Lassen Sie sich mal schleunigst Ihr Weltbild und Ihren abgetragenen Cheviotsakko wenden. Der Relativismus hat abgewirtschaftet. Wir haben die absolute Wahrheit mit Löffeln gefressen. Merken Sie nicht? Der Absolutismus bricht an.
Klabund:
Der Absolutismus bricht an ...
Zit. in:
Berlin – Stimmen einer Stadt, Berlin 1981, S. 147.

Zu den Reaktionen auf Einstein in Berlin nach der Novemberrevolution: Anteilnahme, aber auch Ablehnung für den Physiker in Berlin erklärten sich aus den Interessen, aus dem Denken und Fühlen der verschiedenen Klassen und Schichten in dieser Zeit schwerer Spannungen. Nach viereinhalb Kriegsjahren war die Friedenssehnsucht der Massen sehr groß. Die Tatsache, daß die Theorie eines Wissenschaftlers aus Deutschland durch ein Experiment von Wissenschaftlern aus England erstmals bestätigt wurde, sowie das Friedensbekenntnis des Schöpfers der Theorie bestärkten viele Hoffnungen auf die Überwindung des Chauvinismus und auf die Versöhnung der Völker. Zwar wurde die Theorie Einsteins und ihre Bedeutung damals nur von wenigen Menschen begriffen, indes genoß Einstein wegen seines Einsatzes gegen Militarismus und für die sozialen Belange der arbeitenden Menschen viele Sympathien. Zudem brachten die Vorkämpfer einer neuen Gesellschaft dem Forscher, der, selbst von der Reaktion angefeindet, zum Schöpfer eines neuen naturwissenschaftlichen Weltbildes geworden war, Solidaritätsgefühl entgegen.
Wolfgang Schlicker: Albert Einstein – Physiker und Humanist, S. 20.

Die überzeugende Bestätigung einer der wichtigsten aus der allgemeinen Relativitätstheorie folgenden Voraussagen – der Ablenkung des Lichtstrahls im Schwerefeld der Sonne – durch die beiden britischen Sonnenfinsternisexpeditionen im März 1919 (die deutsche Wissenschaft war damals zu einem solchen Unternehmen finanziell nicht imstande) rückte Einstein in den Blickpunkt der Berliner Öffentlichkeit. Die erfolgreiche Prüfung eines von einem deutschen Gelehrten ausgesprochenen Satzes durch britische Wissenschaftler, nachdem noch kurz zuvor Deutschland und Großbritannien gegeneinander Krieg geführt hatten, konnte als ein Symbol des Friedens gelten. Führende Politiker der Weimarer Republik versuchten auch zunächst, das ungeschmälerte internationale Ansehen Einsteins auszunutzen, um das mit Schandflekken bedeckte Bild Deutschlands in den Augen der Welt aufzupolieren und außenpolitisches Terrain zu gewinnen. Sie unterstützten seine Reisetätigkeit und ermutigten ihn, die Einladungen zu Vortragsreisen ins Ausland anzunehmen, die ihn in jenen Jahren zahlreich erreichten; Einstein leistete ihnen auch bereitwillig Folge, in der Hoffnung, mit seiner Wissenschaft zur Völkerverständigung beizutragen.

1920 verschärften sich in Berlin die Attacken der Antisemiten gegen Einstein. Mit einer Großveranstaltung der «Arbeitsgemeinschaft deutscher Naturforscher zur Erhaltung reiner Wissenschaft e. V.» – schon der Name dieser obskuren Organisation verriet, daß die Drahtzieher der «antirelativistischen G. m. b. H.» (so nannte Einstein sie ironisch) von allen Künsten die Kunst der Verdrehung am besten beherrschten – in der Berliner Philharmonie wurde der «Hakenkreuzfeldzug» eingeleitet. Auch reaktionäre Physiker und Techniker minderen Formats wie Ludwig Carl Glaser betätigten sich in der Anti-Einstein-Liga.[82]

Einstein sagte, er komme sich vor «wie jemand, der in einem guten Bett liegt, aber von Wanzen geplagt wird».[83]

Die Versuche der Hetzer, auch namhafte Gelehrte auf ihre Seite zu ziehen, waren kaum von Erfolg gekrönt. Die Nobelpreisträger Lenard und Stark, von denen man nichts anderes erwarten konnte, blieben die einzigen bekannten Physiker, die sich vor den Karren der Reaktion spannen ließen. Wer sonst in Deutschland in der Physik Rang und Namen hatte, solidarisierte sich mit Einstein. Sicher taten es die meisten einfach deshalb, weil sie es für nötig erachteten, die Wissenschaft vor pöbelhaften Übergriffen zu schützen; doch diese frühe Erfahrung hinterließ in ihnen eine Haltung vorsichtigen Mißtrauens gegenüber dem aufkommenden Faschismus, und in der Tat hatten die Nazis später oft Grund, mit der Unbotmäßigkeit der Physiker unzufrieden zu sein. Führende Physiker und Mathematiker, an ihrer Spitze Max von Laue in Berlin, Arnold Sommerfeld in München, David Hilbert und Max Born in Göttingen, erklärten sich für ihren großen Kollegen.

Die Relativitätstheorie war auch Gegenstand der ersten Nachkriegsversammlung der Gesellschaft Deutscher Naturforscher und Ärzte, die im September 1920 in Bad Nauheim stattfand. Im Auftrage des Vorstandes der Physikalischen Gesellschaft leitete Planck die hierfür vorgesehene Sitzung der mathematisch-naturwissenschaftlichen Sektion, auf der Einstein den unqualifizierten Anwürfen Lenards mit ruhiger Sachlichkeit entgegentrat und auf der prominente Physiker und Chemiker sich für die Theorie einsetzten. Diese Niederlage auf höchster Ebene brachte jedoch die Hetzer nicht zum Schweigen. Sie intrigierten weiter, und in der Pogromstimmung nach der Ermordung Rathenaus verhinderten Morddrohungen Einsteins Auftreten zur Hundertjahrfeier der Naturforschergesellschaft im September 1922 in Leipzig.

Zunächst führten diese Angriffe nur dazu, daß sich Lenard und Stark unter den Physikern hoffnungslos isolierten. Dem deutschen Großkapital konnte nichts daran liegen, in einer Zeit des forcierten wirtschaftlichen Wiederaufstiegs auf der Grundlage wissenschaftlich fundierter technischer Neuerungen die Physik in Gestalt des größten lebenden deutschen Physikers diskreditieren zu lassen, ganz abgesehen davon, daß allein schon die Persönlichkeit Einsteins ohne sein bewußtes Zutun im Ausland dem kulturellen Standard Nachkriegsdeutschlands ein schmeichelhaftes Zeugnis ausstellte.

Doch der antisemitische Ungeist gärte weiter und machte sich immer wieder in kleinlichen Schikanen und Beleidigungen Einsteins geltend. Als der Berliner Magistrat dem berühmten Gelehrten 1929 zu seinem 50. Geburtstag ein Grundstück für ein Haus schenken wollte (Einstein selbst hatte sich dafür das Grundstück in Caputh bei Potsdam ausgesucht), scheiterte dieses Vorhaben auf eine für den Magistrat blamable Weise am Widerstand der Deutschnationalen.

Einstein versagte sich der Öffentlichkeit nicht. Er sprach gern dort über seine Physik, wo man ihm mit vorurteilsfreiem Interesse zuhörte. So trug er 1931 auch in der Marxistischen Arbeiterschule (MASCH) der KPD in Berlin über die Relativitätstheorie vor. Dieses Ereignis war gewiß mehr als die zufällige Zusage eines großen Mannes, der nicht Nein sagen konnte, wenn man ihn aufrichtig bat. Zwischen dem genialen Revolutionär der Physik und den Kommunisten, die mit leidenschaftlicher Hingabe für eine grundlegend neue Gesell-

Selbst der sonst so zurückhaltende Planck äußerte sich angesichts der Vorgänge um die Hundertjahrfeier empört: Also so weit haben es die Lumpen wirklich gebracht, daß sie eine Veranstaltung der deutschen Wissenschaft von historischer Bedeutung zu durchkreuzen vermögen. Einstein wird also den für die erste allgemeine Sitzung der Naturforscherversammlung am 18. September angekündigten Vortrag über die «Relativitätstheorie in der Physik» nicht halten, und die Bedeutung dieser Sitzung ist dadurch auf das empfindlichste bedroht.
Zit. in: Ebenda, S. 29.

Hier sind erregte Zeiten seit dem Mord an Rathenau. Ich werde auch immer gewarnt, habe mein Kolleg aufgegeben und bin offiziell abwesend, aber in Wahrheit doch hier. Der Antisemitismus ist sehr groß.
Albert Einstein am 17. August 1922 an den Freund Maurice Solovine. In: Albert Einstein: Briefe an Maurice Solovine, Berlin 1960, S. 42.

---

82 Siehe: Die Berliner Akademie der Wissenschaften in der Zeit des Imperialismus, Teil II, S. 99–101.
83 Zit. in: Friedrich Herneck: Einstein und sein Weltbild, Berlin 1976, S. 52.

Philipp Frank über eine Einstein-Vorlesung in Berlin zu Beginn der zwanziger Jahre: Wenn Fremde in jener Zeit nach Berlin kamen und alle Sehenswürdigkeiten besichtigt hatten: das Brandenburger Tor mit der Siegesgöttin, die Siegesallee mit den Statuen der preußischen Fürsten, die berühmten Theatervorstellungen von Reinhardt, das Warenhaus Wertheim, die Gartenrestaurants an den schönen Seen der Umgebung, so wollten sie oft auch ein lebendes Wahrzeichen von Berlin sehen, über das sie in ihren Zeitungen so viel gelesen hatten: den berühmten Einstein, von dem viele nicht recht wußten, ob er ein Physiker sei, ein Mathematiker, ein Philosoph, ein Träumer oder was sonst. Man wußte nur, er habe über das Universum Dinge behauptet wie niemand vor ihm. – Man sah reiche amerikanische und englische Damen in kostbaren Pelzen in seinen Vorlesungen, die ihn sich mit Operngläsern genau ansahen und oft einen großen Teil des Saales füllten. – Gelegentlich sagte Einstein: «Nun will ich eine kleine Pause machen, damit sich alle entfernen können, die sich nicht weiter interessieren.» Dann blieben oft nur acht bis zehn Studenten zurück. Einstein war nun froh, daß er ruhig über das sprechen konnte, was ihm am Herzen lag, ohne durch gar zu verständnislose Mienen gestört zu werden.
Zit. in: Friedrich Herneck: Einstein und sein Weltbild, Berlin 1976, S. 82/83.

schaft kämpften, gab es, obwohl Einstein niemals einer der ihren wurde, eine innere geistige Verbindung. Jene Genossen, die als Revolutionäre in den Klassenkämpfen der Weimarer Jahre über die Grenzen des Bestehenden hinauszudenken gewohnt waren, erfaßten die Quintessenz der Gedanken des Mannes, der wie kein zweiter in der damaligen Berliner Naturwissenschaft die Selbstverständlichkeit des Alltagsbewußtseins in Frage stellte – auch wenn ihnen die mathematische Ausformung dieser Gedanken unverständlich bleiben mußte. Auf erstaunliche Weise begegneten sich der Höhenflug des fundamentalen physikalischen Denkens und der unbefangene theoretische Sinn des deutschen Proletariats. Wir wissen, daß Einstein die Persönlichkeit Lenins achtete und bewunderte, daß er die Prinzipien der Wissenschaft auch auf die

Einstein an der MASCH

Dornier-Flugschiff «Do X» auf dem Müggelsee bei Berlin
Aufnahme von 1932
Hunderte Schaulustige zog es zum Müggelsee, um das riesige Flugschiff zu bestaunen. Mit einem Eigengewicht von 30 000 kg konnte es bis zu 66 Passagiere befördern und die Strecke New York–Berlin in 52 Flugstunden zurücklegen.

Erkenntnis der Gesellschaft angewandt sehen wollte, daß er die Gesellschaft für rational gestaltbar hielt, daß ihm sozialistische Gesellschaftsverhältnisse gerecht und notwendig erschienen und daß er als aktives Mitglied der «Gesellschaft der Freunde des neuen Rußland» und als Ehrenvorsitzender der sowjetisch-deutschen Gesellschaft «Kultur und Technik» den sozialistischen Aufbau in der Sowjetunion mit gespannter Aufmerksamkeit verfolgte.

Jenseits dieser Gemeinsamkeiten begannen freilich die Differenzen, die Einstein von den Kommunisten trennten, doch die Gemeinsamkeiten waren stark genug, um als Muster für ein enges und inhaltsreiches Zusammenwirken von Kommunisten und nichtmarxistischen Wissenschaftlern im Kampf gegen Chauvinismus, Rassismus, Militarismus, Faschismus und Krieg betrachtet werden zu können.

Die physikalische Forschung in Berlin war tiefgehend in die geistigen und politischen Kämpfe jener Zeit einbezogen; wir konnten hier nur einen Bruchteil dieser Beziehungen andeuten. Doch sie war zugleich ein in sich geschlossenes, selbstbewußt fortschreitendes Feld des wissenschaftlichen Erkennens, das in vielen Institutionen zugleich seine Stützpunkte hatte – an der Universität, an der TH Berlin, in den KW-Instituten, in der PTR, in den Laboratorien der Elektroindustrie.

Auf hohem Niveau wurde die kernphysikalische Forschung kultiviert. Am KWI für Chemie beschäftigten sich Hahn und Meitner mit der Aufklärung des β-Zerfalls. In der PTR wirkten die Kernphysiker Geiger und Bothe, an der TH nahm Hertz Ende der zwanziger Jahre entsprechende Arbeiten auf. Werner Kolhörster, der an der Universität tätig war und seine Forschungsstelle auf dem Telegrafenberg in Potsdam einge-

Albert Einstein bei seinem Besuch in Frankreich 1922 angesichts des Schlachtfeldes vor Verdun: Alle Studenten Deutschlands müssen hierher gebracht werden, alle Studenten der Welt, damit sie sehen, wie häßlich der Krieg wirklich ist. Die Leute machen sich oft falsche Vorstellungen, weil sie aus Büchern stammen. Die meisten Deutschen haben ein Bild von den Franzosen, das rein literarisch ist, und viele Menschen haben eine ebenso literarische Auffassung vom Krieg und den Ruinen, die er schafft. Wie notwendig ist es, daß sie herkommen und sehen.
Zit. in: Horst Melcher: Albert Einstein wider Vorurteile und Denkgewohnheiten, Berlin 1979, S. 74.

Zeilen von Erwin Schrödinger, nach seiner Übersiedlung aus Zürich nach Berlin in das Gästebuch Max Plancks geschrieben:

Wenn dort am Horizont, ein ferner Traum/Die Firnenkette matt aus Wolken glänzte,/Den sanftumspülten, weichen Ufersaum/Der alten Wipfel Neigen schön umkränzte,/Dann überlief mich wohl ein banges Zagen:/Ich sollt fort aus diesem stillen Land,/Und alles, was den Geist hierher gebannt,/Sollt' ich zu meiden, zu verlassen wagen!

Die Ehre rief! –/Doch was ist Ehre Dir,/Des Gaukelspiels spöttischer Verächter!/Ansehen – für drei Jahrzehnte oder vier!/Kann die Physik der kommenden Geschlechter/Mit Ruhm und Ehre Dir das Leid bezahlen,/Das lebend eingesargt in Sand und Stein,/Dich bald Dein tolles Wagnis läßt bereuen,/Mit Ruhm und Ehre Deiner Sehnsucht Qualen!

So dacht ich oft, und wenn ich dennoch kam,/War's nicht um Ruhm, das will ich wohl beschwören./Und auch – ich sag es nur mit leiser Scham –/Auch Gold allein nicht konnte mich betören./Den Ausschlag gab ein Wort – aus langen Reihen/Von Briefen, von Gesprächen, bunt und kraus,/Verehrungswürdige Lippen sprachen's aus,/Nicht drängend zwar./Ganz kurz: Mich tät es freuen.

Zit. in: Dieter Hoffmann: Erwin Schrödinger, Berlin 1984, S. 51/52.

richtet hatte, gehört ebenfalls in diese Gruppe; er war Mitentdecker der kosmischen Strahlung.

Hauptanwendungsgebiet der Quantentheorie wurde neben der Atomphysik und der Theorie der chemischen Bindung vor allem die Festkörperphysik, die in den dreißiger Jahren in der Elektrotechnik und Elektronik wesentliche praktische Effekte zeitigte. Berliner Physiker waren sowohl an der Ausarbeitung der theoretischen Grundlagen (Einstein, Laue und andere) als auch an direkt praxisbezogenen Arbeiten (Schottky und andere) beteiligt.

Das enge Zusammenwirken von Laue und Meißner an der PTR führte dazu, daß sich das Tieftemperaturlaboratorium dieser Anstalt schnell zu einem international maßgebenden Zentrum entwickelte. Auch Einstein war regelmäßig in den Laboratorien der PTR und der TH anzutreffen und gab freigebig Anregungen – sosehr seine Gedanken auch um die allgemeine Feldtheorie kreisten, sein lebhafter Geist war nach wie vor in der gesamten Physik zu Hause, und der Kontakt mit den Experimentatoren war ihm erwünschter Ausgleich für die theoretischen Exerzitien an den Grenzen der Erkenntnis.

Noch schien die wunderbare Blüte der Berliner Physik ungebrochen. In den krisenhaften Jahren der Weimarer Republik bewahrte sie ihre Lebensfähigkeit. Ausländische Kollegen kamen gern nach Berlin und erachteten es als eine hohe Ehre, zum Vortrag in das berühmte Physikalische Kolloquium geladen zu werden. Erst die Hitlerfaschisten brachten es fertig, auch hier die Axt anzulegen und mit Stumpf und Stiel auszurotten, was in einem Jahrhundert mit Liebe und Hingabe vieler Generationen von Physikern aufgebaut worden war.

Zwei Welten im Kontakt: Frühe deutsch-sowjetische Wissenschaftsbeziehungen

«Tief durchdrungen bin ich davon, daß Rußland und Deutschland vor anderen aufeinander angewiesen sind und nicht genug tun können, Eintracht und gegenseitiges Verstehen zu pflegen.»[84] Der dies nach dem Besuch der Zweihundertjahrfeier der Russischen Akademie der Wissenschaften (sie wurde damals in Akademie der Wissenschaften der UdSSR umbenannt) in Leningrad sagte, war kein Kommunist und nicht einmal ein linksbürgerlicher Demokrat. Die Bemerkung stammt von dem konservativen Präsidenten der Notgemeinschaft der Deutschen Wissenschaft, Friedrich Schmidt-Ott. Er bekräftigte seinen Eindruck in der Zeitschrift

Empfang
anläßlich der 200-Jahr-Feier
der Gründung der
Russischen Akademie
der Wissenschaften
im Marmorsaal des
ethnographischen Museums
in Leningrad
Aufnahme vom September
1925

«Osteuropa», dem Organ der offiziösen bürgerlichen «Deutschen Gesellschaft zum Studium Osteuropas», die vom Auswärtigen Amt finanziert und von Schmidt-Ott geleitet wurde: «... ich bin mit der Überzeugung wiedergekehrt, daß wir gut tun, dem nachbarlichen Rußland und den Vereinigten Sowjetrepubliken in wirtschaftlicher, politischer und wissenschaftlicher Beziehung ganz anders Beachtung zu schenken, als man zu tun vielfach geneigt ist.»[85]

Bei bloßen Bekenntnissen blieb es keineswegs; Notgemeinschaft und Osteuropa-Gesellschaft beteiligten sich an der Vorbereitung und Organisation kooperativer Vorhaben oder leiteten sie selbst in die Wege. Die Weimarer Regierung schloß kein Kulturabkommen mit der Sowjetregierung; in dieser Situation «war es die Osteuropa-Gesellschaft, die in enger Verbindung mit dem Auswärtigen Amt die kulturell-wissenschaftliche Zusammenarbeit mit der Sowjetunion auf offiziell-staatlicher Ebene steuerte und abwickelte».[86]

Mehrere Ereignisse im wissenschaftlichen Leben Berlins kamen so zustande, die großen Eindruck machten und ein umfassendes Bild vom hohen Stand der wissenschaftlichen Arbeit in der Sowjetunion vermittelten – zugleich auch ein Bild von der Aufmerksamkeit, die der Sowjetstaat der Wissenschaft bereits in einer Zeit zuteil werden ließ, als die Überwindung von Hunger und großem Mangel noch im Vordergrund aller Bemühungen stehen mußte. Im Juni 1927 weilten 18 be-

Offizielle Begrüßungsansprache von Max Planck bei den Feierlichkeiten zum 200. Gründungstag der Leningrader Akademie im September 1925: Der Tag, an welchem die Akademie der Wissenschaften von Rußland das zweite Jahrhundert ihrer Geschichte vollendet, ist für die gesamte wissenschaftliche Welt ein Fest- und Ehrentag. Gibt es doch gerade in der jetzigen Zeit vielfacher Zerrissenheit für die verschiedenen Länder der Erde mit ihren oft weit auseinandergehenden Interessen auf politischem, wirtschaftlichem, künstlerischem, religiösem Gebiete kein Band, welches sie unbedingter und aufrichtiger zusammenschließt als die gemeinsame Arbeit der reinen Wissenschaft.
Das neue Rußland, 1925, Doppelheft 7/8, S. 2.

---

84 Zit. in: Günter Rosenfeld: Sowjetunion und Deutschland 1922–1933, Berlin 1984, S. 212/213.
85 Zit. in: Irene Strube: Zur Publizierung der Ergebnisse der sowjetischen Naturforschung, insbesondere der Chemie, in Deutschland (1918–1930). In: NTM, 1968, Heft 11, S. 56.
86 Günter Rosenfeld: Sowjetunion und Deutschland 1922–1933, S. 209.

Oskar Vogt
zur Russischen
Naturforscherwoche
1927 in Berlin:
Diese Forscherwoche stellt etwas Neues im internationalen Verkehr der Gelehrten dar ... Während nach dem Weltkriege weite Kreise der ententistischen Gelehrten sich für berechtigt hielten, die Gelehrten der Zentralmächte zu boykottieren, während sie sogar soweit gingen, sog. internationale Kongresse unter ausdrücklichem Ausschluß der Wissenschaftler der Zentralmächte zu veranstalten, hat die Sowjetregierung nach Überwindung der größten Not sich sofort bereit erklärt, dem Drängen unserer russischen Kollegen nachzugeben und zu den ersten Allrussischen Kongressen deutsche Gelehrte einzuladen. Die russischen Wissenschaftler und die Sowjetregierung nahmen sofort wieder jene Beziehungen auf, welche von jeher zwischen russischen und deutschen Gelehrten bestanden. ...
So grüßen wir denn unsere russischen Kollegen als Gelehrte, welche bei ihrer nationalen Pflege der Wissenschaft den internationalen Charakter derselben nicht einen Augenblick verleugnet haben, als Männer, welche in schwerster Zeit ihren wissenschaftlichen Bestrebungen treu geblieben sind, als Söhne eines Landes, welches bei friedlicher Weiterentwicklung berufen ist, in besonders umfangreichem Maße die wissenschaftliche Erkenntnis und damit das Glück der Menschheit zu fördern.
Zit. in: NTM, 1968, Heft 11, S. 55–63.

deutende sowjetische Naturwissenschaftler unter Leitung des Hygienikers und damaligen Volkskommissars für Gesundheitswesen Nikolai A. Semaschko in Berlin und stellten sich mit zum Teil sehr speziellen Fachvorträgen der deutschen wissenschaftlichen Öffentlichkeit; unter den Referenten waren die Chemiker Wladimir N. Ipatjew und Alexej J. Tschitschibabin und die Geowissenschaftler Alexander J. Fersman und Wladimir I. Wernadski – sämtlich Fachleute ersten Ranges. Kein geringerer als der hervorragende deutsche Neurobiologe und Hirnforscher Oskar Vogt übernahm es, die Vorträge zu edieren.[87] Das Ziel dieser wie der folgenden Wissenschaftlerwochen war nicht propagandistischer Art; es ging darum, das Interesse der deutschen Fachleute zu wecken und eine gehaltvolle Zusammenarbeit anzubahnen.

Bereits ein Jahr später erlebte Berlin eine ähnliche Veranstaltung, nun aber für die Gesellschaftswissenschaftler: die sowjetische Historikerwoche im Juli 1928. Unter Leitung von Michail N. Pokrowski waren zehn namhafte sowjetische Historiker erschienen, unter ihnen sowohl Marxisten als auch Nichtmarxisten, die sich zur wissenschaftlichen Arbeit unter der Sowjetmacht bekannt hatten. Der politische Rang der Woche wurde durch die Teilnahme der beiden Botschafter Nikolai N. Krestinski und Graf Brockdorff-Rantzau an der Eröffnungsveranstaltung unterstrichen.

Im Vorbereitungskomitee wirkten eine ganze Reihe konservativer Historiker mit, deren Namen wir bereits nicht nur in positiven Zusammenhängen erwähnt haben: Kehr, Meyer, Harnack, der Rechtsliberale Meinecke und der Nationalökonom Sering. Mit der Historikerwoche war die Ausstellung «Die Geschichtswissenschaft in Sowjetrußland 1917–1927» verbunden; die ausgestellten Bücher verblieben der Preußischen Staatsbibliothek als Geschenk. Diese Begegnung bot ein bemerkenswertes Beispiel dafür, «daß auch auf dem Gebiet der Gesellschaftswissenschaften eine Zusammenarbeit zwischen den Vertretern der beiden verschiedenen gesellschaftlichen Systeme möglich war, und zwar ohne dabei die grundsätzlich verschiedenen ideologischen Positionen zu verwischen».[88]

Zu einer solchen längerfristigen Zusammenarbeit kam es insbesondere im Bereich der Archäologie, von deutscher Seite energisch gefördert durch Gerhart Rodenwaldt. Doch auch sehr viel gegenwartsnähere Gegenstände waren einer Kooperation der Historiker durchaus zugänglich. Durch Vereinbarung zwischen der Deutschen Gesellschaft zum Studium Osteuropas und dem sowjetischen Staatsverlag kam eine umfangreiche Aktenpublikation zum Thema «Die internationalen Beziehungen im Zeitalter des Imperialismus» zustande; zugleich mit der russischsprachigen erschien auch eine

Sowjetische und deutsche Wissenschaftler während der russischen Naturforscherwoche in Berlin vom 19. bis 25. Juni 1927
In der ersten Reihe (sitzend): C. Vogt, Lunatscharski, Schmidt-Ott, Semaschko. Dahinter: Botschafter Krestinski, Abrikosow, Einstein, Fersmann, Ipatjew, Kolzow, Lasarew, Graf von Arco, Borisjak, Nikiforow, Schmalhausen.

deutschsprachige Ausgabe, die von Otto Hoetzsch redigiert wurde.

Die letzte dieser überaus informativen und anregenden Wissenschaftswochen in Berlin war die deutsch-sowjetische Medizinerwoche Ende 1932. Auch hier war die sowjetische Wissenschaft wieder repräsentativ vertreten; an der Spitze der Delegation stand der damalige Volkskommissar für das Gesundheitswesen M. F. Wladimirski. Diese Veranstaltung aber war bereits überschattet von den unmittelbaren Vorbereitungen auf die Machtübernahme der Nazis, die als fanatische Vertreter eines wütenden Antisowjetismus die wissenschaftlichen Beziehungen zur Sowjetunion zunächst unterdrückten und dann ganz zum Erliegen brachten.

Berlin wurde zu einem Ort der Begegnung mit der aufblühenden Kultur und Wissenschaft der Sowjetunion.
750 Jahre Berlin. Thesen, S. 43.

Doch kommen wir noch einmal auf die Persönlichkeit von Otto Hoetzsch zurück, der im Geflecht der Wissenschaftsbeziehungen zur Sowjetunion in den Jahren der Weimarer Republik unbestreitbar eine Schlüsselrolle spielte.[89] Hoetzsch war langjähriger Spezialist für osteuropäische Geschichte, hatte das vorrevolutionäre Rußland mehrfach bereist und leitete nun als Ordinarius an der Berliner Universität gemeinsam mit Karl Stählin ein Seminar für dieses Fachgebiet. Zugleich war er der konzeptionelle Kopf der «Osteuropa-Gesellschaft» (und bereits einer der Initiatoren ihrer Gründung im Jahre 1913), seit 1925 der Chef ihrer Zeitschrift «Osteuropa» und ein Intimus leitender Beamter des Auswärtigen Amtes. Vor allem aber war er ein streng konservativer Mann. Er stand

87 Die Naturwissenschaft in der Sowjetunion. Vorträge ihrer Vertreter während der «Russischen Naturforscherwoche» in Berlin 1927. Hrsg. im Auftrag der Gesellschaft zum Studium Osteuropas von Oskar Vogt, Berlin 1929.
88 Günter Rosenfeld: Sowjetunion und Deutschland 1922–1933, S. 217.
89 Siehe Gerd Voigt: Otto Hoetzsch 1876–1946. Wissenschaft und Politik im Leben eines deutschen Historikers, Berlin 1978.

Otto Hoetzsch auf einer Zusammenkunft deutscher Gelehrter mit Volkskommissar Lunatscharski im Oktober 1925 in Berlin:
In schwerer Stunde, fast zur gleichen Zeit, da sich das Schicksal des Locarno-Abkommens erfüllt, möchte ich persönlich, als Feind dieses Abkommens, im Namen der hier versammelten Gelehrten, die sich zu diesem Abkommen unterschiedlich verhalten, unserem Gast versichern, daß wir uns alle gleichermaßen klar sind über die tiefe Nützlichkeit und sogar die unbedingte Notwendigkeit, daß sich unsere Völker in ernstester Weise gegenseitig unterstützen. Der Unterschied der sozialen Struktur kann dies in keiner Weise hindern. Wie sich auch dieser oder jener von uns zu den Prinzipien verhalten mag, auf denen die Sowjetmacht beruht, so sind wir doch überzeugt, und zwar durch die Tatsachen, von der Festigkeit dieser Macht und von dem Vertrauen, das ihr die Volksmassen der Union schenken … Wir halten uns fern von einer Einmischung in die inneren Angelegenheiten Ihres Landes und wünschen ihm von Herzen Frieden und Wachstum und sind überzeugt, daß seine Neugeburt und wachsende Macht nur eine Quelle des Wohls für das deutsche Volk sein können.
Zit. in: Günter Rosenfeld: Sowjetunion und Deutschland 1922–1933, Berlin 1984, S. 200/201.

auf dem rechten Flügel der deutschen Bourgeoisie und vertrat die Deutschnationalen im Reichstag.

Die Errichtung der Sowjetmacht betrachtete er mit feindseligen Gefühlen, doch als er sich von ihrer Lebensfähigkeit überzeugt hatte, gewann in seinen Ansichten der politische Realismus so früh und so gründlich die Oberhand, daß er bereits 1919 den antisowjetischen Interventionskrieg verurteilte. Hoetzsch war nicht nur besonders engagiert für das Zustandekommen der Historikerwoche tätig, sondern wirkte auch bei der Organisation weiterer Austausch- und Kooperationsvorhaben mit, an denen die Osteuropa-Gesellschaft in der einen oder anderen Weise beteiligt war.

Als Politiker verstand Hoetzsch stabile Beziehungen zur Sowjetunion nicht als ein zeitweilig einsetzbares, taktisches Druckmittel gegenüber den Westmächten, sondern als ein dauerndes Erfordernis für die Sicherheit des Deutschen Reiches und den europäischen Frieden. Daher widerstrebte ihm auch die Entartung des deutschnationalen Konservatismus zur extremen, aggressiven Reaktion. Als sich in der präfaschistischen Phase der ultrareaktionäre Parteiflügel um Alfred Hugenberg in den Vordergrund drängte, trat Hoetzsch aus der DNVP aus.[90] Ein so weitsichtiger Realismus, wie ihn Hoetzsch vertrat, war unter den bürgerlichen Politikern und Ideologen der Weimarer Republik nicht häufig. Hoetzschs Eintreten für gesunde Kulturbeziehungen zur Sowjetunion trug ihm innerhalb und außerhalb der Osteuropa-Gesellschaft mannigfache Anfeindungen ein. Einer derjenigen, die die Stimmung gegen Hoetzsch schürten, war der konservative Slawist Max Vasmer, der Ende 1928 an den Ministerialdirektor Richter im Preußischen Kultusministerium schrieb: «Es ist höchste Zeit, daß die unverantwortliche Tätigkeit der Deutschen Gesellschaft zum Studium Osteuropas irgendwie eingedämmt wird. Wenn das nicht geschieht, dann ist sowohl die deutsche Politik im Osten wie die Osteuropaforschung gefährdet.»[91] Entmutigt von dem gegen ihn entfachten Kesseltreiben, stellte Hoetzsch im Juli 1931 die Funktion des Vizepräsidenten der Osteuropa-Gesellschaft zur Verfügung, 1933 vertrieben ihn die Faschisten schließlich von der Universität.

Natürlich war die Pflege deutsch-sowjetischer Wissenschaftsbeziehungen von deutscher Seite nicht nur eine Sache von Konservativen. Doch wir haben die Rolle konservativer Persönlichkeiten hier mit voller Absicht in den Vordergrund gestellt, denn gerade sie bestätigt mit allem Nachdruck die Lebenskraft der Leninschen Politik der friedlichen Koexistenz, bei deren Realisierung die Beziehungen auf wissenschaftlichem Gebiet einen nicht unerheblichen Platz einnehmen. Einen Kommunisten verbindet von vornherein das gemein-

Anatoli Lunatscharski in Berlin
Aufnahme von 1925
Der damalige sowjetische Volkskommissar für Unterricht und Bildungswesen Anatoli Lunatscharski weilte mehrfach zu Vorträgen in Deutschland. Der Aufbau des jungen Sowjetstaates fand auch bei den deutschen Kulturschaffenden und Wissenschaftlern besonderes Interesse.
Das Foto zeigt Lunatscharski bei einer Veranstaltung der Gesellschaft der Freunde des neuen Rußland im Berliner Beethovensaal.

same Klasseninteresse mit dem Sowjetstaat, doch ein Konservativer muß, soll er hier eine gedeihliche Zusammenarbeit bejahen, sich über tief eingewurzelte Vorurteile hinwegsetzen. Da es nie zuvor Beziehungen zwischen Wissenschaftlern eines sozialistischen und eines kapitalistischen Landes gegeben hatte, war es praktisch nicht erwiesen, ob solche Beziehungen überhaupt möglich sein würden und ob sie gar das Niveau fruchtbarer, für beide Seiten nützlicher Zusammenarbeit erreichen konnten. Die Erfahrungen, die in dieser Hinsicht in den zwanziger Jahren zwischen Deutschland und der Sowjetunion gesammelt wurden, sind deshalb von unschätzbarem Wert; es ist nicht übertrieben, ihnen über den konkreten Fall hinausgehende Bedeutung beizumessen. Hier wurde demonstriert, daß auch bei gegensätzlichen Klassenpositionen durchaus Zonen gemeinsamen Interesses existieren, die eine Zusammenarbeit wünschenswert machen.

Bei vielen deutschen Wissenschaftlern bestand natürlich ein elementares Bestreben, nach dem Krieg unterbrochene Wissenschaftskontakte wieder aufzunehmen. Sie bemerkten dabei kaum, daß hier etwas fundamental Neues im Entstehen war, und verarbeiteten die Erfahrung vorwiegend in den Kategorien der «unpolitischen» Wissenschaft, wonach Wissenschaftler eben unter allen Umständen zusammenarbeiten, ganz gleich, unter welchen politischen Verhältnissen sie tätig sind. Doch auf dieser Grundlage konnten weiter gehende Erfahrungen gemacht werden – zum Beispiel, daß die sowjetischen Wissenschaftler 1923, als es ihnen selbst noch am Notwendigsten gebrach, auf Initiative von Semaschko zur

Wir müssen von der gesamten Kultur Besitz ergreifen, die der Kapitalismus hinterlassen hat, und aus ihr den Sozialismus aufbauen. Wir müssen von der gesamten Wissenschaft und Technik, von allen Kenntnissen und von der Kunst Besitz ergreifen. Anders können wir das Leben der kommunistischen Gesellschaft nicht aufbauen. Diese Wissenschaft, Technik und Kunst aber liegt in den Händen der Spezialisten, steckt in ihren Köpfen.
W. I. Lenin: Erfolge und Schwierigkeiten der Sowjetmacht. In: Werke, Bd. 29, S. 55.

90 Siehe Wolfgang Ruge: Deutschland von 1919 bis 1933. In: Deutsche Geschichte, Bd. 3, Berlin 1968, S. 118.
91 Zit. in: Günter Rosenfeld: Sowjetunion und Deutschland 1922–1933, S. 219, Anm.

Unterstützung ihrer von der Inflation betroffenen deutschen Kollegen ein «Russisches Hilfswerk für deutsche Gelehrte» gründeten und dafür einen Hilfsfonds in Höhe von 10 000 Goldrubeln aufbrachten. Die sowjetische Akademie der Wissenschaften erwies auch ihren deutschen Kollegen Solidarität im Wissenschaftsboykott der Entente und lehnte die an sie ergangene Einladung zum Eintritt in den Internationalen Forschungsrat ab, sofern nicht auch Deutschland aufgenommen würde.

Die Tatsache allerdings, daß gerade Deutschland und nicht ein anderes kapitalistisches Land für das Sowjetland zum ersten und bevorzugten Partner wurde, mit dem wissenschaftliche Beziehungen jenen neuen Typs erprobt und entwickelt wurden, lag in den besonderen Verhältnissen der Nachkriegszeit begründet. Die Westmächte wandten sowohl gegenüber ihrem geschlagenen imperialistischen Rivalen Deutschland als auch gegenüber der jungen Sowjetmacht die Taktik der Isolierung und des Boykotts an; die Entwicklung bilateraler Beziehungen bedeutete also für jeden der beiden Partner eine teilweise Überwindung der außenpolitischen Isolierung und für beide eine bessere Ausgangsbasis, um diese Isolierung endgültig sprengen zu können.

Auf deutscher Seite war die Situation äußerst widersprüchlich: Das Interesse imperialistischer Rivalität mit den Westmächten trieb das deutsche Großkapital zur politischen Öffnung gegenüber dem Sowjetstaat, das gemeinsame Klasseninteresse des internationalen Kapitals drängte zur Bildung einer antisowjetischen Front. Es war durchaus nicht entschieden, welche Seite sich durchsetzen würde. Selbst Rathenau, der doch für seine Unterschrift unter den Rapallo-Vertrag mit dem Leben bezahlen mußte, hoffte noch auf der Wirtschaftskonferenz in Genua 1922 (an deren Rand dann auch das deutsch-sowjetische Abkommen von Rapallo über die Normalisierung der gegenseitigen Beziehungen signiert wurde) auf einen gegen Sowjetrußland gerichteten Kompromiß mit den Westmächten.[92]

Erst als sich die Westmächte in der Reparationsfrage unnachgiebig zeigten, entschloß sich die deutsche Regierung zur Vereinbarung mit den sowjetischen Vertretern. Die Feinde einer solchen Verständigung setzten sich hingegen auf der Locarno-Konferenz 1925 durch: Hier wurden in Vereinbarung mit den Westmächten die deutschen Westgrenzen feierlich garantiert, die Grenzen im Osten hingegen de facto zur Disposition gestellt und damit die antisowjetischen Bestrebungen der imperialistischen Kräfte untermauert.

Die ganze deutsche Außenpolitik der Weimarer Jahre bewegte sich im Widerstreit der Rapallo-Linie und der Locarno-

Politik. Die Rapallo-Linie herrschte niemals ungeteilt, doch sie hatte eine Reihe von Jahren starke Positionen und intelligente Befürworter im Staatsapparat, unter ihnen Graf Ulrich von Brockdorff-Rantzau, den deutschen Botschafter in Moskau. Die Bemühungen um wissenschaftliche Zusammenarbeit stützten sich auf die Rapallo-Linie und füllten sie zugleich mit konkretem Inhalt aus. So empfanden das auch die in diese Zusammenarbeit einbezogenen Wissenschaftler. Als beispielsweise – wenige Monate nach der Unterzeichnung des Vertrages – die Deutsche Chemische Gesellschaft am 15. Juni 1922 in Berlin sowjetische Chemiker zu Gast hatte, da erklärte (nach einem Pressebericht) der Vorsitzende Harries, er «freue sich, daß das, was in Rapallo auf wirtschaftlichem Gebiet angebahnt worden sei, sich hier, wenn auch in kleinerem Maßstabe, auf wissenschaftlichem wiederhole».[93]

Um aber der Zusammenarbeit mit der sowjetischen Wissenschaft auch von deutscher Seite einen maximal demokratischen Inhalt zu geben, Momente des Antisowjetismus zurückzudrängen und die zu ehrlicher Kooperation bereiten konservativen Kräfte zur Konsequenz gegenüber den Widerständen im eigenen Lager zu ermuntern, war der Druck von links unerläßlich. Im System der Wissenschaftsbeziehungen mit der Sowjetunion wurde diese Rolle wesentlich von der 1923 auf der Grundlage von Initiativen im Rahmen der Internationalen Arbeiterhilfe (IAH) gegründeten «Gesellschaft der Freunde des neuen Rußland» übernommen. Diese half mit ihren Vortragsprogrammen – hervorragende Persönlichkeiten des kulturellen und wissenschaftlichen Lebens der Sowjetunion wie Anatoli W. Lunatscharski oder Alexander F. Fersman gehörten zu ihren Referenten – und ihrer Zeitschrift «Das neue Rußland» (ab 1924, vorher «Neue Kulturkorrespondenz»), das Informationsdefizit über den sozialistischen Aufbau zu beheben und die von der bürgerlichen Massenpresse bewußt kultivierten Vorurteile abzubauen.

Der Kultur- und Wissenschaftsaustausch wurde in engem Zusammenwirken mit der sowjetischen «Gesellschaft für kulturelle Verbindungen mit dem Ausland» (VOKS) organisiert. Die «Gesellschaft der Freunde des neuen Rußland» war eine überparteiliche Vereinigung, sie bestand überwiegend aus linksliberaldemokratisch eingestellten bürgerlichen Intellektuellen, doch sie war zugleich eine Arena aufrichtiger Bündnispolitik der Kommunisten mit der fortschrittlichen Intelligenz; der kommunistische Journalist Erich Baron, seit 1924 Generalsekretär der Gesellschaft, meisterte sie mit außerordentlichem

Aus dem Arbeitsplan der Gesellschaft der Freunde des neuen Rußland:

1.
Einrichtung einer Geschäftsstelle (Informationsbüro), die zuverlässiges Material über die Verhältnisse in Rußland sammelt, Auskünfte erteilt und organisatorische Aufgaben übernimmt.

2.
Regelmäßige Zusammenkünfte der Mitglieder; Vortrags- und Diskussionsabende über Fragen der Wirtschaft, Technik, Wissenschaft, Erziehung, soziale Fürsorge, Rechtsprechung usw.

3.
Veranstaltung von Ausstellungen in Deutschland und Rußland wissenschaftlicher, technischer, wirtschaftlicher und künstlerischer Art; Aufführung russischer Bühnenwerke der neueren Zeit, Kunstabende, Lichtbildervorführungen usw.

4.
Herausgabe eines Organs für russische Kultur- und Wirtschaftsfragen.

5.
Einrichtung einer russisch-deutschen Bibliothek ... und einer Bibliothek über Rußland.

Deutschland–Sowjetunion. Aus fünf Jahrzehnten kultureller Zusammenarbeit, Berlin 1966, S. 110/111.

92 Siehe ebenda, S. 15.
93 Zit. in: Horst Schützler: Wissenschaftliche Beziehungen der Berliner Universität zur Sowjetunion in der Zeit der Weimarer Republik 1918 bis 1933. In: Forschen und Wirken, Bd. 1, S. 532.

Die Vortragsabende fanden meist im Plenarsaal des Preußischen Herrenhauses, im Lehrervereinshaus oder im kleinen Kreis im «Russischen Hof» statt und entwickelten sich «immer mehr zu dem Interessantesten, was Berlin an wissenschaftlicher Anregung bietet».
Das Wort, 25. Dezember 1924.

Albert Einstein
am 28. Januar 1921 in der «Iswestija»:
Ich bin völlig überzeugt, daß es für alle deutschen Wissenschaftler eine angenehme Pflicht ist, den russischen Kollegen entgegenzukommen ... Ich grüße die russischen Kollegen herzlich und verspreche, alles zu tun, was in meinen Kräften steht, um die Verbindungen zwischen den hiesigen und den russischen Wissenschaftlern herzustellen und zu erhalten.
Zit. in: Die Berliner Akademie der Wissenschaften in der Zeit des Imperialismus, Teil II, Berlin 1975, S. 133, Anm.

Feingefühl. Damit lud er den grimmigen Haß der Reaktion auf sich. In der Nacht des Reichstagsbrandes wurde er verhaftet und starb bereits am 26. April 1933 im Gefängnis Berlin-Plötzensee an den Folgen unmenschlicher Folterungen. Zu den Freunden des neuen Rußland zählten bekannte Berliner Wissenschaftler und Techniker wie Albert Einstein und Georg Graf von Arco und von der Universität unter anderem die Professoren Karl Stählin, Wilhelm Westphal und Oskar Vogt.

Die Gesellschaft verfügte über eine Reihe von Sektionen, die sich speziellen Gebieten des kulturellen Austausches widmeten. So pflegte in der Sektion Pädagogik das Berliner Zentralinstitut für Erziehung und Unterricht enge Beziehungen mit sowjetischen Pädagogen. Die von Graf Arco geleitete Sektion Technik und die sehr rege arbeitende Sektion Medizin hatten ebenfalls gute Kontakte. Auf medizinischem Gebiet war der Austausch besonders intensiv. In hohem Grade ist das ein Verdienst des unermüdlichen Volkskommissars Semaschko.[94] 1923 wurde bereits der Berliner Mediziner Max Kuczynski zu einer Gastprofessur nach Omsk berufen, im September des gleichen Jahres folgte Otto Lubarsch einer Einladung der Russischen Pathologischen Gesellschaft zum Pathologenkongreß in Petrograd. Unter den Ärzten, die an das Krankenbett Lenins gebeten wurden, befanden sich sieben deutsche Mediziner. Semaschko gab zusammen mit dem namhaften Berliner Kliniker Friedrich Kraus, dem Direktor der II. Medizinischen Klinik der Charité, von 1925 bis 1928 die «Deutsch-russische medizinische Zeitschrift» heraus, die in deutscher und russischer Sprache erschien.

Besonders aber stößt man bei der Durchmusterung der Beziehungen auf medizinischem Gebiet auf den Namen Oskar

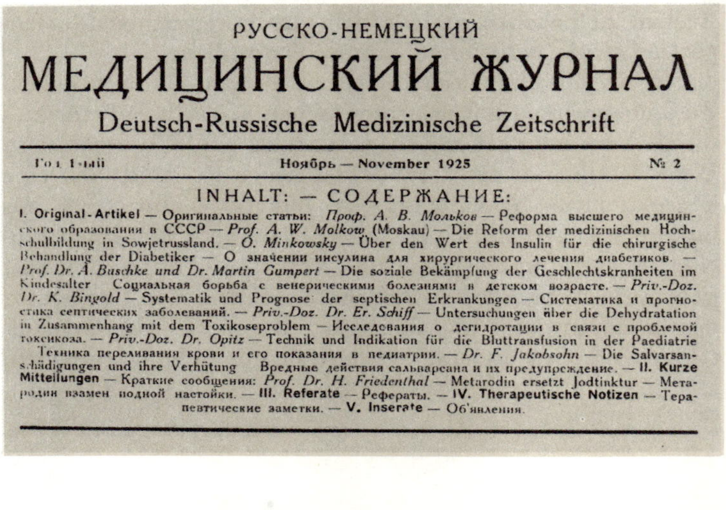

РУССКО-НЕМЕЦКИЙ
МЕДИЦИНСКИЙ ЖУРНАЛ
Deutsch-Russische Medizinische Zeitschrift

Год 1-ый — Ноябрь — November 1925 — № 2

INHALT: — СОДЕРЖАНИЕ:

I. Original-Artikel — Оригинальные статьи: *Проф. А. В. Мольков* — Реформа высшего медицинского образования в СССР — *Prof. A. W. Molkow* (Moskau) — Die Reform der medizinischen Hochschulbildung in Sowjetrussland. — *O. Minkowsky* — Über den Wert des Insulin für die chirurgische Behandlung der Diabetiker — О значении инсулина для хирургического лечения диабетиков. — *Prof. Dr. A. Buschke und Dr. Martin Gumpert* — Die soziale Bekämpfung der Geschlechtskranheiten im Kindesalter Социальная борьба с венерическими болезнями в детском возрасте. — *Priv.-Doz. Dr. K. Bingold* — Systematik und Prognose der septischen Erkrankungen — Систематика и прогностика септических заболеваний. — *Priv.-Doz. Dr. Er. Schiff* — Untersuchungen über die Dehydratation in Zusammenhang mit dem Toxikoseproblem — Исследования о дегидротации в связи с проблемой токсикоза. — *Priv.-Doz. Dr. Opitz* — Technik und Indikation für die Bluttransfusion in der Paediatrie Техника переливания крови и его показания в педиатрии. — *Dr. F. Jakobsohn* — Die Salvarsanschädigungen und ihre Verhütung Вредные действия сальварсана и их предупреждение. — II. Kurze Mitteilungen — Краткие сообщения: *Prof. Dr. H. Friedenthal* — Metarodin ersetzt Jodtinktur — Метародин взамен йодной настойки. — III. Referate — Рефераты. — IV. Therapeutische Notizen — Терапевтические заметки. — V. Inserate — Об'явления.

Deutsch-Russische Medizinische Zeitschrift Heft 2, 1925

Erich Baron
Aufnahme um 1925

N. A. Semaschko
Aufnahme um 1927

Vogt. Er gehörte der Kommission an, die die Verteilung der 2000-Dollar-Spende des sowjetischen Hilfskomitees für notleidende deutsche Gelehrte regelte, und er edierte, wie schon erwähnt, das Protokoll der Naturforscherwoche. Das Forscherehepaar Oskar und Cécile Vogt hatte mit seinen bahnbrechenden hirnanatomischen Untersuchungen internationalen Ruf erworben; Oskar Vogt als Direktor des Neurobiologischen Universitätsinstituts und des 1915 gegründeten KWI für Hirnforschung wurde daher der ehrenvolle Auftrag der Sowjetregierung zuteil, das Gehirn Lenins zu untersuchen.

Von allen deutschen Wissenschaftlerpersönlichkeiten, die damals so oder so in die Zusammenarbeit mit der Sowjetunion einbezogen waren, ist Vogt wahrscheinlich derjenige, dessen Wirken in der weiteren Entwicklung der sowjetischen Wissenschaft die tiefsten Spuren hinterlassen hat. Er hatte auch die Aufgabe, ein staatliches Hirnforschungsinstitut in Moskau aufzubauen, das nach der Rückkehr Vogts nach Berlin von seinen sowjetischen Schülern weitergeführt wurde und noch heute besteht. Seit 1925 arbeitete an Vogts KWI für Hirnforschung (nach Jahren ständig knapper Räume und Mittel erhielt dieses Institut übrigens 1928 in Berlin-Buch auf Kosten des Reiches und der Rockefeller Foundation einen angemessenen Neubau mit einer Forschungsklinik) der sowjetische Gastwissenschaftler Nikolai W. Timoféeff-Ressovsky, zunächst als Assistent, dann als Abteilungsleiter, und entwikkelte sich hier zu einem hervorragenden Genetiker.

Am Beginn der Entwicklung der deutsch-sowjetischen Wissenschaftsbeziehungen standen Erkundungsreisen einzelner

... alles wirklich Wertvolle aus der europäischen und amerikanischen Wissenschaft übernehmen – das ist unsere vorrangigste und wichtigste Aufgabe.
W. I. Lenin: Ein Löffel Teer in einem Faß voll Honig. In: Werke, Bd. 33, S. 354.

94 Siehe Karl-Heinz Karbe: Die Veröffentlichungen N. A. Semaškos in Deutschland über das sowjetische Gesundheitswesen. In: NTM, 1968, Heft 11, S. 79–100.

Wilhelm Westphal 1924: Ein jedes Hinübergreifen über die Grenzen des eigenen Landes enthält – bewußt und gewollt oder nicht – stets ein politisches Moment, ohne daß dabei eine parteipolitische Einstellung im Spiel zu sein braucht. ... So bin ich nie darüber im Zweifel gewesen, daß die Arbeit an der Wiederherstellung wissenschaftlicher Beziehungen zwischen Deutschland und Rußland zwar ihrer Natur nach Kulturarbeit sei und in der ganzen Art ihrer Betätigung auch nichts anderes sein könne und dürfe, aber letzten Endes in ihrer Auswirkung auch politisch sei. Und das – primär ungewollte – politische Ziel solcher Arbeit kann nur eines sein: der großen Aufgabe aller wahren europäischen Außenpolitik zu dienen, der europäischen Verständigung.
Zit. in: Horst Schützler: Wissenschaftliche Beziehungen der Berliner Universität zur Sowjetunion in der Zeit der Weimarer Republik 1918 bis 1933. In: Forschen und Wirken, Bd. I, Berlin 1960, S. 535.

Persönlichkeiten. Lenin selbst setzte sich noch dafür ein, daß sowjetische Wissenschaftler – insbesondere solche, die früher bei deutschen Kollegen gearbeitet oder studiert hatten – nach Deutschland fuhren, unterbrochene Kontakte wieder knüpften, moderne Geräte einkauften und den Bücher- und Schriftenaustausch in Gang brachten. So kamen Michail I. Nemenow, Joffe und Alexej N. Krylow nach Deutschland. Die Sowjetunion bemühte sich schon früh darum, den Kontakten eine systematische und dauerhafte Gestalt zu verleihen, und eröffnete im Jahre 1921 in Berlin ein «Büro für ausländische Literatur und Technik» (BINT) unter der Leitung von Nikolai M. Fedeorowski.

Deutsche Wissenschaftler fuhren zunächst individuell, in der Regel auf sowjetische Einladung ohne Auftrag offizieller deutscher Stellen, in das Sowjetland. Mit dem Rapallo-Vertrag trat hier auch auf deutscher Seite eine Wende ein. Lenin erkundigte sich, als er bereits schwer erkrankt war, mehrfach bei dem zu seiner Behandlung nach Moskau gerufenen Berliner Mediziner Georg Klemperer nach dem Echo des Vertrages in Deutschland und gab das große Interesse der Sowjetregierung daran zu erkennen, daß auf der Grundlage des Abkommens stabile und ergiebige Wissenschaftsbeziehungen zustande kommen mögen.[95]

Die vielbeachtete Reise nach Petrograd und Moskau, die der Berliner Experimentalphysiker Wilhelm Westphal im Rapallo-Jahr 1922 unternahm und bei der er unter anderem mit Sergej F. Oldenburg, dem ständigen Sekretar der russischen Akademie, Pokrowski, Nadeshda K. Krupskaja und Anatoli W. Lunatscharski sprach, hatte schon den Charakter einer offiziellen Sondierung, denn Westphal war nicht nur für die Universität, sondern zugleich für das preußische Kultusministerium tätig. Von nun an wurde häufig zwischen bevollmächtigten Vertretern von Organisationen verhandelt, und es kam zur Vereinbarung größerer Veranstaltungen und Gemeinschaftsvorhaben.[96]

Im März 1924 wurde in Moskau die deutsch-sowjetische Gemeinschaftsorganisation «Kultur und Technik» gegründet, die auch ein gewisses Interesse deutscher Industrieller fand. Auf deutscher Seite gehörten zu den Initiatoren unter anderem Graf Arco, Albert Einstein, der AEG-Direktor Deutsch sowie Conrad Matschoss, der Direktor des Vereins Deutscher Ingenieure, der 1925 in Moskau mehrere Vorträge hielt. 1929 veranstaltete diese Organisation in Moskau eine «Woche der deutschen Technik».

Für die Herausbildung normaler Akademiebeziehungen war die Teilnahme einer größeren deutschen Abordnung unter Leitung von Planck, der auch die Glückwunschadresse ver-

Teilnehmer einer Studienreise der «Arbeitsgemeinschaft zum Studium der sowjetischen Planwirtschaft» (Ar-Plan) in Charkow 1932
Die kapitalistische Weltwirtschaftskrise und ihre Auswirkungen weckten ein zunehmendes Interesse an einer systematischen Beschäftigung mit Fragen und Problemen der sowjetischen Planwirtschaft. Die Initiative zur Gründung einer derartigen Arbeitsgemeinschaft ging vorrangig von Otto Hoetzsch und Friedrich Lenz aus. Sekretär war der später von den Faschisten ermordete Dr. Arvid Harnack. Weitere Mitglieder waren unter anderem Alfred Meusel, Georg Mayer, Henryk Grossmann, Emil Lederer, Nikolaus Kelen und Alfred Grabowski.
In der ersten Reihe sitzend (von l. nach r.): Grossmann, Grabowski, Lenz, sowjetischer Teilnehmer, Harnack, sowjetischer Teilnehmer.

las, am sowjetischen Akademiejubiläum 1925 von wesentlicher Bedeutung. Einstein wurde bereits 1922 Korrespondierendes Mitglied, Planck (1926), Nernst (1926) und Wilamowitz-Moellendorff (1928) wurden Ehrenmitglieder der AdW der UdSSR. Die Berliner Akademie wählte unter anderem 1927 Oldenburg und 1928 Joffe zu Korrespondierenden Mitgliedern. Unter den verschiedenen imponierenden Gemeinschaftsunternehmen sei hier nur eines erwähnt, das in der Öffentlichkeit besondere Aufmerksamkeit erregte: die sowjetisch-deutsche Pamir-Expedition des Jahres 1928. Der Plan zu dieser Expedition stammte von dem Berliner Meteorologen und Akademiesekretar Heinrich von Ficker, sie wurde von Nikolai P. Gorbunow, der mehrere Jahre Lenins Sekretär gewesen war, geleitet, und unter den 65 Teilnehmern befand sich eine deutsche Gruppe unter Leitung des Geographen Willi Rickmers.

Alles in der Zusammenarbeit zwischen deutschen und sowjetischen Wissenschaftlern Erreichte wurde vom Hitlerfaschismus zertreten. Dennoch waren die Mühen nicht umsonst, denn es waren Ausgangspunkte für Traditionen entstanden, an die man beim antifaschistisch-demokratischen Neuaufbau im Jahr der Befreiung 1945 anknüpfen konnte.

Heinrich von Ficker über die sowjetisch-deutsche Pamir-Alai-Expedition im Sommer 1928:
Es hat keinen Streit und keine Mißverständnisse von Belang gegeben, und vor allem ist auch die Zusammenarbeit der sowjetrussischen und unserer deutschen Teilnehmer nicht nur reibungslos, sondern vertrauensvoll und freundschaftlich gewesen.
Deutsche Forschung, 1929, Heft 10, S. 17/18.

95 Siehe Günter Rosenfeld: Sowjetunion und Deutschland 1922–1933, S. 21.
96 Wilhelm Westphal: Gedanken zur Frage der deutsch-russischen Wissenschaftsbeziehungen. In: Das neue Rußland, 1925, Heft 3/4.

Wissenschaft unter dem braunen Stiefel 1933–1945

Deutschland ein Hort des
VERKAUFET ALLES KAUFET EIN SCHWERT!
GIB FÜR'S WHW.
GLEICHSCHALTUNG DES GEISTES
gegen den Bolschewismus
ICH VERBIETE

Die Errichtung des faschistischen Regimes im Januar 1933 war gegen alle progressiven Entwicklungen und Errungenschaften Berlins gerichtet und bedeutete den schwersten Rückschlag in der Geschichte der Stadt.
750 Jahre Berlin. Thesen, S. 48.

Sturz ins Dritte Reich

Diese Überschrift borgen wir uns von einem erfolgreichen Buch,[1] denn besser und genauer läßt sich nicht in Worte fassen, wie die Berliner Wissenschaftler in ihrer großen Mehrzahl jene Schicksalsschwelle überschritten oder, richtiger gesagt, wie sie von «geschichtlichen» Mächten, die sie weder verstanden noch beherrschten, über diese Schwelle gestoßen wurden. Sie hatten nicht vorausgesehen, was ihnen drohte, und sie wußten nicht, wie ihnen geschah.

So rollte denn am Abend des 10. Mai 1933 auf dem Berliner Opernplatz das gespenstische Spektakel ab, das den deutschen Intellektuellen vor Augen führen sollte, wo sich fortan ihr «Lebensraum» befand: unter den braunen Stiefeln der Nazibarbarei. Auf dem Scheiterhaufen – Abglanz des Reichstagsbrandes, mit dem die NSDAP den zügellosen antikommunistischen Mordterror einleitete, und Vorzeichen des Weltbrandes, den sie wenige Jahre später in Europa entzünden würde – ging Weltliteratur in Flammen auf: Voltaire neben Thomas Mann, Karl Marx neben Albert Einstein.

Der Ort war mit Bedacht gewählt. Die steinernen Humboldts vor der Universität gegenüber wären vor Scham in den Boden versunken, hätten sie ihre Sockel verlassen können. Waren das wirklich Studenten der von ihnen einst dem Feudalregime abgetrotzten und einem menschlichen Ideal der Persönlichkeitsbildung verpflichteten Universität, die das Beste in die Flammen warfen, was das deutsche Volk, was die Menschheit jemals gedacht hatte? Jawohl, sie waren es. Jene entfesselten Kleinbürger wollten nicht mehr das Volk Johann Wolfgang von Goethes und Albert Einsteins sein, sondern das Volk der blutrünstigen und gnadenlosen Eroberer, unter deren Schritt der Erdball erzitterte.

Diesen inszenierten Kontrast hoben auch die deutschen Antifaschisten hervor, die unter dem Eindruck der Ereignisse das 1933 in der Schweiz gedruckte «Braunbuch über Reichstagsbrand und Hitler-Terror» herausgaben:

«Das knisternde Feuer vor der Berliner Universität, der schwelende Rauch über den Köpfen einer chauvinistisch aufgepeitschten Menge, eine Ansprache des Reichspropagandaministers Göbbels – ein Schauspiel, das von dem hitlertreuen Berliner ‹12 Uhr-Blatt› in unbewusster Selbsterkenntnis ‹gespenstisch› genannt wird. Vergessen sind die schlechten Erfahrungen, welche die Unterdrücker aller Jahrhunderte mit ihren Scheiterhaufen gemacht haben! Die Gespenster des Mittelalters werden erweckt.»[2]

Doch diese Bücherverbrennung war nicht der Anfang der Faschisierung der Wissenschaft in Berlin; zwischen dem Fak-

Albert Einstein
wird aus Deutschland
vertrieben

kelzug am Abend des 30. Januar 1933, mit dem siegestrunkene SA-Kolonnen die Ernennung Adolf Hitlers zum Reichskanzler und damit den Beginn der faschistischen Diktatur feierten, und der Bücherverbrennung war Schlag auf Schlag ein ganzes Szenarium der «Gleichschaltung» abgerollt. Wie bei einer Generalstabsübung ging die Einnahme der wissenschaftlichen Bastionen vonstatten, mit einer Geschwindigkeit, die den Wissenschaftlern keine Zeit zum Nachdenken oder gar zum Widerstand lassen sollte. Betrachten wir einen kleinen Ausschnitt:[3]

Die Verbrennung aller Werke des deutschen fortschrittlichen Denkens durch Hitler kann keinen Augenblick vergessen machen, was die Menschheit in der Vergangenheit dem geistigen Leben Deutschlands zu verdanken hat. In den Flammen der Scheiterhaufen auf dem Berliner Opernplatz ist keineswegs die Fähigkeit Deutschlands, der Entwicklung der menschlichen Kultur zu dienen, verbrannt. Nie und nimmer sind Hitler, Goebbels, Göring und Rust die Vertreter des «wahren deutschen Geistes». Deutschlands wirklich grosse Schöpferkraft für den kulturellen Fortschritt ist in jenen Millionen Menschen begründet, die von dem Hitler-Regime als antifaschistische Arbeiter, Wissenschaftler, Künstler und Intellektuelle mit grausamer Härte verfolgt und geschlagen werden. In diesen Millionen ist die Fähigkeit Deutschlands verbürgt, in der Zukunft ein führendes sozialistisches Kulturland zu werden.
Braunbuch über Reichstagsbrand und Hitler-Terror, Basel 1933, Faksimile-Nachdruck Berlin 1980, S. 158–160.

1 Siehe: Sturz ins Dritte Reich. Historische Miniaturen und Porträts 1933/35, Leipzig/Jena/Berlin 1983.
2 Braunbuch über Reichstagsbrand und Hitler-Terror, Basel 1933, Faksimile-Nachdruck Berlin 1980, S. 156.
3 Siehe Wolfgang Schlicker/Joseph Glaser: Tendenzen und Konsequenzen faschistischer Wissenschaftspolitik nach dem 30. Januar 1933. In: Zeitschrift für Geschichtswissenschaft, 1983, Heft 10, S. 887.

Sammlungsaktion zur Bücherverbrennung im Mai 1933

«Deutsche Studenten marschieren wider den undeutschen Geist» Aufnahme von 1935
Unter dieser Losung wurde auch die Bibliothek des Instituts für Sexualwissenschaften in der Beethovenstraße von faschistischen Studenten verwüstet.

2.2. 1933
Der preußische deutschnationale Kultusminister Kaehler tritt zurück.

3.2.
Hitler äußert sich in einer internen Aussprache mit den Befehlshabern des Heeres und der Marine über die Ziele des Naziregimes und verspricht die «Ausrottung des Marxismus mit Stumpf und Stiel».

4.2.
Der «Alte Kämpfer» Bernhard Rust, Gauleiter von Südhannover-Braunschweig, wird Stellvertreter des Reichskommissars für das Land Preußen mit dem Geschäftsbereich Wissenschaft, Erziehung und Volksbildung.

10.2.
Hitler bekräftigt in einer Berliner «Programm»-Rede, daß er die Ausrottung des Marxismus beabsichtigt.

20.2.
Hitler versichert vor einem ausgewählten Kreis führender Mo-

nopolisten, daß es ihm um die totale Beseitigung des Marxismus gehe.

3.3.
300 Hochschullehrer setzen sich in einem Aufruf zur Reichstagswahl für das faschistische Regime ein.

11.3.
Bildung eines Reichsministeriums für «Volksaufklärung» und Propaganda unter Joseph Goebbels.

13.3.
Rust bezeichnet in einer Rede den «grundsätzlichen Personalwechsel» im preußischen Kultusministerium als wichtigen Schritt zur faschistischen Umgestaltung des Schul- und Hochschulwesens.

15.3.
Rust beruft den Altnazi Theodor Vahlen in die Wissenschafts-Unterabteilung des Ministeriums.

1.4.
Beginn des organisierten Boykotts der Nazistudenten an den Berliner Hochschulen gegen die jüdischen Dozenten und Professoren.

7.4.
Gesetz zur «Wiederherstellung des Berufsbeamtentums», das die generelle Grundlage schafft, Beamte (auch beamtete Ordinarien und ihnen Gleichgestellte) wegen antinazistischer bzw. nichtnazistischer Einstellung oder jüdischer Herkunft unverzüglich zu entlassen.

11.4.
Die erste Durchführungsverordnung zum Berufsbeamten-Gesetz legt fest, daß vordringlich alle Beamten zu entlassen sind, die der KPD und ihren «Hilfs- und Ersatzorganisationen» angehören.

12.4.
Rust erläßt ein neues preußisches «Studentenrecht», das für die Studenten die faschistischen «Rassen»- und «Führer»-Prinzipien einführt.

13.4.
In der Berliner Universität werden zwölf «Thesen wider den undeutschen Geist» angeschlagen; die Anweisung des Rektors, des bürgerlichen Juristen Eduard Kohlrausch, die Anschläge wieder zu entfernen, führt zu dessen Ersetzung durch einen Nazi.

21.4.
Rust wird offiziell als preußischer Minister für Wissenschaft, Kunst und Volksbildung eingesetzt.

22.4.
Das Reichsgesetz über die «Bildung von Studentenschaften» legt fest, daß zur «Deutschen Studentenschaft» nur noch voll

Aus den «Feuersprüchen» zur Bücherverbrennung am 10. Mai 1933 (für die Deutsche Studentenschaft vom Hauptamt für Aufklärung und Werbung der Deutschen Studentenschaft ausgegeben):
Gegen Klassenkampf und Materialismus/Für Volksgemeinschaft und idealistische Lebenshaltung
Marx, Kautsky

Gegen Gesinnungslumperei und politischen Verrat/Für Hingabe an Volk und Staat
F. W. Förster

Gegen seelenzerfasernde Überschätzung des Trieblebens/Für den Adel der menschlichen Seele
Freud'sche Schule
Zeitschrift Imago

Gegen Verfälschung unserer Geschichte und Herabwürdigung ihrer großen Gestalten/ Für Ehrfurcht vor unserer Vergangenheit
Emil Ludwig,
Werner Hegemann

Hildegard Brenner: Die Kunstpolitik des Nationalsozialismus, Hamburg 1963, S. 186.

Bericht des Nazi-Blattes «Der Angriff»: *«Energischer Griff in eine Giftküche». Deutsche Studenten räuchern das Institut für Sexualforschung aus.* Der Kreis X der Deutschen Studentenschaft besetzte gestern das «Institut für Sexualforschung», das von dem Juden Magnus Hirschfeld geleitet worden war. Dieses Institut, das sich ein wissenschaftliches Mäntelchen umzuhängen versucht hatte und während der 14jährigen marxistischen Herrschaft von den damaligen Machthabern immer protegiert worden ist, war, wie die Haussuchungen jetzt einwandfrei ergeben haben, eine einzige Brutstätte von Schmutz und Sudelei gewesen. Ein ganzer Lastwagen voll pornographischer Bilder und Schriften sowie Akten und Kartotheken sind beschlagnahmt worden … Mit einem Teil des vorgefundenen Materials wird sich die Kriminalpolizei befassen müssen, einen anderen Teil wird die Kundgebung öffentlich verbrennen.
Braunbuch über Reichstagsbrand und Hitler-Terror, S. 154.

eingeschriebene Studenten deutscher Abstammung und Sprache nach ehrenwörtlicher Bekundung ihrer «arischen» Abstammung gehören.

25.4.
Das «Gesetz gegen die Überfüllung der deutschen Schulen und Hochschulen» führt für die Zulassung den Numerus clausus ein und beschränkt die Anzahl der jüdischen Studenten auf ein verschwindend geringes Quantum.

28.4.
Die Führung der «Deutschen Studentenschaft» verlangt von ihren Mitgliedern an den Hochschulen die Denunziation aller politisch und rassisch verfemten bzw. unbequemen Hochschullehrer.

5.5.
Der Berliner Stadtkommissar Meinshausen erklärt in einem Vortrag zur Umgestaltung des Berliner Schulwesens: «Zur Judenfrage gilt das Wort: *Sentimentalität ist Volksverrat.*»

6.5.
Faschistische Horden verwüsten das von Magnus Hirschfeld geleitete Institut für Sexualwissenschaft in Berlin.

7.5.
Reichsminister Frick entwickelt sein Schulprogramm, in dem er unter anderem die zentrale Stellung des Geschichtsunterrichts über die beiden letzten Jahrzehnte sowie der «rassenkundlichen» und «erbgesundheitlichen» Aufklärung verkündet, die Erziehung zur «Wehrhaftigkeit» und zu «nordischer Tatkraft» als höchstes Ideal preist und erklärt: «Die staatsgefährlichen Vereine werden heute durchweg am offenen Auftreten und an einer offenen Arbeit unter den Schülern gehindert sein. Es ist aber anzunehmen, daß die bisherige Arbeit der Komm(unisten) und anderer staatsgefährlicher Gruppen unter der Schuljugend in versteckter Weise fortgesetzt wird. Es wird nötig sein, auch der versteckten politischen Propaganda staatsgefährlicher Elemente zu begegnen.»[4]

10.5.
Auf einer außerordentlichen Konferenz des Reichsinnenministeriums mit den Länder-Hochschulreferenten erläutert Rust das Programm der Faschisierung des Hochschulwesens im einzelnen: «Die Art, in der der Hochschulunterricht in Zukunft gestaltet werden wird, ist weniger intellektuell vermittelbar, sie muß intuitiv erfaßt werden. Das wichtigste dabei wird die gründliche Gewissensforschung sein … Unsere ‹Gleichschaltung› bedeutet, daß die neue deutsche Weltanschauung eine schlechthin gültige, die beherrschende Stellung … einnimmt. Das ist der Grund, aus dem heraus wir an den Neuaufbau des Hochschullehrkörpers gehen.»[5]
Am Abend des 10. Mai loderten die Flammen.

«Durch Licht zur Nacht» Fotomontage von John Heartfield aus der «Arbeiter-Illustrierten-Zeitung», 1938

Diese Zusammenstellung – sie erfaßt nur einen Teil der relevanten Ereignisse und ist auf Vorgänge von wissenschaftspolitischer Bedeutung in Berlin beschränkt – zeigt anschaulicher als ein durchgehender Bericht die enorme Forcierung des Faschisierungsprozesses im Bereich der Wissenschaft, beginnend mit der Universität und den Hochschulen. Das war eine psychologisch kalkulierte Strategie der «nationalsozialistischen Revolution»; das überhitzte Tempo der Ereignisse sollte bei allen nichtfaschistischen Intellektuellen (und die Naziführ-

4 Zit. in: Schulthess' Europäischer Geschichtskalender N. F., Jg. 49, 1933, München 1934, S. 126.
5 ZSTA Potsdam, RMdI Nr. 26925, Bl. 31.

rer waren sich durchaus darüber im klaren, daß die Masse der deutschen Intelligenz mit ihren Ideen nicht übereinstimmte, schon gar nicht aus Überzeugung) das Gefühl des unabwendbaren Ausgeliefertseins an eine übermächtige Gewalt erzeugen, der gegenüber Ergebung und Unterordnung die einzig mögliche Haltung war. Der Effekt der wissenschaftsspezifischen Maßnahmen wurde durch die allgemeine Atmosphäre zunehmenden Terrors, wachsender Unsicherheit und sich ausbreitenden Denunziantentums noch potenziert.

Die führenden Nationalsozialisten waren der Ansicht, daß der deutsche «Volkskörper» den Verlust eines erheblichen Teils seines Wissenschaftspotentials als Bedingung für die totale faschistische Formierung des restlichen Teils ohne weiteres verkraften könnte; sie waren zwar gerissene, aber keineswegs realistische Politiker. Ihre Hintermänner, die deutschen Monopolisten, verstanden zwar weitaus besser als die SS- und SA-Führer die Abhängigkeit der modernen Industrie von einer hochleistungsfähigen Wissenschaft, doch für sie war der Nazismus in der gegebenen historischen Situation ein so unentbehrlicher Garant ihrer Klassendiktatur, daß sie selbst eine empfindliche Einbuße an wissenschaftlicher Leistungsfähigkeit des Landes in Kauf nahmen; allerdings urteilten auch sie nicht realistisch, wenn sie glaubten, sie könnten auf die Dauer innerhalb der Konzernmauern ein Klima höchster wissenschaftlicher Effizienz aufrechterhalten, während der öffentliche Wissenschaftsbetrieb kastriert und gegängelt unter der Knute eines antiwissenschaftlichen Regimes dahinsiechte.

Die faschistische «Gleichschaltung» der Wissenschaft setzte zwar von Anfang an auf der ganzen Linie ein. Dennoch wurden vom Regime deutlich Schwerpunkte gesetzt. An allererster Stelle stand zunächst der Hochschulbereich; das Netz faschistischer Staats- und Parteiinstanzen, die einander ergänzten und durchdrangen, gelegentlich auch untereinander rivalisierten, wurde hier zuerst und am dichtesten ausgebaut, um die Erziehung eines der Nazipartei willenlos und ohne moralische Hemmungen ergebenen und für jede Untat einsetzbaren wissenschaftlichen Nachwuchses zu sichern, die dafür erforderlichen Kommandopositionen zu errichten und mit ergebenen Faschisten zu besetzen.

Hier hatten die Nazis, vor allem in Studentenkreisen, auch bereits aus der Weimarer Zeit relativ starke Positionen, auf die sie sich nunmehr stützen konnten. Wir hatten auf entsprechende Tatsachen aus der Berliner Universität hingewiesen; ähnliches läßt sich von der TH sagen. Man kann davon ausgehen, daß die Faschisten 1934/1935 das Hochschulnetz fest in der Hand hatten und über einen starken Mechanismus zu seiner Steuerung verfügten. Das änderte allerdings nichts daran,

Aus den 12 Thesen «Wider den undeutschen Geist», die am 13. April 1933 von Nazistudenten in der Berliner Universität angeschlagen wurden:

4.
Unser gefährlichster Widersacher ist der Jude …

5.
Der Jude kann nur jüdisch denken. Schreibt er deutsch, dann lügt er. Der Deutsche, der deutsch schreibt, aber undeutsch denkt, ist ein Verräter! …

6.
Wir wollen die Lüge ausmerzen, wir wollen den Verrat brandmarken …

7.
Wir wollen den Juden als Fremdling achten und wir wollen das Volkstum ernst nehmen.

Wir fordern deshalb von der Zensur:
Jüdische Werke erscheinen in hebräischer Sprache.
Erscheinen sie in deutsch, sind sie als *Uebersetzung* zu kennzeichnen …
Deutsche Schrift steht nur Deutschen zur Verfügung.
Der undeutsche Geist wird aus öffentlichen Bibliotheken ausgemerzt …
Die Deutsche Studentenschaft

Zit. in: Braunbuch über Reichstagsbrand und Hitler-Terror, S. 172.

Radiotypen
der dreißiger Jahre
Baujahr 1936 bis 1938
In den ersten Jahren des Naziregimes bemühten sich Rundfunktechniker und Technologen noch, auch zu einem relativ günstigen Preis leistungsfähige Geräte zu entwickeln. Doch bald mußten die Hersteller ihren Aufwand reduzieren und den «Einheits-Volksempfänger» (Abb. rechts, VE 301 W) fertigen. Zum Ausbau der Nazipropaganda wurde der «DKE» (links), von der Bevölkerung treffend «Goebbels-Schnauze» genannt, entwickelt; er wurde vorrangig in Gefängnissen und Konzentrationslagern in Zwangsarbeit hergestellt.

daß die Vertreibung Mißliebiger auch in den Folgejahren weiter fortgesetzt wurde – schon allein zu dem Zweck, die Furcht vor dem Terror immer wieder zu erneuern.

Die faschistische Eroberung und Durchdringung der Hochschulen schloß ein ganzes Bündel von Maßnahmen ein, die in folgenden Hauptrichtungen wirkten: Aufbau einer straffen faschistischen Kommandostruktur; Vertreibung von Wissenschaftlern und Studenten aus politischen und rassischen Gründen; feste Integration des verbleibenden Wissenschaftlerbestandes in das Nazisystem; zusätzliche Einschleusung zuverlässiger Faschisten in Schlüsselstellungen; Durchsetzung der Hochschulen mit faschistischer Ideologie durch die Etablierung von Nazi-Pseudowissenschaften wie Rassenkunde und -hygiene, Geopolitik und verschiedener Formen von Germanenkult.

Das Ministerium Rust, aber auch andere Länderministerien, taten sich hier besonders hervor, während es sich in weiteren Bereichen der Forschungslenkung gegenüber anderen Bereichen des faschistischen Machtapparates nicht durchsetzen konnte.[6] Der preußische Ministerpräsident Hermann Göring erklärte anläßlich der Annahme des Ermächtigungsgesetzes am 18. Mai 1933 im Preußischen Landtag unverhohlen, wie es an den Hochschulen weitergehen sollte: «Zunächst sind Maßnahmen für eine weltanschauliche Vereinheitlichung des preuß. Hochschulwesens eingeleitet worden. Es wird von der Auffassung ausgegangen, daß an preuß. Hochschulen nur deutsche Lehrer wirken sollen, die aus dem deutschen Volk hervorgegangen sind ... Es soll weit stärker die Führerverant-

6 Siehe: Die Berliner Akademie der Wissenschaften in der Zeit des Imperialismus, Teil III, Berlin 1979, S. 27.

Gleichschaltung
des Reichstages
Hitlers Rede im Reichstag
(Kroll-Oper)
am 17. Mai 1933

wortlichkeit herausgestellt werden ... Durch eine starke Einflußnahme des Staates auf die Auswahl der Privatdozenten wird die Verbundenheit des Geistes an den Hochschulen mit dem neuen Geiste des Volkes gleichfalls gefördert werden. Ebenso wird diese Förderung erreicht durch die stärkere Berücksichtigung der Vorgeschichte, der Rassenkunde, der Volkskunde, der politischen Pädagogik sowie die Berücksichtigung eines völkischen Staatsrechts und einer organischen Volkswirtschaftslehre.»[7]

Rust holte sich in sein Ministerium dafür geeignete Kader. Im März 1933 trat der Mathematiker und Ballistiker Theodor Vahlen seinen Dienst in der Wissenschafts-Unterabteilung des Ministeriums an. Vahlen war ein alter Faschist, der sich als NSDAP-Gauleiter von Pommern seine parteipolitischen Sporen verdient hatte und als Prorektor der Greifswalder Universität so provokatorisch aufgetreten war, daß selbst die zaghaften Behörden der Weimarer Republik nicht umhin konnten, ihn 1927 von seinem Amt zu suspendieren. Beiläufig bemerkt, zeigt die frühe Berufung eines Mannes wie Vahlen, der keine unbedeutende Randfigur in der Nazipartei war, in ein wissenschaftspolitisches Lenkungsorgan, daß das faschistische Regime von Beginn seiner Herrschaft an Wert darauf legte, diesen Bereich fest in die Hand zu bekommen.[8] Im Mai trat dann der Faschist Georg Gerullis an die Spitze der Gesamtabteilung für Kunst und Wissenschaft, Anfang Juli wurde schließlich der dem Zentrum angehörende Staatssekretär Aloys Lammers durch den Nazi Wilhelm Stuckart abgelöst, der später zu Frick in das Reichsinnenministerium ging.

An der Universität Berlin – wie auch an den anderen deutschen Universitäten und Hochschulen – gingen entspre-

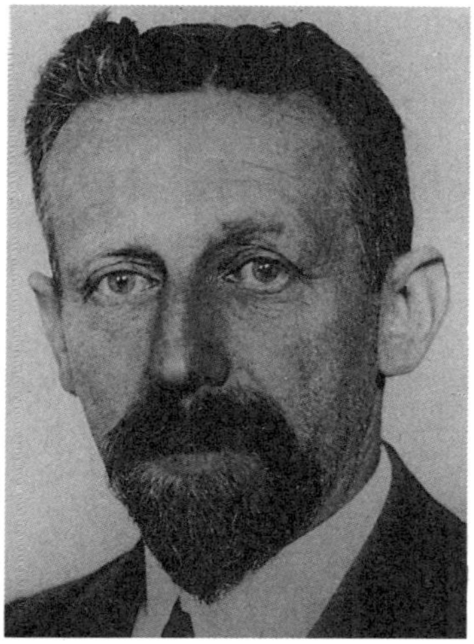

Eugen Fischer
Aufnahme um 1920

Carl Schmitt
Aufnahme um 1930

chende Veränderungen vonstatten. Große Schwierigkeiten bereitete es den Nazis nicht. Auch die «Machtübernahme» an der Universität war langfristig vorbereitet worden; nun brachten die braunen Machthaber die Früchte langjähriger chauvinistischer, militaristischer und «völkischer» Indoktrination ein. Nachdem das Vorgehen von Kohlrausch gegen die Thesen vom 13. April einen willkommenen Anlaß geschaffen hatte, ihn anläßlich der anstehenden Rektoratswahlen aus dem Amt zu drängen, wurde dem Rassisten und bekannten Anthropologen Eugen Fischer die Amtskette des Rektors der Berliner Universität umgehängt, der seinerseits Naziaktivisten in weitere Schlüsselpositionen lancierte.

Seit Januar 1934 war Ludwig Bieberbach sein Stellvertreter und Prorektor, ein begabter Mathematiker und überzeugter Nazi, der offenbar aus innerem Engagement auch Kleinarbeit nicht verschmähte; als ihn Fischer 1935 zu seinem Nachfolger vorschlug, da bescheinigte er ihm: «Er steht voll und ganz im nationalsozialistischen Geist auf seinem Posten und hat mit großer Entsagung neben seiner Amtsführung den einfachen SA-Dienst zuerst als Anwärter, dann als SA-Mann durchgeführt.»[9] Im Senat saßen weiterhin die Faschisten Vahlen für die Philosophische und Carl Schmitt für die Juristische Fakultät. Neue Namen tauchten im Lehrkörper auf, die nazistische Pseudowissenschaften vertraten. So wurde schon im Mai 1933 ein Institut für «Politische Pädagogik» eingerichtet und Alfred

7 Zit. in: Schulthess' Europäischer Geschichtskalender, 1933, S. 142.
8 Siehe Reinhard Siegmund-Schultze: Theodor Vahlen – zum Schuldanteil eines deutschen Mathematikers am faschistischen Mißbrauch der Wissenschaft. In: NTM-Schriftenreihe für Geschichte der Naturwissenschaften, Technik, Medizin (Leipzig), 1984, Heft 1, S. 17–32.
9 ZSTA Potsdam, RMEV, Nr. 70, Bl. 10 (Befürwortung der Kandidatur Bieberbachs durch die Nazipartei-Gauleitung Groß-Berlin, Gaufachschaft 12 an RMEV v. 6. 3. 1935).

Aus der Antrittsvorlesung des Berliner Ordinarius für politische Pädagogik Prof. Dr. Alfred Baeumler (10. Mai 1933):
Der Student steht heute … dem SA-Mann näher als irgendeinem Vertreter der akademischen Berufe, der durch die Hochschule der Vergangenheit hindurchgegangen ist …, was Nationalsozialismus geistig bedeutet: die Ersetzung des Gebildeten durch den Typus des Soldaten …
Alfred Baeumler: Männerbund und Wissenschaft, Berlin 1937, S. 139.

Baeumler, einem Intimus des prominenten NSDAP-Ideologen Alfred Rosenberg, übertragen, Oskar Ritter von Niedermayer lehrte «Wehrwissenschaften» und «Raumforschung». An der Medizinischen Fakultät machte sich anstelle der vertriebenen Sozialhygiene jetzt «Rassenhygiene» breit.

Othmar von Verschuer, später als «Rassenexperte» an SS-Verbrechen in Konzentrationslagern beteiligt, durfte nun Erbbiologie und Rassenhygiene lehren. Überhaupt gab es an dieser berühmten Fakultät mit ihren großen Traditionen nicht wenige üble Rassisten, wenn auch keinen, den man auch nur in irgendeiner Hinsicht wissenschaftliches Format zuschreiben könnte.

Für die faschistische «Gleichschaltung» der Studentenschaft sorgten eine Reihe eilfertig erlassener gesetzlicher Bestimmungen – wie die deutschen Faschisten überhaupt sehr bestrebt waren, mit der Produktion einer Fülle von Unrechtsgesetzen Willkür und Terror mit Paragraphen zu legalisieren. Das Anti-Überfüllungsgesetz vom 25. April 1933 schränkte den Anteil der «nichtarischen» Studenten auf höchstens anderthalb Prozent ein, mit einem Rust-Erlaß vom 29. Juni wurden Kommunisten auch formell vom Studium ausgeschlossen, und am 9. August dehnte der Minister schließlich das Verbot auch auf alle jene Studenten aus, «die sich in den letzten Jahren nachweislich in marxistischem, (kommunistischem oder sozialdemokratischem) oder sonst antinationalem Sinne aktiv betätigt haben».[10]

Die faschistische Disziplinierung der Studenten erfolgte im Rahmen der «Deutschen Studentenschaft», deren Bildung am 12. April für Preußen und am 22. April für das ganze Reichsgebiet befohlen wurde. Ihr «Führer» wurde Oskar Stäbel, der auch dem faschistischen Studentenbund vorstand. Wie alle Naziorganisationen funktionierte die Studentenschaft nach dem Prinzip von Befehl und blindem Gehorsam. Als ihr am 7. Februar 1934 eine sogenannte Verfassung diktiert wurde, hielt Hitler selbst eine Rede, und Minister Frick verkündete bei dieser Gelegenheit: «Die Deutsche Studentenschaft ist die Vertretung der Gesamtheit der Studenten. Sie steht dafür ein, daß die Studenten ihre Pflichten in Hochschule, Volk und Staat erfüllen. Vor allem hat sie die Studenten durch die Verpflichtung zum SA-Dienst und Arbeitsdienst und durch politische Schulung zu ehrbewußten und wehrhaften deutschen Männern und zum verantwortungsbereiten selbstlosen Dienst in Volk und Staat zu erziehen.»[11] Frick ließ nicht den mindesten Zweifel daran, daß von jedem Studenten die unbedingte und absolute Unterordnung unter die faschistische Diktatur gefordert war.

Fast noch günstiger für die Nazis gestaltete sich die Situa-

Studentenabordnung am Bismarck-Denkmal vor dem Reichstagsgebäude Aufnahme um 1935

tion an der TH Berlin, die «schon vor der Machtübernahme als eine Hochburg des Nationalsozialismus unter den deutschen Hochschulen» galt.[12] Bereits bei den Studentenratswahlen 1931/1932 hatte der Nationalsozialistische Studentenbund (NSDStB) über 60 Prozent der abgegebenen Stimmen auf sich vereinigen können. Bekannten sich 1932 im Lehrkörper von 410 Hochschullehrern und Assistenten erst 37 offen zur NSDAP, so waren es 1933 bereits 82. Im Jahre 1941 gehörten hier (unter den traditionell «unpolitischen» Technikern) schließlich fast zwei Drittel des Lehrkörpers der Nazipartei an. Die Parteiprominenz konnte sicher sein, an dieser Hochschule ein fanatisch Beifall spendendes Publikum vorzufinden, und eilte gern zu Kundgebungen in diese Lehrstätte, die ihr als Schule künftiger Rüstungstechniker besonderer Beachtung wert zu sein schien. Am 21. Februar 1933 sprach dort Rust, am 29. Juni Rosenberg, und am 1. Juli überbrachte anläßlich der Rektoratsübergabe an den Geodäten Otto Eggert sogar Göring selbst «in einer flammenden und begeisternden Ansprache der Hochschule den Dank für ihr Verhalten in der Kriegs- und Nachkriegszeit».[13]

Es nimmt nicht wunder, daß es an dieser Hochschule gar nicht erst des Rust-Erlasses bedurfte, kommunistische und sympathisierende Studenten zu entfernen, denn hier war «bereits durch Verfügung Nr. 2414 das Erforderliche veranlaßt»

10 Archiv der Humboldt-Universität Berlin, Kurator Nr. 766, Bl. 455.
11 Zit. in: Schulthess' Europäischer Geschichtskalender N. F., Jg. 50, 1934, München 1935, S. 63.
12 Ernst Storm: Die Technische Hochschule Berlin und ihre Entwicklung. In: Europäischer Wissenschaftsdienst, 5. April 1942, Heft 8, S. 4.
13 Ebenda, S. 5.

und die Studentenschaft zugleich aufgefordert worden, jede bekannt gewordene kommunistische Betätigung dem Rektor zu melden. Mit Beginn des Sommersemesters 1933 wurde der aktive Nazi Achim von Arnim zum Ordentlichen Professor für «Wehrverfassung» gemacht; ein Jahr darauf avancierte er zum ersten nationalsozialistischen Rektor der Hochschule. Schlüsselfigur des Aufbaus der Rüstungstechnik an der Hochschule war Karl Becker, Ordinarius für technische Physik, ab 1935 für Wehrtechnik, Physik und Ballistik. Sein Reich war die im Herbst 1933 gegründete «Fakultät für Allgemeine Technologie», deren 1935 erfolgte Umbenennung in «Wehrtechnische Fakultät» ihre eigentliche Bestimmung deutlich offenbarte. Becker war zugleich auch als General am Heereswaffenamt tätig, dessen Leitung er 1938 übernahm.

In der «Dozentenschaft» der Universitäten und Hochschulen fand eine zu den Verhältnissen in der Studentenschaft analoge faschistische Formierung und Disziplinierung des Lehrkörpers statt. An der Spitze der Dozentenschaft, für die 1933 der NS-Dozentenbund gegründet wurde, stand an jeder Hochschule ein «Führer», der – in Absprache mit den zuständigen NSDAP-Instanzen – vom Minister ernannt und dem Rektor als dem mit allen Vollmachten ausgestatteten «Führer» der Hochschule direkt unterstellt war. Die Zwangsorganisierung aller Hochschullehrer und Assistenten wurde durch weitere Maßnahmen ergänzt – so die neue Reichshabilitationsordnung, die jedem Habilitierten, wollte er einmal Dozent oder Professor werden, die Verpflichtung auferlegte, in einem sechswöchigen Dozentenlager «charakterliche» Befähigung zur Erziehung der Studenten im Sinne des Nationalsozialismus unter Beweis zu stellen.

Die derart «ausgelesene» Dozentenschaft sollte nicht nur die faschistische Unterjochung der Hochschulen sichern, sondern zugleich die Lücken ausfüllen, die die beispiellose faschistische Massenvertreibung von Wissenschaftlern gerissen hatte. Diese Vertreibung von Gelehrten war ein präzedenzloser Vorgang, durch den die Weltöffentlichkeit zuerst und massiv auf die Wissenschaftsfeindlichkeit und kulturelle Barbarei des deutschen Faschismus aufmerksam wurde. Rust erklärte auf einer Kundgebung mit faschistischen Studenten der Berliner Universität am 6. Mai 1933, auf der er seine Zuhörer zu weiteren Ausschreitungen gegen jüdische Professoren und Dozenten aufhetzte: «Seien wir nicht ungerecht sentimental, ich mußte einen Teil der deutschen Hochschullehrer ausschalten, auf daß die deutsche Hochschule wieder in der Synthese von Forschung und Führung der Jugend ihre Aufgabe erfüllen kann.»[14]

Die sogenannte Rechtsgrundlage dafür lieferte das im April

Aus dem Gesetz zur Wiederherstellung des Berufsbeamtentums. Vom 7. April 1933:

§ 1

Zur Wiederherstellung eines nationalen Berufsbeamtentums und zur Vereinfachung der Verwaltung können Beamte nach Maßgabe der folgenden Bestimmungen aus dem Amt entlassen werden, auch wenn die nach dem geltenden Recht hierfür erforderlichen Voraussetzungen nicht vorliegen …

§ 2

Beamte, die seit dem 9. November 1918 in das Beamtenverhältnis eingetreten sind, ohne die für ihre Laufbahn vorgeschriebene oder übliche Vorbildung oder sonstige Eignung zu besitzen, sind aus dem Dienst zu entlassen. Auf die Dauer von drei Monaten nach der Entlassung werden ihnen ihre bisherigen Bezüge belassen.

§ 3

(1) Beamte, die nichtarischer Abstammung sind, sind in den Ruhestand zu versetzen; soweit es sich um Ehrenbeamte handelt, sind sie aus dem Amtsverhältnis zu entlassen.

1933 erlassene Gesetz zur Wiederherstellung des Berufsbeamtentums. Danach konnten Beamte (und damit auch Ordinarien und ihnen Gleichgestellte) ohne Rücksicht auf bis dahin bestehende Rechtsbestimmungen «zur Wiederherstellung des Berufsbeamtentums» oder «zur Vereinfachung der Verwaltung» aus dem Amt gejagt werden. Das galt für jene, die ohne die vorgesehene Vorbildung seit 1918 eingestellt worden waren (Paragraph 2), also als Vertrauensleute des Weimarer «Systems» bzw. der sozialdemokratisch-bürgerlichen Parteienkoalitionen betrachtet wurden, sowie für alle, die entweder jüdischer Abstammung waren (Paragraph 3) oder, wie es hieß, «nach ihrer bisherigen politischen Betätigung nicht die Gewähr dafür bieten, daß sie jederzeit rückhaltlos für den nationalen Staat eintreten» (Paragraph 4). Daneben konnten Beamte jederzeit in andere Funktionen (Paragraph 5) oder vorzeitig in den Ruhestand versetzt werden (Paragraph 6). Einspruchsrecht gab es nicht. Alle Verfahren sollten bis zum 30. September 1933 abgeschlossen sein.

Auch im Bereich von Lehre und Forschung diente dieses Gesetz mit seinen dehnbaren Bestimmungen als Terrorinstrument, das je nach Wunsch und taktischem Vermögen eingesetzt werden konnte.

Die antikommunistische Stoßrichtung dieses Gesetzes zeigte sich bereits in der ersten Durchführungsverordnung vom 11. April, nach der vordringlich alle Beamten zu entlassen waren, die der KPD und ihren «Hilfs- und Ersatzorganisationen» angehörten. Nach der dritten Durchführungsverordnung vom 6. Mai waren davon alle Beamten (und Gleichgestellte) betroffen, die sich «in kommunistischem Sinne betätigt» hatten, auch wenn sie «nicht mehr der kommunistischen Partei» angehörten. Dem «Berufsbeamtengesetz» folgten weitere, meist eilig durchgepeitschte Bestimmungen.[15] Stäbel, der zuständige Reichs-Scharfmacher, verfügte Ende März 1933: «Ab 1. April stehen vor den Hörsälen und Seminaren der jüdischen Professoren und Dozenten Posten der Studentenschaft, die die Aufgabe haben, die deutschen Studenten vor dem Besuch solcher Vorlesungen und Seminare zu warnen ...»[16]

Ende April fordert er nochmals unverblümt dazu auf, Andersdenkende zu denunzieren und in den studentischen Gewaltakten noch über das im Berufsbeamten-Gesetz vorgesehene Maß hinauszugehen: «Die Studentenschaften haben alle Vorbereitungen zu treffen, um auf Anordnung des Führers

(2) Absatz 1 gilt nicht für Beamte, die bereits mit dem 1. August 1914 Beamte gewesen sind oder die im Weltkrieg an der Front für das Deutsche Reich oder für seine Verbündeten gekämpft haben oder deren Väter oder Söhne im Weltkrieg gefallen sind ...

§ 4

Beamte, die nach ihrer bisherigen politischen Betätigung nicht die Gewähr dafür bieten, daß sie jederzeit rückhaltlos für den nationalen Staat eintreten, können aus dem Dienst entlassen werden.

Reichsgesetzblatt, Teil 1, Jahrgang 1933, Nr. 34, Berlin 1933, S. 175-177.

14 Cuno Horkenbach: Das Deutsche Reich von 1918 bis heute, Bd. 1933, Berlin 1935, S. 203.

15 Siehe Wolfgang Schlicker/Joseph Glaser: Tendenzen und Konsequenzen faschistischer Wissenschaftspolitik nach dem 30. Januar 1933. In: Zeitschrift für Geschichtswissenschaft, 1983, Heft 10, S. 887.

16 Kennzeichen J. Bilder, Dokumente, Berichte zur Geschichte der Verbrechen des Hitlerfaschismus an den deutschen Juden 1933–1945. Hrsg. von Helmut Eschwege, Berlin 1981, S. 43.

Nobelpreisträger,
die aufgrund
faschistischer Repression
ihre Stellung in Berlin
aufgeben mußten
oder freiwillig aufgaben:
Albert Einstein
Akademie
der Wissenschaften
Nobelpreis 1921
Gustav Hertz
Technische Hochschule
Nobelpreis 1925
Erwin Schrödinger
Universität
Nobelpreis 1933
Eugen Wigner
Technische Hochschule
Nobelpreis 1963
Dennis Gabor
Technische Hochschule/
Siemens
Nobelpreis 1971
Fritz Haber
KWG
Nobelpreis 1918
Peter Debye
KWG
Nobelpreis 1936
Max Delbrück
KWG
Nobelpreis 1969
Boris Chain
Charité
Nobelpreis 1945

der D.(eutschen) St.(udentenschaft) einen wirksamen Boykott der Vorlesungen und Übungen von Hochschullehrern durchzuführen, deren Entfernung aus dem Amt durch den Staat nicht sofort möglich ist.»[17]

Für Studenten, die es dennoch wagen sollten, verfemte Lehrveranstaltungen zu besuchen, war auf echt nazistische Weise vorgesorgt. In dem Hörsaal, in dem der Berliner Zivilrechtler Martin Wolff las, waren beispielsweise auf dem Podium Fotografen postiert, die jeden im Hörsaal verbleibenden Studenten aufzunehmen drohten. Mit solchen Aktionen wurde das Ziel in kurzer Zeit erreicht. «Der faschistische Terror vertrieb schon 1933 Zehntausende von Menschen aus Deutschland, die aus politischen oder auch aus rassischen Gründen verfolgt wurden ...»[18] Darunter war ein bedeutendes Kontingent von Wissenschaftlern. Bereits Mitte 1933 waren nach Angaben des Londoner Academic Council über 750 Wissenschaftler als politische Gegner des Naziregimes oder als «Nichtarier» entlassen worden. Im weiteren wurden insgesamt über 2000 Gelehrte – etwa ein Drittel der hauptamtlichen deutschen Hochschullehrer – ihrer Ämter enthoben oder zur «freiwilligen» Aufgabe ihrer Positionen genötigt, weil sie «nicht geeignet» oder «nicht arisch» waren und auch sonst «nicht die Gewähr für rückhaltloses Eintreten für den nationalsozialistischen Staat» boten.

Die Mehrzahl der entlassenen Wissenschaftler, oft Spitzenvertreter ihrer Fachgebiete, emigrierte ins Ausland. Manche, wie Schrödinger, gingen auch von selbst, ohne unmittelbar persönlich gefährdet zu sein, weil sie die Luft in diesem Deutschland nicht mehr atmen konnten, oder kehrten, wenn sie sich wie Einstein zur Zeit der faschistischen Machtergreifung zufällig im Ausland befanden, aus dem gleichen Grund nicht mehr in die Heimat zurück. Andere sahen für sich keinen Ausweg mehr und wurden in den Freitod getrieben. Viele der in Deutschland verbliebenen Wissenschaftler – so der Berliner Theaterwissenschaftler Max Herrmann und der Mitbegründer der Berliner «Gesellschaft für empirische Philosophie» Kurt Grelling – fielen später der faschistischen Massenvernichtung zum Opfer.

Das wissenschaftliche Leben Berlins war in ganz besonderem Maße von diesem akademischen Massenexodus betroffen. Allein an der Berliner Universität wurde aufgrund des Berufsbeamtengesetzes 234 Wissenschaftlern die Lehrbefugnis entzogen; sie verlor so – wir greifen wahllos einige der bekanntesten Namen heraus – den Soziologen Heinrich Cunow, den Parteienhistoriker Gustav Mayer, den Physiker Peter Pringsheim, den Pathologen Max Kuczynski, den Gynäkologen Bernhard Zondek, den Internisten Julius Citron, den theoretischen Physiker Fritz London, den Philosophen Hans Reichenbach, den Kolloidchemiker Herbert Freundlich, den Physiker Leo Szilard. Hinzu kamen fast 100 Wissenschaftler der TH und ein nicht mehr exakt zu bestimmender Personenkreis aus anderen Wissenschaftseinrichtungen und aus der Berliner Industrie.

Der quantitative Anteil der Reichshauptstadt am Gesamtverlust der deutschen Wissenschaft kann auf etwa 20 Prozent beziffert werden. Auch wenn es möglich ist, die Anzahl der vertriebenen Personen ungefähr anzugeben, so ist es doch ganz ausgeschlossen, die qualitative Einbuße zu ermessen, die die Wissenschaft in Berlin mit der Vertreibung oder der freiwilligen Emigration so herausragender Gelehrter wie Richard von Mises, Wolfgang Koehler und Georg Schlesinger erlitten hat. Fruchtbare Forschungsrichtungen rissen gänzlich ab, ganz große Gebiete wurden einem unaufhaltsamen Niedergang ausgesetzt.

Oder nehmen wir ein anderes Beispiel: Von 1932 bis 1937 arbeitete bei Lise Meitner in der Abteilung Kernphysik des KWI für Chemie in Berlin ein junger, damals noch wenig bekannter Physiker, Max Delbrück. Ihm war es bestimmt, einen entscheidenden Schritt auf dem Weg der Herausbildung der Molekulargenetik zu tun. Dieser Weg begann in Berlin, in einem kleinen Diskussionskreis, dessen wichtigste Teilnehmer der Genetiker Timoféeff-Ressovsky und der Experimentalphysiker K. G. Zimmer waren. Dieser Diskussionskreis sollte nicht zuletzt als Kompensation für die Abstumpfung des offiziellen wissenschaftlichen Lebens unter dem Naziregime dienen. Delbrücks Arbeiten führten zu einer ganz neuen Auffassung über das Gen und die Genmutation[19], doch er vollendete sie erst in den USA, in die er vor Ausbruch des zweiten Weltkrieges emigrierte, weil ihm die Verhältnisse in Berlin unerträglich wurden. Delbrück war übrigens nicht der einzige künftige Nobelpreisträger, der Berlin verließ. Auch Eugen Wigner und Boris Chain nahmen diesen Weg. Gewiß, man soll mit historischen Tatsachen nicht spekulieren. Aber es ist nicht undenkbar, daß die Wiege der Molekulargenetik in Berlin gestanden hätte – vorausgesetzt, Max Delbrück wäre in Berlin geblieben und in Berlin hätte eine geistige Atmosphäre bestanden, die eine solche wissenschaftliche Großtat begünstigt hätte.

Die einmalige schöpferische Atmosphäre, das besondere kulturelle Klima der Berliner Wissenschaft, das sich auch un-

Unter den Opfern der Naziregierung finden wir den Nobelpreisträger *Fritz Haber*. Haber, das Haupt einer grossen Schule von Chemikern, war bereits vor dem Krieg eine wissenschaftliche Kapazität ersten Ranges.
Er hat das erste brauchbare Verfahren zur Gewinnung von Stickstoff aus Luft ausgearbeitet. Er ist alles andere als ein Pazifist. Haber hat durch seine Erfindungen dem wilhelminischen Deutschland im Weltkriege grosse Dienste geleistet. Sein Name verkörpert *die höchste Entwicklung der modernen deutschen Chemie.* Mit Recht bemerkte die «Times» (4. Mai 1933), dass es eine Ironie der Geschichte sei, wenn die Nazis den Mann (Haber) zum Rücktritt «zwingen», dem Deutschland wahrscheinlich mehr als jedem andern zu verdanken hat, dass es vier Kriegsjahre durchhalten konnte.
Braunbuch über Reichstagsbrand und Hitler-Terror, S. 149.

17 Vossische Zeitung, 28. April 1933, Abendausgabe, S. 2.
18 Klassenkampf, Tradition, Sozialismus, Berlin 1974, S. 447.
19 Siehe dazu ausführlich: Intensivierung der Forschung. Bedingungen – Faktoren – Probleme. Hrsg. von Günter Kröber/Lothar Läsker/Hubert Laitko, Berlin 1984, S. 273–292.

ter fragwürdigen gesellschaftlichen Verhältnissen erhalten hatte – diese unwägbare und doch sehr reale Qualität des geistigen Schaffens haben die deutschen Faschisten vernichtet. Das war der schwerste und nachhaltigste Schlag, den die Nazibarbarei gegen die Wurzeln der Wissenschaft führte. Das Inferno der militärischen Zerstörung der Hauptstadt, das die Faschisten im vermessenen Wahn, die von der Vorsehung bestimmten Herren der Welt zu sein, mutwillig heraufbeschworen, war die gesetzmäßige Konsequenz jener Zerstörung der Humanität, die sie vom ersten Tag an mit barbarischer Folgerichtigkeit betrieben. Zerstörte wissenschaftliche Institutionen lassen sich wieder aufbauen, auch Talente wachsen nach – doch eine Atmosphäre höchster wissenschaftlicher Kreativität ist das Werk vieler Generationen, sie ist ein Wert, der schwer zu schaffen, doch leicht zu vernichten ist.

Der Kapitalismus, dessen extremste Herrschaftsform der Faschismus war, untergrub damit eine geistige Tradition, die er in seiner historischen Aufstiegsphase selbst hervorgebracht hatte. Der deutsche Faschismus, dessen äußere Irrationalität so viele Wissenschaftler bestürzte, war doch alles andere als der unbegreifliche Einbruch des Irrationalen in eine wohlgeordnete Welt – aus der Zuspitzung der inneren Widersprüche des Monopolkapitalismus in der Weimarer Republik war er hervorgegangen, und die Berliner Wissenschaftler verstanden in ihrer Mehrzahl diese Gefahr nicht, weil sie das Wesen jener Widersprüche nicht durchschauten.

Mit der Errichtung der faschistischen Diktatur, im Auftrag und mit dem Segen des Großkapitals, begann der unaufhaltsame Niedergang der Berliner Wissenschaft, der erst mit der Zerschlagung des Faschismus selbst beendet wurde.

Max Planck in der Plenarsitzung der Berliner Akademie am 11. Mai 1933:
Ich glaube im Sinne meiner akademischen Fachkollegen sowie auch der überwältigenden Mehrheit aller deutschen Physiker zu sprechen, wenn ich sage: Herr Einstein ist nicht nur einer unter vielen hervorragenden Physikern, sondern Herr Einstein ist der Physiker, durch dessen in unserer Akademie veröffentlichte Arbeiten die physikalische Erkenntnis in unserem Jahrhundert eine Vertiefung erfahren hat, deren Bedeutung nur an den Leistungen Johannes Keplers und Isaac Newtons gemessen werden kann.
Es liegt mir vor allem deshalb daran, dies auszusprechen, damit nicht die Nachwelt einmal auf den Gedanken kommt, daß die akademischen Fachkollegen Herrn Einsteins noch nicht im Stande waren, seine Bedeutung für die Wissenschaft voll zu begreifen.
Zit. in: Albert Einstein in Berlin, 1913–1933, Teil I, Berlin 1979, S. 267.

Zerstörung eines Wunders: Abgesang der großen Berliner Physik

In den vorhergehenden Kapiteln war die Berliner Physik ein wenig unser Lieblingskind. Sie war wohl das überzeugendste Beispiel einer jahrzehntelang unvermindert blühenden wissenschaftlichen Hochkultur. Jetzt bleibt uns die traurige Pflicht, zu berichten, wie der deutsche Faschismus diese kostbare Blüte vernichtete. Die Ereignisse, die damit verbunden waren, enthüllten abgrundtiefe Gegensätze in Charakter und Gesinnung, die im Alltag der Weimarer Jahre unter der Decke des normalen, konzilianten Umgangs unter Kollegen nur selten und nur andeutungsweise an die Oberfläche getreten waren und eigentlich nur einmal, auf dem Gipfelpunkt der Anti-Ein-

stein-Kampagne, ihre Brisanz ahnen ließen. Sie offenbarten die Gewissenlosigkeit ebenso wie den Mut des Gewissens.

Seit er in Berlin seinen Wohnsitz genommen hatte, war Albert Einstein das kräftige, ewig unruhige Herz der Berliner Physik – in seinen politischen Ansichten, in seinen philosophischen Überzeugungen, in seinen Auffassungen von den Grundbegriffen der Physik oft zum Widerspruch herausfordernd, dabei aber in seiner Größe und Einmaligkeit stets geachtet und respektiert. Der Machtantritt der Nazis überraschte ihn während eines langfristigen Arbeitsaufenthaltes in den USA. Mit äußerster Besorgnis verfolgte er die Nachrichten über die Geschehnisse in Deutschland, und als es ihm zur Gewißheit geworden war, daß die Nazis die unbarmherzige Jagd auf alle fortschrittlich Denkenden und auf alle Bürger jüdischer Abstammung eröffnet hatten, zögerte er nicht, Anfang März in New York eine Erklärung abzugeben, in der er sagte, er könnte nur unter Bedingungen der Toleranz, Freiheit und Gleichheit leben: «Diese Bedingungen werden gegenwärtig in Deutschland nicht erfüllt. Es werden dort diejenigen verfolgt, die sich um die Pflege internationaler Verständigung besonders verdient gemacht haben, darunter einige der führenden Künstler. ... Ich hoffe, daß in Deutschland bald gesunde Verhältnisse eintreten werden und daß dort in Zukunft die großen Männer wie Kant und Goethe nicht nur von Zeit zu Zeit gefeiert werden, sondern daß sich auch die von ihnen

Albert Einsteins letzter Vortrag in Berlin am 16. Oktober 1932
Der Vortrag in der Berliner Philharmonie war zugunsten notleidender Studenten veranstaltet worden. Im Herbst 1932 folgte Einstein einer Berufung nach Princeton und siedelte für immer nach Amerika über.

gelehrten Grundsätze im öffentlichen Leben und im allgemeinen Bewußtsein durchsetzen.»[20]

Das Echo, das diese Erklärung in der Welt fand, schreckte die um ein außenpolitisches Alibi bemühten Nazibehörden auf. Sie übten unverzüglich Druck auf die Berliner Akademie aus, um sie zu einer Verurteilung und möglichst zum Ausschluß ihres «renitenten» Mitgliedes zu veranlassen. Von Ficker als Vorsitzender Sekretar mußte Einstein am 18. März 1933 zu einer schriftlichen Stellungnahme auffordern. Einstein verhinderte einen groß aufgezogenen Akademieausschluß, indem er am 28. März die Akademie von der Niederlegung seiner Mitgliedschaft informierte.

Die Akademiker wollten sich mit diesem Stand der Dinge begnügen; die Rust-Leute aber wollten die Gelegenheit ausschlachten, um ein erstes Exempel faschistischer Disziplinierung der Akademie zu statuieren. «Seinem verehrten Lehrer *Planck* hat *Laue* es niemals ganz verziehen, daß er den Schwierigkeiten, die der Fall *Einstein* über die Akademie brachte, durch eine Reise aus dem Wege ging. Als die ersten Nachrichten, die den Konflikt ankündigten, *Planck* in München erreichten, wo er sich auf der Durchfahrt nach Italien aufhielt, hätte er – so meinte *Laue* – unverzüglich nach Berlin zurückkehren müssen, um als der zuständige und verantwortliche Sekretar zur Stelle zu sein. Statt dessen reiste er nach Sizilien weiter, und so lag die Führung der Akademie in den entscheidenden Stunden in den Händen des Rechtswissenschaftlers *Ernst Heymann* ...»[21] Doch auch Plancks Widerstandskraft hatte Grenzen, wahrscheinlich konnte er so schnell nicht verarbeiten, was da überraschend über ihn hereingebrochen war, und in der Folgezeit bewies er – schon hoch in den Jahren – mehr Mut und Standhaftigkeit gegenüber den Anmaßungen der Faschisten als die meisten seiner Akademiekollegen.

Schreiben Max Plancks an den Vorsitzenden Sekretar Heinrich von Ficker vom 31.3.1933:
Für Sie selber, lieber Herr Kollege, möchte ich noch hinzufügen, daß mich die Eröffnung eines förmlichen Ausschlußverfahrens gegen Einstein in die schwersten Gewissenskonflikte bringen würde. Denn wenn mich auch in politischer Beziehung eine abgrundtiefe Kluft von ihm trennt, so bin ich auf der anderen Seite vollkommen sicher, daß in der Geschichte der kommenden Jahrhunderte der Name Einstein als eines der glänzendsten Gestirne gefeiert werden wird, die je in unserer Akademie geleuchtet haben.
ZSTA Merseburg, Rep. 76 Vc, Sekt. 2, TH. 23, LiH. F Nr. 2, Bd. 16, Bl. 20.

Jedenfalls war Heymann der einzige Sekretar der Akademie, der am Abend des 31. März erreichbar war. Heymann war nach den Worten von Laue ein «Schlappschwanz», bestrebt, dem Naziregime in allen Dingen gefällig zu sein. Die ganze Nacht bastelte er an einer offiziellen Akademieerklärung, damit sie am nächsten Morgen zum Tag der Eröffnung des ersten reichsweiten Judenboykotts rechtzeitig auf den Redaktionstischen der großen Tageszeitungen lag. In diesem Dokument der Würdelosigkeit hieß es: «Die Preußische Akademie der Wissenschaften hat mit Entrüstung von den Zeitungsnachrichten über die Beteiligung Albert Einsteins an der Greuelhetze in Amerika und Frankreich Kenntnis erhalten ... Die Preußische Akademie der Wissenschaften empfindet das agitatorische Auftreten Einsteins im Auslande um so schwerer, als sie und ihre Mitglieder seit alten Zeiten sich aufs engste mit dem preußischen Staate verbunden fühlt und bei aller gebotenen strengen Zurückhaltung in politischen Fragen den nationalen Gedanken stets betont und bewahrt hat. Sie hat aus diesem Grunde keinen Anlaß, den Austritt Einsteins zu bedauern.»[22] Diese Erklärung ging in die Öffentlichkeit, ohne daß zuvor die Zustimmung der anderen Sekretare oder des Plenums eingeholt worden wäre.

Von Laue erreichte, daß für den 6. April eine außerordentliche Sitzung des Akademieplenums einberufen wurde. Mit seinem Vorschlag, die Akademie sollte vor der Öffentlichkeit ein Bekenntnis zu Einstein ablegen, kam er allerdings gegenüber der Kapitulantenstimmung der Mitgliedermehrheit nicht durch. Feige billigte das Plenum nachträglich das eigenmächtige Vorgehen Heymanns, und Laue konnte lediglich die Aufnahme einer Notiz in das Protokoll veranlassen: «Auf Wunsch des Herrn v. Laue wird festgestellt, daß kein Mitglied der physikalisch-mathematischen Klasse Gelegenheit gehabt hat, an der Erklärung der Akademie vom 1. April 1933 mitzuwirken.»

Allerdings ließ sich die Stimme des Anstands und des Gewissens nicht gänzlich unterdrücken. Auf der Plenartagung am 6. April wurden Schreiben des Physikers Laue und des Botanikers Haberlandt verlesen, in denen die Verfasser gegen das bisherige Vorgehen der Akademieleitung gegenüber Einstein Protest einlegten. Aus dem Protokoll des Plenums vom 27. April geht hervor, daß sich auch Nernst gegen die profaschistischen Bekundungen von Bieberbach und Heymann verwahrte. Am 11. Mai schließlich – dem Tag nach der Bücherverbrennung – brachte Planck als turnusmäßiger Vorsitzender Sekretar die Zivilcourage auf, die Leistungen von Einstein in ihrer Bedeutung für die Vertiefung der physikalischen Erkenntnis mit denen Keplers und Newtons auf eine Stufe zu stellen. Der Öffentlichkeit blieb diese interne Ehrenrettung unbekannt – für sie existierte nur der beschämende Heymann-Text.

Für Einstein war damit das Band zwischen ihm und den deutschen wissenschaftlichen Institutionen unwiderruflich zerrissen. Tief enttäuschte ihn der eilfertige Konformismus, mit dem die deutschen Gelehrten das Naziregime ihrer Dienstwilligkeit versicherten oder sich bestenfalls in die risikolose «innere Emigration» zurückzogen, und er konnte sich fortan darüber nur noch sarkastisch äußern. Den vom Faschismus Verfolgten aus dem Dritten Reich reichte er immer seine helfende Hand, aber mit Deutschland wollte er nichts

Einsteins Trennung von der Berliner Akademie der Wissenschaften 1933: Die Akademie hat mir 19 Jahre lang die Möglichkeit gegeben, mich frei von jeder beruflichen Verpflichtung wissenschaftlicher Arbeit zu widmen. Ich weiß, in wie hohem Maße ich ihr zu Dank verpflichtet bin. Ungern scheide ich aus ihrem Kreise auch der Anregungen und der schönen menschlichen Beziehungen wegen, die ich während dieser langen Zeit als ihr Mitglied genoß und stets hoch schätzte.
Die durch meine Stellung bedingte Abhängigkeit von der Preußischen Regierung empfinde ich aber unter den gegenwärtigen Umständen als untragbar.
Zit. in: Albert Einstein in Berlin, S. 246.

20 Albert Einstein: Mein Weltbild. Hrsg. von C. Seelig, Frankfurt a. M./Berlin (West) 1963, S. 81.
21 Friedrich Herneck: Max von Laue, Leipzig 1979, S. 58/59.
22 Albert Einstein in Berlin, 1913–1933, Teil I. Hrsg. von Christa Kirsten/Hans-Jürgen Treder, Berlin 1979, S. 248.

mehr zu tun haben. Als ihn der Faschist Frick im April 1934 der deutschen Staatsangehörigkeit verlustig erklärte, da hatte er sich von diesem Deutschland längst innerlich abgewandt.

Nach der Zerschlagung des Hitlerfaschismus wurde im Westen Deutschlands unter der Leitung von Otto Hahn in Nachfolge der ehemaligen KWG die «Max-Planck-Gesellschaft zur Förderung der Wissenschaft» aufgebaut. Hahn wandte sich Ende 1948 an Einstein mit der Bitte, er möge der Gesellschaft als Auswärtiges Wissenschaftliches Mitglied beitreten. Einstein entgegnete ihm: «Ich empfinde es schmerzlich, daß ich gerade Ihnen, d. h. einem der Wenigen, die aufrecht geblieben sind und ihr Bestes taten während dieser bösen Jahre, eine Absage senden muß. Aber es geht nicht anders. Die Verbrechen der Deutschen sind wirklich das Abscheulichste, was die Geschichte der sogenannten zivilisierten Nationen aufzuweisen hat. Die Haltung der deutschen Intellektuellen – als Klasse betrachtet – war nicht besser als die des Pöbels. Nicht einmal Reue und ehrlicher Wille zeigt sich, das Wenige wieder gut zu machen, was nach den riesenhaften Morden noch gut zu machen wäre. Unter diesen Umständen fühle ich eine unwiderstehliche Aversion dagegen, an irgend einer Sache beteiligt zu sein, die ein Stück des deutschen öffentlichen Lebens verkörpert, einfach aus Reinlichkeitsbedürfnis.»[23]

Während Einstein ein linker bürgerlicher Demokrat und Humanist mit bestimmten Affinitäten zum Sozialismus war, stand Fritz Haber, der langjährige Direktor des KWI für Physikalische Chemie und Elektrochemie, am anderen Ende der politischen Skala. Er war ein eingeschworener Nationalist, und bekanntlich hatte er es nicht nur bei Lippenbekenntnissen belassen. Doch eines hatte er mit Einstein gemeinsam – die jüdische Abkunft, die früher kaum jemand beachtet hatte

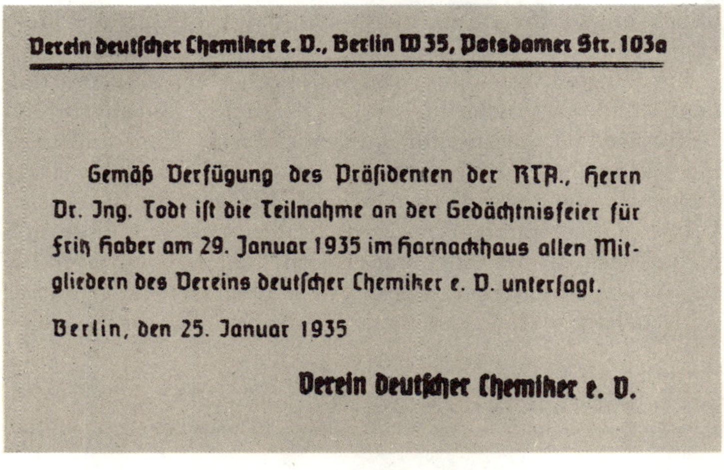
Verein deutscher Chemiker e. V., Berlin W 35, Potsdamer Str. 103a

Gemäß Verfügung des Präsidenten der RTA., Herrn Dr. Ing. Todt ist die Teilnahme an der Gedächtnisfeier für Fritz Haber am 29. Januar 1935 im Harnackhaus allen Mitgliedern des Vereins deutscher Chemiker e. V. untersagt.

Berlin, den 25. Januar 1935

Verein Deutscher Chemiker e. V.

Anordnung des Vereins deutscher Chemiker über die Teilnahme an der Gedächtnisfeier für Fritz Haber 1935 und die unter den neuen Machthabern nun plötzlich lebensentscheidende Bedeutung gewann. Als Habers Abteilungsleiter Herbert Freundlich und Michael Polanyi gehen mußten, da bewies er so viel Integrität, die demagogisch angebotenen einstweiligen Vergünstigungen für «Frontkämpfer» im ersten Weltkrieg nicht in Anspruch zu nehmen und in einem Schreiben an Rust vom 30. April 1933 seinen Direktorenposten zur Verfügung zu stellen. Ein Jahr später starb Haber, der bereits nach England emigriert war, auf einer Reise in die Schweiz. Habers solidarische Haltung mit seinen verfolgten Mitarbeitern war ein wesentlicher Grund dafür, daß ihm die Berliner Akademie im Juni 1934 eine Gedächtnisfeier widmete. In der KWG war eine Gedenkveranstaltung zu seinem einjährigen Todestag am 29. Januar 1935 nur gestattet «als eine rein interne und private Feier ..., über die in der Tagespresse aus einleuchtenden Gründen nicht berichtet werden darf».[24]

Der Fall Haber zwingt zu der Frage, welchen Sinn die Verfolgung «Fremdrassiger» für das herrschende deutsche Monopolkapital eigentlich hatte, wenn sie selbst Personen traf, die ihm rückhaltlos ergeben waren und ihm wertvolle Dienste geleistet haben.[25]

Gar zu leicht verfallen bürgerliche Autoren dem Gedanken, der Antisemitismus der Nazis wäre so etwas wie ein Ausbruch reiner Irrationalität ohne jede erkennbare politische Funktion gewesen. Wie es sich tatsächlich verhielt, wird aus der Antwort deutlich, die Planck von Hitler erhielt, als er sich anläßlich seines offiziellen Antrittsbesuches als KWG-Präsident am 16. Mai 1933 für Haber verwendete. Planck gibt sie so wieder: «Gegen die Juden an sich habe ich gar nichts. Aber die Juden sind alle Kommunisten, und diese sind meine Feinde, gegen sie geht mein Kampf.»[26]

In der Tat hatte der Antisemitismus primär eine politische Funktion – vorwiegend sollte er auf plump-gerissene Art der kleinbürgerlichen Anhängerschaft der Nazis ein Feindbild präsentieren, das dem Kommunisten- und Sowjethaß einen gedankenlos anpeilbaren Bezugspunkt gab. Wie Pätzold bemerkt, ging schon aus dem Parteiprogramm der NSDAP von 1920 hervor, «daß der Faschismus an der Macht unter den Juden zuerst die Geistes- und Kulturschaffenden verfolgen und ihnen die Arbeitsmöglichkeiten entziehen wollte. Allein dieses Detail wirft ein Licht auf die politische Funktionalität der na-

Antwort Einsteins
vom 12. April 1933 auf die Zumutung
der Berliner Akademie,
er hätte im Ausland für das faschistische Deutschland eintreten sollen:
Hierauf muß ich erwidern, daß ein solches Zeugnis, wie Sie es mir zumuten, einer Verneinung aller der Anschauungen von Gerechtigkeit und Freiheit gleichgekommen wäre, für die ich mein Leben lang eingetreten bin. Ein solches Zeugnis wäre nämlich nicht, wie Sie sagen, ein Zeugnis *für das deutsche Volk* gewesen; es hätte sich vielmehr nur zugunsten *derer* auswirken können, die jene Ideen und Prinzipien zu beseitigen suchen, die dem deutschen Volk einen Ehrenplatz in der Welt-Zivilisation verschafft haben. Durch ein solches Zeugnis unter den gegenwärtigen Umständen hätte ich – wenn auch nur indirekt – zur Sittenverrohung und Vernichtung aller heutigen Kulturwerte beigetragen.
Zit. in: Albert Einstein in Berlin, S. 262.

23 Zit. in: Arnim Hermann: Die Neue Physik – Zum Gedenken an Albert Einstein, Max von Laue, Otto Hahn, Lise Meitner, München 1979, S. 119.
24 50 Jahre Kaiser-Wilhelm-Gesellschaft und Max-Planck-Gesellschaft zur Förderung der Wissenschaften 1911–1961. Beiträge und Dokumente, Göttingen 1961, S. 194.
25 Siehe dazu Walter Mohrmann: Antisemitismus, Berlin 1972, S. 188–205.
26 Max Planck: Bericht über seinen Besuch bei Adolf Hitler am 16.05.1933. In: Physikalische Blätter, Jg. 3, 1947, S. 143.

Aus der Ansprache Max Plancks zum Leibniztag der Berliner Akademie der Wissenschaften am 27. Juni 1935: Und der Plan der Schöpfung (bei Leibniz – *d. Verf.*) gipfelt in dem Hauptsatz der Theodizee, daß unter allen von vornherein möglichen Welten die wirkliche Welt die beste ist. Dieser Satz mag uns heute, da es immer schwerer fällt, in der Richtung der Menschheitsentwicklung einen vernünftigen Sinn zu finden, ob seiner Kühnheit fast grotesk anmuten. Ob Leibniz ihn gegenüber den Geschehnissen der Gegenwart, den Schrecken des Weltkrieges, dem allgemeinen gegenseitigen Mißtrauen und dem ins Unabsehbare sich steigernden Wettrüsten der Völker noch aufrechterhalten würde?
Max Planck in seinen Akademieansprachen. Erinnerungsschrift der Deutschen Akademie der Wissenschaften zu Berlin, Berlin 1948, S. 153.

tionalsozialistischen Judenfeindschaft, ging es im Kern dieser Forderung doch nicht darum, daß die Angehörigen der jüdischen Intelligenz ‹undeutsch› dachten und schrieben, sondern um die Tatsache, daß sie als Demokraten, Republikaner, Liberale, auch als Sozialisten und Kommunisten in Wort und Schrift, mit den Mitteln der Wissenschaft und Kunst gegen jedwede, insbesondere aber gegen die faschistische Reaktion wirkten.»[27]

An diesem primären politischen Sinn der Judenverfolgung ändert auch die Tatsache nichts, daß sich der Antisemitismus in den Köpfen der Naziführer zu einem unbedingten Ziel, einem Programm sui generis verselbständigte und dadurch in Einzelfällen sogar auf die Klasse zurückschlug, zu deren ideo-

Erwin Schrödinger
Aufnahme um 1935

logischer Ausstattung er gehörte. Dieser paradoxe Zusammenhang entspricht der Natur des Faschismus als besonders reaktionärer und aggressiver Herrschaftsform des Imperialismus, in der folgerichtig auch der grundlegende Widerspruch dieser Gesellschaft bis zum äußersten zugespitzt ist und diese Zuspitzung schizophrene Äußerungen zeitigt. Doch was hier in der leidenschaftslosen Sprache der Verallgemeinerung ausgedrückt wurde, bedeutete im faschistischen Alltag tausendfaches menschliches Leid, das auch die Wissenschaftler nicht aussparte. Nicht nur das Leid der Emigration mußte ertragen werden; auch ein Professorentitel schützte nicht vor brutalem Mord wegen «rassischer Minderwertigkeit».

Wir hatten in einem früheren Kapitel erwähnt, wie sich Hofmann, der große Mann der Berliner Chemie, während seines Universitätsrektorats zu Beginn der achtziger Jahre des vorigen Jahrhunderts mit dem Antisemitismus des «Vereins Deutscher Studenten» auseinanderzusetzen hatte. Ein halbes Jahrhundert später erschlugen die deutschen Faschisten den Hofmann-Schüler und Chemiker Wilhelm Isidor Traube als 76jährigen Greis bei einer Razzia wegen seiner «Rassenzugehörigkeit» und erzwangen zudem noch die Ausstellung einer Sterbeurkunde auf den «Arbeiter Wilhelm Israel Traube, mosaisch».[28]

Doch kehren wir zur Physik zurück. Aus Deutschland gingen nicht nur solche Wissenschaftler weg, die persönlich verfolgt wurden, sondern auch solche, die – ohne direkt gefährdet zu sein – den verderblichen Gang des Geschehens nicht mehr ertragen konnten, jedoch selbst nicht den Mut zur Teilnahme am antifaschistischen Kampf fanden oder vielleicht auch gar keinen Sinn darin sahen. So verlor die Berliner Physik den sensiblen und «unpolitischen» Erwin Schrödinger, einen ihrer größten Theoretiker, den Mitbegründer der Quantenmechanik. Er machte aus seinem Weggang keine antifaschistische Demonstration, sondern verschwand unauffällig aus Berlin, wenige Monate vor der Entgegennahme seines Nobelpreises.

Schon bald nach Beginn der Naziherrschaft reiste der englische Physiker Lindemann (ein Schüler von Nernst, später geadelt als Lord Cherwell und persönlicher Berater Churchills) durch Deutschland, um vertriebene oder gefährdete Gelehrte für eine Tätigkeit in England zu gewinnen: Antifaschistische Hilfsbereitschaft verflocht sich hier eng mit der Strategie der

Nach der Machtergreifung durch Hitler hatte ich als Präsident der Kaiser-Wilhelm-Gesellschaft die Aufgabe, dem Führer meine Aufwartung zu machen. Ich glaubte, diese Gelegenheit benutzen zu sollen, um ein Wort zu Gunsten meines jüdischen Kollegen Fritz Haber einzulegen, ohne dessen Verfahren zur Gewinnung des Ammoniaks aus dem Stickstoff der Luft der vorige Krieg von Anfang an verloren gewesen wäre. Hitler antwortete mir wörtlich: «Gegen die Juden an sich habe ich gar nichts. Aber die Juden sind alle Kommunisten, und diese sind meine Feinde, gegen sie geht mein Kampf.» Auf meine Bemerkung, daß es doch verschiedenartige Juden gäbe, für die Menschheit wertvolle und wertlose ... und daß man doch Unterschiede machen müsse, erwiderte er: «Das ist nicht richtig. Jud ist Jud; alle Juden hängen wie Kletten zusammen ... und deshalb muß ich gegen alle Juden gleichmäßig vorgehen.» Auf meine Bemerkung, daß es aber geradezu eine Selbstverstümmelung wäre, wenn man wertvolle Juden nötigen würde auszuwandern, weil wir ihre wissenschaftliche Arbeit nötig brauchen und diese sonst in erster Linie dem Ausland zugute kommen, ließ er sich nicht weiter ein, erging sich in allgemeinen Redensarten ... und schaukelte sich in eine solche Wut hinauf, daß mir nichts übrig blieb, als zu verstummen und mich zu verabschieden.

Max Planck: Bericht über seinen Besuch bei Adolf Hitler am 16.5.1933. In: Physikalische Blätter, 1947, S. 143.

27 Kurt Pätzold: Von der Vertreibung zum Genozid. Zu den Ursachen, Triebkräften und Bedingungen der antijüdischen Politik des faschistischen deutschen Imperialismus. In: Faschismusforschung. Positionen – Probleme – Polemik. Hrsg. von Dietrich Eichholtz/ Kurt Gossweiler, Berlin 1980, S. 182.

28 Monika Müller: Aus dem Leben und Wirken des Chemikers und Hochschullehrers August Wilhelm von Hofmann (1818–1892). In: Beiträge zur Geschichte der Humboldt-Universität zu Berlin, Heft 4, Berlin 1981, S. 50.

Bitte teilen Sie mir die Namen und Adressen aller wissenschaftlich tätigen Physiker bis zu älteren Studenten hinunter mit, von denen Sie erfahren haben, daß sie unter der Wirkung des Beamtengesetzes vom April dieses Jahres ihre Stellung verlieren oder in ihrem Fortkommen wesentlich behindert werden. Vor allem rechne ich darauf, daß Sie mir diejenigen nennen können, welche an Ihrer Hochschule und deren Umkreis in eine derartige Lage kommen. Bei jüngeren, weniger bekannten Fachgenossen bitte um ungefähre Angabe des Alters, ob verheiratet, wieviel Kinder, sowie, falls möglich, um ein kurzes Verzeichnis der Veröffentlichungen. Auch wäre es von Wert für mich zu hören, ob ein *dringender* Notstand vorliegt, oder ob sich der Betroffene noch einige Zeit aus eigenen Mitteln unterhalten kann. Den Begriff «Physik» bitte ich dabei nicht zu eng zu fassen. Soweit ich diesen Fachgenossen Hilfe vermitteln kann, wird es geschehen. Dasselbe Schreiben richte ich auch an andere Hochschulen.
Max von Laue: Brief an Arnold Sommerfeld vom 10.5.1933. In: Michael Eckert/Willibald Pricka/Helmut Schubert/Gisela Torkar: Geheimrat Sommerfeld – Theoretische Physiker. Eine Dokumentation aus seinem Nachlaß, München 1984, S.144/145.

Talentanwerbung, die später als «Brain drain» bezeichnet wurde und die, weil in erster Linie Spitzenwissenschaftler übernommen wurden, zu einer außerordentlichen Verstärkung der wissenschaftlichen Kapazität Englands und vor allem der USA führte. Es versteht sich, daß Lindemann bei einem Gelehrten von Weltruf wie Schrödinger nicht zögerte, als er von dessen Unbehagen am Naziregime erfuhr. Schrödinger bereitete seinen Abgang in aller Ruhe vor. Er beendete noch das Sommersemester 1933 in Berlin, fuhr dann in die Sommerfrische nach Südtirol, kehrte aber nicht mehr an den Ort seiner bisherigen Tätigkeit zurück, sondern reiste gleich weiter nach Oxford.[29]

Für alle Wissenschaftler, die den Faschismus ablehnten und die allmählich erkannten, daß es sich bei ihm nicht um eine mit den kurzlebigen Regierungen der Weimarer Republik vergleichbare Eintagsfliege, sondern um ein auf längere Dauer eingerichtetes Regime handelte, stellte sich die schwere Frage: gehen oder bleiben? Ungeachtet des schmerzhaften Aderlasses, den die Berliner Physik erlitt, sind einige ihrer hervorragendsten Vertreter, die alles andere als Anhänger des Faschismus waren, an ihren Plätzen geblieben – an ihrer Spitze ihr Senior Max Planck, Präsident der KWG und Sekretar der physikalisch-mathematischen Klasse der Akademie.

Welche Motive leiteten sie in ihren Entscheidungen? Für konservative Gelehrte wie Planck spielte die traditionelle Staatsloyalität eine ganz entscheidende Rolle. Es fällt heute schwer, sich in diese Denkweise hineinzuversetzen, doch sie war für diese Persönlichkeiten eine durch Erziehung geprägte Verhaltensschablone von außerordentlicher Stabilität. Der preußisch-deutsche Staat erschien als eine überpersönliche Wesenheit höchsten Ranges, mit der der pflichttreue Bürger auf Gedeih und Verderb verbunden ist; von dieser unauflöslichen Treuepflicht entbindet ihn auch nicht, daß ein Verbrecher wie Hitler sich dieses «heiligen» Staates bemächtigt hatte und ihn schamlos mißbrauchte – vielmehr galt es, diesem Mißbrauch Widerstand zu leisten, soweit es in den Grenzen der Loyalität möglich war.

So etwa mag Max Planck gedacht haben, und es konnte sich in der Tat niemand vorstellen, ihn bis zu seiner Todesstunde je anderswo als auf seinem Posten in Berlin anzutreffen. Doch da war auch der Gedanke, die Physik für die kommenden Generationen bewahren zu müssen, vom früheren Glanz zu retten, was zu retten war; das Gefühl, wenn auch wir gehen, bricht alles zusammen, versinkt die Wissenschaft in Deutschland hoffnungslos und für immer in der Schlammflut faschistischen Ungeistes.

Dieses Motiv war auch in den Überlegungen von Physikern

Max Planck als Präsident der KWG in seinem Arbeitszimmer im Berliner Schloß Aufnahme von 1932

lebendig, die nicht so altväterlich-konservativ dachten wie Planck. In seinen autobiographischen Bemerkungen notierte Max von Laue, er sei oft gefragt worden, warum er in der Hitlerzeit nicht ausgewandert wäre, und dafür wären verschiedene Gründe bestimmend gewesen: «Vor allem wollte ich aber sogleich zur Stelle sein, wenn nach dem von mir stets vorausgesehenen und erhofften Zusammenbruch des Dritten Reiches sich die Möglichkeit zu einem kulturellen Wiederaufbau auf den Ruinen bot, die dieses Reich schuf.»[30]

Für viele Physiker in Deutschland, vor allem für die theoretisch orientierten, verflocht sich das Standhalten gegenüber der Naziwillkür mit der Verteidigung des Lebensrechtes ihres eigenen Metiers, der modernen Physik. Zu einer solchen Verteidigung hatten sie allen Grund. Die «Deutsche Physik» erhob drohend ihr Haupt; ihre Verfechter, lange Zeit nur bösartige und intrigante, aber machtlose Außenseiter, waren nun im Besitz von Macht und Ämtern und schickten sich an, die aufsässigen Physiker zu disziplinieren. Zwischen den beiden

Physiker 1935
Es kommen die Herren Gelehrten/Mit falschen Teutonenbärten und furchterfülltem Blick./Sie lehren nicht eine richtige, sondern eine arisch gesichtige/Genehmigte deutsche Physik.
Bert Brecht. In: Neue Weltbühne, Jg. 34, 1938, S. 646.

29 Dieter Hoffmann: Erwin Schrödinger, Leipzig 1984, S. 59–61.
30 Max von Laue: Mein physikalischer Werdegang. Eine Selbstdarstellung. In: Gesammelte Schriften und Vorträge, Bd. 3, Braunschweig 1961, S. XXX.

Philipp Lenard
mit Bezug auf die Einsetzung von Johannes Stark als Präsident der PTR:
Es kann kein besserer Wunsch ausgesprochen werden, als daß es ihm nun vergönnt sei, in einer neuen, großzügigen Entwicklung der Physikalisch-Technischen Reichsanstalt und mit sonstigem Einfluß die unterbunden gewesene Aufzucht arisch gearteter Forscher in Deutschland in die Wege zu leiten und neuer Mittelpunkt zu sein für das Gedeihen von Naturforschung deutscher Art zum Segen nicht nur deutscher Technik, sondern auch – was ganz fehlte – zum Segen artgemäßer Entwicklung des deutschen Volkes.
Philipp Lenard: Wissenschaft, Volk und Rasse. Zu Präsident Johannes Starks 60. Geburtstag. In: Volk und Rasse. Illustrierte Monatsschrift für deutsches Volkstum, 1934, Heft 3, S. 132.

Hauptbarden der «Deutschen Physik», die sich beide rühmten, das «Ohr Hitlers zu besitzen», ergab sich eine Art Arbeitsteilung: Lenard profilierte sich als «Theoretiker», Stark als Organisator. Unverzüglich nutzten beide die Gunst der Stunde. Schon am 3. Februar schrieb Stark an Lenard: «Endlich ist die Zeit gekommen, da wir unsere Auffassung von Wissenschaft und Forschen zur Geltung bringen können ... Hoffentlich ist die Präsidentschaft der Physikalisch-Technischen Reichsanstalt nach Paschen noch nicht besetzt.»[31]

Bereits 1922 hatte er dieses einflußreiche und bei Physikern hoch in Kurs stehende Amt angestrebt; mehrfach beklagte er sich bitter darüber, daß ihm damals Nernst vorgezogen worden war. Nun aber fand er bei Innenminister Frick ein offenes Ohr und wurde mit Wirkung vom 1. Mai 1933 auf den Präsidentenstuhl gehoben – «gegen das einhellige Votum aller befragten Fachmänner».[32] Dieser Posten diente ihm als Sprungbrett seiner Machtentfaltung. Für die PTR entwickelte er gigantische Reorganisationspläne, die eine beträchtliche Erweiterung der Anstalt in personeller wie in baulicher Hinsicht und eine weitgehende Einordnung der Forschungen in das Militarisierungsprogramm des Regimes vorsahen. Darüber hinaus wollte er zum «Diktator der Physik» im Reichsmaßstab werden, und auch das war noch nicht der Endpunkt seines maßlosen Ehrgeizes.

Was eigentlich stellte diese mit Nachdruck verfochtene «Deutsche Physik» dar? Sie bedeutete den offenen Einbruch des Obskuratismus in den Bau des physikalischen Wissens und Denkens; soweit es die positive Substanz betraf, war sie im wesentlichen auf klassische Physik beschränkt, die Quantenmechanik und vor allem die von vornherein als «jüdisch» und «artfremd» angesehene Relativitätstheorie waren amputiert, und alles zusammen war mit «völkischen» Phrasen zu einem unverdaulichen Brei angerührt.

Die Rolle des theoretischen Denkens und seiner mathematischen Formen in der Physik sollte zurückgedrängt werden; dem «kalten», «jüdischen» Formalismus wurde die «blutvolle» Anschauung des «nordischen» Menschen entgegengestellt. Lenard steuerte ein mechanistisches Äthermodell bei, Stark ein nicht minder mechanistisches Atommodell, die beide ihrer ganzen Machart nach in die Mottenkiste der Physik gehörten. Im übrigen reichten diese kläglichen Requisiten nicht aus, um ein auch nur einigermaßen in sich geschlossenes Wissenssystem hervorzubringen. «In der ‹Deutschen Physik› trafen vielfach vage Vorstellungen zusammen, die so verschiedenartig waren wie die Quellen, aus denen sie entstanden, und die Menschen, von denen sie getragen wurden. Diese Quellen waren, sofern sie nicht-physikalischer Natur waren, dieselben wie in der nationalsozialistischen Weltanschauung: romantisches Gedankengut der Naturphilosophie, extremer Nationalismus und der Rassengedanke in seiner speziellen Ausformung des Antisemitismus.»[33]

Phrasen aus dem unerschöpflichen Born des Irrationalismus und Drohungen kitteten das dürftige Gedankengefüge. In Beschimpfungen der Relativitätstheorie, abgefaßt in der Sprache der Barbarei, entlud sich die theoretische Impotenz der «Deutschen Physiker»; ein gewisser Wilhelm Müller kennzeichnete sie 1939 beispielsweise als «schwulstige und geradezu schmierige Aufbauschung einer mathematischen Theorie zur umfassenden Weltformel, aus der die höhnische und hämische Freude über den Zerfall des großen arischen Weltbildes hervorgrinst».[34]

Beiläufig sei bemerkt, daß es auch Versuche gab, die Mathematik und die chemische Theorie auf der Basis der «nationalsozialistischen Weltanschauung» zu rekonstruieren und eine «Deutsche Mathematik» und eine «Deutsche Chemie» zu schaffen. Träger der ersteren, die die Mathematik mit einer Kombination von psychologischer Typenlehre und Rassenideologie zu erneuern trachtete, waren in Berlin Vahlen und Bieberbach, seit 1936 Herausgeber der Zeitschrift «Deutsche Mathematik», weiter auch der Berliner TH-Ordinarius für Mathematik und Mechanik Georg Hamel und der Göttinger und später Berliner Professor Eduard Tornier.[35] Die «Deutsche Chemie» hatte in Berlin keine nennenswerten Vertreter.

Beide Strömungen waren an Einfluß und Aggressivität mit der «Deutschen Physik» nicht vergleichbar. Den ersten massiven Angriff trug hier Stark auf der Würzburger Tagung der Deutschen Physikalischen Gesellschaft im September 1933 vor; in einem Schreiben beschuldigte er Laue einer «Verdächtigung der nationalsozialistischen Regierung» und verlangte sein Ausscheiden aus dem Vorstand der Gesellschaft. Doch Laue konterte souverän mit einer durchsichtigen historischen Metapher, dem Hinweis darauf, daß der Siegeszug der Kopernikanischen Lehre trotz der Schikanen gegen Galilei unaufhaltsam war: «Auch später gab es für die Wissenschaft

«Deutsche Physik?» wird man fragen. – Ich hätte auch arische Physik oder Physik der nordisch gearteten Menschen sagen können, Physik der Wirklichkeits-Ergründer, der Wahrheits-Suchenden, Physik derjenigen, die Naturforschung begründet haben. – «Die Wissenschaft ist und bleibt international!» wird man mir einwenden wollen. Dem liegt aber immer ein Irrtum zugrunde. In Wirklichkeit ist die Wissenschaft, wie alles, was Menschen hervorbringen, rassisch, blutmäßig bedingt ...
Philipp Lenard: Deutsche Physik, Bd. 1, München 1937, S. IX.

31 Zit. in: A. Kleinert: Lenard, Stark und die Kaiser-Wilhelm-Gesellschaft. In: Physikalische Blätter, 1980, Heft 2, S. 35.
32 Max von Laue: Bemerkungen zu der vorstehenden Veröffentlichung von J. Stark. In: Physikalische Blätter, 1947, S. 272.
33 Steffen Richter: Die «Deutsche Physik». In: Naturwissenschaft, Technik und NS-Ideologie. Beiträge zur Wissenschaftsgeschichte des Dritten Reiches. Hrsg. von Herbert Mehrtens/Steffen Richter, Frankfurt a. M. 1980, S. 123.
34 Zit. in: Ebenda, S. 124.
35 Siehe Helmut Lindner: «Deutsche» und «gegentypische» Mathematik. Zur Begründung einer «arteigenen Mathematik» im «Dritten Reich» durch Ludwig Bieberbach. In: Ebenda, S. 88/89. – Reinhard Siegmund-Schultze: Einige Probleme der Geschichtsschreibung der Mathematik im faschistischen Deutschland – unter besonderer Berücksichtigung des Lebenslaufes des Greifswalder Mathematikers Theodor Vahlen. In: Wissenschaftliche Zeitschrift der Ernst-Moritz-Arndt-Universität Greifswald, Mathematisch-naturwissenschaftliche Reihe, 1964, Heft 1/2, S. 51–56.

schlechte Zeiten ... Aber bei aller Unterdrückung konnten sich ihre Vertreter aufrichten in der sieghaften Gewißheit, die sich ausdrückt in dem schlichten Satz: Und sie bewegt sich doch!»[36] Diese Rede wurde sogar in der «Physikalischen Zeitschrift» gedruckt. Überhaupt gelang es den Vertretern der «Deutschen Physik» nicht, in die Phalanx der angesehenen physikalischen Fachzeitschriften einzudringen, so daß sie sich 1935 genötigt sahen, mit der «Zeitschrift für die gesamte Naturwissenschaft» ein eigenes Organ zu schaffen, in dem sie ihre Absurditäten ungehindert verbreiten konnten.

In Würzburg erreichte es Stark nicht, den Vorsitz der Deutschen Physikalischen Gesellschaft an sich zu reißen. Nachfolger Laues wurde vielmehr der im Vorstand der Osram KG tätige Industriephysiker Karl Mey, der bereits den Vorsitz der Deutschen Gesellschaft für technische Physik innehatte. Post-

Von der Würzburger Physikertagung 1933 berichtete *Meißner* eine Begebenheit, die *Laues* Wesensart trefflich kennzeichnet. *Laue* kam in den Vortragssaal mit einem weißen Baumwollhandschuh auf der rechten Hand. Als *Meißner* ihn erstaunt fragte, ob er sich denn verletzt hätte, flüsterte er ihm ins Ohr: «I wo, es sind hier nur Verschiedene, denen ich nicht die Hand geben möchte.» Neben *Stark* war damit vor allem wohl *Lenard* gemeint.
Friedrich Herneck: Max von Laue, Leipzig 1979, S. 61.

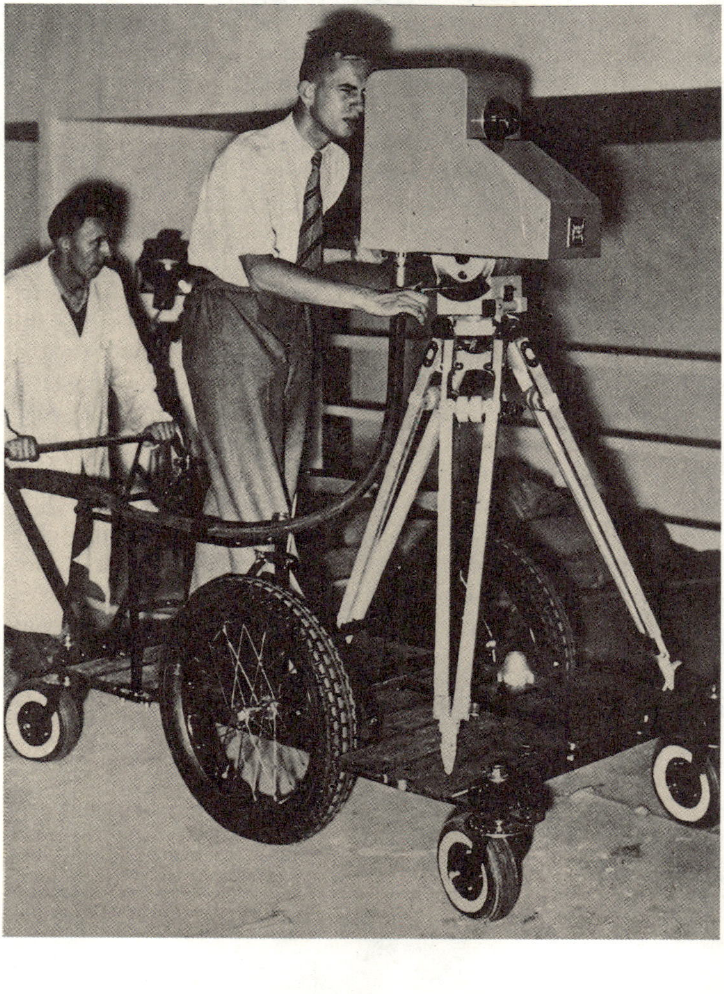

Erste fahrbare Fernsehkamera auf der Funkausstellung 1936

wendend revanchierte sich Stark bei Laue und kündigte dessen Vertrag als theoretischer Berater der PTR; Laues Freund Meißner, der Leiter des berühmten Tieftemperatur-Laboratoriums der PTR, zog es unter diesen Umständen vor, schon wenige Monate später einen Ruf an die Münchener TH anzunehmen.

Zuvor hatte Stark eine weitere Schlappe einstecken müssen. Hohe Stellen der Nazipartei legten Ende 1933 der Berliner Akademie nahe, nun endlich Stark mit der Würde eines Ordentlichen Mitglieds zu versehen. Der Druck war derart massiv, daß selbst Planck als Sekretar genötigt war, seine Unterschrift unter den Wahlantrag zu setzen. Doch die Klassensitzung am 14. Dezember 1933 nahm einen unvorhergesehenen und turbulenten Verlauf; der Wahlantrag für Stark wurde überraschend auf die Januarsitzung vertagt und schließlich ganz zu Fall gebracht. In der Person von Laue erwuchs Stark ein unerbittlicher Gegner, der niemals die Nerven verlor und sich auf die Dauer durchsetzte, obwohl Stark zunächst in hohem Maße den langen Arm der Nazipartei für sich nutzen konnte.

Im Juni erhielt Stark zunächst noch eine weitere Machtposition – die Präsidentschaft der aus der Notgemeinschaft hervorgegangenen Deutschen Forschungsgemeinschaft (DFG) anstelle von Schmidt-Ott; die Ernennung erfolgte durch Rust auf Weisung Hitlers. Dieser neue Gipfel seiner Nazikarriere – Stark träumte davon, nicht nur die Physik, sondern die ganze deutsche Naturwissenschaft und Technik zu kommandieren – war auch sein letzter; schon 1936 wurde er als DFG-Präsident von dem SS-Führer Rudolf Mentzel, zudem einer der einflußreichsten Männer des Rustschen Wissenschaftsministeriums, verdrängt, und an der PTR-Spitze löste ihn 1939 der Hochfrequenzphysiker Abraham Esau ab.

Zunächst versuchten die «Deutschen Physiker» durch Drohungen und Intrigen ihre Positionen zu festigen. So schrieb Bruno Thüring 1937: «Wer heute noch jüdischer Physik in Gestalt der Relativitätstheorie das Wort redet, und sie als die große im 20. Jahrhundert gewonnene neue Grundlage der künftigen Naturforschung preist, der pflanzt – mag er es nun absichtlich tun oder nicht – jüdischen Geist in deutsche Seelen und macht sie unfruchtbar für wirkliche Naturforschung.» Stark verfaßte im gleichen Jahr sein berüchtigtes Elaborat «Weiße Juden in der Wissenschaft» und publizierte es in dem SS-Journal «Das Schwarze Korps». Darin schreckte er auch vor gröbsten Drohungen nicht zurück: «Heisenberg ist nur ein Beispiel für manche andere. Sie allesamt sind Statthalter

Mentzels Entwicklung war eine typische NS-Karriere. 1900 geboren, hatte er in Göttingen Chemie studiert und dort promoviert. Am Kapp-Putsch war er aktiv beteiligt. Früh wurde er Mitglied der NSDAP und trug daher das goldene Parteiabzeichen. Er trat in die SA, dann in die SS ein und spielte in Göttingen als Kreisleiter der Partei eine große Rolle. Nachdem er 1934 ins Kultusministerium berufen wurde, war er dort Referent für Naturwissenschaften und damit der entscheidende Mann des Amtes für Wissenschaft. 1939 wurde er Amtschef und Ministerialdirektor. Auch Mentzels «wissenschaftliche» Laufbahn ist bemerkenswert. Seine 1933 in Greifswald vorgelegte Habilitationsschrift war so geheim, daß die Fakultät sie nicht zu sehen bekam. Die Habilitationskommission bezeichnete ihn «als Empiriker mit verhältnismäßig primitiven wissenschaftlichen Vorstellungen».

36 Max von Laue: Gesammelte Schriften und Vorträge, Bd. 3, S. 62.

Verteidigung der Relativitätstheorie durch Max von Laue (1937):
Zwar ist es heute kaum noch nötig, die 1905 entstandene Relativitätstheorie zu verteidigen: sie war eine rein physikalische Angelegenheit von Anbeginn an, hatte allenfalls noch mit der philosophischen Erkenntnistheorie etwas zu tun, nie aber mit ethischem Relativismus, wie man ihr vorgeworfen hat, und ist nur durch eine Flut «populärer» Schriften, in denen neben vielen guten, rein sachlichen Ausführungen auch manchmal höchst unsachliche Stimmungen von fanatischer Bewunderung bis zu krankhaft erbitterter Anfeindung zu Worte kamen, in unwissenschaftliche Zusammenhänge geraten. Nun, diese Flut ist allmählich abgeebbt; geblieben ist ihr physikalischer Kern, der nicht nur der allein berechtigten nüchtern-wissenschaftlichen Kritik standhält, sondern sich zu einem unentbehrlichen Bestandteil aller physikalischen Forschung, z.B. der Erforschung des Atomkerns entwickelt hat.
Max von Laue: Experimentelle und theoretische Physik. In: Gesammelte Schriften und Vorträge, Bd. III, Braunschweig 1961, S. 80.

des Judentums im deutschen Geistesleben, die ebenso verschwinden müssen wie die Juden selbst.»[37]

Von Laue ließ sich durch solche Drohungen nicht einschüchtern. In unerschütterlicher Geradheit verfocht er die Relativitätstheorie und bekannte sich mündlich und schriftlich zu ihrem Schöpfer Einstein. Als 1937 Lenard einen vierbändigen Wälzer «Deutsche Physik» herausbrachte, veröffentlichte Laue in der «Zeitschrift für den physikalischen und chemischen Unterricht» den Aufsatz «Experimentelle und theoretische Physik», in dem er sich in zurückhaltender Sprache, aber kompromißlos und unmißverständlich mit der Theoriefeindlichkeit Starks und Lenards auseinandersetzte.

In Berlin war Laue unzweifelhaft die zentrale Persönlichkeit des Widerstandes gegen die «Deutsche Physik» und ihre Exponenten. Planck war – obwohl auch er, wenn es not tat, offen sprach – doch in einem nicht zu unterschätzenden Maße gebunden durch seine Funktion als KWG-Präsident und Akademiesekretar; Laue brauchte zumindest diese Rücksichten nicht zu nehmen. Er informierte durch im Ausland eingesteckte Post Einstein laufend über die Vorgänge in Deutschland, er half von den Nazis gemaßregelten und verfolgten Fachkollegen, er verweigerte den Eintritt in die SA-Reserve, und er unterstützte bis zum letzten Tag den fast völlig erblindeten Physiker Arnold Berliner, der die Zeitschrift «Die Naturwissenschaften» begründet und lange Jahre herausgegeben hatte.

Berliner war 1935 als «Nichtarier» entlassen worden und mußte 1942 als Achtzigjähriger im Zuge der «Endlösung der Judenfrage» mit der Deportation in ein Lager rechnen. Dieser Schmach entzog er sich durch den Freitod. Laue, der sein Vertrauter bis zum Ende war, widmete ihm in einem nach Kriegsende veröffentlichten Aufsatz Worte ehrenden Gedenkens.

Auch sonst tat Laue manches, was in jenen Jahren hohen persönlichen Mut erforderte. An Mut gebrach es ihm von vornherein nicht, doch seine Vorstellungen von den Werten, für die es sich mutig zu handeln lohnte, änderten sich in progressiver Richtung. Nach dem ersten Weltkrieg glaubte er noch, sich freiwillig zur Teilnahme an der Niederschlagung der Bayerischen Räterepublik melden zu müssen; glücklicherweise kam er damals nicht zum aktiven Einsatz. Ein reichliches Jahrzehnt später hatte er im Hitlerfaschismus eindeutig seinen Feind erkannt. 1944 schrieb Einstein über ihn an Born: «Bei ihm war es interessant zu beobachten, wie er sich schrittweise von den Traditionen der Herde losgerissen hat unter der Wirkung eines starken Rechtsgefühls.»[38]

Obwohl er die Naziclique haßte und verachtete, wird man nicht so weit gehen können, Laue als antifaschistischen Wi-

Block-Fernsehapparat von Telefunken aus dem Jahre 1937
Dieses Gerät wurde als Modell mit Plexiglasscheiben auf der Funkausstellung 1937 vorgeführt. Das Fernsehbild war durch die vertikale Anordnung der Bildröhre nur über einen Spiegel in der Abdeckung des Gehäuses zu betrachten.

derstandskämpfer zu betrachten. Aber er war ein Mann, der aufrecht und mutig im Reich der braunen Schergen menschlichen Anstand wahrte – etwas, aber stets unvollkommen geschützt durch seinen internationalen Ruhm.

Mit dem Prestige ihres Hauptapostels sank auch der Stern der «Deutschen Physik». In Gesprächen mit Repräsentanten der modernen Physik in Seefeld und München im Jahre 1940 (sogenanntes Münchener Religionsgespräch) sahen sie sich gezwungen, in allen wesentlichen Fragen – übrigens in einer schriftlich formulierten Vereinbarung – das Daseinsrecht der modernen Physik anzuerkennen. Damit war die «Deutsche Physik» praktisch erledigt.

Wie ist es aber möglich, daß die «Deutsche Physik», die mit einer so anmaßenden Ouvertüre einsetzte, mit einem derart kläglichen Schwanengesang endete, noch ehe die Uhr des Naziregimes selbst abgelaufen war? Wie ist es zu erklären, daß die Kritiker der «Deutschen Physik» nicht in Konzentrationslagern endeten, während doch Zehntausenden von Deutschen schon für unbedeutende Äußerungen der Unzufriedenheit und des Unmuts ein solches Schicksal widerfuhr? Das ist nur begreiflich, wenn man davon ausgeht, daß die Nazispitze zu keiner Zeit ungeteilt auf die «Deutsche Physik» eingeschworen war. Auch überzeugte Anhänger des Nationalsozialismus

Ich war mein Leben lang klug genug, mich trotz starker politischer Interessen von politischer Betätigung, die über die Teilnahme an Wahlen hinausging, nach Möglichkeit fernzuhalten; ich kannte meine Grenzen. Aber wer konnte sich nach 1932 der Politik entziehen, da doch alles und jedes in politischen Zusammenhang einbezogen und politisch gewertet wurde? Besonders schwer traf meinen Willen zum Recht die gesetzlose Willkür des Nationalsozialismus und meinen Gelehrtenstolz seine Eingriffe in die Freiheit der Wissenschaft und der Hochschulen.
Gegen den Antisemitismus, obwohl er mich selbst nicht treffen konnte, hatte ich seit meiner Schülerzeit eine – milde ausgedrückt – unüberwindliche Abneigung.
... soweit mir möglich, half ich unmittelbar Betroffenen z.B. durch rechtzeitige Warnung, namentlich aber den ihrer Stellungen beraubten Kollegen!
Max von Laue: Mein physikalischer Werdegang. Eine Selbstdarstellung. In: Gesammelte Schriften und Vorträge, Bd. III, S. XXVI–XXVII.

37 Siehe dazu Dieter Hoffmann: Johannes Stark – eine Persönlichkeit im Spannungsfeld von wissenschaftlicher Forschung und faschistischer Ideologie. In: Philosophie und Naturwissenschaft in Vergangenheit und Gegenwart (Heft 22: Wissenschaft und Persönlichkeit). Sektion marxistisch-leninistische Philosophie der Humboldt-Universität zu Berlin, Berlin 1982, S. 100. – Siehe auch Wolfgang Schlicker: Physiker im faschistischen Deutschland. In: Jahrbuch für Geschichte, Bd. 27, Berlin 1983.
38 Albert Einstein/Hedwig und Max Born: Briefwechsel 1916–1955, Hamburg 1972, S. 153.

äußerten sich mit Nachdruck gegen diese pseudowissenschaftliche Strömung. Der Mitschöpfer der Quantenmechanik und treue Parteigänger Pascual Jordan entschloß sich sogar zu publizistischer Polemik gegen Stark & Co.

Dieser Gang der Dinge ist leicht zu verstehen. Die «Deutsche Physik» kam den ideologischen Bedürfnissen des Faschismus ausgezeichnet entgegen; die Naziideologie gewann an Suggestivkraft, wenn sich auch die Naturerkenntnis als «völkisch» geprägt erwies. Hingegen konnte man mit einer solchen Physik nicht oder nur auf sehr reduzierte Weise moderne Produktions- und Militärtechnik entwickeln. Damit war das Urteil über die «Deutsche Physik» gesprochen, mochten sich deren Vertreter auch noch so fanatisch gebärden. In ihrer ideologischen Funktion konnte die Physik durch andere Richtungen, zum Beispiel durch die Volkskunde, ersetzt werden, in ihrer technikerzeugenden Funktion war sie unersetzlich. Daher stand die «Deutsche Physik» nur am Anfang der Naziherrschaft in Gunst und Blüte, als es vor allem auf die Festigung der politischen Macht ankam; in dem Maße jedoch, in dem die Rüstungsmaschinerie angekurbelt wurde und vor allem neue Generationen von Waffen entwickelt werden sollten, erwies sie sich als lästiger Ballast und wurde beiseitegelegt.

Diese größeren Zusammenhänge, in denen sich die innerphysikalische Auseinandersetzung vollzog, entwerten indes nicht den Mut und die Leistung der Physiker, die in bewußter Distanzierung von der «Deutschen Physik» den Standard moderner physikalischer Forschung und Lehre aufrechtzuerhalten suchten. In gewissem Maße gelang es ihnen auch: Die Blüte war zwar gebrochen, aber einige Wurzeln überdauerten.

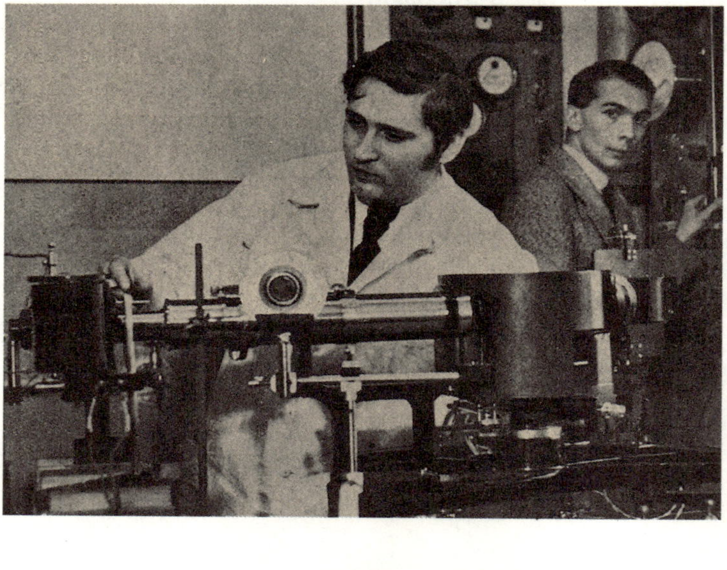

Versuche mit Sonnenlicht
Aufnahme von 1931
In einem KWI in Berlin-Dahlem experimentierte zum Beispiel Bruno Lange mit der Ausnutzung des Sonnenlichts, um es direkt in nutzbare elektrische Energie umzuwandeln. Dabei gelang es ihm, kleinere Lampen und Motoren mit der gewonnenen Energie zu betreiben.

Männern wie Laue ist es zu danken, daß 1945 in Berlin überhaupt noch eine bestimmte physikalische Tradition vorhanden war, an die der Neuaufbau anknüpfen konnte. Sie bemühten sich darum, die Lehrstühle nach Möglichkeit nicht niveaulosen faschistischen Karrieremachern zu überlassen, sondern, in den Grenzen des Machbaren, gute Fachleute in Berlin zu halten oder sogar neu zu gewinnen. So wurden auch in der Zeit nach 1933 in der Physik und auf angrenzenden Gebieten in Berlin noch beachtenswerte, in einzelnen Fällen sogar hervorragende Leistungen vollbracht.

Wenn wir im weiteren einiges von diesen Leistungen erwähnen, dann sollte über eines ein für allemal Klarheit bestehen: Früchte der faschistischen Wissenschaftspolitik waren diese Grundlagenleistungen nicht, auch wenn sich die braunen Machthaber mit den Erfolgen spreizten. Faschistische Förderungsprogramme zeitigten bestimmte Resultate in der Industrie- und Rüstungsforschung; im Grundlagenbereich wurden echte Resultate nicht dank, sondern trotz der faschistischen Politik erreicht. Ein trotziger Wille, die Wissenschaft auch von diesem Regime nicht unterkriegen zu lassen, die Flucht aus der Trostlosigkeit des Nazialltags in das Asyl reiner Forschung, die sorgfältige Abschirmung und Bewahrung von Fragmenten des früheren Wissenschaftsklimas – das alles erhielt eine bestimmte Basis für Erkenntnisfortschritte aufrecht.

Schwierigkeiten ergaben sich nicht nur aus politischen Gründen, sondern auch daraus, daß die Mittel für Arbeiten, die keinen nachgewiesenen Bezug zum faschistischen Rüstungs- und Autarkieprogramm hatten, sehr begrenzt waren. Am Physikalischen Institut der Universität sah es 1933 trist aus. Von den fünf physikalischen Ordinariaten waren drei verwaist oder nur provisorisch besetzt: Schrödinger und Pringsheim waren emigriert, bei Nernst stand die Emeritierung an, nur Laue und Wehnelt waren in ihren Ämtern verblieben. Wehnelt wurde 1934 zum Institutsdirektor und Nachfolger von Nernst bestellt. Das war zwar nur eine Lösung von kurzer Dauer, denn Wehnelt hatte auch schon fast das Emeritierungsalter erreicht, aber für die Zwecke der Nazis war er eine sehr geeignete Persönlichkeit, denn er trat unverzüglich der NSDAP bei und öffnete den Faschisten am Institut Tür und Tor, während sie bei Laue im Institut für Theoretische Physik nichts zu bestellen hatten.

An einer geregelten physikalischen Grundlagenforschung lag den Behörden weniger als an der faschistischen Formierung. 1933 erhielt mit Peter Debye zwar ein hervorragender Fachmann den früheren Nernst-Lehrstuhl, doch für das Universitätsinstitut wurde das nicht in wünschenswertem Maße fruchtbar, denn Debye war zum Direktor des aus Mitteln der

Eröffnung des KWI für Physik am 30. Mai 1938
Carl Bosch, seit 22. Juni 1937 Präsident der KWG, trägt sich anläßlich der Schlüsselübergabe in das Gästebuch des Instituts ein.
Links Max Planck und rechts Peter Debye, der Leiter des Instituts.

Als Nachkomme des Komponisten Schumann war er selbst kein schlechter Komponist von Militärmusik und war von den Tantiemen für die Märsche, die er komponiert hatte, reich geworden. Doch abgesehen von der Ähnlichkeit in der Aussprache von Physik und Musik – privatim schlachteten seine Feinde diesen Reim weidlich aus –, waren seine Berührungen mit der Physik nur gering. Das hatte jedoch nicht verhindert, daß er für seinen gegenwärtigen Posten ernannt worden war; außerdem hatte er sogar einen Lehrstuhl für Wehrphysik an der Berliner Universität erhalten. Eine kleine Sitzung, an der die Elite der Kernphysiker teilnahm, war wirklich das allerletzte Milieu, in dem sich Schumann freiwillig aufgehalten hätte.
David Irving: Der Traum von der deutschen Atombombe, Gütersloh 1967, S. 44/45.

Rockefeller Foundation errichteten KWI für Physik ernannt worden, und der Schwerpunkt seiner Tätigkeit lag naturgemäß nicht an der Universität. Erst 1939 hatte das Institut mit der Berufung von Christian Gerthsen wieder eine leidlich normale Besetzung, doch die erzielte Normalisierung wurde durch den Ausbruch des Krieges sogleich wieder ad absurdum geführt.

Während das I. Physikalische Institut systematisch vernachlässigt wurde, richtete man persönlich für den Rust- und Mentzel-Vertrauten Erich Schumann ein II. Physikalisches Institut ein, das nicht schlecht dotiert und mit vier Assistenten und sechs technischen Kräften versehen war. Es sollte sich mit «entwicklungstechnischen» Aufgaben befassen; von welcher Art diese Aufgaben waren, läßt sich daran ermessen, daß Schumann seit 1922 als Physiker für die Reichswehr tätig war, seit 1934 die Forschungsabteilung des Heereswaffenamtes leitete und 1938 zum Chef der Abteilung Wissenschaft im Reichskriegsministerium berufen wurde. Ab 1940 zahlte das Oberkommando der Wehrmacht dem Institut neben seinem regulären Etat noch jährlich 120 000 bis 150 000 RM für «wehrphysikalische Forschungsarbeiten». Während die großen Berliner Physiker seit der Zeit von Kirchhoff auf eine sorgfältige Arbeitsteilung zwischen theoretischen und Experimentalphysikern gesehen hatten, nahm der als Wissenschaftler mittelmäßige Schumann mit großer Geste die theoretische und die experimentelle Physik zusammen in Beschlag.[39]

Mehr Aufmerksamkeit als der Universitätsphysik schenkten die Behörden der Physik an der Technischen Hochschule, die zudem weitaus direkter als die Universität auf Rüstungsbedürfnisse orientiert war. Jedenfalls bemühte man sich, die durch die Vertreibung von Gustav Hertz und Eugen Wigner

Hans Geiger
Aufnahme um 1935

entstandene Lücke bald zu schließen und an dem neuen, erst 1934 eingeweihten und großzügig ausgestatteten Institut eine intensive experimentelle Arbeit zu entwickeln. Anstelle von Hertz wurde der berühmte Kernphysiker und Rutherford-Schüler Hans Geiger, der seine bisherige Wirkungsstätte in Tübingen übrigens nur ungern verließ, zum Institutsdirektor berufen. Er bewährte sich auch hier als glänzender Hochschullehrer; unter seiner Leitung lief das TH-Institut dem Universitätsinstitut nach Größe, Ausstattung und Bedeutung den Rang ab. Allerdings verstanden die Nazibehörden auch die Förderung der Physik an der TH so pragmatisch wie nur möglich. 1936 wurde Richard Becker, seit 1926 Ordentlicher Professor für theoretische Physik an der TH, vom Ministe-

Professor Schumann war … die merkwürdigste Figur gewesen, die mir auf dem Gebiet der Wissenschaft über den Weg laufen sollte … Schumann war Sohn eines Militärmusikers, der Physik, speziell Akustik studiert hatte und an der Akademie für Militärmusik in Berlin Professor war. Er trug die Uniform des Militärbeamten im Oberstenrang … Rust zog Schumann dann auch noch in das Kultusministerium hinein, das ihn wiederum als ordentlichen Professor der Physik in die philosophische Fakultät der Berliner Universität setzte … also zu einem Kollegen von Planck machte. So hatte Schumann fünf Dienstzimmer, in denen er aber nicht zu erreichen war, indem er immer angeblich in einem der anderen war. Eingeweihte suchten ihn in der Konditorei …
Friedrich Glum: Zwischen Wissenschaft, Wirtschaft und Politik, Bonn 1964, S. 451/452.

59 Siehe Dieter Hoffmann: Die Physik an der Berliner Universität in der ersten Hälfte unseres Jahrhunderts – zur personellen und institutionellen Entwicklung sowie wichtige Beziehungen mit anderen Institutionen physikalischer Forschung in Berlin. In: Berliner Wissenschaftshistorische Kolloquien VIII: Die Entwicklung der Physik in Berlin, Berlin 1984, S. 18/19.

rium genötigt, nach Göttingen zu gehen, um den früheren Lehrstuhl von Max Born zu übernehmen. Bei dieser Gelegenheit wurde der Berliner Lehrstuhl aufgelöst und ersatzlos gestrichen, mit der Begründung, daß der weitere technische Fortschritt einer besonderen theoretischen Physik nicht bedürfe und ein solcher Lehrstuhl an einer technischen Hochschule somit als «überflüssig» angesehen werden könne.

Wir haben die Verhältnisse in der Berliner Physik nach 1933 in einigen wichtigen Grundzügen angedeutet, um damit zu illustrieren, wie sich der faschistische Angriff auf die Wissenschaft vollzog und, vor allem, wie unterschiedlich die Wissenschaftler darauf reagierten.

Für andere Wissenschaftsgebiete können wir das nicht in gleicher Weise ausführen, doch die Grundmuster faschistischer Durchdringung und wissenschaftlicher Resistenz ähneln sich: Überall gab es unter den Wissenschaftlern charakterschwache und willfährige Personen, die den Nazis willig dienten, und überall gab es Menschen, die vom Standpunkt des bürgerlichen Humanismus aus um die Bewahrung der vertrauten Standards wissenschaftlicher Arbeit rangen, weil sie darin die einzig verläßlichen Fixpunkte für ein Überleben in innerer Emigration sahen, aber auch, weil sie sich verpflichtet fühlten, dieses ihnen anvertraute Stück Kultur für das künftige Deutschland nach dem Untergang des Faschismus zu sichern.

Aus der Autobiographie Franz Fischers:
Wenn ich ... so in einer Kuratoriumssitzung als noch junger Professor einer Tafelrunde gegenübersaß, in der die deutsche Schwerindustrie durch Hugo Stinnes und August Thyssen, das Kohlensyndikat durch Emil Kirdorf vertreten war, wo ferner Herr Müser (Harpen), Herr Vögler, Herr Krupp von Bohlen, Herr Duisberg und Herr Bosch zugegen waren und wenn ich den Herren nun über die Ergebnisse des Instituts vortrug und den Haushaltsplan zur Genehmigung vorlegte, so kam mir dies manchmal doch eigenartig vor. Ich hätte früher nie gedacht, daß ich später einmal einer solchen Zusammenballung wirtschaftlicher Macht gegenübersitzen würde ... Wirkliche Kämpfe gab es aber nie, die Einstellung der Industrie war immer schon vorher abgesprochen ...
Franz Fischer: Leben und Forschung, Mühlheim a. d. Ruhr 1957, S. 38.

Kein Platz zum Überwintern: die Kaiser-Wilhelm-Gesellschaft und der Faschismus

Nicht ganz so grobschlächtig und überstürzt wie gegenüber den Universitäten und Hochschulen gingen die Faschisten gegenüber der Kaiser-Wilhelm-Gesellschaft vor, auch wenn einige hervorragende Wissenschaftler wie Otto Meyerhof und Richard Goldschmidt aufgrund der rassistischen Bestimmungen des neuen Reiches vertrieben wurden und der Direktor des Hirnforschungsinstituts und bedeutende Pionier wissenschaftlicher Zusammenarbeit mit der Sowjetunion Oskar Vogt sein Amt aus politischen Gründen zur Verfügung stellen mußte. Doch brutale Eingriffe inkompetenter Naziführer duldete das Monopolkapital nicht; es hatte hier gravierende eigene Interessen und fand sie durch die bestehende Personalstruktur gut vertreten – durch Krupp und Schmidt-Ott als Vizepräsidenten und weitere Monopolvertreter im Verwaltungsausschuß und in den Kuratorien.

Die Naziführung war durch die Vizepräsidentschaft Vahlens,

Max Planck, Carl Duisberg, Krupp von Bohlen und Halbach und von Mendelssohn, der frühere Präsident der Berliner Handwerkskammer, nach einer Senatssitzung der KWG im Januar 1933

dem man noch leidliche wissenschaftliche Kompetenz zubilligen konnte, hinreichend repräsentiert. Planck figurierte im ersten Drittel der Existenz des «tausendjährigen Reiches» weiter als Präsident und als Aushängeschild wissenschaftlicher Solidität. Stark bewies seine völlige Fehleinschätzung der Situation, als er versuchte, die naturwissenschaftliche und technische Forschung in Deutschland im ganzen in die Hand zu bekommen und dazu die Auflösung der KWG zu betreiben. Nach vier Jahren war die Einführung des «Führerprinzips» in der KWG und die Annahme einer entsprechenden neuen Satzung dann zwar nicht mehr zu umgehen, doch auch jetzt dachte das Monopolkapital nicht daran, nach Planck etwa irgendeinen inkompetenten Nazidilettanten auf den Präsidentenstuhl zu lancieren. Nachfolger Plancks wurde vielmehr Carl Bosch, ein mächtiger Chemiemonopolist, doch zugleich ein erfahrener Wissenschaftler (bekannt als Mitschöpfer des Haber-Bosch-Verfahrens der katalytischen Ammoniaksynthese), der genau wußte, wie solide Wissenschaft im Monopolinteresse zu machen war, und der sie von Scharlatanerie und Großmannssucht wohl zu unterscheiden wußte.

So waren einige Institute der KWG in Berlin auch nach Jahren faschistischer Schreckensherrschaft noch eine Heimstatt solider, qualifizierter Grundlagenforschung, wenn auch in einer infolge der Vertreibungspolitik und der wachsenden Anzahl halbgebildeter Naziparvenüs an der Universität und an der Technischen Hochschule wissenschaftlich mehr und mehr verödenden Umgebung. Doch auch um diese Einrichtungen machte die Wissenschaftsfeindlichkeit des Nationalsozialismus keinen Bogen. Der Komfort relativ ungestörter Forschung wurde von den Faschisten ständig durch äußere Eingriffe durchbrochen und durch Ausbreitung ihrer Partei-

Das Jahr 1939 stellte mit dem Ausbruch des großen Kampfes um Deutschlands Freiheit und Zukunft auch die Kaiser-Wilhelm-Gesellschaft vor neue und bedeutsame Aufgaben. Fast die Gesamtheit der 36 Institute der Gesellschaft konnte für die Lösung kriegs- und wirtschaftswichtiger Probleme eingesetzt werden; ohne daß dabei die der Tradition der Gesellschaft entsprechende Grundlagenforschung vernachlässigt zu werden brauchte. ... Die Ausschnitte aus der Tätigkeit der Gesellschaft beweisen, daß die deutsche Wissenschaft im Kriege ebenso wie im Frieden ihre vornehmste Aufgabe in dem Einsatz für Volk und Vaterland erblickt. Es darf ferner gesagt werden, daß die Organisation der Kaiser-Wilhelm-Gesellschaft in ihrer Verbindung von Unabhängigkeit und enger Fühlung mit den verschiedensten Reichsministerien und den Dienststellen der Partei und des Staates sie für raschen und vielfältigen Einsatz hervorragend geeignet macht.
Ernst Telschow: Vorwort. In: Jahrbuch 1940 der Kaiser-Wilhelm-Gesellschaft, Berlin 1940, S. 7.

gänger im Personalbestand der Institute selbst von innen her zersetzt.

Der auffälligste Tribut, den die KWG der Menschenfeindlichkeit und dem Antiintellektualismus des Naziregimes zu entrichten hatte, war ein massiver Einbruch von Pseudowissenschaft in die Phalanx ihrer Berliner Institute. Das Institut für Anthropologie, menschliche Erblehre und Eugenik, das bereits 1927 in Dahlem gegründet worden war, wurde nunmehr großzügig ausgebaut. Diese obskure Institution nahm sich schon von Anfang an neben den seriösen naturwissenschaftlichen Grundlageninstituten ausgesprochen makaber aus. Jetzt wurde ihre wirkliche Bestimmung vollends deutlich: Hier wurde den faschistischen Unterdrückungs- und Ausrottungspraktiken «wissenschaftlich» vorgearbeitet. Bereits im Oktober 1934 versammelten sich hier SS-Ärzte zu sogenannten Fortbildungslehrgängen, die unter der Leitung des Institutsdirektors Eugen Fischer durchgeführt wurden.

Die an diesem Institut produzierten Ergebnisse wurden für die Bestialitäten der Faschisten immer mehr und immer vielseitiger praktikabel. 1936 richtete Othmar von Verschuer hier eine «Poliklinik für Erb- und Rassenpflege» ein, die sich unter anderem auch mit der Anfertigung «erbbiologischer Gutachten» befaßt. Verschuer war nicht allein ein Scharlatan und Naziideologe; mit der Qualifikation des Schreibtischtäters verband er das Profil eines sadistischen Verbrechers, der sich an den Massenmorden der SS aktiv beteiligte. Insbesondere die seit Beginn der vierziger Jahre eingerichteten Vernichtungslager für Juden, Zigeuner, Geistes- und Erbkranke lieferten ihm – wie vielen anderen faschistischen Ärzten und Psychiatern – Material zur Erprobung seiner «Theorien» an Menschen.

Das alles gehörte zur kalkulierten Strategie des Großkapitals und war keineswegs nur eine Entgleisung einzelner, denn die physische Vernichtung der Menschen, denen Wissenschaftler wie Verschuer «Minderrassigkeit» bescheinigten, geschah in den Arbeitslagern der Industriekonzerne oder mit deren Erzeugnissen (so dem von IG Farben hergestellten «Zyklon B»), und die einschlägigen Arbeiten des erwähnten KWI wurden von der Industrie über die DFG mitfinanziert.[40] Es gehört zu den beschämendsten Seiten in der Geschichte der Berliner Akademie, daß sie, die zu Beginn der faschistischen Ära noch den Mut aufgebracht hatte, dem damals einflußreichen Stark die Mitgliedschaft zu verweigern, sich dazu hergegeben hat, Fischer (1937) und Verschuer (1943) zu Ordentlichen Mitgliedern zu wählen; allerdings sprachen sich bei Fischer immerhin noch 14 von 31 anwesenden Mitgliedern gegen dessen Wahl aus.[41]

Aus den Erinnerungen des Hygienikers Georg Wildführ, der 1935 den Amtsarztlehrgang in der Staatsmedizinischen Akademie Berlin-Charlottenburg besuchte:
Zum ersten Male wurde ich in einer Lehrveranstaltung auch mit dem Rassismus faschistischer Prägung konfrontiert. Hier wurde vom Katheder der Führungsanspruch der nordischen Rasse in der Welt verkündet und eine grob verfälschende «germanische Kulturidee» postuliert. Die osteuropäischen Völker, insbesondere aber die Juden und Menschen anderer Hautfarbe wurden zu Untermenschen degradiert und auf die übelste Weise diffamiert. Was in diesen «Spezialvorlesungen» geboten wurde, hatte mit Wissenschaft nichts mehr zu tun. Man glaubte sich ins finsterste Mittelalter zurückversetzt, in die Zeit des Hexenwahns und der Inquisition mit dem Schrei einer aufgeputschten, fanatisierten Menge nach dem Scheiterhaufen, um alles, was mißliebig war, zu verbrennen. Ein nicht geringer Teil der Lehrgangsteilnehmer war zutiefst bestürzt. Insbesondere auch darüber, daß ein wissenschaftlich ausgewiesener Mann wie der Anatom und Anthropologe Eugen Fischer an der Verbreitung dieser gefährlichen Irrlehre propagandistisch mitgewirkt hatte und tatsächlich den Versuch einer Rechtfertigung wagte, was ihm freilich gründlich mißlang.
Ärzte. Erinnerungen – Erlebnisse – Bekenntnisse, Berlin 1982, S. 336/337.

Doch gab es an der KWG in dieser dunklen Zeit auch bedeutende Wissenschaftler, die im Dienst der Erhaltung menschlichen Lebens arbeiteten. Das Krebsproblem beschäftigte zum Beispiel den Biochemiker und Nobelpreisträger Otto Warburg, der das KWI für Zellphysiologie in Dahlem leitete. In Untersuchungen des Zellstoffwechsels suchte er mit seinen Mitarbeitern der Lösung dieses für die moderne Medizin fundamentalen Problems näherzukommen.[42]

Warburg, der für seine bahnbrechenden Untersuchungen über biologische Oxydationsprozesse 1944 sogar eines zweiten Nobelpreises für würdig befunden wurde, hatte die Berliner Akademie, da er Halbjude war, nicht aufgenommen; erst der Kontrast zur Aufnahme von Fischer und Verschuer zeigt das ganze Ausmaß ihres moralischen Niedergangs.

Übrigens konnte Warburg den Preis damals nicht annehmen. Nachdem das Nobelkomitee Ende 1936 dem in das Konzentrationslager verschleppten Antifaschisten und früheren Herausgeber der «Weltbühne» Carl von Ossietzky den Friedensnobelpreis 1935 zuerkannt hatte, schäumten die faschistischen Machthaber vor Wut und beschlossen, hier ein für allemal einen Riegel vorzuschieben. Am 30. Januar 1937 sprach Göring im Reichstag über die «Kränkung», die Deutschland widerfahren sei, da «man einen Landesverräter, einem mit Zuchthaus bestraften Individuum, einen Preis des Friedens zuerkannte», und verkündete einen Erlaß Hitlers: «Um für alle Zukunft beschämenden Vorgängen vorzubeugen, verfüge ich mit dem heutigen Tage die Stiftung eines *Deutschen Nationalpreises für Kunst und Wissenschaft* ... Die Annahme des Nobelpreises wird damit für alle Zukunft Deutschen untersagt ...»[43]

Der «Deutsche Nationalpreis» wurde allerdings niemals zu einem anerkannten Maßstab wissenschaftlicher Qualität, was sich auch in der Verleihung des ersten Nationalpreises an den «Chefideologen» der Nazis, Alfred Rosenberg, ausdrückt.

Auch Adolf Butenandt konnte den ihm für 1939 zuerkannten Nobelpreis erst später in Empfang nehmen. Im Jahre 1936 – erst 33 Jahre alt, aber bereits ein renommierter Biochemiker – erhielt er die Leitung des KWI für Biochemie; ihm und seinen Mitarbeitern gelang es, auf diesem Gebiet das im vorhergehenden Jahrzehnt erreichte hohe Niveau zu halten, wenn nicht gar noch zu steigern. Butenandt führte glänzende Arbeiten über Struktur und Funktion der Sexualhormone aus

Die internationale Bewegung für die Freilassung Ossietzkys erhielt mächtigen Auftrieb, als im November 1936 die Nachricht um die Welt ging, daß das norwegische Storting-Komitee dem ehemaligen Leiter der «Weltbühne» den Friedensnobelpreis 1935 zuerkannt hatte. Es kam zu einer makabren Szene, als einer der Hauptverantwortlichen für die an Ossietzky begangenen Schandtaten dem Gepeinigten die Freiheit, sogar eine lebenslängliche Pension versprach – wenn er auf den Nobelpreis verzichtete. Es war Göring, der eigens im Berliner Polizeikrankenhaus erschien, wohin man den dahinsiechenden Häftling gebracht hatte. Dort, in der vergitterten Krankenstube, standen sich Geist und Macht gegenüber: der sensible, dem Tode nahe Häftling, der seinem Besucher mit ungebrochenem Blick trotzte, – und der feiste Faschistenhäuptling, der protzig Gnade anbot. Göring redete, Ossietzky schwieg, so daß jener unverrichteter Dinge abziehen mußte.
Wolfgang Ruge: Carl von Ossietzky. Der Feind steht rechts! In: Sturz ins Dritte Reich, Leipzig/Jena/Berlin 1983, S. 127.

40 Siehe Benno Müller: Tödliche Wissenschaft. Die Aussonderung von Juden, Zigeunern und Geisteskranken 1933–1945, Reinbek bei Hamburg 1984.
41 Siehe: Die Berliner Akademie der Wissenschaften in der Zeit des Imperialismus, Teil III, S. 21.
42 Ekkehard Höxtermann: O. H. Warburg – ein «Architekt» der Naturwissenschaften. In: Beiträge zur Geschichte der Humboldt-Universität zu Berlin, Heft 9, Berlin 1984, S. 18.
43 Zit. in: Schulthess' Europäischer Geschichtskalender N. F., Jg. 53, 1937, München 1938, S. 31.

und vertiefte die Kenntnis von der Komplexität des Hormonsystems und von der Kopplung hormonaler, nervaler und enzymatischer Steuerung der Lebensprozesse. Arbeiten über die Sexuallockstoffe von Insekten wiesen ihn auf prinzipiell neuartige Möglichkeiten der Schädlingsbekämpfung hin.

Mitte der dreißiger Jahre wandte er sich der Virusforschung zu, einem damals sehr aktuellen Gebiet, und stellte gemeinsam mit Manfred von Ardenne Untersuchungen über das Tabakmosaikvirus und das Tomatenmosaikvirus an. Er sah die möglichen Zusammenhänge von Virusforschung und Genetik und baute die Virologie zu einem Arbeitsschwerpunkt seines Instituts aus. In diesem Zusammenhang wurde auch die erste deutsche Ultrazentrifuge entwickelt. Butenandt war eines der nicht allzu häufigen Beispiele eines hochbegabten Forschers, der sich zugleich voll mit der faschistischen Wissenschaftspolitik identifizierte; das hat es ihm offenbar erleichtert, noch im Kriegsjahr 1941 eine «Arbeitsstätte für Virusforschung» zu gründen, die zur Keimzelle eines späteren eigenständigen Instituts wurde.

Ein weiteres Arbeitsgebiet an der Grenze von Physik, Chemie und Biologie hatten wir schon kurz erwähnt. Am KWI für Hirnforschung in Berlin-Buch arbeitete damals N. W. Timoféeff-Ressovsky über die Auslösung von Mutationen durch Radium- und Röntgenstrahlen. Die Frage, auf welche Weise eigentlich eine physikalische Einwirkung den biologischen Effekt einer sprunghaften Veränderung erblicher Eigenschaften hervorbringen kann, erzwang geradezu das Gespräch zwischen Physikern und Biologen. So bildete sich jener in die Frühgeschichte der Molekulargenetik eingegangene Gesprächskreis um Max Delbrück, der von 1932 bis 1937 Mitarbeiter Lise Meitners in der physikalischen Abteilung des KWI für Chemie war. An diesen Debatten nahmen außer Karl Günter Zimmer auch Hans Gaffron, Gert Moliére und andere teil. Aus ihnen gingen die Weiterentwicklung der Treffertheorie zur Beschreibung strahleninduzierter Mutationen durch Timoféeff-Ressovsky und Zimmer und vor allem der gemeinsame Anlauf dieser beiden Forscher und Delbrücks zur Schaffung eines quantenphysikalisch begründeten Modells des Gens und des Mutationsvorganges hervor.

Doch die erfolgreiche Zusammenarbeit fand ein jähes Ende: Nachdem Delbrück 1937 wegen mangelnder «politischer Reife» die Dozentur verweigert worden war, hatte er nur noch die Wahl zwischen wissenschaftlichem Selbstmord und Emigration. Er zog die Emigration vor. Das Beispiel zeigt, wie zerbrechlich und gefährdet die Kristallisationspunkte wissenschaftlicher Kreativität im faschistischen Berlin waren. Die KWG bot zwar einigen Schutz für wissenschaftliches Schöp-

Institut
für Strahlenforschung
der Universität
Aufnahme um 1930
Das Institutsgebäude wurde 1929 eingeweiht. In den fünf Etagen waren die Räume der physikalischen, biologischen und chemischen Abteilung einschließlich der Vorlesungssäle untergebracht. Für spezielle Untersuchungen waren modernste Geräte zur Erzeugung von Kathoden- und Röntgenstrahlen sowie Laboratorien für Ultraviolettspektroskopie vorhanden.

fertum, aber dieser Schutz war nicht wirklich sicher und konnte jederzeit durchbrochen oder widerrufen werden.

Ein Opfer der faschistischen Vertreibungspolitik wurde auch die Forschergruppe, die sich im KWI für Faserstoffchemie seit den zwanziger Jahren mit der Röntgenstrukturanalyse hochmolekularer Verbindungen beschäftigte. Rudolf Herzog, Michael Polanyi, Hermann Mark und andere errangen hier anerkannte Erfolge; ihre Ergebnisse wiesen nach, daß Makromoleküle weitaus länger sein können, als bisher von den Mineralogen angenommen worden war.

Bei der Besprechung der Berliner Forschungen, die sich von verschiedenen Seiten her jenem überaus entwicklungsträchtigen Knoten näherten, zu dem damals biologische, chemische und physikalische Probleme geschürzt waren, darf auf keinen Fall das von Walter Friedrich geleitete Charité-Institut für Strahlenforschung vergessen werden; wir nennen es des thematischen Zusammenhanges wegen, obgleich das Institut nicht zur KWG gehörte. Die strahlenphysikalischen Untersuchungen wurden hier unter medizinischem Aspekt mit besonderem Interesse für das Krebsproblem betrieben. Bis zum Ende des zweiten Weltkrieges gingen aus diesem Institut ungefähr 300 Arbeiten hervor, vorzugsweise zur Einwirkung von ultraviolettem Licht und anderen Strahlungsarten auf den menschlichen Organismus, zu ihrem Einfluß auf die Erbanlagen und zu ihrer therapeutischen Wirksamkeit.

Friedrich lehnte den Faschismus aus Überzeugung ab. Er riskierte es, jüdische Mitarbeiter zu beschäftigen, oder verhalf ihnen zu Anstellungen im Ausland. So ist im Berliner Akademie-Archiv ein Brief vom Juni 1933 an den Leiter des Physika-

Laboratorium
für Röntgenspektroskopie
Aufnahme um 1930

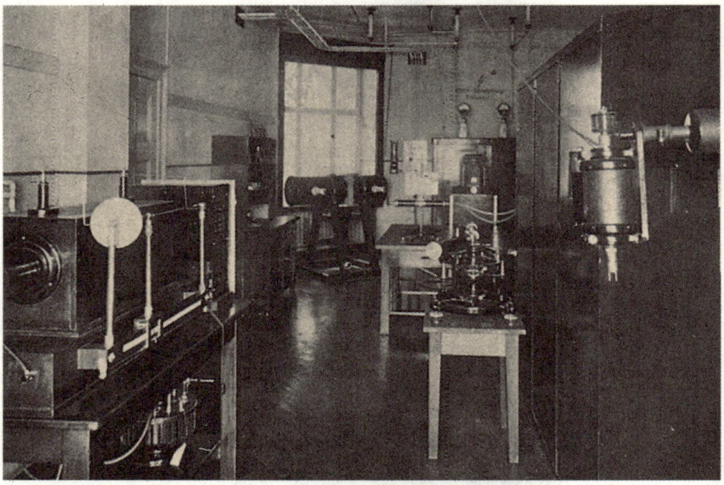

lisch-Meteorologischen Instituts in Davos erhalten, in dem Friedrich um eine Stelle für seinen Mitarbeiter Friedrich Ellinger bat, weil «eine volle Entfaltung seiner Möglichkeiten ... leider z. Z. hier nicht mehr gegeben ist».[44]

Unter jenen in Berlin tätigen Wissenschaftlern, denen nach Verkündung des Hitler-Erlasses der Nobelpreis zuerkannt wurde, war Peter Debye, der 1936 nach Berlin übergesiedelte Direktor des neugeschaffenen KWI für Physik, der einzige, der seinen Preis – den Physikpreis für 1936 – auch in Empfang nahm. Als er daraufhin zur Rede gestellt wurde, ob er nicht wisse, daß er gefälligst zu fragen habe, soll er diabolisch geantwortet haben: «Meine Königin habe ich gefragt!» Debye konnte sich das leisten, er war holländischer Staatsbürger.

In dem vorzüglich ausgestalteten Kältelabor des Instituts unternahm er bemerkenswerte Untersuchungen zum sogenannten magnetokalorischen Effekt, die einen Weg zur Annäherung an den absoluten Nullpunkt der Temperatur wiesen. Debyes Wirken in Berlin war indes nicht von langer Dauer. Auch hier brach die faschistische Politik der Kriegsvorbereitung eine vielversprechende Forschungsrichtung ab. Im Herbst 1939 wurde sein Institut dem Heereswaffenamt unterstellt; fortan sollte es an kriegswichtigen Projekten mitarbeiten, vor allem an der militärischen Kernforschung. Debye wurde vor die Wahl gestellt, entweder die deutsche Staatsangehörigkeit zu erwerben und auf Rüstungsforschung umzusteigen oder seine Stellung aufzugeben. Er wählte den zweiten Weg. Im Januar 1940 erbat er vom zuständigen Minister Urlaub für eine Vortragsreise in die USA, von der er nicht wieder zurückkehrte.[45]

Das aufsehenerregendste und folgenreichste wissenschaftliche Ergebnis, das in den Jahren des Faschismus an einem Berliner KWG-Institut – und man darf ruhig sagen: in Berlin und in Deutschland überhaupt – erzielt worden ist, war die Entdeckung der Urankernspaltung. Das KWI für Chemie war, getragen durch die lange erprobte und eingespielte Arbeitsgemeinschaft von Lise Meitner und Otto Hahn, unter dem Direktorat Hahns zu einem weltweit anerkannten Forschungszentrum für Probleme der Radioaktivität und der Kernphysik geworden.

Wissenschaftliche Kompetenz und menschliche Gemeinsamkeit ergänzten sich zu einer Kollektivatmosphäre, die großen Leistungen überaus förderlich war: «Die Anzahl der 1932 in unseren beiden Abteilungen wissenschaftlich Arbeitenden betrug fünfundzwanzig, worunter mehrere Ausländer aus den verschiedensten Ländern waren.

In dieser Arbeitsgemeinschaft herrschte ein guter Geist und eine fröhliche Stimmung, ein Widerschein von Hahns Persönlichkeit. Das wirkte sich nicht nur sehr günstig in der Arbeit aus, sondern kam auch immer wieder bei den Weihnachts- und Geburtstagsfeiern, bei Sommerausflügen und ähnlichen Gelegenheiten zum Ausdruck ... Es war ein starkes Gefühl der Zusammengehörigkeit vorhanden, dessen Grundlage gegenseitiges Vertrauen war.»[46]

Das war 1932 – bald aber fiel der Schatten des Faschismus auch auf dieses Institut. Die Jüdin Lise Meitner erfuhr den ersten Schlag: den Entzug ihrer Lehrbefugnis an der Berliner Universität. Ihre Tätigkeit am Institut selbst war vorläufig noch nicht gefährdet, denn sie hatte die österreichische Staatsbürgerschaft behalten. Hahn brach im Sommer 1933 eine außerordentlich erfolgreiche Vortragsreise in den USA ab, als sich die Berichte von nazistischen Diskriminierungen und Übergriffen auch an der Kaiser-Wilhelm-Gesellschaft häuften, und kehrte vorzeitig nach Berlin zurück.

In diesem Klima tiefer Beunruhigung stürzten sich Meitner und Hahn mit gesteigerter Intensität in die Arbeit. 1934 stießen Irène und Frédéric Joliot-Curie auf das Phänomen der künstlichen Radioaktivität: Durch den Beschuß von Aluminium, Magnesium und Bor mit Alpha-Teilchen erhielten sie erstmals radioaktive Atomarten. Enrico Fermi in Rom mit seiner Arbeitsgruppe bombardierte systematisch alle verfügbaren Elemente mit langsamen Neutronen und erzeugte auf diese Weise fast hundert künstliche Radionuklide, vorwiegend

Schreiben Max Plancks an das Preußische Ministerium für Wissenschaft, Kunst und Volksbildung vom 30. August 1933:
Wie mir berichtet worden ist, wird gegenwärtig im Ministerium der Plan erwogen, den nichtarischen Privatdozenten die venia zu entziehen. Sie haben mir bereits höchst dankenswerter Weise gestattet, Ihnen eine Liste von nichtarischen Physikern zu überreichen, deren Verbleib in ihrer bisherigen Tätigkeit für die wissenschaftliche Forschung durchaus notwendig erscheint. Von den in der Liste genannten Namen möchte ich nun außer dem von Max Born auch noch den von Frl. Lise Meitner ganz besonders unterstreichen ... sie (bildet) zusammen mit Herrn O. Hahn die Seele des Kaiser-Wilhelm-Instituts für Chemie, das diesen beiden seinen Ruf und sein Ansehen in der Welt verdankt, und daß ihre Verbundenheit mit der Universität eine unumgängliche Voraussetzung für einen gedeihlichen Erfolg ihrer wissenschaftlichen Arbeit bildet, nicht zum wenigsten im Interesse der Belebung des Universitätsunterrichts und der Heranbildung des wissenschaftlichen Nachwuchses auf dem Gebiet der Atomphysik durch Beschäftigung von Doktoranden. In diesem Fach ist sie eine Autorität ersten Ranges, ihr Name ist im In- und Ausland hochangesehen ...
ZSTA Merseburg, Rep 76 Va, Sek. 2, Tit. IV, Nr. 68 F.

44 Zit. in: Horst Kant: Walter Friedrich – Wissenschaftler und Friedenskämpfer. In: Berliner Wissenschaftshistorische Kolloquien VIII, S. 110.
45 Dieter Hoffmann: Peter Debye. In: Feingerätetechnik, 1984, Heft 11, S. 10/11.
46 Lise Meitner: Einige Erinnerungen an das Kaiser-Wilhelm-Institut für Chemie in Dahlem. In: Die Naturwissenschaften, 1954, Heft 1, S. 98.

Immer wieder hatte ich auch Schwierigkeiten aufgrund meiner Nichtzugehörigkeit zur Partei. Als Nachfolger Lise Meitners war der Wiener Professor Mattauch an das Kaiser-Wilhelm-Institut für Chemie berufen worden. Er sollte die verwaiste Physikalische Abteilung übernehmen. Professor Mattauch, ebenfalls kein Mitglied der Partei, hatte gerade mit seiner Familie die vorher von Lise Meitner bewohnten Räume im Direktorenhaus bezogen, als die Mitteilung vom Leiter des Amtes für Wirtschaftsausbau, Professor Krauch, eintraf, daß diese Wohnung für einen wichtigen Parteigenossen gebraucht würde.
Professor Mattauch sollte die Wohnung im Institut aufgeben und sich eine andere suchen. Als Direktor des Kaiser-Wilhelm-Instituts für Chemie, dem das Direktorenhaus zur freien Benutzung zustand, protestierte ich gegen dieses Ansinnen und weigerte mich, nachzugeben. Es kam mit den Kuratoriumsmitgliedern meines Instituts zu Verhandlungen, aber die Gruppe Krauch war stark. Telefonisch wurde mir von Professor Krauch mitgeteilt, daß ich als politisch «Unzuverlässiger» nichts zu entscheiden habe; der verdiente Parteigenosse mit vier Kindern käme in die Wohnung. Es blieb uns nichts anderes übrig, als für teures Geld dem «verdienten Parteigenossen» eine gleichwertige Wohnung zu mieten.
Otto Hahn: Mein Leben, München 1968, S. 158.

Beta-Strahler, die sich unter Abgabe von Beta-Teilchen jeweils in Nuklide mit einer um eine Einheit höheren Ordnungszahl umwandelten. «Die Bestrahlung des Uraniums führte sogar zu einer ganzen Reihe von Betastrahlern mit Halbwertzeiten von 10 Sekunden, 40 Sekunden, 13 Minuten und 90 Minuten. Fermi war davon überzeugt, Nuklide von den in der Natur nicht vorkommenden Transuraniumelementen 93, 94 und vielleicht sogar 95 gefunden zu haben.»[47] Damit war in der Kernphysik eine außerordentlich spannende Situation herangereift, die Hahn und Meitner nicht unberührt lassen konnte und ihnen zudem willkommene Ablenkung von der bedrückenden Misere der politischen Umstände bot.

Die Deutung der Fermischen Ergebnisse war nämlich kontrovers. Ida Noddack von der PTR äußerte sogar die kühne Hypothese: «Es wäre denkbar, daß bei der Beschießung schwerer Kerne mit Neutronen diese Kerne in mehrere größere Bruchstücke zerfallen, die zwar Isotope bekannter Elemente, aber nicht Nachbarn der bestrahlten Elemente sind.»[48] Diese Annahme widersprach zu sehr der herrschenden Lehrmeinung, um ernstlich Anklang zu finden. Ernster genommen wurde der Einwand des früheren Hahn-Mitarbeiters Aristide von Grosse, die Fermischen Umwandlungsprodukte seien nicht Transurane, sonder Protactiniumisotope.

In dieser Lage «überredete» Lise Meitner, die von Fermis Bestrahlungsexperimenten «fasziniert» war, ihren alten Partner Hahn, mit ihr wieder wie in früheren Zeiten gemeinsam zu experimentieren, um dieser heiklen Frage auf den Leib zu rücken. Für die zu diesen Untersuchungen notwendigen radiochemischen Nachweisverfahren hätte sie schwerlich einen erfahreneren und kompetenteren Mitarbeiter als Hahn finden können; zudem war ihr die unmittelbare Zusammenarbeit auch menschlich notwendig, denn ihre Isolierung nahm zu, eine Wirksamkeit außerhalb der Institutsmauern war ihr schon so gut wie versagt, und auch in ihrer eigenen Abteilung, in der sich engagierte Nazis befanden, konnte sie nicht mehr offen sprechen.[49]

Als erfahrene Kenner des Protactiniums konnten Meitner und Hahn verhältnismäßig rasch zeigen, daß die Bestrahlung des Urans mit Neutronen nicht zum Protactinium führt, wie von Grosse angenommen hatte; damit schien Fermis Hypothese bestätigt zu sein. Um aber volle Klarheit darüber zu schaffen, womit man es wirklich zu tun hatte, war jahrelange zähe Kleinarbeit vonnöten, in die auch der geschickte und erfahrene Radiochemiker Fritz Straßmann einbezogen wurde, zu dessen 60. Geburtstag Hahn in seinem Festvortrag bezeugte: «Schon die dritte Arbeit über Uran und Neutronen, im Dezember 1934 eingereicht, zeigte die Firma Hahn-Meitner-Straßmann. Und damit beginnt dann die jahrelange Gemeinschaftsarbeit über die künstlichen Trans-Urane ...»[50]

Die Fermischen Umwandlungsprodukte erwiesen sich dabei als ein sehr viel komplizierteres Gemisch von Radionukliden, als bisher angenommen worden war. Vierjährige intensive Forschungen erbrachten fast 20 Arbeiten. Somit glaubten die drei Forscher, genügend Beweise für die Existenz der vermuteten Transurane zusammengetragen zu haben; im Sommer 1938 faßten sie ihre bisherigen Untersuchungsergebnisse zusammen und gaben drei Umwandlungsreihen an, nach denen durch den Beschuß von Uran mit Neutronen verschiedene Transurane bis zur Ordnungszahl 97 entstehen sollten. Eine befriedigende Interpretation der dabei ablaufenden Kernprozesse gelang ihnen allerdings nicht, so daß die Situation weiterhin unbefriedigend blieb und weiterführende Experimente verlangte.

Mitten in dieser angespannten Arbeit trat eine tragische Wendung ein. Im März 1938 annektierten die deutschen Faschisten Österreich, damit war Lise Meitner über Nacht «Reichsdeutsche» und der antisemitischen Willkür schutzlos preisgegeben, denn ihr österreichischer Paß war jetzt nur noch ein wertloses Stück Papier. Alle Versuche, für die Physikerin die Genehmigung zur Ausreise in ein neutrales Land zu erreichen, schlugen fehl; selbst der mächtige Carl Bosch, inzwischen KWG-Präsident, erhielt auf ein entsprechendes Schreiben an den Reichsinnenminister einen abschlägigen Bescheid, zu dessen Begründung erklärt wurde, «daß politische Bedenken gegen die Ausstellung eines Ausländerpasses für Frau Prof. Meitner bestehen. Es wird für unerwünscht gehalten, daß namhafte Juden aus Deutschland ins Ausland reisen, um dort als Vertreter der deutschen Wissenschaft oder gar mit ihrem Namen und ihrer Erfahrung entsprechend ihrer inneren Einstellung gegen Deutschland zu wirken».[51] So blieb nur noch die Flucht über Holland und Dänemark nach Schweden, die mit Hilfe von Debye und anderen auf abenteuerliche Weise organisiert wurde.[52] Das Brot der Emigration wurde der sechzigjährigen Wissenschaftlerin bitter. Lange mußte sie sich unter primitivsten Umständen durchschlagen, erst allmählich gelang ihr der Aufbau eines neuen Wirkungskreises am Nobel-Institut für Physik in Stockholm, doch die wirkliche

... wir beschlossen, unsere Kollegin so schnell wie möglich illegal über die Grenze zu bringen. Am Abend des 16. Juli traf Professor Coster aus Holland in meinem Institut ein und brachte die Zusicherung, daß die Holländer Lise Meitner ohne Visum über die Grenze lassen würden. Mit Hilfe unseres langjährigen Freundes Paul Rosbaud wurden in der Nacht die notwendigsten Kleider und Wertgegenstände Lise Meitners gepackt. Für dringende Fälle übergab ich ihr einen schönen Brillantring, den ich als Erbstück meiner verstorbenen Mutter zwar nie getragen, aber immer gut aufgehoben hatte. Am Morgen des 17. Juli fuhr Lise Meitner in aller Heimlichkeit mit Professor Coster dem sehr unsicheren Tag entgegen ... Die Gefahr für Lise Meitner bestand in den mehrfachen Kontrollen in den nach dem Ausland fahrenden Eisenbahnzügen durch die SS. Immer wieder wurden Menschen, die ins Ausland zu gelangen versuchten, in der Bahn festgenommen und zurückgeholt. Aber Lise Meitner hatte Glück ...
Otto Hahn: Mein Leben, S. 149/150.

47 Werner Stolz: Otto Hahn – Lise Meitner, Leipzig 1983, S. 36.
48 Ida Noddack: Das Periodische System der Elemente und seine Lücken. In: Angewandte Chemie, 1934, S. 304.
49 Fritz Krafft: Das Selbstverständnis der Physik im Wandel der Zeiten, Weinheim 1982, S. 182/183.
50 Otto Hahn: Erinnerungen eines alten Radiomechanikers. Zum 60. Geburtstag von Fritz Straßmann. In: Fritz Krafft: Im Schatten der Sensation. Leben und Wirken von Fritz Straßmann, Weinheim 1981, S. 458/459.
51 Zit. in: Ernst Berninger: Otto Hahn – Eine Bilddokumentation, München 1969, S. 42.
52 Siehe Fritz Krafft: Im Schatten der Sensation, S. 173–180.

Frédéric und Irène Joliot-Curie mit ihren Kindern zwischen Marie Sklodowska-Curie (links) und Frédérics Mutter Emilie Joliot (rechts) Aufnahme von 1933

Meitner und Frisch erklärten den Vorgang nach einem von Niels Bohr aufgestellten sogenannten Tröpfchenmodell des Atomkerns. Sie nannten den von mir als Zerplatzen bezeichneten Vorgang «Spaltung» (englisch: «Fission»), ein Ausdruck, der allgemein anerkannt wurde, und teilte unser Ergebnis auch gleich Niels Bohr mit, der gerade nach Amerika zu einem Kernphysikerkongreß fuhr und diese Nachricht dorthin brachte.
In einem sehr interessanten Brief aus den USA schilderte mir Rudolf Ladenburg, der an dem Kongreß teilnahm, den Eindruck, den die Nachricht von der Uranspaltung auf die Kongreßteilnehmer machte. Eine ganze Anzahl von ihnen verließ die Sitzungen und eilte in ihre Institute, um an ihren Hochspannungsanlagen oder anderen Neutronenquellen die Versuche nachzumachen ... Noch von der Tagung in Amerika bekam ich ein langes Telegramm von Niels Bohr und einer Anzahl von Physikern, in dem sie mir zu der «wunderbaren Arbeit» ihre Glückwünsche aussprachen.
Ebenda, S. 153/154.

geistige Heimat blieb für sie immer das Hahn-Institut, wie sie es in ihrer Erinnerung mit sich trug.

Inzwischen gingen nicht nur in Berlin, sondern auch in anderen Kernforschungszentren der Welt die Arbeiten am Uranproblem mit Hochdruck weiter. Irène Joliot-Curie wies in Paris bei der Bestrahlung von Uran mit Neutronen einen «3,5-Stunden-Körper» nach, dessen chemische Identifizierung große Schwierigkeiten bereitete. Die Einordnung dieses Stoffes in die Reihe der Transurane war höchst fragwürdig. Im Herbst 1938 führten eingehende Untersuchungen Hahn und Straßmann zu der Meinung, aus dem bestrahlten Uran müßte ein Gemisch von Radium- und Actinium-Isotopen entstanden sein. Wenn man allerdings von dieser Annahme ausging, dann waren die zu beobachtenden Kernreaktionen physikalisch kaum noch verständlich.

So schien es auch Lise Meitner, die im Exil fortlaufend und genau vom Fortgang der Arbeiten unterrichtet wurde, als wäre sie noch bei ihnen, und sie riet, die Experimente noch einmal ganz sorgfältig zu überprüfen. Im Dezember machten sich beide an diese Arbeit, die sie in die größte Verwirrung stürzte. Diese Verwirrung spiegelt sich in dem Brief, den Hahn am 19. Dezember 1938 an Meitner schrieb: «Es ist nämlich etwas bei den ‹Radiumisotopen›, was so merkwürdig ist, daß wir es vorerst nur Dir sagen ..., Unsere Ra-Isotope verhalten sich wie Ba... . Ich habe mit Straßmann verabredet, daß wir vorerst nur Dir dies sagen wollen. Vielleicht kannst Du irgendeine phantastische Erklärung vorschlagen. Wir wissen dabei selbst, daß es eigentlich nicht in Ba zerplatzen kann».[53] Es war schon schwer genug, einzusehen, daß der Atomkern, das stabilste aller bekannten Gebilde, beim radioaktiven Zerfall kleine Veränderungen erleiden sollte – doch die seit der Jahr-

Arbeitstisch von Otto Hahn und Fritz Straßmann
Nachbildung im Deutschen Museum, München
Aufnahme von 1968
An diesem Experimentiertisch wurden die Radioaktivitätsmessungen durchgeführt, die den Uranspaltungsprozeß bewiesen. In der Mitte sind zwei symmetrisch angeordnete Zählapparaturen aufgebaut, die den Nulleffekt und den Effekt der bestrahlten Untersuchungsobjekte messen. Die aus den beiden Effekten entstandene Differenz ermöglichte die äußerst präzise Meßwertbestimmung.

hundertwende bekannte Erscheinung der Radioaktivität ließ keine andere Erklärung zu, und es waren ja eben doch nur kleine Masseänderungen, um die es sich beim Übergang vom instabilen strahlenden zum stabilen nichtstrahlenden Zustand handelte. Nun aber sollte der Kern einfach in Stücke zerplatzen, sofern der bei dem im Resultat der Reaktion vorgefundene Stoff tatsächlich Barium war.

Doch alle Prüfungen änderten nichts am schockierenden Befund. Hahn und Straßmann übergaben der Zeitschrift «Die Naturwissenschaften» eine Mitteilung mit dem Titel «Über den Nachweis und das Verhalten der bei der Bestrahlung des Urans mittels Neutronen entstehenden Erdalkalimetalle», die in der ersten Nummer des Jahres 1939 erschien. In den Text fügten die Autoren einen vorsichtigen Vorbehalt ein: «Als Chemiker müßten wir aus den kurz dargelegten Versuchen das oben gebrachte Schema eigentlich umbenennen und statt Ba, Ac, Th die Symbole Ba, La und Ce einsetzen. Als der Physik in gewisser Weise nahestehende ‹Kernchemiker› können wir uns zu diesem, allen bisherigen Erfahrungen der Kernphysik widersprechenden Sprung noch nicht entschließen. Es könnte doch noch vielleicht eine Reihe seltsamer Zufälle unsere Ergebnisse vorgetäuscht haben.»[54] Doch der Vorbehalt war unnötig. Die Kernspaltung war entdeckt.

Noch bevor der Beitrag im Druck erschienen war, hatte Meitner in Stockholm einen Durchschlag des Manuskriptes erhalten. Zufällig ergab sich, daß sie zum Weihnachtsurlaub ihren Neffen, den bereits 1933 aus Deutschland emigrierten und nun am Institut von Niels Bohr in Kopenhagen tätigen

53 Otto Hahn: Mein Leben, München 1968, S. 151.
54 Otto Hahn/Fritz Straßmann: Über den Nachweis und das Verhalten der bei der Bestrahlung des Urans mittels Neutronen entstehenden Erdalkalimetalle. In: Die Naturwissenschaften, 1937, S. 15.

Welch starken seelischen Belastungen die für die deutsche Atomforschung maßgebenden Wissenschaftler ausgesetzt waren, dafür liefert Otto Hahn ein geradezu klassisches Beispiel:
Sein berühmtes Experiment spielte sich unter Umständen ab, von denen in den wissenschaftlichen Veröffentlichungen naturgemäß nichts erkennbar wurde.
Da war zunächst die allgemeine Lage im Berlin jener Wochen, wo man noch ganz unter Eindruck des – euphemisch noch heute als «Reichskristallnacht» bezeichneten – Pogroms vom 9./10. November stand. Zahlreiche Menschen, die den am Experiment Beteiligten – Hahn, Straßmann und die Assistentinnen Lieber und Bohne – nahestanden, waren dabei geschmäht, mißhandelt, ihrer Habe beraubt, ins Konzentrationslager gebracht oder zum Selbstmord getrieben worden.
Da war die Lücke, die Lise Meitners erzwungener Weggang wissenschaftlich wie menschlich gerissen hatte. Es ergaben sich daraus für Otto Hahn auch Freundespflichten, die einer konzentrierten Arbeit nicht eben förderlich waren. So mußte er sich beispielsweise an jenem 17. Dezember 1938, an dem er in sein Tagebuch notieren konnte: «Aufregende Ra(dium)-Ba(rium)-MSth (=Mesothorium)-Fraktionierung» auch mit einem zweiten Eintrag – «Finanzamt wegen Lise Meitner» – befassen. Der Staat forderte ja von allen Juden, daß sie den Gesamtschaden, der ihnen durch die Verwüstungen ihrer Wohnungen

Physiker Otto Robert Frisch, zu Gast hatte. Die Nachricht aus Berlin bot Stoff zu den angeregtesten Diskussionen. Aus diesen Gesprächen erwuchs das denkbar großartigste Geschenk, das sich Neffe und Tante zum Neujahrstag 1939 gegenseitig bereiteten: die Deutung des Geschehens auf der Basis des Bohrschen Tröpfchenmodells des Atomkerns. Berechnungen zeigten, daß die dabei stattfindende Energiefreisetzung enorm ist und den Energieumsatz der bis dahin bekannten Kernreaktionen um ein vielfaches übertrifft. Dazu publizierten sie im Februar 1939 in der englischen Zeitschrift «Nature» eine kurze Mitteilung.

Die Veröffentlichung von Hahn und Straßmann erregte weltweites Aufsehen. Überall eilten die Physiker in ihre Laboratorien, um mittels starker Neutronenquellen die Urankernspaltung selbst nachzuvollziehen. Hahn war aus begreiflichen Gründen bei der Information der Angehörigen seines eigenen Instituts zurückhaltend. Von der Entdeckung ihres Chefs erfuhren sie erst aus der Publikation. Die am KWI für Chemie tätigen Physiker Gottfried von Droste und Siegfried Flügge knüpften hier unverzüglich an und berechneten unabhängig von Meitner und Frisch die enorme Energiefreisetzung bei der Kernspaltung.

Hahn und Straßmann stürzten sich wieder in die Detailarbeit; mit mustergültiger Präzision identifizierten sie in der Folgezeit an die hundert primäre und sekundäre Spaltprodukte. 1944 wurde Hahn der Nobelpreis zuerkannt. Es war eine offenkundige Ungerechtigkeit, daß Meitner und Straßmann nicht berücksichtigt wurden. Auch in den Augen der Öffentlichkeit stand ihr Anteil an der grandiosen Entdeckung lange Zeit unverdient im Hintergrund. Hahn tat später manches, um dieses falsche Bild zu korrigieren.[55]

Flügge veröffentlichte im Frühjahr 1939 in den «Naturwissenschaften» einen Aufsatz mit dem Titel «Kann der Energiegehalt der Atomkerne technisch nutzbar gemacht werden?». Darin schätzte er den bei einer Kettenreaktion frei werdenden Energiebetrag ab und sprach die Vermutung aus, die Reaktion in einer «Uranmaschine» stabilisieren und zur kontrollierten Energiegewinnung verwerten zu können. Auch in der «Deutschen Allgemeinen Zeitung» vom 15. August 1939 ging er auf dieses Thema ein. In der Atmosphäre allgemein spürbarer Kriegsgefahr und außenpolitischer Hochspannung mußten die Generalstäbe auf die Möglichkeiten einer ganz neuen, schrecklichen Waffe aufmerksam werden, die sich – vorerst noch unklar – am Horizont abzeichneten. Die Veröffentlichungen versiegten. Ein Panzer absoluter Geheimhaltung umschloß alle weiter gehenden Erkundungs- und Entwicklungsarbeiten. Was in den Kriegsjahren in hermetisch abgeriegelten Laboratorien und Versuchsgeländen vor sich ging, erfuhr die Öffentlichkeit erst viel später.

So gelang mitten im faschistischen Deutschland in Berlin jene Entdeckung, die wie keine zweite in diesem Jahrhundert die apokalyptische Zweischneidigkeit der Wahrheitssuche unter imperialistischen Verhältnissen enthüllte. Aus ihr entsprangen sowohl die moderne Atomenergetik als auch die nuklearen Massenvernichtungsmittel. An beiden Entwicklungsrichtungen beteiligten sich Hahn und Straßmann nicht.

Es ist ein Glück für die Menschheit, daß das faschistische Deutschland trotz des maßlosen Größenwahns seiner Führer ökonomisch und technisch nicht imstande war, die Kernspaltung militärisch auszubeuten. Als Hahn vom Abwurf der amerikanischen Atombomben auf Hiroshima und Nagasaki erfuhr, erlitt er eine schwere Erschütterung. In den Nachkriegsjahren gehörte er zu den Wissenschaftlern, die sich konsequent und unermüdlich gegen den Mißbrauch der Kernenergie einsetzten. Er war der Initiator der berühmt gewordenen «Mainauer Kundgebung» der Nobelpreisträger vom 15. Juli 1955 und zog damit ein gültiges Fazit aus seinem an bedeutenden Erkenntnissen wie an schmerzlichen politischen Erfahrungen reichen Forscherleben.

und Geschäfte entstanden war, auch noch selbst, in Form einer Abgabe an die Organisatoren des Pogroms – «ersetzten» ... Dazu kamen auch noch persönliche Sorgen, die ebenfalls mit der Judenverfolgung zusammenhingen: In Berlin war eine antisemitische Ausstellung, «Der ewige Jude», eröffnet worden, und zu den dort – zur Anstachelung des im Volke offenbar nur ungenügend vorhandenen Judenhasses – mit mächtig stark retuschierten Porträts Angeprangerten gehörten, neben seiner engsten Mitarbeiterin und Freundin Lise Meitner, auch – Hahn selbst! Das «Versehen» wurde erst nach einem eiligen Gespräch Hahns mit Carl Bosch, dem Präsidenten der Kaiser-Wilhelm-Gesellschaft, und nach dessen sofortiger Intervention von der Ausstellungsleitung korrigiert ...
Bernt Engelmann: Deutschland ohne Juden, München 1970, S. 282/283.

Parole ‹Wissenschaft›

«Meine deutschen Studenten, ich habe Ihnen heute am Anfang eines unerhörten geschichtlichen Beginnes die Parole für die kommenden Jahre zu geben. Sie werden verstehen, wenn ich zur Eröffnung des neuen Semesters die Parole ‹Wissenschaft› ausgebe. Wir Nationalsozialisten nehmen die Parole ‹Wissenschaft› mutig und verantwortungsbewußt auf ... Jetzt setzen wir aber an die Stelle des liberalen Wissenschaftsbegriffes unseren Wissenschaftsbegriff. Die Wissenschaft ist kein freischwebendes, von Raum und Zeit unabhängiges Gebilde, sondern eine spezifische Leistung des völkischen Geistes.»[56]

Das wurde zwar nicht in Berlin gesagt, sondern am 7. November 1936 anläßlich der 125-Jahr-Feier der Universität Breslau, aber es war der Berliner Reichsminister Rust, und wesentlich von Berlin aus wurde das «unerhörte geschichtliche Beginnen» gesteuert – der Vierjahresplan, der kurz vorher auf dem 8. Reichsparteitag der NSDAP mit Pomp und Gepränge verkündet worden war. Es nimmt nicht wunder, daß die Orientierung auf die Wissenschaft wie alles im Dritten Reich

55 Siehe: Friedrich Herneck: Die heilige Neugier, Berlin 1983, S. 126–130.
56 Zit. in: Schulthess' Europäischer Geschichtskalender N. F., Jg. 52, 1936, München 1937, S. 143.

Hitler
auf dem Reichsparteitag
der NSDAP in Nürnberg,
September 1936:
In vier Jahren muß Deutschland in allen jenen Stoffen vom Ausland unabhängig sein, die irgendwie durch die deutsche Fähigkeit, durch unsere Chemie und Maschinenindustrie sowie durch unseren Bergbau selbst beschafft werden können! Der Neuaufbau dieser großen Rohstoffindustrie wird auch die nach dem Abschluß der Aufrüstung frei werdenden Menschenmassen nationalökonomisch nützlich beschäftigen.
Schulthess' Europäischer Geschichtskalender N. F. Jg. 77, 1936, München 1937, S. 122.

Aus der geheimen
Denkschrift Hitlers
vom 26. August 1936
über den Vierjahresplan:
Ich stelle damit
folgende Aufgabe:
I.
Die deutsche Armee muß in 4 Jahren einsatzfähig sein.
II.
Die deutsche Wirtschaft muß in 4 Jahren kriegsfähig sein.
Anatomie des Krieges. Hrsg. von Dietrich Eichholtz/ Wolfgang Schumann, Berlin 1969, S. 150.

in militärischer Kommandosprache herausgebellt wurde. Der deutsche Student sollte ebenso zackig auf Befehl zum Lehrbuch oder zur Pipette greifen wie zum Pflasterstein, mit dem er einem «rassisch Minderwertigen» das Schaufenster oder gegebenenfalls auch den Schädel einzuschlagen hatte.

Hier aber hatte der Militaristenjargon seine spezifische Bedeutung. Erst kam die Parole «Wissenschaft», dann die Parole «Blitzkrieg», und die erstere hatte der letzteren zu dienen. Der Sinn des Vierjahresplanes bestand darin, durch Zusammenfassung aller Kräfte und eine immense Verschärfung der Ausbeutung aller physischen und geistigen Potenzen des deutschen Volkes Nazideutschland fit zu machen zum Sturm auf die Vorherrschaft in Europa und dann in der Welt.

Für die Aufrüstung waren enorme Mittel vonnöten. Da hieß es, den Riemen enger schnallen, weitaus härter arbeiten und ein ganzes Volk auf die Parole «Kanonen statt Butter» einschwören. Hjalmar Schacht hatte als Reichsbankpräsident und Reichswirtschaftsminister mit seinem «neuen Plan» zunächst einmal versucht, dieser Forderung durch eine straffe staatsmonopolistische Steuerung der Außenwirtschaft zu genügen: die Importe bis auf das für die Rüstung Unerläßliche einschränken, die Exporte dagegen maximal erweitern, um mit den eingenommenen Devisen Rohstoffe für die Rüstung zu kaufen. Um die Jahreswende 1935/1936 zeichnete sich jedoch ab, «daß die im Sinne Schachts durch höhere Exporte und eingeschränkte Verbrauchsgüterimporte versuchte Absicherung der Aufrüstung ihre Grenzen erreicht hatte. Der seit 1935/36 beschleunigte Ausbau der Wehrmacht wurde auf rüstungstechnischem Gebiet durch die akute Rohstoff- und Devisenknappheit in Frage gestellt. Daraufhin brachen die Differenzen zwischen verschiedenen Gruppierungen des deutschen Finanzkapitals sowie im Militär-, Staats- und Naziparteiapparat vor allem auf dem Gebiet der Wirtschaftspolitik erneut und verschärft aus. Die Kräfte um den IG-Farben-Konzern, die Elektro- und Flugzeugindustrie und mit ihnen Bankkreise um die Deutsche Bank, die für eine forcierte Kriegsvorbereitung auf der Grundlage einer möglichst weitgehenden wirtschaftlichen Autarkie eintraten, gewannen schließlich in diesen Auseinandersetzungen im Bündnis mit Göring die Oberhand».[57]

Mit anderen Worten: Die Verschärfung der Arbeitshetze ist es allein nicht – die Arbeitsproduktivität mußte erheblich gesteigert werden, und die geforderte Rohstoff- und Treibstoffautarkie verlangte die Entwicklung zahlreicher Substitute auf der Basis einheimischer Rohstoffe. Das letztgenannte Feld versprach den Chemiemonopolen Riesenprofite; die IG Farben war deshalb eine ausgesprochene Lokomotive des Vierjahresplanprojektes, und ihr Vorstandsmitglied Carl Krauch, ein en-

Atom-Zertrümmerungs-anlage in Berlin-Dahlem
Aufnahme um 1935

Gebäude der sogenannten Atom-Festung
Aufnahme um 1935
In diesem 20 m hohen Turm wurde die von gewaltigen Generatoren erzeugte Gleichstromenergie von bis zu 3,2 Mill. Volt Spannung dazu eingesetzt, um das Wesen atomarer Vorgänge tiefer zu erfassen.

ger Vertrauter des KWG-Präsidenten Bosch, übernahm die Leitung der Abteilung Forschung und Entwicklung in dem bei Göring gebildeten Rohstoff- und Devisenstab. Überhaupt verlangte dieses ganze ehrgeizige Rüstungsprogramm ein hocheffizientes Forschungs- und Entwicklungspotential. Genau deshalb wurde die Parole «Wissenschaft» ausgegeben.

Worauf konnten die Hitlerfaschisten dabei zurückgreifen? Die deutsche Grundlagenforschung war durch den plumpen Faschisierungs- und Vertreibungskurs angeschlagen. Die KWG verkörperte zwar noch ein gutes, an einigen Stellen exzellentes Potential, aber bei weitem nicht aus allen ihren Instituten ließen sich bedeutende Beiträge für das Aufrüstungs- und Autarkieprogramm herausholen. Die faschistische Wissenschaftspolitik war stark pragmatisch angelegt; die Grundlagenforschung rangierte am Rande, der Schwerpunkt lag bei angewandter Forschung und Entwicklung. Das entsprach der Blitzkriegsstrategie der Faschisten, die ihre aberwitzigen Pläne in kurzen, allenfalls mittleren Fristen hofften realisieren zu können. «Es ging um eine schnelle ‹Breitenrüstung› gegenüber der (zeitaufwendigeren) ‹Tiefenrüstung› – womit auch der Kriegsforschung für langfristig effektive Bereiche gewisse Grenzen gesetzt blieben.»[58]

Allerdings gab es hier deutliche Differenzen. Die unter Göring konzentrierte Luftkriegsvorbereitung, deren Organisationen aus dem allgemeinen System der staatsmonopolistischen

57 Die Berliner Akademie der Wissenschaften in der Zeit des Imperialismus, Teil III, S. 23. – Siehe auch Wolfgang Schlicker: Carl Krauch, die IG Farben und die Forschungslenkung im faschistischen Deutschland. In: Bulletin des Arbeitskreises «Zweiter Weltkrieg», 1979, Nr. 1/2.
58 Ebenda, S. 40.

Aus der Urteilsbegründung im IG-Farben-Prozeß, Nürnberg 1948:
Unter der Leitung von Dr. Carl Duisberg, dem ersten Vorsitzenden des Aufsichtsrates, und von Dr. Carl Bosch, der im Jahre 1935 sein Nachfolger in dieser Stellung wurde, erweiterte die I.G. stetig ihre Produktion und ihre Macht im Wirtschaftsleben. Im Jahre 1926 hatte die Firma 93742 Angestellte und Arbeiter und einen Jahresumsatz von 1,209 Millionen Reichsmark. Bis zum Jahre 1942 hatte die Belegschaft sich auf 187700 Personen erhöht und der Umsatz auf 2,904 Millionen Reichsmark. Zur Zeit der Höchstbeschäftigung hat der Jahresumsatz der Firma drei Milliarden Reichsmark überstiegen.
Der I.G. gehörten 400 deutsche Firmen, und zwar ganz oder teilweise, und ungefähr 500 Firmen in anderen Ländern. Die I.G. kontrollierte mehr als 40000 wertvolle Patente. Die Anklagebehörde hat die I.G. «einen Staat im Staate» genannt.
Das Urteil im I. G.-Farben-Prozess, Offenbach 1948, S. 6.

Luftschutzübung 1935
Im März 1935 wurde in Berlin eine großangelegte Luftschutzübung organisiert. Damit die Angelegenheit auch einen realistischen Eindruck erweckte, mußte Schutt her. Dieser wurde eigens nach Berlin gebracht und, wie auf dem Foto im Bezirk Kreuzberg, in vielen Straßen abgeladen. Doch nur wenige Jahre später wurden Schutt und Asche, Leid und Elend zu den typischen, nicht mehr übersehbaren Spuren faschistischer Politik.

Forschungslenkung ausgegliedert blieben und separat geführt wurden, fungierte als Motor des wissenschaftlich-rüstungstechnischen Fortschritts und griff in ihren Anforderungen tief in die Grundlagenforschung ein. Im großen und ganzen aber war die simultane Kopplung von Grundlagenforschung und angewandter Forschung in der wissenschaftlichen Arbeit damals noch weitaus weniger ausgeprägt als heute. Daher konnte das Wissenschaftssystem unter Vernachlässigung der fundamentalen Bereiche (wie es auch der ausgeprägten Theoriefeindlichkeit der Naziideologie entsprach) einige Jahre auf Verschleiß gefahren werden, ohne daß sich dies schon in einem Leistungsabfall im angewandten Bereich bemerkbar machen mußte. Darauf bauten die Faschisten, zumindest paßten sie sich intuitiv dieser Situation an. Sie konnten sich darauf stützen, daß das kriegswissenschaftliche Potential Deutschlands in den Jahren der Weimarer Republik mit Bedacht erhalten worden war.

Was sich in der Sphäre der Wissenschaft unmittelbar Rüstungszwecken unterordnen ließ, das wurde durchgreifend militarisiert. Ein frühes Objekt der Militarisierung, die hier faktisch bereits mit ihrer faschistischen politischen «Gleichschaltung» einsetzte, waren die Ingenieurorganisationen und die technischen Hochschulen. Die traditionell einflußreichste Technikervereinigung, der im Berliner Ingenieurhaus residierende «Verein Deutscher Ingenieure», bekundete schon im Frühjahr 1933 seine vorbehaltlose Bereitschaft, «die technisch-wissenschaftliche Arbeit in den Dienst der nationalsozialistischen Wirtschaftsordnung zu stellen», und erklärte den Arierparagraphen des Berufsbeamtengesetzes für den Verein als verbindlich. 1934 wurde der «Nationalsozialistische Bund Deutscher Technik» gebildet, über den neben dem VDI auch die wichtigsten spezialisierten technisch-wissenschaftlichen Verbände – der Verein Deutscher Elektrotechniker, der Verein Deutscher Eisenhüttenleute usw. – in das faschistische Lenkungsgefüge einbezogen wurden.

Das Verfahren der Integration mit Hilfe faschistischer Dachorganisationen wurde auch in anderen Bereichen angewandt, beispielsweise im NS-Lehrerbund, wenngleich es im einzelnen Unterschiede im Grad und in der Willfährigkeit bedingungsloser Unterordnung gab.

An der TH Berlin entpuppte sich die 1933 eingerichtete «Fakultät für allgemeine Technologie» bereits 1935 als «Wehrtechnische Fakultät», deren Aufgabe darin bestand, «im Rahmen der Hochschule die wissenschaftlich-technischen Belange der Wehrmacht hinsichtlich der Lehre (Ausbildung des Nachwuchses) und der Forschung (soweit sie nicht bei den militärischen Erprobungsstellen und der Industrie durchgeführt werden kann) zu vertreten».[59] Als Dekan regierte der Professor und General Karl Becker. Seine neuen Institute standen vorerst nur auf dem Papier; erst mit dem Rückenwind des Vierjahresplanes konnte der Bau beginnen. Am 27. November 1937 legte Hitler persönlich den Grundstein für den neuen Komplex der Fakultät. Rust verkündete dabei, daß damit ein titanisches Projekt in Angriff genommen würde: eine Hochschulstadt an der Heerstraße an Berlins westlicher Peripherie, deren Bau einen Teil der vollkommenen Neugestaltung der «Reichshauptstadt» darstellen sollte. In der künftigen Wehrtechnischen Fakultät «sollte erstmals die ‹Universale Hochschule› des Dritten Reiches Gestalt annehmen: der Zusammenschluß von Technischer Hochschule und Universität unter ›wehrwissenschaftlichen Gesichtspunkten‹ ».[60] Große Projekte waren ein charakteristisches Moment faschistischer Massenbeeinflussung.

Durch die Verkündung einander überbietender, an Größe und Pracht unvergleichlicher Riesenprojekte ohne jede Rücksicht auf ihre Realisierbarkeit sollten die Anhänger des Regimes ständig in einem euphorischen, rauschhaften blinden Glauben an die Allmacht des «Führers» gehalten werden, der sich leicht in den Fanatismus von Welteroberern hinüberleiten ließ. Es störte wenig, daß die monströsen Projekte in der Realität selten über Anfänge hinauskamen, wenn nur der psychologische Effekt erreicht wurde. Selbst in diesem Fall, wo

Hitler vor dem Reichstag, 30. Januar 1938:
Wenn ich nun diesen Teil meiner Ausführungen beschließe, möchte ich den Blick noch ganz kurz werfen auf die Aufgaben der Zukunft. An der Spitze steht die Durchführung des Vierjahresplanes ... Als äußeres Zeugnis für diese große Epoche der Wiederauferstehung unseres Volkes aber soll nunmehr der planmäßige *Ausbau* einiger großer *Städte* des Reichs treten, an der Spitze die Ausgestaltung *Berlins* zu einer wirklichen und wahren Hauptstadt des Deutschen Reiches. Ich habe daher an diesem heutigen Tage ähnlich wie für den Bau unserer Straßen, für Berlin einen Generalbauinspekteur ernannt, der für die bauliche Ausgestaltung der Reichshauptstadt verantwortlich ist und dafür Sorge tragen wird, in das Chaos der Berliner Bauentwicklung jene große Linie zu bringen, die den Geist der nationalsozialistischen Bewegung und dem Wesen der deutschen Reichshauptstadt gerecht wird. Für die Durchführung des Planes ist eine Zeit von 20 Jahren vorgesehen ...
Schulthess' Europäischer Geschichtskalender N. F., Jg. 78, 1937, München 1938, S. 29.

59 Hans Ebert: Die Technische Hochschule Berlin und der Nationalsozialismus: Politische «Gleichschaltung» und rassistische «Säuberungen». In: Wissenschaft und Gesellschaft. Beiträge zur Geschichte der Technischen Universität Berlin 1879–1979, Bd. 1, Berlin (West) 1979, S. 476.
60 Karl-Heinz Ludwig: Technik und Ingenieure im Dritten Reich, Düsseldorf 1979, S. 221.

kräftige militärische Interessen dahinterstanden, blieb der anspruchsvolle Anlauf kläglich stecken.

Ende 1938 sollte der Bau der Fakultät abgeschlossen sein. Zwei Jahre später waren die Gebäude immer noch nicht fertiggestellt. 1941/42 wurden die verbliebenen Bauarbeiter in Rüstungsbetriebe abkommandiert.[61] Bis Kriegsende hatte kein einziger Student ein vollständiges Hochschulstudium auf diesem Gebiet absolviert, wenngleich einige einschlägige Dissertations- und Habilitationsarbeiten angefertigt und betreut wurden – vor allem an den Instituten für Technische Physik und für militärische Erkundungsmittel.

Auch auf wehrtechnischem Gebiet standen sich im faschistischen Deutschland Grundlagen- und Zweckforschung gegenüber; alles, was einigermaßen nach Grundlagenforschung aussah, geriet bis auf wenige abgeschirmte Bereiche ins Hintertreffen, selbst wenn es – wie in diesem Fall von Becker – von prominenten Militärs gefördert wurde. Die Technische Hochschule wurde zwar nachhaltiger als die Universität unterstützt, aber selbst im wehrtechnischen Bereich zogen hier die verfügbaren Mittel den ehrgeizigen Vorhaben enge Grenzen.

Die Physikalisch-Technische Reichsanstalt erfuhr unter der Präsidentschaft Starks einen deutlichen Niedergang.

Wohl gelang es ihm, die Anstalt mit faschistischer Ideologie im allgemeinen und der von ihm favorisierten «Deutschen Physik» im besonderen zu durchsetzen, wohl war er erfinderisch in gewaltigen Ausbau- und Erweiterungsplänen, die die Arbeiten fest in das faschistische Militarisierungsprogramm einbinden sollten, doch die erwartete Effizienz schuf er nicht. Eine Reihe von quantentheoretischen und kernphysikalischen Forschungen ließ er kurzerhand abbrechen, weil sie seinen

Heinrich-Hertz-Institut
für Schwingungsforschung
Aufnahme um 1930

obskuren physikalischen Ansichten zuwiderliefen. Das diskreditierte ihn auch in seiner angemaßten Position als «Treuhänder der deutschen Forschung». Als DFG-Präsident verteilte er die Mittel nach subjektivistischen Maßstäben und investierte große Beiträge in zweifelhafte Projekte wie «Gold aus deutschen Mooren», deren Unergiebigkeit auch seine obersten Auftraggeber einsehen mußten, so daß sie ihm die Zügel bald wieder aus der Hand nahmen.

Die anderen staatlichen Forschungsinstitutionen in Berlin wurden verhältnismäßig problemlos den faschistischen Programmen unterworfen. Der bisherige Präsident des Reichsgesundheitsamtes Karl Hamel wurde im Mai 1933 vorzeitig pensioniert; der neue Mann Hans Reiter war eingeschworener Nazi und spannte das Amt derart in die «erbbiologischen» und «rassenhygienischen» Pläne der Faschisten ein, daß er sich an ihren Verbrechen direkt mitschuldig machte.[62] Die Chemisch-Technische Reichsanstalt wurde als Zentrum angewandter Wissenschaft weiter ausgebaut, und ihre Kapazitäten wurden immer stärker eingesetzt, um die Chemie für die unmittelbare Kriegsvorbereitung nutzbar zu machen. Das Preußische Meteorologische Institut wurde 1934 mit dem Reichsamt für Flugsicherung vereinigt. Damit wurde es in den Machtbereich Görings als Luftfahrtminister und Verantwortlicher für Luftaufrüstung einbezogen.

Das modernste und leistungsfähigste Potential angewandter Naturwissenschaft und Technik, das in Berlin zur Verfügung stand, befand sich in den Forschungs- und Entwicklungseinrichtungen der wissenschaftsintensivsten Konzerne. Das Großkapital ließ sich von übereifrigen Naziaktivisten nicht ohne weiteres hineinregieren. Einmal war die Personalpolitik der Konzerne schon seit jeher darauf ausgerichtet, bei den hier beschäftigten Wissenschaftlern und Technikern unbedingte Konformität mit den Interessen der kapitalistischen Unternehmungsführung zu sichern; zum anderen aber waren die Konzerninteressen nicht so absolut auf die Nazipartei festgelegt, daß sich für diesen oder jenen hochbegabten und nicht zu sehr «belasteten» Fachmann, dem das Berufsbeamtengesetz ein Verbleiben an einem Staats- oder Universitätsinstitut unmöglich gemacht hatte, nicht noch ein Unterschlupf in einer industriellen Forschungseinrichtung gefunden hätte – was nichts mit aktivem Antifaschismus, aber vieles mit einer Strategie geschickter Profitsicherung zu tun hatte.[63]

---

61 Siehe ebenda, S. 222.
62 Siehe Dietrich Tutzke: Zur geschichtlichen Entwicklung des Reichsgesundheitsamtes. In: NTM, 1976, Heft 2, S. 98.
63 Siehe Wolfgang Schlicker: Physiker im faschistischen Deutschland. In: Jahrbuch für Geschichte, Bd. 27, S. 128.

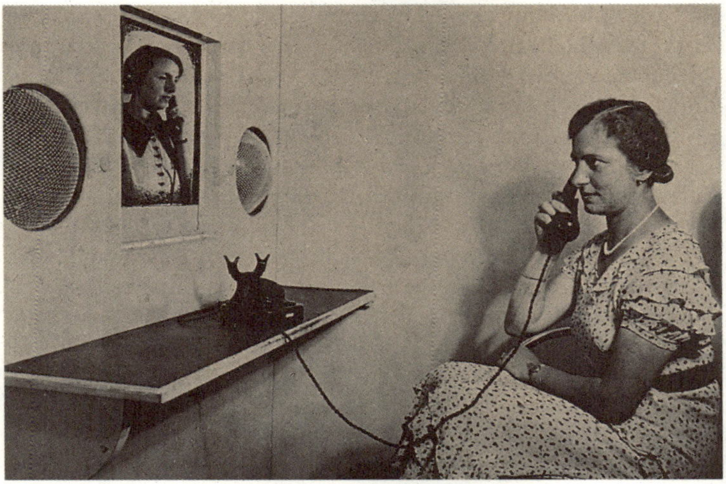

Erste Versuche mit einer Fernsehbild-Telefonverbindung zwischen Berlin und München 1936

Aus der Laudatio zur Verleihung der silbernen Leibniz-Medaille der Berliner Akademie der Wissenschaften für Leistungen im Bau und der Anwendung des Elektronenmikroskops an Baron Manfred von Ardenne, Hans Boersch, Bodo von Borries, Ernst Brüche, Max Knoll, Hans Mahl, Ernst Ruska (Juli 1941):
Die Möglichkeit, mittels Korpuskularstrahlen optische Abbildungen zu verwirklichen, ist eigentlich schon lange bekannt … Aber die Entwicklung von einer wissenschaftlichen Idee zum technisch durchgebildeten, zur Anwendung auf die Forschung geeigneten Instrument hat das Elektronenmikroskop erst in den Jahren seit 1931 durchgemacht. Heute gestattet es wirksame Vergrößerungen bis zum 20 000fachen (bei optischer Nachvergrößerung bis zum 100 000fachen) und die Trennung von Punkten, die um 10^{-6} cm voneinander abstehen. Es eröffnet somit ein Größenordnungsgebiet, in welches weder das optische Mikroskop noch die Strukturuntersuchung mit Röntgenstrahlen einzudringen vermögen.
Jahrbuch der Preußischen Akademie der Wissenschaften 1941, Berlin 1942, S. 248.

Bei Siemens war damals jeder sechste Ingenieur in einem Laboratorium tätig; etwa in dieser Größenordnung dürfte sich der Ausbau des Forschungssektors auch in den anderen Elektrokonzernen bewegt haben. Im Rahmen ihrer langfristigen Strategie beriefen diese Monopole nicht nur führende Wissenschaftler zu Leitern ihrer Forschungsinstitute – Carl Ramsauer bei der AEG, Gustav Hertz bei Siemens –, sondern betrieben neben der anwendungsbezogenen Zweckforschung auch angewandte Grundlagenuntersuchungen und gestatteten es ihren Wissenschaftlern, relevante theoretische Entwicklungen zumindest mitzuverfolgen. Daher gelangen in den Berliner Industrielaboratorien in Zusammenhang mit der Bearbeitung aktueller Aufgaben der Rüstungsforschung auch wichtige wissenschaftliche Entdeckungen und Erfindungen.

Bedeutende Entwicklungen vollzogen sich hier beispielsweise auf dem Gebiet der Elektronenmikroskopie.[64] Auf dem Hintergrund des ständig wirksamen Bedürfnisses, in der Mikroskopie ein immer größeres Auflösungsvermögen der Geräte zu erreichen, und gestützt auf fundamentale quantentheoretische Arbeiten von Louis de Broglie und Erwin Schrödinger gab der damals in Jena tätige Physiker Hans Busch Ausgang der zwanziger Jahre den Anstoß für die Entwicklung von Elektronenoptiken. Er führte – zunächst nur mathematisch – den Nachweis, daß ein rotationssymmetrisches magnetisches Kraftfeld auf Elektronenstrahlen in gleicher Weise wirkt wie eine Sammellinse auf Licht. Die experimentelle Überprüfung dieser Aussage stieß zunächst auf große technische Schwierigkeiten. Nachdem diese Schwierigkeiten überwunden und in Gestalt verbesserter Oszillographenröhren die entsprechenden technischen Voraussetzungen

Erstes
Raster-Elektronenmikroskop
Aufnahme von 1940

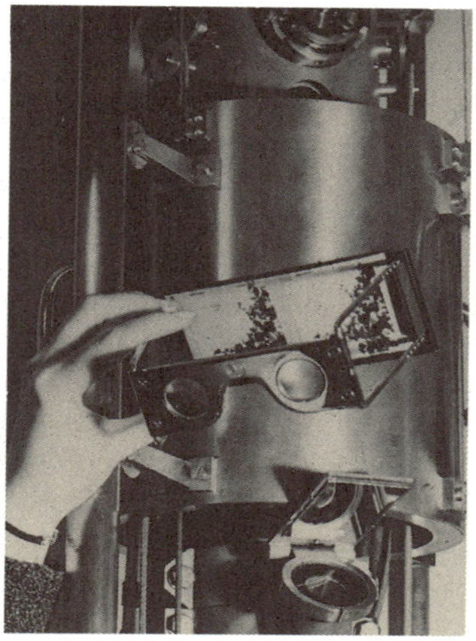

Stereobilder aus dem
Elektronenmikroskop
Aufnahme um 1940
Mit dem Raster-Elektronenmikroskop war es erstmalig möglich, unmittelbare Einblicke in die räumlichen Strukturen der Untersuchungsobjekte zu erhalten. Wie bei anderen Stereoaufnahmen wurden die erzielten Bilder erst unter einer speziellen Lupe zu einem Raumbild gefügt.

geschaffen waren, gelang es im Frühjahr 1931 im Hochspannungslaboratorium der Technischen Hochschule Berlin einer Gruppe von Physikern und Ingenieuren um Bodo von Borries, Ernst Ruska und Max Knoll, das erste Durchstrahlungs-Elektronenmikroskop zu konstruieren.

Nach Veröffentlichung der Untersuchungen wies Reinhold Rüdenberg, der Leiter der wissenschaftlichen Abteilung der Siemens-Schuckert-Werke in Berlin, darauf hin, daß auch im Siemens-Konzern schon seit längerem entsprechende Arbeiten durchgeführt wurden.[65] Diese Forschungen führten 1936 in dem von Hertz geleiteten Forschungslaboratorium II der Siemens-Werke zur Entwicklung des ersten Feldemissions-Elektronenmikroskops durch Erwin W. Müller.

Parallel dazu betrieb auch das Forschungsinstitut der AEG in Berlin-Reinickendorf seit 1930 intensive Forschungsarbeiten auf elektronenoptischem Gebiet. In diesem Institut wurde die Elektronenoptik auf breiter Front von zahlreichen Forschern bearbeitet: unter ihnen waren so bedeutende Wissenschaftler wie Ernst Brüche, Hans Johannson und Otto Scherzer. Sie förderten die Elektronenoptik nicht nur durch die Konstruktion von elektrostatischen Elektronenmikroskopen, sondern auch durch die Entwicklung und Verbesserung verschiedenartiger elektronenoptischer Geräte wie Braunscher Röhren, Bildwandler und Massenspektrographen. 1934 publizierte diese Gruppe die erste monographische Darstellung des neuen Forschungsgebietes.

Berlin war in den dreißiger Jahren ein leistungsfähiges Zen-

64 Ernst Ruska: Die frühe Entwicklung der Elektronenlinsen und der Elektronenmikroskopie. In: Acta Historica Leopoldina, Halle 1979, Heft 12.
65 Reinhold Rüdenberg: Elektronenmikroskopie. In: Die Naturwissenschaften, 1932, Heft 28, S. 522.

Max Steenbeck über seine Arbeiten zur Entwicklung des Betatrons:
Die ersten Beschleuniger-Überlegungen fallen noch in die Zeit meines Studiums in Kiel; die theoretischen Überlegungen, die später zum Betatron führten, wurden allerdings zunächst aus meinem Spieletat bei Siemens finanziert. Nach einer Patentanmeldung Anfang der dreißiger Jahre wünschten dann die Siemens-Reiniger-Werke, Versuche zur Erzeugung schneller Elektronen für die unmittelbare therapeutische Tiefenbestrahlung bei Krebs durchzuführen. Mir gelang nur ein experimenteller Prinzip-Nachweis, der aber betriebsintern blieb. Die Anfang der vierziger Jahre von den Amerikanern nach unserem Patent gebaute Apparatur, weit weniger perfektioniert, als sie mir vorschwebte, gab für den Anfang bessere Resultate. Ich konnte schon lange an solchen Versuchen nicht mehr weiterarbeiten – die Firma besaß ja das umfassende Patent; wenn es irgendwo damit gute Resultate gab, konnte sie also nicht nur diese mitbenutzen, sondern sogar noch Lizenzgebühren erhalten. Tatsächlich sind die Entwicklungskosten auf diese Weise herausgekommen, aber dann war die maximale Patentdauer abgelaufen.
Gert Lange/Joachim Mörke: Wissenschaft im Interview, Berlin 1979, S. 228/229.

trum der Elektronenoptik. Dazu trug auch Manfred von Ardenne mit seinem Privatlabor in Lichterfelde bei, dem es – gestützt auf einem Mitarbeitervertrag mit Siemens – 1937 gelang, das erste Raster-Elektronenmikroskop der Welt zu bauen.

Auch die Wiege des Betatrons, eines anderen hochwichtigen Gerätes moderner naturwissenschaftlicher Forschung, stand im Berliner Industrielaboratorium. Max Steenbeck, der seit 1927 wissenschaftlicher Mitarbeiter bei Siemens war und sich vor allem mit Fragen der Gasentladungsphysik befaßte, konstruierte dort zwischen 1933 und 1935 das erste funktionsfähige Betatron und erzielte damit eine Pionierleistung auf dem Gebiet der modernen Teilchenbeschleunigertechnik. Allerdings wurden diese Experimente nur bis zur «Prinziplösung» bzw. zur Patentanmeldung geführt; das Ergebnis wurde vom Siemens-Konzern auf Eis gelegt und geheimgehalten.[66] Erst nach dem Krieg, als es wissenschaftlich längst überholt war, wurde es international bekannt.

Im Vergleich zu dem, was die Berliner Industrieforschung insbesondere auf dem Gebiet der Entwicklung und des Einsatzes modernster wissenschaftlicher Geräte vermochte, nehmen sich die damaligen Leistungen der traditionellen physikalisch-technischen Forschungsstätten in Berlin doch verhältnismäßig bescheiden aus, obwohl auch hier einzelne Spitzenleistungen erreicht wurden; zu diesen gehörten die Untersuchungen zur Physik der kosmischen Strahlung, die Hans Geiger an der Technischen Hochschule unternahm, teilweise gemeinsam mit Werner Kolhörster vom Dahlemer Institut für Höhenstrahlung. Der Grund für den generellen Unterschied des Leistungsvermögens lag in der Tatsache, daß die Laboratorien der großen Konzerne entsprechend ihrer Stellung in der faschistischen Kriegswirtschaft großzügig mit Mitteln und gut bezahlten Fachkräften ausgestattet waren und relativ eigenständig handeln konnten. Damit griffen die faschistische Vertreibungspolitik und bestimmte obskure, wissenschaftsfeindliche Maßnahmen des Regimes hier nicht so einschneidend und lähmend durch wie in der Universität. Ideologische Ausgeburten des Nazigeistes wie die «Deutsche Physik» oder die «Deutsche Mathematik» brauchten die Industrieforscher nicht zu kümmern.

Mit dem Eintritt in die Phase intensiver wirtschaftlicher Kriegsvorbereitung ging es der faschistischen Führung auf der Basis des Vierjahresplanes darum, diese vielfältigen und verstreuten Potentiale auf den Autarkie- und Rüstungskurs zu konzentrieren. Das aber gelang nur in Grenzen. Zwar gab es keine Einrichtung, die nicht nach dem faschistischen Führer-Gefolgschafts-Prinzip funktionierte bzw. baldmöglichst darauf umgestellt wurde – überall ging die Arbeit gemäß Befehlen «von oben» vonstatten. Doch es bestand eben nicht nur eine straffe Befehlshierarchie, sondern eine ganze Serie davon, die sich gegenseitig überschnitten und behinderten. Auch in den Wissenschaftsbetrieb wollten die verschiedensten Naziinstitutionen hineinregieren. Allein eine konkrete Schilderung des Gerangels zwischen den Apparaten Himmlers und Rosenbergs um die Beherrschung der für die ideologische Manipulation sehr wichtigen faschistischen «Geschichtsforschung» würde ganze Bände füllen.[67]

Selbstverständlich darf man hinter diesen Interessendifferenzen keine ideologischen Unterschiede vermuten: Alle diese Apparate und ihre Vertreter gehörten zum System des Faschismus, sie waren dessen fanatische Verfechter. Ihre Konkurrenz ging um möglichst große Anteile an der faschistischen Macht und gegenüber den Betroffenen – in diesem Fall den Wissenschaftlern – um eine möglichst radikale und konsequente Faschisierung. Im Laufe der Zeit ergaben sich dabei kurz- und langfristige Kräfteverschiebungen, Personen wurden hochgespielt und in den Hintergrund gedrängt, wie wir es am Beispiel von Stark angedeutet hatten.

Insgesamt zeigt sich, daß das System der Wissenschaftssteuerung unter dem Faschismus nicht weniger differenziert war als in der Weimarer Republik, ungeachtet des Vorhandenseins hierarchisch-diktatorischer Befehlsstrukturen. Das Monopolkapital nahm seine Interessen wahr, indem es seine Vertreter eben in alle irgendwie maßgeblichen Instanzen zugleich entsandte oder indem es sich solcher Figuren wie Mentzel bediente, die eine Vielzahl von Ämtern und Posten auf sich vereinten.

Eines aber ergibt sich aus dieser Situation mit zwingender Konsequenz: Sosehr es dem Naziregime und seinen Hintermännern auch wünschenswert erscheinen mochte, die ganze Wissenschaft auf eine einheitliche Strategie zu konzentrieren – und mit der Vierjahresplanpolitik war ein solches Bedürfnis gegeben –, alle diesbezüglichen Maßnahmen mußten Halbheiten bleiben. Nach teilweisen und vor allem anfänglichen Erfolgen mußten sie zwangsläufig Gegenreaktionen auslösen: Im Endeffekt vergrößerten die neugeschaffenen Lenkungsorgane den Wirrwarr in der Wissenschaftsleitung noch, statt ihn abzubauen.

Die 1936 einsetzende Vierjahresplanpolitik schuf unter der Oberhoheit Görings ein neues kräftiges Instrument staatsmonopolistischer Regulierung, dessen Nutznießer vor allem die

Aus dem Urteil im I. G.-Farben-Prozeß, Nürnberg 1948:
Krauch, Carl: Geboren am 7. April 1887 zu Darmstadt/ Deutschland. Dr. der Naturwissenschaften, Professor der Chemie. Mitglied des Vorstandes und des Zentralausschusses; Mitglied und Vorsitzender des Aufsichtsrates von 1940–1945; Leiter von Sparte I von 1929–1938; Leiter der Berliner Vermittlungsstelle W; Direktoriumsmitglied einer Anzahl größerer I. G. Tochtergesellschaften und Affiliationen, darunter der Ford-Werke in Köln. Im April 1936 wurde ihm die Leitung der Forschungs- und Entwicklungsarbeiten für Rohstoffe und Devisen in Görings Stab übertragen; im Oktober 1936 übernahm er die Leitung der Forschungs- und Entwicklungsabteilung beim Amt für Deutsche Roh- und Werkstoffe im Vierjahresplan; von Juli 1938 bis 1945 Generalbevollmächtigter für Sonderfragen der Chemischen Erzeugung; seit Dezember 1939 Leiter des Reichsamtes für Wirtschaftsausbau im Vierjahresplan; von 1938–1945 Wehrwirtschaftsführer; Mitglied des Direktoriums des Reichsforschungsrates.
Seit 1937 Mitglied der NSDAP; Mitglied des NSFK; Mitglied der DAF.
Zu sechs Jahren Gefängnis verurteilt.
Das Urteil im I. G.-Farben-Prozess, Offenbach 1948, S. 15

66 Siehe Max Steenbeck: Impulse und Wirkungen, Berlin 1980, S. 84–88.
67 Siehe: Die Berliner Akademie der Wissenschaften in der Zeit des Imperialismus, Teil III, S. 35/36, 41–45.

«Der Vier-Jahresplan. Idylle im dritten Reich» (An den Auslandsbörsen erfuhr die Mark eine weitere empfindliche Abschwächung. In Paris waren «Effektenmark» schon für 2,35 frs., «Touristenmark» für 4 frs. – offizieller Kurs 6,05 frs. – zu haben.) Fotomontage von John Heartfield aus der «AIZ» 1934

IG Farben und die Berliner Elektrokonzerne waren. Ihnen ging es «nicht nur um den unmittelbaren Profit aus den Vierjahresplanaufträgen, um die Sicherung und Ausdehnung der Investitionen, wie sie im unmittelbaren Rahmen dieser Pläne vorgenommen wurden, sondern um die Sicherung eines noch höheren zukünftigen Profits, der aus der Neuaufteilung der Welt für das deutsche Monopolkapital erwachsen sollte».[68] Die deutsche Industrie sicherte sich damit eine neue forschungspolitische Operationsbasis, da «die Lösung der deutschen Roh- und Werkstofffrage in ihrem größten Teil Aufgabe der chemischen Synthese und damit Aufgabe des deutschen Chemikers» wurde.[69]

Carl Krauch, Vorstandsmitglied der IG Farben und Leiter der Abteilung Forschung und Entwicklung in Görings Amt für deutsche Roh- und Werkstoffe, wurde zum Protagonisten dieser Entwicklung. Krauchs Aufstieg in die Schaltstellen der Forschungslenkung im faschistischen Deutschland verstärkte den bestimmenden Einfluß des deutschen Chemiekapitals auf den Wissenschaftsbetrieb; seine eigene erklärte Absicht war es, «sämtliche Kräfte der Hochschulen, der staatlichen und privaten Forschungsinstitute und Erprobungsstellen zusammenzufassen und zu gewinnen sowie planmäßig einen Kreis von Sachverständigen und Wissenschaftlern für die Forschungsaufgaben der verschiedenen Sachgebiete zu bilden».[70]

Wissenschaft und Technik, Bildung und Kultur wurden nur noch dort gefördert, wo es der Kriegsvorbereitung und der ideologischen Manipulierung des Volkes diente. Ungezählte hervorragende Persönlichkeiten wurden aus der Stadt und aus dem faschistischen Deutschland vertrieben.
750 Jahre Berlin. Thesen, S. 48/49.

Das Rust-Ministerium sah sich nun ebenfalls veranlaßt, auf der Vierjahresplanlinie einen Vorstoß zur weiteren Konzentration des Forschungspotentials auf «kriegswichtige» Zwecke zu unternehmen, und initiierte zum 16. März 1937 die Gründung eines «Reichsforschungsrates». In welche Richtung dieses Vorhaben zielte, wurde daraus ersichtlich, daß ein aktiver General – der erste übrigens, dem 1935 die Mitgliedschaft der Berliner Akademie angetragen wurde – die Präsidentschaft übernahm: General der Infanterie Prof. Dr. Karl Becker, Chef des Heereswaffenamtes und Chef der Wehrtechnik an der Technischen Hochschule. Es erhellt auch aus dem Zeitpunkt der Gründung: Bereits drei Monate später wurde die «Weisung für eine einheitliche Kriegsvorbereitung Wehrmacht» herausgegeben; damit ging die Vorbereitung des Aggressionskrieges in das Stadium der operativen Planung über, und alle Pläne – und damit auch die zugeordneten Aktivitäten wie die Forschungs- und Entwicklungsarbeit – hatten sich auf die Blitzkriegsstrategie einzustellen, die strategische Variante, die von der Naziführung als einzige Möglichkeit der Kriegführung angesehen wurde. Auch die anderen Personen an der Spitze des Forschungsrates waren Schlüsselfiguren der nazistischen Wissenschaftspolitik: Vizepräsident wurde Otto Wacker, der Leiter des «Amtes Wissenschaft» im Rust-Ministerium, und Geschäftsführer der allgegenwärtige Mentzel.

Auf der feierlichen Eröffnungssitzung des Reichsforschungsrates am 25. Mai 1937 führte Becker in Anwesenheit von Hitler, Göring, Keitel und weiteren Nazigrößen aus, der Rat sollte den Einsatz der Forschung für «vordringliche Staatsaufgaben» (insbesondere des Vierjahresplans) ermöglichen, den ständigen Kontakt mit allen Forschungseinrichtun-

68 Deutschland 1933 bis 1939, Berlin 1970, S. 230.
69 Wolfgang Schlicker: Carl Krauch, die IG Farben und die Forschungslenkung im faschistischen Deutschland. In: Bulletin des Arbeitskreises «Zweiter Weltkrieg», 1979, Nr. 1/2, S. 14.
70 Carl Krauch: Forschung und Entwicklung. Aufgaben und Arbeiten des Amtes für deutsche Roh- und Werkstoffe. In: Der Vierjahresplan 1937, Folge 5, S. 262.

Die Fachgliederung des Reichsforschungsrates und ihre Leiter:
Physik und Maschinenbau: Abraham Esau, Jena (ab 1939 Präsident der Berliner Physikalisch-Technischen Reichsanstalt);
Chemie und Organische Werkstoffe: Peter Adolf Thiessen, Berlin;
Treibstoffe: Albert Wolfgang Schmidt, München;
Bodenforschung (Geologie, Mineralogie, Geophysik): Karl Beurlen, Kiel;
Berg- und Hüttenwesen: Rudolf Beyschlag, Berlin;
Eisen und Stahl: Adolf Fry, Berlin;
Nichteisenmetalle: Werner Köster, Stuttgart;
Elektrotechnik: Erwin Marx, Braunschweig;
Organische Chemie: Richard Kuhn, Heidelberg;
Wehrmedizin: Wilhelm Richter, Greifswald;
Landbauwissenschaft und allgemeine Biologie: Konrad Meyer, Berlin;
Medizin: Ferdinand Sauerbruch, Berlin;
Forst- und Holzforschung: Heinrich Eberts, Berlin

gen bis zu den Industrielaboratorien sichern, hochwertige Hilfsmittel zur größtmöglichen Beschleunigung von Forschungsvorhaben bereitstellen und die Fachverbände bis hin zu dem von Todt geleiteten NS-Bund Deutscher Technik effektiv in die Arbeiten einbeziehen.[71]

Der Rat verfügte zunächst über 13 Fachgliederungen, die auf die Schwerpunkte der Kriegsforschung abgestimmt waren. 8 davon wurden von Berliner Wissenschaftlern geleitet.

Trotz eines starken Aufgebots großer Namen war bereits bei der Gründung die Halbheit des Unternehmens offensichtlich. Becker mußte in seiner Eröffnungsrede eine ganze Reihe von Institutionen angeben, in die der Forschungsrat nicht hineinzukoordinieren hatte – und das waren keine peripheren Einrichtungen, sondern die wichtigsten und leistungsfähigsten Potentiale der angewandten Forschung und Entwicklung, teilweise auch der Grundlagenforschung; darunter befand sich Görings hochmodernes und mächtig expandierendes Imperium der militärischen Luftfahrtforschung, in das kein Unbefugter Einblick zu nehmen hatte, und auch die Konzerne konnte Becker nur höflich bitten, den Vorhang vor ihrer Industrieforschung der Koordinierung und Konzentration halber wenigstens etwas zu lüften.

Insgesamt brachte die Vierjahresplanpolitik einen spürbaren Aufschwung der rüstungsorientierten angewandten Wissenschaft mit sich. Besonders in den Großkonzernen schnellte die Industrieforschung hoch, denn am Neubedarf der Rüstung der Wehrmacht war viel zu profitieren. Bei Siemens und AEG, Telefunken und Osram, in den in und um Berlin befindlichen Flugzeug- und Automobilwerken nahmen das Volumen der Entwicklungs- und Konstruktionsarbeiten ebenso wie ihr Kostenaufwand sprunghaft zu. Auch in der KWG wurde, wie es 1938 in einem Bericht ihres Schatzmeisters Albert Vögler hieß, «eine große Anzahl der Institute mit besonderen Aufgaben zur Erfüllung des Vierjahresplanes beauftragt»; damit sei die «Einsatzbereitschaft der Gesellschaft» für den Kriegsfall schon vor Kriegsausbruch gesichert.[72]

Der mutmaßlich größte Forschungs- und Entwicklungsaufwand wurde für den Aufbau der Luftwaffe getrieben. Göring ließ dafür ein ganzes Netz neuer Institutionen errichten und die bestehenden ausbauen. Die Ausgaben für die einschlägigen Arbeiten einschließlich der Beschaffung von Flugzeugen erhöhten sich unablässig und stiegen von 400 Millionen RM im Jahr 1935 auf 12000 Millionen RM im Jahr 1944. In Berlin-Gatow entstand 1935 eine Luftkriegsakademie für die Ausbildung von Generalstabsoffizieren und in Verbindung damit als Forschungszentrum die Lufttechnische Akademie. 1936 wurde eine exklusive Akademie für Luftfahrtforschung errichtet, deren Präsidentschaft Göring selbst übernahm, während er seinen Vertrauten Erhard Milch zum Vizepräsidenten ernannte.

Die Lilienthal-Gesellschaft diente als wissenschaftlich-technische Dachorganisation, in der sich Repräsentanten des Großkapitals mit Vertretern des Luftfahrtministeriums trafen. Göring ließ keine Gelegenheit vergehen, um Mahnungen zu höherer Intensität und Qualität der wissenschaftlich-technischen Arbeit für das Flugwesen auszusprechen. TH-Institute wurden in diese Arbeiten einbezogen, und bestehende Institutionen, wie die Deutsche Versuchsanstalt für Luftfahrt in Berlin-Adlershof, wurden ausgebaut.

Mit der letztgenannten Einrichtung war eine bedeutsame Entwicklung verbunden, die in Nazideutschland aber nicht

Trudelwindkanal der Deutschen Versuchsanstalt für Luftfahrt in Adlershof Aufnahme von 1937

Rechenmaschine «Zuse 3» Modell von 1941

mehr nennenswert zum Tragen kam. Der Berliner Bauingenieur Konrad Zuse war ein Enthusiast der Rechentechnik. 1936 begann er mit dem Bau eines programmgesteuerten Relaisrechners, der für die Automatisierung baustatischer Berechnungen eingesetzt werden sollte. Zwischen 1936 und 1940 entstanden in der elterlichen Wohnung mit Unterstützung von Freunden und Bekannten die ersten Labormuster einer solchen Rechenmaschine. Einige Wissenschaftler fanden Interesse an den Arbeiten des Freizeitbastlers. Von großem Nutzen war ihm dabei der Kontakt zur Adlershofer Versuchsanstalt für Luftfahrtforschung, die sich an der Finanzierung eines weiteren Demonstrationsmodells beteiligte.

Dieses Modell Z 3 war 1941 fertiggestellt und kann als die

71 Ein Ehrentag der Deutschen Wissenschaft, 25. Mai 1937. Herausgegeben von der Pressestelle des Reichserziehungsministeriums, Berlin 1937.
72 Zit. in: Wolfgang Schlicker: Physiker im faschistischen Deutschland. In: Jahrbuch für Geschichte, Bd. 27, S. 135.

... junge und gute Physiker waren inzwischen ausgesprochene «Mangelware» geworden; dafür gab es zwei Gründe: den steigenden Bedarf vieler Industrieunternehmen für die Entwicklung moderner rationeller Methoden und Produkte, die eine breitere Kenntnis physikalischer Grundlagen nötig machte, als sie das Ingenieurstudium vermittelte, und als zweiten das geringere fachliche Können mancher Absolventen nach der Emigration vieler guter Forscher und Hochschullehrer, verbunden mit der allgemein absinkenden Achtung vor geistiger Arbeit gegenüber strammem Marschieren aller Art. Siemens, immer ein bißchen Staat im Staate durch die hier nie ernsthaft gefährdete innere Macht der Siemens-Monarchie, versuchte sehr bald, dieser auch für den Konzern gefährlichen Entwicklung zu begegnen. Dem an der TH Charlottenburg trotz Nobelpreis aus rassischen Gründen unerwünschten Hertz wurde ein erweitertes Siemens-Forschungslabor eingerichtet – die «Hertz-Erweiterung» –, wo nach dessen eigenen Wünschen hierfür besonders eingestellte junge Absolventen an Forschungsaufgaben noch einige Zeit weiter ausgebildet werden sollten ...
Max Steenbeck: Impulse und Wirkungen,
Berlin 1977, S. 82/83.

erste voll arbeitsfähige programmgesteuerte Rechenmaschine der Welt gelten. Darin waren 2600 Telefonrelais verarbeitet. Sie ermöglichten eine Rechengeschwindigkeit von etwa 20 Additionen je Sekunde. Die Maschine funktionierte nach dem ebenfalls auf Zuse zurückgehenden Gleitkommasystem. Der Speicher faßte 64 Worte. Die Einzelteile der Maschine waren weitgehend aus Altmaterial zusammengesucht worden. Ab 1942 arbeitete Zuse, der als Statiker vom Militärdienst freigestellt worden war, an der Konstruktion einer neuen und sehr viel leistungsfähigeren Maschine. Er war bei den Henschel-Flugzeugwerken beschäftigt, mehr und mehr jedoch als Teilzeitkraft, und investierte einen immer größeren Teil seiner Zeit in die Entwicklungsarbeiten für den neuen Typ Z 4, dessen Konstruktion noch kurz vor Kriegsende abgeschlossen und im Göttinger Institut für Strömungsforschung erfolgreich getestet wurde. Diese Maschine war damals der einzige programmgesteuerte Digitalrechner mit Speicher und wurde noch zehn Jahre lang in der mathematischen Forschung eingesetzt. Ein ebenfalls von Zuse entwickelter Prozeßrechner wurde ab 1943 zur Steuerung ferngelenkter Flugkörper verwendet.[73]

Die mit der Aufrüstung verbundenen ehrgeizigen Forschungs- und Entwicklungsprogramme bedurften des Zustroms neuer qualifizierter Kader zu ihrer Realisierung. Der Mangel daran weitete sich gegen Ende der dreißiger Jahre zu einem Grundproblem der Wissenschaftsentwicklung im faschistischen Deutschland aus. 1939 bestand bereits ein Manko von etwa 18000 Ingenieuren. Die Konzerngewaltigen gaben ihrer Besorgnis unverblümt Ausdruck und forderten wirksame Gegenmaßnahmen. Krauch verlangte: «Aus Deutschlands hohen Schulen muß wieder ein großer Strom von neuen Erkenntnissen in die wirtschaftliche Praxis fließen. Allerdings ist dazu eine Erhöhung der Zahl der Hochschullehrer und Assistenten in Deutschland erforderlich.»[74]

Für die Physik verfaßte Ramsauer eine Berufswerbebroschüre und unterstrich darin die außerordentlich günstigen Berufschancen für Physiker. In der Linie dieser Alarmrufe lag auch eine Denkschrift, die Geiger schon unmittelbar nach seinem Dienstantritt in Berlin gemeinsam mit anderen Physikern wie Werner Heisenberg und Max Wien verfaßt hatte. Sie befaßte sich mit der Lage der Physik in Deutschland und wies die Angriffe von Lenard und Stark gegen die moderne Physik zurück.

Nach den Überlegungen dieser Denkschrift befand sich die Physik in Deutschland «in einer schweren Krise. Einem großen Bedarf an Physikern in Technik und Heer steht ein Mangel an geeignetem Nachwuchs gegenüber. Die Besetzung frei gewordener Lehrstühle begegnet oft großen Schwierigkeiten, und die Anzahl der Physikstudierenden in den jüngsten Semestern ist viel zu gering. Diese ... Gefahren werden noch vermehrt durch die genannten Angriffe ... Denn sie schrecken die Studenten allgemein vom Studium der Physik ab, insbesondere aber die Physikstudenten vom Studium der theoretischen Physik».[75]

Das Hochschulwesen war die Achillesferse der faschistischen Wissenschaftspolitik. Das Studium, insbesondere auf naturwissenschaftlich-technischen Gebieten, war in einer Atmosphäre von Ignoranz und allgemeiner Wissenschaftsfeindlichkeit nicht mehr attraktiv. Viele Abiturienten bevorzugten Karrieren in der Wehrmacht und in der Nazipartei. Nur 42,8 Prozent aller Abiturienten nahmen 1937 noch ein Studium auf, während es 1931 bei etwa doppelt so großer Abiturientenzahl noch 73,5 Prozent waren. Im Sommersemester 1937 betrug der Zugang an den deutschen technischen Hochschulen nur noch 43,8 Prozent des Standes von 1928.[76] Bei geringfügigen Schwankungen in einigen Jahren gingen seit Beginn der Nazidiktatur die Studentenzahlen in Deutschland unaufhaltsam zurück.[77]

Faschistische Führer wie Göring und Rust konnten nicht umhin, mehrfach den Mangel an qualifizierten Kadern zu konstatieren. 1938/1939 erließen sie mehrere Anweisungen, die das Studium in technischen Fachrichtungen und in der Medizin verkürzten und Frauen die Aufnahme technischer Studien erleichtern sollten. Doch alle diese Maßnahmen waren nichts als Flickwerk und führten nur zu einer vorübergehenden Entspannung der Lage.

Die gespannte Situation war nicht das Ergebnis einer zufälligen Disproportion, sondern das zwangsläufige Resultat der systematischen Ruinierung des Hochschulwesens durch die faschistische Gleichschaltungs-, Vertreibungs- und Deformierungspolitik, die sich nun massiv gegen ihre Urheber wandte. Grundlage dessen war ein tiefer, wesenseigener Widerspruch des Systems: Die ideologischen Interessen des Faschismus verlangten die Zerstörung der Wissenschaft, die wirtschaftlich-militärtechnischen Interessen forderten ihre Intensivierung. Dieser Widerspruch konnte nur mit dem System selbst beseitigt werden.

Aus der Resolution der Berner Parteikonferenz der KPD, Draveil/Paris, Januar 1939: Die Nazidiktatur vernichtet die kulturelle Grundlage der Nation, indem sie die freie deutsche Wissenschaft, die schöpferische deutsche Kunst, jeden freien Gedanken verfemt und verfolgt, die deutsche Geschichte und das Erbe der deutschen Kultur verfälscht. Sie untergräbt den Bestand und die Zukunft der Nation, indem sie die deutsche Jugend im barbarischen Rassenwahn und im Geiste der Völkerverhetzung erzieht. Die Nazidiktatur ruiniert durch die Judenpogrome, durch ihre barbarischen Maßnahmen gegen das eigene Volk und gegen andere Völker das Ansehen Deutschlands in der Welt. ... Die Schriftsteller, Künstler und Wissenschaftler erleben mit steigendem Entsetzen den Niedergang der Literatur, der Kunst, der Wissenschaft und der Erziehung des wissenschaftlichen Nachwuchses. Jene, die zuerst glaubten, daß man sich mit dem Hitlerregime verständigen könne, weil es ja «nur gegen die Kommunisten» ginge, haben die Erfahrung machen müssen, daß der Kampf Hitlers gegen den Kommunismus der Vorwand war, um die gesamten Freiheiten des Volkes, die Freiheit der Meinung, der Religion, der Wissenschaft, der Kunst barbarisch zu unterdrücken.
Revolutionäre deutsche Parteiprogramme, Berlin 1967, S. 163, 168/169; 175.

73 Hartmut Petzold: Konrad Zuse, die Technische Universität Berlin und die Entwicklung der elektronischen Rechenmaschinen. In: Wissenschaft und Gesellschaft, Bd. 1, S. 389–402.
74 Zit. in: Wolfgang Schlicker: Carl Krauch, die IG Farben und die Forschungslenkung im faschistischen Deutschland. In: Bulletin des Arbeitskreises «Zweiter Weltkrieg», 1979, Nr. 1/2, S. 18.
75 Zit. in: Armin Hermann: Die Jahrhundertwissenschaft, Stuttgart 1977, S. 141.
76 Karl-Heinz Ludwig: Technik und Ingenieure im Dritten Reich, S. 274–280.
77 Christa Lorenz: Zehnjahresstatistik des Hochschulbesuchs, Berlin 1943, S. 217.

Aus der Resolution der Brüsseler Parteikonferenz der KPD, Moskau 1935: Die Vorbereitung des Krieges für die imperialistischen Ziele des deutschen Monopolkapitals hat das ganze Land in ein wahres Kriegslager verwandelt. Der Nürnberger Parteitag der NSDAP trug in seinen Vorbereitungen und in seiner Durchführung den Charakter einer Generalmobilmachung für den Krieg. Die dort gehaltenen Reden sind auf die Vorbereitung des Krieges, auf die Steigerung der chauvinistischen Verhetzung des Volkes eingestellt ... Die Proklamierung der allgemeinen Militärdienstpflicht, die gesetzliche Einführung des Arbeitsdienstes, die Entfaltung einer leidenschaftlichen chauvinistischen Hetze, der ganze Staatsapparat, alle Mittel zur Beeinflussung der öffentlichen Meinung, die gesamte Wirtschaft dienen der unmittelbaren Vorbereitung des Krieges. Zur Subventionierung der Kriegsindustrie hat die Hitlerdiktatur dem Lande die ungeheure Schuldenlast von über 30 Milliarden Mark aufgebürdet.
Revolutionäre deutsche Parteiprogramme, S. 133/134.

... wenn alles in Scherben fällt

Mit dem brutalen Überfall auf Polen im Spätsommer 1939 eröffnete der Hitlerfaschismus den blutigsten und opferreichsten aller Kriege, die der Menschheit in ihrer langen Geschichte aufgezwungen worden waren. Wer für die Rüstung tätig war – und das war direkt oder indirekt das Gros der Berliner Wissenschaftler –, der konnte fortan sein Gewissen nicht mehr mit der tröstlichen Illusion beruhigen, dies alles geschehe, wie die Nazidemagogie der Bevölkerung jahrelang vorgegaukelt hatte, allein im Interesse der Erhaltung des Friedens. Jetzt bedeutete auch jeder Federstrich, jedes gelungene Laborexperiment im Dienst des Faschismus Tod auf den Schlachtfeldern und Tod im Hinterland.

Die ohnehin nicht überzeugende Vorspiegelung einer ausgewogenen und von kulturellen Motiven bestimmten Wissenschaftsförderung hatte nun endgültig ausgedient und wurde von der wissenschaftspolitischen Schaubühne der Nazis abgeräumt. Jetzt galt nur noch ein Motiv: totale Einordnung der Wissenschaft in die faschistische Kriegführung, Forschung mit zusammengeschlagenen Hacken und Händen an der Hosennaht. Dazu wurden die Versuche zur staatsmonopolistischen Zentralisation der Rüstungswirtschaft und der Rüstungsforschung weiter forciert, ohne freilich die bereits erörterte Uneinheitlichkeit ernsthaft überwinden zu können. Die von Krauch geleitete Reichsstelle für den Wirtschaftsausbau wurde in ein Reichsamt umgewandelt, das die gesamte chemische und verfahrenstechnische Forschung im Konzern- und Hochschulbereich kontrollierte. Am 17. März 1940 wurde dann zur effektiveren Zusammenfassung der Rüstungsproduktion das Reichsministerium für Bewaffnung und Munition unter Fritz Todt gegründet, das fortan auch die Forschung für die deutsche Rüstung wesentlich beeinflußte.

Die Strategen des Blitzkrieges waren allerdings der Überzeugung, daß die bei Kriegsbeginn der Naziwehrmacht zur Verfügung stehenden Waffen und technischen Kampfmittel der Ausrüstung aller gegnerischen Mächte absolut überlegen wären und daß dieser Vorsprung unter den Bedingungen des Krieges auf gar keinen Fall aufgeholt werden könnte. Daher hielten sie solche Kriegsforschungen, die zu ihrer Realisierung langer Fristen bedurften, großenteils für entbehrlich und konzentrierten das vorhandene Wissenschaftspotential überwiegend auf die rasche Überführung vorliegender naturwissenschaftlich-technischer Erkenntnisse in wehrtechnische Konstruktionen. Nur solche Forschungen erhielten noch Unterstützung, die in absehbarer Zeit eine militärische Nutzung versprachen. Wissenschaftler im «wehrfähigen» Alter konnten

im allgemeinen nur dann auf das begehrte Prädikat «unabkömmlich» rechnen, wenn sie an derartigen Vorhaben beteiligt waren; anderenfalls führte ihr Weg unausweichlich in die Schützengräben. Nach dem Sieg über Frankreich sollten sogar alle diejenigen militärischen Forschungs- und Entwicklungsvorhaben abgebrochen werden, die nicht binnen Jahresfrist abzuschließen waren.

Übrigens waren Berliner Wissenschaftler keinesfalls nur für die technische Seite des Aggressionskrieges zuständig, sondern beteiligten sich auch mit Eifer an der politischen Planung und Durchführung der Eroberungs- und Unterdrükkungspolitik. Einer dieser Naziexperten, die ihr Wissen ohne jegliche moralische Hemmung für diese Zwecke einsetzten, war der Berliner Ideologe und Theoretiker des «Reichsnährstandes» Konrad Meyer. Er schaltete sich maßgeblich in die Planung der von den Faschisten angestrebten «Neuordnung des Ostraums» ein; im Auftrag Himmlers arbeitete er einen umfassenden Plan zur wirtschaftlichen Ausplünderung der okkupierten Ostgebiete, zur umfassenden Deportation der dort ansässigen Bevölkerung und zur Ansiedlung von Deutschen in diesem Gebiet aus.[78] An den Diskussionen um diesen

Faschistische Truppen fallen am 1. September 1939 in Polen ein.

78 Weltherrschaft im Visier, Berlin 1975, S. 329–336.

Schreiben des Reichsführers SS Heinrich Himmler an SS-Obergruppenführer Pohl (Berlin) vom 25. April 1944:
Ich beauftrage den SS-Obergruppenführer Pohl, in einem Konzentrationslager eine wissenschaftliche Forschungsstelle einzurichten, in der das Fachwissen dieser Leute für das menschenbeanspruchende und zeitraubende Ausrechnen von Formeln, Ausarbeiten von Einzelkonstruktionen sowie aber auch zur Grundlagenforschung angesetzt wird. Das Ahnenerbe wird beauftragt, in Zusammenarbeit mit dem Reichssicherheitshauptamt, das unter den russischen Gefangenen eine ähnliche Auswertungsstätte eingerichtet hat, die von der Wissenschaft und Rüstungsindustrie als vordringlich erachteten Aufträge einzuholen und sie zu stellen.
Léon Poliakow: Das Dritte Reich und seine Denker, München 1978, S. 319.

«Generalplan-Ost» nahm als «Rassefachmann» auch Eugen Fischer teil.

Bereits im ersten Kriegsjahr wurde etwa ein Drittel aller deutschen Wissenschaftler zum aktiven Militärdienst eingezogen. Für alle laufenden Forschungen, die nicht als «kriegswichtig» deklariert waren, hatte dies einschneidende Konsequenzen. Laufende Arbeiten wurden eingestellt, Institute wurden geschlossen, das wissenschaftliche Niveau in Forschung und Lehre ging weiter zurück. Forschungsmittel wurden zugunsten der Kriegswirtschaft rigoros gestrichen. Weitere Maßnahmen betrafen die Verkürzung der Studienzeiten und eine wesentliche Einschränkung des Lehrbetriebes der deutschen Hochschulen; nur die größten Lehreinrichtungen, darunter auch die Berliner Universität und die Technische Hochschule Berlin, durften ihren Lehrbetrieb vorerst noch aufrechterhalten.

Im Winter 1941/1942 mußte die faschistische Führung erkennen, daß ihre Blitzkriegsstrategie und damit auch das mit dem Vierjahresplan verbundene forschungspolitische Konzept gescheitert waren. Der einzige Ausweg, der gangbar erschien, war ein noch radikaleres Zusammenraffen aller irgendwie erreichbaren Reserven für die Kriegsproduktion. Die Ausplünderung der besetzten Gebiete Europas nahm unvorstellbare Ausmaße an; auch die Kriegsgefangenen und die zivile Einwohnerschaft dieser Territorien mußten für die faschistische Kriegsmaschinerie schuften. An den staatsmonopolistischen Lenkungsmechanismen wurde hektisch herumgebastelt, um einem schon bankrotten System mit aller Gewalt mehr Effizienz abzuzwingen. In Zusammenarbeit mit den führenden Vertretern des Kapitals engagierten sich hier Fritz Todt und nach dessen Tod Albert Speer als Reichsminister für Bewaffnung und Munition. Dabei festigten sich die Machtpositionen der führenden Chemie- und Elektromonopole weiter.

Auf diesem Wege erhielten die «kriegswichtigen» Einrichtungen und Bereiche der Wissenschaft verstärkten Auftrieb; was sonst noch zur Wissenschaft zählte, verfiel angesichts des großen Mangels an Personal und Mitteln faktisch in Agonie. Eine echte Zentralisation der «kriegswichtigen» Forschungen gelang indes nicht. Immer mehr Apparate des politischen Systems des Faschismus rivalisierten darum, die noch verfügbaren Wissenschaftspotentiale für ihre eigenen Vorhaben «höchster Dringlichkeitsstufe» zu vereinnahmen. Neben den bisher bereits forschungspolitisch wirksamen Instanzen trat auch die SS zunehmend in den Vordergrund.

Von der Propagierung einer obskuren Welteislehre über die Sklavenarbeit von Forschern in Konzentrationslagern bis zu den mörderischen Unterkühlungs-, Sauerstoffentzugs- und

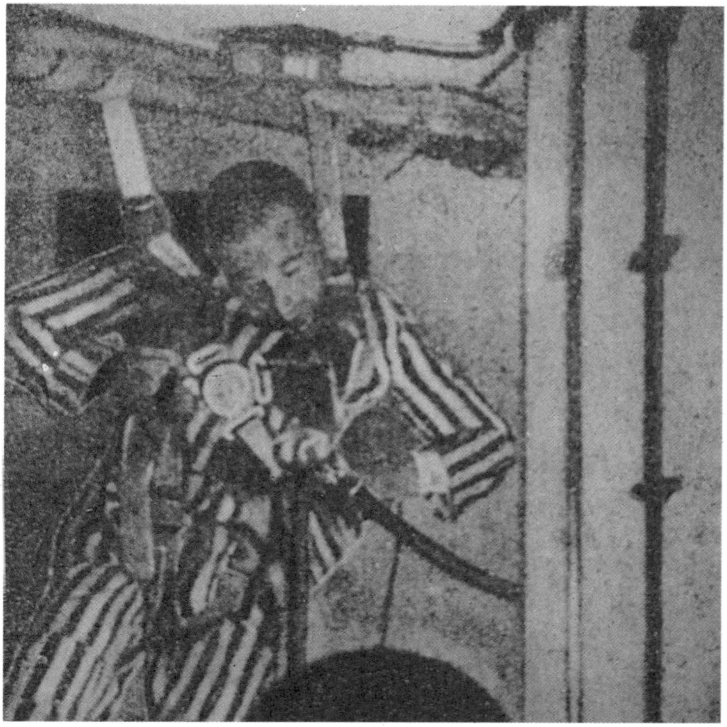

Biologische Experimente an KZ-Häftlingen
Aufnahme von 1941
Im Konzentrationslager Dachau wurden zum Beispiel durch den Luftwaffen-Stabsarzt und späteren SS-Hauptsturmführer Dr. Sigmund Rascher in unmenschlicher Art und Weise Höhenversuche mit Häftlingen in der Unterdruckkammer unternommen.

anderen barbarischen Versuchen pervertierter SS-Wissenschaftler und ihrer Helfer im Umfeld des «Ahnenerbe-Instituts für naturwissenschaftliche Zweckforschung» führte ein direkter Weg, den auch Naturwissenschaftler mitgingen. Seit 1943 mußte beispielsweise Hans Maier, der ehemalige Direktor des Zentrallabors von Siemens & Halske, im KZ Dachau Forschungen zur Hochfrequenztechnik betreiben. Dieses aus über 20 wissenschaftlich-technischen Fachkräften bestehende «Forschungsinstitut» wurde 1944 in das KZ Groß-Rosen in Schlesien verlegt und für die Produktion von Meßinstrumenten und anderen Geräten für die Hochfrequenztechnik eingesetzt.[79]

Der seinerzeit unter der Präsidentschaft Beckers gegründete Reichsforschungsrat hatte den Erwartungen des Naziregimes nicht entsprochen. Becker selbst hatte 1940 Selbstmord begangen. Im Juni 1942 wurde unter dem Druck der sich verschlechternden militärischen Lage auf Initiative Speers ein neuer Anlauf genommen und ein zweiter Reichsforschungsrat konstituiert. Mit Göring als starkem Mann an der Spitze und unter energischem Einfluß der forschungsintensiven Industriekon-

79 Siehe auch Karl-Heinz Ludwig: Technik und Ingenieure im Dritten Reich, S. 499.

Aus den unveröffentlichten Erinnerungen des Direktors des Physikalischen Instituts der TH, Hans Geiger:
Während des Krieges haben die Vorlesungen und Übungen keine Unterbrechung erfahren, aber unsere laufenden wissenschaftlichen Arbeiten kamen bald zu einem Stillstand, da die älteren Studenten fehlten. Auch die Assistenten, soweit sie nicht an der Front standen, wurden durch militärische Sonderaufträge dem Institut in wachsendem Maße entzogen … Im Juli 1944 hat dann eine Luftmine einen großen Teil des Instituts zerstört und wertvolle Apparate und Einrichtungen unter Schutt begraben. Nur ein notdürftiger Lehrbetrieb konnte noch aufrechterhalten werden.

zerne sollten die «führenden Männer der deutschen Wissenschaft» die Forschung für die Kriegsführung zusammenfassen und zu höchsten Ergebnissen führen. Die Fachspartenleiter wurden zum großen Teil aus dem ersten Forschungsrat übernommen.[80]

In seiner praktischen forschungslenkenden Tätigkeit war jedoch auch dieser Rat auf den technischen Apparat der Forschungsgemeinschaft angewiesen; daher blieb sein realer Einfluß auf die Kriegsforschung gering. Insbesondere die großen Konzerne waren keineswegs bereit, dem Reichsforschungsrat umfassenden Einblick in ihre Vorhaben zu gewähren oder diese gar dem Rat zu unterstellen; wozu sie sich verstanden, war eine teilweise Kooperation. Ihr großes wirtschaftliches wie wissenschaftliches Potential erlaubte ihnen dazu ausgeprägte Unabhängigkeit; in der Regel besaßen die Konzerne für die Überführung von Forschungs- und Entwicklungsergebnissen in die Produktion weitaus günstigere Voraussetzungen als die entsprechenden Hochschuleinrichtungen oder Wehrmachtsforschungsstellen. Sie konnten auch weiterhin beträchtliche Mittel in ihren Forschungssektoren investieren; in Hinblick auf eine Maximierung der Kriegsprofite wurde auch nach 1939 die rüstungsorientierte Konzernforschung ausgebaut.

Je mehr sich das faschistische Regime seinem Zusammenbruch näherte, um so hektischer wurden die Aktionen, mit denen es seine Lebenszeit zu verlängern trachtete. Mit der Proklamierung des «totalen Krieges» Anfang 1943 nahm der Ausverkauf der Wissenschaft extreme Formen an. Auch die noch in Berlin verbliebenen und zum Teil von der Front zum

Zerstörte
Technische Hochschule
in Berlin-Charlottenburg
Aufnahme von 1946

Zerstörte Hochbahnanlage
Aufnahme von 1944

Studium abkommandierten Studenten wurden immer mehr für den Einsatz in die Rüstungsindustrie beurlaubt, bis im Herbst 1944 der Lehrbetrieb schließlich ganz und gar eingestellt wurde. Bereits vorher hatte er durch die sich häufenden und an Zerstörungskraft zunehmenden Bombenangriffe schwerwiegende Einschränkungen erfahren. Ein Großangriff am 22./23. November 1943 vernichtete weite Teile der Technischen Hochschule. Bis Kriegsende lagen fast alle Lehr- und Forschungsstätten in Berlin in Schutt und Asche.

Die planlosen Versuche, in letzter Minute mit Hilfe eines massiven Kriegseinsatzes der Forschung das Blatt zu wenden, waren hoffnungslos. Auch auf kriegstechnischem Gebiet gewannen die Mächte der Antihitlerkoalition erdrückende Überlegenheit. Die geradezu systematische Ignoranz der Grundlagenforschung durch die Nazis erwies sich als ein zusätzliches Minus. Beispielsweise konnte die konsequente Entwicklung des Radars in Großbritannien auf der Grundlage der Forschungen von Watson-Watt und sein breitgefächerter Einsatz einen erheblichen Teil des Aggressionspotentials der faschistischen Luftwaffe und U-Bootflotte lahmlegen. In Deutschland waren entsprechende Arbeiten, unter anderem von Manfred von Ardenne[81], nicht beachtet worden.

Der mit viel Vorschußlorbeeren bedachte zweite Reichsforschungsrat konnte seinen Koordinierungsaufgaben nicht gerecht werden. Die Repräsentanten des Monopolkapitals übten ihrerseits Kritik an der mangelhaften Wirksamkeit der For-

1940
I
Das Frühjahr kommt. Die linden Winde/Befreien die Schären vom Wintereis./Die Völker des Nordens erwarten zitternd/Die Schlachtflotten des Anstreichers.

II
Aus den Bücherhallen/Treten die Schlächter./Die Kinder an sich drückend/Stehen die Mütter und durchforschen entgeistert/Den Himmel nach den/Erfindungen der Gelehrten.

III
Die Konstrukteure hocken/Gekrümmt in den Zeichensälen:/Eine falsche Ziffer, und die Städte des Feindes/Bleiben unzerstört.
Bertolt Brecht: Gedichte, Bd. IV, Berlin/Weimar 1978, S. 228.

80 Kurt Zierold: Forschungsförderung in drei Epochen, Wiesbaden 1968, S. 244.
81 Manfred von Ardenne: Ein glückliches Leben für Technik und Forschung, Berlin 1972, S. 129/130.

Im weiteren Verlauf des Krieges wurde die Lage in Deutschland immer bedrohlicher. Berlin war häufiges Ziel starker Bombenangriffe, ... In der Nacht vom 11. zum 12. Februar 1944 wurde das Kaiser-Wilhelm-Institut für Chemie von einer Bombe getroffen. Die Wirkung war verheerend. Ein Flügel des Instituts wurde völlig zerstört, mein Direktorenzimmer war ein Schutthaufen. Alle meine Sonderdrucke, meine Papiere und die vielen wertvollen Briefe von Rutherford und meinen Kollegen wurden ein Opfer des Feuers. Der andere Flügel des Hauses war weniger zerstört, und wir versuchten dort, unsere Arbeiten in beschränktem Ausmaß wieder aufzunehmen. Am 24. März fiel eine weitere Bombe auf das Institut, sie zerstörte hauptsächlich die Dachanlagen. Das Nachbarinstitut für Physikalische Chemie wurde ebenfalls getroffen, und in meiner Privatwohnung in der Nähe des Institutsgebäudes richteten eines Nachts vier Stabbrandbomben beträchtlichen Schaden an ...
An eine auch nur einigermaßen geregelte Weiterarbeit konnten wir nun nicht mehr denken. Der Direktor des Kaiser-Wilhelm-Instituts für Physik, Professor Heisenberg, entschloß sich deshalb, sein Institut nach Süddeutschland zu verlegen; ich schloß mich diesem Vorhaben an ... Für Heisenberg fanden sich zum Teil stillgelegte Textilfabriken in Hechingen, für unser Institut entsprechende Räume in Teilflingen, in der Schwäbischen Alb.
Otto Hahn: Mein Leben, S. 158/159.

schungslenkung, die die Zersplitterung der Rüstungsforschung nicht zu überwinden vermochte. Der einflußreiche «Verein Deutscher Ingenieure» gab eine Stellungnahme ab, aus der deutlich wurde, daß er sich ungeachtet seiner Aktivitäten für den «totalen Kriegseinsatz» zuwenig in den Prozeß der Forschungslenkung einbezogen fühlte.[82]

Als eine Reaktion auf derartige Kritiken und Engpässe ist die Gründung eines sogenannten Planungsrates im Juni 1943 anzusehen, der als Exekutivorgan des Reichsforschungsrates gedacht war. Göring berief zu seinem Leiter Werner Osenberg, einen Vertrauensmann Himmlers und Maschinenbauprofessor an der TH Hannover. Der Planungsrat sollte in Abstimmung mit den Wehrmachts-, Staats-, Kriegswirtschafts- und Parteiinstanzen die Aufgaben der naturwissenschaftlichen und technischen Forschung und Entwicklung zusammenstellen und in eine Rangordnung bringen, für die unverzügliche praktische Nutzung von Forschungsergebnissen sorgen und alle geeigneten wissenschaftlichen Fachkräfte für ihre Freistellung vom Dienst in der Wehrmacht erfassen – doch diesen Absichten stand eine minimale Wirksamkeit gegenüber. Nicht einmal bei den von den Konzernen unterstützten Bemühungen um die Freistellung von Wissenschaftlern vom aktiven Wehrdienst konnte Osenberg nennenswerte Erfolge erzielen. Er hatte berechnet, daß den 6500 deutschen Physikern über 22000 Forscher bei den Alliierten gegenüberstanden, so daß seiner Meinung nach mindestens 5000 Natur- und 100 Geisteswissenschaftler vom aktiven Militärdienst freigestellt und für die kriegswichtige Forschung reaktiviert werden sollten; von dem angeforderten Personenkreis waren 80 Prozent ohnehin nur in Mannschaftsdienstgraden der Wehrmacht eingesetzt.[83]

Obwohl Osenberg immer wieder auf die Durchsetzung seiner Forderungen drang und verschiedene NSDAP-Stellen ihm ihre Unterstützung zusagten, waren bis Ende 1943 lediglich 25 Prozent der angeforderten Wissenschaftler und Techniker von der Wehrmacht entlassen worden. Daran änderte sich 1944 erst recht nichts mehr; der Bedarf an Kandidaten für den «Heldentod» verdrängte den Bedarf an Forschern, selbst wenn diese als intellektuelle Rädchen im Getriebe der Kriegsmaschinerie hätten wirken können.

Nichtsdestoweniger war die Wissenschaft gegen Kriegsende noch Gegenstand verzweifelter Hoffnungen des abgewirtschafteten Systems. Es ist nicht auszuschließen, daß die Exponenten dieses Systems auch sich selbst die Möglichkeit einer Kriegswende durch den Einsatz neuartiger «Wunderwaffen» suggerierten – dem hungernden, in den Trümmerwüsten der bombardierten Städte mutlos gewordenen Volk hämmerte die

Eine dieser «Wunderwaffen» Kampfflugzeuge mit eingehängter V 1-Rakete Aufnahme von 1944

faschistische Propaganda jedenfalls diese trügerische Aussicht pausenlos ein.

Das Monopolkapital unterstützte diese Erwartungen entschieden, und sein Kalkül war dabei durch und durch rational. Auf der einen Seite trug die forcierte Neuentwicklung und Produktion neuer Waffen, auch wenn diese gar nicht mehr zum Einsatz gelangten, selbstverständlich dazu bei, bis zum letzten Augenblick Kriegsprofite zu scheffeln. Zum anderen aber leiteten die Monopolisten die komplizierte Operation ein, sich ohne Substanzverlust von einer weiteren verschlissenen Garnitur politischer Handlanger zu trennen, wie sie sich 1919 vom politischen System der deutschen Monarchie getrennt hatten.

Zu der Substanz, die das apokalyptische Finale des Nazismus überdauern sollte, gehörte ein möglichst großer Teil des wissenschaftlich-technischen Potentials als Garant für einen schnellen ökonomischen, wissenschaftlichen und politischen Wiederaufstieg des deutschen Imperialismus nach der immer deutlicher sich abzeichnenden Zerschlagung des faschisti-

Es erscheint fast überflüssig, auf die Bedeutung der Naturwissenschaften für die Kriegführung hinzuweisen. Die Entwicklung der modernen Waffe, die Gewinnung der synthetischen Rohstoffe, die Betreuung des kämpfenden und leidenden Mannes fußen auf den Ergebnissen der naturwissenschaftlichen Forschung. Die Institute der Kaiser-Wilhelm-Gesellschaft sind auf allen Gebieten führend und helfend eingeschaltet. Eine großzügige Zusammenarbeit hat eingesetzt. Alle Forschung beseelt nur ein Ziel: schnellste Auswertung der Ergebnisse für die Kriegführung.
Albert Vögler: Vorwort. In: Jahrbuch 1942 der Kaiser-Wilhelm-Gesellschaft, Berlin 1942, S. 56.

82 Technik, Ingenieure und Gesellschaft. Geschichte des Vereins Deutscher Ingenieure 1856–1981, Düsseldorf 1981, S. 446–452.
83 Deutschland im zweiten Weltkrieg, Bd. 4, Berlin 1984, S. 432.

Vorschläge zur Nutzbarmachung der deutschen Chemie für die Landesverteidigung vom 21. Juli 1938, verfaßt von Abteilung F der Reichsstelle für Wirtschaftsaufbau (Chef IG Farben Direktor Krauch)
Bildung eines Chemiker-Offizierskorps
1.
Ausgehend von dem materiellen Wert der chemischen Waffe (Kampfstoff und Nebel) muß der Vorbereitung ihres Einsatzes entsprechend Rechnung getragen werden.
2.
Die chemische Waffe ist die typisch den deutschen Rohstoffbedingungen und der Kapazität der deutschen chemischen Industrie entsprechende Waffe.
3.
Die chemische Waffe ist auch vom Standpunkt ihrer Anwendung die typisch deutsche Waffe, da sie der besonderen naturwiss[enschaftlich]-technischen Begabung der Deutschen entspricht. (Die gewisse bestehende Diffamierung ist ein Zeichen sentimentaler Kritiklosigkeit).
4.
Die im Rahmen des Wehrwirtschaftsausbaues auszuweitende und noch entstehende chemische Industrie gewaltigen Ausmaßes (Mineralöl, Buna usw.) bietet praktisch kaum begrenzte Möglichkeiten zur Erzeugung der chemischen Waffen ...
Heinz Bergschicker: Deutsche Chronik 1933–1945, Berlin 1985, S. 259.

schen Militär- und Machtapparates. Die eng mit den Konzernen verflochtene Kriegswirtschaftsbürokratie um Speer nahm die für diese Zwecke wichtigsten Forschungen und Wissenschaftsbereiche unter ihren besonderen Schutz. Dazu zählten beispielsweise die Arbeiten auf dem Gebiet der Kernphysik unter der Leitung von Werner Heisenberg, der selbst ein ganz ausgeprägter Vertreter des Gedankens war, ein möglichst umfangreiches wissenschaftliches Potential für ein bürgerliches Nachkriegsdeutschland zu retten. Schon seine Entscheidung, in Deutschland zu bleiben und nicht zu emigrieren, war von dieser Überlegung bestimmt,[84] mehr noch war es ihm in der Verfallsphase des deutschen Faschismus «in erster Linie darum zu tun, sich für den Wiederaufbau nach dem Krieg zur Verfügung zu stellen».[85]

Verschiedene Vorhaben, die die Konzerne als Unterpfand ihrer wirtschaftlichen Perspektive betrachteten, wurden gerade in den letzten Kriegsjahren weitergeführt oder gar neu aufgenommen, selbstverständlich unter dem Deckmantel des «Kriegswichtigen», beispielsweise die Arbeiten am Betatron.[86]

Die Bewahrung von wissenschaftlichem Leistungsvermögen lag objektiv im Interesse des deutschen Volkes. Fraglich war nur, wem das Gerettete nachher dienen sollte – einer antifaschistisch-demokratischen Ordnung oder einem restaurierten, lediglich in den politischen Formen geänderten Imperialismus. Die einflußreichen Kreise auch unter den Wissenschaftlern selbst orientierten sich in der zweiten Richtung. In den letzten Kriegsmonaten, als die nüchternen Rechner in den Konzerndirektionen schon ungefähr absehen konnten, welche Gebiete Deutschlands von den Truppen welcher Siegermächte besetzt werden würden, begann eine große Absetzbewegung von Wissenschaftlern und wissenschaftlichen Apparaturen in Richtung Westen. Sie entsprang der vom Standpunkt des Großkapitals folgerichtigen Überlegung, daß es unter dem Regiment einer westlichen Besatzungsmacht unzweifelhaft leichter sein würde, einer revolutionären Veränderung der Gesellschaftsverhältnisse vorzubeugen und die eigene Macht zu restaurieren.

In Berlin kam das wissenschaftliche Leben mit dem Sommer 1944 nahezu vollständig zum Erliegen. In jedem Monat wurden durch die Luftangriffe auch weitere wissenschaftliche Einrichtungen zerstört. 1943 wurde beispielsweise das Dahlemer Reichsgesundheitsamt schwer beschädigt. Im Februar 1944 brannte das KWI für Chemie teilweise aus.[87] Wie die Stadt selbst, so waren am Kriegsende auch weitaus mehr als die Hälfte ihrer Wissenschaftsstätten zerstört. Die Weigerung der faschistischen Machthaber, den Kampf endlich einzustellen, als die Sowjetarmee bereits den größten Teil des Stadtge-

Bombenschäden
an der Staatsbibliothek
Aufnahme von 1947

bietes besetzt hatte, führte noch in allerletzter Minute zur Vernichtung von Gebäuden im Stadtzentrum, die besonders eng mit den großen Traditionen der Wissenschaft in Berlin verbunden waren. So fiel der berühmte Bau des Physikalischen Instituts am Reichstagsufer den erbitterten Kämpfen in der Innenstadt zum Opfer.

Zahlreiche Studenten und begabte Nachwuchswissenschaftler hatten ihr Leben für ein ebenso sinnloses wie verbrecherisches Weltherrschaftsprojekt lassen müssen. Blühende wissenschaftliche Schulen waren zerstört, wertvolle Traditionen zerrissen worden. Nicht wenige Forscher hatten sich durch ihre Arbeit für die unmenschlichen Ziele des Regimes in Schuld verstrickt, und manche hatten es als dessen Parteigän-

In einem kalten Herbst gegen Ende des zweiten Kriegsjahres sah ein bekannter Musiker den achtzigjährigen Planck in einem dünnen Sommermantel auf einem Wirtschaftsamt Schlange stehen. Endlich nach langem Warten kam Planck an die Reihe. Sein Antrag auf einen Wintermantel wurde abgelehnt. «Wissen Sie», fragte der den Vorfall beobachtende Musiker die Beamtin, «daß dieser alte Herr einer der größten Naturforscher der Welt war?» «Das ist mir egal», war die Antwort, «der ist auch nichts Besseres als wir.»
Physiker-Anekdoten, S. 41.

84 Werner Heisenberg: Der Teil und das Ganze, München 1972, S. 208.
85 Elisabeth Heisenberg: Das politische Leben eines Unpolitischen, München 1983, S. 125.
86 Siehe Max Steenbeck: Impulse und Wirkungen, S. 117–119.
87 Michael Engel: Geschichte Dahlems, Berlin (West) 1984, S. 255.

ger nicht einmal unter Nötigung durch Zwang, sondern in voller Absicht und mit fanatischer Begeisterung getan.

Der traditionelle bürgerliche Wissenschaftshumanismus war nicht erloschen, er half manchem Gelehrten, in den dunklen Zeiten menschliche Haltung zu bewahren, doch er hatte sich als viel zu schwach erwiesen, um den schrecklichsten Mißbrauch zu verhindern, dem die Wissenschaft in ihrer ganzen bisherigen Geschichte je ausgesetzt war. Im Mai 1945 war die Berliner Wissenschaft materiell, intellektuell und moralisch eine Trümmerwüste. Sie verlangte, um weiterleben zu können, nach neuen Werten, nach einer grundsätzlich neuartigen sozialen Orientierung.

Aus der Resolution der Brüsseler Parteikonferenz der KPD, Moskau 1935: Wir Kommunisten wollen in der antifaschistischen Volksfront alle Kräfte der deutschen Nation vereinigen, die der Kulturreaktion des Hitlerfaschismus feindlich gegenüberstehen. Wir Kommunisten wollen den kulturellen und geistigen Schatz des deutschen Volkes, seine Sprache, seine Literatur, seine Kunst und Wissenschaft vor den faschistischen Barbaren retten und für die höhere Entwicklung der Kulturgüter kämpfen.
Wir Kommunisten appellieren an alle Werktätigen, an alle Menschen von Kultur und Geist in Deutschland und in der ganzen Welt, gegen den unmenschlichen Terror der Faschisten gegenüber allen andersdenkenden Menschen, gegen die Folterungen in den Gestapohöllen, gegen die barbarische Behandlung der politischen Gefangenen, gegen die zahllosen Meuchelmorde an den wehrlosen Gefangenen und den antifaschistischen Kämpfern zu protestieren und den Kampf für die Freilassung aller politischen Gefangenen zu führen.
Revolutionäre deutsche Parteiprogramme, S. 149.

‹Blut und Ehre›

Das Naziregime knechtete nicht allein das deutsche Volk, es deformierte auch die deutsche Sprache. In der Lingua tertii imperii war vielen Worten ein zweiter Sinn unterschoben, der das, was sie eigentlich aussagten, in sein Gegenteil verkehrte und ihre ursprüngliche Bedeutung entarten ließ. Zu den am häufigsten gebrauchten Wortverbindungen gehörte die Parole «Blut und Ehre». Lesen mußte man sie so: vergieße Blut der anderen zur höheren Ehre des Führers und seiner Kamarilla. Oder: Ehre erwirbt, wer im Blut der politisch und rassisch Minderwertigen watet. Wer Wahrheit und Gewissen seine Stimme und seine Tat lieh, war hingegen «ehrlos», ein «Volksverräter», der für immer aus den Reihen des deutschen Volkes und aus seinem Gedächtnis zu streichen war.

Doch es gab in Deutschland auch Menschen, für die die Worte noch ihre ursprüngliche Bedeutung behalten hatten und die überdies Mut zur Einheit von Wort und Tat fanden. Für sie brachte der von den Nazis mißbrauchte Wortinhalt eine schwere, unerbittliche Konsequenz zum Ausdruck: Um die Ehre des deutschen Volkes, um die eigene Ehre zu wahren, hieß es Blut und Leben im Kampf gegen das schändliche, verhaßte Faschistenregime zu wagen. Von denen, die am illegalen antifaschistischen Kampf teilnahmen, wurden viele ein Opfer der Nazischergen; von denen, die in Kerker und Konzentrationslager geworfen wurden, zahlten Hunderttausende mit ihrem Blut für ihre Überzeugung – Arbeiter und Intellektuelle, Kommunisten, Sozialdemokraten, Christen und Parteilose.

Zu denen, die ihr Leben für unsere Zukunft opferten, gehörten auch Berliner Studenten und Wissenschaftler. Die Ehrentafel der für ein neues, besseres Deutschland an der Front des antifaschistischen Widerstandskampfes gefallenen Helden umfaßt allerdings nur wenige Namen aus wissenschaftlichen Berufen. Um so heller erstrahlt das Beispiel ihres Mutes vor dem Hintergrund der Zaghaftigkeit jener Tausenden Berliner Wissenschaftler, die den Faschismus wohl verachteten und für Deutschlands Unglück ansahen, aber dennoch die Kraft nicht fanden, selbst in die Front der Kämpfer gegen die Unmenschlichkeit zu treten.

Es ist wahrscheinlich, daß uns nicht alle Berliner Wissenschaftler bekannt sind, die den Kampf gegen das faschistische Regime nicht gescheut haben und deren Namen eigentlich in die Annalen der Wissenschaftsgeschichte dieser Stadt gehörten. Der illegale Kampf duldete keine Tagebücher, und die Gestapo- und SS-Verbrecher waren darum besorgt, die Spuren ihrer Untaten zu tilgen. So ehren wir in denen, deren Namen auf uns überkommen sind, zugleich auch jene, von denen wir vielleicht niemals erfahren werden.

Der bekannte, als Fachmann bewährte Wissenschaftler steht auf der Ehrentafel mit gleichem Recht wie der Student, dessen Leben schon beendet war, noch ehe er seine erste wissenschaftliche Arbeit abfassen konnte. Da war Walter Arndt, der als dreiundfünfzigjähriger Professor 1944 im Zuchthaus Brandenburg aufgrund einer Denunziation wegen «wehrkraftzersetzender Äußerungen» hingerichtet wurde; er war Kustos des Zoologischen Museum der Universität, an dem er schon seit 1921 tätig war, ein renommierter Hydrobiologe und Spezialist für Schwämme mit einer ansehnlichen Liste von Veröffentlichungen.

Da war auch der Student Ferdinand Thomas, der im gleichen Jahr von den Faschisten ermordet wurde. Nur ein einziges Jahr hatte er in der Fachrichtung Staatswissenschaften der

Ein Angehöriger der Berliner Widerstandsorganisation auf dem «Weltkongreß der Studenten gegen Krieg, Faschismus und Kulturreaktion» im Dezember 1934 in Brüssel:
Wir gehen jetzt daran, überall in Hörsälen, Seminaren und faschistischen Organisationen, in Kameradschaftshäusern und Arbeitsdienst-Lagern antifaschistische Studentenkomitees zu bilden, die für unsere Forderungen kämpfen. Wir kämpfen gegen Militarismus und für wahre soziale Befreiung. In diesem Kampf sind wir eurer moralischen Unterstützung sicher. Eure gewaltige Aktion zur Befreiung unseres antifaschistischen Führers Ernst Thälmann in allen Ländern, eure Weltaktion zur Unterstützung der antifaschistischen Jugend Deutschlands, die durch die neue faschistische Gesetzgebung aus den Betrieben verjagt wird, das beweist eure praktische Solidarität mit den deutschen Antifaschisten.
Karl-Heinz Jahnke: Über den Widerstandskampf Berliner Studenten gegen Faschismus und imperialistischen Krieg. In: Forschen und Wirken, Bd. I, Berlin 1960, S. 561.

Walter Arndt
Aufnahme um 1940

Im August 1939 wurde in Berlin ein von kommunistischen Studenten herausgegebenes Flugblatt mit folgendem Text verbreitet:
Wenn sich nun jetzt die Länder zur Abwehr neuer Gewaltakte zusammenschließen, so ist das die Folge der kriegerischen Gewaltakte und Drohungen Hitlers. Da hilft kein Zetern über Einkreisung, denn so wie man in den Wald hineinruft, so schallt es zurück. Es muß Schluß gemacht werden mit der Kriegspolitik … Und ihr alle, Studenten, Kommilitonen, wenn ihr wollt, daß eure Losungen «Wir wollen studieren, statt marschieren», «Wir wollen Erholung statt Zwangsrekrutierung», «Wir wollen Freiheit für die Wissenschaft» erfüllt werden, dann schließt überall treue Kameradschaft und kämpft in brüderlicher Verbundenheit mit der Arbeiter- und Landjugend für ein wahres, freies demokratisches Deutschland.
Ebenda, S. 565.

Philosophischen Fakultät der Berliner Universität studieren können. Im Sommersemester 1932 bezog er, der schon als Schüler dem Kommunistischen Studentenverband beigetreten war, die Universität. Als Hitler an die Macht kam, verleugnete er seine Überzeugung nicht. Er war der Initiator der letzten legalen Veranstaltung der kommunistischen Studenten an der Universität: Am 14. März 1933 versammelten sie sich in der von SA umstellten Aula der Universität, um den 50. Todestag von Karl Marx zu feiern. Thomas war einer der 111 Studenten, die im Frühling und Sommer 1933 von der Universität verwiesen wurden. Er verdiente dann seinen Lebensunterhalt als Arbeiter in einem Großbetrieb und nahm in der Berliner Widerstandsgruppe von Georg Benjamin gleichzeitig am illegalen Kampf teil. Der Verhaftung 1935 folgten Jahre im Zuchthaus Brandenburg und im Straflager Dessau-Roßlau. Nach der Entlassung 1939 nahm er die illegale Arbeit sofort wieder auf, diesmal in der von den Kommunisten Anton Saefkow und Bernhard Bästlein geleiteten Widerstandsorganisation, in der er insbesondere für die Verbindung zu den Sozialdemokraten Julius Leber und Adolf Reichwein verantwortlich war. Im Juli 1944, als die Befreiung vom Faschismus schon nahe war, wurde Ferdinand Thomas verhaftet und am 20. November des gleichen Jahres enthauptet.[88]

Die Gruppen der Roten Studenten an der Berliner Universität waren vor der Machtergreifung des Faschismus sehr aktiv und nicht ohne Einfluß. In den ersten Jahren nach der faschistischen Machtergreifung unternahmen sie eine Reihe eindrucksvoller Aktionen. Am 1. August 1934 ließen sie zum zwanzigsten Jahrestag des Ausbruches des ersten Weltkrieges im großen Lesesaal der Universitätsbibliothek eine Flugblattbombe explodieren. Die Flugblätter, die unverhofft auf die Arbeitsplätze der Leser fielen, trugen den Text: «Heute wie 1914 Brandstifter am Werk.» Auch zu anderen Gelegenheiten wurden solche von jungen Berliner Arbeitern zusammen mit einem koreanischen Chemiestudenten gefertigten Flugblattbomben eingesetzt.

Die kommunistischen Studenten gaben illegale Zeitungen heraus und richteten eine Werkstatt zur Vervielfältigung von illegalen Flugblättern und Zeitschriften ein, die von der gesamten Widerstandsorganisation genutzt werden konnte. Die Kommunisten an der Universität verfolgten eine politisch richtige Orientierung. Die Reichskonferenz der kommunistischen Studenten, die Anfang März 1933 illegal in Berlin tagte, hatte festgelegt, daß der Kampf insbesondere innerhalb der faschistischen Massenorganisationen zu führen ist. So wurde innerhalb der SA unter Leitung des Sinologen Philipp Schaeffer die Widerstandsgruppe «Rote Standarte» gebildet.

Erhalten geblieben ist der Text des Beschlusses einer illegalen Sitzung der Leitung der Berliner studentischen Widerstandsorganisation vom 14. Januar 1935. Darin heißt es: «Unser Ziel ist die Gewinnung der Mehrheit der kleinbürgerlichen Studenten als aktive Verbündete des Proletariats ...» Die Arbeit sollte an die sozialen Nöte und Interessen der Studenten anknüpfen; die zentrale Aufgabe sei der «Kampf gegen die ideologische und technische Vorbereitung des imperialistischen Krieges an den Hochschulen».[89] Die Roten Studenten unterhielten Verbindungen zu einer sozialdemokratischen stu-

Faschistische Praktiken gegen Andershandelnde und Andersdenkende

dentischen Widerstandsgruppe, die 1933 die illegale Zeitschrift «Die Sozialistische Revolution» herausgab.

Doch so groß auch der Kampfgeist der Roten Studenten war, so zutreffend ihre politischen Losungen gewählt waren – ihre konspirativen Erfahrungen reichten nicht aus, um einem mit allen Machtmitteln des Staates, mit allen Finessen moderner Fahndungstechnik und einem immer dichter werdenden Netz bezahlter und gepreßter Spitzel arbeitenden Gegner standzuhalten. Bis 1935 zerschlug die Gestapo die studentischen Widerstandsorganisationen und verhaftete Wilhelm Girnus, den Verbindungsmann der Roten Studenten zur KPD-Führung. Unter großen Opfern bildete sich im illegalen Kampf nach und nach ein Niveau der Konspiration heraus, das dem mächtigen Terrorapparat der Faschisten gewachsen war.

88 Siehe Karl-Heinz Jahnke: Über den Widerstandskampf Berliner Studenten gegen Faschismus und imperialistischen Krieg. In: Forschen und Wirken. Festschrift zur 150-Jahr-Feier der Humboldt-Universität zu Berlin, Bd. I, Berlin 1960, S. 557/558, 568.

89 Zit. in: Ebenda, S. 560.

Im Jahre 1942, als mit gewaltigem NS-Lärm die Ausstellung «Das Sowjetparadies» im Berliner Lustgarten gezeigt wurde, kam die «Gruppe Baum» – bei einer Besichtigung – auf die Idee, die Ausstellung anzuzünden, um mit den Flammen den Protest der Arbeiterschaft kundzutun ... Nach nächtelangen hitzigen Debatten ... ging die Gruppe zur Tat über. Die Ausstellung brannte tatsächlich, aber die Presse schwieg den Brand tot. Zwei Tage nach dem Brand wurden alle Beteiligten plötzlich verhaftet und später hingerichtet.
Da bei dem Attentat fünf Juden beteiligt waren, griff die Gestapo wahllos für jeden der fünf Beteiligten hundert jüdische Bürger in Berlin auf, brachte diese nach Lichterfelde, erschoß noch am gleichen Abend jeden zweiten von diesen Unschuldigen und brachte die andere Hälfte in die KZ-Lager, wo sie im Herbst 1942 verstarben. Am nächsten Tag brachte man die Familien der in der Vergeltungsaktion gefangenen und getöteten Juden mit allen Angehörigen nach Auschwitz, wo sie gleichfalls getötet wurden.
Günther Weisenborn: Der lautlose Aufstand, Frankfurt/Main 1975, S. 193/194.

Der Terror des Regimes verschärfte sich von Jahr zu Jahr. Am 15. April 1937 sprach Rust das Verbot der Promotion für Juden aus, und nach der «Kristallnacht» am 10. November 1938 wurden «Nichtarier» an den Hochschulen auch formell nicht mehr geduldet. Zunehmend wurden rassisch Verfemten auch die früher erworbenen Doktorgrade aberkannt. Eine besondere Schikane trat 1939 in Kraft: Juden durften Bibliotheken nicht mehr besuchen; für jüdische Wissenschaftler war es damit unmöglich, sich fachlich auf dem laufenden zu halten. Unter diesen Bedingungen wurde nicht nur antifaschistischer Widerstand, sondern schon einfache menschliche Hilfeleistung zum Staatsverbrechen. Einem jüdischen Kollegen in seiner Not zu helfen, mit ihm zu sprechen oder ihn auch nur anzuhören, galt als ein äußerst strafwürdiges Vergehen.

Über die Nazigegnerschaft Laues und Plancks haben wir bereits gesprochen. Wir wollen noch ein weiteres Beispiel erwähnen: die Behandlung, die dem Physikochemiker Max Volmer widerfuhr – einem angesehenen Wissenschaftler, der von 1922 bis 1945 als Ordinarius für physikalische Chemie und Elektrochemie an der Technischen Hochschule wirkte und in der DDR von 1956 bis 1958 Präsident der Deutschen Akademie der Wissenschaften zu Berlin war Volmer hatte damals keine ausgeprägten politischen Interessen, doch er war ein aufrechter bürgerlicher Humanist, der nicht daran dachte, gegenüber dem Naziregime klein beizugeben. Er half insbesondere seinen aufgrund der Rassengesetze entlassenen Schülern und früheren Kollegen. Am 29. November 1934 wurde Volmer zum Mitglied der Preußischen Akademie der Wissenschaften gewählt, doch Rust verweigerte die Bestätigung mit dem Argument: «Zur Repräsentation des nationalsozialistischen Staates ist die politische Haltung Volmers nicht klar genug.»[90] Als ihn Heinz Briske, ein jüdischer Bürger, 1943 kurz vor der unmittelbar bevorstehenden Deportation zweimal aufsuchte, half ihm Volmer mit Ratschlägen und einer kleinen Lebensmittelgabe für seine Kinder. Dies allein genügte, um Volmer für ein Jahr seines Amtes zu entheben und 1944 ein Dienststrafverfahren gegen ihn anzustrengen. Er kam schließlich mit einer angeordneten Gehaltskürzung für zwei Jahre davon, einer für faschistische Verhältnisse zweifellos milden Sühne; doch der Text des Urteils, für das fünf Regierungsräte verantwortlich zeichneten, enthüllt die abgrundtiefe Verderbtheit eines Regimes, das die einfachsten Formen von Menschlichkeit kriminalisierte und sich dabei unentwegt selbst rechtfertigte. Dem Physikochemiker Heinz Briske halfen der Mut und die Hilfsbereitschaft seines Lehrers freilich nichts; sowohl er als auch seine Frau und seine beiden Kinder mußten in den Tod gehen.

Liselotte Herrmann
Aufnahme um 1930
Lilo Herrmann war die erste deutsche Frau und Mutter, die von den Faschisten wegen ihrer antifaschistischen Tätigkeit und Mitgliedschaft im KJVD zum Tode verurteilt und hingerichtet wurde.

Die ständig fortschreitende Isolierung und Diskriminierung der jüdischen Bürger förderten ihre Solidarität untereinander. Besonders die jungen Menschen, denen alle Wege verbaut, alle Entwicklungsmöglichkeiten abgeschnitten waren, suchten die Gemeinsamkeit, und manchmal erwuchs daraus auch der Wille zum Widerstand. So war es in der großen Gruppe junger jüdischer Menschen, die sich um Herbert Baum scharten, einem jungen Kommunisten, der an der Technischen Hochschule Maschinenbau studiert hatte, 1933 relegiert worden war und bis zu seinem Tod in einer Siemens-Werkstatt als Maschinenbauer arbeitete. Nach dem faschistischen Überfall auf die Nachbarländer trat die Gruppe mit Antikriegsflugblättern hervor. Ihre kühnste Tat wurde auch ihr Verhängnis: Bei dem Versuch, die im Mai 1942 in Berlin veranstaltete antisowjetische Hetzausstellung «Sowjetparadies» in Brand zu stecken, wurde die Gruppe entdeckt – 21 ihrer Mitglieder wurden hingerichtet, 9 später im Konzentrationslager umgebracht, keiner von ihnen war älter als dreißig Jahre.[91]

Ferdinand Thomas und Herbert Baum waren bei weitem nicht die einzigen Berliner Studenten, die im Kampf gegen die Hitlerdiktatur ihr Leben gaben. Liselotte Herrmann wurde wegen ihrer Mitgliedschaft in der Roten Studentengruppe an der Universität Berlin 1933 relegiert. Nach zweijähriger Tätigkeit im antifaschistischen Widerstand in Berlin und Württem-

90 Zit. in: Lothar Dunsch: Leben und Wirken Max Volmers. In: Max Volmer: Zur Kinetik der Phasenbildung und der Elektrodenreaktionen, Leipzig 1983, S. 16/17.
91 Karl-Heinz Jahnke: Über den Widerstandskampf Berliner Studenten gegen Faschismus und imperialistischen Krieg. In: Forschen und Wirken, Bd. I, S. 567.

Das Attentat vom 20. Juli 1944 war Ausdruck des Widerstandes jener Kräfte innerhalb des Bürgertums, des Adels und der militärischen Führung, die auch mit Sozialdemokraten und Kommunisten zusammenzuarbeiten und durch sofortige Beendigung des Krieges eine nationale Katastrophe zu verhindern suchten, die das faschistische Terrorregime beseitigen und eine Art bürgerliche Demokratie errichten wollten. Die Weitestblickenden unter ihnen, wie Stauffenberg, Adam von Trott zu Solz, General Fritz Lindemann und andere, stellten Verbindung zu Sozialdemokraten und Kommunisten her ... Die Tragik der mutigen Tat Oberst Stauffenbergs und der mit ihm verbundenen patriotischen Kräfte liegt darin, daß nicht genügend dafür gesorgt war, auch bei einem Fehlschlag des Attentats auf Hitler den Aufstand zu seinem Sturz mit den entsprechenden Kräften weiterzuführen.
Kurt Finker: Die mutige Tat des Obersten Stauffenberg gab das Signal. In: Neues Deutschland (B), 20. Juli 1984.

berg wurde sie 1935 verhaftet und trotz einer großen internationalen Protestwelle am 20. Juni 1938 von den Nazis ermordet.

Mit dem Fortgang des Krieges steigerte sich der faschistische Terror in unvorstellbare Dimensionen. Auch bürgerliche Kreise, die sich nach anfänglicher Skepsis jahrelang angesichts der überwältigenden «Erfolge» territorialer Expansion mit dem Naziregime ausgesöhnt oder zumindest ihre Opposition auf Äußerungen ästhetischen Mißfallens in vertraulichen Gesprächen beschränkt hatten, begannen nun wieder ernstlich über die Zukunft der Nation nachzudenken und Wege zur Beseitigung des Regimes zu erörtern, dessen auf ein absolutes Inferno zielende Politik allmählich zu einem für den Fortbestand der bürgerlichen Gesellschaftsordnung in Deutschland nicht mehr tragbaren Risiko geworden war.

Einige führende Berliner Wissenschaftler, die in dieser Richtung ebenfalls Überlegungen anstellten, hatten Kontakte zu verschiedenen Gruppierungen der lose organisierten großbürgerlich-militärischen Opposition gegen Hitler und standen insbesondere in gewissen Verbindungen zu den Männern des 20. Juli 1944. Es ist dabei in Betracht zu ziehen, daß die Opposition gegen das Naziregime nicht in strikt abgrenzbare Rubriken zu gliedern ist. In dieser extrem barbarischen Herrschaftsform hatte sich der deutsche Imperialismus objektiv in Gegensatz zu den verschiedensten Klassen, Schichten und Gruppierungen des deutschen Volkes gesetzt, so daß zwischen deren Interessen, soweit es um die Forderungen des Tages und nicht um die ferneren Perspektiven ging, ungewöhnlich starke Überschneidungen auftraten. Zwischen denen, die Hitler durch einen Militärputsch beseitigen und dann den Krieg zusammen mit den Westmächten gegen die Sowjetunion weiterführen wollten, und denen, die einen demokratischen Frieden und eine sozialistische Zukunft für Deutschland anstrebten, gab es eine Vielzahl von Übergängen, in denen für die revolutionäre Arbeiterbewegung ein weitreichendes Spektrum von Bündnismöglichkeiten für die Nachkriegszeit sichtbar wurde. Eines war allen Gegnern des Hitlerregimes gemeinsam – sie riskierten mit der geringsten oppositionellen Äußerung nicht nur Wohlstand und Karriere, sondern Leib und Leben.

Unter den Opfern der faschistischen Terrorjustiz, die nach dem Mißlingen der Verschwörung des 20. Juli sofort und gnadenlos zuschlug, befand sich der frühere Staatssekretär Erwin Planck, ein Sohn des Nestors der Berliner Physik. Von der Militäropposition liefen auch Fäden zu der kritisch orientierten Berliner «Mittwochgesellschaft», einem bereits in den sechziger Jahren des vorigen Jahrhunderts entstandenen Gesprächskreis, dem jeweils 16 führende Repräsentanten des

Berliner Geisteslebens, hohe Verwaltungsbeamte und Militärs angehörten. Prominente Persönlichkeiten dieses Kreises waren im Frühjahr 1944 beispielsweise der 1938 zurückgetretene frühere Generalstabschef Ludwig Beck, der preußische Finanzminister Johannes Popitz, der ehemalige Botschafter Ulrich von Hassell und der Nationalökonom Hans-Peter Jessen; sie alle wurden Opfer der Terrorjustiz.

Gleichzeitig waren in der Mittwochgesellschaft mehrere Berliner Wissenschaftler vertreten; zu jener Zeit waren es Ludwig Diels, Werner Heisenberg, Hermann Oncken, Ferdinand Sauerbruch, Eduard Spranger und Johannes Stroux. Die Gesellschaft tagte abwechselnd in den Häusern ihrer Mitglieder, wobei jeweils der Hausherr einen Vortrag über sein Fachgebiet zu halten hatte, dem sich eine Diskussion und ein ungezwungenes Beisammensein anschloß.

Am 18. Juli 1944, unmittelbar vor dem Attentat auf Hitler, versammelte sich die Gesellschaft bei Heisenberg im Harnack-Haus der Kaiser-Wilhelm-Gesellschaft. Heisenberg war ebenso wie die anderen Gelehrten nicht direkt in die militärische Verschwörung einbezogen. Es ist jedoch anzunehmen, daß er von den Attentatsplänen Kenntnis hatte. Seine Verbindungen zu den Verschwörern liefen nicht nur über die Mittwochgesellschaft, sondern auch über den Sozialdemokraten Adolf Reichwein, mit dem er von der Jugendbewegung her befreundet war und der zum linken Flügel der Verschwörung gehörte.[92] Nach dem 20. Juli wurden Spranger und Sauerbruch als «Kontaktpersonen» im Berliner Gestapo-Hauptquartier in der Prinz-Albrecht-Straße strengen Verhören unterzogen. Spranger blieb mehr als zehn Wochen in Haft. Heisenberg wurde allerdings von der Verhaftungswelle verschont, möglicherweise deshalb, weil man seine Forschungen für zu kriegswichtig ansah, um irgendeine Unterbrechung zuzulassen.

Den Verschwörern des 20. Juli, die aufrecht in den Tod gingen, versagen wir unsere Achtung nicht, wenn wir auch dem politischen Programm, das ihre führenden Köpfe mit ihrem geplanten Putsch durchsetzen wollten, nicht zustimmen können. Unsere ungeteilte Sympathie gehört allen jenen unerschrockenen Kämpfern, die mit der Beseitigung des Naziregimes ein friedliebendes, antifaschistisch-demokratisches Deutschland, ein Land kultureller Blüte und sozialer Gerechtigkeit ermöglichen wollten.

In Gedanken an jene, die den neuen Tag nicht mehr erleben konnten, für dessen Anbruch sie gekämpft und gelitten hatten, wissen wir uns als Fortsetzer ihres Werkes und erhalten

Abschiedsbrief
von Dr. Georg Groscurth
an seine Frau:
Liebe gute treue Anneliese. Nun ist es also soweit. In einer halben Stunde wird das Urteil vollstreckt. Ich bin ganz gefaßt, weil ich ja immer damit gerechnet habe. (Entschuldige die schlechte Schrift, ich schreibe mit Fesseln.) Könnte ich Dir nur all das danken, könnte ich Dir nur alle Liebe sagen, die ich immer für Dich empfunden habe. Auch während all der schweren Tage meiner Haft hast Du mir soviel an Güte und unendlicher Liebe gegeben, soviel menschliche Größe habe ich bei Dir empfunden. Bleibe so fest, wie Du immer warst. Du weißt ja, daß es kein Zufall war, sondern mein Schicksal. Ich habe nichts zu bereuen, nur den großen Schmerz, den einzigen, um den ich während der ganzen Zeit so getrauert habe, daß Du nun so alleine leben mußt ...
Sie rappeln schon mit den Schlüsseln: Grüße alle, die mir nahe standen ...
Ich küsse Dich, ich wünsche Dir ein Leben voll Freude mit den Kindern. Du wirst ihnen erzählen, daß sie sich ihres Vaters nicht zu schämen brauchen. Gleich ist's Schluß.
Gute Du mit dem edlen lieben Herzen, Du wirst es richtig tragen, verzage nie. Denke, wie ich immer alles gemacht hätte. Ich umarme Dich und alle Lieben
Dein Georg.

Ingeborg Klemperer: Der Antifaschist Georg Groscurth. In: Forschen und Wirken, Bd. I, Berlin 1960, S. 595.

92 Elisabeth Heisenberg: Das politische Leben eines Unpolitischen, S. 123–126.

Dietrich Bonhoeffer
Aufnahme von 1939

Georg Groscurth
Aufnahme um 1940

ihre Taten in unserem Tun lebendig. Ermutigend vielfältig ist das Spektrum der weltanschaulichen Positionen, von denen aus Berliner Wissenschaftler und Studenten den Kampf gegen den Unrechtsstaat führten. Die Berner Konferenz der KPD 1939, die ein breites, alle Schichten des Volkes umfassendes antifaschistisches Bündnis als möglich ansah, hat grundsätzlich recht behalten, auch wenn dieses Bündnis vor der Zerschlagung des Faschismus nur in den Taten der Mutigsten zustande kam und noch keine Massenbasis fand.

Wir gedenken des Berliner Theologen Dietrich Bonhoeffer, den ein SS-Kommando noch im Angesicht des unmittelbar bevorstehenden militärischen Zusammenbruchs am 9. April 1945 im Konzentrationslager Flossenbürg ermordete; er hatte zum Kreis der Verschwörer des 20. Juli gehört, war in seinen Ansichten jedoch weit über die Haltung des militärischen Flügels dieser Bewegung hinausgegangen. Schon im April 1943 wurde er verhaftet; zwei Jahre dauerte sein Leidensweg durch das Wehrmachtsuntersuchungsgefängnis in Tegel, den Gestapokeller in der Prinz-Albrecht-Straße und das KZ Buchenwald. Für ihn, einen der führenden Köpfe der Bekennenden Kirche, die sich scharf gegen jedes Arrangement des Christentums mit dem Faschismus wandte, war Christenpflicht nicht Weltflucht und Ergebung, sondern tätige Hinwendung zu den Mühseligen und Beladenen, aktiver Widerstand gegen ihre Peiniger und Unterdrücker.[93] Wir gedenken des Arztes und Privatdozenten an der Medizinischen Fakultät der Berliner Universität Georg Groscurth, der 1942 mit dem Physikochemiker Robert Havemann die Widerstandsgruppe «Europäische Union» – eine Gruppe mit Verbindungen nach der Sowjetunion und nach Frankreich – bildete und der am 8. Mai 1944 im Zuchthaus Brandenburg hingerichtet wurde. Auf ministerielle Anweisung wurde sein Name aus den Listen der Medizinischen Fakultät gestrichen; er sollte an der Universität für immer vergessen sein.[94]

Wir gedenken der beiden Volmer-Schüler Erhard Tohmfor und Hansheinrich Kummerow sowie dessen Ehefrau Inge, die klarer als viele ihrer Mitstreiter erkannt hatten, daß eine konsequente Gegnerschaft gegen den Hitlerfaschismus die rückhaltlose Unterstützung der Sowjetunion verlangt. Sie wurden von den Faschisten verhaftet und ermordet.[95]

Die von Arvid Harnack und Harro Schulze-Boysen geleitete weitverzweigte Widerstandsorganisation erfaßte wohl die größte Anzahl Berliner Studenten. Harnack war Jurist und Nationalökonom, der die wirtschaftlichen Verhältnisse in den USA in einem zweieinhalbjährigen Arbeitsaufenthalt zwischen 1926 und 1929 gründlich studiert hatte. Auf der Grundlage dieser Spezialkenntnisse wurde er in der Kriegszeit Lehrbeauftragter für Wirtschaftsgeschichte der USA an der Auslandswissenschaftlichen Fakultät der Berliner Universität.

Die Widerstandsorganisation, an deren Spitze er stand, umfaßte Hunderte von illegalen Kämpfern der unterschiedlichsten Weltanschauungen und politischen Ansichten und war die damals umfassendste Verkörperung jenes breiten antifaschistischen Bündnisses, für das die KPD kämpfte. Studenten arbeiteten insbesondere in vier Untergruppen dieser Organisation: einer Gruppe, die vorzugsweise von Studenten der Auslandswissenschaftlichen Fakultät der Universität gebildet wurde; einer Gruppe, die von dem antifaschistischen Arzt John Rittmeister geleitet wurde; einer Gruppe um Hans Coppi, die überwiegend aus Betriebsarbeitern bestand; einem Kreis, der sich um das Künstlerehepaar Elisabeth und Kurt Schumacher gruppierte.[96]

Als Arvid Harnack am 22. Dezember 1942 hingerichtet wurde, waren seine letzten Worte: «Ich bereue nichts. Ich sterbe als ein überzeugter Kommunist.»[97] Mit ihm – zum gleichen Zeitpunkt oder einige Monate später – mußten 58 Mitglieder seiner Organisation sterben, darunter seine Frau Mildred Harnack-Fish, eine angesehene Spezialistin für amerika-

Aus Abschiedsbriefen Berliner Studenten, die in der Widerstandsgruppe Schulze/Boysen-Harnack kämpften und von den Faschisten hingerichtet wurden.

Oda Schottmüller,
Kunststudentin:
Berlin-Plötzensee,
den 5. August 1943

Meine liebe Mutti!
Nun haben wir uns nicht mehr sehen können, und ich muß Dir auf diese Weise Lebewohl sagen. Sei tapfer, denk dran, daß Du auch wieder eine gute Zeit erleben wirst. Du hast mir immer in den letzten Jahren so zur Seite gestanden und mir durch Deine treue Hilfe so viel ermöglicht, daß ein Danksagen fast unmöglich ist. Aber Du weißt es selbst am besten und wirst Dich immer daran erinnern. Was ich künstlerisch erreicht habe, war in den schweren Übergangsjahren nur durch den Rückhalt möglich, den ich immer wieder an Dir hatte. Daß jetzt alles aus ist, liegt eben in meiner Linie. Ich hab' nie alt werden wollen – langsam verkalken ist bestimmt nicht schön. Die letzten Monate waren recht schwierig für mich, besonders das Abgeschnittensein von der eigentlichen Arbeit wurde immer unerträglicher – aber das ist ja nun auch überstanden … Es bleibt sehr viel – vielleicht das Wichtigste – unausgesprochen zwischen uns.
Es ist besser so.
Sei innig umarmt und geküßt,
meine liebe Mutti,
von Deiner
Oda.

93 Gerhard Winter: Dietrich Bonhoeffer – Kämpfer gegen Krieg und Faschismus. In: Beiträge zur Geschichte der Humboldt-Universität zu Berlin, Heft 5, Berlin 1981. Hanfried Müller: Dietrich Bonhoeffer – Christuszeuge in der Bekennenden Kirche für die mündige Welt. In: Ebenda.

94 Siehe Ingeborg Klemperer: Der Antifaschist Georg Groscurth. In: Forschen und Wirken, Bd. I, S. 592.

95 Siehe Wolfgang Schlicker: Physiker im faschistischen Deutschland. In: Jahrbuch für Geschichte, Bd. 27, S. 139.

96 Siehe Karl-Heinz Jahnke: Über den Widerstandskampf Berliner Studenten gegen Faschismus und imperialistischen Krieg. In: Forschen und Wirken, Bd. I, S. 567/568.

97 Siehe Günter Kesselbauer: Arvid Harnack – Wissenschaftler und Revolutionär. In: Ebenda, S. 577.

Erich Lodemann
Aufnahme um 1940
Lodemann war Mitglied der «Roten Studentengruppe» an der Berliner Handelshochschule. Gemeinsam mit Karl Kampfert, Günter Spies und Gerhard Bondi beteiligte er sich am antifaschistischen Widerstandskampf. Er stand auch in Verbindung mit der unter der Leitung des Kommunisten Robert Uhrig kämpfenden Berliner Parteiorganisation und Widerstandsgruppe. Am 24. Oktober 1944 wurde er im Zuchthaus Brandenburg von den Faschisten hingerichtet.

Arvid Harnack
Aufnahme um 1940

Eva-Maria Buch,
Sprachstudentin,
Katholikin:
Berlin-Plötzensee,
den 5. August 1943

Meine liebsten beiden, geliebte Eltern!
Ich habe mich so sehr gefreut über Euren Brief, den ich gestern noch erhielt, den allerletzten Gruß von Euch. Nun heißt es tapfer sein. Wir müssen uns jetzt trennen. Meine beiden, Ihr, daß ich Euch diesen ärgsten Kummer nicht ersparen konnte! Aber es ist doch alles gut so, wie es kam. Es war so ein unseliger Zwiespalt in mir, das Erleben der letzten Monate brachte die Lösung. Nun ist alles Ruhe und Freude. Meine Gedanken waren schließlich wieder ganz bei Euch. Eure Treue hat mich tief gerührt. Tausend Dank dafür und für alle Liebe, die Ihr mir gabt. Ich war sehr, sehr froh in der letzten Zeit. Verzeiht mir, mein Mamale, mein Vaterle. So vieles muß nun auf immer unausgesprochen

nische Literatur, die ihm aus den USA nach Deutschland gefolgt war.

Auch sechs Berliner Studenten fielen den Henkern zum Opfer: Liane Berkowitz, Eva-Maria Buch, Ursula Goetze, Horst Heilmann, Oda Schottmüller, Rosemarie Terwiel. Das Kind, das Liane Berkowitz im Gefängnis zur Welt brachte, wurde ihr weggenommen; vier Wochen später wurde ihr mitgeteilt, das Kind sei im SS-Hospital «verstorben»; obwohl sie nicht der KPD angehörte, nannte sie sich selbst in der Gerichtsverhandlung eine glühende Kommunistin.[98]

Fast ein halbes Jahrhundert ist darüber hingegangen, doch auch heute noch sind in der Haftanstalt Berlin-Plötzensee geschriebene Abschiedsbriefe dieser Zwanzigjährigen zu Herzen gehend. Erschütternd sind die Überlegungen, mit denen sie ihren Eltern Mut zusprachen und versuchten, sich mit dem Ende ihres gerade erst begonnenen Lebens abzufinden, gegen das sich doch alles in ihnen auflehnen mußte. Aber keine von ihnen ist auf den Knien gestorben – nicht die Kommunistin, nicht die Katholikin, nicht die Parteilose. Vielleicht hatten sie in ihrem kurzen Leben in einer feindlichen Gesellschaft niemals etwas von den Brüdern Humboldt gehört; doch das zwingende Gebot der Einheit von Humanismus und Wissenschaft hatten sie mit den Herzen begriffen und also tiefer verstanden als mancher ergraute Berliner Professor.

Das Vermächtnis jener, die in Berlins dunkelster Zeit für eine bessere Welt ihr Leben hingaben, ist uns Heutigen teuer. Es mahnt uns zum Einsatz unserer ganzen Kraft, um den Mächten der Reaktion den Weg zu verlegen, die aus der blutigen Geschichte des deutschen Imperialismus noch immer nicht gelernt haben, daß Weltherrschaftsansprüche im zwanzigsten Jahrhundert nicht mehr durchsetzbar sind, auch nicht mit der Gewalt moderner Waffensysteme und dem Mißbrauch der Wissenschaft zu ihrer Schaffung. Für immer wird es dieser Stadt, von deren Boden so viel Schreckliches ausging, zur Ehre gereichen, daß in ihren Mauern auch auf dem Gipfelpunkt des braunen Terrors die Stimme des Gewissens niemals ganz erstarb. Hier wie anderswo haben die Mordkommandos der Faschisten zwischen Arbeitern und Gelehrten, zwischen Marxisten und Christen, zwischen Alt und Jung keinen Unterschied gemacht: Wer für Menschlichkeit eintrat, mußte sterben. Aus dieser erzwungenen Gemeinsamkeit des Sterbens haben wir ein für allemal für die Gemeinsamkeit des Lebens gelernt. Der Neuaufbau unserer Stadt, das Wachsen und Blühen Berlins als sozialistische Metropole war möglich, weil die Generationen Schulter an Schulter arbeiteten, weil Unterschiede der Weltanschauung gemeinsames Handeln für Frieden und Fortschritt nicht behinderten, weil sich Arbeiter und Intellektuelle als Schaffende am gleichen Werk begriffen.

Die Wunden der deutschen Geschichte schmerzen noch immer. Sie dürfen niemals vergessen werden. Wenn wir heute in Berlin wieder friedliche Wissenschaft betreiben können, wenn wir uns auf große Traditionen berufen dürfen, ohne vor Scham zu erröten, dann verdanken wir die moralische Legitimation dazu jenen, die die Ehre der Berliner Wissenschaft mit ihrer Tat und mit ihrem Blut reingewaschen haben.

bleiben, ich muß tief
in Eurer Schuld bleiben und
hätte doch gern noch wiedergutgemacht. Aber gelt, wir
gehören zusammen und ich
bleibe immer in Eurer
Mitte. –
So lieb hab' ich Euch, so lieb
und möchte Euch küssen und
streicheln und trösten. Grüßt
mir alle lieben Menschen!
Auf ein frohes Wiedersehen
im anderen Leben. Wartet ab
in Geduld, bis auch Ihr gerufen werdet.
Bis zum letzten Atemzuge
Eure Putte

Die beiden Studentinnen wurden zusammen mit anderen Kampfgefährten am 5. August 1943 hingerichtet.

Karl-Heinz Jahnke:
Über den Widerstandskampf Berliner Studenten gegen Faschismus und imperialistischen Krieg.
In: Forschen und Wirken, Bd. I, Berlin 1966, S. 571–575.

98 Siehe Karl-Heinz Jahnke: Über den Widerstandskampf Berliner Studenten gegen Faschismus und imperialistischen Krieg. In: Ebenda, S. 570.

Befreiung – Besinnung – Neubeginn 1945–1949

Das Reaktionäre muß bereinigt werden nicht nur, indem man seine Symptome behandelt und es in seinen barbarischsten aggressivsten Formen beseitigt, sondern indem man es gründlich, in seinem tiefinnersten Unwesen, im Ganzen, mitsamt allen seinen Verwurzelungen ausrottet, und wenn wir von einer geistig-moralischen Genesung und Gesundung unseres Volkes ernsthaft sprechen, so gilt es auch, gegen das Wiederaufleben aller der Tendenzen in unserer Geistesgeschichte sich zu wenden, die in der Zerstörung der Vernunft die Wehrlosigkeit des deutschen Geistes anbahnten, eine Wehrlosigkeit, welche die deutsche Intelligenz verhinderte, als die geistige Elite ihres Volkes in der Bekämpfung und Niederzwingung der Hitlerschmach, unserer größten nationalen Schmach, führend voranzugehen.
Johannes R. Becher: Deutsches Bekenntnis. In: Aufbau, 1945, Heft 1, S. 6.

Vom schweren Anfang

Als im historischen Frühling 1945 die rote Fahne auf dem Reichstag wehte und weithin vom Sieg der Sowjetarmee über den Faschismus kündete, da war Berlin ein Trümmermeer. Von insgesamt 245300 Gebäuden waren 27679 total zerstört und 20127 schwer beschädigt; 22848 wurden als wiederherstellbar und 171965 als leicht beschädigt eingestuft.[1] Die Baulichkeiten der Berliner Kulturinstitutionen hatten erheblich gelitten. Die Gebäude der Universität waren zu 50 Prozent zerstört. Ähnlich verhielt es sich mit den Häusern der anderen Hochschulen und Forschungsinstitutionen, der Theater und Museen. Vielfach hatten sich die SS-Banditen, ihren verbrecherischen Widerstand bis zur letzten Minute fortsetzend, gerade in solchen Gebäuden der Innenstadt eingenistet, aus Museen «Feuernester» gemacht und so ihre Zerstörung heraufbeschworen. Der Wissenschaftsbetrieb war schon vor der Schlacht um Berlin zum Erliegen gekommen. Nur die medizinischen Einrichtungen mußten aufrechterhalten werden und bemühten sich verzweifelt, des anschwellenden Stromes von Verwundeten und Kranken Herr zu werden.

Um zunächst das Überleben und dann den Neuaufbau zu ermöglichen, war es notwendig, den sichtbaren Trümmern zuleibe zu gehen. Doch noch schlimmer waren die unsichtbaren Trümmer, die das Denken der Berliner prägten. Viele waren in diesem oder jenem Grade der faschistischen Demagogie erlegen; nun waren die Luftschlösser in Rauch aufgegangen. Hier aufzuräumen und eine Wende einzuleiten war mindestens ebenso dringlich wie die Sicherung des materiellen Lebens. Unter den aktiven Antifaschisten und besonders unter den fortschrittlichen Kulturschaffenden wurde der Ausdruck «geistige Enttrümmerung» zum geflügelten Wort. Im September 1945 schrieb dazu Johannes R. Becher, später der erste Kulturminister der DDR, im ersten Heft der in Berlin herausgegebenen kulturpolitischen Monatsschrift «Aufbau»: «Und so sind die Trümmerstätten, Schutthaufen und Ruinen, die wir heute erblicken, nur der äußere Ausdruck des Inneren, des Seelenlebens unseres Volkes, und mit Recht können wir auch von der Trümmerstätte unserer Moral, einer Trümmerlandschaft der deutschen Seele sprechen. ... Ohne Enttrümmerung, ohne eine Erneuerungsbewegung auf geistigem Gebiet, ohne eine moralische Neugeburt unseres Volkes muß jeder materielle Neuaufbau über kurz oder lang zum Scheitern verurteilt sein.»[2]

Die Kommunisten waren darauf vorbereitet, und sie waren darauf eingestellt, um die geistige Neugeburt des deutschen Volkes gemeinsam mit Antifaschisten anderer politischer Ansichten und anderer Weltanschauung zu ringen; in gemeinsamem Widerstand gegen die braune Barbarei war dieses Bündnis geschmiedet worden, das es als Garanten für eine bessere Zukunft zu bewahren galt. Wenn die Kommunisten von Anfang an den Kampf um die geistige Erneuerung führten, so deshalb, weil sie auf die deutsche Schicksalsfrage: Wie konnte es geschehen?, die einzig richtige Antwort gefunden und da-

Zerstörungen am Hauptgebäude
der Berliner Universität
Aufnahme von 1946

her auch den nach der militärischen Zerschmetterung des Hitlerfaschismus einzuschlagenden Weg gründlich durchdacht hatten.

Bereits auf ihrer Brüsseler (1935) und der Berner Konferenz (1939) hatte die KPD das Wesen des deutschen Faschismus, die Gründe seiner Machtergreifung, die zu seiner Beseitigung und nach seinem Sturz zu verfolgende Strategie gründlich analysiert und die Wege zu einer zuverlässigen Verhinderung seines Wiedererstehens herausgearbeitet. In den Jahren des Krieges wurden diese Einsichten in zahlreichen Diskussionen und theoretischen Arbeiten vertieft und konkretisiert und zu Aktionsprogrammen entwickelt.

Die ersten Maßnahmen zur Verwirklichung ihrer strategischen Orientierung legte die Parteiführung der KPD in ihren

1 Siehe: Die Befreiung Berlins 1945. Eine Dokumentation. Hrsg. von Klaus Scheel, Berlin 1985, S. 197.
2 Johannes R. Becher: Deutsches Bekenntnis. In: Aufbau, 1945, Heft 1, S. 7, 10.

Aus dem Manuskript eines in den letzten Kriegsjahren in der Sowjetunion gehaltenen Vortrages von Johannes R. Becher: Ohne Klassenbewußtsein gibt es kein Geschichtsbewußtsein. Das Klassenbewußtsein der Arbeiterschaft ist die Bewußtseinsgrundlage jeder freiheitlichen deutschen Ideologie, und das Ringen um die Seele Deutschlands ist vor allem ein Wiedererwecken des Klassenbewußtseins der Arbeiterschaft.
Die Partei ist die einzige geschichtliche Kraft unter allen politisch-weltanschaulichen Bewegungen Deutschlands, die eine wirklich schöpferische Lehre aus der Vergangenheit gezogen hat. ... Die Partei ist als einzige Partei aller in Deutschland möglichen, überhaupt denkbaren Parteibildungen eine Partei neuen Typus, die sowohl ein Erkenntnisorgan der objektiven Mehrheit ist, als auch ein Vollzugsorgan der objektiven Wahrheit, d.h. der geschichtlichen Notwendigkeit. Auf ihrer Seite steht die Geschichte, auf ihrer Seite steht die Wahrheit. Sich zur Wahrheit bekennen, heißt heute, sich zu Deutschland bekennen. Für die Wahrheit streiten heißt heute: wahrhaft für Deutschland streiten.
Zit. in: Karl-Heinz Schulmeister: Zur Entstehung und Gründung des Kulturbundes zur demokratischen Erneuerung Deutschlands, Berlin 1965, S. 132/133.

am 5. April 1945 beschlossenen ausführlichen Richtlinien für die Arbeit der deutschen Antifaschisten in den von der Roten Armee befreiten Gebieten fest. Unter anderem wurde in diesem Beschluß auf die Schaffung neuer Verwaltungsorgane orientiert, für die von vornherein in entschiedenem Gegensatz zum faschistischen Droh- und Einschüchterungssystem eine demokratische, volksverbundene Arbeitsweise kennzeichnend sein sollte.[3] Sorgfältig bestimmte das Dokument die Kaderanforderungen, denen die Mitglieder der neuen Gemeindeverwaltung zu genügen hatten. So wurde nun auch in Berlin verfahren:

Als erstes antifaschistisches Verwaltungsorgan auf Berliner Territorium wurde auf Initiative der KPD am Abend des 21. April 1945 auf einer Einwohnerversammlung eine Verwaltung für die Ortsteile Rahnsdorf, Wilhelmshagen und Hessenwinkel gebildet; in den nächsten Tagen folgte ein befreiter Stadtteil nach dem anderen, während wenige Kilometer entfernt noch erbittert gekämpft wurde. Bereits in den Kampftagen kamen Arbeitsgruppen der Parteiführung der KPD aus sowjetischem Exil zurück in die Heimat, um den Neuaufbau der Partei zu organisieren und die Leitung des Kampfes um eine neue Ordnung zu übernehmen. Die für den Berliner Raum verantwortliche Gruppe unter der Leitung von Walter Ulbricht, der Fritz Erpenbeck, Richard Gyptner, Gustav Gundelach, Hans Mahle, Karl Maron, Otto Winzer (der erste Stadtrat für Volksbildung im demokratischen Magistrat) und weitere Mitstreiter angehörten, traf am 1. Mai in Bruchmühle bei Strausberg ein, wo sich damals der Sitz der Politischen Verwaltung beim Stab der 1. Belorussischen Front befand. Am 9. Mai, unmittelbar nach der Unterzeichnung der Urkunde über die bedingungslose Kapitulation durch die Vertreter des Oberkommandos der faschistischen Wehrmacht, verlegte sie ihren Sitz nach Berlin.[4] Auch Erich Honecker, am 29. April nach fast zehnjähriger Haft von sowjetischen Truppen aus dem Zuchthaus Brandenburg-Görden befreit, schloß sich dieser Gruppe an.[5]

Die Arbeit der deutschen Antifaschisten wurde vom ersten Tag an umsichtig und allseitig von den sowjetischen Genossen unterstützt, und diese brüderliche Hilfe wurde in Berlin, das die Kommandozentrale der sowjetischen Truppen in Deutschland beherbergte, besonders spürbar. Die sowjetische Armee hatte nicht nur den Hauptanteil an der Befreiung geleistet, ihre Hilfe und Unterstützung erstreckte sich bis auf die elementaren Fragen des täglichen Lebens und spielte auch beim kulturellen Neuaufbau eine außerordentlich große Rolle. Sowjetische Wissenschaftler, Künstler und Journalisten in Uniform widmeten sich mit der gleichen Leidenschaft, die zuvor der Niederwerfung des verhaßten Feindes gegolten hatte, der großen Aufgabe, dem befreiten deutschen Volk bei den ersten Schritten auf einem grundsätzlich neuen geschichtlichen Weg zu helfen. Das war zugleich sowjetische Staatsdoktrin, die nicht irgendwelchen konjunkturellen Erwägungen, sondern dem Wesen des Sozialismus selbst entsprang und sich damit entscheidend von der Politik unterschied, die die Westmächte in ihren Besatzungszonen praktizierten.

Die Rote Armee beauftragte besondere Einheiten damit, die im Stadtzentrum befindlichen Museen, Bibliotheken, Forschungsinstitute und Gesundheitseinrichtungen vor der Vernichtung zu schützen; so wurde beispielsweise gerettet, was nach den Luftangriffen der Vormonate von den Klinikeinrichtungen der Charité und der Veterinärmedizinischen Fakultät der Universität noch verblieben war.

Die Prinzipien des sozialistischen Humanismus, die sowohl die sowjetische Kriegführung wie auch die Orientierung gegenüber dem deutschen Volk in der Nachkriegsperiode bestimmten, sind klar und einsichtig. Sehr viel schwieriger ist es, gedanklich die menschliche Größe der moralischen Entscheidung nachzuvollziehen, vor die jeder Kämpfer der Roten Armee gestellt war, als es galt, der deutschen Bevölkerung nicht als Rächer, sondern als Helfer beim friedlichen Aufbau gegenüberzutreten. Für viele Berliner, denen noch kurz zuvor die faschistische Antisowjethetze den gesunden Menschenverstand getrübt hatte, wurde die Erfahrung der uneigennützigen praktischen Hilfe, der Charakterstärke der sowjetischen Menschen zum befreienden Erlebnis.

In besonderem Maße erwarb sich Generaloberst Nikolai Bersarin, der am 24. April 1945 zum ersten Kommandanten der Stadt ernannt worden war, das Vertrauen der Berliner. Ihm, der im Sommer 1945 durch einen Unfall tragisch ums Leben kam, bewahrt Berlin ein dankbares Gedenken. Unermüdlich kümmerte er sich um das Wohl der ihm anvertrauten Stadt, vielen Menschen gab er die verlorene Hoffnung zurück. Der Arzt Johannes Kupke, damals Bürgermeister von Niederschönhausen, notierte über eine Beratung, die am 3. Mai 1945 stattfand: «Dann kam General Bersarin persönlich zu uns. Er sagte, als alter Bolschewik hätte er sich immer als Vater der Menschen gefühlt, die ihm unterstellt waren. Jetzt würde er für die Berliner wie ein Vater sorgen. Diese Worte gaben mir Hoffnung für die Zukunft, die mich nicht enttäuscht hat.»[6]

Erinnerungen eines sowjetischen Generalleutnants:
Am Morgen des 4. Mai hielt der Kriegsrat der Armee im Lustgarten eine Truppenparade des 32. Schützenkorps ab. Die Kämpfer waren zwischen dem Alten Museum, dem Schloß und dem Berliner Dom angetreten. ...
Nach der Parade fuhren wir durch Berlin. Vor dem Eingang zur Universität hielt ein LKW. Auf seiner Ladefläche standen der Politarbeiter Malyschew und einige Soldaten. Die waren gerade dabei, über dem Eingang ein großes Transparent in russischer und in deutscher Sprache zu befestigen. «An dieser Universität studierte der Begründer des wissenschaftlichen Kommunismus, Karl Marx.» Wir dankten Malyschew für die Initiative und fuhren weiter. Über dem Eingang der ehemaligen Königlichen Bibliothek hing ebenfalls ein Transparent: «Hier arbeitete im Jahre 1895 der Führer des Großen Oktober und Begründer der KPdSU (B), Wladimir Iljitsch Lenin.»
F. J. Bokow: Frühjahr des Sieges und der Befreiung, Berlin 1981, S. 339.

3 Siehe: Die Befreiung Berlins 1945, S. 75.
4 Siehe Lieselotte Thoms/Hans Vieillard/Wolfgang Berger: Walter Ulbricht. Arbeiter – Revolutionär – Staatsmann, Berlin 1968, S. 82–89.
5 Siehe Erich Honecker: Aus meinem Leben, Berlin 1982, S. 153–160.
6 Zit. in: Die Befreiung Berlins 1945, S. 203.

Vielen Belangen des Berliner Lebens widmete Bersarin seine Aufmerksamkeit, beginnend mit dem Allerdringendsten. Das war in den ersten Tagen das Gesundheitswesen. Folgerichtig sah hier sein am 2. Mai 1945 erlassener Befehl Nr. 01 bereits detaillierte Regelungen vor; unter anderem wurden darin die Kommandanten der Stadtbezirke angewiesen, «unverzüglich alle notwendigen Maßnahmen zur Erhaltung der in ihren Bezirken liegenden medizinisch-wissenschaftlichen Einrichtungen und Heilanstalten zu ergreifen» und dabei «der Befrie-

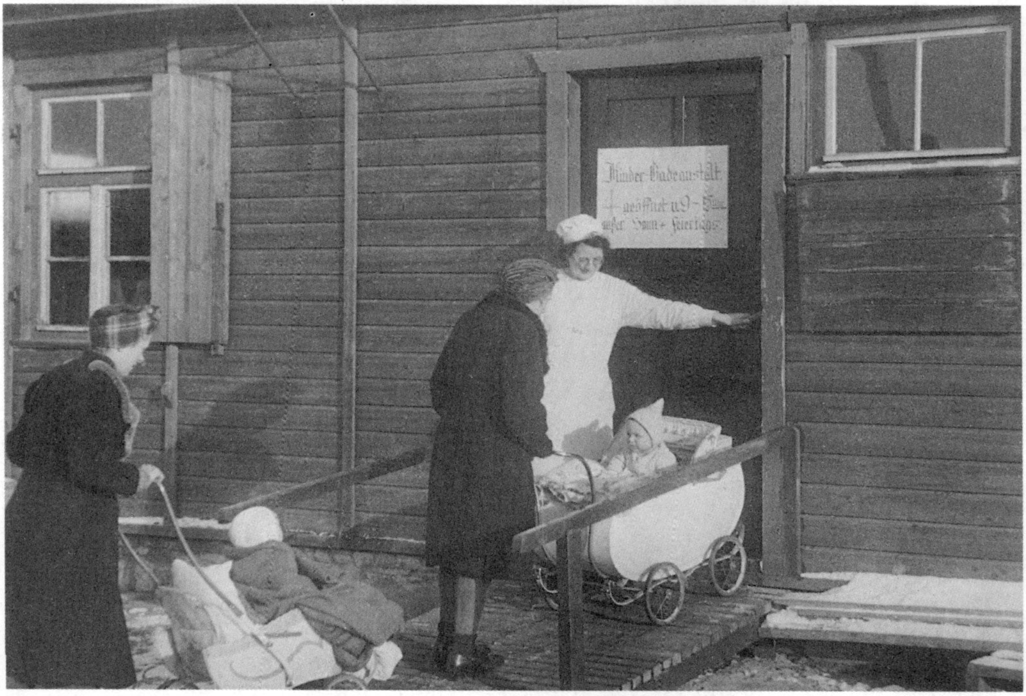

digung der Lebensbedürfnisse der wissenschaftlichen Arbeiter besondere Aufmerksamkeit zu widmen».[7] Am 19. Mai lud er eine Reihe bekannter Theaterleiter – unter ihnen Ernst Legal, Paul Wegener und Viktor de Kowa – nach Friedrichsfelde ein, um vorbereitende Maßnahmen zur Wiedereröffnung der Berliner Theater zu besprechen.

Kinderbadeanstalt im Städtischen Krankenhaus Kaulsdorf
Aufnahme von 1946
Für die Säuglinge und Kleinkinder wurden zur Linderung der schlechten häuslichen hygienischen Bedingungen und zur Unterstützung der Familien im Alltagsleben spezielle Kinderbadeanstalten eingerichtet.

Im Sinne Bersarins wirkten eine ganze Reihe bedeutender sowjetischer Wissenschaftler, Künstler und Publizisten, die im Apparat der am 9. Juni 1945 gebildeten Sowjetischen Militäradministration in Deutschland (SMAD) tätig waren und die dort im Waffenrock kulturpolitische Funktionen ausübten. Ihr Aufgabenbereich umfaßte nicht nur Berlin, sondern die gesamte sowjetische Besatzungszone, und ihre Namen – Sergej Tjulpanow, Pjotr Solotuchin, Alexander Dymschiz und zahlreiche weitere – sind aus der frühen Geschichte des Kulturbundes, der Universität oder der Akademie der Wissenschaften nicht wegzudenken.

Für die Berliner Intellektuellen schlug die Stunde der Entscheidung und Bewährung, in der sich die Geister schieden, manchmal bereits, ehe die Waffen schwiegen; für manchen war eine mutige Tat noch während der Kriegshandlungen der Beginn des Weges in die neue Zeit. So gelang es am 30. April Professor Johannes Dobberstein und weiteren Mitarbeitern

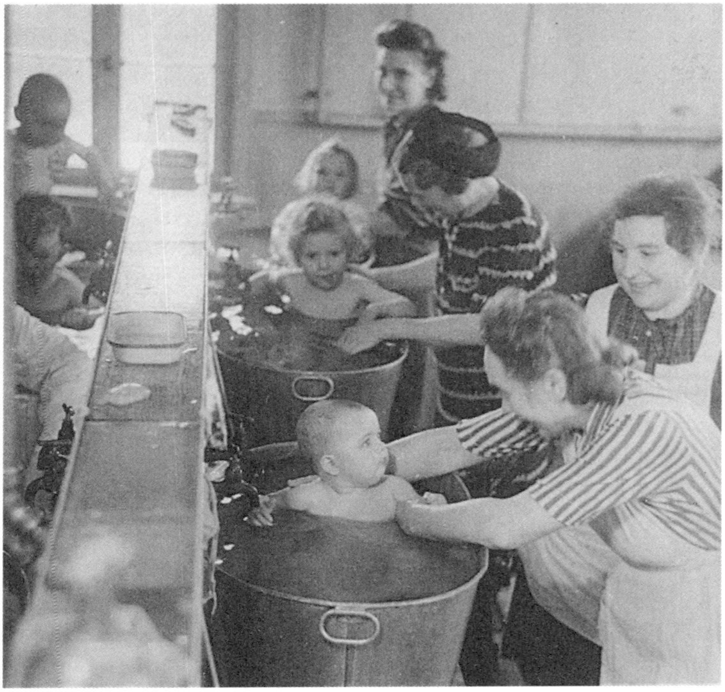

der Veterinärmedizinischen Fakultät der Universität unter Einsatz ihres eigenen Lebens, die auf das Fakultätsgelände zum Kampfeinsatz befohlenen deutschen Soldaten zur Kapitulation zu überreden; sie nahmen mit Rotarmisten Verbindung auf und bewahrten durch ihr entschlossenes Handeln die Einrichtungen der Klinik vor der Zerstörung.

Ein Angebot an die Intellektuellen, Verantwortung zu tragen, enthielt die Richtlinie der KPD vom 5. April 1945; bei der Bestimmung des Personenkreises, der für Funktionen in den Gemeindeverwaltungen in Frage kamen, wurden ausdrücklich genannt: «… verantwortungsbewußte, entwicklungsfähige Kräfte aus den Reihen der Intelligenz, die nicht der Nazipar-

Die Spuren des Krieges sind für Minuten verdrängt – gemeinsame Freuden von Kindern und Müttern beim wohltuenden Bad Aufnahme von 1946

7 Zit. in: Ebenda, S. 192.

Sitzung des Magistrats von Berlin im Mai 1945 unter dem Vorsitz des Oberbürgermeisters von Berlin, Arthur Werner

Um Berlin vor dem völligen Untergang zu bewahren, um es aus dem Chaos herauszuführen, mußten Männer gefunden werden, die bereit und fähig waren, die Leitung der notwendigen Aufräumungsarbeiten zu übernehmen, die städtische Verwaltung wieder in Gang zu bringen. …
Wie und wo aber jene antifaschistisch-demokratischen Kräfte finden, die sich … an eine solche wahrhaft titanische Aufgabe heranwagen würden, die sich vor der Übernahme einer solchen Verantwortung nicht scheuten? Viele, die angesprochen wurden, lehnten ab. Wir suchten krampfhaft nach Menschen aller vor Hitler existierenden politischen Richtungen, die nicht vom Nazigeist zerfressen waren. Da erfuhren wir von einem Mann, ehemals Besitzer einer privaten Ingenieur- und Architektenschule, die von den Nazis geschlossen worden war, einem Dr.-Ing. Arthur Werner, der irgendwo in Lichterfelde-West wohnen solle. Zwar, so sagte man uns, sei er nicht mehr der Jüngste, auch kein Verwaltungsfachmann, möglicherweise aber zur Mitarbeit beim Aufbau der neuen Berliner Verwaltung bereit. Ich erhielt den Auftrag, nach Lichterfelde zu fahren und diesen Dr. Werner aufzusuchen. Am nächsten Morgen in aller Herrgottsfrühe begann ich, mit nicht allzu großen Hoffnungen, nach dem Haus, in dem

tei oder Hitlerjugend angehört haben. Es ist besonders zu prüfen, wer von den Intellektuellen, Ingenieuren, Ärzten und Lehrern herangezogen werden kann, die zwar in den letzten Jahren der Nazipartei beigetreten waren, aber keine aktive Tätigkeit ausgeübt haben.»[8]

Verwaltungsarbeit war für die meisten von ihnen «fachfremd», sie mußten sie ebenso lernen wie die fortschrittlichen Arbeiter, die von einem Tag zum anderen von der Werkbank in das Rathaus hinüberwechselten. Einige der verantwortungsbewußtesten unter ihnen folgten diesem Gebot der Stunde. Ein Technikwissenschaftler war es, der die Bürde des Oberbürgermeisteramtes auf sich nahm: der parteilose Dr.-Ing. Arthur Werner, der mit 68 Jahren nicht zögerte, als ihn Karl Maron im Auftrage der Gruppe Ulbricht ansprach.[9]

Der demokratische Magistrat, der von General Bersarin am 19. Mai in sein Amt eingeführt wurde und den Werner zu leiten hatte, war eine Koalition von außerordentlicher politischer Breite, die von Kommunisten wie Ottomar Geschke oder Hans Jendretzky bis zu großbürgerlichen Politikern wie Andreas Hermes reichte und dessen einheitliche Führung schon deshalb höchst kompliziert war. In Maron hatte Werner einen tatkräftigen 1. Stellvertreter. Als Stadtrat für Gesundheitswesen stellte sich der berühmte Chirurg Ferdinand Sauerbruch zur Verfügung. Die Abteilung Volksbildung stand unter Leitung des Kommunisten Otto Winzer, der sich als ein schöpferischer Kulturpolitiker bewährte: Diese Abteilung leitete keineswegs nur das Schulwesen, sondern trug für das ganze Spektrum der Kulturpolitik die Verantwortung.

Doch so beispielhaft der Einsatz antifaschistischer Intellektueller in Berlin auch war – die Kommunisten täuschten sich keineswegs darüber, daß in Berlin wie überhaupt in Deutschland die Mehrzahl der Intellektuellen in einer abwartenden,

Am 15. August 1946 begann im Deutschen Theater der Lehrerkongreß der gesamten sowjetischen Besatzungszone. *Im Beisein von Otto Grotewohl eröffnete Paul Wandel, Präsident der Deutschen Zentralverwaltung für Volksbildung, den Kongreß.*

resignierenden oder gar feindseligen Haltung verharrte. Nicht wenige glaubten auch, sich mit ein paar antifaschistischen Phrasen oberflächlich anpassen und im alten Geiste die neue Zeit, die sie für ein bloßes Intermezzo hielten, überstehen zu können.

Ernst Wildangel, Leiter des Hauptschulamtes und stellvertretender Stadtrat für Volksbildung, gab auf der am 2. September 1946 abgehaltenen Konferenz der Lehrer an den öffentlichen Schulen der Stadt Berlin eine treffende Charakteristik dieser Haltung. So erfreulich es sei, daß ein großer Teil wirklich demokratischer Kräfte in der Berliner Lehrerschaft erhalten geblieben sei, dürfe man darüber «nicht vergessen, daß doch noch manche darunter sind, die zwar nicht Pg gewesen sind, die auch ‹immer dagegen› waren und die ‹im Grunde ihres Herzens stets Demokraten und Antifaschisten waren›, bei denen ich mich aber doch frage: werden sie fähig sein und den Willen haben, in Auseinandersetzungen mit den Schülern etwas positiv Neues zu entwickeln und sich nicht nur auf ein vorsichtiges Ausweichen zu beschränken, auf daß man nicht gar zu viel merke? Ist die Zahl derer nicht vielleicht doch noch groß, die zwar gegen Hitler sind, und zwar ... zum Teil, weil sie es ihm sehr übelnehmen, daß er verloren hat, die aber noch nicht so weit sind, daß sie diese Stellung gegen Hitler gefunden haben auf der Basis einer wirklich humanen menschlichen Haltung?»[10]

Wildangels Urteil über die Berliner Lehrerschaft hätte in gleichem Sinne auch über die Berliner Wissenschaftler, Techniker oder Ärzte ausgesprochen werden können. Es zeugt von den immensen Schwierigkeiten, vor denen die konsequenten

Dr. Werner wohnen sollte, zu suchen. Ich hatte Glück und fand es bald. Im Vorgarten werkelte ein älterer Mann – erst später erfuhr ich, daß er gerade 68 Jahre alt geworden war – in Gemüsebeeten herum. Über den Zaun zaghaft gefragt, ob hier nicht irgendwo ein Dr. Werner wohne, bekam ich die Antwort, er selbst sei es. Ich erschrak. Bei diesem, doch sehr elend und unterernährt aussehenden Mann würde ich schwerlich auf Gegenliebe stoßen. Aber das beinahe Unglaubliche geschah. Schon nach einem kurzen Gespräch erklärte sich Dr. Werner zur Mitarbeit bereit.
Karl Maron: Wir fanden einen mutigen Mann. In: Neues Deutschland, 15. April 1962.

8 Zit. in: Ebenda, S. 75.
9 Siehe Karl Maron: Wir fanden einen mutigen Mann. In: Neues Deutschland, 15. April 1962.
10 Otto Winzer/Ernst Wildangel: Ein Jahr Neuaufbau des Berliner Schulwesens, Berlin 1946, S. 31.

Antifaschisten standen. Diese Schwierigkeiten wurden noch größer, als die westlichen Besatzungsmächte, die Anfang Juli 1945 in die zwischen den Siegermächten vereinbarten Sektoren Berlins einzogen und dort die administrative Gewalt übernahmen, Schritt für Schritt mit dem Übergang zum kalten Krieg vom antifaschistischen Geist der Antihitlerkoalition abrückten, den demokratischen Umgestaltungsprozeß – der zunächst überall in Berlin mit gleicher Intensität eingesetzt hatte – in ihren Sektoren systematisch deformierten und der Sammlung konservativer Kräfte unter der Flagge des Antisowjetismus den Boden bereiteten. Hier fanden jene Intellektuellen, die der ernsthaften Auseinandersetzung mit dem Wesen und den Ursprüngen des Faschismus – und damit zugleich

mit ihrer eigenen Weltanschauung und ihrer eigenen Schuld – ausweichen wollten, ein bequemes Unterkommen.

Während die ärztliche Versorgung ohne Unterbrechung weitergehen mußte und die lebensnotwendigen Betriebe unverzüglich wieder in Gang zu setzen waren (im Juli 1945 arbeiteten in Berlin etwa 600, im Oktober bereits etwa 3500 Betriebe wieder), standen zumindest einige Monate für eine gründliche Entnazifizierung und die ersten Schritte einer positiven Neuorientierung zur Verfügung, ehe Schulunterricht, Hochschullehre und systematische Forschungsarbeit wieder aufgenommen wurden. Die ideologischen Grundprobleme in

Die ersten Lehrlinge
bei Bergmann-Borsig
Aufnahme vom August 1945

Unter den Teilnehmern der Gründungsveranstaltung des Kulturbundes am 3. Juli 1945 im Sendesaal des Rundfunks in Berlin-Charlottenburg Wilhelm Pieck, Walter Ulbricht und Franz Dahlem

der Situation des Neubeginns waren für die Berliner Wissenschaftler nicht von speziell wissenschaftspolitischer Art; sie trugen für die ganze Intelligenz wesentlich gleichartigen und einheitlichen Charakter.

Die Kommunisten stellten den starken Tendenzen der Resignation und des Abwartens unter den Intellektuellen das mitreißende Pathos des Anderswerdens entgegen, das Johannes R. Becher in eindrucksvollen poetischen Bildern ausdrückte. Der bereits Anfang Juli 1945 gegründete Kulturbund zur demokratischen Erneuerung Deutschlands, zu dessen Präsidenten Becher am 8. August gewählt wurde, rief dazu auf, «ein neues deutsches Leben zu beginnen im Geiste der Wahrheit». Becher schrieb von den Jahrzehnten, «da wir uns des wahrheitsmäßigen Denkens, des objektiven Denkens, des Denkens in festen Begriffen entwöhnt haben, und diese Jahrzehnte liegen nicht hinter uns als eine überwundene Vergangenheit, sondern ihre chaotische Hinterlassenschaft gespenstert noch mitten in uns als eine die Erneuerung unseres Daseins bedrohende Allgegenwart».[11]

Die Intellektuellen mußten nicht allein zur Distanzierung vom Hitlerfaschismus und zu dessen Verurteilung gebracht werden, sondern auch zu der weitaus schmerzlicheren, selbst-

Aber auch wir, die wir immer dem Bösen zu widerstehen versuchten, können uns bei einer sorgfältigen Gewissensprüfung von Schuld nicht freisprechen. Wir haben unserer guten Sache keineswegs immer so gedient, wie sie es verdient hätte. Wir haben Fehler begangen, Schwächen gezeigt, und Fehler und Schwächen werden zur geschichtlichen Schuld in so hochgespannten Zeiten, da auch das Geringste, das wir tun oder unterlassen, Großes bewirken kann. Nein, wir treten nicht vor das deutsche Volk hin mit dem anmaßenden Gehaben, daß wir die Auserwählten, daß wir makellos und frei von Schuld seien. Aber wir treten hin vor die Welt in dem unverbrüchlichen Willen, uns selbst zu ändern.
Johannes R. Becher: Deutsches Bekenntnis. In: Aufbau, 1945, Heft 1, S. 8.

11 Johannes R. Becher: Deutsches Bekenntnis. In: Aufbau, 1945, Heft 1, S. 2.

So wollen wir auch nicht verkennen, daß gegenüber den vernunftzerstörenden Irrlehren immer wieder Schöpfergestalten aufgetreten sind, die uns in einem einheitlich-geschlossenen realistischen Weltbild einen moralisch-weltanschaulichen Halt und einen festen Standpunkt in den Irrungen und Wirrungen der Zeit zu erstreiten bemüht waren. Deutsche Freiheitshelden aller Zeiten stehen auf unserer Seite, seien es die Freiheitshelden aus den Bauernkriegen, seien es die Helden der 48er Revolution, seien es die deutschen Männer und Frauen der Arbeiterbewegung, seien es die Märtyrer der Widerstandsbewegung gegen Hitler. In dieser Widerstandsbewegung, in dieser heroischen Kampfgemeinschaft, in dieser Leidens- und Sterbensgemeinschaft unseres Volkes wurde die neue freiheitliche Einheit des deutschen Volkes begründet. Gläubige der Bekennenden Kirche, streitbare Katholiken, Freidenker, Demokraten, Sozialdemokraten und Kommunisten, Offiziere und Soldaten, Arbeiter, Bauern, Angestellte, Beamte und Handwerker, Angehörige des Adels nicht ausgenommen, wurden in Konzentrationslagern und Zuchthäusern unter der Hitlerherrschaft zu einem Bund von Wahrheitsbekennern und Freiheitsstreitern zusammengeeint. Diese Volkskameradschaft, der Opfermut dieser Scharen ist die innere Gewähr für das Kommen eines neuen Deutschlands.
Johannes R. Becher: Deutsches Bekenntnis. In: Aufbau, 1945, Heft 1, S. 10/11.

kritischen Einsicht in die eigene Mitschuld am Geschehenen. Wilhelm Pieck kleidete dies im Februar 1946 in harte und eindringliche Worte: «Es gab Kämpfer für Freiheit und Fortschritt, die erkannten, daß dieser Verrohungsprozeß, dieser Rückfall in die Barbarei nur inszeniert worden war, um das deutsche Volk geistig und moralisch für Hitlers imperialistischen Raubkrieg zu gewinnen. Aber die überwiegende Mehrheit der deutschen Intelligenz verkannte die fortschrittlichen Kräfte, die hauptsächlich aus der Arbeiterschaft und aus den Kreisen der Kirche heraus dem Hitlerfaschismus Widerstand boten. Sie überhörten die warnenden Stimmen und reichten nicht, wie es die Pflicht gerade der Intellektuellen gewesen wäre, der Arbeiterschaft die Hand zum gemeinsamen Bündnis gegen die offenkundige Entwicklung zum Kriege ... Wie erklärt sich dieses Versagen der deutschen Intelligenz? Es ist kein Zweifel, daß dieses Versagen auf die Angst und die Unsicherheit gegenüber den überlegenen wissenschaftlichen Theorien zurückzuführen ist, die von der Arbeiterschaft als Waffen gegen den Faschismus benutzt wurden, aus Angst vor den kühnen praktischen Folgerungen und Forderungen, die aus diesen Theorien abgeleitet wurden. So schreckte man vor dem Bündnis mit der Arbeiterschaft zurück, das allein imstande gewesen wäre, den kulturellen Verfall, den Gang in die Katastrophe aufzuhalten.»[12]

Im Grunde ging es darum, daß die Intelligenz in ihrer Gesamtheit jenen gesellschaftsanalytischen und geschichtswissenschaftlichen Erkenntnisprozeß beginnen mußte, der in der KPD bereits während der schweren Jahre des Faschismus eingesetzt hatte. Doch für sie war das Lernen aus der Geschichte um vieles komplizierter, denn sie konnte sich nicht auf das Fundament marxistisch-leninistischer Überzeugungen stützen, sondern mußte von Grund auf umdenken, obwohl die Katastrophe offensichtlich war.

Die kommunistischen Kulturpolitiker, Wissenschaftler und Künstler, die dieses große Umdenken führten und förderten, verbanden dabei Konsequenz mit Behutsamkeit und Feingefühl. Wesentliche Voraussetzungen dafür hatte die von Becher geleitete Kulturkommission der KPD noch während des Krieges in der Sowjetunion geschaffen.

Die Kommunisten schalteten sich in das allgemeine Ringen um neue Einsichten ein als diejenigen, die am tiefgehendsten und unerbittlichsten fragten. Die Intellektuellen wurden angeregt, in einem inneren Wandlungsprozeß selbständig zu neuen Positionen zu gelangen, anknüpfend an das humanistische Bildungsgut, über das sie verfügten und das der Faschismus entweder verschüttet oder verzerrt und mißbraucht hatte. Das war einer der Gründe dafür, daß die kulturelle Aufklä-

Preis 20 Pf

Deutsche Volkszeitung

Nummer 1 / 1. Jahrgang — Zentralorgan der Kommunistischen Partei Deutschlands — Berlin, 13. Juni 1945

Feste Einheit der demokratischen Kräfte

Von Wilhelm Pieck

AUFRUF

der Kommunistischen Partei Deutschlands

Schaffendes Volk in Stadt und Land!

Männer und Frauen! Deutsche Jugend!

Aufruf der KPD vom 11. Juni 1945

rungsarbeit der KPD besonders an das progressive Erbe der bürgerlichen deutschen Klassiker anknüpfte – neben dem Hauptmotiv, dieses Erbe in vollem Umfang für die Arbeiterklasse zu erschließen. Reden, Erklärungen und Essays beriefen sich immer wieder auf Lessing und Kant, Schiller und Goethe. Klassikrezeption und das Ringen um einen neuen weltanschaulichen und politischen Standort verbanden sich unauflöslich. Pieck betonte die Notwendigkeit, «der noch immer verbreiteten irrigen Auffassung oder den böswilligen Ver-

Das deutsche Volk verlangt heute das klare Wort all derer, die ihm helfen oder gar Wege weisen wollen. Deshalb ist es unerläßlich, daß die Repräsentanten der deutschen Geistigkeit sich zunächst vor ihrem Volk legitimieren. Sie müssen zeigen, daß sie mit denen, deren körperliche Arbeit ihnen überhaupt die materielle Grundlage zu ihrem geistigen Schaffen bietet, an einem Strang ziehen wollen. Und das geht natürlich nicht, indem man nun sozusagen von einem Regime in das andere «sanft hineinrutscht», indem man sich auch weiterhin passiv verhält oder freudig-beruhigt in seinen Elfenbeinturm zurückzieht.
Wenn überhaupt eine Schicht deutscher Menschen, dann haben gerade die Intellektuellen nicht nur genügend Ursache, sondern auch die heilige Pflicht einer *bewußten geistigen Neuorientierung.*

Neuorientierung der geistig Schaffenden. Leitartikel des Zentralorgans der KPD. In: Deutsche Volkszeitung (Berlin), 21. Juni 1945.

12 Wilhelm Pieck: Um die Erneuerung der deutschen Kultur. In: Um die Erneuerung der deutschen Kultur. Dokumente zur Kulturpolitik 1945–1949, Berlin 1983, S. 105/106.

Gerade der Gebildete, der Denker, der Künstler, der Lehrer, von dem man erwarten durfte, daß er tiefere Kenntnis der deutschen Kultur besitzt und darum auch von heißerer Liebe zu dieser Kultur erfüllt ist, sollte verantwortungsbewußt darüber wachen, daß diese hohen Werte nicht durch Chauvinismus, Völkerverhetzung und verbrecherisches Spiel mit dem Kriege in Gefahr gebracht werden. Gerade sie sollten ein Interesse daran haben, daß Forschungs- und Bildungsarbeit, künstlerisches Schaffen und alles Wirken für die Hebung des Volkswohlstandes sich ungehemmt und ungestört unter der Sonne des Friedens weiterentwickeln können. Sie sollten darum Vorkämpfer für den inneren und äußeren Frieden sein und mannhaft ankämpfen gegen alle Gelüste und Absichten jener Kreise, die nur aus dem Kriegshandwerk Nutzen für ihre persönlichen oder Klasseninteressen erhoffen und mit ihrer Kriegstreiberei bedenkenlos die nationale Kultur gefährden, ja, alle freien schöpferischen Kräfte in die Anstrengungen zur Vorbereitung und Durchführung ihrer Kriege hineinzwängen wollen.
Wilhelm Pieck:
Um die Erneuerung der deutschen Kultur. Rede auf der Ersten Zentralen Kulturtagung der KPD in Berlin am 3. Februar 1946.
In: Um die Erneuerung der deutschen Kultur. Dokumente zur Kulturpolitik 1945-1949, Berlin 1983, S. 109.

leumdungen entgegenzutreten, daß die Kommunistische Partei die Schätze des deutschen Kulturerbes mißachte».[13]

Die Gründung des Kulturbundes war ein Echo auf den Aufruf von KPD und SPD zur Aktionseinheit der Arbeiterklasse. Darin wurde das Ziel gestellt, die Fehler von 1918 nicht mehr zu wiederholen, die bürgerlich-demokratische Revolution unter Führung der Arbeiterklasse zu Ende zu führen, mit der Spaltung des schaffenden Volkes Schluß zu machen, Imperialismus und Militarismus zu vernichten und eine antifaschistisch-demokratische Ordnung in ganz Deutschland aufzubauen.[14] Während die Besatzungspolitik im Westen Deutschlands den demokratischen Prozeß zu hemmen suchte und Kommunisten sich noch längere Zeit nicht öffentlich artikulieren durften, gab ihnen der am 10. Juni erlassene Befehl Nr. 02 der SMAD, der die Bildung antifaschistisch-demokratischer Parteien und freier Gewerkschaften zuließ, die Möglichkeit, sich von Berlin aus mit ihrem historischen Aufruf an die Bevölkerung zu wenden. Die dringlichsten Aufgaben waren in einem 10-Punkte-Aktionsprogramm zusammengefaßt, in dem es zu kulturell-ideologischen Fragen hieß: «Säuberung des gesamten Erziehungs- und Bildungswesens von dem faschistischen und reaktionären Unrat. Pflege eines wahrhaft demokratischen, fortschrittlichen und freiheitlichen Geistes in allen Schulen und Lehranstalten. Systematische Aufklärung über den barbarischen Charakter der Nazi-Rassentheorie, über die Verlogenheit der ‹Lehre vom Lebensraum›, über die katastrophalen Folgen der Hitlerpolitik für das deutsche Volk. Freiheit der wissenschaftlichen Forschung und künstlerischen Gestaltung.»[15]

Ähnliche Formulierungen enthielt der vier Tage später erlassene Aufruf des Berliner Zentralausschusses der SPD, an dessen Spitze Otto Grotewohl und Max Fechner standen. Die gemeinsamen Positionen beider Parteien, festgeschrieben in dem zwischen ihnen am 19. Juni abgeschlossenen Aktionsabkommen, waren das ideologische Kernstück der gemeinsamen Politik des Blocks der antifaschistisch-demokratischen Parteien, der am 14. Juli 1945 auf Vorschlag der KPD in Berlin gebildet worden war.

Die führenden Persönlichkeiten der beiden Arbeiterparteien waren sich darüber im klaren, daß es ohne geistige Erneuerung auch keine wirklich antifaschistisch-demokratische Umwälzung geben konnte. Die Kulturpolitik war für sie deshalb kein Beiwerk, sondern untrennbarer und wesentlicher Bestandteil ihrer Gesamtpolitik. Man kann ohne Übertreibung sagen, daß in dem knappen Jahr, das zwischen der Befreiung und dem Vereinigungsparteitag lag, das System einer auf die konkreten deutschen Verhältnisse bezogenen marxi-

Robert Rompe
Aufnahme um 1950

Fred Oelßner
Aufnahme von 1950

stisch-leninistischen Kulturpolitik in den Grundzügen ausgearbeitet wurde; auf diesem Fundament konnte auch die Neugestaltung des wissenschaftlichen Lebens in Berlin erfolgen.

Zugleich entstanden spezialisierte Verwaltungsinstitutionen, mit deren Hilfe kulturpolitische Entscheidungen durchgesetzt werden konnten. Von großer Wichtigkeit war dabei der am 27. Juli 1945 erlassene Befehl Nr. 17 der SMAD, der die Bildung Deutscher Zentralverwaltungen für verschiedene Tätigkeitsbereiche vorsah. Eines dieser Gremien war die von Paul Wandel geleitete Deutsche Zentralverwaltung für Volksbildung, deren Vizepräsident der Mediziner Theodor Brugsch war und in der der Physiker und Kommunist Robert Rompe der Hauptabteilung Wissenschaft vorstand. Der kulturelle Neuaufbau in Berlin wurde wesentlich über das Zusammenwirken der Zentralverwaltung und der von Otto Winzer geleiteten Volksbildungsabteilung im Magistrat gelenkt.

Die Profilierung der Kulturpolitik war in den Vereinigungsprozeß der beiden Arbeiterparteien einbezogen. Die am 20. und 21. Dezember 1945 durchgeführte Konferenz von KPD und SPD beschloß unter anderem die Schaffung eines gemeinsamen Kulturausschusses der Arbeiterorganisationen (KPD, SPD und FDGB), der am 23. Januar 1946 gegründet wurde; seitens der KPD gehörten ihm zwei bedeutende Wissenschaftler an – der Politökonom Fred Oelßner und der Mathematiker Josef Naas. Im Juli 1946 wurde daraus der Zentrale Kulturausschuß der SED, der 45 Mitglieder zählte und als

13 Ebenda, S. 101.
14 Siehe: Ein erfülltes Programm. Zum 40. Jahrestag des Aufrufs des Zentralkomitees der KPD vom 11. Juni 1945, Berlin 1985.
15 Ebenda, S. 207.

Den Künstlern und Wissenschaftlern aber möchte ich bei diesem Anlaß die Worte zurufen: nicht nur der äußere Friede des Volkes, auch seine innere Freiheit ist unteilbar! Die Erfahrungen der zwölf Jahre Hitlerdiktatur haben dies eindringlich genug gelehrt. Es hat im Jahre 1933 die abgeschiedene Welt der Wissenschaftler und Künstler wenig berührt, als die politischen Rechte und die Freiheit der Arbeiterbewegung von SA- und SS-Stiefeln zertreten wurden. Aber wie der Arbeiter die Freiheit der Organisation verlor, in demselben Maße verloren ihre Freiheit auch Wissenschaft und Kunst. Folglich teilen auch in dieser Beziehung Arbeiter und Intellektuelle wie alle anderen Schichten des schaffenden Volkes das gleiche Los. Der Wissenschaftler und Künstler hat das gleiche Interesse wie der Arbeiter und Bauer, den Mißbrauch der Freiheit zu verhindern, ganz gleich, auf welchem Gebiet und mit welchen Mitteln es versucht werden sollte.
Anton Ackermann: Unsere kulturpolitische Sendung. Rede auf der Ersten Zentralen Kulturtagung der KPD in Berlin am 4. Februar 1946. In: Ebenda, S. 140/141.

dessen Vorsitzende Richard Weimann und Naas, als dessen stellvertretende Vorsitzende Fred Oelßner und Paul Lenzner fungierten. Höhepunkt in der Formierung der neuen Kulturpolitik war die Erste Zentrale Kulturtagung der KPD, zu der sich nicht allein Funktionäre und Mitglieder der KPD und eine Delegation des Zentralausschusses der SPD, sondern auch christliche und parteilose Kulturschaffende vom 3. bis 5. Februar 1946 in Berlin zusammenfanden. Diese Tagung war eine beeindruckende Demonstration des von der KPD angestrebten demokratischen Bündnisses.[16] Was hier erarbeitet wurde, war Fazit des seit der Befreiung bewältigten geistigen Klärungsprozesses und zugleich auf längere Zeit gültige Orientierung. Die wichtigsten Dokumente waren die einführende Rede von Wilhelm Pieck, am Abend des 3. Februar im Deutschen Theater vor der Aufführung von Lessings Schauspiel «Nathan der Weise» gehalten, und das Hauptreferat von Anton Ackermann.

Pieck forderte dazu auf, «zunächst alle die Voraussetzungen und Bürgschaften dafür zu schaffen, daß dieses neuerweckte Kulturleben auf keinen Fall wieder abgleitet in reaktionäre, chauvinistische und militärische Niederungen und in der Stickluft eines neu erstehenden Faschismus verkümmert und entartet». Er skizzierte zwei Voraussetzungen zur Erneuerung der Kultur. Erstens kam es darauf an, das gesamte Kulturleben von allem faschistischen und reaktionären Unrat zu säubern; zweitens erschien es als unerläßlich, «*daß wir uns auf die wahren Träger der fortschrittlichen und freiheitlichen Kräfte besinnen und uns in erster Linie an sie wenden, um ihre Mithilfe für diese Kulturerneuerung zu gewinnen*». Es galt, «*alle aufbauwilligen, antifaschistischen und demokratischen Kräfte, ganz gleich welcher Partei- oder Konfessionszugehörigkeit, ob Arbeiter oder Intellektueller, ob Bauer oder Handwerker, zusammenzufassen und eine große und leistungsfähige Einheit aller Kulturschaffenden zu begründen*».[17]

Vier Kernpunkte des Programms zur kulturellen Erneuerung wurden gekennzeichnet.

Der erste war die Forderung, «*daß der wissenschaftlichen Forschung und dem künstlerischen Schaffen unbedingte Freiheit und jede materielle und moralische Unterstützung zugesichert werden muß. ... Nur eine einzige, selbstverständliche Bedingung knüpfen wir an die Gewährung dieser Freiheit der Forschung, der Lehre und der Kunstbetätigung, nämlich daß diejenigen, die sie genießen dürfen, keinen unserem Volke schädlichen Gebrauch davon machen ...*».

Zum zweiten sprach Pieck von der Notwendigkeit großzügiger materieller Unterstützung des fortschrittlichen Kulturschaffens. Im Rahmen der Intelligenzpolitik der SED wurde dieser Gedanke im folgenden in einem detaillierten System von Maßnahmen konkretisiert; von vornherein, auch schon in

Zeiten, als dies noch ein echtes Opfer der Arbeiterklasse am Lebensnotwendigen darstellte, galt der Grundsatz materieller Sicherstellung des kulturellen Schaffens.

Drittens hob der Redner die Aufgabe hervor, «*daß die bisherige Fernhaltung der breiten Massen unseres Volkes von der kulturellen Betätigung und von dem Genuß der durch das kulturschöpferische Wirken erzeugten Werte beseitigt wird*».

Erste Zentrale Kulturtagung der KPD vom 3. bis 5. Februar 1946 in Berlin

Viertens schließlich verwies er auf die Reform des Bildungswesens als notwendige Voraussetzung dafür, daß dieses Ziel erreicht werden kann.[18]

Ackermann erläuterte das kulturtheoretische Fundament dieser programmatischen Ausführungen. Beide Reden bewiesen, daß die Kulturpolitik der Partei organischer Bestandteil ihrer wissenschaftlich begründeten Gesellschaftsstrategie war, frei von jedem vordergründigen Pragmatismus. Hier wurde ein marxistischer Kulturbegriff entwickelt, der nicht nur den inneren Zusammenhang von wissenschaftlichem und künstle-

16 Siehe: Um die Erneuerung der deutschen Kultur. Erste Zentrale Kulturtagung der Kommunistischen Partei Deutschlands vom 3. bis 5. Februar 1946 in Berlin, Berlin 1946.
17 S. 110/111.
18 Ebenda, S. 113–115.

Aus einem Halbjahresbericht und Referentenmaterial der Bezirksverwaltung Berlin-Treptow vom 6. November 1945:

Das Schulwesen befand sich am Ende des Krieges in einem Zustand der totalen Desorganisation. Viele Schulgebäude waren schwer oder mittel(schwer) beschädigt. Einige sind als Lazarette verwendet worden, andere wiederum waren von den Besatzungstruppen besetzt.
Die Mehrzahl der schulpflichtigen Kinder waren mit ihren Müttern in die Provinzen evakuiert. Bereits seit längerer Zeit hatte kein geregelter Schulbetrieb mehr stattgefunden. Im Rahmen des Neuaufbaus des Schulwesens wurden die noch vorhandenen Lehrkräfte registriert und alle Pgs entlassen. Zur Behebung des akuten Lehrermangels wurden fachlich geeignete, antifaschistische Aushilfslehrkräfte eingesetzt. Die noch verwendbaren Schulgebäude wurden in wochenlanger Arbeit teils durch den Einsatz von Bauhandwerkern, teils auf dem Wege der Selbsthilfe instandgesetzt …
Der erste Schulunterricht im Bezirk wurde bereits am 26. Juni aufgenommen …
Der Gesundheitszustand der meisten Schulkinder ist sehr mangelhaft. Mindestens ein Drittel aller Kinder besitzt keine wetterfesten Schuhe, keine warme Unterwäsche oder Wintermäntel …
Zit. in: Berliner Geschichte. Dokumente – Beiträge – Informationen, Heft 6, Stadtarchiv der Hauptstadt der DDR, Berlin 1985, S. 18.

rischem Schaffen, sondern auch die grundlegende Einheit von materieller und geistiger Kultur zum Ausdruck brachte.

Dieses Konzept enthielt bereits den später in viele Richtungen ausgebauten Gedanken der Einheit von Wissenschaft und Praxis. Ackermann zog aus den vorgetragenen kulturtheoretischen Prinzipien zwingende praktische Konsequenzen. Auch wenn das Ziel, die kulturelle Erneuerung Deutschlands zur Sache des ganzen schaffenden Volkes zu machen, eine weite historische Perspektive erfasse und erst im Sozialismus voll zu verwirklichen sei, dürfe uns das keinesfalls daran hindern, «schon vor der Verwirklichung des Sozialismus, schon im Prozeß der demokratischen Erneuerung Deutschlands, mit aller Kraft dafür einzutreten, einen möglichst hohen Anteil aller Schaffenden an den Kulturgütern der Nation zu erreichen, besonders gegenwärtig, wo wir als Folge des Hitlerkrieges auf allen Gebieten so arm an Mitteln und Möglichkeiten geworden sind».[19]

Diese Leitsätze und Schlußfolgerungen waren so ausgereift und wohlbegründet, daß sich der Vereinigungsparteitag, mit dem im April 1946 in der sowjetischen Besatzungszone und im sowjetischen Sektor von Berlin endlich die Spaltung der Arbeiterbewegung überwunden und ihre Kampfeinheit auf einem konsequent marxistischen, revolutionären Fundament hergestellt wurde, in seinem Beschluß «Grundsätze und Ziele der SED» darauf beschränken konnte, die kulturpolitischen Prinzipien in prägnanter Kürze zu rekapitulieren.[20] Das gleichfalls auf diesem Parteitag angenommene «Manifest an das deutsche Volk» wandte sich an die Intellektuellen mit den Worten: «*Lehrer, Ingenieure, Ärzte, Künstler, Studenten und Wissenschaftler*! Die Sozialistische Einheitspartei Deutschlands ist als die Partei des Fortschritts und als entscheidende nationale Kraft, als Partei, die für die Hebung der Volksbildung, für Freiheit der Wissenschaft und Künste entschieden eintritt, vor allem auch *Eure Partei*!»[21]

Brechung eines Privilegs

Zu den ausgeprägt antidemokratischen Zügen der Ausbeuterordnung gehört die ungleiche Verteilung aller Früchte der geistigen Kultur zum Nachteil der Werktätigen. Auch in Berlin war das Bildungsprivileg der Herrschenden jahrhundertelang unangetastet geblieben. Den Faschismus mit seinen Wurzeln ausrotten hieß also auch das Volk umerziehen, eine geistige Umwälzung in Gang setzen, die später in der DDR in die sozialistische Kulturrevolution hinüberwuchs.

Diese Umwälzung war langwierig und nahm den ganzen

hier betrachteten Zeitraum voll in Anspruch. Niemandem, auch nicht den Intellektuellen, durfte es gestattet werden, nach ein paar oberflächlichen Korrekturen und ideologischen Anpassungsbewegungen wieder zur Tagesordnung überzugehen. Am 5. Mai 1948 rief Otto Grotewohl in Berlin den Intellektuellen zu: «Ein Grundphänomen der Geschichte Deutschlands innerhalb der letzten eineinhalb Jahrhunderte ist die erschreckende Diskrepanz zwischen seiner geistigen und politischen Entwicklung. Aber wir, die wir heute vor der Aufgabe stehen, ein neues Deutschland aufzubauen, sind verpflichtet,

uns mit unserer eigenen kulturellen Vergangenheit gründlich auseinanderzusetzen.»[22]

Das Kernstück dieses vielschichtigen Umerziehungsprozesses war eine durchgreifende demokratische Reform des gesamten Schul- und Bildungswesens. Sowohl die KPD als auch die SPD hatten sich in ihren programmatischen Aufrufen vom Juni 1945 dazu bekannt, und auch im antifaschistisch-demokratischen Block, in den Gewerkschaften und bei parteilosen Antifaschisten fand dieser große Gedanke nachhaltige Unterstützung. Der hier einzuschlagende Weg war lange vorbedacht, in den schulpolitischen Forderungen der KPD aus der Weimarer Republik ebenso wie in Dokumenten der Partei aus der Zeit des Nationalsozialismus. Auch Gedanken progressiver sozialdemokratischer und parteiloser Reformpädagogen fanden hier ihren Platz.

Am 18. Oktober 1945 riefen das Zentralkomitee der KPD

Anton Ackermann spricht als Vertreter der KPD auf der gemeinsamen Berliner Kundgebung von KPD und SPD zur demokratischen Schulreform
Aufnahme vom 4. November 1945

19 Anton Ackermann: Unsere kulturpolitische Sendung. In: Ebenda, S. 125.
20 Siehe: Dokumente der Sozialistischen Einheitspartei Deutschlands, Bd. I, Berlin 1951, S. 8.
21 Ebenda, S. 27/28.
22 Otto Grotewohl: Die geistige Situation der Gegenwart und der Marxismus. In: Um die Erneuerung der deutschen Kultur, S. 232.

Aus den vorläufigen Richtlinien der Abteilung Volksbildung des Magistrats für die Wiedereröffnung des Schulwesens vom 11. Juni 1945.
Der vorläufige Schulbetrieb in den Volksschulen soll umfassen:
a)
Einsatz der Lehrer, des Verwaltungspersonals und der älteren Kinder zu Aufräumungs- und Instandsetzungsarbeiten an Schulgebäuden, Schulhöfen und -gärten zur Sicherung des vorhandenen Lehrmaterials, Einziehung der alten Lehrbücher zur Entfernung aller faschistischen Bilder und Embleme. Dafür muß die Arbeitsfreude der Kinder geweckt werden; zugleich muß den Kindern dabei der erste Aufklärungsunterricht erteilt werden. (Schuld an diesen Ruinen und Zerstörungen ist Hitler!) Darüber lassen sich auch sehr gut Aufsätze und Diktate schreiben.
b)
Beschäftigung der Kinder mit Gartenarbeiten, Einrichtung von Gartenarbeitsschulen. Auch das verbinden mit Aufklärungsarbeit. Die Kinder können sehr gut Propagandisten des Gedankens werden, daß zur Sicherung der Ernährung die Bebauung jedes Fleckchens brauchbarer Erde notwendig ist.

und der Zentralausschuß der SPD in einer gemeinsamen Erklärung zur Durchführung der demokratischen Schulreform auf. Die Kerngedanken dieser Reform wurden in acht Grundforderungen zusammengefaßt. Drei Prinzipien standen im Mittelpunkt – das antifaschistisch-demokratische Erziehungsziel, die Idee der Einheitsschule als der angemessenen Realisierungsform dieses Ziels und die Forderung nach einem neuen Pädagogentyp als dem entscheidenden Kettenglied, um die demokratische Einheitsschule lebendige Wirklichkeit werden zu lassen. Der Aufruf schloß mit den Worten: «Die deutsche Schule muß eine Bildungsstätte des gesamten Volkes werden, die jedem Begabten Fortschritt und Aufstieg gewährleistet und dazu hilft, daß die Welt die Deutschen wieder als Kulturvolk achtet.»[23] Die Beschlüsse des Vereinigungsparteitages bekräftigten diese Orientierung.[24]

Die richtige Programmatik war das eine, die Realisierung das andere. Zwischen beiden stand ein Berg von Schwierigkeiten. Für die heutige Generation bedarf es schon einer erheblichen Anstrengung der Phantasie, um sich nur eine Vorstellung von den Hindernissen zu machen, die auch auf diesem Gebiet bestanden, und wenigstens eine Ahnung von dem unauffälligen Heldentum jener zu gewinnen, die sie überwanden. Oft assoziiert man zu leicht mit dem einleuchtenden Wortlaut der Beschlüsse den eingespielten Mechanismus ihrer einmütigen Erfüllung, den die Gesellschaft erst auf einem weitaus höheren Stadium ihrer Entwicklung hervorbrachte. Jene, die 1945 das Steuer in die Hand nahmen, konnten damit nicht rechnen. Von den banalen Alltagsmängeln, dem Fehlen des Allernotwendigsten über die resignierende Gleichgültigkeit zahlloser Zeitgenossen bis zur versteckten Sabotage oder gar dem offenen Widerstand der noch allerorts gegenwärtigen Nazis reichten die Schwierigkeiten, an denen sich die Revolutionäre der Nachkriegsjahre zu bewähren hatten.

Von ehemals 22730 Klassenräumen waren in Berlin 20000 zerstört.[25] Ende 1945 entfielen auf einen winterfesten Klassenraum durchschnittlich 80 Schüler.[26] Auch 1946 war noch eines der größten Hindernisse eines kontinuierlichen Unterrichtsbetriebes das schnelle Nachlassen der Aufmerksamkeit der Kinder infolge Unterernährung: Nur 40 Prozent der Kinder erreichten das für ihr Alter normale Körpergewicht.[27] Stadtrat Winzer verwies im Winter 1945/1946 darauf, daß mit dem Herannahen der kalten Jahreszeit die Bekleidung und Beschuhung der Kinder eines der ernstesten Probleme sein werde, und machte – für den Fall, daß die Bemühungen um das Heranschaffen von Kleidung und Schuhwerk von Erfolg gekrönt sein sollten – die Schulleiter und Lehrer dafür verantwortlich, daß «davon auch nicht das geringste in

Schulanfänger 1947
Am «Tag der offenen Schultür» konnten die Eltern in den Unterrichtsstunden hospitieren und die ersten Lernschritte ihrer Kinder beobachten.

die Kanäle des Schwarzen Marktes fließt».[28] Endlos ließe sich die Liste solcher Schwierigkeiten erweitern.

Das wohl schwierigste Problem des Anfangs aber war die rigorose Entfernung aller Nazilehrer, denn dies bedeutete, die ohnehin stark gelichteten Reihen der verbliebenen Pädagogen weiter zu reduzieren. Die Lehrkörper der Bildungsstätten gehörten zu den mit Faschisten am stärksten durchsetzten Bereichen Nazideutschlands; die nationalsozialistische Führung war sich der Schlüsselrolle der Bildung wohl bewußt gewesen. Die Antifaschisten mußten hier einen radikalen Schnitt tun. Dazu gab es strenge Auflagen der Alliierten. In den am 11. Juni 1945 von der Abteilung Volksbildung des Magistrats herausge-

c)
Regelmäßige Spiele, besonders für die Jüngeren, und Sportübungen, Wanderungen, auch Besichtigungen besonders wichtiger zerstörter Gebäude und Anlagen, um den Kindern durch entsprechende Erläuterungen Hitlers Verbrechen bewußt zu machen. Vorführungen von russischen Kinderfilmen, einwandfreien Lehrfilmen (für die noch eine Liste empfehlenswerter Lehrfilme und Bildserien herausgegeben wird), Einführung eines Kinderfunks beim Berliner Sender.
d)
Unterricht in den Grundfächern (Lesen, Rechnen, Schreiben) ohne Lehrbücher. Für das Lesen dürfen vorläufig außer den Werken der Klassiker der deutschen Literatur nur die Zeitungen, die seit dem Zusammenbruch des Hitlersystems erscheinen, verwendet werden.
e)
Die Lehrkörper zusammen mit Vertretern der Bezirksvolksbildungsabteilungen werden möglichst nach den ersten Wochen des provisorischen Unterrichts Beratungen mit antifaschistischen Eltern über ihre Erfahrungen durchführen.
Verordnungsblatt der Stadt Berlin, 1945, Nr. 3, S. 33.

23 An alle Eltern, Lehrer und Hochschullehrer! Aufruf des Zentralkomitees der KPD und des Zentralausschusses der SPD zur demokratischen Schulreform. In: Um die Erneuerung der deutschen Kultur, S. 97.
24 Siehe: Manifest an das deutsche Volk. In: Dokumente der SED, Bd. I, S. 27.
25 Siehe: Die Befreiung Berlins 1945, S. 198.
26 Siehe Otto Winzer/Ernst Wildangel: Ein Jahr Neuaufbau des Berliner Schulwesens, S. 15.
27 Siehe ebenda, S. 23.
28 Ebenda, S. 25.

Ausbildung von Neulehrern in Berlin-Pankow
Aufnahme von 1946

Stellvertretender Stadtrat Ernst Wildangel über das Verhältnis von Altlehrern und Neulehrern:
... es ist notwendig, daß zwischen dem Altlehrer und dem Junglehrer sich ein intensives Verhältnis gegenseitigen Verstehens entwickelt. Es gibt eine Reihe von älteren Lehrern, die auf Grund ihrer langen Unterrichtserfahrung leicht auf die jungen Lehrer herabsehen. Das sind Ausnahmen. Ich bitte auch diese Ausnahmen, anzuerkennen, daß diese jungen Menschen zu uns kommen mit einem heißen Herzen und einem ehrlichen Willen, an unserer Jugend mitzuarbeiten, und ihnen um deswillen nachzusehen, was sie auf dem Gebiete des Wissens nicht haben. Aber nun bitte ich auch die jungen Lehrer, niemals zu vergessen, daß der reiche Erfahrungsschatz der alten Lehrer ein Besitz ist, der äußerst wertvoll und kostbar ist, und daß sie ihrerseits auch keine Veranlassung haben, einem älteren Lehrer gegenüber irgendeine jugendliche Überheblichkeit an den Tag zu legen; denn sie haben von diesen alten Lehrern eine ganze Menge zu lernen.
Otto Winzer/Ernst Wildangel: Ein Jahr Neuaufbau des Berliner Schulwesens, Berlin 1946, S. 45/46.

gebenen vorläufigen Richtlinien für die Wiedereröffnung des Schulwesens wurde entsprechend festgelegt: «Alle aktiven Mitglieder der Nazipartei, SS, SA, NSKK und der Frauenschaft sind sofort aus jeder Tätigkeit an den Schulen zu entfernen.»[29] Dieser Säuberungsprozeß dauerte eine gewisse Zeit. Für die Übergangszeit bis zur Aufnahme des regulären Unterrichts an den Volksschulen im Herbst 1945 wurde ein «vorläufiger Unterrichtsbetrieb» organisiert, der mannigfache Vorbereitungsarbeiten, die Beschäftigung der Kinder mit Spielen, einen gewissen Elementarunterricht ohne Lehrbücher und eine sofort einsetzende antifaschistische Aufklärungstätigkeit vorsah.

Am 15. Juni kündigte General Bersarin bereits an, daß von Herbst an die Schulen und einige Lehrinstitute geöffnet sein würden.[30] Im Mai/Juni 1945 wurden in Berlin 2474 Nazilehrer entlassen; damit standen nur noch 2663 ausgebildete Lehrer zur Verfügung.[31] Die Lücken mußten geschlossen werden, doch der Ausweg konnte nicht darin bestehen, junge Antifaschisten jetzt einer regulären mehrjährigen Ausbildung zu unterziehen und zu warten, bis sie für den Schulbetrieb zur Verfügung standen.

Menschen guten Willens, zum erheblichen Teil jüngere Arbeiter, mußten vor die überfüllten Klassen treten und hungernde, zeitweilig verwahrloste und häufig undisziplinierte Kinder auf den Weg in ein neues Leben führen. Sie taten es als Schulhelfer ohne jegliche pädagogische Ausbildung, bald aber bereits als Neulehrer, denen in schnell organisierten Kursen ein pädagogisches Minimum vermittelt wurde. So begann sich eine revolutionäre soziale Umschichtung der Lehrerschaft zu vollziehen; man kann mit Recht sagen, daß die Pädagogen die erste Berufsgruppe waren, in der an die Seite der alten, aus der früheren Gesellschaft übernommenen Intelligenz eine neue, aus Kreisen der Werktätigen rekrutierte Intelligenz trat. Im Sommer 1946 standen in Berlin 9399 Lehrkräfte zur Verfügung. Darunter waren 1217 Hilfslehrer und 2340 Schulhelfer. In zehn achtmonatigen Kursen waren 2400 Neulehrer auf ihren Beruf vorbereitet worden. Indes betrug das Durchschnittsalter der ausgebildeten Lehrkräfte bei den Lehrern immer noch 57 und bei den Lehrerinnen 50 Jahre, und rund 5000 Lehrer fehlten, um auch nur den Stand von 1938 zu erreichen.[32]

Bei der Gestaltung von neuen Lehrbüchern und Lehrmaterialien – die vorhandenen waren überwiegend von faschistischer Ideologie durchtränkt und daher unbrauchbar – ebenso wie bei der Ausbildung der Neulehrer erwarben sich führende antifaschistische Pädagogen Berlins bleibende Verdienste.

Ebenso wie an allen anderen Universitäten der sowjetischen Besatzungszone wurde auf der Grundlage des Befehls Nr. 205 des Obersten Chefs der SMAD vom 12. Juli 1946 nach von der Deutschen Zentralverwaltung für Volksbildung ausgearbeiteten Richtlinien eine Pädagogische Fakultät gegründet: hier nahmen im Herbst 1946 die ersten Lehrerstudenten ihr Studium auf. Außerdem wurde im Köpenicker Schloß ein Lehrerbildungsinstitut eingerichtet, und im Herbst 1948 wurde im Berliner Raum die Brandenburgische Landeshochschule Potsdam, die heutige Pädagogische Hochschule «Karl Liebknecht», eröffnet.[33]

Bereits im Sommer 1945 begannen Druckereien und Buchbindereien in Leipzig mit der Herstellung neuer Schulbücher, von denen bis November 1945 insgesamt 2850000 Exemplare an die Schulen der sowjetischen Besatzungszone ausgeliefert werden konnten.[34] Die Berliner Schulen erhielten, wie Winzer im September 1946 feststellte, im Schuljahr 1945/46 immerhin schon 600000 Exemplare.[35]

Die Pädagogik hatte – sieht man einmal von der Medizin ab, in der allein schon aufgrund der Versorgungsfunktion der Universitätskliniken die Verbindung von Wissenschaft und Praxis niemals abriß – bei der Herstellung eines neuen, aktiven Verhältnisses der Wissenschaft zum gesellschaftlichen Leben, bei der Ausarbeitung und Einführung wissenschaftlich

Sergej Tjulpanow zum I. Pädagogischen Kongreß im August 1946:
Ich ergriff im Auftrage der SMAD das Wort und betonte, daß die Verwirklichung der Schulreform, die radikale Neugestaltung des gesamten Bildungs- und Erziehungssystems, die Säuberung der Schulen von ehemaligen aktiven Nazis usw. die Voraussetzungen für eine erfolgreiche antifaschistisch-demokratische Umgestaltung des Lebens geschaffen haben. ... Man dürfe allerdings nicht denken, daß eine leichte Arbeit bevorstehe. Fortschrittliche Ideen und die Demokratie hätten immer ihre Feinde, und sie hätten diese auch noch heute. ... Weiter sprach ich im Namen der SMAD über die notwendige Wachsamkeit: «Dieser Tage mußten wir die Herausgabe einiger neuer Lehr- und Unterrichtsmittel verbieten. Einer ihrer Herausgeber ist möglicherweise ein guter Demokrat, aber er wollte in seinem Lehrbuch eine reich ausgeschmückte Biografie der Krupp-Dynastie unterbringen. Vielleicht war er der Meinung, daß er damit der Demokratie diene. Wir vertreten aber den Standpunkt, daß die Verherrlichung eines Kriegsverbrechers nichts mit Erziehung zu demokratischem Bewußtsein gemein hat. Wir haben auch andere neue Lehrbücher untersucht und sehen, wie stark die Ideologie des Nazismus noch in den Köpfen vieler ist, obwohl sie subjektiv wahre Demokraten werden wollen.»
Sergej Tjulpanow: Deutschland nach dem Kriege (1945–1949), Berlin 1986, S. 282/283.

29 Vorläufige Richtlinien für die Wiedereröffnung des Schulwesens. In: Verordnungsblatt der Stadt Berlin, 1945, Nr. 3, S. 32.
30 Berliner Zeitung, 18. Juni 1945.
31 Siehe Otto Winzer/Ernst Wildangel: Ein Jahr Neuaufbau des Berliner Schulwesens, S. 20.
32 Siehe ebenda, S. 18, 21.
33 Siehe: Magister und Scholaren – Professoren und Studenten. Geschichte deutscher Universitäten und Hochschulen im Überblick, Leipzig/Berlin/Jena 1981, S. 208.
34 Siehe: Deutsche Geschichte, Bd. 3, Berlin 1968, S. 415.
35 Siehe Otto Winzer/Ernst Wildangel: Ein Jahr Neuaufbau des Berliner Schulwesens, S. 27.

begründeter Neuerungen in die Praxis unzweifelhaft in den Nachkriegsjahren eine Schrittmacherrolle inne.

Der sozialpolitische Grundgedanke der Schulreform, dem die ganze hier nicht weiter zu erörternde Vielfalt ihrer Maßnahmen diente, war die Gewährung gleicher Bildungschancen für alle Kinder bis hin zu den höchsten Bildungsstufen, unabhängig von der finanziellen Lage und allen anderen besonderen Voraussetzungen des jeweiligen Elternhauses, und das nicht als formales Recht, sondern als realer Anspruch für die Kinder der Werktätigen mit allen materiellen Garantien. Alle Hindernisse, die die Mehrheit der begabten Arbeiter- und Bauernkinder bisher von den höheren Bildungsstufen ferngehalten hatten, sollten ein für allemal fallen, und zugleich sollte das Niveau der Volksschulbildung entscheidend gehoben werden. In der Volksschule lag der Schlüssel der Umgestaltung: «Denn die Schulreform muß natürlich bei der Grundlage anfangen, und die anderen Schulen: Höhere Schule, Berufsschule und die Nebenarten, die wir noch entwickeln werden, müssen sich auf einer zeitgemäß entwickelten Volksschule organisch aufbauen.»[36]

Kein objektiver Beurteiler wird bestreiten können, daß das alles sehr wesentliche und tiefgreifende Maßnahmen zur Demokratisierung und Erneuerung unseres Berliner Schulwesens sind. Und diese Arbeit wurde geleistet von einem Apparat, der sich mitten in der Arbeit selbst erst noch aufbauen mußte und der auch heute noch viel kleiner ist, als er in ruhigen und normalen Zeiten war. Sie wurde geleistet unter äußeren Bedingungen und Umständen, die häufig jeder Beschreibung spotteten und die nur überwunden werden konnten, weil ein großer Teil unserer Mitarbeiter sowohl in den Bezirken wie im Hauptschulamt von wahrhaft Pestalozzischem Geist beseelt war, weil er sich der großen Verantwortung gegenüber der Jugend und damit für die Zukunft unseres deutschen Volkes bewußt war. Wenn dieser Geist und dieses Verantwortungsbewußtsein auch weiterhin die Tätigkeit aller Mitarbeiter des Berliner Schulwesens beherrscht, dann werden wir die Schwierigkeiten und die unermeßlich großen Aufgaben, die noch vor uns stehen, auch im kommenden Jahr meistern.
Otto Winzer/Ernst Wildangel: Ein Jahr Neuaufbau des Berliner Schulwesens, Berlin 1946, S. 28.

Das war eine Forderung von revolutionärer Tragweite. Obwohl die demokratische Schulreform jener Jahre noch keineswegs sozialistischen Charakter trug, gab ihre Verwirklichung doch der Arbeiterklasse und der werktätigen Bauernschaft wichtige Voraussetzungen für die immer qualifiziertere Ausübung ihrer Führungsfunktion in der Gesellschaft in die Hand und bereitete sie auf ihre Rolle in den kommenden sozialistischen Umgestaltungen vor. Die Reaktion spürte die historische Tendenz dieser Veränderungen und suchte durch Bagatellisierung, Verleumdung und Obstruktion die Reformen zu unterlaufen.

Die Auseinandersetzungen waren in Berlin besonders heftig, denn in dem Maße, in dem die Westmächte in den von ihnen besetzten Sektoren die Prinzipien der Anti-Hitler-Koalition verließen und nach innen auf Restaurationskurs, gegenüber ihrem Kriegsverbündeten Sowjetunion aber auf Kollisionskurs gingen, witterten die deutschen konservativen Kräfte Morgenluft und wurden kühner. Dennoch konnte man in der Nachkriegszeit dem Gedanken einer demokratischen Schulreform nicht offen entgegentreten, sondern bemühte sich, sie zu entschärfen, auf oberflächliche und formale Änderungen zu beschränken und ihren progressiven Inhalt zu unterhöhlen.

Eines der Mittel war die Verteidigung der bornierten Exklusivität der höheren Schule im Namen des durch den Zustrom von Arbeiterkindern angeblich gefährdeten Niveaus der Ausbildung; 1946 existierten in Berlin bei insgesamt 96 höheren Schulen nicht weniger als 21 verschiedene Schulsysteme – eine bewußt kultivierte Unübersichtlichkeit. Ein anderes Mittel war die Bagatellisierung der bürgerlichen Bildungsprivilegien, als wären sie eine bloße agitatorische Erfindung der Kommunisten.

In dieser Atmosphäre zunehmender Obstruktion war die demokratische Schulreform in Berlin noch komplizierter als andernorts zu verwirklichen; nachdem eine Koalition aus restaurativen und reformistischen Politikern im Herbst 1946 die Mehrheit im Magistrat gewann, kam ihre Realisierung fast gänzlich zum Erliegen, und erst nachdem im sowjetischen Sektor, der späteren Hauptstadt der DDR, zwei Jahre später als Antwort auf die von reaktionären Kräften inszenierte Spaltung des Magistrats ein neuer demokratischer Magistrat gebildet worden war, ging man energisch daran, die Entwicklungsrückstände Berlins gegenüber den gesellschaftlichen Veränderungen in der übrigen sowjetischen Besatzungszone zu überwinden.

Einer der kritischen Punkte der ganzen Bildungsreform war die Demokratisierung des Hochschulwesens. Bis dahin waren die Hochschulen, abgesehen von ihrem extremen Mißbrauch durch den Faschismus, im wesentlichen Entwicklungsstätten einer bürgerlichen Bildungselite. Unter den Studenten, die sich 1945/46 wieder einschrieben und die Zulassungskommissionen passierten, waren nur wenige Söhne und Töchter von Arbeitern und Bauern; an der Berliner Universität waren es 1946 nur 8,4 Prozent – und das war bereits eine bedeutende Steigerung gegenüber früheren Jahrzehnten.[37]

In dieser Situation konnte man nicht warten, bis mit der Umgestaltung des Schulwesens auf dem Weg über das reguläre Abitur allmählich mehr Studenten aus Kreisen der Werktätigen an die Universitäten und Hochschulen kommen würden. Nicht in Jahrzehnten, sondern in wenigen Jahren mußte die soziale Zusammensetzung der Studentenschaft spürbar verändert, mußte das Arbeiter- und Bauernstudium durchgesetzt werden. Hier, in der Frage des Zugangs zu den Hochschulen, wurde die deutsche Reaktion bildungspolitisch sehr empfindlich getroffen und setzte sich daher auch wütend zur Wehr. Der Aufruf von KPD und SPD zur Schulreform erklärte dazu: «Auf dem Wege weitgehender Hilfe mittels Förderungskursen und Sonderregelungen in den Hochschulen muß allen Befähigten, die durch den Hitlerfaschismus und durch reaktionäre Bildungsprivilegien bisher vom Studium ferngehalten wurden, auch unter Aufhebung herkömmlicher

Zeitgenössische Stimmen
zu den neuen Kriterien
der Auswahl
der zu immatrikulierenden
Studenten:

Unabhängig von wirtschaftlichen Gesichtspunkten werden in Zukunft diejenigen studieren, die voraussichtlich später die Aufwendungen durch hervorragende Leistungen rechtfertigen. Soweit als möglich werden den charakterlich und wissenschaftlich einwandfrei Qualifizierten ausreichende Stipendien zugewiesen.

Tägliche Rundschau,
9. Oktober 1945.

«Reifeprüfungen», wie sie während des Naziregimes abgelegt wurden, bieten keine Gewähr für eine wirkliche Reife zum Studium. Nach den neuen Übergangsbestimmungen wird auch der zum Studium zugelassen, der kein «Abitur» besitzt, aber doch seine Befähigung nachweisen kann, vorausgesetzt, daß er politisch einwandfrei ist. Diese Maßnahme soll der Beschleunigung des Wiederaufbaus dienen. Bisher waren bei der Zulassung zum Studium vor allem die Besitzenden begünstigt, jetzt aber sollen sämtliche Intelligenzen erfaßt werden, vornehmlich die Begabten aus den werktätigen Schichten.

Das Volk,
28. Oktober 1945.

36 Ebenda, S. 33.
37 Siehe: Die Humboldt-Universität gestern – heute – morgen, Berlin 1960, S. 126.

Aufnahmebedingungen der Weg in die Hochschulen und Universitäten erschlossen werden.»[38]

Ebenso forderte auch die Deklaration der Grundrechte der jungen Generation, die das I. Parlament der FDJ im Juni 1946 in Brandenburg beschlossen hatte, «die Durchführung von Vorbereitungskursen für befähigte Jugendliche, die unter Hitler keine Möglichkeit zum Studium hatten».[39] Das wurde in dem 1947 vom II. Parlament in Meißen beschlossenen Hoch-

schulprogramm der FDJ nochmals bekräftigt, in dem sich die demokratische Jugendorganisation dafür einzutreten verpflichtete, «daß die soziale Zusammensetzung der Studentenschaft der des Volkes gerecht werde. Das wird nur durch eine großzügige Förderung des Studiums der Werktätigen zu erreichen sein».[40]

Bereits am 3. September 1945 – also noch vor dem Schulreform-Aufruf der beiden Arbeiterparteien und vor der offiziellen Wiedereröffnung der Berliner Universität – wurden Förderkurse eingerichtet. Die Arbeit dieser Förderkurse, die für ausgewählte Studenten in den Fächern Mathematik, Physik, Chemie, Biologie, Geschichte und Latein durchgeführt wurden, konnte sich auf die von der Deutschen Zentralverwaltung für Volksbildung am 8. Dezember 1945 herausgegebenen Hinweise «Über die Zulassung zum Studium an Universitäten und Hochschulen» stützen.[41]

Das Präsidium auf dem I. Parlament der FDJ vom 8. bis 10. Juni 1946 in Brandenburg
Im März 1946 wurde die FDJ gegründet. Auf ihrem I. Parlament wählte sie die Mitglieder des Zentralrats und übertrug Erich Honecker einstimmig die Funktion des Vorsitzenden der FDJ.

Nach Eröffnung der Universität liefen diese Kurse auf Initiative der damaligen Landesleitung der KPD für etwa 300 junge Leute, die (je nach Vorbildung) innerhalb von einem bis zweieinhalb Jahren den Erwerb der Hochschulreife nachholen sollten, neben dem regulären Studium eines Faches, dessen Veranstaltungen diese Studenten gleichfalls besuchten. «Die meisten dieser Studenten gehörten trotz der hohen Studienbelastungen, die sie zu bewältigen hatten (neben dem eigentlichen Fachstudium hatten sie täglich bis zu 4 Stunden Unterricht, morgens von 6.00 bis 10.00 Uhr oder abends von 18.00 bis 22.00 Uhr), zu den politisch aktivsten Kräften der Universität ... Außerdem erhielten aktive Antifaschisten, die sich – meist extern – eine dem Abitur ähnliche Allgemeinbildung angeeignet hatten, die Möglichkeit, durch eine Sonderreifeprüfung zum Studium zugelassen zu werden.»[42]

Sowohl die arroganten Bürgersöhnchen, die an der Universität noch häufig vertreten waren (soweit sie sich nicht durch faschistische Aktivitäten zu sehr kompromittiert hatten), als auch Rundfunk und Zeitungen der Westsektoren überschütteten diese jungen Werktätigen, die noch kurz zuvor in der Werkhalle gestanden oder den Acker bestellt hatten und sich nun zum Sturm auf die Wissenschaft anschickten, mit Hohn und Verleumdung. Heuchlerisch kleidete die Reaktion ihre Angriffe in das Gewand der Besorgnis um den wissenschaftlichen Standard der Universität, während sie doch in Wirklichkeit ihre einstigen Privilegien unwiederbringlich dahinschwinden sah. Die gehässigen Angriffe festigten das Klassenbewußtsein und die Entschlossenheit der neuen Studenten. Sie gewannen die Charakterstärke, die sie notwendig brauchten, um bald – viel schneller als in Zeiten «normaler» Karrieren – Verantwortung im gesellschaftlichen Neuaufbau zu tragen.

Doch Förderkurse und Sonderreifeprüfungen waren keine für längere Zeit tragfähigen Lösungen. Benötigt wurden reguläre Organisationsformen, die größere Kontingente begabter junger Arbeiter und Bauern zum Studium führten. Zu diesem Zweck wurde in Berlin die Vorstudienanstalt gegründet, die am 20. Mai 1946 ihren Betrieb aufnahm. Anfangs war sie in der Universitätsstraße untergebracht. 1947 zog sie in die Geschwister-Scholl-Straße, in das Gebäude, in dem sich heute die Friedrich-Engels-Kaserne der Nationalen Volksarmee befindet. Obwohl in der Nachbarschaft der Universität angesiedelt, war die Vorstudienanstalt dieser nicht angeschlossen; zunächst war sie «Vorstudienanstalt Berliner Hochschulen», ihre Absolventen konnten auch an der im britischen Sektor gelegenen Technischen Universität Berlin-Charlottenburg oder an

Der erste Tag an einer ABF – literarisch nachgestaltet:
Riebenlamm kam herein und sagte: «Guten Tag. Ich begrüße Sie, und so weiter. Wir kennen uns ja schon, aber wer nicht spurt, dem werde ich wildfremd vorkommen. Oh, oh, oh, was werden Sie jetzt arbeiten müssen. Zuerst machen wir einen Klassenspiegel. Eigentlich müßte es Arbeitsgruppenspiegel heißen, aber das ist mir zu lang. Wir haben nur drei Jahre Zeit. Nun Ihre Namen und den Beruf dazu, links vorn wird angefangen, und schön laut und deutlich, und wer auf Feinheiten Wert legt, der buchstabiere seinen Namen. Darf ich bitten!»
Als der Spiegel fertig war, sagte Riebenlamm: «Ihr heißt Arbeitsgruppe A 1, und Ihr seid vierunddreißig an der Zahl. Die Klasse ist zu groß, aber ich hoffe, daß sie nie kleiner wird. Jungens, kriegt keine Flausen; Mädchen, kriegt keine Kinder! Ihr sollt Geschichte machen, und dazu müßt ihr erst einmal lernen, was das ist, Geschichte. Schluck, Postangestellter, was ist Geschichte?» ...
Als es zur Pause geläutet hatte und Riebenlamm gegangen war, drehte sich Trullesand zu Jakob Filter um und sagte freundlich: «Na, Förster, wat liegt an, hast du noch Angst?» Jakob hob die Augen von seinem Heft und antwortete vorsichtig: «Ich glaube, nein, nicht vor Geschichte. Aber jetzt kommt Mathematik ...»
Hermann Kant: Die Aula, Berlin 1965, S. 79, 82.

38 An alle Eltern, Lehrer und Hochschullehrer! In: Um die Erneuerung der deutschen Kultur, S. 96.
39 Ebenda, S. 160.
40 Ebenda, S. 188.
41 Zentralarchiv des FDGB, Gewerkschaft Unterricht und Erziehung 18/80/3003, Demokratische Schulreform, Material DZV, Bd. 1, 1945/46, S. 7.
42 Zur Geschichte der Arbeiter-und-Bauern-Fakultät der Humboldt-Universität zu Berlin. In: Beiträge zur Geschichte der Humboldt-Universität zu Berlin, 1980, Heft 2, S. 15.

den Vereinigten Ingenieurschulen Berlin-Neukölln im amerikanischen Sektor ein Studium aufnehmen. Das erste Studentenheim der Anstalt lag im französischen Sektor und wurde im Dezember 1948 nach der Spaltung des Magistrats von der Westberliner Polizei besetzt und gewaltsam geschlossen.[43]

Auch in der Vorstudienanstalt war der Anfang schwierig. 1946 begann der Betrieb mit drei- bis sechsmonatigen Kurz-

Aus dem Bericht eines ehemaligen Schülers der Berliner Vorstudienanstalt: Wir hatten weder Tische noch Bänke. Das Mobiliar brachten sich die Hörer von zu Hause mit. Der Unterricht fand in drei Schichten statt, denn es standen nur vier oder fünf Klassenräume zur Verfügung. Wir hatten keine Kohlen. In dem strengen Winter 1946/47 habe ich mir einmal bei einem Klassenaufsatz die Hände erfroren. Manche Hörer mußten dem Unterricht fernbleiben, weil sie kein Schuhzeug hatten.
Zit. in: Forschen und Wirken, Bd. I, Berlin 1960, S. 651.

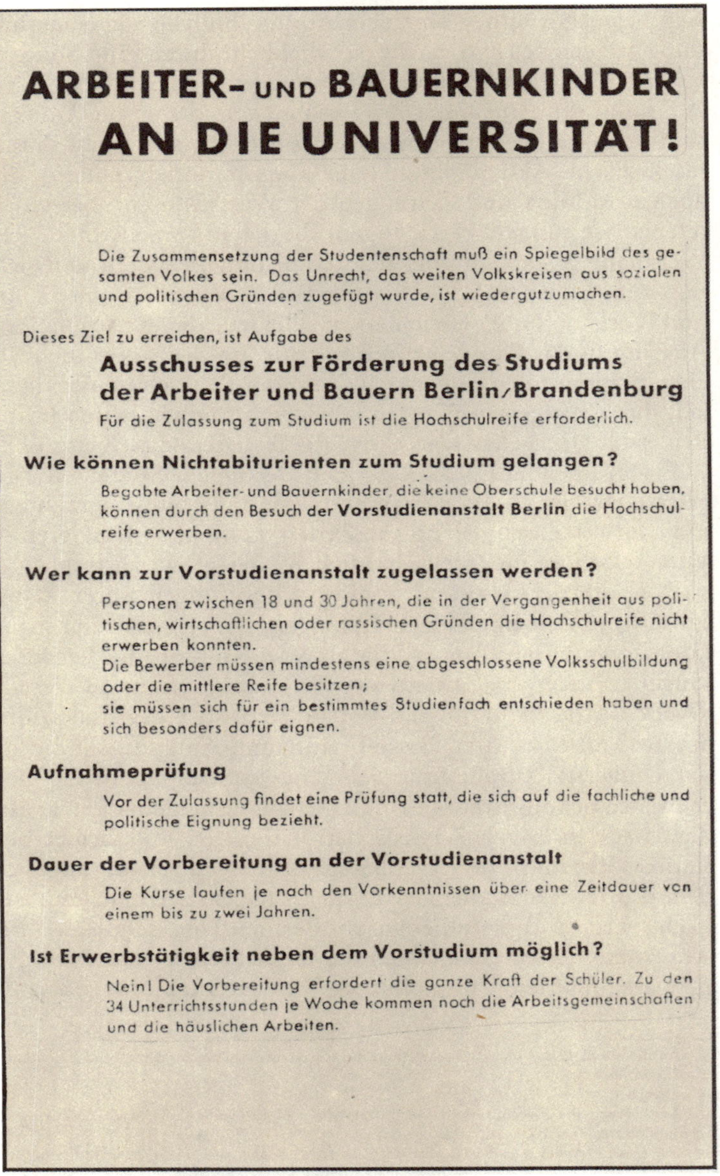

ARBEITER- UND BAUERNKINDER AN DIE UNIVERSITÄT!

Die Zusammensetzung der Studentenschaft muß ein Spiegelbild des gesamten Volkes sein. Das Unrecht, das weiten Volkskreisen aus sozialen und politischen Gründen zugefügt wurde, ist wiedergutzumachen.

Dieses Ziel zu erreichen, ist Aufgabe des

Ausschusses zur Förderung des Studiums der Arbeiter und Bauern Berlin/Brandenburg

Für die Zulassung zum Studium ist die Hochschulreife erforderlich.

Wie können Nichtabiturienten zum Studium gelangen?

Begabte Arbeiter- und Bauernkinder, die keine Oberschule besucht haben, können durch den Besuch der **Vorstudienanstalt Berlin** die Hochschulreife erwerben.

Wer kann zur Vorstudienanstalt zugelassen werden?

Personen zwischen 18 und 30 Jahren, die in der Vergangenheit aus politischen, wirtschaftlichen oder rassischen Gründen die Hochschulreife nicht erwerben konnten.
Die Bewerber müssen mindestens eine abgeschlossene Volksschulbildung oder die mittlere Reife besitzen;
sie müssen sich für ein bestimmtes Studienfach entschieden haben und sich besonders dafür eignen.

Aufnahmeprüfung

Vor der Zulassung findet eine Prüfung statt, die sich auf die fachliche und politische Eignung bezieht.

Dauer der Vorbereitung an der Vorstudienanstalt

Die Kurse laufen je nach den Vorkenntnissen über eine Zeitdauer von einem bis zu zwei Jahren.

Ist Erwerbstätigkeit neben dem Vorstudium möglich?

Nein! Die Vorbereitung erfordert die ganze Kraft der Schüler. Zu den 34 Unterrichtsstunden je Woche kommen noch die Arbeitsgemeinschaften und die häuslichen Arbeiten.

Eine Studentenschaft, die den Anforderungen gerecht werden soll, erhalten wir nur, wenn aus allen Schichten des Volkes die Begabten ausgewählt und zur richtig gelenkten Entfaltung ihrer geistigen Kräfte geführt werden.
Tägliche Rundschau, 9. Januar 1946.

lehrgängen. 1947/48 wurde dann zu drei- bis viersemestriger Ausbildung übergegangen. Die Lehrkräfte, keineswegs sämtlich fortschrittliche Lehrerpersönlichkeiten, unterrichteten ohne festen Plan nach Gutdünken. 1947 errang die Anstalt den Status einer zur Universität gehörenden Einrichtung, ungeachtet dessen, daß die Bindungen zu in den Westsektoren befindlichen Hochschuleinrichtungen noch fortbestanden.[44]

Studenten auf dem Weg zur «Vorstudienanstalt bei der Universität Berlin» in der Geschwister-Scholl-Straße
Aufnahme um 1948

Das war ein großer Sieg über die Kräfte an der Universität, die gegen das Arbeiter- und Bauernstudium Vorurteile hegten oder ihm gar feindlich gegenüberstanden. Am 16. Dezember 1947 konnte die Deutsche Zentralverwaltung für Volksbildung eine für alle Vorstudienanstalten in der sowjetischen Besatzungszone gültige Festlegung treffen: «Die Vorstudienanstalt ist eine Einrichtung der Universität bzw. Hochschule.» Die Direktoren erhielten damit Sitz und Stimme in Senat der jeweiligen Universität, soweit Fragen des Arbeiter- und Bauernstudiums zur Debatte standen.[45] Die Richtlinie enthielt auch erste Anweisungen über Lehrpläne und Stundentafeln; der Unterricht sollte 34 Wochenstunden umfassen und in einem geisteswissenschaftlichen und einem naturwissenschaftlichen Zweig erteilt werden.

Es verhielt sich keineswegs so, daß die Vorstudienanstalt aus einem Strom von Bewerbern wählen konnte. Die lange hi-

Statistische Angaben über die Hörer der Vorstudienabteilung der Universität Berlin (Stand vom 15. November 1948):

Gesamtzahl der Hörer: 451
männlich: 336
weiblich: 115

Altersstufen
bis 20 Jahre: 177
21-25 Jahre: 202
26-30 Jahre: 67
über 30 Jahre: 5

Soziale Herkunft
Arbeiter: 309
Angestellte: 59
Kleinbauern: 17
Intelligenz: 15
Beamte: 10
selbständige Kaufleute und Handwerker: 35
ohne berufliche Tätigkeit: 5
nicht zu beurteilen: 1

Siehe Annemarie Grunert/Erika Jakl/Manfred Klinner: Die Arbeiter-und-Bauern-Fakultät als Institution zur Erziehung und Bildung der sozialistischen Intelligenz. In: Forschen und Wirken, Bd. I, Berlin 1960, S. 652/653.

---

43 Siehe ebenda, S. 80.

44 Die über dieses Thema vorliegenden Arbeiten geben keine eindeutige Auskunft darüber, ob die Einrichtung «Vorstudienanstalt» oder «Vorstudienabteilung» hieß; die letztgenannte Bezeichnung ist durch historische Fotoaufnahmen verbürgt, würde jedoch mit größter Wahrscheinlichkeit die historische Zugehörigkeit zur Universität einschließen, die aber vor 1947 nicht bestand. Es ist denkbar, daß der Name «Vorstudienabteilung» seit der Eingliederung in die Universität parallel mit «Vorstudienanstalt» verwendet wurde.

45 Siehe: Zur Geschichte der Arbeiter-und-Bauern-Fakultät der Humboldt-Universität zu Berlin. In: Beiträge zur Geschichte der Humboldt-Universität zu Berlin, 1980, Heft 2, S. 18.

Studenten werben mit einem «Probe-Seminar» in der Berliner Maschinenbaufabrik Bergmann-Borsig für das Arbeiter- und-Bauern-Studium

Wilhelm Pieck auf dem Festakt anläßlich der Eingliederung der Arbeiter-und-Bauern-Fakultät in die Humboldt-Universität am 28. Oktober 1949:
Die Aufnahme der Arbeiter- und-Bauern-Fakultät in den Verband der Humboldt-Universität ist mehr als ein formaler Akt. Darin drückt sich vielmehr aus, daß die alten Schranken, die früher den befähigten jungen Menschen des arbeitenden Volkes den Zugang zu den Höhen der Wissenschaft versperrten, gefallen sind. In unserer DDR soll aus sozialer Not keine wirkliche Befähigung mehr verkümmern. Den Söhnen und Töchtern unserer Arbeiter und Bauern soll jede Möglichkeit gegeben werden, zum Wohle des ganzen deutschen Volkes ihre Fähigkeiten voll zu entwickeln. Das heißt nicht, neue Privilegien zu gewähren. Es heißt vielmehr, der Demokratie auf einem Gebiete zum vollen Sieg zu verhelfen, auf dem sich Klassen- und Kastengeist mit besonderer Zähigkeit erhielten und in den westlichen Teilen Deutschlands noch heute erhalten haben.
Zit. in: Die Humboldt-Universität gestern-heute-morgen, Berlin 1960, S. 197.

storische Erfahrung mit dem bürgerlichen Bildungsprivileg hielt viele junge Werktätige ab, sich auf ein Hochschulstudium zu orientieren. Für die Grundorganisationen der SED war es eine Kampfaufgabe, die begabtesten jungen Antifaschisten in den Betrieben für diesen Weg zu gewinnen, beharrlich und einfühlsam Vorbehalte zu überwinden und das Vertrauen in die eigenen Fähigkeiten zu stärken. Zum 1. Mai 1948 gab die Partei- und Gewerkschaftsorganisation der Universität die Losung «Mehr Arbeiter und Bauern auf die Universität» aus. Die Angaben über die Anzahl der Studenten an der Berliner Vorstudienanstalt sind nicht ganz einheitlich; man kann jedoch als sicher annehmen, daß bis zum Herbst 1949 hier knapp 500 junge Menschen die Hochschulreife erworben hatten; das war eine Größenordnung, die sich bereits spürbar auf die soziale Zusammensetzung der Studentenschaft der Universität auswirkte.

Im Oktober 1949 wurde aus der Vorstudienanstalt die Arbeiter- und Bauern-Fakultät (ABF). Als Gründungsdatum gilt der 1. Oktober, aber der Festakt fand erst nach Gründung der DDR in Anwesenheit führender Persönlichkeiten von Partei und Regierung am 29. Oktober 1949 statt. Wilhelm Pieck, Otto Grotewohl und Friedrich Ebert nahmen daran teil, sowjetische Gäste und Arbeiter aus Berliner Betrieben waren vertreten. Planungsminister Heinrich Rau hielt die Festansprache. Nunmehr war die ABF mit den Fachfakultäten gleichgestellt, ihre Studenten gehörten vollberechtigt zur Studentenschaft der Universität, ihre Lehrkräfte trugen die Bezeichnung «Dozenten», und ihr Direktor – im ersten Jahr Erich Hanke, Widerstandskämpfer und Kommunist – hatte volles Stimmrecht im Senat.

Bis 1962, als sie ihre historische Mission erfüllt hatte und den Lehrbetrieb einstellte, führte sie über 3500 Studenten zur Hochschulreife. Mehrere hundert Wissenschaftler, die diesen Weg gingen, sind heute an der Humboldt-Universität oder an anderen Hochschulen der DDR tätig. Damit hat sich erfüllt, was Otto Grotewohl auf dem Ersten Kulturtag der SED am 5. Mai 1948 sagte: Zur Schulreform gehört nicht nur, «daß wir den Proletarier- und Bauernkindern in den unteren Stufen der Einheitsschule die gleichen Entwicklungsmöglichkeiten wie allen anderen Kindern geben. Dazu gehört auch, daß wir für die Kinder der *Werktätigen die Tore zu den Hochschulen weit aufstoßen.* Wir haben der Einbeziehung von Arbeiter- und Bauernkindern in das Universitätsstudium die größte Aufmerksamkeit gewidmet. ... Wir müssen alle Anstregungen machen, um zu erreichen, daß entsprechend dem Anteil und der zukünftigen wirtschaftlichen und gesellschaftlichen Bedeutung der Werktätigen in Deutschland auch die Mehrzahl der Studierenden Arbeiter- und Bauernkinder sind. Und wir werden das erreichen!»[46]

Johannes Stroux am 29. Januar 1946 zur Wiedereröffnung der Berliner Universität: Die erneuerte Universität wird in einem hohen und wahren Sinne des Wortes eine Volksuniversität sein und sich allen zur Bildung aufstrebenden jungen Menschen aus dem Volke öffnen. Sie wird ihr Blut und ihren Ideengehalt erneuern. Sie weiß und hat es eben wieder erprobt, daß die deutschen Arbeiter und die Arbeiterparteien für die Erhaltung von Wissenschaft und Forschung eintreten und für die Werte der Geisteskultur ein offenes Verständnis haben. Sie fühlt sich mit diesen Kräften und ihrem Streben nach Wissen verbunden und wird im Gegensatz zu früheren Zeiten gegenseitigen Mißtrauens zwischen Arbeiter und Intelligenz die neue und brüderliche Verbundenheit zu verstärken und durch neue Mittel der Zusammenarbeit zu entwickeln bestrebt sein. Denn aus der erneuerten Universität soll nun eine neue deutsche Intelligenz, die aus allen Schichten des Volkes stammt, hervorgehen, die die volle Höhe wissenschaftlicher Ausbildung mit dem einfachen und wahrhaftigen Charakter des von jedem Standesdünkel freien, zum Dienst für die Gesamtheit des demokratischen Staatswesens entschlossenen Menschen vereinigt.
Tägliche Rundschau, 30. Januar 1946.

Eine Universität des Volkes

Als sich Rektor Johannes Stroux anläßlich der Wiedereröffnung der Berliner Universität am 29. Januar 1946 in der Staatsoper, die damals im Admiralspalast (dem heutigen Metropoltheater) ihr Domizil hatte, zu den Aufgaben der Hochschule in der neuen Zeit bekannte, da war bereits eine langwierige, komplizierte Arbeit vorangegangen, die diese feierliche Stunde ermöglicht hatte. Nachdem Anfang Mai 1945 im Berliner Zentrum der Kampflärm verebbt war, lag auch die Universität in Trümmern. Verantwortungsbewußte Mitarbeiter – einer von ihnen war beispielsweise der damalige Kassenleiter Horst Rosenhahn, später viele Jahre Verwaltungsdirektor und dann Direktor für Ökonomie und Planung der Humboldt-Universität – bemühten sich, unterstützt von den sowjetischen Militärbehörden und den deutschen antifaschistischen Selbstverwaltungsorganen, um die Bergung und Sicherstellung des Verbliebenen.

Doch es war nicht selbstverständlich, daß nach dem Inferno des Krieges die Berliner Universität so bald wieder zu neuem Leben erwachen würde. In der Politik der Besatzungsmächte waren auch in dieser Frage gegensätzliche Tendenzen spürbar. In den USA gab es einflußreiche Kreise, die zu den Mitteln,

46 Otto Grotewohl: Die geistige Situation der Gegenwart und der Marxismus. In: Um die Erneuerung der deutschen Kultur, S. 259.

Deutschland an der Entfesselung eines neuen Weltkrieges zu hindern, auch eine dem deutschen Volk zu verordnende kulturelle Zwangspause zählten. In dem bekannten Plan von Henry Morgenthau hieß es: «Sämtliche Schulen und Universitäten sind bis zu dem Zeitpunkt zu schließen, an dem eine alliierte Erziehungskommission ein Programm für eine wirksame Umerziehung des deutschen Volkes ausgearbeitet haben wird. Man wird damit rechnen müssen, daß auf diese Weise

eine erhebliche Zeit verstreichen wird, ehe in Deutschland höhere Schulen wieder eröffnet werden können.»[47]

Die sowjetischen Militärbehörden unterstützten die Bildung eines Leitenden Ausschusses für Hochschulfragen beim Berliner Magistrat am 2. Juni 1945, der auch Kompetenzen gegenüber den Forschungseinrichtungen im Territorium hatte, in der Hauptsache aber einer gründlichen politischen und organisatorischen Vorbereitung der Neueröffnung der Berliner Universität und der übrigen Hochschulen der Stadt dienen sollte. Zuvor hatte sich ein Diskussionskreis antifaschistischer Professoren der Universität und der Technischen Hochschule zusammengefunden, der sich im Haus des früheren Generalsekretärs der Kaiser-Wilhelm-Gesellschaft in Zehlendorf traf; der Internist Theodor Brugsch gehörte diesem Kreis an. Er stellte sich auf Bitte von Otto Winzer für den Leitenden Ausschuß zur Verfügung. Die Verbindung zwischen dem Ausschuß und Winzer hielt der Mathematiker Josef Naas, der später Direktor der Deutschen Akademie der Wissenschaften wurde. «Naas und ich haben wohl am meisten in diesem Aus-

Die Berliner Universität im August 1946

schuß gearbeitet, galt es doch festzustellen, wer von den vielen Professoren in Berlin für den Wiederaufbau von Universität und Hochschule in Frage kam und wie es sich mit den Instituten und Räumlichkeiten der Universität verhielt»[48], erinnerte sich Brugsch.

Dem Leitenden Ausschuß gehörte eine ganze Reihe von Wissenschaftlern an, darunter der mit Brugsch befreundete Chirurg Erwin Gohrbandt und der Professor für technische Chemie und TH-Prorektor Heinrich Franck. Gewählter Vorsitzender war der Philosoph, Pädagoge und Psychologe Eduard Spranger, ein konservativer Hitlergegner, der wegen seiner Verbindung zu den Männern des 20. Juli 1944 Gestapo-Repressalien ausgesetzt war. Da Spranger jedoch ein durch und durch bürgerlicher, von antikommunistischen Vorurteilen beherrschter Mann war, traten mit zunehmender politischer Polarisierung im Nachkriegsberlin bald ernsthafte Schwierigkeiten in der Zusammenarbeit mit ihm auf.

Als die Deutsche Zentralverwaltung für Volksbildung ihre Tätigkeit aufnahm, wurden die Vorbereitungen zur Wiedereröffnung erheblich beschleunigt und noch konsequenter auf eine antifaschistisch-demokratische Umgestaltung gelenkt. Im Spätsommer waren die Vorbereitungen in Berlin und den anderen Universitätsstädten der sowjetischen Besatzungszone so weit gediehen, daß die SMAD mit dem Befehl Nr. 50 vom 4. September eine Orientierung für die letzten Schritte vor dem Neubeginn geben konnte. Mit diesem Befehl, zu dessen Vorbereitung die Deutsche Zentralverwaltung für Volksbildung herangezogen worden war, lag nun auch die gesetzliche Grundlage für die Wiederaufnahme des Lehrbetriebes vor.[49]

Die Wissenschaftler und Hochschulpolitiker in der SMAD – vor allem ist hier Pjotr Solotuchin zu nennen, der vor dem Krieg stellvertretender Volksbildungsminister der RSFSR und Rektor der Leningrader Universität war – beschränkten sich keineswegs darauf, zu kontrollieren, daß der Erneuerungsprozeß in konsequent antifaschistischen Bahnen ablief; sie erwiesen vielmehr umfassend kameradschaftliche Hilfe, von der Materialbeschaffung bis zur Übermittlung der Erfahrungen bei der Verwirklichung der Leninschen Wissenschaftspolitik. Bei der Neueröffnung sprach Solotuchin die mahnenden Worte: «Das größte Unglück, das dem deutschen Volk durch Hitler beschieden wurde, ist die Vergiftung der Seelen der Menschen, vor allem der Jugend. Deshalb ist es ein

Aus den Erinnerungen von Sergej I. Tjulpanow:
Tiefbewegt denke ich heute an die Tage zurück, da Deutsche mit vielen Fragen, Problemen und Gedanken, die sie bewegten, zu uns kamen. Die Gespräche mit einem Menschen sind mir besonders gut in Erinnerung geblieben. Ende 1945 oder Anfang 1946 machte sich die alte Verwundung wieder stark bemerkbar. Jemand von den Kollegen riet mir damals: «Ich empfehle Ihnen, zu Professor Brugsch zu gehen. Er hat sich schon einen großen Namen gemacht, nach seinen Büchern wird auch an den sowjetischen Hochschulen gelehrt.»
Ich lernte Brugsch in der Berliner Charité kennen. «Sie sind mein erster sowjetischer ‹Privatpatient›», lächelte der Professor.
Zwei Monate lang besuchte ich seine Klinik. Unsere Gespräche beschränkten sich natürlich nicht nur auf das Medizinische. Wir sprachen über die Vergangenheit Deutschlands, über das Heute und Morgen des Landes. Brugsch wußte viel über die Sowjetunion. Kam es aber vor, daß ihm etwas unbekannt oder gar unverständlich war, gab er nicht eher Ruhe, bis er alles begriff und alle möglichen Antworten ausschöpfte. Besonders interessiert war er an der Volksbildung in der UdSSR und an wissenschaftlichen Neuheiten. Mir schien es stets, daß er alles Gehörte unter dem Aspekt betrachtete, wie es für sein Land anzuwenden sei.
Zit. in: spectrum, 1985, Heft 3, S. 23.

47 Zit. in: James P. Warburg: Deutschland – Brücke oder Schlachtfeld, Stuttgart 1949, S. 296/297.
48 Theodor Brugsch: Arzt seit fünf Jahrzehnten, Berlin 1978, S. 332.
49 Siehe: Magister und Scholaren – Professoren und Studenten, S. 200. – Roland Köhler: Die Zusammenarbeit der SED mit der SMAD bei der antifaschistisch-demokratischen Erneuerung des Hochschulwesens (1945–1949). Hrsg. vom Zentralinstitut für Hochschulbildung, Berlin 1985.

Gesellige Zusammenkunft anläßlich der Wiedereröffnung der Berliner Universität
Theodor Brugsch, General Alexander Kotikow, unbekannt, Johannes Stroux, Paul Wandel und Pjotr Solotuchin (von l. nach r.)

Rektor Stroux an Generalleutnant Solotuchin zum Jahrestag der Großen Sozialistischen Oktoberrevolution 1945: Die Universität fühlt sich in ihrem Bestreben, sich aus der Zerstörung wieder zu friedlichem Schaffen aufzurichten, mit größter Dankbarkeit durch die planvolle Hilfe und Förderung der russischen Administration unterstützt und der Wiedereröffnung zugeführt. Sie erlebt die Bestätigung dafür, welchen Wert der große Sowjetstaat der geistigen Kultur und den Werken und Instituten, die dem Gedeihen der Wissenschaften dienen, beimißt, welche hohe Stellung im öffentlichen Leben er Schulen, Universitäten und Akademien zuweist. Das gibt auch der Universität Berlin die Zuversicht, daß ihr im Rahmen der demokratischen Ordnung eine neue, für Wissenschaft und Lehre fruchtbare Entwicklung gestattet wird. So darf sie in Dankbarkeit und im Vertrauen dem russischen Volke und den russischen Behörden ihre festlichen Glückwünsche darbringen.
Zit. in: Die Humboldt-Universität gestern-heute-morgen, S. 123.

Gebot der Stunde ..., die jetzigen Studenten zu wahrhaften Demokraten zu erziehen.»[50]

Die beiden Arbeiterparteien orientierten darauf – und dieser Gedanke lag auch der Tätigkeit der Deutschen Zentralverwaltung für Volksbildung zugrunde –, die Neugestaltung der Hochschulen nicht als einen separaten Prozeß, sondern als einen untrennbaren Bestandteil der demokratischen Schulreform zu behandeln. In ihrem gemeinsamen Aufruf hieß es dazu ausdrücklich: «Die geistige Erneuerung unseres Volkes würde auf halbem Wege stehenbleiben, würde sie nicht auch eine gründliche Reform des gesamten Hochschul- und Universitätswesens umfassen.»[51] Dazu gehörte eine entschiedene Verbesserung der sozialen Zusammensetzung der Studentenschaft, worüber bereits berichtet wurde.

Ehe die Studenten wieder in die Hörsäle strömen konnten, hatte der Leitende Ausschuß für Hochschulfragen ein immenses Maß an Arbeit zu bewältigen. Die gravierende Frage war natürlich: Wer sollte fortan die Lehrstühle, Dozenturen und Assistenzen besetzen? Wer war nach der faschistischen Herrschaft würdig, die studentische Jugend in die Wissenschaft einzuführen? Für den Ausschluß der ehemaligen Nazis gab es in Anordnungen der Besatzungsmächte klare juristische Grundlagen. Doch die sowjetischen Kommunisten wollten keineswegs, daß es dem deutschen Volk gestattet würde, sich hinter Befehlen zu verstecken, für die es keine Verantwortung zu übernehmen brauchte. Die sowjetischen Befehle der Nachkriegszeit waren in allererster Linie eine Denk- und Erziehungshilfe, um den Prozeß der Auseinandersetzung mit der eigenen Vergangenheit, Gegenwart und Zukunft zu befördern, den die Deutschen selbst zu leisten hatten.

Jeder Professor und Dozent hatte einen politischen Fragebogen zur Rückmeldung auszufüllen, auf dessen Grundlage geprüft wurde, ob eine Wiederbeschäftigung in Frage kam. Auf einer Besprechung mit deutschen Professoren am 31. Oktober 1945 betonte Solotuchin die Aufgabe der Universität, die Jugend im demokratischen Geist zu erziehen und den demokratischen Gedanken im ganzen Volk zu vertiefen.[52]

In einzelnen Fällen, wenn erwiesen war, daß der Eintritt in die Nazipartei unter Druck und ohne innere Überzeugung erfolgt und nicht mit nennenswerten profaschistischen Aktivitäten verbunden war, sollten Ausnahmen zugelassen werden, und auch dann sollten die Betreffenden bis auf weiteres nur mit Forschungsaufgaben betraut und nicht für die Lehre eingesetzt werden. Zugleich wurden umfangreiche Bemühungen unternommen, die von den Nazis gemaßregelten Hochschullehrer zu erfassen und zur Mitarbeit zu gewinnen: Am 30. Dezember 1945 erschien in der «Täglichen Rundschau» ein Aufruf mit der dringenden Aufforderung an diese Gelehrten, sich umgehend bei der Deutschen Zentralverwaltung für Volksbildung zu melden. Insgesamt 120 Professoren nahmen im Frühjahrssemester 1946 ihre Lehrtätigkeit auf.

Auswahlprobleme waren auch bei der Zulassung der Studenten zu lösen. Hier war eine weit größere Anzahl von Kandidaten zu prüfen als bei den Lehrkräften, und die Vergangenheit war bei den unbekannten jungen Bewerbern meist viel weniger transparent; deshalb gelang es auch ungeachtet der im Zulassungsverfahren aufgewandten Sorgfalt einigen getarnten reaktionären Elementen, in die Studentenschaft der Berliner Universität einzudringen. Sie sorgten in den Folgejahren für Schwierigkeiten bei der antifaschistisch-demokratischen Umgestaltung, sie hatten ihren Anteil an Versuchen, die Universität zu spalten. Generell aber folgte die Immatrikulation klaren Richtlinien: «In erster Linie waren aktive Antifaschisten aufzunehmen, die in der Praxis ihre Ergebenheit gegenüber den besten demokratischen Grundsätzen bewiesen hatten. In zweiter Linie waren Studenten zu immatrikulieren, die zwar keine antifaschistische Tätigkeit aufweisen konnten, aber nicht in der NSDAP waren oder nur formal einer faschistischen Organisation angehört hatten. Auf jeden Fall mußte faschistischen Elementen der Zutritt verwehrt werden.»[53] Am 16. Juli 1945 wurden auf Anregung von Otto Winzer beim Magistrat ein Zentralausschuß der Studentenschaft gebildet, der

Der Zentralausschuß sieht seine Aufgabe darin, die zukünftige Studentenschaft zu einem Grundstein des antifaschistisch-demokratischen Deutschland zu gestalten. Ihm obliegt daher die Erfassung aller zukünftigen Studenten, ihre Ausrichtung auf die heutigen demokratischen Ziele durch Veranstaltungen, Kurse und Vorträge, ihre Erziehung zu einer verantwortungsbewußten, ernsten, wissenschaftlichen Arbeit, die nichts mehr gemein hat mit dem auf Standesdünkel aufgebauten Studententum endgültig vergangener Zeiten. Er wird bemüht sein, eine enge Bindung zwischen den Professoren, Dozenten und vor allem auch zum gesamten Volke herzustellen.
Verordnungsblatt der Stadt Berlin, 1945, Nr. 5, S. 62.

---

50 Zit. in: Adolf Rüger: Zweimal geboren. Zum 175. Jahrestag der Gründung der Humboldt-Universität zu Berlin. In: Wissenschaft und Fortschritt, 1985, Heft 10, S. 256.
51 An alle Eltern, Lehrer und Hochschullehrer! In: Um die Erneuerung der deutschen Kultur, S. 96.
52 Siehe Henry Maskolat: Die Wiedereröffnung der Berliner Universität im Januar 1946. In: Forschen und Wirken, Bd. I, Berlin 1960, S. 612/613.
53 Ebenda, S. 615.

diesen Prozeß unterstützen sollte. Indes stellte sich heraus, daß dieser Ausschuß von faschistischen Elementen durch Verschweigen ihrer Nazivergangenheit unterwandert worden war; er mußte daher wieder aufgelöst werden. Von den Ende Januar 1946 immatrikulierten 2 863 Studenten (bis Mai waren es 3 224) waren 14 Prozent aus politischen und rassischen Gründen von den Nazis Verfolgte. 76 Studenten hatten am antifaschistischen Widerstandskampf teilgenommen.[54] Der Anteil der Arbeiter- und Bauernkinder lag unter 10 Prozent.

Auch wenn 1945 das öffentliche Bewußtsein noch ganz von der Auseinandersetzung mit der Vergangenheit beherrscht war, hatte doch – zwar noch im verborgenen, aber bereits mit Härte – der Kampf zwischen antifaschistisch-demokratischen und reaktionären Kräften um die Zukunft Deutschlands und

Das zerstörte Gebäude des ehemaligen I. Chemischen Instituts (später Institut für Meereskunde) der Universität Aufnahme um 1950

speziell Berlins eingesetzt. In Sachen Universität äußerte er sich ganz besonders in der Frage der Standortwahl. Auf den ersten Blick schien das damals eine rein technische Zweckmäßigkeitsfrage zu sein. Warum sollte die Universität nicht aus dem Trümmermeer des Stadtzentrums hinaus in das von Luftangriffen und Kampfhandlungen weitaus weniger in Mitleidenschaft gezogene Dahlem verlegt werden, wo die Institutsgebäude der früheren Kaiser-Wilhelm-Gesellschaft zur Verfügung standen? So mag in jener Situation mancher gedacht haben. Doch in der Tat war die Wahl des Ortes nicht nur eine Frage der Treue zu den Traditionen (denn nicht nur das alte Universitätsgebäude, sondern auch die Mehrzahl der Institute und die ganze Charité befanden sich in der Innenstadt), sondern eine politische Entscheidung. Die herrschenden Kreise der USA hatten bereits begonnen, im Widerspruch zu Geist und Buchstaben des Potsdamer Abkommens Kurs auf die Restauration des deutschen Imperialismus zu nehmen, deshalb war es ihnen wichtig, die Universität der alten deutschen Hauptstadt unter ihrer unmittelbaren Ägide zu haben oder, wenn das nicht möglich war, sie durch Konkurrenzgründungen auszuschalten, so daß ihre einstige Bedeutung für immer dahin wäre.

Diese Rechnung ging nicht auf, die Universität wurde an ihrem traditionellen Ort neueröffnet. Die Versuche, sie in die Strategie der Wiedergeburt des deutschen Imperialismus zu integrieren, hörten jedoch nicht auf. Nachdem die Herbstwahlen 1946 in der Stadtverordnetenversammlung und damit auch im Magistrat eine bürgerlich-reformistische Mehrheit gebracht hatten, liefen die Bemühungen dieser Kreise darauf hinaus, die Universität der Unterstellung unter die von progressiven Kräften beherrschte Deutsche Zentralverwaltung für Volksbildung zu entziehen und sie unmittelbar in die Obhut des Magistrats zu überführen. Parallel dazu liefen Kampagnen in den Medien der Westsektoren, in denen die Universität verleumdet und ihre wissenschaftliche Solidität in Zweifel gezogen wurde.

Zugleich wurden Pressemeldungen lanciert, die von Konkurrenzgründungen sprachen. Die amerikanische Militärregierung teilte Ende 1946 mit, im amerikanischen Sektor würde eine «Fortbildungsuniversität» organisiert, die vom Süddeutschen Länderrat finanziert werde.[55] Im August 1947 wurde gemeldet, daß in Dahlem als Nachfolgerin der KWG eine neuartige «Forschungshochschule» zum 1. Oktober ihre Arbeit aufnehme; die im Kriege verlagerten Institute, die von den

Aus dem Bericht von Horst Rosenhahn: Die erste Tätigkeit bestand darin, den Schutt aus den Räumen zu schaffen, Fenster mit Brettern zu vernageln oder zu verpappen. Andere Kollegen setzten provisorische Türen ein oder kümmerten sich in Zusammenarbeit mit den Kollegen der BEWAG und der Wasserwerke um die Wiederinstandsetzung der Licht- und Wasserleitungen. ... Erst einige Zeit später, als die primitivsten Voraussetzungen für die Schaffung einiger weniger Arbeitsräume erfüllt waren, gingen die Kollegen dazu über, Bücher, Akten, wissenschaftliches Material, Instrumente, Apparate und dergleichen zu bergen, zu ordnen und sicherzustellen. Für den klinischen Bereich gab es hierüber hinaus eine sehr wichtige, aber zugleich auch schwere Aufgabe zu erledigen, die darin bestand, mehrere hundert Tote auf dem Gelände der Charité in drei Schichten übereinander provisorisch zu begraben, um den Ausbruch von Seuchen zu verhindern ... In diesen Tagen war der Anblick keine Seltenheit, daß Schwestern am Brunnen der Charité vor Waschtrögen standen, um die Patientenwäsche zu waschen. Eine feste Gruppe von Mitarbeitern stellte sich als Transportarbeiter den sowjetischen Einheiten zur Verfügung, die mit ihren LKW laufend Verpflegung für Patienten und Personal heranbrachten.
Zit. in: Forschen und Wirken, Bd. I, S. 610.

54 Siehe: Die Humboldt-Universität zu Berlin. Hrsg. von Karl-Heinz Wirzberger, Berlin 1973, S. 267.
55 Der Kurier, 21. November 1946.

Arthur Werner, F.J.Bokow und Sergej Tjulpanow (von r. nach l.) bei der Wiedereröffnung der Universität

Rektor Stroux in seiner Ansprache zur feierlichen Wiedereröffnung der Berliner Universität am 29. Januar 1946: Auch heute ist das Programm, das Wilhelm von Humboldt entworfen hat, eine Quelle der Kraft und eine Wegleitung in unsere Zukunft ... Unsere Zukunft wird eine Zeit freier deutscher Geistesarbeit sein ... Wir sehen schon die starken Kräfte, die uns zur Seite stehen. Als die größte und stärkste dieser Hilfen betrachte ich das neue Verhalten der Universität zum Volke. Die erneuerte Universität wird in einem hohen und wahren Sinne des Wortes eine Volksuniversität sein und sich den zur Bildung aufstrebenden jungen Menschen aus dem Volke öffnen. Sie fühlt sich den Kräften des Volkes und ihrem Streben nach Wissen verbunden und wird zwischen Volk und Intelligenz die neue brüderliche Verbundenheit zu verstärken und durch neue Mittel die Zusammenarbeit zu entwickeln bestrebt sein. Denn aus der erneuerten Universität soll eine neue deutsche Intelligenz, die aus allen Schichten des Volkes stammt, hervorgehen.
Zit. in: Tägliche Rundschau, 30. Januar 1946.

Ländern der Westzonen weitergeführt wurden, seien darin vereint; Bayern, Württemberg-Baden und Hessen hätten ihren Beitritt erklärt.[56]

Allen Anfeindungen zum Trotz war die Universität wiedereröffnet worden. Enorme materielle Schwierigkeiten waren zu überwinden, ehe der Lehrbetrieb aufgenommen werden konnte. Im November 1945 hatte die studentische Arbeitsgemeinschaft der Universität in Verbindung mit dem Rektor die Studenten, die sich immatrikulieren lassen wollten, zu Arbeitseinsätzen aufgerufen; zugesichert wurden ein Stundenlohn von 72 Pfennig und die Lebensmittelkarte für Arbeiter. Die Wissenschaftler erhielten ebenfalls die gleiche Lebensmittelzuteilung wie die Arbeiter; das war eine Tagesration von 350 g Brot, 20 g Nährmitteln, 300 g Kartoffeln, 20 g Zucker, 30 g Marmelade, 20 g Fleisch.[57] Ende Januar 1946 war es dann so weit, daß 25 heizbare Räume mit 3 200 Plätzen bezogen werden konnten; weitere 27 Räume mit 2 800 Plätzen waren vorbereitet, mußten aber noch verglast und heizbar gemacht werden.[58]

So konnte der Festakt am 29. Januar 1946 zum Auftakt eines hoffnungsvollen Neubeginns werden. Vertreter der alliierten Behörden, des Magistrats und der neugebildeten zentralen Verwaltungsbehörden in der sowjetischen Besatzungszone waren zugegen, Professoren, Arbeiter, Angestellte und neuimmatrikulierte Studenten hatten sich versammelt. Brugsch übergab Stroux feierlich die Insignien seines neuen Rektorenamtes. Wandel sprach von der Aufgabe, «eine neue deutsche Intelligenz hervorzubringen, die ihre Aufgaben in der friedlichen Zusammenarbeit unseres Volkes mit den anderen Völ-

Angehörige der Berliner Universität auf der Maidemonstration 1946

kern sieht». Stroux bekannte sich zu Wilhelm von Humboldts Programm und erklärte: « ... mit gutem Recht verbleiben die beiden Brüder Humboldt als geistige Patrone am Portal unserer wiedererstandenen Universität.»[59]

Mit sieben Fakultäten – der philosophischen, der mathematisch-naturwissenschaftlichen, der medizinischen, der veterinärmedizinischen, der landwirtschaftlichen, der rechts- und staatswissenschaftlichen und der theologischen – nahm die Universität den Lehrbetrieb auf. Im Laufe der Jahre 1946 und 1947 kamen noch drei weitere hinzu. Die pädagogische Fakultät wurde neu eingerichtet. Die wirtschaftswissenschaftliche Fakultät übernahm einen Teil der Funktionen der rechts- und staatswissenschaftlichen Fakultät und trat zugleich an die Stelle der früheren selbständigen Handelshochschule Berlin. Schließlich wurde die ehemalige Forstwissenschaftliche Hochschule Eberswalde der Universität als Fakultät eingegliedert.

Die fortschrittlichen Kräfte an der Universität mußten sich im Kampf durchsetzen; es waren andere Kampfbedingungen als im antifaschistischen Widerstand, doch auch hier waren Opfermut und Hingabe, war der schonungslose Einsatz der Person gefordert. Mit den Arbeiter- und Bauernstudenten eroberte sich die alte Alma mater eine neue Einstellung zum Studium. Die blasierte Verspieltheit vieler bürgerlicher Studiosi war diesen jungen Leuten fremd. In der strengen Konzentration auf die Arbeit waren sie den besten bürgerlichen

Denn es ist eine neue Zeit angebrochen; der Antifaschist weiß, daß Kunst und Wissenschaft, sofern sie diese Namen wirklich verdienen, eminent wichtige Faktoren des Aufbaus, Grundbedingungen im Leben einer Kulturnation sind. Wie aber steht es mit den Kulturschaffenden selbst? Gewiß, viele beginnen sich jetzt zu regen ... Aber vielen ist auch unter dem diktatorischen Hitlerregime eine Erkenntnis, ein Grundgefühl verlorengegangen, sofern sie es vorher überhaupt oder nicht allzusehr verkümmert besaßen, daß es nämlich ohne engste Volksverbundenheit weder eine ernst zu nehmende Kunst noch eine vorwärtsführende Wissenschaft geben kann. ...
Neuorientierung der geistig Schaffenden.
In: Deutsche Volkszeitung, 21. Juni 1945.

56 Der Kurier, 16. August 1947.
57 Siehe: Magister und Scholaren – Professoren und Studenten, S. 206.
58 Siehe: Die Humboldt-Universität gestern – heute – morgen, S. 123.
59 Zit. in: Adolf Rüger: Zweimal geboren. In: Wissenschaft und Fortschritt, 1985, Heft 10, S. 256.

Studenten mindestens ebenbürtig; sie waren ihnen aber überlegen in der politischen Leidenschaft, die ihre Arbeit motivierte – Studieren nicht im Interesse der eigenen Karriere oder im Dienst des abstrakten Ideals «reiner», «weltfremder» Wissenschaft, sondern als unentbehrliches Mittel für den Aufbau einer neuen Gesellschaft. Arbeitsernst, Begeisterung und Solidarität beherrschte diese Jugend, aus der wenige Jahre später die ersten Vertreter der neuen, sozialistischen Intelligenz der Deutschen Demokratischen Republik hervorgehen sollten.

Hier fand die Freie Deutsche Jugend, die als einheitliche demokratische Jugendorganisation auch die Interessen der Studentenschaft vertrat, ihre stärkste Stütze an der Universität. Langsam, aber stetig wuchs ihre Kampfgemeinschaft, ab 1948 bestand an der Berliner Universität eine eigene FDJ-Organisation. Längere Zeit folgten nicht wenige Studenten den demagogischen Parolen der reaktionären Kräfte im Studentenrat, der auch die Teilnahme am 1. Deutschen Volkskongreß 1947 ablehnte. Doch der Aufruf, bei den Studentenratswahlen im gleichen Jahr die Stimmzettel ungültig zu machen, fiel schon nicht mehr auf fruchtbaren Boden; nur ein geringer Teil der Studenten befolgte ihn. 1948 gelang es bereits, rund 1500 Studenten zur Teilnahme an der Maidemonstration unter fortschrittlichen Losungen zu gewinnen.[60]

Interview mit Pjotr Solotuchin, dem früheren Leiter der Abteilung Volksbildung der SMAD: Die SMAD ging davon aus, daß eine große Zahl hochschulgebildeter Kader ... erforderlich war, um den Weg des antifaschistisch-demokratischen Aufbaus in Ihrem Land beschreiten zu können. Die Zentren der Ausbildung der neuen Intelligenz des Volkes mußten die Universitäten sein. Die SMAD sah es als eine vordringliche Aufgabe an, den Professoren und Dozenten alle Möglichkeiten für ihre Lehr- und Forschungstätigkeit im humanistischen Sinne zu schaffen und ihnen eine sichere Perspektive zu geben. ... Eine besonders verantwortungsvolle und grundlegende Aufgabe sah die SMAD darin, daß junge Menschen aus der Arbeiterklasse und der werktätigen Bauernschaft für das Hochschulstudium vorbereitet wurden. Zu diesem Zwecke wurde vorgeschlagen, Vorbereitungskurse und später Vorstudienanstalten und Arbeiter-und-Bauern-Fakultäten an den Universitäten und Hochschulen einzurichten. ... Die führenden Ge-

Eine große Leistung der Nachkriegsjahre, die an der Berliner Universität vielleicht noch schwieriger zu vollbringen war als anderswo, war die Durchsetzung der realen Lehrfreiheit für den wissenschaftlichen Sozialismus gegen die wütenden Angriffe rechter bürgerlicher Kräfte. Juristisch war das Recht, die wissenschaftliche Weltanschauung der Arbeiterklasse an der Universität, an der einst Karl Marx studiert und Friedrich Engels als Gasthörer am geistigen Leben teilgenommen hatte, durch die sowjetische Besatzungsmacht ebenso wie durch die Deutsche Zentralverwaltung für Volksbildung selbstverständlich garantiert. Es kam aber darauf an, antikommunistische Borniertheit abzubauen, die viele Studenten noch beherrschte, das Denken der Studenten wirklich zu erreichen und so aus der formalen eine reale Lehrfreiheit für den Marxismus zu machen. Um die Schwierigkeiten dieser Aufgabe auch nur annähernd nachempfinden zu können, sollte man bedenken, daß die antikommunistischen und antimarxistischen Vorurteile und Vorbehalte damals in vielen deutschen Köpfen noch weitaus tiefer saßen als die offen faschistischen Parolen, die schon durch den Ausgang des Krieges entlarvt worden waren.

Es gab nur wenige Wissenschaftler, die 1946 an der Berliner Universität in der Lage waren, den wissenschaftlichen Sozialismus auf akademischem Niveau überzeugend darzulegen. Eine wertvolle Unterstützung gab hier die Deutsche Zentralverwaltung für Volksbildung, in der das Programm für die Grundvorlesung «Politische und soziale Probleme der Gegenwart» ausgearbeitet wurde, die seit Ende 1946 an allen Universitäten der sowjetischen Besatzungszone als obligatorische Veranstaltung für alle Studenten zu halten war. Diese Vorlesungsreihe behandelte aktuelle politische Fragen, doch sie ging dabei bereits explizit von den Grundlagen des dialektischen und historischen Materialismus aus und kann insofern als Keimzelle des späteren marxistisch-leninistischen Grundstudiums angesehen werden.[61] Zugleich begannen bedeutende marxistische Wissenschaftler mit der Einführung der weltanschaulichen Positionen der Arbeiterklasse in das Fachstudium verschiedener gesellschaftswissenschaftlicher Disziplinen; Pionierarbeit leisteten hier beispielsweise Alfred Meusel für die Geschichtswissenschaft, Jürgen Kuczynski für die Wirtschaftswissenschaft, Robert Alt und Heinrich Deiters für die Pädagogik. Als eines der bedeutendsten Ereignisse dieser Zeit ist das erste Seminar über Marx' «Kapital» anzusehen, das Kurt Hager und Eva Altmann 1947 an der wirtschaftswissenschaftlichen Fakultät hielten.

Anfang 1948 begannen, mit der Zuspitzung des kalten Krieges, hektische Bemühungen um den Aufbau einer Spalteruniversität in Dahlem. Die Relegierung dreier Provokateure wegen grober Ausfälle gegen Brugsch an der Universität wurde zum Anlaß genommen, den westlichen Druck auf die Universität so zu verstärken, daß ein Nachgeben das Verlassen des antifaschistisch-demokratischen Weges bedeutet hätte. Damit trat ein von langer Hand vorbereitetes Programm in Aktion. Am 10. Mai 1948 beschloß der bürgerlich beherrschte Magistrat die Errichtung einer Universität in den Westsektoren. Eine Abwerbekampagne größten Stils setzte ein. Studenten aus der sowjetischen Besatzungszone wurden besonders günstige Studienbedingungen in Aussicht gestellt. Der Senat der Universität wandte sich am 11. Mai 1948 entschieden gegen diese Machenschaften und erklärte, daß die weitere Zerreißung des wissenschaftlichen und damit geistigen Lebens Berlins ein neues Verhängnis für Deutschland wäre. Als Ende des Jahres in Dahlem die «Freie Universität» aus der Taufe gehoben wurde, da erwies sich, daß die Spaltungsbemühungen gescheitert waren; nur ein verschwindend geringer Prozentsatz der Studenten, vier Ordentliche Professoren und drei Professoren mit Lehrauftrag wanderten ab.[62]

nossen der KPD und später der SED haben sich um das Bildungswesen in seiner Gesamtheit und das Hochschulwesen im besonderen gesorgt und sich ständig damit befaßt. Es gab eine äußerst enge Zusammenarbeit zwischen der SMAD, der KPD bzw. SED und später auch den anderen Parteien des demokratischen Blocks. Das gleiche gilt für die Zusammenarbeit mit den jungen demokratischen Staatsorganen, insbesondere mit der Leitung und den Mitarbeitern der Deutschen Verwaltung für Volksbildung. Ich habe das Zusammenwirken mit dem Präsidenten der Deutschen Verwaltung für Volksbildung, dem Genossen Paul Wandel, seinem Stellvertreter, Prof. Brugsch, mit Gen. Prof. Rompe und den anderen Mitarbeitern der Deutschen Verwaltung für Volksbildung in sehr angenehmer Erinnerung. Es herrschte zwischen uns eine wirklich kameradschaftliche Atmosphäre. Es gab nicht einen einzigen Fall einer ernsthaften Meinungsverschiedenheit in einer grundsätzlichen Frage der Entwicklung des Bildungswesens.
In: Humboldt-Universität, 25. April 1975, S. 3.

60 Siehe: Die Humboldt-Universität gestern – heute – morgen, S. 128.
61 Siehe: Magister und Scholaren – Professoren und Studenten, S. 209.
62 Siehe: Die Humboldt-Universität gestern – heute – morgen, S. 131.

Walter Friedrich
Rektor der
Humboldt-Universität
von 1949 bis 1952

Professor Friedrich regte die Bildung eines Friedenskomitees an der Berliner Humboldt-Universität an und wurde zu dessen Vorsitzenden gewählt. Er gehörte dem Initiativ-Komitee für die Vorbereitung des I. Weltfriedenskongresses an. Für jene, die den Wissenschaftler und Universitätslehrer von früher kannten, war das alles keineswegs selbstverständlich. Professor Friedrich wurde von ihnen als ein Gelehrter geschildert, der zurückgezogen gelebt hatte, politisch nicht hervorgetreten war und außer seiner wissenschaftlichen Arbeit nur Liebhabereien, vor allem der Musik, zugetan gewesen war. Musikliebhaber war Walter Friedrich geblieben. Man sah ihn oft bei Konzertveranstaltungen. Neu war seine wachsende Anteilnahme am öffentlichen Leben. In einer Zeit, da sich zu Tausenden von Arbeitern, Hausfrauen und Angestellten auch Studenten und Hochschullehrer gesellten, um aus den Trümmern der Hauptstadt wieder neues Leben erstehen zu lassen, blieb auch der Professor nicht untätig. Wir sahen ihn in den Veranstaltungen des Kulturbundes, auch an Universitätsversammlungen der Freien Deutschen Jugend nahm er teil.
Heinz Willmann:
Steine klopft man mit dem Kopf.
Lebenserinnerungen, Berlin 1980, S. 341/342.

Gewiß war damit der Kampf noch nicht ausgestanden, die westlichen Abwerbungsbemühungen hielten an. Aber eines war eindeutig klargestellt: Die Westberliner Freie Universität konnte nur als eine – noch dazu unter den Bedingungen des kalten Krieges erfolgte – Neugründung betrachtet werden, keinesfalls als eine in irgendeiner Weise legitimierte Nachfolgerin der alten Berliner Universität.

Nachdem die Spaltung Berlins durch die Einführung der Separatwährung in den Westsektoren und die Spaltung des Magistrats vollzogen war, bestanden mit der Bildung eines neuen, fortschrittlichen Magistrats im Osten der Stadt neue, günstigere Bedingungen auch für einen schnellen Aufstieg der Universität. Sie bekannte sich nun auch ausdrücklich in ihrem Namen zur untrennbaren Einheit von Fortschritt und Tradition. Am 8. Februar 1949 setzte Paul Wandel, der Präsident der Deutschen Zentralverwaltung für Volksbildung, seine Unterschrift unter den Erlaß, der der höchsten Bildungsstätte der Stadt den Namen «Humboldt-Universität» verlieh. Wenige Wochen später, als der berühmte Strahlenphysiker und engagierte Friedenskämpfer Walter Friedrich das Rektorat übernahm, wurde die Namensgebung in aller Form verkündet.

Mit dem Übergang zur gesamtgesellschaftlichen Entwicklungsplanung in der sowjetischen Besatzungszone eröffneten sich auch für die Berliner Universität neue Horizonte. Größere Aufgaben, aber auch größere Möglichkeiten standen vor ihr. Im Investitionsplan war allein für das Jahr 1949 für die Wiederherstellung von Lehr- und Hilfsgebäuden eine Summe von 4,7 Millionen Mark vorgesehen.[63] Erste Verbindungen mit volkseigenen Betrieben in Berlin wurden geknüpft. Die Universität schickte sich an, in ihre neue Rolle hineinzuwachsen, die ihr vom 7. Oktober 1949 an zukam: die Rolle einer repräsentativen, hochleistungsfähigen, dem Gedanken des Friedens und des gesellschaftlichen Fortschritts verpflichteten Universität der Hauptstadt.

Auf dem Weg zur Forschungsakademie

Auch an der Berliner Akademie der Wissenschaften begann nach der Befreiung des deutschen Volkes vom Faschismus ein Erneuerungsprozeß, der nicht weniger tiefgreifend war als jener, den die Universität vollzog. So wie Akademie und Universität von altersher verbunden waren, traten sie auch gemeinsam in die neue Zeit ein; als Symbol dieser Gemeinsamkeit wurde Johannes Stroux, erster Rektor der wiedergeborenen Universität, auch zum ersten Präsidenten der neugestalteten Akademie.

Doch ehe dies geschehen konnte, mußten die elementarsten Voraussetzungen an geistiger und personeller Säuberung geschaffen werden; dieser Vorgang ähnelte seinem Wesen nach sehr der Periode, die der Eröffnung der Universität voranging, doch er nahm etwa ein halbes Jahr mehr in Anspruch. Die Jahre des Faschismus hatten die alte Preußische Akademie der Wissenschaften zu Berlin an den Rand des Ruins gebracht.

Als der braune Spuk vorüber war, da war die Akademie «ein zahlenmäßig kleines und überaltertes Gremium von Natur- und Geisteswissenschaftlern».[64] Bei den Naturwissenschaftlern lag Ende 1945 das Durchschnittsalter erheblich

Aus Erinnerungen von Sergej Tjulpanow:
Ich erinnere mich, mit welcher Freude Brugsch zu uns in die Sowjetische Militäradministration kam, wohin wir ihn gemeinsam mit einigen der bedeutendsten deutschen Wissenschaftler eingeladen hatten, um die Gründung einer Deutschen Akademie der Wissenschaften zu erörtern. Wie auch die anderen Teilnehmer dieser denkwürdigen Beratung war er von dem Vorhaben stark beeindruckt. «Die Initiative der sowjetischen Seite», sagte er, «wird von jedem Deutschen immer als humaner Akt betrachtet werden ...»
Später trafen wir noch oft mit ihm zusammen. Einmal kam er als Mitglied einer DDR-Delegation nach Leningrad. Gern riefen wir beide uns jene Beratung ins Gedächtnis. «Ich bin glücklich», sagte Brugsch, der mir bis zu seinem Tode ein guter Freund blieb, «daß unsere Bemühungen nicht umsonst waren. Die enge Zusammenarbeit zwischen der UdSSR und der DDR auf dem Gebiet der Wissenschaft wurde zum Segen für unsere Völker ...»
In: spectrum, 1985, Heft 3, S. 23.

63 Siehe: Zentralverordnungsblatt, 1949, Nr. 28, S. 229.
64 Werner Hartkopf: Die Akademie der Wissenschaften der DDR. Ein Beitrag zu ihrer Geschichte, Berlin 1975, S. 162.

Schlußbemerkung des Akademieberichts 1946-1949:
Die Übersicht über die Tätigkeit der Akademie seit Kriegsende kann nicht abgeschlossen werden, ohne eine entscheidende Voraussetzung für die Durchführung der erwähnten Arbeiten anzugeben. Ohne die Hilfe der Sowjetunion und ihrer Vertreter in Deutschland und ihr Verständnis für alle wissenschaftlichen Angelegenheiten hätte das Vorstehende über die in der Akademie geleisteten Arbeiten zumeist nicht berichtet werden können. Ein besonderes Wort des Dankes gebührt deshalb der Sowjetunion und ihren Vertretern in Deutschland.
Josef Naas: Bericht über die Arbeit der Akademie seit 1. August 1946. In: Jahrbuch der Deutschen Akademie der Wissenschaften zu Berlin 1946-1949, Berlin 1950, S. 120.

über 60 Jahre. Bibliotheken und Archive waren verlagert. Durch zwei Luftangriffe im Dezember 1943 und im Februar 1945 war das Akademiegebäude Unter den Linden erheblich zerstört worden. Bis zum März 1945 hatten sich die in Berlin verbliebenen Mitglieder immer noch zu Sitzungen getroffen. Auch die Kommissionen hatten versucht, wenigstens in gewissem Umfang ihre traditionellen Arbeiten fortzuführen. In seinem ersten Nachkriegsbericht für die dreijährige Periode von 1946 bis 1949 gab Akademiedirektor Josef Naas eine sehr nüchterne Einschätzung dieser Bestrebungen.

Zunächst war die Abteilung Volksbildung im neuen Magistrat auch für den Restbestand der Akademie verantwortlich, und diesen Bestand galt es zunächst einmal zu prüfen. Auf einer «außerordentlichen Gesamtsitzung» am 6. Juni 1945 im Gemeindehaus Zehlendorf berieten 12 Ordentliche Mitglieder ein entsprechendes Dokument. In dieser Beratung übernahm Stroux die vorläufige Leitung; auf einer weiteren Beratung am 21. Juni wurde er mit der Führung der Geschäfte des Präsidenten beauftragt.[65]

«Der Entwurf vorläufiger Satzungen, die die Arbeiten der Akademie auf ihrer traditionellen Grundlage regeln sollten, die Beschaffung eines Gebäudes in der zerstörten Stadt, die Sichtung des Mitglieder- und Mitarbeiterbestandes, die Rückführung des verlagerten Gutes und die in Zukunft fortzuführenden Untersuchungen beschäftigten die Akademie. Der Magistrat genehmigte und förderte diese Arbeiten, soweit er es vermochte.»[66] Nach Errichtung der Deutschen Zentralverwaltung für Volksbildung ging die Zuständigkeit für die weiteren Vorbereitungsarbeiten an diese über.

Es galt nun abzuwägen, wer von den verbliebenen Mitgliedern der weiteren Zugehörigkeit zur Akademie würdig war. In diesem Auseinandersetzungsprozeß erarbeitete sich das Gremium die Grundlagen der erforderlichen Neuorientierung. Philipp Lenard, dem Verfechter der faschistischen «Deutschen Physik», wurde die Ehrenmitgliedschaft aberkannt. Zwölf weitere Wissenschaftler wurden wegen ihrer direkten oder indirekten Teilnahme an Naziverbrechen aus der Liste der Ordentlichen Mitglieder gestrichen.[67]

Die für die Zukunft der Akademie entscheidende Frage war, ob sie in ihrer traditionellen Form als – selbstverständlich demokratisierte – Gelehrtengesellschaft wiedereröffnet werden sollte, die sich mit einer geringen Anzahl fest angestellter Mitarbeiter für die Betreuung der verschiedenen akademischen Unternehmen begnügte, oder ob ihr alter Traum von einer selbständigen Forschungsbasis nun endlich in Erfüllung gehen sollte. Die Wissenschaftspolitik der SMAD unterstützte eindeutig die zweite Variante, das Gremium der bedeutendsten Wissenschaftler des Landes mit einem leistungsfähigen Netz von Instituten der Grundlagenforschung organisatorisch und inhaltlich zu verbinden. Die Akademie der Wissenschaften der UdSSR, auf deren Erfahrungen sich die sowjetischen Wissenschaftspolitiker stützten, war ein lebendiges Beispiel für die Fruchtbarkeit einer solchen Vereinigung unter neuen gesellschaftlichen Verhältnissen. Aus dieser Sicht griff die sowjetische Akademie unterstützend und fördernd in die Vorbereitungen zur Neueröffnung der Berliner Akademie ein und knüpfte dabei an die Akademiebeziehungen an, die in den Jahren der Weimarer Republik als eine bedeutende Komponente der sowjetisch-deutschen wissenschaftlichen Zusammenarbeit bestanden hatten.

Auch über das Schicksal der im Berliner Raum vorhandenen Forschungsinstitute war zu befinden; in erster Linie waren dies Einrichtungen der ehemaligen Kaiser-Wilhelm-Gesellschaft, aber es gab auch einige Institutionen, die sich in anderen Unterstellungsverhältnissen befunden hatten. Bereits im Juni 1945 brachte der Leitende Ausschuß für Hochschulfragen beim Magistrat einen Antrag bei den sowjetischen Organen ein, die Einrichtung einer Organisation für die Forschung zu gestatten. Für eine solche Entscheidung waren die Bedingungen aber noch nicht herangereift.

Am 29. April 1946 war das vom Alliierten Kontrollrat verabschiedete «Gesetz zur Regelung und Überwachung der wissenschaftlichen Forschung»[68] verkündet worden, dessen Verbindlichkeit für die sowjetische Besatzungszone durch den Befehl Nr. 79 der SMAD vom 9. April 1947 noch einmal ausdrücklich unterstrichen wurde.[69] Das Gesetz ging von der Zielstellung aus, «wissenschaftliche Forschung für militärische Zwecke und ihre praktische Anwendung für solche Zwecke zu verhindern, und ... sie auf anderen Gebieten, wo sie ein Kriegspotential Deutschlands schaffen könnten, zu überwachen und sie in friedliche Bahnen zu lenken».[70] Bei den Festlegungen des Gesetzes wurde zwischen grundlegender und angewandter wissenschaftlicher Forschung unterschieden; die Restriktionen für letztere waren weitaus einschneidender als für erstere. Artikel III des Gesetzes verbot auch grundlegende Forschung rein oder wesentlich militärischer Natur.

Während die medizinische Forschung davon gar nicht und die biologische kaum betroffen war, sah das Gesetz erhebliche

Die Forschung in Deutschland war früher in wissenschaftlichen Institutionen, die in bedeutendem Maße von der Industrie abhängig waren, wie beispielsweise die Kaiser-Wilhelm-Gesellschaft, sowie in industrieeigenen Forschungsinstitutionen oder in staatlichen Anstalten erfolgt. Alle diese Einrichtungen bestanden nicht mehr. Dem deutschen Antrag lag ferner die Voraussetzung zugrunde, daß die Privatindustrie in der Nachkriegszeit nicht mehr als Träger der wissenschaftlichen Forschung in Erscheinung treten könne ... Unter Voraussetzung einer solchen Entwicklung brachte der Antrag die Akademie als Trägerin für den Aufbau und die Unterhaltung eines Netzes von verschiedenartigen Forschungseinrichtungen in Vorschlag. Damit war nun der Gedanke zur Erwägung gestellt, die Arbeit der Akademie auf große, ihr bisher fremde Gebiete zu erweitern, auf die naturwissenschaftliche und technikwissenschaftliche Forschung ...
Ebenda, S. 48/49.

65 Siehe ebenda, S. 163.
66 Josef Naas: Bericht über die Arbeit der Akademie seit 1. August 1946. In: Jahrbuch der Deutschen Akademie der Wissenschaften zu Berlin 1946–1949, Berlin 1950, S. 48.
67 Siehe Werner Hartkopf: Die Akademie der Wissenschaften der DDR. Ein Beitrag zu ihrer Geschichte, S. 161.
68 Siehe: Verordnungsblatt der Stadt Berlin, 1946, Nr. 20, S. 151–153.
69 Siehe: Zentralverordnungsblatt, 1947, Nr. 3, S. 35–37.
70 Verordnungsblatt der Stadt Berlin, 1946, Nr. 20, S. 151.

Generalmajor
Viktor Kulebakin
am 6. Dezember 1945
vor den Berliner
Akademiemitgliedern:
Ich erlaube mir hiermit, der festen Überzeugung Ausdruck zu geben, daß unsere gemeinsamen Arbeiten sich auf ein vollständiges, gegenseitiges Verstehen gründen werden und diese Zusammenarbeit dem Fortschritt der wissenschaftlichen Forschung in der ganzen Welt sowie dem Erreichen *der* Ideale, für die die gesamte fortschrittliche Menschheit kämpft, dienen wird. Gestatten Sie mir, ... Sie zu bitten, die durch mich von der Akademie der Wissenschaften der UdSSR an Sie übermittelten Wünsche für den Erfolg Ihrer Arbeiten entgegenzunehmen, die dem Fortschritt der Wissenschaft und damit dem Wohl der Menschheit dienen sollen.
Zit. in: Conrad Grau/Liane Zeil: Wendepunkt 1945 – Neubeginn auch für die Akademie. In: Wissenschaft und Fortschritt, 1975, Heft 5, S. 198.

Einschränkungen für technologisch bedeutsame chemische und insbesondere physikalische Untersuchungen vor. Das war angesichts der Ambivalenz derartiger Arbeiten – de facto könnten hier ein und dieselben Forschungen in vielen Fällen sowohl militärischen als auch zivilen Zwecken dienen – voll verständlich.[71]

Der vom Leitenden Ausschuß für Hochschulfragen bereits im Juni 1945 gestellte Antrag war jedoch von perspektivischer Bedeutung für die Entwicklung der Akademie. Der weitere Vorbereitungsprozeß wurde von sowjetischer Seite tatkräftig unterstützt. Am 6. Dezember 1945 beteiligte sich Generalmajor Viktor Kulebakin, Ordentliches Mitglied der Akademie der Wissenschaften der UdSSR, an einer Zusammenkunft der Berliner Akademiemitglieder. In seiner Rede erinnerte er an die über zweihundertjährige Zusammenarbeit der beiden Akademien und kündigte die Wiederaufnahme der von den Faschisten unterbrochenen Beziehungen an.

Eine erste Hilfeleistung bestand in der Bereitstellung sowjetischer Transportkapazitäten, um das ausgelagerte wissenschaftliche Material der Berliner Akademie wieder zurückzubringen. Sowjetische Armeeangehörige beteiligten sich auch an Arbeiten zur Wiederherstellung des zerstörten Akademiegebäudes Unter den Linden.[72]

Am 1. Juli 1946 konnte Marschall Sokolowski die offizielle Wiedereröffnung der Akademie unter der Bezeichnung «Deutsche Akademie der Wissenschaften zu Berlin» anweisen.[73] Es wurde bestimmt, daß die Satzung der Akademie, die Namen der zum Vizepräsidenten und zu Klassensekretaren gewählten Akademiemitglieder und das Verzeichnis der Ordentlichen Mitglieder der Akademie für 1946 der Abteilung Volksbildung der SMAD zur Bestätigung vorgelegt werden sollten. Damals hatte die Akademie insgesamt 130 Mitarbeiter.[74] Als Präsident wurde Stroux bestätigt, der bis zum Jahre 1951 an der Spitze der Akademie stand. Er war eine außergewöhnliche und faszinierende Persönlichkeit. Als bürgerlicher Humanist hatte er ein feines Gefühl dafür, daß in dieser Situation die entscheidenden Impulse für den Neubeginn aus der Arbeiterklasse kamen.[75]

Vizepräsident der Akademie wurde der Geologe Hans Stille, während der Kommunist und Mathematiker Josef Naas, buchstäblich in letzter Minute der Ermordung durch die SS-Banditen im Konzentrationslager Mauthausen entgangen, die Aufgabe des wissenschaftlichen Direktors der Akademie übernahm.

Am 4. Juli 1946 beging die Akademie wieder feierlich ihren traditionellen Leibniztag zu Ehren des 300. Geburtstages ihres Gründers. Aus diesem Anlaß wurde die Ausgabe des Buches

«Leibniz und sein Rußlandbild» von Liselotte Richter vorbereitet und im Sommer 1946 als eine der ersten Nachkriegsproduktionen der Akademie gedruckt. Obwohl der 1. Juli als das offizielle Datum der Neueröffnung gilt, fand der feierliche Auftakt einen Monat später statt.

Am 1. August 1946 trat die Akademie erstmals unter ihrem neuen Namen an die Öffentlichkeit. Mit großer Feierlichkeit begingen die Akademiker den denkwürdigen Tag – vormittags mit einem Festakt im Deutschen Theater, abends mit einem Konzert der Staatskapelle in der Staatsoper. Wandel,

Solotuchin und Stroux hielten Ansprachen, vom Parteivorstand der SED traf eine in herzlichen Worten gehaltene Glückwunschadresse ein. Den Festvortrag zum Thema «Die Maßstäbe des Kosmos» hatte Hans Kienle übernommen, seit Februar 1946 Ordentliches Mitglied der Akademie, ein bekannter Astrophysiker, der dieses Fach an der Universität vertrat und zugleich das Astrophysikalische Observatorium Potsdam leitete. Am 31. Oktober 1946 beschloß die Akademie ihre neue Satzung, wonach «ihre Arbeit auf neuer Grundlage und in erweiterter Form wieder aufgenommen wurde».[76]

Diese Satzung war «das erste Statut in der gesamten Ge-

71 Siehe Robert Rompe: Objektive und subjektive Bedingungen für die Forschung und Ausbildung nach der Zerschlagung des Faschismus. In: Robert Rompe: Ausgewählte Vorträge und Aufsätze, Berlin 1980, S. 4.
72 Siehe Conrad Grau/Liane Zeil: Wendepunkt 1945 – Neubeginn auch für die Akademie. In: Wissenschaft und Fortschritt, 1975, Heft 5, S. 198.
73 Siehe: Befehl Nr. 187 des Obersten Chefs der Sowjetischen Militäradministration in Deutschland über die Wiedereröffnung der Deutschen Akademie der Wissenschaften zu Berlin. In: Um ein antifaschistisch-demokratisches Deutschland, S. 292/293.
74 Siehe Hermann Klare: Leibniz-Tag 1971. In: spektrum, Juni 1971, S. 11.
75 Siehe Werner Scheler: In memoriam Johannes Stroux. In: spectrum, 1979, Heft 12, S. I.
76 Josef Naas: Bericht über die Arbeit der Akademie seit 1. August 1946. In: Jahrbuch der Deutschen Akademie der Wissenschaften zu Berlin 1946–1949, S. 50.

Johannes Stroux auf dem Festakt zur Wiedereröffnung der Akademie der Wissenschaften im Deutschen Theater am 1. August 1946

Robert Rössle

Fritz Hartung

Erinnerungen von Robert Rompe an den Neubeginn der Akademie: Waren die materiellen Mittel der Akademie damals und in den Folgejahren mehr als bescheiden (im Gründungsjahr der DDR gehörten ihr 900 Mitarbeiter mit einem Etat von 8,4 Millionen Mark an), so war dieses geistige Gründungskapital das eigentlich Bedeutsame. Es trug seine Früchte, daß die Sowjetunion entschieden anders als ihre Verbündeten die Entwicklung der Lage beeinflußte. Das reflektierte sich in der persönlichen Entscheidung vieler Wissenschaftler, wohin sie sich wenden wollten. Auf der Suche nach einem Konsens kehrten bedeutende Gelehrte, die am Ende des Krieges nach Westdeutschland abgewandert waren, wieder zu uns zurück und suchten die Zusammenarbeit mit den Kommunisten, darunter die Mathematiker Erhard Schmidt und Helmut Haase, der Physiker und Strahlenforscher Walter Friedrich, der Geologe Hans Stille. Auch aus der Emigration wählten hervorragende Wissenschaftler, wie der Jurist und Rechtsphilosoph Artur Baumgarten, der Sprachwissenschaftler Wolfgang Steinitz und viele andere den Weg in den Osten Deutschlands, der seine Konturen als Friedensstaat zu gestalten begann.
Robert Rompe: Gründerjahre. In: spectrum, 1984, Heft 9, 2. Umschlagseite.

schichte der Berliner Akademie, in dem ausdrücklich die Möglichkeit der Begründung bzw. Angliederung von Forschungsinstituten an die Akademie vorgesehen war».[77] Bis 1949 bestanden nur zwei Klassen: Sekretar der mathematisch-naturwissenschaftlichen Klasse war ab Juli 1946 der bekannte Pathologe und Krebsforscher Robert Rössle, während der Historiker Fritz Hartung als Sekretar der philosophisch-historischen Klasse wirkte.

Bereits im Oktober 1946, noch vor der Verabschiedung des Statuts, begann der darin vorgesehene Aufbau der akademischen Forschungsbasis. Es war den Zeitumständen geschuldet, daß dieses Potential zunächst keineswegs wohlproportioniert war. Nach 1946 wurden der Akademie allein in Berlin und im Berliner Raum das Astrophysikalische Observatorium in Potsdam unter der Leitung von Kienle, die Sternwarte Babelsberg und das vorerst in deren Räumlichkeiten untergebrachte Astronomische Recheninstitut (beide unter dem kommissarischen Direktorat von Albrecht Kahrstadt), das Geodätische Institut Potsdam (unter der kommissarischen Leitung von Fritz Mühlig) und das Heinrich-Hertz-Institut für Schwingungsforschung unter Gustav Leithäuser zugeordnet. Neu gegründet wurde das Forschungsinstitut für Mathematik unter dem gemeinsamen Direktorat von Erhard Schmidt, Helmut Hasse und Georg Hamel, und begonnen wurde mit dem Aufbau eines Geotektonischen Instituts unter Hans Stille. Hinzu kamen die zahlreichen historischen, philologischen und editorischen Unternehmen, die zum großen Teil zunächst in traditionellen Formen weitergeführt und teilweise reorganisiert wurden.

Ende 1946 schuf sich die Akademie ein sehr wichtiges Arbeitsinstrument: den Akademie-Verlag, der neben Monographien, Sitzungsberichten und Abhandlungen der Akademie eine ganze Reihe von Fachzeitschriften herausbrachte, außer den spezialisierten Organen auch zwei traditionsreiche Querschnittszeitschriften – «Forschungen und Fortschritte» und die Rezensionszeitschrift «Deutsche Literatur-Zeitung» –, die beide seit 1947 wieder erschienen.

Im Jahre 1947 ging der Ausbau des Akademiepotentials zügig voran. Der ohne Zweifel bedeutendste Zuwachs, den die Akademie in diesem Jahr gewann, war das Institut für Medizin und Biologie unter Leitung von Walter Friedrich, dem Pionier der modernen medizinischen Physik. Es befand sich in den Gebäuden des ehemaligen Kaiser-Wilhelm-Instituts für Hirnforschung in Berlin-Buch;[78] seine Grundsubstanz bildeten die beiden Abteilungen für Physik (Biophysik) und Biochemie, in denen die sowjetische Militärverwaltung seit 1945 den dort verbliebenen Wissenschaftlern die Möglichkeit geboten hatte, Forschungsarbeit zu leisten.

Im gleichen Jahr ging auch die 1946 gebildete und relativ gut ausgestattete Physikalische Abteilung eines von der SMAD vorbereiteten Instituts an die Akademie über, die sich unter der Leitung von Friedrich Möglich als Institut für Festkörperforschung konstituierte und zunächst in den Bucher Räumlichkeiten Gastrecht genoß; später erhielt das Institut in Berlin-Adlershof ein eigenes Gebäude. Die Einrichtung von wissenschaftlichen Instituten unter der direkten Zuständigkeit der SMAD und ihre spätere Übergabe an deutsche Organe war eine wichtige Form der Unterstützung für den Aufbau der Wissenschaft in der sowjetischen Besatzungszone. Damit konnte die fachliche Kompetenz deutscher Wissenschaftler auch auf Gebieten bewahrt werden, für die die Forschung unter deutscher Regie durch das Kontrollratsgesetz zeitweilig eingeschränkt oder suspendiert war.

In gleicher Richtung wirkte die zeitweilige Tätigkeit bedeutender deutscher Forscher in der Sowjetunion, deren Effekt für die Heimat in dem hier betrachteten Zeitraum vor der Gründung der DDR zwar noch nicht wirksam wurde, aber in den späteren Jahren nach der Rückkehr dieser Persönlichkeiten eine außerordentliche Rolle spielte. Gewiß war die Arbeit von Gelehrten wie Hermann Klare, Gustav Hertz oder Max Steenbeck in der Sowjetunion Bestandteil der – gemessen am Umfang des von den faschistischen Aggressoren angerichteten Schadens minimalen – Wiedergutmachungsleistungen, aber zugleich waren die Erfahrungen, die sie dort auf Frontgebie-

Zusammenfassung
der Auflagen des SMAD-Befehls vom 27. Juni 1947:

1.
Unverändert das Profil und die Ausrichtung der Arbeit des medizinisch-biologischen Instituts in Berlin-Buch als eines wissenschaftlichen Forschungsinstitutes beizubehalten, dessen Aufgabe ausschließlich in der Bearbeitung von Problemen der theoretischen und klinischen Medizin besteht.

2.
Die wissenschaftliche Thematik des medizinisch-biologischen Institutes mit den praktischen Aufgaben der deutschen Gesundheitsfürsorge zu verbinden, diese Thematik mit der deutschen Verwaltung für das Gesundheitswesen zu koordinieren.

3.
Die Posten des Direktors und der Leiter der Laboratorien mit Personen zu besetzen, welche höhere medizinische Ausbildung besitzen.

4.
Die im Betrieb befindlichen Laboratorien für Biochemie und Biophysik weiter beizubehalten und in möglichst kurzer Frist, auf keinen Fall später als Dezember 1947, Versuchslaboratorien für das Studium des Krebsproblems in Gemeinschaftsarbeit mit der Klinik für die Beurteilung der Diagnostik und der Heilung der Krebskranken zu organisieren.

Eike Schierhorn: Walter Friedrich, Leipzig 1983, S. 80.

77 Werner Hartkopf: Die Akademie der Wissenschaften der DDR. Ein Beitrag zu ihrer Geschichte, S. 168.

78 Siehe Conrad Grau: Bucher Viereck. In: spectrum, 1984, Heft 6, S. 31.

Unsere Genossen in der Deutschen Zentralverwaltung für Volksbildung, in den Länderparlamenten und Regierungen und vor allem auch in der Deutschen Wirtschaftskommission müssen alles tun, um die besten Voraussetzungen für die Arbeit der bereits bestehenden und für die Schaffung neuer Forschungsinstitute zu schaffen. Insbesondere können die verantwortlichen Leiter solcher Institute wie die Deutsche Akademie der Wissenschaften versichert sein, daß wir alles tun werden, was in unserer Macht und in unseren Kräften steht, um diese Stätten der Wissenschaft und Forschung auf ein Niveau zu heben, daß sie zu kostbaren Kleinodien des deutschen Volkes und zu Forschungsanstalten von internationaler Geltung werden.
Anton Ackermann: Marxistische Kulturpolitik. In: Um die Erneuerung der deutschen Kultur, S. 295.

ten des wissenschaftlich-technischen Fortschritts gewannen, für die DDR von kaum zu überschätzendem Wert, ganz abgesehen davon, daß diese Männer bei der Entfaltung der wissenschaftlichen Kooperation zwischen der DDR und der UdSSR eine wichtige Rolle spielten.

1947 setzte in der Akademie auch im gesellschaftswissenschaftlichen Bereich ein reges Profilierungs- und Institutionalisierungsgeschehen ein. Die Einrichtungen und Arbeiten auf diesem Gebiet hatten jedoch überwiegend noch einen traditionell-geisteswissenschaftlichen Zuschnitt. Den marxistisch-leninistischen Gesellschaftswissenschaften gelang es in dieser Periode noch nicht, an der Akademie Forschungspositionen aufzubauen.

Die Tätigkeit der Kommissionen, die zahlreiche von kleinsten Arbeitsstellen oder einzelnen, oftmals weit verstreut im In- und Ausland wohnenden ehren- und nebenamtlichen Mitarbeitern ausgeführte Arbeiten koordinierten, wurde erneuert und gestrafft. Die Akademie verfügte über die Deutsche Kommission unter Theodor Frings, die Kommission für griechisch-römische Altertumskunde unter Stroux, die ebenfalls von Stroux geleitete Kommission für spätantike Religionsgeschichte, die 1945 gegründete Historische Kommission unter Fritz Hartung und die nach der Neueröffnung der Akademie konstituierten Kommissionen für Sprachwissenschaften unter Wilhelm Wissmann und für Vor- und Frühgeschichte unter Wilhelm Unverzagt.

Zugleich wurden gesellschaftswissenschaftliche Institute gegründet. So entstanden 1947 ein Institut für hellenistisch-römische Philosophie unter Stroux, ein Institut für Orientforschung unter Richard Hartmann, ein Institut für Slawistik unter Reinhold Trautmann und ein Institut für Romanische Sprachwissenschaft unter Walther von Wartburg (Gründung 1947, Aufnahme der Tätigkeit 1948). Es ist unbestreitbar, daß in den Kommissionen und Instituten wissenschaftlich bedeutsame Vorhaben von kompetenten Fachleuten bearbeitet wurden, wobei der Hauptakzent auf die Fortführung traditioneller Themen – teilweise ausgesprochener Jahrhundertwerke – gelegt wurde.

Das gesellschaftswissenschaftliche Gesamtprofil der Akademie war in jenen Jahren noch nicht geeignet, die antifaschistisch-demokratischen Umgestaltungen im Osten Deutschlands wissenschaftlich zu unterstützen. So beachtlich die praktische Wirksamkeit der Akademie auf naturwissenschaftlichem Gebiet auch bereits war, auf dem gesellschaftswissenschaftlichen Sektor war sie noch minimal. Die entscheidenden Schritte zur Beseitigung dieser Kluft im Akademieprofil konnten erst nach Gründung der DDR getan werden.

Richard Hartmann
bei seinem Vortrag
«Islam und Nationalismus
in der islamischen Frühzeit»
am 19. Dezember 1946
im Lesesaal
der Akademiebibliothek
Unter den Linden

Die Einrichtung naturwissenschaftlicher Akademieinstitute in Berlin und Umgebung wurde auch 1948 weiter fortgesetzt. Wir erwähnen als Neugründungen das Optische Laboratorium unter Ernst Lau, das Institut für physikalische Hydrographie (ein erster Ansatz für ein komplexes Herangehen an die ökologische Problematik) unter Hans Ertel und insbesondere das Institut für Faserstofforschung in Teltow-Seehof unter Erich Correns. Im Bereich der Naturwissenschaften zeichnete sich bereits damals das akademiespezifische Profil der Wechselwirkung von Wissenschaft und Praxis ab; zumindest waren wichtige Grundlinien dieses Profils in einzelnen akademischen Institutionen bereits zu erkennen.

Lassen wir die wichtigsten zukunftsträchtigen Züge jener Anfangsjahre in aller Kürze Revue passieren.

Erstens. Die Akademie orientierte sich darauf, überall dort, wo es die gesellschaftliche Praxis verlangte, die Grundlagen modernster Erkenntnis einzusetzen oder zu erweitern, nach den Möglichkeiten ihres Potentials positiv zu reagieren oder gar Probleme der Praxis selbst zu diagnostizieren und sich deren Lösung zum Ziel zu stellen.

Im August 1945 folgte die Akademie beispielsweise der Anregung, eine Denkschrift über die Schulreform auszuarbeiten, die im Dezember dieses Jahres auch zugleich im Namen der Universität dem Hauptschulamt der Stadt Berlin überreicht wurde.[79]

Die kurz nach der Wiedereröffnung der AdW begonnenen Forschungen über Zellulose und synthetische Fasern im Institut für Polymerenchemie brachten grundlegende Erkenntnisse auf diesem so eng mit der Chemiefaser- und Textilindustrie verflochtenen Gebiet. Neben neuen Resultaten über die Makro- und Mikrostruktur, über die Modifizierung und über Abbau- und Aufbaureaktionen faserbildender Polymerer seien die Beiträge zur Polykondensation und der Lösungspolymerisation des Akrylnitrils erwähnt, die im letzten Falle zu einem neuen und rationellen großtechnischen Herstellungsverfahren von Wolprylafasern führten. Diese Arbeiten sind mit dem Wirken von Erich Correns und seinen Mitarbeitern eng verknüpft.
Hermann Klare:
Die Akademie der Wissenschaften in Vergangenheit und Gegenwart.
In: spectrum, 1975, Heft 9, S. 23.

79 Siehe Josef Naas: Bericht über die Arbeit der Akademie seit 1. August 1946. In: Jahrbuch der Deutschen Akademie der Wissenschaften zu Berlin 1946–1949, S. 50.

Altes Laborgebäude des Instituts für Faserstoffforschung in Teltow-Seehof

Der grundsätzliche Wandel, der sich im Leben der Akademie der Wissenschaften seit ihrer Wiedereröffnung im Jahre 1946 vollzogen hat, ist aufs engste verknüpft mit den umwälzenden sozialökonomischen Veränderungen in unserem Lande. Unvergessen bleiben die Wissenschaftler, die in jenen Tagen als Aktivisten der ersten Stunde die historische Chance für eine neue menschenwürdige Zukunft nutzten und ihre ganze Kraft für antifaschistisch-demokratische Gesellschaftsverhältnisse und für das Werden einer neuen sozialistischen Gesellschaft gaben.
Horst Sindermann: Forschung im gesellschaftlichen Auftrag. In: spectrum, 1975, Heft 9, S. 8.

Zweitens. Die Akademie baute – zunächst noch sehr fragmentarisch, ohne das System der wissenschaftlichen Grunddisziplinen in ihrem Profil auch nur annähernd vollständig zu repräsentieren – einen Fächer praktischer Wirksamkeit auf, der alle Möglichkeiten des Verhältnisses von Erkenntnis und Praxis umfaßte: von der laufenden wissenschaftlichen Zuarbeit auf der Basis gesicherter Kenntnisse und bewährter Methoden über die Befriedigung definierter Ansprüche der Praxis durch angewandte Forschungen bis zur forschenden Vorbereitung grundlegender Neuerungen und zur Erkundung naturgesetzlicher Zusammenhänge als Vorarbeit für eine künftige, einstweilen noch nicht absehbare Praxis.

Ein großes Programm von Forschungen ausgesprochen angewandten Profils mit enger Industriebindung realisierte schon damals das Heinrich-Hertz-Institut für Schwingungsforschung. Insbesondere wurden in Verbindung mit der Filmfabrik Agfa Wolfen umfangreiche Untersuchungen zur Verbesserung der Tonbänder und der Aufnahmetechnik vorgenommen. Andererseits gab es auch Institute, in deren Arbeit der Erkundungsaspekt im Mittelpunkt stand, so das Institut für Festkörperforschung.[80]

Drittens. Mit beachtlicher Konsequenz folgte die Akademie dem Prinzip, daß sich eine Spitzeninstitution der Grundlagenforschung ihre wichtigsten Geräte selbst schaffen muß. Der erste Akademiebericht bezeugt den meisten naturwissenschaftlichen Instituten große Aufmerksamkeit für diese Seite der Arbeit.[81]

Auch das Institut für Medizin und Biologie besaß eine eigene, gut ausgestattete Abteilung für Geräteentwicklung; Institutsdirektor Friedrich erachtete diese Struktureinheit für wichtig genug, um ihre Leitung persönlich zu übernehmen.

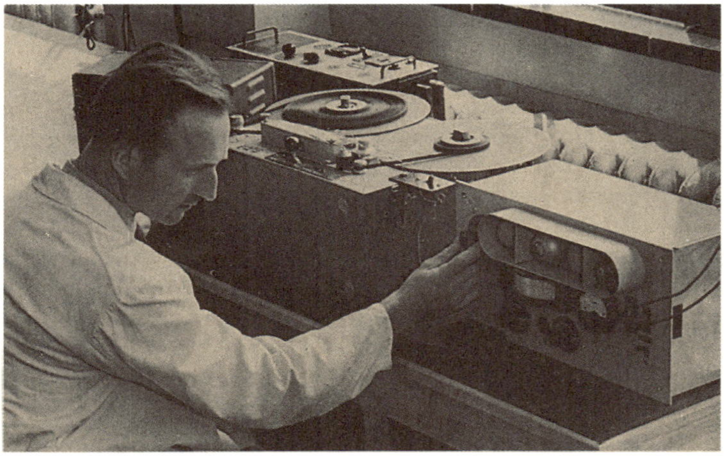

Eicheinrichtung zur Prüfung der Empfindlichkeit von Magnettonköpfen in der Abteilung Elektroakustik des Heinrich-Hertz-Instituts Aufnahme um 1950

Viertens. Die Akademie entwickelte zumindest einen Prototyp hochgradig interdisziplinärer Erforschung komplexer Probleme, wie sie nach der Jahrhundertmitte immer mehr das Antlitz der Wissenschaft zu prägen begann: die Krebsforschung. Hier traf die Akademie eine glückliche Entscheidung unter günstigen Umständen. Als die SMAD im Juni 1947 die Bucher Einrichtung an die Akademie übertrug, da band sie diese Übergabe an die Empfehlung, das Krebsproblem in den Mittelpunkt der künftigen Arbeiten zu stellen. Unzweifelhaft war die sowjetische Auflage wohlüberlegt: Die besten deutschen Wissenschaftstraditionen, die Erfahrungen der konzentrierten Arbeit an Frontproblemen auf höchstem Niveau sollten nach der dunklen Zeit beschämenden Mißbrauchs der Forschung durch den Hitlerfaschismus beispielhaft neubelebt werden an einer Problematik von größtem humanistischem Gewicht, deren Bearbeitung der ganzen Menschheit Nutzen bringt. Zum anderen hatte die Akademie das seltene Glück, für die Leitung des Instituts in Walter Friedrich einen Mann zu gewinnen, der fachlich wie menschlich in der Lage war, das komplizierte Netz entfalteter Interdisziplinarität aufzuspannen und zu beherrschen. Auch die Abteilungsleiter waren hervorragende Fachleute, und das wissenschaftliche Klima am Institut war dazu angetan, begabte junge Wissenschaftler anzuziehen und zu fördern.

Über die im April 1949 eröffnete Geschwulstklinik nahm das Institut direkten Einfluß auf die verbesserte Behandlung und Betreuung der Krebspatienten. Das Friedrichsche Institut wurde zur Keimzelle des weitgefächerten medizinischen und

Zur Eröffnung der Klinik standen 55 Betten für stationär zu behandelnde Patienten zur Verfügung. Zur geeigneten Auswahl der Patienten hatte die Klinik eine eigene Beratungsstelle für Geschwulstkranke in Betrieb genommen. Es bestand die Aufgabe, sowohl sämtliche Untersuchungsmethoden für eine Krebsdiagnostik zu testen und zu erweitern als auch alle Möglichkeiten der chirurgischen, biochemischen, strahlen- und chemotherapeutischen Methoden zu prüfen und diese nach dem erreichten Erkenntnisstand dann zu vervollkommnen. Ein wesentlicher Vorteil der Arbeiten in dieser Geschwulstklinik bestand darin, daß nicht ein Facharzt allein diagnostizierte, sondern daß stets in kollegialer Zusammenarbeit von Vertretern mehrerer Disziplinen die nächsten Schritte festgelegt wurden.
Eike Schierhorn: Walter Friedrich, S. 87.

30 Siehe ebenda, S. 76.
31 Siehe ebenda, S. 79.

Festlegungen
der 1. Kulturverordnung
vom 31. März 1949
über die Deutsche
Akademie der Wissenschaften
zu Berlin:
a)
Gliederung
der Deutschen Akademie
der Wissenschaften
in folgende 6 Klassen:
Klasse für Mathematik
und Naturwissenschaften,
Klasse für Sprach-,
Literatur- und
Kunstwissenschaften,
Klasse für Gesellschafts-
wissenschaften,
Klasse für medizinische
Wissenschaften,
Klasse für landwirtschaftliche
Wissenschaften,
Klasse für technische
Wissenschaften.
b)
Im Zusammenhang mit der Umwandlung und den neuen Aufgaben der Deutschen Akademie der Wissenschaften wird der Erweiterung des Haushaltes ab 1. April 1949 zugestimmt. …
d)
Der Deutschen Akademie der Wissenschaften sind für das Jahr 1949 zur Durchführung der wichtigsten Bauvorhaben und zur Anschaffung der wissenschaftlichen Einrichtung ihrer Institutionen 3 Millionen DM zur Verfügung zu stellen. Die Deutsche Akademie der Wissenschaften ist mit den notwendigen Baumaterialien, wissenschaftlichen Einrichtungen sowie Transportmitteln und weiteren Unterkunftsräumen zu versorgen.
e)
Der Akademie der Wissenschaften wird zur Erweiterung ihrer Verlagstätigkeit ein Kontingent von 250 t Papier für das Jahr 1949 zur Verfügung gestellt. Im Haushalt der Akademie sind im

biowissenschaftlichen Forschungskomplexes der Akademie in Buch und übte zugleich einen starken Einfluß auf das Forschungs- und Lehrprofil der Universitäten in der DDR auf den betreffenden Gebieten aus.

Unser Rückblick auf die ersten Jahre nach der Wiedereröffnung der Akademie läßt erkennen, welche beachtlichen Schritte damals auf dem Weg von der herkömmlichen Gelehrtengesellschaft zur Forschungsakademie zurückgelegt worden sind. Berücksichtigt man die außerordentlichen Schwierigkeiten der Zeitverhältnisse, so muß man jenen Persönlichkeiten, die sie im akademischen Bereich gemeistert haben, größte Hochachtung zollen. Dennoch war alles Geschilderte nicht mehr als das Präludium zu dem außerordentlichen Aufschwung der Akademie in der Folgezeit. Otto Grotewohl betonte auf dem 1. Kulturtag der SED im Mai 1948: «Die Veränderung der wirtschaftlichen Basis in der sowjetischen Besatzungszone gibt besonders den exakten und technischen Wissenschaften ungeahnte Entfaltungsmöglichkeiten. Unsere ganze volkseigene Industrie bietet sich ihnen zur Auswertung ihrer Entdeckungen und Erfindungen dar. Es gibt bei uns keinen Trust, der ihre Erfindungen aufkaufen und in den Tresor verschließen könnte. Das Volk wartet auf die Resultate der wissenschaftlichen Forschung, um mit ihrer Hilfe seine Not rascher überwinden zu können. Nicht geringer sind die Entfaltungsmöglichkeiten der humanitären Wissenschaften in der sowjetischen Besatzungszone.»[82]

In der Entschließung der I. Parteikonferenz der SED, die im Januar 1949 in Berlin tagte, wurden auch Festlegungen zur Durchführung der kulturellen Aufgaben im Rahmen des Zweijahrplanes von 1949 bis 1950 getroffen.

Noch weiter ins Detail konkreter Bestimmungen ging die erste Kulturverordnung vom 31. März 1949. Sie bestimmte für die Akademie die Verdoppelung der Mitgliederzahl von 60 auf 120 (und zugleich eine Verdoppelung der Höhe der steuerfreien Zuwendungen an jedes Akademiemitglied), sah die Bildung von sechs anstelle der bisherigen zwei Klassen vor, erweiterte den Haushalt der Akademie mit Wirkung vom 1. April 1949 bedeutend und wies der Akademie eine Reihe von Gebäuden und Einrichtungen zu.[83]

Die Erhöhung der Stellenzahl ermöglichte es, vor allem die Naturwissenschaften ihrer Bedeutung gemäß im Mitgliederbestand zu repräsentieren. Mit dem Rechtsphilosophen Arthur Baumgarten und dem Romanisten Werner Krauß wurden im Jahre 1949 erstmalig auch marxistisch-leninistische Gesellschaftswissenschaftler zu Akademiemitgliedern gewählt.[84]

Die neue Klasseneinteilung erlaubte eine differenzierte akademische Diskussion und Meinungsbildung.

Gebäude des Präsidiums
und der zentralen
Einrichtungen der Akademie
Aufnahme um 1950

Die wichtigsten Gebäude- und Geländezuführungen für die Akademie in Berlin waren die Übergabe eines ehemaligen Bankgebäudes an der Ecke Gendarmenmarkt/Jägerstraße (heute: Platz der Akademie/Otto-Nuschke-Straße) als Sitz des Präsidiums und der zentralen Einrichtungen, das am 1. August 1949 bezogen wurde, und des Geländes des früheren Aerodynamischen Instituts in Berlin-Adlershof.

Für 1950 erhielt die Akademie 5 Millionen Mark an Investitionsmitteln; damit wurde der Ausbau der Akademie zu einem großzügig gestalteten modernen Forschungszentrum eingeleitet. Der Löwenanteil dieser Summe (reichlich 1,4 Millionen) war für Adlershof bestimmt – hier setzte eine rege Bautätigkeit ein; vor allem der Aufbau großer chemischer Institute schloß eine empfindliche Lücke im Akademieprofil.

Diese Entwicklungen gehören bereits einem neuen Kapitel unserer historischen Entwicklung an: dem Aufstieg der Akademie der Wissenschaften zum führenden Forschungszentrum der Deutschen Demokratischen Republik.

Jahre 1949 zusätzliche Mittel für ihren Verlag vorgesehen.
f)
Für Mitglieder der Deutschen Akademie der Wissenschaften wird im Verlauf der Jahre 1949 und 1950 ein Kredit von 500 000 DM pro Jahr zum Bau von Eigenheimen ... gewährt. Die dazu notwendigen Baumaterialien sind zur Verfügung zu stellen. Die Landesregierungen und der Berliner Magistrat haben die notwendigen Baugrundstücke für diese Eigenheime zur Verfügung zu stellen.
g)
Vom 1. April 1949 ab sind die jährlichen steuerfreien Zuwendungen an die Mitglieder der Deutschen Akademie der Wissenschaften zu Berlin von 6 000 DM auf 12 000 DM zu erhöhen.
Verordnung über die Erhaltung und die Entwicklung der deutschen Wissenschaft und Kultur, die weitere Verbesserung der Lage der Intelligenz und die Steigerung ihrer Rolle in der Produktion und im öffentlichen Leben. In: Zentralverordnungsblatt Teil I, 1949, Nr. 28, S. 230/231.

82 Otto Grotewohl: Die geistige Situation der Gegenwart und der Marxismus. In: Um die Erneuerung der deutschen Kultur, S. 261.
83 Siehe: Zentralverordnungsblatt, Teil I, 1949, Nr. 28 vom 21. April 1949, S. 230/231.
84 Siehe Werner Hartkopf: Die Akademie der Wissenschaften der DDR. Ein Beitrag zu ihrer Geschichte, S. 173.

Otto Grotewohl auf dem 40. Parteitag der SPD im April 1946: Wir haben schon einmal in der deutschen Arbeiterbewegung eine Strömung erlebt, die glaubte, sich von den Grundsätzen des klassenkämpferischen Marxismus entfernen zu können ... Ich meine den Revisionismus. Die deutsche Arbeiterbewegung und besonders die Sozialdemokratische Partei hat diesen revisionistischen Kurs der Sozialdemokratie in den hinter uns liegenden Jahren bitterböse bezahlt. Wir brauchen heute keine neuen sozialistischen Theorien, wir brauchen nur die Theorie des Marxismus, unter der zwei Generationen deutscher Arbeiter siegreich und mit Erfolg gekämpft haben, wieder zur Anwendung bringen.
40. Parteitag der Sozialdemokratischen Partei Deutschlands am 19. und 20. April 1946 in Berlin, Berlin 1946, S. 95.

Die Wahrheit erkennen, das Neue gestalten

Im Berlin der Nachkriegsjahre fanden heftige, vielschichtige und überaus komplizierte ideologische Auseinandersetzungen um die Bewältigung der Vergangenheit, um die Orientierung in der Gegenwart und die Zielstellung für die Zukunft statt. Die Bedingungen für antifaschistisch-demokratische Umgestaltungen unter Führung der Arbeiterklasse wiesen im Nachkriegsdeutschland spezifische Züge und eine einzigartige Komplexität auf. Kompliziert wurde die Situation noch dadurch, daß die Besatzungsmächte – in Berlin auf engem Raum nebeneinander wirkend –, die in Nachkriegsdeutschland die administrative Gewalt ausübten und damit grundlegende Rahmenbedingungen aller gesellschaftlichen Prozesse setzten, diametral entgegengesetzte Gesellschaftsordnungen vertraten. KPD und SPD standen nicht nur politisch, sondern auch theoretisch vor einer der größten schöpferischen Herausforderungen, die es in der ganzen Geschichte der deutschen Arbeiterbewegung jemals gegeben hatte.

Dabei mußten sie weltanschauliche Konsequenzen mit bündnispolitischer Toleranz verbinden. Deshalb wurden auch Vertretern der bürgerlichen Gesellschaftswissenschaft, sofern sie keine aktiven Anhänger des Nazismus waren, volle Arbeitsmöglichkeiten eingeräumt; diese Wissenschaftler waren zunächst die Inhaber der wichtigsten Universitätsordinariate, und der Marxismus hatte sich im Hochschulbereich durch die Kraft seiner Ideen und nicht auf dem «Verordnungsweg» durchzusetzen. So wurde die Philosophie in Berlin von Eduard Spranger, Alfred Vierkandt, Liselotte Richter, Paul Hofmann und Rudolf Schottlaender gelehrt.

Sie vertraten unterschiedliche philosophische Richtungen, aber keiner von ihnen war ein Marxist. Auch ihre politischen Standorte und entsprechend ihre weiteren Entwicklungswege waren verschiedenartig. Hofmann gehörte dem ersten Präsidialrat des Kulturbundes an. Vierkandt suchte als Demokrat den Dialog mit den Marxisten; neben marxistischen Referenten sprach auch er auf der 1. Philosophischen Konferenz im Haus der Kultur der Sowjetunion in Berlin, die im Mai 1949 anläßlich des 40. Jahrestages des Erscheinens von Lenins Werk «Materialismus und Empiriokritizismus» durchgeführt wurde. Die Veranstaltung zeigte die Bereitschaft der SED, «in sachlichen und wissenschaftlichen Diskussionen über Weltanschauungsfragen mit allen zusammenzugehen und zu kämpfen, die bereit sind, den Humanismus, den Frieden und Fortschritt gegen Chauvinismus, Irrationalismus und Mystizismus zu verteidigen».[85] Die SED demonstrierte auf die vielfältigste

Erste Veröffentlichungen von Werken der Klassiker des Marxismus-Leninismus aus dem Verlag «Neuer Weg»

Weise die Aufrichtigkeit ihres antifaschistisch-demokratischen Bündnisangebots, das ihre Gegner immer wieder als ein bloßes taktisches Manöver zu diskreditieren suchten.

Ein zentrales Thema in der ideologisch-theoretischen Arbeit der Partei war der Nachweis der Allgemeingültigkeit des Leninismus, den die Revisionisten als angeblich nur auf «östliche» Verhältnisse bezogen abzuwerten suchten. Dabei ging es auch um die beim Aufbau der sozialistischen Gesellschaft gesammelten Erfahrungen der KPdSU – selbstverständlich nicht, um sie schematisch zu kopieren, sondern im Sinn ihrer positiven Auswertung bei Berücksichtigung der konkreten Bedingungen. Dazu mußten die wichtigsten Arbeiten Lenins in deutscher Sprache verfügbar sein.

Bei den Mitgliedern der SED, vor allem bei den aus der SPD stammenden und den neu zur Partei gekommenen Genossen, mußte das Bedürfnis, diese Werke mit dem Blick auf die dringenden Aufgaben des gesellschaftlichen Neuaufbaus zu studieren, geweckt werden. Der KPD-Verlag «Neuer Weg» (der dann mit dem SPD-Verlag «Vorwärts» zum Dietz Verlag, dem Parteiverlag der SED, zusammengeschlossen wurde) brachte bereits 1945 vier Werke Lenins, darunter «Was tun?», heraus. Bei der schnellen Bereitstellung von Werken Lenins konnte sich die Partei nicht nur auf die Arbeit ihres eigenen Verlages stützen, sondern auch auf die Hilfe dreier sowjetischer Verlage: des Verlages für fremdsprachige Literatur Moskau, des in Berlin ansässigen Verlages «Tägliche Rundschau»,

Max Fechner, damals führendes Mitglied des Zentralausschusses der SPD, über eine Funktionärsversammlung der SPD unter Teilnahme von Wilhelm Pieck im September 1945 in Berlin:
Als er von der Notwendigkeit der Anwendung des Marxismus-Leninismus sprach, gab es jedoch Äußerungen gegenteiliger Auffassungen. Der Leninismus war damals noch für viele Sozialdemokraten ... das rote Tuch.
... Ich erläuterte den anwesenden Genossen: Wilhelm Pieck sprach vom Leninismus. Nun, ich verstehe, daß viele Genossen die Lehre von Lenin nicht kennen, vielleicht auch, weil wir in der zurückliegenden Zeit Marx zu wenig studiert haben. Ich habe Lenin gelesen, der die Theorie von Marx weiterentwickelt hat. Wilhelm Pieck kommt aus der Sowjetunion, wo er die Verwirklichung der Leninschen Lehre miterlebte. Nachdem uns die Rote Armee vom Faschismus befreit hat, sollten wir uns mit dem Aufbau des Sozialismus in der Sowjetunion vertraut machen und vom Sowjetvolk auch lernen.
Max Fechner: Zentralausschuß der SPD und Zentralkomitee der KPD gingen zusammen. In: Vereint sind wir alles. Erinnerungen an die Gründung der SED, Berlin 1971, S. 46.

85 Zur Geschichte der marxistisch-leninistischen Philosophie in der DDR. Von 1945 bis Anfang der sechziger Jahre, Berlin 1979, S. 90.

der nicht nur die gleichnamige Tageszeitung, sondern auch Bücher und Broschüren herausgab, und schließlich des von der SMAD im Dezember 1945 gegründeten und in Berlin und Leipzig tätigen SWA-Verlages. Neben verschiedenen broschierten Ausgaben einzelner Schriften Lenins darf auf keinen Fall die zweibändige Auswahl vergessen werden, deren erster Band bereits 1946 zur Verfügung stand (Band II erschien 1947) und die für viele Genossen ein unentbehrliches Arbeitsmaterial, ein Kompendium des Leninismus wurde.

Auf dem II. Parteitag der SED, der im September 1947 in Berlin tagte, erklärte Otto Grotewohl: «Es ist für jeden Sozialisten eine selbstverständliche Sache, daß sich der Marxismus nur weiterentwickeln konnte und kann, wenn er die Erfahrungen der Arbeiterbewegung aller Länder berücksichtigt. Warum soll er da nicht auch die Erfahrungen der russischen Arbeiterbewegung auswerten? ... Die russischen Erfahrungen sind besonders lehrreich, weil die russische Arbeiterklasse im Bündnis mit der Bauernklasse siegreich war und siegreich blieb, um erfolgreich den Sozialismus aufzubauen.»[86]

Dieser Parteitag gelangte zu der Einschätzung, daß nunmehr für alle Parteimitglieder die Zeit herangereift sei, sich gründlich mit dem Leninismus zu beschäftigen. Einen großen Beitrag zur Verbreitung der Leninschen Ideen und der Erfahrungen ihrer praktischen Umsetzung leisteten Vorträge sowjetischer Kulturoffiziere sowie Veröffentlichungen sowjetischer Gesellschaftswissenschaftler in der theoretischen Zeitschrift «Neue Welt». Eine große Rolle spielte auch die am 30. Juni 1947 gegründete «Gesellschaft zum Studium der Kultur der Sowjetunion» (im Juli 1949 in Gesellschaft für Deutsch-Sowjetische Freundschaft umbenannt), deren erster Präsident der Wirtschaftswissenschaftler Jürgen Kuczynski war und die seit 1948 die Zeitschrift «Sowjetwissenschaft» edierte.

Zu einem der Zentren des progressiven Berliner Geisteslebens entwickelte sich das im Februar 1947 eröffnete Haus der Kultur der Sowjetunion, dessen Programme bedeutende Veranstaltungen enthielten, die den Berliner Intellektuellen niveauvoll die Ideen des Leninismus nahebrachten. Höhepunkt in der Periode vor der Gründung der DDR war dabei die bereits erwähnte Konferenz anläßlich des 40. Jahrestages der Herausgabe von Lenins Werk «Materialismus und Empiriokritizismus», das 1947 nach zwanzig Jahren wieder in deutscher Sprache erschienen war. Diese Konferenz war ein Festtag im philosophischen Leben Berlins.[87] Deutsche und sowjetische Marxisten tauschten Gedanken und Ergebnisse aus. Kurt Hager, Sergej Tjulpanow und Grigori Patent, Fred Oelßner, Klaus Zweiling und eine ganze Reihe weiterer Redner zeigten die Lebenskraft des Leninschen Werkes, indem sie

Sergej Tjulpanow zur ideologisch-theoretischen Arbeit der SMAD-Offiziere: Ohne das Wort Marxismus übermäßig zu strapazieren, argumentierten wir natürlich als Marxisten, was zur Folge hatte, daß selbst die sachlichste Darlegung unserer Positionen zu irgendeinem konkreten Problem des Lebens in Deutschland wie auch die Propagierung unserer Ansichten stets die Gegenpropaganda der Apologeten des Imperialismus auf den Plan rief.
Die Verbreitung der marxistisch-leninistischen Ideologie war folglich weit entfernt von einer ruhigen Aufklärungsarbeit über diese oder jene Aspekte der marxistisch-leninistischen Lehre. In der Regel trug diese Tätigkeit polemischen Charakter. Dies galt ebenso für die allgemeineren Vorträge auf größeren Versammlungen wie auch für die mehr fachlich ausgerichteten Vorlesungen beziehungsweise Vorträge vor allem an den Universitäten. ... Gerade da spürten wir mit aller Deutlichkeit die tiefe Verwurzelung und Hartnäckigkeit der antimarxistischen Auffassungen, die alle an den Universitäten gelehrten Sozialwissenschaften durchdrungen hatten. Der reaktionäre Charakter der methodologischen Prinzipien im wissenschaftlichen und pädagogischen Wirken des Lehrkörpers, ihre antidemokratische Ausrichtung trat klar zutage.
Sergej Tjulpanow: Deutschland nach dem Kriege (1945–1949), S. 156/157.

2. Jahrestagung der «Gesellschaft zum Studium der Kultur der Sowjetunion» vom 1. bis 3. Juli 1949, auf der sie in «Gesellschaft für Deutsch-Sowjetische Freundschaft» umbenannt wurde
Wilhelm Pieck, Nikolai Semjonow, Gerhart Eisler, Anna Seghers, Willi Bredel und Jürgen Kuczynski (von l. nach r.). In der 2. Reihe Konstantin Simonow und Sergej Tjulpanow (von l. nach r.)

es in die geistigen Kämpfe der Gegenwart stellten und als eine wirksame Waffe der Auseinandersetzung mit prominenten Strömungen der bürgerlichen Nachkriegsphilosophie handhabten. Diese Konferenz bedeutete zugleich einen Durchbruch auf dem Weg zur Herstellung des schöpferischen Bündnisses von marxistisch-leninistischer Philosophie und Naturwissenschaft.

Im Jahre 1948, als die Exponenten des in den westlichen Besatzungszonen und in den Westsektoren Berlins wiedererstarkten deutschen Großkapitals mehr und mehr zu der Einsicht gelangten, daß die antimonopolistische Entwicklung im Osten des Landes nicht mehr ohne weiteres rückgängig zu machen sei, und daher mit aktiver Unterstützung der Westmächte forciert Kurs auf die Spaltung Berlins und ganz Deutschlands nahmen, verschärfte sich der Klassenkampf in Deutschland außerordentlich, und Berlin war der Brennpunkt des Geschehens.

In dieser Situation war die gründliche Aneignung der marxistisch-leninistischen Theorie und der Erfahrungen der KPdSU durch alle Mitglieder der SED für die Kampfkraft der Partei bedeutsam. Die 11., 12. und 13. Tagung des Parteivorstandes wiesen in ihren Beschlüssen nachdrücklich darauf hin. In einem Beschluß des Zentralsekretariats vom 20. September 1948 wurde auf das Selbststudium des inzwischen in deutscher Sprache erschienenen Buches «Geschichte der KPdSU (B) – Kurzer Lehrgang» und eine unterstützende Kampagne in der Parteipresse orientiert;[88] ein Beschluß des Parteivorstandes

86 Otto Grotewohl: Der Kampf um die nationale Einheit und um die Demokratisierung Deutschlands. In: Protokoll der Verhandlungen des 2. Parteitages der Sozialistischen Einheitspartei Deutschlands, 20. bis 24. September 1947, Berlin 1947, S. 292.
87 Siehe: Zur Geschichte der marxistisch-leninistischen Philosophie in der DDR, S. 89–92.
88 Siehe: Über die Verstärkung des Studiums der «Geschichte der Kommunistischen Partei der Sowjetunion (Bolschewiki) – Kurzer Lehrgang». In: Dokumente der SED, Bd. II, Berlin 1952, S. 128–130.

Sergej Tjulpanow über das Buch «Irrweg einer Nation» von Alexander Abusch: Für eine gewisse Zeit war sie (diese Arbeit – *d. Verf.*) in der Informationsverwaltung gewissermaßen eins der Handbücher. Neben der Untersuchung des «Irrwegs», des reaktionären Weges, der Deutschland zum Faschismus führte, wurden in diesem Buch die historischen Wurzeln der fortschrittlichen, demokratischen Linie in der Geschichte des deutschen Volkes begründet. Für uns aber war es äußerst wichtig, dem immer größer werdenden Aktiv derjenigen, die sich in den Aufbau des neuen Lebens eingereiht hatten, zu zeigen, daß die Ideen der Freiheitskämpfer, die Ideen der deutschen Kommunisten und die Ideen des friedliebenden, demokratischen Deutschland in der Geschichte des Landes tiefe nationale Wurzeln besitzen. Bei der Entlarvung des Faschismus und seiner ideologischen Grundthesen betrachteten wir es als unsere Aufgabe, das deutsche Volk mit den Vertretern dieses «anderen Deutschland» bekannt zu machen und ihre moralische Überlegenheit nicht nur über den Faschismus, sondern auch über alle von der bürgerlichen Geschichtsschreibung verherrlichten «Helden» des deutschen Imperialismus und Militarismus zu zeigen.
Ebenda, S. 286.

vom Mai 1949[89] traf weitere Festlegungen zur Verbesserung dieses Studiums.

Das dringende Bedürfnis breiter Kreise des deutschen Volkes, mit der durchlebten und durchlittenen, aber ungenügend begriffenen jüngsten Vergangenheit ins reine zu kommen, schuf eine günstige Situation für die marxistisch-leninistische Geschichtswissenschaft.

Arbeiten, die die faschistische Vergangenheit analysierten und mit ihr abrechneten, fanden reißenden Absatz.[90] Wilhelm Girnus, Kulturtheoretiker und Kulturpolitiker, entlarvte das elitetheoretisch verzerrte und verfälschte, antiwissenschaftliche Geschichtsbild der Nazis.[91] Später erschienen auch historisch-kritische Untersuchungen zu einzelnen Komponenten der Naziideologie, insbesondere zum Rassismus.[92]

Aufsehen erregte Alexander Abuschs Buch «Der Irrweg einer Nation», das in mehreren Auflagen erschien. Hier wurde mit aller Deutlichkeit gezeigt, daß die Hitlerdiktatur weit in die deutsche Geschichte zurückreichende historische Wurzeln hatte. Die unheilvolle geschichtliche Rolle des reaktionären Preußentums, dem das Klassenkomplott von Junkertum und Großbourgeoisie zugrunde lag, wurde von Abusch als eine wesentliche Voraussetzung für das Aufkommen des Nazismus gekennzeichnet.

Der starke Impuls zur Beschäftigung mit der jüngsten deutschen Geschichte führte zwangsläufig dazu, die ganze neuere Geschichte des deutschen Volkes bis hin zu Reformation und Bauernkrieg einer marxistischen Neubestimmung zu unterziehen, wobei selbstverständlich nur die Grundlinien skizziert werden konnten und die Ausführung der Details (beispielsweise die innere Differenzierung des Preußenbildes) späteren Historikergenerationen überlassen bleiben mußte. Das Jahr 1948 – Doppeljubiläum zweier deutscher Revolutionen – bot eine besondere Gelegenheit für die Darstellung größerer Zusammenhänge der deutschen Geschichte.[93]

Die deutschen Kommunisten hatten schon in den Jahren vor der Zerschlagung des Faschismus den hohen Stellenwert der Geschichtswissenschaft in der geistigen Auseinandersetzung der Nachkriegsjahre erkannt und sich darauf vorbereitet. In den Jahren 1944 und 1945 hatten in der Sowjetunion Anton Ackermann, Wilhelm Florin, Edwin Hoernle, Wilhelm Pieck, Frida Rubiner, Walter Ulbricht und weitere Genossen diese Problematik ausführlich diskutiert.

Auf dieser Grundlage beschäftigte sich dann im Frühjahr 1945 eine aus Marxisten und Nichtmarxisten bestehende Arbeitsgruppe des Nationalkomitees Freies Deutschland mit diesem Fragenkreis. Sie erarbeitete «Richtlinien für den Unterricht in der deutschen Geschichte», die die methodologischen

Wilhelm Pieck in einer Besprechung mit leitenden Mitarbeitern des Rundfunks Aufnahme um 1947 Rudolf Engel, Heinz Schmidt, Wilhelm Pieck, Hans Mahle und Wilhelm Girnus (von r. nach l.)

Grundsätze der Wissenschaftlichkeit in der Darstellung des Gegenstandes, der Orientierung auf objektive Gesetze des Geschichtsprozesses, des Primats der sozialökonomischen Faktoren und der entscheidenden Rolle der Volksmassen in der Geschichte und der Bewertung aller historischen Ereignisse, Ideen und Persönlichkeiten nach dem Kriterium des gesellschaftlichen Fortschritts hervorhoben.[94]

In Ackermanns Referat auf der Berliner Kulturtagung der KPD im Februar 1946 wurde ein Programm für die Geschichtswissenschaft entwickelt, das den von der Partei in den beiden vorhergehenden Jahren erarbeiteten Orientierungen entsprach und auf lange Sicht gültig war. Die deutsche Geschichte, daran ließ Ackermann keinen Zweifel, war keine ununterbrochene Misere, sondern ständiger Kampf zwischen Fortschritt und Reaktion; ein nihilistisches Verhältnis zur Geschichte entbehre also jeder Grundlage.

Für die kulturpolitischen Gegenwartsaufgaben der Partei ergaben sich daraus zwei Schlußfolgerungen. Erstens sind nach Ackermann die Traditionen des deutschen Volkes nicht schlechthin zu bejahen oder abzulehnen. Zweitens betonte Ackermann die Notwendigkeit, «die Rolle aller fortschrittli-

Mut zur Wahrheit ist das erste Gebot jeder geschichtlichen Betrachtung. ... Es muß das größte Erstaunen hervorrufen, wie oft man auf sogenannte Historiker und Geschichtslehrer stößt, die die allerunwesentlichsten Nebensächlichkeiten zum Beispiel über Friedrich Wilhelm III. zu jeder Tages- und Nachtzeit auswendig herunterplappern können, aber nicht die blasseste Ahnung haben von den grundlegenden wirtschaftlichen und sozialen Veränderungen, die sich in dieser Zeit vollzogen haben!
Oder die nicht im geringsten daran interessiert sind, in welch elenden und erbarmungswürdigen Verhältnissen damals die deutschen Bauern und die entstehende Arbeiterschaft lebten! So eine Geschichtsbetrachtung ist eine Karikatur, wenn Sie wollen: eine Verfälschung der Geschichte, mit der ebenso aufgeräumt werden muß wie mit den offensichtlichen Geschichtslügen eines Rosenberg.
Anton Ackermann: Unsere kulturpolitische Sendung. Rede auf der Ersten Zentralen Kulturtagung der KPD in Berlin. In: Um die Erneuerung der deutschen Kultur, S. 138/139.

89 Siehe: Zur Verbesserung des Studiums des Kurzen Lehrgangs der Geschichte der KPdSU (B). In: Dokumente der SED, Bd. II, S. 246–249. – Deutsch-sowjetische Freundschaft. Ein historischer Abriß von 1917 bis zur Gegenwart, Berlin 1975, S. 205–207.

90 Siehe Walter Ulbricht: Die Legende vom «deutschen Sozialismus». Ein Lehrbuch für das schaffende Volk über das Wesen des deutschen Faschismus, Berlin 1946. – Max Fechner: Wie konnte es geschehen, Berlin (1946).

91 Siehe Wilhelm Girnus: Wer macht Geschichte?, Berlin/Leipzig 1946.

92 Siehe Siegbert Kahn: Antisemitismus und Rassenhetze, Berlin 1948. – Stefan Heymann: Marxismus und Rassenfrage, Berlin 1948.

93 Siehe Otto Grotewohl: Dreißig Jahre später, Berlin 1948. – Alfred Meusel: Die Deutsche Revolution von 1848, Berlin 1948. – Jürgen Kuczynski: Die wirtschaftlichen und sozialen Voraussetzungen der Revolution von 1848, Berlin 1948.

94 Siehe: Zur Geschichte der marxistisch-leninistischen Philosophie in der DDR, S. 54.

… nicht nur vom Thema her, auch in der organisatorischen Durchführung wurde der politische Schulungstag der KPD in den ersten Monaten des Jahres 1946 zu einem wichtigen Mittel in der Vorbereitung der Verschmelzung der beiden Parteien. In zunehmendem Maße nahmen Mitglieder der SPD daran teil und fanden Gefallen an den wissenschaftlichen Diskussionen. Ich führte damals den Schulungstag regelmäßig im Berliner Bezirk Prenzlauer Berg durch und kann mich gut erinnern, wie die Zahl der sozialdemokratischen Teilnehmer von Woche zu Woche stieg, wie die Diskussionen immer lebhafter und interessanter wurden. So kam es bei dem Schulungsabend über das Maximalprogramm der Einheitspartei zu heftigen Auseinandersetzungen mit einigen sozialdemokratischen Genossen, die den Sozialismus nur moralisch-ethisch begründen wollten und ihn lediglich als eine Frage der Umerziehung der Menschen ansahen. Demgegenüber mußten wir ihnen die ökonomischen Grundlagen und die politischen Voraussetzungen einer künftigen sozialistischen Gesellschaftsordnung auseinandersetzen. Aber alle Diskussionen wurden in kameradschaftlicher Weise geführt und räumten viele Barrieren weg, die auf beiden Seiten noch bestanden.
Fred Oelßner: Die Anfänge unserer Parteischulung. In: Vereint sind wir alles, S. 156.

chen Persönlichkeiten, Klassen und Ideologien lebendig zu erhalten und in diesem Geist die Jugend zu erziehen, die Rolle der reaktionären Klassen, Persönlichkeiten und Ideologien aber schonungslos zu entlarven, damit unsere Jugend nicht wieder in einem falschen Geiste erzogen werde. *Indem wir diesen einzig richtigen Weg gehen, gestalten wir die Geschichte wirklich lebendig und mobilisieren ihre Kräfte für die Gegenwart, für die zukünftige Entwicklung und den zukünftigen Fortschritt unseres Vaterlandes*».[95]

Die Pflege und Entwicklung der marxistisch-leninistischen Theorie, an die die Jahre des Neubeginns so große und vielgestaltige Forderungen stellten, bedurften eines institutionellen Zentrums. Das traditionelle Institutionensystem der Wissenschaft war dafür einstweilen ungeeignet. Die Lehrstühle und Institute für Philosophie, Rechtswissenschaft, Wirtschaftswissenschaft und Geschichte, die sich hier ihrem Gegenstand nach wohl hätten engagieren können, waren zunächst noch so gut wie ausschließlich in der Hand bürgerlicher Gelehrter, und die wenigen Marxisten mußten einen harten Kampf führen, um sich zu behaupten und durchzusetzen. Die neue Gesellschaftswissenschaft mußte vorerst überwiegend dort konzentriert sein, wo sie es auch schon in früheren Jahren war: in den Organisationen der Partei der Arbeiterklasse – nun aber mit ganz anderen Möglichkeiten als in den Jahren der Herrschaft des Monopolkapitals. Die theoretische Arbeit und die Kaderausbildung an den Institutionen der Partei waren der lebendige Mittelpunkt, von dem aus der Neuaufbau der marxistisch-leninistischen Gesellschaftswissenschaften an den Universitäten und später an der Akademie der Wissenschaften die entscheidenden Impulse erhielt.

Die ersten Schulungshefte aus dem Verlag «Einheit»

Damals entstanden die Keimformen des Systems der Parteischulung, das zusammen mit dem Dietz Verlag und der theoretischen Zeitschrift «Einheit» die Basis der systematischen gesellschaftswissenschaftlichen Arbeit der Partei bildete. Nicht lange nach dem Vereinigungsparteitag faßte am 14. Mai 1946 der Parteivorstand den Beschluß zum «Aufbau des Schulungssystems der SED». Darin war eine Stufenfolge von Schulungsformen unterschiedlicher Dauer und Intensität vorgesehen, von den nunmehr alle vierzehn Tage stattfindenden Bildungsabenden für alle Genossen über die Kreis- und Landesparteischulen bis zur höchsten Bildungsstätte der Partei, der Parteihochschule «Karl Marx» in Kleinmachnow bei Berlin. Schon im ersten Jahr, bis zum Mai 1947, wurden in Berlin an der zentralen Kreisparteischule 85 Lehrgänge mit 1491 Teilnehmern, an der Landesparteischule 6 Lehrgänge mit 465 Teilnehmern und an der Parteihochschule «Karl Marx» zwei Halbjahreskurse mit 141 bzw. 75 Teilnehmern durchgeführt.[96] In den Folgejahren wurde das im Mai 1946 geschaffene Organisationssystem der Schulungsarbeit noch weiter ausgebaut, differenziert und modifiziert.[97]

Nach dem II. Parteitag 1947 wurde festgelegt, daß die Schulungsabende nur noch einmal monatlich stattfinden – diese Regelung gilt im Parteilehrjahr der SED bis heute. Weiter wurden besondere Schulungsabende für neu aufgenommene Mitglieder eingeführt. 1948 folgten Beschlüsse über die Einrichtung ständiger Betriebsparteischulen in Großbetrieben, über Sonderschulen für Kurzlehrgänge zur Ausbildung von Parteifunktionären und über regelmäßig stattfindende Fortbildungswochen für Funktionäre.

Im Dezember 1947 wurde das Forschungsinstitut für wissenschaftlichen Sozialismus beim Parteivorstand der SED, der Vorläufer der heutigen Akademie für Gesellschaftswissenschaften, gegründet. Im März 1949 entstand eine weitere spezifische Forschungsinstitution, aus der später das Institut für Marxismus-Leninismus hervorging. Das Organ, in dem sich die Entwicklung der marxistischen Theorie am deutlichsten spiegelte, war die in Berlin herausgegebene Zeitschrift «Einheit». Ihr Name war Programm, denn sie war aus dem Prozeß der Vereinigung der beiden Arbeiterparteien hervorgegangen. Bereits vor dem Vereinigungsparteitag wurde sie als gemeinsame, paritätisch redigierte theoretische Zeitschrift von KPD

Erinnerungen Fred Oelßners an die Anfänge der Zeitschrift «Einheit»: Der Zentralausschuß der SPD betraute Gustav Klingelhöfer, der später abtrünnig und danach Wirtschaftssenator in Westberlin wurde, mit dieser Aufgabe. Von der KPD wurde ich dafür bestimmt. Die Arbeit an der damaligen «Einheit», die den Untertitel «Monatszeitschrift zur Vorbereitung der Sozialistischen Einheitspartei» trug und in grauen Heften im Großformat erschien, war die schwierigste Aufgabe, die ich in jener Zeit hatte. Wir sollten eine gemeinsame theoretische Zeitschrift herausbringen, was nur heißen konnte, daß es eine marxistische Zeitschrift sein mußte. Klingelhöfers Kenntnis des Marxismus war minimal. Unter diesen Umständen mußte es zwischen den beiden Redakteuren zu ständigen Meinungsverschiedenheiten kommen. Ich erinnere mich an einen Artikel von Gustav Dahrendorf über den Imperialismus, der zur Veröffentlichung eingereicht war. Der Artikel konnte unmöglich veröffentlicht werden, denn er war ein Sammelsurium verschlechterter Kautskyscher Auffassungen und bürgerlicher Plattheiten. Indes war Klingelhöfer von den «tiefen theoretischen Gedanken» gerade dieses Artikels angetan und wollte ihn unbedingt bringen. Wer heute die drei grauen Hefte durchliest, die damals vom Februar bis April 1946 erschienen, wird in ihnen deutlich Spuren dieser Lage finden.
Fred Oelßner: Die Anfänge unserer Parteischulung. In: Vereint sind wir alles, S. 154/155.

95 Anton Ackermann: Unsere kulturpolitische Sendung. In: Um die Erneuerung der deutschen Kultur, S. 137/138.

96 Siehe Heinz Voßke: Über die Rolle des einheitlichen Schulungssystems der SED für die Durchsetzung des Marxismus-Leninismus in der Partei (April 1946 bis Januar 1949). In: Beiträge zur Geschichte der Arbeiterbewegung (im folgenden BzG), 1971, Sonderheft, S. 105.

97 Siehe ebenda, S. 100–115. – Fred Oelßner: Aus der ideologischen Arbeit der SED in den ersten Jahren. In: BzG, 1969, Heft 2, S. 270–277.

In Anbetracht der allgemeinen Verhältnisse, wie sie nach der totalen Niederlage des Faschismus bestanden, und des Umstandes, daß das am stärksten reaktionäre und chauvinistische Gedankengut nicht offen vertreten werden konnte, hielt es die SMAD für zweckmäßig, daß der Lehrbetrieb an den Universitäten wieder aufgenommen wurde. So dauerte es nach dem Abschluß der Potsdamer Konferenz nur rund ein halbes Jahr, bis die SMAD durch ihre Befehle an den Universitäten Berlin, Halle-Wittenberg, Leipzig, Jena, Greifswald und Rostock den Studienbetrieb wieder aufnehmen ließ. Dabei war es uns klar, daß von echter Demokratisierung im Lehrbetrieb und im ganzen Universitätsleben noch keine Rede sein konnte. Zugleich wurde etliches getan, um die soziale Zusammensetzung der Studentenschaft zu verbessern und später die Arbeiter-und-Bauern-Fakultäten ins Leben zu rufen.
Sergej Tjulpanow: Deutschland nach dem Kriege (1945-1949), S. 118.

und SPD ins Leben gerufen.[98] Nach dem Vereinigungsparteitag erschien sie – mit neuer Heftzählung – als theoretische Zeitschrift der SED und als das zentrale Organ für die marxistische Theorie in Deutschland,[99] zunächst von Max Seydewitz, dann von dem marxistischen Philosophen Klaus Zweiling redigiert. Sie wurde zu einer Tribüne des Meinungsstreits und der geistigen Neuorientierung.[100]

In den gesellschaftswissenschaftlichen Bereichen der Berliner Universität faßte der Marxismus-Leninismus zunächst nur langsam und unter großen Schwierigkeiten Fuß. Die Pädagogik, die in enger Verbindung mit den praktischen Aufgaben der demokratischen Schulreform aufgebaut wurde, war nahezu das einzige Gebiet, auf dem von vornherein ein kleines Kollektiv hervorragender marxistischer Hochschullehrer tätig war. An der Pädagogischen Fakultät bildeten sie in einem dreijährigen Studium Fachlehrer für die damalige Grundschule aus. An den anderen Fakultäten waren die ersten marxistischen Hochschullehrer in der Regel Einzelkämpfer; sie hatten es mit einer großen Zahl bürgerlicher Kollegen zu tun, die sich teilweise aufrichtig um Verständnis für den gesellschaftlichen Neuaufbau bemühten, teilweise ihm aber auch unter der Maske der Konformität entgegenarbeiteten und dies später, nach ihrer Abwanderung nach Westberlin oder nach den westlichen Besatzungszonen, mitunter offen eingestanden.

Die Lage der marxistischen Hochschullehrer wurde ab Herbst 1946 noch schwerer, als nach den Wahlen ein bürgerlich orientierter Magistrat amtierte, der in Berlin eine Atmosphäre der Unsicherheit und Stagnation verbreitete und den progressiven Kräften, auch an der Universität, Steine in den Weg legte, wo er nur konnte. Es mag sein, daß der Befehl des Obersten Chefs der SMAD vom 2. 12. 1946, an einigen Universitäten der sowjetischen Besatzungszone gesellschaftswissenschaftliche Fakultäten als Stützpunkte der marxistisch-leninistischen Theorie zu gründen, nicht zuletzt deshalb nicht auf die Berliner Universität bezogen war.

Die Zwangslage, in der einzelne bedeutende Wissenschaftler die großen Aufgaben der Durchsetzung des Marxismus in großen Wissenschaftsgebieten tragen mußten, hatte aber auch zur Folge, daß diese Marxisten die Chance bekamen, sich zu Persönlichkeiten von ungewöhnlicher Vielseitigkeit, zu Lehrern ganzer Generationen junger marxistischer Gesellschaftswissenschaftler zu profilieren.

Zwei von ihnen, die an der Berliner Universität eine überragende Rolle gespielt haben, sollen hier erwähnt werden: Alfred Meusel und Jürgen Kuczynski. Im Juli 1946 kehrte Alfred Meusel aus England nach Berlin zurück; der antifaschistische

Alfred Meusel
Aufnahme um 1950

Jürgen Kuczynski
Aufnahme um 1947

Soziologe und Historiker war in der britischen Emigration in die KPD aufgenommen worden und hatte dort zusammen mit dem Philosophen Artur Liebert die «Freie deutsche Hochschule» geleitet.[101] Zunächst wurde Meusel an der Berliner Universität nicht unmittelbar mit historischer Arbeit betraut, sondern zum Professor für politische und soziale Probleme der Gegenwart berufen – jener Vorlesungsreihe, die den ersten Schritt zur politisch-ideologischen Neuorientierung für Studenten aller Fakultäten bildete und zum Ausgangspunkt für das spätere marxistisch-leninistische Grundstudium wurde.[102] 1947 erhielt er dann den Lehrstuhl für Neuere Geschichte, und im Wintersemester 1947/48 las er in Berlin erstmalig über die Geschichte der modernen deutschen Arbeiterbewegung. Meusel wurde zum Initiator des Aufbaus der marxistisch-leninistischen Geschichtswissenschaft an der Berliner Universität, und er war auch darüber hinaus wirksam: Unter seiner Leitung wurde 1948 ein zentrales Aspirantenseminar für Geschichte in der sowjetischen Besatzungszone gebildet; zahlreiche der heutigen Geschichtsprofessoren in der DDR waren seine Schüler.[103]

---

98 Siehe Fred Oelßner: Die Anfänge unserer Parteischulung. In: Vereint sind wir alles. Erinnerungen an die Gründung der SED, Berlin 1966, S. 154.

99 Siehe Klaus Zweiling: Die theoretische Zeitschrift des wissenschaftlichen Sozialismus. In: Einheit, 1947, Heft 1, S. 1–3.

100 Siehe Heinz Voßke: Über die Rolle des einheitlichen Schulungssystems der SED für die Durchsetzung des Marxismus-Leninismus in der Partei (April 1946 bis Januar 1949). In: BzG, 1971, Sonderheft, S. 106/107.

101 Siehe Ursula Adam: Die Freie Deutsche Hochschule in London (1942–1945) – ein Beispiel der wissenschaftspolitischen Arbeit der KPD-Organisation in Großbritannien. In: KPD und Wissenschaftsentwicklung 1919–1945. Hrsg. von Peter Altner/Günter Kröber, Berlin 1986, S. 146–152.

102 Siehe Lutz Walloda: Alfred-Meusel-Preis der Sektion Geschichte. In: Beiträge zur Geschichte der Humboldt-Universität zu Berlin, Heft 12, Berlin 1985, S. 48.

103 Siehe Joachim Streisand: Alfred Meusels Weg vom bürgerlich-demokratischen Soziologen zum marxistisch-leninistischen Historiker. In: Zeitschrift für Geschichtswissenschaft, 1975, Heft 9, S. 1021–1031.

Jürgen Kuczynski sprach das Credo seiner Lehrtätigkeit mit folgenden Worten aus: Niemand darf es wagen, vor junge Menschen zu treten und zu erklären: Ich lehre Volkswirtschaft, aber ich bin nicht bereit zu sagen, welchen von verschiedenen denkbaren Wegen man heute in Deutschland gehen soll, ich weigere mich, wertend zu entscheiden, wie es zu dem gekommen ist, was wir in den letzten Jahren erlebt haben. ... Auf die Katheder unserer Universitäten aber gehören Professoren, Bekenner eines demokratischen Deutschland, Propagandisten und Verkünder deutscher Kultur, Menschen, die ihre Pflicht tun als Forscher, Lehrer und Staatsbürger, die die Einheit von Wissenschaft und Leben, von Forschung und Politik, von Universität und Gesellschaft verkörpern.
Jürgen Kuczynski: Soll ein Universitätslehrer Propaganda treiben? In: Forum, 1947, Nr. 2, S. 22.

Im Wintersemester 1948/49 entstand, ebenfalls unter der Leitung von Meusel, an der Universität ein Seminar Neue Geschichte. Meusels Vorlesungstätigkeit umfaßte ein breites Spektrum von Themen: So las er über allgemeine Geschichte der Neuzeit 1648–1789, über die Französische Revolution, über die Geschichte der deutschen Arbeiterbewegung und über deutsche Geschichte im Zeitalter des Imperialismus. Zugleich war er ein produktiver Forscher; aus seiner Feder stammen sowohl theoretische Arbeiten zur marxistischen Grundlegung der Geschichtswissenschaft als auch konkret-historische Untersuchungen, wobei die frühbürgerliche Revolution in Deutschland und die Novemberrevolution seine bevorzugten Themen waren. Der Respekt, den der Marxismus-Leninismus in der Berliner Geschichtswissenschaft errang, war wesentlich auf die Leistungen Meusels und nach und nach auch seiner jüngeren Mitarbeiter zurückzuführen.

Auf ebendiese Weise – und nicht durch Dekret, wie reaktionäre Verleumder zu behaupten nicht müde wurden – vollzog sich die Durchsetzung des Marxismus-Leninismus auch auf anderen gesellschaftswissenschaftlichen Gebieten, so auch in den Wirtschaftswissenschaften. Jürgen Kuczynski erhielt im Februar 1946 an der damaligen Rechts- und Staatswissenschaftlichen Fakultät der Berliner Universität einen Lehrauftrag für «Geschichte der deutschen Volkswirtschaft seit dem Beginn des 19. Jahrhunderts bis zur Gegenwart, einschließlich der Lage der Arbeiter während dieser Zeit». Herkömmlich gab es in Berlin eine juristisch überfrachtete Wirtschaftlerausbildung an dieser Fakultät auf der einen und – außerhalb der Universität – ein weitgehend praktizistisches Studium an der Handelshochschule auf der anderen Seite, aber keinen Ort, der für eine systematische und konzentrierte Entwicklung der Wirtschaftswissenschaften in der Einheit von Theorie und Praxis geeignet gewesen wäre.

Daher war es zweckmäßig, hier mit einer wissenschaftsorganisatorischen Neuerung zu beginnen. In einem Exposé «Zur Förderung der Wirtschaftswissenschaften an der Universität Berlin» schrieb Kuczynski dazu im Juni 1946: «Weder eine rechtswissenschaftliche noch eine philosophische Fakultät werden auf die Dauer eine geeignete Pflegestätte für die reich gegliederten Disziplinen abgeben, die sich unter dem Begriff ‹Wirtschaftswissenschaften› ausgebildet haben oder noch zur Entfaltung kommen werden. Deshalb halte ich es für tunlich, bei der Neugestaltung der Berliner Universität der unvermeidbaren Entwicklung frühzeitig Rechnung zu tragen, indem möglichst bald eine selbständige Wirtschaftsfakultät geschaffen wird.»[104]

Entsprechend wurde im August dieses Jahres die Wirtschaftswissenschaftliche Fakultät gebildet. Die Notwendigkeit dieses Schrittes hatte Kuczynski mit dem Hinweis auf die Erfordernisse der Planwirtschaft begründet; solche Erfordernisse traten schon mit der Bildung der ersten volkseigenen Betriebe auf. Sie verstärkten sich mit der Tätigkeit der Zentralverwaltung und der Deutschen Wirtschaftskommission und erreichten schließlich mit dem Übergang zur einheitlichen Planung der ganzen Volkswirtschaft in der sowjetischen Besatzungszone im zweiten Halbjahr 1948 eine neue Qualität.

Die Aktivitäten Kuczynskis wurden offen und versteckt bekämpft. An der Berliner Wirtschaftswissenschaftlichen Fakultät wurden auch jene provokatorischen Auftritte inszeniert, die die Stimmung für die Spaltung der Universität und die Bildung der sogenannten Freien Universität in Westberlin schüren sollten – ganz abgesehen davon, daß der herkömmliche bürgerliche Dualismus von Volkswirtschaftslehre und Betriebswirtschaftslehre selbst bei korrektester Handhabung völlig ungeeignet war, die neuen Probleme der Wirtschaftsplanung zu bearbeiten.

Kuczynski erwies sich als ein Kommunist und Hochschullehrer, der mit Wissenschaftlichkeit und Leidenschaft den Standpunkt seiner Partei nicht nur in ökonomischen Fragen, sondern in der ganzen Breite der Probleme verfocht und die brennenden Fragen des Tages weder in seinen Lehrveranstaltungen noch in seinen Veröffentlichungen umging.[105] Mit Nachdruck setzte er sich für die Aneignung der Ergebnisse, Methoden und Denkweisen der sowjetischen Wissenschaft ein und nutzte dazu alle Möglichkeiten seiner Funktion als erster Präsident der Gesellschaft zum Studium der Kultur der Sowjetunion.

Kuczynski hatte über seine Tätigkeit an der Berliner Universität hinaus auch wesentlichen Anteil an der Neugestaltung des wirtschaftswissenschaftlichen Studiums in der ganzen sowjetischen Besatzungszone.

Da es bis dahin an den Universitäten noch keine Vorlesung über marxistisch-leninistische Politökonomie gab, wurde an der Parteihochschule von Oktober 1948 bis März 1949 ein Sonderlehrgang zu Marx' «Kapital» für Genossen aus allen wirtschaftswissenschaftlichen Fakultäten der sowjetischen Besatzungszone veranstaltet, zu dem auch Kuczynski seine besten Studenten entsandte. Doch mit der Aneignung der Theo-

Rektor Johannes Stroux über Jürgen Kuczynskis Vorlesungen zur Wirtschaftsgeschichte: Dabei war das besondere Ziel, auf Grund der vermittelten geschichtlichen Einsicht gegen Faschismus, Rassentheorie und Militarismus anzukämpfen. So war, um Beispiele zu nennen, die Besprechung der Bauernbefreiung 1807 ein Anlaß, die schädliche Rolle der Junker in der deutschen Geschichte zu zeigen. Die Bildung des Kohlensyndikats wurde geschildert und dabei das verhängnisvolle Anwachsen des gefährlichen Einflusses der Schwerindustrie deutlich gemacht; es wurde erläutert, daß nur die wirkliche Zerschlagung der Kartelle und Truste diesem Feind unseres Volkes seine Machtpositionen nehmen kann. ...
In der Diskussion zu dieser Vorlesung zeigte sich, daß die Studenten mit großer Bereitschaft die von fortschrittlichem Standpunkt aus gehaltenen Vorlesungen hörten und aufzunehmen suchten und daß sie mit ehrlichem Eifer an die Verarbeitung der Probleme herangehen.
Berliner Universität beseitigt faschistische Irrlehren. Ein Gespräch zum Semesterschluß mit dem Rektor, Prof. Dr. Stroux. In: Tägliche Rundschau, 4. August 1946.

104 Zit. in: Christian Christ-Thilo: Die Etablierung der Wirtschaftsgeschichte als eine marxistisch-leninistische Gesellschaftswissenschaft an der Wirtschaftswissenschaftlichen Fakultät der Berliner Universität durch Jürgen Kuczynski (1946–1956). In: Beiträge zur Geschichte der Humboldt-Universität zu Berlin, Heft 10, Berlin 1984, S. 12.

105 Siehe Jürgen Kuczynski: Monopolisten und Junker – Todfeinde des deutschen Volkes, Berlin 1946. – Jürgen Kuczynski: Die Bewegung der deutschen Wirtschaft von 1800 bis 1946, Berlin 1947. – Jürgen Kuczynski: Studien zur Geschichte des deutschen Imperialismus, Berlin 1948.

Ich weiß, daß viele der alten Intellektuellen unsere Weltanschauung ablehnen. Nun, wir wollen und werden sie niemandem aufdrängen. Aber wir verwahren uns energisch gegen jene häufig zu treffende intellektuelle Ignoranz, die sich ein Urteil über Dinge anmaßt, die sie nicht einmal kennt. Wir verlangen, daß jeder, der auf einer Hochschule über Marxismus oder wissenschaftlichen Sozialismus sprechen will, diese Disziplin auch kennen, das heißt studiert haben muß. Mehr verlangen wir nicht und mehr brauchen wir auch nicht zu verlangen. Wir vertrauen hier ganz der inneren Werbekraft unserer Weltanschauung.
Otto Grotewohl: Die geistige Situation der Gegenwart und der Marxismus. In: Um die Erneuerung der deutschen Kultur, S. 261.

rie allein war es nicht getan. Die progressiven Studenten lernten von ihrem Lehrer, gründliche Wissenschaftler zu sein und zugleich engagiert in den Kämpfen der Zeit zu stehen. 1948 gingen rund 100 Studenten der Berliner Wirtschaftswissenschaftlichen Fakultät zu Arbeitseinsätzen in die Maxhütte Unterwellenborn, in das Stahlwerk Riesa und in andere Aufbauschwerpunkte, in denen die entscheidenden Produktionsschlachten jener Zeit geschlagen wurden.[106] Berliner Studenten waren auch an der Aktion «Berlin hilft Bergmann-Borsig» beteiligt.

Es war ganz natürlich, daß in der Folgezeit, je mehr das anfangs enorme Kaderdefizit gedeckt wurde, auch in den Gesellschaftswissenschaften ein verstärkter Differenzierungs- und Spezialisierungsprozeß mit seinen Vorteilen und seinen Schwierigkeiten einsetzte. Doch die großen Persönlichkeiten der Anfangsjahre verdienen nicht nur Achtung, weil sie den Grundstein für unser heutiges Lehren und Forschen gelegt haben: Ihr Wirken in jener Zeit verkörpert lebendiges Erbe.

Für sie nämlich war Interdisziplinarität zumindest innerhalb der Gesellschaftswissenschaften kaum ein Problem, weil sie sich in erster Linie als Vertreter des Marxismus-Leninismus in seiner Komplexität und erst in zweiter Linie als Fachspezialisten verstanden und sich die Souveränität bewahrten, von Spezialgebiet zu Spezialgebiet nach Bedarf zu wechseln. Sie haben damit ein Wissenschaftsideal begründet, dem näherzukommen jeder Gesellschaftswissenschaftler bestrebt sein sollte, auch wenn dies heute vielleicht noch schwerer als damals zu erreichen ist.

Medizin auf gesunden Fundamenten

Von allen Vertretern wissenschaftlicher Berufe in Berlin waren wohl die Mediziner am schmerzlichsten und am direktesten mit dem menschlichen Leid konfrontiert, das der Hitlerfaschismus hinterlassen hatte. Wenn man den Gesundheitszustand der Bevölkerung als einen der wichtigsten Gradmesser für die kulturelle Höhe einer Gesellschaft ansehen darf, dann muß man aus den Realitäten von 1945 den Schluß ziehen, daß der Faschismus alles in seinen Kräften Stehende getan hat, das deutsche Volk weit zurückzuwerfen. Seuchen breiteten sich unter den hungernden Menschen aus; allein die Tuberkulosesterblichkeit erreichte in Berlin 1946 einen Stand, der schon seit dem vorigen Jahrhundert nicht mehr aufgetreten war, als hätte nicht gerade in dieser Stadt seit Robert Koch die medizinische Wissenschaft so erfolgreiche Schlachten gegen die Infektionskrankheiten geschlagen.

Ferdinand Sauerbruch
Aufnahme von 1946

Maxim Zetkin
Aufnahme um 1950

Die einrückenden sowjetischen Truppen verhielten sich nicht gleichgültig zu den Nöten der Berliner. Sie veranlaßten noch vor der Beendigung der Kämpfe, die medizinische Betreuung überall wieder in Gang zu bringen, um der Berliner Bevölkerung jedes vermeidbare Opfer an Leben und Gesundheit zu ersparen. Ohne die Impfstoffe, die die Rote Armee zur Verfügung stellte, hätte der Ausbreitung von Typhus und anderen gefährlichen Erkrankungen nicht Einhalt geboten werden können. Viele Berliner, gerade auch viele Mitarbeiter des medizinischen Personals, erfuhren an dieser Hilfe zuallererst die Menschlichkeit der neuen Gesellschaft, deren Truppen als Sieger nach Berlin gekommen waren. Die Namen der sowjetischen Ärzte, die durch ihren selbstlosen Einsatz nicht nur in akuten Nöten halfen, sondern auch zu Geburtshelfern des neuen, demokratischen Gesundheitswesens in der Stadt wurden, bleiben unvergessen.

Einer von ihnen – allein in der Abteilung Gesundheitspolitik der SMAD wirkten rund 60 sowjetische Fachleute[107] – sei hier stellvertretend für alle genannt: Major Nikolai Steiker, eigentlich Leiter des Chirurgischen Lazaretts der 3. Stoßarmee der I. Belorussischen Front, der die Charité in den schwersten Wochen kommandierte. Er war ein umsichtiger Offizier, der dafür sorgte, daß in diesem von den Kampfhandlungen schwer in Mitleidenschaft gezogenen Gebäudekomplex unverzüglich die Voraussetzungen geschaffen wurden, um bereits in den ersten beiden Maiwochen 1945 hier etwa 6000 deutsche

Als mein Lehrer Stoeckel mit mir und dem Verwaltungsdirektor der Klinik das erstemal vor dem sowjetischen General Kotikow stand, um Hilfe für die Klinik zu erbitten, erschrak ich zunächst über die vermeintlich frostige Atmosphäre. Der General sagte: «Ich werde in den letzten Tagen bestürmt von Bittgängern der Kirchen, der Krankenhäuser und der Kinderheime. Bevor wir uns setzen, lassen Sie mich Ihnen erklären, daß ich nur für die Kinder etwas übrig habe.» Ich erwiderte: «Herr General, Sie vergessen, daß wir eine geburtshilfliche Klinik vertreten. Noch kleinere Kinder als dort gibt es nicht.» Er fing an zu lachen: «Das lasse ich gelten, nehmen Sie Platz. Was wünschen Sie?»
Helmut Kraatz: Zwischen Klinik und Hörsaal. Autobiographie, Berlin 1977, S. 109/110.

106 Siehe Helmut Klein/Walter Mohrmann: Die Humboldt-Universität im Jahre 1949 und ihr Wirken in der sozialistischen Gesellschaft. In: Wissenschaftliche Zeitschrift der Humboldt-Universität Berlin, Gesellschafts- und Sprachwissenschaftliche Reihe, 1979, Heft 3, S. 407.
107 Siehe: Im Dienst am Menschen. Erinnerungen an den Aufbau des neuen Gesundheitswesens 1945–1949, Berlin 1985, S. 14.

Verwundete medizinisch zu betreuen. Ferdinand Sauerbruch übertrug er die ärztliche Leitung aller Charitékliniken. Mehrere Professoren fanden sich bereit, unter diesen schwierigen Bedingungen Hand anzulegen, so Robert Rössle (einer der Initiatoren der modernen Krebsforschung in Berlin), der Internist Gustav von Bergmann, der HNO-Spezialist Carl von Eiken oder auch der Kinderarzt Wilhelm Stoeltzner.[108]

Am 21. Juni 1945 ließ sich Anastas Mikojan, Mitglied des Staatlichen Verteidigungskomitees der UdSSR, über die Normalisierung des Lebens in Berlin vom Chef der Rückwärtigen Dienste der Gruppe der sowjetischen Besatzungstruppen in Deutschland Bericht erstatten. Daraus ging hervor, daß schon wieder 92 Krankenhäuser mit etwa 32000 Betten sowie eine ganze Reihe medizinischer Spezialeinrichtungen in Betrieb und neben den niedergelassenen Ärzten auch 1455 Ärzte im Bereich des öffentlichen Gesundheitswesens tätig waren.[109]

Aus Erinnerungen von Theodor Brugsch: Ich hatte zu jener Zeit jeden Patienten meiner Klinik selbst zu untersuchen und mußte vor allem meine Assistenten, deren Zahl damals an dreißig herankam, mit meinem Arbeitsstil vertraut machen. Ich begann also die klinische Tätigkeit schon sehr früh am Morgen und ging mittags aufs Amt, das heißt in die Zentralverwaltung für Volksbildung, der das frühere Kultusministerium in der Wilhelmstraße dicht an den Linden zugewiesen war. Hier hatten die Bomben großen Schaden angerichtet, so daß viele Zimmer ohne Fenster oder nur notdürftig vernagelt waren. Möbel fehlten überall. So manche Sitzung mit Rektoren und Professoren hielten wir im ungeheizten Zimmer ab, auf Stühlen, die einmal mit Plüsch bezogen waren und vielleicht aus dem Salon eines ehemaligen Kultusministers stammten, dessen Amtswohnung mit dem Ministerium eine Verbindung hatte. Trotz der großen Arbeitslast war diese Zeit außerordentlich spannend. «Leben heißt erleben» – dieses Motto galt damals für uns in der Volksbildung wie zu keiner anderen Zeit.
Ärzte. Erinnerungen – Erlebnisse – Bekenntnisse. Hrsg. von Günter Albrecht/ Wolfgang Hartwig, Berlin 1973, S. 205.

Hinter diesen nüchternen Zahlen standen die Leistungen vieler, die weitaus mehr als nur ihre Pflicht taten. Doch es wäre verfehlt, wollten wir den Neubeginn des Berliner Gesundheitswesens als eine heroische Idylle selbstlosen Helfens und Heilens zeichnen: Sobald sichtbar war, daß es sich nicht nur um die Beseitigung der Kriegsschäden und nicht um eine einfache Rückkehr zum Früheren, sondern um eine grundlegende Umgestaltung handelte, setzte erbitterter Widerstand der konservativen und reaktionären Kräfte ein. Das Berliner Gesundheitswesen wurde zu einem Feld erbittertsten Klassenkampfes, in dem die Reaktion alle erdenklichen Mittel einsetzte, von der offenen Sabotage bis zur verdeckten Obstruktion. In diesem diffizilen Bereich gab es zwar viele, die mit einer demokratischen Entwicklung sympathisierten, aber es waren zunächst nur wenige, die sich unerschrocken an die Spitze des Kampfes stellten, um diese Entwicklung auch tatsächlich durchzusetzen.

Es ist leicht verständlich, weshalb der Reaktion in jenen Jahren die Medizin so außerordentlich wichtig war. Was hier geschah, berührte nicht nur die Interessen dieser oder jener Gruppe von Menschen, sondern den Lebensnerv der Gesamtbevölkerung; jedes Versagen, jede Verzögerung, jede Leistungsschwäche war geeignet, die antifaschistisch-demokratischen Verhältnisse und die Kräfte, die sie trugen, in den Augen der politisch wenig erfahrenen Massen zu diskreditieren.

Im kapitalistischen Deutschland war die medizinische Intelligenz mit einer ganzen Reihe von wirklichen und scheinbaren Privilegien versehen worden, um sie wirksam von der Arbeiterklasse und der Arbeiterbewegung zu isolieren; nun fürchteten nicht wenige Ärzte so sehr, diese Privilegien zu verlieren, daß sie die enormen Perspektiven übersahen, die eine antifa-

Einrichtung
der ersten Berliner
Stadtmilchküche
für Säuglinge
im Kinderkrankenhaus
in der Rigaer Straße
Aufnahme von 1948
An zentralen Ausgabestellen erhielten Eltern für monatlich 9 Mark täglich fünf Rationsflaschen Säuglingsnahrung Normalkost sowie Spezialkost für Säuglinge mit Ernährungsstörungen.

schistisch-demokratische Umgestaltung des Gesundheitswesens eröffnete, um die eigentlich menschliche Bestimmung der medizinischen Wissenschaft in einer niemals zuvor erreichten sozialen Breite und Tiefe zu erfüllen.

Rund die Hälfte aller Ärzte hatten der Nazipartei angehört, wenn auch viele nur «nominell»; die besondere Anfälligkeit dieser Berufsgruppe für die faschistische Ideologie oder zumindest ihre mangelnde Fähigkeit, diesem Einfluß Widerstand zu leisten, war geschichtlich mit der auf ihre «Standes»privilegien gegründeten und in ihrem «Standes»bewußtsein ausgedrückten bürgerlichen Borniertheit weiter Kreise der Ärzteschaft verbunden.

Nun erhielten die ehemaligen NSDAP-Mitglieder unter den Ärzten, sofern sie sich nicht als KZ-Ärzte oder in ähnlichen Funktionen direkter Verbrechen gegen die Menschlichkeit schuldig gemacht hatten, die historische Chance einer Neubesinnung. Manche ergriffen sie, rechneten mit ihrer eigenen Vergangenheit ab und wurden zu verläßlichen Mitgestaltern eines neuen Gesundheitswesens. Andere gaben sich zwar besonders fortschrittlich, blieben aber im Herzen die alten

108 Siehe D. Tutzke/K.-J. Burmeister/R. Lange-Pfautsch/G. Brüschke: Charité 1710–1985, Berlin 1985, S. 35–38.
109 Siehe H. Schmidt: Chronik der gesundheitspolitischen Dokumente in der sowjetischen Besatzungszone von 1945 bis zur Gründung der DDR. In: Deutsches Gesundheitswesen, 1979, Heft 42, S. 2095.

und behinderten die neuen Maßnahmen, wo sie nur konnten. Einige schafften es sogar, sich zeitweilig in hohe und einflußreiche Stellungen zu schmuggeln.

So wurde beispielsweise zum Präsidenten der im Sommer 1945 in Berlin eingerichteten Deutschen Zentralverwaltung für das Gesundheitswesen zunächst ein gewisser Konitzer berufen, dem es gelungen war, seine kompromittierende Vergangenheit zu verschweigen. Wenig später stellte sich jedoch heraus, «daß er in den letzten Kriegsjahren als Stabsarzt für verschiedene Lager mit sowjetischen Gefangenen, zum Beispiel Zeithain, verantwortlich war und nichts unternommen hatte, um das Leben der gefangenen sowjetischen Soldaten während der schweren Typhusepidemien zu retten, die die durch Hunger geschwächten Menschen wie die Fliegen hinwegrafften (allein in Zeithain starben dreißigtausend)».[110] Nach der Verhaftung Konitzers übernahm Karl Linser, ein hervorragender Dermatologe und aufrechter Antifaschist, die Präsidentschaft der Zentralverwaltung.

Kaderprobleme im Gesundheitswesen nach 1945: Bei dem erheblichen Ärztemangel (im Januar 1947 kam ein Arzt auf zweitausendvierhundert Einwohner) verbot sich – mit Ausnahme der vom faschistischen Staat berufenen Amtsärzte – eine ähnliche radikale Maßnahme wie bei Juristen und Lehrern, zumal rasche Übergangslösungen nach Art der Ausbildung von Neulehrern und Volksrichtern nicht möglich waren. Deshalb legte die Zentralverwaltung für das Gesundheitswesen den örtlichen Kommissionen nahe, zu unterscheiden zwischen aktiven Nazis und Verbrechern einerseits und solchen irregeleiteten Mitläufern, deren Gewinnung zur Mitarbeit möglich schien, um ihnen Gelegenheit zur Bewährung in entsprechender Arbeit zu geben.
Bezeichnend ist, daß die westlichen Alliierten unseren Mitarbeitern die Einsicht in die in den Westsektoren Berlins befindliche Reichsärztekartei verwehrten, als bekannt wurde, daß diese Angaben von uns nicht nur zur fachlichen Überprüfung, sondern auch zu einer Prüfung des politischen Vorle-

Unter den niedergelassenen Ärzten in Berlin gab es Persönlichkeiten, die sich von vornherein aufopfernd für das Neue einsetzten – so Johannes Kupke, der sogar für einige Zeit das Amt des Bürgermeisters in Niederschönhausen ausübte.[111] Doch gab es viele, die kaum über den Zaun ihrer Privatpraxis hinaus sahen, den ärztlichen Individualbetrieb für die nach wie vor ideale Form der ambulanten Versorgung hielten und sich sowohl gegen den Aufbau eines Netzes von Polikliniken als auch gegen die Verpflichtung zur Behandlung von Kassenpatienten sperrten. Noch im Oktober 1947 nahm eine in Potsdam durchgeführte Ärztetagung über Polikliniken eine Entschließung an, in der folgender Standpunkt vertreten wurde: «Ambulatorien sind kein Fortschritt, sondern ein Rückschritt im Heilwesen, sie sind nichts anderes als Krankenrevierstuben und Massenbehandlungsstätten, die auch von der Mehrzahl der Bevölkerung nicht gewünscht werden, weil sie einem autoritären politischen System entsprechen.»[112]

Die Scheuklappen der Privateigentümermentalität ließen diese Ärzte selbst die offenkundigen Vorteile übersehen, die sich aus dem Zusammenwirken von Fachspezialisten unter einem Dach (und in der Perspektive aus der für eine solche Einrichtung im Verhältnis zu einer durchschnittlichen Privatpraxis möglichen weitaus großzügigeren technischen Ausstattung) für die medizinische Versorgung ergaben. Verbreitet war bei den frei praktizierenden Ärzten auch der Widerstand gegen die gewerkschaftliche Organisierung der Mitarbeiter des Gesundheitswesens; Carl Coutelle, damals leitend in der Zentralverwaltung für das Gesundheitswesen tätig, erinnert sich daran, daß in Berlin sogar Postwurfsendungen verschickt wurden, in denen es hieß: «Tod den Gewerkschaften, es lebe der freie Arzt!»[113]

In dieser schwierigen Situation mußte sich die medizinische Forschung und Lehre entwickeln. 1947 sah sich die Deutsche Zentralverwaltung für Volksbildung zu der Feststellung genötigt, daß die medizinischen Fakultäten die reaktionärsten Bereiche an den Universitäten seien, und was generell galt, das traf für Berlin in ganz besonderem Maße zu. «Immerhin konnten damals noch an der Charité fortschrittliche Studienbewerber von reaktionären Professoren mit der Begründung abgelehnt werden, sie kämen über die Vorstudienanstalt und wären Kommunisten.»[114] Besonders an denen, die auf dem fachlich komplizierten Terrain der Medizin gerade die ersten Schritte taten, sich aber zugleich rückhaltlos zur neuen gesellschaftlichen Ordnung bekannten, tobte sich reaktionäre Unvernunft und Blasiertheit ungehemmt aus. Ein kommunistischer Medizinstudent mußte, um sich behaupten zu können, im damaligen Berlin fachlich um vieles besser sein als sein bürgerlicher, nach den Westsektoren schielender Kommilitone, und auch dann war er noch längst nicht dagegen gefeit, von einem übelwollenden Professor «hereingelegt» zu werden. Die fortschrittlichen Studenten mußten hier besonders eng zusammenstehen, sie mußten mit einer Atmosphäre fertig werden, in der ihnen von blankem Haß bis zu kühl-distanzierter, herablassender Ironie alle denkbaren Nuancen von Feindseligkeit begegneten.

Einen lebhaften Eindruck von dieser komplizierten Situation vermitteln Erinnerungen des Virologen Konstantin Spies, der 1947 als junges Mitglied der SED in Berlin Medizin studierte: «Wir, das heißt die allmählich wachsende Schar von Genossen und Jugendfreunden an der Medizinischen Fakultät, zogen in den Kampf um die Hirne und Herzen unserer Kommilitonen und medizinischen Lehrer. Wir besaßen zunächst wenig Erfahrung, waren aber voller Leidenschaft und Ungeduld, machten Fehler und erlitten manchen Rückschlag. So manches Mal mußte uns die Partei auf die Gefahr des Sektierertums und den dadurch entstehenden Schaden aufmerksam machen. Es kam schon vor, daß wir die Verbreitung des Atheismus, die Anprangerung kleinbürgerlicher Neigungen oder die Aufklärung der ideologischen Hintergründe eines unbeabsichtigten Versprechers während der Vorlesung vordergründiger betrieben als die Gewinnung eines aktiven Frie-

bens bei uns tätiger Ärzte verwendet wurden. Dieses Verbot erschwerte auch erheblich die Entlarvung von Schwindlern, die sich unter Ausnutzung der chaotischen Nachkriegsverhältnisse als Ärzte ausgaben und gerade in wichtigen Verwaltungsstellen des Gesundheitswesens bis hinauf in eine Landesregierung tätig waren. Wir waren daher ganz auf eigene mühevolle Nachforschungen und auf eigene Findigkeit angewiesen. Für diese erste Etappe des Neuaufbaus der zentralen wie peripheren Gesundheitsorganisation war die Mithilfe fortschrittlich gesinnter Ärzte, die die Nazizeit oft in tiefster Illegalität oder im Konzentrationslager überlebt hatten, von größtem Wert. Sie erhielten bald Verstärkung durch aus der Emigration zurückgekommene Kollegen, die sofort zentral oder an besonderen Brennpunkten eingesetzt werden konnten.

Carl Coutelle: Kaderleiter in der Zentralverwaltung. In: Im Dienst am Menschen. Erinnerungen an den Aufbau des neuen Gesundheitswesens 1945–1949, Berlin 1985, S. 60/61.

110 Eva Schmidt-Kolmer: Pionierarbeit im Neuland. In: Im Dienst am Menschen, S. 231.
111 Siehe Johannes Kupke: Bürgermeister und Arzt. In: Ebenda, S. 158–162.
112 Zit. in: Ebenda, S. 30/31.
113 Carl Coutelle: Kaderleiter in der Zentralverwaltung. In: Ebenda, S. 64.
114 D. Tutzke/K.-J. Burmeister/R. Lange.-Pfautsch/G. Brüschke: Charité 1710–1985, S. 45.

Bestrahlungstherapie
im ersten Großambulatorium
Berlins
Aufnahme von 1948
Das «Haus der Gesundheit» (in der Nähe des Alexanderplatzes) wurde 1948 mit sowjetischer Unterstützung als erstes Großambulatorium eröffnet. In ihm waren unter anderem 12 Fachärzte tätig. Darüber hinaus bestand ein Nacht- und Sonntagsbereitschaftsdienst.

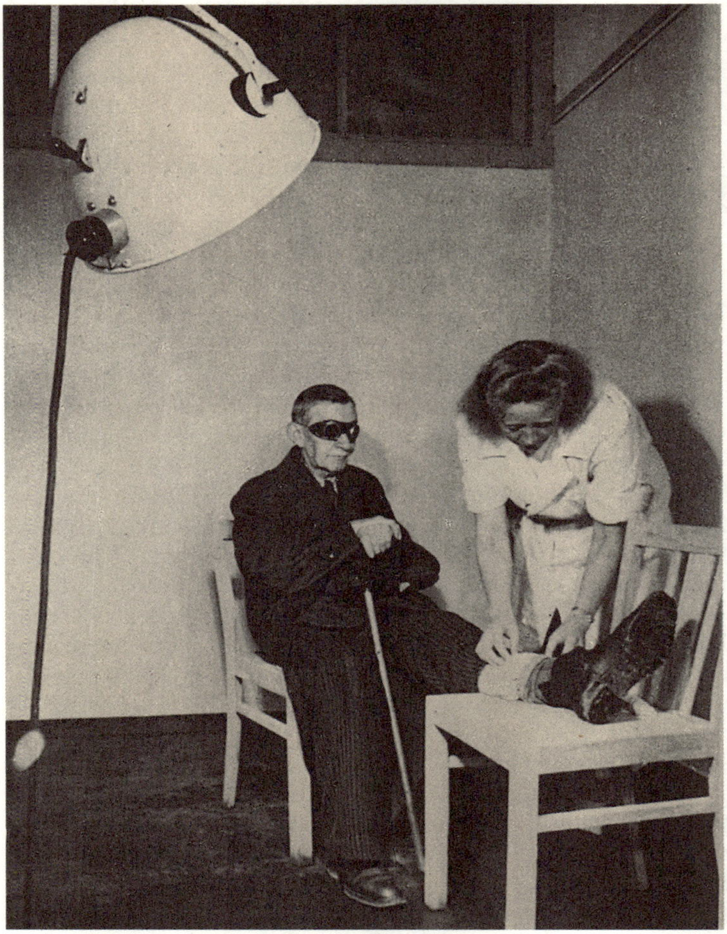

denskämpfers oder die Unterstützung der Bereitschaft zur konstruktiven Mitarbeit bei der Verbesserung der Studienbedingungen. Wir lernten natürlich aus unseren Erfahrungen, aber wichtigster Lehrmeister war die Partei, waren die Klassiker des Marxismus-Leninismus, waren die älteren, erfahrenen Genossen, zum Beispiel die Professoren Alfred Meusel, Robert Rompe, Wolfgang Steinitz, Alfons Steiniger, Jürgen Kuczynski, Robert Naumann, Eva Schmidt-Kolmer und Kurt Winter, die uns lehrten, wie man Verbündete im Kampf um Frieden und Fortschritt gewinnt.»[115]

Auch die von den Besatzungsmächten in den Westsektoren, insbesondere von der amerikanischen Militärverwaltung, ausgehenden restaurativen Bestrebungen ließen das Gesundheitswesen nicht unberührt. Ein charakteristisches Beispiel war die Affäre Ferdinand Sauerbruch, mit der ein Schlag gegen den demokratischen Nachkriegsmagistrat und das ihm zugrunde liegende Prinzip des breiten antifaschistischen Bündnisses geführt wurde.

Sauerbruch, der zum Gründerkreis der CDU gehörte, war den Amerikanern nicht deshalb ein Dorn im Auge, weil er etwa progressive Ideen verfochten hätte, sondern weil er als Stadtrat für Gesundheitswesen sachlich mit Kommunisten zusammenarbeitete. «Sein Name und seine Autorität waren dafür geeignet, viele der Vorwürfe ad absurdum zu führen, die man dem Magistrat anhängte. Es war schwer, eine Verwaltung als rein kommunistisch und dazu noch als unfähig abzustempeln, solange ein Professor Dr. Sauerbruch ihr angehörte und in ihr tätig war.»[116]

Da einige nachdrückliche Empfehlungen, der berühmte Chirurg möge den Kommunisten nicht den Glanz seines Namens leihen und umgehend sein Verwaltungsamt zur Verfügung stellen, bei ihm nicht fruchteten, griffen die Amerikaner zu einer hinterhältigen Taktik. Sie erzwangen in der Alliierten Kommandantur mit der Vorlage von Dokumenten über Sauerbruchs Sympathien für das Naziregime seine Entlassung. In der Magistratssitzung vom 15. Oktober 1945 wurde daraufhin festgelegt, «daß er auf dem Wege des Entgegenkommens weiterhin als Chefchirurg der Charité tätig bleiben könnte und er nur von Leitungs- und Verwaltungsaufgaben entbunden werden müßte».[117] Es stimmte zwar, daß sich Sauerbruch in den ersten Jahren des Hitlerregimes zugunsten des Nazismus ausgesprochen hatte, doch es ist auch nicht zu bestreiten, daß er, beginnend mit den Kriegsjahren, zunehmend Klarheit über den menschenfeindlichen Charakter dieses Systems gewann, zu ihm auf Distanz ging und seinen großen Einfluß dazu nutzte, Fachkollegen vor faschistischen Verfolgungen zu schützen.

Die Magistratsakten bezeugen, daß Sauerbruch als Stadtrat die Notwendigkeit der Säuberung des Gesundheitswesens von verbrecherischen und unbelehrbaren nazistischen Elementen durchaus akzeptierte.[118] Im übrigen war das gegenüber Sauerbruch praktizierte Vorgehen nicht untypisch für das Verhalten der rechten Kräfte im Nachkriegsberlin – während sie Untaten wirklicher Naziaktivisten verharmlosten oder verschwiegen, stempelten sie aktive Mitgestalter des antifaschistischen Neuaufbaus, wenn möglich, durch Hochspielen längst

Tatsächlich war Sauerbruch auch der zuverlässige medizinische Ratgeber des Kreises, und mit einigen Mitgliedern, vor allem mit Johannes Popitz, Ludwig Beck und Ulrich von Hassel, verband ihn eine enge persönliche Freundschaft. Nicht zufällig nannte ihn Ulrich von Hassel 1941 den «Freund aller Gutgesinnten», und «Gutgesinnte» meinte hier präzise die Mitglieder der Widerstandsbewegung. Sein Haus – verhältnismäßig ungefährdet dank der Sonderstellung, die er auch dem Regime gegenüber lange besaß – wurde zu einer Art Stützpunkt des Widerstandes; er selbst, obwohl nicht aktiv beteiligt, in seiner niemals schwankenden Gegnerschaft zu den Herrschenden zu einem wichtigen Vertrauensmann der Verschwörer; einem der wenigen, die vom militärischen wie vom zivilen Flügel gleichermaßen geachtet wurden. So entging er nach dem 20. Juli, nach zwei Verhören durch den Gestapo-Chef Kaltenbrunner persönlich, auch nur knapp dem Schicksal seiner Freunde.
Die Mittwochsgesellschaft. Protokolle aus dem geistigen Deutschland 1932 bis 1944. Hrsg. von Klaus Scholder, Berlin (West) 1982, S. 24.

115 Konstantin Spies: Der «politische» Student. In: Im Dienst am Menschen, S. 262.
116 Hans Adler: Berlin in jenen Tagen. Berichte aus der Zeit von 1945–1948, Berlin 1959, S. 59.
117 Dietrich Tutzke: Zur Einschätzung der Wirksamkeit Ferdinand Sauerbruchs in der Periode der antifaschistisch-demokratischen Erneuerung. In: Wissenschaftswissenschaftliche Beiträge, Heft 34. Wissenschaftshistorisches Kolloquium anläßlich des 75. Geburtstages von Prof. em. Dr. habil. Friedrich Herneck. Sektion WTO der Humboldt-Universität zu Berlin, Berlin 1984, S. 53.
118 Siehe ebenda, S. 54.

In der kapitalistischen Gesellschaftsordnung wurde die Tätigkeit des Arztes zu einem Gewerbe. Seine Bindung an die Besitzenden entfremdete ihn seiner eigentlichen Aufgabe, allen Leidenden zu helfen. Die Sozialversicherung brachte zwar einen wesentlichen Fortschritt, da sie auch für die Unbemittelten Hilfe im Krankheitsfall ermöglichte. Das Übel wurde aber nicht an der Wurzel gepackt. Es blieben zwei Gruppen unterschiedlich behandelter Patienten, da die finanziellen Möglichkeiten der Sozialversicherung beschränkt sind. Wenngleich die volle Entfaltung des Gesundheitswesens erst in der sozialistischen Gesellschaft gewährleistet sein wird, so gibt es doch auch für das demokratische Deutschland einen Weg, allen Menschen in gleicher Weise zu helfen und den Arzt aus seiner heutigen unwürdigen Lage zu befreien. Dieser Weg ist die Verstaatlichung des Gesundheitswesens. Nur so kann sich der Arzt in wirtschaftlich sicherer Stellung mit den vom Staat gewährten Mitteln dem Kranken ganz widmen. Nur so können alle Errungenschaften der medizinischen Wissenschaft der gesamten Bevölkerung dienstbar gemacht und damit zugleich das Gesundheitswesen im fortschrittlichen Geiste entwickelt werden. Die Erhaltung der Gesundheit und Leistungsfähigkeit der Werktätigen ist eine der wichtigsten Lebensaufgaben des Volkes und eine Voraussetzung für den Neuaufbau.
Gesundheitspolitische Richtlinien. In: Dokumente der SED, Bd. I, S. 171.

überwundener politischer Irrtümer mit gespielter Entrüstung zu Faschisten; das von den US-Behörden lizenzierte Blatt «Der Tagesspiegel», das sich als «unabhängige Tageszeitung» ausgab, war auf diese Art Rufmord geradezu spezialisiert.[119]

Medizin und Gesundheitswesen bildeten so ein politisch brisantes Feld, auf dem die Partei der Arbeiterklasse ihre Positionen frühzeitig und konsequent ausarbeiten und den Kampf um deren Durchsetzung organisieren mußte. Sie konnte dabei an die in den Kämpfen der Weimarer Jahre erarbeitete gesundheitspolitische Linie der KPD und auch an gesundheitspolitische Bestrebungen der SPD aus dieser Zeit anknüpfen.[120] Bereits in den vom Parteivorstand der SED im Juli 1946 beschlossenen Kommunalpolitischen Richtlinien waren einige Grundaussagen zur Entwicklung des Gesundheitswesens enthalten,[121] ebenso in den Sozialpolitischen Richtlinien vom Dezember dieses Jahres.[122]

Das entscheidende Dokument aber waren die Gesundheitspolitischen Richtlinien, die das Zentralsekretariat der Partei Ende März 1947 verabschiedete. In diesen Richtlinien fanden die Ergebnisse zahlreicher seit der Befreiung vom Faschismus mit Medizinern geführter Aussprachen Berücksichtigung. Der Text wurde von einer Arbeitsgruppe entworfen, der Helmut Lehmann und Paul Merker (beide Mitglieder des Zentralsekretariats), Hugo Gräf (verantwortlicher gesundheitspolitischer Mitarbeiter im Apparat des Zentralsekretariats, später Vorsitzender der Gewerkschaft Gesundheitswesen) und die Mediziner Carl Coutelle, Eva Schmidt-Kolmer und Maxim Zetkin angehörten. Hier waren nicht nur Maßnahmen aufgeführt, sondern grundlegende politische Orientierungen entwickelt, auf die sich die empfohlenen Maßnahmen gründeten und die ihrerseits ein organisches Ganzes bildeten, das der hier zu leistenden revolutionären Umwälzung entsprach.[123]

Wer dieses Dokument heute – in einer Zeit, wo seine Forderungen längst realisiert oder zu selbstverständlichen Arbeitsprinzipien des sozialistischen Gesundheitswesens geworden sind – zur Hand nimmt, der ist erstaunt über die Reife der Wertungen und über die Sicherheit der Voraussagen, die in der Tat im wesentlichen so, wie sie damals niedergeschrieben wurden, in die Praxis umgesetzt worden sind.

Die Richtlinien vermerkten ausdrücklich die Diskrepanz zwischen der hohen Blüte, die die wissenschaftliche Medizin im kapitalistischen Deutschland erreicht hatte, und der sehr beschränkten Wirksamkeit dieser Resultate für das Leben der werktätigen Massen; sie verschwiegen auch nicht die widersprüchliche Position, in die der Arzt in dieser Gesellschaft gezwungen war. Es wurden vier Linien des Vorgehens abgeleitet: der Gesundheitsschutz für die gesamte Bevölkerung, die Gesundheitsfürsorge, die allgemeine sanitäre Fürsorge und der Neuaufbau und die breite Entfaltung der medizinischen Forschung und Lehrtätigkeit.

Die Haltung der Partei war von zwei übergeordneten Zielen gekennzeichnet – dem Kurs auf eine neue, in der ganzen bisherigen deutschen Geschichte undenkbar gewesene Qualität in der gesundheitlichen Betreuung der werktätigen Bevölkerung und auf die Herstellung eines vertrauensvollen Zusammenwirkens mit der medizinischen Intelligenz. Dieser Abschnitt in der Intelligenzpolitik der Partei war besonders diffizil. Den vielen ehemaligen NSDAP-Mitgliedern unter den Ärzten wurde, sofern sie sich keiner Verbrechen schuldig gemacht hatten, die Chance des Umdenkens und des Neubeginns in ihrem bisherigen Beruf geboten, während das für viele andere Gruppen der Intelligenz wie etwa für die Lehrer verständlicherweise nur in Ausnahmefällen möglich war.

Das wichtigste Leitungsinstrument für die Neuordnung des Gesundheitswesens war die von der SMAD am 27. Juli 1945 ins Leben gerufene Deutsche Zentralverwaltung für das Gesundheitswesen (DZVG), die sich bereits im September mit einem «Ruf an die Ärzte» über den Rundfunk an die Angehörigen der medizinischen Intelligenz wandte und die ersten Verordnungen herausgab. Obwohl sich der Kompetenzbereich der Zentralverwaltung auf die ganze sowjetische Besatzungszone erstreckte, lag doch ihr wissenschaftliches Hinterland im wesentlichen in Berlin, und hier, wo sie ihren Sitz hatte und ihre Mitarbeiter wohnhaft waren, zeichneten sich die Wirksamkeit ihrer Entscheidungen und die Problematik ihrer Arbeit am deutlichsten ab.

In der DZVG war das enge Zusammengehen der beiden Arbeiterparteien auch auf dem Feld der Gesundheitspolitik sinnfällig in den Persönlichkeiten der Vizepräsidenten – des Kommunisten Maxim Zetkin, des Sohnes der großen deutschen Arbeiterführerin Clara Zetkin, und des Sozialdemokraten Alfred Beyer. Beide erwarben sich große Verdienste um den antifaschistisch-demokratischen Neuaufbau im Gesundheitswesen.

Zetkin, der 1919 zu den ersten Mitgliedern der KPD gehörte und zwischen 1921 und 1945 an der Entwicklung des sowjetischen Gesundheitswesens mitwirkte, «war das mobilisierende

Die Arbeit der Deutschen Zentralverwaltung für das Gesundheitswesen ab Herbst 1945: Zwei überragende Persönlichkeiten, Maxim Zetkin (KPD) und Alfred Beyer (SPD), verstanden es, bei allen inneren Schwierigkeiten zielbewußt den richtigen Kurs einzuhalten. Viele Mitarbeiter erwiesen sich fachlich und politisch als nicht den Anforderungen gewachsen und mußten ausscheiden … Bei manchen zeigte sich erst nach einiger Zeit, daß sie politisch aufs schwerste belastet waren, daß sie insgeheim Interessen westlicher Pharma-Firmen vertraten, daß sie Verbindung mit westlichen Geheimdiensten unterhielten oder, verleitet durch ihre Position, korrupt geworden waren …
Trotzdem ist es gelungen, die Arbeit konsequent weiterzuführen, wobei die ehrliche und unbeirrte Zusammenarbeit erfahrener Fachleute aus bürgerlichem Lager mit dem inzwischen entstandenen Kern entschlossener und politisch bewußter Mitarbeiter von entscheidender Bedeutung nicht nur für die Bewältigung der aktuellen Aufgaben, sondern auch für die Ausbildung junger Nachwuchskräfte auf allen Fachgebieten war. So erwies sich die in diesen ersten Jahren eingeleitete Entwicklung als unumkehrbar und als stabile Grundlage für den Aufbau unseres sozialistischen Gesundheitswesens.»
Carl Coutelle: Kaderleiter in der Zentralverwaltung. In: Im Dienst am Menschen, S. 64.

119 Siehe Hans Adler: Berlin in jenen Tagen, S. 55.
120 Siehe: KPD und Wissenschaftsentwicklung 1919–1945, S. 98–110, 111–118, 120–126.
121 Siehe: Kommunalpolitische Richtlinien. Beschluß des Parteivorstandes vom 17. Juli 1946. In: Dokumente der SED, Bd. I, S. 72–74.
122 Siehe: Sozialpolitische Richtlinien. Beschluß des Zentralsekretariats vom 30. Dezember 1946. In: Dokumente der SED, Bd. I, S. 144/145.
123 Siehe: Gesundheitspolitische Richtlinien. Beschluß des Zentralsekretariats vom 31. März 1947. In: Dokumente der SED, Bd. I, S. 171–175.

Erinnerungen von Dietrich Baumann: Die Versorgungsschwierigkeiten drohten uns oft zu erdrücken oder zu entmutigen, schienen unlösbar. Da war mir stets ein Gespräch mit Genossen Professor Maxim Zetkin eine große psychologische Hilfe. Seine beruhigende menschliche Ausstrahlung und die von großer Lebenserfahrung zeugenden Worte vermochten mich immer wieder aufzurichten. Ein Beispiel: Es gab unter anderem keine geeigneten Desinfektionsmöglichkeiten für chirurgische Arbeiten und zur Reinigung der Instrumente. ... Da erzählte er mir von ähnlichen Schwierigkeiten als Chirurg in der Roten Armee während des Großen Vaterländischen Krieges. Hier habe er ohne Probleme – zur Hände- und Instrumentenreinigung – das nach unserer Ansicht primitive billige Mittel Salmiakgeist benutzt, das in früheren Zeiten bei uns fast ausschließlich zur Reinigung von Kleidung verwendet worden war. Daß man sich in besonderen Situationen auch mit einfachen Mitteln helfen kann und muß, ist in Zeiten, in denen die Anforderungen nicht hoch genug gestellt werden können, lehrreich.
Dietrich Baumann: Das Arzneimittel- und Apothekenwesen wurde neu gestaltet. In: Ebenda, S. 45/46.

Element der damaligen Arbeit, zumal er über das volle Vertrauen der Parteiführung wie der Vertreter der Sowjetischen Militäradministration verfügte und seine reichen Erfahrungen im Gesundheitswesen der Sowjetunion für die Arbeit nutzbar machte. Zudem war Professor Maxim Zetkin ein prächtiger Mensch, auf Grund seiner Freundlichkeit und Bescheidenheit allgemein angesehen und beliebt.»[124]

Beyer war ein bekannter Sozialhygieniker, der in der DZVG zugleich als Hauptabteilungsleiter für Sozialmedizin wirkte; bereits 1921 hatte er als Oberregierungsrat im preußischen Ministerium für Volkswohlfahrt die Einrichtung der Staatlichen Gewerbeärzte in Preußen geschaffen und darüber hinaus für die Stadt Berlin diese Funktion zunächst selbst im Nebenamt ausgeübt.[125]

Während die DZVG fortschrittliche Entscheidungen traf und ihre Durchführung organisierte, mußte sie sich gleichzeitig gegen Sabotage und hinhaltenden Widerstand in den eigenen Reihen, der aus Westberlin zunehmend Unterstützung erfuhr, zur Wehr setzen. Die politische Konsolidierung dieser großen und tiefgegliederten Behörde erfolgte unter Schwierigkeiten und war jahrelang mit einer erheblichen Fluktuation des Personals verbunden.

In der Zentralverwaltung befand sich eine beachtliche Gruppe von Leuten, die sich zwar zum Faschismus distanziert verhalten hatten, aber progressive gesellschaftliche Umgestaltungen unter Führung der Arbeiterklasse unbedingt verhindern wollten. Zu ihnen zählte Dr. Jäger, der für den Wiederaufbau der medizinischen Fakultät in der sowjetischen Besatzungszone verantwortlich war und in dem die reaktionären Kräfte an der Charité einen starken Rückhalt hatten, Frau von Renthe-Finck, nachmals Senatorin für Gesundheitswesen beim Westberliner Senat, und manche andere; den Posten des persönlichen Referenten beim Präsidenten hatte sich ein Mann erschlichen, der als «Dr. Böhm» mit linkssektiererischen Provokationen hervortrat und schließlich als ein krimineller Gauner entlarvt wurde, «der sich im Zuchthaus Waldheim im Revier einige flüchtige medizinische Kenntnisse angeeignet hatte und diese nun benutzte, um sich als ‹Doktor› aufzuspielen».[126]

Der kleine Kreis von Genossen – unter anderem Carl Coutelle, Fritz Lettow, Eva Schmidt-Kolmer, Erwin Marcusson, Walter Friedeberger, Elfriede Paul – und parteilosen Antifaschisten in der DZVG konnte sich in seiner aufreibenden Arbeit auf eine Reihe von politisch nicht besonders engagierten, aber sehr zuverlässig arbeitenden Experten stützen, die sich von den Machenschaften der Reaktionäre nicht beeinflussen ließen und «sich vor allem aus fachlichem Interesse für den

Wiederaufbau des Gesundheitswesens und die Schaffung einer zentralen Gesundheitsverwaltung auf demokratischer Grundlage einsetzten. Sie waren für uns für lange Wegstrekken mindestens echte Verbündete».[127] Eva Schmidt-Kolmer erinnert in diesem Zusammenhang an Professor Roesle, den früheren leitenden Medizinalstatistiker des Reichsgesundheitsamtes, der ein Enthusiast seines Gebietes war; noch in vorgeschrittenem Alter stellte er sich für den Aufbau der medizinischen Statistik zur Verfügung und setzte deren Anerkennung als eine unerläßliche analytische Grundlage der Leitungstätigkeit im Gesundheitswesen durch.

Wenn es der DZVG ungeachtet der Schwierigkeiten in den eigenen Reihen nach und nach gelang, ein ganzes System fortschrittlicher Veränderungen im Gesundheitswesen zu entwerfen und in die Praxis umzusetzen, so war das nur denkbar, weil die SMAD vielfältige Hilfe leistete. Dazu gehören die Gestaltung eines Netzes von Ambulatorien und Polikliniken als neuartige Grundlage der ambulanten Versorgung, die einheitliche Sozialversicherung, das Betriebsgesundheitswesen, ein Durchbruch in Arbeitsschutz und Arbeitsmedizin, die Herausnahme der Arzneimittelproduktion und des Arzneimittelvertriebs aus dem Einflußbereich kapitalistischer Willkür, die strikte wissenschaftliche Arzneimittelkontrolle im Interesse des Patienten, eine mit strengen Qualifikationsvorschriften verbundene Approbationsordnung für Apotheker und vieles andere mehr.

Die Verordnungen der DZVG hatten entsprechende Befehle der SMAD zur Voraussetzung und mußten sich in deren Rahmen bewegen. Das entsprach der Rechtslage vor der Gründung der DDR, war aber nur die formelle Seite der Sache. Entscheidend waren Inhalt und Arbeitsweise: Die Gesundheitspolitik der SMAD wollte das Bestmögliche für ein leistungsfähiges demokratisches Gesundheitswesen in Deutschland erreichen, und deshalb wurden zur Vorbereitung der wichtigsten Befehle in großem Maße deutsche Mediziner – vor allem Mitarbeiter der DZVG – herangezogen.

Stellvertretend für viele andere Aspekte der Entwicklung wollen wir hier eine charakteristische Linie der Neuorientierung des Gesundheitswesens nennen, die auch auf die medizinische Forschung und Lehre einen erheblichen Einfluß nahm. Ausgehend von der Überlegung, daß der werktätige Mensch in seiner wichtigsten Lebenssphäre, in der Arbeit, höchstmöglichen Gesundheitsschutz genießen muß, erfuhren Arbeitsme-

Coutelle schreibt über das Auftreten der Offiziere aus der Gesundheitsabteilung der SMAD:
Ihr Verhalten gegenüber unseren Mitarbeitern war zunächst distanziert und zurückhaltend, aber stets korrekt und nie von jener Überheblichkeit des Siegers, wie sie oft von den Westalliierten zur Schau getragen wurde. Sie verlangten von uns harte Arbeit, ohne Rücksicht auf Zeit und persönliche Bequemlichkeit. Wir sollten durch gute Arbeit überzeugen. Sie selbst gingen stets mit gutem Beispiel voran. Erst als wir durch unsere Arbeit ihr Vertrauen gewonnen hatten, trat an die Stelle der förmlichen Anrede mit Herr die mit Vor- und Vatersnamen nach russischer Sitte oder mit Genosse, was wir mit Recht als Anerkennung und Auszeichnung gewertet haben. Langen bürokratischen Schriftwechsel liebten die sowjetischen Genossen gar nicht, sie verlangten operative Arbeit, Information und, wo möglich, Entscheidung an Ort und Stelle. Sie halfen mit Transport und Unterkunft, soweit das bei den damaligen Verhältnissen möglich war. Bei Versäumnissen oder Lässigkeit war ihr schlimmster Tadel der Vorwurf, warum wir nicht alles in unseren Kräften Stehende täten, da es doch um unser eigenes Volk gehe.
Carl Coutelle: Kaderleiter in der Zentralverwaltung. In: Ebenda, S. 64/67.

124 Fritz Lettow: Wie wir in der Zentralverwaltung begannen. In: Im Dienst am Menschen, S. 166.
125 Siehe Ernst Holstein: Als Arbeitsmediziner nach 1945. In: Ebenda, S. 94.
126 Fritz Lettow: Wie wir in der Zentralverwaltung begannen. In: Ebenda, S. 165–166.
127 Eva Schmidt-Kolmer: Pionierarbeit im Neuland. In: Ebenda, S. 228.

Ernst Holstein
Aufnahme von 1966

Theodor Brugsch
Aufnahme um 1947

dizin und Betriebsgesundheitswesen einen nie gekannten Aufschwung. Einer der Berliner Pioniere dieser Arbeitsrichtung war Ernst Holstein, der seit 1946 als Referent für Arbeitsmedizin in der DZVG und ab 1947 als Leiter der Hauptabteilung Arbeitsschutz bei der Deutschen Zentralverwaltung für Arbeit und Sozialfürsorge tätig war. Im Herbstsemester 1946 hielt er die erste arbeitsmedizinische Vorlesung an der Medizinischen Fakultät. Sein Hauptziel aber, das er beharrlich verfolgte, war die Schaffung eines großen arbeitsmedizinischen Instituts, das Aufgaben der Forschung und der Klinik, des Begutachtungswesens und der ärztlichen Weiterbildung miteinander vereinigen sollte.

Indessen erfolgte eine ganze Reihe rechtlicher Regelungen für dieses Gebiet. Der Befehl Nr. 150 der SMAD vom November 1945 sah die Einrichtung von Arbeitsinspektionen (Arbeitsschutzämtern) vor. Am 19. Februar 1947 erging der Befehl Nr. 39, der von den Deutschen Zentralverwaltungen für Arbeit und Sozialfürsorge und für das Gesundheitswesen gemeinsam mit dem FDGB ausgearbeitet worden war und die Beschäftigung von Frauen mit schweren und gesundheitsschädlichen Arbeiten untersagte. Von ganz besonderer Bedeutung in arbeitsmedizinischer Hinsicht war der Befehl Nr. 234 vom Oktober 1947, der die Einrichtung von Sanitätsstellen und Betriebspolikliniken in Betrieben mit mehr als 200 Beschäftigten vorsah und in der Anlage eine Verordnung über Jugendarbeitsschutzbestimmungen und eine Verordnung über die Verbesserung der ärztlichen Betreuung der Arbeiter und Angestellten und über Maßnahmen zur Regelung der Arbeitsbefreiung im Krankheitsfall enthielt.

Inzwischen war es Holstein nach mehreren vergeblichen

Das Zentralinstitut für Sozial- und Gewerbehygiene wurde im Gebäude des ehemaligen Auguste-Viktoria-Krankenhauses in Berlin-Lichtenberg eingerichtet
Aufnahme um 1920

Vorstößen geglückt, für das arbeitsmedizinische Institut ein geeignetes Objekt in Berlin-Lichtenberg ausfindig zu machen. Der Befehl Nr. 78 der SMAD vom 28. April 1948 legte fest, zur «weiteren Demokratisierung des deutschen Gesundheitswesens in der sowjetischen Besatzungszone Deutschlands, zur Ausbildung und Fortbildung von Amtsärzten, Gewerbeärzten und in der Sozialversicherung tätigen Ärzten sowie zur Entwicklung der wissenschaftlichen Forschungsarbeit auf dem Gebiet der Sozial- und Gewerbehygiene» die neue Einrichtung unter der Bezeichnung «Zentralinstitut für Sozial- und Gewerbehygiene» zu eröffnen, wobei der Direktor des Instituts dem Rektor einer Universität gleichgestellt werden sollte.[128] Zum Leiter des Instituts wurde Hermann Redetzky aus Schwerin berufen, Stellvertreter wurde Erwin Marcusson. Drei Abteilungen wurden eingerichtet: die Klinik für Berufskrankheiten, die später von Holstein übernommene Arbeitsmedizin (zunächst noch als Gewerbehygiene bezeichnet) und schließlich die Sozialhygiene, die sich Redetzky selbst vorbehielt und späterhin zum Fachgebiet «Planung und Organisation des Gesundheitswesens» erweiterte.

Das Institut kam einem immensen Weiterbildungsbedürfnis entgegen. Redetzky berichtet darüber: «Aus eigenen Beobachtungen und zahlreichen Gesprächen mit Ärzten in den Jahren nach 1945 wußte ich, welche großen Wissenslücken bei ihnen bestanden und wie enorm der Nachholebedarf an modernen Kenntnissen und Fähigkeiten war. Ich begann, zusätzlich zu den engeren Aufgaben des Zentralinstituts mit Klinikbetrieb, mit theoretischen Abteilungen, späteren Instituten,

128 Siehe: Zentralverordnungsblatt, 1948, Nr. 16 vom 31. Mai 1948, S. 163.

Hilde Marcusson über eine Denkschrift, die Prof. Dr. Heubner, Kommissarischer Dekan der Medizinischen Fakultät der Berliner Universität, im Namen der Fakultät an die Deutsche Zentralverwaltung für das Gesundheitswesen zur Stellungnahme übermittelte: Auch hier ist wieder besonders Bemerkenswertes von Erwin Marcusson am Rande mit verschiedenen Strichen und Zeichen versehen worden. Angestrichen wurde unter anderem folgendes: «Mit größtem Nachdruck aber wünscht die Medizinische Fakultät zu betonen, daß politische Ansichten oder Betätigungen nicht das geringste zu den für den Arzt erforderlichen Qualitäten beitragen können. Der Arzt hat seine Hilfe zu leisten ohne jede Ansehung der Person. Der Arzt hat also seinem Patienten rein menschlich und überparteilich entgegenzutreten.» Nach der Vergiftung der Seelen durch die nazistische Irrlehre ist diese Forderung geradezu unfaßbar. Zumindest eine Parteilichkeit im Sinne der Formung eines antifaschistischen und humanistischen Weltbildes hätte doch wohl von dem Kommissarischen Dekan einer Fakultät für die zukünftigen Ärzte als notwendig erachtet werden müssen. Mir scheint, daß diese Auszüge aus Protokollen ein gewisses Bild von den politischen und moralischen Problemen beim Aufbau eines neuen Gesundheitswesens in der ersten Zeit nach dem Faschismus liefern.
Hilde Marcusson: Der faschistische Ungeist mußte überwunden werden. In: Ebenda, S. 196/197.

systematisch Fortbildungslehrgänge auf den verschiedensten Fachgebieten der Medizin zu veranstalten. Lange Jahre hindurch hielten wir Kurse für Kreisärzte (von vier Monaten Dauer) ab, ich war Vorsitzender der Prüfungskommission für Kreisärzte. Der Erfolg war frappierend. Die Fortbildungstätigkeit wuchs zu einem Hauptarbeitsgebiet heran. Die Teilnehmerzahl stieg auf jährlich fünf- bis sechstausend an, in etwa fünfzig bis sechzig Kursen von meistens je acht Tagen Dauer.»[129] Diese intensive Bildungsarbeit war die Keimzelle der späteren Akademie für ärztliche Fortbildung.

Nicht nur in der Arbeitsmedizin, sondern im ganzen Spektrum der hier vertretenen Gebiete gewann das wissenschaftliche Leben in der Berliner Medizin mit Unterstützung der SMAD bald wieder Niveau und Vielfalt. Ab Januar 1946 erschien als Fachorgan der DZVG unter maßgeblicher Teilnahme führender Mediziner der Berliner Medizinischen Fakultät die Zeitschrift «Das Deutsche Gesundheitswesen» (heute: Zeitschrift für klinische Medizin). Im Februar wurde für alle Universitäten der sowjetischen Besatzungszone ein neuer Studienplan für das Fach Medizin festgelegt. Im März schlossen sich auf Anregung der SMAD fünf Verlage zur Arbeitsgemeinschaft medizinischer Verlage G.m.b.H. zusammen; Beyer, Zetkin und Brugsch wählten die ersten sechs von faschistischen und rassistischen Irrlehren gereinigten Lehrbücher zum Druck in diesen Verlagen aus.[130]

Bald konstituierten sich auch wieder medizinische Fachgesellschaften. Die allgemeine Grundlage dafür bot der von Marschall Sokolowski unterzeichnete SMAD-Befehl Nr. 124 «Organisation der deutschen wissenschaftlichen medizinischen Gesellschaften» vom 21. Mai 1947[131], doch schon vorher waren in Berlin Vereinigungen gegründet und wissenschaftliche Tagungen durchgeführt worden. Den Anfang machte die Gesellschaft für klinische Medizin, die sich am 27. November 1946 an der Charité konstituierte.

Die DZVG berief eine Reihe von Fachtagungen ein, auf denen Stand und Perspektiven der jeweiligen Gebiete nach der Zerschlagung des Faschismus beraten wurden. Im Oktober 1946 tagten die Psychiater und Neurologen (Karl Bonhoeffer referierte hier zum Thema «Organisation der Geisteskrankheiten- und Psychopathen-Fürsorge und ihre Therapie») und auch die Orthopäden in Berlin. Im Dezember berieten die Hautärzte und die HNO-Ärzte; an der letztgenannten Tagung, die unter der Leitung Carl von Eickens stand, beteiligten sich auch sowjetische Akademiemitglieder und Hochschullehrer.

Unmittelbar nach Erlaß des erwähnten SMAD-Befehls wurde im Juni 1947 die «Tagung der Chirurgen der sowjeti-

Hermann Redetzky (3. von l.) bei einer Besichtigung der Bauvorhaben für den neuen Institutskomplex am Nöldnerplatz Aufnahme um 1952

schen Besatzungszone» durchgeführt. Maxim Zetkin, der an ihrem Zustandekommen großen Anteil hatte, sagte einleitend: «Mit der größten Befriedigung eröffne ich unsere Tagung, die erste ihrer Art in unserer Zone, nach einem so verbrecherisch begonnenen Kriege, der uns ausgebrannte Häuser, zerstörte Bahnhöfe und Brücken, zerbombte Krankenhäuser, Schulen und Universitäten hinterlassen hat.» Der sowjetische Chirurg A. W. Wischnewsky berichtete seinen deutschen Fachkollegen über neue Forschungsergebnisse zur sogenannten schleichenden Infiltrationsanästhesie.[132]

Bis Ende 1949 wurden insgesamt 46 regionale Gesellschaften gegründet, darunter die medizinisch-wissenschaftliche Gesellschaft für Gynäkologie und Geburtshilfe, die medizinisch-wissenschaftliche Gesellschaft für Augenheilkunde, die Gesellschaft für Psychiatrie und Neurologie, die Dermatologische Gesellschaft, die Zahnärztliche Gesellschaft, die Gesellschaft für Pathologie (diese alle an der Universität Berlin), die Berliner Chirurgische Gesellschaft und die Berliner Hals-Nasen-Ohrenärztliche Gesellschaft.[133]

In dem Maße, wie sich die Phalanx der engagierten fortschrittlichen Mediziner in Berlin erweiterte, wurde es auch

129 Hermann Redetzky: Aus meinem Leben für die Volksgesundheit. In: Ärzte. Erinnerungen – Erlebnisse – Bekenntnisse. Hrsg. von Günter Albrecht/Wolfgang Hartwig, Berlin 1973, S. 230/231.
130 Siehe D. Tutzke/K.-J. Burmeister/R. Lange-Pfautsch/G. Brüschke: Charité 1710–1985, S. 42/43.
131 Siehe: Zentralverordnungsblatt, 1947, Nr. 9 vom 26. Juli 1947, S. 101–103.
132 Siehe A. K. Schmauss/W. Usbeck: Über wissenschaftliche und freundschaftliche Beziehungen der Gesellschaft für Chirurgie der DDR zur sowjetischen Chirurgie. In: Deutsches Gesundheitswesen, 1977, Heft 44, S. 12048.
133 Siehe Th. Matthes/L. Rohland/H. Spaar: Die medizinisch-wissenschaftlichen Gesellschaften der DDR, Berlin 1981.

Arbeit am ersten Lehrbuch der Arbeitsmedizin:
Nachdem ich mich nun endgültig für die Arbeitsmedizin entschieden hatte, ging ich daran, die Lücken meines wissenschaftlichen Fundus zu ermitteln. Max Herm (damals Vizepräsident der Zentralverwaltung für Arbeit und Sozialfürsorge – *d. Verf.*) war so freundlich, mir seinen Dienstwagen und seinen Chauffeur zur Verfügung zu stellen, um zum Dom von Havelberg zu fahren, wohin mein wertvolles Sammlungsmaterial mit den Hauptakten der Regierung ausgelagert worden war. Nur ein zertretener Holzkasten mit mehreren hundert Kleinbilddiapositiven war zu finden …
Es bedeutete eine gewaltige Arbeitslast, das Verlorene zu ersetzen. …
Am meisten widerstrebte es mir, die gewaltige Aufgabe anzupacken, alle Erfahrungen der vergangenen zwanzig Jahre erneut handschriftlich niederzulegen. …
Nachdem die mühevolle Arbeit geschafft war, ging ich daran, alles selbst in Maschinenschrift zu übertragen oder zu diktieren, um ein Lehrbuch, den «Grundriß der Arbeitsmedizin», zu verfassen. Jedoch erst 1949 konnte es bei dem mir seit 1935 eng verbundenen Verlag Barth, Leipzig, erscheinen, nachdem es der Zentralverwaltung für Arbeit und Sozialfürsorge nach langen Bemühungen in dieser Zeit der größten Materialnotlage gelungen war, das – wenn auch sehr schlechte – Papier zu beschaffen.
Ernst Holstein: Als Arbeitsmediziner nach 1945. In: Ebenda, S. 95/96.

möglich, die progressiven Kräfte an der Charité zu verstärken. Offenkundig nazistische Einrichtungen wie das Institut für Rassenhygiene waren bereits beseitigt worden. Nach der Überprüfung ihrer Haltung in den Jahren der faschistischen Diktatur konnten neben den schon genannten die folgenden Ordinarien und Direktoren in ihren Ämtern bestätigt werden: der Gynäkologe Walter Stoeckel, der Anatom Hermann Stieve, der Biochemiker Karl Lohmann (er war auch der erste Dekan der medizinischen Fakultät), der Ophthalmologe Walter Löhlein, der Gerichtsmediziner Victor Müller-Hess, der Pharmakologe Wolfgang Heubner, der Gynäkologe und Medizinhistoriker Paul Diepgen und der Kieferchirurg Georg Axhausen.[134]

Unter ihnen waren jedoch nicht nur aktive und den Forderungen einer neuen Zeit aufgeschlossene Männer wie Gohrbandt und Stoeckel, sondern auch reservierte Nurfachleute und Konservative. 1947/48 gingen einige der bedeutendsten Ärztepersönlichkeiten von der DZVG an die Universität. Alfred Beyer übernahm 1947 das Ordinariat für Sozialhygiene, das als erster Alfred Grotjahn innegehabt hatte. Fritz Lettow wurde Oberarzt an der Orthopädischen Klinik, Hilde Marcusson ging als Ärztin an die Kinderklinik. Maxim Zetkin übernahm 1947 eine Professur für Chirurgie und war seit 1949 erster ärztlicher Direktor der Charité; heute trägt die FDJ-Grundorganisation der Charité seinen Namen.

Damit veränderte sich das politische Klima an der Medizinischen Fakultät allmählich. Der in Westberlin inszenierte Versuch der Spaltung der Universität rief auch hier keinen nennenswerten Einbruch hervor. Mit der Bildung des demokratischen Magistrats unter Friedrich Ebert fanden die fortschrittlichen Kräfte an der Charité auch in der Stadtverwaltung Unterstützung. 1949 wurde an der Charité eine FDJ-Gruppe gebildet.

Nach und nach nahm auch unter den Berliner Medizinern die Anzahl der Arbeiter- und Bauernstudenten zu. Die Medizinische Fakultät begann, an der gesellschaftlichen Planung teilzunehmen. 1949 hatten die großen Kliniken der Charité bereits 19 Forschungsthemen zu den Schwerpunkten des Zweijahresplanes in Arbeit. Die Berliner medizinische Wissenschaft wurde stärker in den großen Zusammenhang der gesellschaftlichen Umgestaltung des Gesundheits- und Sozialwesens einbezogen.

Der Prozeß, in dem die Kluft zwischen der traditionell hochstehenden Berliner medizinischen Wissenschaft und der praktischen Sorge um die Gesundheit des Volkes geschlossen wurde, war erfolgreich eingeleitet. Unter den Verhältnissen der DDR wurde er vollendet.

Unter dem Vorsitz von Wilhelm Pieck konstituierte sich am 7. Oktober 1949 in Berlin der Deutsche Volksrat zur Provisorischen Volkskammer der Deutschen Demokratischen Republik. Zugleich wurde die Verfassung der DDR in Kraft gesetzt

... und der Zukunft zugewandt

Als sich am 7. Oktober 1949 in Berlin der Deutsche Volksrat – in einer Situation, die nach der Bildung eines separaten Staates in den Westzonen einen solchen Schritt dringend erforderlich machte – auf seiner 9. Tagung als Provisorische Volkskammer der Deutschen Demokratischen Republik konstituierte, dem Liberaldemokraten Johannes Dieckmann das Vertrauen als Volkskammerpräsident aussprach, Otto Grotewohl mit der Bildung der Regierung beauftragte und schließlich am 11. Oktober gemeinsam mit der Provisorischen Länderkammer Wilhelm Pieck zum Präsidenten des neuen Staates wählte, war Berlin wieder Hauptstadt. Jahrhundertelang hatte Berlin den Hauptstadttitel geführt, aber noch niemals zuvor war es Hauptstadt eines Staates gewesen, in dem das Volk die Macht ausübte. Zu denen, die nun regieren lernten, zählten

In der sowjetischen Besatzungszone und zum Teil in Berlin ist die Einheit der Arbeiterbewegung hergestellt und die Sozialistische Einheitspartei Deutschlands geschaffen. Damit haben wir eine Partei gebildet, die auch den Geistesarbeiter anziehen kann, weil sie die Kraft ist, die unserem Volke und damit ihm selbst den Ausweg aus dem Trümmerfelde bahnt. Dank dieser Einheit der Arbeiterbewegung ist es uns auch gelungen, *die Kluft zwischen Arbeitern und Intellektuellen niederzureißen* und ein enges Bündnis zwischen ihnen herzustellen. Wir können heute mit Stolz feststellen: die Sozialistische Einheitspartei Deutschlands ist nicht nur die Partei der Arbeiter, nicht nur die Partei der Bauern und des werktätigen Mittelstandes, sie wird auch in zunehmendem Maße die Partei der fortschrittlichen Intellektuellen!
Otto Grotewohl: Die geistige Situation der Gegenwart und der Marxismus. In: Um die Erneuerung der deutschen Kultur, S. 259/260.

134 Siehe D. Tutzke/K.-J. Burmeister/R. Lange-Pfautsch/ G. Brüschke: Charité 1710–1985, S. 39.

Klaus Gysi zur ersten Bundestagung des Kulturbundes: Politisch und zugleich an keine Partei gebunden kann man nur sein bei klar formulierten gemeinsamen geistigen Grundlagen als gemeinsamer Ausgangsbasis für die Stellungnahme zu den kulturpolitischen Fragen unserer Zeit. Es ist ein tragisches Moment der deutschen Geschichte, daß die Gemeinsamkeit dieser geistigen Grundlagen den Gegnern einer fortschrittlichen Entwicklung immer sehr klar bewußt war, während das Wissen um diese gemeinsame Wurzel bei den Freunden des Fortschritts viel zuwenig ausgebildet war ... Unsere Überparteilichkeit, verstanden als gemeinsame Basis verschiedenster, aber immer demokratischer Anschauungen und Überzeugungen, hat nur dann eine Existenzberechtigung, wenn von ihr als Grundlage die geistigen Aufgaben unserer Zeit faßbar und lösbar sind.
Klaus Gysi: Überparteilichkeit und Diskussion. In: Aufbau, 1947, Heft 6, S. 460.

auch Wissenschaftler wie die Berliner Professoren Brugsch, Deiters, Kuczynski, Meusel und Stroux – nicht im elitären Dünkel einer scheinbar über den Klassen stehenden und in allen Sätteln gerechten Expertokratie, auch nicht als diplomierte Vertreter oder Lakaien einer herrschenden Ausbeuterklasse, sondern als Angehörige der werktätigen, schaffenden Intelligenz, die sich von den anderen Werktätigen in Stadt und Land wohl nach der Art der Arbeit, keineswegs aber nach ihrem sozialen Rang unterschieden.

Damit Wissenschaftler in einer Weise mitregieren konnten, die die humanistischen Möglichkeiten der Wissenschaft für das ganze Volk ungehindert freizusetzen half, mußte die organisierte Arbeiterklasse die politische Führung in der Gesellschaft errungen haben und mußte die Intelligenz als treuer und aktiver Partner im Kampf um eine neue Welt an ihre Seite getreten sein.

Die Verbindung der Wissenschaft mit dem sozialen Fortschritt wird nicht durch Wunschvorstellungen verwirklicht, mögen sie auch noch so aufrichtig gemeint sein, sondern ist in allererster Linie eine Sache der politischen Machtverhältnisse. Das Ringen um die Herstellung und Festigung des Bündnisses von Arbeiterklasse und Intelligenz kennzeichnete die ganze Nachkriegszeit, von der ersten Stunde an. Es ging um ein von Überzeugungen getragenes echtes Bündnis und nicht etwa um bequeme Anpassung; ebendeshalb forderte es ein für viele schmerzliches Umdenken, dem sich nicht jeder unterwarf. «Heute müssen die deutschen Wissenschaftler und Techniker feststellen, daß ihre Arbeit gebraucht wurde, um die Technik Europas von der Wolga bis zum Atlantik, vom Nordmeer bis zum Mittelmeer und damit rückwirkend auch die Grundlagen ihrer eigenen Arbeit selbst zu zerstören. Und sie müssen feststellen, daß sie diese Entwicklung nicht rechtzeitig vorausgesehen, sich ihr nicht rechtzeitig entgegengestemmt haben. Die Produkte ihrer Arbeit mußten in Trümmer fallen, damit sie die gesellschaftliche Bedingtheit dieser Arbeit begriffen, damit sie erkannten, daß auch Wissenschaft und Technik Elemente und Faktoren der Politik sind, von ihren politischen Voraussetzungen und ihren politischen Wirkungen nicht getrennt werden können. Die Frage ist nur, ob der Wissenschaftler und Techniker – wie bisher – willenloses Objekt ihm unbegreiflicher politischer Mächte ist oder bewußt handelndes politisches Subjekt.»[135]

Bedingung des Bündnisses war keineswegs ein Bekenntnis zum Marxismus, zum wissenschaftlichen Sozialismus; die politische Weite der möglichen Zusammenarbeit wurde in der Arbeit des Kulturbundes als umfassender Organisation der Intelligenz beispielhaft demonstriert. Hier war die Zusammenarbeit mit rechtsorientierten Intellektuellen wie Ferdinand Friedensburg möglich, und die amerikanische und die britische Besatzungsmacht verboten im Herbst 1947 den Kulturbund in ihren Sektoren gerade wegen der Anziehungskraft, die die in ihm praktizierte weltanschauliche Toleranz ausübte – eine Toleranz, die selbstverständlich auch Wirkungsmöglichkeiten für die marxistische Theorie einschloß.[136]

Doch den reaktionären Kräften, die sich bereits 1947 auf die aus westlichen Gefilden importierte, ebenso plumpe wie bösartige Totalitarismus-Doktrin stützten, ging es gerade darum, im Namen der «Freiheit» den Marxismus aus der Liste der salonfähigen geistigen Strömungen zu streichen und so den einzigartigen Zusammenschluß vielfältiger demokratischer Kräfte, wie ihn der Kulturbund damals darstellte, faktisch lahmzulegen.

Die fortschrittlichen Intellektuellen im Berliner Kulturbund wiesen diese Manöver energisch zurück. Sie verständigten sich erneut darüber, daß Toleranz und Überparteilichkeit für den Kulturbund nicht Unverbindlichkeit, Gleichgültigkeit und Neutralismus bedeuten konnten, sondern sich auf den Geist eines kämpferischen Humanismus oder, wie es im Gründungsmanifest vom Juni 1945 hieß, eines «streitbaren Demokratismus» gründen mußten: «Eine überparteiliche Zusammenfassung aller fortschrittlichen Kräfte des kulturellen Lebens auf breiter humanistischer Grundlage für eine wirkliche Demokratisierung unseres geistigen und künstlerischen Schaffens konnte nicht und kann niemals auf die humanistische Kraft des Sozialismus verzichten, ohne ihrer überparteilichen Struktur und Aufgabe untreu zu werden und jene entscheidende Schwächung zu erleiden, die das eigentliche Ziel dieses Manövers gegen die Vereinigung der antifaschistischen Kräfte bildet.»[137]

Entscheidend dafür, daß möglichst viele Wissenschaftler den antifaschistisch-demokratischen Neuaufbau zu ihrer eigenen Sache machten, war es, sie von der unbedingten Aufrichtigkeit und Dauerhaftigkeit des Bündnisangebotes der SED zu überzeugen. Dazu war neben Geduld und Taktgefühl der Kommunisten im Umgang mit den nichtkommunistischen Intellektuellen die Ausprägung wesentlicher Züge der Kulturpolitik der Partei erforderlich, an denen unabhängig von jeder Agitation der prinzipielle Charakter des Verhältnisses der Partei zur Intelligenz klar erkennbar war.

Der Kulturbund zur demokratischen Erneuerung Deutschlands ist ohne Zweifel eine der beachtlichsten Einrichtungen zur Gewinnung der Intelligenz für die demokratische Bewegung und den demokratischen Aufbau. Er muß daher allseitig in seiner Tätigkeit von der Partei gefördert werden. Die Parteigenossen in dieser Organisation werden zwar nicht darauf verzichten können, ihren konsequent demokratischen Standpunkt zu vertreten, aber es ist unter allen Umständen die Überparteilichkeit der Organisation zu wahren und allen Versuchen entgegenzutreten, einzelne Gruppen des Kulturbundes zu einfachen Anhängseln der Parteiorganisation zu machen. Die Genossen im Kulturbund müssen dafür Sorge tragen, daß der Kulturbund sich tatsächlich vorwiegend der in seinem Programm vertretenen großen politischen Aufgabe widmet und seine Organisationen nicht den Charakter einfacher Kulturvereine annehmen.
Intellektuelle und Partei. Entschließung der 7. Tagung des Parteivorstandes der SED vom 11. Februar 1948. In: Dokumente der SED, Bd. I, Berlin 1951, S. 278.

135 Klaus Zweiling: Perspektive der Wissenschaft. In: Einheit, 1946, Heft 5, S. 273.
136 Zum Verbot des Kulturbundes im britischen und im amerikanischen Sektor siehe: Johannes R. Becher: Offener Brief an die UNESCO und an den internationalen PEN-Club. In: Aufbau, 1947, Heft 12, S. 373–374. – Der Kulturbund in Berlin, Berlin 1948. – Karl-Heinz Schulmeister: Auf dem Wege zu einer neuen Kultur. Der Kulturbund in den Jahren 1945–1949, Berlin 1977, S. 168–176.
137 Klaus Gysi: Symptom. In: Aufbau, 1948, Heft 8, S. 641.

Vier Aspekte waren hier in den Jahren vor der Gründung der DDR von entscheidender Bedeutung.

Erstens machten die Kommunisten immer wieder praktisch deutlich, daß es ihnen um die Pflege des gesamten fortschrittlichen Kulturerbes des deutschen Volkes und der gesamten Menschheit und nicht nur um die Bewahrung der Parteitraditionen zu tun war.

Zweitens wurden alle aufbauwilligen Intellektuellen mit einem Spektrum von Aufgaben und gesellschaftlichen Wirkungsmöglichkeiten konfrontiert, wie sie es in der deutschen Geschichte noch niemals gegeben hatte; wer sich nicht selbst ins Abseits stellte, der erfuhr dies mit aller Eindringlichkeit.

Drittens wurde die von Wilhelm Pieck auf der ersten Kulturtagung der KPD im Februar 1946 ausgesprochene Forderung erfüllt, trotz unserer Armut durchzusetzen, *«daß unseren Kulturschaffenden die materiellen Sorgen abgenommen werden, damit sie ungestört und ungehemmt ihre schöpferischen Energien frei und voll entfalten können»*.[138]

Viertens schließlich setzte sich die Partei mit aller Schärfe

Kundgebung gegen das Verbot des Kulturbundes im amerikanischen und britischen Sektor von Berlin am 26. November 1947
Die Veranstaltung fand sehr große Resonanz in allen Schichten der Berliner Bevölkerung. Unter den Teilnehmern auch Oberst Sergej Tjulpanow und Otto Grotewohl.

und in aller Öffentlichkeit mit Vorbehalten gegenüber den Intellektuellen in ihren eigenen Reihen auseinander.

Die Tatsache, daß nicht nur die Angehörigen der alten Intelligenz zum Überdenken ihrer Positionen aufgerufen waren, sondern die Partei in ihrer eigenen Mitgliedschaft für jeden sichtbar um die Überwindung sektiererischer Tendenzen rang, war ein besonders überzeugendes Argument. Es war nicht schwer, zu verstehen, daß es unter den Arbeitern Vorbehalte gegenüber den Intellektuellen gab und daß sich diese Vorbehalte auch nicht von heute auf morgen ausräumen ließen. In der alten Gesellschaft hatten zu viele Angehörige der Intelligenz dazu beigetragen, eine mißtrauische oder zumindest reservierte Haltung der fortschrittlichen Arbeiter ihnen gegenüber hervorzurufen. In den zwei Jahren der Verwirrung und der Not, die dem demokratischen Nachkriegsaufschwung in Berlin folgten, in denen die Reaktion wieder aktiv wurde und die westlichen Besatzungsmächte progressive Umgestaltungen behinderten, wo sie nur konnten, schwenkten nicht wenige Intellektuelle, die zunächst mit der Arbeiterbewegung zumindest in einigen Fragen zusammengearbeitet hatten, auf antikommunistische Positionen um.

Doch die Intelligenzpolitik der SED gründete sich nicht auf Stimmungen und zufällige Eindrücke, sondern auf eine differenzierte Analyse der Situation. Auf einer solchen Analyse beruhte der Beschluß «Intellektuelle und Partei», den der Parteivorstand der SED am 11. Februar 1948 faßte. Dieser Beschluß machte rückhaltlos darauf aufmerksam, daß in der Partei «die Bedeutung der Intelligenz und der Kulturarbeit in starkem Maße unterschätzt»[139] wird, und nannte eine Reihe von Gesichtspunkten für die vordringlichsten Aufgaben der Arbeit unter den Intellektuellen.

Durch das ganze Dokument zieht sich der Gedanke, daß die Arbeit mit den Intellektuellen selbst auf wissenschaftlichem Niveau erfolgen muß. So wurde zum Beispiel eine gut durchdachte Auseinandersetzung mit bürgerlichen Auffassungen verlangt; durch Qualität in der Wiedergabe anderer Ansichten und durch Ermöglichung des Vortragens anderer Meinungen sei zu zeigen, «daß wir freie Meinungsäußerung wirklich gewährleisten und sie nicht zu scheuen haben».[140] Otto Grotewohl gab ein Vierteljahr später auf dem Ersten Kulturtag der Partei in seiner eingehenden Analyse der geistigen Quellen der Naziideologie ein Musterbeispiel dafür.

Zugleich wurden Mängel im Verhältnis der Parteiorganisa-

Für den politischen, wirtschaftlichen und kulturellen Neuaufbau Deutschlands ist die aktive Mitarbeit der Wissenschaftler, Juristen, Ärzte, Ingenieure, Lehrer und Künstler von lebenswichtiger Bedeutung. Die Arbeiterklasse muß daher ein festes Bündnis mit allen demokratisch gesinnten Geistesschaffenden herstellen. Die Sozialistische Einheitspartei Deutschlands strebt danach, eine enge Verbindung der geistig Schaffenden mit den übrigen Schichten der Werktätigen herzustellen, aus deren Mitte der Nachwuchs der Geistesarbeiter in wachsendem Maße heranzubilden ist. Rückständige Stimmungen eines Gegensatzes zwischen den Arbeitern und den Intellektuellen müssen entschieden bekämpft werden. Innerhalb der Partei müssen diese Schichten den Platz und die Anerkennung finden, die ihnen gebühren.
Entschließung des II. Parteitages zur politischen Lage, 24. September 1947. In: Dokumente der SED, Bd. I, S. 227/228.

138 Wilhelm Pieck: Um die Erneuerung der deutschen Kultur. In: Um die Erneuerung der deutschen Kultur, S. 113.
139 Intellektuelle und Partei. In: Um die Erneuerung der deutschen Kultur, S. 209.
140 Ebenda, S. 211.

Vertreter einer neuen Studentengeneration vor der Berliner Universität
Aufnahme von 1949

Wo aber in unseren eigenen Reihen noch Stimmungen der Ablehnung und Feindseligkeit gegenüber jedem auftreten, der geistiger Arbeiter ist, wollen wir sie mit aller Entschiedenheit zurückweisen. Sie sind ein Ausdruck der Rückständigkeit, des Sektierertums und stellen eine große Gefahr für die Arbeiterbewegung dar. Je mehr unserer marxistischen Partei zusätzliche geistige Kräfte aus den Reihen der Intellektuellen zuströmen, um so eher und besser werden wir unsere Aufgaben durchführen können. Ich sage sogar – und es entspricht der Wahrheit –, daß *ohne die geschulten Ingenieure, Architekten, Wissenschaftler, Volkswirte, Ärzte, Pädagogen, Schriftsteller und Künstler der wirtschaftliche, politische und kulturelle Neuaufbau Deutschlands nur unter sehr schweren Opfern und um den Preis jahrelanger Verschleppung, wenn überhaupt möglich sein wird!* Die Partei, die der Vortrupp der Arbeiterklasse ist, muß sich von den Resten der Unterschätzung und der Feindseligkeit gegenüber den Intellektuellen frei machen.
Anton Ackermann: Marxistische Kulturpolitik. In: Um die Erneuerung der deutschen Kultur, S. 279.

tionen zu den Intellektuellen in ihren eigenen Reihen kritisiert: «Sie werden meistens nach ihrer Tagesaktivität gewertet und nicht selten sogar mit organisatorischer Kleinarbeit in der Partei und anderen Organisationen so belastet, daß sie selbst nicht als Schriftsteller, Künstler oder Gelehrte in ausreichendem Maße tätig sein können. Es fehlt das Verständnis in den Parteiorganisationen, daß *darin* ihre Hauptaufgabe besteht und daß ihre Einwirkung auf die bürgerlichen Intellektuellen nur dann möglich ist, wenn sie sich durch ihre eigenen Leistungen als geistige Repräsentanten der Partei in diesen Schichten Respekt verschaffen.»[141]

Diese offene Sprache gewann Achtung und Vertrauen. Der Beschluß war ein Meilenstein in der Entwicklung fester Bündnisbeziehungen zwischen Arbeiterklasse und Intelligenz. Der

Grundsatz des differenzierten Vorgehens wurde von Anton Ackermann in der Berliner Staatsoper auf dem Kulturtag 1948 auf einen einfachen Nenner gebracht: In strikter Abgrenzung von jeglichem Sektierertum ist der Zustrom fortschrittlicher Intellektueller in die Partei zu fördern; gegen die reaktionäre Minderheit ist ein entschiedener Kampf zu führen; mit dem schwankenden, zögernden Teil, der noch die Mehrheit der Intelligenz ausmacht, ist eine loyale praktische Zusammenarbeit anzustreben.[142]

Der Pädagoge Heinrich Deiters sagte dazu 1948 auf dem Ersten Kulturtag der SED: «In einer Übergangszeit wie der jetzigen steht nun eine neue Intelligenz neben der alten. Die alte Intelligenz bringt in diesem Verhältnis mit sich die kulturelle Überlieferung, den gesellschaftlichen Besitz an geistiger Schulung und ästhetischer Bildung, und sie überträgt alles dies durch eigene Arbeit, sowie durch Lehre und Erziehung auf die neue Intelligenz. Diese neue und junge Intelligenz bringt mit sich den frischen Impuls, den Enthusiasmus und Optimismus einer aufstrebenden Jugend. Wir kennen keinen Gegensatz zwischen der alten und der jungen Generation.»[143]

Unersetzlich waren nicht nur die Fachkenntnisse und Bildungstraditionen der alten Intelligenz, sondern auch die Erfahrungen des inneren Ringens um einen neuen sozialen und politischen Standort, der mühsamen Loslösung von überlebten Idealen – Erfahrungen, die nur die Angehörigen der alten Intelligenz machen konnten, nicht die Spezialisten der neuen Generation, die zum großen Teil schon als bewußte Kämpfer für den Sozialismus die Universitäten bezogen.

Zu den schlechten Traditionen, von denen sich mancher Wissenschaftler trennen mußte, zählte die Neigung, Wissenschaft als Selbstzweck zu betrachten und den Rückzug in den Elfenbeinturm als angemessene Reaktion auf den faschistischen Mißbrauch der Wissenschaft anzusehen. Ackermann polemisierte im «Aufbau» mit Michael Polanyi, einem nach England emigrierten Physikochemiker, der ebendiesen Standpunkt vertrat: «Polanyi wollte uns der Geringschätzung der ‹reinen› Forschung bezichtigen. Es ergibt sich aber, daß wir Wilden viel bessere Menschen sind, denn für uns hat die wissenschaftliche Forschung nicht nur Bedeutung für ihren eigenen Bereich, Bedeutung für sich selbst, sondern größte Bedeutung für die gesamte gesellschaftliche Entwicklung, für die Geschichte.» Die Wissenschaft ist «ein geschichtsbildender Faktor ... Auch der Wissenschaftler macht Geschichte ... So

Es ist selbstverständlich, daß nur aus ernsthafter gesellschaftlicher Mitarbeit eine klare Kenntnis des gesellschaftlich Notwendigen erwächst – dies ist eine Voraussetzung, um durch eigenes Denken mit dem Mut zu Rat und Warnung Entscheidungshilfe zu leisten. Vor fünfzig Jahren pflegten wir jungen, von unserem Fach völlig begeisterten Physiker zu sagen: Wenn einem alt gewordenen Physiker nichts Vernünftiges mehr einfällt, wird er Philosoph. Ich hätte damals in mir, so wie ich heute bin, wahrscheinlich eine Bestätigung dieser herrlich übermütigen Arroganz gesehen; in meiner Wertungsskala ist das reine Fachwissen gegenüber den gesellschaftlichen Notwendigkeiten stark abgesunken, und hier steht schon seit langem an erster Stelle als kategorischer Imperativ: Tue alles, was du kannst, um den Frieden zu erhalten, zu sichern und damit die Weiterexistenz unseres Lebens überhaupt zu ermöglichen.
Max Steenbeck: Impulse und Wirkungen. Schritte auf meinem Lebensweg, Berlin 1980, S. 389.

141 Ebenda, S. 209/210.
142 Siehe Anton Ackermann: Marxistische Kulturpolitik. In: Ebenda, S. 289/290.
143 Protokoll der Verhandlungen des Ersten Kulturtages der Sozialistischen Einheitspartei Deutschlands 5. bis 7. Mai 1948 in der Deutschen Staatsoper zu Berlin, Berlin 1948, S. 91.

Furchtbar ist die Katastrophe, in die die monopolkapitalistische Klassenherrschaft – gestützt auch auf die Ergebnisse und die aktive Hilfe der deutschen Wissenschaft – das deutsche Volk gestürzt hat. Aber in diesem grausigen Sturz zersprangen auch die Fesseln, in die das Monopolkapital das Denken und Forschen der deutschen Wissenschaft geschlagen hatte. Heut braucht sie nur frei sein zu *wollen*, um frei zu *sein*. Wenn die deutsche Wissenschaft die Kraft findet, sich selbst zu befreien, wird sie sich aus einem (teils bewußten, teils unbewußten) Werkzeug der monopolkapitalistischen Klassenherrschaft in einen mächtigen Hebel des Fortschritts verwandeln. Die Folgen der historischen Schuld, mit der sich die deutsche Wissenschaft belastet hat, enthalten somit die Bedingungen der Wiedergutmachung am eigenen Volk und an der Welt: denn sie enthalten die Bedingungen einer Leistung von unabsehbarer Bedeutung für ihre eigene Entwicklung und die der Wissenschaft der ganzen Welt, für die weitere Geschichte des deutschen Volkes und der ganzen Menschheit.
Klaus Zweiling: Perspektive der Wissenschaft. In: Einheit, 1946, Heft 5, S. 287.

bedeutungsvoll schätzt der Marxist die Rolle der Wissenschaft, die Rolle des Gelehrten in der Gesellschaft ein. Der ‹la science pour la science›-Standpunkt negiert diese Bedeutung vollkommen.»[144]

Die Bereitschaft, sich mit ihren spezifischen Mitteln den Erfordernissen des gesellschaftlichen Fortschritts zu stellen, war eine entscheidende bündnispolitische Qualität ihres Handelns an der Seite und unter Führung der Arbeiterklasse, die die Intelligenz – anknüpfend an die besten Traditionen selbstloser Humanität der geistigen Arbeit – in den Nachkriegsjahren auf dem Niveau der gesellschaftlichen Umgestaltung jener Zeit ausbildete. Für die Wissenschaftler bedeutete dies, eine positive Einstellung zum angewandten Aspekt der Forschung zu gewinnen, ohne etwa die Flügel der Erkenntnis mit der Schere eines engstirnigen Praktizismus zu stutzen, und dabei zu begreifen, daß es sich hier nicht um einen Tribut an Nachkriegsnöte, sondern um das Lebenselixier der wissenschaftlichen und gesellschaftlichen Zukunft selbst handelte. Viele Diskussionen vor der Gründung der DDR kreisten um diesen Problemkomplex. In dem bereits erwähnten Aufsatz erklärte es Ackermann für «gewagt, im Zeitalter des Rundfunks und der Atombombe die sogenannte ‹reine Wissenschaft› künstlich von *jeder* Zweckbestimmung und Zweckmäßigkeit abzutrennen. Es ergeben sich im Gegenteil engste Zusammenhänge, die sich auch mit größter Rabulistik nicht auseinanderreißen lassen». Zugleich bemerkte er: «Die wissenschaftliche Forschung hat das volle Recht zu fordern, daß nicht danach gefragt wird, ob ihre Ergebnisse sofort und direkt von praktischem Nutzen, von ‹utilitaristischem› Wert für Technik und Wirtschaft sind. Wer die Zusammenhänge richtig erkennt, wird auch die ‹reinste› theoretische Forschung allseitig fördern, weil er die Bedeutung ihrer Ergebnisse höher einschätzt als irgendein anderer.»[145]

Mit dem Erstarken des volkseigenen Sektors in der Industrie und der Ausarbeitung von Volkswirtschaftsplänen ab 1948 wurde das prinzipielle Bekenntnis zur sozialen Verpflichtung der Wissenschaft nach und nach durch konkrete Bindungen an die Pläne untermauert. Die Kammer der Technik machte es sich zur Aufgabe, insbesondere die Angehörigen der naturwissenschaftlichen und der technischen Intelligenz für die großen Ziele des wissenschaftlich-technischen Fortschritts zu begeistern – in einer Zeit, als auf den ersten Blick an umwälzende technische Neuerungen noch gar nicht zu denken war und alle Kräfte darauf konzentriert werden mußten, die vorhandene Technik wieder in Gang zu bringen. Der erste Vorsitzende dieser Organisation in Berlin, der Chemiker Hans Heinrich Franck, sagte am 3. August 1948 in einem Vor-

Gemeinsame Veranstaltung des Kulturbundes und des FDGB am 28. und 29. Oktober 1948 während der Woche des Kulturbundes im Hause der Deutschen Wirtschaftskommission in Berlin

trag vor der KDT in Berlin: «Wer nicht forscht, hat keinen Anteil an der Technik der Zukunft.»[146] Er stellte fest, daß für die Förderung der angewandten, auf unmittelbaren wirtschaftlichen Nutzen gerichteten Forschung noch immer keine zentrale Stelle existierte, während die Sorge um die Entwicklung der Grundlagenforschung bereits in die Hand der Akademie der Wissenschaften gegeben war, und unterbreitete konstruktive Vorschläge für die Einordnung der angewandten Forschung in das Planungssystem.[147]

Der Zweijahrplan für die Jahre 1949 und 1950, den der Parteivorstand der SED am 30. Juni 1948 beschlossen hatte und der dann von der Deutschen Wirtschaftskommission beraten und als Gesetz verabschiedet worden war, enthielt eine ganze Reihe vordringlicher Aufgaben für Naturwissenschaft und Technik, die eng mit den Problemen der Wirtschaftsentwicklung verbunden waren und vor allem auf die Verbesserung der Rohstoffsituation durch neuartige Verfahren zur Ausnutzung einheimischer Rohstoffe zielten.[148]

Der Aufruf zur Mitarbeit weckte große Initiativen. Am 28. Oktober 1948 trafen sich in Berlin zahlreiche Intellektuelle zu einer Arbeitstagung mit dem Thema «Der Zweijahrplan und die Kulturschaffenden», die vom Kulturbund, vom FDGB und von der Gewerkschaft Kunst und Schrifttum gemeinsam einberufen worden war. «Ohne jede Verengung der Spannweite und der Vielfalt des geistigen und künstlerischen

Klaus Gysi,
Chefredakteur des «Aufbau»,
über das Verhältnis von Intelligenz und Plan:
Der kommende Zweijahresplan formt unausweichlich auch das kulturelle Leben. In der gemeinsamen Arbeit für dieses Ziel schließt sich die traditionelle Kluft zwischen dem deutschen Volk und seiner Intelligenz enger. Nichts könnte unrichtiger sein als der Glaube, daß diese Entwicklung nur die technische Intelligenz angeht. Gewiß ist ihre Mitwirkung am unmittelbarsten. Aber der entscheidende Faktor dieses planmäßigen Wiederaufbauprogrammes ist die Hebung der Arbeitsproduktivität. Zu dieser Hebung tragen auf direktem oder indirektem Wege alle bei. Sie hängt nicht zuletzt auch ab von der Arbeitsfreude, und alles, was diese steigert, dient auch dem Plan. Jeder, der seine Arbeit, ob sie unmittelbar mit dem Plan zu tun hat oder nicht, richtig und mit einer demokratischen Zielsetzung tut, leistet seinen Beitrag. Das gilt für alle Teile der Intelligenz, nicht nur für die Ingenieure oder Forscher, sondern genauso für Künstler, Wissenschaftler, Pädagogen und alle übrigen Kulturschaffenden.
Klaus Gysi: Symptom. In: Aufbau, 1948, Heft 8, S. 642.

144 Anton Ackermann: Reine oder angewandte Naturwissenschaft? In: Aufbau, 1947, Heft 5, S. 391.
145 Ebenda, S. 392.
146 Hans Heinrich Franck: Planwirtschaft, technische Intelligenz und Forschung. In: Aufbau, 1948, Heft 9, S. 767.
147 Siehe ebenda, S. 768–770.
148 Siehe: Der Zweijahrplan für 1949/1950. In: Dokumente der SED, Bd. II, S. 71–73.

Wir erkennen die Notwendigkeit, die angewandte Forschung näher mit den unmittelbaren Aufgaben unserer Produktion zu verbinden: besonders zu helfen bei der Erfindung neuer Kunststoffe, Baumaterialien, Düngemittel und ähnlichem, die für unsere Volkswirtschaft von lebenswichtiger Bedeutung sind. Wir Ingenieure und Techniker können in Zusammenarbeit mit der Kammer der Technik eine entscheidende Hilfe bei der Verbesserung der technischen Leitung der volkseigenen Produktionsstätten leisten. Wir erachten es als eine dringliche Aufgabe, dazu beizutragen, daß die Qualifikation der Arbeiterschaft gehoben und daß der schnelle Aufstieg der Arbeiterintelligenz in die Reihen der neuen technischen Intelligenz erleichtert wird. Auch wir Architekten erkennen an, daß uns nun die Möglichkeit gegeben ist, von der Einzelplanung zur Gesamtplanung unserer Städte, Dörfer und Betriebe überzugehen, und daß sich aus neuen Arbeitsmöglichkeiten neue Verpflichtungen für uns ergeben.
Der Zweijahrplan und die Kulturschaffenden. Entschließung der gemeinsamen Arbeitstagung des Kulturbundes zur demokratischen Erneuerung Deutschlands, des FDGB und der Gewerkschaft Kunst und Schrifttum in Berlin, 28. Oktober 1948. In: Um die Erneuerung der deutschen Kultur, S. 331.

Lebens jene Maßnahmen herauszufinden, die unsere nächsten Schritte sein müssen, um die Kultur zu einem wesentlichen Faktor im Leben des arbeitenden Menschen zu machen, das war die Aufgabe.»[149] Die Entschließung der Tagung kennzeichnete den Zweijahrplan als eine Kulturtat[150] – konnte man den Wandel im Denken der Intelligenz besser ausdrücken als mit dieser Feststellung, die unter die für das traditionelle bürgerliche Bewußtsein charakteristische «vornehme» Trennung von Kultur und produktiver Arbeit einen energischen Schlußstrich zog?

Der Zweijahrplan brachte so zugleich die Anfänge der für den Sozialismus charakteristischen Planung der wissenschaftlichen Arbeit. Damit war für die Wissenschaftler eine durchgreifende Änderung der Arbeitsweise verbunden; es war nicht von heute auf morgen möglich, sich darauf geistig einzustellen, sondern setzte – da eine nur äußerlich aufgepfropfte Planung in der Wissenschaft unwirksam ist – gründliches Nachdenken über das gesellschaftliche Wesen und die gesellschaftlichen Zusammenhänge der Wissenschaft, über die Eigenart der immanenten Zielstrebigkeit der Forschung und über ihren arbeitsteiligen Vollzug voraus.

Die SED führte diesen Prozeß der Selbstverständigung – er setzte im Vorfeld der Gründung der DDR erst ein, und es dauerte danach noch längere Zeit, bis wirklich effektive Planungsformen gefunden und eingeführt waren – behutsam und demokratisch; in jenen Jahren galt es vor allem, Verständnis für die objektive Notwendigkeit des Planungsprinzips in der Wissenschaft zu wecken und seinen mit eifriger Unterstützung aus den Westsektoren verbreiteten vulgarisierenden Deutungen entgegenzutreten, wie es Grotewohl 1948 in Berlin in seiner Rede auf dem Ersten Kulturtag der SED mit folgenden Worten tat: «In dem Maße, wie sich unsere demokratische Wirtschaftsplanung entwickelt, wird auch unsere Wissenschaft sich planmäßig entfalten können, wird nach einem den gesellschaftlichen Bedürfnissen entsprechenden Plane arbeiten können. Natürlich kann man nicht große Entdeckungen und Erfindungen planen. Wohl aber kann man zum Beispiel entsprechend der Entwicklung der Werkskrankenhäuser und -ambulanzen planen, wieviel Ärzte ausgebildet werden müssen. Man kann planen, wieviel Pädagogen und welche Spezialfächer diese auf den pädagogischen Fakultäten studieren sollen. Man kann auch seitens der Industrie oder der Landwirtschaft, seitens der Verwaltung oder entsprechend den kulturellen Bedürfnissen unserer Entwicklung der Wissenschaft bestimmte Aufgaben stellen, an deren Lösung sie dann planmäßig herangeht.»[151]

Keineswegs konnte davon die Rede sein, die wissenschaftliche Arbeit in eine vorgefertigte Form zu pressen. Formen, die die auf der Hand liegenden Vorteile der Planung – die gesellschaftliche Sicherstellung des Wissenschaftsbetriebes und seiner Voraussetzungen, seine Orientierung auf ökonomisch, sozial und kulturell wesentliche Entwicklungsprobleme – mit der Freiheit der schöpferischen Suche verbanden, mußten erst entwickelt werden. Auch das war eine schöpferische Leistung, in die Überlegungen und Erfahrungen vieler Wissenschaftler einflossen. Die Wissenschaftsplanung in der UdSSR bot hier zwar willkommene Anregungen, doch ihre Formen waren nicht einfach zu kopieren, galt es doch, das Planungsprinzip so zu verwirklichen, daß die Wissenschaftler mit ihrem spezifischen Erfahrungsschatz und auf dem Hintergrund der deutschen Wissenschaftstradition, aus der sie geistig herkamen, seine Realisierungsformen als ihre eigenen Errungenschaften anerkannten und mit Leben erfüllten.

Während die Intelligenz so einen grundlegenden und vielschichtigen Wandlungsprozeß zu durchlaufen begonnen hatte, der von ihrem politisch-weltanschaulichen Standort über ihre Arbeitsbedingungen und ihre Arbeitsweise bis hin zu ihrer sozialen Zusammensetzung reichte, entwickelte sich auch ihr Bündnis mit der Arbeiterklasse. Die zumindest partielle Solidarisierung mit den historischen Zielen der Arbeiterklasse, die die Intellektuellen auch vollziehen konnten, ohne mit den Arbeitern in direkten Kontakt zu kommen, war das eine. Etwas ganz anderes, wenn auch organisch mit diesen großen Zielen verbunden, aber war es, die eingebürgerte soziale Distanz zu den Arbeitern im Alltag zu überwinden, wie es die Entwicklung der volkseigenen Industrie – zunächst vor allem von den Naturwissenschaftlern und Technikern – gebieterisch forderte.

Auch in den Konzernbetrieben hatten sowohl Arbeiter als auch Intellektuelle als Glieder eines technologischen Ganzen gearbeitet, aber sozial waren sie durch eine schwer übersteigbare Barriere getrennt gewesen. So waren auf beiden Seiten Geduld und guter Wille erforderlich, damit jene, die objektiv Verbündete waren, auch subjektiv einander schätzen und als Partner am gemeinsamen Werk kameradschaftlich zusammenarbeiten lernten. Franck sagte zum Zusammenwirken von Intellektuellen und Arbeitern bei der Gestaltung des wissenschaftlich-technischen Fortschritts, es fehle den Arbeitern keineswegs an klugen technischen Ideen; was ihnen die Vertreter

Kurt Bröger,
Arbeiter in der
Elektroapparate-Fabrik
Berlin-Treptow,
auf dem Ersten Kulturtag
der SED:
Was sagten mir meine
Freunde von der Werkbank?
Sie sagten zu mir: Geh dorthin, sprich dort zu den fortschrittlichsten Vertretern der deutschen Intelligenz und sage ihnen, daß wir bereit sind, mit ihnen gemeinsam den neuen Weg anzutreten, daß wir eingesehen haben, daß der Weg, den wir vor 1933 gegangen sind, unsere oft unbegründete Abkehr von den Vertretern des Geistesschaffens, falsch war, daß wir diesen Weg nicht mehr gehen dürfen, daß wir ihnen die schwielige Faust hinreichen und von ihnen erwarten, daß sie in diese Hand einschlagen, auch unter Zurückstellung ihrer alten Vorurteile. Sage ihnen, daß wir bereit sind, mit ihnen die Gesellschaftsordnung zu schaffen, die ihnen allein die Möglichkeit gibt, sich ungehindert zu entfalten, die ihnen die Möglichkeit gibt, das zu tun, was aus ihren künstlerischen und wissenschaftlichen Erkenntnissen entspringt, daß es nicht mehr möglich sein wird, sie zum Vorspann irgendeiner herrschenden Schicht, einer herrschenden Klasse zu machen …

In: Protokoll der Verhandlungen des Ersten Kulturtages der Sozialistischen Einheitspartei Deutschlands, S. 95.

149 Klaus Gysi: Bilanz. In: Aufbau, 1948, Heft 11, S. 941.

150 Siehe: Der Zweijahrplan und die Kulturschaffenden. Entschließung der gemeinsamen Arbeitstagung des Kulturbundes zur demokratischen Erneuerung Deutschlands, des FDGB und der Gewerkschaft Kunst und Schrifttum in Berlin. In: Um die Erneuerung der deutschen Kultur, S. 331.

151 Otto Grotewohl: Die geistige Situation der Gegenwart und der Marxismus. In: Ebenda, S. 262.

Bücherübergabe im Rahmen einer Buchspendenaktion des Kulturbundes an die Werktätigen des Berliner Kabelwerkes Oberspree am 13. Mai 1949

Früher war die Wissenschaft dem Arbeiter völlig entfremdet, sie war das Privileg und die ausschließliche Angelegenheit einer dünnen, bevorrechteten Gesellschaftsschicht. Heute rücken die Arbeiter unserer volkseigenen Betriebe der Wissenschaft nahe, sie wollen in die Probleme der Technik eindringen, um wirksamer für die Verbesserung der Produktion kämpfen zu können. Ein deutliches Zeichen dafür sind die zahlreichen Erfindungen, die im letzten Jahre bereits von vielen einfachen Arbeitern gemacht wurden und die in bedeutendem Maße zur Erhöhung der Produktivität der Arbeit beigetragen haben. Diese Arbeitererfindungen zeigen, daß die Arbeiter sich nicht mehr damit begnügen, ihre Maschinen zu bedienen, sondern daß sie einen neuen kulturellen Arbeitsstil entwickeln. Es ist *der Weg vom Sklaven der Maschine zum Herren der Maschine!* Wenn sie solcherart die Arbeitskultur auf eine höhere Stufe heben, werden die Arbeiter auch selbst zu den Trägern der Vergeistigung des Produktionsprozesses, sie werden zu den lebendigen Verbindungsgliedern der manuellen mit der geistigen Arbeit.
Otto Grotewohl: Die geistige Situation der Gegenwart und der Marxismus. In: Um die Erneuerung der deutschen Kultur, S. 256.

der Intelligenz infolge ihres Bildungsweges voraushaben, das ist lediglich die Fähigkeit, solche Einfälle methodisch zu verarbeiten: «Wir müssen also die erste Stufe technisch-wissenschaftlicher Leistung, den Einfall, die Beobachtung, erwecken, herauslocken, pflegen, steigern, prämiieren, und dann den geeigneten Begabungen in dieser Richtung die methodische Schule, die Schritte selbständiger Verknüpfung, geistigen Gehens beibringen … Was erreichen wir damit? Erstens ein Subjektives: wir verknüpfen den arbeitenden Menschen durch ein geistiges Band mit seiner Arbeit, mit seinem Betrieb, wir wekken sein schöpferisches Bewußtsein, seinen beruflichen Ehrgeiz, und wir interessieren ihn an seiner eigenen Entwicklung. Zweitens ein Objektives: wir werden eine Fülle von Anregungen, Beobachtungen und Erkenntnissen bekommen, die wir ausnutzen können …»[152]

Beide Seiten im Bündnis mußten sich so als Gebende und Nehmende verstehen. Auch die Angehörigen der Intelligenz hatten von der Arbeiterklasse vieles zu lernen. Sie durften, wie

Grotewohl Ende 1949 hervorhob, nicht abseits von der Aktivistenbewegung stehen. Notwendig erschien in diesem Zusammenhang «die Erhöhung der Arbeitsproduktivität auch der deutschen Intelligenz bei gleichzeitiger Steigerung der Qualität ihrer Arbeit. ... *Sich an die Seite der Betriebsaktivisten zu stellen, an dieser großen Masseninitiative lebendigen und aktiven Anteil zu nehmen, das muß für den Gelehrten, für den Chemiker und Techniker wie für den Künstler und Schriftsteller heißen, der Mittelmäßigkeit den Kampf anzusagen und in seinem eigenen Schaffen das höhere Können und die höchste Leistung zu erreichen.*»[153]

Die Zusammenarbeit der technischen Intelligenz mit den Arbeitern und vor allem mit den Aktivisten muß noch enger und vertrauensvoller gestaltet werden. Man muß die besten Organisatoren der Produktivität, die besten Ingenieure, Techniker, Wirtschaftler, durch deren Arbeit die Übererfüllung des Planes, die hohe Qualität der Produktion und die Senkung der Selbstkosten erreicht wurde, auszeichnen und befördern.
Die nächsten Aufgaben der Partei.
Beschluß des Parteivorstandes der SED vom 24. August 1949.
In: Dokumente der SED, Bd. II, Berlin 1962, S. 302.

Wenn wir, die wir die Hauptstadt der DDR als ein reich mit modernen wissenschaftlichen Einrichtungen der verschiedensten Art ausgestattetes Zentrum der Verknüpfung der wissenschaftlich-technischen Revolution mit allen Bereichen unseres Lebens kennen, zurückblicken, dann erscheinen uns die Errungenschaften jener Zeit bescheiden. Doch sie waren groß, gemessen an den Umständen, unter denen sie erreicht wurden. Sie waren unser Anfang, ohne den es auch alles Spätere nicht gegeben hätte. Wagemut und Improvisationskunst von damals haben die sicheren Bahnen erst geschaffen, auf denen unsere Wissenschaft und unsere Gesellschaft heute voranschreiten.

Das alles ist uns nicht nur achtenswerte Vergangenheit, sondern auch lebendiges Erbe. Die Leidenschaft und der Opfermut derjenigen, die die Wissenschaft in Berlin auf einen neuen Weg führten, ihr Ideenreichtum, ihre Strenge gegen sich selbst und ihre unerschöpfliche Menschlichkeit, ihr Kämpfertum gegen die dunklen Mächte der Reaktion sind für immer ein Vorbild. Viele Ideale und Hoffnungen verbinden uns, die wir heute in Berlin das Feld der Wissenschaft bestellen, mit den Pionieren der ersten Jahre, doch über allem steht dabei die Idee des Friedens, das Bewußtsein, als Wissenschaftler für dieses höchste Gut der Menschheit tätige Verantwortung zu tragen.

Nach dem schrecklichsten aller bisherigen Kriege, für dessen Drahtzieher Berlin als Kommandozentrale gedient hatte, sollte der neue deutsche Staat, die Deutsche Demokratische Republik, eine Bastion des Friedens sein. Das war die Grundidee des Verfassungsentwurfes, den die SED bereits 1946 zur Diskussion unterbreitet hatte.[154] Die vom Großkapital ausgehende Spaltung Deutschlands, deren Speerspitze die Abspaltung der Westsektoren Berlins war, kann nicht nur aus den

152 Hans Heinrich Franck: Planwirtschaft, technische Intelligenz und Forschung. In: Aufbau, 1948, Heft 9, S. 764.
153 Otto Grotewohl: Die Deutsche Demokratische Republik und die Intellektuellen. In: Deutsche Kulturpolitik. Reden von Otto Grotewohl, Dresden 1952, S. 89–90.
154 Siehe: Einheit, 1946, Heft 6, S. 336–338. In diesem Heft eröffnete zugleich Otto Grotewohl die Diskussion über den Verfassungsentwurf.

Intentionen der deutschen Bourgeoisie erklärt werden, ihre Macht wenigstens in einem Teil des früheren deutschen Territoriums wiederherzustellen; sie war zugleich auf gefährliche Weise in die Strategie aggressivster Kreise des amerikanischen Imperialismus eingebunden, den kalten Krieg gegen die Sowjetunion zu verschärfen und ihn gegebenenfalls bei einer geeigneten Konstellation in einen direkten militärischen Konflikt hinüberwachsen zu lassen. Westberlin war dabei die Rolle eines Zünders zugedacht.[155]

So waren für die fortschrittlichen Geistesschaffenden in Berlin von Anfang an die konkreten und fachlich differenzierten Aufgaben des friedlichen Aufbaus mit der alle einenden Verpflichtung, den Frieden zu wahren und die Kriegstreiber

Friedenskundgebung des Kulturbundes am 24. Oktober 1948 in der Deutschen Staatsoper Berlin
Ernst Legal, Alexander Abusch, Arnold Zweig, Hanns Eisler, Max Pechstein, Louis Fürnberg, Hans-Heinrich Franck, Paul Bildt und Herbert Jhering (erste Reihe von l. nach r.). In der 2. Reihe Karl Kleinschmidt

in die Schranken zu weisen, zwei Seiten einer Sache. Die Woche des Kulturbundes, die vom 24. bis 30. Oktober 1948 stattfand, wurde mit einer großen Kundgebung in der Staatsoper zum Thema «Berlin und der Frieden» eröffnet, zu der es in einem zeitgenössischen Kommentar hieß: «Es ist etwas Neues im kulturellen Leben Deutschlands, daß so viele große Vertreter der Kunst und der Wissenschaft in einer Kundgebung vor die Öffentlichkeit treten, um unmittelbar für die Sache des Friedens einzutreten ... Wenn die Kriegstreiber in Berlin, in unserem Vaterlande und in der Welt sich zusammenfanden in dem hysterischen Schrei: ‹Berlin ist einen Krieg wert›, dann hat unsere Woche des Kulturbundes laut und vernehmlich geantwortet: Berlin, Deutschland, die Welt ist den Frieden wert, und sie will ihn. Sie will ihn nicht nur, sie wird

Berlin – Stadt des Friedens

ihn erkämpfen. Dabei steht alles, was wirkliche Kultur repräsentiert, was national und international Bedeutung hat, auf unserer Seite.»[156]

Auch hier liegen historische Wurzeln des Ehrennamens «Stadt des Friedens», der der Hauptstadt der DDR im Jahre 1979 vom Weltfriedensrat verliehen wurde.

Die Berliner Wissenschaft ist auferstanden aus Ruinen und einer friedlichen Zukunft zugewandt. Sie trägt den Stafettenstab humanistischer Verantwortung weiter in der endlosen Folge der Wissenschaftlergenerationen und ist sich der Lehren ihrer Geschichte bewußt.

Der Zukunft zugewandt, ist das sozialistische Berlin in den reichen, vielfältigen Traditionen einer 750jährigen Geschichte verwurzelt. Hier sind Ergebnisse harter Arbeit und wechselvoller Kämpfe werktätiger Klassen und Schichten im Laufe vieler Jahrhunderte, das Streben fortschrittlicher, demokratischer und humanistischer Kräfte und Persönlichkeiten, große Leistungen von Kultur, Kunst und Wissenschaft bewahrt, unabhängig davon, aus welchen sozialen und klassenmäßigen Bindungen sie erwuchsen. Vor allem aber ist die Stadt mit der Geschichte der Berliner Arbeiterklasse und ihrer revolutionären Vorhut verwachsen, deren heroische, opferreiche Kämpfe der sozialistischen Gegenwart Bahn brachen. Das sozialistische Berlin bezeugt den gesetzmäßigen Gang der Geschichte, wie es den endgültigen, durch niemand mehr rückgängig zu machenden Bruch mit dem deutschen Militarismus, Imperialismus und Faschismus, mit allen dunklen Seiten Berliner Vergangenheit verkörpert.
750 Jahre Berlin. Thesen, S. 6.

155 Zu den Vorgängen und Hintergründen der Spaltung Berlins und insbesondere der «Berlin-Krise» des Jahres 1948 siehe Gerhard Keiderling: Die Spaltung Berlins, Berlin 1985.
156 Klaus Gysi: Bilanz. In: Aufbau, 1948, Heft 11, S. 940–941.

Synchronoptische Tabelle

Die Rubriken der Übersichten bezeichnen:

Politik
Politische Ereignisse, Vorgänge, Gesetzgebungen, Persönlichkeiten usw., die für die Entwicklung Berlins, Preußens, Deutschlands oder die internationale Entwicklung von Bedeutung waren.

Wissenschaft und Technik
Entdeckungen, Erfindungen, technische Leistungen, wissenschaftliche Theorien und Hypothesen sowie wichtige Publikationen in Wissenschaft und Technik.

Wissenschaftliche Institutionen
Daten zum Werdegang von Forschungs-, Lehr- und medizinischen Institutionen, insbesondere der Akademie der Wissenschaften zu Berlin sowie der Berliner Universität als der beiden ältesten und wichtigsten wissenschaftlichen Institutionen dieser Stadt.

Gewerbliche und industrielle Institutionen
Hinweise zur Institutionalisierung von Gewerbe, Handel und Industrie (die um die Jahrhundertwende zunehmenden Tendenzen der Verflechtung und Internationalisierung von Industriekonzernen werden nicht mehr berücksichtigt).

Kultur
Notizen zur Architektur, Literatur, Musik, bildenden Kunst, zum Theaterleben und zur Publizistik (die Bezeichnung «kulturelles Leben» wurde im eingegrenzten Wortsinn gebraucht).

Persönlichkeiten
Hinweise zum Wirken einzelner Persönlichkeiten in Berlin, insbesondere an der Akademie der Wissenschaften zu Berlin, sowie Nennung deutscher Nobelpreisträger.

Aufgrund der sehr häufigen Differenzen in den Aussagen lexikalischer Quellenwerke verfuhren wir nach dem Prinzip der Meistübereinstimmung bzw. gemäß urkundlicher Angaben; Publikationen wurden nach Möglichkeit nach dem Veröffentlichungsdatum eingeordnet. Insgesamt sollen die Tabellen einen skizzenhaften Überblick über das politische, wissenschaftliche, wirtschaftliche und kulturelle Leben in Berlin im vergangenen Zeitraum vermitteln; zusätzlich wurden Daten der internationalen Wissenschafts- und Kulturgeschichte erfaßt, um einige wichtige Stationen der Gesamtentwicklung anzudeuten.

	Politik	Wissenschaft und Technik	Wissenschaftliche Institutionen
1648	Ende des Dreißigjährigen Krieges Rückgang der Bevölkerungszahl in der Doppelstadt Berlin-Cölln von 12- bis 14 000 auf 6 000 Einwohner während des Krieges	J. Hevelius: *Selenographia* (Beschreibung der Mondoberfläche) J. R. Glauber: Bestimmung der Affinität verschiedener Metalle zu Quecksilber	
1649	Hinrichtung Karls I., England wird Republik (bis 1660)	O. von Guericke: Erfindung der Kolbenluftpumpe	
1650		B. Varenius: *Geographia generalis* (begründet vergleichende Geographie)	Neueröffnung des 1607 in Joachimsthal (Mark) gegründeten und im Dreißigjährigen Krieg zerstörten Gymnasiums als Joachimsthalsches Gymnasium in Berlin
1651		B. Pascal: Beginn der hydrostatischen Forschungen (führten zur Entdeckung des hydrostatischen Paradoxons, veröffentlicht 1663)	Gründung (nach Frankfurt/O.: 1506 und Königsberg: 1544) der dritten brandenburgischen Universität in Duisburg (Eröffnung 1655, bestand bis 1818)
1652		M. Zeiler: *Topographia electoralis Brandenburgici* (Frankfurt/M.)	Gründung der Leopoldina in Schweinfurt (ab 1878 in Halle/S.)
1653	Landtagsrezeß der Kurmark Brandenburg bewilligt Mittel für die Armee des Kurfürsten und fixiert rechtlich die Gutsherrschaft		
1654	Volkszählung ermittelt 6 194 Steuerpflichtige, also etwa 10 000 Einwohner in Berlin-Cölln	O. von Guericke: Vorführung der Wirkung des Luftdrucks an den *Magdeburger Halbkugeln* vor dem Regensburger Reichstag	
1655	Schwedisch-polnischer Krieg (bis 1660, Teilnahme durch Brandenburg)	Th. Hobbes: *Vom Körper*	
1656		Ch. Huygens: Beschreibung des Saturnringes und Orionnebels	
1657			Gründung der Academia del Cimento in Rom (bis 1667)
1658	Baubeginn der Stadtbefestigung von Berlin-Cölln (bis 1683)	J. A. Komenský: *Orbis pictus*	

Gewerbliche und industrielle Institutionen	Kultur	Persönlichkeiten	
Erste Umsegelung des Ostkaps von Asien (Beringstraße) durch S. I. Deschnjow	Rembrandt: *Der barmherzige Samariter* H. Schütz: *Musicalia ad Chorum sacrum*		*1648*
			1649
	Abschluß der Anlage des Lustgartens (seit 1646) und der Straße Unter den Linden (seit 1647) Erster erhaltener Stadtplan (J. G. Memhardt)		*1650*
O. Cromwell: *Navigationsakte* (begünstigt englischen Seehandel)	P. Calderon: *Der Richter von Zalamea*		*1651*
	J. Ruisdael: *Schloß Bentheim*		*1652*
	J. Crüger (Kantor an der Berliner Nikolaikirche und Lehrer am Grauen Kloster) erweitert seine Lied- und Choralsammlung		*1653*
	F. von Logau: *Salomons von Golau Deutscher Sinngedichte drei Tausend*		*1654*
	Regelmäßiges Erscheinen einer Zeitung in Berlin		*1655*
	J. Vermeer van Delft: *Bei der Kupplerin*		*1656*
	D. R. Velázquez: *Die Spinnerinnen*		*1657*
			1658

	Politik	Wissenschaft und Technik	Wissenschaftliche Institutionen
1659	Pyrenäenfrieden: Übergewicht Frankreichs über Spanien setzt sich durch	C. Huygens: Grunderkenntnisse über die Zentrifugalkraft und ihre Größe	
1660	Friede zu Oliva zwischen Schweden, Polen und Brandenburg		
1661		M. Malpighi: Beobachtung der Blutzirkulation in den Kapillaren von Froschlungen Beginn der mikroskopischen Anatomie	Eröffnung der Kurfürstlichen Bibliothek zu Cölln (heutige Deutsche Staatsbibliothek) Vorschlag der kurfürstlichen Leibärzte zur Gründung eines Collegium medicum (siehe 1685)
1662	Friedrichswerder wird eigene (3.) Stadtgemeinde nach Berlin und Cölln	R. Boyle: Gesetz über Druck und Volumen idealer Gase (1679 von E. Mariotte exakt formuliert) W. Petty: *A treatise of taxes and contributions*	Gründung der Royal Society in London Verbot des Besuchs der (sächsisch-lutherischen) Universität Wittenberg für brandenburgische Untertanen
1663	Reichstag des Heiligen Römischen Reiches Deutscher Nation als ständiger Kongreß in Regensburg (bis 1806)	O. von Guericke: Abschluß der Untersuchungen über das Vakuum (veröffentlicht 1672)	
1664		A. Kircher: *Mundus subterraneus* (über das Erdinnere)	
1665		Beginn der Erarbeitung von Katalogen der kurfürstlichen Bibliothek (Ch. Hendreich)	*Philosophical Transactions* der Royal Society (England) und *Journal des Savants* (Frankreich)
1666		Beginn der Entwicklung der Infinitesimalrechnung durch I. Newton und G. W. Leibniz G. W. Leibniz: *De arte combinatoria*	Gründung der Académie Royale des Sciences in Paris
1667	Akziseordnung erhöht indirekte Verbrauchssteuern in Brandenburg	S. Pufendorf (Severinus de Monzambano): *De Statu Imperii Germanici*	Gründung der Pariser Sternwarte Patent des Kurfürsten Friedrich Wilhelm über die Gründung der *Universitas Brandenburgica Gentium, Scientiarum et Artium* in Tangermünde auf Veranlassung von B. Skytte (nicht realisiert)

Gewerbliche und industrielle Institutionen	Kultur	Persönlichkeiten	
	Einrichtung der dritten Buchhandlung in Berlin-Cölln		*1659*
Einrichtung des Postdienstes zwischen Klewe und Memel	N. Poussin: *Vier Jahreszeiten* (bis 1664)	Ch. Menzel wird Leibarzt des Kurfürsten	*1660*
Englische Ostindische Kompanie (seit 1600) erhält weitere Privilegien der Machtausübung	Ausbau des Potsdamer Stadtschlosses (Umbau ab 1744 durch G. W. von Knobelsdorff)		*1661*
Baubeginn des Müllroser oder Friedrich-Wilhelms-Kanals zwischen Oder und Spree (bis 1669)	Toleranzedikt des Kurfürsten Friedrich Wilhelm betreffs der Beziehungen zwischen Reformierten und Lutheranern in Brandenburg (Bekräftigung 1664)		*1662*
		E. von Danckelmann Erzieher des Kronprinzen Friedrich	*1663*
Gründung der Französischen Ostindischen Kompanie (bis 1770)	J. B. Molière: *Tartuffe*		*1664*
	G. L. Bernini (Italien): Bau des Palazzo Chigi; Büste von Ludwig XIV. H. Schütz: *Johannespassion*		*1665*
	H. Schütz: *Matthäuspassion*	H. Schmettau Hofprediger in Berlin (siehe 1683)	*1666*
	P. Gerhardt, Pfarrer der Nikolaikirche (Kirchen- und Volkslieder): *Nun ruhen alle Wälder*		*1667*

	Politik	Wissenschaft und Technik	Wissenschaftliche Institutionen
1668		I. Newton: Spiegelfernrohr F. Redi: Kritik der Idee von der Urzeugung	Beginn der Akademieplanungen von G. W. Leibniz (siehe 1700)
1669		H. Brand entdeckt den Phosphor E. Bartholin: Entdeckung der Doppelbrechung des Lichtes am Islandspat	
1670		G. A. Borelli: Beschreibung der Kapillarität	Beginn des Erscheinens der *Miscellanea curiosa* der Leopoldina
1671	Ansiedlung von 50 jüdischen Familien aus Österreich in Berlin-Cölln (Zahl wächst bis 1700 auf 70)	G. W. Leibniz: Konstruktion einer Multiplikationsmaschine	
1672		J. S. Elsholtz: *Vom Gartenbau oder Unterricht von der Gärtnerey auf das Klima der Chur-Marck Brandenburg* O. von Guericke: *Experimenta nova* S. Pufendorf: *De jure naturae et gentium*	
1673	Frieden Brandenburg-Preußens mit Frankreich	S. Pufendorf: *De officio hominis et civis iuxta legem naturalem*	
1674	Dorotheenstadt wird eigene (4.) Stadtgemeinde nach Berlin-Cölln und Friedrichswerder	Dampfkochtopf mit Sicherheitsventil von D. Papin J. Mayow: Erklärung der Atmung als Aufnahme von Luftteilchen (spiritus nitroaeryus) durch das Blut	
1675	Sieg der Armee des Kurfürsten Friedrich Wilhelm von Brandenburg über Schweden bei Fehrbellin	P. J. Spener: *Pia desideria* (Pietismus, siehe 1691) I. Newton: Veröffentlichung seiner Theorie des Lichtes	Gründung der Sternwarte in Greenwich bei London
1676		O. Römer mißt Lichtgeschwindigkeit	
1677		B. de Spinoza: *Opera omnia priora et posthuma* R. Hooke: Elastizitätsgesetz	

Gewerbliche und industrielle Institutionen	Kultur	Persönlichkeiten	
	J. de Lafontaine: *Fables* (12 Bände bis 1694)	G. Weber Rektor des Berlinischen Gymnasiums zum Grauen Kloster (besteht seit 1574) und Begründer der Bibliothek	*1668*
	H. J. Ch. von Grimmelshausen: *Der abenteuerliche Simplizissimus*	Lutheraner P. Gerhardt, Pfarrer der Nikolaikirche, verläßt Berlin als Gegner der Toleranzpolitik des Kurfürsten	*1669*
	Bauabschluß des neuen Marstalls in der Breiten Straße in Berlin	Berufung des Duisburger Professors P. von Fuchs in die brandenburgische Zentralverwaltung (siehe 1695)	*1670*
	J. Steen: *Der Heiratsvertrag*		*1671*
	950 Gewächsarten im Lustgarten in Berlin		*1672*
	A. von Ostade: *Der Spielmann*		*1673*
	G. B. Lully: *Alceste*	J. S. Elsholtz, Leibarzt des Kurfürsten, wird als erster Berliner Gelehrter Mitglied der Leopoldina	*1674*
		C. Mentzel, Leibarzt des Kurfürsten seit 1660, Mitglied der Leopoldina	*1675*
			1676
	Baubeginn des Schlosses in Köpenick (bis 1705, unvollendet)		*1677*

	Politik	Wissenschaft und Technik	Wissenschaftliche Institutionen
1678		J. Kunckel: *Ars vitraria experimentalis*	
1679		E. Mariotte: Veröffentlichung von Beobachtungen über Pflanzenphysiologie	Anlage eines Obst- und Kräutergartens an der Potsdamer Straße in Schöneberg (später Botanischer Garten, siehe 1718)
1680		G. A. Borelli: *De motu animalium* (über Bewegung von Tieren, iatromechanische Richtung, bis 1682)	
1681		E. Halley: Berechnung von Kometenbahnen auf Grundlage der Newtonschen Gravitationstheorie; Bestimmung der Bahn des später nach ihm benannten Kometen	Gründung der Slawisch-Griechisch-Lateinischen Akademie in Moskau (Bildungsstätte) Einrichtung des Friedrichswerderschen Gymnasiums als Lateinschule
1682	Gründung einer brandenburgischen Kolonie an der Guineaküste (bis 1717)	N. Grew: *The Anatomy of Plants* (hier Begriff *Gewebe*)	*Acta Eruditorum* in Leipzig (Zeitschrift)
1683	Wien von den Türken erfolglos belagert	H. Schmettau: *Von dem Atheismo* (gegen Atheismus, siehe 1666) J. Cassini, P. de la Hira: Entwicklung der Triangulationsmessung	
1684		G. W. Leibniz: erste Darlegung der Differentialrechnung (Einführung der bis heute gebräuchlichen Symbolik)	Gründung des Anatomischen Theaters an der Universität Frankfurt/O.
1685	Aufhebung des Edikts von Nantes (1598) in Frankreich: Auswanderung der Hugenotten als Anhänger der reformierten Kirche Brandenburgisches Edikt von Potsdam bewirkt die Aufnahme von etwa 20 000 hugenottischen Flüchtlingen in den folgenden Jahren		Brandenburgische Medizinalordnung und damit Gründung des Collegium medicum (siehe 1661)
1686		J. Ray: *Historia generalis plantarum* (3 Bände, bis 1704, Systematik der Biologie)	

Gewerbliche und industrielle Institutionen	Kultur	Persönlichkeiten	
		J. Kunckel in Brandenburg	*1678*
Erste Fayencemanufaktur in Berlin Erste Straßenbeleuchtung in Berlin	J. von Sandrart: *Teutsche Akademie der Bau-, Bild- und Malereykünste* (seit 1675, erste Kunstgeschichte in deutscher Sprache)		*1679*
	Anlage des Schiffsbauhofs an der Spree (Schiffbauerdamm)	E. Spanheim tritt als Diplomat und Wissenschaftler in brandenburgische Dienste (siehe 1693)	*1680*
	A. Corelli: 12 Triosonaten, op. 1		*1681*
	D. Buxtehude: Kantaten		*1682*
			1683
J. Kunckel beginnt Herstellung von Kristall- und Rubinglas	Schloßkapelle Köpenick vollendet		*1684*
			1685
	A. Werckmeister: *Die Musicalische Temperatur* (trägt zur Verbreitung der temperierten Stimmung bei)	S. Pufendorf wird brandenburgischer Historiograph	*1686*

	Politik	Wissenschaft und Technik	Wissenschaftliche Institutionen
1687		I. Newton: *Philosophiae naturalis principia mathematica* E. W. von Tschirnhaus: *Medicina mentis et corporis*	Deutsche statt lateinische Vorlesungen von C. Thomasius in Halle/S. an der Ritterakademie (siehe 1694)
1688	Beginn der Anlage der Friedrichstadt als 5. Stadt im Raum Berlin etwa 20 000 Einwohner in den 4 Residenzstädten Kurfürst Friedrich III. regiert in Brandenburg (siehe 1701) E. von Danckelmann leitender Minister Glorious Revolution in England	A. van Leeuwenhoek: Entdekkung der roten Blutkörperchen	Erste wissenschaftliche Zeitschrift in deutscher Sprache: *Monatsgespräche* (C. Thomasius)
1689	Peter I. Zar von Rußland (bis 1725)	J. Locke: *Versuch über den menschlichen Verstand*	Gründung des Collège Français (Französisches Gymnasium) in Berlin
1690		Ch. Huygens: *Traité de la lumière* (Wellentheorie des Lichts) W. Petty: *Political arithmetic*	
1691		C. Stieler: *Der Teutschen Sprache Stammbaum und Fortwachs*	
1692		D. Papin: Modell für Tauchboot	
1693			Beginn der Zusammenkünfte der gelehrten Spanheim-Gesellschaft in Berlin (siehe 1680)
1694	Friedrich August I. (der Starke) Kurfürst von Sachsen (bis 1733)	J. R. Camerarius: *De sexu plantarum epistola* (erste Veröffentlichung über Pflanzengeschlechtlichkeit)	Eröffnung der (4. brandenburgischen) Universität in Halle/S. (seit 1680 bereits Ritterakademie); bedeutende Professoren um 1700 waren: C. Thomasius, S. Stryk, A. H. Francke, C. Wolff (siehe 1723), F. Hoffmann (siehe 1709), G. E. Stahl (siehe 1703, 1715)
1695		P. Bayle: *Dictionnaire historique et critique* (1. Band, bis 1696 2 Bände)	Beginn des Aufbaus der Franckeschen Stiftungen in Halle/S. (1698 privilegiert)

Gewerbliche und industrielle Institutionen	Kultur	Persönlichkeiten	
	Baubeginn des Marstalls Unter den Linden (bis 1706) nach Plänen von J. A. Nering (Sitz der Akademien der Künste und der Wissenschaft, siehe 1696, 1700)		*1687*
	Stadtansicht der brandenburgischen Residenzstädte (Perspektivplan) von J. B. Schultz Letzter Band der seit 1642 erscheinenden *Topographia Germaniae* von M. Merian (gestorben 1650) veröffentlicht (Städteansichten)	S. Pufendorf Historiograph in Berlin	*1688*
	J. Kuhnau: *Neue Clavierübung* (1. Band), schafft als erster die Klaviersonate		*1689*
			1690
		P. J. Spener (Begründer des Pietismus) Propst der Nikolaikirche (siehe 1675)	*1691*
	A. Scarlatti: *Theodora*		*1692*
		D. E. Jablonski: Hofprediger in Berlin	*1693*
		A. Schlüter in Berlin Bemühungen von G. W. Leibniz, Historiograph des brandenburgischen Kurfürsten zu werden	*1694*
	Baubeginn des Zeughauses (bis 1706; heute Museum für Deutsche Geschichte) Baubeginn der Parochialkirche in Berlin (bis 1703, Turm 1714) Erstbau des Schlosses Friedrichsfelde (heute Tierpark)	P. von Fuchs: Leiter der Kirchen- und Schulangelegenheiten in Brandenburg (siehe 1670)	*1695*

	Politik	Wissenschaft und Technik	Wissenschaftliche Institutionen
1696		L. Beger: *Thesaurus Brandenburgicus ...* (bis 1701): Beschreibung der brandenburgischen Münzsammlung C. Mentzel: *Kurtze chinesische Chronologia ...*	Gründung der Akademie der Künste in Berlin *Nouveau Journal des Savants* (E. Chauvin) in Berlin
1697	August der Starke König von Polen Entlassung und Verhaftung des leitenden Ministers E. von Danckelmann in Brandenburg	G. E. Stahl: *Experimenta, observationes, animadvertiones chimicae et physicae* (erste Darstellung der Phlogistonlehre)	Erster Plan für ein Observatorium in Berlin
1698		Th. Savery: Patent auf kolbenlose Dampfmaschine	
1699	Einführung des Gleichschrittexerzierens im preußischen Heer	S. T. Gericke: *Kurzer Begriff der theoretischen Mahlerkunst* J. Woodward: Experimenteller Nachweis, daß Pflanzenwachstum von in Wasser gelösten Mineralien abhängt, die mit Wurzeln aufgenommen werden	
1700	Nordischer Krieg (bis 1721) Berlin etwa 29 000 Einwohner	J. Kunckel: *Laboratorium chymicum* J.-P. de Tournefort: Entwicklung des künstlichen Pflanzensystems	Gründung der Kurfürstlich Brandenburgischen Societät der Wissenschaften durch G. W. Leibniz
1701	Kurfürst Friedrich III. von Brandenburg wird als Friedrich I. König in Preußen (bis 1713) Spanischer Erbfolgekrieg (bis 1714)	J. Sauveur: *Principes d' acoustique et de musique* (Entwicklung der wissenschaftlichen Akustik)	Umbenennung der Societät in Königlich Preußische Societät der Wissenschaften
1702		O. Roemer: Weingeistthermometer mit zwei Fixpunkten	
1703		G. Amontons: verbessertes Luftthermometer Errichtung des ersten Hochofens in Oberschlesien	I. Newton: Präsident der Royal Society

Gewerbliche und industrielle Institutionen	Kultur	Persönlichkeiten	
	A. Schlüter: Masken sterbender Krieger am Zeughaus		*1696*
	Ch. Reuter: *Schelmuffskys wahrhaftige, kuriose und sehr gefährliche Reisebeschreibung zu Wasser und zu Lande* (seit 1696, 2 Teile)		*1697*
	Beginn der barocken Umgestaltung des Stadtschlosses Berlin		*1698*
Verfügung über Abgabe von Pflichtexemplaren gedruckter Schriften an die kurfürstliche Bibliothek	Beschluß des Regensburger Reichstags über die Kalenderreform in den protestantischen deutschen Staaten in Anlehnung an den Gregorianischen Kalender von 1582; ab 1700 Kunstakademie im Marstall untergebracht		*1699*
	Erstes Theater in Berlin (über der Reitbahn im Marstall)	G. W. Leibniz: Präsident der Societät Ordentliche Mitglieder G. Kirch (Astronomie) auch Direktor der geplanten Sternwarte, D. E. Jablonski (Theologie, Philosophie, siehe 1733)	*1700*
	Bau der Deutschen Kirche (M. Grünberg) bis 1708 und der Französischen Kirche (L. Cayart) bis 1705 am Gendarmenmarkt (heute Platz der Akademie), Bau der Türme ab 1780 Beginn von Preisverleihungen durch die Kunstakademie	Societät: OM: L. Beger (Bibliothek) E. Chauvin (Philosophie) M. La Croze (Philosophie) Ph. Naudé d. Ä. (Mathematik) A. Schlüter (Architektur) Ch. M. Spener (Medizin); Abwesende Mitglieder u. a. F. Hoffmann A. H. Francke (siehe 1694)	*1701*
			1702
	Reiterstandbild des Kurfürsten Friedrich Wilhelm (A. Schlüter) auf der Langen Brücke Kanzel in der Marienkirche		*1703*

	Politik	Wissenschaft und Technik	Wissenschaftliche Institutionen
1704		J. Hübner: *Real-, Staats-, Zeitungs- und Conversations-Lexikon*	
1705		Prioritätsstreit zwischen Leibniz und Newton über die Schaffung der Infinitesimalrechnung P. Naudé: *Kurze Vorstellung, den großen Nutzen der mathematischen Wissenschaften betreffend*	Gründung der Ritterakademie in Berlin (bis 1712)
1706			
1707			Privileg für Seidenbau an Societät
1708		H. Boerhaave: *Institutiones Medicae* (zusammenfassende Darstellung der Medizin auf mechanischer Grundlage)	Baubeginn der Sternwarte für die Societät
1709	Vereinigung der Residenzstädte Berlin, Cölln, Friedrichswerder, Dorotheenstadt und Friedrichstadt zur Stadt Berlin Naturalisationsedikt für die Hugenotten in Brandenburg-Preußen (siehe 1685)		Sternwarte an die Societät übergeben
1710	Etwa 57 000 Einwohner in Berlin	G. W. Leibniz: *Theodicee*	Pesthaus (Lazarett) in Berlin, ab 1727 als Charité Erstes Statut der Societät und erstes wissenschaftliches Periodikum: *Miscellanea Berolinensia* (7 Bände bis 1743)

Gewerbliche und industrielle Institutionen	Kultur	Persönlichkeiten	
Verfahren zur Herstellung von Berliner Blau (F. Diesbach)	Erster Adresskalender in Berlin Berlinische Privilegierte Zeitung (Vorläufer der Vossischen Zeitung)		*1704*
	Maria Sibylla Merian: *Metamorphosis insectorum surinamensium* (illustrierte Insektenbeschreibung)		*1705*
Erste größere Eisenkonstruktion im Bau: Berliner Münzturm (A. Schlüter)	J. F. von Eosander: Mittelbau des Schlosses Monbijou in Berlin (bis 1708)	Societät: OM: J. L. Frisch (Naturforscher und Sprachwissenschaftler) Verleihung der Ehrendoktorwürde der Universität Oxford an D. E. Jablonski anläßlich der 200-Jahr-Feier der Universität Frankfurt/O.	*1706*
		J. L. Frisch: Leitung des Seidenbaus der Akademie	*1707*
		Ph. Naudé (d. J.) Prof. für Mathematik am Joachimsthalschen Gymnasium	*1708*
Porzellanherstellung durch J. F. Böttger und E. W. Tschirnhaus in Dresden	Baubeginn des Dresdener Zwingers (M. D. Pöppelmann, B. Permoser, Galerie 1847–54 durch G. Semper)	Societät: OM: F. Hoffmann (Medizin, zugleich Leibarzt)	*1709*
Gründung der Porzellanmanufaktur in Meißen		A. Pesne in Berlin M. L. Frh. von Printzen neben Leibniz Praeses honorarius der Societät Th. Ch. Krug von Nidda Direktor der Physikalischen Klasse (bis 1719) J. J. Chuno Direktor der Mathematischen Klasse (bis 1715) J. K. Schott Direktor der Deutschen Klasse (bis 1717) D. E. Jablonski Direktor der Kirchlich-Orientalischen Klasse (bis 1741)	*1710*

	Politik	Wissenschaft und Technik	Wissenschaftliche Institutionen
1711		Th. Newcomen: Atmosphärische Dampfmaschine	Offizielle Eröffnung der Societät in Berlin
1712	Generalkriegskommissariat in Preußen als zentrale Behörde (siehe 1723)	J. L. Frisch: Deutsch-Französisches Wörterbuch	
1713	Friedrich Wilhelm I. wird König in Preußen (bis 1740) Generalfinanzdirektorium als zentrale Behörde (siehe 1723)	J. Bernoulli: *Ars conjectandi* (Grundlagen der Wahrscheinlichkeitsrechnung, postum veröffentlicht)	Gründung des Theatrum Anatomicum in Berlin (Ch. M. Spener, siehe 1701)
1714	Abschaffung der Hexenprozesse in Preußen	H. Mill: Patent für Schreibmaschine G. W. Leibniz: *Monadologie*	
1715		B. Taylor: Taylor-Reihe (mathematische Reihenentwicklung) Quecksilberthermometer von G. D. Fahrenheit	Ausbau des Botanischen Gartens am Stadtrand (siehe 1679)
1716	Beginnende Eingrenzung der kommunalen Selbständigkeit (siehe 1747)		
1717			Erste medizinische Zeitschrift durch J. D. Gohl in Berlin: *Acta Medicorum Berolinensium*
1718		F. Hoffmann: *Medicina rationalis systematica* (siehe 1694, 1709) Hoffmanns Tropfen als Magenmedizin	Botanischer Garten an Societät übergeben (siehe 1679)
1719	Volkszählung in Berlin: etwa 64 000 Einwohner	Beginn exakter Wetterbeobachtung und -aufzeichnung in Berlin	
1720	Explosion des Pulverturms in Berlin, 76 Tote, schwerste Katastrophe in Berlin im 18. Jahrhundert	R.-A. F. de Réaumur: Hinweis auf den gleichen Ursprung von Muscheln und Kalken in verschiedenen Gegenden Frankreichs (Idee geologischer Karten)	Begründung der Naturaliensammlung der Societät

Gewerbliche und industrielle Institutionen	Kultur	Persönlichkeiten	
		Societät: OM: J. D. Gohl (Medizin) Ph. Naudé (d. J.) (Mathematik) Abw. M.: C. Wolff	*1711*
Gründung eines Handelsgeschäfts durch G. A. Daum und D. Splitgerber	Sophienkirche als Saalbau, Turm 1732/34, in Berlin		*1712*
Gründung der Tuchmanufaktur (Lagerhaus) durch J. A. Krautt, 1723 staatlich	A. Schlüter nach Petersburg Gründung der Nicolaischen Buchhandlung in Berlin Friedrich Wilhelm I. verbietet Zeitungen	Beginn der anatomischen Vorlesungen durch Ch. M. Spener	*1713*
Gründung einer später bedeutenden Papiermühle in Halle-Kröllwitz		Societät: OM: H. Henrici (Medizin)	*1714*
Gründung der Berliner Börse	A. R. Le Sage: *Gil Blas de Santillane* (bis 1735)	G. E. Stahl: Leibarzt in Berlin und Präsident des Collegium medicum	*1715*
	G. Silbermann: Klavier- und Orgelbau	G. W. Leibniz (erster Präsident der Societät) stirbt in Hannover F. Jägwitz Direktor der Mathematischen Klasse (bis 1727)	*1716*
Schießpulverproduktion in Berlin	Einführung der allgemeinen Unterrichtspflicht in Preußen, wurde nicht voll realisiert	Societät: OM: Ch. Kirch (Astronomie, Nachfolger seines Vaters im Amt seit 1716) J. H. Schlüter Direktor der Deutschen Klasse (bis 1731)	*1717*
Gründung der Städtischen Feuersocietät in Berlin	Voltaire (F. M. Arouet): *Ödipus*	Einsetzung des Zeremonienmeisters und ehemaligen Professors der Ritterakademie J. P. Gundling als Präsident der Societät (bis 1731) durch den König	*1718*
Daum und Splitgerber (siehe 1712) pachten Kupferhammer bei Eberswalde	Friedrichsbrücke (zunächst in Holz, ab 1769 in Stein)	Societät: OM: J. A. Limprecht (Anatomie) H. Henrici Direktor der Physikalischen Klasse (bis 1725)	*1719*
			1720

	Politik	Wissenschaft und Technik	Wissenschaftliche Institutionen
1721		J. T. Jablonski: *Allgemeines Lexikon der Künste und Wissenschaften*	
1722			
1723	Vereinigung des Generalkriegskommissariats und des Generalfinanzdirektoriums zum Generaldirektorium in Preußen im Interesse absolutistischer Zentralisierung		
1724		J. Leupold: *Theatrum machinarum generale* ... (weitere Bände bis 1732)	Gründung des Collegium Medico-Chirurgicum in Berlin (bis 1809) Gründung der Akademie der Wissenschaften in Petersburg
1725	Friedrich Wilhelm I. trägt als erster europäischer Herrscher ständig Uniform	J. Bradley: Beobachtung der Aberration des Lichtes von Fixsternen	Preußisches Medizinaledikt von G. E. Stahl und J. T. Eller
1726		J. J. Scheuchzer: Deutung der Fossilien als Reste der Sintflut	
1727		J. L. Frisch: *Historia linguae slavonicae*	Einführung des Namens *Charité* (siehe 1710) für das bisherige Lazarett und Übernahme der Funktion eines Bürgerhospitals
1728		E. Chambers: *Cyclopaedia, or Universal Dictionary of Arts and Sciences* (Enzyklopädie in zwei Bänden)	
1729		S. Gray: Entdeckung der elektrischen Induktion, unterscheidet elektrische Leiter und Nichtleiter	Herausgabe der Zeitschrift *Ökonomische Fama* in Frankfurt/O.

Gewerbliche und industrielle Institutionen	Kultur	Persönlichkeiten	
	Herausgabe der *Berlinischen Privilegierten Zeitung* (später *Vossische Zeitung*)	Societät: OM: K. Neumann (Chemie)	*1721*
Gründung der Potsdamer Gewehrmanufaktur durch Daum und Splitgerber (siehe 1719) und Friedrich Wilhelm I.		Societät: OM: J. H. Pott (Chemie)	*1722*
Produktionsaufnahme der Tuchmanufaktur von J. G. Wegely in Berlin	J. S. Bach Thomaskantor in Leipzig	Societät: OM: A. Buddeus (Medizin) M. M. Ludolff (Medizin, Botanik) C. Wolff von der Universität Halle/S. vertrieben (Rückkehr 1740)	*1723*
		K. Neumann und J. H. Pott Professoren am Collegium Medico-Chirurgicum	*1724*
Gründung der Russischen Handelskompanie in Berlin		Societät: OM: J. T. Eller (Medizin) A. Grischow d. Ä. (Mathematik, Astronomie) A. Buddeus Direktor der Physikalischen Klasse (bis 1744)	*1725*
	J. Swift: *Gulliver's Travels*		*1726*
	Herausgabe des *Preußischen Intelligenzblattes* (mit Annoncenteil)	L. Euler in Petersburg (siehe 1741) A. des Vignoles Direktor der Mathematischen Klasse (bis 1744)	*1727*
	J. Gay: *The Beggar's Opera*	Societät: OM: G. G. Küster (Landes- und Märkische Geschichte)	*1728*
	Erstmalige Erwähnung des Weihnachtsmarktes in Berlin		*1729*

	Politik	Wissenschaft und Technik	Wissenschaftliche Institutionen
1730	Etwa 72000 Einwohner in Berlin Mißlungener Fluchtversuch des Kronprinzen Friedrich Verbot der bereits eingeschränkten Rekrutenwerbung in Berlin Beschränkung der Rechte der Juden in Berlin	R.-A. F. de Réaumur: Weingeistthermometer A. de Moivre: Verwendung der später nach ihm benannten Formel für Potenzen komplexer Zahlen	
1731	Weiterer Zustrom von Protestanten nach Berlin	C. A. Clairaut: Arbeit über Raumkurven, Studium der analytischen Geometrie des dreidimensionalen Raumes mittels der mathematischen Analysis	
1732		*Großes vollständiges Universal-Lexikon aller Wissenschaften und Künste* des Verlegers J. H. Zedler (68 Bände bis 1754)	
1733	Einführung des Kantonreglements zur Systematisierung der Soldatenwerbung in Preußen	Ch. M. Hall: Entdeckung des Prinzips des achromatischen Objektivs	
1734		Zweite Kamtschatka-Expedition zur Erforschung Sibiriens (bis 1743)	
1735	Maurer- und Zimmerergesellen in Berlin streiken gegen Lohnkürzung und Arbeitszeitverlängerung, Einsatz von Militär, zwei Streikende erhängt	K. v. Linné: *Systema naturae*	
1736		L. Euler: *Mechanica* C. Mylius: *Corpus Constitutionum Marchicarum*, erste Gesetzessammlung für Berlin und die Mark Brandenburg	
1737		G. G. Küster: *Altes und Neues Berlin* (bis 1769), wichtig für Berlin-Geschichtsschreibung Erdmessungen in Lappland (Maupertuis) und Peru (La Condamine u. a. bis 1744) erweisen (nach Newton) die Abplattung der Erdkugel an den Polen	Gründung der Universität Göttingen

Gewerbliche und industrielle Institutionen	Kultur	Persönlichkeiten	
		Societät: OM: J. Ph. Heinius (Heine), Rektor des Joachimsthalschen Gymnasiums	*1730*
	A. F. Prévost d'Exiles: *Geschichte des Chevalier Des Grieux und der Manon Lescaut*	Societät: OM: Ch. J. de Jariges (Jura), J. L. Frisch Direktor der Deutschen Klasse (bis 1743)	*1731*
	Umbau des Kronprinzenpalais in Berlin		*1732*
	Bau des Prinzessinnenpalais (bis 1737) J. S. Bach: *h-moll-Messe*	D. E. Jablonski Präsident der Societät	*1733*
	J. S. Bach: *Weihnachtsoratorium* Guß der größten Glocke der Welt für den Kreml in Moskau	Societät: OM: J. N. Lieberkühn (Medizin)	*1734*
	Bau der Böhmischen Kirche in Berlin (bis 1737)	Societät: Abw. M.: P.-L. M. de Maupertuis (Mathematik) (siehe 1737, 1746) OM: O. Th. Sprögel (Anatomie) S. Schaarschmidt (Physiologie, Pathologie) J. Th. Eller Direktor der Physikalischen Klasse (bis 1760)	*1735*
	G. B. Pergolesi: *Stabat mater*		*1736*
	G. W. von Knobelsdorff: Umbau des Schlosses Rheinsberg	Societät: OM: O. K. Barfeknecht (Medizin)	*1737*

	Politik	Wissenschaft und Technik	Wissenschaftliche Institutionen
1738	Päpstliche Verurteilung der Freimaurerei, die sich seit 1717 ausgebreitet hatte	D. Bernoulli: *Hydrodynamica*	
1739	Armendirektorium in Preußen zur Betreuung von Bedürftigen, Kranken und Waisen	Friedrich II: *Antimacchiavell*	Gründung der Akademie der Wissenschaften in Stockholm Gründung der *Göttingischen gelehrten Anzeigen*
1740	Friedrich II. König in Preußen (bis 1786) Beginn des 1. Schlesischen Krieges	Ch. de Bonnet: Entdeckung der Parthenogenese der Blattlaus	Gründung der Société Littéraire in Berlin (siehe 1744) Herausgabe des *Journal de Berlin* (J. H. Formey)
1741	Österreichischer Erbfolgekrieg (bis 1748)	J. P. Süßmilch: *Die göttliche Ordnung in den Veränderungen des menschlichen Geschlechts* (Bevölkerungsstatistik in Berlin, siehe 1745)	
1742	Definitivfriede von Berlin: Schlesien zu Preußen	A. Celsius: Thermometer G. Brandt: Reindarstellung von Kobalt	Gründung der Akademie der Wissenschaften in Kopenhagen Zerstörung des Akademiegebäudes in Berlin durch Brand
1743		J. B. le Rond d'Alembert: *Traité de dynamique*	*Gründung der Philosophical Society* in Philadelphia (Initiative von B. Franklin)
1744	Beginn des 2. Schlesischen Krieges	L. Euler: *Theoria motuum planetarum et cometarum* (Himmelsmechanik) und *Methodus inveniendi lineas curvas* (Variationsrechnung)	Vereinigung der Societät der Wissenschaften und der Société Littéraire zur Académie Royale des Sciences et Belles Lettres, neues Statut, Beginn des Stellens von Preisaufgaben

Gewerbliche und industrielle Institutionen	Kultur	Persönlichkeiten	
Erste größere Rauch- und Schnupftabakfabrik in Berlin von S. Schock	G. F. Händel: *Xerxes*	Societät: OM: A. S. Marggraf (Chemie, siehe 1747)	*1738*
	A. Pesne: *Friedrich II. als Kronprinz*		*1739*
	Komponist und Kapellmeister C. H. Graun in Berlin *Spenersche* Zeitung erscheint		*1740*
	G. W. von Knobelsdorff: Theater im Berliner Schloß und Opernhaus (bis 1742/43)	Societät: OM: L. Euler (Mathematik), in Berlin bis 1766 P.-L. M. de Maupertuis kommt nach Berlin	*1741*
Bau des Plauer Kanals	Eröffnung des Opernhauses Unter den Linden (von Knobelsdorff) mit C. H. Grauns *Cäsar und Cleopatra*	J. Elsner Direktor der Kirchlich-Orientalischen Klasse (bis 1744)	*1742*
	D. Chodowiecki sowie M. Mendelssohn kommen nach Berlin Friedrich II.: *Geschichte meiner Zeit*	J. Kies wird Astronom der Akademie (OM 1744)	*1743*
Beginn des Ausbaus des Finowkanals zwischen Havel und Oder (bis 1746) Baumwollmanufaktur in Berlin	J. S. Bach: *Das wohltemperierte Klavier* (2. Teil)	Akademie: OM: J. G. Gleditsch (Botanik), Direktor des Botanischen Gartens ab 1746 J. H. S. Formey (Philosophie) L. Euler Direktor der Mathematischen Klasse (bis 1766) J. Elsner Direktor der Deutschen Klasse (bis 1750) J.-B. Argens de Boyer Direktor der Deutschen Klasse (bis 1771) J. Ph. Heinius Direktor der Kirchlich-Orientalischen Klasse (bis 1775)	*1744*

	Politik	Wissenschaft und Technik	Wissenschaftliche Institutionen
1745		Mechanischer Webstuhl von J. Vaucanson P. van Musschenbroek: Leidener Flasche	*Histoire et Mémoires de l'Académie Royale des Sciences …* als 2. Periodikum der Akademie in Berlin (bis 1769) Technische Lehranstalt in Braunschweig eröffnet
1746		A. von Haller: *De respiratione experimenta anatomica* (Erklärung des Mechanismus der Atmung)	Neues Statut der Akademie (in Zusammenhang mit der Ernennung von Maupertuis zum Präsidenten)
1747	Rathäusliches Reglement in Berlin beseitigt endgültig Reste der Ratsverfassung	A. S. Marggraf: *Expériences Chymiques …* (Entdeckung des Zuckergehaltes der Rübe, siehe 1738) J. Bradley: Entdeckung der Rotation der Erdachse	Gründung der ökonomisch-mathematischen Realschule durch J. J. Hecker in Berlin
1748		J. O. de La Mettrie: *L'homme machine …*	Erstes Lehrerseminar von J. J. Hecker in Berlin
1749	Maßnahmen gegen das Bauernlegen in Preußen	G. Achenwall: erstes Lehrbuch der Statistik M. W. Lomonossow: Idee, daß das Wesen der Wärme in der Bewegung kleinster Teilchen besteht	
1750		J. J. Rousseau: *Abhandlung über die Wissenschaften und Künste*	
1751		Beginn des Streits in der Akademie in Berlin über das Prinzip der kleinsten Wirkung D. Diderot und J. B. le Rond d'Alembert begründen die *Encyclopédie*	Gründung der Gesellschaft der Wissenschaften in Göttingen
1752		B. Franklin: Blitzableiter Bestimmung der Tagesparallaxe des Mondes nach gemeinsamer Messung am Kap der Guten Hoffnung und in Berlin (N.-L. de Lacaille und J. J. L. de Lalande)	Eröffnung des neuen Gebäudes der Akademie in Berlin nach dem Brand von 1742 (Unter den Linden)

Gewerbliche und industrielle Institutionen	Kultur	Persönlichkeiten	
Regelmäßiger Kartoffelanbau in Preußen beginnt	Gründung der *Musikübenden Gesellschaft* in Berlin Bau von Schloß Sanssouci in Potsdam (G. W. von Knobelsdorff, bis 1747)	Akademie: OM: J. P. Süßmilch (Statistik, siehe 1741) M. W. Lomonossow erhält als erster Russe die Stellung eines Professors der Chemie an der Akademie Petersburg	*1745*
Trockenlegung des Oderbruchs	Ch. F. Gellert: Fabeln und Erzählungen	P.-L. M. de Maupertuis Präsident der Akademie	*1746*
	Baubeginn der St. Hedwigskathedrale in Berlin (bis 1773) J. S. Bach bei Friedrich II. (*Musikalisches Opfer* entsteht)	Akademie: OM: N. de Beguelin (Philosophie)	*1747*
Seidenmanufaktur und Schwefelsäurefabrik in Berlin	G. E. Lessing in Berlin (bis 1752) Baubeginn des Prinz-Heinrich-Palais (bis 1766, ab 1810 als Universitätsgebäude)	Akademie: OM: J. O. de La Mettrie (Philosophie), Gesellschafter bei Friedrich II.	*1748*
Erste Zuckersiederei in Berlin von Splitgerber	J. S. Bach: *Die Kunst der Fuge*	Akademie: OM: J. F. Meckel (Medizin)	*1749*
Seidenzeugfabrik von J. E. Gotzkowsky in Berlin Gründung der Asiatischen Handelskompanie in Berlin	C. Goldoni: *Das Kaffeehaus*	Akademie: OM: Ch. A. Cothenius (Medizin) J. G. Sulzer (Mathematik, Philosophie, siehe 1771)	*1750*
Erste Porzellanmanufaktur in Berlin von W. C. Wegely (ab 1763: KPM – Königliche Porzellanmanufaktur)	*Vossische Zeitung* erscheint (bis 1934)		*1751*
	G. F. Händel: Oratorium *Jephtha*		*1752*

	Politik	Wissenschaft und Technik	Wissenschaftliche Institutionen
1753		L. Euler: *Theoria motus Lunae*	Chemisches Laboratorium der Akademie in Berlin für Marggraf (siehe 1738, 1747)
1754		A. S. Marggraf: Entdeckung des Aluminiumoxids im Alaun	Neues Reglement des Collegium Medico-Chirurgicum in Berlin (siehe 1724)
1755	Englisch-französischer Krieg (bis 1763)	I. Kant: *Allgemeine Naturgeschichte und Theorie des Himmels* J. H.-G. Justi: *Staatswissenschaften oder systematische Abhandlung aller ökonomischen Cameral-Wissenschaften*	Gründung der Universität in Moskau durch M. W. Lomonossow
1756	Beginn des Siebenjährigen Krieges	L. Caldani: Studium der Wirkungen elektrischer Ladungen auf Herz und Muskeln	
1757	Besetzung Berlins durch österreichische Truppen	A. von Haller: *Elementa physiologiae corporis humani* (bis 1766, 8 Bände)	
1758		J. G. Lehmann: *Entwurf einer Mineralogie* (siehe 1754) F. Quesnay: *Tableau économique*	
1759		Ch. F. Wolff: *Theoria generationis* (begründet Entwicklungstheorie, Beitrag zur Überwindung der Präformationstheorie)	Gründung der Bayerischen Akademie der Wissenschaften in München
1760	Etwa 127 000 Einwohner in Berlin Besetzung Berlins durch russische Truppen	J. Black: Definition der spezifischen und der latenten Wärme J. H. Lambert: *Photometria* (begründet Photometrie)	
1761		G. B. Morgagni: *De sedibus et causis morborum* (über Sitz und Ursachen von Krankheiten, begründet pathologische Anatomie)	

Gewerbliche und industrielle Institutionen	Kultur	Persönlichkeiten	
Gründung der Börse in Berlin	Bau des (erst im 19. Jahrhundert so bezeichneten) Magnus-Hauses (G. F. Boumann, siehe 1842)		*1753*
	Th. C. Chippendale: *The Gentleman and Cabinetmaker's Director* (begründet neuen Möbelstil)	Akademie: OM: J. G. Lehmann (Geologie, Chemie, siehe 1758) Erste Promotion einer Frau in Deutschland zum Dr. med. in Halle (C. D. Erxleben aus Quedlinburg)	*1754*
	J. Haydn: Streichquartett Nr. 1 W. Hogarth: *Die Wahlen*	Akademie: OM: F. U. T. Aepinus (Physik, Astronomie)	*1755*
Verfügung, daß Königliche Ämter nur im Inland produziertes Papier benutzen dürfen			*1756*
	Ch. F. Nicolai, M. Mendelssohn, G. E. Lessing: *Bibliothek der schönen Wissenschaften und der freyen Künste* (Editionsreihe bis 1760)		*1757*
	Voltaire: *Candide oder der Optimismus*		*1758*
	Ch. F. Nicolai, M. Mendelssohn und G. E. Lessing: *Briefe, die neueste Literatur betreffend* (24 Bände, bis 1765)		*1759*
	Begegnung von Friedrich II. und C. F. Gellert in Leipzig	Akademie: OM: K. Ph. Brandes (Medizin) Ch. L. Roloff (Chemie, Medizin) A. S. Marggraf Direktor der Physikalischen Klasse (bis 1782)	*1760*
Gründung der Nymphenburger Porzellanmanufaktur	Bau (Umbau) des (ab 1824 so genannten) Ermeler-Hauses als Bürgerpalais (C. F. Fechheim und J. Ch. Frisch)		*1761*

	Politik	Wissenschaft und Technik	Wissenschaftliche Institutionen
1762		G. Ch. Füchsel: Formulierung der Grundsätze des Aktualismus in der Geologie	Erste Tierarzneischule in Lyon
1763	Ende des Siebenjährigen Krieges	N. Cugnot: Projekt eines Dampfwagens	Plan der Einführung der Zahlenlotterie unter Mitwirkung von L. Euler
1764		M. Mendelssohn: *Abhandlung über die Evidenz in den metaphysischen Wissenschaften* (Preisschrift der Akademie in Berlin) J. J. Winckelmann: *Geschichte der Kunst des Altertums* J. H. Lambert: *Neues Organon*	Gründung einer Medizinischen Lesegesellschaft in Berlin
1765		L. Euler: *Theoria motus corporum solidorum* (über Mechanik der Festkörper) J. C. Schäffer: Verwendung von Holz zur Papierherstellung	Gründung der Bergakademie Freiberg/Sa. (Eröffnung 1766) *Berlinisches Magazin oder gesammelte Schriften und Nachrichten für den Liebhaber der Arzneywissenschaft, Naturgeschichte ...*
1766		H. Cavendish: Darstellung des Wasserstoffgases J. J. Polsunow: Zweizylindrische atmosphärische Dampfmaschine	
1767		J. Hargreave: Spinnmaschine *Jenny*	Herausgabe des *Magazins für die neuere Historie und Geographie* durch A. F. Büsching in Berlin
1768	Erster russisch-türkischer Krieg (bis 1774)	L. Euler: *Institutiones calculi integralis* (4 Bände, bis 1774) J. Cook: erste Erdumsegelung (bis 1771)	
1769		J. Watt: Patent für die (wesentlich verbesserte) Dampfmaschine (gilt als Erfindung der Dampfmaschine)	
1770		J. Priestley: Chemische Untersuchung des Kautschuks (Verwendung als Radiergummi) P. H. D. von Holbach: *System der Natur*	Gründung der Bergakademie in Berlin als berg- und hüttenmännisches Institut (siehe 1874) *Nouveaux Memoires* ... als 3. Periodikum der Akademie (bis 1786)

Gewerbliche und industrielle Institutionen	Kultur	Persönlichkeiten	
	Baubeginn des Ephraim-Palais (bis 1767) durch F. W. Dietrichs Ch. W. Gluck: *Orfeo et Euridice*		*1762*
Gründung einer Giro- und Lehnbank in Berlin	C. Gozzi: *Turandot* Neues Palais in Potsdam		*1763*
	Erstes deutsches Theater in Berlin	Akademie: OM: J. (III.) Bernoulli (Mathematik, Astronomie) Friedrich II. erklärt sich zum Präsidenten der Akademie, die das Recht der Mitgliederwahl verliert	*1764*
Gründung der Königlichen Bank in Berlin	Herausgabe der *Allgemeinen Deutschen Bibliothek* durch C. Nicolai (bis 1805)	Akademie: OM: J. H. Lambert (Mathematik, Astronomie, Philosophie, siehe 1764)	*1765*
	Ch. M. Wieland: *Geschichte des Agathon* (erster deutscher Bildungsroman)	Akademie: OM: J.-L. de Lagrange (Mathematik) J.-L. de Lagrange Direktor der Mathematischen Klasse (bis 1787) L. Euler geht nach Petersburg zurück	*1766*
Entwässerung des Warthebruchs	G. E. Lessing: *Minna von Barnhelm*		*1767*
		Akademie: OM: K. A. Gerhard (Bergbau, siehe 1781)	*1768*
	C. F. Nicolai: *Beschreibung der Königlichen Residenzstädte Berlin und Potsdam*		*1769*
	G. Benda als Konzertmeister bei Friedrich II. J. G. Herders *Abhandlung über den Ursprung der Sprache* wird in der Akademie preisgekrönt		*1770*

	Politik	Wissenschaft und Technik	Wissenschaftliche Institutionen
1771		J. G. Sulzer: *Allgemeine Theorie der schönen Künste* (siehe 1750)	
1772	Erste Teilung Polens	C. W. Scheele und J. Priestley stellen unabhängig voneinander Sauerstoff dar	
1773		J. Cook: erste Tiefenlotung von 1 250 m	Gründung der Gesellschaft naturforschender Freunde in Berlin
1774		A. G. Werner: *Von den äußerlichen Kennzeichen der Fossilien* (Systematik der Minerale) C. W. Scheele: Entdeckung des Chlors	*Berliner Astronomisches Jahrbuch* durch J. E. Bode begründet J. B. Basedow gründet in Dessau das *Philanthropinum*
1775	Beginn des nordamerikanischen Unabhängigkeitskrieges (bis 1783) Arbeiterstreiks in Seidenmanufakturen in Berlin gegen Lohnsenkungen	Pariser Akademie der Wissenschaften erklärt, Arbeiten über die Quadratur des Kreises, die Verdoppelung des Würfels oder die Dreiteilung des Winkels nicht mehr zu prüfen	
1776	Unabhängigkeitserklärung der USA	A. Smith: *Untersuchungen über die Natur und die Ursachen des Reichtums der Nationen* J. Beckmann: Begründung der Technologie als Wissenschaft	
1777		C. W. Scheele: *Chemische Abhandlung von der Luft und dem Feuer*	Neuordnung der Bergakademie in Berlin durch K. F. A. von Heynitz
1778		A. Volta: Isolierung des Methans als des ersten Kohlenwasserstoffs	L. von Crell ediert erstes chemisches Journal in Deutschland
1779		G.-L. L. de Buffon: *Epoques de la nature* (Unterscheidung von sechs geologischen Epochen)	
1780		F. C. Achard (Schüler von Marggraf) gewinnt Zucker aus der Rübe (siehe 1776)	Gründung der *American Academy of Arts and Sciences* in Boston

Gewerbliche und industrielle Institutionen	Kultur	Persönlichkeiten	
	M. Claudius Herausgeber des *Wandsbecker Boten* (bis 1775)	J. B. Merian Direktor der Deutschen Klasse (bis 1807)	*1771*
Gründung der Königlichen Seehandlung in Berlin	Plattdeutsche Zeitung in Berlin: *De Plattdütsche, eyn Geschreywe, das die Hochdütsche eene Wochenschrift heeten*		*1772*
Herausgabe der *Ökonomischen Enzyklopädie* (J. G. Krünitz)	Baubeginn des Schauspielhauses in Berlin (bis 1775)	Akademie: OM: J. G. Walter (Anatomie)	*1773*
P. N. Sprengel: *Handwerke und Künste in Tabellen* (Berlin)	Baubeginn des Bibliotheksgebäudes in Berlin (*Kommode*, bis 1780) J. W. von Goethe: *Werthers Leiden*		*1774*
Gründung der Eisengroßhandlung von R. Ravené in Berlin	Theatergründung des K. Th. Döbbelin in Berlin (Durchsetzung der Werke Lessings)		*1775*
	Baubeginn der Spittelkolonnaden in Berlin (bis 1780)	Akademie: OM: F. C. Achard (Chemie, siehe 1780) J. G. Sulzer Direktor der Kirchlich-Orientalischen Klasse (bis 1779)	*1776*
Erster Blitzableiter in Berlin Gründung der Eisenwaren- und Metallhandlung durch L. Degner in Berlin		Akademie: OM: J. K. G. Schulze (Mathematik)	*1777*
	Aufenthalt Goethes in Berlin		*1778*
	A. Canova: *Dädalus und Ikarus*		*1779*
	Bau der Türme von K. von Gontard auf dem Gendarmenmarkt (bis 1785, heute Platz der Akademie, siehe 1701)	Akademie: OM: P. Prevost (Physik)	*1780*

	Politik	Wissenschaft und Technik	Wissenschaftliche Institutionen
1781		I. Kant: *Kritik der reinen Vernunft* J. K. W. Moehsen: *Geschichte der Wissenschaften in der Mark Brandenburg* W. Herschel: zufällige Entdekkung des später als Uranus bezeichneten Planeten J. Ch. Adelung: Sprachlehre für die Schule (siehe 1787)	Ankauf der Mineraliensammlung Gerhards (siehe 1768) als Grundstock für das durch die Ferbersche (siehe 1786) Sammlung 1790 erweiterte Königliche Mineralienkabinett (1810 an Universität übertragen)
1782		J.-M. und E.-J. Montgolfier: Idee der Konstruktion eines Heißluftballons (Vorführung 1783)	
1783	Anerkennung der Unabhängigkeit der USA durch England	F. W. Herschel entdeckt Eigenbewegung des Sonnensystems A. L. Lavoisier erklärt Oxydationsvorgänge (widerlegt Phlogistontheorie) P. de Rozier und d'Arlandes erster bemannter Ballonflug	
1784		J. G. Herder: *Ideen zur Philosophie der Geschichte der Menschheit* (bis 1791)	
1785	Gründung des Fürstenbundes durch Friedrich II.	E. Cartwright: Mechanischer Webstuhl (Patent 1785) C. A. Coulomb: Coulombsches Gesetz (Verhältnis elektrischer Ladungen)	
1786	Etwa 147 000 Einwohner in Berlin Friedrich Wilhelm II. wird (nach Friedrich II.) preußischer König (bis 1797)	L. Spallanzani: Widerlegung der Urzeugungshypothese C.-L. Berthollet: Bestimmung der chemischen Eigenschaften des Ammoniaks	*Mémoires* ... als 4. Periodikum der Akademie in Berlin (bis 1797)
1787	Zweiter russisch-türkischer Krieg (bis 1792)	E. Chladni: *Entdeckungen über die Theorie des Klanges* (begründet wissenschaftliche Akustik) A. G. Werner: Neptunistische Theorie der Geschichte der Erdoberfläche	

Gewerbliche und industrielle Institutionen	Kultur	Persönlichkeiten	
Erste englische Spinnmaschine in Berlin Gründung der Papiermanufaktur Spechthausen bei Eberswalde	F. von Schiller: *Die Räuber*		*1781*
	W. A. Mozart: *Die Entführung aus dem Serail*	F. Ch. Achard Direktor der Physikalischen Klasse (bis 1810)	*1782*
	Berlinische Monatsschrift durch J. E. Biester Erste Aufführung von *Nathan der Weise* (G. E. Lessing) in Berlin	E. L. Heim kommt nach Berlin und erlangt große Popularität	*1783*
Gründung der Drogen- und Chemikalienhandlung von R. Braumüller in Berlin	J. Haydn: Pariser Sinfonien		*1784*
In Hettstedt wird erste Wattsche Dampfmaschine auf deutschem Boden in Dauerbetrieb genommen			*1785*
	Gründung der Hofbühne in Berlin Erste Kunstausstellung in Berlin durch Akademie der Künste	Akademie: OM: J. E. Bode (Astronomie) J. J. Ferber (Bergbau) J. K. W. Moehsen (Medizin, Geschichte) N. de Beguelin Direktor der Kirchlich-Orientalischen Klasse (bis 1789)	*1786*
	L. Boccherini Hofkomponist in Berlin	Akademie: OM: J. C. A. Mayer (Medizin), Direktor des Botanischen Gartens J. Ch. Adelung (Philologie) J. de Castillon Direktor der Mathematischen Klasse (bis 1791)	*1787*

	Politik	Wissenschaft und Technik	Wissenschaftliche Institutionen
1788	Verordnungen (Edikte von J. C. von Woellner) behindern geistiges Leben in Berlin In Berlin leben nahezu 14 000 Bedürftige	I. Kant: *Kritik der praktischen Vernunft* J.-L. de Lagrange: *Mécanique analytique* (begründet analytische Mechanik)	Einführung des Abiturs als Studienvoraussetzung in Preußen *Sammlung der deutschen Abhandlungen* ... als Periodikum der Akademie in Berlin (bis 1803)
1789	Beginn der Französischen Revolution	M. H. Klaproth: Entdeckung von Uran und Zirkon A. L. Lavoisier: *Traité élémentaire de chimie* (System der Chemie, Festlegung der Elemente, chemische Nomenklatur)	S. F. Hermbstaedt eröffnet Pensionsanstalt für Chemikerausbildung
1790		J. W. von Goethe: Arbeit über Metamorphose der Pflanzen	Gründung der Tierarzneischule in Berlin
1791	Konstitutionelle Monarchie in Frankreich	N. Leblanc: Verfahren zur Sodaproduktion (Patent) J. B. Richter: Beginn der Publikationen, mit denen er die Stöchiometrie begründet	
1792	Frankreich: Proklamation der 1. Republik	Hermbstaedt besorgt die deutsche Ausgabe von Lavoisiers Hauptwerk *Traité élémentaire de chimie* und propagiert damit dessen Lehre	
1793	Zweite Teilung Polens Erster Koalitionskrieg gegen Frankreich (bis 1797)	Chr. C. Sprengel: *Das Geheimnis* ... (Entdeckung der Insektenbestäubung)	
1794	Einführung des Preußischen Allgemeinen Landrechts	E. Darwin: *Zoonomia* (physiologische Gesetze der Entwicklung der Organismen)	Gründung der *École centrale des travaux publique* in Paris
1795	Dritte Teilung Polens	I. Kant: *Zum ewigen Frieden* J. Barrow: erste geographische Beschreibung Südafrikas (bis 1802)	*Pépinière* als militärärztliche Schule in Berlin Herausgabe des *Journals der praktischen Arzneikunde* ... (Ch. W. Hufeland, siehe 1800)

Gewerbliche und industrielle Institutionen	Kultur	Persönlichkeiten	
	Baubeginn des Brandenburger Tores (C. G. Langhans bis 1793)	Akademie: OM: M. H. Klaproth (Chemie) J. G. Schadow nach Berlin (Hofbildhauerwerkstatt)	*1788*
Gründung der Pappefabrik M. F. Zeitz in Berlin	Jean Paul: *Auswahl aus des Teufels Papieren*	Akademie: OM: A. Burja (Mathematik, Theologie) F. A. von Burgsdorf (Forstwirtschaft) J. H. S. Formey Direktor der Kirchlich-Orientalischen Klasse (bis 1797)	*1789*
1. Gewerbeausstellung in Hamburg	Quadriga auf dem Brandenburger Tor (G. Schadow)	Akademie: OM: B. F. Moennich (Mathematik, Physik) F. Gedike (Pädagogik)	*1790*
Sodafabrikation von N. Leblanc	Gründung der Berliner Singakademie (C. F. Fasch)	Akademie: OM: K. Ph. Moritz (Altertumswissenschaft) J. F. Zoellner (Theologie, Schulwesen) J. Bernoulli Direktor der Mathematischen Klasse (bis 1807)	*1791*
Bau der ersten preußischen Chaussee von Berlin nach Potsdam	Herausgabe der Zeitschrift *Minerva* (J. W. von Archenholz)	Akademie: OM: E. W. Cuhn (Geographie)	*1792*
Erste Dampfmaschine in Berlin	J. H. Voß: Herausgabe der *Ilias*-Übersetzung (1781 *Odyssee*)	Reskript des preußischen Königs über den Ausschluß von Jakobinern aus der Akademie OM: J. A. Chr. Michelsen (Mathematik)	*1793*
Optische Telegraphie in Frankreich (C. und I. U. J. Chappe) und in Rußland (I. Kulibin)	Verbot der *Allgemeinen Deutschen Bibliothek* von Nicolai in Berlin (siehe 1765)	Akademie: OM: S. F. Hermbstaedt (Chemie) K. L. Willdenow (Botanik)	*1794*
Einführung des Metersystems in Frankreich	J. W. von Goethe: *Wilhelm Meisters Lehrjahre* (bis 1796)		*1795*

	Politik	Wissenschaft und Technik	Wissenschaftliche Institutionen
1796		J. Jenner (England) entwickelt die Pockenschutzimpfung P. S. de Laplace: *Exposition du Systéme du monde*	Gründung der Pharmazeutischen Gesellschaft
1797	Friedrich Wilhelm III. wird König in Preußen (bis 1840)	A. Senefelder: Erfindung der Lithographie	
1798		H. Th. Malthus: *Essai on the Principle of Population* L. von Buch: Erhebungstheorie, geologische Kartierung von Sachsen	Medizinische Kursusprüfung an Charité eingeführt
1799	Zweiter Koalitionskrieg gegen Frankreich (bis 1801/02) Eigentumsübertragung und Ablösung feudaler Verpflichtungen gegen Geldleistungen bei einem Teil der Domänenbauern	Beginn der Forschungsexpedition von A. von Humboldt nach Süd- und Mittelamerika (bis 1804) G. Monge: *Deskriptive Geometrie*	Gründung der Bauakademie in Berlin Erste Sonntagsschule in Berlin
1800	Etwa 172000 Einwohner in Berlin	A. Volta baut galvanische Säule Untersuchung des magnetischen Erdfeldes (C. F. Gauß) F. W. Herschel entdeckt infrarote Strahlen	Herausgabe des *Archivs für medizinische Erfahrung*
1801		J. W. Ritter entdeckt ultraviolette Strahlen C. F. Gauß berechnet die Bahn der Ceres, die daraufhin von Piazzi entdeckt wird	Beginn der Umgestaltung des Botanischen Gartens durch K. L. Willdenow
1802		W. Wollaston: Nachweis schwarzer Linien im Sonnenspektrum	J. G. Fichte hält öffentliche Vorlesungen (1801/02) in Berlin Einrichtung einer Impfanstalt in Berlin (F. Bremer)
1803		R. Fulton erprobt Dampfschiff auf der Seine	Herausgabe des *Journals der Chemie* (A. F. Gehlen), ab 1805 *Gehlens Journal für Chemie und Physik*
1804	Napoleon Bonaparte Kaiser von Frankreich (bis 1814)	N. Th. Saussure: Chemische Untersuchungen zur Pflanzenernährung R. Trevithick: erste Schienendampflok G. Cayley: erstes erfolgreiches Gleitflugzeug	

Gewerbliche und industrielle Institutionen	Kultur	Persönlichkeiten	
Erfindung (in England) der hydraulischen Presse (J. Bramah)	Gründung der Lesegesellschaft in Berlin A. W. Iffland Leiter des Nationaltheaters in Berlin		*1796*
Erster Fallschirmabsprung aus einem Ballon (J. Garnerin, Frankreich)	F. J. de Goya: *Caprichos*	Ch. G. Selle Direktor der Kirchlich-Orientalischen Klasse (bis 1800)	*1797*
	F. und A. W. Schlegel: Herausgabe des *Athenäum* (bis 1800) J. W. von Goethe und H. Meyer: *Propyläen*	Akademie: OM: J. E. Biester (Geschichte, königlicher Bibliothekar) J. Ph. Gruson (Mathematik)	*1798*
	F. Hölderlin: *Hyperion* F. von Schiller: *Wallenstein*	Für den Zeitraum bis 1811 wird der Status der außerordentlichen Mitgliedschaft in der Akademie eingeführt: Ch. F. Nicolai (Buchhändler, Schriftsteller)	*1799*
Einrichtung der Briefpost innerhalb von Berlin Erste Dampfmaschine für gewerbliche Zwecke (in der Königlichen Porzellanmanufaktur)	F. von Schiller: *Maria Stuart*	Akademie: OM: Ch. W. Hufeland (Medizin, siehe 1795) ao. M.: A. von Humboldt (Naturforscher, Geographie)	*1800*
Gründung der ersten Rübenzuckerfabrik durch F. C. Achard	F. von Schiller: *Die Jungfrau von Orleans*	F. von Castillon Direktor der Kirchlich-Orientalischen Klasse (bis 1812)	*1801*
	A. W. Schlegel gibt mit Vorlesungen über Kunst und Literatur die theoretische Grundlage der Romantik		*1802*
Einführung der Lithographie in Berlin durch W. Reuter Gründung des Bankhauses S. Bleichröder		Akademie: ao. M: J. A. Eytelwein (Angewandte Mathematik, Wasserbau) D. L. G. Karsten (Mineralogie)	*1803*
Gründung der Königlichen Eisengießerei nach Plänen von Redens Einrichtung einer neuen Straßenbeleuchtung in Berlin (Öllampen)	Schiller besucht Berlin (Berufung nach Berlin ist geplant)	Akademie: OM: J. G. Tralles (Mathematik) A. D. Thaer (Landwirtschaftswissenschaft) Ch. F. Nicolai (Schriftsteller, Buchhändler) J. Müller (Historiker)	*1804*

	Politik	Wissenschaft und Technik	Wissenschaftliche Institutionen
1805	Dritter Koalitionskrieg gegen Frankreich (bis 1808)	T. Ch. Hope: experimenteller Nachweis, daß Wasser die maximale Dichte bei 4° aufweist W. A. Sertürner: Entdeckung des (seit 1815 so benannten) Morphiums	Gründung des Polytechnischen Instituts in Prag
1806	Errichtung der Kontinentalsperre Einzug Napoleons in Berlin Gründung des Rheinbundes Dritter russisch-türkischer Krieg (bis 1812)	T. A. Knight: experimenteller Nachweis des Einflusses der Schwerkraft auf das Wachstum der Pflanzen (Geotropismus)	Gründung der ersten Blindenschule in Berlin (V. Haüy) Gründung der ersten landwirtschaftlichen Lehranstalt in Möglin (A. Thaer)
1807	Frieden von Tilsit *Edikt den erleichterten Besitz und den freien Gebrauch des Grundeigentums sowie die persönlichen Verhältnisse der Landbewohner betreffend* (*Oktoberedikt*: Steinsche Agrar- und Gewerbereformen)	G. W. F. Hegel: *System der Wissenschaft*, 1. Teil *Die Phänomenologie des Geistes* J. G. Fichte: *Reden an die deutsche Nation* (1807 und 1808)	
1808	*Ordnung für sämtliche Städte der Preußischen Monarchie* (Steinsche Städtereform) G. J. D. von Scharnhorst und C. von Clausewitz: Militärreformen	J. Dalton: *New System of Chemical Philosophy* J. M. Jacquard: mechanischer Musterwebstuhl	
1809	Wahl zur ersten Stadtverordnetenversammlung in Berlin Auszug des Schillschen Freikorps aus Berlin zum Kampf gegen die Fremdherrschaft	Erfindung des elektro-chemischen Telegraphen durch S. Th. von Sömmerring J. B. de Lamarck: *Philosophie zoologique* A. Thaer: *Grundsätze der rationellen Landwirtschaft* (1809–1810)	Stiftung der Universität Berlin *Museum für altdeutsche Literatur und Kunst* beginnt zu erscheinen (F. H. von der Hagen, siehe 1841) Vereinigung von Bauakademie und Akademie der Künste

Gewerbliche und industrielle Institutionen	Kultur	Persönlichkeiten	
Gründung der Metallfabrik G. L. Hendel & Schumann Alexanderplatz erhält nach dem Berlinbesuch des Zaren Alexander I. seinen heutigen Namen	Übersicht *Schauplatz der Künste und Handwerke* von J. S. Halle vollendet (1762–1805 erschienen 21 Bände) Uraufführung von Beethovens *Eroica* in Wien A. von Arnim, C. Brentano: Herausgabe *Des Knaben Wunderhorn*, Band 1	Akademie: OM: A. von Humboldt (Naturforscher, Geographie) K. A. Gerhard Direktor der Physikalischen Klasse (bis 1812)	*1805*
Erste deutsche Herstellung von Kupferstichpapier erfolgt in Berlin (J. A. Engels)	Ph. O. Runge: *Meine Eltern* H. von Kleist: *Der zerbrochene Krug*	Akademiemitglied J. W. von Goethe (Philologie, Naturwissenschaft) ao. M: L. von Buch (Geologie) P. Erman (Physik)	*1806*
	Literarischer Salon der Rahel Levin (v. Varnhagen) in Berlin	Akademie: OM: J. W. Lombard (Königlicher Kabinettsrat)	*1807*
Gründung einer Tabakfabrik durch W. Ermeler	L. van Beethoven: 5. Sinfonie *(Schicksalssinfonie)* J. W. von Goethe: *Faust I* (siehe 1832)	Akademie: OM: Ch. L. von Buch (Geologe) P. Erman (Physik) J. A. Eytelwein (Angewandte Mathematik) D. L. G. Karsten (Mineralogie, Bergbauwissenschaft) ao. M: W. von Humboldt (Philologie)	*1808*
Starke Erweiterung der Königlichen Eisengießerei	Gründung der *Liedertafel* in Berlin (Vereinigung von Dichtern, Musikern und Kunstfreunden) durch K. F. Zelter		*1809*

	Politik	Wissenschaft und Technik	Wissenschaftliche Institutionen
1810	Von Hardenberg wird Staatskanzler und führt die Steinschen Reformen fort	J. W. von Goethe: *Zur Farbenlehre* H. Davy: Bestimmung der elementaren Natur des Chlors (siehe 1774)	Eröffnung der Berliner Universität Gründung des Zoologischen Museums in Berlin (J. K. W. Illiger) Gründung der Medizinisch-Chirurgischen Gesellschaft (Ch. W. Hufeland) Botanischer Garten und Mineraliensammlung an Universität übertragen
1811	*Edikt die Regulierung der gutsherrlichen und bäuerlichen Verhältnisse betreffend (Regulierungsedikt):* Bauern, die seit 1807 Freiheit erlangten, müssen Entschädigung an Gutsherren zahlen	Versuche zur Fixierung von Lichtbildern (N. C. Niepce) A. Avogadro: Avogadrosches Gesetz (gleiche Anzahl von Molekülen in gleichen Gasvolumina)	Das unzeitgemäß gewordene Kalenderprivileg der Akademie entfällt
1812	Rußlandfeldzug Napoleons und Niederlage bei Moskau Konvention von Tauroggen *Edikt betreffend die bürgerlichen Verhältnisse der Juden* (formale Gleichstellung der Juden in Preußen)	J. J. Berzelius: elektrochemisch-dualistische Theorie des Aufbaus chemischer Verbindungen G. Cuvier: *Recherches sur les ossements fossiles des quadrupedes* (Begründung der Kataklysmentheorie) G. W. F. Hegel: *Wissenschaft der Logik* (bis 1816)	Akademie der Wissenschaften erhält ein neues Statut, Abgabe einer Reihe wissenschaftlicher Institutionen an Universität, Bezeichnung *Königliche Akademie der Wissenschaften* eingeführt Aufbau eines wissenschaftlichen Gymnasiums als Vorschule für den Universitätsbesuch
1813	Beginn des deutschen Befreiungskrieges, Völkerschlacht bei Leipzig, Rückzug der französischen Truppen, Ende des Rheinbundes	W. Ch. Wells: Auffassung, daß menschliche Rassenunterschiede aus Anpassung an örtliche Bedingungen resultieren	S. F. Hermbstaedt regt Errichtung einer technischen Hochschule in Berlin an (erst 1879 realisiert)

Gewerbliche und industrielle Institutionen	Kultur	Persönlichkeiten	
Stärkere Durchsetzung der Gewerbefreiheit in Preußen	Gründung der Christlichen Deutschen Tischgesellschaft (A. von Arnim, H. von Kleist u. a.) Herausgabe der *Berliner Abendblätter* (H. von Kleist) Akademie der Künste stellt mit großem Erfolg die Werke von C. D. Friedrich aus	Akademie: OM: W. von Humboldt (Sprachwissenschaft) J. K. W. Illiger (Zoologie) K. A. Rudolphi (Zoologie) B. G. Niebuhr (Geschichte) F. D. E. Schleiermacher (Philosophie, Theologie) An der neugegründeten Universität lehren: S. F. Hermbstaedt (Technologie) M. H. Klaproth (Chemie) K. A. Rudolphi (Zoologie) K. L. Willdenow (Botanik) Ph. A. Boeckh (Altertumswissenschaft) G. Spalding (Philologie) J. G. Fichte (Philosophie) Ch. W. Hufeland (Medizin) J. G. Tralles (Mathematik) E. G. Fischer (Mathematik) Ch. S. Weiss (Mineralogie) F. K. von Savigny (Jura) B. G. Niebuhr (Geschichte, Altertumswissenschaft) u. a. J. G. Fichte ist erster Rektor	*1810*
Preußische Technische Deputation für Gewerbe in Berlin (ihr untersteht Gewerbeförderung, Handels- und ab 1815 Patentwesen) (P. Ch. W. Beuth)	F. L. Jahn errichtet ersten Turnplatz in Berlin C. D. Friedrich: *Greifswalder Hafen*	Akademie: OM: F. K. v. Savigny (Jura) Universität: K. Eichhorn (Rechtswissenschaft) A. Thaer (Landwirtschaft) F. K. Bothe (Philologie)	*1811*
Gründung der Berlinischen Feuerversicherungsanstalt (Aktienbasis)	J. und W. Grimm: *Kinder- und Hausmärchen* (bis 1815)		*1812*
Gründung einer Werkstatt für astronomische und optische Instrumente (J. Pistor)		J. G. Fichte ruft Studenten zum Kampf gegen die Fremdherrschaft auf	*1813*

	Politik	Wissenschaft und Technik	Wissenschaftliche Institutionen
1814	Wiener Kongreß (bis 1815)	J. Fraunhofer: Entdeckung der nach ihm benannten Linien im Sonnenspektrum	
1815	Errichtung des *Deutschen Bundes* und Gründung der *Heiligen Alliance*	F. K. von Savigny: *Vom Beruf unserer Zeit für Gesetzgebung* Teilnahme von A. von Chamisso an der russischen Rurik-Weltumsegelung	*Corpus Inscriptionum Graecarum* (Sammlung der griechischen Inschriften als erstes der von der Akademie durchgeführten Forschungsunternehmen) Gründung des Deutschen Archivs für Physiologie
1816	Einschränkung der Bauernbefreiung in Preußen Hungersnot und Arbeitslosigkeit in Berlin	F. Bopp weist Verwandtschaft indogermanischer Sprachen nach und begründet die vergleichende Sprachforschung	Gründung der Forstakademie zu Tharandt Gründung des topographischen Büros in Berlin
1817	Einrichtung des Ministeriums für geistliche, Unterrichts- und Medizinalangelegenheiten in Preußen (Minister: K. von Stein zum Altenstein) Wartburgfest (Höhepunkt der deutschen Burschenschaftsbewegung für nationale Einheit) und Gründung der Allgemeinen Deutschen Burschenschaft beschlossen	Entwicklung der Laufmaschine (Vorläufer des Fahrrades) durch K. von Drais D. Ricardo: *Principles of Political Economy and Taxation*	Akademisches Unternehmen: *Aristotelesausgabe*
1818	Gründung der Allgemeinen Deutschen Burschenschaft Gesetz über Zoll und Verbrauchssteuer von ausländischen Waren und über den Verkehr zwischen den Provinzen des Staates (Preußen)	J. J. Berzelius: Atomgewichtstabelle Entdeckung des Isomorphismus durch E. Mitscherlich in Berlin	Neugründung der Bonner Universität Herausgabe des *Archivs für Bergbau und Hüttenkunde* (gewann Bedeutung für die Verbindung von Wissenschaft und Industrie) Gründung des Königlichen Herbariums

Gewerbliche und industrielle Institutionen	Kultur	Persönlichkeiten	
J. D. Riedel erwirbt Apotheke in Berlin, aus der die Pharmazeutische Fabrik Riedel hervorgeht	Quadriga des Brandenburger Tores von Paris nach Berlin zurückgebracht Gründung des Berliner Kunstvereins (G. Schadow)	Akademie: OM: M. H. Lichtenstein (Zoologie) A. Boeckh (Altertumswissenschaft) Universität: K. Krause (Philosophie) A. N. von Gneisenau, K. A. von Hardenberg, H. D. L. Yorck von Wartenburg u. a. werden Dr. h. c. der Universität	*1814*
Königliche Eisengießerei liefert erste Dampfmaschine G. Ch. Freund gründet erste Spezialfabrik für Dampfmaschinen in Berlin	Gründung der *Berlinischen Gesellschaft für deutsche Sprache* (F. L. Jahn u. a.) Aufführung von L. van Beethovens Oper *Fidelio* in Berlin F. Fröbel in Berlin (bis 1816 und 1836)	Akademie: OM: Ch. S. Weiss (Mineralogie) H. F. Link (Botanik) A. E. Bekker (Klassische Philologie) J. W. Suevern (Klassische Philologie) H. F. Link Direktor des Botanischen Gartens	*1815*
Erstes Dampfschiff auf Berliner Gewässern Gasbeleuchtung in der Firma Hensel & Schumann in Berlin Gründung der Maschinenfabrik J. Foster Verein zur Veredelung von Wolle in Berlin	Baubeginn der Neuen Wache (K. F. Schinkel), bis 1818	E. T. A. Hoffmann in Berlin	*1816*
Gründung des *Patriotischen Vereins zu Berlin zur Erhaltung der deutschen Fabriken* Ausbau des Straßensystems in Preußen (A. L. Crelle)	Grundsteinlegung zum Martin-Luther-Denkmal in Wittenberg (C. Schadow)	Universität: J. Jüngken (Medizin) G. Stenzel (Geschichte) Beim Wartburgfest verbrennt der Berliner Student F. Maßmann Zopf, Schnürleib und Korporalstock	*1817*
Gründung der Spritreinigungsanstalt und Likörfabrik C. A. F. Kahlbaum Einrichtung der städtischen Sparkasse	Baubeginn des Kreuzdenkmals (K. F. Schinkel) für die Befreiungskriege (bis 1821) Baubeginn des Schauspielhauses (K. F. Schinkel, bis 1821) Erstes Turnfest in Berlin	P. Ch. W. Beuth: Leiter der Abteilung Gewerbe des Preußischen Ministeriums für öffentliche Arbeiten Universität: A. von Schlegel (Deutsche Literatur) F. Klug (Zoologie) G. W. F. Hegel (Philosophie)	*1818*

	Politik	Wissenschaft und Technik	Wissenschaftliche Institutionen
1819	Gründung des Allgemeinen Deutschen Handels- und Gewerbevereins (Frankfurt a. M.) Karlsbader Beschlüsse, Zensuredikt und Beginn der Demagogenverfolgung	R. Th. H. Laennec baut erstes Stethoskop (Frankreich) A. Schopenhauer: *Die Welt als Wille und Vorstellung*	Gründung der *Gesellschaft für ältere und deutsche Geschichtskunde* auf Initiative von Steins Umwandlung des Landwirtschaftlichen Lehrinstituts in Möglin in Königliche Akademische Lehranstalt des Landbaus
1820	Einwohnerzahl Berlins übersteigt 200 000	H. Ch. Oerstedt entdeckt magnetische Wirkungen des elektrischen Stroms Rechenmaschine von Ch. Babbage (difference engine)	
1821	Griechische Unabhängigkeitskriege (bis 1829)	Galvanometer von J. Poggendorff und Ch. Schweigger Th. Seebeck entdeckt Thermoelektrizität E. G. Steudel: *Nomenclatura botanicaus* (Index der Pflanzengattungen und -arten) Ch. Green: erstmals Leuchtgas für Ballonfüllung	Gründung einer *Technischen Schule* in Berlin (siehe 1827)
1822		J. B. Fourier: *Analytische Theorie der Wärme* J.-V. Poncelet: *Traité des propriétés projectives des figures* (Grundlegung der projektiven Geometrie)	Gründung der *Gesellschaft deutscher Naturforscher und Ärzte* in Leipzig (L. Oken)
1823		J. W. Döbereiner: Erfindung des Platinfeuerzeugs Ch. Macintosh: Erfindung wasserdichter Gewebe	Gründung der Königlichen Gärtnerischen Lehranstalt in Potsdam (P. J. Lenné) Begründung der ägyptischen und Altertumssammlung in Berlin
1824		N. L. S. Carnot: Untersuchung der idealen Wärmekraftmaschine (Basis der mechanischen Wärmetheorie) A. P. de Candolle: Beginn der Veröffentlichung seines Systems der Pflanzen	J. von Liebig begründet chemisches Labor in Gießen Beginn des Stellens von Preisaufgaben an Studenten an der Universität Herausgabe der *Annalen der Physik und Chemie* (J. Ch. Poggendorff), ab 1900: *Annalen der Physik*

Gewerbliche und industrielle Institutionen	Kultur	Persönlichkeiten	
Gründung der Firma für chirurgische Instrumente und Bandagen H. Windler Gründung der ersten Papierfabrik in Berlin	Verbot von Goethes *Egmont* in Berlin Blücher-Denkmal (Ch. D. Rauch)	Akademie: OM: Ch. Rühs (Geschichte) Th. Seebeck (Physik) F. Wilken (Geschichte) Ph. A. Boeckh wird Leiter des Seminars für gelehrte Schulen A. von Chamisso (Naturforscher, Dichter, Botaniker) wird Kustos im Botanischen Garten	*1819*
Gründung des *Vereins zur Beförderung des Gewerbefleißes* (P. Ch. W. Beuth)	A. Puschkin: *Ruslan und Ludmilla*	Universität: A. Schopenhauer (Philosophie) K. Ritter (Geographie) P. Stuhr (Geschichte)	*1820*
Gründung der Maschinenbauwerkstatt von F. A. Egells in Berlin	Eröffnung des neuen Schauspielhauses Uraufführung von K. M. von Webers Oper *Freischütz* in Berlin *Allgemeiner Wohnungsanzeiger* erscheint	Universität: F. Bopp (Philologie)	*1821*
Erste Gewerbeausstellung in Berlin (182 Aussteller) Inbetriebnahme der ersten Buchdruckschnellpresse in Berlin Gründung der ersten Chaussee-Bau-AG in Preußen	Gründung des Königlichen Instituts für Kirchenmusik (C. Zelter) Baubeginn der Schloßbrücke (heute Marx-Engels-Brücke)	Akademie: OM: E. Mitscherlich (Chemie) F. Bopp (Philologie) K. Ritter (Geographie) K. J. B. Karsten (Mineralogie)	*1822*
Gründung der Anstalt für künstliche Mineralwässer (C. H. Soltmann/F. A. Struve) Gründung eines Berliner Kassenvereins (10 Firmen)		Universität: H. Rose (Chemie) G. Bernhardy (Klassische Philologie) J. Radloff (Sprachwissenschaft) S. F. Hermbstaedt hält öffentliche Chemievorlesung für Gewerbetreibende	*1823*
Gründung der Möbelfabrik J. C. Pfaff	Uraufführung der IX. Sinfonie von L. van Beethoven in Wien Gründung des Architektenvereins Eröffnung des Königstädter Theaters		*1824*

	Politik	Wissenschaft und Technik	Wissenschaftliche Institutionen
1825	R. Owen errichtet kommunistische Kolonie *New Harmony* im USA-Staat Indiana	Erste Eisenbahn in England W. Sturgeon: Verbesserung des Elektromagneten	Gründung des Historischen Seminars an der Universität (L. Ranke) Gründung der Ungarischen Akademie der Wissenschaften Erstes naturwissenschaftliches Unternehmen der Akademie: Sternkarten (F. F. W. Bessel) Erste Technische Hochschule in Deutschland in Karlsruhe
1826	Einige lateinamerikanische Staaten erlangen (im Zeitraum seit etwa 1810) ihre Unabhängigkeit	A. M. Ampère: *La théorie des phénomènes électro-dynamiques* O. P. Unverdorben: Anilin aus Indigo G. S. Ohm: Definition des elektrischen Widerstands *(Ohmsches Gesetz)* J. H. von Thünen: *Der isolierte Staat*	Gründung des *Journals für reine und angewandte Mathematik* (A. L. Crelle)
1827		R. Brown: Entdeckung der Molekularbewegung F. Wöhler: Darstellung von reinem Aluminium	*Jahrbücher für wissenschaftliche Kritik* (sogenannte Hegel-Zeitung) erscheinen (bis 1846) *Technische Schule* nunmehr als *Gewerbeinstitut* bezeichnet (siehe 1879)
1828		F. Wöhler: erste künstliche Synthese einer organischen Substanz (Harnstoff) K. E. von Baer: *Über die Entwicklungsgeschichte der Tiere* (bis 1837; Grundlegung der modernen Embryologie)	7. Versammlung der Gesellschaft Deutscher Naturforscher und Ärzte tagt in Berlin Gründung der Gesellschaft für Erdkunde Technische Hochschule in Dresden
1829		L. Braille: Erfindung der Blindenschrift J. Ressel: Patent auf Kugel- und Rollenlager	Gründung des Musikseminars an der Universität Herausgabe des *Journals für die Baukunst* (A. L. Crelle) Herausgabe des *Historischen Taschenbuchs* (F. L. von Raumer)
1830	Julirevolution in Frankreich In Polen Aufstand gegen die zaristische Fremdherrschaft Unruhen der Volksmassen in Deutschland zur Erlangung bürgerlicher Reformen	A. Comte: *Cours de philosophie positive* (bis 1842, Begründung des Positivismus) K. F. Gauß: absolutes Maßsystem Ch. Lyell: *Principles of Geology* (bis 1833)	Eröffnung des Alten Museums als erstes der Stadt Gründung des *Chemischen Zentralblattes* An der Charité wird die erste Kinderklinik in Deutschland eröffnet

Gewerbliche und industrielle Institutionen	Kultur	Persönlichkeiten	
Erste Gehwege neben den Straßen in Berlin	Bau des Alten Museums (K. F. Schinkel, bis 1830) Bau der Singakademie (heute Maxim Gorki Theater) (K. Th. Ottmer, bis 1827)	F. Wöhler hält öffentliche Chemievorlesungen in Berlin Akademie: OM: J. Encke (Astronomie) E. H. Dirksen (Mathematik) Universität: L. Ranke (Geschichte)	*1825*
Gasbeleuchtung Unter den Linden (durch *Imperial Continental Gas Association*)	Gründung der Philharmonischen Gesellschaft in Berlin F. Ch. Schlosser: *Universalgeschichte*	Universität: E. Gans (Rechtswissenschaft) K. L. Michelet (Philosophie)	*1826*
2. Berliner Gewerbeausstellung Stadtpost in Berlin Gründung der Holzsäurefabrik durch S. H. Kunheim	Gründung der Literarischen Mittwochgesellschaft F. Schubert: *Die Winterreise* H. Heine: *Buch der Lieder*	A. von Humboldt hält öffentliche Vorlesungen in Berlin Akademie: OM: Ch. G. Ehrenberg (Biologie) F. L. G. Raumer (Geschichte) A. L. Crelle (Mathematik)	*1827*
Gründung der zweiten Eisengießerei in Berlin (F. A. J. Egells) Gründung der Berliner Dampfschiffahrtsgesellschaft	Gründung der Buch- und Kunsthandlung Gropius	Anläßlich der Naturforscherversammlung in Berlin Bekanntschaft von K. F. Gauß, A. von Humboldt, J. P. Dirichlet, Ch. Babbage u. a.	*1828*
Gründung der Fabrik für Drehbänke und Werkzeuge A. Hagemann Gründung der Edelmetall- und Juwelenhandlung F. Friedländer	K. F. Zelter und F. Mendelssohn Bartholdy leiten mit der Wiederaufführung der Matthäus-Passion (J. S. Bach) in der Berliner Singakademie die Bach-Renaissance ein N. Paganini gastiert in Berlin	A. von Humboldt bereist zusammen mit Ch. G. Ehrenberg und G. Rose den Ural und den Altai Universität: D. W. H. Busch (Gynäkologie) H. W. Dove (Physik) u. a.	*1829*
	Gründung der Schriftstellervereinigung *Junges Deutschland* E. Delacroix (Frankreich): *Die Freiheit führt das Volk auf die Barrikaden*	Akademie: OM: J. A. Horkel (Physiologie) K. Kunth (Botanik) K. K. L. Lachmann (Physiologie) J. F. Klug (Zoologie)	*1830*

	Politik	Wissenschaft und Technik	Wissenschaftliche Institutionen
1831	Aufstand der Lyoner Seidenweber	M. Faraday entdeckt die elektromagnetische Induktion J. J. Berzelius: Formulierung des Isomeriebegriffes J. von Liebig: Entdeckung des Chloroforms	Gründung des Seminars für Stadtschulen in Berlin Einrichtung der Universitätsbibliothek Gründung der *British Association for the Advancement of Science*
1832	Hambacher Fest für deutsche Einheit	F. W. Lüdersdorf: Erfindung des vulkanisierten Kautschuks L. von Buch: Veröffentlichung einer geognostischen Karte von Deutschland G. W. F. Hegel: Werke (Freundesvereinsausgabe, bis 1840)	Gründung der Pädagogischen Gesellschaft Gründung der Gesellschaft für Natur- und Heilkunde
1833	Demagogenverfolgung: Prozesse gegen mehr als 18 000 Personen (bis 1838)	Nadeltelegraph von K. F. Gauß und W. Weber L. Daguerre: Daguerreotypie (Fotografie) J. Müller: *Handbuch der Physiologie des Menschen* (bis 1840)	Gründung des Polytechnischen Vereins
1834	Gründung des deutschen Zollvereins Gründung des Bundes der Geächteten in Paris Herausgabe der revolutionären Flugschrift *Der hessische Landbote*	F. X. Gabelsberger: *Anleitung zur deutschen Redezeichenkunst* (Stenographie entwickelt) M. Faraday: Gesetze der Elektrolyse F. F. Runge: Entdeckung des Phenols und Anilins im Steinkohlenteer	Mit der Anzahl von etwa 2 000 Studenten an der Universität Berlin wird ein zeitweiliger Höhepunkt erreicht J. Steiner stiftet Preis der Akademie auf dem Gebiet der synthetischen Geometrie Gründung der Zeitschrift *Archiv für Anatomie, Physiologie und wissenschaftliche Medizin* (J. Müller)

Gewerbliche und industrielle Institutionen	Kultur	Persönlichkeiten	
Inbetriebnahme der ersten Dampfmühle in Berlin	Aufstellung der Granitschale vor dem Alten Museum V. Hugo: *Notre-Dame de Paris*	Universität: F. Truestedt (Pathologie) G. Magnus (Physik) K. Ideler (Psychologie) u. a. F. F. Runge (Chemie, geht an die Chemische Produktenfabrik in Oranienburg bei Berlin)	*1831*
Erste optische Telegraphenlinie Berlin – Koblenz Gründung der Färberei von W. Spindler	Akademie der Künste erhält Musikklasse J. W. von Goethe: *Faust II* (siehe 1808)	Akademie: OM: P. G. Lejeune-Dirichlet (Mathematik) H. Rose (Chemie) K. F. Eichhorn (Jura) F. L. Ranke (Geschichte) Universität: G. A. Erman (Physik) H. Steffens (Philosophie) J. Dieffenbach (Medizin) A. Diesterweg als Direktor des Seminars für Stadtschulen in Berlin	*1832*
Ph. H. M. Geiß begründet die Kunstzinkgußindustrie Gründung der Natur- und Rasenbleicherei G. H. Bretsch In Berlin existieren 29 Buchdruckereien, ein Drittel davon mit eigenem Verlag	Eröffnung der Skulpturensammlung im Alten Museum	Akademie: OM: E. G. Graff (Germanistik) Universität: J. Müller (Physiologie) Direktor der Anatomischen Sammlung F. Hoffmann (Mineralogie) F. A. Trendelenburg (Philosophie) u. a. Th. Fontane als Schüler der Berlinischen Gewerbeschule	*1833*
3 Maschinenfabriken in Berlin	In Berlin Konditorei Kranzler eröffnet (Ecke Unter den Linden/Friedrichstraße) Endgültige Aufstellung der Granitschale vor dem Alten Museum auf dem Postament von K. F. Schinkel H. de Balzac: *Vater Goriot*	Akademie: OM: J. Müller (Physiologie) G. Rose (Mineralogie) J. Steiner (Mathematik) Th. Schwann Assistent bei J. Müller (siehe 1839) Universität: J. Poggendorff (Physik) B. Bauer (Religionsphilosophie) J. L. Ideler (Sprachwissenschaft) K. Dieterici (Staatswissenschaft) A. Boeckh Sekretar der Philosophisch-Historischen Klasse (bis 1861)	*1834*

	Politik	Wissenschaft und Technik	Wissenschaftliche Institutionen
1835	Herausbildung der Chartistenbewegung in England	J. J. Berzelius: Definition des Begriffs *katalytische Kraft* Eröffnung der ersten deutschen Eisenbahnlinie (Nürnberg – Fürth)	Gründung der Technischen Abteilung des Collegium Carolinum
1836	Gründung des Bundes der Gerechten in Paris	W. von Humboldt: *Über die Kawi-Sprache* (vergleichende Sprachwissenschaft, bis 1845) J. B. Bossingault: Nachweis der Bedeutung des Stickstoffgehaltes im Boden und Begründung der Guano-Düngung	Gründung des Magnetischen Vereins (A. von Humboldt und K. F. Gauss) und der Zeitschrift *Resultate aus den Beobachtungen des Magnetischen Vereins* Preußisches Medizinalgesetz (enthält u. a. Anerkennung der Zahnheilkunde)
1837	Protesterklärung der *Göttinger Sieben*, der Professoren Ch. Dahlmann, G. Gervinus, J. und W. Grimm, W. Weber, H. Ewald und W. Albrecht, gegen Verfassungsbruch durch König Ernst August von Hannover	Schreib-Telegraph von S. Morse B. Bolzano: *Wissenschaftslehre* (4 Bände)	Lehrpläne für Gymnasien in Preußen und Klassengliederung von Sexta bis Prima
1838	Todesurteile des Berliner Kammergerichts gegen Handwerksgesellen, die Mitglied des Jungen Deutschland waren	J. A. Schubert: erste deutsche Lokomotive F. W. Bessel: Nachweis der Eigenbewegung der Fixsterne durch Messung ihrer Parallaxe M. H. von Jacobi: Entwicklung der Galvanoplastik	Veränderung des Statuts der Akademie der Wissenschaft
1839	1. Opiumkrieg Englands gegen China (bis 1842) Gesetz zur Einschränkung der Kinderarbeit in Preußen	W. Weitling: *Die Menschheit wie sie ist und wie sie sein sollte* (Paris) Th. Schwann: Formulierung einer Zellentheorie, die den Aufbau aller tierischen und pflanzlichen Organismen aus Zellen postuliert	
1840	Friedrich Wilhelm IV. wird König in Preußen (bis 1858)	J. von Liebig: *Über das Studium der Naturwissenschaft und über den Zustand der Chemie in Preußen* sowie: *Die organische Chemie in ihrer Anwendung auf Agrikultur und Physiologie* (begründet künstliche Düngung) B. Höfel: Verfahren zur Zinkätzung J. M. Petzval: astigmatisches Objektiv	Gründung der Gesellschaft zur Beförderung der Chirurgie Gründung des Allgemeinen deutschen Kindergartens durch F. Fröbel in Blankenburg (entwickelt pädagogische Konzeption)

Gewerbliche und industrielle Institutionen	Kultur	Persönlichkeiten	
Kleinmetallindustrie in Berlin beschäftigt 4500 Arbeiter	G. Büchner: *Dantons Tod*	Akademie: OM: F. W. E. Gerhard (Archäologie) H. Steffens (Philosophie) A. von Chamisso (Botanik und Schriftsteller) Universität: H. Rose (Chemie)	*1835*
K. W. Gropius eröffnet Fabrik für Papierplastiken und Steinpappe in Berlin Gründung einer Dampfmaschinenanstalt durch die Königliche Seehandlung	Gründung des Vereins für die Geschichte der Mark Brandenburg Ch. Dickens: *Die Pickwickier* H. Heine: *Die romantische Schule*	Karl Marx wird Student an der Universität Berlin Universität: A. J. Riedel (Staatswissenschaft, später auch brandenburgischer Historiograph)	*1836*
Gründung der Eisengießerei und Maschinenfabrik A. Borsig in Berlin	K. Spitzweg: *Der arme Poet* A. Lortzing: *Zar und Zimmermann*	Akademie: OM: H. Dove (Physik) I. von Olfers (Kunstwissenschaft, ab 1838 auch Generaldirektor der Museen in Berlin)	*1837*
Erste von Berlin ausgehende Eisenbahnlinie (nach Potsdam) eröffnet Erstes Gesetz für Eisenbahnunternehmen Gründung der Brauerei P. L. Hopf	G. Schwab: *Die schönsten Sagen des klassischen Altertums*		*1838*
L. Sachse führt Photographie in Berlin ein Erste deutsche Ferneisenbahnlinie (Leipzig – Dresden) eröffnet In Berlin verkehren Pferdeomnibusse	F. Krüger: *Parade auf dem Opernplatz in Berlin* Stendhal (M. H. Beyle): *Die Kartause von Parma* B. Thorwaldsen: Schillerstandbild	Akademie: OM: J. Poggendorff (Physik) A. Neander (Geschichte)	*1839*
J. A. D. Örtling baut automatische Kreisteilmaschine Um 1840 arbeiten in Preußen über 600 Dampfmaschinen (mit insgesamt etwa 11500 PS) J. Poggendorff führt in Berlin die elektrischen Klemmschrauben ein	Eisenbahngesellschaft eröffnet Theater in Steglitz zur Werbung von Fahrgästen (Eintritt für Passagiere frei) A. Menzel: Illustrationen zu F. Kuglers *Geschichte Friedrichs II.* M. Lermontow: *Ein Held unserer Zeit*	Akademie: OM: G. Magnus (Physik) Universität: F. Stahl (Jura) K. Rammelsberg (Chemie, Mineralogie) S. Spitzer (Bibliothek) Bauakademie: G. Hagen (Wasserbautechnik)	*1840*

	Politik	Wissenschaft und Technik	Wissenschaftliche Institutionen
1841	Entstehung von Arbeiterbildungsvereinen in Deutschland	L. Feuerbach: *Das Wesen des Christentums* J. P. Joule: Arbeiten über elektrische Wärmeerzeugung *(Joulesches Gesetz)* F. List: *Das nationale System der politischen Ökonomie*	Gründung der Archäologischen Gesellschaft
1842	Stiftung der Friedensklasse des Ordens Pour le mérite	J. R. Mayer: *Bemerkungen über die Kräfte der unbelebten Natur* (mechanisches Wärmeäquivalent) Ch. Doppler: *Das farbige Licht der Doppelsterne* (Dopplersches Prinzip) E. Becquerel, J. W. Draper: Anwendung der Photographie bei der Untersuchung des Sonnenspektrums, Entdeckung Fraunhoferscher Linien in der ultravioletten Strahlung	
1843		I. Brunel: erster eiserner Schraubendampfer (England) Morse-Telegraphenlinie Washington – Baltimore W. Roscher: *Grundriß zur Vorlesung über die Staatswissenschaft nach geschichtlicher Methode*	Gründung eines *Lesevereins* zur Verbindung von Universität und Bevölkerung G. Magnus führt Physikalische Kolloquien in seinem Hause durch
1844	Aufstand der schlesischen Weber Beginn der Freundschaft und Zusammenarbeit von Karl Marx und Friedrich Engels in Paris Haftbefehl der preußischen Regierung gegen Karl Marx (wegen Hochverrat und Majestätsbeleidigung)	R. W. Thomson: Patent auf Luftreifen H. Rose: Isolierung des Niobium F. G. Keller: Entdeckung des Holzschliffverfahrens zur Papierherstellung	Eröffnung des ersten deutschen zoologischen Gartens erfolgt in Berlin Gründung der Gesellschaft für Geburtshilfe

Gewerbliche und industrielle Institutionen	Kultur	Persönlichkeiten	
Eröffnung der ersten von Berlin ausgehenden Ferneisenbahnlinie (nach Jüterbog) Lieferung der ersten von Borsig gebauten Lokomotive	G. Herwegh: *Gedichte eines Lebendigen* lösen Welle politischer Oppositionslyrik aus F. Liszt gibt Konzerte in Berlin R. Schumann: *Klavierkonzert*	F. Engels tritt Militärdienst in Berlin an Akademie: OM: J. und W. Grimm (Sprachforscher) F. H. von der Hagen (Literatur) W. Schott (Orientalistik) F. von Raumer Sekretar der Philosophisch-Historischen Klasse (bis 1847) Universität: F. Rückert (Orientalistik, Übersetzer, Dichter)	*1841*
A. L. Crelle entwickelt Projekt unterirdischer Abzugskanäle für Berlin A. Borsig baut Dampfmaschine für die *Wasserkünste von Sanssouci*	G. Meyerbeer wird Generalmusikdirektor des Opernhauses in Berlin N. Gogol: *Die toten Seelen* W. Weitling: *Garantien der Harmonie und Freiheit*	Akademie: OM: F. W. J. Schelling (Philosophie) G. H. Pertz (Geschichte) P. Th. Riess (Physik) Ch. G. Ehrenberg Sekretar der Physikalisch-Mathematischen Klasse (bis 1867) K. Marx tritt in die Redaktion der *Rheinischen Zeitung* ein	*1842*
Gründung der Maschinenbauanstalt und Eisengießerei H. Wöhlert Installationsbetrieb von J. Pintsch baut Gasapparate	Baubeginn des Neuen Museums (bis 1855) Bettina von Arnim: *Dies Buch gehört dem Könige* (über Wohnungs- und soziales Elend) R. Wagners Oper *Der fliegende Holländer* wird in Dresden uraufgeführt	Akademie: G. H. Pertz (Geschichte) wird Direktor der Königlichen Bibliothek	*1843*
Allgemeine deutsche Industrie- und Gewerbeausstellung in Berlin (mit etwa 3 040 Ausstellern) Gründung des Handwerkervereins	H. Heine: *Deutschland. Ein Wintermärchen* Einrichtung eines Turnplatzes in der Hasenheide bei Berlin A. Dumas (d. Ä.): *Die drei Musketiere* Marx und Ruge: *Deutsch-Französische Jahrbücher*	Akademie: OM: C. G. J. Jacobi (Mathematik) K. F. Dieterici wird Direktor des Königlichen Preußischen Statistischen Büros	*1844*

	Politik	Wissenschaft und Technik	Wissenschaftliche Institutionen
1845	Zunehmende Forderungen nach bürgerlichen Reformen in Preußen	G. R. Kirchhoff: Entdeckung der Gesetze der Stromverzweigung A. von Humboldt: *Kosmos* (bis 1862) K. Marx: *Feuerbach-Thesen* F. Engels: *Die Lage der arbeitenden Klasse in England*	Gründung der Physikalischen Gesellschaft zu Berlin (ab 1899: Deutsche Physikalische Gesellschaft) Gründung der Pädagogischen Gesellschaft Gründung des Vereins praktischer Tierärzte Gründung des Deutschen Ornithologen-Vereins Gründung des Bildungsvereins für Arbeiter
1846	Aufhebung der Kornzölle in England	J. G. Galle: Entdeckung des Planeten Neptun, dessen Bahn vorher von U. J. Leverrier berechnet worden war W. G. Morton sowie Ch. Jackson: erste Äthernarkose W. Siemens: Guttapercha-Isolierung für Kabel Ch. Schönbein: Schießbaumwolle K. Ludwig: Blutdruckmesser und Kymograph	Einrichtung eines Laboratoriums für metallurgische Chemie und Hüttenkunde an der Bauakademie
1847	Gründung des Bundes der Kommunisten in London Algerien unter französischer Kolonialherrschaft (Unterwerfung seit 1844)	H. Helmholtz: mathematische Formulierung des Energieerhaltungssatzes J. Y. Simpson: Einführung der Chloroformnarkose I. Semmelweis: Einführung der Chlordesinfektion A. Sobrero: Erfindung des Nitroglyzerins K. Marx: *Das Elend der Philosophie* L. Ranke: *Preußische Geschichte* (bis 1848)	Gründung des Meteorologischen Instituts Herausgabe des *Archivs für pathologische Anatomie und Physiologie* (R. Virchow) Gründung der Österreichischen Akademie der Wissenschaften zu Wien
1848	K. Marx/F. Engels: *Manifest der Kommunistischen Partei* (London) Bürgerlich-demokratische Revolution in Deutschland Bewaffnete Kämpfe der Berliner Bevölkerung Ehrung der Gefallenen durch den König wird erzwungen Erster gesamtdeutscher Arbeiterkongreß in Berlin Nationalversammlung tagt in Frankfurt a. M.	E. Du Bois-Reymond: *Untersuchungen über tierische Elektrizität* (bis 1884) R. Böttger: Sicherheitszündhölzer J. Grimm: *Geschichte der deutschen Sprache* R. Virchow: *Mitteilungen über die in Oberschlesien herrschende Typhus-Epidemie* (geißelt politische und soziale Mißstände) L. Pasteur: Nachweis, daß die Weinsäure in zwei Formen mit entgegengesetzter Polarisationsrichtung existiert	Gründung der Geologischen Gesellschaft (L. von Buch) Gründung eines Allgemeinen Deutschen Lehrervereins (in Eisenach) und Forderung einer demokratischen Einheitsschule (siehe 1871)

Gewerbliche und industrielle Institutionen	Kultur	Persönlichkeiten	
Baubeginn des Landwehrkanals Einheitliche Gewerbeordnung in Preußen	F. Mendelssohn Bartholdy (verläßt Berlin): Violinkonzert e-moll	Universität: G. Karsten (Physik) E. von Brücke (Physiologie)	*1845*
Gründung der *Anstalt für Landmaschinenbau* (E. Ekkert) Gründung der Werkstatt für optische Geräte in Jena durch C. Zeiss In Paris wird bei der Erstaufführung von J. Meyerbeers Oper *Der Prophet* erstmals elektrisches Bogenlicht als Effektbeleuchtung eingesetzt Gründung der Berliner Omnibus-Compagnie	Friedrichshain wird erste öffentliche Parkanlage R. Schumann: 1. und 2. Sinfonie (op. 38, op. 61)	Akademie: OM: F. A. Trendelenburg (Philosophie) Universität: R. K. Lepsius (Ägyptologie) K. F. Rammelsberg (Chemie) E. Du Bois-Reymond als Pädagoge für Anatomie an der Akademie der Künste	*1846*
Gründung der Telegraphenbauanstalt Siemens & Halske in Berlin Eröffnung der Städtischen Gaswerke zu Berlin Eröffnung der Telegraphenlinie Berlin – Potsdam Neueröffnung der Allgemeinen Fortbildungsschule für Gewerbetreibende	Gründung der politisch-satirischen Wochenzeitschrift *Kladderadatsch* durch D. Kalisch (erscheint von 1848 bis 1914) H. Hoffmann: *Der Struwwelpeter*	Akademie: OM: K. F. W. Dieterici (Staatswissenschaft) Universität: F. G. M. Eisenstein (Mathematik)	*1847*
Errichtung des Ministeriums für Handel, Gewerbe und öffentliche Arbeiten in Berlin	Eröffnung des Friedrich-Wilhelm-Städtischen Theaters in Berlin O. Nicolai wird Kapellmeister an der Hofoper A. Menzel: *Aufbahrung der Märzgefallenen*	Der junge Mathematiker F. G. Eisenstein (hochgeschätzt besonders von A. von Humboldt und K. F. Gauss) ist beim Marsch der gefangenen Märzkämpfer nach Spandau dabei H. Dove Vorstand der Meteorologischen Stationen in Preußen und Direktor des Preußischen Meteorologischen Instituts	*1848*

	Politik	Wissenschaft und Technik	Wissenschaftliche Institutionen
1849	Nationalversammlung verabschiedet Reichsverfassung, Friedrich Wilhelm IV. lehnt die ihm von der Nationalversammlung angebotene Kaiserkrone ab	A. H. Fizeau: Messung der Lichtgeschwindigkeit Afrika-Expedition von J. H. Barth (bis 1855) Elektrische Telegraphenlinie Berlin – Frankfurt a. M.	
1850	Einführung des Dreiklassenwahlrechts in Preußen Erlaß des reaktionären preußischen Versammlungs- und Vereinsgesetzes Deutscher Bund neu konstituiert Agrarreform in Preußen Beginn der chinesischen Erhebung (Taipingaufstand) gegen koloniale Fremdherrschaft (bis 1864)	H. von Helmholtz: Erfindung des Augenspiegels L. Foucault: Pendelversuche beweisen experimentell die Erddrehung R. Clausius: exakte Formulierung des 2. Hauptsatzes der Thermodynamik L. Traube: Digitalistherapie und Fieberdiagnostik	Eröffnung der Augenklinik (A. von Graefe) in Berlin Gründung eines Konservatoriums in Berlin (J. Stern)
1851	Konjunktur in Europa O. von Bismarck wird preußischer Gesandter im Deutschen Bundestag Gründung eines gesamtdeutschen Polizeivereins Kindergärten Fröbelscher Art in Preußen verboten (siehe 1840)	W. S. Bauer: Experimente mit Tauchbooten und Taucherkammer H. D. Rühmkorff: Erfindung des Funkeninduktors B. Riemann: *Grundlagen für eine allgemeine Theorie der Funktionen einer veränderlichen Größe*	W. F. Schulz-Fleeth gründet Privatlabor für Agrarwissenschaft (ab 1859 Landwirtschaftliches Institut)
1852	Durch Staatsstreich wird Louis Bonaparte als Napoleon III. erblicher Kaiser Kölner Prozeß gegen Mitglieder des Bundes der Kommunisten	K. Ritter: *Einleitung zur allgemeinen vergleichenden Geographie* (begründet vergleichende Erdkunde) G. Magnus: Erklärung des Verhältnisses von Rotation und Geschoßbahn *(Magnus-Effekt)* H. Giffard: Bau eines dampfgetriebenen Ballons C. Ludwig: *Lehrbuch der Physiologie des Menschen*	Einführung der einheitlichen Approbation für Arzt, Wundarzt und Geburtshelfer Gründung der *Zeitschrift für vergleichende Sprachforschung auf dem Gebiete des Deutschen, Griechischen und Lateinischen* (F. A. Kühn) Gründung des Gesamtvereins deutscher Geschichts- und Altertumsvereine
1853	Beginn des Krimkrieges (Rußland, Frankreich, Großbritannien, Türkei, bis 1856)	W. Thomson (Lord Kelvin): Schwingungsformel W. J. Hittorf: Berechnung der Beweglichkeit von Ionen (Überführungszahl) In London erste Rohrpostanlage installiert	In Brüssel erster internationaler statistischer Kongreß Beginn des Forschungsunternehmens *Corpus Inscriptionum Latinarum* der Akademie

Gewerbliche und industrielle Institutionen	Kultur	Persönlichkeiten	
Errichtung einer Telegraphendirektion in Preußen und Gründung des Wolffschen Telegraphenbüros (WTB)	In Berlin Uraufführung der Oper *Die lustigen Weiber von Windsor* von O. Nicolai G. Courbet: *Die Steinklopfer*		*1849*
Einführung der Briefmarken in Preußen	F. Geiß fertigt einen der größten Zinkgüsse, die Amazone von A. Kiß, für Londoner Weltausstellung an Zirkus Renz richtet in Berlin festes Haus ein Erste 4 Volksbüchereien in Berlin	Akademie: OM: K. R. Lepsius (Ägyptologie) J. H. Petermann (Orientalistik) K. G. Homeyer (Jura) Universität: R. Clausius (Physik) A. Diesterweg (Pädagogik) als Direktor des Seminars für Stadtschulen in Berlin entlassen (wegen Protests gegen reaktionäre Schulpolitik)	*1850*
Erste Weltausstellung (in London) Feuermeldenetz in Berlin eingerichtet Gründung der Disconto-Gesellschaft in Berlin (D. Hansemann) Gründung der chemisch-pharmazeutischen Fabrik E. F. Schering (vormals Grüne Apotheke, ab 1871 Erweiterung der Firma zur AG) Berufsfeuerwehr in Berlin	Denkmalsenthüllung für Reiterstandbild Friedrichs II. (Ch. D. Rauch) Unter den Linden G. Verdi: *Rigoletto*	Akademie: OM: E. Du Bois-Reymond (Physiologie) W. K. H. Peters (Zoologie) A. H. Braun (Botanik) zugleich Direktor des Botanischen Gartens	*1851*
Eröffnung der Staatsdruckerei für Geld- und Wertpapiere Einrichtung des Statistischen Amtes in Berlin Gründung der Eisengießerei und Maschinenbaufabrik L. Schwartzkopff	A. Menzel: *Flötenkonzert in Sanssouci*	Akademie: OM: F. G. M. Eisenstein (Mathematik) E. Curtius (Philologie)	*1852*
Gründung der Darmstädter Bank (G. Mevissen) Novellierung der Gewerbeordnung, wonach u. a. das Mindestalter der Fabrikarbeiter 12 Jahre betragen, die Kinderarbeitszeit nicht mehr als 6 Stunden täglich umfassen und täglich 3 Stunden Schulunterricht erteilt werden soll	Zeitschrift *Die Gartenlaube* (Illustrierte Wochenschrift für Unterhaltung und Belehrung, Leipzig) von E. Keil gegründet A. Stifter: *Bunte Steine*	Akademie: OM: E. Beyrich (Geologie) R. M. Haupt (Philologie) J. Ewald (Paläontologie)	*1853*

	Politik	Wissenschaft und Technik	Wissenschaftliche Institutionen
1854	Verbot der Arbeitervereine nunmehr im gesamten Gebiet des Deutschen Bundes Erlaß der Stiehlschen Regulative (stellen das Schulwesen in Preußen unter Kontrolle)	J. und W. Grimm: *Deutsches Wörterbuch* (Bd. 1) B. Riemann: *Über die Hypothesen, welche der Geometrie zu Grunde liegen* Nähmaschine von I. M. Singer	
1855	Alexander II. Zar von Rußland Streik der Färber in Barmen und Elberfeld	H. Bessemer: Verfahren zur Stahlerzeugung mit der *Bessemer-Birne* R. W. Bunsen: Erfindung des Labor-Gasbrenners *(Bunsenbrenner)* L. Büchner: *Kraft und Stoff*	Gründung der Gesellschaft für Heilkunde
1856	2. Opiumkrieg (England und Frankreich gegen China, bis 1860)	Schädelfund von Neandertal W. Siemens: Doppel-T-Anker W. H. Perkin (sen.) findet den ersten Teerfarbstoff (Mauvein) H. v. Helmholtz: *Handbuch der physiologischen Optik* (bis 1866)	Gründung des Vereins Deutscher Ingenieure (VDI) Gründung des Entomologischen Vereins Herausgabe der Monatsberichte der Königlichen Preußischen Akademie der Wissenschaften (bis 1881)
1857	Beginn der Weltwirtschaftskrise Niederschlagung des indischen Aufstandes gegen koloniale Unterdrückung durch Großbritannien	M. P. Berthelot: Synthese des Methylalkohols G. Someiler: Preßluftbohrer	Herausgabe der *Zeitschrift des Vereins Deutscher Ingenieure*
1858	Prinz Wilhelm von Preußen übernimmt für den erkrankten Friedrich Wilhelm IV. die Regentschaft (siehe 1861) Kongreß deutscher Volkswirte für Freihandel und liberale Wirtschaftspolitik	J. Plücker: Entdeckung der Kathodenstrahlen S. Cannizzaro: Festlegung der Atomgewichte relativ zum Wasserstoff, Definition von Atom, Molekül, Äquivalent R. Virchow: *Die Cellularpathologie in ihrer Begründung auf physiologische und pathologische Gewebelehre*	
1859	Italienischer Unabhängigkeitskrieg (unter G. Garibaldi) gegen Österreich (bis 1861) In vielen deutschen Städten Feiern zum 100. Geburtstag von F. Schiller als Demonstration für nationalen Einheitswillen Gründung des deutschen Nationalvereins für nationale Vereinigung unter preußischer Führung	K. Marx: *Zur Kritik der Politischen Ökonomie* Ch. Darwin: *Origin of Species*, 2. Ausgabe, erstmals Darlegung der Darwinschen Evolutionstheorie Erste Erdölbohrung in den USA (G. L. Drake)	Herausgabe des *Archivs für Ophthalmologie* (A. von Graefe) Gründung der Juristischen Gesellschaft Herausgabe der *Historischen Zeitschrift* (H. K. Sybel)

Gewerbliche und industrielle Institutionen	Kultur	Persönlichkeiten	
Gründung der Pianofortefabrik von C. Bechstein in Berlin	Denkmal für A. W. N. von Gneisenau von Ch. D. Rauch G. Keller: *Der grüne Heinrich* F. Liszt: *Les préludes*	E. Haeckel Student in Berlin	*1854*
Zweite Weltausstellung (in Paris) Gründung der Nähmaschinenfabrik von P. Beermann in Berlin Bau des ersten Berliner Wasserwerkes	E. Litfaß stellt erstmals seine Werbesäule *(Litfaßsäule)* in Berlin auf G. Freytag: *Soll und Haben*	Akademie: OM: K. F. Rammelsberg (Chemie) E. E. Kummer (Mathematik) W. Borchardt (Mathematik) G. P. G. Lejeune-Dirichlet verläßt Berlin, es beginnt die *Mathematiker-Ära* Kummer-Weierstraß-Kronecker	*1855*
Berliner Metalldruckerei und ihr verwandte Gewerbe beschäftigen etwa 10 200 Arbeiter Gründung der Berliner Handelsgesellschaft	Gründung der Verlagsbuchhandlung G. Langenscheidt W. Raabe: *Chronik der Sperlingsgasse*	Akademie: OM: K. Weierstraß (Mathematik) Universität: R. Virchow (Anatomie, Pathologie) G. Rose Direktor des Mineralogischen Museums	*1856*
	Eröffnung des Victoria-Theaters F. Reuter: *Kein Hüsung*	Akademie: OM: G. F. Parthey (Klassische Philologie) A. F. Weber (Indologie) W. K. Peters Direktor des Zoologischen Museums (1858 auch des Zoologischen Gartens)	*1857*
G. Pullman beginnt Schlafwagenproduktion	J. Brahms: 1. Klavierkonzert	Akademie: OM: M. Th. Mommsen (alte Geschichte)	*1858*
Vollendung des Schiffahrtskanals Berlin – Spandau (seit 1848) Gründung der optischen Anstalt E. Messter	Herausgabe der *Preußischen Jahrbücher* (Monatsschrift für Politik, Geschichte und Literatur) Bau der Neuen Synagoge (bis 1866) in der Oranienburger Straße in Berlin	Akademie: OM: K. B. Reichert (Anatomie) Universität: J. G. Droysen (Geschichte), zugleich Historiograph des Hauses Brandenburg	*1859*

	Politik	Wissenschaft und Technik	Wissenschaftliche Institutionen
1860	Verstärkung des Preußischen Heeres Etwa 450 000 Einwohner in Berlin	J. Ph. Reis: Erfindung des Telefons G. Th. Fechner: *Elemente der Psychophysik* J. Lenoir: Gasmotor R. Bunsen und G. R. Kirchhoff: Spektroskop und Spektralanalyse	Erster internationaler Chemikerkongreß in Karlsruhe
1861	Wilhelm I. wird König von Preußen (siehe 1858, bis 1888, ab 1871 deutscher Kaiser) Beginn des amerikanischen Bürgerkrieges zwischen Nord- und Südstaaten (bis 1865) Aufhebung der Leibeigenschaft in Rußland	E. Solvay: Patent auf Verfahren zur Sodaproduktion Viertaktmotor von N. A. Otto G. R. Kirchhoff und R. W. Bunsen: Entdeckung des Rubidiums (1860 bereits des Zäsiums) A. M. Butlerow: Theorie der Struktur der Kohlenwasserstoffe Erste Funde von Skelettresten des Archaeopteryx	Gründung des *Gewerblichen Bildungsvereins* in Leipzig Gründung der Königlichen Impfanstalt Gründung des Mathematischen Seminars der Universität in Berlin (siehe 1864)
1862	O. von Bismarck wird preußischer Ministerpräsident (bis 1890)	L. Foucault: Messung der Lichtgeschwindigkeit F. Wöhler: Darstellung von Acetylen aus Kalziumkarbid L. Pasteur: Nachweis, daß mikroskopische Organismen nicht spontan aus unbelebtem sterilem Material entstehen	Gründung des Arboretums in Berlin (A. H. Braun) Herausgabe der *Zeitschrift für Analytische Chemie* (K. R. Fresenius) Gründung der Landwirtschaftlichen Lehranstalt zu Berlin (siehe 1881)
1863	Gründung des Allgemeinen Deutschen Arbeitervereins in Leipzig (F. Lassalle)	L. Pasteur: Sterilisationsverfahren *(Pasteurisieren)* Erstes Patent für A. Nobels Sprengöl (Nitroglycerin) Ch. Tellier: Entwicklung einer Kältemaschine (mit Kompressor)	Beginn der Australienexpedition von Amalie Dietrich (bis 1873) Gründung der *National Academy of Science* in den USA
1864	Deutsch-Dänischer Krieg (Preußen und Österreich gegen Dänemark) Gründung der Internationalen Arbeiterassoziation (I. Internationale, bis 1876) in London Genfer Konvention über die Behandlung von Kriegsgefangenen, Verwundeten, Kranken (H. Dunant)	J. C. Maxwellsche Gleichungen (elektromagnetische Lichttheorie) Einführung des Siemens-Martin-Verfahrens in die Produktion	1. Generalkonferenz der Mitteleuropäischen Gradmessung in Berlin Statut für das Mathematische Seminar (siehe 1861) offiziell bestätigt Gründung der Militärärztlichen Gesellschaft

Gewerbliche und industrielle Institutionen	Kultur	Persönlichkeiten	
Drainageplan für Berlin (K. Wiebe) Allmähliche Einführung der Petroleumbeleuchtung	Erstes deutsches Turnfest (in Coburg, siehe 1861) I. S. Turgenjew: *Am Vorabend* Gründung des ersten Arbeiter-Gesangvereins in Deutschland	Akademie: OM: N. Pringsheim (Physiologie) J. Olshausen (Orientalistik) A. F. Rudorff (Jura)	*1860*
Gründung des Deutschen Industrie- und Handelstages Berlin hat 67 Maschinenfabriken mit 5 300 Arbeitern Amerikanisches Petroleum wird in Berlin eingeführt	Bau des Roten Rathauses (bis 1869) Zweites deutsches Turnfest (in Berlin) F. Reuter: *Ut mine Festungstid*	Akademie: OM: L. Kronecker (Mathematik) R. Virchow und Th. Mommsen gehörten (mit M. Forckenbeck, H. Schulze-Delitzsch und B. Waldeck) zu den Initiatoren der Deutschen Fortschrittspartei M. Haupt Sekretar der Philosophisch-Historischen Klasse (bis 1874)	*1861*
Weltausstellung in London Einrichtung eines Statistischen Büros für Berlin (ab 1881 als Statistisches Amt der Stadt Berlin)	Stiftung einer Kunstsammlung begründet Nationalgalerie Th. Fontane: *Wanderungen durch die Mark Brandenburg* (bis 1882) V. Hugo: *Die Elenden*	Akademie: OM: G. Hansen (Nationalökonomie) W. Liebknecht kehrt aus der Emigration nach Berlin zurück	*1862*
Gründung des Photographischen Vereins zu Berlin (H. W. Vogel) Beginn des organisierten öffentlichen Zeitdienstes durch die Sternwarte Berlin Eröffnung der U-Bahn in London	Gründung der Gesellschaft der Musikfreunde Gründung der Mittwochgesellschaft für wissenschaftliche Unterhaltung (mit jeweils 16 Mitgliedern) E. Manet: *Das Frühstück im Freien*	Universität: E. Dühring (Philosophie)	*1863*
G. W. Raiffeisen gründet ersten deutschen Darlehenskassenverein	W. Raabe: *Der Hungerpastor* A. Brehm: *Illustriertes Tierleben*, 1. Band (bis 1869) G. Büchmann: *Geflügelte Worte* D. G. M. Schreber: Gründung von Kleingartenvereinen	Akademie: OM: E. Rödinger (Orientalistik) K. von Müllenhoff (Deutsche Philologie) Universität: W. Dilthey (Philosophie) (bis 1867, siehe 1882) J. J. von Baeyer Präsident des Zentralbüros der Europäischen Gradmessung	*1864*

	Politik	Wissenschaft und Technik	Wissenschaftliche Institutionen
1865	Ende des amerikanischen Bürgerkrieges Allgemeine Abschaffung der Sklaverei und Ermordung des Präsidenten A. Lincoln Erster deutscher Frauenkongreß in Leipzig (L. Otto-Peters) und Gründung des Allgemeinen deutschen Frauenvereins	Einführung des Entropiebegriffs durch R. Clausius F. A. Kekulé: *Über die Konstitution aromatischer Verbindungen* (Benzoltheorie) J. G. Mendel: Nachweis der Vererbungsregeln J. Sachs: *Handbuch der Experimentalphysiologie der Pflanzen* J. Lister: Einführung des antiseptischen Verbandes in der Wundbehandlung	Gründung der Klinik für Nervenkrankheiten Trennung der Sternwarte von der Akademie *Massachusetts Institute of Technology* nimmt Tätigkeit auf
1866	Preußisch-Österreichischer Krieg Auflösung des Deutschen Bundes Erster Kongreß der I. Internationale	W. Siemens entdeckt das dynamoelektrische Prinzip E. Haeckel: *Generelle Morphologie der Organismen* (formuliert Biogenetisches Grundgesetz) A. Daubrée: Hypothese des Nikkel-Eisen-Kerns der Erde	Gewerbeinstitut wird Gewerbeakademie (siehe 1821 und 1879) Gründung des Museums für Völkerkunde (A. Bastian) Gründung der Zeitschrift *Mathematische Annalen*
1867	Gründung des Norddeutschen Bundes (O. von Bismarck Bundeskanzler) und Einführung von Verfassung und Wirtschaftsgesetzgebung im Norddeutschen Bund A. Bebel – Abgeordneter des Norddeutschen Reichstages Zweiter Kongreß der I. Internationale	K. Marx: *Das Kapital. Kritik der politischen Ökonomie* (Bd. 1) A. Nobel: Dynamit P. Waage und C. M. Guldberg: Massenwirkungsgesetz Verbesserter Gasmotor von N. A. Otto und E. Langen	Gründung der Deutschen Chemischen Gesellschaft Gründung der Berliner Medizinischen Psychologischen Gesellschaft Gründung des Landwirtschaftlichen Museums Erster Internationaler Ärztekongreß in Paris
1868	Vereinstag des Verbandes Deutscher Arbeitervereine (Programm auf der Grundlage der Statuten der Internationalen Arbeiterassoziation) in Nürnberg und Beginn der deutschen Gewerkschaftsbewegung auf breiter Grundlage Dritter Kongreß der I. Internationale	C. Graebe und C. Liebermann: Synthese des Alizarins E. Haeckel: *Natürliche Schöpfungsgeschichte* H. von Helmholtz: *Über die Tatsachen, welche der Geometrie zugrunde liegen* F. Miescher: Entdeckung der Nukleinsäuren	Herausgabe der *Berichte der Deutschen Chemischen Gesellschaft*

Gewerbliche und industrielle Institutionen	Kultur	Persönlichkeiten	
Erste deutsche Pferdestraßenbahn in Berlin Gründung der Badischen Anilin- und Sodafabrik (BASF, Ludwigshafen)	*Socialdemokrat*, Organ des ADAV, erscheint in Berlin Gründung des Vereins für die Geschichte der Stadt Berlin Abbruch der alten Zollmauer Bau der Markthalle (später Zirkus, Theater, Friedrichstadtpalast), bis 1868 (F. Hitzig)	Akademie: OM: A. W. Hofmann (Chemie) Universität: W. Griesinger (Psychiatrie) (begründet kombinierte psychiatrisch-neurologische Klinik) W. Foerster wird Direktor der Berliner Sternwarte	*1865*
Internationales Telegraphieabkommen Verlegung des Nordatlantikkabels (Firma Siemens) Beginn der Zusammenarbeit von E. Abbe und C. Zeiss	Bau der Nationalgalerie (bis 1876, F. A. Stüler, J. H. Strack) B. Smetana: *Die verkaufte Braut*	Akademie: OM: A. Auwers (Astronomie) A. Bastian (Ethnologie)	*1866*
Stadtverordnete beschließen Einsetzung einer Kommission unter Leitung von R. Virchow zur Erarbeitung eines Plans der Entwässerung B. H. Strousberg beginnt mit umfassenden Eisenbahn- und Industriegründungen Gründung der Anilinfabrik C. A. von Martius Gründung des *Berliner Börsen-Courier*	Gründung des Kunstgewerbemuseums Café Bauer eröffnet *Reclams Universalbibliothek* beginnt zu erscheinen (Verlag A. Ph. Reclam, Leipzig) J. Strauß (jun.) Walzerkompositionen *(An der schönen blauen Donau)*	Akademie: OM: J. G. Droysen (Geschichte) J. L. G. Roth (Geologie) E. Du Bois-Reymond Sekretar der Physikalisch-Mathematischen Klasse (bis 1895)	*1867*
Gründung der Allgemeinen Berliner Omnibus-Aktien-Gesellschaft Gründung der Normal-Aichungskommission des Norddeutschen Bundes (W. Foerster) Einführung des metrischen Gewindes in Deutschland K. Stangen begründet Reisebüro Erste Siemens-Martin-Anlage im Borsig-Werk	Erste *Bilse-Konzerte* (unter dem Dirigenten B. Bilse) R. Wagner: *Die Meistersinger von Nürnberg* Bau der Strafanstalt Plötzensee	Universität: A. von Bardeleben (Medizin) H. Senator (Medizin) O. Liebreich (Pharmakologie) A. W. von Hofmann (Präsident der Chemischen Gesellschaft) proklamiert die *Allianz von Wissenschaft und Industrie*	*1868*

	Politik	Wissenschaft und Technik	Wissenschaftliche Institutionen
1869	Gründung der Sozialdemokratischen Arbeiterpartei Deutschlands in Eisenach Vierter Kongreß der I. Internationale	D. I. Mendelejew sowie L. Meyer: Periodensystem der Elemente Z. Th. Gramme: Gleichstrommaschine mit Ringanker O. Liebreich: Einführung des Chloralhydrats als Schlafmittel E. Abbe: Beleuchtungsapparat zum Mikroskop F. Galton: *Hereditary Genius*	A. Brehm gründet Berliner Aquarium Herausgabe der Geologischen Übersichtskarte für Deutschland Gründung des Geodätischen Instituts (seit 1864 permanente Kommission für Gradmessung) Gründung des Philologischen Vereins Gründung der Gesellschaft für Anthropologie, Ethnologie und Urgeschichte (R. Virchow)
1870	Deutsch-Französischer Krieg (bis 1871) Im Norddeutschen Reichstag stimmen alle Abgeordneten der SDAP und des ADAV gegen weitere Kriegskredite Berlin etwa 750 000 Einwohner	A. von Baeyer: Konstitutionsformel des Indigos, ermöglicht künstliches Blau G. Fritsche, E. Hitzig: Beginn der experimentellen Untersuchung der Lokalisation von Funktionen im Gehirn Beginn der Ausgrabungen in Troja durch H. Schliemann	Herausgabe des *Jahrbuches über die Fortschritte der Mathematik*
1871	Niederschlagung der Pariser Kommune Proklamation des Deutschen Reiches (in Versailles), Wilhelm I. wird Kaiser und Berlin Reichshauptstadt, Annahme der Reichsverfassung Beginn der sogenannten Gründerjahre (bis 1873) Berliner Maurer streiken für die Einführung des Zehnstundentages und höhere Löhne	Ch. Darwin: *Die Abstammung des Menschen und die geschlechtliche Zuchtwahl* R. L. Maddox: photographische Trockenplatte F. von Hefner-Alteneck: Konstruktion des Trommelankers für Dynamomaschinen	Gründung der Versuchsanstalt zur Prüfung der Festigkeit von Stahl und Eisen (1879 als Mechanisch-Technische Versuchsanstalt der Technischen Hochschule) Eröffnung des Physikalischen Instituts der Universität (für H. von Helmholtz) Gründung des Deutschen Lehrervereins
1872	Bismarck entfesselt sogenannten Kulturkampf gegen die antipreußisch-partikularistische Opposition des Klerus (bis 1878) Einführung der staatlichen Schulaufsicht in Preußen Leipziger Hochverratsprozeß: A. Bebel und W. Liebknecht zu Festungshaft verurteilt	R. Dedekind: *Stetigkeit und irrationale Zahlen* (Vollendung der Theorie der irrationalen Zahlen) E. Du Bois-Reymond: *Über die Grenzen des Naturerkennens* F. Klein: Erlanger Programm	Gründung der Historischen Gesellschaft Gründung der Deutschen Gesellschaft für Chirurgie

Gewerbliche und industrielle Institutionen	Kultur	Persönlichkeiten	
Eröffnung des Suezkanals Gründung des Zentralvereins für deutsche Binnenschiffahrt Gründung der Preußischen Boden-Credit-AG Erste deutsche öffentliche Normal-Sekundenuhr in Berlin	Gründung der Hochschule für Musik (J. Joachim) L. Tolstoi: *Krieg und Frieden* *Volksstaat* erscheint	Universität: A. Garcke (Botanik) P. F. A. Ascherson (Botanik) H. Heydemann (Archäologie) A. Sadebeck (Geologie/Mineralogie) F. Busch (Medizin)	*1869*
Erste Berliner Radfahrschule Herausgabe der ersten amtlichen Postkarten (H. von Stephan) Gründung der Deutschen Bank (G. von Siemens)	Gründung des Berliner Vereins für volksverständliche Gesundheitspflege	Universität: J. Hirschberg (Medizin) H. Quincke (Medizin) L. Ries (Medizin) K. Lossen (Petrographie) K. Liebermann (Chemie) E. Du Bois-Reymond bezeichnet Universität als das *geistige Leibregiment der Hohenzollern* (Rektoratsrede)	*1870*
Eröffnung des Lehrter Bahnhofs in Berlin C. Bamberg (Schüler von C. Zeiss und E. Abbe) errichtet in Berlin Werkstätte für Präzisionsmechanik Eröffnung der ersten Teilstrecke der Ringbahn Umwandlung der Firma E. Schering in die Chemische Fabrik auf Actien, vormals E. Schering	E. Poitier: *Wacht auf, Verdammte dieser Erde* – Die Internationale (Kampflied der internationalen Arbeiterbewegung), Melodie 1888 von P.-C. Degeyter Gründung des *Berliner Tageblattes* (R. Mosse) G. Verdis Oper *Aida* wird in Kairo (anläßlich der 1869 erfolgten Eröffnung des Suezkanals) uraufgeführt	Akademie: OM: H. von Helmholtz (Experimentalphysik) R. Virchow wird Mitglied des Reichstages (Liberale Fortschrittspartei)	*1871*
Gründung des *Vereins für Sozialpolitik* (Reformpolitiker, polemisch als *Kathedersozialisten* bezeichnet) Neubau des Potsdamer Bahnhofes vollendet	A. Bruckner: *Te Deum*, Uraufführung seiner 7. Sinfonie in Leipzig C. Monet: *Impression, soleil levant (Impression, aufgehende Sonne)*	Akademie: OM: E. Zeller (Philosophie, folgt wie Helmholtz aus Heidelberg dem Ruf an die Berliner Universität) F. A. Kuhn (Vergleichende Sprachwissenschaft) E. J. Th. Friedländer (Numismatik) J. F. S. Harms (Philosophie)	*1872*

	Politik	Wissenschaft und Technik	Wissenschaftliche Institutionen
1873	Dreikaiserabkommen zwischen Wilhelm I. (Deutschland), Alexander II. (Rußland) und Franz Joseph (Österreich-Ungarn) Weltwirtschaftskrise beendet die sogenannten Gründerjahre in Deutschland (in Berlin beginnt der *Gründerkrach* mit dem Zusammenbruch der Vereinsbank von H. Quistorp)	C. Bamberg: Fluidkompaß, der in der Marine Verwendung findet E. Abbe: Arbeiten über Theorie der optischen Instrumente F. Engels: Arbeit an der *Dialektik der Natur* (bis 1882) J. van der Waals: Zustandsgleichung für reale Gase	Gründung der Geologischen Landesanstalt (W. Hauchecorne) und Vereinigung mit der Bergakademie (Statut 1875) Gründung der Deutschen Gesellschaft zur Erforschung Äquatorialafrikas
1874	K. Marx weilt für kurzen Besuch in Berlin und kann der polizeilichen Kontrolle entgehen	C. F. Braun: Entdeckung des Gleichrichtereffekts der Halbleiter S. Schwendener: physiologische Experimente über die Funktion von Geweben W. Wundt: *Grundzüge der physiologischen Psychologie*; begründet 1879 in Leipzig das erste Laboratorium für experimentelle Psychologie J. H. van't Hoff: Über die Lagerung der Atome im Raume (Begründung der Stereochemie)	Bau des astrophysikalischen Observatoriums Potsdam Ordinariat für mathematische Physik an der Universität (für G. R. Kirchhoff) Gründung des Astronomischen Recheninstituts für die Sternwarte Berlin Eröffnung des ersten Städtischen Krankenhauses im Friedrichshain
1875	Vereinigungsparteitag der *Eisenacher* (SDAP) und *Lassalleaner* (ADAV) in Gotha zur Sozialistischen Arbeiterpartei Deutschlands Berlin wird Millionenstadt	J. W. Gibbs: *Über das Gleichgewicht heterogener Substanzen* (Phasenregel) O. Hertwig: Aufklärung der Befruchtungsvorgänge am Seeigel-Ei Fahrräder mit Freilauf und Rücktritt ausgestattet	Gründung des Juristischen Seminars an der Universität Einrichtung einer Bakteriologischen Abteilung an der Universität
1876	Auflösung der I. Internationale (siehe 1864 und 1889) Gründung der Deutschkonservativen Partei Erste Ausgabe des Zentralorgans der deutschen Sozialdemokratie *Vorwärts* in Leipzig (ab 1891 in Berlin) Einrichtung des Reichsgesundheitsamtes	G. Bell: Telefon, das gleichzeitig als Sender und Empfänger dient A. Mitscherlich: Sulfitverfahren zur Zellulosegewinnung aus Holz L. Pasteur: Theorie der Gärung R. Koch: Arbeiten über die Ursachen des Milzbrandes (Grundlegung der Erforschung der Infektionskrankheiten)	Herausgabe des *Archivs für Slawische Philologie* (V. Jagič)

Gewerbliche und industrielle Institutionen	Kultur	Persönlichkeiten	
Bau der Berliner Kanalisation beginnt Gründung der Actien-Gesellschaft für Anilin-Fabrikation (Agfa) durch die Vereinigung der Berliner Gesellschaft für Anilinfabrikation (C. A. von Martius, P. Mendelssohn-Bartholdy) mit der Farbenfabrik von A. M. Jordan Niederlassung der Fabrik W. Spindler (chemische Reinigung und Färberei) in Köpenick (später Spindlersfeld) begründet (ab 1882 gesamte Firma hierher übergesiedelt)	Wachsfigurenkabinett *Castans Panoptikum* eröffnet J. Verne: *Die Reise um die Erde in 80 Tagen*	Akademie: OM: W. von Siemens (einer der ersten Technikwissenschaftler) R. Virchow (Medizin) M. W. Duncker (Geschichte) F. Richthofen (Geographie) Präsident der Geographischen Gesellschaft H. Beyrich (OM seit 1853, Geologie) Direktor der vereinigten Museen für Naturkunde und Direktor der Geologischen Landesanstalt	*1873*
H. von Stephan engagiert sich erfolgreich für einen Allgemeinen Postvereinsvertrag (ab 1878 Weltpostverein) Eröffnung der Wannseebahn In Berlin werden Straßenkehrmaschinen eingeführt Gründung des Vereins Deutscher Eisen- und Stahlindustrieller	Herausgabe der *Deutschen Rundschau* (J. Rodenberg, populärwissenschaftliche Zeitschrift) Gründung des Märkischen Museums (ab 1908 am Köllnischen Park) M. Mussorgski: *Boris Godunow* Th. Storm: *Pole Poppenspäler*	Akademie: OM: J. van der Vahlen (sen., Klassische Philologie) Th. Mommsen Sekretar der Philosophisch-Historischen Klasse (bis 1895)	*1874*
Internationale Meterkonvention abgeschlossen Erstes Berliner Rieselfeld (Osdorf) in Betrieb	Eröffnung des Hotels Der Kaiserhof A. von Menzel: *Das Eisenwalzwerk* G. Bizet: *Carmen*	Akademie: OM: G. R. Kirchhoff (theoretische Physik) H. K. Sybel (Geschichte und Direktor der Preußischen Staatsarchive) F. M. Websky (Mineralogie) G. Waitz (Geschichte) K. E. Schrader (Assyriologie)	*1875*
Umbau des Stettiner Bahnhofs F. Reuleux (Ingenieur) bezeichnet auf der Weltausstellung (Philadelphia) die deutsche Industrieproduktion als billig und schlecht (löst Niveauhebung aus, siehe 1900) Rohrpostanlage in Berlin	Eröffnung der Nationalgalerie Erste Gesamtaufführung von R. Wagners *Ring der Nibelungen* Erste Gesamtaufführung von J. W. von Goethes *Faust* (Teil I und II) in Weimar Mark Twain: *Tom Sawyer*	Universität: E. von Leyden (Medizin) an der Charité Franziska Tiburtius wirkt in Berlin als erste Ärztin (Promotion in der Schweiz)	*1876*

	Politik	Wissenschaft und Technik	Wissenschaftliche Institutionen
1877	Russisch-Türkischer Krieg (bis 1878) Große Stimmengewinne der Sozialdemokraten bei Reichstagswahlen Berliner Studenten protestieren gegen die Entlassung von E. Dühring	W. Pfeffer: *Osmotische Untersuchungen* L. E. Boltzmann: wahrscheinlichkeitstheoretische Begründung der Wärmelehre Th. A. Edison: Phonograph (Patent 1878) N. A. Otto: Patent für seinen Viertaktmotor Der *Anti-Dühring* von F. Engels erscheint im *Vorwärts* (1878 in Leipzig als Buchausgabe)	Eröffnung des Physiologischen Instituts der Universität Herausgabe der *Zeitschrift für Physiologische Chemie* (F. Hoppe-Seyler) Gründung der Gesellschaft für Mikroskopie
1878	Bismarck erläßt das Sozialistengesetz (bis 1890), über Berlin wird der Kleine Belagerungszustand verhängt	C. F. Benz: Zweitaktmotor F. von Hefner-Alteneck: Differentialbogenlampe D. Hughes: Kohlemikrofon	Eröffnung eines Arbeiterbildungsinstituts in Berlin Eröffnung des Physikalischen Instituts (für H. von Helmholtz) Gründung des Botanischen Instituts Gründung der *Humboldt-Akademie* (Volkshochschule) durch M. Hirsch Gründung der Afrikanischen Gesellschaft
1879	Deutschland und Österreich-Ungarn schließen geheimen Zweibundvertrag gegen Rußland Bismarcks Schutzzollpolitik Salpeterkrieg zwischen Chile, Bolivien und Peru (bis 1883)	A. von Baeyer: Synthese von Indigo (Industrieproduktion erst ab 1897) G. Frege: Begriffsschrift L. Pasteur: Theorie der Immunität Th. A. Edison: Vervollkommnung der Glühlampe C. Winkler: Kontaktverfahren zur Schwefelsäureproduktion	Bauakademie und Gewerbeakademie werden zur *Königlichen Technischen Hochschule* (Neubau 1883) vereinigt Gründung des Elektrotechnischen Vereins
1880	Pogrome in Rußland und antisemitische Welle in Preußen	W. von Siemens: Elektroschmelzverfahren zur Stahlherstellung C. G. de Laval: Dampfturbine K. Duden: *Orthographisches Wörterbuch der deutschen Sprache* L. von Ranke: *Weltgeschichte* (9 Teile, bis 1888)	Gründung der *Deutschen Literaturzeitung für Kritik der internationalen Wissenschaft* (Herausgeber Akademie der Wissenschaften) P. Jessen gründet Handwerkerschule

Gewerbliche und industrielle Institutionen	Kultur	Persönlichkeiten	
Patentgesetz in Deutschland und Eröffnung des Patentamtes Eröffnung der Berliner Nordbahn Gründung des Vereins zur Wahrung der Interessen der Chemischen Industrie Deutschlands	Gründung des Ullstein-Verlages Gründung der *Berliner Zeitung* (L. Ullstein) Eröffnung des Ostend-Theaters A. von Werner: *Die Kaiserproklamation von Versailles*	Akademie: OM: A. Conze (Archäologie), zugleich Direktor der Antikensammlung der Königlichen Museen und Generalsekretär des Deutschen Archäologischen Museums	*1877*
Gründung des Weltpostvereins (siehe 1874) Berliner Stadtbahn in preußischem Staatsbesitz Gründung des Central-Vereins für Handelsgeographie und Förderung deutscher Interessen im Auslande	Th. Fontane: *Vor dem Sturm* G. Keller: *Züricher Novellen* A. Böcklin: *Die Gefilde der Seligen*	A. Auwers (Astronomie) Sekretar der Physikalisch-Mathematischen Klasse (bis 1912) A. W. Eichler (Botanik) Direktor des Herbariums der Universität und des Botanischen Gartens	*1878*
Elektrische Beleuchtung der Berliner *Kaiser-Passage* Erste Elektrolokomotive von Siemens für die Gewerbeausstellung Berlin erbaut Gründung der Firma für Schwachstromtechnik Mix & Genest in Berlin	H. Ibsen: *Ein Puppenheim (Nora)* P. Tschaikowski: *Eugen Onegin* F. Dostojewski: *Die Brüder Karamasow*	Akademie: OM: S. Schwendener (Botanik)	*1879*
Neubau des Anhalter Bahnhofs vollendet Eröffnung des ersten Fernsprechamtes in Berlin (erstes Telefonbuch mit 220 Teilnehmern, nur eine öffentliche Fernsprechstelle)	Gründung der *Täglichen Rundschau* A. Rodin: *Der Denker*	R. Koch wird an das Reichsgesundheitsamt in Berlin berufen Akademie: OM: A. W. Eichler (Botanik) H. Munk (Physiologie, Veterinärmedizin) R. Virchow wird Mitglied des Reichstages	*1880*

	Politik	Wissenschaft und Technik	Wissenschaftliche Institutionen
1881	Dreikaiserbündnis zwischen Deutschland, Rußland und Österreich-Ungarn erneuert (bis 1885, siehe 1873) Gründung des Deutschen Freidenkerbundes (seit 1880 bereits Internationaler Freidenkerbund)	Th. Billroth: erste Magenresektion H. von Helmholtz: Berechnung der elektrischen Elementarladung F. Klein: Arbeiten über Theorie der automorphen Funktionen L. Pasteur: Einführung der Tollwutschutzimpfung A. A. Michelson: Experiment zum Nachweis der absoluten Bewegung der Erde	Gründung der Landwirtschaftlichen Hochschule in Berlin (Zusammenlegung des landwirtschaftlichen Lehrinstituts mit Königlichem Landwirtschaftlichem Museum) Veränderung des Statuts der Akademie Gründung des *Vereins zur Förderung der Luftschiffahrt*
1882	Deutschland, Österreich-Ungarn und Italien schließen Dreibundvertrag Gründung des Deutschen Kolonialvereins Berlin wird Zentrum kolonialer Propaganda	R. Koch: Entdeckung des Erregers der Tuberkulose *Commentaria in Aristotelem Graeca*, Bd. 1 und 2 (unter Leitung von H. Diels mit internationaler Beteiligung, bis 1909 26 Bände) M. von Pettenkofer: *Handbuch der Hygiene* (Begründung der wissenschaftlichen Hygiene) M. Deprez: elektrische Kraftübertragung auf große Entfernungen	Gründung der Universitäts-Frauenklinik Gründung der Deutschen Botanischen Gesellschaft Herausgabe der Sitzungsberichte der Akademie M. Wolff gründet private Luftschifferschule für Ballonbau und -flug
1883	Trotz des Sozialistengesetzes werden fünf Arbeitervertreter ins Berliner Stadtparlament gewählt Gesetz der Krankenpflichtversicherung (1884 Unfallversicherungsgesetz)	W. Dilthey: *Einleitung in die Geisteswissenschaften* R. Koch entdeckt den Erreger der Cholera H. Maxim erfindet das Maschinengewehr G. Cantor: *Grundlagen einer allgemeinen Mannigfaltigkeitslehre* (begründet mathematische Mengenlehre) F. Nietzsche: *Also sprach Zarathustra*	Theoretische Zeitschrift *Die neue Zeit* (Red. K. Kautsky) erscheint (bei J. H. W. Dietz in Stuttgart) Gründung der Gesellschaft für Kinderheilkunde Gründung des Instituts für Pharmakologie (O. Liebreich)
1884	Deutschland annektiert Gebiete in Ost- und Südwestafrika Gründung der Deutschen Kolonialgesellschaft Internationale Kolonialkonferenz in Berlin P. Singer führt die sozialdemokratische Stadtverordnetenfraktion (bis 1911)	F. Löffler findet das Diphtheriebakterium P. Nipkow erhält Patent für *Nipkow-Scheibe* Einführung des Transformators in die Elektrotechnik H. de Chardonnet erfindet Kunstseide	Erstes deutsches zahnärztliches Institut in Berlin eröffnet (F. Busch) Einrichtung eines elektrotechnischen Laboratoriums der Technischen Hochschule Gründung des Zoologischen Instituts der Universität (E. Schulze)

Gewerbliche und industrielle Institutionen	Kultur	Persönlichkeiten	
Erste elektrische Straßenbahn in Berlin Gründung der *Deutschen Gesellschaft für Feinmechanik und Optik* Herausgabe der Zeitschrift *Stahl und Eisen*	Erstes Berliner Fahrradwettrennen in Charlottenburg H. Schliemanns trojanische Sammlung kommt in Berliner Museum J. Offenbach: *Hoffmanns Erzählungen*	Akademie: OM: H. Diels (Klassische Philologie) H. Landolt (Chemie) A. Tobler (Philologie)	*1881*
Eröffnung der Berliner Ringbahn (Dampfbetrieb, Elektrifizierung ab 1922) Erste Gewerbezählung in Berlin Erweiterung des Landwehrkanals Elektrische Straßenbeleuchtung in Berlin mit Bogenlicht	Gründung des Berliner Philharmonischen Orchesters (unter H. von Bülow) Der Maler A. Böcklin unternimmt Gleitflugstudien auf dem Tempelhofer Feld H. Seidel: *Leberecht Hühnchen* K. Millöcker: *Der Bettelstudent*	W. Dilthey (Philosophie) wieder an die Universität (siehe 1864) K. H. Vogel (Astrophysik) Direktor des Astrophysikalischen Observatoriums in Potsdam F. Althoff wird Geheimer Regierungsrat und Vortragender Rat im preußischen Kultusministerium, Universitätsreferent und Chef der Hochschulverwaltung (siehe 1897)	*1882*
E. Rathenau gründet die Deutsche Edison-Gesellschaft für angewandte Elektrizität, ab 1887 *Allgemeine Elektricitäts-Gesellschaft* (AEG)	Gründung des Deutschen Theaters in Berlin (A. L'Arronge) Denkmäler für A. von Humboldt (R. Begas) und für W. von Humboldt (P. Otto) vor der Universität Gründung des A.-Scherl-Verlages sowie des *Berliner Lokalanzeigers*	Universität: L. Kronecker (Mathematik) R. Koch und G. Gaffky auf Cholera-Expedition nach Ägypten und Indien W. Bode Direktor der Gemäldegalerie in Berlin	*1883*
Errichtung der ersten beiden Berliner Elektrizitätswerke Glaswerk Schott & Gen. wird in Jena gegründet Gründung der Versuchsstation für Captivballons in Berlin und Beginn der Militärluftschiffahrt	Satirische sozialdemokratische Zeitschrift *Der Wahre Jacob* erscheint in Stuttgart Bau des Reichstagsgebäudes (P. Wallot) beginnt G. Mahler: 1. Sinfonie, *Lieder eines fahrenden Gesellen*	Akademie: OM: H. Brunner (Jura) A. Pernice (Jura) F. E. Schulze (Zoologie) W. Waldeyer (Medizin, Anatomie) A. Erman Direktor des Ägyptischen Museums	*1884*

	Politik	Wissenschaft und Technik	Wissenschaftliche Institutionen
1885	Weitere internationale Expansionspolitik	2. Band des *Kapitals* von K. Marx (Hrsg.: F. Engels) erscheint C. Auer von Welsbach: Gasglühstrumpf A. Weismann: Idee von der Kontinuität des Keimplasmas als Träger der Vererbung H. Ebbinghaus: *Über das Gedächtnis*	Gründung der Deutschen Landwirtschafts-Gesellschaft (M. von Eyth) Gründung des Allgemeinen Deutschen Sprachvereins in Berlin Eröffnung des Hygiene-Instituts (für R. Koch) Begründung des Historischen Seminars (F. J. Weizsäcker)
1886		E. von Bergmann, C. Schimmelbusch: Einführung der Dampfsterilisation der chirurgischen Instrumente E. Goldstein: Entdeckung der Kanalstrahlen D. Heroult: Elektroschmelzofen	59. Versammlung der Gesellschaft Deutscher Naturforscher und Ärzte in Berlin (siehe 1828) Gründung des Völkerkundemuseums in Berlin Gründung des Hygiene-Museums Gründung des Gerichtsmedizinischen Instituts
1887	Deutschland und Rußland schließen den sogenannten Rückversicherungsvertrag ab (bis 1890)	S. Arrhenius: Theorie der elektrolytischen Dissoziation E. Fischer: Zuckersynthese H. Hertz: experimenteller Nachweis der Ausbreitung elektromagnetischer Wellen E. Berliner: Schallplatten-Grammophon H. de Fries: erste Beschreibung einer Mutation	Gründung der Physikalisch-Technischen Reichsanstalt (PTR) Gründung der Tierärztlichen Hochschule Gründung des Orientalischen Seminars (E. Sachau)
1888	Friedrich III. wird deutscher Kaiser (stirbt nach 99 Tagen), Wilhelm II. übernimmt die Regentschaft (bis 1918)	F. Küstner: Entdeckung der Polhöhenschwankung F. Nansen: Durchquerung des grönländischen Inlandeises G. Ferraris/N. Tesla: Wechselstrommotor W. Waldeyer: Einführung des Terminus *Chromosom*	Gründung der Gesellschaft für Experimentelle Psychologie
1889	Gründung der II. Internationale in Paris (bis 1914) 1. Mai wird als Kampftag der internationalen Arbeiterklasse deklariert	M. O. Doliwo-Dobrowolski: verbesserter Drehstrommotor Th. A. Edison: Kinoaufnahmegerät E. von Behring: Entdeckung und Erforschung der Antitoxine (führt ab 1893 das Diphtherieserum in die Therapie ein)	Gründung des Instituts für Theoretische Physik der Universität (M. Planck) Neubau des Naturkundemuseums vollendet (seit 1883) Erster internationaler zoologischer Kongreß in Paris und erster internationaler physiologischer Kongreß in Basel

Gewerbliche und industrielle Institutionen	Kultur	Persönlichkeiten	
Schutzbrief für die Deutsche Ostafrikanische Gesellschaft und Gründung der Neu-Guinea-Kompanie	Gründung der Deutschen Goethe-Gesellschaft in Weimar G. de Maupassant: *Bel ami* E. Zola: *Germinal*	Akademie: OM: O. Hirschfeld (Geschichte) Universität: R. Koch (Hygiene) W. Bölsche (Schriftsteller, Naturphilosoph) popularisiert den Darwinismus in Berlin	*1885*
Gründung der Deutschen Übersee-Bank (G. von Siemens) Eröffnung der Zentral-Markthalle am Alexanderplatz (1887 der Markthalle Ackerstraße)	Gründung des S.-Fischer-Verlages in Berlin H. Sudermann: *Frau Sorge* C. Meunier: *Der Hammerschmied*	Akademie: OM: W. von Bezold (Meteorologie) Universität: F. P. von Richthofen (Geographie, Geologie) Direktor des Instituts für Meereskunde H. von Treitschke (Geschichte) Historiograph des preußischen Staates	*1886*
Gründung der Allgemeinen Elektricitäts-Gesellschaft (AEG) durch E. Rathenau (siehe 1883) Gründung der Metallurgischen Gesellschaft Gründung des deutschen Walzwerkerverbandes	Eröffnung der Varietébühne *Wintergarten* in Berlin Residenztheater wagt geschlossene Aufführung des in Berlin verbotenen Dramas *Gespenster* von H. Ibsen P. Cezanne: Stilleben, *Junger Mann mit roter Weste* L. L. Zamenhof stellt Welthilfssprache Esperanto vor	Akademie: OM: W. Dilthey (Philosophie) K. Klein (Mineralogie) G. Schmoller (Wirtschaftsgeschichte) E. Sachau (Orientalistik) Universität: K. Klein Direktor des Mineralogisch-Petrographischen Instituts H. von Helmholtz erster Präsident der PTR	*1887*
Siemens & Halske setzen am 31. 8. die Bogenlichtbeleuchtung Unter den Linden in Betrieb O. Lilienthal erfindet Modellbaukasten	Gründung der Gesellschaft *Urania* zur Verbreitung eines wissenschaftlichen Weltbildes in Berlin Gründung des Lessing-Theaters V. van Gogh: *Garten in Arles*	Akademie: OM: K. A. Möbius (Zoologie) A. E. Kundt (Experimentalphysik) Universität: K. A. Möbius Direktor des Zoologischen Museums	*1888*
Gründung der Deutschen Gasglühlicht-Auer-GmbH Gründung der Anatolischen Eisenbahn-Gesellschaft Agfa produziert außer Farben auch pharmazeutische und photographische Produkte	Gründung des Vereins *Freie Bühne* für geschlossene Theateraufführungen (O. Brahm) Aufführung des sozialen Dramas *Vor Sonnenaufgang* von G. Hauptmann in Berlin (führt zu Theaterskandal)	Akademie: KM: H. Hertz (Physik) Universität: M. Planck (theoretische Physik)	*1889*

	Politik	Wissenschaft und Technik	Wissenschaftliche Institutionen
1890	Entlassung Bismarcks Berliner Arbeiter begehen den 1. Mai als Kampf- und Feiertag Aufhebung des Sozialistengesetzes Auf Parteitag in Halle wird Umbenennung der Partei in Sozialdemokratische Partei Deutschlands beschlossen	I. P. Pawlow: Untersuchungen über die Funktion der Verdauungsdrüsen und der bedingten Reflexe G. J. Stoney: Definition des Begriffes *Elektron* R. Koch: Entwicklung des Tuberkulins H. Hollerith: Lochkartentechnik	Eröffnung des Naturkundemuseums Gründung der Pharmazeutischen Gesellschaft Eröffnung der Klinik für orthopädische Chirurgie der Universität
1891	SPD-Parteitag beschließt das *Erfurter Programm* *Vorwärts* (Red. W. Liebknecht) erscheint ab 1891 in Berlin und wird sozialdemokratisches Zentralorgan in Deutschland	Fernübertragung von elektrischer Energie über 175 km (Lauffen – Frankfurt/M.) N. Tesla: Hochspannungstransformator P. N. Lebedew: Nachweis des Lichtdrucks	Gründung des Instituts für Infektionskrankheiten der Universität (für R. Koch)
1892	Parteitag der SPD findet in Berlin statt (A. Bebel und P. Singer zu Parteivorsitzenden gewählt) Erste Nummer der von C. Zetkin redigierten Zeitschrift *Die Gleichheit*	C. L. Schleich: Einführung der örtlichen Schmerzbetäubung (Infiltrationsanästhesie) R. Diesel: Patent für selbstzündenden Verbrennungsmotor H. A. Lorentz: Elektronentheorie	Stiftung der Helmholtz-Medaille der Akademie
1893	F. Engels legt im Namen der internationalen Arbeiterbewegung der europäischen Staaten globalen Abrüstungsvorschlag vor; im September d. J. spricht er vor 4 000 Berliner Arbeitern	W. Wien: Verschiebungsgesetz der schwarzen Strahlung J. Elster, H. Geitel: Entwicklung einer technisch brauchbaren Photozelle F. Nansen: Beginn der Nordpolexpedition (bis 1896)	Begründung der *Thesaurus Linguae Latinae* als Gemeinschaftsunternehmen der Akademien Berlin, Göttingen, Leipzig, München und Wien Gründung der Biologischen Versuchs- und Fischereistation Müggelsee Gründung der Elektrochemischen Gesellschaft (A. Wilke/W. Ostwald)
1894		3. Band des *Kapitals* von K. Marx (Hrsg.: F. Engels) erscheint L. und A. Lumière: Kinoaufnahmeapparat W. Ramsay und J. W. Rayleigh: Entdeckung des Argons und des Heliums H. Hertz: *Die Principien der Mechanik im neuen Zusammenhang dargestellt*	Herausgabe der *Zeitschrift für Elektrochemie* Eröffnung des Lehrstuhls für Astrophysik (J. Scheiner) Bau von speziellen Pavillons als Kinderkrankenabteilungen

Gewerbliche und industrielle Institutionen	Kultur	Persönlichkeiten	
Vollendung des Oder-Spree-Kanals Deutschland verfügt über zweitlängstes Eisenbahnstreckennetz der Welt	Gründung des Berliner Vereins *Freie Volksbühne* (M. Harden, O. Brahm, W. Bölsche, B. Wille) K. Hamsun: *Hunger*	Akademie: OM: A. Engler (Botanik) A. von Harnack (Kirchengeschichte) Universität: M. W. Lenz (Geschichte) Direktor des Historischen Seminars K. Liebknecht als Student in Berlin	*1890*
S. Bergmann gründet die Bergmann-Elektrowerke in Berlin E. Abbe führt die Firma Carl Zeiss (1889 gegründet) in Carl-Zeiss-Stiftung über	Aufstellung der ersten *Urania*-Säulen in Berlin (Zeit-, Wetter- und Urania-Programm-Bekanntgabe) Neptun-Brunnen (R. Begas) auf dem Berliner Schloßplatz Gründung der *Berliner Illustrierten Zeitung*	Universität: M. Rubner (Hygiene), zugleich Direktor des Hygiene-Instituts, sowie in wissenschaftlicher Deputation für das Medizinalwesen H. Landolt übernimmt das II. Chemische Institut der Universität R. Koch Direktor des Instituts für Infektionskrankheiten	*1891*
Erste polizeiliche Zulassung eines Automobils (Benz) in Berlin L. Loewe gründet Union-Elektricitäts-Gesellschaft Installierung von Zeitsignalen am Schlesischen Bahnhof (heute Ostbahnhof)	Bau des Theaters unter den Linden (heute Komische Oper, F. Fellner) sowie des Neuen Theaters (heute Berliner Ensemble am Schiffbauerdamm, H. Seeling) H. Sudermanns Schauspiel *Ehre* mit großem Erfolg aufgeführt Denkmal für A. Senefelder (R. Pohle)	Akademie: OM: H. A. Schwarz (Mathematik) K. H. Vogel (Astrophysik) W. B. Dames (Geologie)	*1892*
Einführung der Mitteleuropäischen Zeit Einführung von Monatskarten für Berliner Stadtbahn G. Knorr produziert Eisenbahnbremsen	Drama *Die Weber* von G. Hauptmann in Berlin uraufgeführt A. Dvořák: 9. Sinfonie *(Aus der Neuen Welt)* E. Humperdinck: *Hänsel und Gretel*	Akademie: OM: E. Fischer (Chemie) O. Hertwig (Anatomie) G. F. Frobenius (Mathematik) J. Vahlen (Klassische Philologie) Sekretar der Philosophisch-Historischen Klasse (bis 1911)	*1893*
Gründung der Zigarettenfabrik Manoli	Denkmal für E. Mitscherlich (C. F. Hartzer) C. Debussy: Tondichtungen, sinfonische Bilder *(La Mer)* P. de Coubertin begründet moderne Olympische Spiele Bau des neuen Kuppeldomes (J. C. und O. Raschdorff, bis 1905)	Akademie: OM: M. Planck (Physik) Universität: O. L. Heubner (Mitbegründer der Pädiatrie)	*1894*

	Politik	Wissenschaft und Technik	Wissenschaftliche Institutionen
1895	Gründung des Kampfbundes zur Befreiung der Arbeiterklasse (als illegale Organisation marxistischer Zirkel Petersburgs)	W. C. Röntgen: Entdeckung der X-Strahlen C. von Linde: Erzeugung von flüssiger Luft im Gegenstromverfahren A. S. Popow: Erfindung der Radiowellenantenne	A. Nobel stiftet Preis für hervorragende Leistungen auf dem Gebiet der Physik, Medizin, Chemie und bei der Verbreitung des Friedensgedankens in der Welt
1896	Bürgerliches Gesetzbuch für das Deutsche Reich angenommen (1900 in Kraft)	H. Becquerel: Entdeckung der Radioaktivität des Urans L. Arons: Konstruktion der Quecksilberdampflampe H. Goldschmidt: aluminothermisches Schweißverfahren	Erste medizinische Röntgenbilder in Berlin gezeigt, Materialprüfung mittels X-Strahlen versucht (Gewehrlauf), Gründung der Anstalt für Untersuchungen mit X-Strahlen (E. Grunmach)
1897	Deutsche Geschwader besetzen chinesisches Gebiet (Kiautschou)	G. Marconi: Funkentelegraph E. Buchner: Entdeckung der zellfreien Gärung (begründet Enzymforschung) Versuche mit drahtlosem Funk (A. Slaby) J. J. Thomson sowie W. Wien: Bestimmung der spezifischen Ladung des Elektrons K. F. Braun: Kathodenstrahloszillograph *(Braunsche Röhre)*	Herausgabe der Zeitschrift *Fortschritte auf dem Gebiet der Röntgenstrahlen* (E. Grunmach) Gründung der Deutschen Pathologischen Gesellschaft Erster internationaler Mathematiker-Kongreß in Zürich
1898	Gründung der Sozialdemokratischen Partei Rußlands Proteste gegen das Gesetz über die rechtliche Stellung der Privatdozenten (sog. Lex Arons), wonach Sozialdemokraten die Entlassung vom Lehramt an preußischen Universitäten droht, angewandt gegen L. Arons (Physik)	P. und M. Curie: Entdeckung der Elemente Polonium und Radium G. Witt: Entdeckung des Planetoiden Eros (mit dem Urania-Refraktor) K. E. Ziolkowski: Grundformel für Raketenbewegung, kann darüber aber erst 1903 publizieren *(Die Erforschung des Weltraumes mit Rückstoßapparaten)* W. Ramsay: Entdeckung des Neon	Gründung der Neurologischen Zentralstation (O. Vogt) Gründung des Verbandes für Hochschulpädagogik

Gewerbliche und industrielle Institutionen	Kultur	Persönlichkeiten	
Eröffnung des Berliner Urban-Hafens Gründung des Bundes Deutscher Industrieller Sogenannte Randwanderung der Berliner Großbetriebe beginnt	M. Skladanowsky beginnt in Berlin mit ersten Kinovorführungen Gertraudenbrücke (O. Stahn) fertiggestellt (seit 1894) Th. Fontane: *Effi Briest* A. Nikisch Dirigent der Berliner Philharmoniker R. Kipling: *Das Dschungelbuch*	W. I. Lenin weilt zu kurzem Studienaufenthalt in Berlin Akademie: H. Diels Sekretar der Philosophisch-Historischen Klasse (bis 1920) OM: A. Erman (Ägyptologie) F. Kohlrausch (Physik) E. Schmidt (Germanistik) C. Stumpf (Psychologie) E. Warburg (Physik)	*1895*
Baubeginn der Berliner Hoch- und U-Bahn Gewerbe-Ausstellung in Berlin (Treptower Park) Bau des Kaufhauses A. Wertheim (A. Messel)	Erste Olympische Spiele der Neuzeit in Griechenland Eröffnung der Sternwarte in Treptow (F. S. Archenhold), das große Fernrohr war für die Gewerbe-Ausstellung gebaut worden G. Puccini: *La Bohème* A. Tschechow: *Die Möwe*	Akademie: OM: J. H. van't Hoff (Chemie, erhält an der Akademie eigenes Forschungslabor) R. Koser (Geschichte) M. Lenz (Geschichte) W. von Waldeyer-Hartz Sekretar der Physikalisch-Mathematischen Klasse (bis 1919) O. Lilienthal bei Flugexperimenten tödlich verunglückt	*1896*
Kabelwerk Oberspree nimmt Arbeit auf Erster deutscher Automobil-Club in Berlin Gründung des Vereins für Acetylen und Carbid Gründung der Gesellschaft für Hoch- und Untergrundbahnen Maschinenfabrik von Schwartzkopff nimmt Produktion von Buchdrucksetzmaschinen auf	Baubeginn des Kaiser-Friedrich-Museums (später: Bodemuseum) Reiter-Denkmal für Wilhelm I. (R. Begas)	F. Althoff (siehe 1882) wird Ministerialdirektor und Leiter der Abteilung für höhere Schulen im Kultusministerium (bis 1907) A. Bebel spricht vor Berliner Studenten	*1897*
PTR legt elektrische Maßeinheiten fest A. Borsig verlegt Werk nach Tegel Probefahrt des ersten Kraftomnibusses mit Akkumulatorenbetrieb Lehrlingswerkstatt in der Firma Schuckert Staatliches Versuchskornhaus (Getreideforschung)	Bau Neuer Marstall (E. von Ihne, bis 1900) K. Kollwitz schließt Zyklus *Weberaufstand* ab Gründung der Berliner Sezession R. Strauss wird Hofkapellmeister in Berlin (bis 1912) Erstes Automobilrennen zwischen Berlin und Potsdam Eröffnung des Reichspostmuseums Leipziger Straße/Ecke Mauerstraße	Akademie: OM: Th. W. Engelmann (Physiologie) R. Kekulé v. Stradonitz (Archäologie) R. Luxemburg zieht nach Berlin	*1898*

	Politik	Wissenschaft und Technik	Wissenschaftliche Institutionen
1899	Erste Internationale Friedenskonferenz in Den Haag Auseinandersetzung der SPD mit dem Revisionismus von E. Bernstein	D. Hilbert: *Grundlagen der Geometrie* O. Lummer/E. Pringsheim messen Strahlung des schwarzen Körpers J. Elster und H. Geitel: Zerfallstheorie der Radioaktivität	Gründung der Internationalen Assoziation der Akademien (bis 1914) 100-Jahrfeier der Technischen Hochschule Charlottenburg (mit Verleihung des Promotionsrechtes Dr.-Ing.) Baubeginn der Krankenanstalten Buch
1900	Beginn der ersten Weltwirtschaftskrise (1900–03) im Imperialismus Wilhelm II. hält Hunnenrede zur Niederschlagung des Boxeraufstandes in China Illegale Zeitung *Iskra* erscheint in Leipzig (Hrsg.: W. I. Lenin)	M. Planck: Entdeckung des Wirkungsquantums E. Rutherford und F. Soddy: Entdeckung des Radon H. Siedentopf und R. A. Zsygmondy: Entwicklung des Ultramikroskops (1903) E. Correns, Th. Boveri, E. von Tschermak-Seysenegg sowie H. de Vries: Wiederentdeckung und Weitererforschung der Mendelschen Vererbungsregeln (siehe 1865) K. Landsteiner: Entdeckung der Blutgruppen Erster Aufstieg eines Zeppelin-Luftschiffes	200-Jahr-Feier der Berliner Akademie Beginn des Akademieunternehmens *Pflanzenreich* (A. G. Engler) und Übernahme des Unternehmens *Tierreich* (E. Schulze) durch Akademie Beginn des Unternehmens *Fixsternhimmel* (A. von Auwers) Beginn des Frauenstudiums in Deutschland: zuerst in Baden (siehe 1908) Gründung des Instituts und Museums für Meereskunde Berlin Gründung der Internationalen Atomgewichtskommission
1901	In Deutschland wird das Urheberrecht für Werke der Wissenschaft, Literatur, Kunst und Photographie eingeführt	K. F. Braun: Kristalldetektor R. Bosch: Hochspannungszündung Erste Funkverbindung Europa – USA (G. Marconi) Y. Takamine stellt das Hormon Adrenalin rein dar	Nobelpreise (siehe 1895) werden erstmals verliehen Gründung der Berliner Mathematischen Gesellschaft Gründung der deutschen Gesellschaft für Geschichte der Medizin und der Naturwissenschaften Internationaler Zoologie-Kongreß in Berlin Gründung der *Lessing-Hochschule* (Volkshochschule)

Gewerbliche und industrielle Institutionen	Kultur	Persönlichkeiten	
Jubiläumsstiftung der deutschen Industrie zur Förderung der technischen Wissenschaft Spreetunnel für Straßenbahnen in Treptow eröffnet Erstes Kino in Berlin eröffnet Gründung der Allgemeinen Deutschen Auto-Gesellschaft	E. Haeckel publiziert sein populäres Werk *Die Welträtsel* Großer Erfolg der Berliner Operette *Frau Luna* von P. Lincke Denkmal für H. von Helmholtz (E. Herter) H. Sienkiewicz: *Quo vadis*	K. Liebknecht Rechtsanwalt in Berlin Akademie: OM: F. von Richthofen (Geographie) U. von Wilamowitz-Moellendorff (Philologie) Universität: F. Blumenthal (Krebsforschung) L. M. Arons (Physik) wird die venia legendi entzogen Als erste Frau promoviert Else Neumann an der Berliner Universität (Physik)	*1899*
Auf der Weltausstellung in Paris zeigt die deutsche Industrieproduktion deutlich verbessertes Niveau (siehe 1876) Eröffnung der Berliner Markt- und Kühlhallen Erste elektrische Oberleitungsbusse in Berlin Einrichtung eines Fernsprechwählamtes in Berlin Berlin gilt als die am dichtesten besiedelte Stadt der Welt	Herausgabe der illustrierten Tageszeitung *Der Tag* (A. Scherl) H. Mann: *Im Schlaraffenland* J. Sibelius: *Finlandia* E. Degas: *Der Violinist*	Akademie: OM: F. R. Helmert (Astronomie, Direktor des Geodätischen Instituts in Potsdam) Akademie schafft Status des hauptamtlichen Mitarbeiters	*1900*
Elektrokohle Lichtenberg als Zweigwerk der Siemens-Firma Baubeginn des Teltow-Kanals (bis 1906) Einrichtung der Versuchs- und Prüfungsanstalt für Wasserversorgung und Abwässerbeseitigung Gründung der Berliner Hypothekenbank	Einführung der einheitlichen deutschen Rechtschreibung Eröffnung der Stadtbibliothek Eröffnung des Museums für Pergamon-Altertümer E. von Wolzogen gründet erstes deutsches Kabarett in Berlin: *Überbrettl* Th. Mann: *Die Buddenbrooks* Bau des Märkischen Museums (L. Hoffmann, bis 1908)	Erste Nobelpreise: Physik: W. C. Röntgen Chemie: J. H. van't Hoff Medizin: E. A. von Behring Akademie: OM: F. Hefner-Alteneck (Ingenieur) H. Müller-Breslau (Ingenieur) Universität: A. von Wassermann (Bakteriologie)	*1901*

	Politik	Wissenschaft und Technik	Wissenschaftliche Institutionen
1902	Deutsche Bank erhält Konzession zum Bau der Bagdadbahn W. I. Lenin: *Was tun?*	E. Rutherford und F. Soddy: Entwicklung der Theorie des radioaktiven Zerfalls C. E. Correns: Vermutung, daß in den Chromosomen die Gene in linearer Anordnung lokalisiert sind V. Poulsen: Lichtbogensender H. Cushing: Ausführung von Nerven-Nähten	Heilstätte für Lungenkranke in Buch eröffnet Landesanstalt für Gewässerkunde begründet Eröffnung des Pharmazeutischen Instituts der Universität
1903	II. Parteitag der SDAPR, die von Lenin geführten Marxisten bilden Mehrheit (Bolschewiki) gegenüber der opportunistischen Minderheit (Menschewiki)	Brüder O. und W. Wright: erster Motorflug bei C. P. Goerz in Berlin-Friedenau wird erstes Panorama-Fernrohr für militärische Zwecke fertiggestellt K. Ziolkowski: *Erforschung des Weltraums durch Raketenfahrzeug* (siehe 1898) O. Vogt: Übersichten zur Lokalisierung von Hirnfunktionen I. P. Pawlow: Einführung des Begriffs *bedingte Reflexe* O. Schlick: Erfindung des Schiffskreisels (Schlingerbremse)	V. Internationaler Kongreß für Angewandte Chemie in Berlin I. Internationaler Kongreß für Funkentelegraphie in Berlin In München begründet O. Miller das Deutsche Museum von Meisterwerken der Naturwissenschaften und Technik
1904	Russisch-Japanischer Krieg (bis 1905) Internationaler Sozialisten Kongreß in Amsterdam Niederschlagung der Aufstände (bis 1907) in Südwestafrika (Hereros, Hottentotten) gegen die deutsche Kolonialherrschaft Gründung des Weltbundes für Frauenstimmrecht und des Deutschen Verbandes für Frauenstimmrecht	J. A. Fleming: Entwicklung der ersten Elektronenröhre (Diode) Radarpatent für C. Hülsmeyer (technische Realisierung erst nach 1930) R. Küch: Quarzlampe (UV-Licht) A. Wehnelt: Oxyd-Glühkathode E. F. Sauerbruch: Thorax-Operationen in der Unterdruckkammer	Gründung der Deutschen Physiologischen Gesellschaft Zusammenlegung der Mechanisch-Technischen Versuchsanstalt (TH) mit der Chemisch-Technischen Versuchsanstalt (Bergakademie) zum Königlichen Materialprüfungsamt

Gewerbliche und industrielle Institutionen	Kultur	Persönlichkeiten	
Erste Teilstrecke der Hoch- und Untergrundbahn eröffnet Bund deutscher Verkehrsvereine	Schule für angewandte Kunst in Berlin (A. Reimann) M. Slevogt (Maler) in Berlin P. Gauguin: *Reiter am Strand*	Nobelpreis: Chemie: E. Fischer Literatur: Th. Mommsen Akademie: OM: H. Dressel (Direktor des Münzkabinetts) Universität: O. Vogt (Hirnforschung) G. Roethe (Philologie) O. Lummer (Physik) A. Slaby (Physik)	*1902*
Internationaler Kartellvertrag zwischen AEG und General Electric Company (USA) Zusammenschluß der Elektrokonzerne Siemens und Schuckert Erste elektrische S-Bahn-Strecke zwischen Potsdam-Vorort und Lichterfelde Ost Gründung der Gesellschaft für drahtlose Telegraphie (System Telefunken) in Berlin	Deutsche Erstaufführung von M. Gorkis *Nachtasyl* in Berlin Neubau der Königlichen Bibliothek (später: Staatsbibliothek, bis 1914) Unter den Linden	Nobelpreis: Chemie: S. Arrhenius Akademie: OM: G. Roethe (deutsche Philologie) F. H. Schottky (Mathematik) D. Schäfer (Historiker) R. Delbrück (Archäologie) Universität: I. Schur (Mathematik)	*1903*
Weltausstellung in St. Louis (USA) Herausbildung des IG-Farben-Konzerns Gründung der Carl-Lindström-AG für Schallplatten und Grammophone in Berlin Bildung des Vereins der Lehrlinge und jugendlichen Arbeiter in Berlin Baubeginn von Siemensstadt	Eröffnung des Kaiser-Friedrich-Museums (heute Bode-Museum, siehe 1897) *B. Z. am Mittag* (L. Ullstein) erscheint M. Reinhardt übernimmt Theater am Schiffbauerdamm J. Duncan gründet Schule für Mädchenerziehung und Tanzunterricht	Akademie: OM: A. Brandl (Philologie) R. Koch (Hygiene, Medizin) A. Martens (Direktor des Materialprüfungsamtes Groß-Lichterfelde) K. H. Struwe (Astronomie) Universität: E. Abderhalden (Physiologie) H. Poll (Anatomie) M. Westenhöfer (Pathologie) Th. Ziehen (Philosophie)	*1904*

	Politik	Wissenschaft und Technik	Wissenschaftliche Institutionen
1905	Bürgerlich-demokratische Revolution in Rußland (bis 1907) Erste Marokkokrise (bis 1906) zwischen Frankreich und Deutschland Fertigstellung des Blitzkriegsplanes (Schlieffenplan) Ruhrbergarbeiterstreik sowie Streik der Berliner Elektroarbeiter Berlin hat über 2 Mill. Einwohner	F. Schaudinn und E. Hoffmann: Entdeckung des Syphiliserregers A. Einstein: Erklärung der Brownschen Bewegung, quantentheoretische Deutung des lichtelektrischen Effekts und Formulierung der speziellen Relativitätstheorie E. Witt, E. Fouché: autogenes Schweißen O. Hahn: Entdeckung des Radiothoriums	Professorenaustausch mit den USA beginnt Internationaler Röntgenkongreß in Berlin Herausgabe der *Zeitschrift für Museumskunde* Herausgabe der *Zeitschrift für Ärztliche Fortbildung*
1906	Novelle zum Flottengesetz von 1900 Zentralbildungsausschuß der SPD nimmt Arbeit auf Eröffnung der sozialdemokratischen Reichsparteischule in Berlin Gründung der Labour Party in England	W. H. Nernst: 3. Hauptsatz der Thermodynamik R. Koch: Erforschung der Schlafkrankheit: A. Klose: erste Diesellokomotive E. Fischer: Untersuchungen über Aminosäuren, Polypeptide und Proteine (grundlegend für Eiweißforschung) A. Wilm: Duraluminium	Gründung der Deutschen Vereinigung für Mikrobiologie Eröffnung des Virchow-Krankenhauses Gründung der Berliner Handelshochschule C. Neuberg: Herausgabe der *Biochemischen Zeitschrift*
1907	Wirtschaftskrise beginnt (bis 1909) Zweite internationale Friedenskonferenz in Den Haag Kongreß der II. Internationale in Stuttgart, Annahme der Resolution gegen imperialistische Kriegsgefahr K. Liebknecht: *Militarismus und Antimilitarismus*	Bildtelegraphie zwischen Berlin – München, Paris – London (A. Korn) L. H. Baekeland: Erfindung des Kunstharzes Bakelit Erster einsetzbarer Raupenschlepper K. Bechhold: Ultrafilter	Herausgabe der Zeitschrift *Internationale Wochenschrift für Wissenschaft, Kunst und Technik* Beginn der Vergabe der Leibniz-Medaille durch die Akademie Herausgabe der *Beiträge zur Naturdenkmalpflege* (H. Conwentz)

Gewerbliche und industrielle Institutionen	Kultur	Persönlichkeiten	
Erste Autobusse verkehren in Berlin Osramlampen kommen in den Handel	Eröffnung des Opernhauses (später: Komische Oper) S. Jacobson gründet Zeitschrift *Die Schaubühne* (ab 1919 *Die Weltbühne*) H. Mann: *Professor Unrat* Ch. Morgenstern: *Galgenlieder* E. Munch: *Selbstbildnis*	Nobelpreis: Physik: Ph. Lenard Chemie: A. von Baeyer Medizin: R. Koch Frieden: Bertha von Suttner Akademie: OM: W. H. Nernst (Physik) P. Drude (Physik) Universität: A. Brauer (Zoologie), Direktor des Zoologischen Museums E. Warburg Präsident der PTR (bis 1922) A. von Harnack Generaldirektor der Königlichen Bibliothek, W. Bode Generaldirektor der staatlichen Kunstsammlungen von Berlin	*1905*
Funkstation Nauen gegründet (anläßlich der 1. Weltfunk-konferenz) Eröffnung des Teltow-Kanals Internationale Ballonfahrtveranstaltung in Tegel	M. Gorki: *Die Mutter* E. Haeckel gründet Monistenbund Wilhelm Voigt – der *Hauptmann von Köpenick* Eröffnung der Kammerspiele (M. Reinhard) Eisenbahn- und Baumuseum eröffnet	Akademie: OM: J. Orth (Anatomie) A. Penck (Geographie) M. Rubner (Hygiene) Universität: M. von Laue (Physik) E. Cassirer (Philosophie) M. Hartmann (Biologie) F. Haber (Chemie) H. Grossmann (Technik und Chemie)	*1906*
Stationierung einer Versuchskompanie für Motorluftschifffahrt in Tegel	Freibad Wannsee eingeweiht Gestaltung des Pankower Bürgerparks Kaufhaus des Westens (KaDeWe) eröffnet P. Behrens als erster Industrieformgestalter bei AEG (Industriebauten und Warengestaltung) S. Lagerlöf: *Nils Holgerssons wundersame Reise*	Nobelpreis: Chemie: E. Buchner Akademie: OM: A. Heusler (Germanistik) H. Rubens (Physik) Universität: G. F. Nicolai (Physiologie) W. His (Medizin) O. Hahn (Chemie) A. Bier (Chirurgie)	*1907*

	Politik	Wissenschaft und Technik	Wissenschaftliche Institutionen
1908	Balkankrise Wahl K. Liebknechts in das preußische Abgeordnetenhaus Ausbau der deutschen Kriegsflotte	H. Kamerlingh-Onnes: Verflüssigung des Heliums H. Goldschmidt erzeugt Hochfrequenzschwingungen H. Anschütz-Kämpfe entwickelt den Kreiselkompaß H. Minkowski: *Raum und Zeit* (zur Relativitätstheorie)	Immatrikulationsrecht für Frauen in Preußen (siehe 1900) Internationaler Historikerkongreß in Berlin Gründung der Internationalen Vereinigung für Krebsforschung in Berlin Gründung des Deutschen Ausschusses für das Technische Schulwesen (DATSCH) Gründung des Deutschen Ausschusses für den mathematischen und naturwissenschaftlichen Unterricht (DAMNU)
1909	Machtvoller Bergarbeiterstreik in Mansfeld W. I. Lenin: *Materialismus und Empiriokritizismus* erscheint	E. Rutherford und T. Royds: Aufklärung der Natur der Alphateilchen J. Scheiner/L. Wilsing ermitteln Fixsterntemperaturen R. E. Peary: erreicht Nordpol P. Ehrlich/S. Hata: entwickeln das Salvarsan (Chemotherapie) Zeppelin-Luftschiff erstmalig über Berlin erster deutscher Motorflug durch H. Grade	A. von Harnack: Denkschrift über Gründung naturwissenschaftlicher Forschungsinstitute V. Internationaler Zahnärztekongreß in Berlin Gründung der Deutschen Gesellschaft für Soziologie in Berlin
1910	Internationale sozialistische Frauenkonferenz in Kopenhagen beschließt auf Antrag von C. Zetkin die Einführung des Internationalen Frauentages	W. Gaede: Erfindung der Diffusionspumpe E. Mertens: Verfahren für Rotationstiefdruck S. W. Lebedew: Entdeckung der Polymerisationsfähigkeit des Butadiens E. Rumpler stellt Flugzeug *(Rumpler-Taube)* vor Th. M. Morgan: genetische Forschungen anhand von Drosophila melanogaster M. Curie: Reindarstellung des Radiums	100-Jahr-Feier der Universität Berlin, Beschluß zur Gründung der Kaiser-Wilhelm-Gesellschaft zur Förderung der Wissenschaft (KWG) IV. Internationaler Kongreß zur Fürsorge für Geisteskranke in Berlin

Gewerbliche und industrielle Institutionen	Kultur	Persönlichkeiten	
Erster motorisierter Feuerwehrwagen in Berlin eingesetzt Erste U-Bahn-Strecke in Berlin E. Rumpler zeigt in der *Berliner Zeitung* an, daß er eine Luftfahrzeugbauanstalt errichtet habe, die erste in Deutschland Gründung der Gesellschaft für Stadthygiene	Neubau des Märkischen Museums vollendet (siehe 1901) K. Kollwitz: graphischer Zyklus *Bauernkrieg* B. Bartok: 1. Streichquartett	Nobelpreis: Medizin: P. Ehrlich mit I. I. Meschnikow Literatur: R. Eucken Akademie: OM: Th. Liebisch (Mineralogie) E. Seiler (Abteilungsdirektor des Museums für Völkerkunde) Universität: P. Bartels (Anatomie) E. Weber (Physiologie) F. Schmidt-Ott (Nachfolger von Ministerialdirektor F. Althoff) Abteilungsleiter im Ministerium für geistliche, Unterrichts- und Medizinalangelegenheiten	*1908*
Eröffnung des Flugplatzes Johannisthal und erste Flugwoche in Johannisthal (H. Grade bekommt den *Preis der Lüfte*) Einrichtung von Postscheckämtern	M. von Laue hält Vortrag vor Berliner Arbeitern Baubeginn des Pergamon-Museums (bis 1930, L. Hoffmann, siehe 1901) P. Behrens baut AEG-Turbinenhalle Liedersammlung *Der Zupfgeigenhansl* (H. Breuer)	Nobelpreis: Physik: K. F. Braun mit G. Marconi Chemie: W. Ostwald Akademie: OM: H. Lüders (Indologie) Universität: E. Spranger (Philosophie und Pädagogik) Th. Brugsch (Medizin) E. Herzfeld (Archäologie)	*1909*
Reichsbanknoten werden gesetzliche Zahlungsmittel Polizeiliche Kennzeichen für Pkw und Lkw vergeben, für Berlin: IA 1 bis 5999 Siemens-Schuckert-Werke bauen halbstarres Luftschiff Zigarettenfabrik Manoli zeigt als erste bewegliche Lichtreklame	In Berlin gibt es mehr als 30 größere Theater Eröffnung des Sportpalastes in Berlin Herausgabe der Zeitschrift *Der Sturm* (H. Walden) J. London: *Lockruf des Goldes* M. Andersen-Nexö: *Pelle der Eroberer* K. May: *Winnetou* (4 Bände, seit 1893)	Nobelpreis: Chemie: O. Wallach Medizin: A. Kossel Literatur: P. J. L. Heyse Akademie: OM: H. Morf (Romanistik) H. Wölfflin (Kunstgeschichte) Universität: W. Rommel (Technologie) F. Cohn (Astronomie) G. Haberlandt (Botanik)	*1910*

	Politik	Wissenschaft und Technik	Wissenschaftliche Institutionen
1911	Zweite Marokkokrise (Panthersprung nach Agadir) Unvollendete bürgerlich-demokratische Revolution in China, China wird Republik Deutscher Reichstag bewilligt weitere Truppenverstärkung Friedensdemonstration im Treptower Park mit 200 000 Teilnehmern Feiern zum ersten Internationalen Frauentag	H. Kamerlingh-Onnes: Entdekkung der Supraleitfähigkeit von reinem Quecksilber C. T. R. Wilson: Expansionsnebelkammer E. Rutherford: Atommodell R. Amundsen erreicht mit vier Gefährten den Südpol O. von Bronk: Entwicklung des Hochfrequenzverstärkers N. Einthoven: Einführung des Saitengalvanometers, ermöglicht Elektrokardiographie (EKG)	Gründung der Kaiser-Wilhelm-Gesellschaft zur Förderung der Wissenschaften (siehe 1910), erster Präsident A. von Harnack (bis 1930) Deutsche aerologische Station auf Spitzbergen errichtet
1912	Erster Balkankrieg (bis 1913) Wahlsieg der SPD, damit stärkste Fraktion im deutschen Reichstag Erste Nummer der *Prawda* erscheint K. Liebknecht wird Reichstagsabgeordneter	M. von Laue, F. Knipping, W. Friedrich: Entdeckung der Beugung von Röntgenstrahlen an Kristallen V. Hess: Entdeckung der kosmischen Höhenstrahlung C. Funk: Definition des Begriffs *Vitamin* F. Hopkins: Entdeckung des Vitamins A	Gründung des KWI für physikalische Chemie und Elektrochemie (F. Haber) und des KWI für Chemie (E. Beckmann) Gründung der Deutschen Versuchsanstalt für Luftfahrt in Berlin-Adlershof
1913	Zweiter Balkankrieg K. Liebknecht enthüllt im Reichstag Rolle der deutschen Rüstungsmonopole R. Luxemburg: *Akkumulation des Kapitals*	N. Bohr: Atommodell unter Einbeziehung der Quantentheorie F. Soddy, A. S. Russell, K. Fajans: Entdeckung der Gesetze des α- und β-Zerfalls F. Bergius: Benzingewinnung aus Kohle durch Druckhydrierung (großtechnische Realisierung um 1927) F. Haber, C. Bosch: Hochdrucksynthese des Ammoniaks (großtechnisches Verfahren) A. Behm: Echolot Serienfertigung von Elektronenröhren beginnt	KWI für Arbeitsphysiologie gegründet (M. Rubner) KWI für experimentelle Therapie gegründet (A. von Wassermann) Eröffnung der Deutschen Bücherei in Leipzig

Gewerbliche und industrielle Institutionen	Kultur	Persönlichkeiten	
Erste Tankstellen in Berlin Erste elektrisch betriebene Bahnstrecke in Deutschland zwischen Dessau und Bitterfeld Geschwindigkeitsbegrenzung für Kraftfahrzeuge innerhalb Berlins auf 25 km/h und Einführung von Einbahnstraßen	Hamburg: Erster Monistenkongreß R. Strauß: *Der Rosenkavalier* C. Zetkin: *Kunst und Proletariat* G. Hauptmann: *Die Ratten* C. Sternheim: *Die Hose* I. Strawinsky: *Petruschka* M. Chagall: *Ich und das Dorf* F. Marc: *Rote Pferde*	Nobelpreis: Physik: W. Wien Akademie: OM: G. Haberlandt (Botanik) K. Meyer (keltische Philologie) B. Erdmann (Philosophie) G. Hellmann (Meteorologie) Universität: J. Franck (Physik) F. Kuntze (Philosophie) G. Roethe Sekretar der Philosophisch-Historischen Klasse (bis 1926)	*1911*
Passagierdampfer *Titanic* gesunken Bildung des Zweckverbandes Groß-Berlin 9 Großbanken existieren in Berlin Gründung der Osram-Gesellschaft	Strandbad Müggelsee eingeweiht K. Tucholsky: *Rheinsberg* R. Rolland: *Johann Christof* E. Barlach: *Panischer Schrecken* H. Matisse: *Der Tanz*	Nobelpreis: Literatur: G. Hauptmann Akademie: OM: E. Beckmann (Chemie) E. Norden (klassische Philologie) K. Schwarzschild (Direktor des Astrophysikalischen Observatoriums in Potsdam) M. Planck Sekretar der Physikalisch-Mathematischen Klasse (bis 1938) Universität: R. Willstätter (Chemie) K. Bonhoeffer (Nervenheilkunde) A. Grotjahn (Hygiene) Lise Meitner wird erste weibliche wissenschaftliche Assistentin an preußischer Universität (bei M. Planck)	*1912*
Bau der Avus als erster Autostraße Europas beginnt Hoch- und U-Bahn-Strecke Alex – Schönhauser Allee in Betrieb genommen Übergabe des Osthafens C. P. Goerz legt in Berlin-Friedenau optisches Glaswerk an	Eröffnung des Grunewald-Stadions Fertigstellung des Märchenbrunnens im Friedrichshain Einführung der neuen Stadtflagge mit dem Berliner Bären Erster internationaler musikpädagogischer Kongreß in Berlin W. Lehmbruck: *Aufsteigender* F. Masereel: *Die Erschießung*	Akademie: OM: A. Einstein (wird hauptamtlicher Mitarbeiter der Akademie) G. Loeschke (Archäologie) Universität: W. Westphal (Physik) F. Schmidt (Philosophie) Lise Meitner wird Mitarbeiterin des KWI für Chemie	*1913*

	Politik	Wissenschaft und Technik	Wissenschaftliche Institutionen
1914	Beginn des ersten Weltkrieges Im deutschen Reichstag stimmt nur K. Liebknecht gegen Bewilligung von Kriegskrediten W. Rathenau gründet Kriegsrohstoffabteilung des Kriegsministeriums Einsatz von U-Booten	F. Soddy: Entdeckung der Protonen G. Hertz, J. Franck: durch Elektronenstoß Beweis diskontinuierlicher Energiestufen der Atome R. Willstätter: Synthetisierung von Blütenfarbstoffen E. C. Kendell: Entdeckung des Schilddrüsenhormons Thyroxin	Akademie bezieht Gebäudekomplex Unter den Linden KWI für Kohlenforschung in Mülheim/Ruhr gegründet Nationalistisch-chauvinistischer *Aufruf an die Kulturwelt* von 93 deutschen Intellektuellen unterzeichnet Gegen-Proklamation *Aufruf an die Europäer* von A. Einstein und G. F. Nicolai unterzeichnet sowie von W. Foerster und F. Bueck
1915	Deutschland setzt erstmals Giftgas ein Luftangriffe auf London und Paris Internationale Sozialistenkonferenz, Lenin gelingt die Bildung der *Zimmerwalder Linken* Lebensmittelrationierung in Deutschland Einsatz von Panzerwagen	H. Junkers: erstes Ganzmetallflugzeug W. Kossel: Entwicklung der Elektronentheorie der chemischen Bindung A. Wegener: Kontinentalverschiebungstheorie L. W. Bragg: Röntgenspektroskop Drehimpulse durch Magnetisierung (Einstein-de Haas-Effekt)	KWI für Biologie (E. Correns) gegründet KWI für deutsche Geschichte (P. Kehr) und KWI für Hirnforschung gegründet (O. Vogt) Chauvinistische *Professorendenkschrift* mit Kriegsforderungen an den Reichskanzler (von 1 347 Unterzeichnern sind 352 Professoren)
1916	Weitere internationale Ausdehnung des Krieges Bildung der Spartakusgruppe W. I. Lenin: *Der Imperialismus als höchstes Stadium des Kapitalismus* Verhaftung K. Liebknechts auf Antikriegskundgebung Verschlechterung der Lebensbedingungen der Bevölkerung, *Kohlrübenwinter*	G. Lewis: elektronische Valenztheorie A. Einstein: *Die Grundlagen der Allgemeinen Relativitätstheorie* F. Sauerbruch: Konstruktion beweglicher Armprothesen G. Schmoller: *Die Anfänge des modernen Kapitalismus*	Gründung des Deutschen Verbandes Technisch-wissenschaftlicher Vereine in Berlin KWI für physikalische Chemie und Elektrochemie wird Prüf- und Versuchsstelle für das gesamte Gasschutz- und Gaskampfwesen KWI für Physiologie gegründet Gründung der Kaiser-Wilhelm-Stiftung für kriegstechnische Wissenschaft Bergakademie wird der Technischen Hochschule angegliedert Gründung des Instituts für Theoretische Physik unter N. Bohr in Kopenhagen
1917	W. I. Lenin: *Staat und Revolution* Gründung der Unabhängigen Sozialdemokratischen Partei Deutschlands (USPD) Große Sozialistische Oktoberrevolution Beginn der Waffenstillstandsverhandlungen von Brest-Litowsk	A. Meißner und H. Bredow: Einsatz von Röhrensendern an der deutschen Westfront W. Köhler: verhaltenswissenschaftliche Untersuchungen an Anthropoiden F. Pregl: Entwicklung der quantitativen organischen Mikroanalyse	KWI für Physik gegründet (A. Einstein) KWI für Strömungsforschung in Düsseldorf gegründet Gründung der Deutschen Philosophischen Gesellschaft Gründung der *National Research Council* (NRC) in den USA

Gewerbliche und industrielle Institutionen	Kultur	Persönlichkeiten	
Eröffnung des Großschiffahrtsweges zwischen Havel, Oder und dem Mittellandkanal Gründung der Kriegschemikalien-AG Eröffnung des Panama-Kanals	Joh. R. Becher: Gedichte gegen den Krieg L. Frank: *Die Räuberbande* Bau der Königlichen Bibliothek vollendet (E. von Ihne, siehe 1903) H. Zille: *Mein Milljöh*	Nobelpreis: Physik: M. von Laue Akademie: OM: M. Sering (Nationalökonomie) F. Haber (physikalische Chemie) R. Willstätter (Chemie) A. Brauer (Direktor des Zoologischen Museums) Universität: F. Reiche (Physik) O. Warburg (Chemie/Biologie)	*1914*
Beginn der Produktion von Methylkautschuk in Deutschland Jenaer Glas auf dem Markt Elektrizitätswerke von 1884 werden städtischer Besitz G. Klingenberg baut Großkraftwerk	Bildung der Gruppe *Internationale*, die im Dezember Friedensdemonstration organisiert	Nobelpreis: Ch. R. Willstätter Akademie: OM: F. Meinecke (Geschichte) C. E. Correns (Direktor des KWI für Biologie) Universität: M. Born (theoretische Physik) R. Seeliger (Physik) P. Kehr Generaldirektor der Preußischen Staatsarchive	*1915*
Aufbau der Leuna-Werke zur Ammoniakherstellung	Henri Barbusse: *Le feu* (Das Feuer) R. Tagore: *Das Heim und die Welt*	Akademie: OM: J. Dragendorff (Generalsekretär des Deutschen Archäologischen Instituts) Universität: P. Guthnick (Astronomie) E. Schrödinger (Mathematik, Physik)	*1916*
Ammoniakwerke Leuna-Merseburg nehmen Produktion nach Haber-Bosch-Verfahren zur Stickstoffgewinnung auf Gründung des Normenausschusses der deutschen Industrie	Gründung der Ufa (Universum-Film-AG) im Hugenberg-Konzern O. Dix: *Selbstbildnis als Soldat* Salzburger Festspiele von M. Reinhardt, H. von Hoffmannsthal und R. Strauß begründet W. Herzfelde und John Heartfield gründen den Malik-Verlag H. Pfitzner: *Palestrina*	Universität: G. Hertz (Physik) E. Schmidt (Mathematik) R. Fick (Anatomie) O. Lubarsch (Pathologie)	*1917*

	Politik	Wissenschaft und Technik	Wissenschaftliche Institutionen
1918	Friedensvertrag von Brest-Litowsk Beginn der ausländischen Intervention und des Bürgerkrieges in Sowjetrußland Novemberrevolution in Deutschland Abdankung von Kaiser Wilhelm II., Ausrufung der deutschen Republik Gründung des Spartakusbundes in Berlin Waffenstillstandsabkommen zwischen Deutschland und Entente-Mächten	O. Hahn und L. Meitner: Entdeckung des radioaktiven Elements Protaktinium USA: Erster regelmäßiger Luftpostverkehr zwischen New York und Washington P. Langevin: Experimente mit Schwingquarz-Ultraschallsendern H. Shapley: Messung der Ausdehnung der Milchstraße V. Bjerknes: Polarfrontentheorie	Gründung des ZAGI in Moskau (Zentrales Aero-hydrodynamisches Institut) KWI für Biochemie gegründet (C. Neuberg), mit Abteilung für Tabakforschung Umbenennung der Königlichen Bibliothek in *Preußische Staatsbibliothek*
1919	Gründung der Kommunistischen Partei Deutschlands (KPD) Ermordung von K. Liebknecht und R. Luxemburg Konstituierung des Völkerbundes Konstituierung der III. Internationale (Komintern) in Moskau Friedensvertrag von Versailles Nationalversammlung in Weimar nimmt neue Verfassung an Gründung der späteren NSDAP	E. Rutherford: erste künstliche Atomkernumwandlung A. Sommerfeld: *Atombau und Spektrallinien* (theoretische Spektroskopie) H. Junkers: Konstruktion F 13 (erstes Verkehrsflugzeug) H. Bredow: in Berlin Rundfunk-Experimentalvortrag F. W. Aston: Bau des ersten Massenspektrographen	Gründung des Reichsverbandes der Deutschen Industrie Errichtung der Technischen Nothilfe Gründung der Gesellschaft für Technische Physik Gründung der Zentralstelle für Wissenschaftlich-technische Forschungsarbeiten im Siemens-Konzern Gründung des ersten biophysikalischen Instituts der Welt in Moskau (P. P. Lasarew)
1920	Kapp-Putsch durch Aktionseinheit der Arbeiterklasse und Generalstreik vereitelt GOELRO-Plan auf dem VIII. Gesamtrussischen Sowjetkongreß angenommen Gesetz über die Bildung der einheitlichen Stadtgemeinde Berlin (4 Mill. Einwohner)	Erste Rundfunkstation in den USA (Pittsburgh) E. Rutherford: Neutronenhypothese W. Baade: Entdeckung des Planeten Hidalgo	Gründung der Notgemeinschaft der Deutschen Wissenschaften (F. Schmidt-Ott) Gründung der Helmholtz-Gesellschaft Eröffnung der Hochschule für Politik in Berlin Gründung der Chemisch-Technischen Reichsanstalt Gründung des KWI für Faserstoffchemie (R. O. Herzog), eröffnet 1922 Herausgabe der *Zeitschrift für Physik*

Gewerbliche und industrielle Institutionen	Kultur	Persönlichkeiten	
Arbeitsgemeinschaft zwischen Großkapital und rechten SPD- und Gewerkschaftsführern	F. Mehring: *Karl Marx.* Biographie W. Majakowski: *Linker Marsch* H. Mann: *Der Untertan* (1912–1914 geschrieben) Th. Mann: *Betrachtungen eines Unpolitischen* P. Klee: *Gartenplan*	Nobelpreis: Physik: M. Planck Chemie: F. Haber Akademie: OM: E. Heymann (Jura) P. Kehr (Geschichte) R. Fick (Anatomie) K. Heider (Zoologie) G. Müller (Direktor des Astrophysikalischen Observatoriums in Potsdam) E. Schmidt (Mathematik) Universität: A. Kühn (Biologie) A. Timpe (Mechanik)	*1918*
Erste ständige Luftpostlinie zwischen Weimar und Berlin Drahtlose telegraphische Verbindung zwischen Berlin und USA wiederhergestellt	K. Kollwitz: *Die Lebenden und die Toten*, Holzschnitt zum Gedenken an K. Liebknecht H. Gropius gründet Bauhaus in Weimar (ab 1926 in Dessau, 1930–1933 Berlin) Neueröffnung des Großen Schauspielhauses durch M. Reinhardt mit *Orestie* von Äschylos (ehemals Zirkus, später: Friedrichstadtpalast) nach Umbau (H. Poelzig) K. Kollwitz wird als erste Frau Mitglied der Preußischen Akademie der Künste	Nobelpreis: Physik: J. Stark Akademie: OM: K. Carathéodory (Mathematik) W. Kükenthal (Direktor des Zoologischen Museums) Universität: Paula Hertwig erhält Dozentur für Zoologie/Vererbungslehre M. Rubner Sekretar der Physikalisch-Mathematischen Klasse (bis 1932)	*1919*
Gründung des Stifterverbandes der Notgemeinschaft der Deutschen Wissenschaft e. V. Erste deutsche Rundfunksendung	E. Mendelsohn baut den A.-Einstein-Turm des Astrophysikalischen Observatoriums Potsdam Film *Das Kabinett des Dr. Caligari* (R. Wiene, L. Dagover) Film *Der Golem* (P. Riegner, E. Jannings) A. Einstein hält Vortragsreihe an der Volkshochschule	Nobelpreis: Chemie: W. Nernst Akademie: OM: J. F. Pompeckij (Paläontologie) M. von Laue (theoretische Physik) H. Lüders Sekretar der Philosophisch-Historischen Klasse M. Liebermann wird Präsident der Akademie der Künste (bis 1932) E. Spranger (Philosophie) wieder an Universität	*1920*

	Politik	Wissenschaft und Technik	Wissenschaftliche Institutionen
1921	Auf dem X. Parteitag der KPR(B) wird die Neue Ökonomische Politik (NÖP) beschlossen Militärische Niederschlagung der revolutionären Kämpfe, die das gesamte mitteldeutsche Industriegebiet erfaßt hatten	O. Hahn: Entdeckung der Kernisomerie F. G. Banting und C. H. Best: Entdeckung des Insulins F. Dahl: *Grundlagen einer ökologischen Tiergeographie* (bis 1923, 2 Teile)	Gründung der Gesellschaft für angewandte Mathematik und Mechanik Gründung der Deutschen Gesellschaft für Vererbungswissenschaft Gründung des KWI für Metallforschung
1922	Vertrag von Rapallo zwischen Deutschland und Sowjetrußland Ermordung von W. Rathenau Faschistischer Staatsstreich in Italien unter B. Mussolini Gründung der UdSSR auf dem I. Sowjetkongreß	A. Fridman: relativistisches Modell des expandierenden Weltalls H. M. Evans und K. S. Bishop: Entdeckung des Vitamins E O. Warburg: Messung der Wirkquanten in der Photosynthese J. Engl, H. Vogt, J. Massolle: Erfindung des Phono(Ton)-Films	Beginn regelmäßiger Rundfunk-Wirtschaftssendungen Gründung der Forstlichen Hochschule Bildung der Kommission für griechisch-römische Altertumskunde der Akademie
1923	Französische Besetzung des Ruhrgebietes Sturz der Regierung Cuno durch Generalstreik Revolutionärer Arbeiteraufstand unter E. Thälmann in Hamburg Höhepunkt der Inflation Mißlungener Putschversuch von A. Hitler in München	A. H. Compton: Entdeckung des nach ihm benannten Effekts H. Oberth: *Die Rakete zu den Planetenräumen* J. Heyrowský: Begründung der Polarographie P. Debye, E. Hückel: Entwicklung der elektrostatischen Theorie der starken Elektrolyte	Zusammenlegung von Physikalisch-Technischer Reichsanstalt und Reichsanstalt für Maße und Gewichte Bildung der Preußischen Kommission der Akademie
1924	Tod W. I. Lenins Londoner Konferenz beschließt den Dawes-Plan Beginn der Gründung von Gruppen des Roten Frontkämpferbundes und der Roten Hilfe Deutschlands E. Thälmann tritt erstmals im Deutschen Reichstag auf	L. de Broglie: Hypothese der Materiewellen (Beitrag zur Wellenmechanik) O. Warburg: Entdeckung des Atmungsferments (Zytochromoxydase) O. A. Heinroth: *Die Vögel Mitteleuropas* (bis 1928, 4 Bände)	Flughafen Berlin-Tempelhof eröffnet KWI für ausländisches öffentliches Recht und Völkerrecht (V. Bruns) gegründet

Gewerbliche und industrielle Institutionen	Kultur	Persönlichkeiten	
Gründung des Reichskuratoriums für Wirtschaftlichkeit	Moskauer Schauspielgruppe gastiert unter Stanislawski (K. S. Alexejew) in Berlin J. Hašek: *Die Abenteuer des braven Soldaten Schwejk im Weltkrieg* (bis 1923) P. Picasso: *Karneval* S. Prokofjew: *Die Liebe zu den drei Orangen*	Nobelpreis: Physik: A. Einstein Akademie: OM: I. Schur (Mathematik) Universität: K. Lewin (Philosophie, Psychologie) W. Schlenk (Chemie) D. H. Westermann (Afrikanistik)	*1921*
Beginn der Elektrifizierung der S-Bahn	Erster Tonfilm in der *Alhambra* Gründung der *Deutschen Stunde für drahtlose Belehrung und Unterhaltung* W. Furtwängler wird Chefdirigent der Berliner Philharmoniker S. Lewis: *Babbitt*	W. Nernst Präsident der Physikalisch-Technischen Reichsanstalt (bis 1924) Akademie: OM: H. Ludendorff (Direktor des Astrophysikalischen Observatoriums Potsdam) H. Maier (Philosophie) J. Petersen (Germanistik) A. Johnsen (Mineralogie) Universität: Lise Meitner (erste Privatdozentin für Physik)	*1922*
Eröffnung der Nord-Süd-U-Bahn Eröffnung des Unterhaltungsrundfunks in Deutschland Erste Rundfunkfachzeitschrift *Radio*	Gastspiel des Moskauer Tairoff-Theaters Gründung der Gesellschaft der Freunde des neuen Rußland (A. Einstein im Vorstand) E. Barlach: *Der Rächende*	Nobelpreis: Medizin: O. F. Meyerhof (mit A. von Hill) Akademie: OM: P. Guthnick (Astronomie) F. Keibel (Anatomie) E. P. W. Troeltsch (Philosophie)	*1923*
In Berlin erste Polizeimelder auf der Straße Erste Deutsche Funkausstellung in Berlin Erste Weltkraftkonferenz (London, siehe 1930)	G. Grosz Mitbegründer der Künstlervereinigung *Rote Gruppe* in Berlin Erster Kongreß für Ästhetik in Berlin O. Nagel: *Straße am Wedding* A. Honegger: *Pazific 231* Erste Olympische Winterspiele (in Chamonix)	Akademie: OM: L. Bieberbach (Mathematik) O. Hahn (Chemie) Universität: A. A. Kopff (Astronomie) F. H. Paschen Präsident der Physikalisch-technischen Reichsanstalt	*1924*

	Politik	Wissenschaft und Technik	Wissenschaftliche Institutionen
1925	P. von Hindenburg wird Reichspräsident Konferenz und Vertrag von Locarno E. Thälmann Vorsitzender der KPD, erste Parteikonferenz der KPD in Berlin	Unbemannter Flug eines Registrierballons vom Observatorium Lindenberg bei Berlin auf die Rekordhöhe von 32 km F. Fischer und H. Tropsch entwickeln Verfahren zur Benzingewinnung Begründung der Quantenmechanik durch W. Heisenberg, M. Born und P. Jordan W. Noddack und J. Tacke entdecken das Rhenium	Gründung des Weltrundfunkvereins in Genf Teilnahme einer Akademiedelegation an 200-Jahr-Feier der Akademie der Wissenschaften der UdSSR Gründung des Instituts für Konjunkturforschung in Berlin Gründung des KWI für Silikatforschung (W. Eitel) Herausgabe der *Deutsch-Russischen Medizinischen Zeitschrift*
1926	Aufnahme Deutschlands in den Völkerbund Deutsch-sowjetischer Vertrag über Neutralität und Freundschaft (1931 um 5 Jahre verlängert, 1936 seitens Deutschlands nicht mehr verlängert)	E. Schrödinger: Entwicklung der Wellenmechanik H. Busch: Elektronenlinse (bedeutsam für Entwicklung der Elektronenoptik) Ch. A. Calmette: Einführung der (BCG-) Tuberkulose-Schutzimpfung Nordpolflüge von R. Amundsen, U. Nobile und F. Bennett	Gründung des KWI für ausländisches Privatrecht (E. Rabel) Zeiss-Planetarium für Berlin Berliner Funkturm in Betrieb und Sendemast in Königs Wusterhausen Beginn von Bildtelegraphie
1927	XV. Parteitag der KPdSU(B) beschließt den ersten Fünfjahrplan (ab 1928/1929) und die Kollektivierung der Landwirtschaft (ab 1929) Internationale Massenproteste gegen den Justizmord an N. Sacco und B. Vanzetti in den USA	W. Heisenberg: Entdeckung der nach ihm benannten Unschärferelation Nordatlantikflug von Ch. A. Lindbergh H. J. Muller: grundlegende Forschungen zur Strahlengenetik	Deutsch-russische Naturforscherwoche in Berlin Gründung des H.-Hertz-Instituts für Schwingungsforschung (K. W. Wagner) Gründung des KWI für Anthropologie, menschliche Erblehre und Eugenik (E. Fischer) Gründung der Marxistischen Arbeiterschule (MASCH)

Gewerbliche und industrielle Institutionen	Kultur	Persönlichkeiten	
Erste Rolltreppe in Berlin im Warenhaus H. Tietz (Leipziger Str.) Osram eröffnet das sog. Lichthaus für Beleuchtungsfragen Gründung der Reichs-Rundfunk-Gesellschaft in Berlin Gründung der IG-Farben-Industrie AG in Frankfurt a. M. (seit 1916 als Interessengemeinschaft)	Uraufführung der Oper *Wozzek* von A. Berg in Berlin B. Taut baut die Siedlung Britz L. Armstrong gründet Jazz-Gruppe	Nobelpreis: Physik: J. Franck und G. Hertz Akademie: OM: E. Spranger (Philosophie) M. Bodenstein (Physiologie/Chemie) F. Paschen (Präsident der Physikalisch-Technischen Reichsanstalt) K. W. Wagner (Physik) Universität: M. J. F. Vasmer (Slawistik)	*1925*
Inbetriebnahme des Großkraftwerkes Klingenberg Doppel-Wendel-Glühlampe auf dem Markt Erste elektronisch-automatische Verkehrsampel in Berlin	Ausbau des Freibades Müggelsee E. Barlach: *Der blaue Boll* E. Hemingway: *Fiesta*	Nobelpreis: Chemie: R. A. Zsigmondy (für 1925) Frieden: G. Stresemann (mit A. Briand) Akademie: OM: J. Stumpf (Technik) H. von Ficker (Meteorologie) R. Hesse (Zoologie) E. Heymann Sekretar der Philosophisch-Historischen Klasse (bis 1938) Universität: H. Reichenbach (Naturphilosophie) W. Stoeckel (Gynäkologie) wieder nach Berlin	*1926*
Gründung der Preußischen Elektrizitäts-AG Großtechnische Anlage für Benzingewinnung (siehe 1913) Erste öffentliche Bildtelegraphie Berlin – Wien Baubeginn des Schiffshebewerkes Niederfinow	M. van der Rohe: moderne Wohnbauten in Berlin Eröffnung des Theaters am Nollendorffplatz (E. Piscator) A. Zweig: *Der Streit um den Sergeanten Grischa*	Nobelpreis: Chemie: O. H. Wieland Universität: N. Krebs (Geographie) A. J. M. Defant (Geophysik) E. F. Sauerbruch (Chirurgie) P. Trendelenburg (Pharmakologie) W. Trendelenburg (Physiologie)	*1927*

	Politik	Wissenschaft und Technik	Wissenschaftliche Institutionen
1928	Internationaler Kriegsächtungspakt (Briand-Kellog-Pakt) Reichstreffen des Roten Frontkämpferbundes in Berlin	A. Fleming: Entdeckung des Penicillins H. Geiger und W. Müller: Erfindung des Strahlungsdetektors (Zählrohr) O. Diels und K. Adler: Verfahren zur Polymersynthese (Diën-Synthese) Ch. V. Raman: Entdeckung des *Raman-Effekts* W. Reppe: Verfahren von Druckreaktionen in der Acetylenchemie J. von Neumann: Grundlagen der Spieltheorie	Russische Historiker-Woche in Berlin Gründung des KWI für Züchtungsforschung (E. Baur) Internationale Ozeanographische Konferenz
1929	Beginn der Weltwirtschaftskrise (bis 1933) Young-Plan zur Regelung der deutschen Reparationsleistungen Eröffnung der Reichsparteischule der KPD in Fichtenau (heute Schöneiche) bei Berlin Machtvolle Maidemonstration in Berlin trotz Verbot, Polizei schießt auf die Demonstranten	A. F. Joffe: Thermobatterien W. Forssmann: erste Versuche zur Herzkatheterisierung (Selbstversuch) A. Szent-Györgyi: Isolierung des Vitamins C Flugversuche mit rückstoßgetriebenem Flugzeug (Pulverraketen, siehe 1939) durch F. v. Opel Erster Flug über den Südpol durch E. Byrd W. A. Marrison: Quarzuhr (siehe 1933) E. P. Hubble: Rotverschiebung der Spektrallinien	Umbenennung der Notgemeinschaft der deutschen Wissenschaft in *Deutsche Gemeinschaft zur Erhaltung und Förderung der Forschung* Gründung der *Technisch-Literarischen Gesellschaft e. V.* (Teli) zur Förderung von natur- und technik-wissenschaftlicher Publizistik Woche der deutschen Technik in Moskau
1930	Beginn der Notverordnungspolitik von H. Brüning Reichstagswahlen und Gründung des Kampfbundes gegen den Faschismus	M. von Ardenne: erste Fernsehübertragung mit Elektronenstrahlröhre C. Tombaugh: Entdeckung des Planeten Pluto (vorausberechnet von P. Lowell) W. Reichel: Konstruktion der vielfältig einsetzbaren Elektrolokomotive E 44	Gründung des Instituts für Geschichte der Medizin und der Naturwissenschaften der Universität (P. Diepgen) Gründung des KWI für Zellphysiologie (O. Warburg)

Gewerbliche und industrielle Institutionen	Kultur	Persönlichkeiten	
Gründung der Gesellschaft Klangfilm (führt Tonfilm in Deutschland ein) Gründung der Berliner Verkehrsgesellschaft (BVG)	Gründung des Bundes proletarisch-revolutionärer Schriftsteller in Berlin Gründung der *Assoziation revolutionärer bildender Künstler Deutschlands* in Berlin (ASSO) Uraufführung der Dreigroschenoper von B. Brecht/K. Weill in Berlin M. Scholochow: *Der stille Don* (4 Bände, bis 1940)	Nobelpreis: Chemie: A. O. R. Windaus Universität: Hedwig Hintze (Neuere Geschichte) J. Ch. Dobberstein (Veterinärmedizin)	*1928*
Berliner Stadtbahn vollständig elektrifiziert Gründung der Fernseh-Aktien-Gesellschaft Berlin Eröffnung des Kurzwellensenders in Königs Wusterhausen	Drama von F. Wolf *Cyankali* im Lessingtheater mit großem Widerhall in der Arbeiterklasse uraufgeführt A. Döblin: *Berlin Alexanderplatz* E. Kästner: *Emil und die Detektive* A. Tolstoi: *Peter I.* (3 Bände, unvollendet)	Nobelpreis: Literatur: Th. Mann Akademie: OM: E. Schrödinger (theoretische Physik) R. Rössle (Anatomie, Pathologie) A. Schweitzer (Medizin, Philosophie, Musikwissenschaft) wird Ehrenmitglied der Akademie	*1929*
2. Weltkraftkonferenz (siehe 1924) in Berlin (Nutzung der Elektroenergie) 7. Deutsche Funkausstellung und Phonoschau (Rundfunkansprache von A. Einstein)	Eröffnung des Pergamon-Museums (seit 1910) Film: *Der blaue Engel* (v. Sternberg, M. Dietrich, E. Jannings) Le Corbusier: städtebauliche Konzeption *Strahlende Stadt*	Nobelpreis: Chemie: H. Fischer Akademie: OM: B. Meissner (Assyriologie) K. H. Sethe (Ägyptologie) M. Planck wird Präsident der Kaiser-Wilhelm-Gesellschaft (bis 1937)	*1930*

	Politik	Wissenschaft und Technik	Wissenschaftliche Institutionen
1931	Spanien wird Republik Bildung der *Harzburger Front* durch Finanzkapital, Militärs und NSDAP Anstieg der Arbeitslosigkeit	E. O. Lawrence: Entwicklung des Zyklotrons A. Piccard erreicht im Stratosphärenballon 15 780 m Höhe (1932: 16 940 m) V. Volterra: Einführung der Wahrscheinlichkeitsrechnung in Analyse populationsgenetischer Prozesse W. Pauli: Neutrinohypothese	Börsenverein der deutschen Buchhändler gibt *Deutsche Nationalbibliographie* heraus
1932	Höhepunkt der Massenarbeitslosigkeit Regierung F. v. Papen (stürzt die sozialdemokratische Regierung in Preußen) Internationaler Kongreß in Amsterdam gegen imperialistischen Krieg und gegen den Faschismus in Deutschland Herbststreikwelle in Deutschland, bedeutendster Kampf ist Streik der Berliner Verkehrsarbeiter Internationale Abrüstungskonferenz in Genf bleibt ergebnislos (jedoch konstruktive Abrüstungsvorschläge seitens der UdSSR)	J. Chadwick: Entdeckung des Neutrons C. D. Anderson: Entdeckung des Positrons W. Heisenberg: Hypothese über den Aufbau der Atomkerne aus Protonen und Neutronen (diese Hypothese unabhängig auch von D. D. Iwanenko und I. J. Tamm) J. D. Cockroft und E. T. S. Walton: erste Atomkernumwandlung durch künstliche Protonenbeschleunigung W. H. Carothers: Entwicklung des Nylons L. von Bertalanffy: *Theoretische Biologie* (2. Band, Berlin 1942, Biophysik offener Systeme)	Internationales Polarjahr (beteiligt 75 Arktisstationen) Kaiser-Wilhelm-Gesellschaft umfaßt nunmehr 33 Institute und Einrichtungen Deutsch-Russische Medizinerwoche in Berlin
1933	A. Hitler wird Reichskanzler, Errichtung der faschistischen Diktatur Reichstagsbrand Verbot der KPD, Verhaftung E. Thälmanns, Errichtung der ersten Konzentrationslager Ermächtigungsgesetze im Reichstag angenommen Bücherverbrennung Verbot der SPD Köpenicker Blutwoche Deutschland tritt aus dem Völkerbund aus Gesetz zur Wiederherstellung des Berufsbeamtentums (damit Handhabe zur Entlassung von linken und jüdischen Wissenschaftlern) Reichsgesetz gegen Überfüllung von Schulen und Hochschulen (diskriminiert Studium von Frauen und jüdischen Bürgern)	W. P. Filatow: Beginn von Gewebetransplantationen A. Scheibe, L. Adelsberger: Weiterentwicklung der Quarzuhr (siehe 1929) R. Kuhn: Reindarstellung des Vitamins B 2, Synthese von Vitamin C R. J. van der Graaff: elektrische Hochspannungen mittels Bandgenerator	Errichtung eines Lehrstuhls für Politische Pädagogik an der Universität (A. Baeumler) Durchführung einer Karl-Marx-Feier an der Universität Gründung der Deutschen Gesellschaft für Wehrpolitik und Wehrwissenschaften in Berlin Aufruf von 300 profaschistischen Hochschullehrern für das Naziregime

Gewerbliche und industrielle Institutionen	Kultur	Persönlichkeiten	
Eröffnung: Haus des Rundfunks (H. Poelzig) Bauausstellung in Berlin	L. Grundig: *Landarbeiterinnenbaracke in Pommern* I. Strawinsky: Violinkonzert, Uraufführung in Berlin	Nobelpreis: Chemie: C. Bosch, F. Bergius Medizin: O. H. Warburg Akademie: OM: W. Trendelenburg (Physiologie) L. E. Diels (Botanik) M. Vasmer (Slawistik) Universität: W. Unverzagt (Vor- und Frühgeschichte) P. N. Hartmann (Philosophie)	*1931*
Inbetriebnahme des Dnepr-Kraftwerkes sowie des Aluminiumwerkes Wolchow in der UdSSR In Leuna: Produktion von Benzin aus Braunkohle	Übersiedlung des Bauhauses als privates Institut nach Berlin-Steglitz (Mies van der Rohe) H. Fallada: *Kleiner Mann – was nun?* Film: *Kuhle Wampe* (S. Dudow, E. Busch u. a.)	Nobelpreis: Physik: W. Heisenberg Akademie: H. von Ficker Sekretar der Physikalisch-Mathematischen Klasse (bis 1937) OM: A. Hübner (Germanistik) H. Oncken (Geschichte) G. Rodenwaldt (Archäologie) Universität: W. F. Schirmer (Anglistik)	*1932*
Beginn des Autobahnbaus in Deutschland Gründung einer Fabrik für lichtelektronische Zellen und Apparate	Unter wachsendem Druck der Nazis wird das Bauhaus geschlossen (siehe 1919 und 1931) Emigration vieler Schriftsteller und Künstler (u. a. J. R. Becher, B. Brecht, L. Feuchtwanger, H. und Th. Mann, A. Zweig, P. Hindemith, B. Walter u. v. a.)	Nobelpreis: Physik: E. Schrödinger (zusammen mit P. Dirac) Akademie: OM: H. Stille (Geologie) H. M. von Haeften (Militärgeschichte) W. Sombart (Nationalökonomie) Emigration zahlreicher Wissenschaftler aus Deutschland, allein aus Berlin etwa 400 Hochschullehrer A. Einstein legt Mitgliedschaft der Akademie nieder und kehrt nicht nach Deutschland zurück J. Stark wird Präsident der Physikalisch-Technischen Reichsanstalt	*1933*

	Politik	Wissenschaft und Technik	Wissenschaftliche Institutionen
1934	A. Hitler wird Staatsoberhaupt und Oberbefehlshaber der deutschen Wehrmacht Reichsministerium für Wissenschaft, Erziehung und Volksbildung gegründet Kontroversen zwischen SA und SS: E. Röhm u. a. SA-Führer erschossen H. Himmler: Chef der Gestapo UdSSR tritt dem Völkerbund bei	Entdeckung der künstlichen Radioaktivität durch J. und F. Joliot-Curie M. von Ardenne: Entwicklung eines elektronenoptischen Bildwandlers Entwicklung und Produktion von synthetischem Kautschuk (Buna, siehe 1928) P. A. Tscherenkow: Entdeckung der elektromagnetischen Strahlung (bei Durchgang geladener Teilchen durch Materie: *Tscherenkow-Strahlung*) Sowjetische Forscher steigen im Stratosphärenballon *Ossoviachim I* auf 22 000 m	Eingliederung der Landwirtschafts- und Tierärztlichen Hochschule in die Berliner Universität Zusammenlegung des Preußischen Meteorologischen Instituts mit dem Reichsamt für Flugsicherung Auflösung des Vereins für Raumschiffahrt (gegründet 1927) und des Raketenflugplatzes, Raketenversuche nunmehr ausschließlich unter staatlicher Regie Gründung eines Gasschutz-Labors des Heereswaffenamtes in der Spandauer Zitadelle
1935	Wehrpflichtgesetz und Arbeitsdienstpflicht in Deutschland Rückgliederung des Saargebietes an Deutschland Antisemitische *Nürnberger Gesetze* (sog. Blutschutz-Gesetz) erlassen Richtlinien zur Vereinheitlichung der Hochschulverwaltungen (sollen Führerprinzip durchsetzen) Überfall des faschistischen Italien auf Abessinien 7. Komintern-Kongreß in Moskau (G. Dimitroff gibt eine Analyse des Faschismus) Brüsseler Konferenz der KPD (bei Moskau)	G. Domagk: Entdeckung der antibakteriellen Wirkung des Prontosils (Sulfonamid) E. Schliephake: Ultraschalltherapie F. London: phänomenologische Theorie der Supraleitung Entdeckung des Hormons Corticosteron N. N. Semjonow: Theorie der verzweigten Kettenreaktionen	Hitler verbietet Annahme des Nobelpreises durch Deutsche Beschluß über die Umbenennung der an der Technischen Hochschule seit 1933 bestehenden Fakultät für allgemeine Technologie in Wehrtechnische Fakultät Gründung des Reichsinstitutes für Geschichte des neuen Deutschland

Gewerbliche und industrielle Institutionen	Kultur	Persönlichkeiten	
Gesetz zur Ordnung der nationalen Arbeit beseitigt demokratische und soziale Errungenschaften F. Todt wird Leiter des Amtes für Technik und des Nationalsozialistischen Bundes Deutscher Technik	F. Wolf (Emigration): *Professor Mamlock* L. Aragon: *Die Glocken von Basel* Vollendung des Sowjetpalastes in Moskau (Le Corbusier, seit 1928) A. Makarenko: *Der Weg ins Leben*	Akademie: OM: M. Hartmann (Biologie) R. Rössle (Pathologie) N. Hartmann (Philosophie) N. Krebs (Geographie) M. Volmer (physikalische und Elektrochemie) J. Stark wird Leiter der Deutschen Forschungsgemeinschaft Universität: F. v. Wettstein (Biologie), zugleich Direktor des KWI für Biologie P. G. K. Ramdohr (Mineralogie) P. Debye (Theoretische Physik), zugleich Direktor des KWI für Physik Trotz Verbot findet in der Kaiser-Wilhelm-Gesellschaft eine F.-Haber-Gedenkfeier statt	*1934*
Erste öffentliche Fernseheinrichtung und regelmäßiges Fernsehprogramm in Berlin Eröffnung der ersten Metro-Linie in Moskau Beginn der Stachanow-Bewegung in der UdSSR	Erste Ausstellung *Entartete Kunst* in Karlsruhe dokumentiert faschistischen Terror (siehe 1937) Verbot des Deutschen PEN-Clubs H. Mann (Emigration): *Henri Quatre* (2 Bände, bis 1938) G. Gershwin: *Porgy and Bess* W. Egk: *Die Zaubergeige*	Nobelpreis: Medizin: H. Spemann Akademie: OM: A. Defant (Geophysik) F. von Wettstein (Biologie) Universität: H. Stieve (Anatomie, Histologie) seit Bestehen der faschistischen Diktatur wird bis 1935 etwa jeder fünfte Wissenschaftler seines Arbeitsplatzes beraubt	*1935*

	Politik	Wissenschaft und Technik	Wissenschaftliche Institutionen
1936	Volksfrontsieg in Spanien, General F. Franco löst Bürgerkrieg aus (Putsch) Deutschland besetzt das entmilitarisierte Rheinlandgebiet Volksfrontregierung in Frankreich Antikominternpakt zwischen Deutschland und Japan (ab 1937 auch Italien, 1939 Ungarn und Spanien) Deutsch-italienischer Vertrag (Achse Berlin – Rom) Weltfriedenskongreß in Brüssel	R. Rompe und W. Thouret: Quecksilber-Höchstdrucklampen (Osram Berlin) E. W. Müller: erstes Feldemissions-Elektronenmikroskop H. Spemann: *Experimentelle Beiträge zu einer Theorie der Entwicklung* J. I. Frenkel: Tröpfchenmodell des Atomkerns; Theorie dieses Modells entwickelt von N. Bohr und L. D. Landau	Einweihung des neuerbauten KWI für Physik (P. Debye) Gründung eines Ordinariats für deutsche Volkskunde an der Universität Herausgabe der Zeitschrift *Deutsche Mathematik*
1937	Deutschland setzt zur Unterstützung Francos Kriegsschiffe und Flugzeuge (Legion Condor) ein Bildung Internationaler Brigaden zum Schutz der Spanischen Republik Italien tritt aus dem Völkerbund aus Weisung für die einheitliche Kriegsvorbereitung der Wehrmacht in Deutschland Errichtung des Konzentrationslagers (KZ) Buchenwald in Deutschland	Sowjetische Forscher (unter Leitung von M. Wodopjanow) landen als erste auf dem Nordpol; Aufbau einer wissenschaftlichen Station Erster einsatzfähiger Hubschrauber in Deutschland *(Focke 61)* M. von Ardenne: Elektronen-Rastermikroskop C. D. Anderson, S. H. Neddermeyer: Entdeckung des von Yukawa vorausgesagten μ-Mesons A. F. Joffe: theoretische Arbeiten auf dem Gebiet der Halbleiter	Gründung eines Reichsforschungsrates (K. Becker) Eröffnung der Deutschen Akademie für Luftfahrtforschung (dient der Vorbereitung des Luftkrieges) Bibliotheks-, Promotions- und Habilitationsverbot für Juden in Deutschland
1938	Zwangsweise *Angliederung* Österreichs an Deutschland Münchener Abkommen zur Besetzung des Sudetengebietes durch Deutschland Kristallnacht: schwere Ausschreitungen gegen Juden in Deutschland, Verwüstung der Synagogen Faschistisches Ehegesetz verbietet Eheschließung von Ariern und Nichtariern Bau des KZ Ravensbrück	C. von Weizsäcker: Theorie der Energieerzeugung in Sternen (unabhängig von H. A. Bethe, *Bethe-Weizsäcker-Zyklus*) O. Hahn und F. Straßmann: Entdeckung der Urankernspaltung K. Clusius und F. Dickel: Isotopen-Trennrohr W. Carothers: Nylonfasern (USA)	Herausgabe der *Zeitschrift für die gesamte Naturwissenschaft* (vor allem zur Proklamierung einer deutschen Physik)

Gewerbliche und industrielle Institutionen	Kultur	Persönlichkeiten	
Inbetriebnahme des größten Kurzwellensenders der Welt bei Königs Wusterhausen Monoskop-Kamera bei den Olympischen Spielen erstmalig eingesetzt	Olympische Spiele (Sommer- und Winterspiele) finden in Deutschland statt (werden für außenpolitische Propaganda und Rassendiskriminierung mißbraucht) Verbot des Deutschen Künstlerbundes Annahme des Friedensnobelpreises für C. von Ossietzky durch Hitler verboten	Nobelpreis: Frieden: C. von Ossietzky (für 1935) Medizin: O. Loewi (mit H. H. Dale) Chemie: P. Debye Akademie: OM: A. Kopff (Astronomie) A. Windaus (Chemie) P. Ramdohr (Mineralogie) Universität: A. Butenandt (Biochemie), zugleich Direktor des KWI für Biochemie	*1936*
Eröffnung der Luftpoststrecke Berlin – Kabul	Ausstellungen *Entartete Kunst* und *Bildersturm* verhöhnen Bildwerke deutscher Kunst und Künstler, Entfernung vieler Kunstwerke aus Galerien und Museen P. Picasso: *Guernica* C. Orff: *Carmina burana* Ausstellung: *700 Jahre Berlin* Film: *Der Mann, der Sherlock Holmes war* (H. Albers, H. Rühmann)	Akademie: OM: P. Debye (Physik) H. Geiger (Physik) E. Fischer (Anthropologie) E. F. Sauerbruch (Chirurgie) E. A. Kraft (Ingenieur) J. Stroux (Philologie) H. Stille Sekretar der Physikalisch-Mathematischen Klasse (bis 1938) C. Bosch Präsident der Kaiser-Wilhelm-Gesellschaft (bis 1940)	*1937*
Radio-Kleinempfänger in großer Anzahl (dient ideologischer Massenbeeinflussung) Stark zunehmende Ausschaltung und Boykott von Juden aus dem Wirtschaftsleben (Zwangsarisierung von Betrieben und Banken)	*Gesetz über die Einziehung von Erzeugnissen entarteter Kunst* (stellt de facto Raub dar) B. Brecht (Emigration): *Furcht und Elend des Dritten Reiches*	Akademie: OM: G. Hamel (Mathematik) A. Kühn (Biologie) W. Pinder (Kunstgeschichte) D. Westermann (Afrikanistik) H. Grapow (Ägyptologie) Erste Hinrichtung einer deutschen Antifaschistin, der jungen Mutter Liselotte Herrmann in Berlin-Plötzensee L. Meitner und viele andere Bürger mit österreichischer Staatsangehörigkeit emigrieren aus Deutschland	*1938*

	Politik	Wissenschaft und Technik	Wissenschaftliche Institutionen
1939	Berner Konferenz der KPD berät Kampf gegen Faschismus und Kriegsgefahr sowie Programm für ein demokratisches Deutschland Annexion der Tschechoslowakei durch Deutschland und Gründung des Protektorats Böhmen und Mähren Errichtung der Franco-Diktatur in Spanien, Zerschlagung der Demokratie Deutsch-sowjetischer Nichtangriffsvertrag 1. September: Überfall des deutschen Faschismus auf Polen und Beginn des zweiten Weltkrieges Euthanasie-Erlaß	L. Meitner und O. R. Frisch: theoretische Erklärung der Kernspaltung (siehe 1938) P. Müller: DDT-Synthese (Insektizid) E. Warsitz: erstes Raketenflugzeug mit Flüssigkeitsantrieb P. Schlack: Perlon-Faser (Deutschland) A. Tiselius setzt Elektronenmikroskop und Elektrophorese in der Mikrobiologie ein J. R. Oppenheimer, L. Landau: Theoretisches Modell rotierender Neutronensterne	In Deutschland erste Versuche zur technischen und militärischen Nutzung der Kernenergie (P. Harteck, K. Diebner) Ausbau des KWI für Physik zum Forschungszentrum für Kernenergie, Institut wird dem Heereswaffenamt unterstellt Schließung der polnischen Universitäten, Hochschulen und Mittelschulen
1940	Deutschland überfällt Dänemark und Norwegen, verletzt die Neutralität Belgiens, der Niederlande und Luxemburgs, überfällt Frankreich Pakt zwischen Deutschland, Italien und Japan Deutsche Luftangriffe auf London und Coventry	E. M. McMillan und P. H. Abelson: Entdeckung des Neptuniums (als erstes transuranisches Element) N. V. Timofejev-Ressowsky: *Genetik und Evolution* A. Landsteiner und A. S. Wiener: Entdeckung des Rh-Faktors im menschlichen Blut	Planung einer Hochschule mit Zentren nationalsozialistischer Forschung und Lehre (auf Rassentheorie orientiert)
1941	Deutschland überfällt Jugoslawien und Griechenland 22. Juni: Deutschland überfällt die UdSSR, Belagerung Moskaus Japanischer Überfall auf den USA-Stützpunkt Pearl Harbor, Deutschland und Italien erklären USA den Krieg Beginn der sowjetischen Gegenoffensive vor Moskau Beginn der Blockade Leningrads	K. Zuse stellt Z 3, den vollarbeitsfähigen programmgesteuerten Digitalrechner, vor E. O. Lawrence: Entwicklung des Massenspektrographen (Calutron) zur großtechnischen Trennung von Isotopen Erstes englisches Düsenflugzeug Gloster E 28/29 A. I. Oparin: *Entstehung des Lebens auf der Erde* Meeresforschung und Unterwasserphotographie durch H. Hass *(Unter Korallen und Haien)*	M. von Ardenne gründet in Berlin-Lichterfelde sein Institut für Kernphysik A. Butenandt gründet Arbeitsstätte für Virusforschung Gründung des *Office of Scientific Research and Development* in den USA

Gewerbliche und industrielle Institutionen	Kultur	Persönlichkeiten	
Neue Reichskanzlei eröffnet Einführung der Kriegswirtschaftsordnung	A. Seghers (Emigration): *Das siebte Kreuz* (erschienen 1941) P. Hindemith (Emigration): Violinkonzert A. de Saint-Exupery: *Wind, Sand und Sterne* J. Steinbeck: *Früchte des Zorns*	Nobelpreis: Chemie: A. Butenandt Medizin: G. Domagk Akademie: OM: A. J. Bartels (Geophysik) A. F. Butenandt (Biochemie) P. A. Thiessen (Chemie) A. Ludin (Technik) F. Seewald (Aerodynamik) L. Bieberbach Sekretar der Physikalisch-Mathematischen Klasse (bis 1945) H. Grapow Sekretar der Philosophisch-Historischen Klasse (bis 1945) Universität: J. G. Kienle (Astrophysik), zugleich Direktor des Astrophysikalischen Observatoriums Potsdam Ch. Gerthsen (Physik) A. Esau Präsident der Physikalisch-Technischen Reichsanstalt (bis 1945)	*1939*
Gründung eines Wirtschaftsstabes Ost Gründung eines Reichsministeriums für Bewaffnung und Munition (beeinflußt Forschung und Entwicklung) Deutsch-sowjetisches Wirtschaftsabkommen	E. Hemingway: *Wem die Stunde schlägt* H. Moore: *Die Braut* Film: *Der Diktator* (Ch. Chaplin)		*1940*
IG-Farben fordern Masseneinsatz von KZ-Häftlingen	I. Ehrenburg: *Der Fall von Paris* D. Schostakowitsch: 7. Sinfonie (die *Leningrader*, komponiert und aufgeführt während der Leningrader Blockade)	Universität: H. Kuhn (Nordistik) W. Heisenberg (Theoretische Physik, zugleich Direktor des KWI für Physik) A. Vögler Präsident der Kaiser-Wilhelm-Gesellschaft	*1941*

	Politik	Wissenschaft und Technik	Wissenschaftliche Institutionen
1942	Systematische Massenvernichtung von Juden und Zigeunern Deklaration der Antihitlerkoalition zwischen UdSSR, Großbritannien und den USA Schlacht bei Stalingrad bringt entscheidende Niederlage für deutsche Faschisten Verhaftungswelle in Deutschland, u. a. der Mitglieder der *Roten Kapelle*	E. Fermi baut im Rahmen des amerikanischen Atombombenprojekts den ersten Kernreaktor H. Reichenbach: *Philosophische Grundlagen der Quantenmechanik* A. Tiselius (siehe 1939) weist Virus der Poliomyelitis mikroskopisch nach Erster Start einer V 2-Rakete D. B. Parkinson: Rechenautomat M-9 (Einsatz in Radarsystemen)	2. Reichsforschungsrat gegründet
1943	Kapitulation der 6. Armee unter General F. Paulus Faschistische Wehrmacht praktiziert bei ihrem Rückzug die Politik der verbrannten Erde Goebbels kündigt totale Mobilisierung und totalen Krieg an Blockade Leningrads wird durchbrochen Aufstand im Warschauer Ghetto Gründung des *Nationalkomitees Freies Deutschland* in Krasnogorsk Teheran-Konferenz mit J. W. Stalin, F. D. Roosevelt und W. Churchill	B. R. und N. J. Lasarenko: Erosive Metallbearbeitung L. Landau: Forschungen zur Supraflüssigkeit des Heliums bei Tiefsttemperaturen Entwicklung der Papierchromatographie O. J. Schmidt: *Meteoritenhypothese* der Entstehung des Sonnensystems	Evakuierung vieler wissenschaftlicher Laboratorien und Institute aus Berlin, dennoch schwere Bombardierungsschäden
1944	Niederlage der faschistischen Wehrmacht vor Leningrad Landung anglo-amerikanischer Truppen in der Normandie Mißglücktes Attentat auf A. Hitler E. Thälmann ermordet	O. Th. Avery, O. M. MacLeod und M. MacCarty identifizieren die DNS als erbübertragende Substanz W. Baade: Nachweis von Einzelsternen im Andromedanebel; Definition des Begriffs der Sternpopulation S. A. Waksman, A. Schatz: Gewinnung des antibiotisch wirkenden Streptomycins	Gründung einer Wehrforschungsgemeinschaft innerhalb des Forschungsrates KWI für Chemie, Museums- u. v. a. Bauten brennen bei Luftangriffen völlig aus

Gewerbliche und industrielle Institutionen	Kultur	Persönlichkeiten	
Entwicklung eines Systems der Flugsicherung und des Flugwarndienstes	B. Britten: 1. Streichquartett B. Brecht (Emigration): *Galileo Galilei* H. Matisse: *Die rumänische Bluse*	Akademie: OM: W. J. Eitel (Mineralogie) A. E. Haenisch (Sinologie) W. O. Schadewaldt (Klassische Philologie) F. H. Rörig (Geschichte) Hinrichtung von Dr. A. Harnack (führendes Mitglied der *Roten Kapelle*)	*1942*
Serienproduktion der V 2 beginnt in Peenemünde Produktion von Silikonkunstharzen Düsenjäger in Serienproduktion	E. Beckmann (Emigration): *Junge Männer am Meer* A. Polgar (Emigration): *Geschichten ohne Moral* O. Kokoschka (Emigration): *Wofür wir kämpfen* und *Iwan Maiski*	Akademie: OM: W. K. Heisenberg (Physik) W. Schirmer (Anglistik) H. Kuhn (Anglistik) Verhaftung und Hinrichtung der Mitglieder der studentischen Widerstandsgruppe *Weiße Rose* (Geschwister Scholl)	*1943*
	J. P. Sartre: *Hinter verschlossenen Türen* G. Kolbe: *Die Flehende* Film: *Große Freiheit Nr. 7* (H. Albers, I. Werner)	Nobelpreis: Physik: O. Stern (für 1943) Akademie: OM: F. Specht (indogermanische Philologie) F. Baethgen (Geschichte)	*1944*

	Politik	Wissenschaft und Technik	Wissenschaftliche Institutionen
1945	16. 1.: Beginn der sowjetischen Großoffensive 4.–11. 2.: Konferenz von Jalta (Stalin, Roosevelt, Churchill) 13.–14. 2.: anglo-amerikanische Bomber zerstören Dresden Befreiung von Warschau (17. 1.) Budapest (13. 2.) und Wien (13. 4.) 25. 4.: Gründung der Vereinten Nationen (UNO), Satzung ab 24. 10. in Kraft 8. 5.: bedingungslose Kapitulation Hitlerdeutschlands 5. 6.: Konstituierung des Alliierten Kontrollrates in Berlin und Bildung der Sowjetischen Militäradministration (SMAD) 11. 6.: Aufruf der KPD an das deutsche Volk zum Aufbau eines antifaschistisch-demokratischen Deutschlands 17. 7.–2. 8.: Potsdamer Konferenz 6. 8. und 9. 8.: Zerstörung der japanischen Städte Hiroshima und Nagasaki durch amerikanische Atombomben 2. 9.: bedingungslose Kapitulation Japans und Ende des 2. Weltkrieges 3. 9.: Verordnung über demokratische Bodenreform in der sowjetisch besetzten Zone (SBZ) 20. 11. 45 bis 1. 10. 46: Kriegsverbrecherprozeß in Nürnberg	Am 16. 7. auf dem Versuchsgelände in Los Alamos (USA) Zündung der ersten Atombombe V. J. Weksler: Entwicklung des Synchrotrons (UdSSR), gleichzeitig durch E. M. MacMillan in den USA W. Goetsch: Forschungen über verhaltenssteuernde Funktion von Vitaminen (Vitamin T) bei Insekten J. von Neumann: *Electronic Discrete Variable Automatic Computer* (EDVAC) Bergung wissenschaftlicher Sammlungen (Fossilienbestände) aus einem Stollen des Kalkbergwerkes Rüdersdorf durch Rotarmisten	19. 5.: Einsetzung eines demokratischen Magistrats für Berlin 2. 6.: Einsetzung des Leitenden Ausschusses für Hochschulfragen beim Magistrat Berlin 11. 6.: *Aufruf der KPD* 21. 6.: erste Arbeitszusammenkunft von Akademiemitgliedern 1. 10.: Wiederaufnahme des Unterrichts an allen Schulen der sowjetischen Besatzungszone 15. 10.: Wiederaufnahme des Lehrbetriebes an der Universität Jena 24. 11.: Aufruf zum Wiederaufbau der Universität Berlin (siehe 1946)

Gewerbliche und industrielle Institutionen	Kultur	Persönlichkeiten	
19. 3.: *Nero-Befehl* Hitlers zur Zerstörung aller Industrie-, Verkehrs- und Versorgungsanlagen in Deutschland 18.–23. 10.: Erste Leipziger Messe nach dem 2. Weltkrieg 29. 12. 45–3. 1. 46: Wirtschaftskonferenz der KPD	10. 6.: SMAD-Erlaß für die Bildung demokratischer Parteien und freier Gewerkschaften; Gründung des FDGB 25. 6.: Gründung des Kulturbundes zur demokratischen Erneuerung Deutschlands (Präsident J. R. Becher) 14. 7.: Bildung des Blocks der antifaschistisch-demokratischen Parteien 15. 5.: Herausgabe der Zeitung *Tägliche Rundschau* (bis 1955) 21. 5.: Herausgabe der *Berliner Zeitung* 23. 8.: Wiedereröffnung der Deutschen Staatsoper mit *Orpheus und Eurydike* von Ch. W. Gluck in Berlin 7. 9.: Wiedereröffnung des Deutschen Theaters mit *Nathan der Weise* von G. E. Lessing 30. 12.: SMAD-Beratung zum Wiederaufbau des Metropol-Theaters O. Nagel: *Berliner Ruinenstraße* A. Fadejew: *Die junge Garde*	Nobelpreis: Chemie: O. Hahn (für 1944) J. Stroux Präsident der Akademie (bis 1951) A. W. Steinhaus kommissarischer Präsident der Physikalisch-Technischen Reichsanstalt R. Rompe Hauptabteilungsleiter in der Deutschen Zentralverwaltung für Volksbildung (später Ministerium für Volksbildung)	*1945*

	Politik	Wissenschaft und Technik	Wissenschaftliche Institutionen
1946	9.–11. 2.: 1. Bundeskongreß des FDGB der sowjetischen Besatzungszone 25. 2.: Kontrollratsgesetz Nr. 46: Preußen aufgelöst 7. 3.: Gründung der Organisation Freie Deutsche Jugend (FDJ) 21.–22. 4.: Vereinigungsparteitag von SPD und KPD zur Sozialistischen Einheitspartei Deutschlands (SED) 30. 6.: Volksentscheid in Sachsen über die Enteignung der Kriegsverbrecher Oktober: Wahlen in Berlin zur Stadtverordnetenversammlung November: Gründung der UNESCO in Paris Erste demokratische Wahlen in der sowjetischen Besatzungszone 1. Tagung der Atomstrategiekommission, UdSSR schlägt USA Verbot der Herstellung und Verwendung von Atomwaffen vor	Entwicklung der Radioastronomie beginnt mit Entdeckung erster punktförmiger Radioquellen im Weltraum I. W. Kurtschatow: Erster Versuchskernreaktor in der UdSSR Beginn des Baues eines Protonenbeschleunigers in Dubna ENIAC – erster Elektronen-Großrechner in den USA 30. 6. und 25. 7.: amerikanische Atombombenexplosionen auf dem Bikini-Atoll	4. 1.: Eröffnung von Lehrerkursen für Neulehrer 29. 1.: Wiedereröffnung der Universität Berlin mit 7 Fakultäten 16. 2.: Behelfsmäßiger Lesesaal der Staatsbibliothek eröffnet 22. 3. Wiedereröffnung der Universitätsbibliothek 8. 5.: Alliiertes Kontrollratsgesetz Nr. 25: *Die Überwachung der deutschen Forschung* 21./22. 5.: Historikertagung in Berlin (zum Geschichtsunterricht an deutschen Hochschulen) 22. 5.: Funktionärskonferenz der SED: Einführung des Parteischulungssystems Juni: *Einheit* als Monatsschrift für Theorie und Praxis des wissenschaftlichen Sozialismus erscheint 1. 7.: Wiedereröffnung der Akademie als Deutsche Akademie der Wissenschaften zu Berlin (DAW), heute: Akademie der Wissenschaften der DDR (AdW) 4. 7.: Leibniztag der Akademie 19. 7.: offizielle Eröffnung einer Vorstudienanstalt in Berlin, später Arbeiter-und-Bauern-Fakultät (ABF) 1. 9.: Inkrafttreten des Gesetzes zur Demokratisierung der deutschen Schule 1. 10.: Deutsche Staatsbibliothek wird als öffentliche wissenschaftliche Bibliothek wiedereröffnet November: In Westsektoren Berlins Versuche zur Errichtung einer Spalteruniversität

Gewerbliche und industrielle Institutionen	Kultur	Persönlichkeiten	
4. 2.: Inbetriebnahme des ersten Hochofens in der Maxhütte in Unterwellenborn 8.–12. 5.: Leipziger Messe Gründung volkseigener Betriebe (VEB) in der sowjetischen Besatzungszone Oktober: Leipziger Börsenverein nimmt Arbeit wieder auf und *Börsenblatt* erscheint November: *Deutsches Amt für Maß und Gewicht* entsteht, mit Teilen der ehemaligen Physikalisch-Technischen Reichsanstalt Dezember: Weihnachtsmarkt in Berlin	13. 1.: Erste Demonstration in Friedrichsfelde zum Gedenken an K. Liebknecht und R. Luxemburg 11. 1.: Beginn der Schulspeisung in Berlin 1. 2.: Eröffnung von Volkshochschulen 23. 4.: *Neues Deutschland* als Zentralorgan der SED erscheint 3.–5. 2.: I. Kulturtagung der KPD: *Um die Erneuerung der deutschen Kultur* 17. 5.: Gründung der Deutschen Film-AG (DEFA) 19. 5.–30. 6.: I. Deutsche Kunstausstellung durch Zentralverwaltung für Volksbildung in Berlin 10. 7.: Zentraler Kulturausschuß der SED gebildet 12. 7.: Wiedereröffnung des Märkischen Museums 1. 8.: Wiedereröffnung der Berliner Stadtbibliothek 17. 8.: Festakt zum 50jährigen Bestehen der Berliner Sternwarte und Verleihung des Namens Archenhold-Sternwarte 15. 10.: Uraufführung des ersten DEFA-Spielfilms (Regie: Wolfgang Staudte): *Die Mörder sind unter uns* 1946–1949: Errichtung des Sowjetischen Ehrenmals im Treptower Park	Nobelpreis: Literatur: H. Hesse Prof. Stroux wird als Präsident der wiedereröffneten Deutschen Akademie der Wissenschaften zu Berlin bestätigt (4. 7.) J. Huxley (Großbritannien) wird erster Generalsekretär der UNESCO Erstmals wieder Zuwahlen an der Deutschen Akademie der Wissenschaften zu Berlin, u. a.: O. Warburg (Physiologie) K. Noack (Botanik) H. G. Kienle (Astrophysik) W. O. Heubner (Pharmakologie) H. Mitteis (Jura) R. Rössle Sekretar der Mathematisch-Naturwissenschaftlichen Klasse (bis 1947), dann Sekretar der Klasse der Medizinischen Wissenschaften F. Hartung Sekretar der Philosophisch-Historischen Klasse (bis 1949) Universität: H. R. Ertel (Geophysik) A. Meusel (Neuere Geschichte) R. J. Thilo (Anorganische Chemie) K. R. Schröder (Mathematik)	*1946*

	Politik	Wissenschaft und Technik	Wissenschaftliche Institutionen
1947	12. 3.: Verkündung der *Truman-Doktrin* durch den amerikanischen Präsidenten, damit Eröffnung des kalten Krieges März/April: Außenministerkonferenz der UdSSR, USA, Großbritanniens und Frankreichs 29. 5.: Bildung des Zweizonenwirtschaftsrates für die britische und die amerikanische Besatzungszone 14. 6.: Bildung der Deutschen Wirtschaftskommission für die sowjetische Besatzungszone 30. 6.: Gründung der Gesellschaft zum Studium der Kultur der Sowjetunion (seit 1949 Gesellschaft für Deutsch-Sowjetische Freundschaft) 15. 8.: Tag der Unabhängigkeit für Indien 20.–24. 9.: 2. Parteitag der SED 6./7. 12.: Erster Volkskongreß für Einheit und gerechten Frieden in Berlin	Erstes Überschreiten der Schallgeschwindigkeit mit Raketen-Versuchsflugzeug Bell X-1 durch Ch. E. Yeager Erste Floßexpedition (Peru – Polynesien) von Th. Heyerdahl zur Erforschung ethnologischer Wechselwirkung W. Ambarzumjan: Theorie der Sternassoziationen	Januar: Ausarbeitung neuer Promotionsordnung für Universitäten in der sowjetischen Besatzungszone September: Nachrichtenblatt *Forschungen und Fortschritte* erscheint im Akademie-Verlag wieder regelmäßig 15. 10.: An Berliner Universität Einrichtung eines Instituts für Arbeitsmedizin Gründung des Instituts zur Steigerung der Pflanzenerträge der Deutschen Akademie der Wissenschaften in Paulinenaue (E. A. Mitscherlich)
1948	1. 5.: Separate Maikundgebungen in Berlin 20. 6.: Separate Währungsreform in den Westzonen 24.–28. 6.: Geldumtausch in der sowjetischen Besatzungszone 1. 7.: Direktive über die Bildung eines westdeutschen Separatstaates 6. 9.: Reaktionäre Kräfte sprengen Berliner Stadtverordnetenversammlung 30. 11.: Bildung eines neuen demokratischen Magistrats von Groß-Berlin 10. 12.: Allgemeine Deklaration der Menschenrechte durch die UNO	Erster Transistorempfänger J. Bardeen, W. H. Brattain, W. Shockley: Entwicklung des Transistors Entwicklung einer Lichtsetzmaschine (Intertype-Fotosetter) N. Wiener: *Cybernetics or Control and Communication in the Animal and the Machine* (Begründung der Kybernetik) C. E. Shannon und W. Weaver: *The Mathematical Theory of Communication* (begründet Informationstheorie) D. Gabor: Entdeckung des Prinzips der holographischen Methode	25. 2.: Gründung der Max-Planck-Gesellschaft zur Förderung der Wissenschaft in Göttingen (MPG) als Nachfolgeorganisation der Kaiser-Wilhelm-Gesellschaft 8. 12.: Wiedereröffnung der Sächsischen Akademie der Wissenschaften zu Leipzig

Gewerbliche und industrielle Institutionen	Kultur	Persönlichkeiten	
Frühjahr und Herbst: Leipziger Messe Eingliederung der Deutschen Zentralverwaltung für das Gesundheitswesen in die Deutsche Wirtschaftskommission 11. 12.: SMAD-Anweisung zur Demokratisierung des Gesundheitswesens	28./29. 1.: I. Kulturtagung der SED, A. Ackermann hält das Referat *Die geistige Situation der Gegenwart* Februar: Gründung der Vereinigung der Verfolgten des Naziregimes (VVN) 28. 2.: Haus der Kultur der Sowjetunion in Berlin eröffnet März: Ausarbeitung von Schulgesetz und Schulreform 10. 5.: *Tag des freien Buches* (memento 10. 5. 1933, Tag der faschistischen Bücherverbrennung) 29. 9.: Befehl der SMAD zum Wiederaufbau des Pergamon-Museums, des Zeughauses und der Nationalgalerie 4. 10.: DEFA-Film *Ehe im Schatten* 7. 10.–12. 10.: Erster deutscher Schriftstellerkongreß in Berlin 23. 12.: Eröffnung der Komischen Oper (mit *Die Fledermaus* von J. Strauß, Regie W. Felsenstein) P. Picasso: *Friedenstaube*	J. Kuczynski wird erster Vorsitzender der Gesellschaft zum Studium der Kultur der Sowjetunion Akademie: OM: K. Bonhoeffer (Physikalische Chemie) E. A. Mitscherlich (Kulturtechnik) K. Bonhoeffer Sekretar der Mathematisch-Naturwissenschaftlichen Klasse (bis 1949) Universität: M. Zetkin (Medizin) Erste *Kapital*-Seminare an der Wirtschaftswissenschaftlichen Fakultät der Universität	*1947*
29./30. 6. Übergang zur langfristigen Wirtschaftsplanung (auf der 11. Tagung des Parteivorstandes der SED beschlossen; begonnen wurde mit Halbjahresplan 1948, ab 1949/1950 Zweijahresplan) 13. 10.: A. Hennecke übererfüllt Steinkohlenförderungsnorm mit 387 Prozent	B. Brecht: *Der kaukasische Kreidekreis* R. Guttuso: *Nächtlicher Fischfang* Film: *Affaire Blum* (Regie: E. Engel)	Max Planck wird erster Präsident der Max-Planck-Gesellschaft (ehemals Kaiser-Wilhelm-Gesellschaft) C. A. Scheunert Direktor des Instituts für Ernährungsforschung in Potsdam-Rehbrücke Universität: E. Maurer (Eisenhüttenwesen)	*1948*

	Politik	Wissenschaft und Technik	Wissenschaftliche Institutionen
1949	25. 1.: Gründung des RGW (DDR seit 30. 10. 1950 Mitglied) 25.–28. 1.: 1. Parteikonferenz der SED 4. 4.: Bildung des Nordatlantikpaktes (NATO, 12 Staaten) 20.–25. 4.: 1. Weltfriedenskongreß und Bildung des Weltfriedensrates 7. 9.: Konstituierung des westdeutschen Bundestages und des Bundesrates 1. 10.: VR China proklamiert 7. 10.: Gründung der DDR 11. 10.: Fackelzug Unter den Linden 15. 10.: UdSSR anerkennt als erster Staat die DDR und nimmt diplomatische Beziehungen auf 21. 10.: K. Adenauer erhebt deutschen Alleinvertretungsanspruch durch BRD	29. 8.: Versuchsexplosion der ersten sowjetischen Atombombe (Brechung des amerikanischen Atombombenmonopols) 5-m-Teleskop auf dem Mount Palomar (USA) in Betrieb genommen UKW-Rundfunksender (München) in Betrieb genommen Stapellauf des ersten Loggers in Stralsund H. Mauersberger: Entwicklung der Malimo-Technologie E. M. Purcell: Methode der Kernresonanz	31. 3.: 2. Plenarsitzung der Deutschen Wirtschaftskommission beschließt die Verordnung über die Erhaltung und Entwicklung der deutschen Wissenschaft und Kultur, über die weitere Verbesserung der Lage der Intelligenz und die Steigerung ihrer Rolle in der Produktion und im öffentlichen Leben *(Kulturplan)* Stiftung der Nationalpreise Oktober: Arbeiter-und-Bauern-Fakultäten (ABF) an Universitäten in der DDR eröffnet (siehe 1946) Akademie richtet 6 Klassen ein (Mathematik und allgemeine Naturwissenschaften, medizinische Wissenschaften, landwirtschaftliche Wissenschaften, technische Wissenschaften, Sprachen, Literatur und Kunst, Gesellschaftswissenschaften)

Gewerbliche und industrielle Institutionen	Kultur	Persönlichkeiten	
	18. 6.: Wiedereröffnung der Nationalgalerie 3. 7.: Gründung des Berliner Ensembles 25. 8.: Erstmals Nationalpreise an 48 Persönlichkeiten und Kollektive verliehen 7. 11.: Nationalhymne der DDR (J. R. Becher/H. Eisler) F. Wolf: Drehbuch zum Spielfilm *Der Rat der Götter*	An der Deutschen Akademie der Wissenschaften zu Berlin Zuwahlen von insgesamt 45 Wissenschaftlern, darunter: E. H. Barkhausen (Elektrotechnik) L. Binder (Elektrotechnik) W. Friedrich (Medizin, Physik) H. Stubbe (landwirtschaftliche Genetik) W. Gothan (Paläobotanik) E. R. Thilo (Anorganische Chemie) Th. Brugsch (Medizin) H. F. Rein (Physiologie) W. Stoeckel (Gynäkologie) L. Meitner wird als erste Wissenschaftlerin Korrespondierendes Mitglied der Akademie der Wissenschaften	*1949*

Weitere Veröffentlichungen aus der DDR zur Geschichte der Wissenschaft in Berlin

Albert Einstein in Berlin (1913–1933), Teil I und Teil II. Hrsg. von Christa Kirsten und Hans-Jürgen Treder, Berlin 1979.

Albrecht-Daniel-Thaer-Tagung: Tagungsberichte der Akademie der Landwirtschaftswissenschaften der DDR, Nr. 173, Bd. 5, Berlin 1979.

Alexander von Humboldt. Festschrift aus Anlaß seines 200. Geburtstages, Berlin 1969.

Alexander von Humboldt. Vier Jahrzehnte Wissenschaftsförderung. Briefe an das preußische Kultusministerium 1818–1859. Hrsg. von Kurt-Reinhard Biermann, Berlin 1985.

Ardenne, Manfred von: Persönliche Erinnerungen an die Anfänge der Rundfunk- und Fernsehtechnik. In: Schriftenreihe für Geschichte der Naturwissenschaften, Technik und Medizin (nachfolgend NTM), 1985, H. 2, S. 1–18.

Asen, Johannes: Gesamtverzeichnis des Lehrkörpers der Universität Berlin, Bd. 1 (1810–1945), Leipzig 1955.

Aufgebauer, Peter: Die Astronomenfamilie Kirch. In: Die Sterne, 1971, H. 1, S. 241–247.

Auth, Joachim/Kossack, Heinz: Zur Lage der Physik an der Berliner Universität vor der Errichtung des Instituts am Reichstagsufer. In: Wissenschaftliche Zeitschrift der Humboldt-Universität. Mathematisch-Naturwissenschaftliche Reihe, 1983, H. 5, S. 557–567.

Auswahlbibliographie zur Geschichte des Bereichs Medizin (Charité) der Humboldt-Universität zu Berlin. Hrsg. von Adelheid Kasbohm und Waltraud Irmscher (Schriftenreihe der Universitätsbibliothek, Nr. 50), Berlin 1985.

Basler, Werner: Zur politischen Rolle der Berliner Universität im ersten imperialistischen Weltkrieg 1914–1918. In: Wiss. Z. Humboldt-Univ., Gesellschafts- und Sprachwissenschaftliche Reihe, 1961, H. 2/3, S. 181–203.

Die Bau- und Kunstdenkmale in der DDR, Hauptstadt Berlin. I. Hrsg. vom Institut für Denkmalpflege, Berlin 1984.

Belau, Detlef: August Borsig. In: Biographien bedeutender Techniker, Ingenieure und Technikwissenschaftler, Berlin 1983, S. 148–153.

Benjamin, Hilde: Georg Benjamin. Eine Biographie, Leipzig 1978.

Berger, Horst: Der Kathedersozialismus an der Universität zu Berlin in der Zeit von 1870 bis 1880. In: Wiss. Z. Humboldt-Univ., Gesellsch.- u. Sprachwiss. R., 1962, H. 2, S. 309–332.

Bernhard, Fritz/Schnorbe, Stefanie: Zur Geschichte des I. Physikalischen Instituts seit 1945. In: Wiss. Z. Humboldt-Univ., Math.-Naturwiss. R., 1983, H. 5, S. 605–607.

Bernhardt, Hannelore: Zum Leben und Wirken des Mathematikers Richard von Mises. In: NTM, 1979, H. 2, S. 40–49.

Bernhardt, Hannelore: Zur Institutionalisierung der angewandten Mathematik an der Berliner Universität 1920–1933. In: NTM, 1980, H. 1, S. 23–31.

Bernhardt, Karl-Heinz: Alexander von Humboldts Auffassung vom Klima und sein Beitrag zur Einrichtung von meteorologischen Stationsnetzen. In: Zeitschrift für Meteorologie, 1984, H. 4, S. 213–217.

Biermann, Kurt-Reinhard: Alexander von Humboldt – ausgewählte Aspekte seines Lebens und Wirkens. In: NTM, 1970, H. 2, S. 51–67.

Biermann, Kurt-Reinhard: Alexander von Humboldt über den Vorläufer des programmgesteuerten Rechenautomaten. In: NTM, 1972, H. 1, S. 21–24.

Biermann, Kurt-Reinhard: Briefwechsel zwischen A. v. Humboldt und C. F. Gauß, Berlin 1977.

Biermann, Kurt-Reinhard: Wer waren die wichtigsten Briefpartner Alexander von Humboldts? In: NTM, 1981, H. 1, S. 34–43.

Biermann, Kurt-Reinhard: Alexander von Humboldts berühmter Bericht über seine amerikanische Forschungsreise 1799–1804 – ein Torso. In: NTM, 1982, H. 2, S. 59–66.

Biermann, Kurt-Reinhard: Briefwechsel zwischen Alexander von Humboldt und Peter Gustav Lejeune Dirichlet, Berlin 1983.

Biermann, Kurt-Reinhard: Carl Gustav Jacob Jacobi. In: Biographien bedeutender Mathematiker. Hrsg. von Hans Wußing und Wolfgang Arnold, Berlin 1983, S. 375–388.

Biermann, Kurt-Reinhard: Die Akademie pflegt Humboldts Werk. In: spectrum, 1984, H. 4, S. 12/13.

Biermann, Kurt-Reinhard/Jahn, Ilse/Lange, Fritz G.: Alexander von Humboldt. Chronologische Übersicht über wichtige Daten seines Lebens, Berlin 1984.

Biermann, Kurt-Reinhard/Hartke, Werner: «Mit dem Wissen kommt das Denken, und mit dem Denken der Ernst und die Kraft in die Menge.» A. v. Humboldts Einflußnahme auf Reformen der Akademie der Wissenschaften. In: Wissenschaft und Fortschritt, 1975, H. 4, S. 162–168.

Bildnisse berühmter Mitglieder der Deutschen Akademie der Wissenschaften zu Berlin. Hrsg. aus Anlaß der 250. Jahresfeier von der Deutschen Akademie der Wissenschaften zu Berlin, Berlin 1950.

Blasse, Wolfgang: Martin Schmidt – Leben und Werk. In: Wiss. Z. Humboldt-Univ., Math.-Naturwiss. R., 1955, H. 3, S. 231–243.

Boenheim, Felix: Virchow, Werk und Wirkung, Berlin 1957.

Bondzio, Wilhelm: Probleme und Positionen bei der wissenschaftlichen Einordnung Wilhelm von Humboldts und Jacob Grimms. In: Wiss. Z. Humboldt-Univ., Gesellschaftswiss. R., 1984, H. 5, S. 465–470.

Brost, Harald/Demps, Laurenz: Berlin wird Weltstadt. Photographien von F. Albert Schwartz. Hof-Photograph, Leipzig 1981.

Brüning, Eberhard: Zwei Professionen einer Frau. Mildred Harnack-Fish – Antifaschistin und Literaturwissenschaftlerin. In: spectrum, 1982, H. 2, S. 28/29.

Buchheim, Gisela: Hermann von Helmholtz und die klassische Elektrodynamik. In: NTM, 1971, H. 1, S. 26–36.

Česnakova, S. A./Lindemann, Marianne: Wissenschaftliche Kontakte zwischen Physiologen aus Rußland und aus Deutschland in der zweiten Hälfte des vorigen Jahrhunderts. In: NTM, 1970, H. 1, S. 86–99.

Chemiker über Chemiker. Wahlvorschläge zur Aufnahme von Chemikern in die Berliner Akademie 1822–1925. Hrsg. von Anneliese Greiner (Studien zur Geschichte der Akademie der Wissenschaften der DDR, Bd. 8), Berlin 1986.

Daber, Rudolf: 200 Jahre Museum für Naturkunde an der Humboldt-Universität zu Berlin. Vorwort. In: Wiss. Z. Humboldt-Univ., Math.-Naturwiss. R., 1970, H. 2/3, S. 123/124.

David, Heinz: Berühmte Ärzte und Wissenschaftler der Charité und ihre Verantwortung für wissenschaftlichen und gesellschaftlichen Fortschritt. In: Zeitschrift für klinische Medizin, 1985, H. 20, S. 1477–1482.

Deubner, Alexander: Die Physik an der Berliner Universität von 1910 bis 1960 (Auszug). In: Wiss. Z. Humboldt-Univ., Math.-Naturwiss. R., 1983, H. 5, S. 593–595.

Diagnosen. Ärzteerinnerungen aus dem 20. Jahrhundert. Hrsg. und kommentiert von Barbara Albrecht und Günter Albrecht, Berlin 1974.

Dick, Julius: 250 Jahre Berliner Sternwarte. In: Die Sterne, 1950, H. 1, S. 161–171.

Dokumente einer Freundschaft. Briefwechsel zwischen Hermann Helmholtz und Emil du Bois-Reymond. Hrsg. von Christa Kirsten/Herbert Hörz/Siegfried Wollgast (Studien zur Geschichte der Akademie der Wissenschaften der DDR, Bd. 9), Berlin 1986.

Domin, Georg: Einige philosophiehistorische Fragen zu den theoretischen Auseinandersetzungen Emil du Bois-Reymonds. In: NTM, Beiheft, 1963, S. 112–118.

Donke-Müller, Monika: Aus dem Leben und Wirken des Chemikers und Hochschullehrers August Wilhelm Hofmann. In: Beiträge zur Geschichte der Humboldt-Universität zu Berlin, H. 4, 1981.

Dummer, Jürgen: Warum, lieber Bekker, so schweigsam? Zum 200. Jahrestag des klassischen Philologen Bekker (1785–1871). In: spectrum, 1985, H. 8, S. 30/31.

Dunken, Gerhard: Alexander von Humboldt und der Plan der Gründung einer höheren technischen Lehranstalt in Berlin. In: Wiss. Z. Humboldt-Univ., Math.-Naturwiss. R., 1958/59, H. 1, S. 131–134.

Dunken, Gerhard: Die Deutsche Akademie der Wissenschaften zu Berlin in Vergangenheit und Gegenwart, Berlin 1960.

Eccarius, Wolfgang: Der Techniker und Mathematiker August Leopold Crelle (1780–1855) und sein Beitrag zur Förderung und Entwicklung der Mathematik im Deutschland des 19. Jahrhunderts. In: NTM, 1975, H. 2, S. 38–49.

Eccarius, Wolfgang: Zur Gründungsgeschichte des Journals für die reine und angewandte Mathematik. In: NTM, 1977, H. 2, S. 8–28.

Eccarius, Wolfgang/Ott, Anton: Dokument zur Biographie von August Leopold Crelle (1780–1855). In: NTM, 1974, H. 1, S. 11–15.

Eichler, Helga/Müller, Hans-Heinrich: Theoria cum praxi und die Preisschriften der Akademie. In: spectrum, 1975, H. 2, S. 21–25.

Eickenjäger, Karl-G.: Feuilletons zur Berliner Wissenschaftsgeschichte. In: spectrum, 1970–1981.

Enderlein, Rolf/Kaschluhn, Frank: Das Institut für Theoretische Physik an der Humboldt-Universität zu Berlin und die theoretischen Bereiche der Sektion Physik von 1946 bis zur Gegenwart. In: Wiss. Z. Humboldt-Univ., Math.-Naturwiss. R., 1983, H. 5, S. 596–602.

Faak, Margot: G. W. Leibniz im Urteil Alexander von Humboldts. In: NTM, 1975, H. 1, S. 25–30.

Fabian, Eginhard: Informationen zur Wissenschaftsgeschichte in der DDR, 1980, H. 1, bis 1985, H. 10. Hrsg. Akademie der Wissenschaften der DDR, Institut für Theorie, Geschichte und Organisation der Wissenschaft.

Fahrenbach, Sabine: Der Emanzipationsprozeß in der Ophthalmologie und die wissenschaftliche Schule Albrecht von Graefes (1828–1870). In: Rostocker Wissenschaftshistorische Manuskripte, H. 7, Rostock 1981, S. 41–47.

Fahrenbach, Sabine: Auswahlbibliographie zur Wissenschaftsgeschichte in der DDR. In: Veröffentlichungen der Universitätsbibliothek Rostock, 1985, Nr. 80.

Falk, Gerhard: 150 Jahre Humboldt-Universität zu Berlin. 250 Jahre Charité, Berlin 1960.

Fascher, Erich: Adolf von Harnack – Größe und Grenze. In: Wiss. Z. Humboldt-Univ., Gesellsch.- u. Sprachwiss. R., 1959/60, H. 4, S. 409–428.

Felber, Hans-Joachim: Das Kalendermonopol und die

Berliner Sternwarte. In: Wissenschaft und Fortschritt, 1975, H. 2, S. 60–63.
Felber, Hans-Joachim: Die Bodeschen Sternkarten. In: spectrum, 1979, H. 7, S. 18–21.
Feyl, Othmar: Die deutsch-sowjetische Zusammenarbeit im wissenschaftlichen Bibliothekswesen der DDR seit 1945. In: Wiss. Z. Humboldt-Univ., Gesellsch.- und Sprachwiss. R., 1968, H. 5, S. 849–854.
Feyl, Renate: Bilder ohne Rahmen, Rudolstadt 1977.
Fink, Heinrich: Zur Geschichte der theologischen Fakultät Berlins. Zum Weg der Fakultät von ihrer Gründung bis zur Gegenwart. In: Wiss. Z. Humboldt-Univ., Gesellschaftswiss. R., 1985, H. 7, S. 523–526.
Fläschendräger, Werner/Grau, Conrad/Klaus, Werner/Köhler, Roland/Kraus, Aribert: Forschungen zur Wissenschaftsgeschichte, zur Geschichte der Akademien, Universitäten und Hochschulen der DDR. In: Zeitschrift für Geschichtswissenschaft, Sonderband 1980: Historische Forschungen in der DDR 1970–1980. Analysen und Berichte, S. 770–794.
Forschen und Wirken. Festschrift zur 150-Jahr-Feier der Humboldt-Universität zu Berlin, Bd. I: Beiträge zur wissenschaftlichen und politischen Entwicklung der Universität. Hrsg. von Willi Göber und Friedrich Herneck, Berlin 1960.
Fritze, Klaus: Zur Geschichte der Sternwarte Babelsberg. In: Wissenschaft und Fortschritt, 1976, H. 7, S. 299–302.
Gandert, Klaus-Dietrich: Vom Prinzenpalais zur Humboldt-Universität, Berlin 1985.
Gelius, Rolf: Leonhard Thurneysser – ein frühkapitalistischer Wissenschaftsunternehmer. In: Wissenschaft und Fortschritt, 1981, H. 3, S. 96–99.
Genschorek, Wolfgang: Robert Koch, Leipzig 1983.
Genschorek, Wolfgang: Wegbereiter der Chirurgie. Dieffenbach und Billroth, Leipzig 1984.
Geschichte der Berliner Universität, Überblick 1810–1985. Autorenkollektiv unter der Leitung von A. Rüger, Berlin 1985.
Girnus, Wolfgang: Der chemischen Gesellschaft Sitzung jetzt eröffnet ist ... In: spectrum, 1983, H. 11, S. 30–32.
Girnus, Wolfgang: Die chemische Forschung und Lehre und die chemische Industrie in Berlin – Gedanken zu ihrer Wechselwirkung im 19. Jahrhundert. In: Perspektiven interkultureller Wechselwirkung für den wissenschaftlichen Fortschritt, AdW, ITW, Kolloquien, H. 48, Berlin 1985, S. 39–47.
Göllner-Scheidling, Ursula: Zur Geschichte der Entomologie in Berlin mit besonderer Berücksichtigung des 19. Jahrhunderts. In: Wiss. Z. Humboldt-Univ., Math.-Naturwiss. R., 1985, H. 3/4, S. 310–320.
Grau, Conrad: Dauernder als Erz? Denkmäler für Wissenschaftler in Berlin. In: spectrum, 1982, H. 2, S. 18–21.
Grau, Conrad: ... in freigewordener Völker Händen. Zum Leibniz-Tag. In: spectrum, 1982, H. 7, S. VI bis VII.
Grau, Conrad: Leonhard Euler in Berlin. In: spectrum, 1983, H. 8, S. 30–32.
Grau, Conrad: Ein Berliner Wissenschaftshistoriker im 18. Jahrhundert: J. K. W. Moehsen. In: Perspektiven interkultureller Wechselwirkung für den wissenschaftlichen Fortschritt, AdW, ITW, Kolloquien, H. 48, Berlin 1985, S. 91–100.
Grau, Conrad: Bucher Viereck. In: spectrum, 1984, H. 6, S. 30/31.
Grau, Conrad: Les Réfugies Françaises dans l'Academie du Roi. In: spectrum, 1985, H. 9, S. 29–31.
Grau, Conrad/Schlicker, Wolfgang/Zeil, Liane: Forscher, Forschung, Fortschritt. Streiflichter aus der Geschichte der Akademie der Wissenschaften. In: spectrum, 1975, H. 7/8, S. 26–33.
Grau, Conrad/Zeil, Liane: Wendepunkt 1945 – Neubeginn auch für die Akademie. Zum 30. Jahrestag der Befreiung vom Hitlerfaschismus. In: Wissenschaft und Fortschritt, 1975, H. 5, S. 196–201.
Grossmann, Peter: 150 Jahre Universitäts-Kinderklinik in der Charité – 150 Jahre Kampf um die Senkung der Säuglingssterblichkeit. In: Wiss. Z. Humboldt-Univ., Math.-Naturwiss. R., 1980, H. 5/6, S. 539–541.
Guntau, Martin/Wirth, Uwe: Ernst Beyrich (1815 bis 1896) und Wilhelm Hauchecorne (1828 bis 1900) – ihr Anteil an der Begründung der Preußischen Geologischen Landesanstalt und der Entwicklung der Geologie in Berlin während der 2. Hälfte des 19. Jahrhunderts. In: Leben und Wirken deutscher Geologen im 18. und 19. Jahrhundert. Hrsg. von Hans Prescher, Leipzig 1985, S. 274–290.
Haefke, Fritz: Alexander von Humboldt. In: Wiss. Z. Humboldt-Univ., Math.-Naturwiss. R., 1959/60, H. 1, S. 1–12.
Haefke, Fritz: 150 Jahre Geographie an der Berliner Universität. In: Wiss. Z. Humboldt-Univ., Math.-Naturwiss. R., 1981, H. 1, S. 5–12.
Hansen, Gerhard: Die Entwicklung des Instituts für gerichtliche Medizin der Humboldt-Universität. In: Wiss. Z. Humboldt-Univ., Math.-Naturwiss. R., 1951, H. 1, S. 19–23.
Harig, Georg: Ärzte und Patienten der Charité im 18. Jahrhundert. In: Miniaturen zur Geschichte, Kultur und Denkmalpflege Berlins, Nr. 18, Berlin 1985, S. 26–36.
Harig, Gerhard: Alexander von Humboldt – der Naturforscher des deutschen Humanismus. In: NTM, 1960, H. 1, S. 50–61.
Hartkopf, Werner: Societät soll mit dazuzahlen. Zur Vertretung der Medizin in der Berliner Akademie des 18. Jahrhunderts. In: spectrum, 1982, H. 6, S. 30–32.
Hartkopf, Werner: Traditionssiegel. Zur Geschichte des Siegels der Akademie. In: spectrum, 1982, H. 12.

Hartkopf, Werner: Die Akademie der Wissenschaften der DDR. Ein Beitrag zu ihrer Geschichte (II). Biographischer Index, Berlin 1982.

Hartkopf, Werner: Geschichte der Insignien des Präsidenten. In: spectrum, 1984, H. 1, S. 30/31.

Hartkopf, Werner: Von der «Conferenzstube» zum Hauptgebäude der Akademie (I). In: spectrum, 1985, H. 2, S. 29–31.

Hartkopf, Werner: Von der «Conferenzstube» zum Hauptgebäude der Akademie (II). In: spectrum, 1985, H. 3, S. 29–31.

Hartkopf, Werner: Von der «Conferenzstube» zum Hauptgebäude der Akademie (III). In: spectrum, 1985, H. 4, S. 29–31.

Hartkopf, Werner/Dunken, Gerhard: Von der Brandenburgischen Societät der Wissenschaften zur Deutschen Akademie der Wissenschaften zu Berlin, Berlin 1967.

Haubold, Hans-Joachim/John, Reiner Wilhelm: Albert A. Michelsons Ätherdrift-Experiment 1880/1881 in Berlin und Potsdam. In: NTM, 1984, H. 1, S. 31–45.

Hecht, Helmut/Hoffmann, Dieter: Die Berufung Hans Reichenbachs an die Berliner Universität. Zur Einheit von Naturwissenschaft, Philosophie und Politik. In: Deutsche Zeitschrift für Philosophie, 1982, H. 5, S. 651–662.

Heinig, Karl: Einige Bemerkungen zu Helmholtz' wissenschaftlichem Wirken und der Chemie des 19. Jahrhunderts. In: Wiss. Z. Humboldt-Univ., Math.-Naturwiss. R., 1973, H. 3, S. 357–361.

Heinig, Karl: Sowjetische und deutsche Chemiker – mehr als 50 Jahre verbunden. In: Wissenschaft und Fortschritt, 1973, H. 4, S. 151–155.

Herbst, Hans-Georg: Zur Geschichte der Zoologie an den landwirtschaftlichen Hochschuleinrichtungen in Berlin. In: Wiss. Z. Humboldt-Univ., Math.-Naturwiss. R., 1985, H. 3/4, S. 330–341.

Herforth, Liselotte: Erinnerungen an meinen «Diplom-Vater». Hans Geiger wäre am 30. September 100 Jahre alt geworden. In: spectrum, 1982, H. 11, S. 28/29.

Herneck, Friedrich: Der «Fall Einstein» und die Ehre der deutschen Nation. In: Wiss. Z. Humboldt-Univ., Gesellsch.- u. Sprachwiss. R., 1963, H. 4, S. 329–332.

Herneck, Friedrich: Über lesende Akademiemitglieder. In: spectrum, 1985, H. 12, S. 30/31.

Herneck, Friedrich: Einstein und die Humboldt-Universität. In: Wiss. Z. Humboldt-Univ., Math.-Naturwiss. R., 1966, H. 5, S. 797–801.

Herneck, Friedrich: Emil Fischer als Mensch und Forscher. In: Zeitschrift für Chemie, 1970, Nr. 2, S. 41–48.

Herneck, Friedrich: Die Stellung von Hermann von Helmholtz in der Wissenschaftsgeschichte. In: Wiss. Z. Humboldt-Univ., Math.-Naturwiss. R., 1973, H. 3, S. 349–355.

Herneck, Friedrich: Hegel und Alexander von Humboldt. In: Wiss. Z. Humboldt-Univ., Math.-Naturwiss. R., 1971, H. 2, S. 267–270.

Herneck, Friedrich: Max Planck und der Hitlerfaschismus. In: spectrum, 1972, H. 10, S. 22/23.

Herneck, Friedrich: Die Einstein-Dokumente im Archiv der Humboldt-Universität zu Berlin. In: NTM, 1973, H. 2, S. 32–38.

Herneck, Friedrich: Zur Geschichte des Chemischen Instituts in der Hessischen Straße. In: Zeitschrift für Chemie, 1976, Nr. 6, S. 209–214.

Herneck, Friedrich: Albert Einstein (Biographien hervorragender Naturwissenschaftler, Techniker und Mediziner, Bd. 14), Leipzig 1982.

Herneck, Friedrich: Albert Einstein. Ausgebürgertes Gewissen. In: Sturz ins Dritte Reich. Historische Miniaturen und Porträts 1933–1935, Leipzig/Jena/Berlin 1983, S. 158–164.

Herneck, Friedrich: Max von Laue. Von der Widerstandskraft des menschlichen Anstands. In: Sturz ins Dritte Reich. Historische Miniaturen und Porträts 1933–35, Leipzig/Jena/Berlin 1983, S. 345–351.

Herneck, Friedrich: Wissenschaftsgeschichte. Vorträge und Abhandlungen, Berlin 1984.

Herneck, Friedrich: Hermann Wilhelm Vogel (Biographien hervorragender Naturwissenschaftler, Techniker und Mediziner, Bd. 71), Leipzig 1984.

Herrmann, Dieter B.: Die Entstehung der Astronomischen Fachzeitschriften in Deutschland (1798–1821). In: Veröffentlichungen der Archenhold-Sternwarte, 1972, Nr. 5.

Herrmann, Dieter B.: Julius Scheiner und der erste Lehrstuhl für die Astrophysik an der Universität Berlin. In: NTM, 1977, H. 1, S. 33–42.

Hiepe, Theodor/Weidauer, Brigitte: Zur Geschichte der Parasitologie an der Berliner Universität. In: Wiss. Z. Humboldt-Univ., Math.-Naturwiss. R., 1985, H. 3/4, S. 291–298.

Hiller, Karl/Nahnhauer, Annette: Die Entwicklung der Pharmakognosie als Hochschulfach an der Berliner bzw. Humboldt-Universität. In: Wiss. Z. Humboldt-Univ., Math.-Naturwiss. R., 1985, H. 3/4.

Hintze, Fritz: Ägyptologe und Sprachwissenschaftler. Zum 100. Todestag von Lepsius (1810–1884). In: spectrum, 1984, H. 6, S. 9.

Hoffmann, Dieter: Liebe zu den «unweiblichen» Naturwissenschaften. Zum 100. Geburtstag von Akademiemitglied Lise Meitner. In: spectrum, 1978, H. 11, S. 10–14.

Hoffmann, Dieter: Albert Einstein und die Physikalisch-Technische Reichsanstalt. In: Berliner Wissenschaftshistorische Kolloquien I, AdW, ITW, Kolloquien, H. 21, Berlin 1980, S. 90–102.

Hoffmann, Dieter: Das Wirken Max von Laues an den wissenschaftlichen Einrichtungen Berlins. In: Berliner Wissenschaftshistorische Kolloquien I, AdW, ITW, Kolloquien, H. 21, Berlin 1980, S. 118–136.

Hoffmann, Dieter: Pfadfinder in der Physik. Zum 50. Todestag von Emil Warburg. In: spectrum, 1981, H. 7, S. 26/27.

Hoffmann, Dieter: Der Vater des Zählrohrs. Zum 100. Geburtstag von Hans Geiger. In: spectrum, 1982, H. 9, S. VI–VII.

Hoffmann, Dieter: Wilhelm Foerster – Astronom, Wissenschaftsorganisator und Begründer der «Urania». In: Astronomie und Raumfahrt, 1983, H. 1, S. 7–10.

Hoffmann, Dieter: Karl Ferdinand Braun (1850 bis 1918). In: Biographien bedeutender Techniker, Ingenieure und Technikwissenschaftler, Berlin 1983, S. 305–311.

Hoffmann, Dieter: Michail Ossipowitsch Dolivo-Dobrowolsky (1852 bis 1919). In: Biographien bedeutender Techniker, Ingenieure und Technikwissenschaftler, Berlin 1983, S. 317–323.

Hoffmann, Dieter: Max Planck als akademischer Lehrer. In: Berliner Wissenschaftshistorische Kolloquien VIII, AdW, ITW, Kolloquien, H. 35, Berlin 1984, S. 55–71.

Hoffmann, Dieter: Ein Meister der messenden Physik. Zum 75. Todestag von Friedrich Kohlrausch. In: spectrum, 1985, H. 1, S. 32.

Hoffmann, Dieter/Kant, Horst/Laitko, Hubert: Zum Wechselverhältnis von Physik und Elektroindustrie in Berlin bis zu Beginn des 20. Jahrhunderts. In: Intensivierung der Forschung. Hrsg. von Günter Kröber, Lothar Läsker und Hubert Laitko, Berlin 1984, S. 63–133.

Hoffmann, Paul: Zur Entwicklung der Botanik und ihrer Teilgebiete an der Humboldt-Universität zu Berlin. In: Berliner Wissenschaftshistorische Kolloquien V, AdW, ITW, Kolloquien, H. 27, Berlin 1982, S. 37–52.

Holz, Ehrentraut: Robert Koch (1843–1910). Auswahlbibliographie (Schriftenreihe der Universitätsbibliothek Berlin, Nr. 46), Berlin 1984.

Hörz, Herbert: Werner Heisenberg und die Philosophie, Berlin 1966.

Hörz, Herbert: Die philosophischen Auffassungen von Hermann von Helmholtz. In: Wiss. Z. Humboldt-Univ., Math.-Naturwiss. R., 1973, H. 3, S. 279–286.

Hörz, Herbert/Lauß, Andreas: Hermann von Helmholtz und die Physikalisch-Technische Reichsanstalt. In: Perspektiven interkultureller Wechselwirkung für den wissenschaftlichen Fortschritt, AdW, ITW, Kolloquien, H. 48, Berlin 1985, S. 123–130.

Höxtermann, Ekkehard: Ein Halbjahrhundert Fortschritte der Zellphysiologie, Biochemie und Photobiologie – Otto Heinrich Warburg (1883 bis 1970). In: NTM, 1983, H. 2, S. 1–24.

Höxtermann, Ekkehard: Die Botanik in der Veterinärmedizin in Berlin. In: Wiss. Z. Humboldt-Univ., Math.-Naturwiss. R., 1985, H. 3/4, S. 246–254.

Höxtermann, Ekkehard/Dembny, Hardy/Lotze, Kerstin: Kurzbiographien und Porträts von Botanikern in der Geschichte der Berliner Universität. In: Wiss. Z. Humboldt-Univ., Math.-Naturwiss. R., 1985, H. 3/4, S. 360–406.

Irmscher, Johannes: Wilhelm von Humboldt und der deutsche Philhellenismus. In: Wiss. Z. Humboldt-Univ., Gesellsch.- u. Sprachwiss. R., 1968, H. 3, S. 362–366.

Irmscher, Johannes: Hermann Diels als wissenschaftlicher Organisator. In: Philologus, 1973, H. 2, S. 293–300.

Irmscher, Johannes: Wissenschaftliches Erbe verpflichtet. In: spectrum, 1981, H. 10, S. 22–24.

Irmscher, Johannes: Die Entwicklung der klassischen Philologie an der Humboldt-Universität zu Berlin. In: Wiss. Z. Humboldt-Univ., Gesellschaftswiss. R., 1983, H. 3, S. 355–360.

Irmscher, Johannes: Der Berliner Museumskrieg. In: spectrum, 1984, H. 5, S. 29–31.

Irmscher, Johannes: Boeckh und Bekker in Berlin. In: spectrum, 1985, H. 6, S. 29–31.

Irrlitz, Gert: Das vielberufene Königswort. Gegensatz zwischen frühbürgerlicher aufklärerischer Gründungsidee und preußischem Königshaus. In: Wiss. Z. Humboldt-Univ., Gesellschaftswiss. R., 1984, H. 1, S. 15–17.

Jackisch, Gerhard: Für praxisbezogene mathematische Forschung. Zum 250. Geburtstag von J. H. Lambert. In: spectrum, 1978, H. 11, S. 31/32.

Jahn, Ilse: Carl Ludwig Willdenow und die Biologie seiner Zeit. In: Wiss. Z. Humboldt-Univ., Math.-Naturwiss. R., 1966, H. 5, S. 803–812.

Jahn, Ilse: Der Einfluß experimentell-botanischer Forschungen auf die Wandlungen in der Physiologie von Alexander von Humboldt bis Emil du Bois-Reymond. In: NTM, 1967, H. 9, S. 66–83.

Jahn, Ilse: Über die Einflußnahme Alexander von Humboldts auf die Entwicklung der Naturwissenschaften an der Berliner Universität. In: Wiss. Z. Humboldt-Univ., Math.-Naturwiss. R., 1972, H. 2, S. 130–144.

Jahnke, Ulrich: Wilhelm Dilthey und die Institutionalisierung der Psychologie an der Berliner Universität. In: Wiss. Z. Humboldt-Univ., Gesellschaftswiss. R., 1984, H. 1, S. 55–59.

Jahns, Christa-Maria: Rudolf Virchow (1871–1902). Auswahlbibliographie (Schriftenreihe der Universitätsbibliothek Berlin, Nr. 42), Berlin 1983.

Jung, Friedrich: Karl Lohmann – Entdecker des Adenosintriphosphats. In: Wissenschaft und Fortschritt, 1973, H. 7, S. 316–319.

Jung, Friedrich: Walter Friedrich: Humanist und Friedenskämpfer. In: spectrum, 1983, H. 12, S. 10/11.

Kant, Horst: Zum Problem der Forschungsprofilierung am Beispiel der Nernstschen Schule während ihrer Berliner Zeit von 1905 bis 1914. In: NTM, 1974, H. 2, S. 58–68.

Kant, Horst: Werner Heisenberg 1901–1976. In: Physik in der Schule, 1976, H. 5, S. 177–186.

Kant, Horst: Johann Christian Poggendorff. In: Physik in der Schule, 1977, Heft 1/2, S. 14–17.

Kant, Horst: Entscheidende Impulse für die Entwicklung der Physik in Berlin – Gustav Magnus zum 175. Geburtstag. In: Physik in der Schule, 1977, H.5, S. 187–199.

Kant, Horst: Zu einigen Aktivitäten von Physikern im Berliner Elektrotechnischen Verein zwischen 1880 bis 1890. In: Wissenschaft und Technik – Humanismus und Fortschritt. Beiträge der DDR-Delegation zum XVI. Internationalen Kongreß für Geschichte der Wissenschaft in Bukarest, AdW, ITW, Kolloquien, H. 22, Berlin 1981, S. 59–63.

Kant, Horst: Zum 100. Geburtstag von Max Born – Fakten und Notizen über Leben und Werk. In: Physik in der Schule, 1982, H. 12, S. 510–513.

Kant, Horst: Die Familie Kohlrausch und die physikalische Meßtechnik. In: Physik in der Schule, 1984, H. 11, S. 422–428.

Kautzleben, Heinz: Ein Gelehrter von universeller Bildung. Zum 125. Todestag Alexander von Humboldts. In: spectrum, 1984, H. 4, S. 9–11.

Kettler, Louis-Heinz: Die Entwicklung der Pathologischen Anatomie in unserem Jahrhundert. In: NTM, 1969, H. 2, S. 102–120.

Kiffner, Fritz: Felix von Luschan. Eine biographische Skizze aus persönlichen Erinnerungen und Äußerungen seiner Zeit. In: Wiss. Z. Humboldt-Univ., Math.-Naturwiss. R., 1961, H. 2, S. 231–239.

Kinzel, Hella: Zur Geschichte des Geographieunterrichts in Deutschland bis zur Mitte des 19. Jahrhunderts. In: Wiss. Z. Humboldt-Univ., Gesellsch.- u. Sprachwiss. R., 1963, H. 7/8, S. 907–913.

Kirsche, Walter: Johannes Müller zum 100. Todestag. In: Wiss. Z. Humboldt-Univ., Math.-Naturwiss. R., 1958/59, H. 1, S. 49–51.

Kirsche, Walter: Christian Gottfried Ehrenberg. Zum 100. Todestag. In: Sitzungsberichte der AdW der DDR, 9 N, Berlin 1977.

Kirsche, Walter: Oskar Vogt (1870–1959). In: Sitzungsberichte der AdW der DDR, 13 N, Berlin 1986, S. 1–51.

Kirsten, Christa: Übersicht über die Bestände des Archivs der Deutschen Akademie der Wissenschaften zu Berlin, Berlin 1960.

Klare, Hermann: Van't Hoff und E. Fischer – Bahnbrecher der chemischen Forschung. In: spectrum, 1978, H. 4, S. 5–10; H. 5, S. 10–14.

Klauß, Klaus: Ein neuentdecktes frühes Dokument zur Geschichte der Erfindung des Augenspiegels durch Hermann von Helmholtz. In: NTM, 1981, H. 1, S. 58–61.

Kleber, Willi: Alexander von Humboldt und seine Bedeutung für die Mineralogie. In: Wiss. Z. Humboldt-Univ., Math.-Naturwiss. R., 1959/60, H. 3.

Kleber, Willi: Eilhard Mitscherlich zur 100. Wiederkehr des Todestages am 28. August 1963. In: Wiss. Z. Humboldt-Univ., Math.-Naturwiss. R., 1964, H. 1, S. 1–5.

Klein, Helmut/Auth, Joachim: Zur Entwicklung der Physik an der Berliner Universität. Vorwort. In: Wiss. Z. Humboldt-Univ., Math.-Naturwiss. R., 1983, H. 5, S. 551–555.

Klein, Helmut/Mohrmann, Walter: Die Humboldt-Universität im Jahr 1949 und ihr Wirken in der sozialistischen Gesellschaft. In: Wiss. Z. Humboldt-Univ., Gesellsch.- u. Sprachwiss. R., 1979, H. 4, S. 403–408.

Klemm, Volker: Albrecht Daniel Thaer – Persönlichkeit und Werk. In: Wiss. Z. Humboldt-Univ., Math.-Naturwiss. R., 1978, H. 1, S. 13–18.

Klemm, Volker/Gayko, Dietrich: Jubiläen der Berliner Agrarwissenschaften. 100 Jahre Landwirtschaftliche Hochschule Berlin. 30 Jahre Akademie der Landwirtschaftswissenschaften der DDR. In: Wissenschaft und Fortschritt, 1981, H. 11, S. 414–417.

Klemm, Volker/Meyer, Günther: Albrecht Daniel Thaer. Pionier der Landwirtschaftswissenschaften in Deutschland, Halle 1968.

Klenner, Hermann: Wilhelm von Humboldt – Revolution, Reformation, Wissenschaft. In: spectrum, 1985, H. 3, S. 24/25.

Knobloch, Heinz: Herr Moses in Berlin, Berlin 1980.

Knobloch, Wolfgang: Zeugnisse vom Anfang. Die Neugründung der Akademie der Wissenschaften 1945. In: spectrum, 1985, H. 4, S. 24/25.

Köberle, Kordula: Zur Kontroverse zwischen Schulmedizin und Naturheilkunde vor dem Hintergrund der Entwicklung der Hydrotherapeutischen Anstalt der Universität Berlin von 1898 bis 1933. In: Wiss. Z. Humboldt-Univ., Math.-Naturwiss. R., 1979, H. 2, S. 309–315.

Koch, Erich: Maxim Zetkin als Arzt, Wissenschaftler und Gesundheitspolitiker. In: Wiss. Z. Humboldt-Univ., Math.-Naturwiss. R., 1970, H. 4, S. 365–367.

Koch, Tankred: Zur Geschichte der Veterinärmedizinischen Fakultät der Humboldt-Universität zu Berlin. In: Wiss. Z. Humboldt-Univ., Math.-Naturwiss. R., 1965, Sdbd. Veterinärmedizin, S. 9–52.

Koch, Tankred: Geschichte des Instituts für Veterinär-Anatomie. In: Wiss. Z. Humboldt-Univ., Math.-Naturwiss. R., 1965, Sdbd. Veterinärmedizin, S. 117–125.

Köhler, Werner/Mochmann, Hanspeter: Robert Koch. Zum 100. Jahrestag der Entdeckung des Tuberkelbakteriums. In: Wissenschaft und Fortschritt, 1982, H. 3, S. 104–108.

Kollesch, Jutta: Hermann Diels in seiner Bedeutung für die Geschichte der antiken Medizin. In: Philologus, 1973, H. 2, S. 278–283.

König, Helmut: Die Bildungsidee Wilhelm von Humboldts und ihre Verwirklichung. In: Wiss. Z. Humboldt-Univ., Gesellsch.- u. Sprachwiss. R., 1968, H. 3, S. 341–348.

Körber, Hans-Günther: Ansichten Alexander von Humboldts zu Fragen der meteorologischen Optik und der Luftelektrizität. In: Wiss. Z. Humboldt-Univ., Math.-Naturwiss. R., 1959/60, H. 1, S. 33–50.

Körber, Hans-Günther: Beiträge von Berliner Physikern zur Entwicklung der Physik der Atmosphäre. In: Berliner Wissenschaftshistorische Kolloquien III, AdW, ITW, Kolloquien, H. 24, Berlin 1981, S. 176–195.

Körber, Hans-Günther: Über die Teilnahme der Berliner Akademie der Wissenschaften an den von der Royal Society angeregten meteorologischen Beobachtungen (1723 ff.). In: Perspektiven interkultureller Wechselwirkung für den wissenschaftlichen Fortschritt, AdW, ITW, Kolloquien, H. 48, Berlin 1985, S. 171–176.

Kossack, Heinz: Archivalische Quellennachweise zur Geschichte der Humboldt-Universität zu Berlin, T. 1: Berufung und Ernennung des Lehrkörpers der philosophischen und mathematisch-naturwissenschaftlichen Fakultät (1810–1945), Berlin 1972.

Kraatz, Helmut: Vergangenheit und Zukunft der Universitäts-Frauenklinik Berlin, Artilleriestraße 18. In: Wiss. Z. Humboldt-Univ., Math.-Naturwiss. R., 1952, H. 11, S. 13–19.

Kraatz, Helmut: Zwischen Klinik und Hörsaal. Autobiographie, Berlin 1977.

Kramer, Siegfried: 50 Jahre Gartenbauwissenschaft in Lehre und Forschung für die Praxis. In: Wiss. Z. Humboldt-Univ., Math.-Naturwiss. R., 1979, H. 6, S. 733–739.

Krause, Friedhilde: Bedeutende Wissenschaftler der Deutschen Staatsbibliothek in Geschichte und Gegenwart. In: Berliner Wissenschaftshistorische Kolloquien X, AdW, ITW, Kolloquien, H. 39, Berlin 1984, S. 1–26.

Krause, Heinz: Fichtes Universitätsplan von 1807 und die Gründung der Berliner Universität. In: Wiss. Z. Humboldt-Univ., Gesellschaftswiss. R., 1984, H. 1, S. 6–9.

Krietsch, Dieter/Simon, Heinz: Rudolf Virchow und das Pathologische Museum der Charité Berlin, Berlin 1984.

Krüger, Egon: Über die Doktor-Dissertation von Karl Marx. In: Wiss. Z. Humboldt-Univ., Gesellsch.- u. Sprachwiss. R., 1953/54, H. 2, S. 101–109.

Krüger, Peter: Adalbert von Chamisso (1781–1838) als Naturwissenschaftler und Diplomat. In: Perspektiven interkultureller Wechselwirkung für den wissenschaftlichen Fortschritt, AdW, ITW, Kolloquien, H. 48, Berlin 1985, S. 177–180.

Kuczynski, Jürgen: Wilhelm von Humboldt als Wissenschaftspolitiker und Wissenschaftsorganisator. In: Studien zu einer Geschichte der Gesellschaftswissenschaften, Bd. 2, Berlin 1975, S. 89–124.

Kuczynski, Jürgen: Das Rätsel der Kaiser-Wilhelm-Gesellschaft. In: Studien zu einer Geschichte der Gesellschaftswissenschaften, Bd. 2, Berlin 1975, S. 170–208.

Kuczynski, Jürgen: Richard Lepsius und sein Haus. In: Studien zu einer Geschichte der Gesellschaftswissenschaften, Bd. 6, Berlin 1977, S. 82–102.

Kuczynski, Jürgen: Das Haus Helmholtz. In: Studien zu einer Geschichte der Gesellschaftswissenschaften, Bd. 6, Berlin 1977, S. 103–124.

Kuczynski, Jürgen: Savigny – glanzvolle Jugend eines reaktionären Gelehrten von einstigem Weltruf. In: Studien zu einer Geschichte der Gesellschaftswissenschaften, Bd. 6, Berlin 1977, S. 125–173.

Künzel, Friedrich: Max Planck als Sekretar der Berliner Akademie der Wissenschaften in den Jahren 1912 bis 1938. In: Berliner Wissenschaftshistorische Kolloquien VIII, AdW, ITW, Kolloquien, H. 35, Berlin 1984, S. 73–84.

Laitko, Hubert: Albert Einsteins und Max von Laues Haltung und Leistung als wissenschaftstheoretisches Untersuchungsobjekt. In: Berliner Wissenschaftshistorische Kolloquien I, AdW, ITW, Kolloquien, H. 21, Berlin 1980, S. 1–24.

Laitko, Hubert: Zur weltanschaulichen Position Max von Laues. In: Berliner Wissenschaftshistorische Kolloquien I, AdW, ITW, Kolloquien, H. 21, Berlin 1980, S. 137–151.

Laitko, Hubert/Stemmler, Armgard: Congress im Circus Renz. In: spectrum, 1983, H. 1, S. 30–32.

Lehnert, Martin: Die philosophische Fakultät einst und jetzt. In: Wiss. Z. Humboldt-Univ., Gesellsch.- u. Sprachwiss. R., 1962, H. 4, S. 601–606.

Leonhard Eulers Wirken an der Berliner Akademie der Wissenschaften. Hrsg. von Wolfgang Knobloch, Berlin 1985.

Leps, Günther: Zur Geschichte der Ökologie in Berlin. In: Wiss. Z. Humboldt-Univ., Math.-Naturwiss. R., 1985, H. 3/4, S. 342–359.

Ley, Hermann: Rede über Fichte. In: Wiss. Z. Humboldt-Univ., Gesellsch.- u. Sprachwiss. R., 1962, H. 5, S. 687–693.

Lindemann, Marianne: Die Entwicklung der Elektrophysiologie in Berlin in ihrer Bedeutung für die gegenwärtige Physiologie und gesamte Medizin. In: Berliner Wissenschaftshistorische Kolloquien IV, AdW, ITM, Kolloquien, H. 26, Berlin 1982, S. 27–40.

Lindner, Gerhart: Die Mitarbeit von Gelehrten der Berliner Universität an der Erforschung der akustischen Struktur der Sprache. In: Wiss. Z. Humboldt-Univ., Gesellsch.- u. Sprachwiss. R., 1961, H. 1, S. 113–116.

Link, Reiner: Das II. Physikalische Institut der Humboldt-Universität zu Berlin. In: Wiss. Z. Humboldt-Univ., Math.-Naturwiss. R., 1983, H. 5, S. 609–627.

Lohs, Karlheinz: Fritz Haber, ein Exponent der bürgerlichen Wissenschaft. In: NTM, 1960, H. 4, S. 37–44.

Löschburg, Winfried/Wegehaupt, Heinz/Penzold, Leonhard: Die Deutsche Staatsbibliothek und ihre Kostbarkeiten, Weimar 1966.

Löser, Wolfgang: Der Bau unterirdischer Telegraphenlinien in Preußen von 1844–1867. In: NTM, 1963, H. 2, S. 52–67.

Luther, Bernd/Bredy, Edmund: Berliner Beiträge zur Entwicklung der Kieferorthopädie. In: Wiss. Z. Humboldt-Univ., Math.-Naturwiss. R., 1985, H. 8, S. 712–717.

Maskolat, Henny: Arbeiterbewegung und Berliner Universität in der Periode der Wiedereröffnung 1945/46. In: Wiss. Z. Humboldt-Univ., Gesellsch.- u. Sprachwiss. R., 1966, H. 4, S. 533–541.

Mauersberger, Klaus: Franz Reuleaux (1829–1905). In: Biographien bedeutender Techniker, Ingenieure und Technikwissenschaftler, Berlin 1983, S. 184–192.

Melcher, Horst: Zwischen Chemie und Physik: Otto Hahn. In: Wissenschaft und Fortschritt, 1979, H. 7, S. 250–260.

Mette, Alexander: Dreißig Jahre Institut für Geschichte der Medizin und der Naturwissenschaften in Berlin. In: NTM, 1960, H. 2, S. 166–171.

Meyer, Klaus: Max Volmer. Zum Gedenken an seinen 100. Geburtstag. In: Wissenschaft und Fortschritt, 1985, H. 5, S. 136–139.

Miller, Sepp/Sawadski, Bruno: Karl Marx in Berlin, Berlin 1956.

Mochmann, Hanspeter/Köhler, Werner: Meilensteine der Bakteriologie, Jena 1984.

Möckel, Christian: Alois Riehl an der Berliner Universität. Zur Riehlschen Kantinterpretation außerhalb der Badener und Marburger Schulen im Vergleich mit Max Adlers Kantdeutung. In: Wiss. Z. Humboldt-Univ., Gesellschaftswiss. R., 1984, H. 1, S. 45–48.

Mohrmann, Heinz: Wilhelm von Humboldts Bildungs-Konzeption und unsere aktuellen Aufgaben. In: Wiss. Z. Humboldt-Univ., Gesellsch.- u. Sprachwiss. R., 1968, H. 3, S. 315–319.

Morgenroth, Wolfgang: 150 Jahre Sanskritstudien in Berlin – humanistische Traditionen und Aufgaben der Indologie an der Humboldt-Universität. In: Wiss. Z. Humboldt-Univ., Gesellsch.- u. Sprachwiss. R., 1976, H. 3, S. 281–291.

Mörike, Hans-Jürgen: Hegels Übergang nach Preußen. Philosophie der Reform – Reform durch Philosophie. In: Wiss. Z. Humboldt-Univ., Gesellschaftswiss. R., 1984, H. 1, S. 11–14.

Müller, Hans-Heinrich: Preisaufgaben und Preisschriften der Berliner Akademie der Wissenschaften. In: Wissenschaft und Fortschritt, 1975, H. 2, S. 117–121.

Müller, Klaus/Wessel, Karl-Friedrich: Marxistisch-leninistische Philosophie und die Einzelwissenschaften – 25 Jahre Wissenschaftspolitik der SED. In: Wiss. Z. Humboldt-Univ., Gesellsch.- u. Sprachwiss. R., 1971, H. 4, S. 357–371.

Müller, Reimar: Hermann Diels in seiner Bedeutung für die Geschichte der antiken Philosophie. In: Philologus, 1973, H. 2, S. 271–277.

Natho, Günther/Schmidt, Harry: Zur Entwicklung der Speziellen Botanik als Wissenschaftsdisziplin an der Berliner bzw. Humboldt-Universität. In: Wiss. Z. Humboldt-Univ., Math.-Naturwiss. R., 1985, H. 3/4, S. 208–214.

Neye, Walther: 75 Jahre Landwirtschaftlich-Gärtnerische Fakultät Berlin. In: Wiss. Z. Humboldt-Univ., Math.-Naturwiss. R., 1956/57, H. 1, S. 57–60.

Nusshag, Wilhelm: 80 Jahre Tierseuchenbekämpfung. Zu Friedrich Müssemeiers 80. Geburtstag. In: Wiss. Z. Humboldt-Univ., Math.-Naturwiss. R., 1956/57, H. 1, S. 107–110.

Pätsch, Gertrud: Humboldts Beitrag zur modernen Sprachwissenschaft. In: Wiss. Z. Humboldt-Univ., Gesellsch.- u. Sprachwiss. R., 1968, H. 3, S. 353–356.

Pepperle, Heinz: Bruno Bauer an der Berliner Universität (1828–1939). In: Wiss. Z. Humboldt-Univ., Gesellschaftswiss. R., 1984, H. 1, S. 19–23.

Philosophenlexikon. Hrsg. von Erhard Lange/Dietrich Alexander, Berlin 1982.

Das Physiologische Institut der Humboldt-Universität 100 Jahre nach seiner Gründung (Wissenschaftliche Schriftenreihe der Humboldt-Universität zu Berlin), Berlin 1977.

Pieper, Herbert: Der Bauernsohn aus Müggelheim. Zum 100. Todestag des Geodäten J. J. Baeyer. In: spectrum, 1986, H. 1, S. 30/31.

Produktivkräfte in Deutschland 1870 bis 1917/18 (Geschichte der Produktivkräfte in Deutschland von 1800 bis 1945 in drei Bänden, Bd. 2), Berlin 1985.

Rachold, Jan: Oppositioneller zwischen Kanzel und Katheder. Zum 150. Geburtstag von Friedrich Daniel Ernst Schleiermacher. In: spectrum, 1984, H. 7, S. 30/31.

Reclam, Herta: Wegbereiter des Instituts für Rhetorik in ihrem Zusammenhang mit Katheder, Podium und Bühne. In: Wiss. Z. Humboldt-Univ., Gesellsch.- u. Sprachwiss. R., 1961, H. 1, S. 59–75.

Reichel, Ludwig: Eduard Buchner, sein Leben und sein Werk. In: Wiss. Z. Humboldt-Univ., Math.-Naturwiss. R., 1953/54, H. 4, S. 329–332.

Reishaus, Heike: Der Einfluß der Chemiemonopole auf die Aufgabenstellung der Chemisch-Technischen Reichsanstalt während der Weimarer Republik. In: NTM, 1972, H. 2, S. 34–48.

Die Rektoren der Humboldt-Universität zu Berlin, Halle 1966.

Rex, Joachim: «... nebst einer ausbündigen, zu ihrem Zweck eigentlich gehörigen Bibliothec ...» Zur Entwicklung der Berliner Akademiebibliothek im

18. und 19. Jahrhundert. In: spectrum, 1975, H. 5, S. 19–22.
Richter, Jochen: Oskar Vogt und die Gründung des Berliner Kaiser-Wilhelm-Instituts für Hirnforschung unter den Bedingungen imperialistischer Wissenschaftspolitik. In: Psychiatrie, Neurologie und medizinische Psychologie, 1976, H. 8, S. 449–457.
Richter, Jochen: Russische Ärztejournale aus Berlin. In: spectrum, 1983, H. 4, S. 30–32.
Richter, Klaus: Zu Wesen und Geschichte der Deutschen Militärärztlichen Gesellschaft und ihrer 1954 in Westdeutschland entstandenen Nachfolgeorganisation. In: Wiss. Z. Humboldt-Univ., Math.-Naturwiss. R., 1970, H. 4, S. 373–377.
Richter, Siegfried: Paul Nipkow (1860 bis 1940). In: Biographien bedeutender Techniker, Ingenieure und Technikwissenschaftler, Berlin 1983, S. 301–316.
Rockel, Martin: Zur Geschichte des Indogermanischen Seminars der Berliner Universität. In: Wiss. Z. Humboldt-Univ., Gesellsch.- u. Sprachwiss. R., 1969, H. 2, S. 319–322.
Rockel, Martin: Zur Geschichte der Berliner Keltologie bis 1945. In: Wiss. Z. Humboldt-Univ., Gesellschaftswiss. R., 1984, H. 2, S. 199–202.
Rompe, Robert: «... eine faszinierende Persönlichkeit». Zum 100. Geburtstag von Albert Einstein. In: Wissenschaft und Fortschritt, 1979, H. 2, S. 46–48.
Rompe, Robert: Max von Laue und das Berliner Physikalische Kolloquium. In: Berliner Wissenschaftshistorische Kolloquien I, AdW, ITW, Kolloquien, H. 21, Berlin 1980, S. 111–117.
Rosenfeld, Günter: Unsere Wissenschaftskooperation mit der Sowjetunion und ihre geschichtlichen Traditionen. In: Wiss. Z. Humboldt-Univ., Gesellsch.- u. Sprachwiss. R., 1980, H. 2, S. I–VIII.
Ruff, Peter Wolfgang: Emil du Bois-Reymond (Biographien hervorragender Naturwissenschaftler, Techniker und Mediziner, Bd. 54), Leipzig 1981.
Ruff, Peter Wolfgang: Die Hauptentwicklungslinien der Berliner Medizin zwischen 1870 und 1930. In: Berliner Wissenschaftshistorische Kolloquien IV, AdW, ITW, Kolloquien, H. 26, Berlin 1982, S. 1–16.
Sauer, Günter/Rapoport, Samuel M./Rost, Günther: Zur Geschichte der Biochemie in Berlin. In: NTM, 1960, H. 2, S. 115–147.
Schäfer, Peter: Die Auslandsbeziehungen der Berliner Universität zwischen 1933 und 1939 unter besonderer Berücksichtigung ihrer Unterordnung unter die Ziele der faschistischen Außenpolitik. In: Wiss. Z. Humboldt-Univ., Gesellsch.- u. Sprachwiss. R., 1961, H. 1, S. 13–27.
Schankweiler, Ewald: Zum Wesen und Ursprung der Sprache bei Jacob Grimm und Wilhelm von Humboldt. In: Wiss. Z. Humboldt-Univ., Gesellsch.- u. Sprachwiss. R., 1965, H. 4, S. 455–462.
Scheler, Werner: In memoriam Johannes Stroux. Zum 25. Todestag. In: spectrum, 1975, H. 12, S. I.
Scheler, Werner: Friedenskämpfer – Humanist – Wissenschaftler. Zum 100. Geburtstag von Walter Friedrich. Hrsg. von Heinz Stiller (Sitzungsberichte der Akademie der Wissenschaften der DDR), Berlin 1985.
Schilar, Hans: Die Handels-Hochschule (Wirtschafts-Hochschule) Berlin und ihre Bedeutung als Instrument des deutschen Imperialismus. In: Wiss. Z. Humboldt-Univ., Gesellsch.- u. Sprachwiss. R., 1961, H. 2/3, S. 323–346.
Schlenther, Ursula: Tradition und heutige Aufgaben der Lateinamerikawissenschaften an der Berliner Universität. In: Wiss. Z. Humboldt-Univ., Gesellsch.- u. Sprachwiss. R., 1965, H. 7, S. 819–821.
Schlicker, Wolfgang: Albert Einstein und die politische Reaktion im imperialistischen Deutschland nach dem ersten Weltkrieg. In: Wissenschaft und Fortschritt, 1975, H. 8, S. 343–347.
Schlicker, Wolfgang: Albert Einstein – Humanist und Kriegsgegner. In: spectrum, 1979, H. 2, S. 31–34.
Schlicker, Wolfgang: Albert Einstein über die Wissenschaft als soziale Institution und die gesellschaftliche Verantwortung des Wissenschaftlers. In: Berliner Wissenschaftshistorische Kolloquien I, AdW, ITW, Kolloquien, H. 21, Berlin 1980, S. 76–89.
Schlicker, Wolfgang: Der 100. Geburtstag Albert Einsteins und die Pflege seines Vermächtnisses in der DDR. In: Zeitschrift für Geschichtswissenschaft, 1980, H. 8, S. 781–789.
Schlicker, Wolfgang: Vom Exodus der Physik im faschistischen Deutschland. In: spectrum, 1983, H. 10, S. 28/29.
Schlicker, Wolfgang: Eugen Fischer. Faschisierung in Hochschule und Wissenschaft. In: Sturz ins Dritte Reich. Historische Miniaturen und Porträts 1933–35, Leipzig/Jena/Berlin 1983, S. 359–365.
Schlicker, Wolfgang/Baumgart, Ilse: Max von Laues Engagement in Forschungsorganisation und Politik. In: Wissenschaft und Fortschritt, 1979, H. 10, S. 374–377.
Schneck, Peter: Wilhelm Liepmann (1878–1959) und die soziale Gynäkologie im Spiegel der Aktenbestände des Archivs der Humboldt-Universität zu Berlin. In: NTM, 1980, H. 2, S. 102–120.
Schneck, Peter: Die Charité im 20. Jahrhundert. In: Miniaturen zur Geschichte, Kultur und Denkmalpflege Berlins, Nr. 18, Berlin 1985, S. 43–48.
Schneeweiß, Horst-Ulrich: Robert Koch – Arzt, Forscher und Lehrer. Zum 100. Jahrestag der Entdekkung der Tuberkelbakterien. In: spectrum, 1982, H. 3, S. 10–12.
Scholz, Hartmut: Zur Wissenschaftsstrategie von Emil Fischer. In: NTM, 1984, H. 2, S. 91–98.
Schölzel, Arnold: Zur Tätigkeit Nicolai Hartmanns an

der Berliner Universität. In: Wiss. Z. Humboldt-Univ., Gesellschaftswiss. R., 1984, H. 1, S. 61–65.

Schott, Lothar: Zur Geschichte der Anthropologie an der Berliner Universität. In: Wiss. Z. Humboldt-Univ., Math.-Naturwiss. R., 1961, H. 1, S. 57–65.

Schreiber, Peter: Johann Heinrich Lambert zum Gedenken. In: NTM, 1978, H. 1, S. 1–7.

Schreier, Wolfgang: Zur Herausbildung der Elektrotechnik – ein Beitrag über Wechselwirkung zwischen Elektrizitätslehre und elektrotechnischer Produktion zwischen 1800 und 1890. In: NTM, 1977, H. 2, S. 75–83.

Schröder, Horst: Zum Gedenken an Eduard Gans. In: Wiss. Z. Humboldt-Univ., Gesellsch.- u. Sprachwiss. R., 1964, H. 4, S. 515–522.

Schubert, Peter/Vogt, Karl: Johannes Görges (1859–1946) – ein Pionier der Wechselstromtechnik. In: NTM, 1985, H. 2, S. 75–84.

Schubring, Gert: Die Promotion von P. G. Lejeune Dirichlet. Biographische Mitteilungen zum Werdegang Dirichlets. In: NTM, 1984, H. 1, S. 45–65.

Schuffenhauer, Heinz: Johann Gottlieb Fichte, Leipzig/Jena/Berlin 1985.

Schultrich, Helga: Industriephysiker in der deutschen Elektroindustrie von den Anfängen bis zur Weltwirtschaftskrise. In: NTM, 1985, H. 2, S. 85–92.

Schulz, Heinz: Carl Ritter (1779–1859) – Wirksamkeiten in Berlin und regional-geographischer Aspekt. In: Wiss. Z. Humboldt-Univ., Math.-Naturwiss. R., 1980, H. 2, S. 175–179.

Schulze, Heinz A. F./Donalies, Christian: 100 Jahre Psychiatrie und Neurologie im Rahmen der Berliner Gesellschaft für Psychiatrie und Neurologie und der Nervenklinik der Charité. In: Wiss. Z. Humboldt-Univ., Math.-Naturwiss. R., 1968, H. 1, S. 5–10.

Schulze, Manfred: Paul Ehrlich – Leben und Werk eines großen deutschen Arztes. In: Wiss. Z. Humboldt-Univ., Math.-Naturwiss. R., 1966, H. 4, S. 672/673.

Schuster, Erik: Zum Wirken des Berliner Internisten Hermann Senator (1834–1911). In: Miniaturen zur Geschichte, Kultur und Denkmalpflege Berlins, Nr. 18, Berlin 1985, S. 49–53.

Schwarz, Christa: Reden von Rektoren der Berliner Universität. 1810–1932. Eine Auswahlbibliographie (Schriftenreihe der Universitätsbibliothek, Nr. 24), Berlin 1977.

Scurla, Herbert: Begegnungen mit Rahel. Der Salon der Rahel Levin, Berlin 1978.

Scurla, Herbert: Wilhelm von Humboldt. Werden und Wirken, Berlin 1985.

Scurla, Herbert: Die Brüder Grimm. Ein Lebensbild, Berlin 1985.

Seidel, Waldemar: Gottfried Wilhelm Leibniz, Leipzig/Jena/Berlin 1975.

Seige, Dietrich: Carl Westphal an der Berliner Nervenklinik. In: Wiss. Z. Humboldt-Univ., Math.-Naturwiss. R., 1968, H. 1, S. 21/22.

Sennewald, Joachim: Friedrich Aeroboe. Sein Leben und sein Wirken. In: Wiss. Z. Humboldt-Univ., Math.-Naturwiss. R., 1966, H. 2, S. 321/322.

Siebert, Erich: Entstehung und Struktur der Auslandswissenschaftlichen Fakultät an der Universität Berlin (1940 bis 1945). In: Wiss. Z. Humboldt-Univ., Gesellsch.- u. Sprachwiss. R., 1966, H. 1, S. 19–34.

Siegmund-Schultze, Reinhard: «Nordische Übermächtigung» der Mathematik. In: spectrum, 1983, H. 10, S. 30/31.

Solger, Friedrich: Erinnerung an Ferdinand von Richthofen. In: Wiss. Z. Humboldt-Univ., Math.-Naturwiss. R., 1955/56, H. 2, S. 107–111.

Sonnemann, Rolf: Wissenschaftlich-technischer Fortschritt, Ingenieurausbildung und Monopolinteresse im Spiegel der Elektrotechnischen Zeitschrift (1880 bis 1900). In: NTM, 1974, H. 1, S. 63–71.

Sonntag, Lothar: Die Philosophiekritik der «historischen Schule» und die Universität Humboldts. Überlegungen zur wissenschaftsorganisatorischen Bedeutung einer philosophiehistorischen Fragestellung. In: Wiss. Z. Humboldt-Univ., Gesellschaftswiss. R., 1984, H. 1, S. 31–36.

Springer-Liepert, Anita: Zur junghegelianischen Universitätsdiskussion. In: Wiss. Z. Humboldt-Univ., Gesellschaftswiss. R., 1984, H. 1, S. 25–29.

Sprung, Lothar/Sprung, Helga: Abriß der Geschichte der Psychologie an der Berliner Universität (1809–1984). In: Berliner Wissenschaftshistorische Kolloquien XI, AdW, ITW, Kolloquien, H. 46, Berlin 1985, S. 1–56.

Stephan, Burckhard: Die Geschichte der Ornithologie in Berlin. In: Wiss. Z. Humboldt-Univ., Math.-Naturwiss. R., 1985, H. 3/4, S. 321–329.

Sternzeiten. Zur 275jährigen Geschichte der Berliner Sternwarte, der heutigen Sternwarte Babelsberg, Bd. I und Bd. II. Hrsg. von Hans-Jürgen Treder, Berlin 1977.

Stiehler, Gottfried: Wilhelm von Humboldts Weltanschauung. In: Wiss. Z. Humboldt-Univ., Gesellschaftswiss. R., 1968, H. 3, S. 333–339.

Stoeckel, Walter: Erinnerungen eines Frauenarztes, Leipzig 1979.

Strauss, Gerhard: Adolph Goldschmidt – zur 100. Wiederkehr seines Geburtstages. In: Wiss. Z. Humboldt-Univ., Gesellsch.- u. Sprachwiss. R., 1963, H. 6, S. 737–741.

Streisand, Joachim: Wilhelm von Humboldt und die gesellschaftlichen Wandlungen seiner Zeit. In: Wiss. Z. Humboldt-Univ., Gesellsch.- u. Sprachwiss. R., 1968, H. 3, S. 321–330.

Strube, Irene: Zur Publizierung der Ergebnisse der sowjetischen Naturforschung, insbesondere der Chemie, in Deutschland (1918–1930). In: NTM, 1968, H. 11, S. 55–63.

Strube, Irene: Industrielle Revolution und Chemie – ihre Wechselbeziehungen zwischen 1785 und 1860. In: NTM, 1978, H. 2, S. 39–47.

Süßenbach, Horst: Eduard Spranger und die Krise der bürgerlichen Demokratie von Weimar. In: Wiss. Z. Humboldt-Univ., Gesellschaftswiss. R., 1984, H. 1, S. 67/68.

Teichmann, Herbert: Ein Forscher – kein Dichter. Zum 150. Geburtstag des Chemikers Adolf von Baeyer. In: spectrum, 1985, H. 11, S. 30/31.

Teichmann, Herbert: Die Mendelssohns und die Naturwissenschaften. In: spectrum, 1986, H. 2, S. 30/31.

Tembrock, Günter: Zur Geschichte der Zoologie in Berlin. In: Wiss. Z. Humboldt-Univ., Math.-Naturwiss. R., 1958/59, H. 2, S. 185–196.

Tembrock, Günter: Das Zoologische Institut der Humboldt-Universität von 1945 bis zur Gründung der Sektion Biologie (1968). In: Wiss. Z. Humboldt-Univ., Math.-Naturwiss. R., 1985, H. 3/4, S. 281–290.

Tembrock, Günter: Geschichte der Verhaltensforschung in Berlin. In: Wiss. Z. Humboldt-Univ., Math.-Naturwiss. R., 1985, H. 3/4, S. 299–309.

Thiele, Rüdiger: Leonhard Euler (Biographien hervorragender Naturwissenschaftler, Techniker und Mediziner, Bd. 56), Leipzig 1982.

Thießen, Peter Adolf: Otto Hahn – persönliche Begegnungen. Zum 100. Geburtstag des Entdeckers der Uranspaltung. In: spectrum, 1979, H. 3, S. 22/23.

Thießen, Peter Adolf: Erinnerungen an Max von Laue. In: Wissenschaft und Fortschritt, 1979, H. 10, S. 378/379.

Thomas, Michael: Zum Wirken Wilhelm Diltheys an der Berliner Universität. In: Wiss. Z. Humboldt-Univ., Gesellschaftswiss. R., 1984, H. 1, S. 49–53.

Tobies, Renate: Zur Geschichte der Berliner Mathematischen Gesellschaft. In: Berliner Wissenschaftshistorische Kolloquien VII, AdW, ITW, Kolloquien, H. 30, Berlin 1982, S. 59–92.

Traditionsreiche Zusammenarbeit zweier Akademien. Die Entwicklung der Beziehungen zwischen der Akademie der Wissenschaften der DDR und der Akademie der Wissenschaften der UdSSR. In: spectrum, 1972, H. 12, S. 34–36.

Treder, Hans-Jürgen: Physik in Berlin. In: spectrum, 1983, H. 2, S. 30–32.

Trenel, Max: Alexander von Humboldt und die Agrikulturchemie. In: Wiss. Z. Humboldt-Univ., Math.-Naturwiss. R., 1959/60, H. 1, S. 13–26.

Tutzke, Dietrich: Über wenig bekannte Beziehungen zwischen deutschen und sowjetischen Venerologen in der Weimarer Republik. In: NTM, 1976, H. 2.

Tutzke, Dietrich: Zur Einschätzung der Wirksamkeit Ferdinand Sauerbruchs in der Periode der antifaschistisch-demokratischen Erneuerung. In: Humboldt-Universität zu Berlin, Wissenschaftswissenschaftliche Beiträge, Nr. 34, 1984, S. 51–57.

Verbündete in der Forschung. Traditionen der deutsch-sowjetischen Wissenschaftsbeziehungen und die wissenschaftliche Zusammenarbeit zwischen der Akademie der Wissenschaften der UdSSR und der Akademie der Wissenschaften der DDR (Internationale Reihe des Zentralinstituts für Geschichte der Akademie der Wissenschaften der DDR. Hrsg. von Horst Bartel, Werner Kalweit, Günter Kröber), Berlin 1976.

Vogt, Annette: Zur Geschichte des Mathematischen Seminars an der Berliner Universität. In: Berliner Wissenschaftshistorische Kolloquien VII, AdW, ITW, Kolloquien, H. 30, Berlin 1982, S. 37–58.

Vogt, Annette: Berufsverbot anno 1899. Der Fall des Physikers Leo Martin Arons, Privatdozent an der Berliner Universität. In: spectrum, 1985, H. 9, S. 9.

Voigt, Gerd: Die deutsche Gesellschaft für Osteuropakunde 1913 bis 1965. In: Wiss. Z. Humboldt-Univ., Gesellsch.- u. Sprachwiss. R., 1966, H. 1, S. 1–18.

Wagner, Dieter: Institute und ärztliche Direktoren der Charité im 19. Jahrhundert. In: Miniaturen zur Geschichte, Kultur und Denkmalpflege Berlins, Nr. 18, Berlin 1985, S. 37–42.

Wallenstein, Hans-Dietrich: Achard-Gedenkrede (30. 10. 1953). In: Wiss. Z. Humboldt-Univ., Math.-Naturwiss. R., 1953/54, H. 4, S. 333–337.

Walter, Gaby/Hoffmann, Paul/Seifert, Barbara: Beiträge von Naturwissenschaftlern der Berliner Universität zur Photosyntheseforschung (von der Universitätsgründung bis 1945). In: Wiss. Z. Humboldt-Univ., Math.-Naturwiss. R., 1985, H. 3/4, S. 230–234.

Wandel, Paul: Unsere Universitäten und die Idee der Humanität. Rede zur Neueröffnung der Universität Berlin am 20. 1. 1946. In: Reden zur Kulturpolitik, Berlin 1955.

Wattenberg, Dietrich: 175 Jahre Berliner Astronomisches Jahrbuch. In: Astronomischer Nachrichtendienst der Archenhold-Sternwarte, 1949, Nr. 6.

Wattenberg, Dietrich: Friedrich Archenhold – Leben und Werk. In: Mitteilungen der Archenhold-Sternwarte, 1950, Nr. 14.

Wattenberg, Dietrich: Johann Gottfried Galle. Leben und Wirken eines deutschen Astronomen (Lebensbilder deutscher Naturforscher [Leopoldina], Nr. 10), Leipzig 1963.

Wattenberg, Dietrich: Beiträge zur Geschichte der Archenhold-Sternwarte. 1. Idee und Bau des Großen Refraktors (1893–1896). In: Veröffentlichungen der Archenhold-Sternwarte Berlin-Treptow, 1966, Nr. 1.

Wattenberg, Dietrich: Aus der Vorgeschichte der Archenhold-Sternwarte. In: Archenhold-Sternwarte Berlin-Treptow, Sonderdruck, 1966, Nr. 8.

Wattenberg, Dietrich: Die Berliner Urania und die Urania-Sternwarte. In: Archenhold-Sternwarte Berlin-Treptow, Sonderdruck, 1966, Nr. 9.

Wattenberg, Dietrich: Zur Geschichte der Astronomie

in Berlin im 16. bis 18. Jahrhundert. Eine Quellenübersicht. In: Die Sterne, 1972, H. 1, S. 161–172; 1973, H. 1, S. 104–116.

Welsch, Fritz: Zum Wirken bedeutender Naturwissenschaftler für die wissenschaftlich-technischen Behörden des preußischen Staates während des 19. Jahrhunderts. In: Humboldt-Universität zu Berlin, Wissenschaftswissenschaftliche Beiträge, 1984, Nr. 34, S. 80–86.

Welsch, Fritz: Die Anfänge der Rübenzuckerindustrie in Deutschland. In: NTM, 1965, H. 6, S. 66–81.

Welsch, Fritz: Die Gründung der Deutschen Chemischen Gesellschaft und ihre Bedeutung für die Entwicklung der Chemie (1867–1892). In: NTM, 1967, H. 10, S. 107–117.

Wendel, Günter: Zur Militarisierung der Naturforschung in Deutschland im ersten Weltkrieg. Information für die Leitung der Forschung. Hrsg. vom Wiss. Informationszentrum der AdW der DDR, Berlin 1984, S. 40–50.

Wer – was – wann? Entdeckungen und Erfindungen in Naturwissenschaft und Technik. Hrsg. von Walter Conrad, Leipzig 1985.

Wiederinstandsetzung der Charité. Das Deutsche Gesundheitswesen. In alten Heften geblättert. In: Zeitschrift für klinische Medizin, 1985, H. 20, S. 1488.

Wille, Karl: Ideologische Auseinandersetzungen an der Wirtschaftswissenschaftlichen Fakultät der Humboldt-Universität zu Berlin in den Jahren 1946 bis 1950. In: Wiss. Z. Humboldt-Univ., Gesellsch.- u. Sprachwiss. R., 1961, H. 2/3, S. 279–287.

Winter, Irina: Zur Geschichte der Gesundheitspolitik der deutschen Arbeiterbewegung. In: NTM, 1968, H. 11, S. 93–100.

Winter, Kurt: Rudolf Virchow, Leipzig/Jena 1956.

Wirth, Ingo/Luther, Bernd: Nobelpreisträger für Physiologie oder Medizin – ein Beitrag zur Geschichte der Berliner Charité. In: Zeitschrift für klinische Medizin, 1985, H. 20, S. 1483–1488.

Wirth, Ingo/Luther, Bernd/Großer, Jürgen: Zur Topographie und baulichen Entwicklung der Charité. In: Zeitschrift für die gesamte Hygiene und ihre Grenzgebiete, 1985, H. 1, S. 2–15.

Wissen und Gewissen. Beiträge zum 200. Geburtstag Johann Gottlieb Fichtes. Hrsg. von Manfred Buhr, Berlin 1962.

Woeller, Waltraud: Die Bedeutung der Brüder Grimm für die Märchen- und Sagenforschung. In: Wiss. Z. Humboldt-Univ., Gesellsch.- u. Sprachwiss. R., 1965, H. 4, S. 507–514.

Woit, Ernst: Hegels Philosophie und die Dialektik von Krieg und Frieden. In: Wiss. Z. Humboldt-Univ., Gesellschaftswiss. R., 1983, H. 2, S. 145–147.

Wollgast, Siegfried: Emil du Bois-Reymonds naturwissenschaftlicher Materialismus. In: Wissenschaft und Fortschritt, 1979, H. 6, S. 235–239.

Wundsch, Hans-Helmuth: Eröffnungsansprache des Dekans anläßlich der Feier des 75jährigen Jubiläums der Landwirtschaftlich-Gärtnerischen Fakultät. In: Wiss. Z. Humboldt-Univ., Math.-Naturwiss. R., 1956/57, H. 1, S. 53–55.

Zahn, Lola: Frauen in der Wissenschaft? In: spectrum, 1985, H. 9, S. V.

Zimmermann, Karl F.: 100 Jahre Vererbungsforschung. In: Wiss. Z. Humboldt-Univ., Math.-Naturwiss. R., 1959/60, H. 4, S. 629–641.

Zott, Regine: Die akademische Frau. In: spectrum, 1984, H. 3, S. 30/31.

Zuhrt, Rainer/Graehn, Gisela/Laute, Adelheid/Brenstedt, Alfred: Klinicum für Zahn- und Mundkrankheiten (1855) – Zahnärztliches Institut der Friedrich-Wilhelms-Universität (1884) – Sektion Stomatologie am Bereich Medizin (Charité) der Humboldt-Universität (1983). In: Wiss. Z. Humboldt-Univ., Math.-Naturwiss. R., 1985, H. 8, S. 706–711.

250 Jahre Charité. Hrsg. vom Festkomitee des Rates der Medizinischen Fakultät. Redaktion Dagobert Müller, Berlin 1960.

Personenregister

Abbildungsnachweis

ADN/Zentralbild, Berlin: S. 158 188r. 283 306 324 387 392 394 439 453l. 471 479 521 529 538 551 556 561 571 573 574 575 577 579 595 598 599 601 607r. 622 639 657l. 661l. 663 666 682
Akademie der Künste der DDR, Berlin: S. 509 (B. Kuhnert), 564 653
Akademie der Wissenschaften der DDR, Alexander-von-Humboldt-Forschungsstelle: S. 151l.
AdW der DDR, Archiv: S. 15 (K. Petras), 44 (H. Praefke), 188l. 213r. 223l. 293 320 340 341 (H. Praefke), 343 (H. Praefke), 373 383r. 404 405l. 431r. 473l. 484 491 493 539 607l. 640 643 644 645 647 657r.
AdW der DDR, Hauptbibliothek: S. 41 55 69 71 77l. 79r. 90 108
AdW der DDR, Kustodie: S. 15 (K. Petras), 173 305 (H. Praefke), 397 (Ewald), 593 (H. Praefke)
AdW der DDR, Institut für Mathematik: S. 219l.
AdW der DDR, Zentralinstitut für Astrophysik: S. 114 189 203u. 203l. 223r.
AdW der DDR, Zentralinstitut für Physik der Erde: S. 189 296 (V. Kroitzsch)
Deutsche Fotothek, Dresden: S. 42 123
Deutsche Staatsbibliothek, Berlin: S. 22 50 64 92 107 348 357
Dietz Verlag, Berlin: S. 137l. 139 160 175 181 193 257r. 302 366r. 367 390u. 399 421 453r. 499l. 583 590r. 605 609 613 615 620 649 654 672 675r. 677 691
Galerie Junge Kunst, Frankfurt (Oder): S. 403 (Wenzel)
Haus der DSF, Berlin: S. 630 651
Hugenotten-Museum, Berlin: S. 35
Humboldt-Universität Berlin, Archiv: S. 121 290 323 345 349r. 429 431l. 498 618 621 624 626 628 631
HUB, Sektion Wissenschaftstheorie und -organisation: S. 60 62l. 66l. 79l. 112 145r. 355l. 419r. 661r.
HUB, Robert-Koch-Museum: S. 207 321
HUB, Universitätsbibliothek: S. 185r. 200 352 366l. 405r. 419l. 431l. 513r. 526 631 634
Institut für Denkmalpflege, Meßbildarchiv: S. 18 47 103 110 136 148 151r. 169 170 231 273 274 292 330 331 339 376
Institut für Marxismus-Leninismus beim ZK der SED, Bildarchiv: S. 159 161 191 257l. 261 359 369 370 371 382 390o. 401 459 460 461 495 501 506 512 581 585 588r. 590l. 611 614
Kulturbund der DDR, Bildarchiv: S. 602 603 680 685 688 690
Märkisches Museum, Berlin: S. 19l. 23 28r. 30 37 43 45 46 48 53 56 59 62r. 63 66r. 77r. 78l. 83 85 87 89 91 93 101r. 104 105 109 113 115 120r. 124 125 126 128 131 134 137r. 138 142 144 145l. 146 149 153l. 167 183 199 214 215 220 243 298 315 332 375 383 411
Medizinische Akademie der Wissenschaften der UdSSR; Moskau: S. 334r.
Museum für Deutsche Geschichte, Berlin: S. 155 190 239 292 455 457
Nationale Forschungs- und Gedenkstätte der klassischen deutschen Literatur, Weimar: S. 99
Postmuseum, Berlin: S. 147 201 236 237 379 u. 391 444 445 446 447 448 463 489 511 532 535 560
Staatliche Museen Berlin, Kupferstichkabinett und Sammlung der Zeichnungen: S. 119
Staatliche Schlösser und Gärten Potsdam-Sanssouci: S. 33l. 73
Stadtarchiv, Berlin: S. 78r. 120l. 127r. 133 153r. 185l. 196 286 347 600
Stadtarchiv, Frankfurt an der Oder: S. 17
S. Hirzel Verlag, Leipzig: S. 162
Zentralinstitut für Arbeitsmedizin, Berlin: S. 672l. 673 675

Die nicht aufgeführten Abbildungen wurden aus zeitgenössischen Publikationen entnommen. Alle notwendigen Reproduktionen wurden von Renate und Horst Ewald (Dietz Verlag) ausgeführt. Für einige Abbildungen wurden nur Ausschnitte der Originale aufgenommen.

Seite 15:
Gottfried Wilhelm Leibniz
Gemälde, Johann Friedrich Wentzel d. Ä. zugeschrieben
Um 1700

Seite 97:
Wilhelm von Humboldt
Lithographie von Friedrich Oldermann nach Franz Krüger
Um 1830

Seite 173:
Hermann von Helmholtz
Gemälde von Schwechten
1891

Seite 305:
Max Planck
Gemälde von Hermann Hensel
1952

Seite 397:
Albert Einstein
Gemälde von Hermann Hensel
1952

Seite 403:
Aus Deutschlands letzter Vergangenheit
Federzeichnung von Otto Griebel
1945

Seite 593:
Johannes Stroux
Gemälde von Bert Heller
1952

Wissenschaft in Berlin :
von d. Anfängen bis zum Neubeginn nach 1945 /
Autorenkoll.
Berlin : Dietz Verl., 1987. – 837 S. : 415 Ill.

Mit 415 Abbildungen

Lizenznummer 1
Lektor: Irmhild Kosin, Gisela Hidde
Gesamtgestaltung: Werner und Wolfgang Geisler
Printed in the German Democratic Republic
Gesamtherstellung: INTERDRUCK Graphischer Großbetrieb Leipzig,
Betrieb der ausgezeichneten Qualitätsarbeit,
III/18/97
Bestell-Nr. 738 263 2

03800